www.kuhminsa.com

한발 앞서는 출판사 구민사

KUH
MIN
SA

#604, Mullaebuk-ro 116, Yeongdeungpo-gu
Seoul, Republic of Korea

T. 02 701 7421
F. 02 3273 9642

Email kuhminsa@kuhminsa.co.kr

자격증 시험
접 수 부 터
자 격 증
수 령 까 지

필기원서접수

큐넷 회원 가입 후
(www.q-net.or.kr)
인터넷 접수만 가능
사진 파일, 접수비
(인터넷 결제) 필요
응시자격 요건
반드시 확인할것

필기시험

입실 시간 미준수 시
시험 응시 불가
준비물 : 수험표,
신분증, 필기구 지참

합격여부확인

큐넷 사이트에서 확인
(www.q-net.or.kr)

실기원서접수

큐넷 회원 가입 후
(www.q-net.or.kr)
응시 자격 서류는
**실기시험 접수기간
(4일 내)** 에 제출
해야만 접수 가능

주요과목 핵심이론

Contents

PART 01 대기환경관리

PART 02 대기오염공정시험기준

PART 03 대기오염방지기술

PART 04 연소공학

01 대기환경관리

1. 대기오염사건 중 누설사건과 주원인물질

① 멕시코 포자리카(Pozarica) 사건의 주원인물질 : 황화수소(H_2S)
② 인도 보팔시(Bopal) 사건의 주원인물질 : 메틸이소시아네이트(CH_3CNO)

2. 런던스모그사건과 LA스모그사건

(1) 런던(London)스모그 사건

① 발생 : 1952년 12월 영국 런던
② 런던스모그 사건은 석탄연소에 의하여 발생한 대기오염사건으로 아황산가스, 먼지 등이 복사성 역전, 무풍상태, 높은 습도에서 발생한 사건이다.
③ 주로 초저녁에 발생하였고 석탄의 매연과 화력발전소 등의 굴뚝에서 배출된 매연이 주 오염원으로 추정된다.
④ 1차성 스모그의 대표적 사건으로 사망자가 가장 많았던 사건이다.

(2) 로스앤젤레스(Los Angeles)스모그 사건

① 발생 : 1954년 미국
② 로스앤젤레스 스모그 사건은 자동차에서 배출되는 질소산화물, 탄화수소 등에 의하여 침강성 역전, 무풍상태에서 발생한 스모그 사건이다.
③ O_3(오존)이 처음으로 발견된 사건이다.
④ 피해는 눈을 자극하며 중대한 피해는 없다.
⑤ 2차성 스모그(광화학스모그)의 대표적인 사건이다.

3. 직경의 종류

① 공기역학적 직경(Aerodynamic Diameter) : 본래의 먼지와 침강속도가 동일하며, 밀도 $1g/cm^3$인 구형입자의 직경이다.
② 스토크스 직경(Stoke's Diameter) : 알고자 하는 입자상 물질과 같은 밀도 및 침강속도를 갖는 입자상 물질의 직경이다.

③ 마틴직경(Martin Diameter) : 입자상물질의 그림자를 2개의 등면적으로 나눈 선의 길이이다.

4. 실내오염물질의 종류

(1) 라돈
① 자연계에 널리 존재하며 무색, 무취의 기체이고 액화되어도 색을 띠지 않는다.
② 공기보다 약 9배정도 무거워 환기시설이 불량한 지하실 등에서 높은 농도를 나타낸다.
③ 주로 건축자재를 통하여 인체에 영향을 미치고 있으며 화학적으로 거의 반응을 일으키지 않는 불활성 물질이다.
④ 노출되면 주로 호흡기계통의 질환과 폐암이 발생할 수 있다.
⑤ 일반적으로 흙, 시멘트, 콘크리트, 대리석 등에 존재하며 공기 중으로 방출된다.
⑥ 반감기는 3.8일간으로 라듐의 핵분열시 생성되는 물질이다.

(2) 석면
① 석면은 자연계에 존재하는 유화화된 규산염 광물의 총칭이고, 미국에서 가장 일반적인 것으로는 크리스틸(백석면)이 있다.
② 석면의 발암성은 청석면 > 갈석면(황석면) > 온석면(백석면) 순이다.
③ 먼지의 모양 중 다른 두축이 매우 짧은 길이를 가진 반면에 한 축이 매우 긴 먼지형태로 최근에 석면의 흡입에 의한 건강상 유해가 문제가 되는 것이 섬유형이다.
④ 석면폐증은 폐하엽에 주로 발생하며 흉막을 따라 폐중엽이나 설엽으로 퍼져 나간다.

(3) 폼알데하이드(HCHO)
① 상온에서 무색의 가연성 기체로 자극성 냄새를 가진 기체로서 점막을 심하게 자극한다.
② 비중이 약 1.03(공기의 비중은 1.0)인 오염물질이다.
③ 방부제, 옷감, 잉크 등의 원료로 사용되며, 피혁공업, 합성수지공업 등이 주된 배출업종이다.

(4) 휘발성유기화합물(VOC$_S$)
① 휘발성유기화합물질(VOC$_S$)은 다양한 배출원에서 배출되는데 우리나라의 경우 최근 가장 큰 부분(총배출량)을 차지하는 배출원이 유기용제 사용이다.

② VOCs 중 가장 독성이 강한 것은 톨루엔이며, 다음은 크실렌, 에틸벤젠 순으로 약하다.
(5) 건축자재에서 발생되는 실내오염물질의 종류에는 라돈, 석면, 폼알데하이드, 휘발성유기화합물(VOCs)이 있다.

5. 기체상 물질 중 황산화물(SO_X)

① 전세계의 황화합물 배출량 중 인위적 배출량이 50%를 차지하며, 나머지 50%는 자연적 발생원에서 배출된다.
② 연료 중에 황분함량은 석탄이 가장 높다.
③ 전 지구적 규모로 볼때 해양을 통해 자연적 발생원 중 가장 많은 양의 황화합물 DMS (Dimethyl sulfide ; $(CH_3)_2S$)형태로 배출되고 있으며, 일부는 H_2S, OCS, CS_2 형태로 배출되고 있다.
④ 카르보닐황(OCS)은 대류권에서 매우 안정하기 때문에 거의 화학적인 반응을 거치지 않고 서서히 성층권으로 유입되며 광분해반응에 종속된다. 반응성이 작아 청정대류권에서 가장 높은 농도를 나타내는 황화합물(수백 ppt 정도)로 간주되며, 거의 일정한 수준의 농도를 유지한다.
⑤ 아황산가스(SO_2)는 무색이고 자극성 냄새를 가지고 있는 가스상 오염물질로 비중이 약 2.2, 융점은 -75.5℃, 비점은 -10℃ 정도이며 분자량은 64이다.
⑥ 아황산가스(SO_2)는 280~290nm에서 강한 흡수를 보이지만 대류권에서는 거의 광분해 되지 않는다.
⑦ 아황산가스(SO_2)가 인체에 미치는 피해는 농도와 노출시간이 문제가 되며 주로 호흡기 계통의 질환을 일으킨다.
⑧ 아황산가스(SO_2)는 잎뒷면의 기공으로 침입하여 잎을 황갈색으로 고갈시키며, 성장한 잎에 피해를 많이 주는 것이 특징이며, 지표식물(약한식물)은 대맥, 담배, 자주개나리(알팔파), 목화, 보리 등이며, 강한식물에는 양배추, 까치밤나무, 쥐당나무, 셀러리, 소나무, 옥수수 등이 있다.
⑨ 이황화탄소(CS_2)는 비스코스섬유 제조시 많이 발생하며, 햇빛에 파괴될 정도로 불안정하지만 부식성은 비교적 약한 편이며, 끓는점은 46℃ (760mmHg), 인화점은 -30℃이다.

6. 기체상 물질 중 질소산화물(NO_X)

① 질소산화물(NO_X)은 전세계 질소화합물 중 인위적인 질소화합물 배출량은 자연적 배출량의 10% 정도인 것으로 추정되며, 인위적 배출량 중 거의 대부분이 자동차와 연료의 연소과정에서 발생된다.
② 질소산화물(NO_X)은 연소시 연료의 성분으로부터 발생하는 fuel NO_X와 고온에서 공기 중의 질소와 산소가 반응하여 생기는 thermal NO_X, 화염에서 일어나는 전기적인 이온교환에 의해 생성되는 Prompt NO_X(프롬프트 NO_X) 등이 있다.
③ 일산화질소(NO)는 고온의 연소과정에서 화염속에서 주로 생성되는 질소산화물의 90% 이상을 차지하며, 무색의 기체로 물에 매우 난용성이며, 혈액 중의 헤모글로빈과 결합력이 강해 산소운반 능력을 감소시키는 물질로 연소시 연료 중 질소의 NO 변환율은 연료의 종류와 연소방법에 따라 차이가 있으나 대체로 약 20~50 % 범위이다.
④ 이산화질소(NO_2)는 적갈색, 난용성, 자극성, 공기보다 무거운 기체로 무색의 NO보다 독성이 5~7배 강하며, NO_2의 독성은 O_3의 $\frac{1}{10}$ ~ $\frac{1}{15}$ 정도이다.
⑤ 아산화질소(N_2O)는 대류권에서는 온실가스, 성층권에서는 오존층파괴물질이며, 대기 중 추정체류시간은 약 20~100년 정도이며, 대류권에서 태양에너지에 대해서 매우 안정한 물질이다.

7. 기체상 물질 중 이산화탄소(CO_2)

① CO_2의 농도가 매년 계절적으로 감소를 거듭하는 이유는 식물 및 토양의 광합성작용과 호흡작용 때문이다.
② 대기 중의 CO_2농도는 여름에 감소하고 겨울에 증가하며 북반구에서 상대적으로 CO_2농도가 남반구보다 높다.
③ 배출되는 CO_2의 50%는 대기 내 축적되고 나머지 50%는 바다에 대부분 흡수되고 일부는 식물에 흡수되며, 추정체류시간은 2~4년 정도이다.
⑤ 실외에서는 온실가스로 작용하고, 실내에서는 실내공기질 오염의 지표로 사용되며, 지구온실효과에 대한 기여도는 50% 정도로 가장 크다.

8. 기체상 물질 중 일산화탄소(CO)

① 무색, 무미, 무취의 난용성 기체로 분자량은 28이고 공기에 대한 비중은 0.97이다.
② 혈액내 Hb(헤모글로빈)과의 친화력이 산소의 210배에 달해 산소운반능력을 저하시킨다.
③ 가연성분의 불완전연소시나 자동차에서 많이 발생되며, 물에 난용성이므로 비에 의한 영향은 거의 받지 않는다.

9. 기체상 물질 중 올레핀계 탄화수소

① 올레핀계 탄화수소는 광화학스모그에 적극 반응하는 물질이다.
② 올레핀계 탄화수소 중 발암성 물질은 3,4-벤조피렌이다.
③ 탄화수소류 중에서 이중결합을 가진 올레핀 화합물은 포화탄화수소나 방향족 탄화수소보다 대기 중에서의 반응성이 크다.

10. 기체상 물질 중 불소(플루오로) 및 그 화합물

① 불소는 자연계에 단체로 존재하지 않으며, 형석, 빙정석, 인광석에 존재하며, 배출공업으로는 알루미늄공업, 유리공업, 요업공업, 화학비료공업 등이 있다.
② HF는 잎의 끝(선단)으로 침입하여 세포를 파괴하며, 저농도에서 피해를 주며, 주로 어린잎(새싹)에 피해를 주는 물질이다.
③ 지표식물(약한 식물)로는 옥수수, 자두, 메밀, 글라디올러스 등이며, 강한 식물로는 담배, 목화, 고추 등이 있다.

11. 기체상 물질 중 포스겐($COCl_2$)

① 독특한 풀냄새가 나는 무색(시판용품은 담황녹색)의 기체(액화가스)로 끓는점은 약 8℃이다.
② 건조상태에서는 부식성이 없으나, 수분이 존재하면 가수분해되어 금속을 부식시키는 물질로, 화학적 반응성이 크고, 독성이 매우 큰 무색의 기체이다.

12. 기체상 물질 중 다이옥신

① 다이옥신이 고온에서 완전연소될 때 완전분해된다고 하더라도 연소후 연소

가스의 배출시 저온(300~400℃)에서 재생성이 활발하다.
② 유해폐기물을 소각할때보다 도시폐기물을 소각할 때 다이옥신의 배출량이 훨씬 많다.
③ 다이옥신류에는 크게 PCDD는 75개, PCDF는 135개의 이성질체를 가지며, 특징은 열적 안정, 낮은 증기압, 낮은 수용성이며, 주요 구성요소는 두개의 산소, 두개의 벤젠, 두개 이상의 염소이다.

13. 오염물질의 종류

① 1차성 오염물질 : 발생원에서 대기중으로 방출되어 대기를 직접 오염시키는 물질로서 H_2S, SiO_2, CH_3COOH, C_6H_5OH, $NaOH$, $NaCl$, SO_2, NH_3, NO, Cl_2, CO 등이 있다.
② 2차성 오염물질 : 대기 중으로 방출된 1차성 오염물질이 광화학반응이나 광분해반응 및 산화반응을 통해서 형성되는 물질로서 O_3, PAN($CH_3COOONO_2$), 아크로레인(CH_2CHCHO), $NOCl$, H_2O_2, CO-케톤 등이 있다.
③ 1, 2차성 오염물질 : 발생원에서 대기중으로 직접 배출될 수도 있고, 배출된 물질이 광화학반응을 통해서 형성되는 물질로서 SO_3, NO_2, $HCHO$, 케톤 등이 있다.

14. 광화학반응의 3대요소

① 질소산화물(NO_X) : 주로 NO와 NO_2이다.
② 탄화수소 : 올레핀계 탄화수소(C_nH_{2n})이다.
③ 빛 : 자외선과 가시광선이며 주로 자외선이 참여한다.

15. 광화학반응의 특징

① 오존은 200~300nm의 파장에서 강한 흡수가 450~700nm에서는 약한 흡수가 일어난다.
② 케톤은 파장 300~700nm에서 약한 흡수를 하여 광분해한다.
③ 알데하이드(RCHO)는 파장 313nm 이하에서 광분해한다.
④ NO에서 NO_2로의 산화가 거의 완료되고, NO_2가 최고농도에 달하면서 O_3가 증가되기 시작한다.
⑤ 대기 중에 NO가 존재하면 O_3은 NO_2와 O_2로 되돌아가므로 O_3는 축적되지 않고 대기 중 O_3은 증가하지 않는다.

16. 광화학오염물질 중 오존(O_3)

① 무색, 무미, 해초 냄새를 가진 강산화성 물질이며 분자량은 48, 비중은 1.658이며, 대류권의 오존은 국지적인 광화학스모그로 생성된 옥시단트의 지표물질이며, 대기 중 오존은 온실가스로 작용하며, 오염된 대기 중의 오존은 LA스모그 사건에서 처음 확인되었다.
② 대기 중에서 오존의 배경농도는 0.01~0.02ppm 정도이며 청정지역에서 오존농도의 일 변화는 크지 않지만 대도시 지역에서는 오존농도의 일변화가 매우 크다.
③ 오존은 잎 상부 표면에 담홍색(또는 적갈색) 반점이 생기고 침엽수의 경우 잎의 끝부분이 갈색으로 변하고 흑반점이 일어나며, 지표식물(약한식물)은 담배(연초), 시금치, 자주개나리(알팔파), 토마토, 백송 등이 있다.

17. 광화학오염물질 중 PAN($CH_3COOONO_2$)

① PAN은 Peroxy acetyl Nitrate의 약자로 빛을 분산시켜 가시거리를 단축시키며, 인체에 미치는 영향은 눈에 통증을 유발한다.
② PAN이 식물에 미치는 영향에서 증상은 유리화, 은백색, 광택화이며, 어린 잎에 피해를 많이 주며, 식물잎의 밑부분이 은동색 또는 청동색이 되고 생활력이 왕성한 초엽에 피해가 크며, 지표식물은 강낭콩, 시금치 등이다.

18. 대기오염 현상

① 온실효과란 가시광선을 통과시키고 적외선을 흡수해서 열을 밖으로 나가지 못하게 함으로써 보온작용을 하는 것이며, 대표적인 온실가스는 CO_2, CH_4, CFC-11 등이며, CO_2의 주요 흡수파장영역은 13~17μm 정도이고, O_3의 주요 흡수파장영역은 9~10μm 정도이다.
② 열섬효과((Heat island effect)는 교외지역에 비해 도시중심지역에서 고온의 공기층을 형성하게 되는 현상이며, 원인으로서는 인공열 발생증가, 건물 등 구조물에 의한 거칠기 변화, 지표면에서의 증발잠열차이, 도시지역 표면의 열적성질의 차이 등이다.
③ Down Wash(세류현상)의 방지대책은 굴뚝 배출구의 배출가스 속도를 풍속보다 최소한 2배 이상 높게 유지한다.
④ Down Draft(다운드래프트) 현상의 방지대책은 굴뚝의 높이를 주위건물의 2.5배 이상 유지한다.
⑤ 산성비는 보통 빗물의 pH가 5.6보다 낮게 되는 경우를 말하는데 이는 자연

상태에 존재하는 CO_2가 빗방울에 흡수되었을 때의 pH를 기준으로 한 것으로, 강우의 산성화에 가장 큰 영향을 미치는 것은 아황산가스이며, 강우의 산성화에 국제협약으로는 헬싱키, 소피아 의정서가 있다
⑥ 오존층 보호를 위한 국제협약에는 비엔나 협약(1985년), 몬트리올 의정서(1987년), 런던회의(1990년) 등이 있다.

19. 자동차 배출물질의 특징

① CO와 HC의 산화촉매로는 주로 백금(Pt)과 팔라듐(Pd)이 사용되고, NO의 환원촉매로는 로듐(Rh)이 사용된다.
② Rh는 NO 반응을, Pt는 주로 CO와 HC를 저감시키는 산화반응을 촉진시킨다.
③ 자동차의 크랭크케이스(Crank case)에서 많이 배출되어 문제가 되는 blow by 가스는 탄화수소(HC)이다.
④ 휘발유 자동차의 경우 CO는 공회전(아이들링)시, HC는 감속시, NO_X는 가속시에 상대적으로 많이 발생한다.

20. 대기의 특성과 대기권의 분류

① 대기의 성분은 지표에서 80km이내의 건조공기일 경우 부피기준으로 질소(N_2) 78.08%, 산소(O_2) 20.94%, 아르곤(Ar) 0.93%, 이산화탄소(CO_2) 0.04%, 그 외 네온(Ne), 헬륨(He), 메탄(CH_4) 등으로 구성되어 있다.
② 대류권은 지표로부터 약 11km까지의 높이로서 구름이 끼고 비가 오는 등의 기상현상이 발생하는 층으로 고도가 증가하면서 온도가 하강하는 층이며, 대류권의 고도는 겨울철에 낮고, 여름철에 높으며, 보통 저위도 지방이 고위도 지방에 비해 높다.
③ 성층권은 지상 11km에서 50km까지로 고도가 증가하면서 온도가 상승하는 층으로, 지상 20~30km 구간을 오존층이라 하고 존재하는 오존의 최대농도는 10ppm 정도이며, 오존층의 두께를 표시하는 단위는 돕슨(Dobson)이며 극지방이 400돕슨이고 적도지방이 200돕슨이며, 지구대기층의 오존총량을 표준상태에서 두께로 환산했을 때 1mm는 100돕슨에 해당한다.

21. 바람에 관여하는 힘의 종류

① 기압경도력은 바람발생의 근본원인이며, 수평기압 경도력은 등압선의 간격이 좁으면 강해지고, 반대로 간격이 넓으면 약해진다.
② 코리올리힘(전향력)은 지구의 자전에 의해서 생기는 수평방향으로의 가상

적인 힘으로, 전향력의 크기는 위도가 높아질수록 증가하므로 극지방에서 최대가 되고 적도지방에서 최소가 되며, 코리올리힘은 북반구에서 오른쪽 직각으로 작용하며, 운동의 방향만을 변화시키고 속도에는 아무런 영향을 미치지 않는다.

③ 원심력은 곡선의 바깥쪽으로 향하는 힘으로 극지방에서 최소이고 적도지방에서 최대이다.

22. 국지풍의 종류

① 해륙풍에서 낮에는 해풍, 밤에는 육풍이 발달하며, 해풍은 바다에서 육지로, 육풍은 육지에서 바다로 부는 것이 특징이며, 해풍은 주로 여름에 육풍은 겨울에 잘 발생된다.

② 산곡풍에서 곡풍은 주로 낮에 발생하며, 산풍은 주로 밤에 발생하는 것이 특징이며, 산풍은 경사면 → 계곡 → 주계곡으로 수렴하면서 풍속이 가속되기 때문에 낮에 산 위쪽으로 부는 곡풍보다 더 강하다.

23. 대기의 안정도에서 온위

① 온위(θ) = $T \times \left(\dfrac{1,000}{P}\right)^{0.288}$. 로 나타낼 수 있으며, 여기서 P는 millibar, T는 K 단위로 표시된다.

② 높이에 따라 온위가 감소하면 대기는 불안정하고, 온위가 증가하면 대기는 안정하다.

24. 대기의 안정도 판단 기준인 리차든슨 수

① 근본적으로 대류난류를 기계적인 난류로 전환시키는 율을 측정한 것이며, 기계적인 난류와 대류난류 중에서 어느 것이 지배적인가를 Ri를 근거로 추정할 수 있으며, Ri = 0일 때는 기계적 난류만 존재한다.

② Ri가 큰 음의 값을 가지면 대류난류가 지배적이어서 바람(기계적난류)이 약하게 되어 강한 수직운동이 일어난다.

③ 리차든슨 수(Ri)를 구하기 위해서는 두층(보통 지표에서 수 m와 10m 내외의 고도)에서 기온과 풍속을 동시에 측정하여야 하며 특히 정확한 풍속측정이 중요하다. 그리고 이 값은 풍속차의 제곱에 반비례한다

25. 바람장미

① 가장 빈번히 관측된 방향을 주풍이라 하고, 막대의 길이를 가장 길게 표시하며, 풍속은 막대기의 굵기로 표시한다.
② 풍속이 0.2m/sec 이하일 때 정온(calm) 상태로 본다.

26. 최대혼합고(Maximum Mixing Depth)

① 역전이 심할수록 최대혼합고는 작은값을 가지며, 야간에 역전이 심할 경우에는 그 값이 거의 0이 될 수도 있으며, 최대혼합깊이는 하루 중 밤에 가장 적고 한낮에 최대이며 계절적으로 여름에 최대, 겨울에 최소가 된다.
② 일반적으로 대단히 안정된 대기에서의 최대혼합깊이(MMD)는 불안정한 대기에서보다 MMD가 작으며, MMD가 높은 날은 대기오염이 약하고, MMD가 낮은 날에는 대기오염이 심함을 나타낸다.
③ 최대혼합깊이(MMD)값은 통상적으로 밤에 가장 낮으며, 낮시간 동안 증가한다. 낮시간 동안에는 통상 2,000~3,000m 값을 나타내기도 한다.

27. 기온역전

① 접지역전(지표역전)의 종류에는 복사성(방사성) 역전, 이류성 역전이 있으며, 공중역전의 종류에는 침강성 역전, 전선성 역전, 해풍역전, 난류성 역전이 있다.
② 접지역전의 종류 중 복사성(방사성) 역전은 하늘이 맑고 바람이 적을 때 지표면 근처의 공기가 낮은 온도로 냉각되면서 발생하는 역전으로 겨울철 맑은날 아침에 자주 발생하며, 단기간에 발생하며, 발생하는 시간대는 주로 밤에서 이른 새벽까지이다.
④ 공중역전의 종류 중 침강성 역전은 고기압 중심부분에서 기층이 서서히 침강하면서 기온이 단열변화로 승온되어서 발생하는 역전으로 대도시에서 발생하는 대기오염사건으로 장기간의 오염축적에 의해 발생한다.

28. 대기의 안정도에 따른 연기의 모양

① 파상형(Looping형)의 안정도는 과단열(매우 불안정)조건이며 난류가 심할 때 발생하고, 강한 난류에 의해 연기는 재빨리 분산되나 연기가 지면에 도달할 경우 굴뚝 가까운 곳의 지표농도는 높게 될 수도 있으며, 실제기온감률이 단열감률보다 클 때 볼 수 있다.
② 부채형(Fanning형)은 전체 대기층이 강한 안정시에 나타나며, 풍향이 자주

바뀔때면 뱀이 기어가는 연기모양으로 기온역전상태의 대기오염이 심할 때 나타날 수 있는 연기모양이다.
③ 원추형(Coning형)은 전체 대기층이 중립일 경우에 나타나며, 연기의 퍼지는 모양에서 가우시안 확산모델을 적용할 수 있는 가장 이상적인 연기형태이다.
④ 지붕형(Lofting형)의 안정도는 고공(상층)이 과단열(매우 불안정)이고 지표(하층)가 역전(매우 안정)인 경우에 나타나며 연기가 서서히 확산되며, 주로 고기압 지역에서 하늘이 맑고 바람이 약한 경우에 초저녁으로부터 아침에 걸쳐 발생하기 쉽다.
⑤ 훈증형(Fumigation형)의 안정도는 고공(상층)이 역전(매우안정)이고 지표(하층)는 과단열(매우 불안정)이며, 지상으로부터의 기온구배는 과단열 - 역전이다.
⑥ 구속형(Trapping형)의 안정도는 고공(상층)은 침강성 역전, 지표(하층)는 복사성 역전이다.

29. 배출되는 오염물질의 확산조건

① 배출구 직경을 작게한다.
② 배출가스량을 많게 한다.
③ 배출가스온도를 증가시킨다.
④ 배출가스속도를 빠르게 한다.

30. 가우시안 확산모델

① 장단기적인 대기오염도 예측에 사용이 용이하다.
② 점오염원에서는 풍하방향으로 확산되어 가는 Plume이 정규분포한다고 가정하여 유도한다.
③ 표준편차(σ_y, σ_z)의 값의 성립조건으로 시료채취기간은 약 10분이다.
④ 표준편차(σ_y, σ_z)의 값은 대기의 안정상태와 풍하거리 X의 함수이다.

31. 분산모델과 수용모델

① 분산모델의 특징은 미래의 대기질을 예측할 수 있으며, 2차 오염원의 확인이 가능하며, 점, 선, 면 오염원의 영향을 평가할 수 있으며, 새로운 오염원이 지역내에 생길 때 매번 재평가하여야 하며, 지형 및 오염원의 조업조건에 영향을 받으며, 오염물의 단기간 분석 시 문제가 된다.

② 수용모델의 특징은 지형, 기상학적 정보 없이도 사용 가능하며, 현재나 과거에 일어났던 일을 추정, 미래를 위한 전략을 세울 수 있으며, 측정자료를 입력자료로 사용하므로 시나리오 작성이 곤란하며, 미래의 대기질을 예측하기가 어렵다.

32. 대기분산모델의 종류

① UAM(Urban Airshed Model)의 적용모델식은 광화학모델이며, 적용배출원 형태는 점, 면에 적용하며, 개발국은 미국, 특징은 도시지역에서 광화학반응을 고려하여 오염물질의 이동을 계산하는데 이용된다.
② ADMS(Atmospheric Dispersion Model System)의 적용모델식은 가우시안 모델이며, 적용배출원 형태는 점, 면, 선에 적용하며, 개발국은 영국, 특징은 도시지역 오염물질의 이동을 계산하는데 이용된다.
③ ISCLT(Industrial Source Complex for Long Term)의 적용모델식은 가우시안 모델이며, 적용배출원 형태는 점, 면, 선에 적용하며, 개발국은 미국, 특징은 미국에서 널리 이용되는 범용적인 모델로 장기농도 계산용의 모델이다.
④ RAMS(Regional Atmospheric Model System)의 적용모델식은 3차원 바람장모델이며, 개발국은 미국, 특징은 바람장모델로 바람장과 오염물질의 분산을 동시에 계산한다.
⑤ MM5(Mesoscale Model)의 적용모델식은 3차원 바람장모델이며, 개발국은 미국, 특징은 바람장모델로 바람장을 계산하고 기상을 예측하는데 이용된다.

33. 대기환경보전법에서 사용하는 용어

① 대기오염물질 : 대기 중에 존재하는 물질 중 심사·평가 결과 대기오염의 원인으로 인정된 가스·입자상물질로서 환경부령으로 정하는 것을 말한다.
② 기후·생태계 변화유발물질 : 지구 온난화 등으로 생태계의 변화를 가져올 수 있는 기체상물질로서 온실가스와 환경부령으로 정하는 것(염화불화탄소와 수소염화불화탄소)을 말한다.
③ 온실가스 : 적외선 복사열을 흡수하거나 다시 방출하여 온실효과를 유발하는 대기 중의가스상태 물질로서 이산화탄소, 메탄, 아산화질소, 수소불화탄소, 과불화탄소, 육불화황을말한다.
④ 가스 : 물질이 연소·합성·분해될 때에 발생하거나 물리적 성질로 인하여 발생하는 기체상 물질을 말한다.
⑤ 입자상물질 : 물질이 파쇄·선별·퇴적·이적될 때, 그 밖에 기계적으로 처리

되거나 연소·합성·분해될 때에 발생하는 고체상 또는 액체상의 미세한 물질을 말한다.
⑥ 먼지 : 대기 중에 떠다니거나 흩날려 내려오는 입자상물질을 말한다.
⑦ 매연 : 연소할 때에 생기는 유리탄소가 주가 되는 미세한 입자상물질을 말한다.
⑧ 검댕 : 연소할 때에 생기는 유리탄소가 응결하여 입자의 지름이 1마이크론 이상이 되는 입자상물질을 말한다
⑨ 특정대기유해물질 : 유해성대기감시물질 중 심사·평가 결과 저농도에서도 장기적인 섭취나 노출에 의하여 사람의 건강이나 동식물의 생육에 직접 또는 간접으로 위해를 끼칠 수 있어 대기 배출에 대한 관리가 필요하다고 인정된 물질로서 환경부령으로 정하는 것을 말한다.
⑩ 휘발성유기화합물 : 탄화수소류 중 석유화학제품, 유기용제, 그 밖의 물질로서 환경부장관이 관계 중앙행정기관의 장과 협의하여 고시하는 것을 말한다.
⑪ 대기오염물질배출시설 : 대기오염물질을 대기에 배출하는 시설물, 기계, 기구, 그 밖의 물체로서 환경부령으로 정하는 것을 말한다.
⑫ 대기오염방지시설 : 대기오염물질배출시설로부터 나오는 대기오염물질을 연소조절에 의한 방법으로 없애거나 줄이는 시설로서 환경부령으로 정하는 것을 말한다.
⑬ 첨가제 : 자동차의 성능을 향상시키거나 배출가스를 줄이기 위하여 자동차의 연료에 첨가하는 탄소와 수소만으로 구성된 물질을 제외한 화학물질을 말한다.
⑭ 저공해엔진 : 자동차 또는 건설기계에서 배출되는 대기오염물질을 줄이기 위한 엔진(엔진개조에 사용하는 부품을 포함한다)으로서 환경부령으로 정하는 배출허용기준에 맞는 엔진을 말한다.
⑮ 여과성 먼지 : 대기오염물질배출시설에서 고체 또는 액체 상태로 배출되는 먼지를 말한다.
⑯ 응축성 먼지 : 대기오염물질배출시설에서 기체 상태로 배출된 이후 대기 중에서 고체 또는 액체 상태로 즉시 응축되는 먼지를 말한다.

34. 상시측정

① 대기오염경보의 대상 지역, 대상 오염물질, 발령 기준, 경보 단계 및 경보 단계별 조치 등에 필요한 사항은 대통령령으로 정한다.
② 대기오염경보의 대상 오염물질은 미세먼지(PM-10), 초미세먼지(PM-2.5), 오존(O_3)이다.

③ 대기오염경보 단계는 대기오염경보 대상 오염물질의 농도에 따라 미세먼지 (PM-10)는 주의보, 경보로, 초미세먼지(PM-2.5)는 주의보, 경보로, 오존 (O_3)은 주의보, 경보, 중대경보로 구분하되, 대기오염경보 단계별 오염물질의 농도기준은 환경부령으로 정한다.
④ 주의보 발령시 조치사항은 주민의 실외활동 및 자동차 사용의 자제 요청 등이다.
⑤ 경보 발령시 조치사항은 주민의 실외활동 제한 요청, 자동차 사용의 제한 및 사업장의 연료사용량 감축 권고 등이다.
⑥ 중대경보 발령시 조치사항은 주민의 실외활동 금지 요청, 자동차의 통행금지 및 사업장의 조업시간 단축명령 등이다.

35. 수도권대기환경청장, 국립환경과학원장 또는 한국환경공단이 설치하는 대기오염 측정망의 종류

① 대기오염물질의 지역배경농도를 측정하기 위한 교외대기측정망
② 대기오염물질의 국가배경농도와 장거리이동 현황을 파악하기 위한 국가배경 농도측정망
③ 도시지역 또는 산업단지 인근지역의 특정대기유해물질(중금속을 제외)의 오염도를 측정하기 위한 유해대기물질측정망
④ 도시지역의 휘발성유기화합물 등의 농도를 측정하기 위한 광화학대기오염 물질측정망
⑤ 산성 대기오염물질의 건성 및 습성 침착량을 측정하기 위한 산성강하물측정망
⑥ 기후·생태계변화 유발물질의 농도를 측정하기 위한 지구대기측정망
⑦ 장거리이동 대기오염물질의 성분을 집중 측정하기 위한 대기오염집중측정망
⑧ 초미세먼지(PM-2.5)의 성분 및 농도를 측정하기 위한 미세먼지성분측정망

36. 특별시장·광역시장·특별자치시장·도지사 또는 특별자치도지사(시·도지사)가 설치하는 대기오염 측정망의 종류

① 도시지역의 대기오염물질 농도를 측정하기 위한 도시대기측정망
② 도로변의 대기오염물질 농도를 측정하기 위한 도로변대기측정망
③ 대기 중의 중금속 농도를 측정하기 위한 대기중금속측정망

37. 대기환경개선

① 환경부장관은 대기오염물질과 온실가스를 줄여 대기환경을 개선하기 위하여 대기환경개선 종합계획을 10년마다 수립하여 시행하여야 한다.
② 종합계획에 포함되어야 하는 사항
  ㉠ 대기오염물질의 배출현황 및 전망
  ㉡ 대기 중 온실가스의 농도변화 현황 및 전망
  ㉢ 대기오염물질을 줄이기 위한 목표 설정과 이의 달성을 위한 분야별·단계별 대책
  ㉣ 대기오염이 국민 건강에 미치는 위해정도와 이를 개선하기 위한 위해수준의 설정에 관한 사항
  ㉤ 유해성 대기감시물질의 측정 및 감시·관찰에 관한 사항
  ㉥ 특정대기유해물질을 줄이기 위한 목표 설정 및 달성을 위한 분야별·단계별 대책
  ㉦ 환경분야 온실가스 배출을 줄이기 위한 목표설정과 이의 달성을 위한 분야별·단계별 대책
  ㉧ 기후변화로 인한 영향평가와 적응대책에 관한 사항
  ㉨ 대기오염물질과 온실가스를 연계한 통합대기환경 관리체계의 구축
  ㉩ 기후변화 관련 국제적 조화와 협력에 관한 사항
  ㉪ 특정대기유해물질을 줄이기 위한 목표 설정 및 달성을 위한 분야별·단계별 대책
  ㉫ 장거리이동대기오염물질의 발생 현황 및 전망
  ㉬ 장거리이동대기오염물질의 피해방지를 위한 국내대책과 발생 감소를 위한 국제협력
  ㉭ 장거리이동대기오염물질 발생저감을 위한 민관 협력방안

38. 사업장에서 배출되는 대기오염물질을 총량으로 규제하려는 경우 고시 사항

① 총량규제구역
② 총량규제 대기오염물질
③ 대기오염물질의 저감계획
④ 그 밖에 총량규제구역의 대기관리를 위하여 필요한 사항

39. 배출시설설치를 제한할 수 있는 경우

① 배출시설 설치 지점으로부터 반경 1킬로미터 안의 상주 인구가 2만명 이상인 지역으로서 특정대기유해물질 중 한 가지 종류의 물질을 연간 10톤 이상 배출하거나 두 가지 이상의 물질을 연간 25톤 이상 배출하는 시설을 설치하는 경우
② 대기오염물질(먼지·황산화물 및 질소산화물만 해당)의 발생량 합계가 연간 10톤 이상인 배출시설을 특별대책지역(총량규제구역으로 지정된 특별대책지역은 제외)에 설치하는 경우

40. 시운전 기간 중 환경부령으로 정하는 기간이란 신고한 배출시설 및 방지시설의 가동개시일부터 30일까지의 기간을 말한다.

41. 배출시설 및 방지시설의 운영기록 보존

4종·5종사업장을 설치·운영하는 사업자는 배출시설 및 방지시설의 운영기간 중 시설의가동시간, 대기오염물질 배출량, 자가측정에 관한 사항, 시설관리 및 운영자, 그 밖에 시설운영에 관한 중요사항을 배출시설 및 방지시설의 운영기록부에 매일 기록하고 최종 기재한 날부터 1년간 보존하여야 한다.

42. 사업장의 분류

종별	오염물질발생량 구분
1종사업장	대기오염물질발생량의 합계가 연간 80톤 이상인 사업장
2종사업장	대기오염물질발생량의 합계가 연간 20톤 이상 80톤 미만인 사업장
3종사업장	대기오염물질발생량의 합계가 연간 10톤 이상 20톤 미만인 사업장
4종사업장	대기오염물질발생량의 합계가 연간 2톤 이상 10톤 미만인 사업장
5종사업장	대기오염물질발생량의 합계가 연간 2톤 미만인 사업장

43. 자가방지시설 및 공동 방지시설

① 자가방지시설의 설계·시공을 하는 경우 시·도지사에게 제출해야 하는 서류로는 배출시설의 설치명세서, 공정도, 원료(연료를 포함) 사용량, 제품생산량 및 대기오염물질 등의 배출량을 예측한 명세서, 방지시설의 설치명세서와 그 도면, 기술능력 현황을 적은 서류이다.

② 공동 방지시설의 설치·운영을 할 경우 제출해야 하는 서류에는 공동 방지시설의 위치도(축척 2만 5천분의 1의 지형도를 말한다), 공동 방지시설의 설치명세서 및 그 도면, 사업장별 배출시설의 설치명세서 및 대기오염물질 등의 배출량 예측서, 사업장별 원료사용량과 제품생산량을 적은 서류와 공정도, 사업장에서 공동 방지시설에 이르는 연결관의 설치도면 및 명세서, 공동 방지시설의 운영에 관한 규약이다.

44. 측정기기

① 개선기간은 6개월 이내, 개선기간 연장은 6개월의 범위이다.
② 측정기기의 운영·관리기준에서 환경부장관, 시·도지사 및 사업자는 굴뚝 배출가스 온도측정기를 새로 설치하거나 교체하는 경우에는 국가표준기본법에 따른 교정을 받아야 하며, 그 기록을 3년 이상 보관하여야 한다.
③ 굴뚝 자동측정기기 부착대상 배출시설 및 측정항목 중 표준산소농도가 적용되는 시설에 대해서는 산소측정기를 부착하여야 한다.

45. 개선명령

① 개선기간은 1년 이내, 개선기간의 연장신청은 1년의 범위이다.
② 조치명령 또는 개선명령을 받은 사업자는 그 명령을 받은 날부터 15일 이내에 개선계획서를 환경부령으로 정하는 바에 따라 환경부장관 또는 시·도지사에게 제출해야 한다.

46. 개선명령 이행상태를 검사할 수 있는 대기오염도 검사기관

① 국립환경과학원
② 특별시·광역시·특별자치시·도·특별자치도의 보건환경연구원
③ 유역환경청, 지방환경청 또는 수도권대기환경청
④ 한국환경공단

47. 배출부과금을 부과할 때 고려사항

① 배출허용기준 초과 여부
② 배출되는 대기오염물질의 종류
③ 대기오염물질의 배출기간
④ 대기오염물질의 배출량
⑤ 자가측정을 하였는지 여부

48. 기본부과금의 지역별 부과계수

구분	지역별 부과계수
Ⅰ지역(주거지역, 상업지역, 취락지구, 택지개발 예정지구)	1.5
Ⅱ지역(공업지역, 수자원보호구역, 전원개발 사업구역 및 예정구역)	0.5
Ⅲ지역(녹지지역, 농림지역 및 자연환경보전지역, 관광·휴양개발진흥지구)	1.0

49. 기본부과금의 농도별 부과계수

구분	연료의 황함유량(%)		
	0.5% 이하	1.0% 이하	1.0% 초과
농도별 부과계수	0.2	0.4	1.0

50. 과징금의 부과

① 과징금은 행정처분기준에 따라 조업정지일수에 1일당 부과금액과 사업장 규모별 부과계수를 곱하여 산정한다.
② 1일당 부과금액은 300만원
③ 사업장 규모별 부과계수는 1종사업장 2.0, 2종사업장 1.5, 3종사업장 1.0, 4종사업장 0.7, 5종사업장 0.4 이다.

51. 초과부과금

① 배출허용기준 초과농도 = 배출농도 - 배출허용기준농도
② 특정대기유해물질의 배출허용기준 초과 일일오염물질배출량은 소수점 이하 넷째 자리까지 계산하고, 일반오염물질은 소수점 이하 첫째 자리까지 계산한다.
③ 먼지의 배출농도 단위는 표준상태(0℃, 1기압)에서의 세제곱미터당 밀리그램(mg/Sm^3)으로 하고, 그 밖의 오염물질의 배출농도 단위는 피피엠(ppm)으로 한다.
④ 일일유량 = 측정유량 × 일일조업시간
⑤ 측정유량의 단위는 시간당 세제곱미터(m^3/h)로 한다.
⑥ 일일조업시간은 배출량을 측정하기 전 최근 조업한 30일 동안의 배출시설 조업시간 평균치를 시간으로 표시한다.

⑦ 초과부과금 부과대상 오염물질은 황산화물, 암모니아, 황화수소, 이황화탄소, 먼지, 불소화물, 염화수소, 질소산화물, 시안화수소이다.
⑧ 오염물질 1kg당 부과 금액

오염물질	1kg당 부과금액	오염물질	1kg당 부과금액
황산화물	500원	이황화탄소	1,600원
먼지	770원	불소화물	2,300원
질소산화물	2,130원	염화수소	7,400원
암모니아	1,400원	시안화수소	7,300원
황화수소	6,000원		

52. 초과부과금의 위반횟수별 부과계수

① 위반이 없는 경우 : 100분의 100
② 처음 위반한 경우 : 100분의 105
③ 2차 이상 위반한 경우 : 위반 직전의 부과계수에 100분의 105를 곱한 것

53. 과징금 처분

① 조업정지가 주민의 생활, 대외적인 신용·고용·물가 등 국민경제, 그 밖에 공익에 현저한 지장을 줄 우려가 있다고 인정되는 경우 조업정지처분을 갈음하여 매출액에 100분의 5를 곱한 금액을 초과하지 않는 범위에서 과징금을 부과하고 매출액이 없거나 매출액의산정이 곤란한 경우에는 2억원을 초과하지 아니하는 범위에서 과징금을 부과한다.
② 과징금으로 갈음할 수 있는 공익목적의 사업장에는 의료법에 따른 의료기관의 배출시설, 사회복지시설 및 공동주택의 냉난방시설, 발전소의 발전 설비, 집단에너지사업법에 따른 집단에너지시설, 초·중등교육법 및 고등교육법에 따른 학교의 배출시설, 제조업의 배출시설, 그밖에 대통령령으로 정하는 배출시설이다.

54. 자가측정

① 사업자가 그 배출시설을 운영할 때에는 나오는 오염물질을 자가측정하거나 환경분야 시험·검사 등에 관한 법률에 따른 측정대행업자에게 측정하게 하여 그 결과를 사실대로 기록하고, 환경부령으로 정하는 바에 따라 보존하여야 한다.
② 자가측정시 사용한 여과지 및 시료채취기록지의 보존기간은 환경오염공정

시험기준에 따라 최종 기재하거나 측정한 날부터 6개월로 한다.

55. 환경기술인

① 환경기술인을 두어야 할 사업장의 범위, 환경기술인의 자격기준, 임명(바꾸어 임명하는것을 포함한다) 기간은 대통령령으로 정한다.
② 환경기술인 임명 신고 기간은 최초로 배출시설을 설치한 경우에는 가동개시 신고를 할때, 환경기술인을 바꾸어 임명하는 경우에는 그 사유가 발생한 날부터 5일 이내. 다만, 환경기사 또는 환경산업기사 이상의 자격이 있는 자를 임명하여야 하는 사업장으로서 5일 이내에 채용할 수 없는 부득이한 사정이 있는 경우에는 30일의 범위에서 4종·5종사업장의 기준에 준하여 환경기술인을 임명할 수 있다.

56. 환경기술인의 교육

① 환경기술인은 환경정책기본법에 따른 한국환경보전원, 환경부장관 또는 시·도지사가 교육을 실시할 능력이 있다고 인정하여 위탁하는 기관(교육기관)에서 실시하는 교육을 받아야 한다. 다만, 교육 대상이 된 사람이 그 교육을 받아야 하는 기한의 마지막 날 이전 3년 이내에 동일한 교육을 받았을 경우에는 해당 교육을 받은 것으로 본다.
② 신규교육은 환경기술인으로 임명된 날부터 1년 이내에 1회이다.
③ 보수교육은 신규교육을 받은 날을 기준으로 3년마다 1회이다.
④ 교육기간은 4일 이내로 한다. 다만, 정보통신매체를 이용하여 원격교육을 하는 경우에는 환경부장관이 인정하는 기간으로 한다.

57. 고체연료(석탄) 사용시설 설치기준

① 배출시설의 굴뚝높이는 100m 이상으로 하되, 굴뚝상부 안지름, 배출가스 온도 및 속도등을 고려한 유효굴뚝높이(굴뚝의 실제높이에 배출가스의 상승고도를 합산한 높이를 말한다. 이하 같다)가 440m 이상인 경우에는 굴뚝높이를 60m 이상 100m 미만으로 할 수있다.
② 석탄의 수송은 밀폐 이송시설 또는 밀폐통을 이용하여야 한다.
③ 석탄저장은 옥내저장시설(밀폐형 저장시설 포함) 또는 지하저장시설에 저장하여야 한다.
④ 석탄연소재는 밀폐통을 이용하여 운반하여야 한다.
⑤ 굴뚝에서 배출되는 아황산가스(SO_2), 질소산화물(NO_X), 먼지 등의 농도를 확인할 수 있는 기기를 설치하여야 한다.

58. 청정연료 사용 대상시설의 범위

① 건축법 시행령에 따른 공동주택으로서 동일한 보일러를 이용하여 하나의 단지 또는 여러개의 단지가 공동으로 열을 이용하는 중앙집중난방방식(지역냉난방방식을 포함)으로 열을 공급받고, 단지 내의 모든 세대의 평균 전용면적이 $40.0m^2$를 초과하는 공동주택
② 집단에너지사업법 시행령에 따른 지역냉난방사업을 위한 시설
③ 전체 보일러의 시간당 총 증발량이 0.2톤 이상인 업무용보일러(영업용 및 공공용보일러를 포함하되, 산업용보일러는 제외한다.)
④ 발전시설. (다만, 산업용 열병합 발전시설은 제외한다.)

59. 배출가스의 종류 중 대통령령으로 정하는 오염물질

① 휘발유, 알코올 또는 가스를 사용하는 자동차는 일산화탄소, 탄화수소, 질소산화물, 알데히드, 입자상물질, 암모니아이다.
② 경유를 사용하는 자동차는 일산화탄소, 탄화수소, 질소산화물, 매연, 입자상물질, 암모니아이다.

60. 인증의 면제 자동차

① 군용 및 경호업무용 등 국가의 특수한 공용 목적으로 사용하기 위한 자동차와 소방용 자동차
② 주한 외국공관 또는 외교관이나 그 밖에 이에 준하는 대우를 받는 자가 공용 목적으로 사용하기 위한 자동차로서 외교통상부장관의 확인을 받은 자동차
③ 주한 외국군대의 구성원이 공용 목적으로 사용하기 위한 자동차
④ 수출용 자동차와 박람회나 그 밖에 이에 준하는 행사에 참가하는 자가 전시의 목적으로일시 반입하는 자동차
⑤ 여행자 등이 다시 반출할 것을 조건으로 일시 반입하는 자동차
⑥ 자동차제작자 및 자동차 관련 연구기관 등이 자동차의 개발 또는 전시 등 주행 외의 목적으로 사용하기 위하여 수입하는 자동차
⑦ 외국인 또는 외국에서 1년 이상 거주한 내국인이 주거(住居)를 옮기기 위하여 이주물품으로 반입하는 1대의 자동차

61. 첨가제

① 첨가제의 종류에는 세척제, 청정분산제, 매연억제제, 다목적첨가제, 옥탄

가 향상제, 세탄가 향상제, 유동성 향상제, 윤활성 향상제가 있다.
② 첨가제 또는 촉매제 용기 앞면의 제품명 밑에 제품명 글자크기의 100분의 30 이상에 해당하는 크기로 표시하여야 한다.

62. 운행차 배출허용기준 중 일반기준

① 차량중량이란 자동차관리법 시행규칙에 따라 전산정보처리조직에 기록된 해당 자동차의 차량중량을 말한다.
② 휘발유와 가스를 같이 사용하는 자동차의 배출가스 측정 및 배출허용기준은 가스의 기준을 적용한다.
③ 알코올만 사용하는 자동차는 탄화수소 기준을 적용하지 아니한다.
④ 휘발유사용 자동차는 휘발유·알코올 및 가스(천연가스를 포함한다)를 섞어서 사용하는 자동차를 포함하며, 경유사용 자동차는 경유와 가스를 섞어서 사용하거나 같이 사용하는 자동차를 포함한다.
⑤ 희박연소(Lean Burn)방식을 적용하는 자동차는 공기과잉률 기준을 적용하지 아니한다.

63. 위임업무 보고사항

업무내용	보고 횟수	보고기입	보고자
1. 환경오염사고 발생 및 조치 사항	수시	사고발생 시	시·도지사, 유역환경청장 또는 지방환경청장
2. 수입자동차 배출가스 인증 및 검사현황	연 4회	매분기 종료 후 15일 이내	국립환경과학원장
3. 자동차 연료 및 첨가제의 제조·판매 또는 사용에 대한 규제현황	연 2회	매반기 종료 후 15일 이내	유역환경청장 또는 지방환경청장
4. 자동차 연료 또는 첨가제의 제조기준 적합 여부 검사현황	연료 : 연 4회 첨가제 : 연 2회	연료 : 매분기 종료 후 15일 이내 첨가제 : 매반기 종료 후 15일 이내	국립환경과학원장
5. 측정기기 관리대행업의 등록, 변경등록 및 행정처분 현황	연 1회	다음 해 1월 15일까지	유역환경청장, 지방환경청장, 수도권대기환경청장

64. 환경정책기본법상 환경기준

항목	평균 기준치
아황산가스(SO_2)	연간 : 0.02ppm 이하 24시간 : 0.05ppm 이하 1시간 : 0.15ppm 이하
일산화탄소(CO)	8시간 : 9ppm 이하 1시간 : 25ppm 이하
미세먼지(PM-10)	연간 : $50\mu g/m^3$ 이하 24시간 : $100\mu g/m^3$ 이하
이산화질소(NO_2)	연간 : 0.03ppm 이하 24시간 : 0.06ppm 이하 1시간 : 0.10ppm 이하
오존(O_3)	8시간 : 0.06ppm 이하 1시간 : 0.1ppm 이하
초미세먼지(PM-2.5)	연간 : $15\mu g/m^3$ 이하 24시간 : $35\mu g/m^3$ 이하
벤젠(C_6H_6)	연간 : $5\mu g/m_3$ 이하
납(Pb)	연간 : $0.5\mu g/m^3$ 이하

65. 환경정책기본법에서 정하는 정의

① "환경"이란 자연환경과 생활환경을 말한다.
② "자연환경"이란 지하·지표(해양을 포함한다) 및 지상의 모든 생물과 이들을 둘러싸고있는 비생물적인 것을 포함한 자연의 상태(생태계 및 자연경관을 포함한다)를 말한다.
③ "생활환경"이란 대기, 물, 토양, 폐기물, 소음·진동, 악취, 일조(日照), 인공조명, 화학물질등 사람의 일상생활과 관계되는 환경을 말한다.
④ "환경오염"이란 사업활동 및 그 밖의 사람의 활동에 의하여 발생하는 대기오염, 수질오염, 토양오염, 해양오염, 방사능오염, 소음·진동, 악취, 일조 방해, 인공조명에 의한 빛공해 등으로서 사람의 건강이나 환경에 피해를 주는 상태를 말한다.
⑤ "환경훼손"이란 야생동식물의 남획(濫獲) 및 그 서식지의 파괴, 생태계 질서의 교란, 자연경관의 훼손, 표토(表土)의 유실 등으로 자연환경의 본래적 기능에 중대한 손상을 주는 상태를 말한다.
⑥ "환경보전"이란 환경오염 및 환경훼손으로부터 환경을 보호하고 오염되

거나 훼손된 환경을 개선함과 동시에 쾌적한 환경 상태를 유지·조성하기 위한 행위를 말한다.
⑦ "환경용량"이란 일정한 지역에서 환경오염 또는 환경훼손에 대하여 환경이 스스로 수용, 정화 및 복원하여 환경의 질을 유지할 수 있는 한계를 말한다.

66. 악취방지법에서 사용하는 용어

① 악취 : 황화수소, 메르캅탄류, 아민류, 그 밖에 자극성이 있는 물질이 사람의 후각을 자극하여 불쾌감과 혐오감을 주는 냄새를 말한다.
② 지정악취물질 : 악취의 원인이 되는 물질로서 환경부령으로 정하는 것을 말한다.
③ 악취배출시설 : 악취를 유발하는 시설, 기계, 기구, 그 밖의 것으로서 환경부장관이 관계중앙행정기관의 장과 협의하여 환경부령으로 정하는 것을 말한다.
④ 복합악취 : 두 가지 이상의 악취물질이 함께 작용하여 사람의 후각을 자극하여 불쾌감과 혐오감을 주는 냄새를 말한다.

67. 신축 공동주택의 실내공기질 권고기준

① 폼알데하이드 $210\mu g/m^3$ 이하
② 벤젠 $30\mu g/m^3$ 이하
③ 톨루엔 $1,000\mu g/m^3$ 이하
④ 에틸벤젠 $360\mu g/m^3$ 이하
⑤ 자일렌 $700\mu g/m^3$ 이하
⑥ 스티렌 $300\mu g/m^3$ 이하
⑦ 라돈 $148Bq/m^3$ 이하

68. 실내공기질관리법 적용대상(대통령령으로 정하는 규모)

① 모든 지하역사(출입통로·대합실·승강장 및 환승통로와 이에 딸린 시설 포함)
② 연면적 2천제곱미터 이상인 지하도상가(지상건물에 딸린 지하층의 시설 포함)
③ 철도역사의 연면적 2천제곱미터 이상인 대합실
④ 여객자동차터미널의 연면적 2천제곱미터 이상인 대합실
⑤ 항만시설 중 연면적 5천제곱미터 이상인 대합실

⑥ 공항시설 중 연면적 1천5백제곱미터 이상인 여객터미널
⑦ 연면적 3천제곱미터 이상인 도서관
⑧ 연면적 3천제곱미터 이상인 박물관 및 미술관
⑨ 연면적 2천제곱미터 이상이거나 병상 수 100개 이상인 의료기관
⑩ 연면적 500제곱미터 이상인 산후조리원
⑪ 연면적 1천제곱미터 이상인 노인요양시설
⑫ 연면적 430제곱미터 이상인 어린이집
⑬ 연면적 430제곱미터 이상인 실내 어린이놀이시설

02 대기오염공정시험기준

1. 대기오염공정시험기준 총칙

① 백만분율(Parts Per Million)을 표시할 때는 ppm의 기호를 사용하며 따로 표시가 없는 한 기체일 때는 용량 대 용량(부피분율), 액체일 때는 중량 대 중량(질량분율)을 표시한 것이며, 1억분율(Parts Per Hundred Million)은 pphm, 10억분율(Parts Per Billion)은 ppb로 표시하고 따로 표시가 없는 한 기체일 때는 용량 대 용량(부피분율), 액체일 때는 중량 대 중량(질량분율)을 표시한 것을 뜻한다.

② 표준온도 : 0℃, 상온 : (15~25)℃, 실온 : (1~35)℃, 찬곳 : 따로 규정이 없는 한 (0~15)℃, 냉수 : 15℃ 이하, 온수 : (60~70)℃, 열수 : 약 100℃, "냉후"(식힌 후)라 표시되어 있을 때는 보온 또는 가열 후 실온까지 냉각된 상태를 뜻한다.

③ 표준품을 채취할 때 표준액이 정수로 기재되어 있어도 실험자가 환산하여 기재수치에 "약"자를 붙여 사용할 수 있다.

④ "약"이란 그 무게 또는 부피에 대하여 ±10% 이상의 차가 있어서는 안된다.

⑤ 방울수라 함은 20℃에서 정제수 20방울을 떨어뜨릴 때 그 부피가 약 1mL 되는 것을 뜻한다.

⑥ 밀폐용기는 이물질, 기밀용기는 공기 또는 다른 가스, 밀봉용기는 기체 또는 미생물이 침입하지 않도록 내용물을 보호하는 용기를 뜻한다.

⑦ 액체성분의 양을 "정확히 취한다"함은 홀피펫, 부피플라스크 또는 이와 동등 이상의 정도를 갖는 용량계를 사용하여 조작하는 것을 뜻한다.

⑧ "항량이 될 때까지 건조한다 또는 강열한다"라 함은 따로 규정이 없는 한 보통의 건조방법으로 1시간 더 건조 또는 강열할 때 전후 무게의 차가 매 g당 0.3mg 이하일 때를 뜻한다.

⑨ 시험조작 중 "즉시"란 30초 이내에 표시된 조작을 하는 것을 뜻한다.

⑩ "감압 또는 진공"이라 함은 따로 규정이 없는 한 15mmHg 이하를 뜻한다.

⑪ "바탕시험을 하여 보정한다" 함은 시료에 대한 처리 및 측정을 할 때 시료를 사용하지 않고 같은 방법으로 조작한 측정치를 빼는 것을 뜻한다.

⑫ "정량적으로 씻는다" 함은 어떤 조작으로부터 다음 조작으로 넘어갈 때 사용한 비커, 플라스크 등의 용기 및 여과막 등에 부착한 정량대상 성분을

사용한 용매로 씻어 그 세액을 합하고 먼저 사용한 같은 용매를 채워 일정 용량으로 하는 것을 뜻한다.

2. 기체크로마토그래피

① 시료도입부로부터 기체, 액체 또는 고체시료를 도입하면 기체는 그대로, 액체나 고체는 가열기화되어 운반가스에 의하여 분리관 내로 송입되고 시료 중의 각 성분은 충전물에 대한 각각의 흡착성 또는 용해성의 차이에 따라 분리관 내에서의 이동속도가 달라지기 때문에 각각 분리되어 분리관 출구에 접속된 검출기를 차례로 통과하게 된다.
② 가스 시료도입부는 가스계량관(통상 0.5mL~5mL)과 유로변환기구로 구성된다.
③ 가열오븐(Heating Oven)의 온도조절 정밀도는 ±0.5℃의 범위 이내이며, 전원 전압변동 10%에 대하여 온도변화 ±0.5℃ 범위 이내(오븐의 온도가 150℃ 부근일 때)이다.
④ 검출기 오븐(Detector Oven)은 가스를 연소시키는 검출기를 수용하는 검출기 오븐은 그 가스가 오븐 내에 오래 체류하지 않도록 된 구조이어야 한다.
⑤ 운반가스의 조건은 충전물이나 시료에 대하여 불활성인 것, 사용하는 검출기의 작동에 적합한 것, 열전도도형 검출기(TCD)에서도 순도 99.8% 이상의 수소나 헬륨을 사용하고, 불꽃 이온화 검출기(FID)에서는 순도 99.8% 이상의 질소 또는 헬륨을 사용한다.

3. 자외선/가시선분광법

① 램버어트 비어(Lambert-Beer)의 법칙 : $I_t = I_o \cdot 10^{-\epsilon \cdot C \cdot L}$,

흡광도(A) $= \log \dfrac{1}{t}$,

흡광도(A) $= \epsilon \cdot C \cdot L$이다.
② 분석장치의 구성은 광원부 - 파장선택부 - 시료부 - 측광부로 되어 있다.
③ 가시부와 근적외부의 광원은 텅스텐램프이며, 자외부의 광원은 중수소 방전관이다.
④ 측광부의 광전관, 광전자증배관은 자외 내지 가시파장 범위에서, 광전도셀은 근적외파장 범위에서, 광전지는 가시파장 범위에서 사용한다.
⑤ 흡수셀의 재질을 살펴보면 유리제는 가시 및 근적외부 파장범위에서, 석영제는 자외부 파장범위에서, 플라스틱제는 근적외부 파장범위에서 사용한다.
⑥ 자동기록식 광전분광광도계의 파장교정은 홀뮴(Holmium) 유리의 흡수스

펙트럼을 이용하고, 흡광도 눈금의 보정은 다이크로뮴산포타슘용액을 사용하며, 미광(迷光, Stray Light)의 유무조사는 컷트필터(Cut Filter)를 사용한다.
⑦ 시료액의 흡수파장이 약 370nm 이상일 때 석영 또는 경질유리 흡수셀을, 약 370nm 이하일 때 석영흡수셀을, 따로 흡수셀의 길이(L)를 지정하지 않았을 때는 10mm셀을 이용한다.

4. 원자흡수분광광도법

① 원리 : 시료를 적당한 방법으로 해리시켜 중성원자로 증기화하여 생긴 기저상태의 원자가 이 원자 증기층을 투과하는 특유파장의 빛을 흡수하는 현상을 이용하여 광전측광과 같은 개개의 특유 파장에 대한 흡광도를 측정하여 시료 중의 원소농도를 정량하는 방법으로 대기 또는 배출가스 중의 유해 중금속, 기타 원소의 분석에 적용한다.
② 역화 : 불꽃의 연소속도가 크고 혼합기체의 분출속도가 작을 때 연소현상이 내부로 옮겨지는 것이다.
③ 원자흡광(분광) 측광 : 원자흡광 스펙트럼을 이용하여 시료 중의 특정원소의 농도와 그 휘선의 흡광정도(보통은 보정되지 않은 흡광도로 나타냄)와의 상관관계를 측정하는 것이다.
④ 공명선 : 원자가 외부로부터 빛을 흡수했다가 다시 먼저 상태로 돌아갈 때 방사하는 스펙트럼선이다.
⑤ 근접선 : 목적하는 스펙트럼선에 가까운 파장을 갖는 다른 스펙트럼선이다.
⑥ 충전가스 : 중공음극램프에 채우는 가스이다.
⑦ 분무실 : 분무기와 함께 분무된 시료용액의 미립자를 더욱 미세하게 해주는 한편 큰 입자와 분리시키는 작용을 갖는 장치이다.
⑧ 선프로파일 : 파장에 대한 스펙트럼선의 강도를 나타내는 곡선이다.
⑨ 원자흡광 분석장치 구성순서는 광원부 - 시료원자화부 - 파장선택부(분광부) - 측광부 순이다.
⑩ 광원으로는 원자흡광분석용 광원은 원자흡광 스펙트럼선의 선폭보다 좁은 선폭을 갖고 휘도가 높은 스펙트럼을 방사하는 중공음극램프가 많이 사용된다.
⑪ 아세틸렌(C_2H_2) - 아산화질소(N_2O) 불꽃 : 불꽃의 온도가 높기 때문에 불꽃 중에서 해리하기 어려운 내화성산화물을 만들기 쉬운 원소의 분석에 적당하다.

5. 비분산 적외선 분광분석법

① 비분산(Nondispersive) : 빛을 프리즘이나 회절격자와 같은 분산소자에 의해 분산하지 않는 것이다.
② 정필터형 : 측정성분이 흡수되는 적외선을 그 흡수파장에서 측정하는 방식이다.
③ 반복성 : 동일한 분석계를 이용하여 동일한 측정대상을 동일한 방법과 조건으로 비교적 단시간에 반복적으로 측정하는 경우로서 개개의 측정치가 일치하는 정도이다.
④ 비교가스 : 시료셀에서 적외선 흡수를 측정하는 경우 대조가스로 사용하는 것으로 적외선을 흡수하지 않는 가스이다.
⑤ 제로가스(Zero Gas) : 분석계의 최저 눈금값을 교정하기 위하여 사용하는 가스이다.
⑥ 스팬가스(Span Gas) : 분석계의 최고 눈금값을 교정하기 위하여 사용하는 가스이다.
⑦ 교정범위 : 측정기 최대측정범위의 80% ~ 90% 범위에 해당하는 교정값을 말한다.
⑧ 복광속 비분산 분석기의 구성은 적외선 광원 - 회전섹터 - 광학필터 - 시료셀 - 비교셀 - 적외선 검출기 - 증폭기 - 지시계이며, 광원은 니크로뮴선 또는 탄화규소의 저항체에 전류를 흘려 가열한 것을 사용한다.
⑨ 회전섹타 : 시료광속과 비교광속을 일정주기로 단속시켜, 광학적으로 변조시키는 것으로 측정 광신호의 증폭에 유효하고 잡신호 영향을 줄일 수 있다.
⑩ 광학필터 : 시료가스 중에 간섭물질 가스의 흡수파장역의 적외선을 흡수 제거하기 위하여 사용하며, 가스필터와 고체필터가 있는데, 이것은 단독 또는 적절히 조합하여 사용한다.
⑪ 비교셀 : 시료셀과 동일한 모양을 가지며 아르곤 또는 질소와 같은 불활성 기체를 봉입하여 사용한다
⑫ 측정기기 성능에서 재현성 : 동일 측정조건에서 제로가스와 스팬가스를 번갈아 3회 도입하여 각각의 측정값의 평균으로부터 편차를 구한다. 이 편차는 전체 눈금의 ± 2% 이내이어야 한다.
⑬ 측정기기 성능에서 감도 : 최대눈금범위의 ±1% 이하에 해당하는 농도변화를 검출할 수있는 것이어야 한다.
⑭ 측정기기 성능에서 제로드리프트(zero drift) : 동일 조건에서 제로가스를 연속적으로 도입하여 고정형은 24시간, 이동형은 4시간 연속 측정하는 동안에 전체 눈금의 ± 2% 이상의 지시 변화가 없어야 한다.

⑮ 측정기기 성능에서 스팬드리프트(span drift) : 동일 조건에서 제로가스를 흘려 보내면서 때때로 스팬가스를 도입할 때 제로드리프트를 뺀 드리프트가 고정형은 24시간, 이동형은 4시간 동안에 전체 눈금의 ±2% 이상이 되어서는 안된다.
⑯ 측정기기 성능에서 응답시간(response time) : 제로 조정용 가스를 도입하여 안정된 후 유로를 스팬가스로 바꾸어 기준 유량으로 분석기에 도입하여 그 농도를 눈금 범위 내의 어느 일정한 값으로부터 다른 일정한 값으로 갑자기 변화시켰을 때 스텝(step) 응답에 대한 소비시간이 1초 이내이어야 한다. 또 이때 최종 지시값에 대한 90%의 응답을 나타내는 시간은 40초 이내이어야 한다.
⑰ 측정기기 성능에서 유량변화에 대한 안정성 : 측정가스의 유량이 표시한 기준 유량에 대하여 ± 2% 이내에서 변동하여도 성능에 지장이 있어서는 안된다.
⑱ 측정기기 성능에서 전압 변동에 대한 안정성 : 전원전압이 설정 전압의 ±10% 이내로 변화하였을 때 지시값 변화는 전체 눈금의 ±1% 이내여야 하고, 주파수가 설정 주파수의 ±2%에서 변동해도 성능에 지장이 있어서는 안된다.

6. 이온크로마토그래피

① 이동상으로는 액체를, 그리고 고정상으로는 이온교환수지를 사용하여 이동상에 녹는 혼합물을 고분리능 고정상이 충전된 분리관 내로 통과시켜 시료성분의 용출상태를 전도도검출기 또는 광학 검출기로 검출하여 그 농도를 정량하는 방법으로 일반적으로 강수(비, 눈, 우박 등), 대기먼지, 하천수 중의 이온성분을 정성, 정량 분석하는데 이용한다.
② 분석장치의 구성순서는 용리액조 – 송액펌프 – 시료주입장치 – 분리관 – 써프렛서 –검출기 – 기록계 순이다.
③ 용리액조는 이온성분이 용출되지 않는 재질로써 용리액을 직접 공기와 접촉시키지 않는 밀폐된 것을 선택한다.
④ 써프렛서란 용리액에 사용되는 전해질 성분을 제거하기 위하여 분리관 뒤에 직렬로 접속시킨 것으로써 전해질을 물 또는 저 전도도의 용매로 바꿔줌으로써 전기전도도 셀에서 목적이온 성분과 전기 전도도만을 고감도로 검출할 수 있게 해주는 것이며, 써프렛서는 관형과 이온교환막형이 있으며, 관형은 음이온에는 스티롤계 강산형(H^+)수지가, 양이온에는 스티롤계 강염기형(OH^-)의 수지가 충진된 것을 사용한다
⑤ 자외선 및 가시선 흡수 검출기(UV, VIS 검출기) : 자외선흡수검출기(UV 검출기)는 고성능 액체크로마토그래피 분야에서 가장 널리 사용되는 검출기

이며, 최근에는 이온크로마토그래피에서도 전기 전도도 검출기와 병행하여 사용되기도 한다. 또한 가시선 흡수 검출기(VIS 검출기)는 전이금속 성분의 발색반응을 이용하는 경우에 사용된다.
⑥ 전기화학적 검출기 : 정전위 전극반응을 이용하는 전기화학 검출기는 검출감도가 높고선택성이 있는 검출기로써 분석화학 분야에 널리 이용되는 검출기이며 전량검출기, 암페로메트릭 검출기 등이 있다.

7. 흡광차분광법

① 일반적으로 빛을 조사하는 발광부와 50m~1,000m 정도 떨어진 곳에 설치되는 수광부(또는 발·수광부와 반사경) 사이에 형성되는 빛의 이동경로(Path)를 통과하는 가스를 실시간으로 분석하며, 측정에 필요한 광원은 180nm~2,850nm 파장을 갖는 제논(Xenon)램프를 사용하여 이산화황, 질소산화물, 오존 등의 대기오염물질 분석에 적용한다.
② 일반 흡광광도법은 미분적(일시적)이며 흡광차분광법(DOAS)은 적분적(연속적)이란 차이점이 있다.
③ 흡광차분광법의 분석장치는 분석기와 광원부로 나누어지며, 분석기 내부는 분광기, 샘플채취부, 검지부, 분석부, 통신부 등으로 구성된다.

8. 배출가스 중 가스상물질 시료채취방법

① 보온 및 가열을 하는 이유로는 배출가스 중의 수분 또는 이슬점이 높은 기체성분이 응축해서 채취관이 부식될 염려가 있는 경우, 여과재가 막힐 염려가 있는 경우, 분석물질이응축수에 용해되어 오차가 생길 염려가 있는 경우이다.
② 연결관(도관)의 안지름은 연결관의 길이, 흡입가스의 유량, 응축수에 의한 막힘 또는 흡입펌프의 능력 등을 고려해서 4mm~25mm로 하며, 연결관의 길이는 되도록 짧게 하고,부득이 길게 해서 쓰는 경우에는 이음매가 없는 배관을 써서 접속 부분을 적게 하고 받침 기구로 고정해서 사용해야 하며, 연결관은 가능한 한 수직으로 연결해야 하고 부득이 구부러진 관을 쓸 경우에는 응축수가 흘러나오기 십도록 경사지게(5° 이상)하고 시료 가스는 아래로 향하게 하며, 하나의 연결관으로 여러개의 측정기를 사용할 경우 각 측정기앞에서 연결관을 병렬로 연결하여 사용한다.
③ 채취부의 흡수병은 유리로 만든 것을 사용하고, 수은 마노미터는 대기와 압력차가 100mmHg 이상인 것을 사용하고, 펌프는 배기능력 0.5L/min~5L/min분인 밀폐형인 것을 사용한다.

④ 채취관은 배출가스의 흐름에 따라서 직각이 되도록 연결하며, 연결관은 되도록 짧은 것이 좋으나, 부득이 길게 할 때에는 받침 기구를 써서 고정한다.
⑤ 채취부의 바이패스용 세척병은 1개 이상 준비하고 분석대상가스가 산성일 때는 수산화소듐용액(질량분율 20%)을, 알칼리성일 때는 황산(질량분율 25%)을 각각 50mL씩 넣는다.
⑥ 원형단면의 측정점

굴뚝직경(m)	반경 구분수	측정점수
1 이하	1	4
1 초과 2 이하	2	8
2 초과 4 이하	3	12
4 초과 4.5 이하	4	16
4.5 초과	5	20

9. 비산먼지

① 시료채취는 1회 1시간 이상 연속 채취한다.
② 시료를 채취할 수 없는 조건은 대상발생원의 조업이 중단되었을 때, 비나 눈이 올 때, 바람이 거의 없을 때(풍속이 0.5m/초 미만일 때), 바람이 너무 강하게 불 때(풍속이 10m/초 이상일 때)이다.
③ 풍향풍속의 측정은 시료채취를 하는 동안에 그 지역을 대표할 수 있는 별도의 지점에 풍향풍속계를 설치하여 전 채취시간 동안의 풍향풍속을 기록한다. 단, 연속기록 장치가 없는 경우에는 적어도 10분 간격으로 같은 지점에서의 3회 이상 풍향풍속을 측정하여 기록한다.

10. 배출가스 중 암모니아

① 자외선/가시선분광법-인도페놀법은 배출가스 중 암모니아를 붕산 용액으로 흡수하여 페놀-나이트로프루시드소듐 용액과 하이포아염소산소듐 용액을 첨가하고 암모늄 이온과 반응하여 생성하는 인도페놀류의 흡광도를 파장 640nm 부근에서 측정하여 암모니아를 정량하는 방법으로 시료채취량이 20L이고 분석용 시료용액의 양이 250mL인 경우, 정량범위는 1.2ppm 이상이며 방법검출한계는 0.4ppm이며, 배출가스 중 이산화질소가 100배 이상, 아민류가 몇십 배 이상, 이산화황이 10배 이상, 황화수소가 같은 양 이상 공존하면 영향을 받으므로 그 영향을 무시하거나 제거할 수 있는 경우에 적용한다.

② 흡수액은 방해물질이 분석결과에 영향을 미치지 않는 경우에는 붕산용액(5g/L)이고, 황산화물 등의 방해물질이 분석결과에 영향을 미치는 경우에는 과산화수소(1+9)를 사용한다.

11. 배출가스 중 일산화탄소

분석방법으로는 비분산적외선분광분석법, 전기화학식(정전위전해법), 기체크로마토그래피(열전도도검출기, 불꽃이온화검출기)가 있다.

12. 배출가스 중 염화수소

① 이온크로마토그래피는 시료채취량이 20L인 경우 정량범위는 0.4ppm 이상이며, 방법검출한계는 0.1ppm이다. 그리고 흡수액은 정제수이다.
② 자외선/가시선분광법-싸이오사이안산제이수은법은 배출가스 중 염화수소를 수산화소듐 용액으로 흡수하여 싸이오사이안산제이수은용액과 황산제이철암모늄 용액 첨가하고 염화 이온과 반응하여 생성하는 싸이오사이안산제이철 착염의 흡광도를 파장 460nm에서 측정하여 염화수소를 정량하며, 시료채취량이 40L인 경우, 정량범위는 1.6ppm 이상이며, 방법검출한계는 0.5ppm이며, 배출가스 중 염화물 염 등의 입자상물질 또는 이산화황, 기타 할로젠화합물, 사이안화물, 황화합물 등이 공존하면 영향을 받으며, 흡수액은 0.1mol/L 수산화소듐용액이다.

13. 배출가스 중 염소

① 자외선/가시선분광법-오르토톨리딘법의 정량범위는 (0.2~5.0)ppm이며, 방법검출한계는 0.1ppm이며, 배출가스 중 브로민, 아이오딘, 오존, 이산화질소, 이산화염소 등의 산화성가스나 황화수소, 이산화황 등의 환원성 가스가 공존하면 영향을 받으므로 그 영향을 무시하거나 제거할 수 있는 경우에 적용하며, 흡수액은 오르토톨리딘염산용액 (0.1g/L)이다.
② 자외선/가시선분광법-4-피리딘카복실산-피라졸론법은 배출가스 중 염소를 p-톨루엔설폰아마이드 용액으로 흡수하여 클로라민-T로 전환시키고 사이안화포타슘 용액을 첨가하여 염화사이안으로 전환시킨 후, 완충 용액 및 4-피리딘카복실산-피라졸론 용액을 첨가하여 발색시키고 638nm 부근의 파장에서 흡광도를 측정하여 염소를 정량하며, 정량범위는 0.1ppm 이상이며 방법검출한계는 0.04ppm이며, 흡수액은 P-톨루엔설폰아마이드 용액(1g/L)이다.

14. 배출가스 중 황산화물

① 적용가능한 방법

측정	개요
자동측정법 - 전기화학식 (정전위전해법)	정전위전해분석계를 사용하여 시료를 가스투과성 격막을 통하여 전해조에 도입시켜 전해액 중에 확산 흡수되는 이산화황을 규정된 산화전위로 정전위전해하여 전해전류를 측정하는 방법이다.
자동측정법 - 용액 전도율법	시료를 과산화수소에 흡수시켜 용액의 전기전도율(electro conductivity)의 변화를 용액전도율 분석계로 측정하는 방법이다.
자동측정법 - 적외선 흡수법	시료가스를 셀에 취하여 7,300nm 부근에서 적외선가스분석계를 사용하여 이산화황의 광흡수를 측정하는 방법이다.
자동측정법 - 자외선 흡수법	자외선흡수분석계를 사용하여 (280~320)nm에서 시료 중 이산화황의 광흡수를 측정하는 방법이다.
자동측정법 - 불꽃 광도법	불꽃광도검출분석계를 사용하여 시료를 공기 또는 질소로 묽힌 다음 수소불꽃 중에 도입할 때에 394nm 부근에서 관측되는 발광광도를 측정하는 방법이다.

② 측정범위(적용범위)는 0ppm~1,000ppm 이하로 한다.

③ 측정방법에 따른 간섭물질

측정방법	간섭물질
전기화학식(정전위전해법)	황화수소, 이산화질소, 염화수소, 탄화수소, 염소
용액 전도율법	염화수소, 암모니아, 이산화질소, 이산화탄소
적외선 흡수법	수분, 이산화탄소, 탄화수소
자외선 흡수법	이산화질소
불꽃 광도법	황화수소, 이황화탄소, 탄화수소, 이산화탄소

④ 침전적정법-아르세나조 Ⅲ법은 시료를 과산화수소에 흡수시켜 황산화물을 황산으로 만든 후 아이소프로필알코올과 아세트산을 가하고 아르세나조 Ⅲ을 지시약으로 하여 아세트산바륨 용액으로 적정하며, 시료가스 20L를 흡수액에 통과시키고 이 액을 250mL로 묽게 하여 분석용 시료용액으로 할 때 전 황산화물의 농도가 (140~700)ppm의 시료에 적용된다. 방법검출한계는 44.0ppm이고 흡수액은 과산화수소용액 (1+9)이다.

15. 배출가스 중 질소산화물

① 적용가능한 방법

측정	개요
자동측정법 - 전기화학식 (정전위전해법)	가스투과성 격막을 통하여 전해질 용액에 시료가스 중의 질소산화물을 확산·흡수시키고 일정한 전위의 전기에너지를 부가하여 질산이온으로 산화시켜서 생성되는 전해전류로 시료가스 중 질소산화물의 농도를 측정한다.
자동측정법 - 화학 발광법	일산화질소와 오존이 반응하여 이산화질소가 될 때 발생하는 발광강도를 (590 ~ 875)nm 부근의 근적외선 영역에서 측정하여 시료 중의 일산화질소의 농도를 측정하는 방법이다. 이산화질소는 일산화질소로 환원시킨 후 측정한다.
자동측정법 - 적외선 흡수법	일산화질소의 5,300nm 적외선 영역에서 광흡수를 이용하여 시료중의 일산화질소의 농도를 비분산형 적외선분석계로 측정하는 방법이다. 이산화질소는 일산화질소로 환원시킨 후 측정한다.
자동측정법 - 자외선 흡수법	일산화질소는 (195 ~ 230)nm, 이산화질소는 (350~450)nm 부근에서 자외선의 흡수량 변화를 측정하여 시료 중의 일산화질소 또는 이산화질소의 농도를 측정하는 방법이다.

② 측정범위는 0ppm~1,000ppm 이하로 한다.

③ 측정방법에 따른 간섭물질

측정방법	간섭물질
전기화학식(정전위전해법)	염화수소, 황화수소, 염소
화학 발광법	이산화탄소
적외선 흡수법	수분, 이산화탄소, 이산화황, 탄화수소
자외선 흡수법	이산화황, 탄화수소

④ 자외선/가시선분광법-아연환원나프틸에틸렌다이아민법은 시료 중의 질소산화물을 오존존재 하에서 흡수액에 흡수시켜 질산이온으로 만들고 분말금속아연을 사용하여 아질산이온으로 환원후 설파닐아마이드 및 나프틸에틸렌다이아민을 반응시켜 얻어진 착색의 흡광도로부터 질소산화물을 정량하는 방법이며, 시료채취량이 150mL인 경우 시료 중의 질소산화물 농도가 (6.7~230)ppm의 것을 분석하는데 적당하며 방법검출한계는 2.1ppm이며, 흡수액은 0.005mol/L 황산용액이다.

16. 배출가스 중 이황화탄소(CS_2)

① 자외선/가시선분광법은 다이에틸아민구리 용액에서 시료가스를 흡수시켜 생성된 다이에틸 다이싸이오카밤산구리의 흡광도를 435nm의 파장에서 측정하여 이황화탄소를 정량하며, 시료가스 채취량 10L인 경우 배출가스 중의 이황화탄소 농도 (4.0~60.0)ppm의 분석에 적합하며, 방법검출한계는 1.3ppm이어야 한다.
② 기체크로마토그래피는 불꽃광도검출기(FPD) 혹은 이와 동등 이상의 성능을 갖는 황화물 선택성 검출기나 질량분석기를 구비한 기체크로마토그래피를 사용하여 정량한다. 이 시험기준은 이황화탄소 농도 0.5ppm 이상의 배출 분석에 적합하며, 방법검출한계는 0.1ppm이어야 한다.
③ 흡수액은 다이에틸아민구리용액이다.

17. 배출가스 중 황화수소

① 배출가스 중 황화수소-자외선/가시선분광법 - 메틸렌블루법이 주 시험방법이다.

분석방법	정량범위	방법검출한계	정밀도
자외선/가시선분광법 -메틸렌블루법	1.7ppm 이상 (시료채취량 : 20L, 분석용 시료용액 : 200mL)	0.5ppm	10% 이내
기체크로마토그래피	0.5ppm 이상 (시료채취주머니 채취 및 직접 주입)	0.2ppm	10% 이내

② 자외선/가시선분광법-메틸렌블루법은 배출가스 중의 황화수소를 아연아민착염 용액에 흡수시켜 P-아미노디메틸아닐린 용액과 염화철(Ⅲ) 용액을 가하여 생성되는 메틸렌블루의 흡광도 670nm 부근에서 측정하여 황화수소를 정량한다.
③ 흡수액은 아연아민착염용액이다.

18. 배출가스 중 플루오린화합물

① 분석방법별 정량범위, 방법검출한계, 정밀도

분석방법	정량범위	방법검출한계	정밀도
자외선/가시선분광법 - 란타넘-알리자린콤플렉손법	0.05ppm 이상 (시료채취량 : 80L, 분석용 시료용액 : 250mL)	0.02ppm	10% 이내
이온크로마토그래피	0.30ppm 이상 (시료채취량 : 40L, 분석용 시료용액 : 100 mL)	0.10ppm	10% 이내
이온선택전극법	7.37ppm~737ppm (시료채취량 : 40L, 분석용 시료용액 : 250mL)	2.31ppm	10% 이내
연속흐름법	0.30ppm 이상 (시료채취량 : 40 L, 분석용 시료용액 : 100 mL)	0.10ppm	10% 이내

② 자외선/가시선분광법 - 란타넘-알리자린콤플렉손법은 배출가스 중 무기 플루오린화합물을 수산화소듐 용액으로 흡수하고 완충 용액을 첨가하여 pH를 조절한 후 란타넘-알리자린콤플렉손 용액을 첨가하고 플루오린화 이온과 반응하여 생성하는 복합 착화합물의 흡광도를 파장 620nm에서 측정하며, 흡수액은 수산화소듐 용액이다.

③ 이온크로마토그래피는 배출가스 중 무기 플루오린화합물을 수산화소듐 용액으로 흡수하고 중화시킨 후 탄산 이온을 제거하여 충분한 분리능을 가질 수 있는 음이온 교환 분리관으로 분리하고 전도도검출기 또는 동등 이상의 성능을 갖는 검출기를 구비한 이온크로마토그래프로 플루오린화 이온을 측정한다.

④ 이온선택전극법은 굴뚝 등에서 배출되는 배출가스 중의 무기 플루오린화합물을 플루오린화 이온으로 분석하는 데 목적이 있다. 굴뚝에서 적절한 시료채취장치를 이용하여 얻은 시료 흡수액을 플루오린화 이온 전극을 이용하여 전기전도도를 측정하는 방법이다.

⑤ 연속흐름법은 배출가스 중 무기 플루오린화합물을 수산화소듐 용액으로 흡수하고 가열 증류하여 플루오린화합물을 플루오린화 이온으로 유출시킨 후 란타넘-알리자린콤플렉손 용액을 첨가하고 플루오린화 이온과 반응하여 생성하는 복합 착화합물의 흡광도를 측정하여 플루오린화합물을 정량한다.

19. 배출가스 중 사이안화수소

① 배출가스 중 사이안화수소 자외선/가시선분광법 - 4 - 피리딘카복실산 - 피라졸론법이 주 시험방법이다.

분석방법	정량범위	방법검출한계	정밀도
자외선/가시선분광법 - 4 - 피리딘카복실산 - 피라졸론법	0.05ppm 이상 (시료채취량 : 10L, 분석용 시료용액 : 250mL)	0.02ppm	10% 이내
연속흐름법	0.11ppm 이상 (시료채취량 : 20L 분석용 시료용액 : 250mL)	0.03ppm	10% 이내

② 자외선/가시선분광법 - 4-피리딘카복실산-피라졸론법은 사이안화수소를 흡수액에 흡수시킨 다음 이것을 발색시켜서 얻은 발색액에 대하여 흡광도를 638nm 부근 측정하여 사이안화수소를 정량한다.
③ 흡수액은 수산화소듐용액 (20g/L)이다.

20. 유류 중 황함유량 분석방법

① 분석방법의 종류

분석 방법의 종류	황함유량에 따른 적용 구분	방법검출한계	적용 유류
연소관식 공기법	질량분율 0.010% 이상	0.003%	원유·경유·중유 등
방사선식 여기법	질량분율 (0.030 ~ 5.000)%	0.009%	

② 연소관식 공기법은 (950~1,100)℃로 가열한 석영재질 연소관 중에 공기를 불어넣어 시료를 연소시킨다. 생성된 황산화물을 과산화수소(3%)에 흡수시켜 황산으로 만든 다음, 수산화소듐표준액으로 중화적정하여 황함유량을 구한다.

21. 배출가스 중 금속화합물의 측정파장, 정량범위, 방법검출한계

① 원자흡수분광광도법의 측정파장, 정량범위, 방법검출한계

금속	측정파장 (nm)	정량범위 (mg/Sm^3)	방법검출한계 (mg/Sm^3)
Cd	228.8	0.010 이상	0.003
Pb	217.0/283.3	0.050 이상	0.016

금속	측정파장 (nm)	정량범위 (mg/Sm^3)	방법검출한계 (mg/Sm^3)
Cr	357.9	0.100 이상	0.031
Cu	324.7	0.100 이상	0.031
Ni	232.0	0.010 이상	0.003
Zn	213.9	0.100 이상	0.031
Be	234.9	0.040 이상	0.013

② 유도결합플라스마/원자발광분광법의 측정파장, 정량범위, 방법검출한계

금속	측정파장 (nm)	정량범위 (mg/Sm^3)	방법검출한계 (mg/Sm^3)
Cd	226.50/214.44/228.80	0.005 이상	0.002
Pb	220.35/217.00/261.42	0.025 이상	0.008
Cr	357.87/267.72/206.15	0.050 이상	0.016
Cu	324.75/219.96/327.40	0.050 이상	0.016
Ni	231.60/221.65/216.56	0.005 이상	0.002
Zn	213.86/206.20/202.55	0.050 이상	0.016
Be	313.04/234.86/313.11	0.025 이상	0.008

22. 배출가스 중 비소화합물

분석방법	정량범위	방법검출한계
수소화물생성 원자흡수분광광도법	0.003ppm 이상 (분석용 시료용액 250mL, 건조시료가스량 $1Sm^3$인 경우)	0.001ppm
흑연로 원자흡수분광광도법	0.003ppm 이상 (분석용 시료용액 250mL, 건조시료가스량 $1Sm^3$인 경우)	0.001ppm
유도결합플라스마/ 원자발광분광법	0.003 ppm 이상 (분석용 시료용액 250mL, 건조시료가스량 $1Sm^3$인 경우)	0.001ppm

23. 배출가스 중 카드뮴화합물

분석방법	정량범위	방법검출한계	정밀도
원자흡수분광광도법	0.010 mg/Sm^3 이상 (시료채취량: 1 Sm^3, 분석용 시료용액 : 250mL)	0.003 mg/Sm^3	10% 이내
유도결합플라스마/ 원자발광분광법	0.005 mg/Sm^3 이상 (시료채취량 : 1 Sm^3, 분석용 시료용액 : 250mL)	0.002 mg/Sm^3	10% 이내

24. 배출가스 중 납화합물

분석방법	정량범위	방법검출한계	정밀도
원자흡수분광광도법	0.050 mg/Sm^3 이상 (시료채취량: 1 Sm^3, 분석용 시료용액 : 250mL)	0.016 mg/Sm^3	10% 이내
유도결합플라스마/ 원자발광분광법	0.025 mg/Sm^3 이상 (시료채취량 : 1 Sm^3, 분석용 시료용액 : 250mL)	0.008 mg/Sm^3	10% 이내

25. 배출가스 중 크로뮴화합물

분석방법	정량범위	방법검출한계	정밀도
원자흡수분광광도법	0.100 mg/Sm^3 이상 (시료채취량 : 1 Sm^3, 분석용 시료용액 : 250mL)	0.031 mg/Sm^3	10% 이내
유도결합플라스마/ 원자발광분광법	0.050 mg/Sm^3 이상 (시료채취량 : 1 Sm^3, 분석용 시료용액 : 250mL)	0.016 mg/Sm^3	10% 이내

26. 배출가스 중 구리화합물

분석방법	정량범위	방법검출한계	정밀도
원자흡수분광광도법	0.100 mg/Sm^3 이상 (시료채취량: 1 Sm^3, 분석용 시료용액 : 250mL)	0.031 mg/Sm^3	10% 이내
유도결합플라스마/ 원자발광분광법	0.050 mg/Sm^3 이상 (시료채취량 : 1 Sm^3, 분석용 시료용액 : 250mL)	0.016 mg/Sm^3	10% 이내

27. 배출가스 중 니켈화합물

분석방법	정량범위	방법검출한계	정밀도
원자흡수분광광도법	0.010 mg/Sm^3 이상 (시료채취량: 1 Sm^3, 분석용 시료용액 : 250mL)	0.003 mg/Sm^3	10% 이내
유도결합플라스마/ 원자발광분광법	0.005 mg/Sm^3 이상 (시료채취량 : 1 Sm^3, 분석용 시료용액 : 250mL)	0.002 mg/Sm^3	10% 이내

28. 배출가스 중 아연화합물

분석방법	정량범위	방법검출한계	정밀도
원자흡수분광광도법	0.100 mg/Sm^3 이상 (시료채취량: 1 Sm^3, 분석용 시료용액 : 250mL)	0.031 mg/Sm^3	10% 이내
유도결합플라스마/ 원자발광분광법	0.050 mg/Sm^3 이상 (시료채취량 : 1 Sm^3, 분석용 시료용액 : 250mL)	0.016 mg/Sm^3	10% 이내

29. 배출가스 중 수은화합물

분석방법	정량범위	방법검출한계
냉증기-원자흡수분 광광도법	0.0005 mg/Sm^3 이상 (건조시료가스량 1 Sm^3, 분석시료 정용량 250mL인 경우)	0.0002 mg/Sm^3

30. 배출가스 중 베릴륨화합물

분석방법	정량범위	방법검출한계	정밀도
원자흡수분광광도법	0.040 mg/Sm^3 이상 (시료채취량: 1 Sm^3, 분석용 시료용액 : 250mL)	0.013 mg/Sm^3	10% 이내
유도결합플라스마/ 원자발광분광법	0.025 mg/Sm^3 이상 (시료채취량 : 1 Sm^3, 분석용 시료용액 : 250mL)	0.008 mg/Sm^3	10% 이내

31. 배출가스 중 폼알데하이드 및 알데하이드류

① 고성능 액체크로마토그래피는 배출기스 중의 알데하이드류를 흡수액 2,4-다이나이트로페닐하이드라진(DNPH)과 반응하여 하이드라존 유도체를 생성하게 되고 이를 액체크로마토그래프로 분석하여 정량한다. 하이드라존(hydrazone)은 UV 영역, 특히 350nm~380nm에서 최대 흡광도를 나타내며, 시료채취량이 10L인 경우, 정량범위는 0.010ppm 이상이며, 방법검출한계는 0.003ppm이며, 흡수액은 DNPH (2g/L)이다.

② 자외선/가시선분광법 – 크로모트로핀산법은 폼알데하이드를 포함하고 있는 배출가스를 아황산수소소듐 용액으로 채취하고 크로모트로핀산 용액으로 발색시켜 얻은 흡광도를 측정하며, 시료채취량 60L인 경우 정량범위는 0.080ppm 이상이며, 방법검출한계는 0.025ppm이며, 흡수액은 아황산수소소듐 용액 (10g/L)이다.

③ 자외선/가시선분광법 – 아세틸아세톤법은 폼알데하이드를 포함하고 있는 배출가스를 정제수로 채취하고 아세틸아세톤 용액으로 발색시켜 얻은 흡광도를 측정하며, 시료채취량 60L인 경우 정량범위는 0.080ppm 이상이며, 방법검출한계는 0.025ppm이며, 흡수액은 정제수이다.

32. 배출가스 중 브로민화합물

① 자외선/가시선분광법은 배출가스 중 브로민화합물을 수산화소듐 용액에 흡수시킨 후 일부를 분취해서 산성으로 하여 과망간산포타슘 용액을 사용하여 브로민으로 산화시켜 클로로폼으로 추출한다. 클로로폼층에 물과 황산제이철암모늄 용액 및 싸이오사이안산제이수은 용액을 가하여 발색한 정제수층의 흡광도를 측정해서 브로민을 정량하는 방법이며, 흡수 파장은 460nm이고, 정량범위는 시료채취량이 40L인 경우 브로민화합물로서 (1.8~17.0)ppm이며, 방법검출한계는 0.6ppm이며, 흡수액은 수산화소듐 용액 (4g/L)이다.

② 적정법은 배출가스 중 브로민화합물을 수산화소듐 용액에 흡수시킨 다음 브로민을 하이포아염소산소듐 용액을 사용하여 브로민산 이온으로 산화시키고 과잉의 하이포아염소산염은 폼산소듐으로 환원시켜 이 브로민산 이온을 아이오딘 적정법으로 정량하는 방법이며, 정량범위는 시료채취량이 40L인 경우 브로민화합물로서 1.2ppm~59.0ppm이며, 방법검출한계는 0.4ppm이며, 흡수액은 수산화소듐용액 (4g/L)이다.

③ 이온크로마토그래피는 배출가스 중 무기 브로민화합물을 수산화소듐 용액으로 흡수하고 중화시킨 후 탄산 이온을 제거하여 충분한 분리능을 가질 수 있는 음이온 교환 분리관으로 분리하고 전도도검출기 또는 동등 이상의 성능을 갖는 검출기(전기화학검출기 등)를 구비한 이온크로마토그래피로 브로민화 이온을 측정하며, 시료채취량이 40L인 경우 정량범위는 0.1ppm 이상이며, 방법검출한계는 0.04ppm이며, 흡수액은 수산화소듐 용액 (4g/L)이다.

33. 배출가스 중 페놀화합물

① 자외선/가시선분광법 - 4-아미노안티피린법은 배출가스 중 페놀화합물을 수산화소듐 용액으로 흡수하고 완충 용액을 첨가하여 pH를 조절한 후 4-아미노안티피린 용액과 헥사사이아노철(Ⅲ)산포타슘 용액을 첨가하고 페놀화합물과 반응하여 생성하는 안티피린계 색소의 흡광도를 파장 510nm에서 측정하며, 시료채취량이 20L인 경우, 정량범위는 1.00ppm 이상이며, 방법검출한계는 0.32ppm이며, 흡수액은 수산화소듐 용액 (4g/L)이다.

② 기체크로마토그래피는 배출가스를 수산화소듐 용액에 흡수시켜 이 용액을 산성으로 한 후 아세트산에틸로 추출한 다음 기체크로마토그래프로 정량하며, 10L의 시료를 용매에 흡수하여 채취할 경우 시료 중의 페놀화합물의 농도가 0.20ppm~300.0ppm 범위의 분석에 적합하다.

34. 시료채취 위치선정 및 주의사항

① 시료채취 위치는 원칙적으로 주위에 건물이나 수목 등의 장애물이 없고 그 지역의 오염도를 대표할 수 있다고 생각되는 곳을 선정한다.
② 주위에 건물이나 수목 등의 장애물이 있을 경우에는 채취위치로부터 장애물까지의 거리가 그 장애물 높이의 2배 이상 또는 채취점과 장애물 상단을 연결하는 직선이 수평선과 이루는 각도가 30° 이하되는 곳을 선정한다.
③ 주위에 건물등이 밀집되거나 접근되어 있을 경우에는 건물 바깥벽으로부터 적어도 1.5m이상 떨어진 곳에 채취점을 선정한다.
④ 시료채취의 높이는 그 부근의 평균오염도를 나타낼 수 있는 곳으로서 가능한 한 1.5m~30m 범위로 한다.
⑤ 시료채취시간은 원칙적으로 그 오염물질의 영향을 고려하여 결정한다. 예를 들면 악취물질의 채취는 되도록 짧은 시간내에 끝내고 입자상 물질 중의 금속성분이나 발암성 물질 등은 되도록 장시간 채취한다.
⑥ 입자상 물질을 채취할 경우에는 채취관 벽에 먼지가 부착 또는 퇴적하는 것을 피하고 특히 채취관은 수평방향으로 연결할 경우에는 되도록 관의 길이를 짧게하고 곡률변경은 크게 한다.

35. 환경대기 중 아황산가스 측정방법 중 파라로자닐린법

① 사염화수은 포타슘용액에 대기중의 아황산가스를 흡수시켜 안진힌 이염화아황산수은염착화합물을 형성시키고 이 착화합물과 파라로자닐린 및 폼알데하이드를 반응시켜 진하게 발색되는 파라로자닐린 메틸설폰산을 형성시키는 것이다.
② 주요 방해물질은 질소산화물(NO_X), 오존(O_3), 망간(Mn), 철(Fe) 및 크롬(Cr)이다.
③ NO_X의 방해는 설퍼민산(NH_3SO_3)을 사용함으로써 제거한다.
④ 오존의 방해는 측정기간을 늦춤으로써 제거된다.
⑤ 에틸렌다이아민테트라아세트산(EDTA) 및 인산은 위의 금속성분들의 방해를 방지한다.
⑥ 암모니아, 황화물(Sulfides) 및 알데하이드는 방해되지 않는다.

36. 환경대기 중의 석면측정용 현미경법

① 위상차현미경을 사용하여 섬유상으로 보이는 입자를 계수하고 같은 입자를 보통의 생물현미경으로 바꾸어 계수하여, 그 계수치들의 차를 구하면 굴절율이 거의 1.5인 섬유상의 입자 즉 석면이라고 추정할 수 있는 입자를 계수할 수가 있게 된다.
② 석면먼지의 농도표시는 20℃, 1 기압 상태의 기체 1mL 중에 함유된 석면섬유의 개수(개/mL)로 표시한다.
③ 시료채취 및 측정시간 : 주간시간대에 (오전 8시~ 오후 7시) 10L/min으로 1시간 측정한다.
④ 유량계의 부자를 10L/min 되게 조정한다.
⑤ 식별방법은 채취한 먼지 중에 길이 5m 이상이고, 길이와 폭의 비가 3:1 이상인 섬유를 석면섬유로서 계수한다.

03 대기오염개방지기술

1. 입자상 물질

① 입자의 크기는 발생원에 따라 달라지나 일반적으로 물리적요인보다 화학적 요인에 의해 생성된 입자상 물질의 입경이 적게 된다.
② 보통 $0.01\mu m$이하는 가스분자와 같이 브라운 운동을 하기 때문에 가스상 물질로 취급한다.
③ 입자가 미세할수록 표면에너지는 커지게 되어 다른 입자간에 부착하거나 혹은 동종 입자간에 응집이 이루어지는데 이러한 현상이 생기게 하는 결합력은 분자간의 인력, 정전기적 인력, 브라운 운동에 의한 확산이다.

2. 중력 집진장치

① 중력에 의한 자연침강의 방법으로 주로 입자의 크기가 50m 이상의 입자상 물질을 처리하는데 사용된다.
② 함진가스의 온도변화에 의한 영향을 거의 받지 않으며, 선처리(1차처리장치)로 사용된다.
③ 유지비 및 설치비가 적게 드나 신뢰도가 낮으며, 함진가스의 먼지부하나 유량변동에 적응성이 낮다.
④ 침강실내의 처리가스 속도가 작을수록, 침강실의 높이가 낮고 길이가 길수록 집진율은 높아진다.
⑤ 침강실내의 배기가스 기류는 균일해야 하며, 다단일 경우에는 단수가 증가할수록 집진율은 커지나 압력손실도 증가한다.

3. 관성력 집진장치

① 충돌식과 반전식이 있으며, 일반적으로 고온가스의 처리가 가능하므로 굴뚝 또는 배관내에 적용될 때가 있다.
② 집진가능한 입자는 주로 $10\mu m$ 이상의 조대입자이며 일반적으로 집진율은 50~70% 정도이다.
③ 충돌식은 일반적으로 충돌직전의 처리가스 속도가 크고, 처리후 출구 가스 속도는 느릴수록 처리효율이 증가한다.

④ 반전식은 기류의 방향 전환시 곡률반경이 작을수록, 방향전환 횟수는 많을수록, 압력손실은 커지나 집진효율은 증가한다.
⑤ 호퍼(DUST BOX)는 적당한 모양과 크기가 필요하다.

4. 원심력 집진장치

① 고농도는 병렬로 연결하고, 응집성이 강한 먼지는 직렬연결(단수 3단 한계)하여 주로 사용한다
② Blow Down(블로우다운) 효과란 사이클론의 집진효율을 높이는 방법으로 하부의 더스트박스(Dust Box)에서 처리가스량 5~10%를 처리하여 사이클론내의 난류현상을 억제시킴으로 먼지의 재비산을 막아주며, 장치 내벽 부착으로 일어나는 먼지의 축적도 방지하는 효과이다.
③ 함진가스의 선회속도가 클수록 입자의 분리속도는 커진다.
② 내경(배출내관)이 작을수록, 입구유속이 빠를수록, 입자의 입경이 클수록 집진효율은 증가한다.
③ Dust box의 모양과 크기도 효율에 영향을 미친다.

5. 흡수장치

① 기체분산형 흡수장치는 액측저항이 큰 경우(용해도가 낮은 가스)에 적용하며, 종류에는 다공판탑, 종탑, 기포탑 등이 있다.
② 액분산형 흡수장치는 가스측 저항이 큰 경우(용해도가 높은 가스)에 적용하며, 종류에는 충전탑(흡수탑), 분무탑(살수탑), 벤츄리스크러버 등이 있다.
③ 흡수액 선정시 고려할 사항은 용해도가 높아야 하고, 휘발성이 낮아야 하고, 흡수액의 점성은 비교적 작아야 한다.
④ 헨리법칙 적용기체는 난용성 기체로 N_2, NO, NO_2, O_2, H_2, CO 등이 있으며, 비적용기체는 수용성 기체로 HCl, SO_2, NH_3, HF 등이 있다.

6. 세정 집진장치

① 확산력과 관성력을 주로 이용하는 집진장치이다.
② 가동부분이 작고 조작이 간단하며, 협소한 장소에 설치 가능하다.
③ 입자상 물질과 가스상 물질을 동시에 제거 가능하고, 고온가스 및 연소성 및 폭발성, 점착성 및 조해성 먼지의 처리가 가능하다.
④ 제진된 먼지의 재비산 염려가 없으며, 친수성 더스트의 집진효과가 높다.
⑤ 한냉기에는 동결방지에 유의해야 한다.

⑥ 굴뚝으로 최종 배출되기 전에 기액 분리기를 사용해 제거해 주어야 한다.
⑦ 세정집진장치의 종류 중 유수식에는 가스선회형, 임펠라형, 로타형, 분수형이 있다.
⑧ 세정집진장치에서 입자의 액적 간의 충돌횟수가 많을수록 집진효율은 증가하게 되는 관성충돌계수(효과)를 크게 하기 위한 조건으로는 먼지의 입경이 커야하고, 먼지의 밀도가 커야하고, 처리가스의 점도가 낮아야 하고, 처리가스와 액적의 상대속도가 커야 하고, 액적의 직경이 작아야 하고, 처리가스 온도가 낮아야 한다.

7. 충전탑(흡수탑)

① 원통형의 탑내에 여러 가지 충전재를 넣어 함진가스(가스유입속도 1m/sec 이하)와 세정액을 접촉시켜 세정하는 액분산형 흡수장치이다.
② [충전탑의 직경/충전제 직경] = 8~10일 때 편류현상이 최소가 된다.
③ 범람점에서의 가스속도는 충전제를 불규칙하게 쌓았을 때 보다 규칙적으로 쌓았을 때가 더 크다.
④ 충전제를 규칙적으로 충전하면 불규칙적으로 충전하는 방법에 비하여 압력손실이 적어 더 많은 흡수제를 흘릴 수 있다.
⑤ 가스의 유속이 증가하면 충전층내의 액의 보유량이 증가하여 탑위로 넘치게 되므로 가스유속은 범람(flooding)속도의 40~70%가 적당하다.
⑥ 가스의 속도는 0.5~1.5m/sec, 액가스비는 2~3L/m^3, 압력손실은 100~250mmH_2O이다.

8. 분무탑(Spray Tower)

① 다수의 분사노즐을 사용하여 세정액을 미립화시켜 오염가스 중에 분무하는 방식으로 구조가 간단한 액분산형 흡수장치이다.
② 충전탑에 비하여 설치비나 유지비가 저렴하며, 분무노즐이 막히기 쉽고 물방울을 미세하게 만들기 위하여 많은 동력이 필요하다.
③ 가스의 흐름이 균일하지 못하고, 분무액과 가스의 접촉이 균일하지 못하여 효율이 낮은편이며, 가스 겉보기 속도는 0.2~1m/sec, 액가스비는 0.5~1.5 L/m^3, 압력손실은 2~20mmH_2O이다.

9. 벤츄리스크러버

① 함진가스를 벤츄리관의 목(throat)부에 유속 60~90m/sec로 빠르게 공급하여 목부주변의 노즐로부터 세정액이 흡입분사되게 함으로써 포집하는 방식이다.
② 액체방울과 입자의 주된 접촉 메카니즘은 충돌이며, 물방울입경과 먼지입경의 비는 충돌효율면에서 150:1전후가 적당하다.
③ 압력손실은 300~800mmH$_2$O, 목부의 함진가스 유속은 60~90m/sec, 액가스비는 보통 0.3~1.5L/m^3 정도이다.
④ 벤츄리스크러버 적용시 액가스비를 크게해야 할 경우는 먼지의 입경이 작을 때, 먼지입자의 친수성이 낮을 때, 처리가스의 온도가 높을 때, 먼지의 농도가 높을 때, 먼지입자의 점착성이 클 때이다.

10. 여과 집진장치

① 여과 집진장치의 처리입경은 0.1~20μm, 압력손실은 100~200mmH$_2$O, 집진효율은 90~99%, 처리가스속도는 0.3~0.5m/sec이다.
② 수분이나 여과속도에 대한 적응성이 낮으며, 1μm 이상의 미세입자의 제거가 용이하며, 폭발성, 점착성 및 흡습성 먼지의 제거가 어렵다.
③ 주요 메카니즘의 집진원리에는 확산, 관성충돌, 차단, 중력이다.
④ 간헐식 탈진방식은 먼지의 재비산이 적고, 높은 집진율을 얻을 수 있고, 여포의 수명은 연속식에 비해 길며, 대용량 처리에 부적당하며, 진동형과 역기류형, 역기류 진동형이 있다.
⑤ 연속식 탈진방식은 먼지의 재비산이 크고, 집진율이 낮고, 고농도, 대용량의 처리가 용이하며, 역제트기류 분사형(reverse jet)과, 충격제트기류 분사형(pulse jet) 등이 있다.
⑥ 여과재의 종류 중 유리섬유(glass fiber)는 처리가스 중 SO$_2$, HCl 등을 함유한 200℃ 정도의 고온배출가스를 처리하는데 적합하며, 내산성에 양호하며 내알칼리성에 나쁜편이다.

11. 전기 집진장치

① 처리입경은 0.1~0.9μm 정도이고, 압력손실은 건식 10mmH$_2$O, 습식 20mmH$_2$O 이고, 집진효율은 90~99.9%이며, 처리가스속도는 건식 1~2m/sec, 습식 2~4m/sec 정도이다.

② 고집진율(99%)을 얻을 수 있으며, 고온가스처리가 가능하고, 대량의 공기를 다룰 수 있고, 부식성 가스가 함유된 먼지도 처리가 가능하며, 전력소비(동력비)가 적게 들고 유지관리비가 적게 든다.
③ 초기시설비가 많이 들며, 설치면적이 크게 소요되고, 전압변동과 같은 조건변동에 쉽게 적응하기 어려우며, 전처리장치(1차처리장치)가 필요하다.
④ 전기 집진장치내의 입자집진에 작용하는 전기력에는 입자의 하전에 의한 쿨롱력, 전계강도의 힘, 전기풍에 의한 힘, 입자간의 흡인력이 있다.
⑤ 전기 집진장치에서 집진효율에 가장 크게 영향을 주는 것이 전기저항이며, 효율이 가장 우수할 때의 먼지의 전기저항은 $10^4 \sim 10^{11} \Omega \, cm$ 이다.
⑥ 재비산 현상의 발생조건은 먼지의 전기저항이 $10^4 \Omega \, cm$ 이하이며, 방지책으로는 암모니아(NH_3) 주입, 습식집진장치 사용이 있다.
⑦ 역전리 현상 발생조건은 먼지 전기저항이 $10^{11} \Omega \, cm$ 이상이며, 방지책으로는 처리가스의 온도를 조절하거나 습도를 높이고, SO_3를 스프레이로 주입하고, 습식집진장치를 사용하고, 황산을 조절제로 주입하고, 타격빈도를 높인다.
⑧ SO_3에 의한 부식을 방지하는 방법은 암모니아(NH_3)를 주입한다.

12. 유해가스 처리법 중 황산화물(SO_X)처리법

① 중유탈황법의 종류에는 금속산화물에 의한 흡착탈황, 미생물에 의한 생화학적 탈황, 방사선화학에 의한 탈황, 접촉수소화 탈황법이 있다.
② 배기가스 탈황법 중 습식탈황법의 종류에는 석회법(석회세정법), 아황산소오다법, 암모니아법, 가성소다 흡수법, 산화마그네슘 세정법이 있다.
③ 배기가스 탈황법 중 건식탈황법의 종류에는 건식 석회석 주입법, 활성산화망간법, 알칼리성 알루미나 흡수법, 활성탄흡착법이 있다.
④ 촉매산화법(접촉산화법, 산화법)은 배연탈황법의 일종으로 배출가스중의 황산화물을 촉매를 사용하여 SO_2를 SO_3로 산화시켜 약 80% 농도의 황산을 직접 회수할 수 있는 방법이며, 사용하는 촉매에는 백금(Pt), 오산화바나듐(V_2O_5), K_2SO_4이 있다.

13. 질소산화물(NO_X)의 처리법

① 선택적 촉매(접촉)환원법(SCR)은 배기가스 중에 존재하는 산소와는 무관하게 NO_X를 선택적으로 접촉환원시키는 방법이며, 질소산화물이 촉매에 의하여 선택적으로 환원되어 질소분자와 물로 전환되며, 선택적 환원제로

는 NH_3, H_2S 등이 사용된다.
② 비선택적 접촉환원법(NCR)은 배기가스 중의 산소를 환원제로 소비한 다음 NO_X를 접촉환원시키는 방법이며, 촉매로는 Pt 뿐만 아니라 Co, Ni, Cu, Cr 등의 산화물도 이용 가능하다.
③ 질소산화물(NO_X)의 제거방법에는 배기가스 재순환법, 연소부분 냉각법, 2단 연소법, 저온도연소법, 저과잉공기량연소법 등이 있다.

14. 흡착법

① 활성탄은 용제회수, 가스정제, 악취를 제거하고, 각종 방향족 유기용제, 할로겐화된 지방족 유기용제, 에스테르류, 알코올류 등의 비극성류의 유기용제 흡착에 사용되는 소수성(비극성) 흡착제이다.
② 활성알루미나는 습한 가스의 건조, 물과 유기물을 잘 흡착하며 175~325℃로 가열하여 재생시킬 수 있는 친수성(극성) 흡착제이다.
③ 실리카겔은 가스건조, 황분제거, NaOH 용액 중 불순물 제거, 250℃ 이하에서 물과 유기물을 잘 흡착하는 친수성(극성) 흡착제이다.
④ 화학적 흡착은 흡착제의 재생성이 낮고, 흡착열이 물리적 흡착에 비하여 높으며, 여러층의 흡착층이 불가능하며, 단분자를 흡착하며 비가역적 반응이다.
⑤ 물리적 흡착은 가역적 과정이며 흡착열이 화학적 흡착보다 작으며, 흡착온도가 낮으면 흡착량은 증가하며, 다분자 흡착이며 흡착제의 재생이나 오염가스의 회수에 용이하다.
⑥ 유동상 흡착장치는 가스의 유속을 크게 할 수 있으며, 고체와 기체의 접촉을 좋게 할 수 있고, 고정층과 이동층 흡착장치의 장점만을 이용한 복합형으로 흡착제의 유동에 의한 마모가 크게 일어나고, 조업조건에 따른 주어진 조건의 변동이 어렵다.

15. 악취(냄새)물질

① 골격이 되는 탄소수는 저분자일수록 관능기 특유의 냄새가 강하고 자극이나 8~13에서 가장 향기가 강하다.
② 불포화도(2중결합 및 3중결합의 수)가 높으면 냄새가 보다 강하게 난다.
③ 분자내 수산기의 수는 1개일 때 가장 강하고 수가 증가하면 약해져서 무취에 이른다.
④ 냄새는 화학적 구성보다는 구성 그룹배열에 의해 나타나는 물리적 차이에 의해 결정된다는 견해가 지배적이다.

⑤ 냄새물질로 분자량이 가장 작은 것은 암모니아이며, 분자량이 큰 물질은 냄새강도가 분자량에 반비례하여 약해지는 경향이 있다.
⑥ 물리화학적 자극량과 인간의 감각강도 관계는 웨버-페히너(Weber-Fechner) 법칙과 잘 맞고 후각에도 잘 적용된다.

16. 후드의 설치방법

① 후드를 발생원에 가깝게 한다.
② 국부적인 흡인방식을 취한다.
③ 후드의 개구면적을 작게한다.
④ 에어커텐을 이용한다.
⑤ 충분한 포착속도를 유지한다.

17. 통풍방식

① 압입통풍은 노안에 설치된 가압송풍기에 의해 연소용 공기를 연소로 안으로 압입하는 방식으로 연소실 공기를 예열할 수 있으며, 송풍기의 고장이 적고 점검 및 보수가 용이하고, 내압이 정압(+)으로 연소효율이 좋으며, 역화의 위험성이 있고, 흡인통풍식보다 송풍기의 동력소모가 적다.
② 흡인통풍은 굴뚝의 통풍저힝이 큰 경우에 적합하고, 노내압이 부압으로 역화의 우려가없으며, 이젝트를 사용할 경우 동력이 불필요하고, 송풍기의 점검 및 보수가 어려우며, 통풍력이 큰 편이다.
③ 평형통풍은 대용량의 연소설비에 적합하고, 통풍 및 노내압 조절이 용이하며, 열가스의누설 및 냉기의 침입이 없고, 통풍손실이 큰 연소설비에 사용되며, 동력소모가 크고, 설비비 및 유지비가 많이 들고, 소음발생이 심한 편이다.

04 연소공학

1. 고체연료

① 고체연료의 C/H비는 15~20 범위이다.
② 고체연료는 액체연료에 비하여 산소함유량이 크다.
③ 고체연료는 액체연료에 비하여 수소함유량이 적다.
④ 고체연료 중 코크스는 휘발분이 거의 함유되어있지 않아 연소시에 매연이 발생하지 않는다.

2. 석탄

① 석탄연소시 잔류물인 회분 중 가장 많이 함유된 것은 SiO_2 이다.
② 점결성은 석탄에서 코크스를 생산할 때 중요한 성질이다.
③ 석탄의 휘발분은 매연발생의 요인이다.
④ 연료조성에 따른 연소특성으로 수분은 착화불량과 열손실을, 회분은 발열량 저하 및 연소불량을 초래한다.
⑤ 석탄 회분의 용융시 SiO_2, Al_2O_3 등의 산성 산화물량이 많으면 회분의 용융점이 높아진다.
⑤ 석탄의 연료비 = $\dfrac{\text{고정탄소}}{\text{휘발분}}$, 고정탄소(%) = 100 − (휘발분 + 수분 + 회분)(%)
⑥ 석탄의 연료비는 탄화도의 정도를 나타내는 지수이다.

3. 석탄의 탄화도

① 석탄의 탄화도가 증가하면 고정탄소, 발열량, 착화온도, 연료비($\dfrac{\text{고정탄소}}{\text{휘발분}}$)는 증가한다.
② 석탄의 탄화도가 증가하면 매연발생량, 비열, 휘발분, 수분, 산소의 양, 연소속도는 감소한다.

4. 액체연료

① 발열량이 크고 품질이 비교적 균일하다.
② 회분이 거의 없고 점화, 소화 및 연소의 조절이 비교적 쉽다.
③ 계량, 기록이 수월하다.
④ 저장, 운반이 용이하며 배관공사 등에 걸리는 비용도 적게 소요된다.
⑤ 단위질량당의 발열량이 커, 화력이 강하다.
⑥ 액체연료는 비교적 저가로 안정하게 공급되고 품질에도 큰차가 없다.
⑦ 액체연료는 화재, 역화 등의 위험이 크며, 연소온도가 높아 국부가열을 일으키기 쉽다.
⑧ 액체연료의 경우 회분은 적지만, 재속의 금속산화물이 장해원인이 될 수 있다.

5. 액체연료의 종류 중 중유

① 중유에는 A, B, C 중유가 있는데 이것은 점도를 기준으로 분류한다.
② 인화점이 낮은 경우에는 역화의 위험성이 있고, 높을 경우(140℃ 이상)에는 착화가 어렵다.
③ 인화점이 낮을수록 연소는 잘 되나 위험하며, C 중유는 보통 70℃ 이상이다.
④ 인화점은 보통 그 예열온도보다 약 5℃ 이상 높은 것이 좋다.
⑤ 중유 중 잔류탄소의 함량은 7~16% 정도이다.
⑥ 점도가 낮을수록 유동점이 낮아진다.
⑦ 비중이 클수록 유동점, 점도, 잔류탄소 등이 증가한다.
⑧ 비중이 클수록 발열량이 낮아지고 연소성이 나빠진다.

6. 기체연료

① 연소효율이 높고 적은 과잉공기량으로도 완전연소가 가능하며 검댕이 발생하지 않는다.
② 부하의 변동범위가 넓고 연소의 조절이 용이하다.
③ 연료속에 황이 포함되지 않은 것이 많으며 연소배출가스 중에 아황산가스가 생성되지 않는다.
④ 연소조절이 용이하고, 점화 및 소화가 간단하다.
⑤ 연소시 공급연료 및 공기량을 밸브를 이용하여 간단하게 임의로 조절할 수 있어 부하변동 범위가 넓다.
⑥ 기체연료는 저발열량의 것으로 고온을 얻을 수 있고 전열효율을 높일 수 있다.
⑦ 회분이 거의 없어 먼지발생량이 적다.

⑧ 연료의 예열이 쉽고, 저질연료도 고온을 얻을 수 있다.
⑨ 저장 및 수송이 불편하며, 시설비가 많이 든다.
⑩ 공기와 섞어 점화하면 폭발의 위험성이 있다.

7. 기체연료의 종류 중 LNG(액화천연가스)

① LNG의 주성분은 CH_4(메탄) 이다.
② LNG의 밀도는 공기보다 작다.
③ LNG는 천연가스를 1기압하에서 -162℃ 정도로 냉각하여 액화시켜 대량 수송 및 저장을 가능하게 한 것이다.
④ LNG는 지질학적으로 수용성 가스, 석탄계 가스, 석유계 가스로 구분되며 석탄계 가스가 대부분을 차지한다.
⑤ 고위발열량은 10,000kcal/Sm^3이다.

8. 기체연료의 종류 중 LPG(액화석유가스)

① LPG의 주성분은 C_3H_8(프로판)과 C_4H_{10}(부탄)이다.
② LPG의 비중이 공기보다 1.5배로 무거워 인화폭발의 위험성이 높다.
③ LPG의 발열량은 26,000kcal/Sm^3이다.
④ 석유정제때에 부산물로 생산되는 것과 천연가스에서 회수되는 것이 있으나 전자의 것이 대부분이다.
⑤ 액체에서 기체로 될 때 증발열이 있으므로 사용하는데 유의할 필요가 있다.
⑥ 상온에서 10~20기압을 가하거나 또는 -49℃로 냉각시킬 때 용이하게 액화되는 석유계탄화수소이다.

9. 연소형태

① 표면연소는 코크스나 석탄 등이 고온연소시 고체표면이 빨갛게 빛을 내면서 반응하는 연소로 화염이 없는 연소형태이다.
② 분해연소는 장작, 석탄, 중유 등이 열분해하여 발생한 증기와 함께 연소초기에 불꽃을 내면서 반응하는 것이다.
③ 증발연소는 오일의 표면에서 오일이 기화하여 일어나는 연소이며, 화염으로부터 열을 받으면 가연성 증기가 발생하는 연소로써 휘발유, 등유, 알콜, 벤젠 등의 액체연료의 연소형태이다.

10. 고체연료 연소장치 중 미분탄연소장치

① 석탄을 0.1mm 정도 이하의 미분으로 분쇄한 것을 1차 공기 중에 부유시켜 이를 버너로서 로내에 분출연소시키는 방법이다.
② 연료의 표면적이 크고 공기와의 접촉이 좋기 때문에 과잉공기가 적어도 완전연소가 가능하다.
③ 부하의 변동에 쉽게 적용할 수 있으므로 대형과 대용량 설비에 적합하다.
④ 과잉공기에 의한 열손실이 적고, 비산먼지의 배출량이 많아 집진장치가 필요하다.
⑤ 분쇄기 및 배관 중에 폭발의 우려 및 수송관의 마모가 일어날 수 있다.

11. 고체연료 연소장치 중 유동층 연소장치

① 유동층연소는 다른 연소법에 비해 질소산화물의 생성억제가 잘되고, 화염층을 적게 할수 있으므로 장치의 규모를 작게 할 수 있다.
② 화염층이 작고 클링커 장해 등을 감소시킬 수 있다.
③ 부하변동에 쉽게 응할 수 없으며, 재와 미연탄소의 방출이 많다.
④ 로의 구조가 매우 단순하고 구동부가 없어 고장이 적다.
⑤ 유동화매체로 사용되는 많은 양의 모래가 열저장 매체 구실을 함으로써 로의 일시적 가동 중단시 로의 냉각을 최소화할 수 있다.
⑥ 화격자의 단위 면적당 열부하를 크게 할 수 있다.
⑦ 대형의 고체 폐기물은 로내로 투입전 파쇄 전처리하여 일반적으로 입경 50mm 이하로 분쇄하여야 한다.

12. 유동상 소각로에서 유동상의 매질(유동매체) 조건

① 불활성일 것
② 높은 융점을 가질 것
③ 내마모성이 있을 것
④ 비중이 작을 것
⑤ 열충격에 강할 것
⑥ 가격이 쌀 것

13. 고체연료 연소장치 중 화격자 소각로

① 상부투입식은 투입되는 연료와 공기의 방향이 향류로 교차되는 형태이다.
② 상부투입식 정상상태에서의 고정층은 상부로부터 석탄층, 건조층, 건류층, 환원층, 산화층, 회층으로 구성된다.
③ 상부투입식 연소에는 화격자 상에 고정층을 형성하지 않으면 안되므로 분상의 석탄은 그대로 사용하기에 곤란하다.
④ 경사스토커 방식의 경우 수분이 많은 것이나 발열량이 낮은 것도 어느 정도 소각이 가능하다.
⑤ 체류시간이 길고 교반력이 약한 편이어서 국부가열이 발생할 염려가 있다.
⑥ 하향식 연소는 상향식 연소에 비해 소각물의 양은 절반정도로 감소한다.
⑦ 도시폐기물을 소각하는 방식으로 널리 사용되며, 연속적인 소각과 배출이 가능하다.
⑧ 수분이 많은 쓰레기의 소각도 가능하며, 발열량이 낮은 쓰레기의 소각도 가능하다.

14. 고체연료 연소장치 중 고정상 소각로

① 소각로내의 화상위에서 쓰레기를 태우는 방식으로 플라스틱처럼 열에 열화, 용해되는 물질의 소각에 적합한 소각로이다.
② 체류시간이 길고 교반력이 약하며, 국부적으로 가열될 염려가 있다.

15. 고체연료 연소장치 중 다단로 소각로

① 체류시간이 길어 특히 휘발성이 적은 폐기물의 연소에 유리하다.
② 온도반응이 느려서 보조연료 사용조절이 어렵다.
③ 다량의 수분이 증발되므로 수분함량이 높은 폐기물의 연소도 가능하다.
④ 물리·화학적 성분이 다른 각종 폐기물을 처리할 수 있다.

16. 액체연료 연소장치 중 유압분무식 버너

① 노즐을 통하여 $5 \sim 30 kg/cm^2$ 정도의 압력으로 가압된 연료를 연소실 내부로 분무시키는 액체연료의 연소장치 버너이다.
② 유량조절 범위가 좁아(환류식 1:3, 비환류식 1:2) 부하변동에 대한 적응성이 낮다.
③ 연료분사범위는 15~2,000L/hr 정도이다.
④ 연료유의 분사각도는 기름의 압력, 점도 등으로 약간 달라지지만 40~90°

⑤ 연료의 점도가 크거나 유압이 5kg/cm² 이하가 되면 분무화가 불량하다.
⑥ 대용량 버너 제작이 용이하다.

17. 액체연료 연소장치 중 저압공기식 버너

① 비교적 좁은 각도의 짧은 화염이 발생한다.
② 소형가열로용이며, 용량은 2~300L/hr이다.
③ 0.05~0.2kg/cm² 정도의 저압공기를 사용하여 분무화시키는 방법이다.
④ 분무각도는 30~60° 정도이며, 유량조절범위는 1 : 5로 비교적 큰 편이다.

18. 액체연료 연소장치 중 고압공기식 버너

① 증기압 또는 공기압은 2~10kg/cm² 정도이다.
② 연료유의 점도가 큰 경우에는 분무화가 용이하나 연소시 소음이 크다.
③ 유량조절범위는 1 : 10 정도로 가장 큰 편이다.
④ 가장 좁은 각도의 긴 화염이며, 기름의 분무각도는 20~30° 정도이다.
⑤ 용도는 제강용평로, 연속가열로, 유리용해로 등의 대형가열로 등에 많이 사용된다.

19. 기체연료의 연소형태 중 확산연소

① 기체연료와 연소용 공기를 연소실로 보내 연소하는 방식으로 확산연소시 연료류와 공기류의 경계에서 확산과 혼합이 일어난다.
② 연소가능한 혼합비가 먼저 형성된 곳부터 연소가 시작되므로 연소형태는 연소기의 위치에 따라 달라진다.
③ 화염이 길며, 역화의 위험이 없으며 가스와 공기를 예열할 수 있다.
④ 연료 분출속도가 클 경우 그을음이 발생하기 쉬우며, 기체연료와 연소용 공기를 버너내에서 혼합시키지 않는다.

20. 기체연료의 연소형태 중 예혼합연소

① 기체연료와 연소용 공기를 버너내에서 혼합하여 공급하는 방식으로 연소가 내부에서 연료와 공기의 혼합비가 변하지 않고 균일하게 연소된다.
② 화염온도가 높아 연소부하가 큰 경우에 사용이 가능하다.
③ 연소조절이 쉽고 화염길이가 짧으며, 혼합기의 분출속도가 느릴 경우 역화의 위험이 있다.

④ 예혼합연소에 사용되는 고압버너는 기체연료의 압력을 2kg/cm² 이상으로 공급하므로 연소실내의 압력은 정압이다.

21. 기체연료의 연소형태 중 부분예혼합연소

① 연소용 공기의 일부를 미리 기체연료와 혼합하고 나머지 공기는 연소실 내에서 혼합하여 확산연소시키는 방식으로 절충식 방법이다.
② 소형 또는 중형버너로 널리 사용된다.
③ 기체연료 또는 공기의 분출속도에 의해 생기는 흡인력을 이용하여 공기 또는 연료를 흡인한다.

22. 착화온도

① 가연물의 증발량이 많을수록 낮아진다.
② 화학결합의 활성도가 클수록 낮아진다.
③ 산소와의 친화성이 클수록 낮아진다.
④ 활성화에너지가 작을수록 낮아진다.
⑤ 분자구조가 복잡할수록 낮아진다.
⑥ 발열량이 높을수록 낮아진다.
⑦ 공기 중의 산소농도가 클수록 낮아진다.
⑧ 화학반응성이 클수록 낮아진다.
⑨ 공기의 압력이 높을수록 착화온도는 낮아진다.
⑩ 탄화수소의 착화온도는 분자량이 클수록 낮아진다.
⑪ 비표면적이 클수록 낮아진다.
⑫ 석탄의 탄화도가 작을수록 낮아진다.

23. 탄수소비(C/H)

① 석유계 연료의 탄수소비는 연소용 공기량과 발열량 그리고 연료의 연소특성에도 영향을 미친다.
② 탄수소비가 크면 비교적 비점이 높은 연료는 매연이 발생되기 쉽다.
③ 기체연료의 탄수소비는 올레핀계 〉 나프텐계 〉 아세틸계 〉 프로필계 〉 프로판 〉 메탄순으로 감소한다.
④ 중질 연료일수록 C/H비는 크다.
⑤ C/H비가 클수록 이론공연비는 감소된다.
⑥ C/H비는 휘발유 〈 등유 〈 경유 〈 중유 순으로 증가한다.
⑦ C/H비가 클수록 휘도가 높고 방사율이 크다.

24. 그을음(매연)

① 분해나 산화하기 쉬운 탄화수소는 그을음 발생이 적다.
② C/H비가 큰 연료일수록 그을음이 잘 발생된다.
③ -C-C-의 탄소결합을 절단하기 보다 탈수소가 쉬운 쪽이 매연이 생기기 쉽다.
④ 탈수소, 중합 및 고리화합물 등과 같이 반응이 일어나기 쉬운 탄화수소일수록 매연이 잘생긴다.

25. 연소시 발생되는 NO_X 종류

① Fuel NO_X : 연소시 연료의 성분으로부터 발생
② Thermal NO_X : 고온에서 공기중의 질소와 산소가 반응하여 생성
③ Prompt NO_X : 화염에서 일어나는 전기적인 이온교환에 의해 생성

26. 전형적인 자동차 기준(휘발유 자동차 기준)에서 가장 많이 배출되는 경우

① NO_X : 가속시(차가 가속될 때)
② CO : 공전시(아이드링)(차가 정지해서 엔진만 작동할 때)
③ HC : 감속시(차의 속도가 감속될 때)

27. 자동차 후처리시설 중 삼원촉매장치

① 삼원촉매장치란 산화촉매(Pt, Pd)와 환원촉매(Rh)를 이용하여 CO, HC, NO_X를 동시에 줄일 수 있는 후처리 시설이다.
② CO와 HC의 산화촉매로는 주로 백금(Pt)과 팔라듐(Pd)이 사용되고, NO의 환원촉매로는 로듐(Rh)이 사용된다.
③ CO와 HC는 CO_2와 H_2O로 산화되며, NO는 N_2로 환원된다.

28. 공기비(m)가 작을 경우 발생하는 현상

① 연소가스 중의 CO와 HC의 농도 증가
② 매연이나 검댕의 발생량 증가
③ 연소효율 증가
④ 폭발의 위험

29. 공기비(m)가 클 경우 발생하는 현상

① 연소실내 연소온도 감소
② 배기가스에 의한 열손실 증대
③ SO_2, NO_2의 함량이 증가하여 부식이 촉진
④ CH_4, CO 및 C 등 물질의 농도가 감소
⑤ 방지시설의 용량이 커지고 에너지 손실증가
⑥ 희석효과가 높아져 연소 생성물의 농도 감소

30. 최대탄산가스량(CO_{2max})

① 최대탄산가스량은 연료의 조성에 따라 정해지며, 연료에 따라 서로 다른값을 가진다.
② 최대탄산가스량은 과잉공기를 사용하지 않고 가연물을 산화시켰을 때 발생되는 건조가스량을 기준으로 한 CO_2의 부피 백분율이다.
③ 최대탄산가스량의 산출방법은 연료의 원소조성을 이용하는 방법과 배기가스의 조성을 이용하는 방법이 있다.
④ 공기비를 이용하여 산정하는 경우에는 과잉공기비에 배기가스 중의 CO_2 농도를 곱하여 얻어진다.

기출
계산공식
Contents

PART 01 대기환경관리

PART 02 대기오염공정시험기준

PART 03 대기오염방지기술

PART 04 연소공학

01 대기환경관리

1. 농도전환 방법

① 부피농도(ppm)를 질량농도(mg/Sm³)로 전환하는 방법

$$\text{ppm}(\text{mL/Sm}^3) = \text{mg/Sm}^3 \times \frac{22.4\,\text{mL}}{\text{분자량(mg)}}$$

$$\text{ppm}(\text{mL/Sm}^3) = \text{mg/m}^3 \times \frac{273 + \text{현재온도(℃)}}{273} \times \frac{22.4\,\text{mL}}{\text{분자량(mg)}}$$

② 질량농도(mg/Sm³)를 부피농도(ppm)로 전환하는 방법

$$\text{mg/Sm}^3 = \text{ppm}(\text{mL/Sm}^3) \times \frac{\text{분자량(mg)}}{22.4\,\text{mL}}$$

$$\text{mg/m}^3 = \text{ppm}(\text{mL/Sm}^3) \times \frac{273}{273 + \text{현재온도(℃)}} \times \frac{\text{분자량(mg)}}{22.4\,\text{mL}}$$

TIP

① ppm = mL/Sm³
② 기체 1mol $\begin{cases} \text{분자량(mg)} \\ 22.4\,(\text{mL}) \end{cases}$
③ 표준상태(0℃, 760mmHg)의 체적 : Sm³ = Nm³

2. 가시거리 계산식

① $V = \dfrac{10^3 \times A}{G}$

$\begin{bmatrix} V : \text{가시거리(km)} & A : \text{상수} & G : \text{농도}(\mu\text{g/m}^3) \end{bmatrix}$

② COH(빛전달계수) 계산식

$$\text{Coh} = \frac{\log\dfrac{1}{\text{빛전달율}} \times 100}{\text{속도(m/sec)} \times \text{여과시간(hr)} \times 3{,}600} \times 1{,}000\text{m}$$

③ $V = \dfrac{5.2 \times \rho \times r}{K \times C}$

$\begin{bmatrix} V : 가시거리(m) & \rho : 밀도(g/cm^3) \\ r : 반경(\mu m) & K : 상수 \\ C : 농도(g/m^3) & \end{bmatrix}$

3. 온위 계산식

$$온위(\theta) = T \times \left(\dfrac{1,000}{P}\right)^{0.288}$$

$\begin{bmatrix} T : 절대온도(K) & P : 실제압력(mba) \end{bmatrix}$

4. 최대지표농도(C_{max}) 계산식

$$C_{max} = \dfrac{2 \times Q}{\pi \times e \times u \times He^2}\left(\dfrac{C_z}{C_y}\right)$$

$\begin{bmatrix} Q : 가스량(Sm^3/sec) & u : 풍속(m/sec) \\ He : 유효굴뚝높이(m) & Cz : 수직확산계수 \\ Cy : 수평확산계수 & \end{bmatrix}$

5. 최대지상거리(X_{max}) 계산식

$$X_{max} = \left(\dfrac{He}{C_Z}\right)^{\frac{2}{2-n}}$$

$\begin{bmatrix} X_{max} : 최대지상거리(m) & He : 유효굴뚝높이(m) \\ C_Z : 수직확산계수 & \\ n : 대기안정도 상수 \begin{cases} 매우안정 : 0.5 \\ 불안정, 중립 : 0.25 \\ 매우 불안정 : 0.2 \end{cases} \end{bmatrix}$

6. 가우시안 확산식

① $C = \dfrac{Q}{\pi \cdot \sigma_y \cdot \sigma_z \cdot u} \exp\left[-\dfrac{1}{2}\left(\dfrac{He}{\sigma_z}\right)^2\right] \xrightarrow{He\ =\ 0} C = \dfrac{Q}{\pi \cdot \sigma_y \cdot \sigma_z \cdot u}$

- C : 농도(g/m³)
- u : 풍속(m/sec)
- σ_z : 수평방향의 표준편차(m)
- Q : 오염물질의 배출량(g/sec)
- He : 유효굴뚝높이(m)
- σ_y : 수직방향의 표준편차(m)

② $C = \dfrac{2q}{(2\pi)^{\frac{1}{2}} \sigma_z U} \exp\left[-\dfrac{1}{2}\left(\dfrac{H}{\sigma_z}\right)^2\right] \xrightarrow{H\ =\ 0} C = \dfrac{2q}{(2\pi)^{\frac{1}{2}} \sigma_z U}$

- q : 탄화수소 배출률(g/sec)
- U : 풍속(m/sec)
- σ_z : 수직방향의 표준편차(m)
- H : 유효굴뚝높이(m)

7. 기체의 비중

① 기체의 비중 $= \dfrac{\text{기체의 분자량(kg)}}{\text{공기의 분자량(29kg)}}$
② 기체의 비중은 기체의 분자량과 비례관계
③ 기체의 비중이 가장 큰 물질 = 기체의 분자량이 가장 큰 물질
④ 기체의 비중이 가장 작은 물질 = 기체의 분자량이 가장 작은 물질

8. 통풍력 계산식

$Z = 355 \times H \times \left(\dfrac{1}{273 + t_a\text{℃}} - \dfrac{1}{273 + t_g\text{℃}}\right)$

- Z : 통풍력(mmH₂O), H : 굴뚝의 높이(m)
- t_a : 외기의 온도(℃), t_g : 가스의 온도(℃)

9. 연기의 상승고 계산식

① 부력$(F) = g \times \left(\dfrac{D}{2}\right)^2 \times Vs \times \left(\dfrac{Ts - Ta}{Ta}\right)$ (m⁴/sec³)
② $\Delta H = 150 \times \dfrac{F}{u^3}$

③ $\Delta H = \dfrac{Vs \times d}{U} \times \left(1.5 + 2.68 \times 10^{-3} \times P \times \dfrac{Ts - Ta}{Ts} \times d\right)$

$\begin{bmatrix} \Delta H : \text{연기의 상승고(m)} & Vs : \text{배출가스 속도(m/sec)} \\ u : \text{풍속(m/sec)} & d : \text{안지름(m)} \\ P : \text{대기압(mba)} & Ts : \text{가스의 절대온도(273+tg℃)} \\ Ta : \text{대기(외기)의 절대온도(273+ta℃)} & \end{bmatrix}$

④ $\Delta H = 1.5 \times \left(\dfrac{Vs}{u}\right) \times D$

$\begin{bmatrix} \Delta H : \text{연기의 상승고(m)} & Vs : \text{연기의 배출속도(m/sec)} \\ u : \text{풍속(m/sec)} & D : \text{직경(m)} \end{bmatrix}$

⑤ $\Delta H = \dfrac{173 \times F^{1/3}}{u \times \exp(0.64 \times \dfrac{\Delta\theta}{\Delta Z})} \xrightarrow{\dfrac{\Delta\theta}{\Delta Z}=0} \Delta H = \dfrac{173 \times F^{1/3}}{u}$

10. 고도에 따른 풍속변화 계산식

① **스튼의 식** : $U_2 = U_1 \times \left(\dfrac{H_2}{H_1}\right)^n$

$\begin{bmatrix} U_2 : \text{고도 } H_2 \text{에서의 풍속(m/sec)} \quad U_1 : \text{고도 } H_1 \text{에서의 풍속(m/sec)} \\ n : \text{대기안정도 상수} \begin{cases} \text{매우안정} : 0.5 \\ \text{불안정, 중립} : 0.25 \\ \text{매우 불안정} : 0.2 \end{cases} \end{bmatrix}$

② **데칸의 식** : $U_2 = U_1 \times \left(\dfrac{H_2}{H_1}\right)^P$

$\begin{bmatrix} U_2 : \text{고도 } H_2 \text{에서의 풍속(m/sec)} \quad U_1 : \text{고도 } H_1 \text{에서의 풍속(m/sec)} \\ P : \text{매개변수(풍속지수)} \end{bmatrix}$

11. 거리 X를 통과한 후의 농도 계산식

$$I = I_0 \exp^{(-\sigma_{exp} \cdot X)}$$

- I : 거리 X를 통과한 후의 농도
- I_0 : 광원으로부터 광도
- σ_{exp} : 빛의 소멸계수
- X : 거리

12. 실제오염농도 계산식

$$실제오염농도(ppm) = 예상오염농도(ppm) \times \left\{ \frac{예상최대혼합고(m)}{실제최대혼합고(m)} \right\}^3$$

13. 스테판 볼츠만 법칙

$$E = \sigma T^4$$

- E : 복사에너지
- σ : 상수($5.67 \times 10^{-8} W/m^2$)
- T : 물체의 표면온도(K)

14. $C_2 = C_1 \times \left(\dfrac{t_1}{t_2}\right)^q$

- C_1 : t_1(10min)에서의 농도(ppm)
- C_2 : t_2(60min)에서의 농도(ppm)
- q : 상수

02 대기오염공정시험기준

1. 자외선/가시선 분광법 계산식

① 램비어트-비어 법칙
$$I_t = I_o \times 10^{-\epsilon \times C \times L}$$

② 흡광도$(A) = \epsilon \times C \times L = \log\dfrac{1}{투과도} = \log\dfrac{1}{\dfrac{I_t}{I_o}} = \log\dfrac{I_o}{I_t}$

- ϵ : 흡광계수
- I_o : 입사광의 강도
- L : 투과거리(시료셀의 두께)
- I_t : 투사광의 강도
- C : 농도

2. 기체크로마토그래피 계산식

① 이론단수$(n) = 16 \times \left(\dfrac{tR}{w}\right)^2$

- n : 이론단수
- w : 봉우리(피크) 폭
- tR : 기록지 이동속도

TIP

tR = 기록지이동속도(mm/min) × 머무름시간(min)

② $HETP = \dfrac{분리관\ 길이}{이론단수}$

③ 분리도$(R) = \dfrac{2 \times (tR_2 - tR_1)}{(W_1 + W_2)}$

④ 분리계수$(d) = \dfrac{t_{R2}}{t_{R1}}$

3. 굴뚝의 환산직경 계산식

$$굴뚝의\ 환산직경(m) = \frac{2 \times 가로 \times 세로}{가로 + 세로}$$

4. 비산먼지 농도 계산식

$$C = (C_H - C_B) \times W_D \times W_S$$

- C : 비산먼지의 농도 (mg/Sm^3)
- C_H : 포집먼지량이 가장 많은 위치에서의 먼지농도 (mg/Sm^3)
- C_B : 대조위치에서의 먼지농도 (mg/Sm^3)
- W_D, W_S : 풍향, 풍속 측정 결과로부터 구한 보정계수

> **TIP**
>
> **풍향과 풍속의 보정계수**
>
> (1) 풍향 보정계수
>   ① 주풍향이 90° 이상 : 1.5
>   ② 주풍향이 45° ~ 90° : 1.2
>   ③ 주풍향이 45° 미만 : 1.0
> (2) 풍속 보정계수
>   ① 전 채취시간의 50% 미만 : 1.0
>   ② 전 채취시간의 50% 이상 : 1.2

5. 등속흡인유량 계산식

$$q_m = \frac{\pi d^2}{4} \times v \times \left(1 - \frac{X_W}{100}\right) \times \frac{273 + \theta_m}{273 + \theta_s} \times \frac{P_a + P_s}{P_a + P_m} \times 60 \times 10^3$$

- q_m : 등속 흡인유량(L/min)
- v : 배출가스 유속(m/sec)
- θ_m : 가스미터의 흡인가스온도(℃)
- P_a : 대기압(mmHg)
- P_m : 가스미터의 흡인가스 게이지압(mmHg)
- d : 노즐의 직경(m)
- X_w : 수증기의 부피 백분율(%)
- θ_s : 배출가스 온도(℃)
- P_s : 측정점에서의 정압(mmHg)

6. 등속계수(I) 계산식

$$I(\%) = \frac{V_m}{q_m \times t} \times 100$$

- I : 등속계수(%) (등속계수의 범위는 90%~110%)
- V_m : 흡인가스량(습식가스미터에서 읽은 값)(L)
- q_m : 가스미터에 있어서의 등속 흡인유량(L/분)
- t : 가스 흡인시간(분)

7. 피토관에서 유속 계산식

① $V = C \times \sqrt{\dfrac{2gh}{r}}$ = 피토관계수 $\times \sqrt{\dfrac{2 \times 9.8\,m/s^2 \times 동압(mmH_2O)}{r_o(kg/Sm^3) \times \dfrac{273}{273 + ℃}}}$

- V : 유속(m/sec)　　　　　C : 피토관계수
- g : 중력가속도(9.8 m/sec²)　　h : 동압(mmH₂O)
- r : 밀도(kg/m³)

② 동압(h) = 액주길이(mm) × 톨루엔의 비중 × $\dfrac{1}{확대율}$
　　　　 = 액주길이(mm) × 톨루엔의 비중 × $\sin\theta$

③ 밀도가 표준상태(kg/Sm³)이고 온도가 주어지면 밀도보정

$$r(kg/m^3) = r_o(kg/Sm^3) \times \frac{273}{273 + ℃}$$

8. 농도 및 가스량 보정

① 오염물질 농도의 보정

$$C = Ca \times \frac{21 - O_s}{21 - O_a}$$

- C : 오염물질 농도(ppm)　　　Ca : 실측오염물질 농도(ppm)
- O_s : 표준산소농도(%)　　　　O_a : 실측산소농도(%)

② $Q = Qa \div \dfrac{21 - O_s}{21 - O_a}$

- Q : 배출가스유량(Sm³/day)　　Qa : 실측배출가스유량(Sm³/day)
- O_s : 표준산소농도(%)　　　　O_a : 실측산소농도(%)

9. 수분의 농도 계산식

① $X_w(\%) = \dfrac{1.244 \times ma(L)}{Vs(L)} \times 100(\%)$

② $X_w(\%) = \dfrac{1.244\,ma(L)}{V(L) \times \dfrac{273}{273+tg} \times \dfrac{(대기압+게이지압-포화수증기압)mmHg}{760\,mmHg}} \times 100(\%)$

③ $X_w(\%) = \dfrac{1.244 \times ma(L)}{Vs(L) + 1.244 \times ma(L)} \times 100(\%)$

10. 원형단면의 측정점

굴뚝직경(m)	반경 구분수	측정점수
1 이하	1	4
1 초과 2 이하	2	8
2 초과 4 이하	3	12
4 초과 4.5 이하	4	16
4.5 초과	5	20

11. 수은주의 비중

① 수은주 비중 $= \dfrac{10,332\,mmH_2O}{760\,mmHg} = 13.6(mmH_2O/mmHg)$

② 단위 전환방법 $\begin{cases} mmH_2O \xrightarrow{\div\ 13.6} mmHg \\ mmHg \xrightarrow{\times\ 13.6} mmH_2O \end{cases}$

12. 몰농도와 노르말농도

① $M농도 = \dfrac{질량(g)}{부피(L)} \times \dfrac{1\,mol}{분자량(g)}$

② $M농도 = \dfrac{비중(g)}{(mL)} \times \dfrac{10^3\,mL}{1L} \times \dfrac{1\,mol}{분자량(g)} \times \dfrac{\%농도}{100}$

③ $N농도 = \dfrac{질량(g)}{부피(L)} \times \dfrac{1\,eq}{1당량\,g}$

④ $N농도 = \dfrac{비중(g)}{(mL)} \times \dfrac{10^3\,mL}{1L} \times \dfrac{1\,eq}{1당량\,g} \times \dfrac{\%농도}{100}$

여기서 $1당량\,g = \dfrac{분자량(g)}{가수}$

13. 인구비례에 의한 방법

$$측정점수 = \dfrac{그\,지역\,가주지면적(km^2)}{25\,km^2} \times \dfrac{그\,지역\,인구밀도}{전국\,평균\,인구밀도}$$

14. 산정량수동법에서 아황산가스의 농도 계산식

$S = \dfrac{32,000 \times N \times v}{V}$

- S : 아황산가스의 농도($\mu g/m^3$)
- N : 알칼리의 규정농도(N)
- v : 적정에 사용한 알칼리의 양(mL)
- V : 시료가스 채취량(m^3)

03 대기오염방지기술

1. 중력 집진장치

(1) 침강속도 계산식

① $Vg = \dfrac{d^2(\rho_s - \rho)g}{18\mu}$

- Vg : 침강속도(m/sec)
- d : 입자의 직경(m)
- ρ_s : 입자의 밀도(kg/m^3)
- ρ : 가스의 밀도(kg/m^3)
- g : 중력가속도($9.8m/sec^2$)
- μ : 점성도($kg/m \cdot sec$)

② 침강속도(Vg)는
- 입자의 직경(d)의 제곱에 비례한다.
- 밀도차($\rho_s - \rho$)에 비례한다.
- 중력가속도(g)에 비례한다.
- 점성도(μ)에 반비례한다.

(2) $Re = \dfrac{D \times V \times \rho}{\mu} = \dfrac{D \times V}{\nu}$

- Re : 레이놀드수
- D : 직경(m)
- V : 속도(m/sec)
- ρ : 공기의 밀도(kg/m^3)
- ν : 동점성계수(m^2/sec)

> **TIP**
>
> **판정기준**
> (층류) $N_{Re} < 2,100$
> (난류) $N_{Re} > 4,000$
> (천이구역) $2,100 < N_{Re} < 4,000$

(3) 최소제거입경 계산식

① $d^2 = \dfrac{18 \cdot \mu \cdot Q}{(\rho_s - \rho) \cdot g \cdot B \cdot L}$ 따라서 $d = \sqrt{\dfrac{18 \cdot \mu \cdot Q}{(\rho_s - \rho) \times g \times L \times B}} \times 10^6 \, (\mu m)$

② $d^2 = \dfrac{18 \cdot \mu \cdot U \cdot H}{(\rho_s - \rho) \cdot g \cdot L}$ 따라서 $d = \sqrt{\dfrac{18 \cdot \mu \cdot U \cdot H}{(\rho_s - \rho) \times g \times L}} \times 10^6 \, (\mu m)$

$\begin{bmatrix} L : 길이(m) & \mu : 점성도(kg/m \cdot sec) \\ Q : 가스량(m^3/sec) & B : 폭(m) \\ \rho_s : 입자의 밀도(kg/m^3) & \rho : 가스의 밀도(kg/m^3) \\ g : 중력가속도(9.8m/sec^2) & U : 유속(m/sec) \end{bmatrix}$

(4) 제거효율 계산식

① $\eta = \dfrac{Vg \times L}{u \times H} \times 100$

$\begin{bmatrix} \eta : 효율 & Vg : 침강속도(m/sec) \\ L : 길이(m) & u : 유속(m/sec) \\ H : 높이(m) & \end{bmatrix}$

② 집진기 길이 $(L) = \left(\dfrac{작은입경}{큰입경}\right)^2 \times \dfrac{u \times H}{Vg}$ (m)

2. 원심력 집진장치

① $N = \dfrac{1}{H_A} \times \left(H_B + \dfrac{H_C}{2}\right)$

$\begin{bmatrix} N : 회전수 & H_A : 유입구 높이(m) \\ H_B : 원통부 높이(m) & H_C : 원추부 높이(m) \end{bmatrix}$

② 분리계수$(S) = \dfrac{v^2}{R \times g}$

③ 부분집진율$(\eta) = \dfrac{d^2 \times \pi \times V \times (\rho_s - \rho) \times N}{9 \times \mu \times B} \times 100(\%)$

$\begin{bmatrix} d : 직경(m) \\ V : 유입속도(m/sec) \\ \rho_s : 입자의 밀도(kg/m^3) \\ \rho : 가스의 밀도(kg/m^3) \\ N : 회전수, \ \mu : 가스의 점성도(kg/m \cdot sec) \\ B : 유입구 폭(m) \end{bmatrix}$

④ 50% 제거입경 계산식

$$dp_{50} = \sqrt{\frac{9\mu B}{2\pi V(\rho_s - \rho)N}} \times 10^6 (\mu m)$$

3. 세정 집진장치

(1) 회전식 세정집진장치에서 물방울의 직경 계산식

$$dw = \frac{200}{N \times \sqrt{R}} \times 10^4$$

$\begin{bmatrix} dw : \text{물방울 직경}(\mu m) & N : \text{회전수}(\text{rpm} = \text{회/min}) \\ R : \text{반경}(cm) \end{bmatrix}$

(2) 벤츄리스크러버

① 벤츄리스크러버에서 압력손실 계산식

$$\Delta P = (0.5 + L) \times \frac{rV^2}{2g}$$

$\begin{bmatrix} \Delta P : \text{압력손실}(mmH_2O) & L : \text{액가스비}(L/m^3) \\ r : \text{가스의 밀도}(kg/m^3) & V : \text{가스속도}(m/sec) \\ g : \text{중력가속도}(9.8\,m/sec^2) \end{bmatrix}$

② $n \times \left(\dfrac{\text{노즐의 직경}}{\text{목부의 직경}}\right)^2 = \dfrac{\text{속도} \times \text{액가스비}}{100 \times \sqrt{\text{압력}(mmH_2O)}}$

(3) 충전탑(흡수탑)

① $H = NOG \times HOG$, $NOG = \ln\left(\dfrac{1}{1 - \dfrac{\eta(\%)}{100}}\right)$ 이므로 $H = HOG \times \ln\left(\dfrac{1}{1 - \dfrac{\eta(\%)}{100}}\right)$

$\begin{bmatrix} NOG : \text{총괄이동단위수} & HOG : \text{총괄단위높이}(m) \\ \eta : \text{제거효율} \end{bmatrix}$

② [HF]의 mol/L

$$= \frac{Q(Sm^3/hr) \times C(mL/Sm^3) \times 10^{-3} L/mL \times \text{제거시간}(hr) \times \dfrac{\text{제거율}(\%)}{100} \times \dfrac{1\,mol}{22.4\,L}}{\text{순환수}(L)}$$

③ $pH = -\log[H^+]$

④ $pOH = 14 - pH$

(4) 헨리법칙

① $P(atm) = H(atm \cdot m^3/kmol) \times C(kmol/m^3)$

② $H(atm \cdot m^3/kmol) = \dfrac{PmmHg/760}{C(kmol/m^3)}$

③ $H(atm \cdot m^3/kmol) = \dfrac{PmmH_2O/10,332}{C(kmol/m^3)}$

④ **헨리법칙에 적용 기체** : 난용성 기체(H_2, N_2, O_2, NO, CO 등)
   헨리법칙에 비적용 기체 : 수용성 기체(SO_2, HF, NH_3, HCl)

4. 여과 집진장치

① 먼지의 탈락시간 계산식

$Ld = (C_i - C_o) \times Vf \times t$

$\begin{bmatrix} Ld : 먼지부하(g/m^2) & C_i : 먼지의 유입농도(g/m^3) \\ C_o : 먼지의 유출농도(g/m^3) & Vf : 여과속도(m/sec) \\ t : 탈락시간(sec) \end{bmatrix}$

② $Q = \pi \cdot D \cdot L \cdot Vf \cdot n$

$\begin{bmatrix} Q : 배기가스량(m^3/sec) & D : 직경(m) \\ L : 유효높이(m) & Vf : 겉보기 여과속도(m/sec) \\ n : 백필터 갯수 \end{bmatrix}$

5. 전기 집진장치

① 도이치 앤더슨의 집진효율 계산식

$\eta(\%) = \left(1 - e^{\dfrac{-A \times We}{Q}}\right) \times 100$

$\begin{bmatrix} A : 단면적(m^2) & We : 여과속도(m/sec) \\ Q : 배출가스량(m^3/sec) \end{bmatrix}$

② 집진극의 면적변화 $= \dfrac{LN(1-\eta_2) \times \left(\dfrac{-Q}{we}\right)}{LN(1-\eta_1) \times \left(\dfrac{-Q}{we}\right)}$

③ $\eta(\%) = \left\{1 - \exp^{\left(\dfrac{-2 \times We \times L}{R \times U}\right)}\right\} \times 100$

$\begin{bmatrix} We : 여과속도(m/sec) & L : 길이(m) \\ R : 반경(m) & u : 유속(m/sec) \end{bmatrix}$

④ $L = \dfrac{u \times S}{We}$

$\begin{bmatrix} L : 길이(m) & We : 겉보기이동속도(m/sec) \\ u : 유속(m/sec) & S : 집진극과 방전극간 거리(m) \end{bmatrix}$

6. 집진효율 계산식

① 집진효율(%) $= \left(1 - \dfrac{출구농도 \times 출구유량}{입구농도 \times 입구유량}\right) \times 100$

② $\eta_T = 1 - (1-\eta_1) \times (1-\eta_2)$

$\begin{bmatrix} \eta_T : 총합효율 & \eta_1 : 1차 집진장치의 효율 \\ \eta_2 : 2차 집진장치의 효율 \end{bmatrix}$

③ $\eta_T = 1 - (1-\eta_1) \times (1-\eta_2) \times (1-\eta_3) \times (1-\eta_4)$

④ $\left(1 - \dfrac{C_o}{C_i}\right) = 1 - (1-\eta_1) \times (1-\eta_2) \times (1-\eta_3)$

⑤ 부분집진율(%) $= \left(1 - \dfrac{C_o \times f_o}{C_i \times f_i}\right) \times 100$

$\begin{bmatrix} C_i : 입구농도 & C_o : 출구농도 \\ f_i : 입구의 질량분포 & f_o : 출구의 질량분포 \end{bmatrix}$

⑥ 통과율(P) $= \dfrac{C_o \times Q_o}{C_i \times Q_i} \times 100$

7. 소요동력 계산식

① 소요동력 (kW) $= \dfrac{PS \times Q}{102 \times \eta} \times \propto$

② 소요동력 (HP) $= \dfrac{PS \times Q}{75 \times \eta} \times \propto$

$\begin{bmatrix} PS : 총압력손실(mmH_2O) & Q : 배출가스량(Sm^3/sec) \\ \eta : 효율 & \propto : 여유율 \\ 1kW = 102\,kg \cdot m/sec & 1HP = 75\,kg \cdot m/sec \end{bmatrix}$

8. 송풍기의 회전속도 법칙(송풍기의 상사법칙)

① 송풍유량(Q) $= Q'm^3/min \times \left(\dfrac{r_2}{r_1}\right)^1$

② 유속(V) $= V'm/min \times \left(\dfrac{r_2}{r_1}\right)^1$

③ 정압(PS) $= PS'(mmH_2O) \times \left(\dfrac{r_2}{r_1}\right)^2$

④ 동력(HP) $= HP' \times \left(\dfrac{r_2}{r_1}\right)^3$

9. 현재값의 농도와 줄여야 할 농도 계산식

① 현재값의 농도(%) $= \dfrac{배출허용기준농도}{배출농도} \times 100$

② 줄여야 할 농도(%) $= \left(1 - \dfrac{배출허용기준농도}{배출농도}\right) \times 100$

10. 속도압(Vp) 계산식

① 상온상압상태(21℃, 1atm)

속도압(Vp) $= \left(\dfrac{V}{242.2}\right)^2 (mmH_2O)$

② 표준상태(0℃, 1atm)

속도압(Vp) $= \left(\dfrac{V}{228.5}\right)^2 (mmH_2O)$

$\left[\ V : 평균유속(m/min)\right.$

$V(m/min) = \dfrac{Q(m^3/min)}{A(m^2)} = \dfrac{Q(m^3/min)}{\dfrac{\pi D^2}{4}(m^2)}$

11. 압력손실(ΔP) 계산식

① $\Delta P = F \times Vp = \dfrac{1-Ce^2}{Ce^2} \times Vp$ (mmH$_2$O)

$\begin{bmatrix} \Delta P : 압력손실(mmH_2O) & F : 압력손실계수 \\ Ce : 유입계수 & Vp : 속도압(mmH_2O) \end{bmatrix}$

② $\Delta P = \lambda \times \dfrac{L}{D} \times \dfrac{r \times V^2}{2 \times g}$ (mmH$_2$O)

③ $\Delta P = 4f \times \dfrac{L}{D} \times \dfrac{r \times V^2}{2 \times g}$ (mmH$_2$O)

④ $\Delta P = f \times \dfrac{L}{D_0} \times \dfrac{r \times V^2}{2 \times g}$ (mmH$_2$O)

여기서 D_0(환산직경) $= \dfrac{단면적}{평균 둘레길이} = \dfrac{a \times b}{\dfrac{2 \times (a+b)}{4}} = \dfrac{2ab}{a+b}$

12. 유량 계산식

유량(Q) = 단면적(A) × 유속(V)

여기서 형상이 원형인 경우의 단면적(A) $= \dfrac{\pi D^2}{4}$ (m^2)

따라서 $Q(m^3/sec) = \dfrac{\pi D^2}{4}$ (m^2) $\times V$ (m/sec)

13. 비표면적(SV) $= \dfrac{표면적}{체적} = \dfrac{\pi \times d^2}{\dfrac{\pi}{6} \times d^3} = \dfrac{6}{d}$

14. $R(\%) = 100 \exp(-\beta \cdot dp^n)$

$\begin{bmatrix} dp : 먼지의 입경 & \beta : 입경계수 & n : 입경지수 \end{bmatrix}$

15. 상당직경 $= \dfrac{단면적}{평균 둘레길이} = \dfrac{a \times b}{\dfrac{2 \times (a+b)}{4}} = \dfrac{2ab}{a+b}$

16. 집진되는 먼지량(kg)

$$= 먼지농도(kg/Sm^3) \times 배출가스량(Sm^3/hr) \times 가동시간(hr) \times \frac{제거율(\%)}{100}$$

17. 자주 출제되는 반응식

① $S + O_2 \rightarrow SO_2$
② $S + O_2 \rightarrow SO_2 + CaCO_3 + 0.5O_2 \rightarrow CaSO_4 + CO_2$
③ $S + O_2 \rightarrow SO_2 + CaCO_3 + 0.5O_2 + 2H_2O \rightarrow CaSO_4 \cdot 2H_2O + CO_2$
④ $S + O_2 \rightarrow SO_2 + 2NaOH \rightarrow Na_2SO_3 + H_2O$
⑤ $2HF + Ca(OH)_2 \rightarrow CaF_2 + 2H_2O$
⑥ $2HCl + Ca(OH)_2 \rightarrow CaCl_2 + 2H_2O$
⑦ $2Cl_2 + 2Ca(OH)_2 \rightarrow CaCl_2 + Ca(OCl)_2 + 2H_2O$
⑧ $6NO + 4NH_3 \rightarrow 5N_2 + 6H_2O$
⑨ $6NO_2 + 8NH_3 \rightarrow 7N_2 + 12H_2O$
⑩ $4NO + 4NH_3 + O_2 \rightarrow 4N_2 + 6H_2O$
⑪ $NO_2 + CO \rightarrow NO + CO_2$

04 연소공학

1. 과잉 공기계수(공기비) 계산식

① 배출가스 분석치가 $CO_2\%$, $O_2\%$, $N_2\%$인 경우

$$공기비(m) = \frac{N_2\%}{N_2\% - 3.76 \times O_2\%}$$

② 산소의 농도(%)가 주어진 경우

$$공기비(m) = \frac{21}{21 - O_2\%}$$

③ 이론 공기량(A_o)과 실제공기량(A)이 주어진 경우

$$공기비(m) = \frac{실제공기량(A)}{이론공기량(A_o)}$$

2. 고체 및 액체 연료의 연소계산식

(1) 이론 산소량 및 이론 공기량 계산식(Sm^3/kg)

$$이론\ 산소량(O_o) = 1.867C + 5.6\left(H - \frac{O}{8}\right) + 0.7S$$

$$이론\ 공기량(A_o) = \left\{1.867C + 5.6\left(H - \frac{O}{8}\right) + 0.7S\right\} \times \frac{1}{0.21}$$

$$= 8.89C + 26.67\left(H - \frac{O}{8}\right) + 3.33S$$

(2) 가스량 계산식(Sm^3/kg)

① 이론 건연소가스량(God) = $A_o - 5.6H + 0.7O + 0.8N$
② 실제 건연소가스량(Gd) = $mA_o - 5.6H + 0.7O + 0.8N$
③ 이론 습연소가스량(Gow) = $A_o + 5.6H + 0.7O + 0.8N + 1.244W$
④ 실제 습연소가스량(Gw) = $mA_o + 5.6H + 0.7O + 0.8N + 1.244W$

(3) 고체 및 액체연료의 농도 계산식

① SO_2의 농도(%) $= \dfrac{SO_2 량(Sm^3/kg)}{가스량(Sm^3/kg)} \times 100 = \dfrac{0.7 \times S(Sm^3/kg)}{가스량(Sm^3/kg)} \times 100$

② SO_2의 농도(ppm) $= \dfrac{SO_2 량(Sm^3/kg)}{가스량(Sm^3/kg)} \times 10^6 = \dfrac{0.7 \times S(Sm^3/kg)}{가스량(Sm^3/kg)} \times 10^6$

③ CO_2의 농도(%) $= \dfrac{CO_2 량(Sm^3/kg)}{가스량(Sm^3/kg)} \times 100 = \dfrac{1.867 \times C(Sm^3/kg)}{가스량(Sm^3/kg)} \times 100$

④ CO_2의 농도(ppm) $= \dfrac{CO_2 량(Sm^3/kg)}{가스량(Sm^3/kg)} \times 10^6 = \dfrac{1.867 \times C(Sm^3/kg)}{가스량(Sm^3/kg)} \times 10^6$

(4) $CO_2 max(\%)$ 계산식

① $CO_{2max} = \dfrac{21 \times (CO_2\% + CO\%)}{21 - O_2\% + 0.395 \times CO\%}$

② $CO_{2max} = \dfrac{21 \times CO_2\%}{21 - O_2\%}$

③ $CO_{2max} = \dfrac{1.867 C}{God} \times 100$

(5) 필요한 공기량(Sm^3/hr) = 공기비(m) × 이론공기량(Sm^3/kg) × 연료량(kg/hr)

3. 기체연료의 연소계산식

(1) 완전연소반응식(Sm^3/Sm^3)

$$C_m H_n + \left(m + \dfrac{n}{4}\right) O_2 \rightarrow m CO_2 + \dfrac{n}{2} H_2 O$$

(2) 이론 산소량 및 이론 공기량 계산식(Sm^3/Sm^3)

① 이론 산소량(O_o) = 반응식에서 산소의 갯수

② 이론 공기량(A_o) = 이론 산소량(Sm^3/Sm^3) × $\dfrac{1}{0.21}$

(3) 가스량 계산식(Sm^3/Sm^3)

① 이론 건연소가스량(God) = $(1 - 0.21) \times A_o + CO_2$량
② 실제 건연소가스량(Gd) = $(m - 0.21) \times A_o + CO_2$량
③ 이론 습연소가스량(Gow) = $(1 - 0.21) \times A_o + CO_2$량 + H_2O량
④ 실제 습연소가스량(Gw) = $(m - 0.21) \times A_o + CO_2$량 + H_2O량

(4) 기체연료의 농도 계산식

① SO_2의 농도(%) = $\dfrac{SO_2 량 (Sm^3/Sm^3)}{가스량(Sm^3/Sm^3)} \times 100$

② SO_2의 농도(ppm) = $\dfrac{SO_2 량 (Sm^3/Sm^3)}{가스량(Sm^3/Sm^3)} \times 10^6$

③ CO_2의 농도(%) = $\dfrac{CO_2 량 (Sm^3/Sm^3)}{가스량(Sm^3/Sm^3)} \times 100$

④ CO_2의 농도(ppm) = $\dfrac{CO_2 량 (Sm^3/Sm^3)}{가스량(Sm^3/Sm^3)} \times 10^6$

4. 발열량 계산식

(1) 고체 및 액체 연료의 발열량 계산식

① 저위발열량 계산식

$Hl = Hh - 600(9H + W)(kcal/kg)$

② 듀롱(Dulong)식에 의한 고위발열량 계산식

$Hh = 8,100C + 34,000 (H - \dfrac{O}{8}) + 2,500 S (kcal/kg)$

```
Hl : 저위발열량(kcal/kg)       Hh : 고위발열량(kcal/kg)
C : 탄소의 함량                O : 산소의 함량
H : 수소의 함량                S : 황의 함량
W : 수분의 함량
```

(2) 기체연료의 저위발열량 계산식

$Hl = Hh - 600 kcal/kg \times \dfrac{18 kg}{22.4 Sm^3} \times H_2O$량 $(kcal/Sm^3)$

$\quad = Hh - 480 kcal/Sm^3 \times H_2O$량 $(kcal/Sm^3)$

5. Rosin식의 이론 공기량 계산식

$$\text{이론 공기량}(A_o) = 0.85 \times \frac{Hl}{1,000} + 2.0 \, (Sm^3/kg)$$

6. 반응식 계산식

① 1차 반응식 : $\ln\dfrac{C_t}{C_o} = -k \times t$

② 반감기 사용시 1차 반응식 : $\ln\dfrac{1}{2} = -k \times t$

③ 2차 반응식 : $\dfrac{1}{C_o} - \dfrac{1}{C_t} = -k \times t$

$\begin{bmatrix} C_o : \text{초기농도} & C_t : t\text{시간 후 농도} \\ k : \text{상수} & t : \text{시간} \end{bmatrix}$

7. 공연비 계산식

① 공연비(AFR ; Sm^3/Sm^3) = $\dfrac{\text{산소갯수} \times 22.4Sm^3 \times \dfrac{1}{0.21}}{\text{연료갯수} \times 22.4Sm^3}$

② 공연비(AFR ; kg/kg) = $\dfrac{\text{산소갯수} \times \text{분자량}(kg) \times \dfrac{1}{0.232}}{\text{연료갯수} \times \text{연료의 분자량}(kg)}$

　　　　　　　　　　= $\dfrac{AFR(Sm^3/Sm^3) \times \text{공기의 분자량}(kg)}{\text{연료갯수} \times \text{연료의 분자량}(kg)}$

8. 이론연소온도(℃)

$$= \frac{\text{저위발열량}(kcal/Sm^3)}{\text{가스량}(Sm^3/Sm^3) \times \text{평균정압비열}(kcal/Sm^3 \cdot ℃)} + \text{기준온도}(℃)$$

9. 연소실의 열발생율 계산식

$$\text{열발생율}(kcal/m^3 \cdot hr) = \frac{\text{저위발열량}(kcal/kg) \times \text{연료량}(kg/hr)}{\text{연소실 크기}(m^3)}$$

10. 연료비 계산

$$연료비 = \frac{고정탄소(\%)}{휘발분(\%)}$$

고정탄소(%) = 100% - (휘발분 + 수분 + 회분)(%)

11. 르샤틀리에 공식

$$\frac{100}{L} = \frac{V_1}{L_1} + \frac{V_2}{L_2} + \frac{V_3}{L_3}$$

L : 폭발범위   V : 조성비

12. 연소효율(%) = $\dfrac{저위발열량 - 손실열량}{저위발열량} \times 100$

13. 보일러의 열효율(%) = $\dfrac{흡수열량}{연료의\ 발생열량} \times 100(\%)$

14. 자주 출제되는 반응식

① $CH_3OH + 1.5O_2 \rightarrow CO_2 + 2H_2O$
② $CH_4 + 2O_2 \rightarrow CO_2 + 2H_2O$
③ $C_2H_6 + 3.5O_2 \rightarrow 2CO_2 + 3H_2O$
④ $C_3H_8 + 5O_2 \rightarrow 3CO_2 + 4H_2O$
⑤ $C_4H_{10} + 6.5O_2 \rightarrow 4CO_2 + 5H_2O$
⑥ $C_{18}H_{20} + 23O_2 \rightarrow 18CO_2 + 10H_2O$

MEMO

MEMO

합격

한 발 앞서나가는 출판사
구민사에서 시작하세요!

실기시험

필답형과 작업형으로 분류. 원서 접수 시 선택한 장소와 시간에 맞게 시험을 봅니다.
준비물 : 수험표, 신분증, 필기구 지참!

합격여부확인

큐넷 사이트에서 확인
(www.q-net.or.kr)

자격증신청

방문 or 인터넷 신청 가능. 방문 신청 시 **신분증, 발급 수수료** 지참할 것

자격증수령

방문 or 등기 우편 수령 가능. 등기비용을 추가하면 우편으로 받을 수 있습니다.

무료 동영상
카페 이용방법

STEP 01 무료 동영상을 볼 수 있는 전쌤의 대기환경 필기책을 구입한다

STEP 02 전쌤과 함께하는 네이버 카페에 가입한다

STEP 03 카페에서 도서인증 후 무료 동영상을 마음껏 시청한다

STEP 04 궁금한 점은 네이버 카페를 통해 질의응답 한다

cafe.naver.com/makels

DAY · PLAN

100
100 DAY PLAN

D-70

대기오염방지기술
연소공학

- **STEP 01** 동영상강의 듣기
- **STEP 02** 교재내용 복습
- **STEP 03** 교재의 예제문제 풀이

D-20

이론 중요내용 정리

- **STEP 01** 교재의 과목별 중요내용 확인
- **STEP 02** 교재의 별표 암기
- **STEP 03** 공식 및 예제문제 정리

대기환경관리

- STEP 01 동영상강의 듣기
- STEP 02 교재내용 복습
- STEP 03 교재의 예제문제 풀이

대기오염공정시험기준

- STEP 01 동영상강의 듣기
- STEP 02 교재내용 복습
- STEP 03 교재의 예제문제 풀이

실전문제(과년도 기출문제)

- STEP 01 동영상강의 듣기
- STEP 02 교재내용 복습
- STEP 03 문제 풀이 후 틀린 문제 체크

실전문제(CBT 복원문제)

- STEP 01 동영상강의 듣기
- STEP 02 교재내용 복습
- STEP 03 문제 풀이 후 틀린 문제 체크

실전문제 정리

- STEP 01 실전문제 중 틀린 문제 다시 풀이
- STEP 02 실전문제 풀이 후 틀린 문제 체크
- STEP 03 간략하게 정오노트 만들어 틀린 문제 이해하기

최종 정리

- STEP 01 기출문제 풀이 중 최종 틀린문제 다시 확인(2회 반복)
- STEP 02 교재의 "별표 3 ~ 2개" 내용 다시 확인
- STEP 03 핸드북으로 전체 내용 정리
  시험 당일 아침 [핸드북] 지참 잊지마세요!!

◆ PREFACE ◆

현재 전 세계의 모든 국가들이 기후변화에 의한 자연 재해에 직면하고 있습니다. 온실가스 배출을 줄이는 일, 탄소 배출을 줄이는 일, 대기오염물질의 발생을 줄이고 억제하는 일 등의 업무를 담당할 대기환경기사 자격증을 소지한 전문 인력 수요는 경제가 발전할수록 지속적으로 증가할 것으로 전망되며, 장기적인 관점에서 볼 때 가장 많이 필요로 하고 꾸준히 각광을 받을 것으로 예상되는 직종이라 생각됩니다. 이에 도서출판 구민사와 저자는 보다 쉽고 빠르게 누구나 합격할 수 있도록 대기환경기사 수험서를 만드는데 온갖 열정과 경험을 쏟아부어 이번에 새롭게 출간하게 되었습니다.

 대기환경기사 필기 수험서의 구성을 살펴보면 크게 핵심 이론편과 실전문제편으로 나누어집니다.
 먼저, 핵심 이론편의 특징을 살펴보면 다음과 같습니다.
 각 과목마다 자격증 시험에서 가장 많이 출제되는 이론을 중심으로 구성되었으며, 그중에서도 특히 중요한 이론에는 별표를 사용해 중요도 및 출제 빈도를 표시해 두었으며, 핵심 이론이 문제로 출제되는 경향을 파악하기 위해서 예제 문제를 통해 이론내용을 한 번 더 정리하고 실전문제에 충분히 대비할 수 있도록 하였습니다.
 실전문제편의 특징을 살펴보면 다음과 같습니다.
 과년도 기출문제에서 이론문제는 정답을 쉽게 찾을 수 있도록 풀이를 아주 상세히 설명해 두었고, 답이 되어야 하는 이유 등 구체적인 설명이 필요한 문제에는 (Tip)을 통해서 풀이에서 설명하지 못한 내용을 한 번 더 설명함으로써 문제를 풀이하는데 아주 쉽게 이해가 될 수 있도록 하였습니다. 계산문제의 풀이는 기본적인 공식과 각 용어설명은 물론이고 단위 환산에 대한 내용까지 (Tip)을 통해 한 번 더 설명하여 혼자서도 충분히 내용을 이해하면서 쉽게 공부를 할 수 있도록 교재를 만드는데 중점을 두었습니다.

이번에 출간하는 대기환경기사 필기 수험서는 기존의 이론을 중심으로 구성되어 있는 기본 수험서와 기출문제를 중심으로 구성되어 있는 과년도 수험서에서 채워줄 수 없는 내용이나 과년도 문제를 한 권의 교재로 정리하여, 이론 내용에 집중하는 수험생과 과년도 문제에 집중하는 수험생 모두의 요구에 부합되도록 하이브리드 원리를 적용한 신개념의 수험서가 될 것이라 확신합니다.

20년 이상 환경분야 강의 경험과 강의 노하우를 가진 저자와 수험서 분야 최정상의 도서출판 구민사가 다시 한 번 뜻을 모아 야심차게 출간한 대기환경기사 이 한 권의 수험서가 수험생 여러분에게 공부 방향의 기준을 제시함은 물론이고, 핵심 이론편과 과년도 문제편의 결합으로 이해도를 높이고, 개념 정리를 쉽게 할 수 있도록 하여 대기환경기사 자격증 공부에 신바람을 불어 넣어 드릴 것입니다.

저자와 출판사는 항상 노력하는 자세로 여러분께 다가가 누구나 쉽게 이해하면서 공부할 수 있는 개개인의 수험생이 만족할 수 있는 환경수험서가 되도록 항상 최선의 노력을 다하고 있습니다.

마지막으로 이 책의 출판을 위해 적극적으로 도움 주신 도서출판 구민사 조규백 대표님과 직원 여러분께 깊은 감사를 드립니다.

저자 올림

CONTENTS

PART 01 대기환경관리

제1장 대기오염 개요 • 3
   1. 대기오염의 역사적 사건 • 3
   2. 대기오염물질의 종류와 특성 • 8
   3. 실내오염물질 • 14
   4. 가스상 물질 • 18
   5. 중금속 물질 • 37

제2장 광화학 오염 • 41
   1. 오염물질의 종류 • 41
   2. 광화학반응 • 42
   3. 광화학오염물질 • 46

제3장 오염물질의 배출원 및 대기오염현상 • 50
   1. 대기오염물질의 배출원 • 50
   2. 대기오염 현상 • 52
   3. 국제협약 • 57

제4장 자동차 • 60
   1. 자동차 배출물질의 특징 • 60
   2. 디젤기관의 특징 • 61
   3. 가솔린기관의 특징 • 62
   4. 가솔린엔진과 디젤엔진의 비교 • 62
   5. 메탄올 자동차의 특징 • 63
   6. DME(Dimethyl Ether)연료 • 63
   7. 공연비(AFR) • 64

제5장 대기의 특성과 대기권의 분류 • 66
   1. 대기의 성분 • 66
   2. 대기의 구조 • 67
   3. 대기권의 분류 • 68

제6장 바람 • 76
   1. 바람 • 76
   2. 바람의 종류 • 78
   3. 국지풍의 종류 • 80

제7장 대기의 안정도 • 84
   1. 대기의 안정도 • 84
   2. 기온구배 • 85
   3. 온위(Potential Temperature) • 85
   4. 파스킬(Pasguill)의 대기안정도 • 86
   5. 난류 : 저공층에서 부는 불규칙한 바람 • 86
   6. 리챠든슨 수(Ri : Richardson Number) • 87
   7. Wind shear(바람쏠림) • 88
   8. 바람장미(Wind rose)=풍배도=풍화도 • 89
   9. 고도에 따른 풍속변화 • 90
   10. 혼합고 • 91
   11. 기온역전 • 92
   12. 대기의 안정도에 따른 연기의 모양 • 96

제8장 대기의 확산 • 101
    1. 유효굴뚝높이 • 101
    2. 통풍력 • 106
    3. 확산모델의 종류 • 108
    4. 대기분산모델의 종류 • 117

제9장 용어(현상) 및 법칙 • 121
    1. 알베도 • 121
    2. 미산란 • 121
    3. 비인의 변위법칙 • 122
    4. 태양복사의 산란 • 122
    5. 태양상수 • 123
    6. 라니냐(Lanina) 현상 • 124
    7. 엘리뇨(Elnino) 현상 • 124
    8. 복사(대기의 열역학) • 125
    9. 플랑크 방정식 • 125
    10. 스테판 볼츠만 법칙 • 126

PART 02 대기오염공정시험기준

제1장 총칙 • 129
1. 개요 • 129
2. 정도보정/정도관리 • 131

제2장 일반시험방법 • 133
1. 화학분석 일반사항 • 133
2. 기체크로마토그래피
   (General Rules for Gas Chromatography) • 142
3. 자외선/가시선 분광법
   (Ultraviolet-Visible Spectrometry) • 153
4. 원자흡수분광광도법
   (Atomic Absorption Spectrophotometry) • 159
5. 비분산 적외선 분광분석법
   (NonDispersive Infrared Photometer Analysis) • 164
6. 이온크로마토그래피
   (Ion Chromatography) • 168
7. 흡광차분광법
   (Differential Optical Absorption Spectroscopy : DOAS) • 172
8. 고성능 액체크로마토그래피
   (High Performance Liquid Chromatography) • 173

제3장 배출허용기준시험방법 • 175
제1절 시료채취방법 • 175
1. 배출가스 중 가스상물질 시료채취방법 • 175
2. 배출가스 중 휘발성유기화합물질(VOCs) 시료채취방법 • 182

제2절 배출가스 중 무기물질의 측정법 • 185
1. 배출가스 중 먼지 • 185
2. 비산먼지 • 196
3. 배출가스 중 암모니아 • 199
4. 배출가스 중 일산화탄소 • 202
5. 배출가스 중 염화수소 • 204
6. 배출가스 중 염소 • 206
7. 배출가스 중 황산화물 • 209
8. 배출가스 중 질소산화물 • 214
9. 배출가스 중 이황화탄소(CS_2) • 218
10. 배출가스 중 황화수소 • 220
11. 배출가스 중 플루오린화합물 • 223
12. 배출가스 중 사이안화수소 • 226
13. 배출가스 중 매연 • 227
14. 배출가스 중 산소측정방법 • 230
15. 철강공장의 아크로와 연결된 개방형 여과집진시설의 먼지 • 232
16. 유류 중 황함유량 분석방법 • 234

제3절 배출가스 중금속화합물 • 236
    1. 금속화합물 • 236
    2. 배출가스 중 비소화합물 • 238
    3. 배출가스 중 카드뮴화합물 • 242
    4. 배출가스 중 납화합물 • 242
    5. 배출가스 중 크로뮴화합물 • 243
    6. 배출가스 중 구리화합물 • 244
    7. 배출가스 중 니켈화합물 • 244
    8. 배출가스 중 아연화합물 • 245
    9. 배출가스 중 수은화합물 • 246
    10. 배출가스 중 베릴륨화합물 • 247

제4절 배출가스 중 휘발성유기화합물 측정방법 • 248
    1. 배출가스 중 폼알데하이드 및 알데하이드류
       • 248
    2. 배출가스 중 브로민화합물 • 250
    3. 배출가스 중 페놀화합물 • 252
    4. 배출가스 중 벤젠-기체크로마토그래피법
       • 254
    5. 배출가스 중 총탄화수소 • 255
    6. 휘발성 유기화합물질 (Volatile Organic Compound : VOC_5) 누출확인방법 • 257

제5절 굴뚝배출가스 중의 오염물질 연속자동측정방법
    • 260
    1. 굴뚝연속자동측정기기 먼지 • 260
    2. 굴뚝연속자동측정기기 이산화황 • 261
    3. 굴뚝연속자동측정기기 질소산화물 • 265

제4장 환경기준시험방법 • 268
제1절 환경대기 중 시료채취방법 • 268
    1. 적용범위 • 268
    2. 시료채취를 위한 일반사항 • 268
    3. 정가스상 물질의 시료 채취방법 • 272

제2절 환경대기 중 무기물질 측정법 • 275
    1. 환경대기 중 아황산가스 측정방법 • 275
    2. 환경대기 중 일산화탄소 측정법 • 277
    3. 환경대기 중 질소산화물 측정방법 • 279
    4. 환경대기 중 먼지 측정방법 • 280
    5. 환경대기 중 옥시단트 측정방법 • 283
    6. 환경대기 중 탄화수소 측정법 • 284
    7. 환경대기 중의 석면측정용 현미경법 • 288

제3절 환경대기 중 휘발성유기화합질 측정방법 • 292
    1. 환경대기 중 벤조(a)피렌 시험방법 • 292
    2. 환경대기 중 다환방향족탄화수소류(PAHs)-기체크로마토그래피/질량 분석법 • 292
    3. 환경대기 중 알데하이드류-고성능액체크로마토그래피법 • 293

◆ CONTENTS ◆

PART 03 대기오염방지기술

제1장 집진 • 297
1. 입자상 물질 • 297
2. 먼지의 입경 • 298
3. 먼지입자 측정방법 • 299
4. 먼지의 입경분포 대표값의 크기순서 • 300
5. 비표면적(단위 체적당 표면적) • 300
6. 먼지의 입경분포 • 301

제2장 집진장치 • 303
1. 중력집진장치 • 303
2. 관성력 집진장치 • 311
3. 원심력 집진장치 • 312
4. 흡수장치 및 세정집진장치 • 319
5. 여과집진장치 • 339
6. 전기집진장치 • 345
7. 집진장치에서 집진효율 계산식 • 356

제3장 유해가스 처리법 • 360
1. 황산화물(SO_x)처리법 • 360
2. 질소산화물(NO_x)의 처리법 • 367
3. 불화수소(플루오린화수소산)(HF) 처리법 • 372
4. 기타 가스상 물질의 처리반응식 • 373
5. 배출가스와 처리방법 정리 • 374

제4장 흡착법과 연소법 및 악취물질 • 378
1. 흡착법 • 378
2. 연소법과 산화법 • 384
3. 악취(냄새) 유발물질 • 387

제5장 환기법 • 391
1. 유체역학의 기초 • 391
2. 후드 및 덕트 • 398
3. 송풍기 • 401
4. 기타내용 • 406

PART 04 연소공학

제1장 연료 • 409
1. 연료 • 409
2. 고체연료 • 410
3. 액체연료 • 413
4. 기체연료 • 417

제2장 연소형태 및 연소장치 • 422
1. 연소형태 • 422
2. 고체연료 연소장치 • 424
3. 액체연료 연소장치 • 433
4. 기타 내용 • 437
5. 기체연료 연소장치 및 연소형태 • 438

제3장 착화온도, 등가비, 탄수소비, 공기비, 매연 • 442
1. 착화온도 • 442
2. 등가비(∅ : equivalent ratio) • 443
3. 탄수소비(C/H)의 특징 • 444
4. 그을음(매연) 발생의 특징 • 444
5. 반응속도 • 445
6. 평균가스온도 계산식 • 448
7. 폭발범위 • 449
8. 아레니우스식 • 450
9. NU(Nusselt number) • 450
10. 폭굉 유도거리가 짧아지는 요건 • 451
11. NO_x의 저감법 • 451
12. 연소열을 정성적 및 정량적으로 표현하기 위한 용어 • 453
13. 저온부식 • 454
14. 발열량 • 455

제4장 자동차 • 456
1. 전형적인 자동차 기준(휘발유 자동차 기준)에서 가장 많이 배출되는 경우 • 456
2. 자동차 후처리시설 중 삼원촉매장치 • 456
3. 휘발유 자동차에 적용하는 대기오염물질 저감방법 • 457
4. 경유(디젤기관) 자동차의 배출가스에 영향을 줄 수 있는엔진의 운전변수 및 설계변수 • 458
5. 공연비(AFR) • 458
6. 디젤엔진과 휘발유 스파크 점화엔진 비교 • 460
7. 가솔린 기관 • 460
8. 디젤기관의 특징 • 460
9. 가솔린엔진과 디젤엔진의 비교 • 461
10. 불꽃점화기관(가솔린 기관)에서 연소과정 중 생기는노킹현상을 효과적으로 방지하기 위한 기관구조에 대한 설명 • 461
11. 압축점화(디젤기관)기관에서 연소과정 중 생기는디젤노킹(diesel knocking) 방지법 • 462
12. CNG(Compressed Natural Gas : 압축천연가스)를 가솔린에 적용했을 때 • 462

제5장 연소계산식 • 463
1. 발열량 계산 • 463
2. 고체연료 및 액체연료의 연소계산식 • 465
3. 기체연료의 연소계산식 • 474
4. 기타 계산식 • 478

✦ CONTENTS ✦

PART 05 실전문제[과년도 기출문제]

2013
1회(2013년 3월 10일 시행) • 483
2회(2013년 6월 2일 시행) • 504
4회(2013년 9월 28일 시행) • 524

2014
1회(2014년 3월 2일 시행) • 544
2회(2014년 5월 25일 시행) • 563
4회(2014년 9월 20일 시행) • 584

2015
1회(2015년 3월 8일 시행) • 605
2회(2015년 5월 31일 시행) • 625
4회(2015년 9월 19일 시행) • 645

2016
1회(2016년 3월 6일 시행) • 663
2회(2016년 5월 8일 시행) • 682
4회(2016년 10월 1일 시행) • 701

2017
1회(2017년 3월 5일 시행) • 721
2회(2017년 5월 7일 시행) • 739
4회(2017년 9월 23일 시행) • 759

2018
1회(2018년 3월 4일 시행) • 779
2회(2018년 4월 28일 시행) • 799
4회(2018년 9월 15일 시행) • 818

2019
1회(2019년 3월 3일 시행) • 837
2회(2019년 4월 27일 시행) • 857
4회(2019년 9월 21 시행) • 877

2020
1·2회(2020년 6월 7일 시행) • 895
3회(2020년 8월 22일 시행) • 914
4회(2020년 9월 27일 시행) • 932

2021
1회(2021년 3월 7일 시행) • 952
2회(2021년 5월 15일 시행) • 970
4회(2021년 9월 12일 시행) • 988

2022
1회(2022년 3월 5일 시행) • 1006
2회(2022년 4월 24일 시행) • 1025

PART 05 실전문제[CBT 복원문제]

2023
1회 CBT 복원문제 • 1043
4회 CBT 복원문제 • 1060

2024
1회 CBT 복원문제 • 1079
3회 CBT 복원문제 • 1097

2025
1회 CBT 복원문제 • 1115
3회 CBT 복원문제 • 1134

INSTRUCTION MANUAL
이 책의 **사용설명서**

INSTRUCTION MANUAL

01 핵심 이론 및 예제 문제 수록

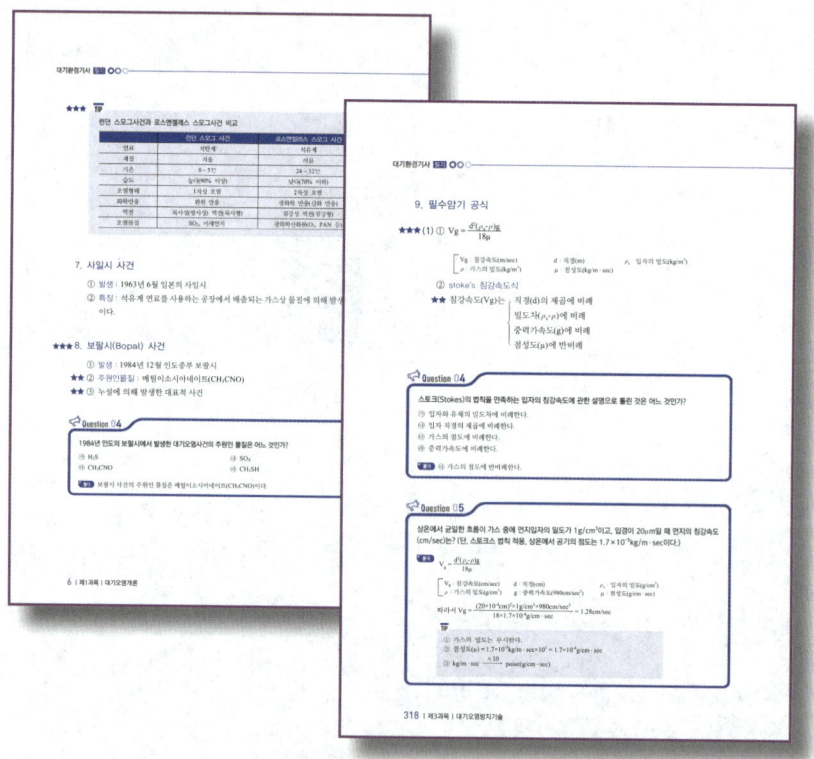

각 과목마다 시험에서 가장 많이 출제되는 이론을 중심으로 구성되어 있으며, 내용의 중요도에 따라(★★★) 표시해 출제 빈도를 파악할 수 있게 하였습니다. 이론에 따른 예제 문제를 통해서 한 번 더 정리하고 실전문제에 충분히 대비할 수 있도록 하였습니다.

02 스스로 학습을 위한 풀이와 Tip

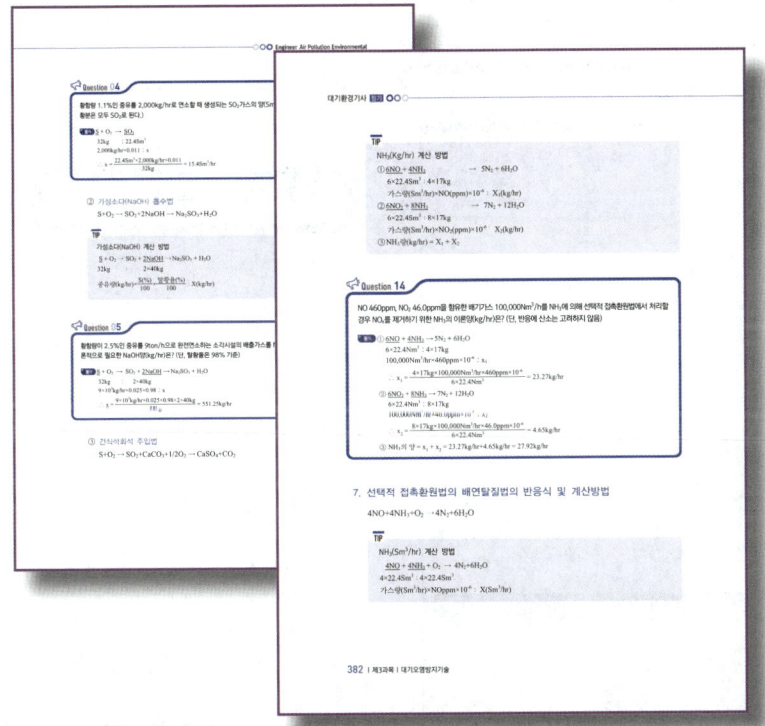

계산문제나 중요 문제는 풀이 및 Tip을 이용해 공식 및 개념을 정리할 수 있도록 하였습니다. 기본적인 공식과 각 용어설명은 물론이고 단위 환산에 대한 내용까지 Tip을 통해 한 번 더 설명을 하여 혼자서도 충분히 내용을 이해하면서 쉽게 공부를 할 수 있도록 교재를 만드는 데 중점을 두었습니다.

INSTRUCTION MANUAL

03 과년도 기출문제 & CBT 복원문제

과년도 기출문제와 최신 복원문제를 통해 실전시험에 충분히 대비할 수 있도록 하였습니다.

◆ 대기환경기사 출제기준 ◆

직무분야	환경·에너지	중직무분야	환경	자격종목	대기환경기사	적용기간	2026.01.01. ~ 2030.12.31
직무내용 : 대기오염으로 인한 국민건강이나 환경에 관한 위해를 예방하기 위해 대기환경관리 계획수립, 시설인·허가 및 관리, 실내공기질 관리, 악취관리, 이동오염원 관리, 측정분석·평가를 통해 대기환경을 적정하고 지속가능하도록 관리·보전하는 직무이다.							
필기검정방법	객관식	문제수	80	시험시간	2시간		

필기과목명	문제수	주요항목	세부항목
대기환경관리	20	1. 대기오염개론	1. 대기오염의 특성 2. 대기오염의 현황 3. 광화학오염
		2. 대기오염의 영향 및 대책	1. 대기오염의 영향 2. 대기오염대책 3. 오존층파괴 4. 산성비 5. 미세먼지
		3. 대기모델링과 영향 평가	1. 대기확산방정식 및 확산모델 2. 대기안정도 및 혼합높이 3. 오염물질의 확산
		4. 대기환경관련 법규	1. 대기환경보전법령 2. 환경정책기본법령 3. 기타법령

필기과목명	문제수	주요항목	세부항목
연소공학	20	1. 연소	1. 연소이론 2. 연료의 종류 및 특성
		2. 연소계산	1. 연소열역학 및 열수지 2. 이론공기량 3. 연소가스 분석 및 농도산출 4. 발열량과 연소온도
		3. 연소설비	1. 연소장치 및 연소방법 2. 연소기관 및 오염물 3. 연소배출 오염물질 제어
대기오염 방지기술	20	1. 방지시설 설치·운전관리	1. 집진설비 2. 유해가스 처리설비
		2. 악취관리	1. 악취특성
		3. 실내공기질 관리	1. 실내공기오염물질 2. 환기 3. 통풍
		4. 이동오염원 관리	1. 저감기술 및 저감장치

필기과목명	문제수	주요항목	세부항목
대기오염공정 시험기준	20	1. 대기오염물질 측정분석	1. 총칙
			2. 시료 채취
			3. 측정방법

※ 출제기준의 세세항목은 한국산업인력공단 홈페이지(http://www.q-net.or.kr/) 자료실에서 확인하실 수 있습니다.

대기환경기사 기본정보

개요

경제의 고도성장과 산업화를 추진하는 과정에서 필연적으로 수반되는 오존층과, 온난화, 산성비 문제 등 대기오염이라는 심각한 문제를 일으키고 있다. 이러한 대기오염으로부터 자연환경 및 생활환경을 관리·보전하여 쾌적한 환경에서 생활할 수 있도록 대기 환경 분야에 전문기술인 양성이 시급해짐에 따라 자격제도 제정

실시기관 홈페이지

http://www.q-net.or.kr

실시기관명

한국산업인력공단

진로 및 전망

정부의 환경공무원, 환경관리공단, 연구소, 학계 및 환경플랜트회사, 환경오염방지 설계 및 시공회사, 환경시설 전문관리인 등으로 진출할 수 있다. – 대기오염물질 배출량 현황(1997년 환경부자료)을 보면 자동차가 대기오염물질을 가장 많이 배출하고 이밖에 산업, 발전, 선박 및 기타, 난방 순으로 나타나고 있다. 이에 정부는 저황유 사용지역 확대, 청정연료 사용지역 확대, 지하생활공간 공기질관리, 시도지사의 대기오염 상시측정 의무화, 대기환경기준강화, 예시 배출 허용기준 적 용, 대기환경 규제지역내 휘발성유기화합물질의 규제 추진, 대기환경 규제지역내 자 동차 정기검사 강화 등 대기오염에 대한 관리를 강화할 계획이어서 이에 대한 인력수 요가 증가할 것이다.

대기환경기사 시험정보 안내

수수료
필기 : 19400원 / – 실기 : 22600원

출제경향
– 필기시험의 내용은 고객만족〉자료실의 출제기준을 참고바랍니다. – 실기시험은 필답형으로 시행되며 고객만족〉자료실의 출제기준을 참고바랍니다.

출제기준
2020년부터는 대기환경기사 출제기준 파일을 참고하시기 바랍니다. 한국산업인력공단 홈페이지에서 메뉴상단 고객지원–자료실–출제기준에서도 보실 수 있습니다.

수수료	
시행처	한국산업인력공단
관련학과	전문대학 및 4년제대학의 대기과학, 대기환경공학 관련학과
시험과목	– 필기 : 1. 대기환경관리 2. 연소공학 3. 대기오염방지기술 4. 대기오염 공정시험기준 – 실기 : 대기오염관리 실무
검정방법	– 필기 : 객관식 4지 택일형 과목당 20문항 – 실기 : 필답형(3시간)
합격기준	– 필기 : 100점을 만점으로 하여 과목당 40점 이상, 전과목 평균 60점 이상 – 실기 : 100점을 만점으로 하여 60점 이상

◆ 대기기사-공식 ◆

1. 먼지에서 가시거리 계산식

- $V = \dfrac{10^3 \cdot A}{G}$

  $\begin{bmatrix} V : 가시거리(km \ 또는 \ m) \\ A : 상수(1.2 \sim 1.4) \\ G : 농도(\mu g/m^3 \ 또는 \ mg/m^3) \end{bmatrix}$

- $V = \dfrac{5.2 \times \rho \times r}{K \times C}$

  $\begin{bmatrix} V : 가시거리(m) \\ C : 농도(g/m^3) \\ r : 반지름(\mu m) \end{bmatrix}$ 　　 $K : 상수(분산면적비)$
  $\rho : 먼지밀도(g/cm^3)$

2. 스튼(Sutton)의 식

$U_2 = U_1 \times \left(\dfrac{H_2}{H_1}\right)^n$

$\begin{bmatrix} U_2 : H_2 \ 고도에서의 \ 풍속(m/sec) \\ U_1 : H_1 \ 고도에서의 \ 풍속(m/sec) \\ H_1, H_2 : 고도(m) \\ n : 대기안정도 \ 상수 \begin{cases} 매우 \ 안정 \ 0.5 \\ 불안정, 중립 \ 0.25 \\ 매우 \ 불안정 \ 0.2 \end{cases} \end{bmatrix}$

3. 데칸(Deacon)의 식

$U_2 = U_1 \times \left(\dfrac{H_2}{H_1}\right)^P$

$\begin{bmatrix} U_2 : H_2 \ 고도에서의 \ 풍속(m/sec) \\ U_1 : H_1 \ 고도에서의 \ 풍속(m/sec) \\ H_1, H_2 : 고도(m) \\ P : 매개변수 \end{bmatrix}$

4. △H(연기의 상승고) 계산식

$$\triangle H = 1.5 \times \left(\frac{V_s}{u}\right) \times D$$

$\begin{bmatrix} \triangle H : \text{연기의 상승고(m)} & V_s : \text{배출가스 속도(m/sec)} \\ u : \text{풍속(m/sec)} & D : \text{직경(m)} \end{bmatrix}$

5. 가우시안 확산모델의 계산식

$$C(X, 0, 0) = \frac{Q}{\pi u \sigma_y \sigma_z} \exp\left[-\left(\frac{He^2}{2\sigma_z^2}\right)\right]$$

$\begin{bmatrix} C : \text{농도(mg/m}^3\text{)} & Q : \text{오염물질배출량(mg/sec)} \\ \sigma_y : \text{수평방향의 표준편차(m)} & \sigma_z : \text{수직방향의 표준편차(m)} \\ u : \text{풍속(m/sec)} & He : \text{유효굴뚝높이(m)} \end{bmatrix}$

6. 필수암기 공식

- $Vg = \dfrac{d^2(\rho_s-\rho)g}{18\mu}$

  Vg : 침강속도(m/sec)　　d : 직경(m)　　ρ_s : 입자의 밀도(kg/m³)
  ρ : 가스의 밀도(kg/m³)　　μ : 점성도(kg/m·sec)

- $Re = \dfrac{D \times V \times \rho}{\mu} = \dfrac{D \times V}{\nu}$

  Re : 레이놀드수　　D : 관경(m)　　V : 유속(m/sec)
  ρ : 밀도(kg/m³)　　μ : 점성도(kg/m·sec)　　ν : 동점도(m²/sec)

- $S = \dfrac{\text{원심력의 분리속도}}{\text{중력의 침강속도}} = \dfrac{\dfrac{d^2(\rho_s-\rho)V^2}{18\mu R}}{\dfrac{d^2(\rho_s-\rho)g}{18\mu}} = \dfrac{V^2}{Rg}$

  S : 분리계수　　d : 입자의 직경(m)　　ρ_s : 입자의 밀도(kg/m³)
  ρ : 가스의 밀도(kg/m³)　　V : 유속(m/sec)　　R : 반경(m)　　μ : 점성도(kg/m·sec)

- $d_{p_{50}} = \sqrt{\dfrac{9 \cdot \mu \cdot B}{2 \cdot \pi \cdot V \cdot (\rho_s-\rho) \cdot N}} \times 10^6 (\mu m)$

  $d_{p_{50}}$: 50% 제거입경 = 절단입경(cut size)　　μ : 점성도(kg/m·sec)
  B : 폭(m)　　V : 유속(m/sec)　　ρ_s : 입자의 밀도(kg/m³)
  ρ : 가스의 밀도(kg/m³)　　N : 회전수

- $H = HOG \times NOG = \ln\left(\dfrac{1}{1-\dfrac{\eta(\%)}{100}}\right) \times HOG$

  H : 충전탑(흡수탑)의 높이(m)　　NOG : 총괄이동단위수
  HOG : 총괄이동단위높이(m)　　η : 처리효율(%)

- $NOG = \ln\left(\dfrac{1}{1-\dfrac{\eta(\%)}{100}}\right)$

7. 벤츄리스크러버(Venturi Scrubber)의 공식

$$n\left(\frac{dm}{Dt}\right)^2 = \frac{Vt \cdot L}{100\sqrt{P}}$$

- n : 노즐갯수
- dm : 노즐직경(m)
- Dt : throat의 직경(m)
- Vt : 유속(m/sec)
- L : 액기비(L/m³)
- P : 수압(mmH$_2$O)

8. 백필터 개수 구하는 공식

$$Q = \pi \cdot D \cdot L \cdot n \cdot Vf$$

$$n = \frac{Q}{\pi \cdot D \cdot L \cdot Vf}$$

- Q : 가스량(m³/sec)
- D : 관의 직경(m)
- L : 길이 또는 유효높이(m)
- n : 백의 개수
- Vf : 겉보기 여과속도(m/sec)

◆ 대기기사-공식 ◆

9. Deutsch-Anderson식

$$\eta = \left\{1-\exp\frac{-A \times We}{Q}\right\} \times 100(\%)$$

- η : 제거효율(%) A : 단면적(m^2)
- We : 겉보기 여과속도(m/sec) Q : 가스량(m^3/sec)

10. 압력손실 계산

- $\triangle P = F \times H (= Vp)$

  F : 압력손실계수 H : 동압(mmH$_2$O) Vp : 속도압(mmH$_2$O)

- $F = \dfrac{1-Ce^2}{Ce^2}$

- $H = \dfrac{rv^2}{2g}$

  Ce : 유입계수 r : 공기의 밀도(kg/m^3) v : 유속(m/sec) g : 중력가속도(9.8m/sec^2)

- $\triangle P = \lambda \times \dfrac{L}{D} \times \dfrac{rv^2}{2g}$

  $\triangle P$: 압력손실(mmH$_2$O) λ : 관마찰계수(0.02) D : 관의 직경(m)
  L : 관의 길이(m) r : 공기의 밀도(kg/m^3) v : 유속(m/sec)
  g : 중력가속도(9.8m/sec^2)

- $V(m/sec) = \dfrac{Q}{A} = \dfrac{Q(m^3/sec)}{\dfrac{\pi D^2}{4}(m^2)}$

11. 송풍기의 소요동력

- $kW = \dfrac{Ps \times Q}{102 \times \eta} \times \alpha$

- $Hp = \dfrac{Ps \times Q}{75 \times \eta} \times \alpha$

$$\begin{bmatrix} Ps : 전압력손실(mmH_2O) \quad Q : 가스량(m^3/sec) \quad \eta : 효율 \quad \alpha : 여유율 \\ 1kW = 102kg \cdot m/sec, \ 1Hp = 76kg \cdot m/sec, \ 1Ps = 75kg \cdot m/sec \end{bmatrix}$$

원소주기율표

1 H 수소																	2 He 헬륨
3 Li 리튬	4 Be 베릴륨											5 B 붕소	6 C 탄소	7 N 질소	8 O 산소	9 F 플루오린	10 Ne 네온
11 Na 나트륨	12 Mg 마그네슘											13 Al 알루미늄	14 Si 규소	15 P 인	16 S 황	17 Cl 염소	18 Ar 아르곤
19 K 칼륨	20 Ca 칼슘	21 Sc 스칸듐	22 Ti 타이타늄	23 V 바나듐	24 Cr 크로뮴	25 Mn 망가니즈	26 Fe 철	27 Co 코발트	28 Ni 니켈	29 Cu 구리	30 Zn 아연	31 Ga 갈륨	32 Ge 저마늄	33 As 비소	34 Se 셀레늄	35 Br 브로민	36 Kr 크립톤
37 Rb 루비듐	38 Sr 스트론튬	39 Y 이트륨	40 Zr 지르코늄	41 Nb 나이오븀	42 Mo 몰리브덴	43 Tc 테크네튬	44 Ru 루테늄	45 Rh 로듐	46 Pd 팔라듐	47 Ag 은	48 Cd 카드뮴	49 In 인듐	50 Sn 주석	51 Sb 안티몬	52 Te 텔루륨	53 I 아이오딘	54 Xe 제논
55 Cs 세슘	56 Ba 바륨	57 La 란타넘	72 Hf 하프늄	73 Ta 탄탈	74 W 텅스텐	75 Re 레늄	76 Os 오스뮴	77 Ir 이리듐	78 Pt 백금	79 Au 금	80 Hg 수은	81 Tl 탈륨	82 Pb 납	83 Bi 비스무트	84 Po 폴로늄	85 At 아스탄틴	86 Rn 라돈
87 Fr 프랑슘	88 Ra 라듐	89 Ac 악티늄	104 Rf 러더포듐	105 Db 더브늄	106 Sg 시보귬	107 Bh 보륨	108 Hs 하슘	109 Mt 마이트너륨	110 Ds 다름슈타튬	111 Rg 뢴트게늄							

58 Ce 세륨	59 Pr 프라세오디뮴	60 Nd 네오디뮴	61 Pm 프로메튬	62 Sm 사마륨	63 Eu 유로퓸	64 Gd 가돌리늄	65 Tb 테르븀	66 Dy 디스프로슘	67 Ho 홀뮴	68 Er 에르븀	69 Tm 툴륨	70 Yb 이테르븀	71 Lu 루테튬
90 Th 토륨	91 Pa 프로트악티늄	92 U 우라늄	93 Np 넵투늄	94 Pu 플루토늄	95 Am 아메리슘	96 Cm 퀴륨	97 Bk 버클륨	98 Cf 캘리포늄	99 Es 아인슈타이늄	100 Fm 페르뮴	101 Md 멘델레븀	102 No 노벨륨	103 Lr 로렌슘

20 — 원자번호
Ca — 원소기호 (예: Hg : 액체 a : 고체)
칼슘 — 이름 (a : 기체)

금속 / 비금속 / 전이원소 / 란타넘족 / 악티늄족

PART 01

대기환경관리

CHAPTER 01　대기오염 개요
CHAPTER 02　광화학 오염
CHAPTER 03　오염물질의 배출원 및 대기오염현상
CHAPTER 04　자동차
CHAPTER 05　대기의 특성과 대기권의 분류
CHAPTER 06　바람
CHAPTER 07　대기의 안정도
CHAPTER 08　대기의 확산
CHAPTER 09　용어(현상) 및 법칙

대기환경
기 사
필 기

CHAPTER 01 대기오염 개요

01 대기오염의 역사적 사건

1. 뮤즈계곡(Meuse Valley) 사건

① 발생 : 1930년 12월 벨기에
② 특징 : 공장지대로서 아황산가스, 황산, 미세입자 등이 원인물질이며 공장이 계곡에 위치하면서 무풍, 기온역전, 연무발생 등에 의해서 피해가 발생하였다.
③ 주원인물질 : 아황산가스(SO_2), H_2SO_4 mist, 불소화합물 등
★ ④ 인체의 피해가 가장 먼저 발생한 사건

2. 횡빈(Tokyo-Yokohama) 사건

① 발생 : 1946년 겨울 일본의 공업도시 횡빈
② 특징 : 밤과 이른 아침에 짙은 연무와 무풍상태
③ 주원인물질 : 공장에서 배출된 대기오염물질

3. 도노라(Donora) 사건

① 발생 : 1948년 10월 도노라 지방
② 특징 : 고기압 상태에서 무풍, 기온역전, 연무발생
③ 주원인물질 : 아황산가스(SO_2), H_2SO_4 mist 등

★★★ 4. 포자리카(Pozarica) 사건

① 발생 : 1950년 11월 멕시코 공업지대 포자리카
② 특징 : 세계적으로 유명한 대기오염사건 중 부주의로 인하여 발생한 인재(人災)의 대표적인 사건으로 천연가스에서 황화수소(H_2S)를 취출하여 황을 생산하는 공장에서 부주의로 황화수소가 다량 누출, 공장주변의 주민에게 피해를 준 사건이다.
★★ ③ 주원인물질 : 황화수소(H_2S)
★★ ④ 누설에 의해 발생한 대표적인 사건

Question 01

다음 중 SO_2가 주 오염물질로 작용한 대기오염 피해사건으로 가장 거리가 먼 것은?

㉮ London Smog 사건 ㉯ Poza Rica 사건
㉰ Donora 사건 ㉱ Meuse Valley 사건

풀이 ㉯ Poza Rica 사건은 황화수소(H_2S)가 누출되어 발생한 사건이다.

★★ 5. 런던(London) 스모그 사건

① 발생 : 1952년 12월 영국 런던
★ ② 런던 스모그 사건은 석탄연소에 의하여 발생한 대기오염 사건으로 아황산가스, 먼지 등이 복사성 역전, 무풍상태, 높은 습도에서 발생한 사건이다.
★ ③ 주로 초저녁에 발생하였고 석탄의 매연과 화력발전소 등의 굴뚝에서 배출된 매연이 주 오염원으로 추정된다.
④ 1차성 스모그의 대표적 사건으로 사망자가 가장 많았던 사건이다.

> **TIP**
>
> **대기청정법(Clean Air Act)**
> 1952년 12월 런던 대기오염 사건 이후에 제정

Question 02

다음 중 London형 스모그에 관한 설명으로 가장 거리가 먼 것은? (단, Los Angeles형 스모그와 비교)

㉮ 복사성 역전이다.
㉯ 습도가 85% 이상이었다.
㉰ 시정거리가 100m 이하이다.
㉱ 산화반응이다.

풀이 ㉱ 환원반응이다.

★★ 6. 로스앤젤레스(Los Angeles) 스모그 사건

① 발생 : 1954년 미국
★ ② 로스앤젤레스 스모그 사건은 자동차에서 배출되는 질소산화물, 탄화수소 등에 의하여 침강성 역전, 무풍상태에서 발생한 스모그 사건이다.
★ ③ O_3(오존)이 처음으로 발견된 사건이다.
④ 피해는 눈을 자극하며 중대한 피해는 없다.
⑤ 2차성 스모그(광화학 스모그)의 대표적인 사건이다.

> **TIP**
> 대기오염자동측정망(CAMP망)을 가장 먼저 활용한 국가는 미국이다.

Question 03

로스엔젤레스형 스모그의 특성과 가장 거리가 먼 것은?

㉮ 2차성 오염물질인 스모그를 형성하였다.
㉯ 습도가 70% 이하의 상태에서 발생하였다.
㉰ 화학반응은 산화반응이고, 역전의 종류는 침강성 역전에 해당한다.
㉱ 대기오염물질과 태양광선 중 적외선에 의해 발생한 PAN, H_2O_2 등 광화학적 산화물에 의한 사건이다.

풀이 ㉱ 대기오염물질과 태양광선 중 자외선에 의해 발생한 PAN, H_2O_2 등 광화학적 산화물에 의한 사건이다.

★★★ TIP

런던 스모그 사건과 로스앤젤레스 스모그 사건 비교

	런던 스모그 사건	로스앤젤레스 스모그 사건
연료	석탄계	석유계
계절	겨울	여름
기온	0~5℃	24~32℃
습도	높다(90% 이상)	낮다(70% 이하)
오염형태	1차성 오염	2차성 오염
화학반응	환원 반응	광화학 반응(산화 반응)
역전	복사성(방사성) 역전(복사형)	침강성 역전(침강형)
오염물질	SO_2, 미세먼지	광화학산화물(O_3, PAN 등)

7. 사일시 사건

① 발생 : 1963년 6월 일본의 사일시
② 특징 : 석유계 연료를 사용하는 공장에서 배출되는 가스상 물질에 의해 발생한 사건이다.

★★★ 8. 보팔시(Bopal) 사건

① 발생 : 1984년 12월 인도중부 보팔시
★★ ② 주원인물질 : 메틸이소시아네이트(CH_3CNO)
★★ ③ 누설에 의해 발생한 대표적 사건

📢 Question 04

1984년 인도의 보팔시에서 발생한 대기오염 사건의 주원인 물질은 어느 것인가?

㉠ H_2S
㉡ SO_X
㉢ CH_3CNO
㉣ CH_3SH

풀이 보팔시 사건의 주원인 물질은 메틸이소시아네이트(CH_3CNO)이다.

9. 서베소 사건

① 발생 : 1976년 7월 이탈리아
② 주원인물질 : 다이옥신

10. 체르노빌 사건

① 발생 : 1986년 4월 우크라이나 체르노빌
② 주원인물질 : 방사능 물질

11. 크라카타우(Krakatau)섬 사건

① 발생 : 1883년 인도네시아의 크라카타우섬
② 특징 : 화산폭발에 의한 화산재, 유황, 유해가스에 의해서 발생
★ ③ 자연적 요인에 의해 발생한 대표적 사건

> **TIP**
>
> **역사적 사건의 발생연도 및 주오염물질**
>
> | 사건명 | 발생연도 | 주오염물질 |
> | --- | --- | --- |
> | 뮤즈계곡 사건 | 1930년 | SO_2 |
> | 도노라 사건 | 1948년 | SO_2 |
> | 포자리카 사건 | 1950년 | H_2S |
> | 런던스모그 사건 | 1952년 | SO_2 |
> | L·A 사건 | 1954년 | 광화학산화물(O_3, PAN 등) |
> | 보팔시 사건 | 1984년 | CH_3CNO(메틸이소시아네이트) |

02 대기오염물질의 종류와 특성

1. 입자상 물질의 특징

① 먼지의 모양은 다양하고 매우 불규칙하다.
② 공기중에 부유하고 있는 입자의 크기는 대략 0.01 ~ 100μm이다.
③ 입자의 화학적 성분은 발생원에 따라 구성하는 성분이 다르며 또한 입자의 크기에 따라서도 성분이 다르게 나타난다.
★★ ④ 먼지가 폐포에 가장 잘 도달할 수 있는 입자의 크기는 0.5 ~ 5.0μm이다.
★★★ ⑤ 1.2μm 이하의 미세입자에서 세정(Rain out) 효과가 적은것은 브라운 운동을 하기 때문이다.
⑥ 실내 부유먼지중에는 세균, 곰팡이, 곤충, 가루진드기 등이 포함되어 있어서 인체에 큰 영향을 미칠 수 있다.
★ ⑦ 인체의 폐속으로의 침투도가 최대가 될 뿐 아니라 빛의 산란도 역시 최대가 되어 가시도 감소에 큰 영향을 주는 먼지입경은 0.1 ~ 1.0μm가 적합하다.

Question 05

1 ~ 2μm 이하의 미세입자는 세정(Rain out) 효과가 작은데 그 이유로 가장 적합한 것은?
㉮ 응축효과가 크기 때문에
㉯ 부정형의 입자가 많기 때문에
㉰ 휘산효과가 크기 때문에
㉱ 브라운 운동을 하기 때문에

정답 ㉱

2. 먼지에서 가시거리 계산식

★★★ ① $V = \dfrac{10^3 \cdot A}{G}$

V : 가시거리(km 또는 m)
A : 상수(1.2 ~ 1.4)
G : 농도($\mu g/m^3$ 또는 mg/m^3)

Question 06

먼지농도가 150μg/m³이고, 상대습도가 70%인 상태의 대도시에서 가시거리는 몇 km인가?
(단, A = 1.25)

풀이 $V = \dfrac{10^3 \cdot A}{G} = \dfrac{10^3 \times 1.25}{150\mu g/m^3} = 8.33km$

 ② $V = \dfrac{5.2 \times \rho \times r}{K \times C}$

$\begin{bmatrix} V : 가시거리(m) \\ C : 농도(g/m^3) \\ r : 반지름(\mu m) \end{bmatrix}$ $\begin{matrix} K : 상수(분산면적비) \\ \rho : 먼지밀도(g/cm^3) \end{matrix}$

Question 07

파장 5,200Å인 빛 속에서 밀도가 1.2g/cm³이고, 직경 0.2μm인 먼지의 분산면적비가 3일 때 먼지농도가 0.3mg/m³이라면 가시거리(m)는 얼마인가?

풀이 $V = \dfrac{5.2 \times 1.2 g/cm^3 \times 0.1 \mu m}{3 \times (0.3 \times 10^{-3}) g/m^3} = 693.33m$

 ③ Coh(Coefficient of haze)

㉠ 빛전달율을 측정했을 때 광화학적 밀도가 0.01이 되도록 하는 여과지상의 빛을 분산시키는 고형물의 양을 뜻한다. $\left(\dfrac{O \cdot D(광학적\ 밀도)}{0.01}\right)$ ★★

★★ ㉡ Coh 값이 크면 클수록 빛전달율은 작아지며, 대기는 오염된 상태를 나타낸다.

㉢ Coh 단위는 여과지에 제거된 먼지의 양에 따라 결정되므로 비실용적이다.

★ ㉣ Coh 산출식에는 불투명도란 더러운 여과지를 통과한 빛전달율의 역수로 정의된다.

㉤ Coh 산출식에서 광학적 밀도는 log값으로 정의된다.

★ ㉥ $Coh = \dfrac{\left(\log \dfrac{1}{t}\right)/0.01}{L}$

$\begin{bmatrix} L : 여과지\ 이동거리 \\ t : 빛전달율 \end{bmatrix}$

★★ ㉠ $Coh = \dfrac{\log\left(\dfrac{1}{빛전달율}\right) \times 100}{여과속도(m/sec) \times 여과시간(hr) \times 3,600} \times 1,000m$

Coh/1000m	대기오염도
0 ~ 3.2	약함
3.3 ~ 6.5	보통
6.6 ~ 9.8	심함
9.9 ~ 13.1	아주심함
13.2 이상	극심

Question 08

먼지농도를 측정하기 위해 여과지를 통해 공기의 속도를 0.6m/sec로 하여 1.5시간 동안 여과시킨 결과, 깨끗한 여과지에 비하여 사용된 여과지의 빛전달율이 80%였다면, 1,000m당 Coh는 얼마인가?

풀이

$Coh = \dfrac{\log \dfrac{1}{빛전달율} \times 100}{여과속도(m/sec) \times 시간(hr) \times 3,600} \times 1,000m = \dfrac{\log \dfrac{1}{0.8} \times 100}{0.6m/sec \times 1.5hr \times 3,600} \times 1,000m = 2.99$

3. 입자상 물질의 종류

① 매연(Smoke) : 불완전연소시 배출되며 입자의 크기가 1μm 이하인 물질
② 검댕(Soot) : 연소시 발생되는 유리탄소를 주로하는 미세한 입자로 1μm 이상인 물질
★★ ③ 훈연(Fume)
  ㉠ 금속산화물과 같이 가스상 물질이 승화, 증류 및 화학반응과정에서 응축될 때 주로 생성된다.
★★ ㉡ 입자지름이 1μm 이하의 고체상 입자이다.
★★ ㉢ 활발한 브라운 운동을 한다.
  ㉣ 아연과 납 산화물의 훈연은 고온에서 휘발된 금속의 산화와 응축과정에서 생성된다.

Question 09

입자상 오염물질 중 훈연(fume)에 관한 설명으로 가장 거리가 먼 것은?

㉮ 금속 산화물과 같이 가스상 물질이 승화, 증류 및 화학반응 과정에서 응축될 때 주로 생성되는 고체입자이다.
㉯ 20 ~ 50㎛ 정도의 크기가 대부분이다.
㉰ 활발한 브라운 운동을 한다.
㉱ 아연과 납산화물의 훈연은 고온에서 휘발된 금속의 산화와 응축과정에서 생성된다.

풀이 ㉯ 1㎛ 이하의 크기가 대부분이다.

④ 연무(mist) : 입자의 핵주위에 증기가 응축하여 생긴 액체입자
⑤ 안개(Fog)
　㉠ 습도가 100% 정도로 수평시정거리가 1km 이하이며 무색이다.
　㉡ 눈에 보이는 입자상 물질이다.
　㉢ 대기오염물질과 수분이 반응하여 산성을 띤 산성안개도 있다.
⑥ 박무(haze) : 습도가 70% 이하로 시야를 방해하는 물질이며 크기는 1㎛보다 작으며 유백색을 띤다.
⑦ 플라이애쉬(Fly ash) : 일명 비산회라고도 하며 연소시 발생되는 미세한 입자로 회분에 의해 생성된다.
⑧ 스노우 스머트(Snow smut) : 불완전연소시 발생되는 매연입자로 증기가 응축하여 매연이 눈처럼 크게 된 것을 의미한다.
⑨ 백연(White Plume) : 연소시 발생되는 수증기가 냉각되면서 응결되어 발생되는 물질이다.
★ ⑩ 미세먼지(PM-10) : 공기역학경을 기준으로 10㎛ 이하의 입자상 물질을 말하며, 호흡성 먼지량의 척도를 나타낸다.
★ ⑪ 초미세먼지(PM-2.5) : 공기역학경을 기준으로 2.5㎛ 이하의 입자상 물질을 말한다.

4. 직경의 종류

★★ (1) 공기역학적 직경(Aerodynamic Diameter)

★★ ① 본래의 먼지와 침강속도가 동일하며, 밀도 $1g/cm^3$인 구형입자의 직경으로 정의된다.
② 먼지의 여과집진과정, 호흡기 침착, 공기정화기의 성능조사 등 입자의 특성파악에 주로 이용된다.
③ 역학적 등가직경은 Stokes 직경과 공기역학적 직경으로 세분된다.
★★ ④ 공기 중 먼지입자의 밀도가 $1g/cm^3$보다 크고 구형에 가까운 입자의 공기역학적 직경은 실제직경보다 항상 크다.

★★ (2) 스토크스 직경(Stoke's Diameter)

① 스토크스 직경은 알고자 하는 입자상 물질과 같은 밀도 및 침강속도를 갖는 입자상 물질의 직경이다.
★★ ② 구형이 아닌 입자와 같은 종속도와 밀도를 가진 구형입자의 직경이다.

> **TIP**
> Stokes 반경이란 구형이 아닌 입자와 같은 종속도와 밀도를 가진 구형입자의 반경이다.

📢 Question 10

비구형 입자의 크기를 역학적으로 산출하는 방법 중의 하나로 본래의 입자와 밀도 및 침강속도가 동일하다고 가정한 구형입자의 직경은 어느 것인가?

㉮ 종말직경　　　　　　　　　　㉯ 종단직경
㉰ 공기역학적직경　　　　　　　㉱ 스톡스직경

정답 ㉱

★★ (3) 마틴직경(Martin Diameter)

① 입자상물질의 크기를 결정할 때 사용한다.
★ ② 마틴직경은 입자상물질의 그림자를 2개의 등면적으로 나눈 선의 길이를 직경으로 결정한다.

Question 11

입자상 물질의 크기 중 "마틴직경(Martin diameter)"의 설명으로 알맞은 것은 어느 것인가?

㉮ 입자상 물질의 그림자를 2개의 등면적으로 나눈 선의 길이를 직경으로 하는 것
㉯ 입자상 물질의 끝과 끝을 연결한 선 중 가장 긴 선을 직경으로 하는 것
㉰ 입경분포에서 개수가 가장 많은 입자를 직경으로 하는 것
㉱ 대수분포에서 중앙입경을 직경으로 하는 것

정답 ㉮

(4) 광학적직경(Optical Diameter)

현미경을 이용하는 방법으로 투영된 입자의 모양이 원형이 아닐 때 입자의 최장 또는 최단 크기로 정의하거나 여러 방향으로 나누어 크기를 측정하여 산술평균한 값으로 정의한다.

(5) Feret 직경(정방향 직경)

광학현미경을 이용하여 입경을 측정하는 방법에서 입자의 투영면적을 이용하여 측정한 입경 중 입자의 투영면적 가장자리에 접하는 가장 긴 선의 길이로 나타낸다.

03 실내오염물질

1. 실내공간오염물질의 종류

① 미세먼지(PM-10)
② 이산화탄소(CO_2)
③ 폼알데하이드(HCHO)
④ 총부유세균
⑤ 일산화탄소(CO)
⑥ 이산화질소(NO_2)
⑦ 라돈(Rn)
⑧ 휘발성유기화합물(VOCs)
⑨ 석면
⑩ 오존
⑪ 초미세먼지(PM-2.5)
⑫ 곰팡이
⑬ 벤젠
⑭ 톨루엔
⑮ 에틸벤젠
⑯ 자일렌
⑰ 스티렌

> **TIP**
> 빌딩증후군이란 밀폐된 공간내 유해한 환경에 누출되었을 때 눈자극, 두통, 피로감, 후두염 등과 같은 증상이 일어나는 것을 말한다.

2. 실내오염물질의 종류

★★★ **(1) 라돈**

★★ ① 자연계에 널리 존재하며 무색, 무취의 기체이고 액화되어도 색을 띠지 않는다.
★★ ② 공기보다 약 9배정도 무거워 환기시설이 불량한 지하실 등에서 높은 농도를 나타낸다.
★★ ③ 주로 건축자재를 통하여 인체에 영향을 미치고 있으며 화학적으로 거의 반응을 일으키지 않는 불활성 물질이다.
★ ④ 노출되면 주로 호흡기계통의 질환과 폐암이 발생할 수 있다.
★ ⑤ 일반적으로 흙, 시멘트, 콘크리트, 대리석 등에 존재하며 공기중으로 방출된다.
⑥ 자연 방사성 물질 중의 하나로서 사람이 가장 흡입하기 쉬운 가스상 물질이다.
⑦ 지구상에서 발견된 약 70여 가지의 자연방사능 물질중의 하나이다.
★★ ⑧ 반감기는 3.8일간으로 라듐의 핵분열시 생성되는 물질이다.
⑨ 우라늄과 라듐은 Rn-222의 발생원에 해당된다.
⑩ 농도단위는 Bq/m^3을 사용한다.

Question 12

실내오염물질인 라돈에 관한 설명으로 옳지 않은 것은?

㉮ 일반적으로 인체에 미치는 영향으로 폐암을 유발한다.
㉯ 자연계에 널리 존재하며 주로 건축자재를 통해 인체에 영향을 미친다.
㉰ 흙속에서 방사선 붕괴를 일으키며, 화학적으로는 거의 반응을 일으키지 않는다.
㉱ 라돈은 무색, 무취의 기체로 액화되면 갈색을 띠며, 반감기는 5.8일간으로 라듐의 핵 분열시 생성되는 물질이다.

풀이 ㉱ 라돈은 무색, 무취의 기체로 액화되어도 색을 띠지 않으며, 반감기는 3.8일간으로 라듐의 핵분열시 생성되는 물질이다.

★★ (2) 석면

1) 석면의 특징

① 먼지의 형태는 등축형, 판형, 섬유형으로 분류한다.
② 건축물의 열차단제 등에 쓰이고, 인체에 폐암이나 악성 중피종 등을 일으킨다.
③ 자연계에서 산출되는 길고, 가늘며, 강한 섬유상 물질로서 내열성, 불활성, 절연성의 성질을 갖는다.
★ ④ 석면은 자연계에 존재하는 유화화된 규산염 광물의 총칭이고, 미국에서 가장 일반적인 것으로는 크리스틸(백서면)이 있다.
★★ ⑤ 석면의 발암성은 청석면 > 갈석면(황석면) > 온석면(백석면) 순이다.
⑥ 건물이 낡은 경우나 해체공사시에는 석면 먼지가 공기중에 부유하므로 노동 재해의 중요한 요인으로 간주되기도 한다.
★★ ⑦ 먼지의 모양 중 다른 두축이 매우 짧은 길이를 가진 반면에 한 축이 매우 긴 먼지형태로 최근에 석면의 흡입에 의한 건강상 유해가 문제가 되는 것이 섬유형이다.
⑧ 석면폐증의 용혈작용은 석면내의 Mg에 의해서 발생되며 적혈구의 증가 증상이다.
⑨ 석면에 폭로되어 중피종이 발생되기까지의 기간은 일반적으로 폐암보다는 긴편이나 20년 이하에서 발생하는 예도 있다.

★★ 2) 석면폐증

① 석면먼지 흡입으로 인해 발생하는 진폐의 하나이며, 기관지나 폐포 등의 염증 및 섬유화를 유발하고 흉막의 비후화 및 석회화 등과 관련이 있다.
② 비가역적이며, 석면노출이 중단된 후에도 악화되는 경우도 있다.
★★ ③ 폐하엽에 주로 발생하며 흉막을 따라 폐중엽이나 설엽으로 퍼져 나간다.

④ 폐의 석면화는 폐조직의 신축성을 감소시키고, 가스교환 능력을 저하시켜 결국 혈액으로의 산소공급이 불충분하게 된다.

> **TIP**
> - Chrysotile(크리소타일) : 백석면
> - Amosite(아모사이트) : 갈석면
> - Crocidolite(크로시도라이트) : 청석면

Question 13

석면폐증에 대한 내용으로 틀린 것은 어느 것인가?

㉮ 석면폐증은 폐의 석면분진 침착에 의한 섬유화이며, 흉막의 섬유화와는 무관하다.
㉯ 석면폐증은 폐상엽에서 주로 발생하며, 전이는 되지 않는 편이다.
㉰ 폐의 섬유화는 폐조직의 신축성을 감소시키고, 혈액으로의 산소공급을 불충분하게 한다.
㉱ 석면폐증은 비가역적이며, 석면노출이 중단된 이후에도 악화되는 경우가 있다.

풀이 ㉯ 석면폐증은 폐하엽에서 주로 발생하며, 흉막을 따라 폐중엽이나 설엽으로 퍼져 나간다.

(3) 폼알데하이드(HCHO)

★ ① 상온에서 무색의 가연성 기체로 자극성 냄새를 가진 기체로서 점막을 심하게 자극한다.
★ ② 비중이 약 1.03(공기의 비중은 1.0)인 오염물질이다.
  ③ 메탄알이라고도 하고 알데하이드 중에서 가장 간단한 유기화합물이다.
  ④ 화학식은 HCHO로 많은 양이 화학제조공정에 쓰인다.
  ⑤ 주로 메탄올의 산화반응으로 만들며, 보통 37% 수용액인 포르말린으로 시판된다.
★ ⑥ 방부제, 옷감, 잉크 등의 원료로 사용되며, 피혁공업, 합성수지공업 등이 주된 배출업종이다.
★ ⑦ 피부, 눈 및 호흡기계에 강한 자극효과를 가지며 폐부종(급성 폭로시)과 알레르기성 피부염 및 직업성 천식을 야기한다.
  ⑧ 폭발의 위험성이 있으며, 살균 방부제로 이용된다.

Question 14

상온에서 무색이며, 자극성 냄새를 가진 기체로서 비중이 약 1.03(공기 = 1)인 오염물질은?

㉮ 아황산가스　　　　　　　　㉯ 폼알데하이드
㉰ 이산화탄소　　　　　　　　㉱ 염소

풀이

기체의 비중 = $\dfrac{\text{기체의 분자량(kg)}}{\text{공기의 분자량(29kg)}}$

따라서 $1.03 = \dfrac{\text{기체의 분자량}}{29\text{kg}}$

∴ 기체의 분자량 = 1.03×29kg = 30kg

따라서 보기중에서 분자량이 30인 ㉯ 폼알데하이드(HCHO)가 정답이 된다.

(4) 휘발성유기화합물(VOCs)

① 일반적 의미의 휘발성 유기화합물은 NMHC(non methane hydrocarbon), 할로겐족 탄화수소 화합물, 알코올, 알데하이드, 케톤 같은 산소결합 탄화수소 화합물을 내포한다.
② 자연적인 휘발성 유기화합물은 대류권의 오존생성 및 지구온난화등과도 관련이 있다.
③ 인위적 배출량 중 페인트, 잉크, 용제 등의 사용에 의한 배출량도 많은 부분을 차지하고 있다.
★★ ④ 휘발성유기화합물질(VOCs)은 다양한 배출원에서 배출되는데 우리나라의 경우 최근 가장 큰 부분(총배출량)을 차지하는 배출원이 유기용제 사용이다.
★ ⑤ VOCs 중 가장 독성이 강한 것은 톨루엔이며, 다음은 크실렌, 에틸벤젠 순으로 약하다.
⑥ 대부분의 유기용제는 마취작용을 가지고 있다.
★ ⑦ 유기용제의 인체에 대한 영향을 고려해 보면 벤젠은 혈액에 대한 독성작용이, 에틸벤젠은 신경계에 대한 독성작용이 강하다.

★★★ **TIP**

건축자재에서 발생되는 실내오염물질
석면, 라돈, 폼알데하이드, 휘발성유기화합물(VOCs)

04 가스상 물질

물질이 연소·합성·분해될 때에 발생하거나 물리적 성질로 인하여 발생하는 기체상 물질을 말한다.

★★ 1. SO_X(황산화물의 총칭)

(1) 황산화물(SO_X)의 발생경로

① SO_X란 황산화물의 총칭이며 SO_2, SO_3, H_2SO_4, H_2S, CS_2 등의 물질을 의미한다.
② SO_X 중 그 양이 가장 많이 존재하는 것이 H_2S(황화수소)이며, 약 80% 이상을 차지한다.
★★ ③ 전세계의 황화합물 배출량 중 인위적 배출량이 50%를 차지하며, 나머지 50%는 자연적 발생원에서 배출된다.
★ ④ 연료중에 황분함량은 석탄이 가장 높다.
⑤ SO_X는 섬유의 인장강도를 가장 크게 떨어뜨리는 대기오염 피해의 원인이 되는 물질이다.
⑥ SO_X는 부유먼지와 더불어 상승작용을 일으켜 인체에 미치는 영향이 크다.
★★ ⑦ 전 지구적 규모로 볼때 해양을 통해 자연적 발생원 중 가장 많은 양의 황화합물 DMS(Dimethyl sulfide ; $(CH_3)_2S$)형태로 배출되고 있으며, 일부는 H_2S, OCS, CS_2 형태로 배출되고 있다.
★★ ⑧ 카르보닐황(OCS)은 대류권에서 매우 안정하기 때문에 거의 화학적인 반응을 거치지 않고 서서히 성층권으로 유입되며 광분해반응에 종속된다. 반응성이 작아 청정대류권에서 가장 높은 농도를 나타내는 황화합물(수백 ppt정도)로 간주되며, 거의 일정한 수준의 농도를 유지한다.

> **TIP**
> ppt : part per trillion ⇒ 백만조 분율

Question 15

다음은 황화합물에 관한 설명이다. ( ) 안에 가장 적합한 물질은?

( )은(는) 대류권에서 매우 안정하므로 거의 화학적인 반응을 하지 않고 서서히 성층권으로 유입되며 광분해반응에 종속된다. 반응성이 작아 청정대류권에서 가장 높은 농도를 나타내는 황화합물(수백 ppt 정도)로 간주되며, 거의 일정한 수준의 농도를 유지한다.

㉮ 황화수소(H_2S) ㉯ 이산화황(SO_2)
㉰ MSA(CH_3SO_3H) ㉱ 카르보닐황(OCS)

정답 ㉱

TIP
MSA(Methane Sulfonic Acid)의 약자로 슬폰산이며, 화학식은 CH_3SO_3H이다.

 (2) SO_2(아황산가스 = 이산화황)

① SO_2(아황산가스 = 이산화황)의 특징

- ★ ㉠ 무색이고 자극성 냄새를 가지고 있는 가스상 오염물질로 비중이 약 2.2, 융점은 -75.5℃, 비점은 -10℃ 정도이며 분자량은 64이다.
- ㉡ 물에 대한 용해도가 높아 구름의 액적, 빗방울, 지표수 등에 쉽게 녹아 H_2SO_3를 생성한다.
- ★★ ㉢ SO_2는 280~290nm에서 강한 흡수를 보이지만 대류권에서는 거의 광분해되지 않는다.
- ★ ㉣ 인위적 발생원에서 화석연료 중의 황화합물은 연소하면 대부분 아황산가스(SO_2)가 된다.
- ㉤ 아황산가스의 연간 배출량은 에너지 소비량과 비례하여 미국이 가장 많다.
- ★ ㉥ 대기중의 아황산가스는 광화학반응에 의하여 SO_3로 산화되거나 건성 또는 습성 침착에 의하여 대기중에서 제거되며, 평균체류시간은 약 4일 정도이다.
- ㉦ 모든 SO_2의 광화학반응은 일반적으로 전자적으로 여기된 상태의 SO_2의 분자반응들만 포함한다.
- ㉧ 가스상태의 SO_2는 대기압하에서 환원제 및 산화제로 모두 작용할 수 있다.
- ㉨ 대기중으로 유입된 SO_2는 물에 잘 녹고 반응성도 크므로 입자상 물질의 표면이나 물방울에 흡착된 후 비균질 반응에 의해 대부분 황산염으로 산화되어 제거된다.

② SO_2(아황산가스)의 인체에 미치는 영향
　㉠ SO_2가 적당히 노출되었을때에는 상부호흡기에 영향을 미치며 단독흡입보다 먼지나 액적 등과 동시에 흡입하게 되면 황산미스트가 되어 SO_2보다 독성이 10배로 증가한다.
★ ㉡ 인체에 미치는 독성순서는 (SO_2+H_2O) > (SO_2+먼지) > (SO_2 단독) 이다.
★★ ㉢ SO_2가 인체에 미치는 피해는 농도와 노출시간이 문제가 되며 주로 호흡기계통의 질환을 일으킨다.
　㉣ SO_2는 물에 대한 용해도가 매우 높기 때문에 흡입된 대부분의 가스는 상기도 점막에서 흡수된다.
③ SO_2(아황산가스)의 식물에 미치는 피해
★ ㉠ SO_2는 잎뒷면의 기공으로 침입하여 잎을 황갈색으로 고갈시킨다.
　㉡ 유기산의 분해 생성물인 알데하이드와 반응하여 하이드록시슬폰산을 형성하여 세포를 파괴한다.
★★★ ㉢ SO_2의 지표식물(약한식물)은 대맥, 담배, 자주개나리(알팔파), 목화, 보리 등이다.
★★★ ㉣ SO_2에 대한 저항력이 강한 식물에는 양배추, 까치밤나무, 쥐당나무, 셀러리, 소나무, 옥수수 등이 있다.
★★ ㉤ 성장한 잎에 피해를 준다.
　㉥ 반점 발생 경향은 맥간반점을 띤다.
　㉦ 식물잎 뒤쪽 표피 밑의 parenchyma(유조직)가 피해를 입기 시작한다.
★ ㉧ 고엽이나 노엽보다 생활력이 왕성한 잎이 피해를 많이 받으며, 습도가 높을수록 피해가 크다.
　㉨ 엽맥을 따라 형성되는 백화현상이나 네크로시스가 대표적이다.
　㉩ 식물의 피해한계는 약 0.8mg/m³(8hr 노출) 정도이다.
★ ㉪ SO_2는 HF와 함께 식물에 의한 성분분석으로 대기오염정도를 파악하는데 이용된다.

Question 16

다음 식물 중 아황산가스에 대한 저항력이 가장 큰 것은 어느 것인가?
㉮ 까치밤나무　　㉯ 포도　　㉰ 단풍　　㉱ 등나무

정답 ㉮

(3) SO₃(삼산화황)

① 1, 2차성 물질이다.
★ ② SOₓ 중 H₂O(수증기)와 반응을 가장 잘 한다.
③ SO₃는 호흡기계통에 분비되는 점막에 흡착되어 H₂SO₄가 된 후 조직에 작용하여 궤양을 일으킨다.

(4) H₂S(황화수소 = 유화수소)

★ ① 무색의 기체이며 계란썩는 냄새가 나는 유독성이며 가연성 물질이다.
② 분자량은 34, 공기에 대한 비중은 1.18이다.
★ ③ 민감한 식물(약한 식물)은 코스모스, 오이, 토마토, 담배 등이다.
★ ④ 강한식물은 복숭아, 딸기, 사과나무 등이다.
⑤ 주로 어린잎이나 새싹에 예민하게 작용한다.

(5) CS₂(이황화탄소)

① 분자량이 76으로 공기에 대한 비중이 2.64로 물보다 무겁고 불용성이다.
② 상온에서 무색 투명하며 일반적으로 자극성 냄새를 내는 유독성의 증발하기 쉬운 휘발성 액체이다.
★★ ③ 비스코스섬유 제조시 많이 발생하는 대기오염물질로 불순물은 불쾌한 냄새를 유발한다.
★ ④ 햇빛에 파괴될 정도로 불안정 하지만 부식성은 비교적 약하다.
★ ⑤ 끓는점은 46℃(760mmHg), 인화점은 -30℃ 이다.
⑥ 휘발성이 높은 액체이므로 쉽게 작업실 내의 농도가 높아져 중추신경계에 대한 특징적인 독성작용으로 심한 급성 또는 아급성 뇌병증을 유발한다.
⑦ 피부를 통해서도 흡수되지만 대부분은 상기도를 통해 체내에 흡수된다.

★★ **TIP**

① 기체의 비중 = $\dfrac{\text{기체의 분자량(kg)}}{\text{공기의 분자량(29kg)}}$

② 비중이 큰 것 찾는 문제는 기체의 분자량이 큰 기체를 찾는다.
③ 비중이 작은 것 찾는 문제는 기체의 분자량이 작은 기체를 찾는다.

Question 17

다음의 대기오염물질 중 비중이 가장 큰 것은 어느 것인가?

㉮ HCHO   ㉯ CS_2 ㉰ NO   ㉱ NO_2

풀이

기체의 비중 = $\dfrac{\text{기체의 분자량(kg)}}{\text{공기의 분자량(29kg)}}$

여기서 기체의 비중은 기체의 분자량에 비례하므로 분자량이 가장 큰 물질이 비중이 가장 크다.
따라서 분자량이 가장 큰 CS_2가 정답이 된다.

㉮ HCHO = 1+12+1+16 = 30
㉯ CS_2 = 12+(2×32) = 76
㉰ NO = 14+16 = 30
㉱ NO_2 = 14+(2×16) = 46

Question 18

다음 대기오염물질 중 상온에서 무색투명하며, 일반적으로 불쾌한 자극성 냄새를 내는 액체이며, 햇빛에 파괴될 정도로 불안정하지만 부식성은 비교적 약하고, 끓는점은 약 47℃정도, 인화점은 -30℃ 정도인 오염물질은 어느 것인가?

㉮ HCl   ㉯ Cl_2 ㉰ SO_2 ㉱ CS_2

정답 ㉱

Question 19

0.2%(V/V)의 SO_2를 포함하고 매연 발생량이 500m³/min인 매연이 연간 30%가 A지역으로 흘러가 이 지역의 식물에 피해를 주었다. 10년 후에 이 A지역에 피해를 준 SO_2량은? (단, 표준상태 기준, 기타조건은 고려하지 않음)

㉮ 약 3,000톤   ㉯ 약 4,500톤
㉰ 약 6,000톤   ㉱ 약 9,000톤

풀이 SO_2량(ton)

$= \dfrac{500\text{m}^3}{\text{min}} \times \dfrac{64\text{kg}}{22.4\text{Sm}^3} \times \dfrac{1톤}{10^3\text{kg}} \times \dfrac{0.2\%}{100} \times \dfrac{30\%}{100} \times \dfrac{60\text{min}}{1\text{hr}} \times \dfrac{24\text{hr}}{1\text{ day}} \times \dfrac{365\text{day}}{1년} \times 10년$

= 4,505.14톤

TIP

SO_2 1kmol $\begin{cases} 64\text{kg} \\ 22.4\text{Sm}^3 \end{cases}$

2. NO$_x$(질소산화물의 총칭)

(1) 질소산화물(NO$_x$) 발생경로

① NO$_x$란 질소산화물의 총칭이며 NO, NO$_2$, HNO$_3$, N$_2$O 등을 의미한다.
② 전세계 질소화합물 중 인위적인 질소화합물 배출량은 자연적 배출량의 10% 정도인 것으로 추정되고 있다.
③ 자연적인 NO$_x$ 방출량은 인위적 NO$_x$방출량의 7~15배 정도이다.
④ NO$_x$의 인위적 배출량 중 거의 대부분이 자동차와 연료의 연소과정에서 발생된다.
⑤ NO$_x$는 그 자체도 인체에 해롭지만 광화학스모그의 원인물질로 중요한 역할을 한다.
⑥ 대기에서 질소는 NO$_x$ cycle에서 지면으로의 침전과 질산염으로의 산화가 일어난다.
⑦ NO$_x$는 연소시에 주로 배출되며 탄화수소와 함께 태양광선에 의한 광화학스모그를 형성한다.
⑧ 연료중의 질소산화물은 일반적으로 천연가스보다 석탄에 많다.
⑨ NO$_x$는 연소시 연료의 성분으로부터 발생하는 fuel NO$_x$와 고온에서 공기중의 질소와 산소가 반응하여 생기는 thermal NO$_x$, 화염에서 일어나는 전기적인 이온교환에 의해 생성되는 Prompt NO$_x$(프롬프트 NO$_x$) 등이 있다.
⑩ 대기에서 NO$_x$의 체류시간은 대략 3~4일이다.
⑪ 연료 NO$_x$는 연료 중 질소산화물 연소에 의해 발생되고, 연료 중 질소산화물은 일반적으로 석탄에 많고 중유, 경유 순으로 적어진다.

Question 20

질소산화물(NO_X)에 대한 내용으로 틀린 것은?

㉮ NO_X의 인위적 배출량 중 거의 대부분이 연소과정에서 발생된다.
㉯ NO_X는 그 자체도 인체에 해롭지만 광화학스모그의 원인물질로도 중요한 역할을 한다.
㉰ 연소과정에서 처음 발생되는 NO_X는 주로 NO 이다.
㉱ 연소시 연료 중 질소의 NO 변환율은 대체로 약 2 ~ 5% 범위이다.

풀이 ㉱ 연소시 연료 중 질소의 NO 변환율은 대체로 약 20 ~ 50% 범위이다.

★★ (2) NO(일산화질소)

★★ ① 고온의 연소과정에서 화염속에서 주로 생성되는 질소산화물의 90% 이상이 NO이다. ($NO : NO_2 = 90\% : 10\%$)

★★★ ② NO는 연소시에 배출되는 무색의 기체로 물에 매우 난용성이며, 혈액 중의 헤모글로빈과 결합력이 강해 산소운반 능력을 감소시키는 물질이다.

★★ ③ 연소시 연료 중 질소의 NO 변환율은 연료의 종류와 연소방법에 따라 차이가 있으나 대체로 약 20 ~ 50% 범위이다.

④ NO는 혈액 중 헤모글로빈과의 결합력이 CO의 약 1,000배이다.

★ ⑤ 대기중에서 NO의 체류시간은 약 2 ~ 5일 정도이다.

★ ⑥ NO는 주로 교통량이 많은 이른 아침에 하루 중 최고치를 나타낸다.

★ ⑦ 배출된 NO는 대기중의 산소와 반응하여 1 ~ 2시간 정도 후에 NO_2 농도가 하루 중 최고치를 나타낸다.

 Question 21

고온의 연소과정 시 화염 속에서 주로 생성되는 질소산화물은 어느 것인가?

㉮ NO ㉯ NO_2 ㉰ NO_3 ㉱ N_2O_5

정답 ㉮

★★ (3) NO$_2$(이산화질소)

★★★ ① NO$_2$는 적갈색, 난용성, 자극성, 공기보다 무거운 기체로 무색의 NO보다 독성이 5~7배 강하며 공기보다 무겁고 난용성이며 대기중 고농도로 존재할 경우 단독으로 독성을 가진다.

★★★ ② NO$_2$의 독성은 O$_3$의 $\frac{1}{10}$ ~ $\frac{1}{15}$ 정도이다.

③ NO$_2$는 혈액중 헤모글로빈과 결합력이 CO의 약 300배로 매우 강하다.
④ NO$_2$와 N$_2$O는 미생물작용에 의하여 토양과 해양에서 배출된다.
⑤ NO$_2$의 분자량은 46이며 공기에 대한 비중은 1.6이다.
⑥ NO$_2$는 연소과정에서 직접 배출되기도 하나 그 양은 NO$_x$ 중 약 5% 이하이다.
⑦ NO$_2$는 약 1ppm 이상 존재할 경우 육안으로 감지할 수 있다.

★ ⑧ 대기중에서의 추정체류시간은 NO$_2$가 2 ~ 5일 정도이다.

★★ ⑨ NO$_2$는 오전 7시에서 9시경을 전후로 하여 일중 고농도를 나타낸다.

★★ ⑩ NO$_2$의 광화학적 분해작용으로 대기중의 O$_3$농도가 증가하고 HC가 존재하는 경우에는 Smog를 생성시킨다.

⑪ NO$_2$는 가시광선을 흡수하므로 0.25ppm 정도의 농도에서 가시거리를 상당히 감소시킨다.
⑫ NO$_2$는 습도가 높을 경우 질산이 되어 금속을 부식시키며 산성비의 원인이 된다.
⑬ NO$_2$는 반응성이 커서 반응성을 가진 복사에너지에 의해 NO$_2$+hν → NO+O로 해리된다.

★★ ⑭ 우리나라 대기오염물질 중 서울을 비롯한 대도시지역의 2010 ~ 2020년 동안 오염농도가 다른 물질에 비해 크게 감소하지 않은 물질이 NO$_2$이다.

Question 22

서울을 비롯한 대도시 지역에서 2010년부터 2020년까지 10년 동안 다른 오염물질에 비해 오염 농도가 크게 감소하지 않은 대기오염물질은 어느 것인가?

㉮ 일산화탄소(CO) ㉯ 납(Pb)
㉰ 아황산가스(SO$_2$) ㉱ 이산화질소(NO$_2$)

풀이 자동차에서 배출되는 이산화질소(NO$_2$)이다.

★★ **(4) N_2O(아산화질소 = 일산화이질소)**

① N_2O는 일명 스마일기체(Smile gas)라고도 하며 상쾌하고 달콤한 냄새와 맛을 가진 무색의 기체이다.

★ ② N_2O는 보통 대기중에 0.5ppm 정도로 존재한다.

★★★ ③ N_2O는 대기중에 존재하는 기체상의 NO_X 중 대류권에서는 온실가스로 알려져 있고, 성층권에서는 오존층파괴물질로 알려져 있다.

④ N_2O는 보통의 대기에서는 독성이 없지만 온실효과 및 기후변화에 영향을 주는 기체이다.

★★ ⑤ N_2O의 대기중 추정체류시간은 약 20 ~ 100년 정도이다.

★ ⑥ N_2O는 대류권에서 태양에너지에 대해서 매우 안정하다.

⑦ N_2O의 발생원으로서는 특히 토양에 공급되는 과잉 비료 사용에 의한 것이 문제가 되고 있다.

Question 23

질소가스와 오존의 반응으로 형성되거나 미생물 활동에 의해 발생되고, 대류권에서는 온실가스로 성층권에서는 오존층 파괴물질로 알려져 있는 것은?

㉮ NO   ㉯ NO_2 ㉰ N_2O ㉱ NH_3

정답 ㉰

(5) NH_3(암모니아)

★★ ① 지표식물(약한식물)에는 토마토, 해바라기, 메밀 등이 있다.

★ ② 성숙한 잎에서 가장 민감하다.

③ 갈색 또는 초록색으로 삶아진 형태를 나타낸다.

④ 암모니아의 독성은 HCl과 비슷한 정도이다.

⑤ 무색 자극성 가스로서 쉽게 액화하므로 액체상태로 공업분야에 많이 이용된다.

⑥ 잎에 전체적으로 영향이 나타나는 것이 특징이다.

> **TIP**
> 용해도 순서
> HCl > HF > NH_3 > SO_2 > Cl_2 > O_2

Question 24

25℃, 1기압에서 측정한 NO_2 농도가 4.76mg/m³이다. 이 농도를 표준상태의 ppm으로 옳게 환산한 것은?

㉮ 2.24　　　㉯ 2.53　　　㉰ 2.72　　　㉱ 2.98

풀이

$$\frac{mL}{Sm^3} = \frac{4.76mg}{m^3} \times \frac{273+25}{273} \times \frac{22.4mL}{46mg} = 2.53mL/Sm^3 = 2.53ppm$$

TIP

① $ppm = mL/Sm^3$
② NO_2 1mol $\begin{cases} 46mg \\ 22.4mL \end{cases}$
③ NO_2의 분자량 = 14+(2×16) = 46

★★ 3. CO_2(이산화탄소)

① 무색, 무미의 기체로 분자량은 44, 공기에 대한 비중은 1.53이다.

★★★ ② CO_2의 농도가 매년 계절적으로 감소를 거듭하는 이유는 식물 및 토양의 광합성 작용과 호흡작용 때문이다.

★★ ③ 대기중의 CO_2농도는 여름에 감소하고 겨울에 증가하며 북반구에서 상대적으로 CO_2 농도가 남반구보다 높다.

★★ ④ 대기중의 CO_2는 식물에 의한 흡수량보다 바다에 많은 양이 흡수된다.
(배출되는 CO_2의 50%는 대기내 축적되고 나머지 50%는 바다에 대부분 흡수되고 일부는 식물에 흡수된다.)

⑤ 대기중의 CO_2의 자연농도는 430ppm(0.043%) 정도이다.

★ ⑥ 대기중의 CO_2는 해양이나 식물에 흡수되어 대기중에서 제거되며 추정체류시간은 2~4년으로 알려져 있다.

⑦ 현재 대기중의 CO_2 농도 증가는 인위적인 방출에 의한 것이다.

★★ ⑧ 실외에서는 온실가스로 작용하고, 실내에서는 실내공기질 오염의 지표로 사용된다.

★ ⑨ CO_2는 수증기와 함께 지구온난화에 기여하는 기체로, 지구온실효과에 대한 기여도는 50% 정도로 가장 크다.

⑩ 고층대기에서 광화학적인 분해반응을 일으키는 경우를 제외하면 대류권내에서는 화학적으로 극히 안정한 편이다.

⑪ 미국 하와이 마우나로아에서 측정한 CO_2 계절별 농도는 1년을 주기로 봄·여름에는 감소하는 경향을 나타낸다.

> **TIP**
>
> ① 광합성 반응식 : $CO_2 + H_2O \xrightarrow[\text{낮}]{\text{빛}} [CH_2O] + O_2$
>
> ★★★② 대기 중 CO_2가 최소인 계절은 봄과 여름
>   → 광합성 작용이 왕성하게 일어나 CO_2의 소비량이 많아진다.
>
> ★★★③ 대기 중 CO_2가 최대인 계절은 가을과 겨울
>   → 광합성 작용이 거의 일어나지 않아 CO_2의 소비량이 거의 없다.

★★ > **TIP**
>
> 전 지구의 평균 지상기온은 지구가 태양으로부터 받고 있는 태양에너지와 지구가 (적외선)형태로 우주로 방출하고 있는 에너지의 균형으로부터 결정된다. 이 균형은 대기중의 (CO_2), (수증기) 등이 (적외선)을 흡수하는 기체가 큰 역할을 하고 있다.

📢 Question 25

> 잠재적인 대기오염물질로 취급되고 있는 물질인 이산화탄소에 대한 내용으로 틀린 것은 어느 것인가?
>
> ㉮ 지구온실효과에 대한 추정 기여도는 CO_2가 50% 정도로 가장 높다.
> ㉯ 대기중의 이산화탄소 농도는 북반구의 경우 계절적으로는 보통 겨울에 증가한다.
> ㉰ 대기중에 배출하는 이산화탄소의 약 5%가 해수에 흡수된다.
> ㉱ 지구 북반구의 이산화탄소의 농도가 상대적으로 높다.
>
> **풀이** ㉰ 대기중에 CO_2의 50%는 대기내 축적되고 나머지 50%는 바다에 대부분 흡수되고 일부는 식물에 흡수된다.

★★ 4. CO(일산화탄소)

★★★ ① 무색, 무미, 무취의 난용성 기체로 분자량은 28이고 공기에 대한 비중은 0.97이다.

★ ② 혈액내 Hb(헤모글로빈)과의 친화력이 산소의 210배에 달해 산소운반능력을 저하시킨다. (CO+Hb → COHb(카르복시 헤모글로빈))

★★★ ③ 가연성분의 불완전연소시나 자동차에서 많이 발생된다.

★ ④ 대기중에서 이산화탄소로 산화되기 어려우며 다른 물질에 흡착현상도 거의 나타내지 않는다.

★★★ ⑤ 물에 난용성이므로 비에 의한 영향은 거의 받지 않는다.

★ ⑥ 대기중에서 평균 체류시간은 발생량과 대기 중 평균농도로부터 1~3개월로 추정되고 있다.

⑦ CO는 2차성 스모그에 참여하지 않는다. (CO와 NH_3는 1차성 물질로만 작용)

⑧ 토양 박테리아의 활동에 의하여 이산화탄소로 산화됨으로써 대기중에서 제거된다.

⑨ 대기중에서 다른 오염물질과 유해한 화학반응을 일으키지 않는다.
 ⑩ 지구의 위도별로 일산화탄소의 분포는 공업이 발달한 북위 50도 부근에서 최대치를 보인다.
⑪ 지표부근이 건조대기의 조성이 부피농도로 0.06 ~ 0.2ppm이다.
⑫ CO의 자연적 발생원에는 화산폭발, 테르펜류의 산화, 클로로필의 분해 등이 있다.
⑬ 도시 대기중의 CO농도가 높은 것은 연소 등에 의한 배출량은 많은 반면, 토양 면적 등의 감소에 따라 제거능력이 감소하기 때문이다.

Question 26

일산화탄소에 대한 내용으로 틀린 것은 어느 것인가?

㉮ 인위적 주요배출원은 각종 교통수단의 엔진연료의 연소 등이다.
㉯ 자연적 발생원에는 화산폭발, 테르펜류의 산화, 클로로필의 분해, 산불 및 해수 중의 미생물 작용 등이 있다.
㉰ 토양 박테리아에 의하여 대기중에서 제거되거나 대류권 및 성층권에서 일어나는 광화학 반응에 의하여 제거되기도 한다.
㉱ 수용성이기 때문에 강우에 의한 영향이 크며 다른 물질에 흡착되어 제거되기도 한다.

풀이 ㉱ 난용성이기 때문에 강우에 의한 영향이 거의 없으며, 다른 물질에 흡착되어 제거되지 않는다.

TIP

$$\frac{[HbCO]}{[HbO_2]} = 210 \times \frac{P_{CO}}{P_{O_2}}$$

$HbCO$: 혈액 중 카르복시헤모글로빈의 평형농도
HbO_2 : 혈액 중 옥시헤모글로빈의 평형농도
P_{CO} : 흡입가스 중 CO의 분압
P_{O_2} : 흡입가스 중 O_2의 분압

Question 27

흡연시의 일산화탄소 농도가 250ppm일 때, 혈액속의 카르복시헤모글로빈(HbCO)의 평형농도는(%) 얼마인가? (단, 혈액속의 카르복시헤모글로빈(HbCO)과 옥시헤모글로빈(HbO_2)의 평형농도는 아래의 식을 이용하고, P_{CO} 및 P_{O_2}는 흡입가스 중 일산화탄소와 산소의 분압을 나타내며, 폐 속에 있는 가스의 산소함유량은 대기의 조성과 같다고 가정)

$$[HbCO] / [HbO_2] = (210)[P_{CO} / P_{O_2}]$$

풀이

$$\frac{[HbCO]}{[HbO_2]} = 210 \times \frac{P_{CO}}{P_{O_2}}$$

여기서 [HbCO] = x
　　　　$[HbO_2]$ = 100 - x
　　　　P_{CO} = 250ppm
　　　　P_{O_2}는 21%이므로 21×10^4 ppm

따라서 $\frac{x}{100-x} = 210 \times \frac{250ppm}{21 \times 10^4 ppm}$

∴ x = 20%

TIP

① % $\xrightarrow{\times 10^4}$ ppm

② ppm $\xrightarrow{\times 10^{-4}}$ %

③ 대기중 산소의 체적비는 21%

5. HC(탄화수소)

① 탄화수소는 대기중에서 산소, 질소, 염소 및 황과 반응하여 여러 종류의 탄화수소 유도체를 생성한다.
② 포화탄화수소와 불포화탄화수소로 나뉜다.
★★ ③ 불포화탄화수소는 이중결합 또는 3중결합을 갖고 있으며 반응성이 높아 광화학반응을 일으킨다.
★ ④ 탄화수소는 인위적인 발생량에 비해 자연적인 발생량이 많으며, 탄광이나 유전의 천연가스 등에서 발생한다. (인위적인 발생량은 전체의 1% 정도)
★★ ⑤ 대기환경중에서 탄화수소는 기체, 액체 또는 고체로 존재하는데 탄소수가 5개 이상인 것은 액체 또는 고체로 존재한다.
⑥ 파라핀계 탄화수소는 NO_x와 SO_2가 존재하여도 aerosol을 거의 형성시키지 않는다.
★ ⑦ 메탄의 지표부근 배경농도는 약 1.5ppm이다.

> **TIP**
> - 파라핀계 : C_nH_{2n+2}
> - 나프텐계(포화) : C_nH_{2n}
> - 올레핀계(불포화) : C_nH_{2n}
> - 방향족계 : C_nH_{2n-6}
> - 알카인(alkyne)계 : C_nH_{2n-2}

(1) 올레핀계 탄화수소

① 올레핀계 탄화수소는 C_nH_{2n}의 화학식을 가지며 C_2H_4, C_4H_8 등이 있다.
★★★ ② 올레핀계 탄화수소는 광화학스모그에 적극 반응하는 물질이다.
★ ③ 올레핀계 탄화수소 중 발암성 물질은 3,4-벤조피렌이다.
★★ ④ 탄화수소류 중에서 이중결합을 가진 올레핀 화합물은 포화탄화수소나 방향족 탄화수소보다 대기중에서의 반응성이 크다.
⑤ 대기중의 질소산화물은 광화학반응을 하여 Los Angeles형 스모그를 형성할 때 올레핀계 탄화수소가 촉매역할을 한다.

Question 28

대기내 질소산화물(NO_X)이 LA 스모그와 같이 광화학반응을 할 때, 다음 중 어떤 탄화수소가 주된 역할을 하는가?

㉮ 파라핀계 탄화수소 ㉯ 메탄계 탄화수소
㉰ 올레핀계 탄화수소 ㉱ 프로판계 탄화수소

정답 ㉰

> **TIP**
>
> **벤조피렌**
> 대표적인 발암성 물질로 환경 호르몬으로 알려져 있으며, 연소과정에서 생성되며, 숯불에 구운 쇠고기 등 가열로 검게 탄 식품, 담배연기, 자동차 배기가스, 석탄 타르 등에 포함되어 있다.

(2) 다환방향족탄화수소(PAH)

① 대부분 공기역학적 직경이 2.5㎛ 미만인 입자성 물질이다.
② 석탄, 기름, 쓰레기 또는 각종 유기물질의 불완전 연소가 일어나는 동안에 형성된 화학물질 그룹을 말한다.
③ 고리형태를 갖고 있는 방향족 탄화수소로 미량으로도 암 및 돌연변이를 유발할 수 있으며 일반적으로 대기환경내로 방출되면 수개월에서 수년동안 존재한다.
★★ ④ 물에 쉽게 용해되지 않으므로 강우정도에 따른 영향이 적고 쉽게 휘발하여 토양오염의 원인이 된다.
⑤ 고농도의 PAH는 지방분을 포함하는 모든 신체조직에 유입되어 간, 신장 등에 축적된다.

Question 29

다음 중 다환 방향족 탄화수소(Poly cyclic Aromatic Hydrocarbons, PAH)에 관한 설명으로 가장 거리가 먼 것은?

㉮ 석탄, 기름, 가스, 쓰레기, 각종 유기물질의 불완전 연소가 일어나는 동안에 형성된 화학물질 그룹이다.
㉯ 대부분 공기역학적 직경이 2.5㎛ 미만인 입자상 물질이다.
㉰ 대부분 PAH는 물에 잘 용해되며, 산성비의 주요 원인물질로 작용한다.
㉱ 고리형태를 갖고 있는 방향족 탄화수소로서 미량으로도 암 및 돌연변이를 일으킬 수 있다.

풀이 ㉰ 대부분 PAH는 물에 거의 용해되지 않으므로 산성비의 주요 원인물질로 작용하지 않는다.

(3) 할로겐 탄화수소류(Halogenated hydrocarbon)

① 할로겐화 탄화수소의 독성은 화합물에 따라 차이는 있으나 다발성이며 중독성이다.
② 대부분의 할로겐화 탄화수소 화합물은 중추신경계 억제작용과 점막에 대한 중등도의 자극효과를 가진다.
③ 사염화탄소는 가열하면 포스겐이나 염소로 분해되며 신장장애를 유발하며 간에 대한 독성이 심하다.
★★ ④ 탄화수소 화합물 중 수소원자가 할로겐원소로 치환된 것으로 불연성이며 화학반응성이 낮고 독성이 적다.

TIP
대류권에서 자연적 오존은 질소산화물과 식물에서 방출된 탄화수소의 광화학반응으로 생성된다. 식물로부터 배출되는 탄화수소의 한 예로서 (테르펜)은 소나무에서 생기며, 소나무향을 가진다.

Question 30

고속도로상의 교통밀도가 20,000대/hr이고, 차량의 평균 속도가 100km/hr이다. 차량 한 대의 탄화수소의 배출량이 0.05g/s·대 일 때, 고속도로에서 방출되는 탄화수소의 총량은 몇 g/s·m인가?

㉮ 10^{-1} ㉯ 10^{-2} ㉰ 10^{-3} ㉱ 10^{-4}

풀이 단위환산으로 풀이한다.

$$탄화수소량(g/sec \cdot m) = \frac{0.05g}{sec \cdot 대} \times \frac{20{,}000대}{1hr} \times \frac{1hr}{100km} \times \frac{1km}{10^3 m} = 0.01 g/sec \cdot m = 10^{-2} g/sec \cdot m$$

6. 불소(플루오로) 및 그 화합물

★ ① 불소는 자연계에 단체로 존재하지 않으며, 형석, 빙정석, 인광석에 존재한다.
② 불소를 적당히 섭취하면 충치예방에 효과적이나 다량 섭취할 경우 반상치의 원인이 된다.
③ HF는 물에 대한 용해도가 크다.
★★★ ④ 불소의 배출공업으로는 알루미늄공업, 유리공업, 요업공업, 화학비료공업 등이 있다.
★ ⑤ HF는 잎의 끝(선단)으로 침입하여 세포를 파괴한다.
⑥ HF는 SO_2와 더불어 식물의 성분분석으로 대기오염도를 파악할 수 있는 물질이다.
★★★ ⑦ HF는 적은 농도에서 피해를 주며 주로 어린잎(새싹)에 민감하며, 잎의 끝 또는 가장자리가 탄다.
⑧ HF는 식물의 잎을 주로 갈색으로 변색시킨다.
★★★ ⑨ 지표식물(약한식물)로는 옥수수, 자두, 메밀, 글라디올러스 등이다.
★★ ⑩ 강한식물로는 담배, 목화, 고추 등이 있다.
⑪ 반응성이 풍부하므로 단분자로는 거의 존재하지 않는다.
★ ⑫ HF는 대기오염물질 중에서 고등식물에 대한 독성이 가장 크다.
(HF > Cl_2 > SO_2 > NO_2)
⑬ 불소 및 그 화합물은 알루미늄의 전해공장이나 인산비료 공장에서 HF 또는 SiF_4 형태로 배출된다.

TIP

비점이 19℃ 정도이고, 코를 찌르는 자극성 취기를 나타내며, 온도에 따라 액체나 기체로 존재하는 무색의 부식성 독성물질이다. 석유, 알루미늄, 플라스틱, 염료 등의 산업장에서 촉매제로 널리 이용되는 것이 Hydrogen fluoride(HF)이다.

> **Question 31**
>
> 다음 중 불소(플루오로) 및 그 화합물의 배출 및 피해에 관한 설명으로 가장 거리가 먼 것은?
>
> ㉮ 적은 농도에서도 피해를 주며, 특히 어린잎에 현저하다.
> ㉯ 지표식물로는 자주개나리, 목화, 시금치 등이다.
> ㉰ 주로 잎의 끝이나 가장자리의 발육부진이 두드러진다.
> ㉱ 불소 및 그 화합물은 알루미늄의 전해공장이나 인산비료 공장에서 HF 또는 SiF_4 형태로 배출된다.
>
> **풀이** ㉯ 지표식물로는 옥수수, 자두, 메밀, 글라디올러스 등이다.

7. HCN(시안화수소 = 사이안화수소)

① 가연성이며 수용성으로 분자량은 27이다.
② 무색 투명한 액체로 복숭아씨 냄새 비슷한 자극취를 내며, 비중은 0.7 정도이다.

8. C_6H_6(벤젠)

★ ① 만성장해로 조혈기능장해를 유발시킨다.
② 체내 흡수는 대부분 호흡기를 통하여 이루어진다.
★★ ③ 체내에 흡수된 벤젠은 풍부한 피하조직과 골수에서 고농도로 축적되어 오래 잔존할 수 있다.
★ ④ 비점은 약 80℃ 정도이고, 체내 흡수는 대부분 호흡기를 통하여 이루어진다.
⑤ 벤젠 폭로에 의해 발생되는 백혈병은 주로 급성 골수아성 백혈병이다.

9. $COCl_2$(포스겐)

★★ ① 독특한 풀냄새가 나는 무색(시판용품은 담황녹색)의 기체(액화가스)로 끓는점은 약 8℃이다.
★ ② 건조상태에서는 부식성이 없으나, 수분이 존재하면 가수분해되어 금속을 부식시킨다.
③ 수중에서 재빨리 염산으로 분해되어 거의 급성 전구증상이 없이 치사량을 흡입할 수 있으므로 매우 위험하다.
★★ ④ 화학적 반응성이 크고, 독성이 매우 큰 무색의 기체이다.

Question 32

다음은 어떤 대기오염물질에 대한 설명인가?

- 독특한 풀냄새가 나는 무색(시판용품은 담황녹색)의 기체(액화가스)로 끓는점은 약 8℃ 이다.
- 건조상태에서는 부식성이 없으나, 수분이 존재하면 가수분해되어 금속을 부식시킨다.

㉮ $Pb(C_2H_5)_4$ ㉯ H_2S ㉰ HCN ㉱ $COCl_2$

정답 ㉱

10. Be(베릴륨)

① 매우 가벼운 금속으로 높은 장력을 가지고 있으며 회색빛이 난다.
② 베릴륨 합금은 전기 및 열의 전도성이 크며, 마모와 부식에 강하다.
★ ③ 흡입, 섭취 혹은 피부접촉으로는 거의 흡수되지 않으며, 폐에 잔존할 수 있고, 뼈, 간, 비장에 침착될 수 있고, 신배설은 느리고 다양하며, 폭로되지 않은 사람에게서는 검출되지 않으므로 우선 폭로를 확진할 수 있다.

11. Se(셀레늄)

① 셀레늄은 금속양원소로서 화성암, 퇴적암, 황과 구리를 함유한 무기질 광석에 많이 분포한다.
② 상업용 셀레늄은 주로 구리의 전기분해 정련시 찌꺼기로부터 추출된다.
③ 인체에 필수적인 원소로서 적혈구가 산화됨으로써 일어나는 손상을 예방하는 글루타티온과산화 효소의 보조인자 역할을 한다.
★★ ④ 생체내에 미량존재함으로써 생물의 생존에 필수적인 요소로서 당 대사과정에서의 탈탄산반응에 관여하는 동시에 비타민 E의 증가나 지방분 감소에도 효과가 있으며 특히 As의 길항체로서도 관여한다.
★★ ⑤ 인체폭로시 숨을 쉴때나 땀을 흘릴때 마늘냄새가 나며 만성적인 공기중 폭로시 결막염을 일으키는데 이를 "rose eye"라고 부른다.
⑥ 주로 폐, 위장관 혹은 손상된 피부를 통해 흡수되고, 간에서 유기 셀레늄의 형태로 대사되어진다.

★★ 12. 다이옥신

(1) 다이옥신의 특징

① PCB(유기염소계 화합물)의 부분산화 또는 불완전연소에 의하여 생성된다.
★ ② 2,3,7,8-TCDD(Tetrachloro Dibenzo para Dioxin)는 가장 유해한 다이옥신으로 표준상태에서 증기압이 매우 낮은 고형화합물이다.
★★ ③ 다이옥신이 고온에서 완전연소될 때 완전분해된다고 하더라도 연소후 연소가스의 배출시 저온(300~400℃)에서 재생성이 활발하다.
★★★ ④ 유해폐기물을 소각할때보다 도시폐기물을 소각할 때 다이옥신의 배출량이 훨씬 많다.
⑤ 300℃ 까지 열적으로 안정하며 700℃ 이상에서 열분해한다.
★★ ⑥ 다이옥신류에는 크게 PCDD는 75개, PCDF는 135개의 이성질체를 가진다.
★★ ⑦ 열적안정, 낮은 증기압, 낮은 수용성을 갖는 고형화화합물로 토양 등에 흡수된다.
★★ ⑧ 다이옥신의 주요 구성요소는 두개의 산소, 두개의 벤젠, 두개 이상의 염소이다.
⑨ 유기성 고체물질로서 용출실험에 의해서도 거의 추출되지 않는 특징을 가지고 있다.
★ ⑩ 다이옥신의 광분해에 가장 효과적인 파장범위는 250~340nm이다.

(2) 다이옥신의 구조

① PCDD ② PCDF

Question 33

다음 중 다이옥신에 대한 내용으로 틀린 것은 어느 것인가?

㉮ 가장 유독한 다이옥신은 2,3,7,8-tetrachlorodibenzo-para-dioxin으로 알려져 있다.
㉯ PCDF계는 75개, PCDD계는 135개의 동족체가 존재한다.
㉰ 벤젠 등에 용해되는 지용성으로서 열적 안정성이 좋다.
㉱ 유기성 고체물질로서 용출실험에 의해서도 거의 추출되지 않는 특징을 가지고 있다.

풀이 ㉯ PCDF계는 135개, PCDD계는 75개의 이성질체가 존재한다.

05 중금속 물질

1. Cr(크롬)

① 만성중독은 코, 폐 및 위장의 점막에 병변을 일으킨다.
★★ ② 피혁공업, 염색공업, 시멘트 제조업 등에서 발생되며 호흡기 또는 피부를 통하여 체내로 유입된다.
③ 단단하면서 부서지기 쉬운 회색금속으로 여러 형태의 산화화합물로 존재하며, 그 독성은 원자상태에 따라 달라진다.
★★ ④ 생체에 필수적인 금속으로서 결핍시는 인슐린의 저하로 인한 것과 같은 탄수화물의 대사장애를 일으킨다.
⑤ 저농도에서는 염증과 궤양을 일으키기도 한다.

Question 34

다음은 대기오염물질에 관한 설명이다. (   ) 안에 공통으로 들어갈 가장 알맞은 것은?

> (   )은(는) 단단하면서 부서지기 쉬운 회색금속으로 여러 형태의 산화 화합물로 존재하며, 그 독성은 원자상태에 따라 달라진다. (   )은(는) 생체에 필수적인 금속으로서 결핍시는 인슐린의 저하로 인한 것과 같은 탄수화물의 대사 장애를 일으킨다. 저농도에서는 염증과 궤양을 일으키기도 한다.

㉮ 크롬   ㉯ 코발트   ㉰ 비소   ㉱ 바나듐

정답 ㉮

2. Cd(카드뮴)

① 산화카드뮴이나 황산카드뮴으로 존재하고 아연정련, 카드뮴 축전지, 전기도금공장 등에서 주로 배출된다.
★★ ② 이따이이따이병의 원인이다.
③ 발생공업은 아연정련공업, 도금공업, 합금공업, 안료공업 등이다.
★★ ④ 아연광석의 채광이나 제련과정에서 부산물로 생성되며, 내식성이 강하다. 주로 호흡기나 소화기를 통해 인체에 흡수되고, 만성 폭로시 가장 흔한 증상은 단백뇨이고, 신장과 간장에 축적되며 그 배설은 느리다.

3. Pb(납)

① 부드러운 청회색의 금속으로 고밀도와 내식성이 강하다.
② 소화기로 섭취된 이 물질은 입자의 크기에 따라 다르지만 약 10% 정도만이 소장에서 흡수되고 나머지는 대변으로 배출된다.
★★ ③ 세포내에서 이 물질은 SH기와 결합하여 헴(heme)합성에 관여하는 효소를 포함한 여러 세포의 효소작용을 방해한다.
④ 만성중독시에는 혈중 프로토폴피린이 현저하게 증가한다.
★ ⑤ 건전지 및 축전지, 인쇄, 크레용, 에나멜, 페인트, 고무가공, 도가니공업, 가솔린 자동차 등에서 발생한다.

4. Hg(수은)

★★ ① 증기 또는 먼지의 형태로 대기중에 배출되고 미량으로도 인체에 영향을 미치며 널리 알려진 피해는 유기수은에 의한 미나마타병이다.
② 발생공업은 제련, 살충제, 온도계, 압력계 제조업이다.

③ 금속수은은 수은증기를 흡입하면 대부분 흡수나 경구 섭취시에는 소구를 형성하므로 위장관으로는 잘 흡수되지 않는다.

5. As(비소)

① 안료, 색소, 의약품, 농약 등 제조공업에 이용되고 그 발생원으로는 화학공업, 유리공업, 피혁상 과수원의 분무작업이다.
★★ ② 인체 피해는 피부암, 비중격천공, 안검부종, 비카타르, 색소침착, 손·발바닥의 각화, 탈모 등을 유발하는 물질이다.
③ 비소는 혈관내 용혈을 일으키며 두통, 오심, 흉부 압박감을 호소하기도 하며 10ppm 정도에 폭로되면 혼미, 혼수, 사망에 이른다.
★ ④ 대표적 3대 증상으로는 복통, 황달, 빈뇨 등이다.
⑤ 급성중독일 경우 활성탄과 하제를 투여하고 구토를 유발시켜야 한다.

Question 37

다음 오염물질 중 대표적인 인체의 국소증상으로 손·발바닥에 나타나는 각화증, 각막궤양, 비중격천공, Mee's line, 탈모 등의 증상이 있는 오염물질은 어느 것인가?

㉮ Be   ㉯ Hg   ㉰ V   ㉱ As

정답 ㉱

TIP
Mee's line(횡초백선)
손톱에 백색의 가로 줄무늬가 생기는 증상

6. V(바나듐)

① 주로 화석연료, 특히 석탄 및 중유에 많이 포함되어 있고, 코·눈·인후의 자극을 동반하여 격심한 기침을 유발하는 중금속물질이다.
★★ ② 인체에서 콜레스테롤, 인지질 및 지방분의 합성을 저해하거나 기타 다른 영양물질의 대사장해를 일으키는 중금속물질이다.
③ 급성폭로시 다량의 눈물이 나는 등의 증상을 일으키며 폐렴이 생길 수 있다.
★★ ④ 만성폭로시 설태가 끼이며, 혈장 콜레스테롤치가 저하된다.
⑤ 폐기능 검사상 폐쇄성 양상을 나타낸다.

Question 38

다음 중 인체내에서 콜레스테롤, 인지질 및 지방분의 합성을 저해하거나 기타 다른 영양 물질의 대사장애를 일으키며, 만성폭로시 설태가 끼는 대기오염물질은 어느 것인가?

㉮ Se   ㉯ Ti   ㉰ V   ㉱ Al

 ㉰

7. Mn(망간)

① 이 물질의 직업성 폭로는 철강제조에서 아주 많으며, 알루미늄, 마그네슘, 구리와의 합금제조 등에서도 흔한 편이다.

② 이 흄에 급성폭로되면 열, 오한, 호흡 곤란 등의 증상을 특징으로 하는 금속열을 일으키나 자연히 치유된다.

③ 만성폭로가 계속 되면 파킨슨 증후군과 거의 비슷한 증후군으로 진전되어 말이 느리고 단조로워진다.

CHAPTER 02 광화학 오염

01 오염물질의 종류

★★ 1. 오염물질의 발생경로

2. 오염물질의 종류

★★ (1) 1차성 오염물질

발생원에서 대기중으로 방출되어 대기를 직접 오염시키는 물질로서 H_2S, SiO_2, CH_3COOH, C_6H_5OH, $NaOH$, $NaCl$, SO_2, NH_3, NO, Cl_2, CO 등이 있다.

Question 01

다음 대기오염물질 중 바닷물의 물보라 등이 배출원이며, 1차 오염물질에 해당하는 것은?

㉮ N_2O_3 ㉰ 알데하이드
㉯ HCN   ㉱ NaCl

정답 ㉱

★★★ (2) 2차성 오염물질

대기중으로 방출된 1차성 오염물질이 광화학반응이나 광분해반응 및 산화반응을 통해서 형성되는 물질로서 O_3, PAN($CH_3COOONO_2$), 아크로레인(CH_2CHCHO), NOCl, H_2O_2, CO-케톤 등이 있다.

> **Question 02**
>
> 광화학반응으로 생성된 광화학 산화제(photochemical oxidants)에 해당하지 않는 것은?
>
> ㉮ Ozone ㉯ PAN(Peroxyacetyl nitrate)
> ㉰ Hydrogen peroxide ㉱ Hydrogen chloride
>
> **풀이** ㉱ HCl은 1차성 오염물질에 해당한다.

★★ (3) 1, 2차성 오염물질

발생원에서 대기중으로 직접 배출될 수도 있고, 배출된 물질이 광화학반응을 통해서 형성되는 물질로서 SO_3, NO_2, HCHO, 케톤 등이 있다.

> **Question 03**
>
> 다음 중 1, 2차 대기오염물질 모두에 해당하는 것은?
>
> ㉮ O_3 ㉯ PAN ㉰ CO ㉱ Aldehydes
>
> **풀이** 1, 2차성 대기오염물질의 종류에는 SO_3, NO_2, HCHO 등이므로 정답은 ㉱번이다.

02 광화학반응

★★ 1. 광화학반응의 3대요소

① 질소산화물(NO_X) : 주로 NO와 NO_2이다.
② 탄화수소 : 올레핀계 탄화수소(C_nH_{2n})이다.
③ 빛 : 자외선과 가시광선이며 주로 자외선이 참여한다.

Question 04

광화학적 스모그(smog)의 3대 주요 원인요소로 틀린 것은 어느 것인가?
㉮ 아황산가스 ㉯ 자외선
㉰ 올레핀계 탄화수소 ㉱ 질소산화물

정답 ㉮

★★★ 2. 광화학반응의 특징

① NO_2는 도시 대기오염물질중에서 가장 중요한 태양빛 흡수기체로서 파장이 420nm 이상의 가시광선에 의하여 광분해한다.

★★ ② 오존은 200~300nm의 파장에서 강한 흡수가 450~700nm에서는 약한 흡수가 일어난다.

③ 광화학스모그는 맑은날 자외선의 강도가 클수록 잘 발생한다.

★ ④ 대기중의 광화학반응에서 탄화수소를 주로 공격하는 화학종은 OH기이다.

⑤ 성층권의 오존층이 대부분의 자외선을 차단한 후 대류권으로 들어오는 태양빛의 파장은 280nm 이상의 파장이다.

★ ⑥ 케톤은 파장 300~700nm에서 약한 흡수를 하여 광분해한다.

★ ⑦ 알데하이드(RCHO)는 파장 313nm 이하에서 광분해한다.

⑧ 대기중에서의 오존농도는 보통 NO_2로 산화되는 NO의 양에 비례하여 증가한다.

★★ ⑨ NO에서 NO_2로의 산화가 거의 완료되고, NO_2가 최고농도에 달하면서 O_3가 증가되기 시작한다.

⑩ NO 광산화율이란 탄화수소에 의하여 NO가 NO_2로 산화되는 율을 뜻하며, PPb/min의 단위로 표현한다.

⑪ 과산화기가 산소와 반응하여 오존이 생성될 수도 있다.

★★ ⑫ 대기중에 NO가 존재하면 O_3은 NO_2와 O_2로 되돌아가므로 O_3는 축적되지 않고 대기중 O_3은 증가하지 않는다.

⑬ 미국 로스앤젤레스에서 시작하여 최근에는 자동차 운행이 많은 대도시지역에서 발생되고 있다.

★★ ⑭ 일사량이 크고 대기가 안정되어 있을 때 잘 발생된다.

★★ ⑮ 광화학산화물인 오존의 농도는 아침에 서서히 증가하기 시작하여 일사량이 최대인 오후에 최대가 되고 다시 감소한다.

⑯ 질소산화물과 올레핀계 탄화수소 등이 원인물질로 작용했다.

★★ ⑰ SO_2는 파장 280~290nm에서 강한 흡수가 일어나지만 대류권에서는 광분해반응이

일어나지 않는다.
★★ ⑱ 알데하이드는 O_3 생성에 앞서 반응초기부터 생성되며 탄화수소의 감소에 대응한다.

> **Question 05**
>
> 광화학 반응시 하루 중 오염물질의 일반적인 농도변화와 관련된 설명으로 틀린 것은 어느 것인가?
> ㉮ 알데하이드는 대체적으로 오전 중에 감소경향을 나타내다가 오후가 되면서 오존과 더불어 서서히 증가한다.
> ㉯ 탄화수소 중에서 오존을 잘 형성시키는 것은 diolefins, olefins, aldehydes, alcohols 등이다.
> ㉰ NO_2는 오존의 농도가 최대에 도달할 때 통상적으로 아주 적게 생성된다.
> ㉱ NO와 탄화수소의 반응에 의해 NO_2는 오전 7시경을 전후로 해서 상당한 율로 발생하기 시작한다.
>
> **풀이** ㉮ 알데하이드는 O_3 생성에 앞서 반응초기부터 생성되며 탄화수소의 감소에 대응한다.

3. 광화학스모그 발생시 산화물의 농도에 미치는 인자

① 반응물의 양
② 빛의 강도
③ 대기의 안정도
④ 빛의 지속시간

4. 광화학반응의 그림 정리

★★ ① 탄화수소가 존재하지 않는 경우, NO_2의 광화학 싸이클(Photolytic cycle)

★★ ② 자동차 배출가스를 Air chamber에 넣고 자외선을 쪼였을 때 발생되는 가스의 농도변화

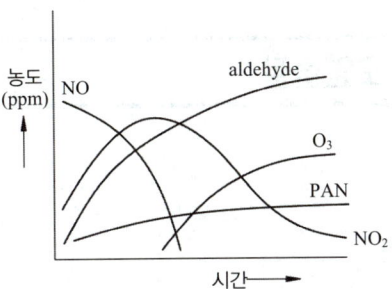

③ 오전 6시 ~ 8시 사이에는 자동차에서 배출되는 NO_x와 탄화수소 농도가 최대이고 오후 12시 ~ 2시 사이에는 광화학반응에 의해 O_3, 알데하이드의 농도가 최대이다.

④ 낮 12시 부근에서는 광화학반응이 왕성하게 일어나 2차성 오염물질인 PAN, O_3, NO_2 등의 농도가 최대가 된다.

03 광화학 오염물질

★★ 1. 오존(O_3)

(1) 오존의 특징

★ ① 무색, 무미, 해초 냄새를 가진 강산화성 물질이며 분자량은 48, 비중은 1.658 이다.
② 대류권의 오존은 국지적인 광화학 스모그로 생성된 옥시단트의 지표물질이다.
★ ③ 대기 중 오존은 온실가스로 작용한다.
★★ ④ 오염된 대기 중의 오존은 LA 스모그 사건에서 처음 확인되었다.
★★★ ⑤ 대기 중에서 오존의 배경농도는 0.01 ~ 0.02ppm 정도이며 청정지역에서 오존농도의 일 변화는 크지 않지만 대도시 지역에서는 오존농도의 일변화가 매우 크다.
⑥ 오존은 타이어나 고무절연제 등 고무제품에 균열을 일으키는 물질이다.
⑦ 오존은 대기 중에서 야간에 NO_2와 반응하여 소멸된다.
⑧ 오존은 태양빛, 자동차 배출원인 질소산화물과 휘발성유기화합물 등에 의해 일어나는 복잡한 광화학반응으로 생성된다.
★★ ⑨ 눈을 자극하고 폐수종과 폐충혈 등을 유발시키며 섬모운동의 기능장애를 일으킨다.
⑩ 실내냄새 제거제로 사용한다.

Question 06

오존에 대한 내용으로 틀린 것은 어느 것인가? (단, 대류권 내 존재하는 오존 기준)

㉮ 보통 지표오존의 배경농도는 1 ~ 2ppm 범위이다.
㉯ 오존은 태양빛, 자동차 배출원인 질소산화물과 휘발성유기화합물 등에 의해 일어나는 복잡한 광화학반응으로 생성된다.
㉰ 오염된 대기중에서 오존농도에 영향을 주는 것은 태양빛의 강도, NO_2/NO의 비, 반응성 탄화수소 농도 등이다.
㉱ 국지적인 광화학스모그로 생성된 Oxidant의 지표물질이다.

풀이 ㉮ 보통 지표오존의 배경농도는 0.01 ~ 0.02ppm 범위이다.

(2) 오존이 인체에 미치는 영향

★ ① 인체에 DNA와 RNA에 작용하여 유전인자에 변화를 일으킬 수 있다.
② 오존은 섬모운동의 기능장애를 일으키며, 염색체 이상이나 적혈구의 노화를 초래하기도 한다.

③ PAN과 O_3이 공존하면 코와 목에 통증을 유발하며 폐의 수축을 초래한다.

(3) 오존이 식물에 미치는 영향

★ ① 잎 상부 표면에 담홍색(또는 적갈색) 반점이 생기고 침엽수의 경우 잎의 끝부분이 갈색으로 변하고 흑반점이 일어난다.
★★ ② 지표식물(약한식물)은 담배(연초), 시금치, 자주개나리(알팔파), 토마토, 백송 등이 있다.
③ 강한 식물은 사과, 해바라기, 양배추, 국화 등이 있다.

Question 07

다음 식물 중 오존에 대해 가장 예민하고 피해가 커서 지표식물로 이용되는 것은 어느 것인가?
㉮ 목화　　　　　　　　　　　㉯ 상추
㉰ 담배　　　　　　　　　　　㉱ 블루그래스

정답 ㉰

Question 08

체적이 $100m^3$인 복사실의 공간에서 오존(O_3)의 배출량이 분당 0.4mg인 복사기를 연속사용하고 있다. 복사기 사용 전의 실내오존(O_3)의 농도가 0.2ppm이라고 할 때 3시간 사용 후 오존농도는 몇 ppb인가? (단, 환기가 되지 않음, 0℃, 1기압 기준으로 하며, 기타조건은 고려하지 않음)

㉮ 260　　　　　　　　　　　㉯ 380
㉰ 420　　　　　　　　　　　㉱ 536

풀이

① 복사기 사용 후 오존농도(ppm) = $\frac{0.4\text{mg/min}}{100m^3} \times \frac{60\text{min}}{1\text{hr}} \times 3\text{hr} \times \frac{22.4\text{mL}}{48\text{mg}} = 0.336\text{ppm}$

② 복사기 사용 전 오존농도 = 0.2ppm
③ 총 오존농도 = 0.336ppm + 0.2ppm = 0.536ppm
④ ppb = $0.536\text{ppm} \times 10^3$ = 536ppb

TIP
① ppm = mL/Sm^3
② ppb = $\mu L/Sm^3$
③ ppm $\xrightarrow{\times 10^3}$ ppb
④ 오존(O_3)의 분자량 = 3×16 = 48
⑤ O_3 1mol $\begin{cases} 48\text{mg} \\ 22.4\text{mL} \end{cases}$

★★ 2. PAN($CH_3COOONO_2$)

(1) PAN의 특징

★ ① PAN은 Peroxy acetyl Nitrate의 약자이다.
② 생성반응식은 $CH_3COOO + NO_2 \rightarrow CH_3COOONO_2$이다.
③ 무색, 무미이며 분자량은 121이다.
★★★ ④ 빛을 분산시켜 가시거리를 단축시킨다.
⑤ 하루 중 PAN의 농도는 한낮에 최고로 된다.
⑥ $CH_3 - \overset{\overset{O}{\|}}{C} - O - O - NO_2$

(2) PAN이 인체에 미치는 영향

★ 눈에 통증을 유발한다.

(3) PAN이 식물에 미치는 영향

★★ ① 증상은 유리화, 은백색, 광택화를 나타낸다.
★★ ② 피해 성숙도는 어린잎에 민감하다.
③ 피해부분은 해면의 연조직이 대부분이다.
★★★ ④ 식물의 영향은 잎의 밑부분이 은동색 또는 청동색이 되고 생활력이 왕성한 초엽에 피해가 크다.
⑤ 식물의 잎의 밑부분이 은색 내지 청동색이 되고 점차 퍼져 윗 부분에 흑반병을 발생시킨다.
★★ ⑥ 지표식물은 강낭콩, 시금치 등이다.
⑦ 강한식물은 사과나무, 옥수수, 무 등이다.

📢 Question 09

PAN에 관한 설명으로 가장 거리가 먼 것은?
㉮ 황산화물의 일종으로 빛을 흡수시켜 가시거리를 단축시킨다.
㉯ 산화제 역할을 한다.
㉰ 대기 중 탄화수소로부터의 광화학반응으로 생성된다.
㉱ 사람의 눈에 통증을 일으키며 생활력이 왕성한 초엽(初葉)에 피해가 크다.

풀이 ㉮ 질소산화물의 일종으로 빛을 분산시켜 가시거리를 단축시킨다.

3. PB$_Z$N

① PB$_Z$N은 Peroxy Benzonyl Nitrate의 약자이다.

★★ ② PAN(CH$_3$COOONO$_2$)보다 눈에 자극성이 100배 정도 크다.

③ PB$_Z$N의 화학식은 C$_6$H$_5$COOONO$_2$ 이다.

★★ ④ $C_6H_5 - \overset{\overset{O}{\|}}{C} - O - O - NO_2$

4. PPN

① PPN은 Peroxy Propionyl Nitrate의 약자이다.

② PPN의 화학식은 C$_2$H$_5$COOONO$_2$ 이다.

★ ③ $C_2H_5 - \overset{\overset{O}{\|}}{C} - O - O - NO_2$

Question 10

다음 중 PBzN(Peroxybenzoyl nitrate)의 구조식을 옳게 나타낸 것은?

㉮ $C_6H_5 - \overset{\overset{O}{\|}}{C} - O - O - NO_2$ ㉯ $CH_3 - \overset{\overset{O}{\|}}{C} - O - O - NO_2$

㉰ $C_2H_5 - \overset{\overset{O}{\|}}{C} - O - O - NO_2$ ㉱ $C_4H_8 - \overset{\overset{O}{\|}}{C} - O - O - NO_2$

풀이 ㉮ PB$_Z$N(Peroxy Benzonyl Nitrate)
㉯ PAN(Peroxy Acetyl Nitrate)
㉰ PPN(Peroxy Propionyl Nitrate)

CHAPTER 03 오염물질의 배출원 및 대기오염현상

01 대기오염물질의 배출원

① 벤젠(C_6H_6) : 석유정제, 피혁제조, 도장공업, 살충제, 수지공업, 포르말린 제조
② 시안화수소(HCN) : 청산제조공업, 제철공업, 화학공업, 가스공업
③ 카드뮴(Cd) : 아연정련공업(아연소결로), 합금공업, 도금공업, 안료공업
④ 폼알데하이드(HCHO) : 합성수지, 포르말린 제조공업, 피혁공장
⑤ 황화수소(H_2S) : 암모니아공업, 석유화학공업, 펄프공업, 가스공업, 석탄건류
⑥ 불화수소(HF) : 화학비료공업(인산비료공업), 알루미늄공업, 요업공업, 유리공업
⑦ 염화수소(HCl) : 소다공업, 활성탄제조, 금속제련, 플라스틱공업, 염산제조
⑧ 염소(Cl_2) : 농약제조, 화학공업, 소다공업
⑨ 브롬(= 브로민)(Br_2) : 염료, 의약품, 농약제조
⑩ 페놀(C_6H_5OH) : 합성수지, 도장, 타르, 염료공업, 화학공업
⑪ 니켈(Ni) : 석유화학, 석탄화력발전소, 석면제조
⑫ 비소(As) : 안료, 화학, 농약, 의약품
⑬ 아황산가스(SO_2) : 중유와 석탄 등 화석연료 사용공장, 제련소, 펄프제조공업, 용광로
⑭ 질소산화물(NO_X) : 내연기관, 폭약, 비료제조업, 필름제조업
⑮ 암모니아(NH_3) : 도금공업, 냉동공업, 비료공장, 표백, 색소제조공장
⑯ 크롬(Cr) : 피혁공업, 염색공업, 시멘트 제조업
⑰ 납(Pb) : 인쇄, 도가니 제조공장, 축전지 제조공장, 고무가공 공장, 크레용, 에나멜, 페인트, 휘발유 자동차
⑱ 이황화탄소(CS_2) : 비스코스섬유공업, 레이온 제조업

Question 01

다음 대기오염물질과 관련되는 주요 배출업종을 연결한 것으로 알맞은 것은 어느 것인가?

㉮ 벤젠 – 도장공업 ㉯ 염소 – 주유소
㉰ 시안화수소 – 유리공업 ㉱ 이황화탄소 – 구리정련

풀이 대기오염물질과 관련되는 주요 배출업종
　　　 ㉯ 염소 – 농약제조, 화학공업, 소다공업
　　　 ㉰ 시안화수소 – 청산제조공업, 제철공업, 화학공업, 가스공업
　　　 ㉱ 이황화탄소 – 비스코스섬유공업, 레이온 제조업

 Question 02

다음 중 황화수소의 배출과 가장 관련이 깊은 업종은?

㉮ 피혁, 합성수지, 포르마린 제조
㉯ 비료, 표백, 색소제조
㉰ 도장, 타르, 염료공업
㉱ 석유정제, 석탄건류, 가스공업

풀이 ㉮ 벤젠 ㉯ 암모니아 ㉰ 페놀 ㉱ 황화수소

 Question 03

배출오염물질과 관련업종으로 가장 거리가 먼 것은?

㉮ 암모니아 : 비료공장, 냉동공장, 표백, 색소제조공장
㉯ 염소 : 석유정제, 석탄건류, 가스공업
㉰ 비소 : 화학공업, 유리공업, 과수원의 농약 분무작업
㉱ 불화수소 : 알루미늄공업, 요업, 인산비료공업

풀이 ㉯ 염소 : 농약제조, 화학공업, 소다공업

02 대기오염 현상

1. 지구온난화 현상 = 온실효과

★★ (1) 온실효과의 특징

★★ ① 온실효과란 가시광선을 통과시키고 적외선을 흡수해서 열을 밖으로 나가지 못하게 함으로써 보온작용을 하는 것이다.

★★ ② 온실가스란 적외선 복사열을 흡수하거나 다시 방출하여 온실효과를 유발하는 대기 중의 가스상태 물질로서 이산화탄소(CO_2), 메탄(CH_4), 아산화질소(N_2O), 수소불화탄소(HFC_S), 과불화탄소, 육불화황을 말한다.

③ 온실효과 가스가 증가하면 대류권에서 적외선 흡수량이 많아져서 온실효과가 증대된다.

★ ④ CO_2, CH_4, CFC-11,12 등이 대표적 온실가스이다.

★★ ⑤ 지구온난화의 원인물질 : H_2O - CO_2

⑥ 대기중 적외선을 흡수하는 기체에 기인한다.

⑦ 지구온난화로 도시지역에서 오존농도가 상승하게 된다.

★★ ⑧ CO_2의 주요 흡수파장영역은 13~17μm 정도이고, O_3의 주요 흡수파장영역은 9~10μm 정도이다.

⑨ CH_4는 지표부근 대기중 농도가 약 1.5ppm 정도이고 주로 미생물의 유기물 분해작용에 의해 발생하며, 적외선의 특수파장을 흡수하여 온실기체로 작용한다.

> **Question 04**
>
> 다음 중 온실효과(Green House Effect)에 대한 내용으로 틀린 것은 어느 것인가?
> ㉮ 온실효과에 대한 기여도는 $CO_2 > CH_4$ 이다.
> ㉯ 온실가스들은 각각 적외선 흡수대가 있으며, O_3의 주요 흡수대는 파장 13~17㎛ 정도이다.
> ㉰ 온실가스들은 각각 적외선 흡수대가 있으며, CH_4와 N_2O의 주요 흡수대는 파장 7~8㎛ 정도이다.
> ㉱ 교토의정서는 기후변화협약에 따른 온실가스 감축과 관련한 국제협약이다.
>
> **풀이** ㉯ 온실가스들은 각각 적외선 흡수대가 있으며, O_3의 주요 흡수대는 파장 9~10㎛ 정도이다.

★★ (2) 지구온난화 기여도

CO_2 : 50%, CFC : 18%, CH_4 : 14%, N_2O : 6%, 기타, 물, 오존, 할론류 등이 12% 정도이다.

★★ (3) 지구온난화지수(GWP;Global Warning Potential)

① GWP는 CO_2를 기준으로 한다. (CO_2 = 1.0)
② 온실가스별 지구온난화지수(GWP)

화학식	물질명	GWP
★★ CO_2	이산화탄소	1.0
CH_4	메탄	21
N_2O	아산화질소	310
HFC_S	수소불화탄소	1,300
PFC_S	과불화탄소	7,000
★★ SF_6	육불화황	23,900

★★ 2. 열섬효과(Heat island effect)

대도시에서 열방출량이 많은데 비해 외부로 확산이 안되기 때문에 시내 온도가 주변 온도보다 높게 되며 비가 많이 오고 안개가 자주 생기는 것을 열섬효과 또는 아열대성 효과라고 한다.

(1) 열섬효과의 특징

★★ ① 교외지역에 비해 도시중심지역에서 고온의 공기층을 형성하게 되는 현상이다.
★ ② 도시지역과 교외지역은 풍속이나 대기안정도의 특성이 서로 다르고, 열섬의 규모와 현상은 시공간적으로 다양하게 나타난다.
★★ ③ 열섬현상의 원인으로서는 인공열 발생증가, 건물 등 구조물에 의한 거칠기 변화, 지표면에서의 증발잠열차이, 도시지역 표면의 열적성질의 차이 등이다.
★★ ④ 도시지역에서의 풍속은 교외지역에 비하여 평균적으로 25~30% 감소하며, 대기오염물질이 응결핵으로 작용하여 운량과 강우량의 증가현상이 나타날 수 있다.
⑤ 도시건물 등 구조물에 의한 거칠기 길이의 변화가 원인이 된다.
★ ⑥ 도시지역의 인구 집중에 따른 인공열 발생의 운량과 강우량이 증가한다.
⑦ 열섬효과는 직경 10km 이상의 도시에서 특히 잘 발생한다.
⑧ 열섬현상이 생길 경우 강한 바람이 불지 않으면 오염물질은 도시 상공에 머물게 되어 축적된다.

(2) 도시 열섬효과를 가져오는 원인

① 인구집중에 따른 인공열 발생의 증가
② 건물 등 구조물에 의한 거칠기 길이의 변화
③ 지표면의 열적성질차이

Question 05

열섬현상에 관한 설명으로 옳지 않은 것은?

㉮ 도시의 건물 등 구조물에 의한 거칠기 길이의 변화도 원인이 된다.
㉯ 도시 지역의 인구 집중에 따른 인공열 발생의 증가도 원인이 된다.
㉰ 도시의 온도증가에 따른 상승기류로 인하여 운량과 강우량이 감소한다.
㉱ 직경 10km 이상의 도시에서 잘 나타나는 현상이다.

풀이 ㉰ 도시의 온도증가에 따른 상승기류로 인하여 운량과 강우량이 증가한다.

3. Down Wash(세류현상)

① 원인 : 바람이 불어오는 쪽의 반대로 부압영역이 생겨 연기가 말려 들어가는 현상이다.
★★ ② 방지책 : 굴뚝 배출구의 배출가스 속도를 풍속보다 최소한 2배 이상 높게 유지한다.

4. Down Draft(다운드래프트) 현상

① 원인 : 굴뚝의 높이가 주위 지형이나 건물의 높이보다 낮아 연기가 주위 건물뒤로 말려들어가는 현상이다.
★★ ② 방지책 : 굴뚝의 높이를 주위건물의 2.5배 이상 유지한다.

★★ 5. 산성비

산성비란 보통 빗물의 pH가 5.6보다 낮게 되는 경우를 말하는데 이는 자연상태에 존재하는 CO_2가 빗방울에 흡수되었을 때의 pH를 기준으로 한 것이다.

(1) 산성비의 특징

① 산성비는 인위적으로 배출된 SO_X 및 NO_X 화합물질이 대기 중에서 황산 및 질산으로 변화되어 발생한다.
★ ② 토양이 산성화되면서 마그네슘(Mg) 결핍, 질소 결핍으로 산림이 황폐화된다.
③ 호수의 산성화는 유입된 산성수량과 이에 대한 호수 완충작용의 정도에 따라 결정된다.
④ 산성비에 의한 영양염류의 용출 그리고 토양 미생물의 활성저하에 따른 농작물의 피해가 발생한다.
★ ⑤ 대리석과 석회석으로 건축된 구조물은 알칼리성이므로 산성비에 의하여 부식과 변색이 가속화된다.
★★ ⑥ 강우의 산성화에 가장 큰 영향을 미치는 것은 아황산가스이다.
★★ ⑦ 강우의 산성화에 국제협약으로는 헬싱키, 소피아 의정서가 있다.
⑧ 산성비의 저감대책은 청정연료의 사용과 탈황설비를 설치하는 것이다.

> **Question 06**
>
> 다음 중 일반적으로 대도시의 산성강우 속에 가장 미량(mg/L)으로 존재할 것으로 예상되는 것은? (단, 산성강우는 pH 5.6으로 본다.)
>
> ㉮ SO_4^{2-} ㉯ NO_3^- ㉰ Cl^- ㉱ OH^-
>
> **풀이** 산성비에는 산이온이 다량 함유되어 있고 수산이온은 미량이 존재한다. 그리고 SO_4^{2-}, NO_3^-, Cl^-는 산이온이고 OH^-는 수산이온이므로 정답은 ㉱번이다.

(2) 산성비와 관련된 토양의 성질

① 교환성 Al은 산성의 토양에만 존재하는 물질이고 교환성 H와 함께 토양 산성화의 주요한 요인이 된다.
★★ ② 산성비가 토양에 내리면 토양은 산적 성격이 약한 교환기부터 순서적으로 Ca^{2+}, Mg^{2+}, Na^+, K^+ 등의 교환성 염기를 방출하고 그 교환자리에 H^+가 흡착되어 치환된다.
③ Al^{3+}은 뿌리의 세포분열이나 Ca 또는 P의 흡수나 흐름을 저해한다.
★★ ④ 토양의 양이온 교환기는 강산적 성격을 갖는 부분과 약산적 성격을 갖는 부분으로 나누는데, 결정성의 점토광물은 강산적이다.

⑤ 토양과 흡착되어 있는 양이온을 교환성 양이온이라 하고, 이 중 양적으로 많은 것은 Ca^{2+}, Mg^{2+}, Na^+, K^+, Al^{3+}, H^+ 등 6종이다.

⑥ Al^{3+}와 H^+ 이외의 양이온을 교환성 염기라 하며 토양의 pH는 흡착되어 있는 교환성 양이온에 의해 결정된다.

⑦ 토양입자는 일반적으로 θ 하전으로 대전되어 각종 양이온을 정전기적으로 흡착하고 있다.

TIP

산성강우는 통상 pH가 5.6 이하의 경우를 말하며 대기중의 CO_2가 강우에 포함되어 위의 산도를 지니게 된다. 원인물질로는 SO_x, NO_x, HCl 등이 있다.

Question 07

산성비가 토양에 미치는 영향에 관한 설명으로 옳지 않은 것은?

㉮ 산성강수가 가해지면 토양은 산적 성격이 약한 교환기부터 순서적으로 Ca^{2+}, Mg^{2+}, Na^+, K^+ 등의 교환성 염기를 방출하고, 대신 그 교환자리에 H^+가 흡착되어 치환된다.
㉯ 교환성 Al은 산성의 토양에만 존재하는 물질이고, 교환성 H와 함께 토양 산성화의 주요한 요인이 된다.
㉰ Al^{3+}은 뿌리의 세포분열이나 Ca 또는 P의 흡수나 흐름을 저해한다.
㉱ 토양의 양이온 교환기는 강산적 성격을 갖는 부분과 약산적 성격을 갖는 부분으로 나누는데, 결정도가 낮은 점토광물은 강산적이다.

풀이 ㉱ 토양의 양이온 교환기는 강산적 성격을 갖는 부분과 약산적 성격을 갖는 부분으로 나누는 데, 결정도가 높은 점토광물은 강산적이다.

03 국제협약

1. 국제협약의 종류

(1) 오존층 보호를 위한 국제협약

① 비엔나 협약 : 1985년 3월 22일 채택된 오존층 보호를 위한 국제협약이다.
② 몬트리올 의정서 : 1987년 오존층 보호를 위한 오존층파괴물질(염화불화탄소)의 생산 및 소비삭감에 관한 내용의 국제협약이다.
③ 런던회의 : 1990년 런던에서 몬트리올 의정서의 내용을 보완, 개정하였다.

Question 08

1985년 채택된 오존층 보호를 위한 국제협약은 어느 것인가?

㉮ 제네바 협약 ㉯ 비엔나 협약
㉰ 기후변화 협약 ㉱ 리우 협약

정답 ㉯

 Question 09

다음 국제적인 움직임 중 오존층 보호와 관련이 가장 적은 것은?

㉮ 비엔나 협약 ㉯ 몬트리올 의정서
㉰ 코펜하겐 회의 ㉱ 헬싱키 의정서

풀이 ㉱ 헬싱키 의정서는 산성비(황산화물 저감)에 관한 협약이다.

(2) 산성비에 관한 국제협약

① 헬싱키 의정서(1985년) : 황산화물(SO_X) 저감에 관한 협약
★★② 소피아 의정서(1989년) : 질소산화물 배출량 또는 국가간 이동량의 최저 30% 삭감에 관한 국가간 장거리 이동 대기오염조약의 의정서(협약)이다.

 Question 10

다음 국제협약 중 질소산화물 배출량 또는 국가간 이동량의 최저 30% 삭감에 관한 국가간 장거리 이동 대기오염조약의 의정서(협약)에 해당하는 것은?

㉮ 몬트리올 의정서 ㉯ 런던협약
㉰ 오슬로협약 ㉱ 소피아의정서

정답 ㉱

(3) 온실효과 및 기후변화 협약

① 리우선언 : 1992년 6월 '지구를 건강하게, 미래를 풍요롭게'라는 슬로건 아래 개회된 지구 정상회담에서 환경과 개발에 관한 기본 원칙을 표방하며, 인간은 지속가능한 개발을 위한 관심의 중심으로 자연과 조화를 이룬 건강하고 생산적인 삶을 향유하여야 한다는 주요 원칙을 담고있다.

② **기후변화협약(1992년)** : 인간이 유발하는 지구 기후 시스템의 교란을 방지할 수 있는 수준으로 대기 중의 온실가스를 안정화 시키는 것이다.
③ **교토의정서(1997년)** : 선진국 38개국(미국, EU, 일본, 러시아 등등)에 대해 2008~2012년까지 온실가스를 1990년 대비 평균 5.2% 감축 의무에 관한 규약이다.

CHAPTER 04 자동차

01 자동차 배출물질의 특징

① 자동차에서 배출되는 물질은 CO_2, CO, HC, NO_X, SO_2, Pb, 매연, 입자상물질이다.
② 삼원촉매장치란 산화촉매(Pt, Pd)와 환원촉매(Rh)를 이용하여 CO, HC, NO_X를 동시에 줄일 수 있는 후처리 시설이다.
③ 사용되는 촉매를 보면 최근에는 백금, 로듐에 팔라듐을 포함하여 사용하는 추세이다.
④ CO와 HC의 산화촉매로는 주로 백금(Pt)과 팔라듐(Pd)이 사용되고, NO의 환원촉매로는 로듐(Rh)이 사용된다.
⑤ Rh는 NO 반응을, Pt는 주로 CO와 HC를 저감시키는 산화반응을 촉진시킨다.
⑥ 자동차의 크랭크케이스(Crank case)에서 많이 배출되어 문제가 되는 blow by 가스는 탄화수소(HC)이다.
⑦ 일반적인 가솔린 자동차 배기가스의 구성 중 가장 많은 부피를 차지하는 물질은 CO_2이다. (가속상태 기준)
⑧ 일반적으로 자동차의 주요 배출 유해가스는 CO, NO_X, HC 등이다.
⑨ 휘발유 자동차의 경우 CO는 공회전(아이들링)시, HC는 감속시, NO_X는 가속시에 상대적으로 많이 발생한다.
⑩ CO는 연료량에 비하여 공기량이 부족할 경우에 발생하고 NO_X는 높은 연소온도에서 많이 발생하며 매연은 연료가 미연소하여 발생한다.
⑪ 디젤자동차의 경우 CO 및 HC가 휘발유 자동차에 비해서 상대적으로 적게 배출된다.

Question 01

자동차에서 배출되는 배기가스에 대한 내용으로 틀린 것은 어느 것인가?

㉮ 일반적으로 자동차의 주요 배출 유해가스는 CO, NO_X, HC 등이다.
㉯ 휘발유 자동차의 경우, CO는 가속시, HC는 정속시, NO_X는 감속시에 상대적으로 많이 발생한다.
㉰ CO는 연료량에 비하여 공기량이 부족할 경우에 발생하고, NO_X는 높은 연소온도에서 많이 발생하며, 매연은 연료가 미연소하여 발생한다.
㉱ 디젤 자동차의 경우, CO 및 HC가 휘발유 자동차에 비해서 상대적으로 적게 배출된다.

풀이 ㉯ 휘발유 자동차의 경우, CO는 공전(공회전)시, HC는 감속시, NO_X는 가속시에 상대적으로 많이 발생한다.

TIP

휘발유 기준 배기가스

	NO_X	CO, HC
많이	가속, 운행	공전, 감속
적게	공전, 감속	가속, 운행

Question 02

다음 가솔린 자동차 운전조건(Mode) 중 일산화탄소를 가장 적게 배출하는 것은?

㉮ 감속 ㉯ 정속
㉰ 공회전 ㉱ 심한 가속

풀이 일산화탄소(CO)가 가장 적게 배출되는 경우는 정속운행 상태이고, 가장 많이 배출되는 경우는 공회전(아이드링)상태이므로 정답은 ㉯번이다.

02 디젤기관의 특징

★ ① 압축비가 높아(15 ~ 20) 소음진동이 크다.
★ ② 정지가동시 배출가스 중 CO 농도가 낮다.
★ ③ 고속주행시 배출가스 중 NO_X 농도가 높고 매연이 많이 배출된다.
④ 정체가 심한 도심주행에 있어서는 연료 소비가 적은 편이다.
⑤ 기계식 분사 또는 전자제어 분사방식으로 연료를 공급한다.

★★ ⑥ 압축비가 높아 최대효율이 가솔린자동차에 비해 1.5배 정도이며, 연비는 가솔린기관에 비해 높은 편이다.

가솔린기관의 특징

① 가솔린기관은 공기-연료비(화학양론비)가 거의 일정하다.
② 가솔린엔진은 예혼합연소에 가깝다.
③ 가솔린엔진은 연소실 크기에 제한을 받는 편이다.

가솔린엔진과 디젤엔진의 비교

특성	가솔린	디젤
연료공급방식	압축 전 연료공기 혼합	공기압축 후 연료 공급
점화방식	불꽃점화	압축점화
소음, 진동	적다	크다
압축비	8~9로 낮다	15~20으로 높다
연료소비효율	연비가 낮다	연비가 높다
연소실 크기 (실린더 직경)	제한적 (노킹 때문에 160mm 이하)	제한없음
기타	삼원촉매장치	입자상물질의 여과장치

 Question 03

가솔린기관의 특성으로 거리가 먼 것은?
㉮ 연료를 공기와 혼합시켜 실린더에 흡입, 압축시킨 후 점화플러그에 의해 강제로 연소폭발시킨다.
㉯ 정지가동시에는 CO 농도가, 가속시에는 NO_x가, 감속시에는 HC 농도가 높은 편이다.
㉰ 압축비가 0.5~2 정도로 낮고, 연비가 디젤기관에 비해 높다.
㉱ 연소하는 혼합기는 시간적으로 공간적으로 거의 일정한 공연비를 갖는다.

풀이 ㉰ 압축비가 8~9 정도로 낮고, 연비가 디젤기관에 비해 낮다.

05 메탄올 자동차의 특징

① 옥탄가(Research법에 의한 옥탄가)는 메탄올이 106 ~ 107 정도, 무연휘발유가 92 ~ 98 정도와 압축비가 향상되므로 출력을 향상시킬 수 있다.
★★ ② 윤활기능이 휘발유에 비해 매우 약하므로 금속이나 플라스틱 재료 모두를 쉽게 침식시킬 수 있다.
★ ③ 메탄올의 연소시 발생하는 발암성 폼알데하이드와 개미산의 생성에 따른 엔진부품의 부식 및 마모 등이 문제가 되기도 한다.
★★★ ④ 가격이 싸고, 발열량이 휘발유의 약 $\frac{1}{2}$ 정도이므로 연료 탱크의 크기가 보통 휘발유 자동차의 2배 정도로 하면 1회 충전당 항속거리를 휘발유와 비슷하게 할 수 있다.

06 DME(Dimethyl Ether)연료

① 산소함유율 34.8% 정도로 높아 연소시 매연이 적은 편이다.
★★ ② 점도가 경유에 비해 낮다.
★ ③ 고무류와 반응하므로 재질에 주의해야 하며 세탄가가 55 이상으로 높아 경유를 대체할 수 있다.
★ ④ 물성이 LPG와 유사한 특성이 있으며, 발열량은 경유에 비해 낮은 편이다.
⑤ 상온상압에서 무색 투명한 기체이다.

📢 Question 04

DME(Dimethyl Ether) 연료에 대한 설명으로 틀린 것은 어느 것인가?

㉮ 산소함유율이 34.8% 정도로 높아 연소시 매연이 적은 편이다.
㉯ 점도가 경유에 비해 높으며, 금속의 부식성이 문제가 된다.
㉰ 고무류와 반응하므로 재질에 주의해야 하며, 세탄가가 55 이상으로 높아 경유를 대체할 수 있다.
㉱ 물성이 LPG와 유사한 특성이 있으며, 발열량은 경유에 비해 낮은 편이다.

풀이 ㉯ 점도가 경유에 비해 낮다.

07 공연비(AFR)

★★ 1. 공연비의 특징(휘발유 자동차, 질량기준)

① AFR을 10에서 14로 증가시키면 CO농도는 감소한다.
② CO와 HC는 불완전연소시에 배출비율이 높고, NO_x는 이론 AFR 부근에서 농도가 높다.
③ AFR 18 이상 정도의 높은 영역은 일반 연소기관에 적용하기는 곤란하다.
★★ ④ 공연비가 14.7(이론공연비)보다 크면 NO_x는 증가, CO 및 HC는 감소한다.
★★ ⑤ 공연비가 14.7(이론공연비)보다 작으면 NO_x는 감소, CO 및 HC는 증가한다.

Question 05

휘발유를 사용하는 가솔린 기관에서 배출되는 오염물질에 대한 설명으로 틀린 것은 어느 것인가? (단, 휘발유의 대표적인 화학식은 옥탄(Octane)으로 가정하고, AFR은 질량비 기준이다.)

㉮ AFR을 10에서 14로 증가시키면 CO 농도는 감소한다.
㉯ AFR이 16까지는 HC 농도가 증가하나, 16이 지나면 HC 농도는 감소한다.
㉰ CO와 HC는 불완전연소시에 배출비율이 높고, NO_x는 이론 AFR 부근에서 농도가 높다.
㉱ AFR이 18 이상 정도의 높은 영역은 일반 연소기관에 적용하기는 곤란하다.

풀이 ㉯ AFR이 16까지는 NO_x농도가 증가하나, 16이 지나면 NO_x 농도는 감소한다.

★★ 2. 공연비(AFR) 계산

① 체적비$(Sm^3/Sm^3) = \dfrac{\text{산소갯수} \times 22.4Sm^3 \times \dfrac{1}{0.21}}{\text{연료갯수} \times 22.4Sm^3}$

② 질량비(kg/kg) = $\dfrac{\text{산소갯수} \times 32\text{kg} \times \dfrac{1}{0.232}}{\text{연료갯수} \times \text{연료의 분자량(kg)}}$

③ 완전연소반응식

$$C_mH_n + \left(m + \dfrac{n}{4}\right)O_2 \rightarrow mCO_2 + \dfrac{n}{2}H_2O$$

Question 06

C_8H_{18}(옥탄)의 공연비(AFR)를 계산하시오.

풀이

$C_8H_{18} + 12.5O_2 \rightarrow 8CO_2 + 9H_2O$

체적비(Sm^3/Sm^3) = $\dfrac{12.5 \times 22.4 Sm^3 \times \dfrac{1}{0.21}}{1 \times 22.4 Sm^3} = \dfrac{12.5}{0.21} = 59.52$

질량비(kg/kg) = $\dfrac{12.5 \times 32\text{kg} \times \dfrac{1}{0.232}}{1 \times 114(\text{kg})} = 15.12$

CHAPTER 05 대기의 특성과 대기권의 분류

01 대기의 성분

① 대기의 성분은 지표에서 80km 이내의 건조공기일 경우 부피기준으로 질소(N_2) 78.08%, 산소(O_2) 20.94%, 아르곤(Ar) 0.93%, 이산화탄소(CO_2) 0.04%, 그 외 네온(Ne), 헬륨(He), 메탄(CH_4) 등으로 구성되어 있다.

② 대기의 구성성분을 질소(N_2)와 산소(O_2)로 구성되어 있다고 가정할 때 체적비(부피비)로 질소(N_2) 79%, 산소(O_2) 21%이고 질량비(무게비)로 질소(N_2) 76.8%, 산소(O_2) 23.2% 이다.

③ 공기는 혼합물로서 분자량은 29를 기준으로 한다.

공기의 평균분자량(kg) = 28kg×0.79+32kg×0.21 = 28.84kg

④ 공기의 비중은 1.0이다.

$$기체의 비중 = \frac{기체의\ 분자량(kg)}{공기의\ 분자량(29kg)}$$

$$공기의 비중 = \frac{29kg}{29kg} = 1.0$$

Question 01

다음 중 건조대기(공기)의 부피농도(%) 크기 순서로 옳은 것은?

㉮ $O_2 > CO_2 > Ar$
㉯ $CO_2 > O_2 > Ar$
㉰ $CO_2 > Ar > O_2$
㉱ $O_2 > Ar > CO_2$

정답 ㉱

Question 02

A 혼합가스 성분을 분석한 결과 CO_2가 7%이고 나머지가 N_2로 구성되어 있다면 이 혼합가스의 밀도는?

㉮ $1.3kg/Sm^3$ ㉯ $1.5kg/Sm^3$
㉰ $2.0kg/Sm^3$ ㉱ $2.3kg/Sm^3$

풀이

혼합가스의 밀도(kg/Sm^3) = $\dfrac{혼합가스의 분자량(kg)}{부피(22.4Sm^3)}$

① 혼합가스 : CO_2 7%, N_2 93%
  따라서 혼합가스의 분자량 = $44kg \times 0.07 + 28kg \times 0.93 = 29.12kg$

② 혼합가스의 밀도(kg/Sm^3) = $\dfrac{29.12kg}{22.4Sm^3}$ = $1.3kg/Sm^3$

TIP
① 표준상태(0℃, 760mmHg) 체적 : $Sm^3 = Nm^3$
② 이산화탄소(CO_2)의 분자량 = $12+(2\times16) = 44kg$
③ 질소(N_2)의 분자량 = $2\times14 = 28kg$

대기의 구조

대기의 구조는 균질층과 이질층으로 구분할 수 있다.

1. 균질층

① 균질층은 지상 0 ~ 88km까지로 수분을 제외하고는 질소 및 산소 등 분자 조성비가 어느정도 일정하다.
② 균질층 내의 공기는 건조가스로써 지상 0 ~ 5.6km까지 공기의 50%, 지상 0 ~ 30km까지 공기의 98%가 존재한다.

2. 이질층

① 이질층내의 공기는 태양에너지 중 유해한 것을 흡수 약화시킴으로써 생물세포의 이온화 또는 화상등을 방지한다.
② 이질층내의 공기는 강한 산화력으로 인하여 지상에서 발생되어 상승한 이물질등을 산화, 소멸시킨다.

★★ ③ 이질층은 질소층(0 ~ 120km), 산소층(120 ~ 1,000km), 헬륨층(1,000 ~ 2,000km), 수소층(2,000km 이상)으로 보통 4개층으로 분류한다.

Question 03

대기의 구조는 균질층과 이질층으로 구분할 수 있다. 이에 관한 설명으로 옳지 않은 것은?

㉮ 지상 0 ~ 88km 정도까지의 균질층은 수분을 제외하고는 질소 및 산소 등 분자 조성비가 어느 정도 일정하다.
㉯ 균질층 내의 공기는 건조가스로서 지상 0 ~ 30km 정도까지 공기의 98% 정도가 존재하고 있다.
㉰ 이질층은 보통 4개층으로 분류되며 지상 1,120 ~ 3,600km는 산소원자층이라 한다.
㉱ 이질층 내의 공기는 강한 산화력으로 인하여 지상에서 발생되어 상승한 이물질들을 산화, 소멸시킨다.

풀이 ㉰ 이질층은 보통 4개층으로 분류되며 지상 120 ~ 1,000km는 산소원자층이라 한다.

03 대기권의 분류

★★ 온도의 고도분포 특징에 따라서 나눈다.

Question 04

대기층은 물리적 및 화학적 성질에 따라서 고도별로 분류가 되어 있다. 지표면으로부터 상공으로 올바르게 배열된 것은?

㉮ 대류권 → 중간권 → 성층권 → 열권   ㉯ 대류권 → 성층권 → 중간권 → 열권
㉰ 대류권 → 중간권 → 열권 → 성층권   ㉱ 대류권 → 열권 → 중간권 → 성층권

정답 ㉯

★★ 1. 대류권(Troposphere) : 지표에서 11km까지

대류권의 하부 1~2km까지를 대기경계층이라 하고 이 대기경계층의 상층은 지표면의 영향을 직접 받지 않으므로 자유대기라고도 부르며 대기경계층은 지표면의 영향을 직접 받아서 기상요소의 일변화가 일어나는 층이다.

- ★ ① 대류권은 지표로부터 약 11km까지의 높이로서 구름이 끼고 비가 오는 등의 기상현상은 대류권에 국한되어 나타난다.
- ★★ ② 대류권의 기상요소의 수평분포는 위도, 해륙분포 등에 의해 다르지만 연직방향에 따른 변화는 더욱 크다.
- ★★ ③ 대류권의 고도는 겨울철에 낮고, 여름철에 높으며, 보통 저위도 지방이 고위도 지방에 비해 높다.
- ④ 대류권에서는 고도가 높아짐에 따라 단열팽창에 의해 6.5℃/km씩 낮아지는 기온감률 때문에 공기의 수직혼합이 일어난다.
- ★ ⑤ 대류권은 평균 11km(위도 45도의 경우) 정도이며 극지방으로 갈수록 낮아진다.
- ⑥ 대류권에서 광화학 대기오염에 영향을 미치는 대기오염상 중요한 물질은 280~700nm 범위의 빛을 흡수하는 물질이다.

> **TIP**
> 대류권은 고도가 증가하면서 온도가 하강하는 층으로 인간의 활동과 기상현상에 의해 대기오염이 발생한다.

Question 05

대류권에 관한 설명으로 옳지 않은 것은?

㉮ 대류권에서는 평균기온감률이 -6.5℃/km 정도로 감소하므로 기층이 불안정하여 대류현상이 일어나기 쉽다.
㉯ 구름, 비 등의 기상현상은 대류권에 국한된다.
㉰ 대류권의 자유대기는 행성경계층의 상층으로 지표면의 영향을 직접 받지 않는 층이다.
㉱ 행성경계층은 지표면의 마찰 영향을 거의 받지 않으며, 풍속이 지표에서 멀어질수록 약하게 분다.

풀이 ㉱ 행성경계층(대기경계층)은 지표면의 마찰의 영향을 받기 때문에 풍속이 지표에서 멀어질수록 강하게 분다.

★★ 2. 성층권(Stratosphere) : 지상 11km에서 50km까지

★★ ① 고도가 높아질수록 온도가 높아진다. (이유 : 성층권의 오존이 태양광선중의 자외선을 흡수하기 때문이다.)
② 성층권을 비행하는 초음속 여객기에서 NO가 배출되면 NO는 촉매적으로 오존을 파괴한다.
★ ③ 오존의 생성과 분해가 가장 활발하게 일어나는 층이다.
④ 하층부의 밀도가 커서 매우 안정한 상태를 유지하므로 공기의 상승이나 하강등의 연직운동은 억제된다.
⑤ 화산분출등에 의하여 미세한 먼지가 이 권역에 유입되면 수년간 남아 있게 되어 기후에 영향을 미치기도 한다.
★★★ ⑥ 오존층이란 성층권에서도 오존이 더욱 밀집해 분포하는 지상 20~30km 구간을 말하며 오존의 최대농도는 10ppm이다.
⑦ 대기중에서 오존층의 파괴현상이 가장 심한 곳은 남극을 중심으로 한 남극대륙으로 오존층에 구멍이 생긴 것으로 보고 되었다.
★★★ ⑧ 오존층의 두께를 표시하는 단위는 돕슨(Dobson)이며 극지방이 400돕슨이고 적도지방이 200돕슨이다.
★★★ ⑨ 지구대기층의 오존총량을 표준상태에서 두께로 환산했을 때 1mm는 100돕슨에 해당한다.
⑩ 태양으로부터 오는 자외선을 성층권의 오존층에 의해서 대부분이 흡수된다.
⑪ 오존층에서 산소분자를 태양광선 중에서 240nm 이하의 자외선을 흡수하여 2개의 산소 원자로 해리된다.
⑫ 오존층에서 오존은 자외선을 흡수하면 광해리를 일으켜 산소원자와 산소분자로 분열한다.
⑬ 성층권에서는 산소분자가 자외선에 의해 광분해되는 과정을 통해 오존의 생성과 소멸과정이 되풀이된다.
★★ ⑭ 비행기가 초음속으로 고공비행을 할 때 대기에 미치는 영향으로는 Ozone층의 파괴와 CO_2의 증가이다.
⑮ 오존층은 자외선 파장의 200nm~290nm 파장의 태양빛을 흡수하여 지상의 생명체를 보호한다.
★ ⑯ 햇빛이 지표면에 도달하기 전에 자외선의 대부분을 흡수함으로써 생물의 성장에 중요한 역할을 한다.
★ ⑰ 지구전체의 평균 오존량은 약 300Dobson 전후이지만 지리적으로 또는 계절적으로는 평균치의 ±50% 정도까지 변화한다.
⑱ 290nm 이하의 단파장인 UV-C는 대기중의 산소와 오존분자등의 가스성분에 의해 그 대부분이 흡수되어 지표면에 거의 도달하지 않는다.

⑲ 오존층의 생성 및 분해과정에 의해 자연상태의 성층권 영역에서는 일정한 수준의 오존량이 평형을 이루고, 다른 대기권 영역에 비해 오존 농도가 높은 오존층이 생긴다.
⑳ 오존층에서는 오존의 생성과 소멸이 계속적으로 일어나면서 오존의 농도를 유지한다.

> **TIP**
> 성층권 오존감소에 따른 영향
> ① 백내장 등의 질환이 발생될 확률이 높아진다.
> ② 광합성 작용과 수분이용의 효율감소로 농작물의 잎이 파괴되어 생산량을 감소시킨다.
> ③ 해양에서 광합성 플랑크톤에 피해를 주어 먹이사슬에 악영향을 준다.

Question 06

오존층에 대한 내용으로 틀린 것은 어느 것인가?

㉮ 오존층이란 성층권에서도 오존이 더욱 밀집해 분포하고 있는 지상 50 ~ 60km 정도의 구간을 말한다.
㉯ 오존층의 두께를 표시하는 단위는 돕슨(Dobson)이며, 지구대기 중의 오존총량을 표준 상태에서 두께로 환산했을 때 1mm를 100돕슨으로 정하고 있다.
㉰ 오존총량은 적도상에서 약 200돕슨, 극지방에서 약 400돕슨 정도인 것으로 알려져 있다.
㉱ 오존은 성층권에서는 대기 중의 산소분자가 주로 240nm 이하의 자외선에 의해 광분해 되어 생성된다.

풀이 ㉮ 오존층이란 성층권에서도 오존이 더욱 밀집해 분포하고 있는 지상 20 ~ 30km 정도의 구간을 말한다.

Question 07

지구상에 분포하는 오존에 대한 내용으로 틀린 것은 어느 것인가?

㉮ 오존량은 돕슨(Dobson) 단위로 나타내는데, 1Dobson은 지구 대기 중 오존의 총량을 0℃, 1기압의 표준상태에서 두께로 환산하였을 때 0.01cm에 상당하는 양이다.
㉯ 몬트리올 의정서는 오존층 파괴물질의 규제와 관련한 국제협약이다.
㉰ 오존의 생성 및 분해반응에 의해 자연상태의 성층권 영역에는 일정 수준의 오존량이 평형을 이루게 되고, 다른 대기권역에 비해 오존의 농도가 높은 오존층이 생긴다.
㉱ 지구 전체의 평균오존전량은 약 300 Dobson 이지만, 지리적 또는 계절적으로 그 평균값의 ±50% 정도까지 변화하고 있다.

풀이 ㉮ 오존량은 돕슨(Dobson) 단위로 나타내는데, 1Dobson은 지구 대기 중 오존의 총량을 0℃, 1기압의 표준상태에서 두께로 환산하였을 때 0.001cm에 상당하는 양이다.

3. 중간권(Mesosphere) : 지상 50km에서 80km까지

① 고도가 증가하면서 온도가 낮아지며, 지구대기층 중에서 가장 기온이 낮은 구역이 분포한다.
② 지상 80km부근에서 온도가 -90℃ 이다.

4. 온도권(Thermosphere) : 지상 80km 이상

① 온도권은 열권이라고도 한다.
② 고도가 증가할수록 온도가 상승하는 층이다.

★★★ **TIP**

오존층 파괴지수(ODP)

특정물질의 종류	화학식	오존 파괴지수
★ 트리클로로플루오르메탄(CFC-11)	$CFCl_3$	1.0
★ 디클로로디플루오르메탄(CFC-12)	CF_2Cl_2	1.0
★ 트리클로로트리플루오르에탄(CFC-113)	$C_2F_3Cl_3$	0.8
★ 디클로로테트라플루오르에탄(CFC-114)	$C_2F_4Cl_2$	1.0
★ 클로로펜타플루오르에탄(CFC-115)	C_2F_5Cl	0.6
★★ 브로모트리플루오르메탄(Halon-1301)	CF_3Br	10.0
★★ 브로모클로로디플루오르메탄(Halon-1211)	CF_2BrCl	3.0
★★ 디브로모테트라플루오르에탄(Halon-2402)	$C_2F_4Br_2$	6.0
★ 클로로트리플루오르메탄(CFC-13)	CF_3Cl	1.0
★ 펜타클로로플루오르에탄(CFC-111)	C_2FCl_5	1.0
★ 테트라클로로디플루오르에탄(CFC-112)	$C_2F_2Cl_4$	1.0
헵타클로로플루오르프로판(CFC-211)	C_3FCl_7	1.0
헥사클로로디플루오르프로판(CFC-212)	$C_3F_2Cl_6$	1.0
펜타클로로트리플루오르프로판(CFC-213)	$C_3F_3Cl_5$	1.0
테트라클로로테트라플루오르프로판(CFC-214)	$C_3F_4Cl_4$	1.0
트리클로로펜타플루오르프로판(CFC-215)	$C_3F_5Cl_3$	1.0
디클로로헥사플루오르프로판(CFC-216)	$C_3F_6Cl_2$	1.0
클로로헵타플루오르프로판(CFC-217)	C_3F_7Cl	1.0
★★ 사염화탄소	CCl_4	1.1
1,1,1-트리클로로에탄(메틸클로로폼)	$C_2H_3Cl_3$	0.1
디클로로플루오르메탄(HCFC-21)	$CHFCl_2$	0.04
클로로디플루오르메탄(HCFC-22)	CHF_2Cl	0.055
클로로플루오르에탄(HCFC-31)	CH_2FCl	0.02
테트라클로로플루오르에탄(HCFC-121)	C_2HFCl_4	0.01-0.04
트리클로로디플루오르에탄(HCFC-122)	$C_2HF_2Cl_3$	0.02-0.08
디클로로트리플루오르에탄(HCFC-123)	$C_2HF_3Cl_2$	0.02-0.06
디클로로트리플루오르에탄(HCFC-123)	$CHCl_2CF_3$	0.02
디클로로트리플루오르에탄(HCFC-124)	C_2HF_4Cl	0.02-0.04
디클로로트리플루오르에탄(HCFC-124)	$CHFClCF_3$	0.022
트리클로로플루오르에탄(HCFC-131)	$C_2H_2FCl_3$	0.007-0.05
디클로로디플루오르에탄(HCFC-132)	$C_2H_2F_2Cl_2$	0.008-0.05
클로로트리플루오르에탄(HCFC-133)	$C_2H_2F_3Cl$	0.02-0.06
헥사브로모플루오르프로판	C_3HFBr_6	0.3-1.5
펜타브로모디플루오르프로판	$C_3HF_2Br_5$	0.2-1.9
테트라브로모트리플루오르프로판	$C_3HF_3Br_4$	0.3-1.8
트리브로모테트라플루오르프로판	$C_3HF_4Br_3$	0.5-2.2
디브로모펜타플루오르프로판	$C_3HF_5Br_2$	0.9-2.0
브로모헥사플루오르프로판	C_3HF_6Br	0.7-3.3
펜타브로모플루오르프로판	$C_3H_2FBr_5$	0.1-1.9
테트라브로모디플루오르프로판	$C_3H_2F_2Br_4$	0.2-2.1
트리브로모트리플루오르프로판	$C_3H_2F_3Br_3$	0.2-5.6
디브로모테트라플루오르프로판	$C_3H_2F_4Br_2$	0.3-7.5
브로모펜타플루오르프로판	$C_3H_2F_5Br$	0.9-14
테트라브로모플루오르프로판	$C_3H_3FBr_4$	0.08-1.9
트리브로모디플루오르프로판	$C_3H_3F_2Br_3$	0.1-3.1
디브로모트리플루오르프로판	$C_3H_3F_3Br_2$	0.1-2.5

특정물질의 종류	화학식	오존 파괴지수
브로모테트라플루오르프로판	$C_3H_3F_4Br$	0.3-4.4
트리브로모플루오르프로판	$C_3H_4FBr_3$	0.03-0.3
디브로모디플루오르프로판	$C_3H_4F_2Br_2$	0.1-1.0
브로모트리플루오르프로판	$C_3H_4F_3Br$	0.07-0.8
디브로모플루오르프로판	$C_3H_5FBr_2$	0.04-0.4
브로모디플루오르프로판	$C_3H_5F_2Br$	0.07-0.8
브로모플루오르프로판	C_3H_6FBr	0.02-0.7
브로모클로로메탄	CH_2BrCl	0.12
메틸브로마이드 (다만, 수출입 농산물 검역용은 제외한다)	CH_3Br	0.6
헥사브로모플루오르프로판	C_3HFBr_6	0.3-1.5
펜타브로모디플루오르프로판	$C_3HF_2Br_5$	0.2-1.9
테트라브로모트리플루오르프로판	$C_3HF_3Br_4$	0.3-1.8
트리브로모테트라플루오르프로판	$C_3HF_4Br_3$	0.5-2.2
디브로모펜타플루오르프로판	$C_3HF_5Br_2$	0.9-2.0
브로모헥사플루오르프로판	C_3HF_6Br	0.7-3.3
펜타브로모플루오르프로판	$C_3H_2FBr_5$	0.1-1.9
테트라브로모디플루오르프로판	$C_3H_2F_2Br_4$	0.2-2.1
트리브로모트리플루오르프로판	$C_3H_2F_3Br_3$	0.2-5.6
디브로모테트라플루오르프로판	$C_3H_2F_4Br_2$	0.3-7.5
브로모펜타플루오르프로판	$C_3H_2F_5Br$	0.9-14
테트라브로모플루오르프로판	$C_3H_3FBr_4$	0.08-1.9
트리브로모디플루오르프로판	$C_3H_3F_2Br_3$	0.1-3.1
디브로모트리플루오르프로판	$C_3H_3F_3Br_2$	0.1-2.5
브로모테트라플루오르프로판	$C_3H_3F_4Br$	0.3-4.4
트리브로모플루오르프로판	$C_3H_4FBr_3$	0.03-0.3
디브로모디플루오르프로판	$C_3H_4F_2Br_2$	0.1-1.0
브로모트리플루오르프로판	$C_3H_4F_3Br$	0.07-0.8
디브로모플루오르프로판	$C_3H_5FBr_2$	0.04-0.4
브로모디플루오르프로판	$C_3H_5F_2Br$	0.07-0.8
브로모플루오르프로판	C_3H_6FBr	0.02-0.7
브로모클로로메탄	CH_2BrCl	0.12
메틸브로마이드 (다만, 수출입 농산물 검역용은 제외한다)	CH_3Br	0.6

Question 08

다음 중 CFC-11의 화학식으로 옳은 것은?

㉮ CF_2Cl_2　　　　　　　　　　㉯ $CFCl_3$
㉰ CH_2FCl　　　　　　　　　　㉱ CH_3Cl

풀이　㉮ CF_2Cl_2 : CFC-12
　　　　㉯ $CFCl_3$: CFC-11
　　　　㉰ CH_2FCl : HCFC-31

Question 09

다음 특정물질 중 오존 파괴지수가 가장 큰 것은 어느 것인가?

㉮ CFC-113　　　　　　　　　　㉯ CFC-114
㉰ Halon-1211　　　　　　　　　㉱ Halon-1301

풀이　오존 파괴지수
　　　　㉮ CFC-113 : 0.8
　　　　㉯ CFC-114 : 1.0
　　　　㉰ Halon-1211 : 3.0
　　　　㉱ Halon-1301 : 10.0

CHAPTER 06 바람

01 바람

① 바람은 공기의 이동이며, 수평으로 움직이는 바람과 수직으로 움직이는 대류로 나눌 수 있다.
② 바람에 관여하는 힘은 기압경도력, 전향력, 원심력, 마찰력이다.

Question 01

바람에 관여하는 힘으로 틀린 것은 어느 것인가?
㉮ Centrifugal force(원심력) ㉯ Friction force(마찰력)
㉰ Coriolis force(전향력) ㉱ Electronic force(전자력)

정답 ㉱

1. 바람에 관여하는 힘의 종류

★★ **(1) 기압경도력(Pressure gradient force)**

★★ ① 바람발생의 근본원인이다.
② 기압경도력은 연직성분과 수평성분으로 나누어지고 기압은 고도에 따라 감소한다.
③ 특정한 지점에서 기압차에 의해 발생한다.
★★ ④ 수평기압 경도력은 등압선의 간격이 좁으면 강해지고, 반대로 간격이 넓으면 약해진다.

Question 02

바람을 일으키는 힘 중 기압경도력에 대한 내용으로 알맞은 것은 어느 것인가?

㉮ 수평 기압경도력은 등압선의 간격이 좁으면 강해지고, 반대로 간격이 넓으면 약해진다.
㉯ 지구의 자전운동에 의해서 생기는 가속도에 의한 힘을 말한다.
㉰ 극지방에서 최소가 되며, 적도지방에서 최대가 된다.
㉱ gradient wind 라고도 하며, 대기의 운동방향과 반대의 힘인 마찰력으로 인하여 발생된다.

풀이 ㉮ 기압경도력의 설명, ㉯ 전향력의 설명, ㉰ 원심력의 설명
㉱ gradient wind는 경도풍이며, 마찰력에 의해 발생하는 바람은 지상풍이다.

★★ (2) 코리올리힘(Coriolis force)

① 일명 전향력이라고도 한다.
★★★ ② 지구의 자전에 의해서 생기는 수평방향으로의 가상적인 힘을 말한다.
★★ ③ 전향력의 크기는 위도가 높아질수록 증가하므로 극지방에서 최대가 되고 적도지방에서 최소가 된다.
④ 지구자전에 의해 생기는 가속도를 전향가속도라 하고 가속도에 의한 힘을 코리올리힘이라 한다.
★★ ⑤ 코리올리힘은 북반구에서 오른쪽 직각으로 작용하며, 운동의 방향만을 변화시키고 속도에는 아무런 영향을 미치지 않는다.
⑥ 경도력과 반대방향으로 힘이 작용한다.
⑦ 전향력의 크기는 위도, 지구자전 각속도, 풍속의 함수로 나타낸다.
★★ ⑧ 전향인자(f)는 $2\Omega \sin\psi$로 나타내며, ψ는 위도, Ω 지구자전 각속도로써 7.25×10^{-5} rad · s^{-1}이다.
★ ⑨ 전향력은 전향인자에 속도를 곱한 값으로 정의한다.

Question 03

코리올리 힘에 대한 설명으로 틀린 것은 어느 것인가?

㉮ 지구의 자전운동에 의하여 생긴다.
㉯ 운동의 방향만 변화시키고 속도에는 영향을 미치지 않는다.
㉰ 지구의 극지방에서 최소가 된다.
㉱ 힘의 방향은 경도력과 반대이다.

풀이 ㉰ 지구의 극지방에서 최대가 된다.

(3) 원심력(Centrifugal force)

① 회전운동을 하는 물체에 나타나는 관성이며 그 운동방향을 변경시키려 할 때 발생하는 힘으로 지구자전을 고려하면 가상적인 힘이다.

★★ ② 곡선의 바깥쪽으로 향하는 힘으로 극지방에서 최소이고 적도지방에서 최대이다.

(4) 마찰력(Frictional force)

① 마찰력은 지면 위를 부는 바람과 지표면 사이에서 발생하는 저항력의 크기이다.
② 마찰력은 지표에서 풍속에 반비례하고 풍향변화에 비례한다.
③ 바람의 진행방향에 반대로 작용한다.
④ 마찰력의 크기는 지표의 조도(거칠기)와 풍속에 비례한다.

> **TIP**
> **마찰층(Friction layer)**
> ① 마찰층내의 바람은 높이에 따라 항상 시계방향으로 각천이(angular shift)가 생긴다.
> ② 마찰층내의 바람은 위로 올라갈수록 실제 풍향은 서서히 지균풍에 가까워진다.
> ③ 마찰층내의 바람은 위로 올라갈수록 그 변화량이 감소한다.
> ④ 마찰층 이상 고도에서 바람의 고도변화는 근본적으로 기온분포에 의존한다.

02 바람의 종류

1. 지균풍

① 대기경계층 상부, 즉 고도 1km 이상의 상공에서 등압선이 직선일 때 등압선에 평행으로 부는 바람이다.
★ ② 고공풍이므로 마찰력의 영향이 없고 원심력의 영향도 거의 없다.
③ 지균풍에 영향을 주는 기압경도력과 전향력은 크기가 같고 방향이 반대이다.
★ ④ 마찰이 작용하지 않는 자유대기층(대기경계층 상부)에서 기압경도력과 전향력만으로 등압선과 평행하게 직선운동을 하며 부는 바람이다.
★★ ⑤ 등압선이 평형인 경우 북반구에서는 관측자가 지구를 향하여 내려다보는 경우 저기압 지역이 풍향의 왼쪽에 위치한다.
★★ ⑥ 온도에 의해서 발생한다.

> **Question 04**
>
> 지균풍에 관한 설명으로 가장 거리가 먼 것은?
> ㉮ 대기경계층 상부, 즉 고도 1km 이상의 상공에서 등압선이 직선일 때 등압선과 평행하게 부는 바람이다.
> ㉯ 고공풍이므로 마찰력의 영향이 거의 없다.
> ㉰ 지균풍에 영향을 주는 기압경도력과 전향력은 크기가 같고 방향이 반대이다.
> ㉱ 등압선이 평행인 경우 북반구에서는 관측자가 지구를 향하여 내려다보는 경우 저기압지역이 풍향의 오른쪽에 위치한다.
>
> **풀이** ㉱ 등압선이 평행인 경우 북반구에서는 관측자가 지구를 향하여 내려다보는 경우 저기압지역이 풍향의 왼쪽에 위치한다.

2. 경도풍

① 마찰이 작용하지 않는 자유대기(대기경계층 상부)에서 등압선이 곡선일 때 기압경도력과 전향력, 원심력이 평형을 이루어 부는 바람이다.

② 북반구의 경도풍은 저기압에서는 시계바늘 반대방향으로 회전하면서 위쪽으로 상승하면서 분다.

③ 북반구의 경도풍은 고기압 중심부에서 아래로 침강하면서 시계방향으로 불어나간다.

Question 05

등압선이 곡선인 경우, 원심력, 기압경도력, 전향력의 세힘이 평형을 이루는 상태에서 등압선을 따라 부는 바람은 어느 것인가?

㉮ geostrophic wind(지균풍) ㉯ corioli wind(전향풍)
㉰ gradient wind(경도풍) ㉱ friction wind(마찰풍)

정답 ㉰

3. 지상풍

① 마찰층내의 바람은 높이에 따라 시계방향으로 각천이가 생겨나며, 위로 올라갈수록 실제풍향은 점점 지균풍과 가까워진다.
★ ② 지표마찰에 의해 발생한다.

03 국지풍의 종류

1. 해륙풍

① 해륙풍은 임해지역의 바다와 육지의 비열차 또는 비열용량차에 의해 발달한다.
★ ② 육지와 바다는 서로 다른 열적성질 때문에 주간에는 바다로부터 야간에는 육지로부터 바람이 부는 해륙풍이 생겨난다.
③ 해륙풍이 장기간 지속될 경우 폐쇄된 국지순환의 결과로 해안가에 산업도시가 있는 지역에서는 대기오염물질의 축적이 일어날 수 있다.

★★ ④ 낮에는 해풍, 밤에는 육풍이 발달한다.
 ★ ⑤ 해풍은 바다에서 육지로, 육풍은 육지에서 바다로 분다.
 ★ ⑥ 해풍은 육풍보다 영향을 미치는 거리가 일반적으로 길다.
   ⑦ 해륙풍이 부는 원인은 낮에는 바다보다 육지가 빨리 더워져서 육지의 공기가 상승하기 때문에 바다에서 육지로 8 ~ 15km 정도까지 바람(해풍)이 분다.
★★ ⑧ 해풍은 주로 여름에 육풍은 겨울에 잘 발생된다.
   ⑨ 해풍의 가장 전면(내륙쪽)에서는 해풍이 급격히 약해져서 수렴구역이 생기는데 이 수렴구역을 해풍전선이라 한다.
   ⑩ 해풍 그림

   ⑪ 육풍 그림

Question 06

해륙풍에 관한 내용으로 틀린 것은 어느 것인가?

㉮ 낮에는 해풍, 밤에는 육풍이 발달한다.
㉯ 해풍은 대규모 바람이 약한 맑은 여름날에 발달하기 쉽다.
㉰ 육풍은 해풍에 비해 풍속이 크고, 수직·수평적인 영향범위가 넓은 편이다.
㉱ 해풍의 가장 전면(내륙 쪽)에서는 해풍이 급격히 약해져서 수렴구역이 생기는데 이 수렴구역을 해풍전선이라 한다.

> **풀이** ㉰ 육풍은 해풍에 비해 풍속이 작고, 수직·수평적인 영향범위가 좁은 편이다.

★★ 2. 산곡풍

★ ① 곡풍은 주로 낮에 발생한다.
② 곡풍은 낮에 산의 정상부근의 온도가 쉽게 높아져 산의 골짜기에서 산정상으로 부는 바람을 말한다.
③ 곡풍은 일명 상승풍 또는 활성풍이라고도 한다.
★ ④ 산풍은 주로 밤에 발생한다.
⑤ 산풍은 밤이 되면 산정상부근의 온도가 빨리 낮아져 산정상에서 골짜기를 향해 부는 바람이다.
⑥ 산풍은 일명 중력풍이라고도 한다.
★★★ ⑦ 산풍은 경사면 → 계곡 → 주계곡으로 수렴하면서 풍속이 가속되기 때문에 낮에 산 위쪽으로 부는 곡풍보다 더 강하다.

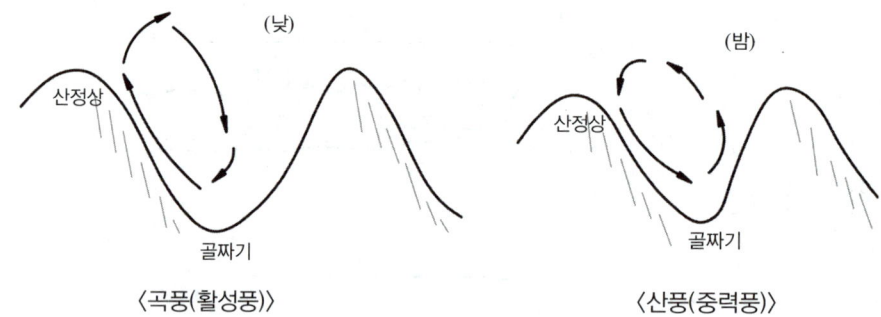

〈곡풍(활성풍)〉　　　　　〈산풍(중력풍)〉

📢 Question 07

국지풍에 대한 내용으로 틀린 것은 어느 것인가?

㉮ 낮에 바다에서 육지로 부는 해풍은 밤에 육지에서 바다로 부는 육풍보다 강한 것이 보통이다.
㉯ 곡풍은 경사면 → 계곡 → 주계곡으로 수렴하면서 풍속이 가속되기 때문에 낮에 산 위쪽으로 부는 산풍보다 더 강하게 부는 것이 보통이다.
㉰ 열섬효과로 인해 도시의 중심부가 주위보다 고온이 되어 도시 중심부에서 상승기류가 발생하고 도시 주위의 시골에서 도시로 부는 바람을 전원풍이라 한다.
㉱ 훤풍은 산맥의 정상을 기준으로 풍상쪽 경사면을 따라 공기가 상승하면서 건조단열 변화를 하기 때문에 평지에서보다 기온이 약 1℃/100m 율로 하강한다.

 ㉯ 산풍은 경사면 → 계곡 → 주계곡으로 수렴하면서 풍속이 가속되기 때문에 낮에 산 위쪽으로 부는 곡풍보다 더 강하다.

3. 휀풍

① 일명 높새바람이라고도 한다.
② 태백산맥 서쪽지방에서 발생한다.
③ 고온건조한 바람이다.
④ 휀풍은 산맥의 정상을 기준으로 풍상쪽 경사면을 따라 공기가 상승하면서 건조단열 변화를 하기 때문에 평지에서 보다 기온이 1℃/100m의 율로 하강한다.

CHAPTER 07 대기의 안정도

01 대기의 안정도

1. 건조단열감율선(rd)

공기가 단열적으로 상승하면 온도가 낮아지게 된다. 100m 당 약 1℃씩 감소되는 비율(대기가 건조한 경우)을 말한다.

2. 습윤단열감율선(rw)

① 습윤공기가 팽창할 때 나타나는 온도 변화의 비율이다.
② 국제적으로 약속된 표준체감율은 -0.66℃/100m이다.

3. 환경감율선(r)

대기층에서의 실측수직온도 변화 비율이다.

> **TIP**
> 대기안정도(Stability)에 영향을 미치는 인자
> 풍속, 일사량, 운량

Question 01

지상으로부터 500m까지의 평균 기온감률은 1.2℃/100m이다. 100m 고도의 기온이 18℃일 때 400m에서의 기온(℃)은 얼마인가?

㉮ 8.6℃ ㉯ 10.8℃ ㉰ 12.2℃ ㉱ 14.4℃

 풀이

기온(℃) = 18℃ - $\left\{\dfrac{1.2℃}{100m} \times (400m-100m)\right\}$ = 14.4℃

02 기온구배

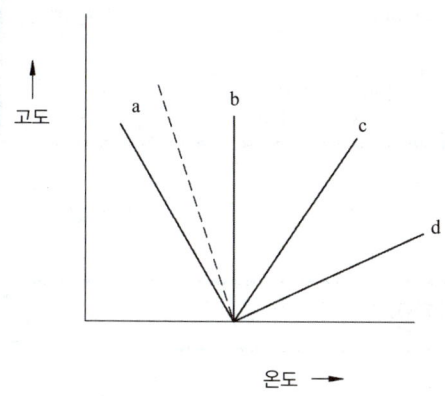

① a 그래프는 바람이 강하게 형성되는 과단열(매우 불안정) 조건으로 대기오염현상이 발생하지 않는다.
② d 그래프는 바람이 거의 없는 역전(매우 안정) 조건으로 대기오염현상이 발생한다.

(점선은 건조단열감율선, 실선은 환경감율선)

---- : 건조단열감율선(rd), —— : 환경감율선(r))

03 온위(Potential Temperature)

① 온위는 온도와 압력의 특수한 대기조합이 연관된 건조단열을 정의하는 한 방법이다.
② 온위(θ) = $T \times \left(\dfrac{1000}{P}\right)^{0.288}$ 로 나타낼 수 있으며, 여기서 P는 millibar, T는 K 단위로 표시된다.
③ 높이에 따라 온위가 감소하면 대기는 불안정하고, 온위가 증가하면 대기는 안정하다.
④ 밀도는 온위에 반비례한다.

Question 02

2,000m에서 대기압력(최초 기압)이 805 mbar, 온도가 5℃, 비열비 K가 1.4일 때 온위(potential temperature)는 얼마인가? (단, 표준압력은 1,000mbar 기준이다.)

㉮ 약 284K ㉯ 약 289K ㉰ 약 296K ㉱ 약 324K

풀이 온위(θ) = T × $\left(\dfrac{1,000}{P}\right)^{0.288}$ = (273+5℃)K × $\left(\dfrac{1,000mbar}{805mbar}\right)^{0.288}$ = 295.92K

04 파스킬(Pasguill)의 대기안정도

① 낮에는 일사량과 풍속(지상 10m)으로, 야간에는 운량, 운고와 풍속 등으로부터 안정도를 구분한다.

★★ ② 안정도는 A~F까지 6단계로 구분하며, A는 가장 불안정한 상태, F는 가장 안정한 상태를 뜻한다.

★★ ③ 낮에는 풍속이 약할수록(2m/sec 이하), 일사량은 강할수록 대기안정도 등급은 가장 불안정한 상태를 나타낸다.

④ 지표가 거칠고 열섬효과가 있는 도시나 지면의 성질이 균일하지 않은 곳에서는 오차가 크게 나타날 수 있다.

05 난류 : 저공층에서 부는 불규칙한 바람

① 특징
  ㉠ 난류의 진동수는 2cycle/hr 이다.
  ㉡ 중요한 범위는 1 ~ 0.01 cycle/sec 이다.
  ㉢ 풍향과 풍속에 관계있다.
② 종류
  ㉠ 열적 난류
  ㉡ 기계적 난류

06 리챠든슨 수(Ri : Richardson Number)

★★★ 1. 리챠든슨 수(Ri)의 특징

① 무차원수이다.
★★ ② 근본적으로 대류난류를 기계적인 난류로 전환시키는 율을 측정한 것이다.
③ 지구경계층에서의 기류 안정도를 나타내는 척도로 이용된다.
④ 대기의 동적인 안정도를 나타내는 것이다.
★★★ ⑤ Ri = 0 일 때는 기계적 난류만 존재한다.
★★ ⑥ Ri가 큰 음의 값을 가지면 대류가 지배적이어서 바람이 약하게 되어 강한 수직운동이 일어난다.
★ ⑦ 기계적인 난류와 대류난류 중에서 어느 것이 지배적인가를 Ri를 근거로 추정할 수 있다.
⑧ 0.25보다 크게 되면 수직혼합은 없어지고 수평상의 소용돌이만 남게 된다.
★★ ⑨ 리챠든슨 수(Ri)를 구하기 위해서는 두층(보통 지표에서 수 m와 10m 내외의 고도)에서 (기온)과 (풍속)을 동시에 측정하여야 하며 특히 정확한 (풍속)측정이 중요하다. 그리고 이 값은 (풍속차의 제곱)에 반비례한다.
⑩ -0.03 < Ri < 0 이면 기계적 난류와 대류가 존재하나 기계적 난류가 혼합을 주로 일으킨다.
⑪ 0 < Ri < 0.25이면 성층에 의해 약화된 기계적 난류가 존재한다.
⑫ Ri < -0.04이면 대류에 의한 혼합이 기계적 혼합을 지배한다.
⑬ 풍속의 수직분포가 대수적 분포를 보이는 때의 Ri의 범위는 -0.01 < Ri < +0.01 정도이다.

Question 03

리챠든 수(Richardson)에 관한 설명으로 옳지 않은 것은?

㉮ 0인 경우는 기계적 난류만 존재한다.
㉯ 무차원수로서 근본적으로 대류난류를 기계적인 난류로 전환시키는 율을 측정한 것이다.
㉰ 큰 음의 값을 가지면 대류가 지배적이어서 바람이 약하게 된다.
㉱ 0.25 보다 크게 되면 수직혼합만 남는다.

풀이 ㉱ 0.25 보다 크게 되면 수직혼합은 없어지고 수평상의 소용돌이만 남게 된다.

★ 2. 리챠든슨 수(Ri)의 계산식

$$Ri = \frac{g}{T}\left\{\frac{\triangle t/\triangle z}{(\triangle u/\triangle z)^2}\right\}$$

- g : 중력가속도(9.8m/sec²)
- T : 평균온도의 절대치(273+t_m℃)
- t_m : 평균온도(℃)
- △t : 온도차(℃)
- △z : 고도차(m)
- △u : 풍속차(m/sec)

07 Wind shear(바람쏠림)

① 바람쏠림이 가장 현저한 고도는 0 ~ 40m이다.
② 복잡하지 않는 지형의 상공에서 풍향이 고도에 따라 변하는 것을 말한다.
③ 지표와 경도풍이 부는 높이까지의 대기층에서 약 15 ~ 30°가량 시계바늘 진행방향으로 쏠리는 것이 보통이다.
④ 풍속이 6m/sec 이하일때는 풍향의 변화가 커진다.

> **TIP**
> **에크만 나선**
> 지형의 거칠기에 따른 고도별 풍속변화를 쉽게 파악할 수 있도록 부챗살 모양으로 나타낸다.

08. 바람장미(Wind rose) = 풍배도 = 풍화도

★★ 1. 바람장미

① 바람장미에 기록되는 사항 : 풍향, 풍속, 무풍률, 지속도
★★ ② 주풍향은 남서풍이다.
③ 바람장미는 바람의 풍향별 발생빈도와 풍속을 나타낸다.

2. 바람장미의 특징

① 바람장미는 풍향별로 관측된 바람의 발생빈도는 풍속을 16방향인 막대기형으로 표시한 기상도형이다.
★★ ② 가장 빈번히 관측된 방향을 주풍(Prevailing Wind)이라 하고, 막대의 길이를 가장 길게 표시한다.
★★ ③ 풍속은 막대기의 굵기로 표시한다.
④ 관측된 풍향별 발생빈도를 %로 표시한 것을 방향량(Vector)이라 하며 바람장미의 중앙에 숫자로 표시하는 것은 무풍률이다.
★ ⑤ 풍속이 0.2m/sec 이하일 때 정온(calm) 상태로 본다.
⑥ 바람장미를 이용하여 특정지역오염물질의 대체적인 확산 패턴을 예측할 수 있다.

Question 04

대기오염물질의 분산을 예측하기 위한 바람장미(wind rose)에 대한 내용으로 틀린 것은 어느 것인가?

㉮ 풍속이 1m/sec 이하일 때를 정온(calm) 상태로 본다.
㉯ 바람장미는 풍향별로 관측된 바람의 발생빈도와 풍속을 16방향으로 표시한 기상도형이다.
㉰ 관측된 풍향별 발생빈도를 %로 표시한 것을 방향량(vector)이라 한다.
㉱ 가장 빈번히 관측된 풍향을 주풍(prevailing wind)이라 하고, 막대의 길이를 가장 길게 표시한다.

풀이 ㉮ 풍속이 0.2m/sec 이하일 때를 정온(calm) 상태로 본다.

09 고도에 따른 풍속변화

1. 스튼(Sutton)의 식

$$U_2 = U_1 \times \left(\frac{H_2}{H_1}\right)^n$$

U_2 : H_2 고도에서의 풍속(m/sec)
U_1 : H_1 고도에서의 풍속(m/sec)
H_1, H_2 : 고도(m)
n : 대기안정도 상수
  - 매우 안정 0.5
  - 불안정, 중립 0.25
  - 매우 불안정 0.2

2. 데칸(Deacon)의 식

$$U_2 = U_1 \times \left(\frac{H_2}{H_1}\right)^P$$

U_2 : H_2 고도에서의 풍속(m/sec)
U_1 : H_1 고도에서의 풍속(m/sec)
H_1, H_2 : 고도(m)
P : 매개변수

Question 05

지상 10m에서의 풍속이 2m/sec라면 100m에서의 풍속은? (단, Deacon식 활용, 풍속지수 p = 0.5로 가정한다.)

㉮ 3.4m/sec ㉯ 4.9m/sec
㉰ 5.5m/sec ㉱ 6.3m/sec

풀이

$U_2 = U_1 \times \left(\dfrac{H_2}{H_1}\right)^P = 2\text{m/sec} \times \left(\dfrac{100\text{m}}{10\text{m}}\right)^{0.5} = 6.32\text{m/sec}$

10 혼합고

★★ 1. 라디오존데(radiosonde)
고도에서의 온도, 기압, 습도를 측정하는 장비

★★ 2. 최대혼합고(Maximum Mixing Depth)의 특징

① 열부상 효과에 의한 대류에 의해 혼합층의 깊이가 결정되는데 이를 최대 혼합고라 한다.
② 실제로 지표상 수 km까지의 실제공기의 온도 종단도를 작성함으로써 결정된다.
★★★ ③ 역전이 심할수록 최대혼합고는 작은값을 가지며 대기오염의 심화를 나타낸다.
★★ ④ 야간에 역전이 심할 경우에는 그 값이 거의 0이 될 수도 있다.
★★ ⑤ 최대혼합깊이는 하루 중 밤에 가장 적고 한낮에 최대이며 계절적으로 여름에 최대, 겨울에 최소가 된다.
★★ ⑥ MMD값은 통상적으로 (밤)에 가장 낮으며, (낮)시간 동안 증가한다. (낮)시간 동안에는 통상(2,000 ~ 3,000m) 값을 나타내기도 한다.
★ ⑦ 환기량은 혼합층의 높이에 풍속을 곱한 값으로 정의한다.
★ ⑧ 일반적으로 대단히 안정된 대기에서의 MMD는 불안정한 대기에서보다 MMD가 작다.
★★ ⑨ 일반적으로 MMD가 높은 날은 대기오염이 약하고, MMD가 낮은 날에는 대기오염이 심함을 나타낸다.
⑩ 최대혼합깊이의 자료는 통상 1개월 간의 평균치로서 가용한다.
★★ ⑪ 실제오염농도(ppm) = 예상오염농도(ppm) × $\left\{\dfrac{\text{예상최대혼합고(m)}}{\text{실제최대혼합고(m)}}\right\}^3$

―― : 환경감율선(r)
--- : 건조단열감율선(rd)

Te : 하루 중 지상 최저 온도
Te' : 하루 중 지상 최대 온도

 Question 06

최대혼합깊이(MMD)에 대한 내용으로 틀린 것은 어느 것인가?

㉮ 야간에 역전이 심할 경우에는 점차 증가하여 그 값이 5,000m 이상이 될 수도 있다.
㉯ 통상적으로 계절적으로는 이른 여름에 아주 크다.
㉰ 열부상효과에 의하여 대류에 의한 혼합층의 깊이가 결정되는데 이를 MMD라 한다.
㉱ 실제로 MMD는 지표위 수 km까지의 실제 공기의 온도종단도를 작성함으로써 결정된다.

▶ 풀이   ㉮ 야간에 역전이 심할 경우에는 그 값이 거의 0이 될 수도 있다.

 Question 07

최대 혼합고도를 400m로 예상하여 오염농도를 4ppm으로 추정하였는데 실제 관측된 최대 혼합고도는 250m였다. 실제 나타날 오염농도(ppm)는 약 얼마인가?

㉮ 9ppm   ㉯ 16ppm   ㉰ 32ppm   ㉱ 64ppm

▶ 풀이   실제오염농도(ppm) = 예상오염농도(ppm) × $\left(\dfrac{\text{예상최대혼합고}}{\text{실제최대혼합고}}\right)^3$ = $4\text{ppm} \times \left(\dfrac{400\text{m}}{250\text{m}}\right)^3$ = 16.38ppm

11 기온역전

대류권 내에서는 일반적으로 고도가 높아짐에 따라 기온이 감소하나 반대로 증가하기도 한다. 이를 역전(Inversion)이라 하며 대기오염물의 혼합과 밀접한 관계를 갖는다.

1. 역전의 종류

★★ (1) 접지역전(지표역전)의 종류

① 복사성(방사성) 역전
② 이류성 역전

★★ (2) 공중역전의 종류

① 침강성 역전
② 전선성 역전
③ 해풍역전
④ 난류성 역전

> **Question 08**
>
> 기온역전(Temperature Inversion)의 종류에 해당하지 않는 것은?
>
> ㉮ 이류역전 ㉯ 난류역전 ㉰ 해풍역전 ㉱ 단층역전
>
> **풀이** ㉱ 단층역전은 기온역전의 종류에 해당하지 않는다.

2. 접지역전

따뜻한 공기가 찬 지표면이나 수면위를 불어갈 때 따뜻한 공기의 하층이 찬 지표면 수면에 의해 냉각되어 발생한다.

★★★ (1) 복사성(방사성) 역전

하늘이 맑고 바람이 적을 때 지표면 근처의 공기가 낮은 온도로 냉각되면서 발생하는 역전이다.

★★ ① 겨울철 맑은날 아침에 자주 발생한다.
★★★ ② 단기간의 오염물질의 축적으로 대기오염문제를 야기시킨다.
★★★ ③ 발생하는 시간대는 주로 밤에서 이른 새벽까지이다.
④ 대기오염물질 배출원이 위치하는 대기층에서 주로 생성된다.
⑤ 구름이 낀 날이나, 센 바람이 부는 날에는 잘 생기지 않는다.
⑥ 지표 가까이에 형성되므로 지표역전이라고도 한다.

⑦ 보통 가을로부터 봄에 걸쳐 날씨가 좋고, 바람이 약하며 습도가 적을 때 자정 이후 아침까지 잘 발하고 낮이 되면 일사로 인해 지면이 가열되면 곧 소멸된다.

〈복사성 역전의 안정도〉

(2) 이류성 역전

따뜻한 공기가 찬 지면위를 지나갈 때 대기하부가 접촉냉각에 의해 역전층이 발생하는데 이를 이류성 역전이라 한다.

3. 공중역전

★★ (1) 침강성 역전

★★ ① 고기압 중심부분에서 기층이 서서히 침강하면서 기온이 단열변화로 승온되어서 발생한다.
 ★ ② 대도시에서 발생한 대기오염사건은 주로 침강역전과 관련이 있다.
★★ ③ 단시간의 오염 문제라기 보다는 장기간의 오염축적에 의하여 문제를 야기한다.
  ④ 로스엔젤레스 스모그 발생과 밀접한 관계가 있는 역전 형태이다.
  ⑤ 고기압이 정체하고 있는 넓은 범위에 걸쳐서 시간에 무관하게 장기적으로 지속된다.

〈침강성 역전의 안정도〉

(2) 전선성 역전
찬 공기 위를 이동하는 따뜻한 공기의 전이층에서 발생되는 역전이다.

(3) 해풍역전
육지 위에 있는 따뜻한 기층 바로 아래로 한냉한 해풍이 불어와 역전이 형성되는 것을 의미한다.

(4) 난류성 역전
난류(강한 바람)가 형성되면 혼합층이 만들어지며 그때의 기온분포는 건조단열감율에 가까워지며 상단부분에 발생되는 역전을 의미한다.

Question 09
복사역전(radiation inversion)이 가장 발생되기 쉬운 기상조건은?
㉮ 하늘이 맑고, 바람이 강하며, 습도가 높을 때
㉯ 하늘이 흐리고, 바람이 강하며, 습도가 높을 때
㉰ 하늘이 흐리고, 바람이 약하며, 습도가 낮을 때
㉱ 하늘이 맑고, 바람이 약하며, 습도가 낮을 때

 ㉱ 복사역전은 하늘이 맑고, 바람이 약하며, 습도가 낮은 겨울철 아침에 주로 발생한다.

Question 10
다음 중 침강역전과 상대 비교한 복사역전에 관한 설명으로 가장 거리가 먼 것은?
㉮ 복사역전은 장기간 지속되어 단기적인 문제보다는 주로 대기오염물의 장기 축적에 기여한다.
㉯ 복사역전은 지표 가까이에 형성되므로 지표역전이라고도 한다.
㉰ 복사역전은 대기오염물질 배출원이 위치하는 대기층에서 발생된다.
㉱ 복사역전은 일출직전에 하늘이 맑고 바람이 없는 경우에 강하게 생성된다.

 ㉮ 복사역전은 단기간 오염물질의 축적으로 대기오염 문제를 야기시킨다.

12 대기의 안정도에 따른 연기의 모양

★★★ 1. Looping형

★★★ ① 안정도는 과단열(매우 불안정)조건이며 일명 환상형, 파상형, 루핑형이라 한다.
② 지표농도가 최대인 연기의 모양이다.
★★ ③ 전체 대기층이 불안정할 경우에 나타나며, 연기의 모양이 상하로 요동이 심하며, 순간적으로 지상에 고농도가 될 수 있다.
★★ ④ 난류가 심할 때 발생하고, 강한 난류에 의해 연기는 재빨리 분산되나 연기가 지면에 도달할 경우 굴뚝 가까운 곳의 지표농도는 높게 될 수도 있다.
★ ⑤ 실제기온감률이 단열감률보다 클 때 볼 수 있다.
★ ⑥ 상하로 수직운동을 하기 때문에 대기오염물질이 빨리 희석되어 지표면까지 이동하는 굴뚝연기형태로 굴뚝이 낮으면 풍하쪽 지상에 강한 오염이 발생될 수도 있다.
⑦ 날씨가 맑아서 태양복사열이 강한 따뜻한 계절에 발생한다.
⑧ 저기압, 고기압에 상관없이 발생한다.
⑨ 대기가 불안정하여 난류가 심할 때 발생하며 굴뚝 부근의 지표면에서 국지적이고 일시적인 고농도현상이 발생하기도 하는 연기형태이다.

> **Question 11**
>
> 굴뚝에서 배출되는 연기의 형태 중 looping형에 대한 내용으로 알맞은 것은 어느 것인가?
> ㉮ 전체 대기층이 강한 안정시에 나타나며, 연직확산이 적어 지표면에 순간적 고농도를 나타낸다.
> ㉯ 전체 대기층이 중립일 경우에 나타나며, 연기모양의 요동이 적은편이다.
> ㉰ 과단열감률 상태의 대기일 때 나타나므로 맑은 날 오후에 발생하기 쉽다.
> ㉱ 상층이 불안정, 하층이 안정일 경우에 나타나며, 바람이 다소 강하거나 구름이 낀 날 일어난다.
>
> **풀이** ㉮ 전체 대기층이 강한 안정시 : 부채형
> ㉯ 전체 대기층이 중립시 : 원추형
> ㉰ looping형(파상형) 설명
> ㉱ 상층이 불안정, 하층이 안정시 : 상승형(지붕형)

★★★ 2. Fanning형(부채형)

★★★ ① 전체 대기층이 강한 안정시에 나타나며, 지상에는 오염물질의 영향이 매우 크다.
② 연기가 바람의 하류 방향 먼곳까지 그대로 이동하게 된다.
③ 굴뚝의 높이가 낮으면 지표부근에 심각한 오염문제를 발생시킨다.
★ ④ 대기가 매우 안정상태에서 발생하며 상하의 확산폭이 적어 지표에 미치는 오염도는 적다.
⑤ 대기가 매우 안정된 상태일때에 아침과 새벽에 잘 발생한다.
★★ ⑥ 풍향이 자주 바뀔때면 뱀이 기어가는 연기모양이 된다.
★★ ⑦ 기온역전상태의 대기오염이 심할 때 나타날 수 있는 연기모양이다.
⑧ 일반적으로 최대착지거리가 크고 최대착지농도는 낮다.
★ ⑨ 대기전체가 크게 오염현상을 일으킬 때 발생하는 연기형태이다.
⑩ 상하의 확산폭이 적어 지표에 미치는 오염도는 적으나 굴뚝의 위치가 낮을 경우 오염도는 상대적으로 커진다.
★★ ⑪ 고기압 구역에서 하늘이 맑고 바람이 약하면 지표로부터 열방출량이 커서 한밤으로부터 아침까지 복사역전층이 생길 때 발생하는 연기모양이다.
⑫ 부채형상태에서는 연기의 수직방향 분산은 최소가 되고 풍향에 수직되는 수평방향의 분산도 매우 적다.

> **Question 12**
>
> 굴뚝에서 배출되는 연기의 모양이 Fanning 형인 경우, 대기에 관한 설명으로 옳지 않은 것은?
>
> ㉮ 연기의 수직방향 분산은 최소가 된다.
> ㉯ 기온역전상태의 대기오염이 심할 때 나타날 수 있는 연기모형이다.
> ㉰ 대기가 매우 안정한 침강역전상태일 때 주로 발생한다.
> ㉱ 일반적으로 최대 착지거리가 크고, 최대 착지농도는 낮다.
>
> **풀이** ㉰ 전체 대기층이 강한 안정시 나타나며, 복사역전상태일 때 주로 발생한다.

★★ 3. Coning형(원추형)

★★ ① 전체 대기층이 중립일 경우에 나타나며, 연기모양의 요동이 적은 형태이다.
② 바람이 다소 강하거나 구름이 많이 낀 경우에 발생한다.
★★ ③ 연기의 퍼지는 모양에서 가우시안 확산모델(Gaussian diffusion model)을 적용할 수 있는 가장 이상적인 연기형태이다. (오염의 단면분포가 전형적인 가우시안 분포를 이루고 있다.)
④ 날씨가 흐리고 바람이 비교적 약하면 약한 난류가 발생하여 생긴다.

★★ 4. Lofting형

① 일명 지붕형 또는 상승형이라 한다.
★★ ② 안정도는 고공(상층)이 과단열(매우 불안정)이고 지표(하층)가 역전(매우 안정)인 경우에 나타나며 연기가 서서히 확산된다.
③ 굴뚝의 높이보다 더 낮게 지표 가까이에 역전층이 이루어져 있고 그 상공에는 대기가 비교적 불안정상태일 때 발생한다.
★★ ④ 주로 고기압 지역에서 하늘이 맑고 바람이 약한 경우에 초저녁으로부터 아침에 걸쳐 발생하기 쉽다.
⑤ 지상으로부터의 기온구배는 역전 - 과단열이다.

📢 **Question 13**

굴뚝의 높이보다 낮게 지표 가까이에 역전층이 이루어져 있고, 그 상공에는 비교적 불안정 상태일 때 발생하며, 주로 고기압지역에서 맑고 바람이 약한 경우 초저녁부터 아침에 걸쳐 잘 발생되기 쉬운 연기형태는?

㉮ looping형
㉯ fumigation형
㉰ fanning형
㉱ lofting형

풀이 대기안정도에 따른 연기형태
㉮ Looping형(파상형) : 과단열조건
㉯ Fumigation형(훈증형) : 지표 - 과단열, 고공 - 역전조건
㉰ Fanning형(부채형) : 역전조건
㉱ Lofting형(상승형) : 지표 - 역전, 고공 - 과단열 조건

★★★ 5. Fumigation형(훈증형)

★★ ① 안정도는 고공(상층)이 역전(매우 안정)이고 지표(하층)는 과단열(매우 불안정)이다.
② 연기모양으로 볼 때 대기오염 최대이다.
★★ ③ 야간에 형성된 접지역전층은 일출 후 지표면이 가열되면 지표면에서부터 역전이 해소되어 하층은 대류가 활발하여 불안정해지나 그 상층은 아직 안정상태로 남아있는 경우에 나타나는 굴뚝 연기형태이다.
★ ④ 지상으로부터의 기온구배는 과단열 - 역전이다.
⑤ 30분 이상 지속되지 않는다.

📢 **Question 14**

굴뚝상층에서 역전이 발생하여 굴뚝에서 배출되는 연기가 아래쪽으로만 확산되는 형태로서 보통 30분 이상 지속되지 않는 것은?

㉮ looping
㉯ fanning
㉰ fumigation
㉱ lofting

풀이 연기의 안정도
㉮ looping : 과단열(매우 불안정)조건
㉯ fanning : 역전(매우 안정)조건
㉰ fumigation : 지표 - 과단열(매우 불안정), 고공 - 역전(매우 안정)조건
㉱ lofting : 지표 - 역전(매우 안정), 고공 - 과단열(매우 불안정)조건

6. Trapping형(구속형)

★★ ① 안정도는 고공(상층)은 침강성 역전, 지표(하층)는 복사성 역전이다.
② 고기압지역에서 자주 발생된다.

> **Question 15**
>
> 굴뚝 높이 상하층에서 각각 침강역전과 복사역전이 동시에 발생되는 경우의 연기형태는 어느 것인가?
> ㉮ looping ㉯ coning
> ㉰ fumigation ㉱ trapping
>
> 정답 ㉱

★★ **TIP**
맑은 여름날 해가 뜬 후부터 오후 최고기온이 나타나는 시간까지의 연기의 분산형태
부채형 → 훈증형 → 원추형 → 환상형

TIP
연기의 확산형태 중 역전현상이 존재하는 형태
부채형(Fanning형), 지붕형(Lofting형), 훈증형(Fumigation형), 구속형(Trapping형)

CHAPTER 08 대기의 확산

01 유효굴뚝높이

He = H + △H

- He : 유효굴뚝높이(m)
- △H : 연기의 상승고(m)
- H : 굴뚝의 실제높이(m)

★★ 1. 배출되는 오염물질의 확산조건

① 굴뚝 가스배출 속도를 증가시킨다.
② 배출가스의 온도를 가급적 높인다.
★★★ ③ 배출구 직경을 작게한다.
④ 굴뚝의 높이를 증가시킨다.
⑤ 배출가스량을 증가시킨다.

Question 01

다음 중 유효굴뚝높이(effective stack height)를 상승시키는 방법으로 가장 적합한 것은?

㉮ 배출가스의 토출속도를 줄인다.
㉯ 배출가스의 온도를 높인다.
㉰ 굴뚝 배출구의 직경을 확대한다.
㉱ 배출가스의 양을 감소시킨다.

풀이 ㉮ 배출가스의 토출속도를 높인다.
㉰ 굴뚝 배출구의 직경을 줄인다.
㉱ 배출가스의 양을 증가시킨다.

2. SO_2의 착지농도를 감소시키는 방법

① 굴뚝높이를 높게 한다.
② 굴뚝 배기가스 배출속도를 높인다.
★★ ③ 배기가스 온도를 가능한 높인다.
④ 저유황유를 사용한다.

Question 02

SO_2의 착지농도를 감소시키기 위한 방법으로 틀린 것은 어느 것인가?

㉮ 배출가스 온도를 가능한 한 낮춘다.
㉯ 굴뚝 배출가스의 배출속도를 높인다.
㉰ 저유황유를 사용한다.
㉱ 굴뚝 높이를 높게 한다.

풀이 ㉮ 배출가스 온도를 가능한 한 높인다.

★★★ 3. △H(연기의 상승고) 계산식

★★★ ① $\triangle H = 1.5 \times \left(\dfrac{V_s}{u}\right) \times D$

$\triangle H$: 연기의 상승고(m) V_s : 배출가스 속도(m/sec)
u : 풍속(m/sec) D : 직경(m)

$$He = H + \triangle H$$

He : 유효굴뚝높이(m)   △H : 연기의 상승고(m)   H : 굴뚝의 실제높이(m)

Question 03

실제굴뚝높이가 50m, 굴뚝내경 5m, 배출가스의 분출속도가 12m/sec, 굴뚝 주위의 풍속이 4m/sec라고 할 때, 유효굴뚝의 높이(m)는? (단, △H = (1.5×D×(Vs/U)이다)

① $\triangle H = 1.5 \times D \times \left(\dfrac{V_s}{U}\right)$

   $= 1.5 \times 5m \times \left(\dfrac{12 \text{m/sec}}{4 \text{m/sec}}\right) = 22.5m$

② 유효굴뚝높이(H_e) = 실제굴뚝높이(H)+연기의 상승고(△H) = 50m+22.5m = 72.5m

★ ② Moses와 Carson의 연기의 상승고

$$\triangle H = -0.029 \times \left(\dfrac{V_s \times d}{u}\right) + 2.26 \times \dfrac{Q_h^{1/2}}{u}$$

△H : 연기의 상승고(m)   Vs : 배출가스속도(m/sec)   d : 내경(m)
Qh : 열 방출열(KJ/sec)   u : 풍속(m/sec)

Question 04

내경 3,000mm인 굴뚝으로부터 5,000kJ/s의 열을 가진 연기가 25m/s의 속도로 방출되고 있다. 주위의 풍속이 300m/min일 때 연기의 상승고(m)는? (단, 연기의 상승고는 Carson과 Moses의 식 △H = −0.029V_sd/U+2.62$Q_h^{1/2}$/U을 이용할 것.)

$\triangle H = -0.029 \times \left(\dfrac{V_s \times d}{U}\right) + 2.62 \times \dfrac{(Q_h)^{\frac{1}{2}}}{U}$

$= -0.029 \times \left(\dfrac{25 \text{m/sec} \times 3m}{300 \text{m/min} \times 1\text{min}/60\text{sec}}\right) + 2.62 \times \dfrac{(5,000 \text{kJ/sec})^{\frac{1}{2}}}{300 \text{m/min} \times 1\text{min}/60\text{sec}} = 36.62m$

TIP

내경(d) = 3,000mm = 3m

★ ③ 홀랜드식에서 연기의 상승고

$$\triangle H = \left(\frac{V_s \times d}{U}\right) \times \left[1.5 + \left(2.68 \times 10^{-3} \times P \times d \times \left(\frac{T_s - T_a}{T_s}\right)\right)\right]$$

- $\triangle H$: 연기의 상승고(m) V_s : 배출가스속도(m/sec)   u : 풍속(m/sec)
- d : 안지름(m)   P : 대기압(millibar) T_s : 가스의 절대온도(273+tg℃)
- T_a : 대기(외기)의 절대온도(273+ta℃)

Question 05

유효 굴뚝높이를 구하는데 사용되는 방정식으로 홀랜드식(Holland's equation)이 있다. 풍속이 5m/sec 이고 높이 50m, 구경 2m, 배출가스 속도 15m/sec, 배출가스 온도 127℃인 굴뚝이 있다. 대기중의 공기는 27℃ 일 때 유효굴뚝높이(m)는? (단, 1기압을 기준으로 하며 대기의 안정도는 중립조건 홀랜드식은 $\triangle H = \left(\frac{V_s \times d}{U}\right) \times \left[1.5 + \left(2.68 \times 10^{-3} \times P \times d \times \left(\frac{T_s - T_a}{T_s}\right)\right)\right]$로 표시함)

풀이

① $\triangle H = \left(\frac{V_s \times d}{U}\right) \times \left[1.5 + \left(2.68 \times 10^{-3} \times P \times d \times \left(\frac{T_s - T_a}{T_s}\right)\right)\right]$

$= \left(\frac{15 \text{m/sec} \times 2\text{m}}{5 \text{m/sec}}\right) \times \left[1.5 + \left(2.68 \times 10^{-3} \times 1013.2 \text{mba} \times 2\text{m} \times \left(\frac{(273+127)-(273+27)}{(273+127)}\right)\right)\right] = 17.15\text{m}$

② $H_e = H + \triangle H$

- H_e : 유효굴뚝높이(m)   H : 실제굴뚝높이(m) $\triangle H$: 연기의 상승고(m)

따라서 $H_e = 50\text{m} + 17.15\text{m} = 67.15\text{m}$

★★ ④ $\triangle H = \dfrac{114 C F^{1/3}}{u}$, $F = g \times \left(\dfrac{D}{2}\right)^2 \times V_s \times \left(\dfrac{T_s - T_a}{T_a}\right)$

- $\triangle H$: 연기의 상승고(m) V_s : 배출가스속도(m/sec)   C : 상수
- F : 부력(m^4/sec^3) T_s : 가스의 절대온도(273+tg℃) T_a : 대기(외기)의 절대온도(273+ta℃)
- g : 중력가속도($9.8m/sec^2$)   u : 풍속(m/sec)   D : 관경(m)

Question 06

굴뚝 직경 3m, 배출속도 10m/sec, 배출온도 500K, 대기온도 27℃, 풍속 4.2m/sec일 때, 유효상승고(Δh)는?(m)

(단, $\Delta h = \dfrac{114CF^{\frac{1}{3}}}{U}$, C = 1.58, $F = g\left(\dfrac{D}{2}\right)^2 Vs \dfrac{T_s - T_a}{T_a}$ 를 이용하여 계산할 것)

풀이

$\Delta h = \dfrac{114CF^{\frac{1}{3}}}{U}$, $F = g \times \left(\dfrac{D}{2}\right)^2 \times Vs \times \left(\dfrac{T_s - T_a}{T_a}\right)$

따라서 $F = 9.8 \text{m/sec}^2 \times \left(\dfrac{3m}{2}\right)^2 \times 10\text{m/sec} \times \dfrac{500-(273+27)}{(273+27)} = 147 \text{m}^4/\text{sec}^3$

$\Delta h = \dfrac{114 \cdot C \cdot F^{\frac{1}{3}}}{u} = \dfrac{114 \times 1.58 \times (147\text{m}^4/\text{sec}^3)^{\frac{1}{3}}}{4.2\text{m/sec}} = 226.34\text{m}$

★★ ⑤ TVA모델

$$\Delta H = \dfrac{173 \times F^{1/3}}{U \times \exp\left(0.64 \times \dfrac{\Delta\theta}{\Delta z}\right)}, \quad F = \dfrac{g \times Vs \times D^2 \times (T_s - T_a)}{4 \times T_a}$$

ΔH : 연기의 상승고(m) F : 부력(m⁴/sec³) u : 풍속(m/sec), 중립상태에서 $\dfrac{\Delta\theta}{\Delta z} = 0$
g : 중력가속도(9.8m/sec²) Vs : 배출가스속도(m/sec) D : 직경(m)
T_s : 가스의 절대온도(273+tg℃) T_a : 대기(외기)의 절대온도(273+ta℃)

Question 07

직경 4m인 굴뚝에서 연기가 10m/s의 속도로 풍속 5m/s인 대기로 방출된다. 대기는 27℃, 중립상태($\dfrac{\Delta\theta}{\Delta Z}$ = 0)이고, 연기의 온도가 167℃ 일 때 TVA모델에 의한 연기의 상승고(m)는?

(단, TVA모델 : $\Delta H = \dfrac{173 \cdot F^{1/3}}{U \cdot \exp(0.64\Delta\theta/\Delta Z)}$, 부력계수 $F = [g \cdot Vs \cdot d^2(T_s - T_a)]/4T_a$를 이용할 것)

풀이

① $F = \dfrac{g \times V_s \times d^2 \times (T_s - T_a)}{4 \times T_a} = \dfrac{9.8\text{m/sec}^2 \times 10 \text{ m/sec} \times (4\text{m})^2 \times \{(273+167)-(273+27)\}}{4 \times (273+27)} = 182.93 \text{m}^4/\text{sec}^3$

② $\Delta H = \dfrac{173 \times F^{\frac{1}{3}}}{U \times \exp\left(0.64 \times \dfrac{\Delta\theta}{\Delta z}\right)} = \dfrac{173 \times (182.93\text{m}^4/\text{sec}^3)^{\frac{1}{3}}}{5\text{m/sec}} = 196.41\text{m}$

TIP

$\dfrac{\Delta\theta}{\Delta z} = 0$ 이므로 $\Delta H = \dfrac{173 \times F^{\frac{1}{3}}}{U}$ 로 계산한다.

02 통풍력

★★ 1. 통풍력 계산식

★★ ① $Z = 355 \times H \times \left(\dfrac{1}{273+ta} - \dfrac{1}{273+tg}\right)$

② $Z = 273 \times H \times \left(\dfrac{ra}{273+ta} - \dfrac{rg}{273+tg}\right)$

> Z : 통풍력(mmH$_2$O)　　H : 굴뚝(연돌)의 높이(m)　　ta : 대기(외기)의 온도(℃)
> tg : 배출가스 온도(℃)　　ra : 대기(외기)의 밀도(kg/m^3)　　rg : 배출가스의 밀도(kg/m^3)

Question 08

높이 60m인 굴뚝에서 가스의 평균온도가 250℃, 대기의 온도는 25℃일 때 이 굴뚝의 통풍력은?(mmH$_2$O) (단, 표준상태의 가스와 공기의 비중량은 1.3kg/Nm^3 이라 보고 굴뚝 안에서의 마찰손실은 무시함)

풀이　$Z = 355 \times H \times \left(\dfrac{1}{273+t_a℃} - \dfrac{1}{273+t_g℃}\right) = 355 \times 60m \times \left(\dfrac{1}{273+25} - \dfrac{1}{273+250}\right) = 30.75 \text{mmH}_2\text{O}$

Question 09

굴뚝높이가 60m, 배기가스의 평균온도가 137℃일 때, 자연통풍력을 1.5배 증가시키기 위해서는 배기가스의 온도(℃)는 얼마가 되어야 하는가? (단, 대기온도 27℃, 표준상태의 공기밀도는 1.3kg/m^3)

풀이　$Z = 355 \times H \times \left(\dfrac{1}{273+t_a℃} - \dfrac{1}{273+t_g℃}\right)$

① $Z = 355 \times 60m \times \left(\dfrac{1}{273+27} - \dfrac{1}{273+137}\right) = 19.05 \text{mmH}_2\text{O}$

② $19.05 \text{mmH}_2\text{O} \times 1.5 = 355 \times 60m \times \left(\dfrac{1}{273+27} - \dfrac{1}{273+t_g℃}\right)$

∴ $t_g = \dfrac{1}{\dfrac{1}{273+27} - \dfrac{19.05 \text{mmH}_2\text{O} \times 1.5}{355 \times 60m}} - 273 = 229.06 ℃$

TIP

$Z = 355 \times H \times \left(\dfrac{1}{273+t_a℃} - \dfrac{1}{273+t_g℃}\right)$

∴ $t_g(℃) = \dfrac{1}{\dfrac{1}{273+t_a} - \dfrac{Z}{355 \times H}} - 273$

2. 통풍력의 특징

① 굴뚝의 높이가 높고, 단면적이 클수록 통풍력은 커진다.
★★ ② 배출가스의 온도가 높을수록, 외기온도는 낮을수록, 계절별로는 여름보다는 겨울이 통풍력은 커진다.
③ 굴뚝내의 굴곡이 없을수록 통풍력이 커진다.
★★ ④ 외기주입이 없을수록 통풍력이 커진다.

Question 10

다음 중 굴뚝의 통풍력 증가조건으로 가장 거리가 먼 것은?

㉮ 외기주입량이 많을수록 ㉯ 굴뚝의 높이가 높을수록
㉰ 굴뚝내의 굴곡이 없을수록 ㉱ 배출가스 온도가 높을수록

풀이 ㉮ 외기주입량이 없을수록 통풍력이 커진다.

★★ 3. 통풍방식의 종류

(1) 압입통풍

★★ ① 연소실 공기를 예열할 수 있다.
★ ② 송풍기의 고장이 적고 점검 및 보수가 용이하다.
★ ③ 내압이 정압(+)으로 연소효율이 좋다.
★★ ④ 역화의 위험성이 있다.
⑤ 흡인통풍식보다 송풍기의 동력소모가 적다.
⑥ 압입통풍은 노안에 설치된 가압송풍기에 의해 연소용 공기를 연소로 안으로 압입한다.

(2) 흡인통풍

★★ ① 굴뚝의 통풍저항이 큰 경우에 적합하다.
★★ ② 노내압이 부압으로 역화의 우려가 없다.
③ 이젝트를 사용할 경우 동력이 불필요하다.
★★ ④ 송풍기의 점검 및 보수가 어렵다.
★ ⑤ 통풍력이 크다.

(3) 평형통풍

★★ ① 대용량의 연소설비에 적합하다.
② 통풍 및 노내압 조절이 용이하다.
③ 열가스의 누설 및 냉기의 침입이 없다.
★★ ④ 통풍손실이 큰 연소설비에 사용된다.
★ ⑤ 동력소모가 크고, 설비비 및 유지비가 많이 든다.
★ ⑥ 소음발생이 심하다.

03 확산모델의 종류

★★ 1. Fick's 방정식

★★ ① 소용돌이 확산모델(Eddy diffusion model)의 기본방정식이다.
② 확산 방정식

$$\frac{dC}{dt} = Kx\frac{\sigma^2 C}{\sigma x^2} + Ky\frac{\sigma^2 C}{\sigma y^2} + Kz\frac{\sigma^2 C}{\sigma z^2}$$

★★ (1) 가정조건

① 오염물은 점원으로부터 계속적으로 방출된다.
② 과정은 안정상태이다. 즉 $\frac{dC}{dt} = 0$
③ 풍속은 X, Y, Z 좌표시스템 내의 어느 점에서든 일정하다.
④ 바람에 의한 오염물의 주 이동방향은 X축이다.

> **Question 11**
>
> 소용돌이 확산모델(Eddy diffusion model)의 기본방정식으로 적합한 것은 어느 것인가?
> ㉮ Hook의 방정식   ㉯ Fick의 방정식
> ㉰ Plank의 방정식   ㉱ Kelvin의 방정식
>
> ▶정답 ㉯

2. 상자모델(격자모델)

★★★ (1) 상자모델의 가정조건

★★ ① 오염물 분해는 1차 반응에 의한다.
★★ ② 오염물 배출원이 지면전역에 균등히 분포되어 있다.
   ③ 고려된 공간에서 오염물의 농도는 균일하다.
★★ ④ 오염물질의 농도가 시간에 따라서만 변하는 0차원 모델이다.
★★ ⑤ 오염원은 방출과 동시에 균등하게 혼합된다.
   ⑥ 고려되는 공간의 단면에 직각방향으로 부는 바람의 속도가 일정하여 환기량이 일정하다.
★ ⑦ 배출원 오염물질은 다른 물질로 변하지도 않고 지면에 흡수되지도 않는다.
   ⑧ 상자안에서는 밑면에서 방출되는 오염물질이 상자높이인 혼합층까지 즉시 균등하게 혼합된다.

Question 12

상자모델을 전개하기 위하여 설정된 가정으로 가장 거리가 먼 것은?

㉮ 오염물은 지면의 한 지점에서 일정하게 배출된다.
㉯ 고려된 공간에서 오염물의 농도는 균일하다.
㉰ 고려되는 공간의 수직단면에 직각방향으로 부는 바람의 속도가 일정하여 환기량이 일정하다.
㉱ 오염물의 분해는 일차반응에 의한다.

풀이 ㉮ 오염원 배출원이 지면전역에 균등히 분포되어 있다.

(2) 상자모델의 특징

① 바람은 상자의 측면에서 불며 그 속도는 일정하다.
② 정상적인 장소에서 면오염원의 농도를 구하는데 적합하다.
③ 질량보존법칙을 기본으로 한다.
④ 수평, 수직 확산이 고려되지 않아 적용에 제한적이다.

3. 가우시안(Gaussian)의 확산모델

★★ (1) 가우시안 확산식의 특징

$$C(X, Y, Z) = \frac{Q}{2\pi u \sigma_y \sigma_z} \left[\exp\left(\frac{-y^2}{2\sigma_y^2}\right) \right] \left[\exp\left(\frac{-(Z-H)^2}{2\sigma_z^2}\right) + \exp\left(\frac{-(Z+H)^2}{2\sigma_z^2}\right) \right]$$

① 주로 평탄지역에 적용하도록 개발되어 왔으나, 최근 복잡지형에도 적용이 가능하도록 개발되고 있다.

★★ ② 장단기적인 대기오염도 예측에 사용이 용이하다.

★★ ③ 점오염원에서는 풍하방향으로 확산되어 가는 Plume이 정규분포한다고 가정하여 유도 한다.

④ 간단한 화학반응을 묘사할 수 있다.

⑤ 지표면으로부터 고도 H에 위치하는 점원 - 지면으로부터 반사가 있는 경우에 사용한다.

📢 Question 13

Gaussian 연기 확산모델에 대한 내용으로 틀린 것은 어느 것인가?

㉮ 장·단기적인 대기오염도 예측에 사용이 용이하다.
㉯ 간단한 화학반응을 묘사할 수 있다.
㉰ 선오염원에서 풍하 방향으로 확산되어가는 plume이 정규분포를 한다고 가정한다.
㉱ 주로 평탄지역에 적용이 가능하도록 개발되어 왔으나 최근 복잡지형에도 적용이 가능토록 개발되고 있다.

풀이 ㉰ 점오염원에서 풍하 방향으로 확산되어 가는 plume이 정규분포를 한다고 가정한다.

(2) 가우시안 확산모델에서 표준편차(σ_y, σ_z)의 특징

★★ ① σ_y, σ_z 값의 성립조건으로 시료채취기간은 약 10분이다.

★★ ② σ_y, σ_z 값은 대기의 안정상태와 풍하거리 X의 함수이다.

③ σ_y, σ_z는 평편한 지형에 기준을 두고 있다.

④ 고도에 따라 변하는 값으로 고도는 대기중에서 하부 수백 m에 국한하여 사용한다.

> **Question 14**
>
> 가우시안(Gaussian) 분산모델에 있어서 수평 및 수직방향의 표준편차 σ_y와 σ_z에 관한 가정(설명)으로 틀린 것은 어느 것인가?
> ㉮ 대기의 안정상태와는 관계 있지만, 연돌로부터의 풍하거리와는 무관하다.
> ㉯ 고도에 따라 변하는 값으로 고도는 대기중에서 하부 수백 m에 국한하여 사용한다.
> ㉰ 지표는 평탄하다고 간주한다.
> ㉱ 시료채취시간은 약 10분으로 간주한다.
>
> **풀이** ㉮ 표준편차 σ_y와 σ_z는 대기의 안정상태와 풍하거리 X의 함수이다.

(3) 가우시안(Gaussian) 확산모델 유도에 사용되는 가정

① 연기의 확산은 정상상태로 가정한다.
★★ ② 오염물질은 점배출원으로부터 연속적으로 방출된다.
③ 바람에 의한 오염물의 주 이동방향은 X축으로 하며 오염물질은 플룸(Plume)내에서 소멸되거나 생성되지 않는다.
④ 수평방향의 난류확산은 대류에 의한 확산보다 작다고 가정하여 유도한다.
★★ ⑤ 난류 확산계수는 일정하다.
⑥ 연직방향의 풍속은 통상 수평방향의 풍속보다 상대적으로 크기가 작기 때문에 연직방향의 풍속을 무시한다.
★★ ⑦ 풍속은 일정하다.

★★★ (4) 가우시안 확산모델의 계산식

① 가우시안 확산식

$$C(X, Y, Z) = \frac{Q}{2\pi u \sigma_y \sigma_z} \left[\exp\left(\frac{-y^2}{2\sigma_y^2}\right) \right] \left[\exp\left(\frac{-(Z-H)^2}{2\sigma_z^2}\right) + \exp\left(\frac{-(Z+H)^2}{2\sigma_z^2}\right) \right]$$

$\begin{bmatrix} Z : \text{지면으로부터 연직방향의 높이(m)} & H : \text{유효굴뚝높이(m)} \\ \sigma_y : \text{수평방향의 표준편차(m)} & \sigma_z : \text{수직방향의 표준편차(m)} \\ u : \text{평균풍속(m/sec)} & \end{bmatrix}$

★★★ ② $C(X, 0, 0) = \dfrac{Q}{\pi u \sigma_y \sigma_z} \exp\left[-\left(\dfrac{He^2}{2\sigma_z^2}\right)\right]$

$\begin{bmatrix} C : \text{농도(mg/m}^3) & Q : \text{오염물질배출량(mg/sec)} \\ \sigma_y : \text{수평방향의 표준편차(m)} & \sigma_z : \text{수직방향의 표준편차(m)} \\ u : \text{풍속(m/sec)} & He : \text{유효굴뚝높이(m)} \end{bmatrix}$

Question 15

유효높이(He)가 60m인 굴뚝으로부터 SO_2가 125g/s의 속도로 배출되고 있다. 굴뚝높이에서의 풍속은 6m/s이고, 풍하거리 500m에서 대기안정 조건에 따라 편차 σ_y는 36m, σ_z는 18.5m이었다. 이 굴뚝으로부터 풍하거리 500m의 중심선상의 지표면 농도는($\mu g/m^3$)? (단, 가우시안모델식을 사용하고, SO_2는 배출되는 동안에 화학적으로 반응하지 않는다고 가정한다.)

풀이
$$C = \frac{Q}{\pi \cdot U \cdot \sigma_y \cdot \sigma_z} \exp\left[-\frac{1}{2}\left(\frac{He}{\sigma_z}\right)^2\right] = \frac{125 g/sec \times 10^6 \mu g/g}{\pi \times 36m \times 18.5m \times 6m/sec} \exp\left[-\frac{1}{2} \times \left(\frac{60m}{18.5m}\right)^2\right] = 51.77 \mu g/m^3$$

★★ ③ $C = \dfrac{Q}{\pi \sigma_y \sigma_z u}$

$\begin{bmatrix} C : \text{농도}(mg/m^3) & Q : \text{오염물질배출량}(mg/sec) \\ \sigma_y : \text{수평방향의 표준편차}(m) & \sigma_z : \text{수직방향의 표준편차}(m) \\ u : \text{풍속}(m/sec) & \end{bmatrix}$

Question 16

지상의 점오염원(He = 0)으로부터 바람부는 방향으로 400m떨어진 연기의 중심선상에서의 지상(z = 0)오염농도(mg/m^3)는? (단, 오염물질배출량은 10g/s, 풍속은 5m/s, σ_y와 σ_z는 각각 22.5m와 12m이고, 농도 계산식은 가우시안모델식을 적용)

풀이
$$C = \frac{Q}{\pi \cdot U \cdot \sigma_y \cdot \sigma_z} \exp\left[-\frac{1}{2}\left(\frac{He}{\sigma_z}\right)^2\right]$$

여기서 He = 0이므로 $C = \dfrac{Q}{\pi \cdot U \cdot \sigma_y \cdot \sigma_z} = \dfrac{10g/sec \times 10^3 mg/g}{\pi \times 22.5m \times 12m \times 5m/sec} = 2.36 mg/m^3$

④ $C(x, y, 0) = \dfrac{2q}{(2\pi)^{\frac{1}{2}} \sigma_z U} \exp\left[-\dfrac{1}{2}\left(\dfrac{He}{\sigma_z}\right)^2\right]$

$\begin{bmatrix} q : \text{오염물질배출율}(\mu g/sec) & \sigma_z : \text{수직방향의 표준편차}(m) \\ u : \text{풍속}(m/sec) & H : \text{높이}(m) \end{bmatrix}$

Question 17

1시간에 10,000 대의 차량이 고속도로 위에서 평균시속 80Km로 주행하며, 각 차량의 평균탄화수소 배출률은 0.02g/s이다. 바람이 고속도로와 측면 수직방향으로 5m/s로 불고 있다면 도로지반과 같은 높이의 평탄한 지형의 풍하 500m 지점에서의 지상오염농도($\mu g/m^3$)는? (단, 대기는 중립상태이며, 풍하 500m에서의 σ_z = 15m, $C(x, y, 0) = \dfrac{2q}{(2\pi)^{\frac{1}{2}}\sigma_z U} \exp\left[-\dfrac{1}{2}\left(\dfrac{He}{\sigma_z}\right)^2\right]$ 를 이용)

풀이

$C(x, y, 0) = \dfrac{2q}{(2\pi)^{\frac{1}{2}}\sigma_z U} \exp\left[-\dfrac{1}{2}\left(\dfrac{He}{\sigma_z}\right)^2\right]$

따라서 H = 0이므로 $C = \dfrac{2q}{(2\pi)^{\frac{1}{2}}\sigma_z U}$ 로 계산한다.

$= \dfrac{(2 \times 0.02 \text{g/sec} \times 10,000 \text{대/hr} \times 1\text{hr}/80\text{km} \times 1\text{km}/1{,}000\text{m})\text{g/sec} \cdot \text{m}}{(2\pi)^{\frac{1}{2}} \times 15\text{m} \times 5\text{m/sec}} = 2.66 \times 10^{-5} \text{g/m}^3 = 26.60 \mu\text{g/m}^3$

⑤ $C_{max} = \dfrac{0.1171Q}{u\sigma_y \sigma_z}$

$\begin{bmatrix} C_{max} : \text{최대착지농도}(\mu g/m^3) & Q : \text{오염물질배출량}(\mu g/sec) & u : \text{대기풍속}(m/sec) \\ \sigma_y : \text{수평방향의 표준편차}(m) & \sigma_z : \text{수직방향의 표준편차}(m) & \end{bmatrix}$

Question 18

유효굴뚝높이가 100m이고, SO_2의 배출량이 10g/s인 화력발전소가 있다. 굴뚝 배출구에서 대기풍속이 5m/s일 때에 최대착지농도는($\mu g/m^3$)? (단, 계산시 가우시안 연기모델을 이용함 $C_{max} = \dfrac{0.1171Q}{U \cdot \sigma_y \cdot \sigma_z}$, 단 σ_y : 250m, σ_z : 140m)

풀이

$C_{max} = \dfrac{0.1171Q}{U \cdot \sigma_y \cdot \sigma_z} = \dfrac{0.1171 \times 10\text{g/sec} \times 10^6 \mu\text{g/g}}{5\text{m/sec} \times 250\text{m} \times 140\text{m}} = 6.69 \mu\text{g/m}^3$

★★ ⑥ $C_{max} = \dfrac{2Q}{\pi e u He^2}\left(\dfrac{C_z}{C_y}\right) = \dfrac{0.234Q}{uHe^2}\left(\dfrac{C_z}{C_y}\right)$

$\begin{bmatrix} C_{max} : \text{최대착지농도(ppm)} & Q : \text{오염물질배출량}(m^3/sec) & e : \text{자연대수}(2.72) \\ u : \text{평균풍속}(m/sec) & He : \text{유효굴뚝높이}(m) & C_z : \text{수직확산계수} \\ C_y : \text{수평확산계수} & & \end{bmatrix}$

> **TIP**
>
> ★★ 최대지표농도(C_{max})의 특징
> ⓐ C_{max}는 오염물질배출량(Q)에 비례한다.
> ⓑ C_{max}는 평균풍속(U)에 반비례한다.
> ★★ ⓒ C_{max}는 유효굴뚝높이(He) 제곱에 반비례한다.
> ⓓ C_{max}는 수직확산계수(C_z)에 비례한다.
> ⓔ C_{max}는 수평확산계수(C_y)에 반비례한다.
> ⓕ C_{max}는 대기가 불안정할수록 증가한다. (연기형태는 환상형(Looping형))

> **TIP**
>
> ★★ $C_{max} = \dfrac{1}{He^2}$에서 He가 2배가 되면 $C_{max} = \dfrac{1}{2^2} = \dfrac{1}{4}$ 배가 된다.

📢 Question 19

확산계수 $C_y = C_z = 0.05$, 풍속 $U = 4m/sec$, 굴뚝의 유효고는 150m, 오염물질의 배출률 $Q = 50,000 Nm^3/h$이고, 가스중 SO_2 농도가 2,000ppm이라고 할 때, 지상에 나타나는 SO_2의 최대 농도는 몇 ppm인가? (단, sutton의 확산식 이용. $C_{max} = \dfrac{2Q}{\pi e U He^2}\left(\dfrac{C_z}{C_y}\right)$)

풀이

$C_{max} = \dfrac{2Q}{\pi \cdot e \cdot U \cdot He^2}\left(\dfrac{C_z}{C_y}\right) = \dfrac{2 \times 50,000 Nm^3/hr \times 1hr/3,600sec \times 2,000ppm}{\pi \times 2.72 \times 4m/sec \times (150m)^2} \times \left(\dfrac{0.05}{0.05}\right) = 0.072ppm$

📢 Question 20

어떤 공장의 현재 유효연돌고가 50m이다. 유효연돌고를 높여 최대지표농도를 1/2로 감소시키고자 한다. 다른 조건이 모두 같다고 가정할 때 유효연돌고(m)를 얼마로 높이면 되는가? (단, Sutton 식 적용)

풀이

$C_{max} \propto \dfrac{1}{He^2}$ 관계이므로 $1C_1 : \dfrac{1}{(50m)^2} = \dfrac{1}{2}C_1 : \dfrac{1}{He^2}$

∴ $He = \sqrt{(50m)^2 \times 2} = 70.71m$

★★ ⑦ $X_{max} = \left(\dfrac{He}{C_z}\right)^{\frac{2}{2-n}}$

X_{max} : 최대착지거리(m) C_z : 수직확산계수 He : 유효굴뚝높이(m)
n : 대기안정도 상수 ⎧ 매우 안정 0.5
                    ⎨ 불안정, 중립 0.25
                    ⎩ 매우 불안정 0.2

Question 21

유효굴뚝높이 100m 정도에서 확산계수가 Ky = Kz = 0.1이고, 풍속 U = 5m/sec이다. 지표면에서의 대기오염농도가 최대가 되는 착지거리(m)는 얼마인가? (단, 대기상태는 중립상태이며, 안정도계수(n) = 0.25이다)

풀이 $X_{max} = \left(\dfrac{He}{K_z}\right)^{\frac{2}{2-n}} = \left(\dfrac{100m}{0.1}\right)^{\frac{2}{2-0.25}} = 2,682.70m$

★★★ 4. 분산모델

(1) 장점

★★ ① 미래의 대기질을 예측할 수 있다.
② 특정한 오염원의 배출속도와 바람에 의한 분산요인을 입력자료로 하여 수용체 위치에서의 영향을 계산한다.
③ 특정오염원의 영향을 평가할 수 있는 잠재력이 있다.
★ ④ 2차 오염원의 확인이 가능하다.
★★ ⑤ 점, 선, 면 오염원의 영향을 평가할 수 있다.
⑥ 기초적인 기상학적 원리를 적용, 미래의 대기질을 예측하여 대기오염제어 정책입안에 도움을 준다.

(2) 단점

★★ ① 새로운 오염원이 지역내에 생길 때 매번 재평가하여야 한다.
★★ ② 지형 및 오염원의 조업조건에 영향을 받는다.
③ 기상과 관련하여 대기중의 무작의적인 특성을 적절하게 묘사할 수 없기 때문에 결과에 대한 불확실성이 크게 작용한다.
★ ④ 오염물의 단기간 분석시 문제가 된다.
⑤ 먼지의 영향평가는 기상의 불확실성과 오염원이 미확인인 경우에 많은 문제점을 가진다.

Question 22

대기오염원의 영향을 평가하는 방법 중 분산모델에 관한 설명으로 가장 거리가 먼 것은?

㉮ 지형 및 오염원의 조업조건에 영향을 받는다.
㉯ 시나리오 작성이 곤란하고, 미래예측이 어렵다.
㉰ 먼지의 영향평가는 기상의 불확실성과 오염원이 미확인인 경우에 문제점을 가진다.
㉱ 오염물의 단기간 분석시 문제가 된다.

풀이 ㉯번의 설명은 수용모델에 해당한다.

★★★ 5. 수용모델

(1) 장점

① 입자상 및 가스상 물질, 가시도 문제 등 환경과학 전반에 응용할 수 있다.
② 새로운 오염원, 불확실한 오염원과 불법 배출 오염원을 정량적으로 확인 평가할 수 있다.
③ 대기오염 배출원이 주변지역에 미치는 영향 또는 기여도를 수리통계학적으로 분석하는 것이다.
④ 질량보전의 법칙과 질량수지개념에 바탕을 두고 유도가 시작된다.
⑤ 적용범위는 도시단위의 소규모에서 최근에는 국가 단위의 중규모까지 확장되고 있고, 분산모델의 결과를 확인하는 역할을 하고 있다.
★★ ⑥ 지형, 기상학적 정보 없이도 사용 가능하다.
⑦ 수용체입장에서 영향평가가 현실적으로 이루어질 수 있다.
★★ ⑧ 현재나 과거에 일어났던 일을 추정, 미래를 위한 전략을 세울 수 있다.
⑨ 오염원의 조업 및 운영 상태에 대한 정보 없이도 사용 가능하다.

(2) 단점

★★ ① 측정자료를 입력자료로 사용하므로 시나리오 작성이 곤란하다.
★★ ② 미래의 대기질을 예측하기가 어렵다.

📢 Question 23

대기오염모델 중 수용모델의 특징에 관한 설명으로 옳지 않은 것은?

㉮ 측정자료를 입력자료로 사용하므로 시나리오 작성이 용이하여 미래예측이 쉽다.
㉯ 입자상 및 가스상 물질, 가시도 문제 등 환경전반에 응용할 수 있다.
㉰ 지형, 기상학적 정보가 없는 경우도 사용이 가능하다.
㉱ 수용체 입장에서 영향평가가 현실적으로 이루어질 수 있다.

풀이 ㉮ 측정자료를 입력자료로 사용하므로 시나리오 작성이 곤란하고 미래의 대기질 예측이 어렵다.

04 대기분산모델의 종류

1. UAM(Urban Airshed Model)

① **적용모델식** : 광화학 모델
② **적용배출원 형태** : 점, 면에 적용
③ **개발국** : 미국
④ **특징** : 도시지역에서 광화학 반응을 고려하여 오염물질의 이동을 계산하는데 이용된다.

Question 24

다음 설명에 해당하는 대기분산모델로 가장 적합한 것은?

- 적용모델식 : 광화학 모델
- 적용배출원 형태 : 점, 면
- 도시지역에서 광화학 반응을 고려하여 오염물질의 이동을 계산하는 것으로, 미국에서 개발되었다.

㉮ ADMS ㉯ AUSPLUME ㉰ UAM ㉱ SMOGSTOP

정답 ㉰

2. ADMS(Atmospheric Dispersion Model System)

① **적용모델식** : 가우시안 모델
② **적용배출원 형태** : 점, 면, 선에 적용
③ **개발국** : 영국
④ **특징** : 도시지역 오염물질의 이동을 계산하는데 이용된다.

Question 25

다음에서 설명하는 대기분산모델로 알맞은 것은 어느 것인가?

- 적용모델식 : 가우시안 모델 • 적용배출원 형태 : 점, 선, 면 • 개발국 : 영국
- 특징 : 도시지역에서 오염물질의 이동 계산, 영국에서 많이 사용하는 모델임

㉮ OCD ㉯ UAM ㉰ ISCLT ㉱ ADMS

정답 ㉱

3. TCM(Texas Climatological Model)

① 적용모델식 : 가우시안 모델
② 적용배출원 형태 : 점, 면에 적용
③ 개발국 : 미국
④ 특징 : 장기모델로서 한국에서 많이 사용되었다.

4. ISCST(Industrial Source Complex model for Short)

① 적용모델식 : 가우시안 모델
② 적용 배출원 형태 : 점, 면, 선에 적용
③ 개발국 : 미국
④ 특징 : ISCLT와 같은 구조로서 주로 단기농도예측에 사용된다.

★★ 5. ISCLT(Industrial Source Complex for Long Term)

① 적용모델식 : 가우시안 모델
② 적용배출원 형태 : 점, 면, 선에 적용
③ 개발국 : 미국
④ 특징 : 미국에서 널리 이용되는 범용적인 모델로 장기농도 계산용의 모델이다.

Question 26

다음 설명하는 대기분산모델로 가장 적합한 것은?

- 적용모델식 : 가우시안 모델
- 적용 배출원 형태 : 점, 선, 면
- 개발국 : 미국
- 특징 : 미국에서 최근 널리 이용되는 범용적인 모델로 장기 농도 계산용 모델이다.

㉮ RAMS ㉯ ISCLT
㉰ UAM   ㉱ AUSPLUME

정답 ㉯

★★ 6. RAMS(Regional Atmospheric Model System)

① 적용모델식 : 3차원 바람장모델
② 개발국 : 미국
③ 특징 : 바람장모델로 바람장과 오염물질의 분산을 동시에 계산한다.

Question 27

다음 대기분산모델 중 미국에서 개발되었으며, 바람장모델로서 바람장과 오염물질 분산을 동시에 계산할 수 있는 것은?

㉮ ADMS   ㉯ OCD   ㉰ AUSPLUME   ㉱ RAMS

정답 ㉱

★★ 7. MM5(Mesoscale Model)

① 적용모델식 : 3차원 바람장모델
② 개발국 : 미국
③ 특징 : 바람장모델로 바람장을 계산하고 기상을 예측하는데 이용된다.

Question 28

다음 대기분산모델 중 미국에서 개발되었으며, 바람장모델로 주로 바람장을 계산, 기상예측에 사용되는 모델은 어느 것인가?

㉮ ADMS   ㉯ AUSPLUME   ㉰ MM5   ㉱ SMOGSTOP

정답 ㉰

8. CMAQ(Complex Multiscale Air Quality modeling)

① 적용모델식 : 광화학 모델
② 적용배출원 형태 : 점, 면에 적용
③ 개발국 : 미국
④ 특징 : 지역별 이동을 고려한 광화학 물질과 미세먼지의 이동을 계산하는데 이용된다.

★ 9. AUSPLUME(Austrlian Plume Model)

① 적용모델식 : 가우시안 모델
② 적용배출원 형태 : 점, 면, 선에 적용
③ 개발국 : 호주
④ 특징 : 미국의 ISCST와 ISCLT 모델을 개조하여 만든 모델로 호주에서 주로 사용된다.

10. CTDMPLUS(Complex Terrain Dispersion Model Plus)

① 적용모델식 : 가우시안 모델
② 적용배출원 형태 : 점, 면에 적용
③ 개발국 : 미국
④ 특징 : 복잡한 지형에서 오염물질 이동을 계산하는데 사용된다.

11. CALINE(California Line)

① 적용모델식 : 가우시안 모델
② 적용배출원 형태 : 선에 적용
③ 개발국 : 미국
④ 특징 : 자동차에서 배출되는 오염물질의 이동을 계산하는데 이용된다.

12. OCD(Offshore and Coastal Dispersion model)

① 적용모델식 : 가우시안 모델
② 적용배출원 형태 : 점, 면에 적용
③ 개발국 : 미국
④ 특징 : 해안지역 오염물질의 이동을 계산하는데 이용된다.

Question 29

대기분산모델에 관한 설명으로 옳지 않은 것은?

㉮ RAMS는 바람장모델로서 바람장과 오염물질의 분산을 동시에 계산한다.
㉯ ADMS는 광화학모델로서 미국에서 범용적으로 복잡한 지형에 대해 오염물질의 이동을 계산한다.
㉰ ISCLT는 가우시안 모델로서 미국에서 널리 이용되는 범용적 모델로 장기농도 계산에 유용하다.
㉱ AUSPLUME는 가우시안 모델로서 미국의 ISCST와 ISCLT 모델을 개조하여 만든 것이다.

풀이 ㉯ ADMS는 가우시안 모델로서 영국에서 도시지역 오염물질의 이동을 계산하는데 이용된다.

CHAPTER 09 | 용어(현상) 및 법칙

01 알베도

지구 지표면의 열수지를 표현하기 위해 복사 수지식을 적용하는데 지표의 반사율을 나타내는 지표이다.

Question 01

다음 지표면 상태 중 일반적으로 알베도(%)가 가장 큰 것은 어느 것인가?
- ㉮ 삼림
- ㉯ 사막
- ㉰ 수면
- ㉱ 얼음

 풀이 보기 중에서 알베도(%)가 가장 큰 것은 얼음이다.

02 미산란

태양복사는 지면에 도달하기 전에 지구대기에 있는 여러 물질에 의해 흡수되거나 굴절, 산란되어 일사량의 감쇄를 초래하는데 대기중에 먼지나 입자의 직경이 전자파의 파장과 거의 같거나 큰 대기오염물질이 대기중에 많이 존재할 경우 하늘은 백색이나 뿌옇게 흐려져 일사량의 감소를 초래하며 간접적으로 대기오염도를 예측할 수 있다.

03 비인의 변위법칙

① 태양에너지 복사와 관련된 이론 중 최대에너지 파장과 흑체 표면의 절대온도가 반비례한다.

② 최대에너지가 복사될 때 이용되는 파장(λ_m ; μm)과 흑체의 표면온도(T : 절대온도 단위)와의 관계식($\lambda_m = \dfrac{a}{T}$, 여기서 a = 0.2897 CmK)을 나타내는 복사이론이다.

③ 비인의 변위법칙 공식

$$\lambda_m = \frac{a}{T} = \frac{0.2897}{T}$$

λ_m : 최대에너지가 복사될 때 이용되는 파장(μm)
T : 흑체 표면온도의 절대치(K)

a : 0.2897CmK = 2,897μmK

Question 02

복사이론에 관련된 법칙 중 최대 에너지 파장과 흑체 표면의 절대온도가 반비례함을 나타내는 것은? (단, 상수 2,897 적용)

㉮ 스테판-볼츠만의 법칙 ㉯ 플랑크 법칙
㉰ 비인의 변위법칙 ㉱ 플래밍 법칙

정답 ㉰

04 태양복사의 산란

① 레일리 산란이라고 하는 산란효과가 뚜렷이 나타나는 조건은 입자의 반경이 입사광선의 파장보다 훨씬 적은 경우이다.
② 산란의 세기는 입사되는 빛의 파장(λ)에 대한 입자크기(반경)의 비에 의해 결정된다.
③ 레일리 산란의 경우 그 세기는 파장의 4승에 반비례한다.
④ 맑은날 하늘이 푸르게 보이는 이유는 레일리 산란 특성에 의해 파장이 짧은 청색광이 긴 적색광보다 더욱 강하게 산란되기 때문이다.
⑤ 레일리 산란은 입사되는 파장이 산란되는 입자의 크기보다 큰 경우에 일어나며, 가시광선에 효과적이다.

Question 03

다음은 레일리산란에 관한 설명이다. ( ) 안에 알맞은 것은?

레일리산란은 산란을 일으키는 입자의 크기가 전자파 파장보다 훨씬 (①) 경우에 일어난다. 산란 강도는 파장의 (②) 한다.

㉮ ① 큰, ② 4승에 비례 ㉯ ① 큰, ② 4승에 반비례
㉰ ① 작은, ② 4승에 비례 ㉱ ① 작은, ② 4승에 반비례

풀이 ㉱ ① 작은, ② 4승에 반비례

05 태양상수

★★ ① 태양상수란 대기권 밖에서 햇빛이 수직인 $1cm^2$의 면적에 1분 동안 들어오는 태양 복사에너지의 양을 말하며, 그 값은 $2.0 cal/cm^2 \cdot min$이다.

★★ ② 태양상수를 이용하여 지구 표면의 단위면적이 1분 동안에 받는 평균 태양에너지를 구한 값은 태양상수 $\times \dfrac{1}{4}$이므로 $0.5 cal/cm^2 \cdot min$이다.

③ 평균태양에너지(C_M) = 태양상수$(C) \times \left(\dfrac{\pi R^2}{4\pi R^2}\right)$ 여기서 R은 지구반지름이다.

Question 04

태양상수를 이용하여 지구표면의 단위면적이 1분 동안에 받는 평균태양에너지를 구한 값은?

㉮ $0.25 cal/cm^2 \cdot min$ ㉯ $0.5 cal/cm^2 \cdot min$
㉰ $1.0 cal/cm^2 \cdot min$ ㉱ $2.0 cal/cm^2 \cdot min$

정답 ㉯

06 라니냐(Lanina) 현상

① 스페인어로 여자아이(the girl)라는 뜻이다.
★★ ② 적도무역풍이 평년보다 강해지며 서태평양의 해수면과 수온이 평년보다 상승하게 되고, 찬 해수의 용승현상 때문에 적도 동태평양에서 저수온 현상이 강화되어 나타나는 현상으로 해수면의 온도가 6개월 이상 0.5℃ 이상 낮은 현상이 지속적으로 되는 것을 말한다.

Question 05

다음 (   ) 안에 알맞은 현상은 어느 것인가?

> (   )이란 적도무역풍이 평년보다 강해지며, 서태평양의 해수면과 수온이 평년보다 상승하게 되고, 찬 해수의 용승현상 때문에 적도 동태평양에서 저수온 현상이 강화되어 나타나는 현상으로, 해수면의 온도가 6개월 이상 0.5℃ 이상 낮은 현상이 지속되는 것을 말한다.

㉮ 엘니뇨 현상 ㉯ 사헬 현상
㉰ 라니냐 현상 ㉱ 헤들리셀 현상

정답 ㉰

07 엘니뇨(Elnino) 현상

① 스페인어로 귀여운 소년이라는 뜻이다.
★★ ② 열대태평양 남미 해안으로부터 중태평양에 이르는 넓은 범위에서 해수면의 온도가 평년보다 보통 0.5℃ 이상 높은 상태가 6개월 이상 지속되는 현상을 의미한다.
③ 엘니뇨가 발생하는 이유는 태평양 적도 부근에서 동태평양의 따뜻한 바닷물을 서쪽으로 밀어내는 무역풍이 불지 않거나 불어도 약하게 불기 때문이다.
★★ ④ 엘니뇨로 인한 피해가 주로 농산물 생산지역인 태평양 연안국에 집중되어 있어 농산물 생산이 크게 감축되고 있다.
⑤ 엘니뇨 시기에는 서태평양의 기압이 높아지고 남태평양의 기압이 내려가는 남방진동이 나타난다.
⑥ 엘니뇨와 라니냐는 서로 독립적인 현상이 아니라 반대위상을 가지는 자연계의 진동 현상이라 할 수 있다.

Question 06

대기와 해양의 상호작용에 해당되는 엘니뇨와 라니냐에 관한 설명으로 옳지 않은 것은?

㉮ 엘니뇨와 상대적인 현상으로 라니냐는 무역풍이 상대적으로 약화되어 서태평양의 온도가 감소된다.
㉯ 대기와 해양의 상호작용으로 열대 동태평양에서 중태평양에 걸친 광범위한 구역에서 해수면의 온도 상승을 엘니뇨라 한다.
㉰ 엘니뇨와 라니냐는 서로 독립적인 현상이 아니라, 반대 위상을 가지는 자연계의 진동현상이라 할 수 있다.
㉱ 엘니뇨 시기에는 서태평양의 기압이 높아지고 남태평양의 기압이 내려가는 남방진동이 나타난다.

풀이 ㉮ 라니냐는 무역풍이 상대적으로 강해지며 서태평양의 온도가 상승한다.

 ## 08 복사(대기의 열역학)

① 대기중에서의 복사는 0.1 ~ 100μm 파장영역에 속한다.
② 복사는 매질이 없는 진공상태인 우주에서도 열은 전달할 수 있다.
③ 복사는 전자기장의 진동에 의한 파동 형태의 에너지 전달이다.
④ 대기복사파장 영역 중 인간이 느낄 수 있는 가시광선은 붉은색인 0.75μm에서 보라색인 0.36μm까지 이다.
⑤ 태양복사는 단파복사, 지구복사는 장파복사이다.

09 플랑크 방정식

플랑크(Planck)는 흑체(Black Body)로부터 복사되는 파장별 에너지 강도를 표면온도와 파장의 함수로 나타낸 식을 말한다.

10 스테판 볼츠만 법칙

흑체의 단위 표면적에서 복사되는 에너지(E)와 그 물체의 표면온도(T)와는 $E = \sigma T^4$으로 나타낸다.

Question 07

스테판-볼츠만의 법칙에 따르면 흑체복사를 하는 물체에서 물체의 표면온도가 1,500K에서 1,897K로 변화될때, 복사에너지의 변화는 몇 배인가?

㉮ 1.25배 ㉯ 1.33배
㉰ 2.56배 ㉱ 3.16배

풀이 $E = \sigma T^4$에서 $E = T^4$이므로

$$E = \frac{(1,897K)^4}{(1,500K)^4} = 2.56배$$

PART 02

대기오염공정시험기준

CHAPTER 01   총칙

CHAPTER 02   일반시험방법

CHAPTER 03   배출허용기준시험방법

CHAPTER 04   환경기준시험방법

CHAPTER 01 총칙

01 개요

1. 목 적

이 시험기준은 환경분야 시험·검사 등에 관한 법률 규정에 의거 대기오염물질을 측정함에 있어서 측정의 정확 및 통일을 유지하기 위하여 필요한 제반사항에 대하여 규정함을 목적으로 한다.

2. 이 공정시험기준에서 별도로 정하지 않은 시약, 표준물질, 기구 등은 ( ) 내에 기재한다.

3. 배출허용기준 중 표준산소농도를 적용받는 항목에 대한 오염물질의 농도와 배출가스량 보정식

★★★ ① 오염물질 농도 보정

$$C = C_a \times \frac{21-O_s}{21-O_a}$$

C : 오염물질 농도(mg/Sm³ 또는 ppm)　　O_s : 표준산소농도(%)
O_a : 실측산소농도(%)　　C_a : 실측오염물질농도(mg/Sm³ 또는 ppm)

Question 01

성분 1.6% 이하 함유한 액체연료를 사용하는 연소시설에서 배출되는 황산화물(표준산소농도를 적용받는 항목)의 실측농도측정 결과 741ppm이었다. 배출가스 중의 실측산소농도는 7%, 표준산소농도는 4% 이다. 황산화물의 농도(ppm)는 약 얼마인가?

㉮ 750ppm
㉯ 800ppm
㉰ 850ppm
㉱ 900ppm

풀이 오염물질 농도 보정

$$C = C_a \times \frac{21-O_s}{21-O_a} = 741\text{ppm} \times \frac{21-4\%}{21-7\%} = 899.79\text{ppm}$$

★★ ② 배출가스유량 보정

$$Q = Q_a \div \frac{21-O_s}{21-O_a}$$

- Q : 배출가스유량(Sm^3/일)
- O_a : 실측산소농도(%)
- O_s : 표준산소농도(%)
- Q_a : 실측배출가스유량(Sm^3/일)

Question 02

배출허용기준 중 표준산소농도를 적용받는 어떤 오염물질의 실측배출가스유량이 50Sm^3/day이었다. 이때 배출가스를 분석하니 실측산소농도는 3%, 표준산소농도는 5%일 때 측정되어진 보정된 배출가스유량(Sm^3/day)은?

㉮ 46.25
㉯ 51.25
㉰ 56.25
㉱ 61.25

풀이 배출가스유량 보정

$$Q = Q_a \div \frac{21-O_s}{21-O_a} = 50\text{Sm}^3/\text{day} \div \frac{21-5\%}{21-3\%} = 56.25\text{Sm}^3/\text{day}$$

정도보정/정도관리

(1) 검출한계(detection limit)의 정의

측정 항목이 포함된 시료에 대하여 통계적으로 정의된 신뢰수준(통상적으로 99%의 신뢰수준)으로 검출할 수 있는 최소 농도로 정의한다.

(2) 기기검출한계

기기가 분석 대상을 검출할 수 있는 최소한의 농도로서, 방법바탕시료 수준의 시료를 분석 대상 시료의 분석 조건에서 15회 반복 측정하여 결과를 얻고, 표준편차(바탕세기의 잡음, s)를 구하여 2.624를 곱한 값으로서, 계산된 기기검출한계의 신뢰수준은 99%이다.

★ 기기검출한계 = 2.624×s

여기서, 2.624는 자유도, 14 (15회 측정)에 대하여 검출 확률의 99%를 포함하는 통계적인 t 분포의 t의 값이다.

(3) 방법검출한계

방법검출한계는 시료의 전처리를 포함한 모든 시험절차를 독립적으로 거친 여러 개의 시험바탕시료를 측정하여 구하기 때문에 전체 시험절차에 대한 정도관리 상태를 나타낸다. 또한 방법검출한계는 방법바탕시료를 이용하여 예측된 방법검출한계 농도의 3~5배 농도를 포함하도록 제조된 7개의 매질첨가시료를 준비하여 반복 측정하여 얻은 결과의 표준편차 (s)에 3.14를 곱한 값이다.

★ 방법검출한계 = 3.14 × s

(4) 정량한계

정량한계는 시험항목을 측정 분석하는데 있어 측정 가능한 검정 농도 (calibration point)와 측정 신호를 완전히 확인 가능한 분석 시스템의 최소 수준이다.

방법검출한계와 동일한 수행 절차에 의해 산출되며 정량할 수 있는 최소 수준으로 정한다.

또한 정량한계는 예측된 방법검출한계 농도의 3~5배 농도를 포함하도록 제조된 7개의 매질첨가시료를 준비하여 반복 측정하여 얻은 결과의 표준편차 (s)를 10배한 값이다.

★★ 정량한계 = $10 \times s$

(5) 감응인자

교정 과정에서 바탕선을 보정한 직선 교정식의 기울기, 즉 표준물질의 값 (C)에 대한 반응값 (R)을 감응인자(response factor, RF)라고 하고, 표준물질을 하나 사용하여 교정하는 경우, 감응인자는 기울기에 해당한다.

★★ 반응인자(RF) = $\dfrac{\text{반응값}(R)}{\text{표준물질의 값}(C)}$

CHAPTER 02 일반시험방법

01 화학분석 일반사항

1. 단위 및 기호

주요 단위 및 기호는 다음 표와 같으며, 여기에 표시되지 않은 단위는 KS A ISO 80,000-1 또는 국제표준단위계(SI) 및 그 사용방법 규정에 따른다.

▶ 도량형의 단위 및 기호

종류	단위	기호	종류	단위	기호
길이	미 터	m	용량	킬로리터	KL
	센티미터	cm		리터	L
	밀리미터	mm		밀리리터	mL
	마이크로미터(마이크론)	μm(μ)		마이크로리터	μL
	나노미터(밀리마이크론)	nm(mμ)	부피	세제곱미터	m^3
	옹스트롬	Å		세제곱센티미터	cm^3
무게	킬로그램	kg		세제곱밀리미터	mm^3
	그람	g	압력	기압	atm
	밀리그람	mg		수은주밀리미터	mmHg
	마이크로그람	μg		수주밀리미터	mmH_2O
	나노그람	ng			
넓이	제곱미터	m^2			
	제곱센티미터	cm^2			
	제곱밀리미터	mm^2			

★★ 2. 농도표시

① 중량백분율로 표시할 때는 (질량분율 %)의 기호를 사용한다.
② 액체 1,000mL 중의 성분질량(g) 또는 기체 1,000mL 중의 성분질량(g)을 표시할 때는 g/L의 기호를 사용한다.
③ 액체 100mL 중의 성분용량(mL) 또는 기체 100mL중의 성분용량(mL)을 표시할 때는 (부피분율 %)의 기호를 사용한다.
★★ ④ 백만분율(Parts Per Million)을 표시할 때는 ppm의 기호를 사용하며 따로 표시가 없는 한 기체일 때는 용량 대 용량(부피분율), 액체일 때는 중량 대 중량(질량분율)을 표시한 것을 뜻한다.
★★ ⑤ 1억분율(Parts Per Hundred Million)은 pphm, 10억분율(Parts Per Billion)은 ppb로 표시하고 따로 표시가 없는 한 기체일 때는 용량 대 용량(부피분율), 액체일 때는 중량 대 중량(질량분율)을 표시한 것을 뜻한다.
⑥ 기체중의 농도를 mg/m^3로 표시했을 때는 m^3은 표준상태(0℃, 760mmHg)의 기체용적을 뜻하고 Sm^3로 표시한 것과 같다. 그리고 am^3로 표시한 것은 실측상태(온도·압력)의 기체용적을 뜻한다.

★★★ 3. 온도의 표시

① 온도의 표시는 셀시우스(Celcius) 법에 따라 아라비아 숫자의 오른쪽에 ℃를 붙인다. 절대온도는 °K로 표시하고 절대온도 0°K는 -273℃로 한다.
★★ ② 표준온도 : 0℃, 상온 : (15~25)℃, 실온 : (1~35)℃, 찬곳 : 따로 규정이 없는 한 (0~15)℃
★★ ③ 냉수 : 15℃ 이하, 온수 : (60~70)℃, 열수 : 약 100℃

④ "수욕상 또는 수욕중에서 가열한다."라 함은 따로 규정이 없는 한 수온 100℃에서 가열함을 뜻하고 약 100℃ 부근의 증기욕을 대응할 수 있다.

★ ⑤ "냉후"(식힌 후)라 표시되어 있을 때는 보온 또는 가열 후 실온까지 냉각된 상태를 뜻한다.

> **Question 02**
>
> 온도표시에 관한 설명으로 옳지 않은 것은?
> ㉮ "냉후"(식힌 후)라 표시되어 있을 때는 보온 또는 가열 후 실온까지 냉각된 상태를 뜻한다.
> ㉯ 상온은 (15~25)℃, 실온은 (1~35)℃로 한다.
> ㉰ 찬 곳은 따로 규정이 없는 한 (0~5)℃를 뜻한다.
> ㉱ 온수는 (60~70)℃이고, 열수는 약 100℃를 말한다.
>
> **풀이** ㉰ 찬 곳은 따로 규정이 없는 한 (0~15)℃를 뜻한다.

★ 4. 각조의 시험은 따로 규정이 없는 한 상온에서 조작하고 조작 직후 그 결과를 관찰한다.

5. 시험에 사용하는 물은 따로 규정이 없는 한 정제수 또는 이온교환수지로 정제한 탈염수를 사용한다.

6. 액의 농도

① 단순히 용액이라 기재하고, 그 용액의 이름을 밝히지 않은 것은 수용액을 뜻한다.

★★ ② 혼액(1+2), (1+5), (1+5+10) 등으로 표시한 것은 액체상의 성분을 각각 1용량 대 2용량, 1용량 대 5용량 또는 1용량 대 5용량 대 10용량의 비율로 혼합한 것을 뜻하며, (1:2), (1:5), (1:5:10) 등으로 표시할 수도 있다. 보기를 들면, 황산(1+2) 또는 황산(1:2)라 표시한 것은 황산 1용량에 정제수 2용량을 혼합한 것이다.

★★ ③ 액의 농도를 (1→2), (1→5) 등으로 표시한 것은 그 용질의 성분이 고체일 때는 1g을, 액체일 때는 1mL를 용매에 녹여 전량을 각각 2mL 또는 5mL로 하는 비율을 뜻한다.

Question 03

액의 농도를 (1 → 5)로 표시한 것으로 가장 적합한 것은?

㉮ 고체 1mg을 용매 5mL에 녹인 농도
㉯ 액체 1g을 용매 5mL에 녹인 농도
㉰ 액체 1용량에 물 5용량을 혼합한 것
㉱ 고체 1g을 용매에 녹여 전량을 5mL로 하는 비율

정답 ㉱

★★ 7. 시약, 시액, 표준물질

① 시험에 사용하는 시약은 따로 규정이 없는 한 특급 또는 1급 이상 또는 이와 동등한 규격의 것을 사용하여야 한다.

단, 단순히 염산, 질산, 황산 등으로 표시하였을 때는 따로 규정이 없는 한 다음 표에 규정한 농도 이상의 것을 뜻한다.

▶ 시약의 농도

명칭	화학식	농도(%)	비중(약)
염산	HCl	35.0~37.0	1.18
질산	HNO_3	60.0~62.0	1.38
황산	H_2SO_4	95.0 이상	1.84
아세트산	CH_3COOH	99.0 이상	1.05
인산	H_3PO_4	85.0 이상	1.69
암모니아수	NH_4OH	28.0~30.0(NH_3로서)	0.90
과산화수소	H_2O_2	30.0~35.0	1.11
플루오린화수소산	HF	46.0~48.0	1.14
아이오딘화수소산	HI	55.0~58.0	1.70
브로민화수소산	HBr	47.0~49.0	1.48
과염소산	$HClO_4$	60.0~62.0	1.54

Question 04

다음 중 따로 규정이 없는 한 각 시약별 사용하는 규정시약으로 적합하지 않은 것은?

㉮ HI : 농도 55.0~58.0%, 비중(약) 1.70
㉯ HClO₄ : 농도 60.0~62.0%, 비중(약) 1.54
㉰ HNO₃ : 농도 28~30%, 비중(약) 1.28
㉱ H₃PO₄ : 농도 85.0% 이상, 비중(약) 1.69

풀이 ㉰ HNO₃ : 농도 60.0~62.0%, 비중(약) 1.38

② 시험에 사용하는 표준품은 원칙적으로 특급 시약을 사용하며 표준액을 조제하기 위한 표준용시약은 따로 규정이 없는 한 데시케이터에 보존된 것을 사용한다.
★★ ③ 표준품을 채취할 때 표준액이 정수로 기재되어 있어도 실험자가 환산하여 기재수치에 "약"자를 붙여 사용할 수 있다.
★★ ④ "약"이란 그 무게 또는 부피에 대하여 ±10% 이상의 차가 있어서는 안된다.

Question 05

화학분석 일반사항에 관한 규정 중 규정된 시약, 시액, 표준물질에 관한 사항으로 틀린 것은 어느 것인가?

㉮ 시험에 사용하는 표준품은 원칙적으로 특급시약을 사용한다.
㉯ 표준액을 조제하기 위한 표준용시약은 따로 규정이 없는 한 데시케이터에 보존된 것을 사용한다.
㉰ 표준품을 채취할 때 표준액이 정수로 기재되어 있는 경우는 실험자가 환산하여 기재수치에 "약"자를 붙여 사용할 수 없다.
㉱ "약"이란 그 무게 또는 부피에 대하여 ±10% 이상의 차가 있어서는 안된다.

풀이 ㉰ 표준품을 채취할 때 표준액이 정수로 기재되어 있는 경우는 실험자가 환산하여 기재수치에 "약"자를 붙여 사용할 수 있다.

★★★ 8. 방울수라 함은 20℃에서 정제수 20방울을 떨어뜨릴 때 그 부피가 약 1mL 되는 것을 뜻한다.

Question 06

방울수의 의미로 옳은 것은?

㉮ 10℃에서 정제수 10방울을 떨어뜨릴 때 그 부피가 약 1mL 되는 것을 뜻한다.
㉯ 20℃에서 정제수 20방울을 떨어뜨릴 때 그 부피가 약 1mL 되는 것을 뜻한다.
㉰ 10℃에서 정제수 10방울을 떨어뜨릴 때 그 부피가 약 10mL 되는 것을 뜻한다.
㉱ 20℃에서 정제수 20방울을 떨어뜨릴 때 그 부피가 약 20mL 되는 것을 뜻한다.

정답 ㉯

★★ 9. 용기

① 용기라 함은 시험용액 또는 시험에 관계된 물질을 보존, 운반 또는 조작하기 위하여 넣어두는 것으로 시험에 지장을 주지 않도록 깨끗한 것을 뜻한다.
★★★ ② 밀폐용기라 함은 물질을 취급 또는 보관하는 동안에 이물이 들어가거나 내용물이 손실되지 않도록 보호하는 용기를 뜻한다.
★★ ③ 기밀용기라 함은 물질을 취급 또는 보관하는 동안에 외부로부터의 공기 또는 다른 가스가 침입하지 않도록 내용물을 보호하는 용기를 뜻한다.
★★ ④ 밀봉용기라 함은 물질을 취급 또는 보관하는 동안에 기체 또는 미생물이 침입하지 않도록 내용물을 보호하는 용기를 뜻한다.
⑤ 차광용기라 함은 광선을 투과하지 않은 용기 또는 투과하지 않게 포장을 한 용기로서 취급 또는 보관하는 동안에 내용물의 광화학적 변화를 방지할 수 있는 용기를 뜻한다.

Question 07

"물질을 취급 또는 보관하는 동안에 이물질(異物)이 들어가거나 내용물이 손실되지 않도록 보호하는 용기"는 어느 것인가?

㉮ 차광용기   ㉯ 밀폐용기   ㉰ 기밀용기   ㉱ 밀봉용기

풀이 용기
㉮ 차광용기 : 광선, ㉯ 밀폐용기 : 이물질, ㉰ 기밀용기 : 공기, ㉱ 밀봉용기 : 미생물

★★★ 10. 관련 용어

① "정확히 단다"라 함은 규정한 량의 검체를 취하여 분석용 저울로 0.1mg까지 다는 것을 뜻한다.

★★ ② 액체성분의 양을 "정확히 취한다"함은 홀피펫, 부피플라스크 또는 이와 동등 이상의 정도를 갖는 용량계를 사용하여 조작하는 것을 뜻한다.
★★★ ③ "항량이 될 때까지 건조한다 또는 강열한다"라 함은 따로 규정이 없는 한 보통의 건조방법으로 1시간 더 건조 또는 강열할 때 전후 무게의 차가 매 g당 0.3mg 이하일 때를 뜻한다.
★★ ④ 시험조작 중 "즉시"란 30초 이내에 표시된 조작을 하는 것을 뜻한다.
★★★ ⑤ "감압 또는 진공"이라 함은 따로 규정이 없는 한 15mmHg 이하를 뜻한다.
⑥ "이상", "초과", "이하", "미만"이라고 기재하였을 때 이자가 쓰여진 쪽은 어느 것이나 기산점 또는 기준점인 숫자를 포함하며, "미만" 또는 "초과"는 기산점 또는 기준점의 숫자는 포함하지 않는다. 또 "a~b"라 표시한 것은 a 이상 b 이하임을 뜻한다.
★★ ⑦ "바탕시험을 하여 보정한다"함은 시료에 대한 처리 및 측정을 할 때 시료를 사용하지 않고 같은 방법으로 조작한 측정치를 빼는 것을 뜻한다.
⑧ 시료의 시험, 바탕시험 및 표준액에 대한 시험을 일련의 동일시험으로 행할 때 사용하는 시약 또는 시액은 동일롯트(Lot)로 조제된 것을 사용한다.
★ ⑨ "정량적으로 씻는다"함은 어떤 조작으로부터 다음 조작으로 넘어갈 때 사용한 비커, 플라스크 등의 용기 및 여과막 등에 부착한 정량대상 성분을 사용한 용매로 씻어 그 세액을 합하고 먼저 사용한 같은 용매를 채워 일정용량으로 하는 것을 뜻한다.
⑩ 용액의 액성표시는 따로 규정이 없는 한 유리전극법에 의한 pH미터로 측정한 것을 뜻한다.

Question 08

실험의 기재 및 용어에 대한 내용으로 틀린 것은 어느 것인가?

㉮ "감압 또는 진공"이라 함은 따로 규정이 없는 한 15mmHg 이하를 뜻한다.
㉯ 용액의 액성표시는 따로 규정이 없는 한 유리전극법에 의한 pH미터로 측정한 것을 뜻한다.
㉰ 시료의 시험, 바탕시험 및 표준액에 대한 시험을 일련의 동일시험으로 행할 때 사용하는 시약 또는 시액은 동일롯트로 조제된 것을 사용한다.
㉱ "항량이 될 때까지 건조한다 또는 강열한다"라 함은 따로 규정이 없는 한 보통의 건조 방법으로 1시간 더 건조 또는 강열할 때 전후 무게의 차가 매 g당 0.5mg 이하일 때를 뜻한다.

풀이 ㉱ "항량이 될 때까지 건조한다 또는 강열한다"라 함은 따로 규정이 없는 한 보통의 건조방법으로 1시간 더 건조 또는 강열할 때 전후 무게의 차가 매 g당 0.3mg 이하일 때를 뜻한다.

11. 시험결과의 표시단위는 따로 규정이 없는 한 가스상 성분은 ppm(μmol/mol) 또는 ppb (nmol/mol)로 입자상 성분은 mg/Sm^3, μg/Sm^3 또는 ng/Sm^{3}으로 표시한다.

★★ 12. M 농도(몰농도)

① M 농도 = mol/L

$$\frac{mol}{L} = \frac{w(g)}{V(L)} \times \frac{1mol}{분자량(g)}$$

[w : 질량(g)   V : 부피(L)]

Question 09

아황산가스(SO_2) 25.6g을 포함하는 2L 용액의 몰농도(M)는 얼마인가?

㉮ 0.01M   ㉯ 0.02M   ㉰ 0.1M   ㉱ 0.2M

풀이

$$mol/L = \frac{질량(g)}{체적(L)} \times \frac{1mol}{분자량(g)} = \frac{25.6g}{2L} \times \frac{1mol}{64g} = 0.2 mol/L$$

TIP
① M농도 = mol/L
② SO_2 1mol $\begin{cases} 64g \\ 22.4L \end{cases}$

② 비중, %농도가 주어진 경우

$$\frac{mol}{L} = \frac{비중(g)}{(mL)} \times \frac{10^3 mL}{1L} \times \frac{1mol}{분자량(g)} \times \frac{\%농도}{100}$$

Question 10

비중이 1.84인 95wt% H_2SO_4의 몰농도(mol/L)는?

㉮ 8.9   ㉯ 17.8   ㉰ 26.7   ㉱ 35.6

풀이 M농도 = mol/L

$$\frac{mol}{L} = \frac{1.84g}{mL} \times \frac{10^3 mL}{1L} \times \frac{1mol}{98g} \times \frac{95\%}{100} = 17.84 mol/L$$

TIP
H_2SO_4 1moL $\begin{cases} 98g \\ 22.4L \end{cases}$

★★ 13. N 농도(노르말농도)

① N 농도 = eq/L

$$\frac{eq}{L} = \frac{w(g)}{V(L)} \times \frac{1eq}{1당량g}$$

w : 질량(g)　　　　　　V : 부피(L)

Question 11

NaOH 20g을 물에 용해시켜 800mL로 하였다. 이 용액은 몇 N 인가?

㉮ 0.0625N　　㉯ 0.625N　　㉰ 6.25N　　㉱ 62.5N

풀이 N농도 = eq/L

$$eq/L = \frac{20g}{0.8L} \times \frac{1eq}{40g} = 0.625N$$

TIP
① $1eq = \frac{분자량(g)}{가수} = \frac{40g}{1} = 40g$
② V = 800mL = 0.8L

② 비중, %농도가 주어진 경우

$$\frac{eq}{L} = \frac{비중(g)}{(mL)} \times \frac{10^3 mL}{1L} \times \frac{1eq}{1당량g} \times \frac{\%농도}{100}$$

Question 12

비중이 1.88, 농도 97%(중량%)인 농황산(H_2SO_4)의 규정농도(N)는 얼마인가?

㉮ 18.6N　　㉯ 24.9N　　㉰ 37.2N　　㉱ 49.8N

 N농도 = $\frac{비중(g)}{(mL)} \times \frac{10^3 mL}{1L} \times \frac{1eq}{분자량(g)/가수} \times \frac{\%}{100} = \frac{1.88g}{mL} \times \frac{10^3 mL}{1L} \times \frac{1eq}{98g/2} \times \frac{97\%}{100}$

= 37.22N

02 기체크로마토그래피 (General Rules for Gas Chromatography)

1. 원리 및 적용범위

기체시료 또는 기화한 액체나 고체시료를 운반가스에 의하여 분리, 관내에 전개시켜 기체상태에서 분리되는 각 성분을 크로마토그래프로 분석하는 방법으로 일반적으로 무기물 또는 유기물의 대기오염 물질에 대한 정성 및 정량분석에 이용한다.

2. 개요

① 이 법에서 충전물로서 흡착성 고체분말을 사용할 경우에는 기체-고체 크로마토그래피, 적당한 담체에 고정상 액체를 함침시킨 것을 사용할 경우에는 기체-액체 크로마토그래피라 한다.

② 시료도입부로부터 기체, 액체 또는 고체시료를 도입하면 기체는 그대로, 액체나 고체는 가열기화되어 운반가스에 의하여 분리관 내로 송입되고 시료 중의 각 성분은 충전물에 대한 각각의 흡착성 또는 용해성의 차이에 따라 분리관 내에서의 이동속도가 달라지기 때문에 각각 분리되어 분리관 출구에 접속된 검출기를 차례로 통과하게 된다.

③ 실제로 어떤 조건에서 시료를 분리관에 도입시킨 후 그 중의 어떤 성분이 검출되어 기록지상에 봉우리로 나타날 때까지의 시간을 머무름 시간(Retention Time)이라 하며 이 머무름 시간에 운반가스의 유량을 곱한 것을 머무름 부피(Retention Volume)이라 한다. 이 값은 어떤 특정한 실험조건 하에서는 그 성분물질마다 고유한 값을 나타내기 때문에 정성분석을 할 수 있으며 또 기록지에 그려진 곡선의 넓이 또는 봉우리의 높이는 시료성분량과 일정한 관계가 있기 때문에 이것에 의하여 정량분석을 할 수가 있다.

3. 장치

이 장치의 기본구성은 그림과 같으며 이 기본구성을 복수열로 조합시킨 형식이나 복수열유로로 검출기의 신호를 서로 보상하는 형식도 있다.

〈장치의 기본구성〉

(1) 가스유로계

① 운반가스유로
운반가스유로는 유량조절부와 분리관유로로 구성된다.
분리관유로는 시료도입부, 분리관, 검출기기배관으로 구성된다. 배관의 재료는 스테인리스강이나 유리 등 부식에 대한 저항이 큰 것이어야 한다.

(2) 시료도입부

① 주사기를 사용하는 시료도입부는 실리콘고무와 같은 내열성 탄성체격막이 있는 시료 기회실로서 분리관 온도와 동일하거나 또는 그 이상의 온도를 유지힐 수 있는 가열기구가 갖추어져야 하고, 필요하면 온도조절기구, 온도측정기구 등이 있어야 한다.

★★ ② 가스 시료도입부는 가스계량관(통상 0.5mL~5mL)과 유로변환기구로 구성된다.

(3) 가열오븐(Heating Oven)

① 분리관오븐(Column Oven)
㉠ 분리관오븐은 내부용적이 분석에 필요한 길이의 분리관을 수용할 수 있는 크기
㉡ 임의의 일정온도를 유지할 수 있는 가열기구, 온도조절기구, 온도측정기구 등으로 구성
★★ ㉢ 온도조절 정밀도는 ±0.5℃의 범위 이내
★★ ㉣ 전원 전압변동 10%에 대하여 온도변화 ±0.5℃ 범위 이내(오븐의 온도가 150℃ 부근일 때)

② 검출기 오븐(Detector Oven)
㉠ 검출기 오븐은 검출기를 한 개 또는 여러 개 수용할 수 있고 분리관 오븐과 동일하거나 그 이상의 온도를 유지할 수 있는 가열기구, 온도조절기구 및 온도측정기구를 갖추어야 한다.

ⓒ 방사성 동위원소를 사용하는 검출기를 수용하는 검출기 오븐에 대하여는 온도조절기구와는 별도로 독립작용 할 수 있는 과열방지기구를 설치해야 한다.

★★ⓒ 가스를 연소시키는 검출기를 수용하는 검출기 오븐은 그 가스가 오븐 내에 오래 체류하지 않도록 된 구조이어야 한다.

📢 Question 13

기체크로마토그래피의 각 장치에 관한 설명으로 옳지 않은 것은?

㉮ 가스 시료도입부는 가스계량관(통상 0.5μL~5μL) 및 가스성분 분석부와 유로변환기구로 구성된다.
㉯ 방사성 동위원소를 사용하는 검출기를 수용하는 검출기 오븐에 대하여는 온도조절기구와는 별도로 독립 작용할 수 있는 과열방지기구를 설치해야 한다.
㉰ 가스를 연소시키는 검출기를 수용하는 검출기 오븐은 그 가스가 오븐 내에 오래 체류하지 않도록 된 구조이어야 한다.
㉱ 분리관오븐의 온도조절 정밀도는 ±0.5 ℃의 범위 이내 전원 전압변동 10%에 대하여 온도변화 ±0.5 ℃ 범위 이내(오븐의 온도가 150℃ 부근일 때)이어야 한다.

풀이 ㉮ 가스시료 도입부는 가스계량관(통상 0.5mL~5mL)과 유로변환기구로 구성된다.

(4) 검출기(Detector)

★★ ① **열전도도 검출기**(TCD, thermal conductivity detector)

금속 필라멘트 또는 전기저항체를 검출소자로 하여 금속판 안에 들어있는 본체와 여기에 안정된 직류전기를 공급하는 전원회로, 전류조절부, 신호검출 전기회로, 신호 감쇄부 등으로 구성된다.

📢 Question 14

다음 기체크로마토그래피 분석에 사용되는 검출기 중 금속필라멘트 또는 전기저항체를 검출소자로 하여 금속판 안에 들어 있는 본체와 여기에 안정된 직류전기를 공급하는 전원회로, 전류조절부, 신호검출 전기회로, 신호 감쇄부 등으로 구성되어 있는 검출기는 어느 것인가?

㉮ 전자포획형 검출기(ECD)   ㉯ 열전도도 검출기(TCD)
㉰ 불꽃이온화 검출기(FID)   ㉱ 불꽃광도 검출기(FPD)

정답 ㉯

★★ ② **불꽃이온화 검출기**(flame ionization detector, FID)

수소 연소 노즐(nozzle), 이온 수집기(ion collector)와 전극 및 배기구로 구성되는 본체와 이 전극 사이에 직류전압을 주어 흐르는 이온전류를 측정하기 위한 직류전압 변환회로, 감도조절부, 신호감쇄부 등으로 구성된다.

★★ ③ 전자 포획 검출기(electron capture detector, ECD)
방사성 물질인 Ni-63 혹은 삼중수소로부터 방출되는 ★★β선이 운반 기체를 전리하여 이로 인해 전자 포획 검출기 셀(cell)에 전자구름이 생성되어 일정 전류가 흐르게 된다. 이러한 전자 포획 검출기 셀에 전자친화력이 큰 화합물이 들어오면 셀에 있던 전자가 포획되어 이로 인해 전류가 감소하는 것을 이용하는 방법으로 ★★유기 할로겐 화합물, 나이트로 화합물 및 유기 금속 화합물 등 전자 친화력이 큰 원소가 포함된 화합물을 수 ppt의 매우 낮은 농도까지 선택적으로 검출할 수 있다.

④ 질소인 검출기(nitrogen phosphorous detector, NPD)
불꽃이온화 검출기와 유사한 구성에 알칼리금속염의 튜브를 부착한 것으로 운반 기체와 수소기체의 혼합부, 조연기체 공급구, 연소노즐, 알칼리원, 알칼리원 가열기구, 전극 등으로 구성된다. 가열된 알칼리금속염은 촉매 작용으로 질소나 인을 함유하는 화합물의 이온화를 증진시켜 유기 질소 및 유기 인 화합물을 선택적으로 검출할 수 있다.

⑤ 불꽃 열이온 검출기(flame thermoionic detector, FTD)
위의 질소인 검출기와 같은 검출기이다.

⑥ 불꽃 광도 검출기(flame photometric detector, FPD)
구성은 불꽃이온화 검출기와 유사하고 운반기체와 조연기체의 혼합부, 수소 기체 공급구, 연소 노즐, 광학 필터, 광전증배관 및 전원 등으로 구성되어 있다. 기본 원리는 황이나 인을 포함한 탄화수소 화합물이 불꽃이온화 검출기 형태의 불꽃에서 연소될 때 화학적인 발광을 일으키는 성분을 생성하는데 시료의 특성에 따라 황 화합물은 393nm, 인 화합물은 525nm의 특정 파장의 빛을 발산한다.

⑦ 광이온화 검출기(photo ionization detector, PID)
10.6 eV의 자외선(UV) 램프에서 발산하는 120nm의 빛이 벤젠이나 톨루엔과 같은 대부분의 방향족 화합물을 충분히 이온화시킬 수 있고, 또한 H_2S, 헥세인, 에탄올과 같이 이온화 에너지가 10.6 eV 이하인 화합물을 이온화시킴으로써 이들을 선택적으로 검출할 수 있다.

⑧ 펄스 방전 검출기(pulsed discharge detector, PDD)
시료를 헬륨 펄스 방전에 의해 이온화 시키고 이로 인해 생성된 전자는 전극으로 모여서 전류의 변화를 가져온다. 펄스 방전 검출기는 전자 포획 모드와 헬륨 광이온화 모드로 이용할 수 있다.

⑨ 원자 방출 검출기(atomic emission detector, AED)
시료를 구성하는 원소들의 원자 방출을 검출하기 때문에 이용 범위가 광범위하다. 원

자 방출 검출기의 구성은 캐필러리 컬럼의 마이크로파 유도 플라즈마 챔버로의 도입부, 마이크로파 챔버, 챔버의 냉각부, 회절격자와 원자선을 모아서 분산시키는 광학거울, 컴퓨터에 연결된 광다이오드 배열기로 구성되어 있다.

⑩ **전해질 전도도 검출기(electrolytic conductivity detector, ELCD)**
기준전극, 분석전극과 기체-액체 접촉기 및 기체-액체 분리기를 가지고 있다. 할로겐, 질소, 황 또는 나이트로아민을 포함한 유기화합물을 검출할 수 있다.

⑪ **질량 분석 검출기(mass spectrometric detector, MSD)**
GC에 질량 분석기 (MS)를 부착하여 검출기로 사용한다.

Question 15

다음 중 기체크로마토그래피(Gas Chromatography)분석에 사용되는 검출기와 거리가 먼 것은?

㉮ Thermal Conductivity Detector(TCD)　　㉯ Eectronic Conductivity Detector(ECD)
㉰ Electron Capture Detector(ECD)　　㉱ Flame Photometric Detector(FPD)

정답　㉯

4. 운반가스(Carrier Gas) 종류

(1) 운반가스

① 운반가스는 충전물이나 시료에 대하여 불활성인 것
② 사용하는 검출기의 작동에 적합한 것
 ③ 열전도도형 검출기(TCD)에서도 순도 99.8% 이상의 수소나 헬륨 사용
 ④ 불꽃 이온화 검출기(FID)에서는 순도 99.8% 이상의 질소 또는 헬륨 사용

Question 16

기체크로마토그래피에서 TCD 또는 FID에 일반적으로 사용되는 운반가스(Carrier gas)의 종류로 가장 거리가 먼 것은?

㉮ 헬륨　　　㉯ 질소　　　㉰ 수소　　　㉱ 산소

풀이　기체크로마토그래피에서 TCD 또는 FID에 일반적으로 사용되는 운반가스(Carrier gas)의 종류로는 헬륨, 질소, 수소가 있다.

5. 분리관(Column), 충전물질(Packing Material) 및 충전방법(Packing Method)

(1) 분리관(Column)

분리관은 충전물질을 채운 내경 2mm~7mm(모세관식 분리관을 사용할 수도 있다.)의 시료에 대하여 불활성금속, 유리 또는 합성수지관으로 각 분석방법에서 규정하는 것을 사용한다.

(2) 충전물질(Packing Material)

★★ ① 흡착형충전물

기체-고체 크로마토그래피에서는 분리관의 내경에 따라 다음과 같이 입도가 고른 흡착성 고체분말을 사용하며, 종류로는 실리카겔, 활성탄, 알루미나, 합성제올라이트(Zeolite) 등이 있다.

분리관내경(mm)	흡착제 및 담체의 입경 범위(μm)
3	149~177(100~80mesh)
★★ 4	177~250(80~60mesh)
5~6	250~590(60~28mesh)

Question 17

기체크로마토그래피에서 분리관 내경이 3mm일 경우 사용되는 흡착제 및 담체의 입경범위(μm)로 옳은 것은? (단, 기체-고체 크로마토그래피, 흡착성 고체분말 기준)

㉮ 120~149μm ㉯ 149~177μm ㉰ 177~250μm ㉱ 250~590μm

정답 ㉯

② 분배형 충전물질

기체-액체 크로마토그래피에서는 위에 표시한 입경 범위에서의 적당한 담체에 고정상 액체를 함침시킨 것을 충전물로 사용한다.

㉠ 담체(Support) : 담체는 시료 및 고정상액체에 대하여 불활성인 것으로 규조토, 내화벽돌, 유리, 석영, 합성수지 등을 사용하며 각 분석방법에서 전처리를 규정한 경우에는 그 방법에 따라 산처리, 알칼리처리, 실란처리 등을 한 것을 사용한다.

★★ **TIP**

내화벽돌이라 함은 일반적인 내화점토를 사용한 것이 아니고 규조토를 주성분으로 한 내화온도 1,100℃ 정도의 단열벽돌을 뜻한다.

Question 18

기체-액체 크로마토그래피에서 분배형 충전물질로 사용되는 내화벽돌에 대한 내용으로 알맞은 것은 어느 것인가?

㉮ 일반적인 내화점토를 사용한 것이 아니고, 흑토를 주성분으로 한 내화온도 1,100℃ 정도의 단열벽돌을 뜻한다.
㉯ 일반적인 내화점토를 사용한 것이 아니고, 규조토를 주성분으로 한 내화온도 1,100℃ 정도의 단열벽돌을 뜻한다.
㉰ 일반적인 내화점토를 사용한 내화온도 1,100℃ 정도의 단열벽돌을 뜻한다.
㉱ 일반적인 내화점토를 사용한 내화온도 1,800℃ 정도의 단열벽돌을 뜻한다.

▶ 정답 ㉯

★★ ⓛ 고정상 액체의 구비조건
   ⓐ 분석대상 성분을 완전히 분리할 수 있는 것이어야 한다.
★★ ⓑ 사용온도에서 증기압이 낮고, 점성이 작은 것이어야 한다.
   ⓒ 화학적으로 안정된 것이어야 한다.
   ⓓ 화학적 성분이 일정한 것이어야 한다.

 Question 19

다음 중 기체-액체 크로마토그래피에 사용되는 충전물 담체에 함침시키는 고정상 액체(Stationary liquid)가 갖추어야 할 조건과 거리가 먼 것은?

㉮ 사용온도에서 점성이 작은 것이어야 한다.
㉯ 분석대상 성분을 완전분리 할 수 있어야 한다.
㉰ 화학적 성분이 일정하여야 한다.
㉱ 사용온도에서 증기압이 높아야 한다.

▶ 풀이 ㉱ 사용온도에서 증기압이 낮아야 한다.

★★ ▶ **일반적으로 사용하는 고정상 액체의 종류**

종류	물질명
★★ 탄화수소계	헥사데칸 스쿠아란(Squalane) 고진공 그리이스
★★ 실리콘계	메틸실리콘 페닐실리콘 사이아노실리콘 플루오린화규소
폴리글리콜계	폴리에틸렌글리콜 메톡시폴리에틸렌글리콜
에스테르계	이염기산다이에스테르
폴리에스테르계	이염기산폴리글리콜다이에스테르
폴리아미드계	폴리아미드수지
에테르계	폴리페닐에테르
★ 기타	인산트라이크레실, 다이에틸폼아미드, 다이메틸설포란

Question 20

기체-액체 크로마토그래피에서 일반적으로 사용되는 고정상 액체의 종류 중 실리콘계에 해당하는 것은?

㉮ 플루오린화규소 ㉯ 인산트라이크레실
㉰ 다이메틸설포란 ㉱ 고진공 그리이스

정답 ㉮

6. 분리의 평가

크로마토그램

★★ ① 이론단수(n) = $16 \times \left(\dfrac{t_R}{W}\right)^2$

t_R : 시료도입점으로부터 봉우리 최고점까지의 길이(머무름 시간)
W : 봉우리의 좌우 변곡점에서 접선이 자르는 바탕선의 길이

Question 21

어느 분리관의 머무름 시간(t_R)이 5분, 봉우리의 좌우변곡점에서 접선이 자르는 바탕선이 길이(W) 10mm, 기록지 이동속도 5mm/min 이었다면 이론단수는?

㉮ 100　　㉯ 400　　㉰ 800　　㉱ 1,600

풀이
$$n = 16 \times \left(\frac{t_R}{W}\right)^2 = 16 \times \left(\frac{5\text{mm/min} \times 5\text{min}}{10\text{mm}}\right)^2 = 100$$

★ ② HETP = $\dfrac{L}{n}$

　　[L : 분리관의 길이(mm)

 Question 22

어떤 기체크로마토그램에 있어 성분 A의 머무름 시간은 10분, 봉우리 폭은 8mm였다. 이 경우 성분 A의 HETP(1 이론단에 해당하는 분리관의 길이)는 얼마인가? (단, 분리관의 길이는 10m, 기록지의 속도는 매분 10mm이다.)

㉮ 2mm　　㉯ 4mm　　㉰ 6mm　　㉱ 8mm

풀이
① 이론단수(n) = $16 \times \left\{\dfrac{\text{기록지의 이동속도(mm/min)} \times \text{머무름 시간(min)}}{\text{봉우리 폭(mm)}}\right\}^2 = 16 \times \left(\dfrac{10\text{mm/min} \times 10\text{min}}{8\text{mm}}\right)^2 = 2,500$

② HETP = $\dfrac{\text{분리관 길이}}{\text{이론단수}} = \dfrac{10 \times 10^3 \text{mm}}{2,500} = 4\text{mm}$

★★ ③ 분리계수(d) = $\dfrac{t_{R2}}{t_{R1}}$

 Question 23

기체크로마토그래피에서 1, 2시료의 분석치가 다음과 같을 때 분리계수는?

• 봉우리 1의 머무름 시간 : 3분　• 봉우리 2의 머무름 시간 : 5분
• 봉우리 1의 폭 : 35초　　　　　• 봉우리 2의 폭 : 44초

㉮ 1.7　　㉯ 2.5　　㉰ 3.0　　㉱ 4.4

풀이
d = $\dfrac{t_{R_2}}{t_{R_1}}$　　[d : 분리계수　t_{R_1} : 봉우리 1의 머무름 시간　t_{R_2} : 봉우리 2의 머무름 시간

따라서 d = $\dfrac{5\text{분}}{3\text{분}}$ = 1.67

★★ ④ 분리도(R) = $\dfrac{2(t_{R2} - t_{R1})}{W_1 + W_2}$

- t_{R1} : 시료도입점으로부터 봉우리 1의 최고점까지의 길이
- t_{R2} : 시료도입점으로부터 봉우리 2의 최고점까지의 길이
- W_1 : 봉우리 1의 좌우 변곡점에서의 접선이 자르는 바탕선의 길이
- W_2 : 봉우리 2의 좌우 변곡점에서의 접선이 자르는 바탕선의 길이

Question 24

기체크로마토그래피에서 A, B 성분의 머무름 시간이 각각 2분, 3분이었으며, 봉우리 폭은 32초, 38초이었다면 이 때 분리도는?

㉮ 1.2　　㉯ 1.5　　㉰ 1.7　　㉱ 1.9

풀이

분리도(R) = $\dfrac{2(t_{R2} - t_{R1})}{W_1 + W_2}$

[tR : 머무름 시간(sec)　　W : 봉우리 폭(sec)

따라서 분리도(R) = $\dfrac{2 \times (3 \times 60\text{sec} - 2 \times 60\text{sec})}{(32+38)\text{sec}}$ = 1.71

7. 정성분석

① 정성분석은 동일 조건하에서 특정한 미지성분의 머무름 값과 예측되는 물질의 봉우리의 머무름 값을 비교하여야 한다.

② 머무름 값의 종류로는 머무름 시간(retention time), 머무름 부피(retention volume), 머무름 비(retention ratio), 머무름 지표(retention indicator) 등이 있다.

★★ ③ 머무름 시간을 측정할 때는 3회 측정하여 그 평균치를 구한다.

★★ ④ 일반적으로 5분~30분 정도에서 측정하는 봉우리의 머무름시간은 반복시험을 할 때 ±3% 오차범위 이내이어야 한다.

⑤ 머무름 값의 표시는 무효부피(Dead Volume)의 보정유무를 기록하여야 한다.

Question 25

다음은 기체크로마토그래피에서 정성분석을 위한 머무름 값에 관한 기준이다. ( ) 안에 알맞은 것은?

일반적으로 5분~30분 정도에서 측정하는 봉우리의 머무름 시간은 반복시험을 할 때 (　　)이어야 한다.

㉮ ±5% 오차범위 이내　　㉯ ±3% 오차범위 이내
㉰ ±2% 오차범위 이내　　㉱ ±1% 오차범위 이내

정답 ㉯

8. 정량분석

★★(1) 정량법의 종류

① **절대검정곡선법** : 정량하려는 성분으로 된 순물질을 단계적으로 취하여 크로마토그램을 기록하고 봉우리넓이 또는 봉우리높이를 구한다. 이것으로부터 성분량을 횡축에 봉우리 넓이 또는 봉우리 높이를 종축에 취하여 검정곡선을 작성한다.

② **넓이 백분율법** : 크로마토그램으로부터 얻은 시료 각 성분의 봉우리 면적을 측정하고 그것들의 합을 100으로 하여 이에 대한 각각의 봉우리넓이 비를 각 성분의 함유율로 한다. 이 방법은 도입시료의 전성분이 용출되며, 또한 사용한 검출기에 대한 각 성분의 상대감도가 같다고 간주되는 경우에 적용한다.

③ **보정넓이 백분율법** : 도입한 시료의 전성분이 용출되며 또한 용출 전성분의 상대감도가 구해진 경우는 식에 의하여 정확한 함유율을 구할 수 있다.

④ **상대검정곡선법** : 정량하려는 성분의 순물질(X) 일정량에 내부표준물질(S)의 일정량을 가한 혼합시료의 크로마토그램을 기록하여 봉우리 넓이를 측정한다. 횡축에 정량하려는 성분량(M_X)과 내부표준물질량(M_S)의 비(M_X/M_S)를 취하고 분석시료의 크로마토그램에서 측정한 정량할 성분의 봉우리넓이(A_X)와 표준물질 봉우리넓이(A_S)의 비(A_X/A_S)를 취하여 검정곡선을 작성한다.

⑤ **표준물첨가법** : 시료의 크로마토그램으로부터 피검성분 A 및 다른 임의의 성분 B의 봉우리 넓이 a_1 및 b_1을 구한다. 다음에 시료의 일정량 W에 성분 A의 기지량 ΔW_A을 가하여 다시 크로마토그램을 기록하여 성분 A 및 B의 봉우리 넓이 a_2 및 b_2를 구하면 K의 정수로 해서 식이 성립한다.

(2) 정량치의 표시방법에는 질량분율%, 부피분율%, 몰%, ppm 등으로 표시한다.

📢 Question 26

기체크로마토그래피의 정량법 중 정량하려는 성분으로 된 순물질을 단계적으로 취하여 크로마토그램을 기록하고 봉우리의 넓이 또는 높이를 구하는 방법으로써 성분량을 횡축에, 봉우리 넓이 또는 봉우리의 높이를 종축으로 하는 것은 어느 것인가?

㉮ 절대검정곡선법 ㉯ 상대검정곡선법
㉰ 넓이백분율법 ㉱ 표준물첨가물

정답 ㉮

Question 27

기체크로마토그래피에 의한 정량분석에서 이용되는 정량법의 종류가 아닌 것은 어느 것인가?

㉮ 외부첨가법 ㉯ 보정넓이 백분율법
㉰ 표준물 첨가법 ㉱ 넓이 백분율법

풀이 정량분석의 종류에는 절대검정곡선법, 넓이백분율법, 보정넓이 백분율법, 상대검정곡선법, 표준물 첨가법이 있다.

자외선/가시선 분광법(Ultraviolet–Visible Spectrometry)

1. 원리 및 적용범위

시료물질이나 시료물질의 용액 또는 여기에 적당한 시약을 넣어 발색시킨 용액의 흡광도를 측정하여 시료 중의 목적성분을 정량하는 방법으로 파장 200nm~1,200nm에서의 액체의 흡광도를 측정함으로써 대기 중이나 굴뚝배출 가스 중의 오염물질 분석에 적용한다.

2. 개요

자외선/가시선 분광법은 일반적으로 광원으로 나오는 빛을 단색화장치(Monochrometer) 또는 필터(Filter)에 의하여 좁은 파장 범위의 빛만을 선택하여 액층을 통과시킨 다음 광전측광으로 흡광도를 측정하여 목적 성분의 농도를 정량하는 방법이다.

★★ ① 램버어트 비어(Lambert-Beer)의 법칙 : $I_t = I_0 \cdot 10^{-\epsilon \cdot C \cdot L}$

I_0 : 입사광의 강도 I_t : 투사광의 강도 C : 농도 L : 빛의 투과거리
ϵ : 비례상수로서 흡광계수라 하고, $C = 1mol$, $L = 10mm$일 때의 ϵ 의 값을 몰흡광계수라 하며 K로 표시

② 투과도(t) = $\dfrac{I_t}{I_0}$

③ t(투과도)×100 = T(투과 퍼센트)

④ 흡광도(A)는 투과도의 역수의 상용대수

★★ ⑤ 흡광도(A) = $\log \dfrac{1}{t}$

★★ ⑥ 흡광도(A) = $\epsilon \cdot C \cdot L$

흡광도 분석방법 원리도

Question 28

자외선/가시선 분광법에서 램버트 비어(Lambert-Beer) 법칙에 의한 흡광도 A를 구하는 식으로 옳은 것은? (단, 입사광의 강도를 I_o, 투사광의 강도를 I_t라 한다.)

㉮ $A = \dfrac{I_t}{I_o} \times 100$ ㉯ $A = \dfrac{I_o}{I_t} \times 100$

㉰ $A = \log \dfrac{I_t}{I_o}$ ㉱ $A = \log \dfrac{I_o}{I_t}$

풀이

흡광도$(A) = \log \dfrac{1}{t(투과도)}$

여기서 $t = \dfrac{I_t}{I_o}$ 이므로 $A = \log \dfrac{1}{\frac{I_t}{I_o}} = \log \dfrac{I_o}{I_t}$

Question 29

자외선/가시선 분광법에서 빛의 강도가 Io의 단색광이 어떤 시료용액을 통과할 때 그 빛의 90%가 흡수될 경우 흡광도는 얼마인가?

㉮ 0.05 ㉯ 0.2 ㉰ 0.5 ㉱ 1.0

풀이

흡광도$(A) = \log \dfrac{1}{투과도} = \log \dfrac{1}{0.1} = 1.0$

TIP
① 투과율(%) = 100-흡수율(%) ② 투과율(%) = 투과퍼센트

3. 장치

★★ (1) 자외선/가시선 분광법 분석장치

광원부 - 파장선택부 - 시료부 - 측광부로 구성되어 있다.

(2) 광원부

광원부의 광원에는 텅스텐램프나 중수소방전관 등을 사용하며 점등을 위하여 전원부나 렌즈와 같은 광학계를 부속시킨다.

★★ ① 가시부와 근적외부의 광원 : 텅스텐램프
★★ ② 자외부의 광원 : 중수소 방전관

Question 30

자외선/가시선 분광법에 관한 설명으로 옳지 않은 것은?

㉮ 파장선택부에서 단색장치로는 프리즘, 회절격자 또는 이 두 가지를 조합시킨 것을 사용하여 단색광을 내기 위하여 슬릿(slit)을 부속시킨다.
㉯ 광원부에서 가시부와 근적외부의 광원으로는 주로 중수소 방전관을 사용하고 자외부의 광원으로는 주로 텅스텐램프를 사용한다.
㉰ 측광부에서 광전관, 광전자증배관은 주로 자외 내지 가시파장 범위에서, 광전도셀은 근적외파장범위에서, 광전지는 주로 가시파장 범위 내에서의 광전측광에 사용된다.
㉱ 광전광도계는 파장선택부에 필터를 사용한 장치로 단광속형이 많고 비교적 구조가 간단하여 작업분석용에 적당하다.

풀이 ㉯ 광원부에서 가시부와 근적외부의 광원으로는 주로 텅스텐램프를 사용하고 자외부의 광원으로는 주로 중수소방전관을 사용한다.

(3) 파장선택부

★★ 파장의 선택에는 일반적으로 단색화장치(Monochrometer) 또는 필터(Filter)를 사용한다.

★★ ① 단색장치로는 프리즘, 회절격자 또는 이 두 가지를 조합시킨 것을 사용하며 단색광을 내기 위하여 슬릿(slit)을 부속시킨다.
② 필터에는 색유리 필터, 젤라틴 필터, 간접필터 등을 사용한다.

(4) 시료부

시료부에는 일반적으로 시료액을 넣은 흡수셀(Cell, 시료셀)과 대조액을 넣는 흡수셀(대조셀)이 있고 이 셀을 보호하기 위한 셀홀더(Cell Holder)와 이것을 광로에 올려 놓을 시료실로 구성된다.

(5) 측광부

측광부의 광전측광에는 광전관, 광전자증배관, 광전도셀 또는 광전지 등을 사용하고 필요에 따라 증폭기, 대수변환기가 있으며 지시계, 기록계 등을 사용한다.

★★ ① 광전관, 광전자증배관 : 자외 내지 가시파장 범위
★★ ② 광전도셀 : 근적외파장 범위
★★ ③ 광전지 : 가시파장 범위

(6) 광전분광광도계

파장선택부에 단색화장치를 사용한 장치로 구조에 따라 단광속형과 복광속형이 있고 복광속형에는 흡수스펙트럼을 자동기록할 수 있는 것도 있다. 또 광전분광광도계에는 미분측광, 2파장측광, 시차측광이 가능한 것도 있다.

(7) 광전광도계

★★ 파장 선택부에 필터를 사용한 장치로 단광속형이 많고 비교적 구조가 간단하여 작업분석용에 적당하다.

Question 31

자외선/가시선 분광법의 장치에 관한 설명으로 거리가 먼 것은?

㉮ 자외부의 광원으로는 주로 중수소 방전관을 사용하고, 가시부와 근적외부의 광원으로는 주로 텅스텐램프를 사용한다.
㉯ 측광부에는 광전관, 광전자증배관은 주로 자외 내지 가시파장 범위에서 사용된다.
㉰ 단색화장치로는 프리즘, 회절격자 또는 이 두 가지를 조합시킨 것을 사용한다.
㉱ 광전광도계는 파장선택부에 단색화장치를 사용한 장치로 복광속형이 많다.

풀이 ㉱ 광전광도계는 파장선택부에 필터를 사용한 장치로 단광속형이 많고 비교적 구조가 간단하여 작업분석용에 적당하다.

---

(8) 흡수셀의 재질

① 흡수셀의 재질로는 유리, 석영, 플라스틱 등을 사용한다.
★★ ② 유리제 : 가시 및 근적외부 파장범위
★★ ③ 석영제 : 자외부 파장범위
④ 플라스틱제 : 근적외부 파장범위

Question 32

대기오염공정시험기준상 자외선/가시선 분광법에서 사용되는 흡수셀의 재질에 따른 사용파장범위로 알맞은 것은 어느 것인가?

㉮ 유리제는 근적외부 파장범위
㉯ 석영제는 가시부 및 근적외부 파장범위
㉰ 플라스틱제는 자외부 파장범위
㉱ 플라스틱제는 가시부 파장범위

풀이 흡수셀의 재질
① 유리제 : 가시 및 근적외부 파장 ② 석영제 : 자외부 파장범위
③ 플라스틱제 : 근적외부 파장범위

(9) 장치의 보정

★★ ① 자동기록식 광전분광광도계의 파장교정
홀뮴(Holmium) 유리의 흡수스펙트럼을 이용

> **Question 33**
>
> 자동기록식 광전분광광도계의 파장교정에 사용되는 흡수 스펙트럼은 어느 것인가?
> ㉮ 홀뮴유리 ㉯ 석영유리 ㉰ 플라스틱 ㉱ 방전유리
>
> **정답** ㉮

★★ ② 흡광도 눈금의 보정 : 다이크로뮴산포타슘용액
110℃에서 3시간 이상 건조한 다이크로뮴산포타슘(1급 이상)을 0.05mol/L 수산화포타슘(KOH) 용액에 녹여 다이크로뮴산포타슘($K_2Cr_2O_7$)용액을 만든다. 그 농도는 시약의 순도를 고려하여 $K_2Cr_2O_7$으로서 0.0303g/L가 되도록 한다.

> **Question 34**
>
> 다음 중 자외선/가시선 분광법으로 분석 시 흡광도 눈금보정에 사용되는 것은?
> ㉮ 염화소듐 ㉯ 음이온계면활성제
> ㉰ 시안화소듐 ㉱ 다이크로뮴산포타슘
>
> **정답** ㉱

★★ ③ 미광(迷光, Stray Light)의 유무조사
광원이나 광전측광 검출기에는 한정된 사용파장역이 있어 미광(迷光, Stray Light)의 영향이 크기 때문에 투과특성을 갖는 컷트필터(Cut Filter)를 사용하며 미광의 유무를 조사하는 것이 좋다.

> **Question 35**
>
> 자외선/가시선 분광법에서 미광(Stray light)의 유무조사에 사용되는 것은 어느 것인가?
> ㉮ Cell Holder ㉯ Holmium Glass
> ㉰ Cut Filter ㉱ Monochrometer
>
> **정답** ㉰

4. 측정

(1) 흡수셀의 준비

★★ ① 시료액의 흡수파장이 약 370nm 이상일 때 : 석영 또는 경질유리 흡수셀
★★ ② 시료액의 흡수파장이 약 370nm 이하일 때 : 석영흡수셀
★ ③ 따로 흡수셀의 길이(L)를 지정하지 않았을 때 : 10mm셀
④ 시료셀에는 시험용액을, 대조셀에는 따로 규정이 없는 한 정제수를 넣는다.
★ ⑤ 넣고자 하는 용액으로 흡수셀을 씻은 다음 적당량(셀의 약 8부까지)을 넣고 외면이 젖어 있을 때는 깨끗이 닦는다. 필요하면(휘발성 용매를 사용할 때와 같은 경우) 흡수셀에 마개를 하고 흡수셀에 방향성이 있을 때는 항상 방향을 일정하게 하여 사용한다.

(2) 흡수셀의 세척방법

★ 탄산소듐(Na_2CO_3) 용액(20g/L)에 소량의 음이온 계면활성제를 가한 용액에 흡수셀을 담가 놓고 필요하면 40℃~50℃로 약 10분간 가열한다. 흡수셀을 꺼내 물로 씻은 후 질산(1+5)에 소량의 과산화수소를 가한 용액에 약 30분간 담가 놓았다가 꺼내어 물로 잘 씻는다.

Question 36

다음은 자외선/가시선 분광법에 사용되는 흡수셀의 세척방법이다. ( ) 안에 가장 알맞은 것은?

( ) 용액(20g/L)에 소량의 음이온 계면활성제를 가한 용액에 흡수셀을 담가 놓고 필요하면 40℃~50℃로 약 10분간 가열한다.

㉮ Na_2Cu_3ON ㉯ KI   ㉰ Na_2CO_3 ㉱ NaOH

정답 ㉰

★★ (3) 흡광도의 측정순서

① 눈금판의 지시가 안정되어 있나를 확인한다.
② 대조셀을 광로에 넣고 광원으로부터의 광속을 차단하고 영점을 맞춘다. 영점을 맞춘다는 것은 투과율 눈금으로 눈금판의 지시가 영이 되도록 맞추는 것이다.
③ 광원으로부터 광속을 통하여 눈금 100에 맞춘다.
④ 시료셀을 광로에 넣고 눈금판의 지시치를 흡광도 또는 투과율로 읽는다. 투과율로 읽을때는 나중에 흡광도로 환산해 주어야 한다.
⑤ 필요하면 대조셀을 광로에 바꿔넣고 영점과 100에 변화가 없는가를 확인한다.

Question 37

다음 중 흡광도를 측정하기 위한 순서로 원칙적으로 제일 먼저 행하여야 할 행위는?

㉮ 시료셀과 대조셀을 넣고 눈금판의 지시치의 차이를 확인한다.
㉯ 광로를 차단 후 대조셀로 영점을 맞춘다.
㉰ 광원으로부터 광속을 통하여 눈금 100에 맞춘다.
㉱ 눈금판의 지시 안정 여부를 확인한다.

풀이 흡광도를 측정하기 위한 순서
㉱ 눈금판의 지시 안정 여부를 확인한다.
㉯ 광로를 차단 후 대조셀로 영점을 맞춘다.
㉰ 광원으로부터 광속을 통하여 눈금 100에 맞춘다.
㉮ 시료셀과 대조셀을 넣고 눈금판의 지시치의 차이를 확인한다.

원자흡수분광광도법(Atomic Absorption Spectrophotometry)

★★ 1. 원리 및 적용범위

시료를 적당한 방법으로 해리시켜 중성원자로 증기화하여 생긴 기저상태의 원자가 이 원자 증기층을 투과하는 특유파장의 빛을 흡수하는 현상을 이용하여 광전측광과 같은 개개의 특유 파장에 대한 흡광도를 측정하여 시료 중의 원소농도를 정량하는 방법으로 대기 또는 배출가스 중의 유해 중금속, 기타 원소의 분석에 적용한다.

★★ 2. 용어

★★ ① 역화 : 불꽃의 연소속도가 크고 혼합기체의 분출속도가 작을 때 연소현상이 내부로 옮겨지는 것

② 원자흡광도 : 어떤 진동수 i의 빛이 목적원자가 들어 있지 않은 불꽃을 투과했을 때의 강도를 $I_0\nu$, 목적원자가 들어있는 불꽃을 투과했을 때의 강도를 $I\nu$라 하고 불꽃중의 목적원자 농도를 C, 불꽃 중의 광도의 길이를 L이라 했을 때

$$E_{AA} = \frac{\log_{10} \cdot I_0\nu / I\nu}{C \cdot L}$$ 로 표시되는 양을 말한다.

③ 원자흡광(분광) 분석 : 원자흡광 측정에 의하여 하는 화학분석

★ ④ 원자흡광(분광) 측광 : 원자흡광 스펙트럼을 이용하여 시료 중의 특정원소의 농도와 그 휘선의 흡광정도(보통은 보정되지 않은 흡광도로 나타냄)와의 상관관계를 측정하는 것

⑤ 원자흡광스펙트럼 : 물질의 원자증기층을 빛이 통과할 때 각각 특유한 파장의 빛을 흡수한다. 이 빛을 분산하여 얻어지는 스펙트럼을 말한다.

★★ ⑥ 공명선 : 원자가 외부로부터 빛을 흡수했다가 다시 먼저 상태로 돌아갈 때 방사하는 스펙트럼선

★★ ⑦ 근접선 : 목적하는 스펙트럼선에 가까운 파장을 갖는 다른 스펙트럼선

⑧ 중공음극램프 : 원자흡광분석의 광원이 되는 것으로 목적원소를 함유하는 중공음극 한 개 또는 그 이상을 저압의 네온과 함께 채운 방전관

⑨ 다음극 중공음극램프 : 두 개 이상의 중공음극을 갖는 중공음극램프

⑩ 다원소 중공음극램프 : 한 개의 중공음극에 두 종류 이상의 목적원소를 함유하는 중공음극램프

★ ⑪ 충전가스 : 중공음극램프에 채우는 가스

⑫ 소연료불꽃 : 가연성가스와 조연성가스의 비를 적게 한 불꽃 즉, 가연성 가스/조연성 가스의 값을 적게 한 불꽃

★ ⑬ 다연료 불꽃 : 가연성 가스/조연성 가스의 값을 크게 한 불꽃

⑭ 분무기 : 시료를 미세한 입자로 만들어 주기 위하여 분무하는 장치

★ ⑮ 분무실 : 분무기와 함께 분무된 시료용액의 미립자를 더욱 미세하게 해주는 한편 큰 입자와 분리시키는 작용을 갖는 장치

★ ⑯ 슬롯버너 : 가스의 분출구가 세극상으로 된 버너

⑰ 전체분무버너 : 시료용액을 빨아올려 미립자로 되게 하여 직접 불꽃 중으로 분무하여 원자증기화하는 방식의 버너

★ ⑱ 예복합 버너 : 가연성 가스, 조연성 가스 및 시료를 분무실에서 혼합시켜 불꽃 중에 넣어주는 방식의 버너

⑲ 선폭 : 스펙트럼선의 폭

★★ ⑳ 선프로파일 : 파장에 대한 스펙트럼선의 강도를 나타내는 곡선

㉑ 멀티 패스 : 불꽃 중에서의 광로를 길게 하고 흡수를 증대시키기 위하여 반사를 이용하여 불꽃 중에 빛을 여러 번 투과시키는 것

Question 38

원자흡수분광광도법에서 사용되는 용어의 정의로 틀린 것은 어느 것인가?

㉮ 근접선 : 목적하는 스펙트럼선에 가까운 파장을 갖는 다른 스펙트럼선
㉯ 선프로파일 : 파장에 대한 스펙트럼선의 강도를 나타내는 곡선
㉰ 충전가스 : 불꽃 단락을 방지하기 위해 분무버너에 채우는 가스
㉱ 다연료 불꽃 : 가연성 가스/조연성 가스의 값을 크게 한 불꽃

풀이 ㉰ 충전가스 : 중공음극램프에 채우는 가스

3. 원자흡광 분석장치

(1) 원자흡광 분석장치

★ ① **장치구성순서** : 광원부 - 시료원자화부 - 파장선택부(분광부) - 측광부
② 단광속형과 복광속형이 있다.
③ 여러 개 원소의 동시 분석이나 내부표준물질법에 의한 분석을 목적으로 할 때는 구성요소를 여러 개 복합 멀티채널형의 장치도 있다.

〈원자흡광 분석장치의 구성〉

(2) 광원부

★★ ① **중공음극램프** : 원자흡광분석용 광원은 원자흡광 스펙트럼선의 선폭보다 좁은 선폭을 갖고 휘도가 높은 스펙트럼을 방사하는 중공음극램프가 많이 사용된다.
② **기타램프** : 소듐(Na), 포타슘(K), 칼슘(Ca), 루비듐(Rb), 세슘(Cs), 카드뮴(Cd), 수은(Hg), 탈륨(Tl)과 같이 비점이 낮은 원소에서는 열음극이나 방전램프를 사용할 수도 있다. 또 금속의 할로겐화물을 봉입하여 고주파 방전에 의하여 점등하는 방식의 방전램프를 사용할 수도 있다.

Question 39

다음 중 원자흡수분광광도법에서 광원부로 가장 적합한 장치는?

㉮ 텅스텐램프 ㉯ 플라즈마젯 ㉰ 중공음극램프 ㉱ 수소방전관

정답 ㉰

(3) 시료원자화부

시료원자화부는 시료를 원자증기화하기 위한 시료원자화 정치와 원자증기 중에 빛을 투과시키기 위한 광학계로 되어 있다.

① **불꽃의 종류** : 수소-공기, 수소-공기-아르곤, 수소-산소, 아세틸렌-공기, 아세틸렌-산소, 아세틸렌-아산화질소, 프로페인-공기, 석탄가스-공기 등이 있다.

② **수소(H_2) – 공기, 아세틸렌(C_2H_2) – 공기** : 거의 대부분의 원소분석에 유효하게 사용

★ ③ **수소(H_2) – 공기** : 원자 외 영역에서의 불꽃 자체에 의한 흡수가 적기 때문에 이 파장 영역에서 분석선을 갖는 원소의 분석에 적당하다.

★★★ ④ **아세틸렌(C_2H_2) – 아산화질소(N_2O) 불꽃** : 불꽃의 온도가 높기 때문에 불꽃 중에서 해리하기 어려운 내화성산화물을 만들기 쉬운 원소의 분석에 적당하다.

★ ⑤ **프로페인(C_3H_8) – 공기 불꽃** : 불꽃 온도가 낮고 일부 원소에 대하여 높은 감도를 나타낸다.

Question 40

원자흡광분석에 사용되는 불꽃 중 불꽃의 온도가 높아 불꽃 중에서 해리하기 어려운 내화성 산화물을 만들기 쉬운 원소 분석에 가장 적합한 것은?

㉮ 아세틸렌-공기 ㉯ 아세틸렌-산소
㉰ 수소-공기-아르곤 ㉱ 아세틸렌-아산화질소

정답 ㉱

★★ 4. 검정곡선의 작성과 정량법

① 검정곡선의 직선영역

원자흡광분석에 있어서의 검정곡선은 일반적으로 저농도 영역에서는 양호한 직선성을 나타내지만 고농도 영역에서는 여러 가지 원인에 의하여 휘어진다. 따라서 정량을 행하는 경우에는 직선성이 좋은 농도 또는 흡광도의 영역을 사용하지 않으면 안된다.

② **절대검정곡선법**
검정곡선은 적어도 3종류 이상의 농도의 표준시료용액에 대하여 흡광도를 측정하여 표준물질의 농도를 가로대에, 흡광도를 세로대에 취하여 그래프를 그려서 작성한다. 분석시료에 대하여 흡광도를 측정하고 검정곡선의 직선영역에 의하여 목적성분의 농도를 구한다. 이 방법은 분석시료의 조성과 표준시료와의 조성이 일치하거나 유사하여야 한다. 조성이 다른 경우에는 조성의 차로 인한 분석오차가 분석정밀도에 대하여 무시될 수 있는가를 확인해 둘 필요가 있다.

③ **표준물첨가법**
같은 양의 분석시료를 여러 개 취하고 여기에 표준물질이 각각 다른 농도로 함유되도록 표준용액을 첨가하여 용액열을 만든다. 이어 각각의 용액에 대한 흡광도를 측정하여 가로대에 용액영역 중의 표준물질 농도를, 세로대에는 흡광도를 취하여 그래프 용지에 그려 검정곡선을 작성한다. 목적성분의 농도는 검정곡선이 가로대와 교차하는 점으로부터 첨가표준물질의 농도가 0인 점까지의 거리로써 구한다.

④ **상대검정곡선법**
새로 분석시료 중에 가한 내부 표준원소(목적원소와 물리적 화학적 성질이 아주 유사한 것이어야 한다.)와 목적원소와의 흡광도 비를 구하는 동시 측정을 행한다.
목적원소에 의한 흡광도 A_S와 표준원소에 의한 흡광도 A_R와의 비를 구하고 A_S/A_R 값과 표준물질 농도와의 관계를 그래프에 작성하여 검정곡선을 만든다.
이 방법은 측정치가 흩어졌을 때 흩어진 측정치를 상쇄하므로 분석값의 재현성이 높아지고 정밀도가 향상된다.

Question 41

원자흡수분광광도법의 검정곡선 작성법에 관한 설명으로 가장 거리가 먼 것은?

㉮ 검정곡선은 일반적으로 저농도 영역에서 양호한 직선을 나타내므로 저농도 영역에서 작성하는 것이 좋다.
㉯ 검정곡선법의 경우에는 적어도 3종류 이상의 농도의 표준시료용액에 대하여 흡광도를 측정하여 작성한다.
㉰ 표준물첨가법은 여러개의 같은 양의 분석시료에 각각 다른 농도의 표준물질을 가하여 흡광도를 구하여 작성한다.
㉱ 상대검정곡선법에 가하는 표준원소는 목적원소와 화학적, 물리적으로 다른 성질의 원소로서 목적원소와 흡광도 비를 구하는 동시 측정을 행한다.

풀이 ㉱ 상대검정곡선법에 가하는 표준원소는 목적원소와 화학적, 물리적으로 아주 유사한 성질의 원소로서 목적원소와 흡광도 비를 구하는 동시 측정을 행한다.

05 비분산 적외선 분광분석법
(NonDispersive Infrared Photometer Analysis)

1. 원리 및 적용범위

선택성 검출기를 이용하여 시료 중의 특정 성분에 의한 적외선의 흡수량 변화를 측정하여 시료중에 들어있는 특정 성분의 농도를 구하는 방법으로 대기 및 굴뚝 배출기체 중의 오염물질을 연속적으로 측정하는 비분산 정필터형 적외선 가스 분석기에 대하여 적용한다.

★★ 2. 용어

★★ ① 비분산(Nondispersive) : 빛을 프리즘이나 회절격자와 같은 분산소자에 의해 분산하지 않는 것
★★ ② 정필터형 : 측정성분이 흡수되는 적외선을 그 흡수파장에서 측정하는 방식
★★ ③ 반복성 : 동일한 분석계를 이용하여 동일한 측정대상을 동일한 방법과 조건으로 비교적 단시간에 반복적으로 측정하는 경우로서 개개의 측정치가 일치하는 정도
★★ ④ 비교가스 : 시료셀에서 적외선 흡수를 측정하는 경우 대조가스로 사용하는 것으로 적외선을 흡수하지 않는 가스
⑤ 시료셀(Sample Cell) : 시료가스를 넣는 용기
⑥ 비교셀(Reference Cell) : 비교가스를 넣는 용기
⑦ 시료광속 : 시료셀을 통과하는 빛
⑧ 비교광속 : 비교셀을 통과하는 빛
★ ⑨ 제로가스(Zero Gas) : 분석계의 최저 눈금값을 교정하기 위하여 사용하는 가스
★ ⑩ 스팬가스(Span Gas) : 분석계의 최고 눈금값을 교정하기 위하여 사용하는 가스
⑪ 제로 드리프트(Zero Drift) : 측정기의 최저눈금에 대한 지시값의 일정 기간내의 변동
⑫ 스팬 드리프트(Span Drift) : 측정기의 교정범위 눈금에 대한 지시값의 일정 기간내의 변동
★ ⑬ 교정범위 : 측정기 최대측정범위의 80%~90% 범위에 해당하는 교정값을 말한다.

Question 42

비분산 적외선 분광분석법에 적용되는 용어의 정의로 틀린 것은 어느 것인가?

㉮ 정필터형 : 측정성분이 흡수되는 적외선을 그 흡수파장에서 측정하는 방식
㉯ 반복성 : 동일한 분석계를 이용하여 다른 측정대상을 동일한 방법과 조건으로 비교적 장시간에 반복적으로 측정하는 경우에 측정치의 일치정도
㉰ 비교가스 : 시료셀에서 적외선 흡수를 측정하는 경우 대조가스로 사용하는 것으로 적외선을 흡수하지 않는 가스
㉱ 비분산 : 빛을 프리즘이나 회절격자와 같은 분산소자에 의해 분산하지 않는 것

풀이 ㉯ 반복성 : 동일한 분석계를 이용하여 동일한 측정대상을 동일한 방법과 조건으로 비교적 단시간에 반복적으로 측정하는 경우로서 개개의 측정치가 일치하는 정도

3. 비분산형적외선분석기의 분류

① 고전적 측정방법인 복광속분석기
② 고농도 시료분석에 사용되는 단광속분석기
③ 간섭 영향을 줄이고 저농도에서 검출 능이 좋은 가스필터 상관분석기

4. 복광속 비분산 분석기

적외선 광원 - 회전섹터 - 광학필터 - 시료셀 - 비교셀 - 적외선 검출기 - 증폭기 - 지시계

〈복광속(複光束) 분석기의 구성〉

★★ ① 광원 : 니크로뮴선 또는 탄화규소의 저항체에 전류를 흘려 가열한 것을 사용
★★ ② 회전섹타 : 시료광속과 비교광속을 일정주기로 단속시켜, 광학적으로 변조시키는 것으로 측정 광신호의 증폭에 유효하고 잡신호 영향을 줄일 수 있다.
★★ ③ 광학필터 : 시료가스 중에 간섭물질 가스의 흡수파장역의 적외선을 흡수 제거하기 위하여 사용하며, 가스필터와 고체필터가 있는데, 이것은 단독 또는 적절히 조합하여 사용한다.

④ 시료셀 : 시료가스가 흐르는 상태에서 양단의 창을 통해 시료광속이 통과하는 구조를 갖는다.
⑤ 비교셀 : 시료셀과 동일한 모양을 가지며 아르곤 또는 질소와 같은 불활성 기체를 봉입하여 사용한다.
⑥ 검출기 : 광속을 받아들여 시료가스 중 측정성분 농도에 대응하는 신호를 발생시키는 선택적 검출기 혹은 광학필터와 비선택적 검출기를 조합하여 사용한다.

Question 43

연도 배출가스 중 오염물질의 연속 측정에 사용하는 복광속 비분산 분석계의 구성에 대한 내용으로 틀린 것은 어느 것인가?

㉮ 광원은 원칙적으로 니크로뮴선 또는 탄화규소의 저항체에 전류를 흘려 가열한 것을 사용한다.
㉯ 회전섹타는 시료가스 중에 포함되어 있는 간섭성분가스의 흡수파장역의 적외선을 흡수·제거하기 위하여 사용한다.
㉰ 광학필터에는 가스필터와 고체필터가 있으며, 단독 또는 적절히 조합하여 사용한다.
㉱ 비교셀을 아르곤과 같은 불활성 기체를 봉입하여 사용한다.

풀이 ㉯ 회전섹타는 시료광속과 비교광속을 일정주기로 단속시켜, 광학적으로 변조시키는 것으로 측정 광신호의 증폭에 유효하고 잡신호 영향을 줄 수 있다.

5. 측정기기 성능

① 재현성 : 동일 측정조건에서 제로가스와 스팬가스를 번갈아 3회 도입하여 각각의 측정값의 평균으로부터 편차를 구한다. 이 편차는 전체 눈금의 ±2% 이내이어야 한다.
② 감도 : 최대눈금범위의 ±1% 이하에 해당하는 농도변화를 검출할 수 있는 것이어야 한다.
③ 제로드리프트(zero drift) : 동일 조건에서 제로가스를 연속적으로 도입하여 고정형은 24시간, 이동형은 4시간 연속 측정하는 동안에 전체 눈금의 ±2% 이상의 지시 변화가 없어야 한다.
④ 스팬드리프트(span drift) : 동일 조건에서 제로가스를 흘려 보내면서 때때로 스팬가스를 도입할 때 제로드리프트를 뺀 드리프트가 고정형은 24시간, 이동형은 4시간 동안에 전체 눈금의 ±2% 이상이 되어서는 안된다.

TIP
측정시간 간격은 고정형은 4시간 이상, 이동형은 40분 이상이 되도록 한다.

★★ ⑤ 응답시간(response time) : 제로 조정용 가스를 도입하여 안정된 후 유로를 스팬가스로 바꾸어 기준 유량으로 분석기에 도입하여 그 농도를 눈금 범위 내의 어느 일정한 값으로부터 다른 일정한 값으로 갑자기 변화시켰을 때 스텝(step) 응답에 대한 소비시간이 1초 이내이어야 한다. 또 이때 최종 지시값에 대한 90%의 응답을 나타내는 시간은 40초 이내이어야 한다.
⑥ 온도변화에 대한 안정성 : 측정가스의 온도가 표시온도 범위 내에서 변동해도 성능에 지장이 있어서는 안된다.
★ ⑦ 유량변화에 대한 안정성 : 측정가스의 유량이 표시한 기준유량에 대하여 ±2% 이내에서 변동하여도 성능에 지장이 있어서는 안된다.
⑧ 주위온도 변화에 대한 안정성 : 주위온도가 표시 허용변동 범위 내에서 변동하여도 성능에 지장이 있어서는 안된다.
★ ⑨ 전압 변동에 대한 안정성 : 전원전압이 설정 전압의 ±10% 이내로 변화하였을 때 지시값 변화는 전체 눈금의 ±1% 이내여야 하고, 주파수가 설정 주파수의 ±2%에서 변동해도 성능에 지장이 있어서는 안된다.

Question 44

다음은 비분산형 적외선 분석기의 성능기준이다. ( ) 안에 알맞은 말은 어느 것인가?

제로 조정용 가스를 도입하여 안정된 후 유로를 스팬가스로 바꾸어 기준 유량으로 분석기에 도입하여 그 농도를 눈금 범위 내의 어느 일정한 값으로부터 다른 일정한 값으로 갑자기 변화시켰을 때 스텝(step) 응답에 대한 소비시간이 (①)이어야 한다. 또 이때 최종 지시치에 대한 90%의 응답을 나타내는 시간은 (②)이어야 한다.

㉮ ① 10초 이내, ② 30초 이내 ㉯ ① 10초 이내, ② 40초 이내
㉰ ① 1초 이내, ② 30초 이내 ㉱ ① 1초 이내, ② 40초 이내

풀이 ㉱

Question 45

비분산형 적외선 분석기의 성능기준으로 틀린 것은 어느 것인가?

㉮ 재현성은 동일 측정조건에서 제로가스와 스팬가스를 번갈아 3회 도입하여 각각의 측정값의 평균으로부터 편차를 구하고, 이 편차는 전체 눈금의 ±2% 이내이어야 한다.
㉯ 응답시간(response time)은 제로 조정용 가스를 도입하여 안정된 후 유로를 스팬가스로 바꾸어 기준유량으로 분석기에 도입하여 그 농도를 눈금 범위 내의 어느 일정한 값으로부터 다른 일정한 값으로 갑자기 변화시켰을 때 스텝(step) 응답에 대한 소비시간이 1초 이내이어야 한다.
㉰ 제로드리프트(zero drift)는 동일 조건에서 제로가스를 연속적으로 도입하여 고정형은 8시간, 이동형은 4시간 연속 측정하는 동안에 전체 눈금의 ±1% 이상의 지시변화가 없어야 한다.
㉱ 감도는 최대눈금범위의 ±1% 이하에 해당하는 농도변화를 검출할 수 있는 것이어야 한다.

풀이 ㉰ 제로드리프트(zero drift)는 동일 조건에서 제로가스를 연속적으로 도입하여 고정형은 24시간, 이동형은 4시간 연속 측정하는 동안에 전체눈금의 ±2% 이상의 지시변화가 없어야 한다.

06 이온크로마토그래피(Ion Chromatography)

1. 원리 및 적용범위

이동상으로는 액체를, 그리고 고정상으로는 이온교환수지를 사용하여 이동상에 녹는 혼합물을 고분리능 고정상이 충전된 분리관 내로 통과시켜 시료성분의 용출상태를 전도도 검출기 또는 광학 검출기로 검출하여 그 농도를 정량하는 방법으로 일반적으로 강수(비, 눈, 우박 등), 대기먼지, 하천수 중의 이온성분을 정성, 정량 분석하는데 이용한다.

Question 46

다음은 이온크로마토그래피의 원리 및 적용범위에 대한 내용이다. ( ) 안에 알맞은 말은 어느 것인가?

이온크로마토그래피는 이동상으로는 (①)를(을) 그리고 고정상으로는 (②)를(을) 사용하여 이동상에 녹는 혼합물을 고분리능 고정상이 충전된 분리관 내로 통과시켜 시료성분의 용출상태를 전도도 검출기로 검출하여 그 농도를 정량하는 방법이다.

㉮ ① 액체, ② 전해질
㉯ ① 전해질, ② 액체
㉰ ① 액체, ② 이온교환수지
㉱ ① 이온교환수지, ② 액체

정답 ㉰

2. 장치

★★ (1) 분석장치의 구성순서

용리액조 - 송액펌프 - 시료주입장치 - 분리관 - 써프렛서 - 검출기 - 기록계

> **Question 47**
>
> 다음 중 일반적으로 사용하는 이온크로마토그래피의 구성을 순서대로 옳게 나열한 것은?
> ㉮ 용리액조 - 시료주입장치 - 송액펌프 - 써프렛서 - 분리관 - 검출기 - 기록계
> ㉯ 송액펌프 - 용리액조 - 시료주입장치 - 분리관 - 검출기 - 써프렛서 - 기록계
> ㉰ 용리액조 - 송액펌프 - 분리관 - 시료주입장치 - 써프렛서 - 검출기 - 기록계
> ㉱ 용리액조 - 송액펌프 - 시료주입장치 - 분리관 - 써프렛서 - 검출기 - 기록계
>
> **정답** ㉱

(2) 용리액조

★★ ① 이온성분이 용출되지 않는 재질로써 용리액을 직접 공기와 접촉시키지 않는 밀폐된 것을 선택한다.
② 일반적으로 폴리에틸렌이나 경질 유리제를 사용한다.

(3) 송액펌프의 구비조건

① 맥동이 적은 것
② 필요한 압력을 얻을 수 있는 것
③ 유량조절이 가능할 것
④ 용리액 교환이 가능할 것

(4) 시료주입장치

일정량의 시료를 밸브조작에 의해 분리관으로 주입하는 루프주입방식이 일반적이며 셉텀(Septum)방법, 셉텀레스(Septumless)방식 등이 사용되기도 한다.

(5) 분리관

① 이온교환체의 구조면에서는 표층피복형, 표층박막형, 전다공성 미립자형이 있으며, 기본 재질면에서는 폴리스타이렌계, 폴리아크릴레이트계 및 실리카계가 있다.

② 양이온 교환체는 표면에 슬폰산기를 보유한다.
③ 분리관의 재질은 내압성, 내부식성으로 용리액 및 시료액과 반응성이 적은 것을 선택하며 에폭시수지관 또는 유리관이 사용된다.
★★ ④ 일부는 스테인리스관이 사용되지만 금속이온 분리용으로는 좋지 않다.

Question 48

일반적으로 사용하는 이온크로마토그래피의 구성장치 중 분리관에 관한 설명으로 가장 거리가 먼 것은?

㉮ 이온교환체의 구조면에서는 표층피복형, 표층박막형, 전다공성 미립자형이 있다.
㉯ 양이온 교환체는 표면에 슬폰산기를 보유한다.
㉰ 금속이온 분리용으로는 스테인리스관이 효과적이다.
㉱ 분리관은 에폭시수지관 또는 유리관 등이 사용된다.

풀이 ㉰ 금속이온 분리용으로는 스테인리스관은 좋지 않다.

(6) 써프렛서

★★ ① 써프렛서란 용리액에 사용되는 전해질 성분을 제거하기 위하여 분리관 뒤에 직렬로 접속시킨 것으로써 전해질을 물 또는 저 전도도의 용매로 바꿔줌으로써 전기전도도 셀에서 목적이온 성분과 전기 전도도만을 고감도로 검출할 수 있게 해주는 것이다.
★★ ② 써프렛서는 관형과 이온교환막형이 있으며, 관형은 음이온에는 스티롤계 강산형 (H^+) 수지가, 양이온에는 스티롤계 강염기형(OH^-)의 수지가 충진된 것을 사용한다.

Question 49

고성능 이온크로마토그래피의 장치 중 써프렛서에 관한 설명으로 가장 거리가 먼 것은?

㉮ 목적성분의 전기전도도를 낮추어 이온성분을 고감도로 검출할 수 있게 해 준다.
㉯ 용리액에 사용되는 전해질 성분을 제거하기 위한 것이다.
㉰ 장치의 구성상 써프렛서 앞에 분리관이 위치한다.
㉱ 관형 써프렛서에 사용하는 충전물은 스티롤계 강산형 및 강염기형 수지이다.

풀이 ㉮ 전해질을 물 또는 저 전도도의 용매로 바꿔줌으로써 전기 전도도셀에서 목적이온성분과 전기 전도도만을 고감도로 검출할 수 있게 해 준다.

★★ (7) 검출기

검출기는 분리관 용리액 중의 시료성분의 유무와 량을 검출하는 부분으로 일반적으로 전기전도도 검출기를 많이 사용하고, 그 외 자외선, 가시선 흡수검출기(UV, VIS 검출기), 전기화학적 검출기 등이 사용된다.

① 전기 전도도 검출기 : 분리관에서 용출되는 각 이온종을 직접 또는 써프렛서를 통과시킨 전기 전도도계 셀 내의 고정된 전극 사이에 도입시키고 이때 흐르는 전류를 측정하는 것이다.

★★ ② 자외선 및 가시선 흡수 검출기(UV, VIS 검출기) : 자외선흡수검출기(UV 검출기)는 고성능 액체크로마토그래피 분야에서 가장 널리 사용되는 검출기이며, 최근에는 이온크로마토그래피에서도 전기 전도도 검출기와 병행하여 사용되기도 한다. 또한 가시선 흡수 검출기(VIS 검출기)는 전이금속 성분의 발색반응을 이용하는 경우에 사용된다.

★★ ③ 전기화학적 검출기 : 정전위 전극반응을 이용하는 전기화학 검출기는 검출 감도가 높고 선택성이 있는 검출기로써 분석화학 분야에 널리 이용되는 검출기이며 전량검출기, 암페로메트릭 검출기 등이 있다.

Question 50

이온크로마토그래피에서 사용하는 검출기 중 정전위 전극반응을 이용하는 것으로 검출감도가 높고 선택싱이 있으며 전량검출기, 암페로 메트릭 검출기 등이 있는 것은?

㉮ 전기 전도도 검출기 ㉯ 전기 화학적 검출기
㉰ 전기 자외선 흡수 검출기 ㉱ 전기 가시선 흡수 검출기

정답 ㉯

★★ 3. 설치조건

★★ ① 실험실 온도 15℃~25℃, 상대습도 30%~85% 범위로 급격한 온도변화가 없어야 한다.
② 진동이 없고 직사광선을 피해야 한다.
③ 부식성 가스 및 먼지발생이 적고 환기가 잘 되어야 한다.
④ 대형변압기, 고주파가열 등으로 부터의 전자유도를 받지 않아야 한다.
★★ ⑤ 공급전원은 기기의 사양에 지정된 전압 전기용량 및 주파수로 전압변동은 10% 이하이고 주파수 변동이 없어야 한다.

Question 51

이온크로마토그래피 설치조건(기준)으로 가장 거리가 먼 것은?

㉮ 부식성 가스 및 먼지발생이 적고, 진동이 없으며 직사광선을 피해야 한다.
㉯ 대형변압기, 고주파가열 등으로부터의 전자유도를 받지 않아야 한다.
㉰ 실험실 온도 15℃~25℃, 상대습도 30%~85% 범위로 급격한 온도 변화가 없어야 한다.
㉱ 공급전원은 기기의 사양에 지정된 전압 전기용량 및 주파수로 전압변동은 30% 이하이고, 급격한 주파수 변동이 없어야 한다.

풀이 ㉱ 공급전원은 기기의 사양에 지정된 전압 전기용량 및 주파수로 전압변동은 10% 이하이고, 주파수 변동이 없어야 한다.

07 흡광차분광법(Differential Optical Absorption Spectroscopy : DOAS)

★★ 1. 원리 및 적용범위

이 방법은 일반적으로 빛을 조사하는 발광부와 50m~1,000m 정도 떨어진 곳에 설치되는 수광부(또는 발·수광부와 반사경) 사이에 형성되는 빛의 이동경로(Path)를 통과하는 가스를 실시간으로 분석하며, 측정에 필요한 광원은 180nm~2,850nm 파장을 갖는 제논(Xenon) 램프를 사용하여 이산화황, 질소산화물, 오존 등의 대기오염물질 분석에 적용한다.

★★ 2. 흡광차분광법의 주요 내용

① 흡광차분광법(DOAS)은 흡광광도법의 기본 원리인 Beer-Lambert 법칙을 응용한다.
② 흡광차분광법은 일정 파장 간격 범위의 연속 흡수스펙트럼 곡선을 통해 농도를 구한다.
★★ ③ 일반 흡광광도법은 미분적(일시적)이며 흡광차분광법(DOAS)은 적분적(연속적)이란 차이점이 있다.
★★ ④ 흡광차분광법의 분석장치는 분석기와 광원부로 나누어지며, 분석기 내부는 분광기, 샘플 채취부, 검지부, 분석부, 통신부 등으로 구성된다.
⑤ 광원부는 발광부/수광부(또는 발·수광부) 및 광케이블로 구성되며, 외부 환경에 영향이 없는 구조로 구성된다.

★ ⑥ 분광기는 Czerny-Turner 방식이나 Holographic 방식 등을 채택하고 있으며, 측정가스가 가지는 최대흡수파장 대역으로 샘플을 분광시켜주는 역할을 한다.
⑦ 샘플 채취부는 빛의 이동경로(Path)상에서 실시간으로 채취되는 샘플은 광케이블을 통해서 여과없이 파장선택부로 전달된다.

Question 52

흡광차분광법(Differential Optical Absorption Spectroscopy)에 관한 설명으로 옳지 않은 것은?

㉮ 흡광차분광법의 분석장치는 분석기와 광원부로 나누어지며, 분석기 내부는 분광기, 샘플채취부, 검지부, 분석부, 통신부 등으로 구성된다.
㉯ 광원부는 발·수광부 및 광케이블로 구성되며, 외부 환경에 영향이 없는 구조로 구성된다.
㉰ 발광부의 광원은 제논램프를 사용하며, 제논램프는 180~2,850nm의 파장을 갖는다.
㉱ 일반적으로 빛을 조사하는 발광부와 5m~10m 정도 떨어진 곳에 설치되는 수광부 사이에 형성되는 빛의 이동경로를 통과하는 가스를 실시간으로 분석한다.

 풀이 ㉱ 일반적으로 빛을 조사하는 발광부와 50m~1,000m 정도 떨어진 곳에 설치되는 수광부 사이에 형성되는 빛의 이동경로를 통과하는 가스를 실시간으로 분석한다.

Question 53

발광부에서 나온 빛을 수광부에서 받아들여 광케이블로 분석기 내부로 전달하여 대기오염물질의 분석을 행하는 흡광차분광법의 분석계 시스템 구성을 순서대로 옳게 나열한 것은?

㉮ 분광기 → 샘플채취부 → 분석부 → 통신부 → 검지부
㉯ 분광기 → 샘플채취부 → 검지부 → 분석부 → 통신부
㉰ 샘플채취부 → 분광기 → 분석부 → 통신부 → 검지부
㉱ 샘플채취부 → 통신부 → 검지부 → 분광기 → 분석부

정답 ㉯

08 고성능 액체크로마토그래피 (High Performance Liquid Chromatography)

고성능 액체크로마토그래피는 비휘발성 화학종 또는 열적으로 불안정한 물질을 분리할 수 있으며 유기물과 무기물의 대기오염물질에 대한 정성분석, 정량분석에 사용된다.

★★ 1. 고성능 액체크로마토그래프 기기장치의 기본 구성

용매저장기 - 펌프 - 시료주입기 - 분리관 - 검출기 - 기록기

2. 펌프(pump)장치가 갖추어야 할 필요조건들

★★ ① 약 152,000mmHg 기압까지의 압력발생
② 맥동 충격이 없는 출력
★★ ③ 0.1mL/min~10mL/min의 흐름속도
★★ ④ 흐름속도 조절 및 흐름속도 재현성의 상대오차가 0.5% 또는 그 이하일 것
⑤ 잘 부식되지 않는 스테인리스강으로 된 장치와 봉합재로써 테플론을 사용할 것 등이다.
⑥ 펌프의 종류 : 왕복식 펌프, 치환(혹은 주사기형) 펌프 및 기압식(혹은 일정압력) 펌프

3. 검출기의 종류

① 자외선 흡수 검출기
② 형광 검출기
③ 굴절률 검출기
④ 증발 광산란 검출기
⑤ 전기화학 검출기
⑥ 질량분석 검출기

4. 설치조건

★★ ① 실험실 온도는 10℃~25℃, 상대습도는 30%~85%로 유지되며 온도와 습도의 급격한 변화가 없는 곳
② 진동이 없고 햇빛이 직접 내려쬐지 않는 곳
③ 부식 기체나 먼지가 거의 없고 환기가 충분히 이루어지는 곳
④ 용량이 큰 변압기나 고주파 전열기로부터의 전자기 유도가 없는 곳
★★ ⑤ 고성능 액체 크로마토그래프에 필요한 전압, 용량, 주파수에 맞는 전력의 공급이 가능할 것. 이때 전압의 변화는 10% 이내이며 주파수의 변동이 없을 것

CHAPTER 03 배출허용기준시험방법

제1절 시료채취방법

01 배출가스 중 가스상물질 시료채취방법

1. 개요

굴뚝을 통하여 대기 중으로 배출되는 가스상 물질을 분석하기 위한 시료의 채취방법에 대하여 규정한다. 단, 시험기준에서 표시하는 가스상 물질의 시료 채취량은 표준상태(0℃, 760mmHg)로 환산한 건조시료 가스량을 말한다.

2. 시료채취장치

(1) 장치의 구성

흡수병, 채취병 등을 쓰는 시료채취장치는 다음의 각 요소로 구성된다.

채취관 → 연결관 → 채취부

(2) 채취관

★★ ① 재질

채취관, 충전 및 여과재의 재질은 배출가스의 조성, 온도 등을 고려해서 다음의 조건을 만족시키는 것을 선택한다.

㉠ 화학반응이나 흡착작용 등으로 배출가스의 분석결과에 영향을 주지 않는 것
㉡ 배출가스 중의 부식성 성분에 의하여 잘 부식되지 않는 것
㉢ 배출가스의 온도, 유속 등에 견딜 수 있는 충분한 기계적 강도를 갖는 것

  ▶ 분석물질의 종류별 채취관 및 연결관 등의 재질

분석물질, 공존가스	채취관, 연결관의 재질	여과재	비고
암모니아	① ② ③ ④ ⑤ ⑥	ⓐ ⓑ ⓒ	① 경질유리
일산화탄소	① ② ③ ④ ⑤ ⑥ ⑦	ⓐ ⓑ ⓒ	② 석영
염화수소	① ② ⑤ ⑥ ⑦	ⓐ ⓑ ⓒ	③ 보통강철
염소	① ② ⑤ ⑥ ⑦	ⓐ ⓑ ⓒ	④ 스테인리스강 재질
황산화물	① ② ④ ⑤ ⑥ ⑦	ⓐ ⓑ ⓒ	⑤ 세라믹
질소산화물	① ② ④ ⑤ ⑥	ⓐ ⓑ ⓒ	⑥ 플루오로수지
이황화탄소	① ② ⑥	ⓐ	⑦ 염화바이닐수지
폼알데하이드	① ② ⑥	ⓐ	⑧ 실리콘수지
황화수소	① ② ④ ⑤ ⑥ ⑦	ⓐ ⓑ ⓒ	⑨ 네오프렌
플루오린화합물	④ ⑥	ⓒ	
사이안화수소	① ② ④ ⑤ ⑥ ⑦	ⓐ ⓑ ⓒ	
브로민	① ② ⑥	ⓐ ⓑ	ⓐ 알칼리 성분이 없는 유리 솜 또는 실리카솜
벤젠	① ② ⑥	ⓐ ⓑ	
페놀	① ② ④ ⑥	ⓐ ⓑ	ⓑ 소결유리
비소	① ② ④ ⑤ ⑥ ⑦	ⓐ ⓑ ⓒ	ⓒ 카보런덤

Question 01

분석물질의 종류별, 채취관 및 연결관 재질의 연결로 틀린 것은 어느 것인가?

㉮ 암모니아 – 스테인리스강재질
㉯ 일산화탄소 - 석영
㉰ 질소산화물 – 스테인리스강재질
㉱ 이황화탄소 - 보통강철

풀이 이황화탄소의 채취관 및 연결관의 재질로는 경질유리, 석영, 플루오로수지가 있다.

② 치수(규격)
㉠ 채취관은 흡입가스의 유량, 채취관의 기계적 강도, 청소의 용이성 등을 고려해서 안지름 6mm~25mm 정도의 것을 쓴다.
㉡ 배출가스의 온도가 높을 때에는 관이 구부러지는 것을 막기 위한 조치를 해두는 것이 필요하다.
㉢ 먼지가 섞여 들어오는 것을 줄이기 위해서 채취관의 앞 끝의 모양은 직접 먼지가 들어오기 어려운 구조의 것이 좋다.

〈채취관〉

③ 여과재
  ㉠ 시료 중에 먼지 등이 섞여 들어오는 것을 막기 위하여 필요에 따라서 채취관의 적당한 위치에 여과재를 넣는다.
  ㉡ 여과재는 먼지의 제거율이 좋고 압력손실이 적으며 흡착, 분해작용 등이 일어나지 않는 것을 쓴다.
  ㉢ 여과재를 끼우는 부분은 교환이 쉬운 구조의 것으로 한다.
  ㉣ 여과재를 채취관 앞쪽에 넣는 경우 입자에 의해 채취관이 막히지 않도록 적절한 조치를 취한다.

④ 채취관의 고정용 기구
  재료로시는 보통 강철 또는 스테인리스강을 쓴다.

★★ ⑤ 보온 및 가열
  ㉠ 배출가스 중의 수분 또는 이슬점이 높은 기체성분이 응축해서 채취관이 부식될 염려가 있는 경우
  ㉡ 여과재가 막힐 염려가 있는 경우
  ㉢ 분석물질이 응축수에 용해되어 오차가 생길 염려가 있는 경우에는 채취관을 보온 또는 가열한다.
  ㉣ 보온재료는 암면, 유리섬유제 등을 쓰고 가열은 전기 가열, 수증기 가열 등의 방법을 쓴다.

(3) 연결관

★★ ① 연결관의 안지름은 연결관의 길이, 흡입가스의 유량, 응축수에 의한 막힘 또는 흡입펌프의 능력 등을 고려해서 4mm~25mm로 한다.
   ② 가열연결관은 시료연결관, 퍼지라인, 교정가스관, 열원(선), 열전대 등으로 구성되어야 한다.
★★ ③ 연결관의 길이는 되도록 짧게 하고, 부득이 길게 해서 쓰는 경우에는 이음매가 없는 배관을 써서 접속 부분을 적게 하고 받침 기구로 고정해서 사용해야 한다.

★★ ④ 연결관은 가능한 한 수직으로 연결해야 하고 부득이 구부러진 관을 쓸 경우에는 응축수가 흘러나오기 쉽도록 경사지게(5° 이상)하고 시료 가스는 아래로 향하게 한다.
⑤ 연결관은 새지 않는 구조이어야 하며, 분석계에서의 배출가스 및 바이패스 배출가스의 연결관은 배후 압력의 변동이 적은 장소에 설치한다.
★ ⑥ 하나의 연결관으로 여러개의 측정기를 사용할 경우 각 측정기 앞에서 연결관을 병렬로 연결하여 사용한다.

Question 02

굴뚝 배출가스상 물질 시료채취를 위한 연결관에 대한 내용으로 틀린 것은 어느 것인가?

㉮ 연결관은 가능한 한 수평으로 연결해야 하고, 하나의 연결관으로 여러 개의 측정기를 사용할 경우 각 측정기 앞에서 연결관을 직렬로 연결하여 사용한다.
㉯ 연결관의 안지름은 연결관의 길이, 흡입가스의 유량, 응축수에 의한 막힘 또는 흡입펌프의 능력 등을 고려해서 4mm~25mm로 한다.
㉰ 연결관의 길이는 되도록 짧게 하고, 부득이 길게 해서 쓰는 경우에는 이음매가 없는 배관을 써서 접속 부분을 적게 한다.
㉱ 연결관으로 부득이 구부러진 관을 쓸 경우에는 응축수가 흘러나오기 쉽도록 경사지게(5° 이상)하고 시료가스는 아래로 향하게 한다.

풀이 ㉮ 연결관은 가능한 한 수직으로 연결해야 하고, 하나의 연결관으로 여러 개의 측정기를 사용할 경우 각 측정기 앞에서 연결관을 병렬로 연결하여 사용한다.

★★★ (4) 채취부

① 가스 흡수병, 바이패스용 세척병, 펌프, 가스미터 등으로 조립한다.
② 접속에는 갈아맞춤(직접접속), 실리콘 고무, 플루오로 고무 또는 연질 염화바이닐관을 쓴다.
★★ ③ 흡수병 : 유리로 만든 것
★★★ ④ 수은 마노미터 : 대기와 압력차가 100mmHg 이상인 것을 쓴다.
⑤ 가스건조탑
  ㉠ 유리로 만든 가스건조탑을 쓴다. 이것은 펌프를 보호하기 위해서 쓰는 것
  ㉡ 건조제로서는 입자상태의 실리카젤, 염화칼슘 등을 쓴다.
★★ ⑥ 펌프 : 배기능력 0.5L/min~5L/min분인 밀폐형인 것을 쓴다.
⑦ 가스미터 : 일회전 1 L의 습식 또는 건식 가스미터로 온도계와 압력계가 붙어 있는 것을 쓴다.

Question 03

배출가스상 물질시료채취 방법 중 채취부에 대한 내용으로 틀린 것은 어느 것인가?

㉮ 수은마노미터는 대기와 압력차가 50 mmHg 이상인 것을 쓴다.
㉯ 유리로 만든 가스건조탑을 쓰며, 건조제로는 입자상태의 실리카젤, 염화칼슘 등을 쓴다.
㉰ 펌프는 배기능력 0.5L/min~5L/min인 밀폐형인 것을 쓴다.
㉱ 가스미터는 일회전 1L의 습식 또는 건식 가스미터로 온도계와 압력계가 붙어 있는 것을 쓴다.

풀이 ㉮ 수은마노미터는 대기와 압력차가 100mmHg 이상인 것을 쓴다.

3. 조립 및 취급법

(1) 흡수병을 사용할 때

① 부착

㉠ 채취관

★★ ⓐ 채취관은 배출가스의 흐름에 따라서 직각이 되도록 연결한다.
ⓑ 채취관은 채취구에 고정쇠를 써서 고정한다.
ⓒ 채취구에는 굴뚝에 바깥 지름 34mm 정도의 강철관을 100mm~150mm의 길이로 용접하고, 끝에 나사를 낸다. 쓰지 않을 때에는 뚜껑을 덮어 둔다.
ⓓ 채취관에 유리솜을 채워서 여과재로 쓰는 경우에는, 그 채우는 길이는 50mm~150mm 정도로 한다.
★★ ⓔ 굴뚝가스의 압력이 부압일 때는 기체의 흐름속으로, 또 흡입속도가 너무 클때는 연결관쪽으로 각각 여과재가 빨려 들어가는 경우가 있으므로 주의할 필요가 있다.

㉡ 연결관

★ ⓐ 연결관은 되도록 짧은 것이 좋으나, 부득이 길게 할 때에는 받침 기구를 써서 고정한다.
ⓑ 채취관과 연결관, 연결관과 채취부 등의 접속은 구면 또는 테이퍼 접속기구를 쓴다.

㉢ 채취부

ⓐ 분석용 흡수병은 1개 이상 준비하고 각각에 규정량의 흡수액을 넣는다.
★★ ⓑ 바이패스용 세척병은 1개 이상 준비하고 분석대상가스가 산성일 때는 수산화소듐용액(질량분율 20%)을, 알칼리성일 때는 황산(질량분율 25%)을 각각 50mL씩 넣는다.

ⓒ 흡수계 및 바이패스계의 세척병 입구측, 출구측은 각각 3방콕으로 연결한다.
ⓓ 흡수병 등의 접속에는 구면 갈아맞춤(직접접속) 또는 실리콘 고무판 등을 쓴다.
ⓔ 흡수병은 되도록 채취위치 가까이에 놓고 필요에 따라서 냉각 중탕에 넣어서 냉각한다.

★★ ㉣ 건조 시료 가스 채취량(L)은 다음식에 따라 계산한다.

ⓐ 습식가스미터를 사용할 시

$$Vs = V \times \frac{273}{273+t} \times \frac{Pa+Pm-Pv}{760}$$

ⓑ 건식가스미터를 사용할 시

$$Vs = V \times \frac{273}{273+t} \times \frac{Pa+Pm}{760}$$

V : 가스미터로 측정한 흡입가스량(L)   Vs : 건조 시료 가스 채취량(L)
t : 가스미터의 온도(℃)   Pa : 대기압(mmHg)
Pm : 가스미터의 게이지압(mmHg)   Pv : t℃에서의 포화수증기압(mmHg)

4. 주의사항

(1) 일반사항

① 채취에 종사하는 사람은 보통 2인 이상을 1조로 한다.
② 굴뚝 배출가스의 조성, 온도 및 압력과 작업환경 등을 잘 알아둔다.
★★ ③ 옥외에서 작업하는 경우에는 바람의 방향을 확인하여 바람이 부는 쪽에서 작업하는 것이 좋다.

(2) 채취위치의 주의사항

① 위험한 장소는 피한다.
② 채취위치의 주변에는 적당한 높이와 측정작업에 충분한 넓이의 안전한 작업대를 만들고, 안전하고 쉽게 오를 수 있는 설비를 갖춘다.
★★ ③ 채취위치의 주변에는 배전 및 급수 설비를 갖추는 것이 좋다.

★★ (3) 채취구에서의 주의사항

① 수직굴뚝의 경우에는 채취구를 같은 높이에 3개 이상 설치하는 것이 좋다.
② 배출가스 중의 먼지 측정용 채취구(바깥지름 115mm 정도)를 이용하는 경우에는 지름이 다른 관 또는 플랜지 등을 사용하여 가스가 새는 일이 없도록 접속해서 배출가스용 채취구로 한다.

★★ ③ 굴뚝 내의 압력이 매우 큰 부압(-300mmH₂O 정도 이하)인 경우에는, 시료 채취용 굴뚝을 부설하여, 부피가 큰 펌프를 써서 시료가스를 흡입하고 그 부설한 굴뚝에 채취구를 만든다.

④ 굴뚝 내의 압력이 정압(+)인 경우에는 채취구를 열었을 때 유해가스가 분출될 염려가 있으므로 충분한 주의가 필요하다.

★★ **(4) 시료채취 장치의 주의사항**

★★ ① 흡수병은 각 분석법에 공용할 수가 있는 것도 있으나, 대상 성분마다 전용으로 하는 것이 좋다. 만일 공용으로 할 때에는 대상 성분이 달라질 때마다 묽은 산 또는 알칼리 용액과 물로 깨끗이 씻은 다음 다시 흡수액으로 3회 정도 씻은 후 사용한다.

★★ ② 습식 가스미터를 이동 또는 운반할 때에는 반드시 물을 뺀다. 또 오랫동안 쓰지 않을 때에도 그와 같이 배수한다.

★★★ ③ 가스미터는 100mmH₂O 이내에서 사용한다.

④ 습식 가스미터를 장시간 사용하는 경우에는 배출가스의 성상에 따라서 수위의 변화가 일어날 수 있으므로 필요한 수위를 유지하도록 주의한다.

⑤ 가스미터는 정밀도를 유지하기 위하여 필요에 따라 오차를 측정해 둔다.

⑥ 시료가스의 양을 재기 위하여 쓰는 채취병은 미리 0℃ 때의 참부피를 구해둔다.

⑦ 주사통에 의한 시료가스의 계량에 있어서 계량 오차가 크다고 생각되는 경우에는 흡입펌프 및 가스미터에 의한 채취방법을 이용하는 것이 좋다.

⑧ 시료채취장치의 조립에 있어서는 채취부의 조작을 쉽게 하기 위하여 흡수병, 마노미터, 흡입펌프 및 가스미터는 가까운 곳에 놓는다. 또 습식 가스미터는 정확하게 수평으로 조정할 수 있는 곳에 놓아야 한다.

⑨ 배출가스 중에 수분과 미스트가 대단히 많을 때에는 채취부와 흡입펌프, 전기배선, 접속부 등에 물방울이나 미스트가 부착되지 않도록 한다.

Question 04

굴뚝 등을 통하여 대기 중으로 배출되는 가스상 물질을 분석하기 위한 시료 채취방법에 대한 주의사항 중 옳지 않은 것은?

㉮ 흡수병을 만일 공용으로 할 때에는 대상 성분이 달라질 때마다 묽은 산 또는 알칼리 용액과 물로 깨끗이 씻은 다음 다시 흡수액으로 3회 정도 씻은 후 사용한다.
㉯ 가스미터는 500mmH₂O 이내에서 사용한다.
㉰ 습식 가스미터를 이동 또는 운반할 때에는 반드시 물을 빼고, 오랫동안 쓰지 않을 때에도 그와 같이 배수한다.
㉱ 굴뚝 내의 압력이 매우 큰 부압(-300 mmH₂O 정도 이하)인 경우에는, 시료 채취용 굴뚝을 부설하여 부피가 큰 펌프를 써서 시료가스를 흡입하고 그 부설한 굴뚝에 채취구를 만든다.

풀이 ㉯ 가스미터는 100mmH₂O 이내에서 사용한다.

02 배출가스 중 휘발성유기화합물질(VOCs) 시료채취방법

1. 개요

이 시험기준은 연소, 화학 반응 등에 의하여 굴뚝 등에서 배출되는 배출가스 중 휘발성유기화합물(VOCs, volatile organic compounds)의 시료채취 방법에 대하여 규정한다. 다만, 실내 공기나 배출원에서 일시적으로 배출되는 미량 휘발성유기화합물의 채취 및 누출 확인, 굴뚝 환경이나 기기의 분석조건 하에서 매우 낮은 증기압을 갖는 휘발성유기화합물의 측정 및 알데하이드류 화합물에는 적용하지 않는다.

2. 시료채취장치

(1) 흡착관법

① 채취관은 부식성 가스에 영향을 받지 않는 재질(플루오로 수지, 유리, 석영 등)로 120 ℃ 이상 가열 가능한 것이어야 하며, 채취관의 적당한 곳에 배출가스 성분과 화학 반응 등을 일으키지 않는 재질(무알칼리 유리섬유, 석영섬유 등)의 여과재를 넣어 먼지가 혼입되는 것을 방지한다.

② 밸브는 플루오로 수지, 유리, 석영 등의 재질로 밀봉 윤활유를 사용하지 않고 가스의 누출이 없는 구조이어야 한다.

③ 응축기 및 응축수 트랩은 유리 등의 재질로 응축기는 가스가 흡착관을 통과하기 전 가스를 20℃ 이하로 낮출 수 있는 부피가 되어야 하고 상단 연결부는 밀봉 윤활유를 사용하지 않고도 누출이 없도록 연결해야 한다.

④ 흡착관

㉠ 흡착관은 스테인리스강 재질 또는 파이렉스(pyrex)유리로 된 관에 측정대상 성분에 따라 흡착제를 선택하여 각 흡착제의 파과부피(breakthrough volume)를 고려하여 일정량 이상으로 충전한 후에 사용한다.

㉡ 각 흡착제는 반드시 지정된 최고 온도범위와 가스유량을 고려하여 사용하여야 하며, 흡착관은 사용하기 전에 반드시 안정화(컨디셔닝) 단계를 거쳐야 한다.

㉢ 보통 350℃(흡착제의 종류에 따라 조절가능)에서 99.99% 이상의 헬륨 또는 질소를 (50~100)mL/min의 속도로 흘려 2시간 이상 안정화(시판된 제품은 최소 30분 이상)시키고, 흡착관은 양쪽 끝단을 PTFE(polytetrafluoroethylene) 재질의 마개를 이용하여 밀봉하거나, 불활성 재질의 필름을 사용하여 밀봉한 후 마개가 달린 용기 등에 넣어 이중 밀봉하여 보관한다.

⑤ 유량 측정부는 압력게이지, 흡입펌프, 건식가스미터 및 이와 관련된 밸브와 장비들로 구성된다. 응축기와 흡착관 사이의 가스온도를 응축기 바깥표면에 연결된 열전기쌍을 이용하여 측정하되 이 지점의 온도는 20℃ 이하가 되어야 하고, 만약 그렇지 않다면 다른 응축기를 사용하여야 한다.

⑥ 기기의 온도 및 압력 측정이 가능해야 하며, 최소 100mL/min의 흡입속도로 시료채취가 가능해야 한다.

★★ ⑦ 연결관은 채취관에서 응축기 및 기타 부분의 연결관은 가능한 짧게 하고, 밀봉 윤활유 등을 사용하지 않고 누출이 없어야 하며, 플루오로 수지 재질 등의 관을 사용한다.

Question 05

배출가스 중 휘발성유기화합물(VOCs) 시료채취방법 중 흡착관법에 의한 시료채취장치에 대한 내용으로 틀린 것은?

㉮ 채취관은 부식성 가스에 영향을 받지 않는 재질(플루오로 수지, 유리, 석영 등)로 120℃ 이상 가열 가능한 것이어야 한다.
㉯ 밸브는 플루오로 수지, 유리, 석영 등의 재질로 밀봉 윤활유를 사용하여 가스의 누출이 없는 구조이어야 한다.
㉰ 응축기 및 응축수 트랩은 유리 등의 재질로 응축기는 가스가 흡착관을 통과하기 전 가스를 20℃ 이하로 낮출 수 있는 부피가 되어야 한다.
㉱ 각 흡착제는 반드시 지정된 최고 온도범위와 가스유량을 고려하여 사용하여야 하며, 흡착관은 사용하기 전에 반드시 안정화(컨디셔닝) 단계를 거쳐야 한다.

풀이 ㉯ 밸브는 플루오로 수지, 유리, 석영 등의 재질로 밀봉 윤활유를 사용하지 않고 가스의 누출이 없는 구조이어야 한다.

(2) 시료채취 주머니법

① 시료채취 주머니는 플루오로 수지, 폴리에스터 수지 등의 불활성 재질로 시료채취 동안이나 채취 후 보관 시 반드시 직사광선을 받지 않도록 하여 시료성분이 시료채취 주머니 안에서 흡착, 투과 또는 서로간의 반응에 의하여 손실 또는 변질되지 않아야 한다.

② 시료채취 주머니에 시료채취 하는 방법으로 진공 흡입상자를 사용하여 시료를 채취하는 것이 가장 안전하다. 이러한 시료채취 시스템의 원리는 상자 내부의 공기를 흡입 펌프로 흡입하여 진공상태로 만든 뒤 외부의 시료를 시료채취 주머니 내부로 서서히 유입시키는 방법으로서 간단히 제작하여 사용할 수 있다.

③ 기존의 복잡한 진공 흡입장치를 현장에서 간편하게 휴대하여 사용할 수 있도록 휴대용 진공 흡입상자 형태로 제작하여 사용하기도 한다.

★★ ④ 배출가스의 온도가 100℃ 미만으로 시료채취 주머니 내에 수분응축의 우려가 없는 경우에는 응축기 및 응축수 트랩을 사용하지 않아도 무방하다.

★★ ⑤ 진공 흡입상자는 (1~10)L 시료채취 주머니를 담을 수 있어야 하며, 용기가 완전진공이 되도록 밀폐된 구조의 것을 사용하여야 한다.

★★ ⑥ 흡입펌프는 흡입유량이 (1~4)L/min의 용량과 격막펌프로 휘발성유기화합물의 흡착성이 낮은 재질(PTFE 재질 등)로 된 것을 사용한다.

제2절 배출가스 중 무기물질의 측정법

01 배출가스 중 먼지

1. 개요

물질의 파쇄, 선별, 퇴적, 이적 기타 기계적 처리 또는 연소, 합성분해시 굴뚝에서 배출되는 입자상 물질의 농도를 측정하기 위한 시험방법이다. 배출가스 중에 함유되어 있는 액체 또는 고체인 입자상 물질을 등속흡입하여 측정한 먼지로서, 먼지농도 표시는 표준상태(0℃, 760mmHg)의 건조배출가스 1Sm³ 중에 함유된 먼지의 질량농도를 측정하는데 사용한다.

★★ 2. 측정방법의 종류 : 반자동식 채취기에 의한 방법

굴뚝에서 배기되는 먼지시료를 반자동식 채취기를 이용 배출가스의 유속과 같은 속도로 시료가스를 흡입(등속흡입)하여 일정온도로 유지되는 실리카 섬유제 여과지에 먼지를 채취한다. 먼지가 채취된 여과지를 110℃ ± 5℃에서 충분히 1시간~3시간 건조시켜 부착수분을 제거한 후 먼지의 질량농도를 계산한다. 다만, 배연탈황시설과 황산미스트에 의해서 먼지농도가 영향을 받은 경우에는 여과지를 160℃ 이상에서 4시간 이상 건조시킨 후 먼지농도를 계산한다.

Question 06

다음은 굴뚝 배출가스 내의 먼지측정방법 중 반자동식 채취기에 의한 사항이다. ( ) 안에 가장 적합한 것은?

> 배연탈황시설과 황산미스트에 의해서 먼지농도가 영향을 받은 경우에는 여과지를 ( ) 먼지농도를 계산한다.

㉮ 110 ±5℃에서 2시간 이상 건조시킨 후
㉯ 160℃ 이상에서 2시간 이상 건조시킨 후
㉰ 110 ±5℃에서 4시간 이상 건조시킨 후
㉱ 160℃ 이상에서 4시간 이상 건조시킨 후

정답 ㉱

3. 측정위치, 측정공 및 측정점

(1) 측정위치

★★ ① 수직굴뚝 하부 끝단으로부터 위를 향하여 그곳의 굴뚝 내경의 8배 이상이 되고, 상부 끝단으로부터 아래를 향하여 그곳의 굴뚝 내경의 2배 이상이 되는 지점에 측정공 위치를 선정하는 것을 원칙으로 한다.

★★ ② 기준에 적합한 측정공 설치가 곤란하거나 측정작업의 불편, 측정자의 안전성 등이 문제 될 때에는 하부 내경의 2배 이상과 상부 내경의 1/2배 이상되는 지점에 측정공 위치를 선정할 수 있다.

Question 07

굴뚝에서의 먼지측정위치 기준에 대한 내용이다. (   ) 안에 알맞은 것은?

> 수직굴뚝 (①) 끝단으로부터 (②)를 향하여 그 곳의 굴뚝 내경의 (③) 이상이 되고, (④) 끝단으로부터 (⑤)를 향하여 그 곳의 굴뚝 내경의 (⑥) 이상이 되는 지점에 측정공 위치를 선정함을 원칙으로 한다.

㉮ ① 상부, ② 아래, ③ 2배, ④ 하부, ⑤ 위, ⑥ 1배
㉯ ① 하부, ② 위, ③ 8배, ④ 상부, ⑤ 아래, ⑥ 2배
㉰ ① 하부, ② 위, ③ 2배, ④ 상부, ⑤ 아래, ⑥ 1배
㉱ ① 상부, ② 아래, ③ 4배, ④ 하부, ⑤ 위, ⑥ 2배

정답 ㉯

(2) 굴뚝직경환산

① 굴뚝 단면이 원형인 경우(상하 동일 단면적)

   굴뚝 상·하 직경은 수직 굴뚝의 배출가스가 흐트러짐이 시작되는 위치의 내경을 기준으로 한다.

② 굴뚝 단면이 사각형인 경우(상·하 동일 단면적의 정사각형 또는 직사각형)

   굴뚝 단면이 상·하 동일 단면적인 사각형 굴뚝의 직경산출은 다음과 같이 한다.

★★ 환산직경 $= 2 \times \left(\dfrac{A \times B}{A+B} \right) = 2 \times \left(\dfrac{\text{가로} \times \text{세로}}{\text{가로} + \text{세로}} \right)$

A : 굴뚝 내부 단면 가로치수   B : 굴뚝 내부 단면 세로치수

Question 08

굴뚝 내부 단면의 가로 길이가 2m이고, 세로 길이가 1.5m일 때 이 굴뚝의 환산직경은? (단, 굴뚝 단면은 사각형이며, 상하 동일 단면적을 가진 굴뚝이다.)

㉮ 1.5m　　　㉯ 1.7m　　　㉰ 1.9m　　　㉱ 2.0m

풀이

$$환산직경 = \frac{단면적}{평균둘레길이} = \frac{a \times b}{\frac{2(a+b)}{4}} = \frac{2ab}{a+b} \text{ (m)}$$

따라서, 환산직경 $= \dfrac{2 \times 2m \times 1.5m}{2m + 1.5m} = 1.71m$

③ **굴뚝 단면이 서서히 변하는 경우(원형 굴뚝의 경우)**
　측정공 위치를 대략적으로 선정하고 다음에 의거 굴뚝직경을 산출하여, 선정된 측정공 위치가 환산 하부직경의 2배 이상과 환산 상부직경의 1/2배 이상이면 굴뚝 직경으로 채택한다.

$$환산하부직경 = \frac{하부직경 + 선정된 측정공위치의 직경}{2}$$

$$환산상부직경 = \frac{상부직경 + 선정된 측정공위치의 직경}{2}$$

(3) 측정점

① **측정점의 선정**

 ㉠ 굴뚝 단면이 원형일 경우
　측정 단면에서 서로 직교하는 직경선상에 부여하는 위치를 측정점으로 선정한다. 측정점수는 굴뚝직경이 4.5m를 초과할 때는 20점까지로 한다.

▶ **원형단면의 측정점**

굴뚝직경 2R(m)	반경 구분수	측정점수	굴뚝 중심에서 측정점까지의 거리(m)				
			r1	r2	r3	r4	r5
1 이하	1	4	0.707 R	-	-	-	-
1 초과 2 이하	2	8	0.500 R	0.866 R	-	-	-
2 초과 4 이하	3	12	0.408 R	0.707 R	0.913 R	-	-
4 초과 4.5 이하	4	16	0.354 R	0.612 R	0.791 R	0.935 R	-
4.5 초과	5	20	0.316 R	0.548 R	0.707 R	0.837 R	0.949 R

Question 09

원형 굴뚝의 반경이 0.85m 일 때 측정점수는 얼마인가?

㉮ 4　　　　㉯ 8　　　　㉰ 12　　　　㉱ 20

풀이　반경이 0.85m이므로 직경은 1.7m, 반경구분수는 2, 측정점수 8 이다.

★★ ⓐ 굴뚝 단면적이 $0.25m^2$ 이하로 소규모일 경우에는 그 굴뚝 단면의 중심을 대표점으로 하여 1점만 측정한다.

ⓑ 측정 단면에서 유속의 분포가 비교적 대칭을 이루는 경우 수평굴뚝은 수직 대칭축에 대하여 1/2의 단면을 취하고 측정점의 수를 1/2로 줄일 수 있으며, 수직굴뚝은 1/4의 단면을 취하고 측정점의 수를 1/4로 줄일 수 있다.

★★ ⓒ 굴뚝 단면이 사각형일 경우

▶ **사각형 굴뚝단면적의 측정점수**

굴뚝단면적(m^2)	구분된 1변의 길이(L)(m)
1 이하	L ≤ 0.5
★★ 1 초과 4 이하	L ≤ 0.667
4 초과 20 이하	L ≤ 1

Question 10

굴뚝 배출가스 중 먼지의 농도를 측정하고자 한다. 굴뚝 단면적(m^2)이 1 초과 4 이하인 사각형 굴뚝단면인 경우 측정점수 산정을 위해 구분된 1변의 길이 L(m) 기준으로 가장 알맞은 것은 어느 것인가?

㉮ L ≤ 0.1　　　　㉯ L ≤ 0.5　　　　㉰ L ≤ 0.667　　　　㉱ L ≤ 1

정답　㉰

ⓐ 측정 단면은 한변의 길이(L)가 1m 이하의 범위에서 4개 이상의 등단면적의 직사방형 또는 정사방형으로 나누어 중심에 측정점을 선정한다.

ⓑ 굴뚝의 단면적이 $20m^2$를 초과하는 경우는 측정점수는 20점까지로 하고 등단면적으로 구분한다.

ⓒ 측정 단면에서 흐름이 비대칭인 경우는 비대칭 방향으로 구분한 한 변의 길이는 그것과 수직방향의 한 변 길이보다도 짧게 취하여 측정점의 개수를 각각 증가시킨다.

ⓓ 굴뚝 단면적이 $0.25m^2$ 이하로 소규모일 경우에는 그 굴뚝 단면의 중심을 대표점으로 하여 1점만 측정한다.

ⓔ 측정 단면에서 유속의 분포가 비교적 대칭을 이루는 경우에 수평굴뚝은 수직 대칭 축에 대하여 1/2의 단면을 취하고 측정점의 수를 1/2로 줄일 수 있으며, 수직 굴뚝은 1/4의 단면을 취하며, 측정점의 수를 1/4로 줄일 수 있다.

4. 측정방법

(1) 반자동식 채취기에 의한 방법

① 채취장치의 구성

★★ ㉠ 흡입노즐의 조건

ⓐ 흡입노즐은 스테인리스강, 경질유리, 또는 석영 유리제로 만들어진 것이어야 한다.

★★ ⓑ 흡입노즐의 안과 밖의 가스흐름이 흐트러지지 않도록 흡입노즐 안지름(d)은 3mm 이상으로 한다. 흡입노즐의 안지름(d)는 정확히 측정하여 0.1mm 단위까지 구하여 둔다.

★★ ⓒ 흡입노즐의 꼭지점은 30° 이하의 예각이 되도록 하고 매끈한 반구모양으로 한다.

ⓓ 흡입노즐 내외면은 매끄럽게 되어야 하며 흡입노즐에서 먼지 채취부까지의 흡입관은 내부면이 매끄럽고 급격한 단면의 변화와 굴곡이 없어야 한다.

㉡ 흡입관 : 수분농축 방지를 위해 시료가스 온도를 120℃±14℃로 유지할 수 있는 가열기를 갖춘 보로실리케이트, 스테인리스강 재질 또는 석영 유리관을 사용한다.

㉢ 피토관 : 피토관 계수가 정해진 L형 피토관(C : 1.0 전후) 또는 S형(웨스턴형 C : 0.84) 피토관으로서 배출가스 유속의 계속적인 측정을 위해 흡입관에 부착하여 사용한다.

㉣ 차압게이지 : 2개의 경사마노미터 또는 이와 동등의 것을 사용한다. 하나는 배출 가스 동압측정을, 다른 하나는 오리피스압차 측정을 위한 것이다.

㉤ 여과지 홀더 : 여과지 홀더는 원통형 또는 원형의 먼지채취 여과지를 지지해주는 장치를 말한다. 이 장치는 유리제 또는 스테인리스강 등으로 만들어진 것으로 내식성이 강하고 여과지 탈착이 쉬워야 한다. 또 여과지를 끼운 곳에서 공기가 새지 않아야 한다.

㉥ 여과부 가열장치 : 시료채취 시 여과지 홀더 주위를 120℃±14℃의 온도를 유지할 수 있고 주위온도를 3℃ 이내까지 측정할 수 있는 온도계를 모니터할 수 있도록 설치하여야 한다.

📢 **Question 11**

굴뚝 배출가스 중 먼지농도를 반자동식 시료채취기에 의해 분석하는 경우 채취장치 구성에 관한 설명으로 옳지 않은 것은?

㉮ 흡입노즐의 안과 밖의 가스흐름이 흐트러지지 않도록 흡입노즐 안지름(d)은 3mm 이상으로 하고, d는 정확히 측정하여 0.1mm 단위까지 구하여 둔다.
㉯ 흡입관은 수분농축 방지를 위해 시료가스 온도를 120℃±14℃로 유지할 수 있는 가열기를 갖춘 보로실리케이트, 스테인리스강 재질 또는 석영 유리관을 사용한다.
㉰ 흡입노즐의 꼭지점은 60° 이하의 예각이 되도록 하고 주위장치에 고정시킬 수 있도록 충분한 각(가급적 수직)이 확보되도록 한다.
㉱ 피토관은 피토관 계수가 정해진 L형 피토관(C : 1.0 전후) 또는 S형(웨스턴형 C : 0.84) 피토관으로서 배출가스 유속의 계속적인 측정을 위해 흡입관에 부착하여 사용한다.

풀이 ㉰ 흡입노즐의 꼭지점은 30° 이하의 예각이 되도록 하고 매끈한 반구모양으로 한다.

★★ 5. 수분량 계산

측정방법은 흡습관법, 응축기법, 계산법에 따른다.

① 표준상태의 건조 가스량 기준

$$Xw = \frac{\frac{22.4}{18} \times ma}{Vs} \times 100 = \frac{1.244 \times ma}{Vs} \times 100$$

📢 **Question 12**

굴뚝 배출가스 중의 수분을 측정한 결과, 건조배출가스 1Sm³당 40g이었다면 건조배출 가스에 대한 수분의 용량비는?

㉮ 2.6%   ㉯ 3.8%   ㉰ 5.0%   ㉱ 6.3%

풀이

$$X_w(\%) = \frac{1.244 m_a(L)}{V_s(L)} \times 100(\%)$$

[X_w : 수분의 함량(%) V_s : 표준상태의 건조가스량(L) m_a : 수분의 질량(g)]

따라서 $X_w(\%) = \frac{1.244 \times 40g(L)}{1 \times 10^3 L} \times 100 = 4.98\%$

TIP

$1.244 = \frac{22.4L}{18g}$

② 현재상태의 건조 가스량 기준

$$X_w = \frac{\frac{22.4}{18} \times m_a}{V \times \frac{273}{273+t} \times \frac{P_a+(P_m/13.6)-P_v}{760}} \times 100 = \frac{1.244 \times m_a}{V \times \frac{273}{273+t} \times \frac{P_a+(P_m/13.6)-P_v}{760}} \times 100$$

③ 습가스량 기준

㉠ $X_w = \dfrac{\frac{22.4}{18} \times m_a}{V_s + \frac{22.4}{18} \times m_a} \times 100 = \dfrac{1.244 \times m_a}{V_s + 1.244 \times m_a} \times 100$

㉡ $X_w = \dfrac{\frac{22.4}{18} \times m_a}{V \times \frac{273}{273+t} \times \frac{P_a+(P_m/13.6)-P_v}{760} + \frac{22.4}{18} \times m_a} \times 100$

$= \dfrac{1.244 \times m_a}{V \times \frac{273}{273+t} \times \frac{P_a+(P_m/13.6)-P_v}{760} + 1.244 \times m_a} \times 100$

- X_w : 배출가스 중의 수증기의 부피 백분율(%)
- V : 현재상태의 건조가스량(L)
- t : 가스미터에서의 흡입 가스온도(℃)
- P_m : 가스미터에서의 가스의 게이지압(mmH₂O)
- V_s : 표준상태의 건조가스량(L)
- m_a : 흡습 수분의 질량(g)
- P_a : 대기압(mmHg)
- P_v : 포화수증기압(mmHg)

TIP
포화수증기압(P_v)은 습식가스미터에서만 사용함

Question 13

연도 배출가스 중의 수분의 부피백분율을 측정하기 위하여 흡습관에 배출가스 10L를 흡입하여 유입시킨 결과 흡습관의 중량 증가는 0.82g이었다. 이때 가스흡입은 건식 가스미터로 측정하여 그 가스미터의 가스 게이지압은 4mm 수주이고, 온도는 27℃이었다. 그리고 대기압은 760mmHg이었다면 이 배출가스 중 수분량(%)은 얼마인가?

㉮ 약 10% ㉯ 약 13% ㉰ 약 16% ㉱ 약 18%

 풀이

$X_w(\%) = \dfrac{1.244 m_a(L)}{V_s(L) + 1.244 m_a} \times 100$

$V_s(L) = 10L \times \dfrac{273}{273+27} \times \dfrac{(760+4/13.6)\text{mmHg}}{760\text{mmHg}} = 9.1035L$

따라서 $X_w(\%) = \dfrac{1.244 \times 0.82g}{9.1035L + 1.244 \times 0.82g} \times 100 = 10.08\%$

④ 스크러버 출구 등 배출가스 중에 물방울이 공존할 때는 배출가스 온도의 포화수증기압을 사용하며, 다음 식으로 수분량을 계산한다. (100℃ 이하일 때)

$$X_w = \frac{P_v}{P_a + P_s} \times 100$$

$\begin{bmatrix} X_w : \text{배출가스 중의 수증기 부피 백분율(\%)} & P_a : \text{대기압(mmHg)} \\ P_v : \text{배출가스 온도의 포화수증기압(mmHg)} & P_s : \text{배출가스의 정압(mmHg)} \end{bmatrix}$

6. 먼지측정에서 시료의 채취절차

① 측정점수를 선정한다.
② 배출가스의 온도를 측정한다.
③ S자형 피토관과 경사마노미터로 배출가스의 정압과 평균동압을 각각 측정한다. 피토관을 측정공에서 굴뚝 내의 측정점까지 삽입하여 전압공을 배출가스 흐름방향에 바로 직면시켜 압력계에 의하여 동압을 측정한다. 동압은 원칙적으로 0.1mmH₂O의 단위까지 읽는다. 이때, 피토관의 배출가스 흐름방향에 대한 편차는 10° 이하가 되어야 한다.
④ 배출가스의 수분량을 측정한다.
⑤ 한 채취점에서의 채취시간을 최소 2분 이상으로 하고 모든 채취점에서 채취시간을 동일하게 한다.
⑥ 등속흡입 정도를 보기 위해 다음 식 또는 계산기에 의해서 등속흡입계수(I)를 구하고 그 값이 90%~110% 범위 내에 들지 않는 경우에는 다시 시료채취를 행한다.

$$I(\%) = \frac{T_s[0.00346Vic + V_m/T_m(P_a + \triangle H/13.6)]}{P_s \cdot t \cdot v \cdot A_n} \times (1.667 \times 10^4)$$

📢 Question 14

굴뚝 배출가스 중 먼지측정을 위해 시료채취 시 등속흡입 정도를 보기 위한 등속흡입계수와 범위로 가장 적합한 것은?

㉮ 85~105% ㉯ 90~110% ㉰ 95~115% ㉱ 100~120%

정답 ㉯

★★ 7. 먼지농도 계산

① $C = \dfrac{(\text{채취 후의 무게} - \text{채취 전의 무게})(g)}{V \times \dfrac{273}{273+t} \times \dfrac{Pa+(Pm/13.6)}{760}} \times 10^6$

- C : 먼지농도(mg/Sm³)
- t : 건식가스미터의 평균온도(℃)
- Pm : 게이지압(mmH₂O)
- V : 건식가스미터에서 읽은 가스 시료 채취량(L)
- Pa : 대기압(mmHg)

Question 15

원통여지의 채취기를 사용하여 배출가스 중의 먼지를 채취하였다. 측정치는 다음과 같다고 할 때 먼지 농도는 약 몇 mg/Sm³인가?

- 대기압 : 765mmHg
- 가스게이지압 : 4mmHg
- 먼지 채취 전의 원통여지무게 : 6.2721g
- 습식가스미터에서 흡입한 습윤가스량 : 55.2L
- 가스미터의 흡입가스온도 : 15℃
- 15℃의 포화수증기압 : 12.87mmHg
- 먼지 채취 후의 원통여지무게 : 6.2821g

㉮ 212　　㉯ 205　　㉰ 200　　㉱ 192

풀이

먼지농도(mg/Sm³) = $\dfrac{(\text{채취 후 무게} - \text{채취 전 무게})g \times 10^3 mg/g}{V(L) \times \dfrac{273}{273+t_a℃} \times \dfrac{(Pa+Pm-Pv)mmHg}{760mmHg} \times 10^{-3} Sm^3/L}$

= $\dfrac{(6.2821-6.2721)g \times 10^3 mg/g}{55.2L \times \dfrac{273}{273+15} \times \dfrac{(765+4-12.87)mmHg}{760mmHg} \times 10^{-3} Sm^3/L}$

= 192.09mg/Sm³

TIP

$V_s(L) = V(L) \times \dfrac{273}{273+t_a} \times \dfrac{(P_a+P_m/13.6-P_v)mmHg}{760mmHg}$

- V_s : 표준상태의 가스량(L)
- t_a : 가스미터의 흡입온도(℃)
- P_m : 게이지압(mmH₂O)
- V : 현재상태의 가스량(L)
- P_a : 대기압(mmHg)
- P_v : 포화수증기압(mmHg)

② 보통형(1형) 흡입노즐을 사용할 때 등속흡입을 위한 흡입량 계산

$q_m = \dfrac{\pi}{4} \times d^2 \times v \times \left(1 - \dfrac{X_w}{100}\right) \times \dfrac{273+\theta_m}{273+\theta_s} \times \dfrac{P_a+P_s}{P_a+P_m-P_v} \times 60sec/min \times 10^3 L/m^3$

- q_m : 가스미터에 있어서의 등속 흡입유량(L/분)
- v : 배출가스 유속(m/초)
- θ_m : 가스미터의 흡입가스 온도(℃)
- P_a : 대기압(mmHg)
- P_m : 가스미터의 흡입가스 게이지압(mmHg)
- d : 흡입노즐의 내경(m)
- X_w : 배출가스 중의 수증기의 부피 백분율(%)
- θ_s : 배출가스 온도(℃)
- P_s : 측정점에서의 정압(mmHg)
- P_v : 가스미터의 포화수증기압(mmHg)

8. 배출가스의 유속 측정

배출가스의 동압을 측정하는 기구로서는 피토관 계수가 정해진 피토관이나 경사마노미터 등의 미압계를 사용한다. 피토관이 전압공을 측정점에서 가스의 흐르는 방향에 수직으로 놓고 동압을 측정한다.

 $V = C\sqrt{\dfrac{2gh}{r}}$

$= 피토관 계수 \times \sqrt{\dfrac{2 \times 9.8 \text{m/sec}^2 \times 동압(\text{mmH}_2\text{O})}{r\left(\dfrac{\text{kg}}{\text{Sm}^3}\right) \times \dfrac{273}{273+tg}}}$

- V : 유속(m/초)
- C : 피토관 계수
- g : 중력 가속도(9.8m/sec²)
- h : 피토관에 의한 동압 측정치(mmH₂O)
- r : 굴뚝 내의 배출가스 밀도(kg/m³)
- tg : 가스미터 온도(℃)

TIP
동압 계산하는 방법

 동압(mmH₂O) = 액주거리(mm) × 톨루엔 비중 × $\dfrac{1}{확대율}$

Question 16

A굴뚝에서 배출가스의 유속을 측정하기 위하여 피토관에 비중이 0.85인 붉게 착색된 톨루엔을 넣은 경사마노미터를 연결하여 다음과 같은 결과를 얻었다. 이 경우 배출가스의 유속(m/sec)은 얼마인가?

- 배출가스의 온도 : 180℃
- 피토관 계수 : 0.86
- 경사마노미터를 이용한 확대율 : 10배
- 경사마노미터의 액주수치 : 60mm
- 굴뚝 내의 배출가스 밀도 : 0.8kg/m³

㉮ 6.5m/s ㉯ 7.8m/s ㉰ 8.2m/s ㉱ 9.6m/s

풀이

① 동압(h) = 액주거리(mm) × 톨루엔 비중 × $\dfrac{1}{확대율}$ = 60mm × 0.85 × $\dfrac{1}{10}$ = 5.1mmH₂O

② $V = C \times \sqrt{\dfrac{2gh}{r}} = 0.86 \times \sqrt{\dfrac{2 \times 9.8 \text{m/sec}^2 \times 5.1 \text{mmH}_2\text{O}}{0.8 \text{kg/m}^3}} = 9.61 \text{m/sec}$

10. 배출가스 유속 및 유량 측정방법에서 기구 및 장치

(1) 피토관

★★ ① 스테인리스와 같은 재질의 금속관으로 관의 바깥지름의 범위는 4mm~10mm 정도이어야 한다.
★★ ② 피토관의 각 분기관 사이의 거리는 같아야 하고, 각 분기관과 오리피스 평면과의 거리는 바깥지름의 1.05배~1.50배 사이에 있어야 한다.
③ 피토관 계수는 사전에 확인되어야 하며, 고유번호가 부여되고 이 번호는 지워지지 않도록 관 몸체에 새겨야 한다.

📢 **Question 17**

굴뚝 배출가스 중의 유량, 유속 측정방법에 사용되는 피토관에 관한 설명으로 옳지 않은 것은?

㉮ 스테인리스와 같은 재질의 금속관이 사용된다.
㉯ 피토관의 각 분기관 사이의 거리는 같아야 한다.
㉰ 관의 바깥지름의 범위는 50mm~100mm 정도이어야 한다.
㉱ 각 분기관과 오리피스 평면과의 거리는 바깥지름의 1.05배~1.50배 사이에 있어야 한다.

▸ 풀이 ㉰ 관의 바깥지름의 범위는 4mm~10mm 정도이어야 한다.

(2) 차압계

① 경사마노미터, 전자마노미터 등을 사용하여 굴뚝 배기가스의 차압을 측정할 수 있도록 한다.
★★ ② 최소 0.3mmH$_2$O 눈금을 읽을 수 있는 마노미터를 사용한다.
③ 굴뚝 내 모든 측정지점에서 측정한 동압의 산술평균이 최소눈금값보다 작은 경우에는 보다 좋은 감도의 차압계를 사용하는 것이 좋다.

📢 **Question 18**

배출가스유량 및 유속 측정 등에 사용되는 기구에 관한 설명 중 옳지 않은 것은?

㉮ 피토관의 바깥지름의 범위는 4mm~10 mm 정도이고, 피토관의 각 분기관 사이의 거리는 같아야 한다.
㉯ 피토관의 각 분기관과 오리피스 평면과의 거리는 바깥지름의 1.05배~1.50배 사이에 있어야 한다.
㉰ 차압계는 최소 0.5mmH$_2$O 눈금을 읽을 수 있는 마노미터를 사용한다.
㉱ 기압계는 2.54mmHg(34.54mmH$_2$O) 이내에서 대기압력을 측정할 수 있는 수은, 아네로이드(aneroid) 등 기압계로 1회/년 이상 교정검사를 한 것을 사용한다.

▸ 풀이 ㉰ 차압계는 최소 0.3mmH$_2$O 눈금을 읽을 수 있는 마노미터를 사용한다.

02 비산먼지

1. 목적

시멘트 공장, 전기아크로를 사용하는 철강공장, 연탄공장, 석탄야적장, 도정공장, 골재공장 등 특정 발생원에서 일정한 굴뚝을 거치지 않고 외부로 비산되거나 물질의 파쇄, 선별, 기타 기계적 처리에 의하여 비산 배출되는 먼지의 농도를 측정하기 위한 시험방법이다.

2. 분석방법의 종류

(1) 고용량 공기시료채취법

대기 중에 부유하고 있는 입자상물질을 고용량 공기시료채취기를 이용하여 여과지위에 채취하는 방법으로 입자상물질 전체의 질량농도를 측정하거나 입자상물질 중 금속 등의 성분 분석에 이용한다.

(2) 저용량 공기시료채취법

환경 대기 중에 부유하고 있는 입자상 물질을 저용량 공기시료채취기를 사용하여 여과지 위에 채취하는 방법으로 일반적으로 $10\mu m$ 이하의 입자상 물질을 채취하여 질량농도를 구하거나 입자상물질 중 금속성분 등의 성분 분석에 이용한다.

(3) 베타선법

대기 중에 부유하고 있는 입자상물질을 일정시간 여과지 위에 채취하여 베타선을 투과시켜 입자상 물질의 질량농도를 연속적으로 측정하는 방법이다.

(4) 광학기법

광학기법을 이용하여 불투명도를 측정하는 방법이다.

3. 고용량 공기시료채취법

(1) 시료채취방법

① 시료채취장소 및 위치선정
  ㉠ 측정하려고 하는 발생원의 부지경계선상에 선정
  ㉡ 풍향을 고려하여 그 발생원의 비산먼지 농도가 가장 높을 것으로 예상되는 지점 3개소 이상을 선정
  ㉢ 부근에 장애물이 없고 바람에 의하여 지상의 흙모래가 날리지 않는 곳
  ㉣ 기타 다른 원인에 의하여 영향을 받지 않고 그 지점에서의 비산먼지 농도를 대표할 수 있는 곳
  ㉤ 발생원의 위인 바람의 방향을 따라 대상 발생원의 영향이 없을 것으로 추측되는 곳에 대조위치를 선정

★★ ② 채취 시간
   시료채취는 1회 1시간 이상 연속 채취한다.

★★ ③ 시료를 채취할 수 없는 조건
  ㉠ 대상발생원의 조업이 중단되었을 때
  ㉡ 비나 눈이 올 때
  ★★ ㉢ 바람이 거의 없을 때(풍속이 0.5m/초 미만일 때)
  ★★ ㉣ 바람이 너무 강하게 불 때(풍속이 10m/초 이상일 때)

★★ ④ 풍향풍속의 측정
   시료채취를 하는 동안에 그 지역을 대표할 수 있는 별도의 지점에 풍향풍속계를 설치하여 전 채취시간 동안의 풍향풍속을 기록한다. 단, <u>연속기록 장치가 없는 경우에는 적어도 10분 간격으로 같은 지점에서의 3회 이상 풍향풍속을 측정하여 기록한다.</u>

📣 Question 19

일정한 굴뚝을 거치지 않고 외부로 비산 배출되는 먼지의 측정방법에 관한 사항으로 옳지 않은 것은?

㉮ 풍향풍속 측정시 연속기록 장치가 없는 경우에는 적어도 10분 간격으로 같은 지점에서의 3회 이상 풍향풍속을 측정하여 기록한다.
㉯ 시료채취 장소는 발생원의 비산먼지 농도가 가장 높을 것으로 예상되는 3개 지점 이상을 선정한다.
㉰ 따로 발생원의 위인 바람의 방향을 따라 대상 발생원의 영향이 없을 것으로 추측되는 곳에 대조위치를 선정한다.
㉱ 시료채취는 1회 24시간 이상 연속 채취한다.

풀이 ㉱ 시료채취는 1회 1시간 이상 연속 채취한다.

(2) 먼지농도의 계산

★★ 비산먼지농도 : $C = (C_H - C_B) \times W_D \times W_S$

> C_H : 채취먼지량이 가장 많은 위치에서의 먼지농도(mg/Sm^3)
> C_B : 대조위치에서의 먼지농도(mg/Sm^3)
> W_D, W_S : 풍향, 풍속 측정결과로부터 구한 보정계수

★★ 단, 대조위치를 선정할 수 없는 경우에는 C_B는 $0.15mg/Sm^3$로 한다.

📢 Question 20

다음 제시된 자료에서 구한 비산먼지의 농도(mg/Sm^3)는 얼마인가?

- 채취먼지량이 가장 많은 위치에서의 먼지농도 : $115mg/Sm^3$
- 대조위치에서의 먼지농도 : $0.15mg/Sm^3$
- 풍향은 전 시료채취 기간 중 주 풍향이 90°이상 변한다.
- 풍속은 0.5m/초 미만 또는 10m/초 이상되는 시간이 전 채취시간의 50% 이상이다.

㉮ $114.9mg/Sm^3$ ㉯ $137.8mg/Sm^3$ ㉰ $165.4mg/Sm^3$ ㉱ $206.7mg/Sm^3$

풀이 비산먼지농도(C) = $(C_H - C_B) \times W_D \times W_S$ = $(115-0.15)mg/Sm^3 \times 1.5 \times 1.2$ = $206.73mg/Sm^3$

(3) 풍향, 풍속 보정계수(W_D, W_S)

★★ ① 풍향에 대한 보정

풍향변화범위	보정계수
전 시료채취 기간 중 주 풍향이 90° 이상 변할 때	1.5
〃　　　　　　　45°~90° 변할 때	1.2
〃　　풍향이 변동이 없을 때(45° 미만)	1.0

★★ ② 풍속에 대한 보정

풍위	보정계수
풍속이 0.5m/s 미만 또는 10m/s 이상되는 시간이 전 채취시간의 50% 미만일 때	1.0
풍속이 0.5m/s 미만 또는 10m/s 이상되는 시간이 전 채취시간의 50% 이상일 때	1.2

📢 Question 21

고용량 공기시료채취기를 사용하여 비산먼지를 측정하고자 한다. 풍속이 0.5m/초 미만 또는 10m/초 이상되는 시간이 전 채취시간의 50% 미만일 때 풍속에 대한 보정계수는?

㉮ 0.8 ㉯ 1.0 ㉰ 1.2 ㉱ 1.5

정답 ㉯

(4) 채취유량의 계산

$$흡입공기량 = \frac{Q_s + Q_e}{2} \times t$$

Q_s : 채취개시 직후의 유량(m^3/min)
Q_e : 채취종료 직전의 유량(m^3/min)
t : 채취시간(min)

03 배출가스 중 암모니아

1. 적용 시험방법

배출가스 중 암모니아 자외선/가시선분광법 - 인도페놀법이 주 시험방법이며, 시험방법의 정량범위는 표와 같다.

2. 분석방법의 종류

분석방법	정량범위	방법검출한계	정밀도(%RSD)
자외선/가시선분광법 - 인도페놀법	1.2ppm 이상 (시료채취량 : 20L, 분석용 시료용액 : 250mL)	0.4ppm	10% 이내

(1) 목적

배출가스 중 암모니아를 붕산 용액으로 흡수하여 페놀 - 나이트로프루시드소듐 용액과 하이포아염소산소듐 용액을 첨가하고 암모늄 이온과 반응하여 생성하는 인도페놀류의 흡광도를 파장 640nm 부근에서 측정하여 암모니아를 정량한다.

(2) 적용범위

① 시료채취량이 20L이고 분석용 시료용액의 양이 250mL인 경우, 정량범위는 1.2ppm 이상이며 방법검출한계는 0.4ppm이다.

② 간섭물질 : 배출가스 중 이산화질소가 100배 이상, 아민류가 몇십 배 이상, 이산화황이 10배 이상, 황화수소가 같은 양 이상 공존하면 영향을 받으므로 그 영향을 무시하거나 제거할 수 있는 경우에 적용한다.

3. 시료채취방법

A : 시료채취관
B : 보온재
C : 히이터
D : 여과재
E : 흡수병(용량 약 250mL)
F : 3방 콕크
G : 건조제(입상실리카겔 또는 염화칼슘)
H : 바이패스용 세척병
I : 흡입펌프
J : 습식 가스미터(1회전 1~5 L)
K : 온도계
L : 압력계
M : 구면 갈아맞춤
N : 콕크
O : 여과관 또는 여과구
P : 트랩

★★ ① 채취관은 부식성 가스에 영향을 받지 않는 재질이어야 한다. 예를 들면 스테인레스강, 유리, 석영, PTFE(polytetrafluoroethylene) 수지 등을 사용한다.
② 채취관의 적당한 곳에 배출가스 성분과 화학 반응 등을 일으키지 않는 재질의 여과재를 넣어 먼지가 혼입되는 것을 방지한다. 예를 들면 무알칼리 유리섬유, 석영섬유 등을 사용한다.
★★ ③ 연결관의 길이는 가능한 짧게 하고 수분이 응축될 우려가 있는 경우에는 채취관에서 흡수병 사이를 약 120℃로 가열한다. 각 연결 부위는 실리콘 고무, PTFE 수지 등을 사용한다.

4. 시료채취방법

(1) 방해물질이 분석결과에 영향을 미치지 않는 경우

★★★ ① 여과관 또는 여과구가 붙은 (100~250)mL 흡수병에 흡수액으로 붕산용액(5g/L) 50mL를 각각 넣는다.
② 3방향 콕을 세척병 방향으로 하고 흡입펌프를 작동시켜 채취관에서 3방향 콕까지의 연결관을 배출가스 시료로 충분히 세척한다.
③ 흡입펌프를 정지시키고 3방향 콕을 흡수병 방향으로 한다. 가스미터의 지시값을 0.01L 까지 확인한다.

④ 흡입펌프를 작동시켜 배출가스 시료를 흡수병에 통과시킨다. 흡입속도를 (1~2)L/min 으로 하여 약 20L를 채취한 후 흡입펌프를 정지시키고 3방향 콕을 닫는다. 가스미터의 지시 값을 0.01L 까지 확인한다. 배출가스 시료를 채취하는 동안 가스미터의 온도 및 게이지압을 확인하고 대기압을 측정한다.

(2) 황산화물 등의 방해물질이 분석결과에 영향을 미치는 경우

★★ ① 여과관 또는 여과구가 붙은 (100~250)mL 흡수병에 과산화수소(1+9) 50mL를 각각 넣는다.
② 흡수액을 시료가스 흡수병에 합쳐 넣고 암모니아 추출장치에 연결한다.
③ 3방향 콕을 시료가스 흡수병으로 방향으로 하고 주사기 내의 수산화소듐용액(8mol/L)을 넣어 pH 13 이상으로 하고 닫는다.
④ 흡입펌프를 작동시켜 시료가스 흡수병에서 발생하는 암모니아를 흡수병에 통과시킨다. 흡입속도를 약 2L/min으로 하여 약 100분간 채취한다.

📢 Question 22

배출가스 중 암모니아를 분석하는 자외선/가시선분광법-인도페놀법에 대한 내용으로 틀린 것은?

㉮ 배출가스 중 암모니아를 붕산 용액으로 흡수하여 페놀-나이트로프루시드소듐 용액과 하이포아염소산 소듐 용액을 첨가한다.
㉯ 암모늄 이온과 반응하여 생성하는 인도페놀류의 흡광도를 파장 640nm 부근에서 측정하여 암모니아를 정량한다.
㉰ 시료채취량이 20L이고 분석용 시료용액의 양이 250mL인 경우, 정량범위는 1.2ppm 이상이다.
㉱ 배출가스 중 이산화질소가 100배 이상, 이산화황이 같은 양 이상 공존하면 영향을 받는다.

풀이 ㉱ 배출가스 중 이산화질소가 100배 이상, 아민류가 몇십 배 이상, 이산화황이 10배 이상, 황화수소가 같은 양 이상 공존하면 영향을 받는다.

04 배출가스 중 일산화탄소

1. 자동측정법-비분산적외선분광분석법

(1) 목적 및 적용범위

① 비분산적외선분광분석법은 선택성 검출기를 이용하여 시료 중의 특정 성분에 의한 적외선의 흡수량 변화를 측정하여 시료 중에 들어있는 특정 성분의 농도를 구하는 방법이다.

② 대기 및 굴뚝 배출가스 중의 오염물질을 연속적으로 측정하는 비분산 정필터형 적외선가스 분석기에 대하여 적용하며, 측정범위는 0ppm~1,000ppm 이하로 한다.

(2) 용어정의

① 비분산
빛을 프리즘(prism)이나 회절격자와 같은 분산소자에 의해 분산하지 않는 것을 말한다.

② 정필터형
측정성분이 흡수되는 적외선을 그 흡수과정에서 측정하는 방식을 말한다.

③ 반복성
동일한 분석계를 이용하여 동일한 측정대상을 동일한 방법과 조건으로 비교적 단시간에 반복적으로 측정하는 경우로써 개개의 측정치가 일치하는 정도를 말한다.

④ 응답시간
시료채취부를 통하지 않고 제로가스를 측정기의 분석부에 흘려주다가 갑자기 스팬가스로 바꿔서 흘려준 후, 기록계에 표시된 지시치가 스팬가스 보정치의 90%에 해당하는 지시치를 나타낼 때까지 걸리는 시간을 말한다.

⑤ 교정가스
소급성이 명시된 표준가스를 말한다.

⑥ 스팬가스
분석계를 교정하기 위하여 사용하는 가스로서 측정범위의 70% ~ 90%의 표준가스를 말한다.

⑦ 제로가스
분석계를 교정하기 위하여 사용하는 순도가 높고 분석결과에 영향을 주지 않는 가스로서, 0.1ppm 이하 또는 스팬값의 0.1% 이하인 고순도 공기를 말한다.

Question 23

배출가스 중 일산화탄소를 비분산적외선분광분석법을 이용하여 분석할 때 용어의 설명으로 틀린 것은?

㉮ 비분산 : 빛의 프리즘이나 회절격자와 같은 분산소자에 의해 분산하지 않는 것
㉯ 정필터형 : 측정성분이 흡수되는 적외선을 그 흡수파장에서 측정하는 방식
㉰ 응답시간 : 시료채취부를 통하지 않고 제로가스를 측정기의 분석부에 흘려주다가 갑자기 스팬가스로 바꿔서 흘려준 후, 기록계에 표시된 지시치가 스팬가스 보정치의 95%에 해당하는 지시치를 나타낼 때까지 걸리는 시간
㉱ 스팬가스 : 분석계를 교정하기 위하여 사용하는 가스로서 측정범위의 70% ~ 90%의 표준가스

풀이 ㉰ 응답시간 : 시료채취부를 통하지 않고 제로가스를 측정기의 분석부에 흘려주다가 갑자기 스팬가스로 바꿔서 흘려준 후, 기록계에 표시된 지시치가 스팬가스 보정치의 90%에 해당하는 지시치를 나타낼 때까지 걸리는 시간

2. 자동측정법-전기화학식(정전위전해법)

(1) 목적

가스 투과성 격막을 통하여 전해조 중의 전해질에 확산 흡수된 일산화탄소를 정전위전해법에 의해서 산화시키고, 그때 생기는 전해 전류를 이용하여, 시료 중에 포함된 일산화탄소의 농도를 연속적으로 측정하는 방법이다.

$$CO + H_2O \rightarrow CO_2 + 2H^+ + 2e^-$$

TIP
이 측정기는 소형 경량으로써 이동 측정에 적합하다.

★★ **(2) 측정범위**

0ppm ~ 1,000ppm 이하로 한다.

3. 기체크로마토그래피

(1) 목적

열전도도검출기(TCD, thermal conductivity detector) 또는 메테인화 반응장치 및 불꽃이온화검출기(FID, flame ionization detector)를 구비한 기체크로마토그래피를 이용하여 절대 검정곡선법에 의해 일산화탄소 농도를 구한다.

(2) 적용범위

★★ ① 열전도도검출기
일산화탄소 농도가 1,000ppm 이상인 시료에 적용한다. 방법검출한계는 314ppm이다.

★★ ② 불꽃이온화검출기
일산화탄소 농도가 (1~2,000)ppm인 시료에 적용한다. 방법검출한계는 0.3ppm이다.

> **Question 24**
>
> 굴뚝 배출가스 중의 일산화탄소 분석방법으로 틀린 것은?
> ㉮ 비분산적외선분광분석법　　㉯ 전기화학식
> ㉰ 음이온 전극법　　　　　　　㉱ 기체크로마토그래피
>
> **풀이** 일산화탄소 분석방법으로는 비분산적외선분광분석법, 전기화학식(정전위전해법), 기체크로마토그래피가 있다.

05 배출가스 중 염화수소

★★

분석방법	정량범위	방법검출한계	정밀도(%RSD)
이온크로마토그래피	0.4ppm 이상 (시료채취량 : 20L, 분석용 시료용액 : 100mL)	0.1ppm	10% 이내
자외선/가시선분광법 -싸이오사이안산제이수은법	1.6ppm 이상 (시료채취량 : 40L, 분석용 시료용액 : 250mL)	0.5ppm	10% 이내

1. 이온크로마토그래피

(1) 목적

배출가스 중 염화수소를 정제수로 흡수하여 충분한 분리능을 가질 수 있는 음이온 교환 분리관으로 분리하고 전도도검출기 또는 동등 이상의 성능을 갖는 검출기를 구비한 이온크로마토그래프로 염화 이온을 측정하여 염화수소를 정량한다.

(2) 적용범위

★★ ① 시료채취량이 20L이고 분석용 시료용액의 양이 100mL인 경우, 정량범위는 0.4ppm 이상이며, 방법검출한계는 0.1ppm이다.
② 배출가스 중 염화물 염(chloride salts) 등의 입자상물질 또는 황화합물 등의 환원성가스가 공존하면 영향을 받으므로 그 영향을 무시하거나 제거할 수 있는 경우에 적용한다.

(3) 흡수액 : 정제수 (25mL × 2개)

2. 자외선/가시선분광법 – 싸이오사이안산제이수은법

★★ (1) 목적

배출가스 중 염화수소를 수산화소듐 용액으로 흡수하여 싸이오사이안산제이수은용액과 황산제이철암모늄 용액 첨가하고 염화 이온과 반응하여 생성하는 싸이오사이안산제이철 착염의 흡광도를 파장 460nm에서 측정하여 염화수소를 정량한다.

(2) 적용범위

★★ ① 시료채취량이 40L이고 분석용 시료용액의 양이 250mL인 경우, 정량범위는 1.6ppm 이상이며, 방법검출한계는 0.5ppm이다.
② 배출가스 중 염화물 염(chloride salts) 등의 입자상물질 또는 이산화황, 기타 할로젠화합물, 사이안화물, 황화합물 등이 공존하면 영향을 받으므로 그 영향을 무시하거나 제거할 수 있는 경우에 적용한다.

★★★ (3) 흡수액 : 0.1mol/L 수산화소듐 용액(25mL×2개)

(4) 시료채취장치

★★ ① 채취관은 부식성 가스에 영향을 받지 않는 재질이어야 한다. 예를 들면 유리, 석영, PTFE(polytetrafluoroethylene) 수지 등을 사용한다.
② 채취관의 적당한 곳에 배출가스 성분과 화학 반응 등을 일으키지 않는 재질의 여과재를 넣어 먼지가 혼입되는 것을 방지한다. 예를 들면 무알칼리 유리섬유, 석영섬유 등을 사용한다.
★★ ③ 연결관의 길이는 가능한 짧게 하고 수분이 응축될 우려가 있는 경우에는 채취관에서 흡수병 사이를 약 120℃로 가열한다. 각 연결 부위는 실리콘 고무, PTFE 수지 등을 사용한다.

④ 여과지 홀더는 유리, 석영, PTFE 수지 등의 재질로 약 120℃로 유지 가능한 가열 박스 내부에 설치한다.

Question 25

배출가스 중 염화수소를 분석하는 방법으로 알맞은 것은?
㉮ 이온크로마토그래피　　㉯ 이온선택전극법
㉰ 기체크로마토그래피　　㉱ 이온전극법

▶ 풀이　정답은 ㉮이며, 염화수소의 분석방법에는 이온크로마토그래피, 자외선/가시선분광법-싸이오사이안산제이수은법이 있다.

Question 26

배출가스 중 염화수소의 분석방법인 자외선/가시선분광법-싸이오사이안산제이수은법에 대한 내용으로 틀린 것은?

㉮ 시료채취량이 40L이고 분석용 시료용액의 양이 250mL인 경우, 정량범위는 1.6ppm 이상이다.
㉯ 흡수액은 0.1mol/L 수산화소듐용액이 사용된다.
㉰ 채취관의 재질은 유리, 석영, PTFE(polytetrafluoroethylene)수지 등을 사용한다.
㉱ 연결관의 길이는 가능한 길게 하고 수분이 응축될 우려가 있는 경우에는 채취관에서 흡수병 사이를 약 120℃로 가열한다.

▶ 풀이　㉱ 연결관의 길이는 가능한 짧게 하고 수분이 응축될 우려가 있는 경우에는 채취관에서 흡수병 사이를 약 120℃로 가열한다.

06 배출가스 중 염소

1. 적용범위

이 시험방법은 화학반응 등에 따라 굴뚝 등에서 배출되는 가스 중의 염소를 분석하는 방법에 대하여 규정한다.

배출가스 중 염소 자외선/가시선분광법 - 4 - 피리딘카복실산 - 피라졸론법이 주 시험방법이며, 시험방법의 정량범위는 표와 같다.

분석방법	정량범위	방법검출한계	정밀도
자외선/가시선분광법 -오르토톨리딘법	(0.2~5.0)ppm (시료채취량 : 2.5L 분석용 시료용액 : 50mL)	0.1ppm	10% 이내
자외선/가시선분광법- 4-피리딘카복실산-피라졸론법	0.1ppm 이상 (시료채취량 : 20L, 분석용 시료용액 : 50mL)	0.04ppm	10% 이내

2. 분석방법 : 자외선/가시선분광법 – 오르토톨리딘법

(1) 목적

오르토톨리딘을 함유하는 흡수액에 시료를 통과시켜 얻어지는 발색액의 흡광도를 435nm 부근의 파장에서 측정하여 염소를 정량하는 방법이다.

(2) 적용방법

① 시료채취량이 2.5L이고 분석용 시료용액의 양이 50mL인 경우 정량범위는 (0.2~5.0)ppm 이며, 방법검출한계는 0.1ppm이다. 정량범위 상한 값을 넘어서는 경우 분석용 시료용액을 흡수액으로 희석하여 분석할 수 있다.

② 배출가스 중 브로민, 아이오딘, 오존, 이산화질소, 이산화염소 등의 산화성 가스나 황화수소, 이산화황 등의 환원성 가스가 공존하면 영향을 받으므로 그 영향을 무시하거나 제거할 수 있는 경우에 적용하며, 배출가스 시료 채취 종료 후 10분 이내 측정할 수 있는 경우에 적용한다.

(3) 시료채취장치

① 채취관은 부식성 가스에 영향을 받지 않는 재질이어야 한다. 예를 들면 유리, 석영, PTFE(polytetrafluoroethylene) 수지 등을 사용한다.

② 채취관의 적당한 곳에 배출가스 성분과 화학 반응 들을 일으키지 않는 재질의 여과재를 넣어 먼지가 혼입되는 것을 방지한다. 예를 들면 무알칼리 유리섬유, 석영섬유 등을 사용한다.

③ 연결관의 길이는 가능한 짧게 하고 수분이 응축될 우려가 있는 경우에는 채취관에서 흡수병 사이를 약 120℃로 가열한다. 각 연결 부위는 실리콘 고무, PTFE 수지 등을 사용한다.

(4) 흡수액 : 오르토톨리딘염산용액 (0.1g/L) (20mL×2개)

Question 27

굴뚝 배출가스 중 염소 분석방법에 관한 설명으로 옳지 않은 것은? (단, 오르토톨리딘법 기준)

㉮ 이 방법은 산화성 가스나 환원성 가스의 영향을 무시할 수 있는 경우에 적당하다.
㉯ 시료 채취관은 유리관, 석영관 등을 사용한다.
㉰ 흡수액이 적색으로 나타나면 시료가스채취 조작을 중지하고 흡수액을 다시 넣고 시료를 채취한다.
㉱ 시료채취관은 굴뚝에 수평하게 채취하고, 파장 385nm 부근에서 흡광도를 측정한다.

풀이 ㉱ 시료채취관은 굴뚝에 직각으로 설치하고, 파장 435nm 부근에서 흡광도를 측정한다.

3. 분석방법 : 자외선/가시선분광법 – 4-피리딘카복실산-피라졸론법

(1) 목적

배출가스 중 염소를 p-톨루엔설폰아마이드 용액으로 흡수하여 클로라민-T로 전환시키고 사이안화포타슘 용액을 첨가하여 염화사이안으로 전환시킨 후, 완충 용액 및 4-피리딘카복실산-피라졸론 용액을 첨가하여 발색시키고 638nm 부근의 파장에서 흡광도를 측정하여 염소를 정량한다.

(2) 적용방법

① 시료채취량이 20L이고 분석용 시료용액의 양이 50mL인 경우, 정량범위는 0.1ppm 이상이며, 방법검출한계는 0.04ppm이다.
② 배출가스 중 브로민, 아이오딘, 오존, 이산화염소 등의 산화성 가스 또는 황화수소, 이산화황 등의 환원성 가스가 공존하면 영향을 받으므로 그 영향을 무시하거나 제거할 수 있는 경우에 적용한다. 이산화질소의 영향은 받지 않는다.

 Question 28

배출가스 중 염소를 자외선/가시선분광법인 4-피리딘카복실산-피라졸론법에 대한 설명으로 틀린 것은?

㉮ 시료채취량이 20L이고 분석용 시료용액의 양이 50mL인 경우, 정량범위는 0.1ppm 이상이다.
㉯ 방법검출한계는 0.04ppm이다.
㉰ 발색된 흡광도를 638nm 부근의 파장에서 측정한다.
㉱ 이산화질소의 영향을 많이 받는다.

풀이 ㉱ 이산화질소의 영향을 받지 않는다.

(3) 분석용 시료용액 정량

① 25mL 부피플라스크에 분석용 시료용액 10mL를 넣는다.
② 여기에 사이안화포타슘 용액 (10g/L) 0.5mL를 넣은 후 마개를 하여 조용히 흔들어 섞고 실온에서 약 5분간 방치한다.
③ 여기에 인산염 완충 용액 (pH 7.2) 5mL 및 4-피리딘카복실산-피라졸론 용액 5mL를 넣고 정제수로 표선까지 맞춘다.
★★ ④ 약 25℃의 물중탕에서 약 30분간 방치한 후 이 용액의 일부를 10mm 흡수셀에 넣고 638nm 부근의 파장에서 흡광도를 측정한다.

★★ (4) 흡수액 : P-톨루엔설폰아마이드 용액 (1g/L) (20mL×2개)

07 배출가스 중 황산화물

1. 자동측정법

(1) 개요

이 시험방법은 현장에서 이동형 측정기를 사용하여 굴뚝 배출가스 중 황산화물(SO_2)을 자동측정하는 방법에 관하여 규정한다.

★★★ ① 적용가능한 방법

측정	개요
자동측정법 - 전기화학식 (정전위전해법)	정전위전해분석계를 사용하여 시료를 가스투과성 격막을 통하여 전해조에 도입시켜 전해액 중에 확산 흡수되는 이산화황을 규정된 산화전위로 정전위전해하여 전해전류를 측정하는 방법이다.
자동측정법 - 용액 전도율법	시료를 과산화수소에 흡수시켜 용액의 전기전도율(electro conductivity)의 변화를 용액전도율 분석계로 측정하는 방법이다.
자동측정법 - 적외선 흡수법	시료가스를 셀에 취하여 7,300nm 부근에서 적외선가스분석계를 사용하여 이산화황의 광흡수를 측정하는 방법이다.
자동측정법 - 자외선 흡수법	자외선흡수분석계를 사용하여 (280~320)nm에서 시료 중 이산화황의 광흡수를 측정하는 방법이다.
자동측정법 - 불꽃 광도법	불꽃광도검출분석계를 사용하여 시료를 공기 또는 질소로 묽힌 다음 수소불꽃 중에 도입할 때에 394nm 부근에서 관측되는 발광광도를 측정하는 방법이다.

★★ ② 측정범위(적용범위)

0ppm ~ 1,000ppm 이하로 한다.

★★ ③ 측정방법에 따른 간섭물질

측정방법	간섭물질
전기화학식(정전위전해법)	황화수소, 이산화질소, 염화수소, 탄화수소, 염소
용액 전도율법	염화수소, 암모니아, 이산화질소, 이산화탄소
적외선 흡수법	수분, 이산화탄소, 탄화수소
자외선 흡수법	이산화질소
불꽃 광도법	황화수소, 이황화탄소, 탄화수소, 이산화탄소

④ 수분에 의한 영향

수분에 의한 영향을 최소화하기 위해 시료채취관을 가열하거나, 응축기 및 응축수 트랩을 연결하여 사용한다.

> **Question 29**
>
> 배출가스 중 황산화물을 분석하고자 할 때 자동측정법에 해당하지 않는 것은?
> ㉮ 전기화학식　　㉯ 파라로자닐린법　　㉰ 적외선흡수법　　㉱ 불꽃광도법
>
> **풀이** 황산화물을 분석하는 자동측정법에는 전기화학식(정전위전해법), 용액전도율법, 적외선흡수법, 자외선흡수법, 불꽃광도법이 있다.

(2) 자동측정법의 용어정의

① 교정가스

소급성이 명시된 표준가스를 말한다.

★★ ② 스팬가스

분석계를 교정하기 위하여 사용하는 가스로서 측정범위의 70% ~ 90%의 표준가스를 말한다.

★ ③ 제로가스

분석계를 교정하기 위하여 사용하는 순도가 높고 분석결과에 영향을 주지 않는 가스로서, 0.1ppm 이하 또는 스팬값의 0.1% 이하인 고순도 공기를 말한다.

④ 반복성

동일한 분석계를 이용하여 동일한 측정대상을 동일한 방법과 조건으로 비교적 단시간에 반복적으로 측정하는 경우로써 개개의 측정치가 일치하는 정도를 말한다.

★★ ⑤ 응답시간

시료채취부를 통하지 않고 제로가스를 측정기의 분석부에 흘려주다가 갑자기 스팬가스로 바꿔서 흘려준 후, 기록계에 표시된 지시치가 스팬가스 보정치의 90%에 해당하는 지시치를 나타낼 때까지 걸리는 시간을 말한다.

(3) 자동측정법의 측정기기 및 기구

★★ 1) 전기화학식(정전위전해법)

① 원리

이산화황을 전해질에 흡수시킨 후 전기화학적 반응을 이용하여 그 농도를 구한다. 전해질에 흡수된 이산화황은 작용전극에 일정한 전위의 전기에너지를 가하면 황산이온으로 산화되는데 이때 발생되는 전해전류는 온도가 일정할 때 흡수된 이산화황 농도에 비례한다.

② 분석계 구성

정전위전해 분석계는 크게 나누어 전해셀과 정전위전원 그리고 증폭기로 구성되어 있다.

★★ 2) 용액전도율법

시료가스를 황산산성과산화수소수 흡수액에 도입하면 이산화황은 과산화수소수에 의해 황산으로 산화되어 흡수된다. 이때 황산의 생성으로 인하여 흡수액의 전도율이 증가하게 되는데, 이 전도율의 증가는 시료가스 중의 이산화황의 농도에 비례한다.

★★ 3) 자외선 흡수법

자외선흡수분석계에는 분광기를 이용하는 분산방식과 이용하지 않는 비분산방식이 있다. 분산방식에서는 287nm에서의 이산화황과 이산화질소의 흡광도를 그리고 380nm에서 이산화질소의 흡광도를 측정하고 몰흡광계수와 농도 및 흡광도로 표시된 2원 1차 연립방정식에 대입하여 이산화황의 극대흡수파장인 287nm에서의 이산화질소의 간섭을 보정한다. 287nm에서 구한 이산화황만의 흡광도를 미리 작성한 검정곡선에 대입하여 그 농도를 구한다. 또한 비분산 방식에서는 수은램프로부터 나온 빛을 둘로 나누어 두 개의 광학필터를 통과시킨다. 이렇게 하여 하나의 필터로 부터는 (280~320)nm의 광을 다른 하나로부터는 (540~570)nm의 광을 시료셀에 조사한 다음, 전자는 측정광으로 하고 후자는 비교광으로 하여 흡광도를 측정하고 그 차를 시료가스 중 이산화황의 흡광도로 한다. 이것을 미리 작성한 검정곡선에 대입하여 시료가스 중 이산화황의 농도를 구한다.

4) 불꽃광도법

★★ ① 원리

환원성 수소불꽃에 도입된 이산화황이 불꽃 중에서 환원될 때 발생하는 빛 가운데 394nm 부근의 빛에 대한 발광강도를 측정하여 배출가스 중 이산화황 농도가 (5~6)μg/min 이하가 되도록 시료가스를 깨끗한 공기로 희석해야 한다.

② 분석계 구성

유량제어부, 희석부, 불꽃부, 검출부로 이루어져 있다.

2. 침전적정법 – 아르세나조 Ⅲ법

(1) 개요

이 시험기준은 연소 등에 따라 굴뚝 등에서 배출되는 배출가스 중의 황산화물(SO_2 + SO_3)을 분석하는 방법에 대하여 규정한다.

★★★ ① 목적

시료를 과산화수소에 흡수시켜 황산화물을 황산으로 만든 후 아이소프로필알코올과 아세트산을 가하고 아르세나조 Ⅲ을 지시약으로 하여 아세트산바륨 용액으로 적정한다.

★★ ② 적용범위

시료가스 20L를 흡수액에 통과시키고 이 액을 250mL로 묽게 하여 분석용 시료용액으로 할 때 전 황산화물의 농도가 (140~700)ppm의 시료에 적용된다. 방법검출한계는 44.0ppm이다.

> **TIP**
> 광도 적정법일 때의 정량범위는 (50.0~700)ppm이며, 방법검출한계는 15.7ppm이다.

★★ ③ 흡수액 : 과산화수소용액 (1+9) (50mL×2개)

(2) 시료채취장치

★★ ① 시료채취관은 배출가스 중의 황산화물에 의해 부식되지 않는 재질, 예를 들면 유리관, 석영관, 스테인리스강 재질(stainless steel pipes) 등을 사용한다.

② 시료가스 중 먼지가 섞여 들어가는 것을 방지하기 위하여 채취관의 앞 끝에 알칼리(alkali)가 없는 유리솜 등 적당한 여과재를 넣는다.

③ 시료가스 중 황산화물과 수분이 응축되지 않도록 시료 채취관과 콕(M) 사이를 가열할 수 있는 구조로 한다.

④ 배관은 될 수 있는 한 짧게 하고, 수분이 응축될 우려가 있는 경우에는 채취관에서 삼방콕(M) 사이를 160℃ 정도로 가열한다.

★★ ⑤ 채취관과 어댑터(adapter), 삼방콕 등 가열하는 접속부분은 갈아 맞춤 또는 실리콘고무관을 사용하고 보통 고무관을 사용하면 안된다.

(3) 분석방법

① 조제한 분석용 시료용액 10mL를 200mL 삼각플라스크에 분취한다.

★★★ ② 아이소프로필 알코올 40mL, 아세트산 1mL 및 아르세나조 Ⅲ 지시약 (4~6)방울을 가하고 0.005mol/L 아세트산바륨 용액으로 적정한다. <u>액의 색이 청색으로 되서 1분간 지속되는 점</u>을 종말점으로 한다.

> **TIP**
> 광도 적정법(파장 600m 부근)으로 하면 종말점을 정확히 결정할 수 있으므로 이것을 사용하는 것이 바람직하다.

③ 현장바탕시료 100mL를 250mL 부피플라스크에 넣고 정제수로 표선까지 맞춘다. 이 용액을 현장바탕 시료용액으로 하고 분석용 시료용액 전처리 및 정량방법과 동일하게 시험한다.

Question 30

굴뚝 배출가스 중 황산화물의 침전적정법인 아르세나조Ⅲ 법에 관한 설명으로 틀린 것은?

㉮ 시료를 과산화수소에 흡수시켜 황산화물을 황산으로 만든다.
㉯ 아이소프로필 알코올과 아세트산을 가하고 아르세나조 Ⅲ을 지시약으로 한다.
㉰ 수산화소듐용액으로 적정한다.
㉱ 시료가스 20L를 흡수액에 통과시키고 이 액을 250mL로 묽게 하여 분석용 시료용액으로할 때 전 황산화물의 농도가 (140~700)ppm의 시료에 적용된다.

풀이 ㉰ 0.005 mol/L 아세트산바륨용액으로 적정한다.

(4) 결과보고

① 시료채취량

$$V_{s(습식)} = V \times \frac{273}{273+t} \times \frac{P_a+P_m-P_v}{760} \qquad V_{s(건식)} = V \times \frac{273}{273+t} \times \frac{P_a+P_m}{760}$$

$\begin{bmatrix} V : \text{가스미터로 측정한 흡입가스량(L)} & V_s : \text{건조 시료 가스 채취량(L)} \\ t : \text{가스미터의 온도(℃)} & P_a : \text{대기압(mmHg)} \\ P_m : \text{가스미터의 게이지압(mmHg)} & P_v : t\text{℃에서의 포화수증기압(mmHg)} \end{bmatrix}$

② 농도의 계산

 $C = \dfrac{0.112 \times (a-b) \times f \times \dfrac{250}{V}}{V_s} \times 1,000$

$C' = C \times \dfrac{1}{10,000}$

$\begin{bmatrix} C : \text{황산화물 농도(ppm 또는 μmol/mol)} \\ C' : \text{황산화물 농도(부피분율\%)} \\ a : \text{분석용 시료용액의 적정에 사용된 0.005mol/L 아세트산바륨 용액 부피(mL)} \\ b : \text{현장바탕 시료용액의 적정에 사용된 0.005mol/L 아세트산바륨 용액 부피(mL)} \\ f : 0.005\text{mol/L 아세트산바륨 용액의 역가} \\ V_s : \text{표준상태 건조가스 시료채취량(L)} \\ 0.112 : 0.005\text{mol/L 아세트산바륨 용액 1mL에 상당하는 황산화물}(SO_2 + SO_3)\text{의 가스 부피(mL)(표준상태)} \end{bmatrix}$

08 배출가스 중 질소산화물

1. 자동측정법

(1) 개요

이 시험기준은 이동형 측정기를 사용하여 굴뚝배출가스 중 질소산화물(NO, NO_2)을 자동측정하는 방법에 관하여 규정한다.

★★ ① 적용가능한 방법

측정	개요
자동측정법 - 전기화학식 (정전위전해법)	가스투과성 격막을 통하여 전해질 용액에 시료가스 중의 질소산화물을 확산·흡수시키고 일정한 전위의 전기에너지를 부가하여 질산이온으로 산화시켜서 생성되는 전해 전류로 시료가스 중 질소산화물의 농도를 측정한다.
자동측정법 - 화학 발광법	일산화질소와 오존이 반응하여 이산화질소가 될 때 발생하는 발광강도를 (590~875)nm 부근의 근적외선 영역에서 측정하여 시료 중의 일산화질소의 농도를 측정하는 방법이다. 이산화질소는 일산화질소로 환원시킨 후 측정한다.
자동측정법 - 적외선 흡수법	일산화질소의 5,300nm 적외선 영역에서 광흡수를 이용하여 시료중의 일산화질소의 농도를 비분산형 적외선분석계로 측정하는 방법이다. 이산화질소는 일산화질소로 환원시킨 후 측정한다.
자동측정법 - 자외선 흡수법	일산화질소는 (195~230)nm, 이산화질소는 (350~450)nm 부근에서 자외선의 흡수량 변화를 측정하여 시료 중의 일산화질소 또는 이산화질소의 농도를 측정하는 방법이다.

★★ ② 측정범위

0ppm ~ 1,000ppm 이하로 한다.

★★ ③ 측정방법에 따른 간섭물질

측정방법	간섭물질
전기화학식(정전위전해법)	염화수소, 황화수소, 염소
화학 발광법	이산화탄소
적외선 흡수법	수분, 이산화탄소, 이산화황, 탄화수소
자외선 흡수법	이산화황, 탄화수소

④ 수분에 의한 영향

수분에 의한 영향을 최소화하기 위해 시료채취관을 가열하거나, 응축기 및 응축수 트랩을 연결하여 사용한다.

Question 31

다음의 설명은 배출가스 중 질소산화물을 측정하는 자동측정법에 대한 설명이다. 일산화질소와 오존이 반응하여 이산화질소가 될 때 발생하는 발광강도를 (590 ~ 875)nm 부근의 근적외선 영역에서 측정하여 시료 중의 일산화질소의 농도를 측정하는 방법으로 알맞은 것은?

㉮ 전기화학식   ㉯ 화학발광법   ㉰ 적외선흡수법   ㉱ 자외선흡수법

정답 ㉯

(2) 용어정의

① 교정가스

소급성이 명시된 표준가스를 말한다.

★★ ② 스팬가스

분석계를 교정하기 위하여 사용하는 가스로서 측정범위의 70% ~ 90%의 표준가스를 말한다.

★★ ③ 제로가스

분석계를 교정하기 위하여 사용하는 순도가 높고 분석결과에 영향을 주지 않는 가스로서, 0.1ppm 이하 또는 스팬값의 0.1% 이하인 고순도 공기를 말한다.

④ 반복성

동일한 분석계를 이용하여 동일한 측정대상을 동일한 방법과 조건으로 비교적 단시간에 반복적으로 측정하는 경우로써 개개의 측정치가 일치하는 정도를 말한다.

★★ ⑤ 응답시간

시료채취부를 통하지 않고 제로가스를 측정기의 분석부에 흘려주다가 갑자기 스팬가스

로 바꿔서 흘려준 후, 기록계에 표시된 지시치가 스팬가스 보정치의 90%에 해당하는 지시치를 나타낼 때까지 걸리는 시간을 말한다.

(3) 측정기기 및 기구

★★ 1) 전기화학식(정전위 전해법)
① 원리
가스투과성 격막을 통하여 전해질 용액에 시료가스 중의 질소산화물을 확산·흡수시키고 일정한 전위(이산화황의 경우와 전위는 다르다.)의 전기에너지를 부가하면 질산이온으로 산화된다. 이때 생성되는 전해전류는 온도가 일정할 때 시료가스 중 질소산화물의 농도에 비례한다.

② 분석계 구성
정전위전해 분석계는 크게 나누어 전해셀과 정전위전원 그리고 증폭기로 이루어져 있다.

★★ 2) 화학발광법
① 원리
일산화질소와 오존이 반응하여 이산화질소가 생성되는데 이때 (590 ~ 875)nm에 이르는 폭을 가진 (화학발광)이 발생한다. 이 발광강도를 측정하여 시료가스 중 일산화질소의 농도를 측정한다. 질소산화물 농도는 시료가스를 환원장치를 통과시켜 이산화질소를 일산화질소로 환원한 다음 측정하여 구한다.

② 분석계 구성
유량제어부, 반응조, 검출기, 오존발생기 등으로 구성되어 있다.

3) 적외선 흡수법
ES 01204 비분산적외선분광분석법에 따른다.

★★ 4) 자외선 흡수법
① 원리
일산화질소는 (195~230)nm, 이산화질소는 (350~450)nm 부근의 자외선을 흡수하는 성질을 이용한다. 질소산화물의 농도를 구하기 위하여 일산화질소와 이산화질소의 농도를 각각 측정하여 그것들을 합하는 방식 (다성분합산방식)과 시료가스 중 일산화질소를 이산화질소로 산화시킨 다음 측정하는 방식 (산화방식)이 사용되고 있다.

② 분석계 구성
다성분합산형 (또는 분산형)과 산화형 (비분산형)이 있으며, 광원, 분광기, 광학필터, 시료셀, 검출기, 합산증폭기, 오존발생기 등으로 이루어져 있다.

2. 자외선/가시선분광법-아연환원나프틸에틸렌다이아민법

(1) 개요

이 시험기준은 화학반응 등에 의하여 굴뚝 등에서 배출되는 배출가스 중의 질소산화물 ($NO + NO_2$)을 분석하는 방법에 대하여 규정한다.

① 목적 및 적용범위

시료 중의 질소산화물을 오존 존재 하에서 흡수액에 흡수시켜 질산이온으로 만들고 분말 금속아연을 사용하여 아질산 이온으로 환원 후 설파닐아마이드(sulfanilamide) 및 나프틸에틸렌다이아민(naphthyl ethylen diamine)을 반응시켜 얻어진 착색의 흡광도로부터 질소산화물을 정량하는 방법으로 배출가스 중의 질소산화물을 이산화질소로 하여 계산한다. (측정파장 545nm 부근)

② 적용범위

㉠ 시료채취량이 150mL인 경우 시료 중의 질소산화물 농도가 (6.7~230)ppm의 것을 분석하는데 적당하다. 방법검출한계는 2.1ppm이다.

㉡ 2,000ppm 이하의 이산화황은 방해하지 않고 염화 이온 및 암모늄 이온(ammonium ion)의 공존도 방해하지 않는다.

Question 32

굴뚝 배출가스 내의 질소산화물 분석하는 자외선/가시선분광법인 아연환원 나프틸에틸렌다이아민법에 대한 내용으로 틀린 것은?

㉮ 시료 중 질소산화물을 오존 존재하에서 흡수액에 흡수시켜 질산이온으로 만든다.
㉯ 질산이온을 분말금속아연을 사용하여 아질산이온으로 환원시킨다.
㉰ 시료 중 질소산화물 농도가 (6.7~230)ppm의 것을 분석하는데 적당하다.
㉱ 1,000ppm 이상의 이산화황, 염화이온, 암모늄이온의 공존에 방해를 받는다.

풀이 ㉱ 2,000ppm 이하의 이산화황은 방해하지 않고 염화이온 및 암모늄이온의 공존도 방해하지 않는다.

(2) 분석기기 및 기구

① 광도계

광전광도계(photoelectric photometer) 또는 광전분광 광도계를 이용한다.

② 시료채취용 주사기

콕이 붙은 부피 200mL 또는 500mL의 유리 주사기를 사용한다.

③ 흡수액 주입용 주사기

부피 20mL 또는 100mL의 유리 주사기를 사용한다.

④ 오존발생장치

오존발생장치는 오존이 (부피분율 1%) 정도의 오존 농도를 얻을 수 있는 것으로써 질소산화물의 생성량이 적고, 그 산포 또한 작은 것이어야 한다.

⑤ 흡수액 : 0.005mol/L 황산용액(20mL)

(2) 시료채취장치

① 시료채취관은 배출가스 중의 부식성 가스에 의해서 침식되지 않는 재질(보기를 들면 경질 유리관, 석영관, 염소가스가 공존하지 않을 때는 스테인리스강 재질(stainless steel pipes)도 좋다.)을 사용하여야 한다.
② 시료 중에 먼지 등이 섞여 들어가는 것을 방지하기 위하여 시료채취관의 도중에 적당한 여과재를 넣는다.
③ 시료 중의 수분이 응축되는 것을 방지하기 위하여 시료채취관 및 채취관에서 여과재까지의 사이를 가열하여야 한다.

09 배출가스 중 이황화탄소(CS_2)

1. 적용범위

이 시험방법은 화학반응 등에 따라 굴뚝으로부터 배출되는 가스 중의 이황화탄소를 분석하는 방법에 관하여 규정한다.

2. 분석방법의 종류

분석방법	정량범위	방법검출한계	정밀도
기체크로마토그래피	0.5ppm 이상(FPD)	0.1ppm	10% 이내
자외선/가시선분광법	(4.0~60.0)ppm(시료채취량 10L 경우)	1.3ppm	10% 이내

(1) 자외선/가시선분광법

다이에틸아민구리 용액에서 시료가스를 흡수시켜 생성된 다이에틸 다이싸이오카밤산구리의 흡광도를 435nm의 파장에서 측정하여 이황화탄소를 정량한다.

이 시험기준은 시료가스 채취량 10L인 경우 배출가스 중의 이황화탄소 농도 (4.0~60.0)ppm의 분석에 적합하다. 이황화탄소의 방법검출한계는 1.3ppm이다.

Question 33

다음 중 다이에틸아민구리 용액에서 시료가스를 흡수시켜 생성된 다이에틸다이싸이오카밤산구리의 흡광도를 435nm의 파장에서 측정하는 항목은?

㉮ CS₂ ㉯ H₂S ㉰ HCN ㉱ PAH

정답 ㉮

★★ (2) 기체크로마토그래피

<u>불꽃광도검출기(FPD)</u> 혹은 이와 동등 이상의 성능을 갖는 황화물 선택성 검출기나 질량분석기를 구비한 기체크로마토그래피를 사용하여 정량한다.

이 시험기준은 <u>이황화탄소 농도 0.5ppm 이상</u>의 배출 분석에 적합하다. 배출가스 중에 포함된 황화합물의 대부분이 이황화탄소이어서 전(total)황화물로 측정해도 지장이 없는 경우에는 분리관을 생략한 불꽃광도 검출방식 연속분석계를 사용해도 좋다. 이황화탄소의 방법 검출한계는 0.1ppm이어야 한다.

3. 시료 채취관 및 흡수액

★★ ① 흡수액 : 다이에틸아민구리용액(50mL×2개)
② 광도계 : 광전광도계 또는 광전분광광도계

4. 기체크로마토그래피

(1) 장치

★★ ① 기체크로마토그래피 검출기 : 불꽃광도 검출기(FPD), 펄스 불꽃광도검출기(PFPD), 혹은 질량분석기(MS)가 장착된 것을 사용한다.

★★ ② 운반기체 : 순도 99.999% 이상의 질소 또는 순도 99.999% 이상의 헬륨

Question 34

굴뚝 배출가스 중 이황화탄소 분석방법으로 틀린 것은?

㉮ 자외선/가시선분광법은 다이에틸아민구리 용액에서 시료가스를 흡수시켜 생성된 다이에틸다이싸이오카밤산구리의 흡광도를 535nm의 파장에서 측정하여 이황화탄소를 정량한다.
㉯ 기체크로마토그래피는 불꽃광도검출기(FPD) 혹은 이와 동등 이상의 성능을 갖는 황화물 선택성 검출기나 질량분석기를 구비한 기체크로마토그래피를 사용하여 정량하며, 이 방법은 이황화탄소농도 0.5ppm 이상의 분석에 적합하다.
㉰ 배출가스 중에 포함된 황화합물의 대부분이 이황화탄소이어서 전황화합물로 측정해도 지장이 없는 경우에는 분리관을 생략한 불꽃광도 검출방식 연속분석계를 사용해도 좋다.
㉱ 채취관, 연결관 등에는 경질유리, 테플론관 등을 사용한다.

풀이 ㉮ 자외선/가시선분광법은 다이에틸아민구리 용액에서 시료가스를 흡수시켜 생성된 다이에틸다이싸이오카밤산구리의 흡광도를 435nm의 파장에서 측정하여 이황화탄소를 정량한다.

10 배출가스 중 황화수소

1. 적용범위

배출가스 중 황화수소-자외선/가시선분광법 - 메틸렌블루법이 주 시험방법이며, 시험방법의 정량범위는 표와 같다.

분석방법	정량범위	방법검출한계	정밀도
자외선/가시선분광법 -메틸렌블루법	1.7ppm 이상 (시료채취량 : 20L, 분석용 시료용액 : 200mL)	0.5ppm	10% 이내
기체크로마토그래피	0.5ppm 이상 (시료채취주머니 채취 및 직접 주입)	0.2ppm	10% 이내

2. 자외선/가시선분광법 - 메틸렌블루법

(1) 목적

배출가스 중의 황화수소를 <u>아연아민착염 용액에 흡수</u>시켜 P-아미노디메틸아닐린 용액과 염화철(Ⅲ) 용액을 가하여 생성되는 <u>메틸렌블루의 흡광도 670nm 부근에서 측정</u>하여 황화수소를 정량한다.

(2) 적용범위

★★ ① 시료채취량이 20L이고 분석용 시료용액의 양이 200mL인 경우, 정량범위는 1.7ppm 이상이며, 방법검출한계는 0.5ppm이다.

② 황화수소의 농도가 140ppm 이상인 것에 대하여서는 분석용 시료용액을 흡수액으로 적당히 묽게 하여 분석에 사용할 수가 있다.

(3) 시료채취장치

★★ ① 채취관은 부식성 가스에 영향을 받지 않는 재질이어야 한다. 예를 들면 스테인레스강, 유리, 석영, PTFE(polytetrafluoroethylene)수지 등을 사용한다.

② 채취관의 적당한 곳에 배출가스 성분과 화학 반응 등을 일으키지 않는 재질의 여과재를 넣어 먼지가 혼입되는 것을 방지한다. 예를 들면 무알칼리 유리섬유, 석영섬유 등을 사용한다.

★★ ③ 연결관의 길이는 가능한 짧게 하고 수분이 응축될 우려가 있는 경우에는 채취관에서 흡수병 사이를 약 120 ℃로 가열한다. 각 연결 부위는 실리콘 고무, PTFE 수지 등을 사용한다.

★★ ④ **흡수액** : 아연아민착염 용액 (50mL×2개)

Question 35

배출가스 중 황화수소의 분석방법 중 자외선/가시선분광법인 메틸렌블루법에 대한 설명으로 틀린 것은?

㉮ 배출가스 중 황화수소를 아연아민착염용액에 흡수시켜 p-아미노다이메틸아닐린 용액과 염화철(Ⅲ) 용액을 가하여 생성되는 메틸렌블루의 흡광도를 측정한다.
㉯ 510nm 부근의 파장에서 흡광도를 측정한다.
㉰ 시료채취량이 20L이고 분석용 시료용액의 양이 200mL인 경우, 정량범위는 1.7 ppm 이상이다.
㉱ 채취관의 재질은 스테인레스강, 유리, 석영, PTFE(polytetrafluoroethylene)수지 등을 사용한다.

풀이 ㉯ 670nm 부근의 파장에서 흡광도를 측정한다.

---

2. 기체크로마토그래피

(1) 목적

배출가스 중 황화수소를 시료채취 주머니에 채취하여 충분한 분리능을 가질 수 있는 분리관 (column)으로 분리하고 불꽃광도검출기(flame photometric detector) 또는 동등 이상의 성능을 갖는 검출기를 구비한 기체크로마토그래프로 황화수소를 정량한다.

(2) 적용방법

★★ ① 정량 범위는 0.5ppm 이상이며 방법검출한계는 0.2ppm이다.
★ ② 배출가스 중 일산화탄소, 이산화탄소 또는 수분 등이 공존하면 영향을 받으므로 그 영향을 무시하거나 제거할 수 있는 경우에 적용한다.
★ ③ 검출기는 펄스형불꽃광도검출기(pulsed flame photometric detector), 황화학발광검출기(sulfur chemiluminescence detector), 원자방출검출기(atomic emission detector), 질량분석기(mass spectrometer) 등을 사용할 수 있다.

(3) 시료채취장치

★ ① 채취관은 부식성 가스에 영향을 받지 않는 재질이어야 한다. 예를 들면 스테인레스강, 유리, 석영, PTFE(polytetrafluoroethylene) 수지 등을 사용한다.
★ ② 채취관의 적당한 곳에 배출가스 성분과 화학 반응 들을 일으키지 않는 재질의 여과재를 넣어 먼지가 혼입되는 것을 방지한다. 예를 들면 무알칼리 유리섬유, 석영섬유 등을 사용한다.
★ ③ 연결관의 길이는 가능한 짧게 하고 수분이 응축될 우려가 있는 경우에는 채취관에서 흡수병 사이를 약 120℃로 가열한다. 각 연결 부위는 실리콘 고무, PTFE 수지 등을 사용한다.
④ 흡수병은 내부에 들어가는 튜브의 끝부분 직경이 3mm 이하이며 PTFE 수지 등의 재질로 만들어진 것을 사용한다.
⑤ 진공 흡입상자는 10L 시료채취 주머니를 담을 수 있어야 하며, 내부가 완전 진공이 되도록 밀폐된 구조의 것을 사용한다.
⑥ 시료채취 주머니는 플루오로 수지, 폴리에스터 수지 등의 불활성 재질로 오염되지 않는 것을 사용한다.

Question 36

배출가스 중 황화수소의 분석방법 중 기체크로마토그래피에 대한 설명으로 틀린 것은?

㉮ 정량범위는 0.5ppm 이상이며, 방법검출한계는 0.2ppm이다.
㉯ 배출가스 중 일산화탄소, 이산화탄소 또는 수분 등이 공존하여도 영향을 받지 않는다.
㉰ 검출기는 펄스형불꽃광도검출기, 황화학발광검출기, 원자방출검출기, 질량분석기 등을 사용할 수 있다.
㉱ 여과재는 무알칼리 유리섬유, 석영섬유 등을 사용한다.

풀이 ㉯ 배출가스 중 일산화탄소, 이산화탄소 또는 수분 등이 공존하면 영향을 받으므로 그 영향을 무시하거나 제거할 수 있는 경우에 적용한다.

11 배출가스 중 플루오린화합물

배출가스 중 플루오린화합물 – 자외선/가시선분광법 – 란타넘-알리자린콤플렉손법이 주 시험방법이며, 시험방법의 정량범위는 표와 같다.

★★★

분석방법	정량범위	방법검출한계	정밀도
자외선/가시선분광법 – 란타넘-알리자린콤플렉손법	0.05ppm 이상 (시료채취량 : 80L, 분석용 시료용액 : 250mL)	0.02ppm	10% 이내
이온크로마토그래피	0.30ppm 이상 (시료채취량 : 40L, 분석용 시료용액 : 100mL)	0.10ppm	10% 이내
이온선택전극법	7.37ppm~737ppm (시료채취량 : 40L, 분석용 시료용액 : 250mL)	2.31ppm	10% 이내
연속흐름법	0.30ppm 이상 (시료채취량 : 40L, 분석용 시료용액 : 100mL)	0.10ppm	10% 이내

Question 37

배출가스 중 플루오린화합물을 분석하는 방법으로 틀린 것은?

㉮ 자외선/가시선분광법 ㉯ 이온크로마토그래피
㉰ 이온선택전극법   ㉱ 기체크로마토그래피

풀이 정답은 ㉱이고, 배출가스 중 플루오린화합물을 분석하는 방법에는 자외선/가시선분광법 – 란타넘-알리자린콤플렉손법, 이온크로마토그래피, 이온선택전극법, 연속흐름법이 있다.

2. 분석방법의 종류

(1) 자외선/가시선분광법 – 란타넘-알리자린콤플렉손법

★★★ ① 목적

배출가스 중 무기 플루오린화합물을 수산화소듐 용액으로 흡수하고 완충 용액을 첨가하여 pH를 조절한 후 란타넘-알리자린콤플렉손 용액을 첨가하고 플루오린화 이온과 반응하여 생성하는 복합 착화합물의 흡광도를 파장 620nm에서 측정하여 플루오린화합물을 정량한다.

★★ ② 적용범위

시료채취량이 80L이고 분석용 시료용액의 양이 250mL인 경우, 정량범위는 0.05ppm 이상이며, 방법검출한계는 0.02ppm이다.

★★ ③ 배출가스 중 알루미늄(III), 철(II), 구리(II), 아연(II) 등의 중금속 이온이나 인산 이온 등이 공존하면 영향을 받으므로 그 영향을 무시하거나 제거할 수 있는 경우에 적용한다.
★★ ④ 흡수액 : 수산화소듐 용액(4g/L) (50mL×2개)

(2) 이온크로마토그래피

① 목적

배출가스 중 무기 플루오린화합물을 수산화소듐 용액으로 흡수하고 중화시킨 후 탄산 이온을 제거하여 충분한 분리능을 가질 수 있는 음이온 교환 분리관으로 분리하고 전도도검출기(conductivity detector) 또는 동등 이상의 성능을 갖는 검출기를 구비한 이온크로마토그래프로 플루오린화 이온을 측정하여 플루오린화합물을 정량한다.

★★ ② 적용범위

시료채취량이 40L이고 분석용 시료용액의 양이 100mL인 경우, 정량범위는 0.30ppm 이상이며, 방법검출한계는 0.10ppm이다.

★★ ③ 배출가스 중 알루미늄(III), 철(II) 등의 중금속 이온이 공존하면 영향을 받으므로 그 영향을 무시하거나 제거할 수 있는 경우에 적용한다.

★★ ④ 흡수액 : 수산화소듐 용액(4g/L) (25mL×2개)

(3) 이온선택전극법

① 목적

굴뚝 등에서 배출되는 배출가스 중의 무기 플루오린화합물을 플루오린화 이온으로 분석하는 데 목적이 있다. 굴뚝에서 적절한 시료채취장치를 이용하여 얻은 시료 흡수액을 플루오린화 이온 전극을 이용하여 전기전도도를 측정하는 방법이다.

★★ ② 적용범위

시료채취량 40L인 경우 정량범위는 플루오린화합물로서 (7.37~737)ppm이며, 방법검출한계는 2.31ppm이다.

③ 시료가스 중에 알루미늄(III), 철(II) 등의 중금속 이온이 공존하면 영향을 받는다.

④ 흡수액 : 0.1 mol/L 수산화소듐 용액 (50mL × 2개)

(4) 연속흐름법

① 목적

배출가스 중 무기 플루오린화합물을 수산화소듐 용액으로 흡수하고 가열 증류하여 플루오린화합물을 플루오린화 이온으로 유출시킨 후 란타넘-알리자린콤플렉손 용액을 첨가하고 플루오린화 이온과 반응하여 생성하는 복합 착화합물의 흡광도를 측정하여 플루오린화합물을 정량한다.

★★ ② 적용범위

시료채취량이 40L이고 분석용 시료용액의 양이 100mL인 경우, 정량범위는 0.30ppm 이상이며, 방법검출한계는 0.10ppm이다.

③ 배출가스 중 알루미늄(III), 철(II), 구리(II), 아연(II) 등의 중금속 이온이나 인산 이온 등이 공존하면 영향을 받으므로 그 영향을 무시하거나 제거할 수 있는 경우에 적용한다.

④ 배출가스 중 염화수소 등의 염화 이온이 고농도로 존재하면 가열 증류 시 회수율이 낮아지므로 회수율 검증 후 적용한다.

⑤ 흡수액 : 수산화소듐 용액(4g/L) (25mL × 2개)

3. 시료채취장치

① 채취관은 부식성 가스에 영향을 받지 않는 재질이어야 한다. 예를 들면 스테인레스강, PTFE(polytetrafluoroethylene) 수지 등을 사용한다.

② 채취관의 적당한 곳에 배출가스 성분과 화학 반응 등을 일으키지 않는 재질의 여과재를 넣어 먼지가 혼입되는 것을 방지한다. 예를 들면 PTFE 섬유 등을 사용한다.

③ 연결관의 길이는 가능한 짧게 하고 수분이 응축될 우려가 있는 경우에는 채취관에서 흡수병 사이를 약 120℃로 가열한다. 각 연결 부위는 실리콘 고무, PTFE 수지 등을 사용한다

Question 38

굴뚝 배출가스 중의 무기 플루오린화합물의 분석법인 자외선/가시선분광법 – 란타넘-알리자린콤플렉손법에 대한 내용으로 틀린 것은?

㉮ 배출가스 중 무기 플루오린화합물을 수산화소듐 용액으로 흡수하고 완충 용액을 첨가하여 pH를 조절한 후 란타넘-알리자린콤플렉손 용액을 첨가하고 플루오린화 이온과 반응하여 생성하는 복합 착화합물의 흡광도를 측정한다.

㉯ 시료채취량이 80L이고 분석용 시료용액의 양이 250mL인 경우, 정량범위는 0.05ppm 이상이며, 방법검출한계는 0.02ppm이다.

㉰ 배출가스 중 알루미늄(III), 철(II), 구리(II), 아연(II) 등의 중금속 이온이나 인산 이온 등이 공존하면 영향을 받으므로 그 영향을 무시하거나 제거할 수 있는 경우에 적용한다.

㉱ 연결관의 길이는 가능한 길게 하고 수분이 응축될 우려가 있는 경우에는 채취관에서 흡수병 사이를 약 120℃로 가열한다. 각 연결 부위는 일반 고무관을 사용한다.

풀이 ㉱ 연결관의 길이는 가능한 짧게 하고 수분이 응축될 우려가 있는 경우에는 채취관에서 흡수병 사이를 약 120℃로 가열한다. 각 연결 부위는 실리콘 고무, PTFE 수지 등을 사용한다.

12 배출가스 중 사이안화수소

배출가스 중 사이안화수소 자외선/가시선분광법 – 4 – 피리딘카복실산 – 피라졸론법이 주 시험방법이며, 시험방법의 정량범위는 표와 같다.

분석방법	정량범위	방법검출한계	정밀도
자외선/가시선분광법 – 4 – 피리딘카복실산 – 피라졸론법	0.05ppm 이상 (시료채취량 : 10L, 분석용 시료용액 : 250mL)	0.02ppm	10% 이내
연속흐름법	0.11ppm 이상 (시료채취량 : 20L 분석용 시료용액 : 250mL)	0.03ppm	10% 이내

1. 자외선/가시선분광법 – 4-피리딘카복실산-피라졸론법

(1) 목적

배출가스 중 사이안화수소를 수산화소듐 용액으로 흡수하고 완충 용액 및 클로라민-T 용액을 첨가하여 염화사이안으로 전환시킨 후 발색 용액을 첨가하여 발색시키고 흡광도를 파장 638nm에서 측정하여 사이안화수소를 정량한다.

(2) 적용방법

① 시료채취량이 10L이고 분석용 시료용액의 양이 250mL인 경우, 정량범위는 0.05ppm 이상이며, 방법검출한계는 0.02ppm이다.

② 배출가스 중 염소 등의 산화성가스 또는 알데하이드류, 황화수소, 이산화황 등의 환원성가스가 공존하면 영향을 받으므로 그 영향을 무시하거나 제거할 수 있는 경우에 적용한다.

(3) 흡수액 : 수산화소듐 용액 (20g/L) (50mL×2개)

2. 연속흐름법

(1) 목적

배출가스 중 사이안화수소를 수산화소듐 용액으로 흡수하여 완충 용액을 첨가한 후 자외선 분해 및 가열 증류 방식 또는 자외선 분해 및 소수성 막에 의한 가스 확산 방식으로 다시 사이안화수소로 유출시키고 완충 용액 및 클로라민-T 용액을 첨가하여 염화사이안으로 전환시킨 후 발색 용액을 첨가하여 발색시키고 흡광도를 측정하여 사이안화수소를 정량한다.

(2) 적용범위

★★ ① 시료채취량이 20L이고 분석용 시료용액의 양이 250mL인 경우 정량범위는 0.11ppm 이상이며, 방법검출한계는 0.03ppm이다.

★ ② 배출가스 중 염소 등의 산화성가스 또는 알데하이드류, 황화수소, 이산화황 등의 환원성 가스가 공존하면 영향을 받으므로 그 영향을 무시하거나 제거할 수 있는 경우에 적용한다.

Question 39

배출가스 중 사이안화수소의 분석법인 자외선/가시선분광법 – 4-피리딘카복실산-피라졸론법에 대한 내용으로 틀린 것은?

㉮ 수산화소듐 용액으로 흡수하고 완충 용액 및 클로라민-T 용액을 첨가하여 염화사이안으로 전환시킨 후 발색 용액을 첨가하여 발색시킨다.
㉯ 시료채취량이 10L이고 분석용 시료용액의 양이 250mL인 경우, 정량범위는 0.05ppm 이상이며, 방법검출한계는 0.02ppm이다.
㉰ 배출가스 중 염소 등의 산화성가스 또는 알데하이드류, 황화수소, 이산화황 등의 환원성가스가 공존하면 영향을 받는다.
㉱ 흡광도는 파장 538nm에서 측정하여 사이안화수소를 정량한다.

풀이 ㉱ 흡광도는 파장 638nm에서 측정하여 사이안화수소를 정량한다.

13 배출가스 중 매연

1. 매연

(1) 목적

이 시험기준은 굴뚝 등에서 배출되는 매연을 링겔만 매연농도표(Ringelmann Smoke chart)에 의해 비교 측정하기 위한 시험방법이다.

(2) 용어정의

① **링겔만 매연 농도표**

링겔만(Ringelmann)이라는 사람이 창안한 방법으로 매연의 정도에 따라 색이 진하고 연하게 나타나며, 이를 링겔만 표준 농도표와 비교하여 매연 농도를 측정한다.

② **매연**

공기 중에 부유하며 강하게 빛을 흡수 및 산란하는 미립자상 물질을 말하며 기본적인 형태로 탄소를 포함한다.

(3) 측정방법

★★ ① **링겔만 매연 농도법**

보통 가로 14cm 세로 20cm의 백상지에 각각 0mm, 1.0mm, 2.3mm, 3.7mm, 5.5mm 전폭의 격자형 흑선을 그려 백상지의 흑선부분이 전체의 0%, 20%, 40%, 60%, 80%, 100%를 차지하도록 하여 이 흑선과 굴뚝에서 배출하는 매연의 검은 정도를 비교하여 각각 (0 ~ 5)도까지 6종으로 분류한다.

Question 40

다음은 굴뚝 등에서 배출되는 매연의 링겔만 매연농도 분석방법이다. (   ) 안에 알맞은 것은?

> 보통 가로 14cm 세로 20cm의 백상지에 각각 (   )mm 전폭의 격자형 흑선을 그려 백상지의 흑선부분이 전체의 0%, 20%, 40%, 60%, 80%, 100%를 차지하도록 하여 이 흑선과 굴뚝에서 배출하는 매연의 검은 정도를 비교하여 각각 0도에서 5도까지 6종으로 분류한다.

㉮ 0, 1.0, 2.0, 3.0, 4.0　　　　㉯ 0, 1.0, 2.3, 3.7, 5.5
㉰ 0, 1.2, 2.4, 3.6, 4.8　　　　㉱ 0, 1.2, 2.5, 3.9, 5.2

정답 ㉯

★★ ② **불투명도법**

코크스로, 용광로 등을 사용하는 제철업 및 제강업종에서 입자상 물질이 시설로부터 제일 많이 새어나오는 곳을 대상으로 하여 측정한다. 이때 태양은 측정자의 좌측 또는 우측에 있어야 하고 측정자는 시설로부터 배출가스를 분명하게 관측할 수 있는 거리에 위치해야 한다. (그 거리는 아무리 멀어도 1km를 넘지 않아야 한다.)

불투명도 측정은 링겔만 매연농도표 또는 매연 측정기(smoke scope)를 이용하여 30초 간격으로 비탁도를 측정한 다음 불투명도 측정용지에 기록한다. 비탁도는 최소 0.5° 단위로 측정값을 기록하며 비탁도에 20%를 곱한 값을 불투명도 값으로 한다.

Question 41

매연 측정방법 중 불투명도법에 대한 설명으로 알맞은 것은 어느 것인가?
㉮ 측정자는 건물로부터 배출가스를 분명하게 관측할 수 있는 3km 이내의 거리에 위치해야 한다.
㉯ 비탁도는 최소 0.5도 단위로 측정값을 기록한다.
㉰ 입자상 물질이 건물로부터 제일 적게 새어나오는 곳을 대상으로 하여 측정한다.
㉱ 비탁도에 10%를 곱한 값을 불투명도 값으로 한다.

풀이 ㉮ 측정자는 건물로부터 배출가스를 분명하게 관측할 수 있는 1km 이내의 거리에 위치해야 한다.
㉰ 입자상 물질이 건물로부터 제일 많이 새어나오는 곳을 대상으로 하여 측정한다.
㉱ 비탁도에 20%를 곱한 값을 불투명도 값으로 한다.

★★ (4) 측정위치의 선정

될 수 있는 한 바람이 불지 않을 때 굴뚝 배경의 검은 장해물을 피한다. 연기의 흐름에 직각인 위치에 태양광선을 측면으로 받는 방향으로부터 농도표를 측정치의 앞 16m에 놓고 200m 이내(가능하면 연도에서 16m)의 적당한 위치에 서서 굴뚝배출구에서 (30~45)cm 떨어진 곳의 농도를 측정자의 눈높이의 수직이 되게 관측 비교한다.

Question 42

다음은 굴뚝 등에서 배출되는 매연을 링겔만 매연농도법에 의해 비교 측정하는 시험 방법에 관한 설명이다. ( ) 안에 알맞은 것은?

될 수 있는 한 바람이 불지 않을 때 굴뚝 배경의 검은 장해물을 피해 연기의 흐름에 직각인 위치에 태양광선을 측면으로 받는 방향으로부터 농도표를 측정치의 앞 (①)m에 놓고 (②)m이내 (가능하면 연도에서 16m)의 적당한 위치에 서서 굴뚝배출구에서 (③)cm 떨어진 곳의 농도를 측정자의 눈높이에 수직이 되게 관측 비교한다.

㉮ ① 5, ② 200, ③ 15 ~ 20
㉯ ① 16, ② 200, ③ 30 ~ 45
㉰ ① 16, ② 100, ③ 15 ~ 20
㉱ ① 5, ② 100, ③ 30 ~ 45

정답 ㉯

2. 광학기법

(1) 목적

이 시험기준은 굴뚝 등에서 배출되는 매연을 측정하는 방식으로 광학기법을 이용하여 불투명도를 산정하는 것을 목적으로 한다.

(2) 적용범위

굴뚝, 플레어스택 등에서 배출되는 매연을 측정하는 광학기법에 대하여 적용한다.

(3) 용어정의

★★ ① 불투명도

대기 중 배출되는 가스 흐름을 투과해서 물체를 식별하고자 할 때 불명확하게 하는 정도를 말하며, 매연이 배출되는 지점과 배경지점을 카메라로 촬영한 후, 비교하여 산정하며, 결과는 (0 ~ 100)% 사이에서 5% 단위로 나타낸다.

② 매연

공기 중에 부유하며 강하게 빛을 흡수 및 산란하는 미립자상 물질을 말하며 기본적인 형태로 탄소를 포함한다.

(4) 측정위치의 선정

★★ ① 매연 촬영 시 되도록 바람이 불지 않을 때 관측자는 깨끗한 시야를 확보할 수 있는 시점에서 굴뚝높이의 3배 이상 떨어진 거리에서 촬영한다, 카메라와 매연의 촬영지점의 관측 각도(매연측정지점과 관측자의 눈높이와의 각)가 18° 이상일 경우 추가적인 보정이 필요하다.

★★ ② 굴뚝에서 140° 이내 각도에서 태양을 등지고 서야한다. 관찰자는 카메라를 매연 확산 방향에 가능한 한 수직이 되도록 놓은 후 매연과 배경지점이 잘 대조되는 지점이 나타나도록 촬영한다.

14 배출가스 중 산소측정방법

★★ 1. 자동측정법 중 자기식(자기풍)

(1) 목적 및 적용범위

① 목적

상자성체인 산소분자가 자계 내에서 자기화 될 때 생기는 흡입력을 이용하여 산소농도를 연속적으로 구한다.

② 적용범위

체적자화율이 큰 가스(일산화질소, NO)의 영향을 무시할 수 있는 경우에 적용할 수 있으며, 측정범위는 0% ~ 5.0% 이하로 한다.

(2) 분석기기 및 기구

① 자기풍방식 : 자계 내에서 흡입된 산소분자의 일부가 가열되어 자기성을 잃는 것에 의하여 생기는 자기풍의 세기를 열선소자에 의하여 검출한다.
② 자기식 산소측정기의 자기풍 분석계는 측정셀, 비교셀, 열선소자, 자극 증폭기 등으로 구성된다.

★★ 2. 자동측정법 중 자기식(자기력)

(1) 목적 및 적용범위

① 목적 : 상자성체인 산소분자가 자계 내에서 자기화 될 때 생기는 흡입력을 이용하여 산소농도를 연속적으로 구한다.
② 적용범위 : 체적자화율이 큰 가스(일산화질소, NO)의 영향을 무시할 수 있는 경우에 적용할 수 있으며, 측정범위는 0% ~ 10.0% 이하로 한다.

(2) 분석기기 및 기구

① 덤벨형 방식은 덤벨(dumb-bell)과 시료중의 산소와의 자기화 강도의 차에 의하여 생기는 덤벨의 편위량을 검출한다. 덤벨형 자기력 분석계는 측정셀, 덤벨, 자극편, 편위검출부, 증폭기 등으로 구성된다.
② 압력검출형 방식은 주기적으로 단속하는 자계 내에서 산소분자에 작용하는 단속적인 흡입력을 자계 내에 일정유량으로 유입하는 보조가스의 배압변화량 으로서 검출한다. 압력검출형 자기력 분석계는 측정셀, 자극보조가스용 조리개, 검출소자, 증폭기 등으로 구성된다.

★★ 3. 자동측정법 중 전기화학식

(1) 목적 및 적용범위

① 목적은 산소의 전기화학적 산화환원 반응을 이용하여 산소농도를 연속적으로 측정한다.
② 적용범위
  ⓐ 질코니아 방식은 고온에서 산소와 반응하는 가연성가스(일산화탄소, 메테인 등) 또는 질코니아소자를 부식시키는 가스(SO_2 등)의 영향을 무시할 수 있는 경우 또는 그 영향을 제거할 수 있는 경우에 적용한다.

ⓑ 전극방식은 산화환원반응을 일으키는 가스(SO_2, CO_2 등)의 영향을 무시할 수 있는 경우 또는 영향을 제거할 수 있는 경우에 적용할 수 있다.
ⓒ 측정범위는 0% ~ 25.0% 이하로 한다.

(2) 분석기기 및 기구

① 질코니아 방식은 고온으로 가열된 질코니아소자의 양 끝에 전극을 설치하고 그 한쪽에 시료가스, 다른 쪽에 공기를 통하여 산소농도 차를 주어 양극 사이에 생기는 기전력을 검출한다. 질코니아 분석계는 고온가열부, 검출기, 증폭기 등으로 구성된다.
② 전극방식은 가스투과성격막을 통하여 전해조 중에 확산 흡수된 산소가 고체전극표면위에서 환원될 때 생기는 잔해전류를 검출한다. 전극 방식 분석계는 정전위 전해형, 폴라로그래프형, 갈바니전지형의 세 가지 형식이 있고 가스투과성 격막, 작용전극, 대전극 등을 갖춘 전해조, 정전위 전원, 증폭기 등으로 구성된다.

Question 43

굴뚝 배출가스 중 자동측정기에 의한 산소측정법에 관한 설명으로 옳지 않은 것은?

㉮ 자기식방법은 체적자화율이 큰 가스(일산화질소)의 영향을 무시할 수 있는 경우에 적용할 수 있다.
㉯ 자기식인 자기풍방식에는 덤벨형과 압력검출형이 있다.
㉰ 전기화학식은 질코니아 방식과 전극방식으로 나눌 수 있다.
㉱ 자동측정기에 의한 방법은 자기식과 전기화학식으로 나눌 수 있다.

풀이 ㉯ 자기식인 자기력방식에는 덤벨형과 압력검출형이 있다.

---

15 철강공장의 아크로와 연결된 개방형 여과집진시설의 먼지

1. 적용범위

배출가스 중에 함유되어 있는 액체 또는 고체인 입자상물질을 측정한 먼지로서, 먼지농도 표시는 표준상태(0℃, 760mmHg)의 건조 배출가스 $1Sm^3$ 중에 함유된 먼지의 질량농도를 측정하는데 사용된다.

2. 개방형 여과집진시설의 먼지

(1) 측정위치

백을 걸어 놓는 지지대와 백 하우스 지붕사이의 공간에서 시료를 채취하며 배출가스가 희석되는 것을 방지하고 그 흐름을 일정하게 유지하기 위하여 보조틀을 설치한다.

(2) 측정공

백하우스 단면을 이등분한 한쪽의 대략적인 중앙부에 보조틀상의 측정공과 수평을 이루도록 설치한다.

(3) 측정점

측정공으로부터 여과집진시설의 반대면을 향하여 1/4되는 위치에 보조틀을 설치하고 그 중앙부분을 대표점으로 하여 1점만 측정한다. 이 때 측정자는 보조틀이 설치된 위치로 유입되는 덕트의 댐퍼가 정상적으로 개방되어 있는지를 확인하는 등 측정점의 대표성을 판단하여야 한다.

★★★ 3. 먼지농도 측정방법

① 배출가스 중 먼지-반자동식 측정법을 따르나, 등속흡입할 필요가 없다.
② 채취관은 대구경 흡입노즐(보통 10mm 정도)이 연결된 흡입관을 측정공을 통하여 측정점까지 밀어넣고 출강에서 다음 출강 개시 전까지를 먼지 배출상태 및 공정을 고려하여 적당한 시간간격으로 나누어 시료를 채취한다. 이렇게 하여 구한 먼지농도를 출강에서 다음 출강개시 전까지의 평균먼지 농도로 간주한다.
★★ ③ 시료채취시 측정공을 헝겊등으로 밀폐할 필요는 없다.
★★ ④ 건옥백하우스의 경우는 장입 및 출강시는 20±5L/min, 용해정련기에는 10±3L/min 유속으로 배출가스를 흡입한다.
★★ ⑤ 직인백하우스의 경우는 장입 및 출강시가 10±3L/min, 용해정련기는 20±5L/min의 유속으로 배출가스를 흡입한다.
★★ ⑥ 한 개의 원통형 여과지에 채취된 1회 먼지채취량은 2mg 이상 20mg 이하로 함을 원칙으로 한다.

Question 44

철강공장의 아크로와 연결된 개방형 여과집진시설에서 배출되는 먼지채취방법에 대한 규정으로 틀린 것은?

㉮ 등속흡인할 필요가 없으며 채취관은 대구경 흡입노즐(보통 10mm 정도)이 연결된 흡입 관을 사용한다.
㉯ 흡입관을 측정공을 통하여 측정점까지 밀어넣고 출강에서 다음 출강 개시전까지를 먼지 배출상태 및 공정을 고려하여 적당한 시간 간격으로 나누어 시료를 채취하여 구한 먼지농도를 출강에서 다음 출강개시전까지의 평균먼지농도로 간주한다.
㉰ 시료채취시 측정공을 헝겊 등으로 밀폐할 필요는 없으며 건옥백하우스의 경우는 장입 및 출강시 20 ± 5L/min의 유속으로 배출가스를 흡입한다.
㉱ 한 개의 원통형 여과지에 채취된 1회 먼지채취량은 20mg 이상 50mg 이하로 함을 원칙으로 한다.

풀이 ㉱ 한 개의 원통형 여과지에 채취된 1회 먼지채취량은 2mg 이상 20mg 이하로 함을 원칙으로 한다.

16 유류 중 황함유량 분석방법

1. 적용범위

이 분석방법은 연료용 유류 중의 황함유량을 측정하기 위한 분석방법에 대하여 규정한다.

2. 분석방법의 종류

유류 중 황함유량 분석을 위한 시료는 일반적으로 두 가지 방법에 의해 분석된다. 그중 연소관식 공기법은 중화적정법이며 방사선식 여기법은 기기분석법이다. 분석방법의 종류는 다음과 같다.

★★

분석 방법의 종류	황함유량에 따른 적용 구분	방법검출한계	적용 유류
연소관식 공기법	질량분율 0.010% 이상	0.003%	원유·경유·중유 등
방사선식 여기법	질량분율 (0.030 ~ 5.000)%	0.009%	

 Question 45

연료용 유류 중의 황 함유량을 측정하기 위한 분석방법은 어느 것인가?

㉮ 방사선식 여기법　　　　　　　　㉯ 자동 연속 열탈착 분석법
㉰ 시료채취 주머니 방법　　　　　　㉱ 몰린 형광 광도법

 풀이 유류 중의 황 함유량을 측정하기 위한 분석방법으로는 연소관식 공기법, 방사선식 여기법이 있다.

3. 분석방법

★★ (1) 연소관식 공기법

(950~1,100)℃로 가열한 석영재질 연소관 중에 공기를 불어넣어 시료를 연소시킨다. 생성된 황산화물을 과산화수소(3%)에 흡수시켜 황산으로 만든 다음, 수산화소듐표준액으로 중화적정하여 황함유량을 구한다.

> **TIP**
> 다음의 첨가제가 들어있는 시료에는 적용할 수 없다.
> ① 불용성 황산염을 만드는 금속(Ba, Ca 등)
> ② 연소되어 산을 발생시키는 원소(P, N, Cl 등)

Question 46

다음은 연료용 유류 중의 황함유량을 측정하기 위한 분석방법 중 연소관식 공기법에 대한 내용이다. (   ) 안에 알맞은 말은 어느 것인가?

(950 ~ 1,100)℃로 가열한 석영재질 연소관 중에 공기를 불어넣어 시료를 연소시킨다. 생성된 황산화물을 (①)에 흡수시켜 황산으로 만든 다음, (②)으로 중화적정하여 황함유량을 구한다.

㉮ ① 붕산용액(0.5%), ② 수산화소듐표준액
㉯ ① 붕산용액(0.5%), ② 티오황산소듐표준액
㉰ ① 과산화수소(3%), ② 수산화소듐표준액
㉱ ① 과산화수소(3%), ② 티오황산소듐표준액

정답 ㉰

★ (2) 방사선식 여기법

① 개요

시료에 방사선을 조사하고, 여기된 황의 원자에서 발생하는 형광 X선의 강도를 측정한다. 시료 중의 황함유량은 미리 표준시료를 이용하여 작성된 검정곡선으로 구한다.

> **TIP**
> 시험 결과의 정확(편차)성의 점검에는 황함유량 표준차를 인정하는 표준시료를 이용하면 좋다.

제3절 배출가스 중금속화합물

01 금속화합물

1. 배출가스 중 금속화합물 – 원자흡수분광광도법

(1) 목적

배출가스 중 입자상 금속(카드뮴, 납, 크로뮴, 구리, 니켈, 아연, 베릴륨 등) 및 그 화합물을 여과지로 채취하여 산(acid) 분해하고 아세틸렌-공기 불꽃에 직접 주입하여 원자화 시킨 후 측정파장에서 흡광세기를 측정하여 입자상 금속 및 그 화합물을 정량한다.

(2) 적용범위

시료채취량이 $1Sm^3$이고 분석용 시료용액의 양이 250mL인 경우, 금속 개별 정량범위 및 방법검출한계는 아래 <표>와 같다.

 ▶ 원자흡수분광광도법의 측정파장, 정량범위, 방법검출한계

금속	측정파장(nm)	정량범위(mg/Sm³)	방법검출한계(mg/Sm³)
Cd	228.8	0.010 이상	0.003
Pb	217.0/283.3	0.050 이상	0.016
Cr	357.9	0.100 이상	0.031
Cu	324.7	0.100 이상	0.031
Ni	232.0	0.010 이상	0.003
Zn	213.9	0.100 이상	0.031
Be	234.9	0.040 이상	0.013

📢 Question 47

원자흡수분광광도법을 이용하여 금속물질을 측정할 때 금속별 측정파장이 틀린 것은?

㉮ Cd - 228.8nm   ㉯ Cr - 357.9nm   ㉰ Ni - 232.0nm   ㉱ Zn - 324.7nm

 정답은 ㉱이며, Zn의 측정파장은 213.9nm이다.

★★★ **(3) 간섭 물질**

① 광학적 간섭은 분석하고자 하는 금속과 근접한 파장에서 발광하는 물질이 존재하거나, 측정파장의 스펙트럼이 넓어질 때, 이온과 원자의 재결합으로 연속 발광할 때 또는 분자띠발광 시에 발생할 수 있다. 광학적 간섭은 측정에 사용하는 스펙트럼이 다른 인접선과 완전히 분리되지 않아 파장선택부의 분해능이 충분하지 않기 때문에 검정곡선의 직선영역이 좁고 구부러져 측정감도 및 정밀도가 저하된다. 이 경우에는 다른 파장을 사용하여 다시 측정하거나 상대검정곡선법을 사용하여 간섭효과를 줄일 수 있다.
② 물리적 간섭은 표준용액과 분석용 시료용액 또는 분석용 시료용액 간의 물리적 성질(점도, 밀도, 표면장력 등)의 차이 또는 표준물질과 분석용 시료용액의 매질(matrix) 차이에 의해 발생할 수 있다. 이 경우에는 표준용액과 분석용 시료용액 간의 매질을 일치시키거나 상대검정곡선법을 사용하여 간섭효과를 줄일 수 있다.
③ 화학적 간섭은 원자화 불꽃 중에서 이온화하거나, 공존물질과 작용하여 해리하기 어려운 화합물이 생성되는 경우에 발생할 수 있다. 이온화로 인한 간섭은 분석대상 원소보다 이온화 전압이 더 낮은 원소를 첨가하여 측정 원소의 이온화를 방지할 수 있다.
④ 크로뮴 분석 시 아세틸렌-공기 불꽃에서는 철, 니켈 등에 의한 방해를 받는다. 이 경우에는 아세틸렌-산화이질소 불꽃을 사용하여 간섭효과를 줄일 수 있다.

Question 48

배출가스 중 금속화합물을 원자흡수분광광도법으로 분석할 때 간섭물질에 대한 내용으로 틀린 것은?
㉮ 광학적 간섭은 분석하고자 하는 금속과 근접한 파장에서 발광하는 물질이 존재할 때 발생할 수 있다.
㉯ 화학적 간섭은 이온과 원자의 재결합으로 연속 발광할 때 발생할 수 있다.
㉰ 물리적 간섭은 표준물질과 분석용 시료용액의 매질(matrix) 차이에 의해 발생할 수 있다.
㉱ 크로뮴 분석 시 아세틸렌-공기 불꽃에서는 철, 니켈 등에 의한 방해를 받는다. 이 경우에는 아세틸렌-산화이질소 불꽃을 사용하여 간섭효과를 줄일 수 있다.

풀이 정답은 ㉯이며, ㉯번은 광학적 간섭에 대한 내용이다.

2. 배출가스 중 금속화합물 – 유도결합플라스마/원자발광분광법

(1) 목적

배출가스 중 입자상 금속(카드뮴, 납, 크로뮴, 구리, 니켈, 아연, 베릴륨 등) 및 그 화합물을 여과지로 채취하여 산(acid) 분해하고 플라스마에 직접 주입하여 들뜬 상태의 원자가 바닥상태로 전이할 때 방출하는 발광선 및 발광세기를 측정하여 입자상 금속 및 그 화합물을 정량한다.

(2) 적용범위

시료채취량이 1Sm³이고 분석용 시료용액의 양이 250mL인 경우, 금속 개별 정량범위 및 방법검출한계는 아래의 <표>와 같다.

★★★ ▶ 유도결합플라스마/원자발광분광법의 측정파장, 정량범위, 방법검출한계

금속	측정파장(nm)	정량범위(mg/Sm³)	방법검출한계(mg/Sm³)
Cd	226.50/214.44/228.80	0.005 이상	0.002
Pb	220.35/217.00/261.42	0.025 이상	0.008
Cr	357.87/267.72/206.15	0.050 이상	0.016
Cu	324.75/219.96/327.40	0.050 이상	0.016
Ni	231.60/221.65/216.56	0.005 이상	0.002
Zn	213.86/206.20/202.55	0.050 이상	0.016
Be	313.04/234.86/313.11	0.025 이상	0.008

Question 49

배출가스 중 금속화합물을 유도결합플라스마/원자발광분광법으로 분석할 때 각 금속별 측정파장(nm)과 정량범위(mg/Sm³)로 틀린 것은?

㉮ Cd : 226.50, 0.005 이상
㉯ Pb : 220.35, 0.025 이상
㉰ Cu : 313.04, 0.025 이상
㉱ Zn : 213.86, 0.050 이상

 정답은 ㉰이며, Cu의 측정파장은 324.75nm, 정량범위는 0.050mg/Sm³ 이상이다.

02 배출가스 중 비소화합물

배출가스 중 비소화합물 - 수소화물생성 원자흡수분광광도법이 주 시험방법이며, 시험방법의 정량범위는 아래의 <표>와 같다.

★★

분석방법	정량범위	방법검출한계
수소화물생성 원자흡수분광광도법	0.003ppm 이상 (분석용 시료용액 250mL, 건조시료가스량 1Sm³인 경우)	0.001ppm
흑연로 원자흡수분광광도법	0.003ppm 이상 (분석용 시료용액 250mL, 건조시료가스량 1Sm³인 경우)	0.001ppm
유도결합플라스마/ 원자발광분광법	0.003ppm 이상 (분석용 시료용액 250mL, 건조시료가스량 1Sm³인 경우)	0.001ppm

1. 수소화물생성 원자흡수분광광도법

★★ (1) 목적 및 적용범위

① 시료용액 중의 비소를 수소화비소로 하여 아르곤-수소 불꽃 중에 도입하고 비소에 의한 원자흡수를 파장 193.7nm에서 측정하여 비소를 정량한다.
② 강제 흡입 장치를 사용하여 입자상 비소화합물을 여과장치에 채취하고, 가스상 비소는 적당한 수용액 중에 흡수 채취하며, 채취된 물질을 산 분해 처리하여 용액화한 시료용액 중의 비소를 수소화물발생 원자흡수분광법으로 측정한다.
③ 정량범위는 0.003ppm 이상(시료용액 250mL, 건조시료가스량 $1Sm^3$인 경우)이고, 방법검출한계는 0.001ppm이며, 정밀도는 10% 이하이다.

(2) 간섭물질

① 비소화합물 중 일부는 휘발성이 있어 채취 시료를 전처리하는 동안 비소의 손실 가능성이 있으므로 주의하여야 한다.
② 고농도의 크로뮴, 코발트, 구리, 수은, 몰리브덴, 은, 니켈 등은 비소화합물 분석에 간섭을 줄 수 있다.
③ 질산 분해에 의해 생기는 환원된 산화질소와 아질산염은 감도를 저하시킬 수 있다.

Question 50

배출가스 중 비소화합물을 수소화물생성 원자흡수분광광도법으로 분석할 때의 내용으로 틀린 것은?

㉮ 시료용액 중의 비소를 수소화비소로 하여 아르곤-수소 불꽃 중에 도입하고 비소에 의한 원자흡수를 파장 228.8nm에서 측정하여 비소를 정량한다.
㉯ 정량범위는 0.003ppm 이상(시료용액 250mL, 건조시료가스량 $1Sm^3$인 경우)이다.
㉰ 방법검출한계는 0.001ppm이며, 정밀도는 10% 이하이다.
㉱ 비소화합물 중 일부는 휘발성이 있어 채취 시료를 전처리하는 동안 비소의 손실 가능성이 있으므로 주의하여야 한다.

정답 ㉮ 시료용액 중의 비소를 수소화비소로 하여 아르곤-수소 불꽃 중에 도입하고 비소에 의한 원자흡수를 파장 193.7nm에서 측정하여 비소를 정량한다.

2. 흑연로 원자흡수분광광도법

★★ (1) 목적 및 적용범위

① 비소를 흑연로 원자흡수분광광도법으로 정량하는 방법으로, 비소 속빈음극램프를 점등하여 안정화시킨 후, 전처리한 시료용액을 흑연로에 주입하고 비소화합물을 원

자화시켜 파장 193.7nm에서 원자흡수분광광도법 통칙에 따라 조작을 하여 시료용액의 흡광도 또는 흡수 백분율을 측정하는 방법이다.

② 강제 흡입 장치를 사용하여 입자상 비소화합물을 여과장치에 채취하고, 가스상 비소는 적당한 수용액 중에 흡수 채취하며, 채취된 물질을 산 분해 처리하여 용액화한 시료용액 중의 비소를 흑연로 원자흡수분광광도법으로 측정한다.

③ 정량범위는 0.003ppm 이상(시료용액 250mL, 건조시료가스량 1Sm^{3}인 경우)이고, 방법 검출한계는 0.001ppm이며, 정밀도는 10% 이하이다.

(2) 간섭물질

① 비소화합물 중 일부는 휘발성이 있어 채취 시료를 전처리하는 동안 비소의 손실 가능성이 있으므로 주의하여야 한다.

② 비소는 휘발가능성이 있으므로 시료 주입 후 건조 및 회화 단계에서의 온도 및 시간 설정에 주의를 해야 한다.

③ 비소는 낮은 분석 파장(193.7 nm)에서 측정하므로 원자화단계에서 매질성분에 의한 심각한 비특이성 흡수 및 산란에 의한 영향을 받을 수 있다. 이러한 영향을 줄이기 위해 바탕 시험 값 보정을 실시해야 한다.

3. 유도결합플라스마/원자발광분광법

★★ (1) 목적 및 적용범위

① 전처리한 시료용액을 27.1MHz(또는 40.68MHz)의 초고주파 (rf) 장에 의해 생성된 아르곤 플라스마 중에 분무하여 도입하고 파장 193.696nm(또는 189.04nm, 197.20nm)에서 발광세기를 측정하여 비소를 정량한다.

② 강제 흡입 장치를 사용하여 입자상 비소화합물을 여과장치에 채취하고, 가스상 비소는 적당한 수용액 중에 흡수 채취하며, 채취된 물질을 산 분해 처리하여 용액화한 시료용액 중의 비소를 유도결합플라스마/원자발광분광법으로 측정한다. 분석농도를 구한 후 배출가스 유량으로부터 배출가스 중의 비소화합물 농도를 산출한다.

③ 정량범위는 0.003ppm 이상 (분석용 시료용액 250mL, 건조시료가스량 1Sm^{3}인 경우)이고, 방법검출한계는 0.001ppm이며, 정밀도는 10 % 이하이다.

★★ (2) 간섭물질

① 비소화합물 중 일부는 휘발성이 있어 채취 시료를 전처리하는 동안 비소의 손실 가능성이 있으므로 주의하여야 한다.

② 시료 중의 철과 알루미늄에 의한 분광학적 간섭이 있을 수 있다. 이 경우 시료를 희석하거나 다른 파장을 이용할 수 있으나 검출한계가 높아질 수 있음에 유의해야 한다.
③ 시료 중의 매질 성분 및 농도 차이에 의해 시료의 주입 및 분무시의 물리적 간섭, 분자화합물 생성 및 이온화효과에 의한 화학적간섭이 있을 수 있다. 이러한 물리적 간섭 및 화학적 간섭은 시료와 검정곡선 작성용 표준용액의 매질 농도를 일치시켜 보정해야 한다.
④ 비소는 흡수액 중에 함유되어 있는 다량의 소듐(Na) 등에 의해 간섭을 받을 수 있기 때문에 해당 장비에 수소화물 발생장치를 설치하여 분석할 수 있다.

Question 51

비소화합물을 유도결합플라스마/원자발광분광법으로 분석 시 간섭물질에 대한 내용으로 틀린 것은?

㉮ 비소화합물 중 일부는 휘발성이 있어 채취 시료를 전처리하는 동안 비소의 손실 가능성이 있으므로 주의하여야 한다.
㉯ 시료 중의 철과 알루미늄에 의한 분광학적 간섭이 있을 수 있다.
㉰ 시료 중의 매질 성분 및 농도 차이에 의해 시료의 주입 및 분무시의 물리적 간섭, 분자화합물 생성 및 이온화효과에 의한 화학적간섭이 있을 수 있다.
㉱ 비소는 흡수액 중에 함유되어 있는 소량의 소듐(Na) 등에 의해 간섭을 받을 수 있기 때문에 해당 장비에 수소화물 발생장치를 설치하여 분석할 수 있다.

 ㉱ 비소는 흡수액 중에 함유되어 있는 다량의 소듐(Na) 등에 의해 간섭을 받을 수 있기 때문에 해당 장비에 수소화물 발생장치를 설치하여 분석할 수 있다.

★★ **4. 흡수액** : 수산화소듐 용액(4g/L, 100mL × 2개)

Question 52

다음 중 수산화소듐 용액을 흡수액으로 사용하지 않는 것은?

㉮ 비소화합물   ㉯ 이황화탄소   ㉰ 사이안화수소   ㉱ 페놀화합물

 ㉯ 이황화탄소의 흡수액은 다이에틸아민구리 용액이다.

03 배출가스 중 카드뮴화합물

배출가스 중 카드뮴화합물 - 원자흡수분광광도법이 주 시험방법이며, 시험방법의 정량범위는 아래의 <표>와 같다.

분석방법	정량범위	방법검출한계	정밀도
원자흡수분광광도법	0.010mg/Sm^3 이상 (시료채취량 : 1Sm^3, 분석용 시료용액 : 250mL)	0.003mg/Sm^3	10% 이내
유도결합플라스마/ 원자발광분광법	0.005mg/Sm^3 이상 (시료채취량 : 1Sm^3, 분석용 시료용액 : 250mL)	0.002mg/Sm^3	10% 이내

 Question 53

배출가스 중 카드뮴화합물의 분석방법 중 원자흡수분광광도법에 대한 내용으로 틀린 것은?

㉮ 정량범위는 시료채취량 1Sm^{3}일 때 0.010mg/Sm^3 이상이다.
㉯ 방법검출한계는 0.003mg/Sm^{3}이다.
㉰ 측정파장은 357.9nm이다.
㉱ 정밀도는 10% 이내이다.

풀이 ㉰ 측정파장은 228.8nm이다.

04 배출가스 중 납화합물

배출가스 중 납화합물 - 원자흡수분광광도법이 주 시험방법이며, 시험방법의 정량범위는 아래의 <표>와 같다.

분석방법	정량범위	방법검출한계	정밀도
원자흡수분광광도법	0.050mg/Sm^3 이상 (시료채취량 : 1Sm^3, 분석용 시료용액 : 250mL)	0.016mg/Sm^3	10% 이내
유도결합플라스마/ 원자발광분광법	0.025mg/Sm^3 이상 (시료채취량 : 1Sm^3, 분석용 시료용액 : 250mL)	0.008mg/Sm^3	10% 이내

Question 54

배출가스 중 납화합물을 분석하는 방법에 대한 설명으로 틀린 것은?

㉮ 원자흡수분광광도법의 정량범위는 시료채취량이 $1Sm^3$일 때 $0.050mg/Sm^3$ 이상이다.
㉯ 원자흡수분광광도법의 측정파장은 217.0nm이다.
㉰ 유도결합플라스마/원자발광분광법의 정량범위는 시료채취량이 $1Sm^3$일 때 $0.025mg/Sm^3$ 이상이다.
㉱ 유도결합플라스마/원자발광분광법의 방법검출한계는 $0.016mg/Sm^3$이다.

정답 ㉱ 유도결합플라스마/원자발광분광법의 방법검출한계는 $0.008mg/Sm^3$이다.

배출가스 중 크로뮴화합물

배출가스 중 크로뮴화합물 - 원자흡수분광광도법이 주 시험방법이며, 시험방법의 정량범위는 아래의 <표>와 같다.

분석방법	정량범위	방법검출한계	정밀도
원자흡수분광광도법	$0.100mg/Sm^3$ 이상 (시료채취량 : $1Sm^3$, 분석용 시료용액 : 250mL)	$0.031mg/Sm^3$	10% 이내
유도결합플라스마/ 원자발광분광법	$0.050mg/Sm^3$ 이상 (시료채취량 : $1Sm^3$, 분석용 시료용액 : 250mL)	$0.016mg/Sm^3$	10% 이내

Question 55

배출가스 중 크로뮴화합물을 분석하는 방법에 대한 내용으로 틀린 것은?

㉮ 원자흡수분광광도법의 정량범위는 시료채취량이 $1Sm^3$일 때 $0.100mg/Sm^3$ 이상이다.
㉯ 원자흡수분광광도법의 측정파장은 220.35nm이다.
㉰ 유도결합플라스마/원자발광분광법의 정량범위는 시료채취량이 $1Sm^3$일 때 $0.050mg/Sm^3$ 이상이다.
㉱ 유도결합플라스마/원자발광분광법의 방법검출한계는 $0.016mg/Sm^3$이다.

풀이 ㉯ 원자흡수분광광도법의 측정파장은 357.9nm이다.

06 배출가스 중 구리화합물

배출가스 중 구리화합물 - 원자흡수분광광도법이 주 시험방법이며, 시험방법의 정량범위는 아래의 <표>와 같다.

분석방법	정량범위	방법검출한계	정밀도
원자흡수분광광도법	$0.100mg/Sm^3$ 이상 (시료채취량 : $1Sm^3$, 분석용 시료용액 : 250mL)	$0.031mg/Sm^3$	10% 이내
유도결합플라스마/ 원자발광분광법	$0.050mg/Sm^3$ 이상 (시료채취량 : $1Sm^3$, 분석용 시료용액 : 250mL)	$0.016mg/Sm^3$	10% 이내

Question 56

배출가스 중 구리화합물을 분석하는 방법에 대한 내용으로 틀린 것은?

㉮ 원자흡수분광광도법의 정량범위는 시료채취량이 $1Sm^3$일 때 $0.100mg/Sm^3$ 이상이다.
㉯ 원자흡수분광광도법의 측정파장은 324.7nm이다.
㉰ 유도결합플라스마/원자발광분광법의 정량범위는 시료채취량이 $1Sm^3$일 때 $0.050mg/Sm^3$ 이상이다.
㉱ 유도결합플라스마/원자발광분광법의 방법검출한계는 $0.031mg/Sm^3$이다.

풀이 ㉱ 유도결합플라스마/원자발광분광법의 방법검출한계는 $0.016mg/Sm^3$이다.

07 배출가스 중 니켈화합물

배출가스 중 니켈화합물 - 원자흡수분광광도법이 주 시험방법이며, 시험방법의 정량범위는 아래의 <표>와 같다.

분석방법	정량범위	방법검출한계	정밀도
원자흡수분광광도법	$0.010mg/Sm^3$ 이상 (시료채취량 : $1Sm^3$, 분석용 시료용액 : 250mL)	$0.003mg/Sm^3$	10% 이내
유도결합플라스마/ 원자발광분광법	$0.005mg/Sm^3$ 이상 (시료채취량 : $1Sm^3$, 분석용 시료용액 : 250mL)	$0.002mg/Sm^3$	10% 이내

Question 57

배출가스 중 니켈화합물을 분석하는 방법에 대한 내용으로 틀린 것은?

㉮ 원자흡수분광광도법의 정량범위는 시료채취량이 1Sm³일 때 0.002mg/Sm³ 이상이다.
㉯ 원자흡수분광광도법의 측정파장은 232.0nm이다.
㉰ 유도결합플라스마/원자발광분광법의 정밀도는 10% 이내이다.
㉱ 유도결합플라스마/원자발광분광법의 방법검출한계는 0.002mg/Sm³이다.

▎풀이 ㉮ 원자흡수분광광도법의 정량범위는 시료채취량이 1Sm³일 때 0.010mg/Sm³ 이상이다.

 배출가스 중 아연화합물

배출가스 중 아연화합물 - 원자흡수분광광도법이 주 시험방법이며, 시험방법의 정량범위는 아래의 <표>와 같다.

★★

분석방법	정량범위	방법검출한계	정밀도
원자흡수분광광도법	0.100mg/Sm³ 이상 (시료채취량 : 1Sm³, 분석용 시료용액 : 250mL)	0.031mg/Sm³	10% 이내
유도결합플라스마/ 원자발광분광법	0.050mg/Sm³ 이상 (시료채취량 : 1Sm³, 분석용 시료용액 : 250mL)	0.016mg/Sm³	10% 이내

Question 58

배출가스 중 아연화합물을 분석하는 방법에 대한 내용으로 틀린 것은?

㉮ 원자흡수분광광도법의 정량범위는 시료채취량이 1Sm³일 때 0.016mg/Sm³ 이상이다.
㉯ 원자흡수분광광도법의 측정파장은 213.9nm이다.
㉰ 유도결합플라스마/원자발광분광법의 정밀도는 10% 이내이다.
㉱ 유도결합플라스마/원자발광분광법의 방법검출한계는 0.016mg/Sm³이다.

▎정답 ㉮ 원자흡수분광광도법의 정량범위는 시료채취량이 1Sm³일 때 0.100mg/Sm³ 이상이다.

09 배출가스 중 수은화합물

냉증기-원자흡수분광광도법이 주 시험방법이며, 시험방법의 정량범위는 아래의 <표>와 같다.

분석방법	정량범위	방법검출한계
냉증기-원자흡수분광광도법	0.005mg/Sm³ 이상 (건조시료가스량 : 1Sm³, 분석시료 정용량 250mL인 경우)	0.0002mg/Sm³

★★ **(1) 목적 및 적용범위**

① 배출원에서 등속으로 흡입된 입자상과 가스상 수은은 여과지 및 흡수액인 산성 과망간산포타슘 용액에 채취된다. 시료 중의 수은을 염화주석(Ⅱ) 용액에 의해 원자 상태로 환원시켜 발생되는 수은증기를 253.7nm에서 냉증기 원자흡수분광광도법에 따라 정량한다.

② 소각로, 소각시설 및 그 밖의 배출원에서 배출되는 입자상 및 가스상 수은(Hg)을 측정·분석하는데 적용된다. 정량범위는 0.0005mg/Sm³ 이상이고, 방법검출한계는 0.0002mg/Sm³이다. (건조시료가스량 1Sm³, 분석시료 정용량 250mL인 경우)

(2) 간섭물질

시료채취시 배출가스 중에 존재하는 산화 유기물질은 수은의 채취를 방해할 수 있고, 분석 시 광학셀에 있는 수증기의 응축이 방해요인으로 작용할 수 있다.

(3) 흡수액 : 4% 과망간산포타슘 + 10% 황산

 Question 59

배출가스 중 수은화합물을 냉증기-원자흡수분광광도법으로 분석 시 흡수액으로 알맞은 것은?
㉮ 질산암모늄 + 황산용액 ㉯ 과망간산포타슘 + 황산용액
㉰ 염산하이드록실아민용액 ㉱ 사이안화포타슘 + 디티존용액

🔈 풀이 정답은 ㉯이며, 수은화합물의 흡수액은 4% 과망간산포타슘 + 10% 황산이다.

Question 60

배출가스 중 수은화합물을 분석하는 방법으로 알맞은 것은?

㉮ 냉증기-원자흡수분광광도법 ㉯ 유도결합플라스마/원자발광분광법
㉰ 자외선/가시선분광법 ㉱ 기체크로마토그래피

풀이 정답은 ㉮이며, 배출가스 중 수은화합물의 분석방법은 냉증기-원자흡수분광광도법이다.

10 배출가스 중 베릴륨화합물

배출가스 중 베릴륨화합물 - 원자흡수분광광도법이 주 시험방법이며, 시험방법의 정량범위는 아래의 <표>와 같다.

★★

분석방법	정량범위	방법검출한계	정밀도
원자흡수분광광도법	0.040mg/Sm³ 이상 (시료채취량 : 1Sm³, 분석용 시료용액 : 250mL)	0.013mg/Sm³	10% 이내
유도결합플라스마/ 원자발광분광법	0.025mg/Sm³ 이상 (시료채취량 : 1Sm³, 분석용 시료용액 : 250mL)	0.008mg/Sm³	10% 이내

Question 61

배출가스 중 베릴륨화합물을 분석방법인 원자흡수분광광도법에 대한 내용으로 틀린 것은?

㉮ 정량범위는 시료채취량이 1Sm³일 때 0.008mg/Sm³ 이상이다.
㉯ 측정파장은 234.9nm이다.
㉰ 정밀도는 10% 이내이다.
㉱ 방법검출한계는 0.013mg/Sm³이다.

풀이 ㉮ 정량범위는 시료채취량이 1Sm³일 때 0.040mg/Sm³ 이상이다.

제4절 배출가스 중 휘발성유기화합물 측정방법

배출가스 중 폼알데하이드 및 알데하이드류

1. 고성능 액체크로마토그래피

(1) 목적 및 적용범위

① 배출가스 중의 알데하이드류를 흡수액 2,4-다이나이트로페닐하이드라진(DNPH, dinitrophenylhydrazine)과 반응하여 하이드라존 유도체(hydrazone derivative)를 생성하게 되고 이를 액체크로마토그래프로 분석하여 정량한다. 하이드라존(hydrazone)은 UV 영역, 특히 350 nm~380 nm에서 최대 흡광도를 나타낸다.

② 시료채취량이 10L인 경우, 정량범위는 0.010ppm 이상이며, 방법검출한계는 0.003ppm 이다.

(2) 흡수액 : DNPH(2g/L 40mL×흡수병 2개)

2. 자외선/가시선분광법 – 크로모트로핀산법

(1) 목적 및 적용범위

① 폼알데하이드를 포함하고 있는 배출가스를 아황산수소소듐 용액으로 채취하고 크로모트로핀산 용액으로 발색시켜 얻은 흡광도를 측정하여 폼알데하이드 농도를 구한다.

② 폼알데하이드에만 적용되며 다른 알데하이드에는 적용되지 않는다. 시료채취량 60L이고 분석용 시료용액의 양이 100mL인 경우, 정량범위는 0.080ppm 이상이며, 방법검출한계는 0.025ppm이다.

(2) 간섭물질

이산화황, 이산화질소 등의 물질이나 다른 알데하이드가 공존하면 영향을 받을 수 있다.

(3) 흡수액 : 아황산수소소듐 용액(10g/L, 40mL×2개)

3. 자외선/가시선분광법 – 아세틸아세톤법

(1) 목적 및 적용범위

① 폼알데하이드를 포함하고 있는 배출가스를 정제수로 채취하고 아세틸아세톤 용액으로 발색시켜 얻은 흡광도를 측정하여 폼알데하이드 농도를 구한다.
② 폼알데하이드에만 적용되며 다른 알데하이드에는 적용되지 않는다. 시료채취량 60L 이고 분석용 시료용액의 양이 25mL인 경우, 정량범위는 0.080ppm 이상이며, 방법검출한계는 0.025 ppm이다.

(2) 간섭물질

다른 알데하이드류, 아민류 등이 존재하면 발색 반응을 방해할 수 있다.

(3) 흡수액 : 정제수 20mL

Question 62

배출가스 중 폼알데하이드 및 알데하이드류를 분석방법으로 틀린 것은?

㉮ 고성능 액체크로마토그래피 ㉯ 크로모트로핀산법
㉰ 아세틸아세톤법 ㉱ 메틸렌블루법

정답 정답은 ㉱이며, 배출가스 중 폼알데하이드 및 알데하이드류의 분석방법에는 고성능 액체크로마토그래피, 크로모트로핀산법, 아세틸아세톤법이 있다.

Question 63

배출가스 중 폼알데하이드 및 알데하이드류의 분석방법 중 자외선/가시선분광법 – 크로모트로핀산법에 대한 내용으로 틀린 것은?

㉮ 폼알데하이드를 포함하고 있는 배출가스를 아황산수소소듐 용액으로 채취하고 크로모트로핀산 용액으로 발색시켜 얻은 흡광도를 측정한다.
㉯ 흡수액은 수산화소듐 용액(4g/L)이다.
㉰ 시료채취량 60L이고 분석용 시료용액의 양이 100mL인 경우, 정량범위는 0.080ppm 이상이다.
㉱ 간섭물질은 이산화황, 이산화질소 등의 물질이나 다른 알데하이드가 공존하면 영향을 받을 수 있다.

정답 ㉯ 흡수액은 아황산수소소듐 용액 (10g/L)이다.

02 배출가스 중 브로민화합물

1. 자외선/가시선분광법

(1) 목적 및 적용범위

★★ ① 배출가스 중 브로민화합물을 수산화소듐 용액에 흡수시킨 후 일부를 분취해서 산성으로 하여 과망간산포타슘 용액을 사용하여 브로민으로 산화시켜 클로로폼으로 추출한다. 클로로폼층에 물과 황산제이철암모늄 용액 및 싸이오사이안산제이수은 용액을 가하여 발색한 정제수층의 흡광도를 측정해서 브로민을 정량하는 방법이다. 흡수 파장은 460nm이다.

★★ ② 정량범위는 시료채취량이 40L인 경우 브로민화합물로서 (1.8~17.0)ppm이며, 방법검출한계는 0.6ppm이다.

(2) 간섭물질

★★ 배출가스 중의 염화수소 100ppm, 염소 10ppm, 이산화황 50ppm까지는 포함되어 있어도 영향이 없다.

★ **(3) 흡수액** : 수산화소듐 용액 (4g/L) (50mL×2개)

Question 64

다음은 굴뚝 배출가스 중 브로민화합물의 자외선/가시선분광법에 관한 설명이다. (   ) 안에 알맞은 것은?

배출가스 중 브로민화합물을 수산화소듐 용액에 흡수시킨 후 일부를 분취해서 산성으로 하여 과망간산포타슘용액을 사용하여 브로민으로 산화시켜 (   )(으)로 추출한다.

㉮ 클로로폼 ㉯ 하이포아염소산소듐용액
㉰ 사염화탄소 ㉱ 노말헥세인

 정답 ㉮

2. 적정법

(1) 목적 및 적용범위

★★ ① 배출가스 중 브로민화합물을 수산화소듐 용액에 흡수시킨 다음 브로민을 하이포아염소산소듐 용액을 사용하여 브로민산 이온으로 산화시키고 과잉의 하이포아염소산염은 폼산소듐으로 환원시켜 이 브로민산 이온을 아이오딘 적정법으로 정량하는 방법이다.

★★ ② 정량범위는 시료채취량이 40L인 경우 브로민화합물로서 1.2ppm~59.0ppm이며, 방법검출한계는 0.4ppm이다.

(2) 간섭물질

시료 용액 중에 아이오딘이 공존하면 방해되나 보정에 의해 그 영향을 제거할 수 있다.

★ (3) 흡수액 : 수산화소듐 용액 (4g/L) (100mL)

(4) 종말점 : 청색이 소실될 때

Question 65

굴뚝 배출가스 중 브로민화합물 분석에 사용되는 흡수액으로 알맞은 것은?

㉮ 황산+과산화수소+정제수 ㉯ 붕산용액(0.5g/L)
㉰ 수산화소듐용액(4g/L) ㉱ 다이에틸아민구리용액

정답 ㉰

---

3. 이온크로마토그래피

(1) 목적 및 적용범위

① 배출가스 중 무기 브로민화합물을 수산화소듐 용액으로 흡수하고 중화시킨 후 탄산이온을 제거하여 충분한 분리능을 가질 수 있는 음이온 교환 분리관으로 분리하고 전도도검출기 또는 동등 이상의 성능을 갖는 검출기(전기화학검출기 등)를 구비한 이온크로마토그래피로 브로민화 이온을 측정하여 브로민화합물을 정량한다.

② 시료채취량이 40L이고 분석용 시료용액의 양이 100mL인 경우, 정량범위는 0.1ppm 이상이며, 방법검출한계는 0.04ppm이다.

③ 배출가스 중 황화합물 등이 고농도로 공존하면 영향을 받으므로 그 영향을 무시하거나 제거할 수 있는 경우에 적용한다.

(2) 흡수액 : 수산화소듐 용액 (4g/L) (25mL×2개)

03 배출가스 중 페놀화합물

1. 자외선/가시선분광법 – 4-아미노안티피린법

★★★ **(1) 목적 및 적용범위**

① 배출가스 중 페놀화합물을 수산화소듐 용액으로 흡수하고 완충 용액을 첨가하여 pH를 조절한 후 4-아미노안티피린 용액과 헥사사이아노철(Ⅲ)산포타슘 용액을 첨가하고 페놀화합물과 반응하여 생성하는 안티피린계 색소의 흡광도를 파장 510nm에서 측정하여 페놀화합물을 정량한다.
② 시료채취량이 20L이고 분석용 시료용액의 양이 200mL인 경우, 정량범위는 1.00ppm 이상이며, 방법검출한계는 0.32ppm이다.
③ 배출가스 중 염소, 브로민 등의 산화성가스 또는 이산화황 등의 환원성가스가 공존하면 영향을 받으므로 그 영향을 무시하거나 제거할 수 있는 경우에 적용한다.

(2) 간섭물질

분석용 시료용액이 간섭물질 등의 영향으로 착색되었을 경우에는 클로로폼으로 추출하여 페놀화합물을 정량한다.

(3) 흡수액 : 수산화소듐 용액 (4g/L) (50mL×2개)

Question 66

배출가스 중 페놀화합물의 분석방법 중 자외선/가시선분광법 - 4-아미노안티피린법에 대한 내용으로 틀린 것은?

㉮ 배출가스 중 페놀화합물을 수산화소듐 용액으로 흡수하고 완충 용액을 첨가하여 pH를 조절한다.
㉯ 4-아미노안티피린 용액과 헥사사이아노철(Ⅲ)산포타슘 용액을 첨가하고 페놀화합물과 반응하여 생성하는 안티피린계 색소의 흡광도를 파장 510nm에서 측정하여 페놀화합물을 정량한다.
㉰ 시료채취량이 20L이고 분석용 시료용액의 양이 200mL인 경우, 정량범위는 1.00ppm 이상이며, 방법검출한계는 0.32ppm이다.
㉱ 배출가스 중 염소, 브로민 등의 산화성가스 또는 이산화황 등의 환원성가스가 공존하여도 영향을 받지 않는다.

풀이 ㉱ 배출가스 중 염소, 브로민 등의 산화성가스 또는 이산화황 등의 환원성가스가 공존하면 영향을 받으므로 그 영향을 무시하거나 제거 할 수 있는 경우에 적용한다.

2. 기체크로마토그래피법

(1) 목적 및 적용범위

★★ ① 배출가스를 수산화소듐 용액에 흡수시켜 이 용액을 산성으로 한 후 아세트산에틸로 추출한 다음 기체크로마토그래피로 정량하여 페놀화합물의 농도를 산출한다.
② 굴뚝 등에서 배출하는 배출가스 중의 페놀, 크레졸, 클로로페놀, 2,4-다이클로로페놀, 2,4,6-트라이클로로페놀 및 펜타클로로페놀 등의 페놀화합물의 분석방법에 관하여 규정한다.
★★ ③ 10L의 시료를 용매에 흡수하여 채취할 경우 시료 중의 페놀화합물의 농도가 0.20ppm ~ 300.0ppm 범위의 분석에 적합하다.
④ 페놀의 방법검출한계는 0.07ppm이다.
⑤ 시료 중에 일반 유기물이나 염기성 유기물이 많이 함유되어 있으면 이를 제거하기 위해 알칼리성에서 추출하여 정제하여 적용할 수 있다.

Question 67

다음은 굴뚝 배출가스 중의 페놀화합물의 기체크로마토그래피 분석방법이다. ( ) 안에 알맞은 것은?

시료 중의 페놀화합물을 흡수액에 흡수시켜 채취한다. 이 용액을 (①)으로 한 후 (②)(으)로 용매를 추출하여 기체크로마토그래피로 분석한다.

㉮ ① 산성, ② 아세트산에틸
㉯ ① 산성, ② 하이포아염소산소듐용액
㉰ ① 염기성, ② 아세트산에틸
㉱ ① 염기성, ② 하이포아염소산소듐용액

정답 ㉮

(2) 간섭물질

① 채취병법은 기체시료 중의 페놀 성분이 수증기에 용해되어 채취 후 바로 채취용기의 기벽에 물방울이 응축하므로 적합하지 않다.
② 고순도(99.8%)의 시약이나 용매를 사용하면 방해물질을 최소화할 수 있다.
③ 배출가스에 다량의 유기물이나 염기성 유기물이 오염되어 있을 경우에 알칼리성에서 추출하여 제거할 수 있으나 이때 페놀이나 2,4-다이메틸페놀의 회수율이 줄어들 수 있다.

(3) 흡수액 : 0.1mol/L NaOH

04 배출가스 중 벤젠-기체크로마토그래피법

(1) 목적 및 적용범위

① 흡착관을 이용한 방법, 시료채취 주머니를 이용한 방법을 시료채취방법으로 하고 열탈착장치를 통하여 기체크로마토그래피(gas chromatography, 이하 GC) 방법으로 분석한다.
② 배출가스 중에 존재하는 벤젠의 정량범위는 0.10ppm~2,500ppm이며, 방법검출한계는 0.03ppm이다.

(2) 간섭물질

배출가스는 대부분 수분을 포함하고 있으므로 상대 습도가 높은 경우에는 시료의 수분을 제거하여 수분으로 인한 영향을 최소화하여야 한다.

(3) 검출기

불꽃이온화검출기(FID)나 질량분석기(MS)를 사용한다.

(4) 운반기체

GC의 이동상으로 GC로 주입된 시료를 컬럼과 질량분석계로 옮겨주는 역할을 하며, 비활성의 건조하고 순수한 (99.999% 또는 그 이상의 고순도) 질소 혹은 헬륨을 사용한다.

Question 68

배출가스 중 벤젠을 분석하는 방법으로 알맞은 것은?

㉮ 자외선/가시선분광법 ㉯ 원자흡수분광광도법
㉰ 이온크로마토그래피 ㉱ 기체크로마토그래피

정답 ㉱

05 배출가스 중 총탄화수소

1. 불꽃이온화검출기법

(1) 목적 및 적용범위

① 배출가스 중 총탄화수소를 여과지 등을 이용하여 먼지를 제거한 후 가열 채취관을 통과시키고 불꽃이온화검출기(flame ionization detector)로 측정하여 총탄화수소를 정량한다.
② 알케인류(alkanes), 알켄류(alkenes) 및 방향족(aromatics) 등이 주성분인 증기의 총탄화수소 측정에 적용된다.

(2) 용어정의

① 시료채취부 : 시료유입, 운반 및 전처리에 필요한 부분을 말한다.
② 총탄화수소분석기 : 총탄화수소 농도를 감지하고, 농도에 비례하는 출력을 발생하는 부분을 말한다.
★★ ③ 교정가스 : 측정기의 교정을 위하여 농도를 알고 있는 공인된 가스를 사용한다.
★★ ④ 제로편차 : 제로가스에 대해 기기가 반응하는 정도의 차이로서, 측정범위의 ±3% 이하인지 확인한다. 단, 시료가스 측정기간 동안에는 점검, 수리, 교정 등은 수행하지 않아야 한다.
★★ ⑤ 교정편차 : 교정편차 점검용 교정가스(측정기기 최대정량농도의 45%~55% 범위의 표준 가스)에 대해 기기가 반응하는 정도의 차이로서, 측정범위의 ±3% 이하인지 확인한다. 단, 시료가스 측정기간 동안에는 점검, 수리, 교정 등은 수행하지 않아야 한다.
★★ ⑥ 반응시간 : 오염물질 농도의 단계변화에 따라 최종 값의 90%에 도달하는 시간으로 한다.

(3) 분석기기 및 기구

① **총탄화수소분석기** : 배출가스 중 총탄화수소를 분석하기 위한 배출가스 측정기로써 형식승인을 받은 분석기기를 사용한다.

② **교정가스 주입장치** : 제로 및 교정가스를 주입하기 위해서는 3방콕이나 순간연결장치를 사용한다.

③ **여과지** : 배출가스 중의 입자상물질을 제거하기 위하여 여과장치 등을 설치하고, 여과장치가 굴뚝 밖에 있는 경우에는 수분이 응축되지 않도록 한다.

★★ ④ **기록계** : 기록계를 사용하는 경우에는 최소 4회/min이 되는 기록계를 사용한다.

★★ ⑤ **유량조절밸브** : 0.5L/min~5L/min의 유량제어가 가능한 것으로 휘발성유기화합물의 흡착과 변질이 발생하지 않아야 한다.

⑥ **흡입펌프** : 오일을 사용하지 않는 펌프를 사용하여야 하며 가열 시 오염물질의 영향이 없도록 PTFE(polytetrafluoroethylene)재질 또는 그 이상의 재질로 되어 있는 흡입펌프를 사용하여야 한다.

📢 Question 69

배출가스 중 총탄화수소를 불꽃이온화검출기법으로 측정할 때 용어의 정의로 틀린 것은?

㉮ 교정가스 : 측정기의 교정을 위하여 농도를 모르고 있는 공인된 가스를 사용한다.
㉯ 제로편차 : 제로가스에 대해 기기가 반응하는 정도의 차이로서, 측정범위의 ±3% 이하 인지 확인한다.
㉰ 교정편차 : 교정편차 점검용 교정가스(측정기기 최대정량농도의 45%~55% 범위의 표준가스)에 대해 기기가 반응하는 정도의 차이로서, 측정범위의 ±3% 이하인지 확인한다.
㉱ 반응시간 : 오염물질 농도의 단계변화에 따라 최종 값의 90%에 도달하는 시간으로 한다.

풀이 ㉮ 교정가스 : 측정기의 교정을 위하여 농도를 알고 있는 공인된 가스를 사용한다.

2. 비분산적외선분광분석법

(1) 목적 및 적용범위

① 배출가스 중 총탄화수소를 여과지 등을 이용하여 먼지를 제거한 후 가열 채취관을 통과시키고 비분산형적외선분석기(non-dispersive infrared analyzer)로 측정하여 총탄화수소를 정량한다.

② 알케인류(alkanes)가 주성분인 증기의 총탄화수소 측정에 적용되며, 배출가스 성분을 파악할 수 있는 분석이 선행되어야 한다.

(2) 간섭물질

수분트랩 내부에 유기성 입자상 물질이 존재한다면 양의 오차를 가져올 수 있다. 따라서 반드시 여과지를 사용하여 샘플링을 해야 한다.

06 휘발성 유기화합물질 (Volatile Organic Compound : VOCs) 누출확인방법

1. 적용범위 및 원리

이 방법은 휘발성유기화합물질 누출원에서의 VOCs 누출확인방법으로서 사용된다. 이들 누출원들에는 밸브, 플랜지 및 기타 연결관, 펌프 및 컴프레서, 압력완화밸브, 공정배출구(시료채취장치), 개방형도관 및 밸브, 밀봉시스템 가스제거배출구와 축압배출구, 출입문 밀봉장치 등이 포함되며 기타 다른 누출원도 포함된다.

★★ 2. 용어 정의

① 누출농도 : VOCs가 누출되는 누출원 표면에서의 VOCs 농도로서, 대조화합물을 기초로 한 기기의 측정값이다.

② 대조화합물 : 누출농도를 위한 기기교정용 VOCs 화합물로서 불꽃이온화검출기에는 메테인, 에테인, 프로페인 및 뷰테인을 기준으로 하며, 광이온화검출기에는 아이소뷰틸렌을 기준으로 한다.

★★ ③ 교정가스 : 기지 농도로 기기 표시치를 교정하는데 사용되는 VOCs 화합물로서 일반적으로 누출농도와 유사한 농도의 대조화합물이다.

④ 검출불가능 누출농도 : 누출원에서 VOCs가 대기중으로 누출되지 않는다고 판단되는 농도로서 국지적 VOCs 배경농도의 최고 농도값으로 500ppm이다.

★ ⑤ 반응인자 : 관련규정에 명시된 대조화합물로 교정된 기기를 이용하여 측정할 때 관측된 측정값과 VOCs 화합물 기지농도와의 비율이다.

★ ⑥ 교정 정밀도 : 기지의 농도값과 측정값간의 평균차이를 상대적인 퍼센트로 표현하는 것으로서, 동일한 기지 농도의 측정값들의 일치정도이다.

★★ ⑦ 응답시간 : VOCs가 시료채취장치로 들어가 농도 변화를 일으키기 시작하여 기기계기판의 최종값이 90%를 나타내는데 걸리는 시간이다.

> **Question 70**
>
> 휘발성 유기화합물질(VOCs) 누출확인방법에서 사용되는 용어정의로 틀린 것은?
>
> ㉮ 교정가스 : 기지 농도로 기기 표시치를 교정하는데 사용되는 VOCs 화합물로서 일반적으로 누출농도와 다른 농도의 대조화합물이다.
> ㉯ 반응인자 : 관련규정에 명시된 대조화합물로 교정된 기기를 이용하여 측정할 때 관측된 측정값과 VOCs 화합물 기지농도와의 비율이다.
> ㉰ 교정 정밀도 : 기지의 농도값과 측정값간의 평균차이를 상대적인 퍼센트로 표현하는 것으로서, 동일한 기지 농도의 측정값들의 일치정도이다.
> ㉱ 응답시간 : VOCs가 시료채취장치로 들어가 농도 변화를 일으키기 시작하여 기기계기판의 최종값이 90%를 나타내는데 걸리는 시간이다.
>
> **풀이** ㉮ 교정가스 : 기지 농도로 기기 표시치를 교정하는데 사용되는 VOCs 화합물로서 일반적으로 누출농도와 유사한 농도의 대조화합물이다.

3. 휴대용 VOCs 측정기기

★★ **(1) 규격**

① VOCs 측정기기의 검출기는 시료와 반응하여야 한다. 여기에서 촉매산화, 불꽃이온화, 적외선흡수, 광이온화 검출기 및 기타 시료와 반응하는 검출기 등이 있다.
② 기기는 규정에 표시된 누출농도를 측정할 수 있어야 한다.
★★ ③ 기기의 계기눈금은 최소한 표시된 누출농도의 ±5%를 읽을 수 있어야 한다.
★★ ④ 기기는 펌프를 내장하고 있어 연속적으로 시료가 검출기로 제공되어야 한다. 일반적으로 시료유량은 0.5L/min~3L/min이다.
⑤ 기기는 폭발 가능한 대기중에서의 조작을 위하여 근본적으로 안전해야 한다.
⑥ 기기는 채취관 및 연결관 연결이 가능하여야 한다.

(2) 성능기준

★★ ① 측정될 개별 화합물에 대한 기기의 반응인자는 10보다 작아야 한다.
★ ② 기기의 응답시간은 30초보다 작거나 같아야 한다.
★★ ③ 교정정밀도는 교정용 가스값의 10%보다 작거나 같아야 한다.

Question 71

휘발성 유기화합물질(VOCs) 누출확인방법에 사용되는 측정기기의 성능기준 및 성능평가 요구사항으로 옳지 않은 것은?

㉮ 측정될 개별 화합물에 대한 기기의 반응인자(Response factor)는 30보다 작아야 한다.
㉯ 기기의 응답시간은 30초보다 작거나 같아야 한다.
㉰ 교정 정밀도는 교정용 가스값의 10%보다 작거나 같아야 한다.
㉱ 교정 정밀도 및 응답시간 테스트는 기기를 사용하기 전에 하여야 한다.

풀이 ㉮ 측정될 개별화합물에 대한 기기의 반응인자(response factor)는 10보다 작아야 한다.

제5절 굴뚝배출가스 중의 오염물질 연속자동측정방법

01 굴뚝연속자동측정기기 먼지

1. 적용범위
이 시험방법은 굴뚝배출가스 중 먼지를 연속적으로 자동 측정하는 방법에 관하여 규정한다.

★★ 2. 측정방법의 종류
먼지의 연속자동측정법에는 광산란적분법과 베타(β)선 흡수법, 광투과법이 있다.

(1) 광산란적분법

① 측정원리

먼지를 포함하는 굴뚝배출가스에 빛을 조사하면 먼지로부터 산란광이 발생한다. 산란광의 강도는 먼지의 성상, 크기, 상대굴절율 등에 따라 변화하지만, 이들조건이 동일하다면 먼지농도에 비례한다. 굴뚝에서 미리 구한 먼지농도와 산란도의 상관관계식에 측정한 산란도를 대입하여 먼지농도를 구한다.

★★ ② 장치구성

㉠ 시료채취부 : 동압관인 내관과 정압관인 외관의 2중 구조로 되어 있다.
㉡ 검출부 : 광원부, 측정부 그리고 수광부로 이루어져 있다.
㉢ 앰프부 : 전원부, 증폭부 및 농도직독계와 원격출력부로 이루어져 있다. 원격출력부로부터 나온 신호는 유선을 통하여 2km까지 전송된다.
㉣ 수신부 : 앰프로부터의 전송출력을 수신하여 그 신호를 기록계 및 텔레메트리 시스템에 전달하는 역할을 한다.

Question 72

굴뚝 배출가스 중의 먼지를 연속적으로 자동측정하는 광산란적분법의 4가지 장치구성부로 틀린 것은 어느 것인가?

㉮ 앰프부   ㉯ 검출부   ㉰ 농도지시부   ㉱ 수신부

풀이 광산란적분법의 장치구성부는 시료채취부, 검출부, 앰프부, 수신부로 구성되어 있다.

(2) 베타(β)선 흡수법

① 측정원리

시료가스를 등속흡입하여 굴뚝밖에 있는 자동연속측정기 내부의 여과지 위에 먼지 시료를 채취한다. 이 여과지에 방사선 동위원소로부터 방출된 β선을 조사하고 먼지에 의해 흡수된 β선량을 구한다. 굴뚝에서 미리 구해놓은 β선 흡수량과 먼지농도사이의 관계식에 시료채취 전후의 β선 흡수량의 차를 대입하여 먼지농도를 구한다.

② 장치구성

시료채취부 - 검출부 - 표시 및 기록부 - 수신부

(3) 광투과법

① 측정원리

이 방법은 먼지입자들에 의한 빛의 반사, 흡수, 분산으로 인한 감쇄현상에 기초를 둔다. 먼지를 포함하는 굴뚝배출가스에 일정한 광량을 투과하여 얻어진 투과된 광의 강도 변화를 측정하여 굴뚝에서 미리 구한 먼지농도와 투과도의 상관관계식에 측정한 투과도를 대입하여 먼지의 상대농도를 연속적으로 측정하는 방법이다.

② 장치구성

시료채취부 - 검출 및 분석부 - 농도지시부 - 데이타 처리부 - 교정장치

02 굴뚝연속자동측정기기 이산화황

1. 적용범위

이 시험방법은 굴뚝배출가스중 이산화황을 연속적으로 자동측정하는 방법에 관하여 규정한다.

★★ 2. 용어

★★★ ① 교정가스 : 공인기관의 보정치가 제시되어 있는 표준가스로 연속자동측정기 최대눈금치의 약 50%와 90%에 해당하는 농도를 갖는다. (90% 교정가스를 스팬가스라고 한다.)

★★ ② 제로가스 : 정제된 공기나 순수한 질소(순도 99.999% 이상)를 말한다.

★★ ③ 검출한계 : 제로드리프트의 2배에 해당하는 지시치가 갖는 이산화황의 농도를 말한다.

④ 교정오차 : 교정가스를 연속자동측정기에 주입하여 측정한 분석치가 보정치와 얼마나 잘 일치하는가 하는 정도로서, 그 수치가 작을수록 잘 일치하는 것이다.

⑤ 상대정확도 : 굴뚝에서 연속자동측정기를 이용하여 구한 이산화황의 분석치가 황산화물 시험방법(주시험법)으로 구한 분석치와 얼마나 잘 일치하는가 하는 정도로서 그 수치가 작을수록 잘 일치하는 것이다.

⑥ 제로드리프트 : 연속자동측정기가 정상적으로 가동되는 조건하에서 제로가스를 일정시간 흘려준 후 발생한 출력신호가 변화한 정도를 말한다.

⑦ 스팬드리프트 : 스팬가스를 일정시간 동안 흘려준 후 발생한 출력신호가 변화한 정도를 말한다.

★★★ ⑧ 응답시간 : 시료채취부를 통하지 않고 제로가스를 연속자동측정기의 분석부에 흘려주다가 갑자기 스팬가스로 바꿔서 흘려준 후, 기록계에 표시된 지시치가 스팬가스 보정치의 95%에 해당하는 지시치를 나타낼 때까지 걸리는 시간을 말한다.

⑨ 시험가동시간 : 연속자동측정기를 정상적인 조건에 따라 운전할 때 예기치 않는 수리, 조정 및 부품교환없이 연속 가동할 수 있는 최소시간을 말한다.

★ ⑩ 점(Point) 측정시스템 : 굴뚝 또는 덕트 단면 직경의 10% 이하의 경로 또는 단일점에서 오염물질 농도를 측정하는 배출가스 연속자동측정시스템

★ ⑪ 경로(Path) 측정시스템 : 굴뚝 또는 덕트 단면 직경의 10% 이상의 경로를 따라 오염물질 농도를 측정하는 배출가스 연속자동측정시스템

⑫ 보정 : 보다 참에 가까운 값을 구하기 위하여 판독값 또는 계산값에 어떤 값을 가감하는 것, 또는 그 값

⑬ 편향(Bias) : 계통오차. 측정결과에 치우침을 주는 원인에 의해서 생기는 오차

⑭ 시료채취 시스템 편기 : 농도를 알고 있는 교정가스를 시료채취관의 출구에서 주입하였을 때와 측정기에 바로 주입하였을 때 측정기 시스템에 의해 나타나는 가스 농도의 차이

⑮ 퍼지(Purge) : 시료채취관에 축적된 입자상 물질을 제거하기 위하여 압축된 공기가 시료채취관의 안에서 밖으로 불어내어지는 동안 몇몇 시료채취형 시스템에 의해 주기적으로 수행되는 절차

⑯ 직선성 : 입력신호의 농도변화에 따른 측정기 출력신호의 직선관계로부터 벗어나는 정도

Question 73

굴뚝 배출가스 중 이산화황을 연속적으로 자동측정하는 방법에서 사용하는 용어의 의미로 틀린 것은?

㉮ 검출한계 : 제로드리프트의 3배에 해당하는 지시치가 갖는 이산화황의 농도를 말한다.
㉯ 제로가스 : 정제된 공기나 순수한 질소(순도 99.999% 이상)를 말한다.
㉰ 응답시간 : 시료채취부를 통하지 않고 제로가스를 연속자동측정기의 분석부에 흘려주다가 갑자기 스팬가스로 바꿔서 흘려준 후, 기록계에 표시된 지시치가 스팬가스 보정치의 95%에 해당하는 지시치를 나타낼 때까지 걸리는 시간을 말한다.
㉱ 경로(Path) 측정시스템 : 굴뚝 또는 덕트 단면 직경의 10% 이상의 경로를 따라 오염물질 농도를 측정하는 배출가스 연속자동측정시스템을 말한다.

풀이 ㉮ 검출한계 : 제로드리프트의 2배에 해당하는 지시치가 갖는 이산화황의 농도를 말한다.

★★ 3. 측정방법의 종류

① 용액전도율법
② 적외선흡수법
③ 자외선흡수법
④ 정전위전해법
⑤ 불꽃광도법

(1) 용액전도율분석계

① 원리

시료가스를 황산산성과산화수소수 흡수액에 도입하면 이산화황는 과산화수소수에 의해 황산으로 산화되어 흡수된다. 이때 황산의 생성으로 인하여 흡수액의 전도율이 증가하게 되는데, 이 전도율의 증가는 시료가스 중의 이산화황의 농도에 비례한다.

② 분석계 구성

용액전도율 분석계는 비교전극, 측정전극, 가스흡수부, 흡수액 전달펌프, 흡수액용기, 흡수액 등으로 이루어져 있다.

TIP
흡수액 : 황산산성과산화수소수용액

(2) 적외선 흡수분석계

(3) 자외선 흡수분석계

① 원리

자외선 흡수분석계에는 분광기를 이용하는 분산방식과 이용하지 않는 비분산방식이 있으며 분산방식에서는 287nm에서의 이산화황과 이산화질소의 흡광도를 그리고 380nm에서 이산화질소의 흡광도를 측정하고 몰흡광계수와 농도 및 흡광도로 표시된 2원 1차 연립방정식에 대입하여 이산화황의 극대흡수파장인 287nm에서의 이산화질소의 간섭을 보정한다. 287nm에서 구한 이산화황만의 흡광도를 미리 작성한 검정곡선에 대입하여 그 농도를 구한다. 또한 비분산방식에서는 수은램프로부터 나온 빛을 둘로 나누어 두 개의 광학필터를 통과시킨다. 이렇게 하여 하나의 필터로 부터는 280~320nm의 광을 다른 하나로부터는 540~570nm의 광을 시료셀에 조사한 다음, 전자는 측정광으로 하고 후자는 비교광으로 하여 흡광도를 측정하고 그 차를 시료가스 중 이산화황의 흡광도로 한다. 이것을 미리 작성한 검정곡선에 대입하여 시료가스중 이산화황의 농도를 구한다.

② 분석계 구성

자외선흡수분석계는 광원, 분광기, 광학필터, 시료셀, 검출기 등으로 이루어져 있다.

(4) 정전위전해분석계

① 원리

이산화황을 전해질에 흡수시킨 후 전기화학적 반응을 이용하여 그 농도를 구한다. 전해질에 흡수된 이산화황은 작용전극에 일정한 전위의 전기에너지를 가하면 황산이온으로 산화되는데 이때 발생되는 전해전류는 온도가 일정할 때 흡수된 이산화황 농도에 비례한다.

② 분석계 구성

정전위전해 분석계는 전해셀과 정전위전원 그리고 증폭기로 구성되어 있다.

(5) 불꽃광도 분석계

① 원리

환원선 수소불꽃에 도입된 이산화황은 불꽃 중에서 환원될 때 발생하는 빛 가운데 394nm 부근의 빛에 대한 발광강도를 측정하여 연도배출가스 중 이산화황 농도를 구한다. 이 방법을 이용하기 위하여는 불꽃에 도입되는 이산화황 농도가 5~6 μg/min 이하가 되도록 시료가스를 깨끗한 공기로 희석해야 한다.

② 분석계의 구성

유량제어부, 희석부, 불꽃부, 검출부로 이루어져 있다.

굴뚝연속자동측정기기 질소산화물

1. 적용범위

이 시험방법은 굴뚝배출가스 중 질소산화물($NO+NO_2$)을 연속적으로 자동측정하는 방법에 관하여 규정한다.

2. 용어

① 시료채취형(Extractive System) : 굴뚝으로부터 시료가스를 추출하여 지상 또는 일정지점에 설치되어 있는 분석부에 유입하여 측정하는 형식으로 고정형(시료채취점에 고정하여 장기적으로 연속측정한다)과 이동형(여러 개의 시료채취점을 대상으로 이동하면서 비교적 단기간 동안 측정한다)이 있다.

② 굴뚝부착형(In-situ System) : 분석부가 굴뚝에 부착되어 있으며 광원으로부터 나온 입사광이 굴뚝 내부를 가로질러 통과한다. 이때 대상가스상 오염물질이 그 빛을 흡수하는 성질을 이용하여 그 농도를 측정하는데 이러한 방식의 측정기는 공존하는 먼지, 액적 그리고 광학계의 오염으로 인한 입사광의 감쇄현상이 문제가 되므로 이것을 보정하기 위한 광학계를 갖추고 있는 것이 특징이다.

3. 측정방법의 종류

① 설치방식에 따라 : 시료채취형, 굴뚝부착형
② 측정원리에 따라 : 화학발광법, 적외선흡수법, 자외선흡수법, 정전위전해법

Question 74

굴뚝 배출가스 중 질소산화물의 연속자동측정방법으로 가장 거리가 먼 것은? (단, 측정원리에 따라 분류)

㉮ 화학발광법 ㉯ 이온전극법 ㉰ 적외선흡수법 ㉱ 자외선흡수법

풀이 연속자동측정방법 중 측정원리에 따라 화학발광법, 적외선흡수법, 자외선흡수법, 정전위전해법이 있다.

4. 분석계

(1) 화학발광분석계

① 원리

일산화질소와 오존이 반응하면 이산화질소가 생성되는데 이때 590~875nm에 이르는 폭을 가진 빛(화학발광)이 발생한다.

이 발광강도를 측정하여 시료가스 중 일산화질소 농도를 연속적으로 측정한다. 질소산화물 농도는 시료가스를 환원장치로 통과시켜 이산화질소를 일산화질소로 환원한 다음 측정하여 구한다.

② 분석계의 구성

유량제어부, 반응조, 검출기, 오존발생기 등으로 구성되어 있다.

(2) 적외선 흡수분석계

① 시료채취형

비분산적외선 가스분석법에 따른다.

② 굴뚝부착형

㉠ 원리 : 비분산적외선(5.25μm)을 굴뚝 내부에 조사하고 수광부와 검출기 사이에 대조셀과 가스필터 상관셀이 교대로 오도록 한다. 입사광은 굴뚝 내부를 통과한 후 반대편에 있는 반사경에 의해 반사되어 다시 수광부쪽으로 돌아온다. 이때 대조셀로는 일산화질소에 의해 감쇄된 빛에너지(S)와 먼지를 비롯한 공존물질에 의해 감쇄된 바탕빛에너지(B)의 합을 측정하고 가스필터 상관셀로는 바탕빛에너지만을 측정한다. 이 측정값들로부터 $\frac{(S+B)-B}{B}$ 즉 $\frac{S}{B}$를 구하고 미리 교정용 스팬셀과 20%셀로 구한 $\frac{S}{B}$ 대 일산화질소농도 검정곡선에 대입하여 시료중 일산화질소의 농도를 구한다.

단, 배출가스 중 이산화질소의 분율이 질소산화물의 10%를 넘는 시설에 대해서는 이산화질소농도를 별도로(3.4μm의 적외선광을 이용한다) 구하고 그 농도를 합한다.

ⓛ 분석계 구성 : 광원, 광학계, 가스셀 터릿 및 검출기 등으로 이루어져 있다.

(3) 자외선흡수 분석계

① 원리

일산화질소는 195~230nm, 이산화질소는 350~450nm 부근의 자외선을 흡수하는 성질을 이용한다. 질소산화물의 농도를 구하기 위하여 일산화질소와 이산화질소의 농도를 각각 측정하여 그것들을 합하는 방식(다성분합산방식)과 시료가스 중 일산화질소를 이산화질소로 산화시킨 다음 측정하는 방식(산화방식)이 사용되고 있다.

② 분석계 구성

다성분합산형(또는 분산형)과 산화형(비분산형)이 있으며, 광원, 분광기, 광학필터, 시료셀, 검출기, 합산증폭기, 오존발생기 등으로 이루어져 있다.

(4) 정전위전해 분석계

① 원리

가스투과성 격막을 통하여 전해질 용액에 시료가스 중의 질소산화물을 확산흡수시키고 일정한 전위(이산화황의 경우와 전위는 다르다)의 전기에너지를 부가하면 질산이온으로 산화된다. 이때 생성되는 전해전류는 온도가 일정할 때 시료가스 중 질소산화물의 농도에 비례한다.

② 분석계 구성

전해셀과 정전위전원 그리고 증폭기로 이루어져 있다.

CHAPTER 04 환경기준시험방법

제1절 환경대기 중 시료채취방법

적용범위

이 시험방법은 환경정책기본법에서 규정하는 환경기준 설정항목 및 기타 대기중의 오염물질에 관한 시험 및 분석에 대하여 규정한다.

시료채취를 위한 일반사항

★★ 1. 채취지점수(측정점수)의 결정

① 인구비례에 의한 방법
  ㉠ 대상지역의 인구 분포 및 인구밀도를 고려하여 인구밀도가 5,000명/km² 이하일 때 적용
  ㉡ 가주지면적 = 총면적 - (전답 + 임야 + 호수 + 하천)
  ㉢ 측정점수 = $\dfrac{\text{그 지역 가주지면적}}{25\text{km}^2} \times \dfrac{\text{그 지역 인구밀도}}{\text{전국 평균인구밀도}}$

② TM좌표에 의한 방법

전국 지도의 TM좌표에 따라 해당 지역의 1 : 25,000 이상의 지도위에 2~3km 간격으로 바둑판 모양의 구획을 만들고 그 구획마다 측정점을 선정한다.

> **Question 01**
>
> 다음은 환경기준 시험을 위한 채취지점수(측정점수)의 결정시 TM좌표에 의한 방법을 설명한 것이다. ( ) 안에 알맞은 것은?
>
> 전국 지도의 TM좌표에 따라 해당지역의 (①)의 지도위에 (②)간격으로 바둑판 모양의 구획을 만들고(格子網) 그 구획마다 측정점을 선정한다.
>
> ㉮ ① 1 : 5,000 이상, ② 200~300m ㉯ ① 1 : 5,000 이상, ② 2~3km
> ㉰ ① 1 : 25,000 이상, ② 200~300m ㉱ ① 1 : 25,000 이상, ② 2~3km
>
> **정답** ㉱

③ 중심점에 의한 동심원을 이용하는 방법

측정하려고 하는 대상지역을 대표할 수 있다고 생각되는 한 지점을 선정하고 지도위에 그 지점을 중심점으로 0.3~2km의 간격으로 동심원을 그린다.
또 중심점에서 각 방향(8 방향 이상)으로 직선을 그어 각각 동심원과 만나는 점을 측정점으로 한다.

④ 대상지역의 오염정도에 따라 공식을 이용하는 방법

$$N = Nx + Ny + Nz$$

$$Nx = (0.095) \cdot \left(\frac{Cn - Cs}{Cs}\right) \cdot (x)$$

$$Ny = (0.0096) \cdot \left(\frac{Cs - Cb}{Cs}\right) \cdot (y)$$

$$Nz = (0.0004) \cdot (z)$$

- N : 채취지점수　　Cn : 최대농도(ppm)　　Cs : 환경기준(행정기준)(ppm)
- Cb : 최저농도(자연상태)(ppm)　　x : 환경기준보다 농도가 높은 지역(km^2)
- y : 환경기준보다 농도가 낮으나 자연농도보다 높은 지역(km^2)
- z : 자연상태의 농도와 같은 지역(km^2)

⑤ 기타방법

과거의 경험이나 전례에 의한 선정 또는 이전부터 측정을 계속하고 있는 측정점에 대하여는 이미 선정되어 있는 지점을 측정점으로 할 수 있다.

Question 02

환경기준 시험을 위한 시료채취 지점수의 결정방법으로 가장 거리가 먼 것은? (단, 기타의 방법제외)
- ㉮ 인구비례에 의한 방법
- ㉯ 대기오염 배출계수 분포를 이용하는 방법
- ㉰ TM좌표에 의한 방법
- ㉱ 중심점에 의한 동심원을 이용하는 방법

풀이 ㉯ 대상지역의 오염정도에 따라 공식을 이용하는 방법

★★ 2. 시료채취 위치선정

① 시료채취 위치는 원칙적으로 주위에 건물이나 수목 등의 장애물이 없고 <u>그 지역의 오염도를 대표할 수 있다고 생각되는 곳</u>을 선정한다.
② 주위에 건물이나 수목 등의 장애물이 있을 경우에는 채취위치로부터 장애물까지의 거리가 그 <u>장애물 높이의 2배 이상</u> 또는 채취점과 장애물 상단을 연결하는 직선이 <u>수평선과 이루는 각도가 30° 이하</u>되는 곳을 선정한다.
③ 주위에 건물 등이 밀집되거나 접근되어 있을 경우에는 <u>건물 바깥벽으로부터 적어도 1.5m 이상 떨어진 곳</u>에 채취점을 선정한다.
④ 시료채취의 높이는 그 부근의 평균오염도를 나타낼 수 있는 곳으로서 <u>가능한 한 1.5m~30m 범위</u>로 한다.

Question 03

환경대기 중 시료채취 위치선정 기준으로 옳지 않은 것은?
- ㉮ 주위에 건물 등이 밀집되어 있을 때는 건물 바깥벽으로부터 적어도 1.5m 이상 떨어진 곳에 채취점을 선정한다.
- ㉯ 시료의 채취높이는 그 부근의 평균오염도를 나타낼 수 있는 곳으로서 가능한 1.5m~30m 범위로 한다.
- ㉰ 주위에 장애물이 있을 경우에는 채취 위치로부터 장애물까지의 거리가 그 장애물 높이의 1.5배 이상이 되도록 한다.
- ㉱ 주위에 장애물이 있을 경우에는 채취점과 장애물 상단을 연결하는 직선이 수평선과 이루는 각도가 30° 이하되는 곳을 선정한다.

풀이 ㉰ 주위에 장애물이 있을 경우에는 채취 위치로부터 장애물까지의 거리가 그 장애물 높이의 2배 이상이 되도록 한다.

3. 시료채취에 대한 일반적 주의사항

① 시료채취를 할 때는 되도록 측정하려는 가스 또는 입자의 손실이 없도록 한다. 특히 바람이나 눈, 비로부터 보호하기 위하여 측정기기는 실내에 설치하고 채취구는 밖으로 연결할 경우에는 채취관 벽과의 반응, 흡착, 흡수 등에 의한 영향을 최소한도로 줄일 수 있는 재질과 방법을 선택한다.

〈부유먼지측정기의 도로로부터의 거리와 시료채취높이〉

② 채취관을 장기간 사용하여 관내에 먼지가 퇴적하거나 퇴적할 먼지가 가스와 반응 또는 흡착하는 것을 막기 위하여 채취관은 항상 깨끗한 상태로 보존한다.
③ 미리 측정하려고 하는 성분과 이외의 성분에 대한 물리적, 화학적 성질을 조사하여 방해성분의 영향이 적은 방법을 선택한다.
★★ ④ 시료채취시간은 원칙적으로 그 오염물질의 영향을 고려하여 결정한다. 예를 들면 악취물질의 채취는 되도록 짧은 시간 내에 끝내고 입자상 물질중의 금속성분이나 발암성 물질 등은 되도록 장시간 채취한다.
★★ ⑤ 입자상 물질을 채취할 경우에는 채취관 벽에 먼지가 부착 또는 퇴적하는 것을 피하고 특히 채취관은 수평방향으로 연결할 경우에는 되도록 관의 길이를 짧게 하고 곡률변경은 크게 한다.

Question 04

환경대기 중의 시료채취에 관한 일반적인 주의사항으로 거리가 먼 것은?

㉮ 악취물질의 채취는 되도록 짧은 시간내에 끝내고 입자상 물질중의 금속성분이나 발암성 물질 등은 되도록 장시간 채취한다.
㉯ 시료채취 유량은 각 규정하는 범위 내에서는 되도록 많이 채취하는 것을 원칙으로 한다.
㉰ 바람이나 눈, 비로부터 보호하기 위하여 측정기기는 실내에 설치하고 채취구는 밖으로 연결할 경우에는 채취관 벽과의 반응, 흡착, 흡수 등에 의한 영향을 최소한도로 줄일 수 있는 재질과 방법을 선택한다.
㉱ 입자상 물질을 채취할 경우에는 채취관 벽에 먼지가 부착 또는 퇴적하는 것을 피하고 특히 채취관은 수평방향으로 연결할 경우에는 되도록 관의 길이를 길게 하고 곡률변경은 작게 한다.

풀이 ㉱ 입자상 물질을 채취할 경우에는 채취관 벽에 먼지가 부착 또는 퇴적하는 것을 피하고 특히 채취관은 수평방향으로 연결할 경우에는 되도록 관의 길이를 짧게 하고 곡률변경은 크게 한다.

 ## 정가스상 물질의 시료 채취방법

1. 직접 채취법

이 방법은 시료를 측정기에 직접 도입하여 분석하는 방법으로 채취관 - 분석장치 - 흡입펌프로 구성된다. 채취관은 일반적으로 4불화에틸렌수지(Teflon), 경질유리, 스테인리스 강제 등으로 된 것을 사용한다.

2. 용기채취법

이 방법은 시료를 일단 일정한 용기에 채취한 다음 분석에 이용하는 방법으로 채취관 - 용기 또는 채취관 - 유량조절기 - 흡입펌프 - 용기로 구성된다.

(1) **용기** : 진공병 또는 공기주머니(Bag)를 사용한다.

★★(2) **공기주머니(Air Bag)를 사용할 경우**

이 방법은 시료를 공기주머니에 채취하는 방법으로 측정기기를 측정장소까지 갖고 갈 수가 없거나 소수의 측정기로서 다수의 지점에서 동시에 시료를 측정할 경우에 이용한다. 공기주머니에 의한 시료채취는 시료성분이 주머니 안에서 흡착, 투과 또는 서로간의 반응에 의하여 손실 또는 변질되지 않아야 한다.

① 주머니(Bag)의 재질

시료주머니의 재질은 테플론(teflon), 테들러(tedlar), 폴리에스테르(polyester) 등 또는 이보다 대기오염물질 흡착성이 낮은 것으로서 용기 부피가 3L~20L 정도의 것으로 한다.

② 주머니의 세척

한번 사용한 주머니 내부가 다른 가스로 오염되어 있는 경우에는 주머니 외부를 적외선 램프로 가열하면서 건조하고 깨끗한 공기를 통과시켜 세척한다.

★ 3. 용매채취법

이 방법은 측정대상 기체와 선택적으로 흡수 또는 반응하는 용매에 시료가스를 일정유량으로 통과시켜 채취하는 방법으로 채취관 - 여과재 - 채집부 - 흡입펌프 - 유량계(가스미터)로 구성된다.

Question 05

환경대기 중 가스상 물질의 시료채취방법에서 채취관 - 여과재 - 채취부 - 흡입펌프 - 유량계(가스미터)의 순으로 시료를 채취하는 방법은?

㉮ 용기채취법 ㉯ 용매채취법
㉰ 직접채취법 ㉱ 채취용여과지에 의한 방법

정답 ㉯

4. 고체흡착법

고체분말표면에 기체가 흡착되는 것을 이용하는 방법으로 시료채취장치는 흡착관, 유량계 및 흡입펌프로 구성한다.

★ 5. 저온농축법

이 방법은 탄화수소와 같은 기체성분을 냉각제로 냉각 응축시켜 공기로부터 분리 채취하는 방법으로 주로 GC나 GC/MS 분석기에 이용한다.

① 냉각제 : 액체산소(-183℃), 드라이아이스(dry ice)
② 채취장치 및 조작 : 탄산기체 및 수분제거관 - 냉각농축관 - 흡입펌프 - 유량계의 순으로 연결하여 흡입유량 10L/min, 흡입시간 10분 정도로 채취한다.

6. 채취용 여과지에 의한 방법

이 방법은 여과지를 적당한 시약에 담갔다가 건조시키고 시료를 통과시켜 목적하는 기체성분을 채취하는 방법으로 주로 플루오로화합물, 암모니아, 트리메틸아민 등의 기체를 채취하는데 이용한다. 채취장치는 여과지홀더 - 흡입펌프 - 유량계로 구성된다.

 Question 06

환경대기 중 가스상 물질의 시료채취 방법으로 틀린 것은 어느 것인가?
㉮ 용매채취법   ㉯ 용기채취법   ㉰ 고체흡착법   ㉱ 고온흡수법

풀이 환경대기 중 기체상 물질의 시료채취 방법으로는 직접채취법, 용기채취법, 용매채취법, 고체흡착법, 저온농축법, 채취용 여과지에 의한 방법이 있다.

제2절 환경대기 중 무기물질 측정법

01 환경대기 중 아황산가스 측정방법

1. 적용범위

이 시험방법은 환경 대기 중의 아황산가스 농도를 측정하기 위한 시험방법이다. 자외선형광법(자동)을 주시험방법으로 한다.

★★ 2. 측정방법의 종류

(1) 수동 및 반자동측정법

① 파라로자닐린법
② 산정량 수동법
③ 산정량 반자동법

★★ (2) 자동 연속 측정법

① 용액 전도율법
② 불꽃광도법
★★ ③ 자외선형광법(주시험방법)
④ 흡광차분광법

📢 **Question 07**

환경대기 중에 있는 아황산가스 농도를 자동연속측정법으로 분석하고자 한다. 이에 해당하지 않는 것은 어느 것인가?

㉮ 적외선형광법 ㉯ 용액 전도율법 ㉰ 흡광차분광법 ㉱ 불꽃광도법

풀이 자동연속측정방법에는 자외선형광법, 용액 전도율법, 흡광차분광법, 불꽃광도법이 있다.

3. 분석방법

(1) 파라로자닐린법

① 측정원리

이 시험방법은 사염화수은 포타슘용액에 대기중의 아황산가스를 흡수시켜 안전한 이염화 아황산수은염 착화합물을 형성시키고 이 착화합물과 파라로자닐린 및 폼알데하이드를 반응시켜 진하게 발색되는 파라로자닐린 메틸설폰산을 형성시키는 것이다.

② 간섭물질

알려진 주요 방해물질은 질소산화물(NOx), 오존(O_3), 망간(Mn), 철(Fe) 및 크롬(Cr)이다.
㉠ NOx의 방해는 설퍼민산(NH_3SO_3)을 사용함으로써 제거
㉡ 오존의 방해는 측정기간을 늦춤으로써 제거된다.
㉢ 에틸렌다이아민테트라아세트산(EDTA) 및 인산은 위의 금속성분들의 방해를 방지한다.
㉣ 암모니아, 황화물(Sulfides) 및 알데하이드는 방해되지 않는다.

> **Question 08**
>
> 환경대기 중 아황산가스를 파라로자닐린법으로 분석할 때 방해물질 제거에 관한 설명으로 옳은 것은?
> ㉮ NOx : 측정기간을 늦춘다.
> ㉯ Mn, Fe, Cr : EDTA 및 인산을 사용한다.
> ㉰ O_3 : 설퍼민산을 사용한다.
> ㉱ NH_3 : pH를 4.5 이하로 조절한다.
>
> 풀이 ㉮ NOx : 설퍼민산을 사용한다. ㉰ O_3 : 측정기간을 늦춘다.
> ㉱ NH_3 : 방해를 일으키지 않는다.

(2) 산정량 수동법

① 측정원리

시료중의 아황산가스를 묽은 과산화수소 용액이 들어 있는 드레셀병에 흡수시킴으로서 아황산가스를 황산으로 변화하도록 하고 이 때 발생한 황산의 양을 표준알칼리액으로 적정하여 아황산가스 농도를 구하는 방법이다.

② 분석방법

시료용액에 지시용액 두 방울을 가하고 0.01N 알칼리용액으로 적정하여 회색이 될 때를 종말점으로 한다.

$$S = \frac{32{,}000 \times N \times v}{V}$$

- S : 아황산가스의 농도($\mu g/m^3$)
- v : 적정에 사용한 알칼리의 양(mL)
- N : 알칼리의 규정농도(0.01N)
- V : 시료가스 채취량(m^3)

Question 09

다음은 환경대기 중의 아황산가스를 산정량 수동법으로 측정하는 방법이다. (   ) 안에 알맞은 것은?

> 시료용액 지시용액 두 방울을 가하고 0.01N 알칼리 용액으로 적정하여 (   )이 될 때를 종말점으로 한다.

㉮ 적색   ㉯ 황색   ㉰ 녹색   ㉱ 회색

정답 ㉱

02 환경대기 중 일산화탄소 측정법

1. 적용범위

이 시험법은 환경대기 중의 일산화탄소 농도를 측정하기 위한 시험방법이다. 비분산 적외선 분석법(자동)을 주시험방법으로 한다.

★★ 2. 측정방법의 종류

(1) 자동연속측정방법

비분산 적외선 분석법(주시험방법)

(2) 수동측정방법

① 비분산 적외선 분석법
② 기체크로마토그래피법

3. 분석방법

(1) 비분산 적외선 분석법(자동측정법)

1) 측정원리

이 방법은 일산화탄소에 의한 적외선 흡수량의 변화를 선택성 검출기로 측정해서 환경 대기 중에 포함되어 있는 일산화탄소의 농도를 연속측정하는 방법이다.

(2) 비분산 적외선 분석법(수동측정방법)

이 방법은 일산화탄소에 의한 적외선 흡수량의 변화를 비분산 적외선 분석계를 이용하여 환경 대기 중에 포함되어 있는 일산화탄소의 농도를 측정하는 방법이다.

(3) 불꽃 이온화검출기법

① 측정원리

시료가스의 일정량을 채취하여 이것을 기체크로마토그래피에 도입하여 얻어지는 크로마토그램의 봉우리의 높이로서 일산화탄소 농도를 구하는 방법이다. 이 방법에는 열전도형 검출기와 불꽃 이온화 검출기가 부착된 기체크로마토그래피를 이용하는 방법이 있다. 측정범위는 전자가 0.1% 이상으로 배출 가스 중의 일산화탄소의 측정에 적당하고, 후자는 1.0ppm 이상으로 환경 대기 중의 일산화탄소 측정에 적당하며 불꽃 이온화 검출기를 이용한 일산화탄소의 측정원리는 다음과 같다. 운반가스로는 수소를 사용하며 시료공기를 분자체(Molecular Sieve)가 채워진 분리관을 통과시키면 분리된 일산화탄소는 니켈 촉매에 의해서 메탄으로 환원되는데 불꽃 이온화 검출기로 정량된다.

반응식은 다음의 식으로 표시된다.

$$CO + 3H_2 \xrightarrow{Ni} CH_4 + H_2O$$

② 계산

다음 식에 의하여 시료대기 중의 일산화탄소 농도를 산출한다.

$$C = Cs \times \frac{L}{Ls}$$

C : 일산화탄소 농도(ppm)　　　L : 시료 공기중의 일산화탄소의 봉우리 높이(mm)
Cs : 교정용 가스중의 일산화탄소 농도(ppm)
Ls : 교정용 가스중의 일산화탄소 봉우리 높이(mm)

03 환경대기 중 질소산화물 측정방법

1. 적용범위

이 시험방법은 환경대기 중의 질소산화물 농도를 측정하기 위한 시험방법이다. 화학발광법(자동)을 주시험방법으로 한다.

★★ 2. 측정방법의 종류

(1) 자동연속측정방법

① 화학발광법(주시험방법)
② 살츠만법
③ 흡광차분광법

(2) 수동측정방법

① 야콥스호흐하이저법
② 수동살츠만법

Question 10

환경대기 중의 질소산화물 농도 측정방법 중 자동연속측정방법으로 틀린 것은 어느 것인가?

㉮ 화학발광법   ㉯ 흡광차분광법
㉰ 살츠만법   ㉱ 야콥스호흐하이저법

풀이 ㉱ 야콥스호흐하이저법은 수동측정방법에 해당한다.

---

3. 분석방법

(1) 야콥스호흐하이저법(24시간 채취법)

① 측정원리

수산화소듐용액에 시료대기를 흡수시키면 대기 중의 이산화질소는 아질산소듐용액으로 변화된다. 이 때 생성된 아질산이온을 발색시약 인산설파닐아마이드 및 나프틸에틸렌다이아민 이염산염으로 발색시켜 비색법에 의해 측정된다.

04 환경대기 중 먼지 측정방법

★★ 1. 측정방법의 종류

① 고용량 공기시료채취기법(High Volume Air Sampler Method)
② 저용량 공기시료채취기법(Low Volume Air Sampler Method)
③ 베타선법(β-Ray Method)

2. 측정방법

(1) 고용량 공기시료채취기(High Volume Air Sampler)법

★★ 1) 원리 및 적용범위

이 방법은 대기 중에 부유하고 있는 입자상 물질을 고용량 공기시료채취기를 이용하여 여과지상에 채취하는 방법으로 입자상 물질 전체의 질량농도를 측정하거나 금속성분의 분석에 이용한다. 이 방법에 의한 채취입자의 입경은 일반적으로 0.1~100μm 범위이다.

★ 2) 장치의 구성

고용량 공기시료채취기는 공기흡입부, 여과지 홀더, 유량측정부 및 보호상자로 구성된다.

(a) 샘플러   (b) 보호상자

〈고용량 공기시료채취기〉

① 공기흡입부

공기흡입부는 직권정류자모터에 2단 원심터빈형 송풍기가 직접 연결된 것으로 무부하일 때의 흡입유량이 약 $2m^3$/분이고 24시간 이상 연속측정할 수 있는 것이어야 한다.

② 여과지 홀더(Filter Holder)

여과지 홀더는 보통 15cm×22cm, 또는 20cm×25cm 크기의 여과지를 공기가 새지 않도록 안전하게 장착할 수 있고 공기흡입부에 직접 연결할 수 있는 구조이어야 한다.

③ 유량측정부

유량측정부는 시료가스 흡입유량을 측정하는 부분으로 통상 공기흡입부에 붙어있고 장착 및 탈착이 쉬운 면적식 유량계를 사용한다. 표준유량계는 상대유량단위로서 $1~2m^3$/분의 범위를 $0.05m^3$/분까지 측정할 수 있도록 눈금이 새겨진 것을 사용한다.

★★ ④ 보호상자(Shelter)

보호상자는 고용량 공기시료채취기의 입자상 물질의 채취면을 위로 향하게 하여 수평으로 고정할 수 있고 비, 바람 등에 의한 여과지의 파손을 방지할 수 있는 내식성 재질로 된 것을 사용한다.

★★ ⑤ 채취용 여과지

★★ ㉠ 입자상 물질의 채취에 사용하는 여과지는 0.3㎛ 되는 입자를 99% 이상 채취 가능
㉡ 압력손실과 흡수성이 적고 가스상 물질의 흡착이 적은 것
㉢ 분석에 방해되는 물질을 함유하지 않은 것
㉣ 여과지의 재질은 유리섬유, 석영섬유, 폴리스틸렌, 니트로셀룰로스, 플루오로수지

Question 11

환경대기 중의 시료채취방법 중 고용량 공기시료채취기(High Volume Air Sampler)의 채취용 여과지에 관한 설명으로 가장 거리가 먼 것은?

㉮ 흡수성은 작고, 가스상 물질의 흡착도 적은 것이어야 한다.
㉯ 입자상 물질의 채취에 사용하는 여과지는 0.5㎛ 되는 입자를 95% 이상 채취할 수 있어야 한다.
㉰ 분석에 방해되는 물질은 함유되지 않은 것이어야 한다.
㉱ 사용되는 여과지의 재질은 일반적으로 유리섬유, 석영 섬유, 폴리스틸렌, 플루오로 수지 등이다.

풀이 ㉯ 입자상 물질의 채취에 사용하는 여과지는 0.3㎛ 되는 입자를 99% 이상 채취할 수 있어야 한다.

Question 12

대기 중에 부유하고 있는 입자상물질 시료채취 방법인 고용량 공기시료채취기법에 대한 설명으로 틀린 것은 어느 것인가?

㉮ 채취입자의 입경은 일반적으로 0.01~ 100μm 범위이다.
㉯ 공기흡입부는 무부하(無負荷)일 때의 흡입유량은 보통 0.5m³/hr 범위 정도로 한다.
㉰ 공기흡입부, 여과지 홀더, 유량측정부 및 보호상자로 구성된다.
㉱ 채취용 여과지는 보통 0.3μm 되는 입자를 99% 이상 채취할 수 있는 것을 사용한다.

풀이 ㉯ 공기흡입부는 무부하(無負荷)일 때의 흡입유량은 보통 2m³/min 범위 정도로 한다.

(2) 저용량 공기시료채취기(Low Volume Air Sampler)법

★★ 1) 원리 및 적용범위

일반적으로 이 방법은 대기 중에 부유하고 있는 10μm 이하의 입자상 물질을 저용량공기시료채취기를 사용하여 여과지 위에 채취하고 질량농도를 구하거나 금속 등의 성분분석에 이용한다.

Question 13

환경대기 중에 부유하고 있는 10μm 이하의 입자상 물질을 여과지 위에 채취하여 질량농도를 구하거나 금속 등의 성분 분석에 이용되며, 흡입펌프, 분립장치, 여과지 홀더 및 유량측정부의 구성을 갖는 분석방법은?

㉮ 고용량 공기시채취기법 ㉯ 저용량 공기시료채취기법
㉰ 광산란법 ㉱ 광투과법

정답 ㉯

2) 장치의 구성

〈저용량 공기시료채취기의 구성〉

저용량 공기시료채취기의 기본구성은 흡입펌프, 분립장치, 여과지 홀더 및 유량측정부로 구성된다.

① 흡입펌프의 구비조건
★★ ㉠ 연속해서 30일 이상 사용할 수 있을 것
㉡ 진공도가 높을 것
㉢ 유량이 큰 것
★★ ㉣ 맥동이 없이 고르게 작동될 것
㉤ 운반이 용이할 것

Question 14

저용량 공기시료채취기법으로 환경대기 중에 부유하고 있는 입자상 물질을 채취하기 위한 장치의 기본구성 중 흡입펌프 조건으로 옳지 않은 것은?
㉮ 운반이 용이할 것
㉯ 유량이 큰 것
㉰ 진공도가 높을 것
㉱ 맥동이 있고 고르게 작동될 것

풀이 ㉱ 맥동이 없고 고르게 작동될 것

3) 베타선법

대기 중에 부유하고 있는 입자상 물질을 일정시간 여과지 위에 채취하여 베타선을 투과시켜 입자상 물질의 질량농도를 연속적으로 측정하는 방법이다.

05 환경대기 중 옥시단트 측정방법

1. 적용범위

이 시험방법은 환경대기중의 옥시단트(오존으로서) 농도를 측정하기 위한 시험방법이다. 자외선 광도법(자동)을 주시험방법으로 한다.

★★ 2. 측정방법의 종류

(1) 자동연속 측정방법

① 자외선 광도법(주시험방법)
② 화학발광법
③ 중성아이오드화 포타슘법
④ 흡광차분광법

(2) 수동

① 중성아이오드화 포타슘법
② 알칼리성 아이오드화 포타슘법

3. 용어

① 옥시단트 : 전옥시단트, 광화학옥시단트, 오존 등의 산화성물질의 총칭
② 전옥시단트 : 중성아이오드화 포타슘용액에 의해 아이오드를 유리시키는 물질의 총칭
③ 광화학옥시단트 : 전옥시단트에서 이산화질소를 제외한 물질
④ 제로가스 : 측정기의 영점을 교정하는데 사용하는 가스
⑤ 스팬가스 : 측정기의 스팬을 교정하는데 사용하는 가스
⑥ 교정용 가스 : 측정기의 교정에 사용하는 가스로서 제로가스, 스팬가스, 눈금 교정용 가스 등의 총칭
⑦ 제로 드리프트(Zero Drift) : 어느 일정기간동안 측정기의 영점에 대한 지시치의 변동
⑧ 스팬 드리프트(Span Drift) : 어느 일정기간동안 측정기의 스팬에 대한 지시치의 변동
⑨ 설정유량 : 측정기에서 정한 시료가스 및 교정가스 등의 유량

환경대기 중 탄화수소 측정법

1. 적용범위

이 시험법은 환경대기 중의 탄화수소 농도를 측정하기 위한 시험방법이다. 비메탄 탄화수소 측정법을 주시험법으로 한다.

2. 측정방법의 종류

★★ **(1) 자동연속(불꽃 이온화 검출기법)**

① 총탄화수소 측정법
② 비메탄 탄화수소 측정법(주시험방법)
③ 활성 탄화수소 측정법

> **Question 15**
>
> 다음 중 환경대기 내의 탄화수소 농도를 측정하기 위한 시험방법으로 옳지 않은 것은?
> ㉮ 용융 탄화수소 측정법 ㉯ 활성 탄화수소 측정법
> ㉰ 비메탄 탄화수소 측정법 ㉱ 총탄화수소 측정법
>
> **정답** ㉮

3. 용어

(1) 공통용어

① **불꽃 이온화 검출법** : 불꽃에 의해 이온화 현상을 이용해 탄화수소 화합물을 검출하는 방법
② **ppmC** : 탄소 원자수를 기준으로 하여 표시한 ppm치
③ **연료가스** : 불꽃 이온화 검출기에 사용하는 수소 또는 수소와 불활성가스의 혼합가스
④ **조연가스** : 불꽃 이온화 검출기에 사용하는 연소용 공기
⑤ **연료가스 차단기** : 검출기의 수소염이 꺼졌을 때 수소염 검지기의 신호에 의해 연료가스 라인을 자동적으로 차단하는 밸브
⑥ **수소염 검지기** : 검출기의 수소염이 꺼졌는가를 검지하는 장치
⑦ **수소 발생장치** : 연료가스 즉 수소를 발생시키기 위한 장치
⑧ **제로 가스 정제장치** : 영점 교정을 위한 제로 가스와 조연공기중 탄화수소 화합물 제거를 위한 장치

(2) 총탄화수소 측정법 용어

① **총탄화수소** : 불꽃 이온화 검출법으로 측정된 전체 탄화수소화물

(3) 비메탄 탄화수소 측정법 및 활성탄화수소 측정법 용어

① 비메탄 탄화수소 : 총탄화수소로부터 메탄을 제외한 것
② 운반 가스 : 분리관을 지나는 시료 성분을 전개 용출시키는 가스(시료 성분을 운반하는 가스)
③ 분석용 분리관 : 기체크로마토그래피 조작에 있어 목적성분을 전개 용출시키는 분리관
④ 전치분리관 : 기체크로마토그래피 조작에 있어 분석용 분리관의 앞에 사용하는 분리관
⑤ 활성탄화수소 : 총탄화수소 가운데 세정기를 이용해서 제거되어지는 올레핀계 탄화수소, 방향족 탄화수소 등의 총칭
⑥ 세정기 : 총탄화수소 가운데 올레핀계 탄화수소, 방향족 탄화수소 등을 중금속염과의 반응성을 이용해서 흡착제거하는 장치

4. 분석방법

(1) 총탄화수소 측정법

① 측정원리

이 방법은 환경대기를 불꽃 이온화 검출기에 도입하여 탄화수소가 불꽃 중에 연소할 때 발생하는 이온에 의한 미소전류를 측정해서 대기중의 총탄화수소 농도를 연속적으로 측정하는 방법이다.

② 성능

★★ ㉠ 측정범위 : 측정범위는 0~10ppmC, 0~25ppmC 또는 0~50ppmC로 하여 1~3단계(Range)의 변환이 가능한 것

★★ ㉡ 재현성 : 동일조건에서 제로 가스와 스팬 가스를 번갈아 3회 도입해서 각각의 측정치의 평균치로부터의 편차를 구한다. 이 편차는 각 측정단계마다 최대 눈금치의 ±1%의 범위 내에 있어야 한다.

★★ ㉢ 지시의 변동 : 제로 가스 및 스팬 가스를 흘려보냈을 때 정상적인 측정치의 변동은 각 측정단계마다 최대 눈금치의 ±1%의 범위 내에 있어야 한다.

★★ ㉣ 응답시간 : 스팬가스를 도입시켜 측정치가 일정한 값으로 급격히 변화되어 스팬가스 농도의 90% 변화할 때까지의 시간은 2분 이하여야 한다.

★★ ㉤ 지시오차(직선성) : 제로조정 및 스팬조정을 끝낸 후 그 중간 농도의 교정용 가스를 주입시켰을 경우에 상당하는 메탄 농도에 대한 지시오차는 각 측정단계마다 최대 눈금치의 ±5%의 범위 내에 있어야 한다.

★ ㉥ 예열시간 : 전원을 넣고 나서 정상으로 작동할 때까지의 시간은 4시간 이하여야 한다.

Ⓐ 시료대기의 유량변화에 대한 안정성 : 펌프 유량 설정치에 대하여 ±10% 변화되어도 지시치 변화는 최대 눈금치의 ±1%의 범위에 있어야 한다.

> **Question 16**
>
> 환경대기 내의 탄화수소 측정방법 중 총탄화수소 측정법 성능기준으로 옳지 않은 것은?
>
> ㉮ 측정범위는 0~10ppmC, 0~25ppmC 또는 0~50ppmC로 하여 1~3단계의 변환이 가능한 것이어야 한다.
> ㉯ 응답시간은 스팬가스를 도입시켜 측정치가 일정한 값으로 급격히 변화되어 스팬가스 농도의 90% 변화할 때까지의 시간은 2분 이하여야 한다.
> ㉰ 제로가스 및 스팬가스를 흘려보냈을 때 정상적인 측정치의 변동은 각 측정단계마다 최대 눈금치의 ±3%의 범위 내에 있어야 한다.
> ㉱ 제로조정 및 스팬조정을 끝낸 후 그 중간 농도의 교정용 가스를 주입시켰을 경우에 상당하는 메탄 농도에 대한 지시오차는 각 측정단계마다 최대 눈금치의 ±5%의 범위 내에 있어야 한다.
>
> **풀이** ㉰ 제로가스 및 스팬가스를 흘려보냈을 때 정상적인 측정치의 변동은 각 측정단계마다 최대 눈금치의 ±1%의 범위 내에 있어야 한다.

(2) 비메탄 탄화수소 측정법

① 측정원리

이 방법은 환경대기를 불꽃 이온화 검출기가 부착된 기체크로마토그래피에 도입하여 분리관에 의해 메탄과 메탄을 제외한 비메탄 탄화수소가 분리되어 불꽃 중에 연소될 때 발생하는 이온에 의한 미소전류를 측정해서 대기 중의 메탄과 메탄 이외의 탄화수소(비메탄 탄화수소) 농도를 연속적으로 측정하는 방법이다.

★★ ② 성능

㉠ 측정범위 : 0~5로부터 50ppm 범위 내에서 임의로 설정할 수 있어야 한다.
㉡ 재현성 : 동일조건에서 스팬 가스를 3회 연속 측정해서 측정치의 평균치로부터의 편차는 최대 눈금치의 ±1%의 범위 이내에 있어야 한다.
㉢ 제로 드리프트 : 동일조건에서 제로가스를 연속해서 흘려보냈을 경우 지시변동은 24시간에 대하여 최대 눈금치의 ±1%의 범위 내에 있어야 한다.
㉣ 측정주기 : 측정주기는 한시간에 4회 이상의 측정을 할 수 있어야 한다.

Question 17

환경대기 중의 탄화수소 측정방법 중 비메탄 탄화수소 측정법의 성능기준으로 옳지 않은 것은?

㉮ 재현성은 동일조건에서 스팬가스를 3회 연속측정해서 측정치의 평균오차가 최대 ±3%의 범위 이내에 있어야 한다.
㉯ 측정범위는 0~5로부터 50ppm 범위 내에서 임의로 설정할 수 있어야 한다.
㉰ 측정주기는 한 시간에 4회 이상의 측정을 할 수 있어야 한다.
㉱ 제로 드리프트(Zero Drift)는 동일조건에서 제로가스를 연속해서 흘려보냈을 경우 지시변동은 24시간에 대하여 최대 눈금치의 ±1%의 범위 내에 있어야 한다.

풀이 ㉮ 재현성은 동일조건에서 스팬가스를 3회 연속측정해서 측정치의 평균오차가 최대 ±1%의 범위이내에 있어야 한다.

(3) 활성탄화수소 측정법

이 방법은 환경대기를 불꽃 이온화 검출기가 부착된 기체크로마토그래피에 도입하기 직전에 세정기를 사용하여 활성탄화수소를 제거한 환경대기를 불꽃 이온화 검출기에 도입해서 얻어진 탄화수소 농도와 세정기를 거치지 않은 환경대기를 불꽃 이온화 검출기에 도입해서 얻어진 총탄화수소 농도의 차로부터 활성탄화수소 농도를 구하는 방법이다.

07 환경대기 중의 석면측정용 현미경법

분석방법	정량범위	방법검출한계
위상차현미경(주시험방법)	0.2μm~5μm	0.2μm
주사전자현미경	1.0nm 이하	-
투과전자현미경	1.0nm 이상	7,000 구조수/mm²

1. 위상차현미경법

(1) 위상차 현미경

① 굴절율 또는 두께가 부분적으로 다른 무색투명한 물체의 각 부분의 투과광 사이에 생기는 위상차를 화상면에서 명암의 차로 바꾸어, 구조를 보기 쉽도록 한 현미경이다.

 ② 위상차현미경을 사용하여 섬유상으로 보이는 입자를 계수하고 같은 입자를 보통의 생물현미경으로 바꾸어 계수하여, 그 계수치들의 차를 구하면 굴절율이 거의 1.5인

섬유상의 입자 즉 석면이라고 추정할 수 있는 입자를 계수할 수가 있게 된다.

★★ ③ 석면먼지의 농도표시는 20℃, 1 기압 상태의 기체 1mL 중에 함유된 석면섬유의 개수(개/mL)로 표시한다.

④ 대기 중 석면은 강제 흡입 장치를 통해 여과장치에 채취한 후 위상차현미경으로 계수하여 석면 농도를 산출한다.

Question 18

환경대기 중 석면먼지의 농도표시 방법으로 옳은 것은? (단, 위상차 현미경법)

㉮ 20℃, 1기압 상태의 기체 1mL 중에 함유된 석면섬유의 개수(개/mL)
㉯ 20℃, 1기압 상태의 기체 1L 중에 함유된 석면섬유의 개수(개/L)
㉰ 표준상태(0℃, 760mmHg)의 기체 1mL 중에 함유된 석면섬유의 개수(개/mL)
㉱ 표준상태(0℃, 760mmHg)의 기체 1L 중에 함유된 석면섬유의 개수(개/L)

정답 ㉮

(2) 멤브레인 필터

셀룰로오스 에스테르를 원료로 한 얇은 다공성의 막으로 구멍의 지름은 평균 (0.01 ~ 10)㎛의 것이 있다. 이 멤브레인 필터의 특징은 입자상 물질의 채취율이 매우 높고, 특히 필터의 표면에서 먼지의 채취이 이루어지기 때문에, 채취한 입자를 광학현미경으로 계수하기에 편리하다.

(3) 시료채취 및 관리

① 시료채취는 해당시설의 실제 운영조건과 동일하게 유지되는 일반 환경상태에서 측정하는 것을 원칙으로 한다. 시료채취지점에서의 실내기류는 원칙적으로 0.3 m/s 이내가 되도록 한다. 단, 지하역사 승강장 등 불가피하게 기류가 발생하는 곳에서는 실제조건하에서 측정한다.

★★ ② 시료채취 위치는 원칙적으로 주변시설 등에 의한 영향과 부착물 등으로 인한 측정 장애가 없고 대상시설의 오염도를 대표할 수 있다고 판단되는 곳을 선정하는 것을 원칙으로 하되, 기본적으로 시설을 이용하는 사람의 많은 곳을 선정한다. 또한 인접지역에 직접적인 발생원이 없고 대상시설의 내벽, 천정에서 1 m 이상 떨어진 곳을 선정하며, 바닥면으로부터 (1.2 ~ 1.5) m 위치에서 측정한다. 대상시설의 측정지점은 2개소 이상을 원칙으로 하며, 건물의 규모와 용도에 따라 불가피할 경우(대상시설 내 공기질이 현저히 다를 것으로 예상되는 경우 등)에는 측정지점을 추가할 수 있다.

★★ ③ 시료채취 및 측정시간 : 주간시간대에(오전 8시 ~ 오후 7시) 10L/min 으로 1시간 측정
④ 시료 포집면이 주 풍향을 향하도록 설치한다.
★★ ⑤ 유량계의 부자를 10L/min 되게 조정한다.

Question 19

다음은 환경대기 중의 석면농도를 측정하기 위해 위상차현미경을 사용한 계수방법에 관한 사항이다. ( ) 안에 알맞은 것은?

시료는 주간시간대에 (①)의 유량으로 1시간 측정하고, 유량계의 부자는 (②) 되게 조정한다.

㉮ ① 1L/min , ② 1L/min
㉯ ① 1L/min , ② 10L/min
㉰ ① 10L/min , ② 1L/min
㉱ ① 10L/min , ② 10L/min

정답 ㉱

★★ (4) 식별방법 : 채취한 먼지 중에 길이 5μm 이상이고, 길이와 폭의 비가 3:1 이상인 섬유를 석면섬유로서 계수한다.

★★ ▶ 위상차현미경법의 식별방법, 측정범위, 정량범위, 측정계수

식별 방법	측정범위 (μm)	정량범위	측정계수
단섬유	5 이상	길이와 폭의 비가 3:1 이상인 섬유	1
가지가 벌어진 섬유	5 이상	길이와 폭의 비가 3:1 이상인 섬유	1
헝클어져 다발을 이루고 있는 섬유	5 이상	길이와 폭의 비가 3:1 이상인 섬유	섬유개수
입자가 부착하고 있는 섬유	5 이상	입자의 폭이 3μm 넘지 않는 섬유	1
섬유가 크리티쿨 시야의 경계선에 물린 경우	5 이상	- 시야 안 - 한쪽 끝 - 경계선에 몰려있음	1 1/2 0
위의 식별방법에 따라 판정하기 힘든 경우	5 이상	다른 시야로 바꾸어 식별	0
다발을 이루고 있는 섬유가 크리티쿨 시야의 1/6 이상인 경우	5 이상	다른 시야로 바꾸어 식별	0

Question 20

환경대기 중의 석면 시험방법에 관한 설명으로 옳지 않은 것은?

㉮ 멤브레인 필터의 광굴절율은 약 5.0이다.
㉯ 주간시간대에 10L/분의 흡입유량으로 1시간 측정한다.
㉰ 길이 5㎛ 이상이고, 길이와 폭의 비가 3 : 1 이상인 섬유를 석면섬유로서 계수한다.
㉱ 석면먼지의 농도표시는 20℃, 1기압 상태의 기체 1mL 중에 함유된 석면섬유의 개수로 표시한다.

풀이 ㉮ 멤브레인 필터의 광굴절율은 약 1.5이다.

 Question 21

위상차현미경법으로 환경대기 중의 석면을 분석할 때 계수대상물의 식별방법에 관한 내용으로 틀린 것은?
(단, 적정한 분석능력을 가진 위상차현미경을사용하는 경우)

㉮ 구부러져 있는 단섬유는 곡선에 따라 전체 길이를 재어서 판정한다.
㉯ 섬유가 헝클어져 정확한 수를 헤아리기 힘들 때에는 0개로 판정한다.
㉰ 길이가 7㎛ 이하인 단섬유는 0개로 판정한다.
㉱ 섬유가 그래티큘 시야의 경계선에 물린 경우 그래티큘 시야 안으로 한쪽 끝만 들어와 있는 섬유는 1/2개로 인정한다.

풀이 ㉰ 길이가 5㎛ 이상인 단섬유는 1개로 판정한다.

제3절 환경대기 중 휘발성유기화합물 측정방법

01 환경대기 중 벤조(a)피렌 시험방법

1. 적용범위

이 시험방법은 환경대기 중의 벤조(a) 피렌농도를 측정하기 위한 시험방법이다. 기체크로마토그래피법을 주시험방법으로 한다.

★★ 2. 분석방법의 종류

① 기체크로마토그래피법(주시험방법)
② 형광분광광도법

Question 22

다음 중 대기오염공정시험기준상 환경대기 중의 벤조(a)피렌 농도를 측정하기 위한 시험방법으로 가장 적합한 것은?
㉮ 이온크로마토그래피법　　　　㉯ 비분산적외선분광분석법
㉰ 흡광차분광법　　　　　　　　㉱ 형광분광광도법

정답 ㉱

02 환경대기 중 다환방향족탄화수소류(PAHs)-기체크로마토그래피/질량 분석법

1. 적용범위

측정대상의 화합물은 일반적인 탄화수소류와 달리 질소, 황, 산소 등 다른 원소를 포함한 다환방향족탄화수소류(PAHs) 환(ring) 구조의 물질들도 포괄적으로 의미한다. PAHs는 대기 중 비휘발성물질 또는 휘발성물질들로 존재한다. 비휘발성(증기압 < 10^{-8}mmHg) PAHs는 필터상에 채취하고 증기상태로 존재하는 PAHs는 Tenax, XAD^{-2} 수지, PUF(polyurethane foam)을 사용하여 채취한다. 이 시험방법은 일반대기 중의 PAHs에 대한 시료에 적용하며 측정방법상 0.01ng~1ng 범위이다.

2. 용어정의

① 머무름 시간(RT, retention time) : 크로마토그래피용 컬럼에서 특정화합물질이 빠져 나오는 시간. 측정운반기체의 유속에 의해 화학물질이 기체흐름에 주입되어서 검출기에 나타날때까지 시간

② 다환방향족탄화수소(PAHs) : 두 개 또는 그 이상의 방향족 고리가 결합된 탄화수소류

★★ ③ 대체표준물질(surrogate) : 추출과 분석 전에 각 시료, 바탕시료, 매체시료(matrix-spiked)에 더해지는 화학적으로 반응성이 없는 환경 시료 중에 없는 물질

④ 내부표준물질(IS, internal standard) : 알고 있는 양을 시료 추출액에 첨가하여 농도 측정보정에 사용되는 물질로 내부표준물질은 반드시 분석목적 물질이 아니어야 한다.

Question 23

환경대기 중 다환방향족탄화수소류(PAHs)의 기체크로마토그래피/질량분석법에서 사용되는 용어 정의 중 "추출과 분석 전에 각 시료, 바탕 시료, 매체시료에 더해지는 화학적으로 반응성이 없는 환경 시료 중에 없는 물질"을 의미하는 것은 어느 것인가?

㉮ 내부표준물질   ㉯ 대체표준물질   ㉰ 외부표준물질   ㉱ 냉매

정답 ㉯

03 환경대기 중 알데하이드류-고성능액체크로마토그래피법

1. 적용범위

알데하이드류 화합물은 광화학 오존형성에 중요한 작용을 한다. 특히 폼알데하이드와 다른 특정한 알데하이드는 단기적인 노출로 눈 피부 그리고 인공호흡기관의 점액질 막을 자극시키는 원인으로 밝혀져 있다. 알데하이드류를 측정하기 위한 시험법으로서 알데하이드 물질을 2,4-다이나이트로페닐하이드라진(DNPH) 유도체를 형성하게 하여 고성능액체크로마토그래피(HPLC)로 분석한다.

★★ 2. DNPH 유도체화 액체크로마토그래피(HPLC/UV) 분석법

이 시험방법은 카보닐화합물과 DNPH가 반응하여 형성된 DNPH 유도체를 아세토나이트릴(acetonitrile) 용매로 추출하여 고성능액체크로마토그래피(HPLC)를 이용하여 <u>자외선(UV)검출기의 360nm 파장에서 분석한다.</u>

📢 Question 24

다음은 환경대기 중의 알데하이드류의 고성능 액체크로마토그래피법에 관한 설명이다. (   ) 안에 알맞은 것은?

> 이 시험방법은 카보닐화합물과 DNPH가 반응하여 형성된 DNPH 유도체를 아세토나이트릴용매로 추출하여 고성능 액체크로마토그래피를 이용하여 (   ) 파장에서 분석한다.

㉮ 이온화학 검출기의 520nm ㉯ 전기전도도 검출기의 450nm
㉰ 자외선(UV) 검출기의 360nm ㉱ 가시선 흡수 검출기(VIS 검출기)의 220nm

정답 ㉰

★★ 3. 방법검출한계

방법검출한계(MDL, method detection limit)는 알데하이드류 표준용액을 측정하며 i-발레르알데하이드로서 1 ppb 이하이어야 한다. 방법검출한계를 결정하기 위해서는 검출한계에 다다를 것으로 생각되는 농도의 <u>표준시료를 7번 반복 측정한 후 이 농도 값을 바탕으로 하여 얻은 표준편차에 3.14를 곱한다.</u> 정량한계는 방법검출한계값의 3배를 곱한 농도를 말한다.

📢 Question 25

다음은 환경대기 중 알데하이드류-고성능 액체크로마토그래피법에서 적용되는 내부정도 관리방법 중 방법검출한계에 관한 설명이다. (   ) 안에 알맞은 것은?

> 방법검출한계(MDL, method detection limit)는 알데하이드류 표준용액을 측정하며 i-발레르알데하이드로서 1 ppb 이하이어야 한다. 방법검출한계를 결정하기 위해서는 검출한계에 다다를 것으로 생각되는 농도의 표준시료를 (①) 반복 측정한 후 이 농도값을 바탕으로 하여 얻은 표준편차에 (②)를 곱한다.

㉮ ① 5번, ② 3 ㉯ ① 5번, ② 3.14 ㉰ ① 7번, ② 3 ㉱ ① 7번, ② 3.14

정답 ㉱

PART 03

대기오염방지기술

CHAPTER 01　집진

CHAPTER 02　집진장치

CHAPTER 03　유해가스 처리법

CHAPTER 04　흡착법과 연소법 및 악취물질

CHAPTER 05　환기법

대기환경
기 사
필 기

CHAPTER 01 집진

01 입자상 물질

1. 입자상 물질의 특성

① 입자의 크기가 작을수록 표면에 존재하는 원자와 내부에 존재하는 원자와의 비가 크게 되어 상호 응집하거나 이물질에 쉽게 부착한다.
② 입자의 크기가 작을수록 다른 물질에 쉽게 반응하여 폭발성을 지니게 될 경우가 많다.
③ 보통 $0.01\mu m$ 이하는 가스분자와 같이 브라운운동을 하기 때문에 가스상 물질로 취급한다.
★★ ④ 입자의 크기는 발생원에 따라 달라지나 일반적으로 물리적요인보다 화학적요인에 의해 생성된 입자상 물질의 입경이 적게 된다.

★★ **2. 입자가 미세할수록 표면에너지는 커지게 되어 다른 입자간에 부착하거나 혹은 동종 입자간에 응집이 이루어지는데 이러한 현상이 생기게 하는 결합력**

① 분자간의 인력
② 정전기적 인력
③ 브라운 운동에 의한 확산

> **Question 01**
>
> 입자가 미세할수록 표면에너지는 커지게 되어 다른 입자간에 부착하거나 혹은 동종 입자간에 응집이 이루어지는데 이러한 현상이 생기게 하는 결합력 중 거리가 먼 것은 어느 것인가?
>
> ㉮ 분자간의 인력 ㉯ 정전기적 인력
> ㉰ 브라운 운동에 의한 확산력 ㉱ 입자에 작용하는 항력
>
> **정답** ㉱

02 먼지의 입경

★★ 1. 공기동역학적 직경(Aerodynamic Diameter)

① 입자의 모양이 구형이 아니더라도 동일한 침강속도와 단위밀도를 갖는 구형입자로 가정한 것이다.
② 스토크직경과 달리 입자의 밀도를 $1g/cm^3$으로 가정함으로써 보다 쉽게 입경을 나타낼 수 있다.
③ 공기동역학경을 알고 있다면 입자의 밀도, 광학적크기, 형상계수 등의 물리적 변수는 중요하지 않게 된다.
④ 실제 대기오염 분야에서는 주로 공기동역학적 직경을 사용하여 입자의 크기를 나타낸다.
⑤ 비구형입자에서 입자의 밀도가 1보다 클 경우 공기동력학경은 stokes경에 비해 항상 크다고 볼 수 있다.

★★ 2. 스토크스 직경

① 입경의 크기에 따라 밀도, 점도 등이 다르기 때문에 입자에 대한 특성을 고려하여야 하는 문제점이 있다.
② 본래의 먼지와 밀도 및 침강속도가 동일한 구형입자의 직경이다.

3. Martin 직경

★★ ① 광학현미경을 이용하여 입경을 측정하는 방법에서 입자의 투영면적을 이용하여 측정한 입경 중 입자의 면적을 2등분하는 선의 길이로 나타낸다.

② 입자상물질의 크기를 결정할 때 사용한다.

Question 02

광학현미경으로 입자의 투영면적을 이용하여 측정한 먼지입경 중 입자의 투영면적을 2등분하는 선의 길이로 나타내는 것은 무엇인가?

㉮ Martin 직경 ㉯ Feret 직경 ㉰ 등면적 직경 ㉱ Heyhood 직경

정답 ㉮

4. 광학적직경(Optical Diameter)

현미경을 이용하는 방법으로 투영된 입자의 모양이 원형이 아닐 때 입자의 최장 또는 최단 크기로 정의하거나 여러 방향으로 나누어 크기를 측정하여 산술평균한 값으로 정의한다.

5. Feret직경(정방향직경)

광학현미경을 이용하여 측정하는 방법에서 입자의 투영면적을 이용하여 측정한 입경 중 입자의 투영면적 가장자리에 접하는 가장 긴선의 길이로 나타낸다.

Question 03

광학현미경을 이용하여 입경을 측정하는 방법에서 입자의 투영면적을 이용하여 측정한 입경 중 입자의 투영면적 가장자리에 접하는 가장 긴 선의 길이로 나타내는 것은?

㉮ 등면적 직경 ㉯ Feret 직경 ㉰ Martin 직경 ㉱ Heyhood 직경

정답 ㉯

03 먼지입자 측정방법

1. 입자측정방법 중 간접측정법에는 관성충돌법, 액상침강법, 공기투과법, 광산란법등이 있다.

> **TIP**
>
> **관성충돌법**
> ① 관성충돌을 이용하여 입경을 간접적으로 측정하는 방법이다.
> ② 입자의 질량 크기 분포를 알 수 있다.
> ③ 되튐으로 인한 시료의 손실이 일어날 수 있다.

2. 입자측정방법 중 직접측정법에는 표준체 측정법, 현미경측정법이 있다.

Question 04

다음 먼지의 입경측정방법 중 간접 측정법에 해당하지 않는 것은 어느 것인가?
㉮ 관성충돌법   ㉯ 액상침강법   ㉰ 표준체측정법   ㉱ 공기투과법

풀이 간접측정법에는 관성충돌법, 액상침강법, 공기투과법, 광산란법이 있으므로 정답은 ㉰이다.

04 먼지의 입경분포 대표값의 크기순서

산술평균 > 중앙값 > 최빈경

★ 05 비표면적(단위 체적당 표면적)

① 비표면적(SV) = $\dfrac{표면적}{체적} = \dfrac{\pi d^2}{\dfrac{\pi}{6} d^3} = \dfrac{6}{d}$

② 입자의 입경이 작아질수록 비표면적은 커진다.

Question 05

직경이 D인 구형입자의 비표면적(S_v, m^2/m^3)에 관한 설명으로 옳지 않은 것은? (단, ρ는 구형입자의 밀도)

㉮ 먼지의 입경과 비표면적은 반비례 관계이다.
㉯ 입자가 미세할수록 부착성이 커진다.
㉰ $S_v = \dfrac{3\rho}{D}$ 로 나타낸다.
㉱ 비표면적이 크게 되면 원심력 집진장치의 경우에는 장치벽면을 폐색시킨다.

풀이 ㉰ 비표면적(S_v) = $\dfrac{6}{D}$ 이다.

06 먼지의 입경분포

① 먼지의 입경분포를 나타내는 방법 중 적산분포에는 정규분포, 대수정규분포, Rosin Rammler 분포가 있다.
② 적산분포(R)는 일정한 입경보다 큰 입자가 전체의 입자에 대하여 몇 % 있는가를 나타내는 것으로 입경분포가 0이면 R – 100% 이다.
③ 빈도분포는 먼지의 입경분포를 적당한 입경간격의 개수 또는 질량의 비율로 나타내는 방법이다.

Question 06

먼지입도의 분포(누적분포)를 나타내는 식은 어느 것인가?

㉮ Rayleigh 분포식
㉯ Freundlich 분포식
㉰ Rosin-Rammler 분포식
㉱ Cunningham 분포식

정답 ㉰

★★ 1. Rosin-Rammler 분포

$$R(\%) = 100\exp(-\beta d_p^n)$$

d_p : 먼지의 입경 β : 입경계수 n : 입경지수

① β가 클수록 먼지의 입경이 미세하다.
② n이 클수록 입경분포 범위가 좁다.
③ 위의 식에서 R(%)는 체상누적분포(%)를 나타낸다.

Question 07

먼지의 입경 $d_p(\mu m)$을 Rosin-Rammler 분포에 의해 체상분포 R(%) = $100\exp(-\beta d_p^n)$으로 나타낸다. 이 먼지의 입경 35μm 이하가 전체의 약 몇 %를 차지하는가? (여기서, β = 0.063, n = 1)

㉮ 11%   ㉯ 21%   ㉰ 79%   ㉱ 89%

풀이 R(%) = $100\exp(-\beta \cdot d_p^n)$
  dp : 먼지의 입경 β : 입경계수   n : 입경지수
① R(%) = $100\exp(-0.063\times(35\mu m)^1)$ = 11.025%
② 35μm 이하의 입경 = 100%-11.025% = 88.98%

★★ 2. 진비중(S)과 겉보기 비중(SB)의 비(S/SB)가 클수록 재비산현상을 유발할 가능성이 높다. 아래 표는 먼지의 종류별 진비중(S)과 겉보기 비중(SB)을 나타낸 것이다.

먼지의 종류	진비중(S)	겉보기 비중(SB)	S/SB
미분탄보일러	2.10	0.52	4.03
시멘트킬른 발생먼지	3.00	0.60	5.0
산소제강로	4.75	0.65	7.30
황동용전기로	5.40	0.36	15.0
카본블랙 먼지	1.9	0.025	76.0
골재건조기 먼지	2.9	1.06	2.73

Question 08

다음 각종 먼지 중 진비중/겉보기 비중이 가장 큰 것은 어느 것인가?

㉮ 카본블랙   ㉯ 미분탄보일러   ㉰ 시멘트 원료분   ㉱ 골재 드라이어

풀이 진비중/겉보기비중
  ㉮ 카본블랙 : 76   ㉯ 미분탄보일러 : 4.04
  ㉰ 시멘트 원료분 : 5.0   ㉱ 골재 드라이어 : 2.73

CHAPTER 02 집진장치

01 중력집진장치

1. 원리

중력에 의한 자연침강을 이용하는 방법이다.

[중력 침강실]　　　　　[다단 침강실]

2. 개요

① 취급입자 : 50μm 이상
② 압력손실 : 5~10mmH$_2$O 정도
③ 집진효율 : 40~60%

Question 01

다음 집진장치 중 일반적으로 압력손실이 가장 작은 것은?

㉮ 중력집진장치 ㉯ 사이클론스크러버
㉰ 충전탑 ㉱ 여과집진장치

풀이 압력손실
  ㉮ 중력집진장치 : 5~10mmH$_2$O ㉯ 사이클론스크러버 : 100~200mmH$_2$O
  ㉰ 충전탑 : 100~200mmH$_2$O ㉱ 여과집진장치 : 100~200mmH$_2$O

★★ 3. 중력집진장치의 특징

① 중력에 의한 자연침강의 방법으로 주로 입자의 크기가 50μm 이상의 입자상물질을 처리 하는데 사용된다.
② 함진가스의 온도변화에 의한 영향을 거의 받지 않는다.
③ 전처리(1차처리장치)로 사용된다.
★★ ④ 유지비 및 설치비가 적게드나 신뢰도가 낮다.
⑤ 함진가스의 먼지부하나 유량변동에 적응성이 낮다.

★★ 4. 집진효율 향상조건

① 침강실내의 처리가스 속도가 작을수록 미립자가 잘 포집된다.
★★ ② 침강실의 높이가 낮고 길이가 길수록 집진율은 높아진다.
③ 입자가 작을 때 침강속도가 작아져 집진이 잘 안된다.
④ 침강실내의 배기가스 기류는 균일해야 한다.
⑤ 다단일 경우에는 단수가 증가할수록 집진율은 커지나 압력손실도 증가한다.

Question 02

중력식 집진장치의 집진율 향상조건에 대한 내용으로 틀린 것은 어느 것인가?

㉮ 침강실 내 처리가스의 속도가 작을수록 미립자가 포집된다.
㉯ 침강실 입구폭이 클수록 유속이 느려지며 미세한 입자가 포집된다.
㉰ 다단일 경우에는 단수가 증가할수록 집진율은 커지나, 압력손실도 증가한다.
㉱ 침강실의 높이가 낮고, 중력장의 길이가 짧을수록 집진율은 높아진다.

풀이 ㉱ 침강실의 높이가 낮고, 중력장의 길이가 길수록 집진율은 높아진다.

5. 입자에 작용하는 종말침강속도(terminal Settling Velocity)계산시 관계되는 힘

   ① 항력
   ② 부력
   ③ 중력

   > **Question 03**
   >
   > 유체 내를 입자가 자유낙하할 때 입자의 종말침강속도(terminal settling velocity) 계산 시 관계되는 힘과 가장 거리가 먼 것은 어느 것인가?
   >
   > ㉮ 항력   ㉯ 관성력   ㉰ 부력   ㉱ 중력
   >
   > 정답 ㉯

6. 미세입자가 운동하는 경우에 작용하는 항력(drag force)

   ① 항력계수가 커질수록 항력은 증가한다.
   ② 입자의 투영면적이 클수록 항력은 증가한다.
   ③ 상대속도의 제곱에 비례하여 항력은 증가한다.

7. 중력집진장치에서 stoke's law의 가정조건

   ① $10^{-4} < N_{Re} < 0.6$
   ② 구는 일정한 속도로 운동한다.
   ③ 구는 강체이다.
   ④ 층류 흐름 영역이다.

8. 입자의 침강속도

   ① 항력계수는 실험에 의하여 얻어지는데 유체의 흐름을 결정하는 레이놀즈수에 의하여 값이 결정된다.
   ② 커닝햄 보정계수는 입자크기가 작을수록 증가한다.
   ③ 입경이 작은 입자에 대한 침강속도는 스토크영역에서의 침강속도식에 커닝햄보정계수를 곱한 식으로 구할 수 있다.

9. 필수암기 공식

★★★ (1) ① $Vg = \dfrac{d^2(\rho_s - \rho)g}{18\mu}$

V_g : 침강속도(m/sec)　　d : 직경(m)　　ρ_s : 입자의 밀도(kg/m³)
ρ : 가스의 밀도(kg/m³)　　μ : 점성도(kg/m·sec)

② stoke's 침강속도식

★★ 침강속도(Vg)는
- 직경(d)의 제곱에 비례
- 밀도차($\rho_s - \rho$)에 비례
- 중력가속도(g)에 비례
- 점성도(μ)에 반비례

Question 04

스토크(Stokes)의 법칙을 만족하는 입자의 침강속도에 관한 설명으로 틀린 것은 어느 것인가?

㉮ 입자와 유체의 밀도차에 비례한다.
㉯ 입자 직경의 제곱에 비례한다.
㉰ 가스의 점도에 비례한다.
㉱ 중력가속도에 비례한다.

풀이 ㉰ 가스의 점도에 반비례한다.

Question 05

상온에서 균일한 흐름이 가스 중에 먼지입자의 밀도가 1g/cm³이고, 입경이 20μm일 때 먼지의 침강속도(cm/sec)는? (단, 스토크스 법칙 적용, 상온에서 공기의 점도는 1.7×10^{-5}kg/m·sec이다.)

풀이
$V_g = \dfrac{d^2(\rho_s - \rho)g}{18\mu}$

V_g : 침강속도(cm/sec)　　d : 직경(cm)　　ρ_s : 입자의 밀도(g/cm³)
ρ : 가스의 밀도(g/cm³)　　g : 중력가속도(980cm/sec²)　　μ : 점성도(g/cm·sec)

따라서 $V_g = \dfrac{(20 \times 10^{-4}\text{cm})^2 \times 1\text{g/cm}^3 \times 980\text{cm/sec}^2}{18 \times 1.7 \times 10^{-4}\text{g/cm·sec}} = 1.28\text{cm/sec}$

TIP
① 가스의 밀도는 무시한다.
② 점성도(μ) = 1.7×10^{-5}kg/m·sec $\times 10^1$ = 1.7×10^{-4}g/cm·sec
③ kg/m·sec $\xrightarrow{\times 10}$ poise(g/cm·sec)

(2) 제거효율(η)

① 침강형일 때 제거효율(η)

$$\eta = \frac{Vg \cdot L}{U \cdot H} \times 100(\%)$$

- η : 제거효율(%)
- vg : 침강속도(m/sec)
- L : 길이(m)
- U : 유속(m/sec)
- H : 높이(m)

② 다단형일 때

㉠ 상태판별 공식

★★ $Re = \dfrac{D \times V \times \rho}{\mu} = \dfrac{D \times V}{\nu}$

- Re : 레이놀드수
- D : 관경(m)
- V : 유속(m/sec)
- ρ : 밀도(kg/m^3)
- μ : 점성도(kg/m·sec)
- ν : 동점도(m^2/sec)

㉡ 레이놀드수에 따른 상태판별

(층류) $Re < 2,100$

(천이구역) $2,100 < Re < 4,000$

(난류) $Re > 4,000$

> **TIP**
>
> 점성도(절대점도)의 단위
>
> - Cp(센티포이즈) $\xrightarrow{\times 10^{-2}}$ Poise
> - p(포이즈) = g/cm·sec
> - Cp $\xrightarrow{\times 10^{-3}}$ kg/m·sec
> - P(g/cm·sec) $\xrightarrow{\times 10^{-1}}$ kg/m·sec

Question 06

0.1mm 크기의 입자가 상공에서 1.5×10^{-2} m/s로 침강한다면 레이놀드수는? (단, 공기의 밀도는 1.2kg/m^3, 점도는 1.81×10^{-5} kg/m·s)

풀이

$$Re = \frac{D \times V \times \rho}{\mu} = \frac{0.1 \times 10^{-3} \text{m} \times 1.5 \times 10^{-2} \text{m/sec} \times 1.2 \text{kg/m}^3}{1.81 \times 10^{-5} \text{kg/m·sec}} = 0.099$$

Question 07

내경이 100mm의 원통내를 20℃ 1기압의 공기가 24m³/hr로 흐른다. 표준상태의 공기의 비중량은 1.3kg/Sm³, 20℃의 공기의 점도가 1.81×10^{-4} poise이라면 레이놀드수는?

풀이

$$Re = \frac{D \cdot V \cdot \rho}{\mu}$$

① $V(m/sec) = \frac{Q(m^3/sec)}{A(m^2)} = \frac{Q(m^3/sec)}{\frac{\pi}{4} \times D^2(m^2)} = \frac{24m^3/hr \times 1hr/3,600sec}{\frac{\pi}{4} \times (0.1m)^2} = 0.8488 m/sec$

② $\rho = 1.3 kg/Sm^3 \times \frac{273}{273+20} = 1.21 kg/m^3$

③ $\mu = 1.81 \times 10^{-4}$ poise(g/cm·sec) $= 1.81 \times 10^{-5}$ kg/m·sec

④ $Re = \frac{0.1m \times 0.8488 m/sec \times 1.21 kg/m^3}{1.81 \times 10^{-5} kg/m \cdot sec} = 5674.30$

★★ ⓒ 층류일 때 제거효율(η)

$$\eta = \frac{N \cdot B \cdot L \cdot V_g}{Q} \times 100 (\%)$$

$\begin{bmatrix} \eta : 제거효율(\%) & N : 단수 & B : 폭(m) \\ L : 길이(m) & V_g : 침강속도(m/sec) & Q : 가스량(m^3/sec) \end{bmatrix}$

$V_g = \frac{d^2(\rho_s - \rho)g}{18\mu}$ 또는 $V_g = 29609 \cdot \rho_P \cdot d^2$

$\rho_P = (\rho_s - \rho)$: 밀도차

Question 08

배출가스 0.4m³/s를 폭 5m, 높이 0.2m, 길이 10m의 중력식 침강집진장치로 집진 제거 한다면 처리가스 내의 입경 10 μm 먼지의 집진효율(%)은 얼마인가?
(단, 먼지밀도 1.10g/cm³, 배출가스밀도 1.2 kg/m³, 처리가스점도 1.8×10^{-4} g/cm·s, 단수 1, 집진효율 $\eta_f = \frac{g(\rho_p - \rho_s)nWLd_p^2}{18\mu Q}$)

㉮ 약 22%   ㉯ 약 42%   ㉰ 약 63%   ㉱ 약 81%

풀이
$\eta_f = \frac{g(\rho_p - \rho_s)nWLd_p^2}{18\mu Q} = \frac{9.8 m/sec^2 \times (1,100-1.2)kg/m^3 \times 1 \times 5m \times 10m \times (10 \times 10^{-6}m)^2}{18 \times 1.8 \times 10^{-5} kg/m \cdot sec \times 0.4 m^3/sec} = 0.4154$

따라서 집진효율은 41.54% 이다.

★★ ㉣ 난류일 때 제거효율(η)

$$\eta = \left\{1-\exp\frac{-N \cdot B \cdot L \cdot V_g}{Q}\right\} \times 100(\%)$$

10. 유량(Q)가 주어지지 않는 경우 최소제거 입경

$$V_g = \frac{d^2(\rho_s-\rho)g}{18\mu} \quad \cdots \quad ①$$

$$L = \frac{U \cdot H}{V_g} \quad \cdots \quad ②$$

①식의 V_g를 ②식의 V_g에 대입

$$L = \frac{U \cdot H}{\dfrac{d^2 \cdot (\rho_s-\rho) \cdot g}{18\mu}} = \frac{18\mu \cdot U \cdot H}{d^2 \cdot (\rho_s-\rho) \cdot g}$$

$$d^2 = \frac{18\mu \cdot U \cdot H}{(\rho_s-\rho) \cdot g \cdot L} \quad \cdots \quad ③$$

★★ $$d = \sqrt{\frac{18\mu \cdot U \cdot H}{(\rho_s-\rho) \cdot g \cdot L}} \times 10^6 (\mu m)$$

Question 09

높이 1.5m, 길이 7m인 중력집진장치에서 밀도가 2,000kg/m³인 입자를 포함하는 배출가스가 2m/s의 속도로 유입되고 있다. 배출가스의 흐름이 층류일 때 100% 집진되는 최소입자의 직경(μm)은? (단, 가스의 밀도와 점도는 각각 1.2kg/m³, 1.85×10^{-5}kg/m·s이다.)

풀이 $d = \sqrt{\dfrac{18 \cdot \mu \cdot U \cdot H}{(\rho_s-\rho) \cdot g \cdot L}} \times 10^6(\mu m) = \sqrt{\dfrac{18 \times 1.85 \times 10^{-5}\text{kg/m} \cdot \sec \times 2\text{m/sec} \times 1.5\text{m}}{(2,000-1.2)\text{kg/m}^3 \times 9.8\text{m/sec}^2 \times 7\text{m}}} \times 10^6 = 85.36\mu m$

Question 10

지름 40μm 입자의 최종 침전속도가 15cm/s라고 할 때 중력침전실의 높이가 1.25m이면 입자를 완전히 제거하기 위해 소요되는 이론적인 중력침전실의 길이는? (단, 가스의 유속은 1.8m/s)

㉮ 12m ㉯ 15m ㉰ 18m ㉱ 20m

풀이

$$L = \frac{u \cdot H}{Vg}$$

[L : 중력집진기 길이(m)   u : 가스의 유속(m/sec)   H : 침전실의 높이(m)   Vg : 최종 침전속도(m/sec)

따라서 $L = \dfrac{1.8 \text{m/sec} \times 1.25 \text{m}}{0.15 \text{m/sec}} = 15\text{m}$

11. 유량(Q)가 주어진 경우 최소제거입경

식에서 $U = \dfrac{Q}{B \cdot H}$ 이므로

$$d^2 = \frac{18\mu \cdot \dfrac{Q}{B \cdot H} \cdot H}{(\rho_s - \rho) \cdot g \cdot L} = \frac{18\mu \cdot Q}{(\rho_s - \rho) \cdot g \cdot L \cdot B}$$

★★★
$$d = \sqrt{\frac{18\mu \cdot Q}{(\rho_s - \rho) \cdot g \cdot L \cdot B}} \times 10^6 \, (\mu m)$$

 Question 11

온도 25℃ 염산액적을 포함한 배출가스 1.5m³/s를 폭 9m, 높이 7m, 길이 10m의 침강집진기로 집진제거하고자 한다. 염산비중이 1.6이라면, 이 침강집진기가 집진할 수 있는 최소제거입경(μm)은? (단, 25℃에서의 공기점도 1.85×10^{-5} kg/m·s)

풀이

$$d = \sqrt{\frac{18\mu \cdot Q}{(\rho_s - \rho) \cdot g \cdot L \cdot B}} \times 10^6 (\mu m) = \sqrt{\frac{18 \times 1.85 \times 10^{-5} \text{kg/m} \cdot \text{sec} \times 1.5 \text{m}^3/\text{sec}}{1.6 \times 10^3 \text{kg/m}^3 \times 9.8 \text{m/sec}^2 \times 10\text{m} \times 9\text{m}}} \times 10^6 = 18.81 \mu m$$

TIP

① 염산비중 1.6 = 1.6g/cm³이므로 $1.6 \times 10^3 = 1,600$ kg/m³
② 가스의 밀도는 염산의 밀도에 비해 매우 작으므로 생략한다.
③ 25℃ 가스의 밀도 = $1.3 \text{kg/Sm}^3 \times \dfrac{273}{273+25} = 1.2$ kg/m³

02 관성력 집진장치

1. 원리

함진가스를 방해판에 충돌시켜 기류의 방향전환을 통해 관성력에 의해 입자를 분리 포집하는 장치이다.

2. 개요

① 취급입자 : 50μm 이상
② 압력손실 : 30~70mmH₂O
③ 집진효율 : 50~70%

★★ 3. 관성력집진장치의 특징

① 충돌식과 반전식이 있으며, 일반적으로 고온가스의 처리가 가능하므로 굴뚝 또는 배관내에 적용될 때가 있다.
② 액체입자의 포집에 사용되는 multibaffle형을 1μm 전후의 미립자 제거가 가능하나, 완전하게 처리하기 위해 가스출구에 충전층을 설치하는 것이 좋다.
③ 집진가능한 입자는 주로 10μm 이상의 조대입자이며 일반적으로 집진율은 50~70% 정도이다.

★★★ 4. 관성력집진장치의 집진효율

★★ ① 충돌식은 일반적으로 충돌직전의 처리가스 속도가 크고, 처리후 출구 가스속도는 느

릴수록 미립자의 제거가 쉽다.

★★ ② 반전식은 기류의 방향 전환시 곡률반경이 작을수록, 방향전환 횟수는 많을수록, 압력손실은 커지나 집진효율은 좋다.

★★ ③ 호퍼(DUST BOX)는 적당한 모양과 크기가 필요하다.

Question 12

관성력 집진장치의 일반적인 효율 향상조건에 관한 설명으로 옳지 않은 것은?

㉮ 기류의 방향전환 시 곡률반경이 작을수록 미립자의 포집이 가능하다.
㉯ 기류의 방향전환 각도가 작고, 방향전환 횟수가 많을수록 압력손실은 커지지만 집진은 잘 된다.
㉰ 충돌직전의 처리가스의 속도는 작고, 처리 후 출구 가스속도는 클수록 미립자의 제거가 쉽다.
㉱ 적당한 모양과 크기의 dust box가 필요하다.

풀이 ㉰ 충돌직전의 처리가스의 속도는 크고, 처리 후 출구 가스속도는 느릴수록 미립자의 제거가 쉽다.

03 원심력 집진장치

1. 원리

함진가스에 선회운동을 작용시켜 입자에 작용하는 원심력을 이용해 분리 포집하는 장치이다.

2. 개요

① 취급입자 : 3~100μm
② 압력손실
  ㉠ 축류식의 직진형 : 40~50mmH$_2$O
  ㉡ 축류식의 반전형 : 80~100mmH$_2$O
  ㉢ 접선유입식 : 100mmH$_2$O 전후
③ 집진효율 : 70~95%

★★ 3. 원심력 집진장치의 특징

★★ ① 고농도는 병렬로 연결하고, 응집성이 강한 먼지는 직렬연결(단수 3단 한계)하여 주로 사용한다
② 일반적으로 축류식 직진형, 접선 유입식, 소구경 multiclone에서 blow down 효과를 얻을 수 있다.
③ 함진가스의 온도가 높아지면 집진율은 저하되나 그 영향은 크지 않다.
④ 가동부(moving part)가 없는 것이 기계적 특징이다.
⑤ 원심력과 중력이 동시에 작용하며 중력은 보다 큰 입자의 먼지에 작용한다.
⑥ 유입속도 변화없이 입구면적이 증가하면 압력손실은 증가하고 효율은 감소한다.

★★ 4. 축류식 사이클론의 특징

① 처리가스를 축방향으로 유입하는 것으로 반전형과 직진형이 있으며 입구가스 속도는 12m/sec 전후이다.
② 반전형과 직진형 중 반전형이 많이 사용된다.
③ 직진형의 압력손실은 40~50mmH$_2$O로 작은 편이다.
④ 반전형은 입구유속이 10m/sec 전후이며, 접선유입식에 비해 압력손실이 적다.
⑤ 반전형은 blow down이 필요없고, 함진가스 입구의 안내익(aerodynamic vane)에 따라 집진효율이 달라진다.
⑥ 축류식 사이클론 중 반전형의 압력손실은 80~100mmH$_2$O이며, 집진효율은 일반적으로 접선유입식과 큰 차이는 없는 편이다.
⑦ 반전형은 가스의 균일한 분배가 용이하다.

📢 Question 13

축류식 원심력 집진장치 중 반전형에 관한 설명으로 옳지 않은 것은?

㉮ 입구가스 속도가 50m/sec 전후이다.
㉯ 접선유입식에 비해 압력손실이 적은 편이다.
㉰ 가스의 균일한 분배가 용이한 잇점이 있다.
㉱ 함진가스 입구의 안내익에 따라 집진효율이 달라진다.

풀이 ㉮ 입구가스 속도가 10m/sec이다.

5. 접선유입식 사이클론

① 집진효율의 변화가 비교적 작다.
② 일반적으로 유입 가스속도는 7~15m/sec 정도이다.
③ 입구모양에 따라 나선형과 와류형으로 분류된다.
④ 압력손실은 100mmH₂O 전후이다.

> **Question 14**
>
> 다음 중 접선유입식 원심력 집진장치의 특징을 옳게 설명한 것은?
> ㉮ 장치의 압력손실은 500mmH₂O이다.
> ㉯ 장치 입구의 가스속도는 18~20cm/s이다.
> ㉰ 입구모양에 따라 나선형과 와류형으로 분류된다.
> ㉱ 도익선회식이라고도 하며, 반전형과 직진형이 있다.
>
> **풀이** ㉮ 장치의 압력손실은 100mmH₂O이다.
> ㉯ 장치 입구의 가스속도는 7~15m/s 이다.
> ㉱ 접선유입식은 나선형과 와류형이 있다.

★★ 6. 멀티사이클론(multicyclone)의 특징

① 기본유속은 8~13m/sec 정도이고 3~100μm 까지의 입자를 포집하는데 사용된다.
② 집진율은 70~95% 정도로 접착성 있는 먼지 등으로 인하여 막히기 쉽다.
③ 대부분 축류식 반전형이다.
④ 대단위 사이클론의 내경이 작을수록 작은 입자가 포집되고 blow down 방식은 쓰지 않는다.
⑤ 멀티사이클론은 처리가스량이 많고 높은 집진율을 필요로 하는 경우에 사용한다.
⑥ 멀티사이클론은 작은 몸통경의 사이클론 여러개를 병렬로 연결하여 사용한다.

7. Blow Down(블로우 다운) 방식

★★ (1) Blow Down(블로우 다운) 효과의 정의

사이클론의 집진효율을 높이는 방법으로 하부의 더스트박스(Dust Box)에서 처리가스량 5~10%를 처리하여 사이클론 내의 난류현상을 억제시킴으로 먼지의 재비산을 막아주며, 장치 내벽 부착으로 일어나는 먼지의 축적도 방지하는 효과이다.

★★ (2) Blow Down(블로우 다운) 방식의 특징

① 원추하부에 가교현상을 억제시켜 재비산을 방지한다.
★★ ② 더스트박스에서 유입유량의 5~10%에 상당하는 가스를 추출시켜 집진장치의 기능을 향상시킨다.
③ 유효원심력을 증가시킨다.
④ 원추하부 또는 출구에 먼지가 퇴적되는 것을 방지한다.

★★ 8. 사이클론의 집진효율의 성능인자

① 함진가스의 선회속도가 클수록 입자의 분리속도는 커진다.
② 내경(배출내관)이 작을수록 입경이 작은 먼지를 제거할 수 있다.
③ 입구유속이 빠를수록 효율이 높은 반면에 압력손실은 높아진다.
④ 몸체직경 및 출구직경이 커지면 효율은 감소한다.
⑤ 입자의 입경과 밀도가 클수록 효율은 증가한다.
⑥ 입자의 입경이 클수록 입자의 분리속도는 커진다.
⑦ Blow down 효과를 적용하여 효율을 증대시킨다.
⑧ Dust box의 모양과 크기도 효율에 영향을 미친다.

📢 Question 15

원심력 집진장치의 성능인자에 관한 설명으로 가장 거리가 먼 것은?

㉮ 블로우 다운(blow-down) 효과를 적용하면 효율이 높아진다.
㉯ 내경(배출내관)이 작을수록 입경이 작은 먼지를 제거할 수 있다.
㉰ 한계(입구)유속 내에서는 유속이 빠를수록 효율이 감소한다.
㉱ 고농도는 병렬로 연결하고, 응집성이 강한 먼지는 직렬 연결(단수 3단 한계)하여 주로 사용한다.

풀이 ㉰ 한계(입구)유속 내에서는 유속이 빠를수록 효율이 증가한다.

9. 사이클론(Cyclone)의 운전 중 압력손실이 감소하고 집진율이 저하되는 원인

① VANE의 마모
② 공기가 새어 들어오기 때문
③ 마찰 또는 부식에 의해서 구멍이 뚫렸기 때문(내통이 마모되어 구멍이 뚫려 함진가스가 by pass 될 경우)
④ 외통의 접합부 불량으로 함진가스가 누출될 때

10. 사이클론의 집진율 향상조건

① 미세먼지의 재비산을 방지하기 위해 Skimmer와 turning vane 등을 설치한다.
② 배기관경(내경)이 작을수록 입경이 작은 먼지를 제거할 수 있다.
③ 먼지폐색(dust plugging) 효과를 방지하기 위해 축류집진장치를 사용한다.
④ 고용량 가스를 비교적 높은 효율로 처리해야 할 경우 소구경 Cyclone을 여러개 조합시킨 multicyclone을 사용한다.

11. 분리계수(Separation factor ; S)

★★★ (1) $S = \dfrac{\text{원심력의 분리속도}}{\text{중력의 침강속도}} = \dfrac{\dfrac{d^2(\rho_s-\rho)V^2}{18\mu R}}{\dfrac{d^2(\rho_s-\rho)g}{18\mu}} = \dfrac{V^2}{Rg}$

S : 분리계수 d : 입자의 직경(m) ρ_s : 입자의 밀도(kg/m^3)
ρ : 가스의 밀도(kg/m^3) V : 유속(m/sec) R : 반경(m) μ : 점성도(kg/m·sec)

Question 16

사이클론 원추하부의 반경이 25cm, 배출가스의 접선속도가 6m/sec일 때 분리계수는?

풀이 분리계수(S) = $\dfrac{V^2}{R \cdot g} = \dfrac{(6m/sec)^2}{0.25m \times 9.8m/sec^2}$ = 14.69

(2) 특징

① 분리계수는 중력가속도에 반비례한다.
② 분리계수는 입자에 작용되는 원심력과 중력과의 관계이다.
③ 사이클론 원추하부의 반경이 클수록 분리계수는 작아진다.
④ 원심력이 클수록 분리계수가 커지며, 집진율도 증가한다.

Question 17

원심력 집진장치 중 분리계수(separation factor, S)에 관한 내용으로 틀린 것은 어느 것인가?

㉮ 분리계수는 중력가속도에 반비례한다.
㉯ 분리계수는 입자에 작용되는 원심력과 중력과의 관계이다.
㉰ 사이클론 원추하부의 반경이 클수록 분리계수는 커진다.
㉱ 원심력이 클수록 분리계수는 커지며 집진율도 증가한다.

풀이 ㉰ 사이클론 원추하부의 반경이 클수록 분리계수는 작아진다.

12. 분리입자경

★★ (1) 100% 제거입경

$$dp = \sqrt{\frac{9 \cdot \mu \cdot B}{\pi \cdot V \cdot (\rho_s - \rho) \cdot N}} \times 10^6 (\mu m)$$

$\begin{bmatrix} dp : 100\% \text{ 제거입경} = \text{임계입경} = \text{한계입경} = \text{최소제거입경} \\ \mu : \text{점성도}(kg/m \cdot sec) \quad B : \text{폭}(m) \quad V : \text{유속}(m/sec) \\ \rho_s : \text{입자의 밀도}(kg/m^3) \quad \rho : \text{가스의 밀도}(kg/m^3) \quad N : \text{회전수} \end{bmatrix}$

(2) 50% 제거입경

$$d_{p50} = \sqrt{\frac{9 \cdot \mu \cdot B}{2 \cdot \pi \cdot V \cdot (\rho_s - \rho) \cdot N}} \times 10^6 (\mu m)$$

$\begin{bmatrix} d_{p50} : 50\% \text{ 제거입경} = \text{절단입경(cut size)} \quad \mu : \text{점성도}(kg/m \cdot sec) \\ B : \text{폭}(m) \quad V : \text{유속}(m/sec) \quad \rho_s : \text{입자의 밀도}(kg/m^3) \\ \rho : \text{가스의 밀도}(kg/m^3) \quad N : \text{회전수} \end{bmatrix}$

Question 18

유입구 폭 15cm, 유효선회류수 6인 원심력집진기에 함진가스(함진가스의 유입가스 속도 25m/s, 먼지입자의 밀도 2.0g/cm³, 함진가스의 점도 2×10⁻⁵kg/m·s)를 처리할 때 함진가스에 포함된 입자의 절단입경은(μm)은? (단, 함진가스 밀도는 1.2kg/m³)

풀이

$$d_{p_{50}} = \sqrt{\frac{9 \cdot \mu \cdot B}{2 \cdot \pi \cdot V \cdot (\rho_s - \rho) \cdot N}} \times 10^6 (\mu m)$$

$$= \sqrt{\frac{9 \times 2 \times 10^{-5} kg/m \cdot sec \times 0.15 m}{2 \times \pi \times 25 m/sec \times (2,000-1.2) kg/m^3 \times 6}} \times 10^6 (\mu m) = 3.79 \mu m$$

(3) 부분집진율

$$\eta = \frac{d^2 \cdot \pi \cdot V \cdot (\rho_s - \rho) \cdot N}{9 \cdot \mu \cdot B} \times 100 (\%)$$

Question 19

어떤 공장의 연마실에서 발생되는 배출가스의 먼지제거에 cyclone이 사용되고 있다. 유입폭이 30 cm, 유효회전수 6회, 입구유입속도 8m/s로 가동중인 공정조건에서 10μm 먼지입자의 부분집진효율은 몇 %인가? (단, 먼지의 밀도는 1.6g/cm³, 가스 점도는 1.75×10⁻⁴g/cm·sec, 가스밀도는 고려하지 않음)

풀이

$$\eta = \frac{d^2 \cdot (\rho_s - \rho) \cdot \pi \cdot V \cdot N}{9 \cdot \mu \cdot B} \times 100 (\%)$$

$$= \frac{(10 \times 10^{-6} m)^2 \times 1,600 kg/m^3 \times \pi \times 8 m/sec \times 6}{9 \times 1.75 \times 10^{-5} kg/m \cdot sec \times 0.3 m} \times 100 (\%) = 51.06\%$$

TIP

① $g/cm^3 \xrightarrow{\times 10^3} kg/m^3$

② ρ(가스의 밀도)는 1.3kg/m³이므로 입자의 밀도에 비해 너무 작으므로 무시한다.

③ $g/cm \cdot sec \xrightarrow{\times 10^{-1}} kg/m \cdot sec$

★★ 13. 사이클론에서 외부선회류의 회전수

$$N = \frac{1}{H_A} \times \left(H_B + \frac{H_C}{2} \right)$$

- N : 회전수
- H_B : 원통부 높이(m)
- H_A : 유입구 높이(m)
- H_C : 원추부 높이(m)

Question 20

사이클론의 원추부 높이가 1.4m, 유입구 높이가 20cm, 원통부 높이가 1.4m 일 때 외부선회류의 회전수를 계산하시오.

풀이 $N = \dfrac{1}{H_A} \times \left(H_B + \dfrac{H_C}{2} \right) = \dfrac{1}{0.2m} \times \left(1.4m + \dfrac{1.4m}{2} \right) = 10.5회 = 11회$

04 흡수장치 및 세정집진장치

1. 흡수이론

(1) 흡수이론의 특징

① 흡수는 기체상태의 오염물질을 흡수액을 사용하여 흡수제거시키는 것으로 세정이라고도 한다.
② 흡수조작에 사용되는 흡수제는 물 또는 수용액을 주로 사용한다.
③ 배출가스의 용매에 대한 용해도가 작은 기체인 경우에 헨리의 법칙이 잘 적용된다.
④ 헨리법칙에서 특정가스의 분압이 높을수록 용해가스의 액중농도가 비례하여 증가한다.
⑤ 용해에 따른 복잡한 화학반응이 일어날 경우에는 성립하지 않는다.
⑥ 두 상(Phase)이 접할 때 두 상이 접한 경계면의 양측에 경막이 존재한다는 가정을 Lewis-Whitman의 이중경막설이라 한다.
⑦ 확산을 일으키는 추진력은 두 상(Phase)에서의 확산물질의 농도차 또는 분압차가 주 원인이다.
⑧ 주어진 온도, 압력에서 평형상태가 되면 물질의 이동은 정지한다.
⑨ 흡수제가 화학적으로 유해가스의 성분과 비슷할 때 일반적으로 용해도가 크다.

Question 21

유해가스의 흡수이론에 관한 설명으로 옳지 않은 것은?

㉮ 흡수는 기체상태의 오염물질을 흡수액을 사용하여 흡수 제거시키는 것으로 세정이라고도 한다.
㉯ 흡수조작에 사용되는 흡수제는 물 또는 수용액을 주로 사용한다.
㉰ 배출가스의 용매에 대한 용해도가 큰 기체인 경우에 헨리의 법칙이 적용될 수 있다.
㉱ 용해에 따른 복잡한 화학반응이 일어날 경우에는 성립하지 않는다.

풀이 ㉰ 배출가스의 용매에 대한 용해도가 작은 기체인 경우에 헨리의 법칙이 적용될 수 있다.

(2) 액체용량계수

흡수탑에서 기액의 접촉면적을 크게 하는 것이 필요한데 실제단위체적당 유효접촉면적 $a(m^2/m^3)$을 구하기가 쉽지 않으므로 액상 총괄물질이동계수 K_L과의 곱인 $K_L \cdot a$를 계수로 사용하며 이 계수를 액체용량계수라 한다.

Question 22

가스흡수에서는 기-액의 접촉면적을 크게 하는 것이 필요한데 실제 유효접촉면적 $a(m^2/m^3)$의 참 값을 구하기가 쉽지 않기 때문에 액상 총괄물질이동계수 K_L과의 곱인 $K_L \cdot a$를 계수로 사용한다. 이 계수를 무엇이라 하는가?

㉮ 액체전달계수　　㉯ 액체유효면적계수　　㉰ 액체용량계수　　㉱ 액체분배계수

풀이 ㉰ 액체용량계수에 대한 설명이다.

(3) 총괄물질이동계수와 개별물질이동계수와의 관계

$$\frac{1}{K_G} = \frac{1}{k_g} + \frac{H}{k_L}$$

K_G : 기상총괄물질이동계수　　k_L : 액상물질이동계수
k_g : 기상물질이동계수　　　　 H : 헨리정수

Question 23

헨리법칙을 이용하여 유도된 총괄물질이동계수와 개별물질 이동계수와의 관계를 옳게 나타낸 식은?
(단, K_G : 기상총괄물질이동계수, k_1 : 액상물질이동계수, k_g : 기상물질이동계수, H : 헨리정수)

㉮ $\dfrac{1}{K_G} = \dfrac{k_g}{H} + \dfrac{k_g}{k_1}$ ㉯ $\dfrac{1}{K_G} = \dfrac{1}{k_1} + \dfrac{k_g}{H}$

㉰ $\dfrac{1}{K_G} = \dfrac{1}{k_1} + \dfrac{k_g}{H}$ ㉱ $\dfrac{1}{K_G} = \dfrac{1}{k_g} + \dfrac{H}{k_1}$

정답 ㉱

(4) 흡수장치의 종류

① 기체분산형 흡수장치
　㉠ 액측저항이 큰 경우에 이용
　㉡ 용해도가 낮은 가스에 적용
★★ ㉢ 다공판탑, 종탑, 기포탑 등이 있다.

② 액분산형 흡수장치
　㉠ 가스측 저항이 큰 경우 이용
　㉡ 용해도가 높은 가스에 석용
★★ ㉢ 충전탑(흡수탑), 분무탑(살수탑), 벤츄리스크러버 등이 있다.

Question 24

다음 중 기체분산형 흡수장치로만 구성된 것은 어느 것인가?

㉮ 단탑, 기포탑　㉯ 기포탑, 충전탑　㉰ 분무탑, 단탑　㉱ 분무탑, 충전탑

정답 ㉮

★★★ **(5) 흡수액 선정시 고려할 사항**

★★ ① 용해도가 높아야 한다.
★★ ② 휘발성이 낮아야 한다.
★★ ③ 흡수액의 점성은 비교적 작아야 한다.
　　④ 용매의 화학적 성질과 비슷해야 한다.
　　⑤ 부식성 및 독성이 없어야 한다.

⑥ 어는점이 낮아야 한다.
⑦ 비점이 높아야 한다.
⑧ 시장성이 좋고 값이 싸야 한다.

Question 25

흡수탑에 적용되는 흡수액 선정시 고려할 사항으로 가장 거리가 먼 것은?

㉮ 비표면적이 커야 한다.　　㉯ 용해도가 커야 한다.
㉰ 비점은 높아야 한다.　　㉱ 점도는 낮아야 한다.

풀이 ㉮번은 충전재의 구비조건에 해당된다.

★★ (6) 헨리법칙

① 헨리법칙
  ★★ ㉠ 적용기체는 난용성 기체로 N_2, NO, NO_2, O_2, H_2, CO 등이 있다.
  ★★ ㉡ 비적용기체는 수용성 기체로 HCl, SO_2, NH_3, HF 등이 있다.
  ㉢ 비교적 용해도가 적은 기체에 적용된다.
  ★★ ㉣ 헨리상수는 온도에 따라 변하며, 온도는 높을수록, 용해도는 적을수록 커진다.

Question 26

헨리의 법칙에 관한 설명으로 옳지 않은 것은?

㉮ 비교적 용해도가 적은 기체에 적용된다.
㉯ 헨리상수의 단위는 $atm/m^3 \cdot kmol$ 이다.
㉰ 일정온도에서 특정 유해가스 압력은 용해가스의 액중농도에 비례한다는 법칙이다.
㉱ 헨리상수는 온도에 따라 변하며, 온도는 높을수록 용해도는 적을수록 커진다.

풀이 ㉯ 헨리상수의 단위는 $atm \cdot m^3/kmol$ 이다.

★★ ② $P = H \cdot C$

　　　　P : 분압(atm)　　H : 헨리상수($atm \cdot m^3/kmol$)　　C : 농도($kmol/m^3$)

TIP

① $H(atm \cdot m^3/kmol) = \dfrac{PmmHg/760}{C(kmol/m^3)}$

② $H(atm \cdot m^3/kmol) = \dfrac{PmmH_2O/10,332}{C(kmol/m^3)}$

③ $C(kmol/m^3) = \dfrac{PmmHg/760}{H(atm \cdot m^3/kmol)}$

④ $P \propto C$의 비례관계 이용

$P_1 mmHg : C_1 kmol/m^3 = P_2 mmH_2O/13.6 : C_2 kmol/m^3$

Question 27

어떤 유해가스와 물이 일정온도에서 평형상태에 있다면 헨리상수($atm \cdot m^3/kmol$)는? (단, 기상의 유해가스 분압이 789mmH$_2$O일 때 수중유해가스의 농도가 3.5kmol/m^{3}이며, 전압은 1atm이다.)

풀이 $P = H \times C$

따라서 $H(atm \cdot m^3/kmol) = \dfrac{P}{C} = \dfrac{789mmH_2O/10,332}{3.5kmol/m^3} = 0.02 atm \cdot m^3/kmol$

TIP

용해도 순서

$HCl > HF > NH_3 > SO_2 > Cl_2 > O_2$

2. 세정집진장치

★★ (1) 세정집진장치의 특징

확산력과 관성력을 주로 이용하는 집진장치이다.

- 장점
① 처리가스량에 대한 고정된 면적이 작다.
② 가동부분이 작고 조작이 간단하다.
③ 처리가스의 흡수, 증습 등의 조작이 가능하다.
④ 협소한 장소에 설치가능하다.
★★ ⑤ 입자상 물질과 가스상 물질을 동시에 제거가능하다.
⑥ 처리가스의 가습기능 활용가능하다.
★★ ⑦ 고온가스 및 연소성 및 폭발성 가스의 처리가 가능하다.

★★ ⑧ 제진된 먼지의 재비산 염려가 없다.
⑨ 친수성 더스트의 집진효과가 높다.
★★ ⑩ 점착성 및 조해성 먼지의 처리가 가능하다.

• 단점
★★ ① 소수성 먼지의 집진효과가 낮다.
② 처리가스의 확산이 어렵다.
★★ ③ 구조와 조작이 간단하나 압력손실과 동력소비량이 크다.
④ 세정수가 다량 필요하다.
⑤ 한냉기에는 동결방지에 유의해야 한다.
⑥ 굴뚝으로 최종 배출되기 전에 기액 분리기를 사용해 제거해 주어야 한다.

Question 28

다음 중 확산력과 관성력을 주로 이용하는 집진장치로 가장 적합한 것은?
㉮ 중력집진장치　　㉯ 전기집진장치　　㉰ 원심력집진장치　　㉱ 세정집진장치

 정답　㉱

Question 29

세정집진장치의 특성으로 거리가 먼 것은?
㉮ 소수성 입자의 집진율이 낮은 편이다.
㉯ 점착성 및 조해성 분진의 처리가 가능하다.
㉰ 연소성 및 폭발성 가스의 처리가 가능하다.
㉱ 처리된 가스의 확산이 용이하다.

 풀이　㉱ 처리된 가스의 확산이 용이하지 못하다.

(2) 세정집진장치의 종류

★★ ① 유수식 세정집진장치
　　㉠ 가스선회형
　　㉡ 임펠라형
　　㉢ 로타형
　　㉣ 분수형

② 가압수식 세정집진장치
   ㉠ 벤츄리스크러버(Venturi Scrubber)
   ㉡ 분무탑(Spray Tower)
   ㉢ 제트스크러버(Jet Scrubber)
   ㉣ 충전탑
③ 회전식 세정집진장치
   ㉠ 타이젠와셔
   ㉡ 임펄스 스크러버

Question 30

유수식 세정집진장치의 종류로 틀린 것은 어느 것인가?

㉮ 가스분수형 ㉯ 스크루형 ㉰ 임펠라형 ㉱ 로타형

정답 ㉯

★★ ④ 회전식 세정집진장치의 물방울직경 계산식

$$dw(\mu m) = \frac{200}{N \times \sqrt{R}} \times 10^4$$

[dw : 물방울직경(μm)   N : 회전수(rpm)   R : 반경(Cm)]

Question 31

송풍기 회전판 회전에 의하여 집진장치에 공급되는 세정액이 미립자로 만들어져 집진하는 원리를 가진 회전식 세정집진장치에서 직경이 10cm인 회전판이 8,600rpm으로 회전할 때 형성되는 물방울의 직경은 몇 μm인가?

풀이 $d_w(\mu m) = \frac{200}{N \times \sqrt{R}} \times 10^4 = \frac{200}{8,600 rmp \times \sqrt{5cm}} \times 10^4 = 104.0 \mu m$

★★ (3) 세정집진장치에서 입자의 액적간의 충돌횟수가 많을수록 집진효율은 증가하게 되는 관성충돌계수(효과)를 크게 하기 위한 조건

★★ ① 먼지의 입경이 커야한다.
② 먼지의 밀도가 커야한다.
③ 처리가스의 점도가 낮아야 한다.
④ 처리가스와 액적의 상대속도가 커야한다.
★★ ⑤ 액적의 직경이 작아야 한다.
⑥ 처리가스 온도가 낮아야 한다.

Question 32

관성충돌계수(효과)를 크게 하기 위한 입자배출원의 특성 또는 운전조건으로 틀린 것은 어느 것인가?

㉮ 액적의 직경이 커야 한다.
㉯ 먼지의 밀도가 커야 한다.
㉰ 처리가스와 액적의 상대속도가 커야 한다.
㉱ 처리가스의 점도가 낮아야 한다.

풀이 ㉮ 액적의 직경이 작아야 한다.

★★ (4) 세정집진장치의 입자포집원리

① 미립자 확산에 의하여 액적과의 접촉을 쉽게한다.
★★ ② 배기의 증습(습도의 증가)에 의하여 입자가 서로 응집한다.
③ 입자를 핵으로 한 증기의 응결에 따라 응집성을 촉진시킨다.
④ 액적에 입자가 충돌하여 부착한다.
⑤ 액막과 기포에 입자가 접촉하여 부착된다.

Question 33

세정식 집진장치의 원리에 대한 내용으로 틀린 것은 어느 것인가?

㉮ 배기가스를 증습하면 입자의 응집이 낮아진다.
㉯ 액적에 입자가 충돌하여 부착된다.
㉰ 미립자가 확산되면 액적과의 접촉이 증가된다.
㉱ 액막과 기포에 입자가 접촉하여 부착된다.

풀이 ㉮ 배기가스를 증습하면 입자의 응집이 증가한다.

> **TIP**
>
> **응집(Coagulation)**
> ① 응집은 먼지입자들이 서로 접촉하여 달라붙거나 합체하는 현상을 의미한다.
> ② 브라운 운동이 대기의 온도와 관련될 때 일어나는 응집현상을 열응집(Thermal Coagulation)이라 한다.
> ③ 중력응집(Gravitational Coagulation)은 크기가 다른 입자들의 침전속도가 다르기 때문에 일어나는 응집으로 강우에 큰 영향을 미친다.

3. 충전탑(흡수탑)

원통형의 탑내에 여러 가지 충전재를 넣어 함진가스(가스유입속도 1m/sec 이하)와 세정액을 접촉시켜 세정하는 장치이다.

★★ ① 액분산형 흡수장치이다.
★★ ② [충전탑의 직경/충전제 직경] = 8~10일 때 편류현상이 최소가 된다.
★★ ③ 범람점에서의 가스속도는 충전제를 불규칙하게 쌓았을 때 보다 규칙적으로 쌓았을 때가 더 크다.
★★ ④ 충전제를 규칙적으로 충전하면 불규칙적으로 충전하는 방법에 비하여 압력손실이 적어 더 많은 흡수제를 흘릴 수 있다.
★★ ⑤ 가스의 유속이 증가하면 충전층내의 액의 보유량이 증가하여 탑위로 넘치게 되므로 가스유속은 범람(flooding)속도의 40~70%가 적당하다.
★★ ⑥ 효율을 증대시키기 위해서는 가스의 용해도를 증가시키고, 액가스비를 증가시켜야 한다.
⑦ 흡수액에 고형물이 함유되어 있는 경우에는 침전물이 생기는 방해를 받는다.
⑧ 일정량의 흡수액을 흘릴때 유해가스의 압력손실은 가스속도의 대수값에 비례하며, 가스속도 증가시 나타나는 첫 번째 파괴점을 부하점(Loading point)이라 한다.
⑨ 1~5μm 크기의 입자를 제거할 경우 장치내 처리가스의 속도는 대략 25cm/sec 이하가 되어야 한다.

• 장점
① 급수량이 적당하면 효과가 확실하고 가스량이 변해도 적응성이 있다.
② 처리가스의 압력손실이 그다지 크지 않다.
③ 포말성 흡수액에 적응성이 좋다.
★★ ④ 가스의 속도는 0.5~1.5m/sec이다.
★★ ⑤ 액가스비는 2~3L/m^3이다.
★★ ⑥ 압력손실은 100~250mmH_2O이다.

• 단점
① 가스 유속이 크면 플로딩 상태가 되고 흡수시 고형물(침전물)이 생기면 공극이 막힐 우려가 있다.
★★ ② 희석열이 심한 곳에는 부적합하다.
★★ ③ 온도의 변화가 큰 곳에서는 적응성이 낮다.
④ 충전물의 충전방식을 불규칙적으로 했을 때 접촉면적은 크나 압력손실도 커진다.

> **TIP**
>
> ① 홀드업(Hold up) : 흡수액을 통과시키면서 유량속도를 증가할 경우 충전층 내의 액보유량이 증가하게 되는 상태
> ② 로딩(Loading) : Hold up 상태에서 계속해서 유속을 증가하면 액의 Hold up이 급격히 증가하게 되는 상태
> ③ 플로딩(Flooding) : Loading point를 초과하여 유속을 계속적으로 증가하면 Hold up이 급격히 증가하고 가스가 액중으로 분산 범람하게 되는 상태

> **TIP**
>
> **편류현상(편도현상)**
> 편도현상은 Channeling현상이라고도 하며, 충전탑에서 흡수액의 최소 유량으로는 충전물 표면에 충분히 분배시키기에는 액의 양이 부족해 한쪽으로만 흐르게 되는 현상을 말한다.
> **(방지책)**
> ① 균일하고 동일한 충전재 사용
> ② 높은 공극율을 가지는 충전재 사용
> ③ 저항이 적은 충전재 사용

Question 34

압력손실은 100~200mmH₂O 정도이고, 가스량 변동에도 비교적 적응성이 있으며, 흡수액에 고형분이 함유되어 있는 경우에는 흡수에 의해 침전물이 생기는 등 방해를 받는 세정장치로 가장 적합한 것은?

㉮ 다공판탑 ㉯ 제트스크러버
㉰ 충전탑 ㉱ 벤츄리스크러버

정답 ㉰

Question 35

다음 중 충전탑의 액가스비의 범위로 알맞은 것은 어느 것인가?

㉮ 0.5~1.5L/m³ ㉯ 2~3L/m³ ㉰ 10~20L/m³ ㉱ 20~30L/m³

정답 ㉯

Question 36

유해가스 처리장치 중 충전탑(packed tower)에 대한 내용으로 틀린 것은 어느 것인가?

㉮ 충전은 충전물을 채운 탑내에서 액을 위에서 밑으로 흐르게 하고 가스는 아래에서 분사시켜 접촉시키는 기체분산형 흡수장치이다.
㉯ 충전제를 불규칙적으로 충전하는 방법은 접촉면적이 크고 압력손실도 크다.
㉰ 범람점에서의 가스속도는 충전제를 불규칙하게 쌓았을 때보다 규칙적으로 쌓았을 때가 더 크다.
㉱ 일반적으로 충전탑의 직경(D)과 충전제 직경(d)의 비 D/d가 8~10일 때 편류현상이 최소가 된다.

풀이 ㉮ 충전탑은 충전물을 채운 탑내에서 액을 위에서 밑으로 흐르게 하고 가스는 아래에서 분사시켜 접촉시키는 액분산형 흡수장치이다.

★★ (1) 충전탑에서 충전재의 요구되는 성질

① 충전물의 내열성과 내식성이 커야한다. (예를 들면 내식성이 큰 플라스틱과 같은 가벼운 물질)
② 액가스(액체와 가스)의 분포를 균일하게 유지할 수 있어야 한다.
★★ ③ 액의 홀드업(Hold-up)이 작아야 한다.
④ 단위면적에 대한 표면적이 커야한다.
★★ ⑤ 압력손실이 적고 충전밀도가 커야한다.
★★ ⑥ 공극률이 커야한다.

⑦ 충전제는 화학적으로 불활성이어야 한다.

> **Question 37**
>
> 충전탑(packed tower) 내 충전물이 갖추어야 할 조건으로 틀린 것은 어느 것인가?
>
> ㉮ 단위체적당 넓은 표면적을 가질 것
> ㉯ 압력손실이 작을 것
> ㉰ 충전밀도가 작을 것
> ㉱ 공극률이 클 것
>
> **풀이** ㉰ 충전밀도가 클 것

(2) 충전탑에서 충전물의 일반적인 사항

① 단위체적당 넓은 표면적
② 최소의 무게
③ 충분한 화학적 저항
④ 낮은 액체 잔류성

★★(3) M농도(mol/L) 및 pH, pOH 구하기

〈조건〉
Q : 가스량(m^3/hr)
C : 오염가스농도(ppm = mL/Sm^3)
η : 제거효율(%), 제거시간(hr), 순환수(L)

① $mol/L = \dfrac{\text{가스량}(m^3/hr) \times \text{농도}(mL/Sm^3) \times 10^{-3} L/mL \times \dfrac{\text{제거율}(\%)}{100} \times \text{제거시간}(hr) \times \dfrac{1 mol}{22.4 L}}{\text{순환수}(L)}$

② $pH = -\log[H^+]$
③ $pOH = 14 - pH$

Question 38

불화수소농도가 250ppm인 굴뚝 배출가스량 1,000Sm³/h를 10m³의 물로 10시간 순환 세정할 경우, 순환수의 pH는? (단, 불화수소는 60%가 전리하고, 불소의 원자량은 19)

풀이

① HF의 mol/L = $\dfrac{\text{가스량}(m^3/hr) \times \text{농도}(mL/Sm^3) \times 10^{-3}L/mL \times \dfrac{\text{제거율}(\%)}{100} \times \text{제거시간}(hr) \times \dfrac{1 mol}{22.4L}}{\text{순환수}(L)}$

$= \dfrac{1,000 Sm^3/hr \times 250 mL/Sm^3 \times 10^{-3} L/mL \times 0.60 \times 10 hr \times \dfrac{1 mol}{22.4L}}{10 \times 10^3 L} = 6.696 \times 10^{-3} mol/L$

② $[H^+] = 6.696 \times 10^{-3} mol/L$

③ $pH = -\log[H^+] = -\log(6.696 \times 10^{-3} mol/L) = 2.17$

(4) 이론적인 흡수탑의 충전높이

★★ $H = HOG \times NOG = \ln\left(\dfrac{1}{1-\dfrac{\eta(\%)}{100}}\right) \times HOG$

$\begin{bmatrix} H : \text{충전탑(흡수탑)의 높이}(m) \\ HOG : \text{총괄이동단위높이}(m) \end{bmatrix}$ $\quad NOG : \text{총괄이동단위수}$
$\quad \eta : \text{처리효율}(\%)$

$NOG = \ln\left(\dfrac{1}{1-\dfrac{\eta(\%)}{100}}\right)$

Question 39

기상총괄이동단위 높이 HOG가 1.6m인 충전탑을 사용하여 배기가스 중의 HF를 NaOH수용액에 흡수 제거하려 한다. 제거율(흡수효율)이 97%가 되기 위한 이론적 충전높이(m)는?

풀이 $H = NOG \times HOG$

$= \ln\left(\dfrac{1}{1-\dfrac{\eta(\%)}{100}}\right) \times HOG = \ln\left(\dfrac{1}{1-0.97}\right) \times 1.6m = 5.61m$

> **Question 40**
>
> 가스중의 불화수소를 수산화나트륨 용액과 향류로 접촉시켜 90% 흡수시키는 충전탑의 흡수율을 99.9%로 향상시키고자 한다. 이때 충전층의 높이는? (단, 흡수액상의 불화수소의 평형분압은 0으로 가정함)
>
> **풀이** 충전탑높이(H) = 총괄이동단위수(NOG)×총괄이동단위높이(HOG)
> 따라서 충전탑높이(H)는 총괄이동단위수(NOG)에 비례한다.
>
> $$NOG = \ln\left(\frac{1}{1-\frac{\eta(\%)}{100}}\right) \text{이므로 } \frac{NOG_2}{NOG_1} = \frac{\ln\left(\frac{1}{1-0.999}\right)}{\ln\left(\frac{1}{1-0.90}\right)} = 3\text{배}$$
>
> 따라서 충전탑의 높이는 3배 증가한다.

★★ 4. 분무탑(Spray Tower)

다수의 분사노즐을 사용하여 세정액을 미립화시켜 오염가스 중에 분무하는 방식이다.

★★ ① 구조가 간단하고 압력손실이 2~20mmH₂O 정도로 비교적 작다.
② 충전탑에 비하여 설치비나 유지비가 싸다.
★ ③ 분무노즐이 막히기 쉽고 물방울을 미세하게 만들기 위하여 많은 동력이 필요하다.
④ 흡수가 잘되는 기체에 효과적이다.
★★ ⑤ 편류가 발생되기 쉽고 분무액과 가스를 균일하게 접촉시키는 것이 어렵다.
⑥ 침전물이 생기는 경우에 적합하며 충전탑보다 설치비 및 유지비가 적게든다.
⑦ 충진제를 쓰지 않기 때문에 압력손실의 증가는 없다.
⑧ 유해가스속도가 느릴 경우를 제외하고는 비말동반의 위험이 있다.
⑨ 액분산형 흡수장치에 해당된다.
★ ⑩ 분무탑은 가스의 흐름이 균일하지 못하고, 분무액과 가스의 접촉이 균일하지 못하여 효율이 낮은편이다.
★★ ⑪ 가스 겉보기 속도는 0.2~1m/sec 이다.
★★ ⑫ 액가스비는 0.5~1.5L/m³이다.

> **TIP**
> 충전탑과 Plate tower(단탑) 비교
> ① 처리해야 할 가스량이 같을 때에는 충전탑의 압력손실이 적다.
> ② 포말성 흡수액일 경우 충전탑이 유리하다.
> ③ 흡수액에 부유물이 포함되어 있는 경우는 Plate tower를 사용하는 것이 유리하다.

Question 41

다음 중 가스의 압력손실은 작은 반면, 세정액 분무를 위해 상당한 동력이 요구되며, 장치의 압력손실은 2~20mmH₂O, 가스 겉보기 속도는 0.2~1m/s 정도인 세정집진장치에 해당하는 것은?

㉮ venturi scrubber ㉯ cyclone scrubber
㉰ spray tower ㉱ packed tower

풀이 ㉰ spray tower(분무탑)에 대한 설명이다.

Question 42

분무탑에 관한 설명으로 옳지 않은 것은?

㉮ 구조가 간단하고 압력손실이 적은 편이다.
㉯ 침전물이 생기는 경우에 적합하며, 충전탑에 비해 설비비 및 유지비가 적게 드는 장점이 있다.
㉰ 분무에 상당한 동력이 필요하고, 가스의 유출시 비말동반이 많다.
㉱ 분무액과 가스의 접촉이 균일하여 효율이 우수하다.

풀이 ㉱ 분무액과 가스의 접촉이 균일하지 못하여 효율이 낮다.

5. 다공판탑

★★ ① 판간격은 40cm, 액가스비는 0.3~5L/m³ 정도이다.
② 비교적 소량의 액량으로 처리가 가능하다.
③ 판수를 증가시키면 고농도 가스처리도 가능하다.
★★ ④ 가스속도는 0.3~1.0m/sec 이다.
★★ ⑤ 압력손실이 100~200mmH₂O 정도이고, 가스량의 변동이 심한 경우에는 조업이 어렵다.
⑥ 고체부유물 생성시 적합하다.
★ ⑦ 가스량의 변동이 격심할때는 조업할 수 없다.

> **Question 43**
>
> 유해가스 흡수장치 중 다공판탑에 관한 설명으로 옳지 않은 것은?
> ㉮ 비교적 대량의 흡수액이 소요되고, 가스겉보기 속도는 10~20m/s 정도이다.
> ㉯ 액가스비는 0.3~5L/m³, 압력손실은 100~200 mmH₂O/단 정도이다.
> ㉰ 고체부유물 생성시 적합하다.
> ㉱ 가스량의 변동이 격심할 때는 조업할 수 없다.
>
> **풀이** ㉮ 비교적 소량의 흡수액이 소요되고, 가스겉보기 속도는 0.3~1.0m/s 정도이다.

★★ 6. 벤츄리 스크러버

함진가스를 벤츄리관의 목(throat)부에 유속 60~90m/sec로 빠르게 공급하여 목부주변의 노즐로부터 세정액이 흡입분사되게 함으로써 포집하는 방식이다.

① 가압수식중에서 집진율이 가장 높아 대단히 광범위하게 사용되며, 소형으로 대용량의 가스처리가 가능하다.

★★ ② 액체방울(Liquid droplet)과 입자의 주된 접촉 메카니즘은 충돌(Impaction)이다.

★★ ③ 물방울입경과 먼지입경의 비는 충돌 효율면에서 150 : 1전후가 적당하다.
★★ ④ 압력손실이 300~800mmH₂O로 아주 크므로 동력비가 크다.
⑤ 소형으로 대용량의 가스를 처리할 수 있다.
⑥ 효율이 우수하고 광범위하게 사용된다.
⑦ 액가스비는 일반적으로 먼지의 입경이 작고, 친수성이 적을 때 커진다.
★★ ⑧ 벤츄리관의 목부의 함진가스 유속은 60~90m/sec이다.
⑨ 액가스비는 10μm 이하 미립자 또는 친수성이 아닌 입자의 경우는 $1.5L/m^3$ 정도를 필요로 한다.
⑩ 먼지입자의 친수성이 적을 때 액가스비는 커진다.
★★ ⑪ 액가스비는 보통 $0.3~1.5L/m^3$ 정도이다.
⑫ 먼지와 가스의 동시제거가 가능하다.
⑬ throat부의 배기가스 속도를 크게하면 효율이 증가한다.
⑭ 먼지부하 및 가스유동에 민감하고, 대량의 세정액이 요구된다.

> **TIP**
> 액가스비
> - 친수성 or 굵은입자 : $0.3~0.5L/m^3$
> - 비친수성 or 미립자 : $0.5~1.5L/m^3$

Question 44

다음 세정집진장치 중 입구유속(기본유속)이 가장 빠른 것은 어느 것인가?

㉮ Jet scrubber ㉯ Venturi scrubber
㉰ Theisen Washer ㉱ Cyclone scrubber

 정답 ㉯

Question 45

다음 흡수장치 중 압력손실이 가장 큰 것은?

㉮ 충전탑 ㉯ 분무탑
㉰ 벤츄리 스크러버 ㉱ 사이클론 스크러버

풀이 압력손실
㉮ 충전탑 : 100~250mmH₂O ㉯ 분무탑 : 2~20mmH₂O
㉰ 벤츄리 스크러버 : 300~800mmH₂O ㉱ 사이클론 스크러버 : 100~200mmH₂O

Question 46

Venturi Scrubber에 관한 설명으로 옳지 않은 것은?

㉮ 목부의 처리가스속도는 보통 20~30 m/sec 정도이다.
㉯ 먼지부하 및 가스유동에 민감하다.
㉰ 액가스비는 10μm 이하 미립자 또는 친수성이 아닌 입자의 경우는 1.5L/m³ 정도를 필요로 한다.
㉱ 먼지입자의 친수성이 적을 때 액가스비는 커진다.

풀이 ㉮ 목부의 처리가스속도는 보통 60~90m/sec 정도로 집진기 중 가장 빠르다.

★★ (1) 벤츄리 스크러버(Venturi Scrubber)의 공식

$$n\left(\frac{dm}{Dt}\right)^2 = \frac{Vt \cdot L}{100\sqrt{P}}$$

- n : 노즐갯수
- dm : 노즐직경(m)
- Dt : throat의 직경(m)
- Vt : 유속(m/sec)
- L : 액기비(L/m³)
- P : 수압(mmH₂O)

Question 47

벤츄리스크러버에서 220m³/min의 함진가스를 처리하려고 한다. 목부(throat)의 지름이 30cm, 수압 1.8atm, 직경 4mm인 노즐 8개를 사용할 때 필요한 물의 양(L/sec)을 계산하시오.

풀이

① $n\left(\dfrac{dm}{D_t}\right)^2 = \dfrac{V_t \cdot L}{100\sqrt{P}}$

$V_t = \dfrac{Q}{A} = \dfrac{Q}{\dfrac{\pi D_t^2}{4}} = \dfrac{220m^3/min \times 1min/60sec}{\dfrac{\pi}{4} \times (0.3m)^2} = 51.8726 m/sec$

따라서 $8 \times \left(\dfrac{4 \times 10^{-3}m}{0.3m}\right)^2 = \dfrac{51.8726 m/sec \times L}{100 \times \sqrt{1.8 \times 10332 mmH_2O}}$

∴ L = 0.3739L/m³

② 주입되는 물의 양(L/sec) = 액가스비(L/m³) × 가스량(m³/sec)
= 0.3739L/m³ × 220m³/min × 1min/60sec = 1.37L/sec

★★ (2) 벤츄리 스크러버 적용시 액가스비를 크게하는 요인

★★ ① 먼지의 입경이 작을때
② 처리가스의 온도가 높을때
③ 먼지의 농도가 높을때
④ 먼지입자의 점착성이 클때

★★ ⑤ 먼지입자의 친수성이 낮을 때

Question 48

벤츄리 스크러버 적용시 액가스비를 크게 하는 요인으로 틀린 것은 어느 것인가?
㉮ 먼지의 친수성이 클 때 ㉯ 먼지의 입경이 작을 때
㉰ 처리가스의 온도가 높을 때 ㉱ 먼지의 농도가 높을 때

[풀이] ㉮ 먼지의 친수성이 작을 때

7. 사이클론 스크러버

① Pease anthony형의 액가스비 L = 0.5~1.0L/m³이며 기타 대부분은 1~4L/m³ 전후이다.
② 압력손실은 100~200mmH₂O로 S형 Impeller를 붙인것은 압력손실이 높고 집진효율도 높다.
③ 원심력 집진, 가압수식 그리고 유수식 집진을 동시에 거치기 때문에 효율이 높다.
④ 대용량 가스의 처리가 가능하며 미스트 발생이 적고 구조가 간단하여 수용성 가스처리에 적합하다.
⑤ 가스의 처리속도는 1~3m/sec이다.

8. 제트 스크러버

이젝트를 사용하여 물을 고압분무하여 수적과 접촉 포집하는 방식이다.

★★ ① 송풍기를 사용하지 않는다.
② 처리가스량이 많을 경우에는 효과가 낮은 편이다.
③ 가스의 저항이 적다.
★★ ④ 수량이 많아 동력비가 많이 소요된다.
(사용수량이 다른 세정장치에 비해 10~20배 정도)
★★ ⑤ 액가스비가 가장 크다. (10~50L/m³ 정도)

⑥ 가스량이 많을때 불리하다.
⑦ 세정집진장치 중 송풍기를 계통적으로 설치할 수 없는 상황에서 비교적 처리가스량이 적을 때 사용한다.

Question 49

세정집진장치 중 액가스비가 10~50 L/m³ 정도로 다른 가압수식에 비해 10배 이상이며, 다량의 세정액이 사용되어 유지비가 고가이므로 처리가스량이 많지 않을 때 사용하는 것은?

㉮ Venturi scrubber ㉯ Theisen washer
㉰ Jet serubber ㉱ Impulse scrbber

정답 ㉯

9. Theisen washer

고정 및 회전날개로 구성된 다익형의 날개차를 350~750rpm으로 고속선회하여 함진가스와 세정수를 교반시켜 먼지를 제거하는 장치이다.

① 미세먼지를 99%정도까지 제거 가능하다.
★★ ② 별도의 송풍기는 필요없다.
★★ ③ 액가스비는 0.5~2L/m³ 정도이다.

Question 50

다음 세정식 집진장치 중 고정 및 회전날개로 구성된 다익형의 날개차를 고속으로 선회하여 함진 가스와 세정수를 교반시켜 먼지를 제거하는 장치로 미세먼지도 99% 정도까지 제거가능하고, 별도 송풍기가 필요 없으며, 액가스비가 0.5 ~2L/m³ 정도인 것은?

㉮ 제트스크러버 ㉯ 임펄스스크러버
㉰ 타이젠와셔 ㉱ 사이클론스크러버

정답 ㉰

05 여과집진장치

★★ 1. 개요

① 처리입경 : 0.1~20μm
② 압력손실 : 100~200mmH$_2$O
③ 집진효율 : 90~99%
④ 처리가스속도 : 0.3~0.5m/sec

★★ 2. 여과집진장치의 특징

① 다양한 여과재의 사용으로 인하여 설계시 융통성이 있다.
② 세정집진장치보다 압력손실과 동력소모가 적다.
③ 여과재의 교환으로 유지비가 고가이다.
★★ ④ 수분이나 여과속도에 대한 적응성이 낮다.
⑤ 벤츄리 스크러버보다 압력손실과 동력소모가 적은편이다.
★★ ⑥ 1μm 이상의 미세입자의 제거가 용이하다.
★★ ⑦ 폭발성, 점착성 및 흡습성 먼지의 제거가 어렵다.

Question 51

여과집진장치의 특성으로 가장 거리가 먼 것은?
㉮ 다양한 여재의 사용으로 인하여 설계 시 융통성이 있다.
㉯ 여과재의 교환으로 유지비가 고가이다.
㉰ 여과속도는 1~10m/sec 정도이다.
㉱ 압력손실은 100~200mmH$_2$O 정도이다.

풀이 ㉰ 여과속도는 0.3~0.5m/sec 정도이다.

3. 여과집진기의 주요 메카니즘의 집진원리

① 확산 : 직경이 0.1μm 이하인 미세입자
② 관성충돌 : 직경이 1.0μm 이상인 입자
③ 차단 : 직경이 0.1~1.0μm인 입자
④ 중력 : 직경이 비교적 크고 비중이 큰 입자

4. 여과집진장치의 여과방식

(1) 내면여과방식

① 여재를 비교적 엉성하게 틀속에 충전하여 이것을 여과층으로 하여 함진가스중의 먼지입자를 포집하는 방식으로 여재내면에서 포집된다.
② 습식인 경우 부착입자의 제거가 곤란하므로 일정량 이상의 입자가 부착되면 새로운 여재로 교환해야 한다.
③ 일반적으로 건식으로서 사용되지만 점착성 기름을 여재에 바른 습식도 있다.
④ 주로 저농도의 함진가스의 오염공기를 처리할 때 사용된다.
⑤ 여과속도가 느리고 압력손실이 보통 30mmH₂O 이하이다.
⑥ Package형 filter, 방사성 먼지용 air filter 등이 이 여과방식에 속한다.

(2) 표면여과방식

① 비교적 얇은 여과포를 사용하여 처음에 여과포 표면에 부착된 입자층으로 하여 미립자를 포집하는 방법이다.

② 백필터(Bag filter)가 가장 대표적이다.

Question 52

여과집진장치의 특성으로 거리가 먼 것은?
㉮ 방사성 먼지용 air filter는 내면여과방식에 해당한다.
㉯ 표면여과방식에서 초층의 눈막힘을 방지하기 위해 처리가스의 온도를 산노점 이상으로 유지한다.
㉰ 내면여과방식은 습식도 있지만 일반적으로 건식으로 사용된다.
㉱ Package형 filter는 표면여과방식에 해당하며 여과속도는 크지만, 여재의 압력손실이 낮아 많이 사용된다.

풀이 ㉱ package형 filter는 내면여과방식에 해당하며, 여과속도가 느리고 압력손실이 작은 편이다.

5. 탈진방식

★★ (1) 간헐식 탈진방식

★★ ① 먼지의 재비산이 적다.
★★ ② 높은 집진율을 얻을 수 있다.
　　 ③ 여포의 수명은 연속식에 비해 길다.
★★ ④ 진동형과 역기류형, 역기류 진동형이 있다.
★★ ⑤ 대용량 처리에 부적당하다.
　　 ⑥ 여러개의 방으로 구분하고 방 하나씩 처리가스의 흐름을 차단하여 순차적으로 탈진하는 방식이다.
　　 ⑦ 간헐식 중 진동형은 음파진동, 횡진동, 상하진동에 의해 포집된 먼지층을 털어내는 방식으로 접착성 먼지의 집진에는 사용할 수 없다.
　　 ⑧ 진동형의 경우 여과속도는 1~2cm/sec 정도이다.

★★ (2) 연속식 탈진방식

★★ ① 먼지의 재비산이 크다.
★★ ② 집진율이 낮다.
★★ ③ 고농도, 대용량의 처리가 용이하다.
　　 ④ 연속식은 간헐식에 비해 여과자루의 수명이 짧다.
　　 ⑤ 포집과 탈진이 동시에 이루어지므로 압력손실이 거의 일정하다.
★★ ⑥ 연속식에는 역제트기류 분사형(reverse jet)과, 충격제트기류 분사형(pulse jet) 등이 있다.

⑦ 충격제트기류 분사형은 처리가스가 여과포의 외부에서 내부로 투과되기 때문에 먼지는 여과포 외벽에 집진되는 방식이다.

★★ ⑧ 충격제트기류 분사형 탈진방식은 집진장치 내 운동장치가 없어 탈진주기에 비해 소요되는 시간이 짧다.

⑨ 연속식 중 가압형을 고압의 충격제트기류를 먼지층에 분사하고 압력에 의해 먼지층을 털어내는 방식으로 최근 사용이 늘고 있다.

Question 53

여과집진장치의 탈진방식에 대한 내용으로 틀린 것은 어느 것인가?

㉮ 간헐식의 여포 수명은 연속식에 비해서는 긴편이고, 점성이 있는 조대먼지를 탈진할 경우 여포손상의 가능성이 있다.
㉯ 간헐식은 먼지의 재비산이 적고 높은 집진율을 얻을 수 있다.
㉰ 연속식은 포집과 탈진이 동시에 이루어져 압력손실의 변동이 크므로 저농도, 저용량의 가스처리에 효율적이다.
㉱ 연속식은 탈진 시 먼지의 재비산이 일어나 간헐식에 비해 집진율이 낮고 여과자루의 수명이 짧은 편이다.

풀이 ㉰ 연속식은 포집과 탈진이 동시에 이루어져 압력손실이 거의 일정하며, 고농도, 대용량의 가스처리에 효율적이다.

(3) 여과집진장치의 여포의 특징

① 여포의 형상은 원통형, 평판형이 있으나 주로 원통형을 사용한다.
② 여포는 내열성이 약하므로 가스온도가 250℃를 넘지 않도록 주의한다.
③ 여포재질 중 목면은 내산성은 불량하나 가격이 저렴하다.
④ 고온가스를 냉각시킬때에 산노점 이하로 유지할 경우 여과포의 눈막힘현상과 저온부식을 초래한다.

★★ ⑤ 여포재질 중 glassfiber(유리섬유)는 최고사용온도가 250℃ 정도이며, 내산성이 양호한 편이다.

6. 여과재의 종류

① 목면(Cotton)
  ㉠ 최대허용온도가 약 80℃
  ㉡ 내산성은 나쁨, 내알칼리성은(약간) 양호

★★ ② 유리섬유(glass fiber)
　　㉠ 처리가스 중 SO_2, HCl 등을 함유한 200℃ 정도의 고온배출가스를 처리하는데 적합
　　㉡ 내산성에 양호하며 내알칼리성에 나쁘다.
③ 내산성에 강한 여과재
　　㉠ 글라스화이버(유리섬유) (250℃)
　　㉡ 테트론
　　㉢ 오론(150℃)
④ 내알칼리성에 강한 여과재
　　㉠ 나일론(아미드계) (110℃)
　　㉡ 흑연화섬유(250℃)
⑤ 내산성과 내알칼리성에 강한 여과재
　　㉠ 테프론(200℃)
　　㉡ 비닐론(100℃)
　　㉢ 카네카론(100℃)

Question 54

다음 여과재(filter bag) 재질 중 내산성 및 내알칼리성이 모두 양호한 것은 어느 것인가?
㉮ 비닐론　　　　　　　　　　㉯ 사란
㉰ 테트론　　　　　　　　　　㉱ 나일론(에스테르계)

 ㉮

7. 직물여과기(Fabric Filter)의 여과직물을 청소하는 방법(여과포의 탈진방법)

① 진동형 = 기계적 진동(mechanical shaking)
② 역기류형 = 공기역류(reverse air)
③ 펄스제트형(pulse jet) = 충격 제트기류 분사형

Question 55

다음 중 직물여과기(Fabric Filter)의 여과직물을 청소하는 방법으로 틀린 것은 어느 것인가?
㉮ 임펙트 제트형　　㉯ 진동형　　㉰ 역기류형　　㉱ 펄스 제트형

 ㉮

8. 여과집진장치 설계시 고려사항

① 여과주머니의 직경에 대한 길이의 비(L/D)를 너무 크게하면 주머니들끼리 마찰할 위험이 있고, 먼지제거가 곤란하므로 통상 L/D비는 20 이하가 좋다.
② 제거된 먼지의 자동 연속적 작동방식은 소제를 위해 주기적인 가동중단이 요구되지 않거나 불가능한 경우에 주로 채택된다.
③ 여포는 가스온도가 가급적 250℃를 넘지 않도록 주의해야하고, 특히 고온가스의 냉각시에는 산노점 이상으로 유지해야 한다.

Question 56

여과집진장치에 관한 설명으로 옳지 않은 것은?

㉮ 여과자루 모양에 따라 원통형, 평판형, 봉투형으로 분류되며, 주로 원통형을 사용한다.
㉯ 여과자루 길이(L)/여과자루 직경(D)는 50 이상으로 많이 설계하고, 여과자루 간의 최소간격은 1.5m 이상이 되어야 한다.
㉰ 간헐식의 경우는 먼지의 재비산이 적고 여포수명이 연속식에 비해 길다.
㉱ 간헐식 중 진동형은 접착성 먼지집진에는 사용할 수 없다.

풀이 ㉯ 여과자루 길이(L)/여과자루 직경(D)는 20 이하가 좋다.

9. 여과집진장치 계산식

① 백필터 개수 구하는 공식

$$Q = \pi \cdot D \cdot L \cdot n \cdot V_f$$

$$n = \frac{Q}{\pi \cdot D \cdot L \cdot V_f}$$

- Q : 가스량(m³/sec) D : 관의 직경(m) L : 길이 또는 유효높이(m)
- n : 백의 개수 Vf : 겉보기 여과속도(m/sec)

Question 57

반지름 245mm, 유효길이 3.5m인 원통형 bag filter를 사용하여 농도 6g/m³인 배출가스를 22m³/s로 처리하고자 한다. 겉보기 여과속도를 14cm/s로 할 때 bag filter의 필요한 수는?

풀이 $Q = \pi \cdot D \cdot L \cdot V_f \cdot n$

$$\therefore n = \frac{Q}{\pi \cdot D \cdot L \cdot V_f} = \frac{22 m^3/sec}{\pi \times (0.245m \times 2) \times 3.5m \times 0.14m/sec} = 30개$$

TIP
① 백필터개수 계산은 소수점 첫째자리에서 완전올림을 한다.
② 직경(D) = 2×반지름(R) = 2×245mm = 2×0.245m
③ V_f = 14cm/sec = 0.14m/sec

② 탈락시간 = 제거시간 구하는 공식

★★ $Ld = (C_i - C_o) \times Vf \times t$

Ld : 먼지부하(g/m^2)
C_o : 출구농도(g/m^3)
C_i : 입구농도(g/m^3)
Vf : 겉보기 여과속도(m/sec)

Question 58

백필터의 먼지부하가 420g/m^2에 달할 때 탈락시키고자 한다. 이때 탈락시간(min) 간격은? (단, 백필터 유입가스 함진농도는 10g/m^3, 여과속도는 7,200cm/hr이다.)

풀이) $Ld = C_i \times V_f \times t$

따라서 420g/m^2 = 10$g/m^3 \times$ 7,200cm/hr $\times 10^{-2}$m/cm $\times$ 1hr/60min $\times$ t

∴ t = 35min

TIP
diffuser tube
펄스젯 여과집진기의 경우 여과포 상단에서 압축공기를 불어넣어 여과포 외피에 부착된 먼지를 제거하게 된다. 그러나 압축공기의 힘이 여과포 하단까지 도달하려면 여과포를 통과하여 외부로 빠지는 압축공기량을 조절하여 주어야 한다. 이를 diffuser tube라 한다.

06 전기집진장치

★★ 1. 개요

① 처리입경 : 0.1~0.9μm 정도
★★ ② 압력손실 : 건식 10mmH$_2$O, 습식 20mmH$_2$O
③ 집진효율 : 90~99.9%
★★ ④ 처리가스속도 : 건식 : 1~2m/sec, 습식 : 2~4m/sec

Question 59

다음 집진장치 중 일반적으로 압력손실이 가장 적은 것은?

㉮ 전기집진장치 ㉯ 여과집진장치
㉰ 원심력집진장치 ㉱ 벤츄리스크러버

풀이 압력손실 (mmH₂O)
㉮ 전기집진장치 : 10~20mmH₂O   ㉯ 여과집진장치 : 100~200mmH₂O
㉰ 원심력집진기 : 50~150mmH₂O   ㉱ 벤츄리 스크러버 : 300~800mmH₂O

Question 60

처리용량이 크며, 먼지의 크기가 0.1~0.9μm 인 것에 대해서도 높은 집진효율을 가지며, 습식 또는 건식으로도 제진할 수 있고, 압력손실이 매우 적고, 유지비도 적게 소요될 뿐 아니라 고온의 가스도 처리 가능한 집진장치는 어느 것인가?

㉮ 전기집진장치 ㉯ 원심력집진장치
㉰ 세정집진장치 ㉱ 여과집진장치

정답 ㉮

★★ 2. 전기집진장치 특징

• 장점
① 고집진율(99%)을 얻을 수 있다.
② 고온가스처리가 가능하다. (350℃ 정도)
③ 대량의 공기를 다룰 수 있다.
④ 부식성 가스가 함유된 먼지도 처리가 가능하다.
★★ ⑤ 전력소비(동력비)가 적게들고 유지관리비가 적게 든다.
⑥ 광범위한 온도와 대용량 범위에서 운전이 가능하다.

• 단점
① 초기시설비가 크다.
② 설치면적이 크게 소요된다.
★★ ③ 전압변동과 같은 조건변동에 쉽게 적응하기 어렵다.
④ 집진율이 서서히 저감된다.
⑤ 전처리 시설이 필요하다.

Question 61

전기집진장치의 특성으로 가장 거리가 먼 것은?

㉮ 소요설치면적이 적고, 전처리 시설이 불필요하다.
㉯ 주어진 조건에 따라 부하변동 적응이 곤란하다.
㉰ 약 450℃ 전후의 고온가스 처리가 가능하다.
㉱ 압력손실이 적어 송풍기의 동력비가 적게 든다.

풀이 ㉮ 소요설치면적이 크고, 전처리 시설이 필요하다.

★★ 3. 전기집진장치 내의 입자집진에 작용하는 전기력

① 대전입자의 하전에 의한 쿨롱력(전기력 중 가장 지배적으로 작용)
② 전계강도의 힘
③ 전기풍에 의한 힘
④ 입자간의 흡인력

> **TIP**
>
> 전기집진장치의 집진순서
> ① 1단계 : 가스의 이온화
> ② 2단계 : 먼지에 전하 부여
> ③ 3단계 : 먼지가 집진극으로 이동
> ④ 4단계 : 먼지를 타격하여 제거

Question 62

다음 중 전기집진장치에서 입자에 작용하는 전기력의 종류에 해당하지 않는 것은 어느 것인가?

㉮ 대전입자의 하전에 의한 쿨롱력　　㉯ 전계강도에 의한 힘
㉰ 브라운 운동에 의한 확산력　　　　㉱ 전기풍에 의한 힘

풀이 ㉰ 입자간의 흡인력

★★★ 4. 전기집진장치에서 먼지의 비저항(겉보기 전기 저항률)

① 전기집진장치에서 집진효율에 가장 크게 영향을 주는 것이 전기저항이다.

② 재비산 현상

★★ ㉠ 발생조건 : 먼지의 전기저항이 $10^4\,\Omega\,cm$ 이하일 때

★★ ㉡ 방지책
  ⓐ NH_3 주입
  ⓑ 습식집진장치 사용

③ 역전리 현상

★★ ㉠ 발생조건 : 먼지 전기저항이 $10^{11}\,\Omega\,cm$ 이상일 때

★★ ㉡ 방지책
  ⓐ 처리가스의 온도를 조절하거나 습도를 높인다.
  ⓑ SO_3를 스프레이로 주입한다.
  ⓒ 습식집진장치를 사용한다.
  ⓓ 황산을 조절제로 주입한다.
  ⓔ 타격빈도를 높인다.

> **TIP**
> 먼지의 비저항이 비정상적으로 높은 경우 투입하는 물질
> ① H_2SO_4 ② NaCl ③ Soda lime

★★ ④ SO_3에 의한 부식방지책 : NH_3 주입

★★ ⑤ 효율이 가장 우수할때의 먼지의 전기저항은 $10^4 \sim 10^{11}\,\Omega\,cm$이다.

⑥ 석탄중의 황함유량이 높을수록 비저항은 감소한다.

⑦ 처리가스의 온도를 조절하면 비저항 조절이 가능하다.

⑧ 일반적으로 100~200℃ 범위에서 전기저항률은 최대로 된다.

⑨ 수분량이 증가하면 최대전기저항률은 고온측으로 이동한다.

⑩ 배기가스 중의 SO_3 함량이 높을수록 전기저항은 낮아진다.

⑪ 처리가스 내 수분은 그 함유량이 증가하면 비저항이 감소하므로 고비저항의 먼지는 수증기를 분사하거나 물을 뿌려 비저항을 낮출 수 있다.

⑫ 입자의 저항이 $10^{12} \sim 10^{13}\,\Omega\,cm$ 범위에서는 스파크 발생은 없으나 절연파괴를 일으킨다.

Question 63

다음 중 전기집진장치에서 전기집진이 가장 잘 이루어질 수 있는 먼지의 비저항 영역으로 가장 적합한 것은?

㉮ $10^2 \sim 10^4 \, \Omega \cdot cm$
㉯ $10^7 \sim 10^{10} \, \Omega \cdot cm$
㉰ $10^{12} \sim 10^{15} \, \Omega \cdot cm$
㉱ $10^{14} \sim 10^{18} \, \Omega \cdot cm$

풀이 전기집진장치에서 효율이 가장 우수한 범위는 $10^4 \sim 10^{11} \, \Omega \cdot cm$이다.

 Question 64

전기집진장치에서 먼지의 비저항이 비정상적으로 높은 경우 투입하는 물질과 거리가 먼 것은?

㉮ H_2SO_4
㉯ NH_3
㉰ $NaCl$
㉱ Soda lime

풀이 ㉯ NH_3는 먼지의 비저항이 비정상적으로 낮은 경우 투입하는 물질이다.

5. 먼지의 비저항이 높을 경우 발생하는 현상

① 심각한 역코로나 현상이 발생한다.
② 전하가 쉽게 집진판으로 전달되지 않는다.
③ 가스 중 먼지입자의 이온화와 이동현상을 감소시킨다.

6. 전기집진장치의 방전극의 재질

① 티타늄 합금
② 고탄소강
③ 스테인리스

 Question 65

다음 중 전기집진장치의 방전극의 재질로 틀린 것은 어느 것인가?

㉮ 폴로늄
㉯ 티타늄 합금
㉰ 고탄소강
㉱ 스테인리스

정답 ㉮

★★ 7. 습식 전기집진장치 특징

① 집진극면이 항상 청결하게 유지되며 강한 전계를 얻을 수 있다.
② 처리가스속도는 건식에 비해 2배 정도 크게 할 수 있다.
③ 수질오염의 결과를 초래하므로 부가적인 처리장치를 필요로 한다.
④ 압력손실은 건식이 10mmH$_2$O이고 습식이 20mmH$_2$O로 습식이 큰 편이다.
⑤ 작은 전기저항에 의해 생기는 먼지의 재비산을 방지할 수 있다.

Question 66

습식 전기집진장치의 특징에 대한 내용으로 틀린 것은 어느 것인가?
㉮ 낮은 전기저항 때문에 생기는 재비산을 방지할 수 있다.
㉯ 처리가스 속도를 건식보다 2배 정도 높일 수 있다.
㉰ 집진극면이 청결하게 유지되며 강전계를 얻을 수 있다.
㉱ 먼지의 저항이 높기 때문에 역전리가 잘 발생된다.

풀이 ㉱ 습식 전기집진기에서는 역전리가 발생되지 않는다.

8. 전기집진장치에서 이동속도(we)의 특징

① 하전량에 비례한다.
② 전리강도에 비례한다.
③ 입자크기에 반비례한다.

> **TIP**
> 전기집진장치에서 내부평균가스속도를 기본유속범위(1~2m/sec 이하) 상태로 운전하는 이유는 먼지의 재비산을 방지하기 위해서이다.

★★ 9. 커닝험 수정계수

커닝험 수정계수(보정계수)는
- 가스의 온도가 높을수록 증가한다.
- 먼지의 입자가 미세할수록 증가한다.
- 가스분자의 직경이 작을수록 증가한다.
- 가스압력이 낮을수록 증가한다.
- 가스의 점성저항이 작을수록 증가한다.

Question 67

전기집진장치의 분리속도(이동속도)는 커닝햄 보정계수(stokes Cunningham) Km에 비례한다. 다음 조건 중 Km이 커지는 조건으로 알맞은 것은 어느 것인가? (단, km ≥ 1)

㉮ 먼지의 입자가 작을수록, 가스압력이 낮을수록
㉯ 먼지의 입자가 작을수록, 가스압력이 높을수록
㉰ 먼지의 입자가 클수록, 가스압력이 낮을수록
㉱ 먼지의 입자가 클수록, 가스압력이 높을수록

정답 ㉮

10. 전기집진장치에서 장애현상

(1) 2차 전류가 주기적으로 변하거나 불규칙적으로 흐르는 장애현상의 대책

① 충분하게 먼지를 탈리시킨다.
② 1차 전압을 스파크가 안정되고 전류의 흐름이 안정될때까지 낮추어 준다.
③ 방전극과 집진극을 점검한다.

Question 68

전기집진장치에서 2차 전류가 주기적으로 변하거나 불규칙적으로 흐르는 장애현상이 발생할 때의 대책으로 가장 거리가 먼 것은?

㉮ 충분하게 분진을 탈리시킨다.
㉯ 조습용 스프레이의 수량을 늘린다.
㉰ 방전극과 집진극을 점검한다.
㉱ 1차 전압을 스파크가 안정되고 전류의 흐름이 안정될 때까지 낮추어 준다.

풀이 ㉯ 조습용 스프레이의 수량을 늘린다. ⇒ 2차 전류가 현저하게 떨어질때의 대책이다.

(2) 2차전류가 많이 흐르는 장애현상의 원인

① 먼지의 농도가 너무 낮을때
② 방전극이 너무 가늘때
③ 공기 부하시험을 행할 때
④ 이온 이동도가 큰 가스를 처리할 때

> **Question 69**
>
> 전기집진장치의 장애현상 중 "2차 전류가 많이 흐를 때"의 원인으로 틀린 것은 어느 것인가?
>
> ㉮ 먼지의 농도가 너무 낮을 때   ㉯ 먼지의 비저항이 비정상적으로 높을 때
> ㉰ 이온이동도가 큰 가스를 처리할 때   ㉱ 공기부하 시험을 행할 때
>
> **풀이** ㉯번은 2차 전류가 현저하게 떨어질때의 원인이다.

★★ (3) 역전리현상의 원인

① 미분탄 연소시
② 배기가스의 점성이 클 때
③ 먼지 비저항이 너무 클 때

> **Question 70**
>
> 전기집진장치 운전시 역전리 현상의 원인으로 틀린 것은 어느 것인가?
>
> ㉮ 미분탄 연소 시   ㉯ 입구의 유속이 클 때
> ㉰ 배가스의 점성이 클 때   ㉱ 먼지 비저항이 너무 클 때
>
> **풀이** ㉯번은 재비산현상의 원인이다.

(4) 재비산현상의 원인

① 입구의 유속이 클 때
② 전기저항이 낮을때

★★ (5) 2차 전류가 현저하게 떨어질 때

① 원인
  ㉠ 먼지의 농도가 너무 높을 때
  ㉡ 먼지의 비저항이 비정상적으로 높을 때
② 대책
  ㉠ 스파크의 횟수를 늘린다.
  ㉡ 조습용 스프레이의 수량을 늘린다.
  ㉢ 입구먼지농도를 적절히 조절한다.

Question 71

전기집진장치의 장애현상 중 먼지의 비저항이 비정상적으로 높아 2차 전류가 현저하게 떨어질 때의 대책으로 다음 중 가장 적합한 것은?

㉮ baffle을 설치한다.   ㉯ 방전극을 교체한다.
㉰ 스파크 횟수를 늘린다.   ㉱ 바나듐을 투입한다.

정답 ㉰

11. 전기집진장치에서 정상 비저항 운전이 가능하도록 하기 위한 비저항조절 장치

① 고비저항의 경우 전해질 물질(수증기, 물, SO_2 등)의 주입이 가능하도록 조절제 주입 장치가 필요하다.
② 고비저항 입자의 경우 타격의 빈도를 강하게 하거나 빈도수를 늘려주는 장치의 설계가 필요하다.
③ 저비저항의 경우 암모니아 가스의 주입이 가능하도록 조절제 주입장치가 필요하다.
④ 저비저항 입자의 경우 재비산방지를 위한 부속장치(baffle)의 설계가 필요하다.
⑤ 고비저항 입자의 경우 역전리현상을 위한 부속장치(baffle)의 설계가 필요하다.
⑥ 재비산이 발생할 때에는 처리가스 속도를 낮춘다.
⑦ 먼지의 비저항이 정상적으로 높아 2차 전류가 현저히 떨어질 때 스파크 횟수를 늘린다.

12. 전기집진장치의 유지관리 사항

① 조습용 spray 노즐은 운전중 막히기 쉽기 때문에 운전중에도 점검, 교환이 가능해야 한다.
★★ ② 운전중 2차전류가 매우 적을 때에는 조습용 spray의 수량을 증가시켜 겉보기 저항을 낮춘다.
★★ ③ 시동시 애자등의 표면을 깨끗이 닦아 고전압회로의 절연저항이 $100M\Omega$ 이상이 되도록 한다.
★★ ④ 정지시에는 접지저항을 적어도 년 1회 이상 점검하여 10Ω 이하가 되도록 유지한다.
★★ ⑤ 시동시에는 배출가스를 도입하기 최소 6시간 전에 애관용 히터를 가열하여 애자관 표면에 수분이나 먼지의 부착을 방지한다.
⑥ 운전시에 2차전류가 심하게 변하는 것은 전극간 거리(pitch)의 불균일 또는 변형으로 국부적인 단락을 일으키기 때문인 경우가 많다.

Question 72

전기집진장치의 유지관리에 관한 사항으로 옳지 않은 것은?

㉮ 시동시 고전압 회로의 절연저항이 1MΩ 이상되어야 한다.
㉯ 시동시 배출가스를 도입하기 최소 6시간 전에 애관용 히터를 가열하여 애자관 표면에 수분이나 먼지의 부착을 방지한다.
㉰ 운전시 2차 전류가 주기적으로 변동하는 것은 방전극에 의한 영향이 크다.
㉱ 정지시 접지저항은 적어도 년 1회 이상 점검하고 10Ω 이하로 유지한다.

풀이 ㉮ 시동시 고전압 회로의 절연저항이 100MΩ 이상 되어야 한다.

13. 전기집진장치 공식

★★★ ① Deutsch-Anderson식

$$\eta = \left\{1 - \exp\frac{-A \times We}{Q}\right\} \times 100(\%)$$

η : 제거효율(%)   A : 단면적(m^2)
We : 겉보기 여과속도(m/sec)   Q : 가스량(m^3/sec)

TIP

① $\left(1 - \frac{C_o}{C_i}\right) = \left\{1 - \exp\frac{-A \cdot We}{Q}\right\}$

② Deutsch-Anderson 식에서 A(단면적) 구하기

$$A = \frac{LN(1-\eta)}{-\frac{We}{Q}} = LN(1-\eta) \times \left(\frac{-Q}{We}\right)$$

③ Deutsch-Anderson 식에서 We(겉보기 여과속도) 구하기

$$We = \frac{LN(1-\eta)}{-\frac{A}{Q}}$$

여기서 A = 2×B(폭)×H(높이)

Question 73

가로 4m, 세로 5m인 두 집진판이 평행하게 설치되어 있고, 두 판 사이 중간에 원형 철심 방전극이 위치하고 있는 전기집진장치에 굴뚝 가스가 90m³/min로 통과하고, 입자이동속도가 0.09 m/s일 때의 집진효율(%)은? (단, Deutsh Anderson식 적용)

풀이 Deutsh Anderson의 식

$$\eta = \left\{1-\exp\frac{-A \times W_e}{Q}\right\} \times 100(\%)$$

[A : 단면적(m²) [A = 2×가로×세로]　　W_e : 입자의 이동속도(m/sec)　　Q : 가스량(m³/sec)]

따라서 $\eta = \left\{1-\exp\frac{-2\times 4m\times 5m\times 0.09m/sec}{90m^3/min\times 1min/60sec}\right\} \times 100 = 90.93\%$

② $\eta = \left\{1-\exp\frac{-2\times we\times L}{R\times u}\right\} \times 100(\%)$

[η : 제거효율(%)　　We : 겉보기 여과속도(m/sec)　　L : 길이(m)
　R : 반지름(m)　　u : 유속(m/sec)]

Question 74

반경 10cm, 길이 1m인 원통형 집진극을 가진 전기집진장치의 가스처리 유속이 2.0m/s이고 먼지가 집진극을 향하는 이동속도가 25cm/s이라면 먼지제거효율(%)은?

풀이 $\eta = \left\{1-\exp\frac{-2W_e \cdot L}{R \cdot U}\right\} \times 100(\%) = \left\{1-\exp\frac{-2\times 0.25m/sec\times 1m}{0.10m\times 2.0m/sec}\right\} \times 100 = 91.79\%$

③ $L = \frac{u\times s}{W_e}$

[L : 길이(m)　　u : 유속(m/sec)
　S : 집진극과 방전극간 거리(m)　　we : 겉보기 여과속도(m/sec)]

Question 75

전기집진장치에서 집진극과 방전극의 간격 4cm, 가스유속 2.4m/sec로서 먼지 입자를 100% 제거하기 위해 요구되는 이론적인 전기집진극의 길이는(m)? (단, 입자의 표류(분리)속도는 0.06m/sec임)

풀이 $L = \frac{u\times s}{W_e} = \frac{2.4m/sec\times 0.04m}{0.06m/sec} = 1.6m$

07 집진장치에서 집진효율 계산식

① $\eta = \left\{1 - \dfrac{C_o}{C_i}\right\} \times 100(\%)$

η : 처리효율(%) C_i : 입구농도(g/m^3) C_o : 출구농도(g/m^3)

Question 76

A집진장치의 입구와 출구에서의 먼지 농도가 각각 $11mg/Sm^3$와 $0.2 \times 10^{-3} g/Sm^3$이라면 집진율(%)은?

㉮ 96.2%   ㉯ 97.2%   ㉰ 98.2%   ㉱ 99.4%

풀이 집진율(%) = $\left(1 - \dfrac{\text{출구의 먼지농도}}{\text{입구의 먼지농도}}\right) \times 100 = \left(1 - \dfrac{0.2mg/Sm^3}{11mg/Sm^3}\right) \times 100 = 98.18\%$

TIP
출구의 먼지농도 = $0.2 \times 10^{-3} g/Sm^3 = 0.2 mg/Sm^3$

② $P = \dfrac{C_o}{C_i} \times 100(\%)$

P : 통과율(%) C_i : 입구농도(g/m^3) C_o : 출구농도(g/m^3)

③ $\eta = \left\{1 - \dfrac{C_o Q_o}{C_i Q_i}\right\} \times 100(\%)$

η : 처리효율(%) C_i : 입구농도(g/m^3) C_o : 출구농도(g/m^3)
Q_i : 입구가스량(m^3/hr) Q_o : 출구가스량(m^3/hr)

Question 77

A공장 bag filter의 입구 가스량은 $35.8\ Sm^3/hr$, 입구 먼지농도는 $4.56 g/Sm^3$ 이었고, 출구 가스량은 $0.71 Sm^3/min$, 출구 먼지농도는 $5mg/Sm^3$이었다. 이 bag filter의 집진효율(%)은?

㉮ 97.83   ㉯ 98.42   ㉰ 99.16   ㉱ 99.87

풀이 집진효율(%) = $\left\{1 - \dfrac{C_o \times Q_o}{C_i \times Q_i}\right\} \times 100 = \left\{1 - \dfrac{5 \times 10^{-3} g/Sm^3 \times 0.71 Sm^3/min \times 60min/hr}{4.56 g/Sm^3 \times 35.8 Sm^3/hr}\right\} \times 100 = 99.87\%$

④ $P = \dfrac{C_o Q_o}{C_i Q_i} \times 100(\%)$

$\begin{bmatrix} P : 통과율(\%) & C_i : 입구농도(g/m^3) & C_o : 출구농도(g/m^3) \\ Q_i : 입구가스량(m^3/hr) & Q_o : 출구가스량(m^3/hr) \end{bmatrix}$

 Question 78

전기로에 설치된 백필터의 입구 및 출구 가스량과 먼지 농도가 다음과 같을 때 먼지의 통과율은?

- 입구가스량 : 11,400Sm³/hr
- 입구 먼지농도 : 12,630mg/Sm³
- 출구가스량 : 270Sm³/min
- 출구 먼지농도 : 1.11g/Sm³

㉮ 10.5%   ㉯ 11.1%   ㉰ 12.5%   ㉱ 13.1%

풀이 통과율(P) = $\dfrac{C_o \times Q_o}{C_i \times Q_i} \times 100(\%)$ = $\dfrac{1.11 g/Sm^3 \times 270 Sm^3/min \times 60 min/hr}{12.63 g/Sm^3 \times 11,400 Sm^3/hr} \times 100 = 12.49\%$

⑤ $\eta = \left\{ 1 - \dfrac{C_o f_o}{C_i f_i} \right\} \times 100(\%)$

$\begin{bmatrix} \eta : 처리효율(\%) & C_i : 입구농도(g/m^3) & C_o : 출구농도(g/m^3) \\ f_i : 입구의 중량분포(\%) & f_o : 출구의 중량분포(\%) \end{bmatrix}$

 Question 79

A 집진장치의 입구와 출구에서의 함진가스 농도가 각각 10g/Sm³, 100mg/Sm³ 이고, 그 중 입경범위가 0~5μm인 먼지의 질량분율이 각각 8%와 60% 일 때, 이 집진장치에서 입경범위 0~5 μm인 먼지의 부분집진율(%)은 얼마인가?

㉮ 89.5%   ㉯ 90.3%   ㉰ 92.5%   ㉱ 99.0%

풀이 부분집진율(%) = $\left(1 - \dfrac{C_o \times f_o}{C_i \times f_i} \right) \times 100$ = $\left(1 - \dfrac{0.1 g/Sm^3 \times 0.60}{10 g/Sm^3 \times 0.08} \right) \times 100 = 92.50\%$

⑥ 집진장치가 직렬로 2개 설치시

$\eta_T = \left(1 - \dfrac{C_o}{C_i} \right) \times 100(\%)$

$\eta_T = 1 - (1 - \eta_1) \times (1 - \eta_2)$

$$\therefore \left(1-\frac{C_o}{C_i}\right) = 1-(1-\eta_1)\times(1-\eta_2)$$

η_T : 총합효율(%)　　　C_i : 입구농도(g/m³)　　　C_o : 출구농도(g/m³)
η_1 : 1차처리장치(전처리) 효율　　η_2 : 2차처리장치(주처리) 효율

Question 80

A먼지 배출공장에 집진율 85%인 사이클론과 집진율 96%인 전기집진장치를 직렬로 연결하여 설치하였다. 이 때 총 집진효율(%)은 얼마인가?

㉮ 90.4%　　㉯ 94.4%　　㉰ 96.4%　　㉱ 99.4%

풀이 $\eta_T = 1-(1-\eta_1)\times(1-\eta_2)$
　　η_T : 총집진효율(%)　　η_1 : 사이클론의 집진효율(%)　　η_2 : 전기집진장치의 집진효율(%)
따라서 $\eta_T = 1-(1-0.85)\times(1-0.96) = 0.994$
$\therefore$ 99.4%

⑦ 집진장치가 병렬로 연결되어 있을 때

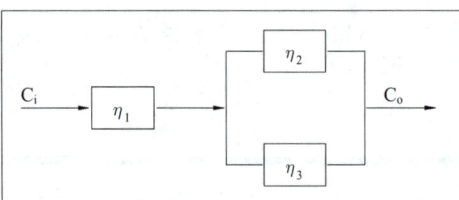

$$\eta_4 = \frac{\eta_2 + \eta_3}{2}$$

$$\eta_T = 1-(1-\eta_1)\times(1-\eta_4)$$

$$\eta_T = \left(1-\frac{C_o}{C_i}\right)\times 100(\%)$$

$$\therefore \left(1-\frac{C_o}{C_i}\right) = 1-(1-\eta_1)\times(1-\eta_4)$$

⑧ 집진장치가 직렬로 2개 이상 연결되어 있을 때

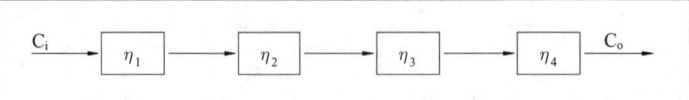

$$\eta_T = 1-(1-\eta_1)\times(1-\eta_2)\times(1-\eta_3)\times(1-\eta_4)$$

$$\eta_T = \left(1-\frac{C_o}{C_i}\right)\times 100(\%)$$

$$\therefore \left(1 - \frac{C_o}{C_i}\right) = 1 - (1-\eta_1) \times (1-\eta_2) \times (1-\eta_3) \times (1-\eta_4)$$

Question 81

3개의 집진장치를 직렬로 조합하여 집진한 결과 총집진율이 99%이었다. 1차 및 2차 집진장치의 집진율이 각각 70%, 80%라 하면 3차 집진장치의 집진율은 약 얼마인가?

㉮ 약 75.1%   ㉯ 약 83.4%   ㉰ 약 92.3%   ㉱ 약 95.6%

풀이 $\eta_T = 1-(1-\eta_1) \times (1-\eta_2) \times (1-\eta_3)$

η_T : 총집진율　　η_1 : 1차 집진장치의 효율
η_2 : 2차 집진장치의 효율　　η_3 : 3차 집진장치의 집진율

따라서 $0.99 = 1-(1-0.70) \times (1-0.80) \times (1-\eta_3)$

$\therefore \eta_3 = 0.8333$ 따라서 83.33%

CHAPTER 03 유해가스 처리법

01 황산화물(SOx)처리법

1. 중유 탈황법

★★ **(1) 중유탈황법의 종류**

① 금속산화물에 의한 흡착탈황
② 미생물에 의한 생화학적 탈황
③ 방사선화학에 의한 탈황
★★ ④ 접촉수소화 탈황법 ─ 가장 많이 사용
 ├ 탈황이 이루어지는 온도 : 350~420℃
 └ 탈황이 이루어지는 압력 : 50~220kg/cm²

(2) 직접탈황법

① 내독성 촉매를 첨가하여 고온과 고압수조의 존재하에 반응시켜 황과 황화수소(H_2S)를 제거하는 방법이다.
★★ ② Co-Ni-Mo을 수소첨가촉매로 하여 250~450℃에서 30~150kg/cm²의 압력을 가하여 H_2S, S, SO_2 형태로 제거하는 중유탈황법이다.

(3) 간접탈황법, 중간탈황법 등이 있다.

📢 **Question 01**

Co-Ni-Mo을 수소첨가촉매로 하여 250~450℃에서 30~150kg/cm²의 압력을 가하여 H_2S, S, SO_2 형태로 제거하는 중유탈황법은?
㉮ 직접탈황법　　㉯ 흡착탈황법　　㉰ 활성탈황법　　㉱ 산화탈황법

 ㉮

2. 배기가스 탈황법 중 습식탈황법

★★ **(1) 종류**

① 석회법(석회세정법)
② 아황산소오다법
③ 암모니아법
④ 가성소다 흡수법
⑤ 산화마그네슘 세정법

(2) 배연탈황법 중 습식법의 특징

① 배출가스가 굴뚝으로 배출될때 확산이 나쁘다.
② 반응 효율은 높다.
③ 수질오염의 문제가 심하다.

3. 배기가스 탈황법 중 건식탈황법

★★ **(1) 종류**

① 건식 석회석 주입법
② 활성산화망간법
③ 알칼리성 알루미나 흡수법
④ 활성탄흡착법

(2) 배연탈황법 중 건식법의 특징

① 장치가 대규모로 크다.
② 배출가스 온도저하가 없다.
③ 대용량 처리가 가능하다.

Question 02

배연탈황기술의 종류로 틀린 것은 어느 것인가?

㉮ 석회석 주입법　　㉯ 수소화 탈황법　　㉰ 활성산화 망간법　　㉱ 암모니아법

풀이 ㉯ 수소화 탈황법은 중유 탈황법의 종류이다.

> **TIP**
>
> **석회석을 이용하는 배연탈황법**
> ① 석회석을 가루로 만들어 연소로에 직접 주입하는 방법으로 초기 투자비가 적다.
> ★★★② 아주 짧은 시간에 아황산가스와 반응해야 하므로, 흡수효율이 낮으며, 연소로내에서 Scale을 생성한다.
> ③ 소규모 보일러나 노후된 보일러에 추가로 설치할 때 사용된다.
> ★★④ 배출가스의 온도가 떨어지지 않는 장점이 있다.
> ⑤ 연소로 내에서 짧은 접촉시간을 가지며, 아황산가스가 석회분말의 표면 안으로 침투가 어렵다.
> ⑥ 석회석 재생 뿐만 아니라 부대설비가 적게 소요된다.

📣 Question 03

석회석을 사용하는 배연탈황법의 특성으로 틀린 것은 어느 것인가?

㉮ 석회석을 가루로 만들어 연소로에 직접 주입하는 방법으로 초기 투자비가 적다.
㉯ 아주 짧은 시간에 아황산가스와 반응해야하므로 흡수효율은 낮으며, 연소로내에서 scale을 생성한다.
㉰ 이 반응은 pH의 영향을 많이 받으므로 흡수액의 pH는 9로 지정하고, SO_3의 산화는 pH 10 이상에서 진행한다.
㉱ 소규모 보일러나 노후된 보일러에 추가로 설치할 때 사용된다.

풀이 ㉰ 이 반응은 pH의 영향을 거의 받지 않는다.

★★★ 4. 황산화물(SO_X) 처리 반응식 및 계산방법

① $S + O_2 \rightarrow SO_2$

> **TIP**
>
> **아황산가스(SO_2) 계산 방법**
>
> $\underline{S} + O_2 \rightarrow \underline{SO_2}$
> 32kg : 22.4Sm^3
>
> 중유량(kg/hr) × $\dfrac{S(\%)}{100}$: X(Sm^3/hr)

Question 04

황함량 1.1%인 중유를 2,000kg/hr로 연소할 때 생성되는 SO_2가스의 양(Sm^3/hr)은 대략 얼마인가? (단, 황분은 모두 SO_2로 된다.)

풀이 $S + O_2 \rightarrow SO_2$

32kg : $22.4Sm^3$

2,000kg/hr×0.011 : x

∴ x = $\dfrac{22.4Sm^3 \times 2,000kg/hr \times 0.011}{32kg}$ = $15.4Sm^3$/hr

② 가성소다(NaOH) 흡수법

$S+O_2 \rightarrow SO_2+2NaOH \rightarrow Na_2SO_3+H_2O$

TIP

가성소다(NaOH) 계산 방법

$S + O_2 \rightarrow SO_2 + 2NaOH \rightarrow Na_2SO_3 + H_2O$

32kg : 2×40kg

중유량(kg/hr)× $\dfrac{S(\%)}{100}$ × $\dfrac{탈황율(\%)}{100}$: X(kg/hr)

Question 05

황함량이 2.5%인 중유를 9ton/h으로 완전연소하는 소각시설의 배출가스를 NaOH로 탈황하고자 할 때 이론적으로 필요한 NaOH양(kg/hr)은? (단, 탈황율은 98% 기준)

풀이 $S + O_2 \rightarrow SO_2 + 2NaOH \rightarrow Na_2SO_3 + H_2O$

32kg : 2×40kg

9×10^3kg/hr×0.025×0.98 : x

∴ x = $\dfrac{9 \times 10^3 kg/hr \times 0.025 \times 0.98 \times 2 \times 40kg}{32kg}$ = 551.25kg/hr

③ 건식석회석 주입법

$S+O_2 \rightarrow SO_2+CaCO_3+1/2O_2 \rightarrow CaSO_4+CO_2$

> **TIP**
>
> **탄산칼슘($CaCO_3$) 계산 방법**
>
> $\underline{S} + O_2 \rightarrow SO_2 + \underline{CaCO_3} + 1/2O_2 \rightarrow CaSO_4 + CO_2$
> 32kg : 100kg
>
> 중유량(kg/hr)$\times \dfrac{S(\%)}{100} \times \dfrac{탈황율(\%)}{100}$: X(kg/hr)

> **TIP**
>
> **석고($CaSO_4$) 계산 방법**
>
> $\underline{S} + O_2 \rightarrow SO_2 + CaCO_3 + 1/2O_2 \rightarrow \underline{CaSO_4} + CO_2$
> 32kg : 136kg
>
> 중유량(kg/hr)$\times \dfrac{S(\%)}{100} \times \dfrac{탈황율(\%)}{100}$: X(kg/hr)

Question 06

황성분이 무게비로 1.6%인 중유를 1,000kg/hr 연소할 때 배출되는 SO_2를 $CaSO_4$로 회수하는 경우 시간당 생성되는 $CaSO_4$의 양(kg/hr)은? (단, Ca원자량 : 40, 황분은 전량 SO_2로 전환됨)

풀이 $\underline{S} + O_2 \rightarrow SO_2 + CaCO_3 + 0.5O_2 \rightarrow \underline{CaSO_4} + CO_2$
32kg : 136kg
1,000kg/hr×0.016 : x

$\therefore x = \dfrac{1,000kg/hr \times 0.016 \times 136kg}{32kg} = 68kg/hr$

④ 석회세정법

$S + O_2 \rightarrow SO_2 + CaCO_3 + 1/2O_2 + 2H_2O \rightarrow CaSO_4 \cdot 2H_2O + CO_2$

> **TIP**
>
> **석고이수염($CaSO_4 \cdot 2H_2O$) 계산 방법**
>
> $\underline{S} + O_2 \rightarrow SO_2 + CaCO_3 + 1/2O_2 + 2H_2O \rightarrow \underline{CaSO_4 \cdot 2H_2O} + CO_2$
> 32kg : 172kg
>
> 중유량(kg/hr)$\times \dfrac{S(\%)}{100} \times \dfrac{탈황율(\%)}{100}$: X(kg/hr)

Question 07

황성분 1.1%인 중유를 15ton/h 으로 연소할 때 배출되는 가스를 $CaCO_3$로 탈황하고 황을 석고($CaSO_4 \cdot 2H_2O$)로 회수하고자 할 경우 회수하는 석고의 양(ton/h)은? (단, 황분은 100% SO_2로 전환되고, 탈황률은 93%이다.)

풀이) $\underline{S} + O_2 \rightarrow SO_2 + CaCO_3 + 0.5O_2 \rightarrow \underline{CaSO_4 \cdot 2H_2O} + CO_2$

32kg : 172kg
15ton/hr×0.011×0.93 : x

$\therefore x = \dfrac{15\text{ton/hr} \times 0.011 \times 0.93 \times 172\text{kg}}{32\text{kg}} = 0.83\text{ton/hr}$

TIP ★★
SO_x와 NO_x를 동시에 제어하는 기술
① 활성탄 공정
② NOXSO 공정
③ CUO 공정

Question 08

다음 중 SO_x와 NO_x를 동시에 제어하는 기술로 거리가 먼 것은?

㉮ Filter cage 공정 ㉯ 활성탄 공정 ㉰ NOXSO 공정 ㉱ CuO 공정

정답 ㉮

5. 환원법

활성탄에 SO_2를 흡착시키면 황산이 생성된다. 이를 탈착시키는 방법 중 활성탄 소모나 약산이 생성되는 단점을 극복하기 위해 H_2S 또는 CS_2를 반응시켜 단체의 S를 생성시키는 방법이다.

TIP
황산화물 배출제어 방법 중 재생식 공정은 웰만-로드법이다.

★★ 6. 촉매산화법 = 접촉산화법 = 산화법

(1) 정의

★★ 배연탈황법의 일종으로 배출가스중의 황산화물을 촉매를 사용하여 SO_2를 SO_3로 산화시켜 약 80% 농도의 황산을 직접 회수할 수 있는 방법이다.

(2) 촉매산화법의 특징

① 촉매를 사용하여 연소법에 비해 아주 낮은 온도에서 반응이 일어난다.
② 촉매로는 백금, 팔라디움 등의 귀금속이 널리 사용된다.
③ 체류시간은 연소장치에서 요구되는 것보다 훨씬 짧다.

★★ (3) 사용 촉매

① 백금(Pt)
② 오산화바나듐(V_2O_5)
③ K_2SO_4

> **TIP**
> 촉매산화법에 의한 SO_2 제거시 촉매제
> - $SO_2 + V_2O_5 \rightarrow SO_3$
> - $SO_3 + H_2O \rightarrow H_2SO_4$
> - $SO_3 + 2NH_4OH \rightarrow (NH_4)_2SO_4 + H_2O$

📢 Question 09

배연탈황법 중 V_2O_5, K_2SO_4 등을 사용하여 배기 중의 아황산가스를 진한 황산으로 회수할 수 있는 방법은?

㉮ 흡착법　　㉯ 알칼리법　　㉰ 접촉산화법　　㉱ 환원법

정답 ㉰

Question 10

배출가스 중 황산화물을 접촉식 황산제조방법의 원리를 이용한 접촉산화법으로 처리할 때 사용되는 일반적인 촉매로 가장 알맞은 것은 어느 것인가?

㉮ PbO   ㉯ PbO_2 ㉰ V_2O_5 ㉱ $KMnO_4$

풀이 접촉산화법에서 사용되는 촉매는 Pt, V_2O_5, K_2SO_4이다.

★★ 7. 습식배연탈황법인 습식석회석 – 석고탈황법에서 스켈링(Scaling) 방지 방안

① 흡수액량을 많게 탑내에서의 결착을 방지한다.
② 순환액의 pH값 변동을 적게한다.
③ 탑내에 내장물을 가능한 한 설치하지 않는다.

Question 11

습식배연탈황법 중 석회석–석고법은 흡수탑 및 탑 이후의 배관에서 스켈링을 일으킨다. 이 스켈링 방지방법으로 가장 거리가 먼 것은?

㉮ 흡수탑 순환액에 산화탑에서 생성한 석고를 반송하고 흡수액 슬러리 중의 석고농도를 5% 이상으로 유지하여 석고의 결정화를 촉진한다.
㉯ 흡수액량을 적게 하여 탑내에서의 결착을 촉진시킨다.
㉰ 순환액 pH값 변동을 적게 한다.
㉱ 탑내에 내장물을 가능한 한 설치하지 않는다.

풀이 ㉯ 흡수액량을 많게 하여 탑내에서의 결착을 방지한다.

02 질소산화물(NO_x)의 처리법

★★ 1. 선택적 촉매(접촉)환원법(SCR) – 건식법

배기가스 중에 존재하는 산소와는 무관하게 NO_x를 선택적으로 접촉환원시키는 방법이다.

★★ ① 질소산화물이 촉매에 의하여 선택적으로 환원되어 질소분자와 물로 전환된다.
② 질소산화물 전환율은 반응온도에 따라 종모양(bell shape)을 나타낸다.
★★ ③ 선택적 환원제로는 NH_3, H_2S 등이 있다.

④ 선택적인 접촉환원법에서 Al$_2$O$_3$계의 촉매는 SO$_2$, SO$_3$, O$_2$와 반응하여 황산염이 되기 쉽고, 촉매의 활성이 저하된다.
⑤ H$_2$S를 사용하는 선택적 촉매환원법은 Claus 반응에 따라 아황산가스 제거도 가능한 NO$_X$, SO$_X$ 동시제거법으로 제안되기도 하였다.
⑥ 선택적 촉매환원법에서 NH$_3$를 환원제로 사용하는 탈질법은 산소존재에 의해 반응속도가 증대하는 특이한 반응이고, 2차 공해의 문제도 적은 편이므로 광범위하게 적용된다.
★★ ⑦ 선택적 촉매환원법의 최적온도범위는 300~400℃ 정도이며, 보통 80% 정도의 NO$_X$를 저감시킬 수 있다.

Question 12

배출가스 중에 함유된 질소산화물 처리를 위한 건식법 중 선택적 촉매환원법(SCR)에 대한 설명으로 틀린 것은 어느 것인가?

㉮ 환원제로는 NH$_3$가 사용된다.
㉯ 질소산화물 전환율은 반응온도에 따라 종모양(bell-shape)을 나타낸다.
㉰ 질소산화물이 촉매에 의하여 선택적으로 환원되어 질소분자와 물로 전환된다.
㉱ 촉매 선택성에 의해 NO의 환원반응만 있고, 기타 산화반응 등의 부반응은 없다.

풀이 ㉱ 촉매 선택성에 의해 NO의 환원반응과 기타 산화반응 등의 부반응이 일어난다.

★★ 2. 비선택적 접촉환원법(NCR)

배기가스중의 산소를 환원제로 소비한 다음 NO$_X$를 접촉환원시키는 방법이다.

① 촉매로는 Pt 뿐만아니라 Co, Ni, Cu, Cr 등의 산화물도 이용 가능하다.
★★ ② 비선택적 촉매환원법에서 NO 환원제는 아세틸렌계 > 올레핀계 > 방향족계 > 파라핀계 순으로 불포화도가 높은만큼 반응성이 좋다.
★★ ③ 비선택적 촉매환원법에서 NO$_X$와 환원제의 반응서열은 CH$_4$ < H$_2$ < CO이며, 탄화수소의 경우 탄소수의 증가에 따라 일반적으로 반응성이 개선된다고 볼 수 있다.

3. 무촉매환원법

① NO의 암모니아에 의한 환원에는 보통 산소의 공존이 필요하다.
② 1000℃ 정도의 고온과 NH$_3$/NO가 2 이상의 암모니아의 첨가가 필요하다.
★★ ③ NO$_X$의 제거율은 30~70%로 대체로 낮은 편이다.

④ 반응기 등의 설비가 필요하지 않아 설비비는 작고, 특히 더러운 NO_x의 제거에 적합하다.

> **Question 13**
>
> 무촉매환원법에 의한 배출가스 중 NO_x를 제거하는 방법에 관한 설명으로 가장 거리가 먼 것은?
>
> ㉮ NO_x의 제거율은 비교적 높아 95% 이상이다.
> ㉯ 제거율을 높이기 위해서는 보통 1000℃ 정도의 고온과 NH_3/NO가 2 이상의 암모니아의 첨가가 필요하다.
> ㉰ NO의 암모니아에 의한 환원에는 보통 산소의 공존이 필요하다.
> ㉱ 반응기 등의 설비가 필요하지 않아 설비비는 작고, 특히 더러운 가스의 NO_x의 제거에 적합하다.
>
> **풀이** ㉮ NO_x의 제거율은 30~70%로 대체로 낮은 편이다.

4. NO_x 처리방법 중 촉매환원법

선택적으로 환원반응에서는 첨가된 반응물이 NO_x만 환원시키고, 비선택적 환원반응에서는 배출가스중의 과잉의 O_2가 소모된다.

★★ 5. 선택적 환원제의 특징

① CO를 환원제로 사용하는 경우 반응에 소모되지 않고 남는 것은 대기오염을 일으킬 수 있다.
② H_2를 사용하는 경우 촉매에 따라 연소반응에서 생기는 CO에 의해서 효력이 줄어들 수 있다.
③ NH_3를 환원제로 사용하는 경우에는 온도를 통제하여야 한다.
④ CH_4를 환원제로 사용하는 경우에는 공기를 가능한 낮게 공급하여야 한다.

★★★ 6. NH_3에 의한 선택적 접촉환원법에서 반응식 및 계산방법

① $6NO + 4NH_3 \rightarrow 5N_2 + 6H_2O$
② $6NO_2 + 8NH_3 \rightarrow 7N_2 + 12H_2O$

> **TIP**
>
> $NH_3(Kg/hr)$ 계산 방법
>
> ① $\underline{6NO} + \underline{4NH_3} \rightarrow 5N_2 + 6H_2O$
> $6 \times 22.4 Sm^3 : 4 \times 17 kg$
>   가스량$(Sm^3/hr) \times NO(ppm) \times 10^{-6} : X_1(kg/hr)$
>
> ② $\underline{6NO_2} + \underline{8NH_3} \rightarrow 7N_2 + 12H_2O$
> $6 \times 22.4 Sm^3 : 8 \times 17 kg$
>   가스량$(Sm^3/hr) \times NO_2(ppm) \times 10^{-6} : X_2(kg/hr)$
>
> ③ NH_3량$(kg/hr) = X_1 + X_2$

Question 14

NO 460ppm, NO_2 46.0ppm을 함유한 배기가스 100,000Nm^3/h를 NH_3에 의해 선택적 접촉환원법에서 처리할 경우 NO_x를 제거하기 위한 NH_3의 이론양(kg/hr)은? (단, 반응에 산소는 고려하지 않음)

풀이
① $\underline{6NO} + \underline{4NH_3} \rightarrow 5N_2 + 6H_2O$
  $6 \times 22.4 Nm^3 : 4 \times 17 kg$
  $100,000 Nm^3/hr \times 460 ppm \times 10^{-6} : x_1$

$$\therefore x_1 = \frac{4 \times 17 kg \times 100,000 Nm^3/hr \times 460 ppm \times 10^{-6}}{6 \times 22.4 Nm^3} = 23.27 kg/hr$$

② $\underline{6NO_2} + \underline{8NH_3} \rightarrow 7N_2 + 12H_2O$
  $6 \times 22.4 Nm^3 : 8 \times 17 kg$
  $100,000 Nm^3/hr \times 46.0 ppm \times 10^{-6} : x_2$

$$\therefore x_2 = \frac{8 \times 17 kg \times 100,000 Nm^3/hr \times 46.0 ppm \times 10^{-6}}{6 \times 22.4 Nm^3} = 4.65 kg/hr$$

③ NH_3의 양 = $x_1 + x_2$ = 23.27kg/hr + 4.65kg/hr = 27.92kg/hr

7. 선택적 접촉환원법의 배연탈질법의 반응식 및 계산방법

$4NO + 4NH_3 + O_2 \rightarrow 4N_2 + 6H_2O$

> **TIP**
>
> $NH_3(Sm^3/hr)$ 계산 방법
>
> $\underline{4NO} + \underline{4NH_3} + O_2 \rightarrow 4N_2 + 6H_2O$
> $4 \times 22.4 Sm^3 : 4 \times 22.4 Sm^3$
> 가스량$(Sm^3/hr) \times NOppm \times 10^{-6} : X(Sm^3/hr)$

Question 15

600ppm의 NO를 함유하는 배기가스 500,000Nm³/hr를 암모니아 선택적 접촉환원법으로 배연탈질할 때 요구되는 암모니아의 양(Nm³/hr)은? (단, 산소가 공존하는 상태 기준임)

풀이

$4NO + 4NH_3 + O_2 \rightarrow 4N_2 + 6H_2O$

$4 \times 22.4 Nm^3 : 4 \times 22.4 Nm^3$

$500,000 Nm^3/hr \times 600 ppm \times 10^{-6} : x$

$\therefore x = \dfrac{4 \times 22.4 Nm^3 \times 500,000 Nm^3/hr \times 600 ppm \times 10^{-6}}{4 \times 22.4 Nm^3} = 300 Nm^3/hr$

★★★ 8. NOx(질소산화물)의 발생억제법

★★ ① 저온도연소 : 주입하는 공기의 예열온도를 조절하여 질소산화물 발생을 줄인다.
　② 배기가스재순환법 : 불꽃의 최고온도가 낮아져 질소산화물의 생성량이 줄어든다.
　③ 수증기 분무 : 화로내에 물이나 수증기를 분무하여 산소와 수소를 분해시키면 흡열 반응을 일으키는 동시에 둥근 화염을 형성시켜 NOx발생을 방지한다.
★★ ④ 연소용 공기의 과잉 공급량을 약 10% 이내로 줄임으로써 질소산화물의 생성을 억제할 수 있다.
　⑤ 연소로에서 주위 표면으로부터 열전달을 효과적으로 촉진시켜 화염온도를 낮춤으로써 질소산화물을 줄일 수 있다.

★★ 9. NOx(질소산화물) 제거법

　① 배기가스 재순환법
　② 연소부분 냉각법
　③ 2단 연소법
★★ ④ 연소온도 낮게
　⑤ NOx 함량이 적은 연료 사용
★★ ⑥ 연소영역에서의 산소농도 낮게
　⑦ 연소영역에서 연소가스의 체류시간 짧게

Question 16

질소산화물(NO_x) 저감기술로 틀린 것은 어느 것인가?

㉮ 유기질소화합물을 함유하지 않는 연료를 사용할 것
㉯ 연소영역에서 산소의 농도를 높일 것
㉰ 고온영역에서 연소가스의 체류시간을 짧게할 것
㉱ 부분적인 고온영역을 없게 할 것

풀이 ㉯ 연소영역에서 산소의 농도를 낮출 것

03 불화수소(플루오린화수소산)(HF) 처리법

1. 반응식

★★ $2HF + Ca(OH)_2 \rightarrow CaF_2 + 2H_2O$

$2HF + SiF_4 \rightarrow H_2SiF_6$

Question 17

연도의 배출가스는 22,400Sm³/hr이고, 그 중 HF 3,000ppm, SiF_4 1,500ppm이 함유되고 있다. 배출가스를 물에 흡수시켜 규불산으로 회수하고자 할 때 흡수율을 100%라 하면 매시 몇 kmol의 규불산을 회수할 수 있는지 계산하시오.

풀이 $2HF + SiF_4 \rightarrow H_2SiF_6$으로 반응한다.

$HF량 = 22{,}400Sm^3/hr \times 3{,}000ppm \times 10^{-6} \times \dfrac{1kmol}{22.4Sm^3} = 3kmol/hr$

$SiF_4량 = 22{,}400Sm^3/hr \times 1{,}500ppm \times 10^{-6} \times \dfrac{1kmol}{22.4Sm^3} = 1.5kmol/hr$

따라서 2 : 1 : 1로 반응하므로 4불화규소의 양이 규불산의 양이 된다.
따라서 회수되는 규불산의 양은 1.5kmol/hr

Question 18

불화수소 0.5%(V/V)를 함유하는 배출가스 2,000 Sm³/h를 Ca(OH)₂의 현탁액으로 처리할 때 이론적으로 필요한 시간당 Ca(OH)₂의 양(kg/hr)은? (단, 원자량은 Ca = 40, F = 19)

풀이 $2HF + Ca(OH)_2 \rightarrow CaF_2 + 2H_2O$

$2 \times 22.4 Sm^3 : 74 kg$

$2,000 Sm^3/hr \times 0.5\% \times 10^{-2} : x$

$\therefore x = \dfrac{74 kg \times 2,000 Sm^3/hr \times 0.5\% \times 10^{-2}}{2 \times 22.4 Sm^3} = 16.52 kg/hr$

2. 불소화합물(플루오린화합물) 처리

★★ ① 물에 대한 용해도가 비교적 크므로 수세에 의한 처리가 적당하다.
② 스프레이탑을 사용할때에 분무노즐의 막힘이 없도록 보수관리에 주의가 필요하다.
③ 처리중 고형물을 생성하는 경우가 많다.
★★ ④ 세정장치 중 충전탑은 부적합하고 분무탑이나 제트 스트러버가 적합하다.

Question 19

불소화합물의 흡수처리에 관한 설명으로 가장 거리가 먼 것은?
㉮ 세정장치 중 충전탑이 가장 적합하다.
㉯ 물에 대한 용해도가 비교적 크므로 수세에 의한 처리가 적당하다.
㉰ 스프레이탑을 사용할 때에 분무 노즐의 막힘이 없도록 보수관리에 주의가 필요하다.
㉱ 처리 중 고형물을 생성하는 경우가 많다.

풀이 ㉮ 세정장치 중 분무탑이나 제트스크러버가 가장 적합하다.

04 기타 가스상 물질의 처리반응식

★★ ① $2HCl + Ca(OH)_2 \rightarrow CaCl_2 + 2H_2O$
★★ ② $2Cl_2 + 2Ca(OH)_2 \rightarrow CaCl_2 + Ca(OCl)_2 + 2H_2O$
③ $HCl + NaOH \rightarrow NaCl + H_2O$
④ $Cl_2 + 2NaOH \rightarrow NaCl + NaOCl + H_2O$

⑤ 2HF+Ca(OH)$_2$ → CaF$_2$+2H$_2$O

Question 20

부피비로 염화수소 0.7%인 배출가스 5,000Sm^3/hr를 수산화칼슘으로 처리하여 염화수소를 완전히 제거하기 위한 수산화칼슘의 시간당 필요량(kg/hr)은? (단, Ca : 40)

[풀이] 2HCl + Ca(OH)$_2$ → CaCl$_2$ + 2H$_2$O

2×22.4Sm^3 : 74kg

5,000Sm^3/hr×0.7%×10^{-2} : x

∴ x = $\dfrac{74\text{kg} \times 5,000\text{Sm}^3/\text{hr} \times 0.7\% \times 10^{-2}}{2 \times 22.4\text{Sm}^3}$ = 57.81kg/hr

Question 21

염소가스농도가 0.1%인 배기가스 10,000 Sm^3/hr를 Ca(OH)$_2$의 현탁액으로 세정처리하여 염소를 처리할 때 이론적으로 소요되는 Ca(OH)$_2$양(kg/hr)은? (단, Ca원자량 : 40)

[풀이] 2Cl$_2$ + 2Ca(OH)$_2$ → CaCl$_2$ + Ca(OCl)$_2$ + 2H$_2$O

2×22.4Sm^3 : 2×74kg

10,000Sm^3/hr×0.1%×10^{-2} : x

∴ x = $\dfrac{2 \times 74\text{kg} \times 10,000\text{Sm}^3/\text{hr} \times 0.1\% \times 10^{-2}}{2 \times 22.4\text{Sm}^3}$ = 33.04kg/hr

05 배출가스와 처리방법 정리

① 염화수소(HCl)
  ㉠ 알칼리를 사용한 분무탑식 흡수장치
  ㉡ 수세법
② 비소(As) : 알칼리액에 의한 세정
③ 크롬산 미스트 : 충전탑에 의한 수세시설
④ 불소화합물 : 제트스크러버
⑤ 불소(F$_2$) : 가성소다에 의한 흡수법
⑥ 시안화수소(HCN) : 세정법, 연소법
⑦ SO$_2$: 충전탑, 석회석주입법

⑧ Cl_2 : 흡수법
⑨ Dust gas : 사이클론스크러버
⑩ 황화수소(H_2S)
  ㉠ 중화법 및 산화법(알칼리 흡수법)
  ㉡ 알칼리를 사용한 충전탑식 흡수장치
⑪ 질소산화물 : 충전탑을 사용한 가스세정장치
⑫ 분무 도장 먼지 : 습식(수세식) 또는 건식(여과식) 처리시설과 배기통
⑬ 벤젠(C_6H_6) : 촉매연소법, 활성탄 흡착법
⑭ VOC_S(휘발성유기화합물)의 종류 중 지방족 HC의 제거기술
  ㉠ 촉매소각
  ㉡ 생물막
  ㉢ UV 산화
⑮ VOC_S(휘발성유기화합물)을 제어하기 위한 막기술의 주요설계인자는 침투속도이다.
⑯ VOC_S(휘발성유기화합물)을 98% 이상 제어하기 위한 전형적인 VOC_S 제어기술
  ㉠ 후연소
  ㉡ 회복(recuperative) 열산화
  ㉢ 저온(cryogenic) 응축
  ㉣ 재생(regenerative) 열산화
  ㉤ 오존분해법은 염기성 조건일수록, 온도는 높을수록 분해속도가 커진다.
  ㉥ 집진장치의 온도는 200℃ 이하로 내리는 것이 바람직하다.
★★ ⑰ VOC_S(휘발성유기화합물)의 제거기술
  ㉠ 직접소각(연소)
  ㉡ 활성탄흡착
  ㉢ 생물여과법
  ㉣ 흡수법
  ㉤ 응축법

Question 22

휘발성유기화합물(VOC_S) 제어 기술로 틀린 것은 어느 것인가?
㉮ 활성탄 흡착(Activated carbon adsorption)
㉯ 응축(Condensation)
㉰ 수은환원(Mercury reduction)
㉱ 흡수(Absorption)

풀이 휘발성유기화합물(VOC_S) 제어 기술로는 흡착법, 연소법, 응축법, 흡수법이 있다.

⑱ 다이옥신 처리법
  ㉠ 촉매분해법 : 금속산화물(V_2O_5, TiO_2 등), 귀금속(Pt, Pd) 이 사용된다.
  ㉡ 고온광분해법 : 자외선파장(250~340nm)이 가장 효과적인 것으로 알려져 있다.
  ㉢ 초임계 유체분해법 : 초임계유체의 극대 용해도를 이용한다.
  ㉣ 오존산화법 : 수중에 함유된 다이옥신을 처리한다.
  ㉤ 열분해방법 : 산소가 아주 적은 환원성 분위기에서 탈염소화, 수소첨가반응 등에 의해 분해시킨다.

Question 23

다이옥신의 처리대책으로 틀린 것은 어느 것인가?

㉮ 촉매분해법 : 촉매로는 금속산화물(V_2O_5, TiO_2 등), 귀금속(Pt, Pd)이 사용된다.
㉯ 광분해법 : 자외선파장(250~340nm)이 가장 효과적인 것으로 알려져 있다.
㉰ 열분해방법 : 산소가 아주 적은 환원성 분위기에서 탈염소화, 수소첨가반응 등에 의해 분해시킨다.
㉱ 오존분해법 : 수중 분해시 순수의 경우는 산성일수록, 온도는 20℃ 전후에서 분해속도가 커지는 것으로 알려져 있다.

풀이 ㉱ 오존분해법 : 염기성 조건일수록, 온도가 높을수록 분해속도가 커진다.

⑲ CO 제거법
  백금계 촉매를 사용하여 무해한 이산화탄소로 산화시켜 제거
⑳ 케톤류 : 직접소각법, 응축법, 흡수법
㉑ 아크로레인 : 그대로 흡수가 불가능하며 NaClO 등의 산화제를 혼입한 가성소다 용액으로 흡수제거한다.
㉒ 이산화셀렌 : 코트렐집진기로 포집, 결정으로 석출, 물에 잘 용해되는 성질을 이용해 스크러버에 의해 세정하는 방법 등이 이용된다.
㉓ 염화인
  ㉠ 충전물을 채운 흡수탑을 이용하여 알칼리성 용액에 흡수시켜 제거한다.
  ㉡ 물에 흡수시켜 제거한다.

TIP
유해가스 종류별 처리제 및 생성물질

유해가스	처리제	생성물
Cl_2	$Ca(OH)_2$	$Ca(OCl)_2$
F_2	NaOH	NaF
HF	$Ca(OH)_2$	CaF_2
SiF_4	H_2O	SiO_2

 Question 24

다음 유해가스 처리에 관한 설명 중 가장 거리가 먼 것은?
㉮ 염화인(PCl_3)은 물에 대한 용해도가 낮아 암모니아를 불어넣어 병류식 충전탑에서 흡수처리한다.
㉯ 시안화수소는 물에 대한 용해도가 매우 크므로 가스를 물로 세정하여 처리한다.
㉰ 아크로레인은 그대로 흡수가 불가능하며 NaClO 등의 산화제를 혼입한 가성소다 용액으로 흡수 제거한다.
㉱ 이산화셀렌은 코트럴집진기로 포집, 결정으로 석출, 물에 잘 용해되는 성질을 이용해 스크러버에 의해 세정하는 방법 등이 이용된다.

풀이 ㉮ 염화인(PCl_3)는 물에 대한 용해도가 높아 물에 흡수시켜 제거한다.

 Question 25

각종 유해가스 처리방법으로 틀린 것은 어느 것인가?
㉮ 아크로레인은 NaClO 등의 산화제를 혼입한 가성소다 용액으로 흡수 제거한다.
㉯ CO는 백금계의 촉매를 사용하여 연소시켜 제거한다.
㉰ 이황화탄소는 암모니아를 불어넣는 방법으로 제거한다.
㉱ Br_2는 산성수용액에 의한 선정법으로 제거한다.

풀이 ㉱ Br_2는 가성소다 수용액에 의한 선정법으로 제거한다.

CHAPTER 04 흡착법과 연소법 및 악취물질

01 흡착법

1. 흡착법의 특징

① 공기나 다른 기체중에 함유된 습기를 제거하는 것 외에도 산업공정에서 배출되는 악취나 오염물질들을 제거하는데 유효하며 공기나 다른 기체로부터 유용한 용매의 증기를 회수할 수 있는 유해가스의 처리기술이다.
② 유체로부터 기체(또는 액체) 성분을 어떤 고체상 물질에 의해 선택적으로 제거할 수 있는 분리공정이다.
③ 표면적이라 함은 흡착제 내부의 기공에서의 면적을 말한다.
④ 흡착제의 비표면적과 흡착물질에 대한 친화력이 크면 클수록 흡착효과가 커진다.

★★★ 2. 흡착제의 종류별 사용용도

★★ ① 활성탄(Activated carbon)
  ㉠ 용제회수, 가스정제, 악취제거
  ㉡ 각종 방향족 유기용제, 할로겐화된 지방족 유기용제, 에스테르류
  ㉢ 알코올류 등의 비극성류의 유기용제 흡착
  ㉣ 표면적은 600~1400m^2/g이다.
  ㉤ 소수성(비극성) 흡착제이다.

Question 01

흡착제를 친수성(극성)과 소수성(비극성)으로 구분 할 때, 다음 중 친수성 흡착제에 해당하지 않는 것은?

㉮ 활성탄
㉯ 실리카겔
㉰ 활성 알루미나
㉱ 합성 지올라이트

풀이 ㉮ 활성탄은 소수성(비극성) 흡착제이다.

② 분자체
  ㉠ 탄화수소로부터 오염물질제거

★★ ③ 활성알루미나
  ㉠ 습한 가스의 건조
  ㉡ 물과 유기물을 잘 흡착하며 175~325℃로 가열하여 재생시킬 수 있다.
  ㉢ 친수성(극성) 흡착제이다.

★★ ④ 실리카겔(Sillicagel)
  ㉠ 가스건조, 황분제거
  ㉡ NaOH 용액 중 불순물 제거
  ㉢ 250℃ 이하에서 물과 유기물을 잘 흡착
  ㉣ 친수성(극성) 흡착제이다.

⑤ 보오크사이트
  ㉠ 석유분류물 처리
  ㉡ 석유중의 유분제거
  ㉢ 가스 및 용액건조
  ㉣ 친수성(극성) 흡착제이다.

⑥ 합성제올라이트(Synthetic Zeolite)
  ㉠ 특정한 물질을 선택적으로 흡착시키거나 흡착속도를 다르게 할 수 있다.
  ㉡ 극성이 다른 물질이나 포화정도가 다른 탄화수소의 분리가 가능
  ㉢ 합성제올라이트는 분자체로 알려져 있다.
  ㉣ 친수성(극성) 흡착제이다.

⑦ 마그네시아(Magnesia)
  ㉠ 기름(휘발유)용제 정제
  ㉡ 표면적은 200m^2/g 정도
  ㉢ 소수성(비극성) 흡착제이다.

Question 02

다음 중 표면적이 200m²/g 정도로서, 주로 휘발유 및 용제정제 등으로 사용되는 흡착제는?

㉮ 실리카겔(Silica Gel) ㉯ 본차(Bone char)
㉰ 폴링(Pall ring) ㉱ 마그네시아(Magnesia)

정답 ㉱

★★ 3. 흡착의 종류

(1) 화학적 흡착

① 대부분의 흡착제가 고체이다.
② 흡착제의 재생성이 낮다.
③ 흡착열이 물리적 흡착에 비하여 높다.
★ ④ 여러층의 흡착층이 불가능하다.
★ ⑤ 단분자를 흡착하며 비가역적 반응이다.

Question 03

화학적 흡착에 대한 설명으로 틀린 것은 어느 것인가?

㉮ 흡착제는 대부분이 고체이다. ㉯ 여러층의 흡착층이 가능하다.
㉰ 흡착제의 재생성이 낮다. ㉱ 흡착열이 물리적 흡착에 비하여 높다.

풀이 ㉯ 여러층의 흡착층이 불가능하다.

(2) 물리적 흡착

① Van der Waals 힘과 같은 약한 힘으로 결합된다.
★★ ② 가역적 과정이며 흡착열이 화학적 흡착보다 작다.
③ 기체와 흡착제 분자간의 인력이 작용
★★ ④ 흡착온도를 증가시키면 평형 흡착량은 감소한다.
⑤ 결합에너지는 액체분자사이의 인력과 비슷하다.
★★ ⑥ 다분자 흡착이며 흡착제의 재생이나 오염가스의 회수에 용이하다.
⑦ 처리할 가스의 분압이 낮아지면 흡착량은 감소한다.
⑧ 압력을 감소시키면 흡착물질이 흡착제로부터 분리되는 가역적 반응이다.

Question 04

유해가스의 물리적 흡착에 관한 설명으로 옳지 않은 것은?
㉮ 처리가스의 온도가 낮을수록 잘 흡착된다.
㉯ 흡착제에 대한 용질의 분압이 높을수록 흡착량이 증가한다.
㉰ 가역성이 높고 여러 층의 흡착이 가능하다.
㉱ 분자량이 작을수록 잘 흡착된다.

  풀이 ㉱ 분자량이 클수록 잘 흡착된다

★★ 4. 흡착법을 가장 유용하게 적용할 수 있는 경우

① 기체상 오염물질이 비연소성이거나 태우기 어려운 경우
② 오염물질의 회수가치가 충분한 경우
③ 배기내 오염물 농도가 대단히 낮은 경우

 Question 05

흡착은 유체로부터 기체(또는 액체)성분을 어떤 고체상 물질에 의해 선택적으로 제거할 수 있는 분리공정이다. 다음 중 흡착법이 유용한 경우와 가장 거리가 먼 것은?
㉮ 기체상 오염물질이 비연소성이거나 태우기 어려운 경우
㉯ 오염물질의 회수가치가 충분한 경우
㉰ 분자량이 큰 고분자 입자로서 용해도가 높은 경우
㉱ 배기내의 오염물 농도가 대단히 낮은 경우

  풀이 ㉰ 분자량이 큰 고분자 입자로서 용해도가 낮을 경우

★★ 5. 파과점(break point)

흡착탑 출구에서 오염물질농도가 급격히 증가되기 시작하는 점을 파과점 또는 돌파현상이라 한다.

Question 06

흡착에 의한 유해가스의 처리에 있어 돌파현상이 일어날 때 발생하는 현상에 대한 내용으로 알맞은 것은 어느 것인가?

㉮ 배출가스의 양이 갑자기 감소한다.
㉯ 배출가스의 양이 갑자기 증가한다.
㉰ 배출가스 중 오염물질 농도가 갑자기 감소한다.
㉱ 배출가스 중 오염물질 농도가 갑자기 증가한다.

정답 ㉱

6. 흡착제의 재생방법

① 수증기를 불어 넣는다.
② 물로 세척한다.
③ 고온의 불활성 기체를 가한다.

> **TIP**
> 물리적흡착과 화학적흡착의 비교
>
> | 구 분 | 물리적 흡착 | 화학적 흡착 |
> |---|---|---|
> | 흡착과정 | 가역성이 높음 | 가역성이 낮음 |
> | 오염가스의 회수 | 용이 | 어려움 |
> | 온도범위 | 대체로 낮은 온도 | 대체로 높은 온도 |
> | 흡착열 | 낮음 | 높음 |

★★ 7. 흡착과정

★★ ① 흡착제층 전체가 포화되어 배출가스 중에 오염가스의 일부가 남게 되는 점을 파괴(파과)점이라 하고 이점 이후부터는 오염가스의 농도가 급격히 증가한다.

★★ ② 주어진 온도와 압력조건에서는 파괴(파과)점에서 흡착제가 가장 많은 양의 흡착질을 흡착하게 된다.

★★ ③ 흡착질의 처리량을 시간의 함수로 나타내면 S자형 곡선이 되는데 이것을 돌파곡선이라 한다.

④ 포화점(Saturation point)에서는 주어진 온도와 압력조건에서 흡착제가 가장 많은 양의 흡착질을 흡착하는 점이다.

⑤ 파괴(파과)곡선의 형태는 흡착탑의 경우에 따라서 비교적 기울기가 큰 것이 바람직

하다.
⑥ 실제의 흡착은 비정상상태에서 진행되므로 흡착의 초기에는 흡착이 빠르게 진행되다가 어느정도 흡착이 진행되면 천천히 흡착이 이루어진다.

8. 흡착시설의 조건

① 기체흐름에 대한 저항이 작아야 한다.
② 흡착제의 사용기간이 길수록 좋다.
③ 가스와 흡착제의 접촉시간이 긴 것이 요구된다.
④ 흡착제의 재생능력이 클수록 좋다.

9. 흡착장치의 종류

★★ **(1) 유동상 흡착장치**

① 가스의 유속을 크게 할 수 있다.
② 고체와 기체의 접촉을 좋게 할 수 있다.
③ 고정층과 이동층 흡착장치의 장점만을 이용한 복합형이다.
④ 흡착제의 유동에 의한 마모가 크게 일어나고, 조업조건에 따른 주어진 조건의 변동이 어렵다.

Question 07

다음 흡착장치 중 가스의 유속을 크게 할 수 있고, 고체와 기체의 접촉을 크게 할 수 있으며, 가스와 흡착제를 향류로 접촉할 수 있는 장점은 있으나, 주어진 조업조건에 따른 조건 변동이 어려운 것은?

㉮ 유동층 흡착장치 ㉯ 이동층 흡착장치
㉰ 고정층 흡착장치 ㉱ 원통형 흡착장치

정답 ㉮

---

(2) 고정상 흡착장치

① 처리가스를 연속적으로 처리하고자 할 경우에는 회분식(batch type) 흡착장치 2개를 병렬로 연결하여 흡착과 재생을 교대로 한다.
② 활성탄의 재생은 흡착된 오염물질의 탈착, 활성탄 냉각 및 재사용의 3단계로 구분할 수 있다.

③ 보통 수직으로 된 것은 소규모에 적합하고, 수평으로 된 것은 대규모에 적합하다.

(3) 이동상 흡착장치

① 유동상 흡착장치에 비해 가스의 유속을 크게 유지할 수 없다.
② 흡착제가 적게 소요된다.
③ 흡착제의 마모손실이 매우 크다.

Question 08

흡착장치에 대한 내용으로 틀린 것은 어느 것인가?

㉮ 고정층 흡착장치에서 보통 수직으로 된 것은 대규모에 적합하고, 수평으로 된 것은 소규모에 적합하다.
㉯ 일반적으로 이동층 흡착장치는 유동층 흡착장치에 비해 가스의 유속을 크게 유지할 수 없는 단점이 있다.
㉰ 유동층 흡착장치는 고정층과 이동층 흡착장치의 장점만을 이용한 복합형으로 고체와 기체의 접촉을 좋게 할 수 있다.
㉱ 유동층 흡착장치는 흡착제의 유동에 의한 마모가 크게 일어나고, 조업조건에 따른 주어진 조건의 변동이 어렵다.

풀이 ㉮ 고정층 흡착장치에서 보통 수직으로 된 것은 소규모에 적합하고, 수평으로 된 것은 대규모에 적합하다.

---

02 연소법과 산화법

1. 연소법의 특징

① 가스유량이 많고 유해가스의 농도가 낮은 경우에 주로 사용한다.
② 주용도는 악취물질이나 매연의 제거이다.
③ 연소장치의 설계 및 조업을 적절하게 함으로써 가연성 오염물질을 거의 완전히 제거할 수 있다.
④ 촉매에 바람직하지 않은 원소는 납, 비소, 수은 등이다.

2. 연소법의 종류

★★ **(1) 가열 연소법(가열 소각법)**

★★ ① 배출가스내 가연성 물질의 농도가 매우 낮아 직접 연소가 어려울 경우에 주로 사용한다.

② After burner법이라고도 하며, hydrocarbons, H_2, NH_3, HCN 등의 제거가 유용하다.
③ 오염기체의 농도가 낮을 경우 보조연료가 필요하며, 보통 경제적으로 오염가스의 농도가 연소하한치(LEL)의 50% 이상이 적합하다.
④ 그을음은 연료중의 C/H비가 3 이상일 때 주로 발생되므로 수증기 주입으로 C/H비를 낮추면 해결 가능하다.
★★ ⑤ 보통 연소실의 온도는 500~800℃, 체류시간은 0.2~0.8초 정도로 설계하고 있다.

★★ (2) 촉매 연소법

① 낮은 온도에서 반응이 가능하며 분자량이 작은 탄화수소가 큰 탄화수소보다 쉽게 산화되지 않는다.
★★ ② 반응속도가 빠르고 온도를 낮출 수 있어 NO_X 발생이 가장 적게 발생한다.
★★ ③ 촉매는 백금, 코발트, 니켈 등이 있으나, 고가이지만 성능이 우수한 백금계의 것이 많이 사용된다.
④ 활성도가 높은 촉매를 사용하는 것이 바람직하지만 내열성과 촉매독의 문제가 있다.
⑤ 촉매연소법은 직접 연소법과 비교하여 연료 소비량이 적기 때문에 운전비가 절감되지만 촉매의 수명이 문제가 된다.
★★ ⑥ 촉매연소법은 약 250~450℃의 온도에서 산화분해시킨다.
⑦ 일산화탄소를 백금계의 촉매를 사용하여 연소시켜 처리하고자 할때 촉매독으로 작용하는 물질은 Pb, As, S, Zn 등이다.
⑧ 유해가스를 촉매연소법으로 처리할 때 촉매의 수명을 단축시키거나 효율을 감소시킬 수 있는 물질은 Fe, Si, P이다.

(3) 직접연소법

★★ ① 직접연소법은 700~800℃에서 0.5초 정도가 일반적이다.
② 직접연소법은 경우에 따라 보조연료나 보조공기가 필요하며 대체로 오염물질의 발열량이 연소에 필요한 전체 열량의 50% 이상일 때 경제적으로 타당하다.
③ 직접연소법은 after burner법이라고도 하며 HC, H_2, NH_3, HCN 및 유독가스 제거법으로 사용된다.

Question 09

유해가스의 연소처리에 관한 설명으로 가장 거리가 먼 것은?

㉮ 직접연소법은 경우에 따라 보조연료나 보조공기가 필요하며 대체로 오염물질의 발열량이 연소에 필요한 전체열량의 50% 이상일 때 경제적으로 타당하다.
㉯ 직접연소법은 after burner법이라고도 하며, HC, H_2, NH_3, HCN 및 유독가스 제거법으로 사용된다.
㉰ 가열연소법은 배기가스 중 가연성 오염물질의 농도가 매우 높아 직접연소법으로 불가능할 경우에 주로 사용되고 조업의 유동성이 적어 NO_x 발생이 많다.
㉱ 가열연소법에서 연소로 내의 체류시간은 0.2~0.8초 정도이다.

풀이 ㉰ 가열연소법은 배기가스 중 가연성 오염물질의 농도가 매우 낮아 직접연소법으로 불가능할 경우에 주로 사용된다.

★★ 3. 처리효율

① Los Angeles Country Rule 66

$$\eta = \frac{HC_{in} - [HC_{out} + (CO_{out} - CO_{in})]}{HC_{in}} \times 100(\%)$$

② 탄화수소만 고려

$$\eta = \left\{1 - \frac{HC_{out}}{HC_{in}}\right\} \times 100(\%)$$

Question 10

450K의 배기가스가 1,250ppm의 탄화수소와 95ppm의 일산화탄소를 함유할 때, 재연소기로 900K에서 처리한 후 탄화수소와 일산화탄소가 각각 85ppm, 250ppm이 되었다. 탄화수소만 고려할 경우와 Los Angeles Country Rule 66에 의한 처리효율(%)은 각각 얼마인가? (단, Rule 66의 공식은 아래표와 같다.)

$$\frac{HC_{in} - [HC_{out} + (CO_{out} - CO_{in})]}{HC_{in}} \times 100$$

풀이

HC_{in} 1,250ppm, CO_{in} 95ppm → 재연소기 → HC_{out} 85ppm, CO_{out} 250ppm

① 탄화수소만 고려할 경우

$$\eta = \left\{1 - \frac{HC_{out}}{HC_{in}}\right\} \times 100 = \left\{1 - \frac{85ppm}{1,250ppm}\right\} \times 100 = 93.2\%$$

② Rule 66공식

$$\eta = \frac{HC_{in} - [HC_{out} + (CO_{out} - CO_{in})]}{HC_{in}} \times 100 = \frac{1,250ppm - [85ppm + (250ppm - 95ppm)]}{1,250ppm} \times 100 = 80.8\%$$

악취(냄새) 유발물질

★1. 악취상 물질

① 아크로레인(CH_2CHCHO)은 불쾌한 냄새가 나며 호흡기에 심한 자극성 물질로 석유화학, 글리세롤제조, 의약품 제조시에 발생한다.
② 황화수소(H_2S)는 썩은 달걀냄새의 강한 부식성 물질로 석유정제나 약품제조시에 발생한다.
③ 메르캅탄류(RSH)는 불쾌한 냄새로 물에 불용성이며 주발생원은 석유정제, 가스제조, 분뇨, 축산 등이다.
④ 페놀(C_6H_5OH)은 화학공장에서 발생하며 감지농도가 약 0.047ppm인 의약품 냄새가 나는 악취물질이다.
⑤ 메틸메르캅탄(CH_3SH)은 양파, 양배추 썩는 냄새가 나고 석유정제, 가스제조, 약품제조시에 발생한다.
⑥ 메틸아민(CH_3NH_2)은 질소화합물로서 생선썩는 냄새가 난다.
⑦ 황화메틸($(CH_3)_2S$)은 황화합물로 양파, 양배추 썩는 냄새가 난다.
⑧ 암모니아(NH_3)는 질소화합물로서 분뇨 냄새가 난다.
⑨ 톨루엔($C_6H_6CH_3$)은 탄화수소류 화합물로 가솔린 냄새가 난다.
⑩ 자일렌(C_8H_{10})은 탄화수소류 화합물로 가솔린 냄새가 난다.

Question 11

악취물질의 성질과 발생원에 대한 내용으로 틀린 것은 어느 것인가?
㉮ 아크로레인(CH_2CHCHO)은 자극취 물질로 석유화학, 약품제조시에 발생한다.
㉯ 메틸메르캅탄(CH_3SH)은 부패양파취 물질로 석유정제, 가스제조, 약품제조시에 발생한다.
㉰ 황화수소(H_2S)는 썩은 계란취 물질로 석유정제나 약품제조시에 발생한다.
㉱ 에틸아민($C_2H_5NH_2$)은 마늘취 물질로 석유정제, 인쇄작업장에서 발생한다.

풀이 ㉱ 에틸아민($C_2H_5NH_2$)은 질소화합물로서 생선 썩는 냄새가 난다.

2. 탈취방법 중 수세법

① 알데하이드류, 저급유기산류, 페놀, 암모니아, 케톤류, 저급아민류 등 친수성의 극성기를 가지는 성분을 제거할 수 있다.
② 수온변화에 따라 탈취효과가 변동되고 압력손실이 큰것이 단점이다.

③ 분뇨처리장, 계란건조장, 주물공장 등의 악취제거에 적용될 수 있다.
★★ ④ 장치가 간단하고 조작이 용이하며 탈취효율이 낮은 편이며, 다른 방법과 병용해서 사용한다.

★★ 3. 악취물질의 처리방법

① 통풍 및 희석법은 높은 굴뚝을 통해 방출시켜 대기중에 분산 희석시키는 방법이다.
② 흡착에 의한 악취물질의 처리에는 주로 물리적 흡착이 이용되며 용량이 비교적 적은 경우 활성탄 등 흡착제를 이용하여 냄새를 제거하는 방식이다.
③ 응축법에 의한 처리는 냄새를 가진 가스를 냉각 응축시키는 처리법으로 유기용제를 비교적 고농도 함유한 배기가스에 적용된다.
④ 촉매산화법은 백금이나 금속산화물 등의 산화촉매를 이용하여 250~450℃의 저온에서 산화처리하며, 촉매에 바람직하지 않은 원소로는 할로겐원소, 납, 아연, 수은 등이다.
⑤ 화학적 산화법은 화학적 산화제인 O_3, $KMnO_4$, $NaOCl$, ClO_2, H_2O_2 등을 이용해 악취상물질을 처리하는 방법이다.
⑥ 산·알칼리·약액 세정법에 의해 제거 가능한 대표적인 성분으로서는 무기산(염산, 황산)의 희박 수용액에 의한 아민류 등의 염기성 성분이다.
⑦ 직접연소법은 악취성분을 함유하는 가스를 고온(600~800℃)에서 산화분해하여 탄산 가스와 물(수증기)로 변화시킨다.

Question 12

악취물질을 직접불꽃소각 방식에 의해 제거할 경우 다음 중 가장 적합한 연소온도 범위는 어느 것인가?

㉮ 100~200℃ ㉯ 200~300℃ ㉰ 300~450℃ ㉱ 600~800℃

정답 ㉱

Question 13

화학산화법으로 악취를 처리할 때 산화제로 적합하지 않은 것은?

㉮ $KMnO_4$ ㉯ ClO_2 ㉰ O_3 ㉱ CH_3SHO_2

정답 ㉱

★★★ 4. 악취(냄새)물질의 화학구조 및 특성

★★ ① 골격이 되는 탄소수는 저분자일수록 관능기 특유의 냄새가 강하고 자극적이나 8~13에서 가장 향기가 강하다.
★★ ② 불포화도(2중결합 및 3중결합의 수)가 높으면 냄새가 보다 강하게 난다.
③ 락톤 및 케톤 화합물은 환상이 크게 되면 냄새가 강해진다.
④ 냄새분자를 구성하는 원소로는 C, H, O, N, S, Cl 등이다.
⑤ 냄새물질은 화학반응성이 풍부하다.
⑥ 화학물질이 냄새물질로 되기 위해서는 친유성기와 친수성기의 양기를 가져야 한다.
★★ ⑦ 분자내 수산기의 수는 1개일 때 가장 강하고 수가 증가하면 약해져서 무취에 이른다.
★★ ⑧ 냄새는 화학적 구성보다는 구성 그룹배열에 의해 나타나는 물리적 차이에 의해 결정된다는 견해가 지배적이다.
⑨ 냄새를 일으키는 물질은 적외선을 강하게 흡수한다.
⑩ 냄새는 통상 분자내부진동에 의존한다고 가정되므로 라만변이와 냄새는 서로 관련이 있다.
★★ ⑪ 냄새물질로 분자량이 가장 작은 것은 암모니아이며, 분자량이 큰 물질은 냄새강도가 분자량에 반비례하여 약해지는 경향이 있다.
★★ ⑫ 물리화학적 자극량과 인간의 감각강도 관계는 웨버-페히너(Weber-Fechner)법칙과 잘 맞고 후각에도 잘 적용된다.
⑬ 악취유발물질들의 paraffin과 CS_2를 제외하고는 일반적으로 적외선을 강하게 흡수한다.
⑭ 냄새물질이 비교적 저분자인 것은 휘발성이 높은 것을 의미한다.
⑮ 냄새물질은 화학반응성이 풍부한 편이다.
⑯ 냄새물질은 실온에서 대다수 액상이다.
⑰ 냄새물질은 산화, 환원반응, 중합·분해반응, 에스테르화·가수분해 반응이 잘 일어난다.
⑱ 냄새물질은 불쾌감과 작업능률 저하를 가져온다.
⑲ 냄새물질은 대부분 흡수, 흡착에 의해 제거된다.

Question 14

냄새물질의 화학구조에 대한 설명으로 가장 거리가 먼 것은?

㉮ 골격이 되는 탄소수는 저분자일수록 관능기 특유의 냄새가 강하고 자극적이나 8~13에서 가장 향기가 강하다.
㉯ 불포화도(2중결합 및 3중결합의 수)가 높으면 냄새가 보다 강하게 난다.
㉰ 분자내 수산기의 수가 증가할수록 냄새가 강하다.
㉱ 락톤 및 케톤화합물은 환상이 크게 되면 냄새가 강해진다.

풀이 ㉰ 분자내 수산기의 수가 1개일 때 가장 강하고 수가 증가하면 약해져서 무취에 이른다.

CHAPTER 05 환기법

01 유체역학의 기초

1. 베르누이의 정리에 적용되는 조건

$$\frac{P}{\rho g} + \frac{V^2}{2g} + z = \text{constant}$$

① 정상상태의 흐름이다.
② 같은 유선상에 있는 흐름이다.
③ 마찰이 없는 흐름이다.

★★ 2. 정압(Static Pressure)

① 정압은 동압과 관계없이 독립적으로 발생한다.
② 정압은 단위체적의 유체에 모든 방향으로 동일한 크기로 작용하여 유체를 압축시키거나 팽창시키려 한다.
③ 정압은 유체를 정지시키는데 필요한 에너지로 표현할 수 있으며 흐름에 대하여 양압 또는 음압으로 나타낸다.
④ 유동상태의 공기의 정압은 기류의 수직방향으로만 작용한다.
⑤ 대기압에 대하여 정압은 송풍기(fan)의 상류(upstream)에서 "-"(negative)이다.

★★ 3. 동압 또는 속도압(Velocity Pressure)

① 동압은 유동방향으로 작용하는 단위체적의 유체를 갖고 있는 운동에너지를 말한다.
② 공기의 속도압은 기류(air flow)의 방향으로만 작용한다.

③ 공기의 속도압은 항상 "+"(Positive)이다.
④ 환기장치에서 동압은 공기밀도에 비례한다.

4. 유량계산

(1) 원형에서 유량(Q) 구하는 공식

★★ $Q = A \times V = \dfrac{\pi D^2}{4} \times V$

$\left[\begin{array}{llll} Q : 가스량(m^3/sec) & A : 단면적(m^2) & V : 유속(m/sec) & D : 관의 직경(m) \end{array}\right.$

Question 01

유량이 2,500m³/hr인 배출가스를 흡수탑을 이용하여 제거하고자 한다. 흡수탑의 통과유속을 0.5m/sec로 할 경우 흡수탑의 직경(m)은 얼마로 설계하여야 하는가?

풀이

$Q = A \times V = \dfrac{\pi D^2}{4} \times V$

따라서 $2,500m^3/hr \times 1hr/3600sec = \dfrac{\pi D^2}{4} \times 0.5m/sec$

$\therefore D = \sqrt{\dfrac{4 \times 2,500m^3/hr \times 1hr/3600sec}{\pi \times 0.5m/sec}} = 1.33m$

(2) 장방형(직사각형)에서 유량(Q) 구하는 공식

$Q = A \times V = (B \times H) \times V$

$\left[\begin{array}{lll} Q : 가스량(m^3/sec) & A : 단면적(m^2) & V : 유속(m/sec) \\ B : 폭(m) & H : 높이(m) & \end{array}\right.$

★ 5. 유속과 속도압(동압)

(1) 유속(V) = $\sqrt{\dfrac{2 \times g \times h}{r}}$ (m/sec)

동압(h) = $\dfrac{rV^2}{2g}$ (mmH₂O)

$\left[\begin{array}{ll} g : 중력가속도(9.8m/sec^2) & r : 밀도(kg/Sm^3) \end{array}\right.$

(2) 공기의 유속(21℃, 1atm, 밀도 1.2kg/m³)

★★ $V(m/min) = 242.2\sqrt{V_p}$

$\left[V_p : 속도압(동압)(mmH_2O) \right.$

$242.2 = \sqrt{\dfrac{2 \times 9.8}{1.2}} \times 60$

★★ ∴ $V_p = \left[\dfrac{V}{242.2} \right]^2 (mmH_2O)$

(3) 공기의 유속(0℃, 760mmHg, 밀도가 1.3kg/Sm³)

∴ $V_p = \left[\dfrac{V}{228.5} \right]^2 (mmH_2O)$

$\left[V : 평균유속(m/min) \right.$

★★★ 6. 압력손실 계산

★★ ① $\triangle P = F \times H (= V_p)$

$\left[F : 압력손실계수 \quad H : 동압(mmH_2O) \quad V_p : 속도압(mmH_2O) \right.$

② $F = \dfrac{1 - C_e^2}{C_e^2}$

$H = \dfrac{rv^2}{2g}$

$\left[C_e : 유입계수 \quad r : 공기의 밀도(kg/m^3) \quad v : 유속(m/sec) \quad g : 중력가속도(9.8m/sec^2) \right.$

Question 02

유입계수와 속도압이 각각 0.82, 8mmH₂O일 때 후드의 압력손실(mmH₂O)은?

풀이 $\triangle P = F \times V_p = \dfrac{1 - C_e^2}{C_e^2} \times V_p = \dfrac{1 - (0.82)^2}{(0.82)^2} \times 8mmH_2O = 3.90mmH_2O$

③ $\triangle P = \lambda \times \dfrac{L}{D} \times \dfrac{rv^2}{2g}$

- $\triangle P$: 압력손실(mmH$_2$O)　　λ : 관마찰계수(0.02)　　D : 관의 직경(m)
- L : 관의 길이(m)　　r : 공기의 밀도(kg/m^3)　　v : 유속(m/sec)
- g : 중력가속도(9.8m/sec^2)

$$V(m/sec) = \dfrac{Q}{A} = \dfrac{Q(m^3/sec)}{\dfrac{\pi D^2}{4}(m^2)}$$

Question 04

안지름이 500mm의 얇은 양철판의 직관을 통하여 15m/sec의 표준공기로 송풍할 때 길이 10m 당 관마찰손실(mmH$_2$O)을 계산하시오. (단, λ = 0.02)

풀이　$\triangle p = \lambda \times \dfrac{L}{D} \times \dfrac{rv^2}{2g}$(mmH$_2$O) = $0.02 \times \dfrac{10m}{0.5m} \times \dfrac{1.3kg/m^3 \times (15m/sec)^2}{2 \times 9.8m/sec^2}$ = 5.97mmH$_2$O

④ $\triangle P = 4f \times \dfrac{L}{D} \times \dfrac{rv^2}{2g}$

- $\triangle P$: 압력손실(mmH$_2$O)　　f : 마찰계수　　D : 관의 직경(m)
- L : 관의 길이(m)　　r : 공기의 밀도(kg/m^3)　　v : 유속(m/sec)
- g : 중력가속도(9.8m/sec^2)

$$V(m/sec) = \dfrac{Q}{A} = \dfrac{Q(m^3/sec)}{\dfrac{\pi D^2}{4}(m^2)}$$

Question 05

안지름이 460mm의 얇은 양철판의 직관을 통하여 유속 18m/sec의 표준공기로 송풍할 때 길이 8m 당 관마찰손실(mmH$_2$O)을 계산하시오. (단, f = 0.003)

풀이　$\triangle p = 4f \times \dfrac{L}{D} \times \dfrac{rv^2}{2g}$(mmH$_2$O) = $4 \times 0.003 \times \dfrac{8m}{0.46m} \times \dfrac{1.3kg/m^3 \times (18m/sec)^2}{2 \times 9.8m/sec^2}$ = 4.48mmH$_2$O

⑤ $\triangle P = f \times \dfrac{L}{D_o} \times \dfrac{rv^2}{2g}$

- $\triangle P$: 압력손실(mmH$_2$O)　　f : 마찰계수　　D_o : 상당직경(m)　　L : 관의 길이(m)
- r : 공기의 밀도(kg/m^3)　　v : 유속(m/sec)　　g : 중력가속도(9.8m/sec^2)

$$V(m/sec) = \frac{Q}{A} = \frac{Q(m^3/sec)}{장변 \times 단변(m^2)}$$

$$D_o(상당직경) = \frac{단면적(A)}{평균둘레길이} = \frac{a \times b}{\frac{2(a+b)}{4}} = \frac{2ab}{a+b} \ (m)$$

$\begin{bmatrix} a : 장변(m) & b : 단변(m) \end{bmatrix}$

Question 06

폭 380mm, 길이 760mm의 각관내를 유량 280m³/min의 표준공기가 흐르고 있을 때 길이 10m 당의 마찰손실을 구하시오. (mmH₂O) (단, 마찰계수 = 0.019)

풀이

$$\triangle p = f \times \frac{L}{D_o} \times \frac{rv^2}{2g} (mmH_2O)$$

① $D_o = \dfrac{2 \times (폭 \times 길이)}{폭 + 길이} = \dfrac{2 \times (0.38m \times 0.76m)}{0.38m + 0.76m} = 0.507m$

② $V = \dfrac{Q}{A} = \dfrac{Q}{폭 \times 길이} = \dfrac{280m^3/min \times 1min/60sec}{0.38m \times 0.76m} = 16.159m/sec$

③ $\triangle p = 0.019 \times \dfrac{10m}{0.507m} \times \dfrac{1.3kg/m^3 \times (16.159m/sec)^2}{2 \times 9.8m/sec^2} = 6.49 mmH_2O$

TIP

$$\triangle P = \lambda \times \frac{L}{D} \times \frac{rv^2}{2g}$$

$$\triangle P = \frac{V^2}{D} = \frac{1}{D} \times V^2 = \frac{1}{D} \times \left(\frac{1}{D^2}\right)^2 = \frac{1}{D^5}$$

여기서 $V = \dfrac{Q}{A} = \dfrac{Q}{\frac{\pi D^2}{4}}$ 에서 $V = \dfrac{1}{D^2}$ 이 된다.

⑥ 유체가 관로를 흐를때 발생되는 압력손실($\triangle P$)

압력손실($\triangle P$)는 $\begin{cases} 관의 길이에 비례한다. \\ 유속의 제곱에 비례한다. \\ 관의 직경에 반비례한다. \\ 중력가속도에 반비례한다. \\ 유체의 밀도에 비례한다. \end{cases}$

Question 07

원형 Duct의 기류에 의한 압력손실에 대한 내용으로 틀린 것은 어느 것인가?

㉮ 길이가 길수록 압력손실은 커진다.
㉯ 유속이 클수록 압력손실은 커진다.
㉰ 직경이 클수록 압력손실은 작아진다.
㉱ 곡관이 많을수록 압력손실은 작아진다.

풀이 ㉱ 곡관이 많을수록 압력손실은 커진다.

★★ 7. 레이놀드 수 : 유체의 상태를 층류와 난류로 판별하는 척도

① $Re = \dfrac{관성력}{점성력} = \dfrac{D \cdot V \cdot \rho}{\mu} = \dfrac{D \cdot V}{\nu}$

[D : 직경(m)　　V : 유속(m/sec)　　μ : 점성도(kg/m·sec)　　ν : 동점도(m²/sec)]

② $\nu(동점도) = \dfrac{점성력(\mu)}{밀도(\rho)} = \dfrac{\mu(kg/m \cdot sec)}{\rho(kg/m^3)}$

③ 상태판별

　(층류) Re < 2,100

　(난류) Re > 4,000

　(천이구역) 2,100 < Re < 4,000

> **TIP**
>
> **단위환산**
>
> CP(센티포이즈) = $\dfrac{1}{100}$ P = 10^{-2} poise
>
> P(포이즈) = g/cm · sec
>
> CPoise $\xrightarrow{\times 10^{-2}}$ Poise(g/cm · sec) $\xrightarrow{\times 10^{-1}}$ kg/m · sec

Question 08

덕트 직경 30cm, 공기유속 15m/sec 일 때, 레이놀즈수는? (단, 공기점성계수 1.85×10^{-5} kg/m·sec, 공기밀도 1.2kg/m³이다.)

풀이 $Re = \dfrac{D \cdot V \cdot \rho}{\mu} = \dfrac{0.3m \times 15m/sec \times 1.2kg/m^3}{1.85 \times 10^{-5} kg/m \cdot sec} = 291,891.89$

Question 09

레이놀드 수(Reynold Number)에 관한 설명으로 옳지 않은 것은? (단, 유체 흐름 기준)

㉮ $\dfrac{관성력}{점성력}$ 로 나타낼 수 있다.

㉯ 무차원의 수이다.

㉰ $\dfrac{(유체밀도 \times 유속 \times 유체흐름관직경)}{유체점도}$ 로 나타낼 수 있다.

㉱ $\dfrac{점성계수}{밀도}$ 로 나타낼 수 있다.

풀이 ㉱ 동점성계수 = $\dfrac{점성계수}{밀도}$

8. 프라우드 수(Froude Number)

$$Fr = \dfrac{V}{\sqrt{g \cdot L}}$$

[Fr : 프라우드 수   g : 중력가속도(9.8m/sec²)   L : 길이(m)   V : 유속(m/sec)]

9. 점도(Viscosity)

① 점도는 유체의 이동에 따라 발생하는 일종의 저항이다.
★★ ② 기체의 점도는 온도가 상승하면 증가한다.
★★ ③ 액체의 점도는 온도가 상승하면 낮아진다.
④ 액체인 경우 분자간 응력이 점도의 원인이다.
⑤ 기체의 경우 점도의 원인은 분자의 수직이동 운동량이다.
⑥ 액체의 점도는 기체에 비해 아주 크며, 대개 분자량이 증가하면 증가한다.

10. 환기시설 설계에 사용되는 보충용 공기의 특징

① 보충용 공기가 배기용 공기보다 약 10~15% 정도 많도록 조절해서 실내를 약간 양압으로 하는 것이 좋다.
② 여름에는 보통 외부공기를 그대로 공급을 하지만 공정내의 열부하가 커서 제어해야 하는 경우에는 보충용 공기를 냉각하여 공급한다.
③ 보충용 공기는 환기시설에 의해 작업장 내에 배기된 만큼의 공기를 작업장 내로 재공급해야 하는 공기의 양을 말한다.

02 후드 및 덕트

★★★ 1. 후드의 흡인요령

① 후드를 발생원에 가깝게 한다.
② 국부적인 흡인방식을 취한다.
★★ ③ 후드의 개구면적을 작게한다.
④ 에어커텐을 이용한다.
⑤ 충분한 포착속도를 유지한다.

> **Question 10**
>
> 다음은 후드를 사용하여 가스를 포집하려고 할 때 후드의 흡인요령으로 틀린 것은?
>
> ㉮ 후드를 발생원에 가깝게 한다. ㉯ 국부적인 흡인 방식을 취한다.
> ㉰ 후드의 개구 면적을 크게한다. ㉱ 충분한 포착 속도를 유지한다.
>
> **풀이** ㉰ 후드의 개구 면적을 작게한다.

★★ 2. 후드의 종류

(1) 캐노피형(Canopy Type)

발생원의 상방에 덮은 자립형 후드로 열부력에 의한 상승기류를 동반한 발생원에 쓰이는 국소배기후드이다.

(2) 포위식(Enclosure Type)

유독한 오염물질의 발생원을 포위할 수 있는 경우에 이용된다.

(3) 리시버식(Receiving Type)

고열을 내는 발생원에서 열부력에 의한 상승기류나 회전체에 의한 관성기류와 같이 일정한 방향으로 기체가 발생하는 경우에 이용된다.

(4) 부스형(Booth Type)

작업을 위한 하나의 개구면을 제외하고 발생원 주위를 전부 에워싼 것으로 그 안에서 오염물질이 발산된다. 이 방식은 오염물질의 송풍시 낭비되는 부분이 적은데 이는 개구면 주변의 벽이 라운지 역할을 하고, 측벽은 외부로부터의 분기류에 의한 방해에 대하여 방해판 역할을 하기 때문이다.

(5) 슬롯형(Slot Type)

① 작업의 성질상 포위식이나 Booth Type으로 할 수 없을때 부득이 발생원에서 격리시켜 설치하는 형태로 도금세척, 분무도장등에서 이용되며 외부의 난기류에 의해 그 효과가 많이 감소된다.
② 폭이 좁고 긴 직사각형의 슬로트후드는 전기도금 공정과 같은 상부개방형 탱크에서 방출되는 유해물질을 포집하는데 효율적이다.

★★ 3. 후드의 포착속도(Capture Velocity)

제어속도라고도 하며, 국소배기장치 설치시 기본설계를 위해 발생원에서 오염물질의 비산방향, 비산거리 및 후드의 형식을 고려하여 오염물질의 포착점에서의 적정한 흡입속도를 말한다.

① 포착속도는 확산조건, 오염원의 주변기류에 영향을 크게 받는다.
② 오염물질의 발생속도를 이겨내고 오염물질을 후드내로 흡인하는데 필요한 최소의 기류속도를 말한다.
③ 후드개구에 바깥주변에 플랜지를 부착하면 오염물질의 제어에 필요하지 않은 후드 뒤쪽의 공기흡입을 방지할 수 있고, 그 결과 포착속도가 커지는 이점이 있다.
④ 유해물질의 발생조건이 빠른 공기의 움직임이 있는 곳에서 활발히 비산하는 경우(분쇄기 등)의 제어속도 범위는 1~3m/sec 정도이다.
⑤ 유해물질의 발생조건이 조용한 대기중 거의 속도가 없는 상태로 비산하는 경우(가스, 흄 등)의 제어속도 범위는 0.3~0.5m/sec 이다.
⑥ 유해물질의 발생조건이 비교적 조용한 대기중에 저속도로 비산하는 경우(용접작업, 도금작업 등)의 제어속도 범위는 0.5~1.0m/sec 이다.

> **TIP**
>
> Nullpoint(무효점)
> 대기오염물은 발생점에서 상당한 속도를 가지고 주위의 대기로 방출되는데, 보통 질량이 대단히 적으므로 관성이 곧 줄어들고 후드에 의해서 쉽게 포획된다. 입자의 속도가 대략 0으로 줄어드는 위치를 Nullpoint(무효점)이라 한다.

4. 후드 개구의 바깥주변에 플랜지(flange) 부착시 발생하는 현상

① 포착속도가 커진다.
② 동일한 오염물질제거에 있어서 압력손실은 감소한다.
③ 후드 뒤쪽의 공기흡입을 방지할 수 있다.

> **TIP**
>
> 송풍관(Duct)에서 흄(Fume) 및 매우 가벼운 건조 먼지(예 : 나무 등의 미세한 먼지와 산화아연, 산화알루미늄 등의 흄)의 반응속도는 10m/sec 이다.

5. 덕트 설치시 주요원칙

① 덕트는 가능한 한 짧게 배치하도록 한다.
② 공기가 아래로 흐르도록 하향구배를 만든다.
③ 밴드수는 가능한 한 적게 하도록 한다.
④ 밴드는 가능하면 완만하게 되도록 한다.

📢 Question 11

덕트 설치시 주요원칙과 거리가 먼 것은?

㉮ 밴드는 가급적 90°가 되도록 한다.
㉯ 공기는 아래로 흐르도록 하향구배를 만든다.
㉰ 구부러짐 전후에는 청소구를 만든다.
㉱ 밴드수는 가능한 한 적게 하도록 한다.

풀이 ㉮ 밴드는 가급적 완만하게 되도록 한다.

03 송풍기

1. 송풍기의 종류

★★ (1) 다익송풍기

같은 주속도에서 가장 높은 풍압(최고 750mmH$_2$O)을 발생시키나, 효율은 3종류의 송풍기 중 가장 낮아서 약 40~70% 정도, 여유율은 1.15~1.25 정도이고 제한된 장소나 저압에서 대풍량(20,000m^3/min 이하)을 요하는 시설에 이용된다.

(2) 비행기날개형(airfoil blade) 송풍기

표준형 평판 날개형보다 비교적 고속에서 가동되고, 후향 날개형을 정밀하게 변형시킨 것으로써 원심력 송풍기 중 효율이 가장 좋아 대형 냉난방 공기조화장치, 산업용 공기 청정장치 등에 주로 이용되며, 에너지 절감효과가 뛰어나다.

★★ (3) 프로펠러형

① 축류송풍기이다.
② 축차는 두 개 이상의 두꺼운 날개를 틀속에 가지고 있고, 효율은 낮으며 저압응용시 사용된다.
③ 덕트가 없는 벽에 부착되어, 공간 내 공기의 순환에 응용되고, 대용량 공기 운송에 이용된다.

Question 12

다음 설명하는 축류송풍기의 유형은?

> 축차는 두 개 이상의 두꺼운 날개를 틀 속에 가지고 있고, 효율은 낮으며 저압 응용 시 사용된다. 덕트가 없는 벽에 부착되어, 공간내 공기의 순환에 응용되고, 대용량 공기 운송에 이용된다.

㉮ 후향날개형　　　　　　　　㉯ 방사경사형
㉰ 프로펠러형　　　　　　　　㉱ 고정날개축류형

정답 ㉰

★★ **(4) 고정날개 축류형 송풍기**

① 축류형 중 가장 효율이 높다.
② 효율과 압력상승 효과를 얻기 위해 직선형 고정날개를 사용하나 날개의 모양과 간격은 변형되기도 한다.
③ 중·고압을 얻을 수 있다.
④ 직선류 및 아담한 공간이 요구되는 HVAC 설비에 응용되며, 공기의 분포가 양호하여 많은 산업현장에서 응용한다.

  Question 13

다음은 송풍기의 유형에 관한 설명이다. (　) 안에 가장 적합한 것은?

(　)는 축류형 중 가장 효율이 높다. 효율과 압력상승효과를 얻기 위해 직선형 고정날개를 사용하나, 날개의 모양과 간격은 변형되기도 한다. 중-고압을 얻을 수 있으며, 일반적으로 직선류 및 아담한 공간이 요구되는 HVAC 설비에 응용되며, 공기의 분포가 양호하여 많은 산업현장에서 응용되고 있다.

㉮ 원통 축류형 송풍기　　　㉯ 원심장치 내장형 축류형 송풍기
㉰ 고정날개 축류형 송풍기　㉱ 비행기 낱개형 송풍기

정답 ㉰

★★ **2. 송풍기 유량 조절방법**

① 회전수 조절
② 안내익 조절(Vane control)
③ 댐퍼(Damper) 설치

 Question 14

송풍기를 운전할 때 필요유량에 과부족을 일으켰을 때 송풍기의 유량조절 방법으로 틀린 것은 어느 것인가?

㉮ 회전수 조절법　㉯ 안내익 조절법　㉰ Damper 부착법　㉱ 체걸름 조절법

정답 ㉱

★★ 3. 송풍기의 상사법칙

① 송풍기의 풍량은 송풍기 회전수에 비례한다.

$$Q(m^3/min) = Q'(m^3/min) \times \left(\frac{r_2}{r_1}\right)^1$$

② 송풍기의 속도는 송풍기 회전수에 비례한다.

$$V(m/min) = V'(m/min) \times \left(\frac{r_2}{r_1}\right)^1$$

③ 송풍기의 풍압은 송풍기 회전수의 제곱에 비례한다.

$$Ps(mmH_2O) = Ps' \times \left(\frac{r_2}{r_1}\right)^2$$

④ 송풍기의 동력은 송풍기 회전수의 3승에 비례한다.

$$Hp = Hp' \times \left(\frac{r_2}{r_1}\right)^3$$

Question 15

송풍기의 크기와 유체의 밀도가 일정(상사 제1법칙)할 때 풍압과 회전속도에 관한 설명으로 옳은 것은?

㉮ 풍압은 송풍기의 회전속도의 3승에 비례한다.
㉯ 풍압은 송풍기의 회전속도의 2승에 비례한다.
㉰ 풍압은 송풍기의 회전속도에 정비례한다.
㉱ 풍압은 송풍기의 회전속도에 반비례한다.

정답 ㉯

★★★ 4. 송풍기의 소요동력

★★ $kW = \dfrac{Ps \times Q}{102 \times \eta} \times \alpha$

$Hp = \dfrac{Ps \times Q}{75 \times \eta} \times \alpha$

$\begin{bmatrix} Ps : 전압력손실(mmH_2O) \quad Q : 가스량(m^3/sec) \quad \eta : 효율 \quad \alpha : 여유율 \\ 1kW = 102kg \cdot m/sec, \; 1Hp = 76kg \cdot m/sec, \; 1Ps = 75kg \cdot m/sec \end{bmatrix}$

TIP
HP 또는 Ps를 계산할 때 사용되는 계수값은 75kg·m/sec를 사용

Question 16

압력손실이 300mmH₂O 이고, 처리가스량 45,000m³/h 인 집진장치의 송풍기 소요동력(kW)은? (단, 송풍기의 효율은 65%, 여유율은 1.3이다.)

풀이 $kW = \dfrac{Ps \times Q}{102 \times \eta} \times \alpha = \dfrac{300mmH_2O \times 45,000m^3/hr \times 1hr/3600sec}{102 \times 0.65} \times 1.3 = 73.53kW$

★★ 5. 통풍방식의 종류

★★ (1) 압입통풍

① 연소실 공기를 예열할 수 있다.
② 송풍기의 고장이 적고 점검 및 보수가 용이하다.
③ 내압이 정압(+)으로 연소효율이 좋다.
④ 역화의 위험성이 있다.
⑤ 흡인통풍식보다 송풍기의 동력소모가 적다.
⑥ 압입통풍은 노안에 설치된 가압송풍기에 의해 연소용 공기를 연소로 안으로 압입한다.

Question 17

통풍방식 중 압입통풍에 대한 내용으로 잘못된 것은 어느 것인가?
㉮ 연소용 공기를 예열할 수 있다.
㉯ 송풍기의 고장이 적고 점검 및 보수가 용이하다.
㉰ 흡인통풍식보다 송풍기의 동력소모가 적다.
㉱ 노내압이 부(-)압으로 역화의 우려가 없다.

풀이 ㉱ 노내압이 정(+)압으로 역화의 우려가 있다.

★★ (2) 흡인통풍

① 굴뚝의 통풍저항이 큰 경우에 적합하다.
② 노내압이 부압으로 역화의 우려가 없다.
③ 이젝트를 사용할 경우 동력이 불필요하다.
④ 송풍기의 점검 및 보수가 어렵다.
⑤ 통풍력이 크다.

★★ **(3) 평형통풍**
① 대용량의 연소설비에 적합하다.
② 통풍 및 노내압 조절이 용이하다.
③ 열가스의 누설 및 냉기의 침입이 없다.
④ 통풍손실이 큰 연소설비에 사용된다.
⑤ 동력소모가 크고, 설비비 및 유지비가 많이 든다.
⑥ 소음발생이 심하다.

Question 18

아래 표와 같은 특성을 갖는 통풍방식은?

- 통풍 및 노내압 조절이 용이하다.
- 열가스의 누설 및 냉기의 침입이 없다.
- 통풍손실이 큰 연소설비에 사용된다.
- 동력소모가 크고, 설비비 및 유지비가 많이 든다.
- 소음발생이 심하다.

㉮ 자연통풍　　㉯ 평형통풍　　㉰ 압입통풍　　㉱ 흡인통풍

▶정답 ㉯

Question 19

송풍기의 입구정압이 68mmH$_2$O, 출구정압이 28mmH$_2$O이다. 입구측 평균유속이 1,100m/min일 때 마찰손실(mmH$_2$O)을 계산하시오.

▶풀이 마찰손실 = |입구정압| + |출구정압| - 속도압

여기서 속도압 = $\left(\dfrac{V}{242.2}\right)^2$ (mmH$_2$O)

따라서 마찰손실 = |68mmH$_2$O| + |28mmH$_2$O| - $\left(\dfrac{1,100\text{m/min}}{242.2}\right)^2$ = 75.37mmH$_2$O

04 기타내용

1. 유해가스 사고시 조치사항

★★① 액체염소나 클로로슬폰산이 누출되었을 경우에 기화속도가 촉진되기 때문에 물을 가해서는 안된다.

★★② H_2S가 노출되면 공기보다 무겁기 때문에 낮은 곳으로 모이게 되므로 환기를 잘 시키고 산소마스크를 착용하고 누출부위를 찾는다.

③ 황산이 누출되었을 때 다량의 물을 사용하여 씻어낸다.

④ HF, HCl, Cl_2 등은 소석회나 소다회로 중화 또는 흡수시킨다.

⑤ HCN은 NaOH 용액으로 중화시킨다.

★★⑥ 가스상 물질이나 휘발성 물질 중에 증기밀도가 공기보다 큰 것은 빨리 확산되도록 조치한다.

Question 20

특정대기오염물질에 의한 사고가 발생하였을 때 취할 수 있는 조치로 틀린 것은 어느 것인가?

㉠ HCN, PH_3, $COCl_2$ 등 맹독성 가스에 대해서는 위험표시와 출입금지 표시를 설치한다.
㉡ 용해도가 큰 클로로슬폰산(HSO_3Cl)은 보통 많은 양의 물을 사용하여 희석한다.
㉢ Cl_2의 흡수제로는 소석회 이외에 차아염소산소다 220, 탄산소다 175, 물 100 정도의 비율로 섞은 것을 사용한다.
㉣ 상온에서는 액상인 물질이나 비점이 상온에 가까운 물질의 증기는 활성탄으로 흡착하는 방법도 효과적이다.

풀이 ㉡ 클로로슬폰산(HSO_3Cl)은 물과 접촉되면 기화속도가 빨라지므로 물과 접촉해서는 안된다.

★★2. 라울의 법칙

휘발성인 에탄올을 물에 녹인 용액의 증기압은 물의 증기압보다 높다. 그러나 비휘발성인 설탕을 물에 녹인 용액인 설탕물의 증기압은 물보다 낮아진다.

PART 04

연소공학

CHAPTER 01　연료
CHAPTER 02　연소형태 및 연소장치
CHAPTER 03　착화온도, 등가비, 탄소소비, 공기비, 매연
CHAPTER 04　자동차
CHAPTER 05　연소계산식

대기환경
기　사
필　기

CHAPTER 01 연료

01 연료

1. 연소시 가연물의 구비조건

① 화학적으로 활성이 강할 것
★★ ② 활성화 에너지가 작을 것
③ 표면적이 클 것(기체 > 액체 > 고체)
④ 반응열이 클 것
⑤ 열전도도가 적을 것(열전도율 : 고체 > 액체 > 기체)

Question 01

연소시 가연물의 구비조건으로 옳지 않은 것은?
㉮ 활성화 에너지가 클 것 ㉯ 화학적으로 활성이 강할 것
㉰ 표면적이 클 것 ㉱ 반응열이 클 것

풀이 ㉮ 활성화에너지가 작을 것

2. 연소(화염) 온도

이론단열 연소온도는 실제 연소온도보다 높다.

Question 02

연소(화염)온도에 대한 내용으로 알맞은 것은 어느 것인가?

㉮ 이론 단열 연소온도는 실제 연소온도보다 높다.
㉯ 공기비를 크게 할수록 연소온도는 높아진다.
㉰ 실제 연소온도는 연소로의 열손실에는 거의 영향을 받지 않는다.
㉱ 평형 단열 연소온도는 이론 단열 연소온도와 같다.

정답 ㉮

02 고체연료

1. 고체연료의 특징

 ① 고체연료의 C/H비는 15~20 범위이다.
② 고체연료는 액체연료에 비하여 수소함유량이 적다.
 ③ 고체연료는 액체연료에 비하여 산소함유량이 크다.
④ 고체연료의 연소속도는 연료단위 표면적당 단위시간당 연료량을 의미한다.

Question 03

일반적인 고체연료의 원료 조성에 관한 설명으로 옳지 않은 것은?

㉮ 고체연료의 C/H 비는 15~20 정도의 범위이다.
㉯ 고체연료의 분자량은 평균하여 150 전후이다.
㉰ 고체연료는 액체연료에 비하여 수소함유량이 적다.
㉱ 고체연료는 액체연료에 비하여 산소함유량이 크다.

정답 ㉯

2. 고체연료 중 코크스

① 연료탄을 건류하여 얻어지는 2차연료로서 코크스로에서 제조된다.
 ② 휘발분이 거의 함유되어있지 않아 연소시에 매연이 발생하지 않는다.
③ 코크스의 발열량으로 통상 8000kcal/kg 정도이다.
④ 주성분이 탄소이며 원료탄보다는 회분의 함량이 많아진다.

Question 04

석탄에 함유된 수분의 3가지 수분형태와 거리가 먼 것은?

㉮ 유효수분 ㉯ 부착수분
㉰ 고유수분 ㉱ 화합수분(결합수분)

풀이 석탄에 함유된 수분의 3가지 수분형태는 부착수분, 고유수분, 화합수분(결합수분)이다.

3. 석탄

★★ (1) 석탄계연료의 특징

① 석탄의 저장법이 나쁘면 완만하게 발생하는 열이 내부에 축적되어 온도상승에 의한 발화가 촉진될 수 있는데 이를 자연발화라 한다.
② 자연발화가능성이 높은 갈탄 및 아탄은 정기적으로 탄층 내부의 온도를 측정할 필요가 있다.
③ 자연발화를 피하기 위해 저장은 건조한 곳을 택하고 퇴적은 가능한 한 낮게 한다.
★★ ④ 연료비 = $\dfrac{고정탄소}{휘발분}$, 고정탄소(%) = 100 - (휘발분 + 수분 + 회분)(%)
⑤ 연료비는 탄화도의 정도를 나타내는 지수이다.

Question 05

어떤 석탄을 공업분석한 결과 휘발분이 34wt%, 수분이 4wt%, 그리고 고정탄소가 62wt%이었다. 석탄의 연료비는 얼마인가?

풀이 연료비 = $\dfrac{고정탄소}{휘발분} = \dfrac{62\%}{34\%} = 1.82$

★★ (2) 석탄의 성상

① 석탄연소시 잔류물인 회분 중 가장 많이 함유된 것은 SiO_2 이다.
② 점결성은 석탄에서 코크스를 생산할 때 중요한 성질이다.
③ 석탄의 휘발분은 매연발생의 요인이다.
④ 연료조성에 따른 연소특성으로 ★★ 수분은 착화불량과 열손실을, 회분은 발열량 저하 및 연소불량을 초래한다.
⑤ 석탄 회분의 용융시 SiO_2, Al_2O_3 등의 ★★ 산성 산화물량이 많으면 회분의 용융점이 높아진다.

Question 06

석탄의 성상에 관한 설명으로 옳지 않은 것은?

㉮ 석탄 회분의 용융 시 SiO_2, Al_2O_3등의 염기성 산화물량이 많으면 회분의 용융점이 낮아진다.
㉯ 점결성은 석탄에서 코크스를 생산할 때 중요한 성질이다.
㉰ 연료 조성변화에 따른 연소특성으로 수분은 착화불량과 열손실을, 회분은 발열량 저하 및 연소불량을 초래한다.
㉱ 석탄의 휘발분은 매연발생의 요인이 된다.

풀이 ㉮ 석탄 회분의 용융 시 SiO_2, Al_2O_3 등의 산성 산화물량이 많으면 회분의 용융점이 높아진다.

★★ (3) 석탄의 탄화도

★★ ① 석탄의 탄화도가 증가하면 고정탄소가 증가한다.
★★ ② 석탄의 탄화도가 증가하면 발열량이 증가한다.
★★ ③ 석탄의 탄화도가 증가하면 착화온도가 증가한다.
★★ ④ 석탄의 탄화도가 증가하면 연료비 $\left(\dfrac{고정탄소}{휘발분}\right)$가 증가한다.
⑤ 석탄의 탄화도가 증가하면 매연 발생량이 감소한다.
⑥ 석탄의 탄화도가 증가하면 비열은 감소한다.
⑦ 석탄의 탄화도가 증가하면 휘발분은 감소한다.
⑧ 석탄의 탄화도가 증가하면 수분은 감소한다.
⑨ 석탄의 탄화도가 증가하면 산소의 양이 감소한다.
⑩ 석탄의 탄화도가 증가하면 연소속도가 작아진다.

Question 07

석탄의 탄화도가 증가하면 감소하는 것은?

㉮ 착화온도　　㉯ 비열　　㉰ 발열량　　㉱ 고정탄소

풀이 ① 탄화도가 증가하면 고정탄소, 발열량, 착화온도, 연료비 증가
② 탄화도가 증가하면 매연발생량, 비열, 휘발분, 수분, 산소의 양, 연소속도 감소

03 액체연료

★★ 1. 액체연료 특징

① 발열량이 크고 품질이 비교적 균일하다.
② 회분이 거의 없고 점화, 소화 및 연소의 조절이 비교적 쉽다.
③ 계량, 기록이 수월하다.
④ 저장, 운반이 용이하며 배관공사 등에 걸리는 비용도 적게 소요된다.
⑤ 단위질량당의 발열량이 커, 화력이 강하다.
⑥ 액체연료는 비교적 저가로 안정하게 공급되고 품질에도 큰차가 없다.
⑦ 액체연료는 화재, 역화 등의 위험이 크며, 연소온도가 높아 국부가열을 일으키기 쉽다.
⑧ 액체연료의 경우 회분은 적지만, 재속의 금속산화물이 장해원인이 될 수 있다.

Question 08

다음 중 액체연료의 일반적인 특징으로 거리가 먼 것은?

㉮ 인화 및 역화의 위험이 크다.
㉯ 점화, 소화 및 연소조절이 어렵다.
㉰ 발열량이 높고 계량이 용이하다.
㉱ 연소온도가 높아 국부적인 과열을 일으키기 쉽다.

풀이 ㉯ 점화, 소화 및 연소조절이 용이하다.

2. 액체연료의 종류

★★ (1) 가솔린(gasoline)

① 석유제품 중 가장 경질유이다.
★★ ② 비등점은 약 30~200℃이며 비중은 0.72~0.76이다.
★★ ③ 가솔린의 착화성을 나타내는 척도로는 옥탄가가 사용된다.
④ 고발열량 11,000~11,500kcal/kg이다.
⑤ 원유를 증류할 때 일정온도의 끓는점 범위에서 유출되는 탄화수소의 혼합체로 나프타(naphtha)가 있는데, 이 나프타와 끓는점의 범위나 성상이 가장 유사한 물질이다.

TIP
CNG(Compressed Natural Gas : 압축천연가스)를 가솔린에 적용했을 때의 특징
① CO, HC는 30~50%, CO_2는 20~30% 이상 감소하는 것으로 알려져 있다.
② 옥탄가가 130 정도로 높기 때문에 엔진압축비를 높일 수 있다.
③ 엔진 연소실과 연료공급계통에 퇴적물이 적어 윤활유나 엔진오일, 필터의 교환주기가 연장된다.

TIP
Carburetor
휘발유엔진 배기가스에 영향을 미치는 것으로 Carburetor의 역할은 광범위한 상태하에서 엔진이 만족스럽게 작동할 수 있는 혼합비로 연료증기와 공기의 균질혼합물을 제공하는 것이다.

★★ (2) 경유(light oil)

★★ ① 착화성이 좋고 인화성이 높으며 정제한 것은 무색에 가깝다.
② 점도가 적절하고 회분, 수분, 유황분을 포함하지 않아야 한다.
★★ ③ 가솔린보다 약간 무거운 증류성분으로 끓는점(비등점)의 범위가 180~350℃로 등유와 중유의 중간에서 유출되며 비중은 0.8~0.85이다.
★★ ④ 경유의 착화성을 나타내는 척도로는 세탄가가 사용된다.
⑤ 세탄값은 40~60 정도가 우수하다.
⑥ 주로 자동차나 산업기계 등 소형 고속디젤기관용으로 사용된다.
⑦ 디젤엔진에 사용되는 경우에 쉽게 자가 착화가 되어야 한다.
⑧ 착화성이 좋은 연료 사용시 디젤엔진의 압축비가 가솔린엔진보다 매우 크므로 열효율이 높은 출력을 얻을 수 있다.

> **Question 10**
>
> 다음 설명하는 액체연료에 해당하는 것은?
>
> • 비점 : 200~320℃ 정도   • 비중 : 0.8~0.9 정도
> • 정제한 것은 무색에 가깝고, 착화성 적부는 octane값으로 표시된다.
>
> ㉮ Naphtha   ㉯ Heavy oil   ㉰ Light oil   ㉱ Kerosene
>
> 정답 ㉰

(3) 등유(kerosene)

① 등유의 인화점은 가솔린보다 높으며 그 성분은 완전연소하기 쉬운 파라핀계 탄화수소를 많이 함유하고 있다.
② 가솔린과 유사한 방법으로 정제하며 무색이나 담황색을 띈다.
③ 인화점은 휘발유보다 높다.

★★ (4) 중유(heavy oil)

★★ ① 중유에는 A, B, C 중유가 있는데 이것은 점도를 기준으로 분류한다.
② 인화점이 낮은 경우에는 역화의 위험성이 있고, 높을 경우(140℃ 이상)에는 착화가 어렵다.
★★ ③ 인화점은 보통 그 예열온도보다 약 5℃ 이상 높은 것이 좋다.
④ 중유 중 잔류탄소의 함량은 7~16% 정도이다.
⑤ 4℃ 물에 대한 15℃ 중유의 중량비를 비중이라 하며, 중유의 비중은 보통 0.92~0.97 정도이다.
⑥ 인화점이 낮을수록 연소는 잘 되나 위험하며, C 중유는 보통 70℃ 이상이다.
★★ ⑦ 점도가 낮을수록 유동점이 낮아진다.
★★ ⑧ 비중이 클수록 유동점, 점도, 잔류탄소 등이 증가한다.
★★ ⑨ 비중이 클수록 발열량이 낮아지고 연소성이 나빠진다.
⑩ 점도가 낮은 것은 일반적으로 낮은 비점의 탄화수소를 함유한다.
⑪ 중유의 점도는 C 중유 > B 중유 > A 중유 순으로 감소된다.
⑫ 수송시 적정점도는 500~1000cst 정도이다.

Question 11

중유에 대한 내용으로 틀린 것은 어느 것인가?

㉮ 점도가 낮을수록 유동점이 낮아진다.
㉯ 비중이 클수록 유동점과 점도는 감소하고, 잔류탄소 등이 증가한다.
㉰ 비중이 클수록 발열량이 적어지고 연소성이 나빠진다.
㉱ 중유는 일반적으로 점도를 중심으로 3종으로 분류된다.

풀이 ㉯ 비중이 클수록 유동점, 점도, 잔류탄소는 증가한다.

TIP

액체연료인 석유의 물성치(물리적 성질)

① 석유류의 증기압이 큰 것은 착화점이 낮아서 위험하다.
② 석유류의 인화점은 휘발유 -50~0℃, 등유 30~70℃, 중유 90~120℃ 정도이다.
★★③ 석유의 동점도가 감소하면 끓는점이 낮아지고 유동성이 좋아진다.
★★④ 석유의 비중이 커지면 탄수소비(C/H), 점도, 착화점, 매연발생량이 증가하고 발열량은 낮아진다.
⑤ 경질유는 방향족계 화합물을 10% 미만 함유하고 밀도 및 점도가 낮은 편이다.
⑥ 점도가 낮을수록 유동점이 낮아지므로 일반적으로 저점도의 중유는 고점도의 중유보다 유동점이 낮다.
⑦ 일반적으로 중질유는 방향족계 화합물을 30% 이상 함유하고 상대적으로 밀도 및 점도가 높다.
★★⑧ 인화점이 낮은 경우에는 역화의 위험성이 있고, 높을 경우(140℃ 이상)에서는 착화가 곤란하다.
⑨ 인화점은 보통 그 예열온도보다 약 5℃ 이상 높은것이 좋다.
⑩ 점도는 유체가 운동할 때 나타나는 마찰의 정도를 나타내고, 동점도는 절대점도를 유체의 밀도로 나눈 것이다.
⑪ 석유의 증기압은 40℃에서의 압력(kg/cm^2)으로 나타내며, 증기압이 큰 것은 인화점 및 착화점이 낮아서 위험하다.
★★⑫ 인화점은 화기에 대한 위험도를 나타내며, 인화점이 낮을수록 연소는 잘 되나 위험하다.
⑬ 유동점은 일반적으로 응고점보다 2.5℃ 높은 온도를 말한다.
⑭ 점도가 낮아지면 인화점이 낮아지고 연소가 잘 된다.

Question 12

액체연료인 석유의 물성치에 관한 설명으로 옳지 않은 것은?

㉮ 석유류의 증기압이 큰 것은 착화점이 낮아서 위험하다.
㉯ 석유류의 인화점은 휘발유 -50℃~0℃, 등유 30℃~70℃, 중유 90℃~120℃ 정도이다.
㉰ 석유의 비중이 커지면 탄화수소비(C/H)가 증가하고, 발열량이 감소한다.
㉱ 석유의 동점도가 감소하면 끓는점이 높아지고 유동성이 좋아지며 이로 인하여 인화점이 높아진다.

풀이 ㉱ 석유의 동점도가 감소하면 끓는점이 낮아지고 유동성이 좋아진다.

> **TIP** ★★
> 황(S) 성분 함량 순서
> B-C유 > 중유 > 경유 > 등유 > 휘발유 > LPG

> **TIP**
> 탄화수소의 종류와 일반식
> - 파라핀계 : C_nH_{2n+2}
> - 나프텐계(포화) : C_nH_{2n}
> - 올레핀계(불포화) : C_nH_{2n}
> - 방향족계 : C_nH_{2n-6}
> - 알카인(alkyne)계 : C_nH_{2n-2}

> **TIP**
> 유동점
> 석유제품을 규정하는 방법으로 냉각했을 때 유동상태를 유지할 수 있는 최저온도

04 기체연료

★★ 1. 기체연료의 특징

(1) 장점

★★ ① 연소효율이 높고 적은 과잉공기량으로도 완전연소가 가능하며 검댕이 발생하지 않는다.
★★ ② 부하의 변동범위가 넓고 연소의 조절이 용이하다.
★★ ③ 연료속에 황이 포함되지 않은 것이 많으며 연소배출가스중에 SO_2가 생성되지 않는다.
★★ ④ 연소조절이 용이하고, 점화 및 소화가 간단하다.
⑤ 연소시 공급연료 및 공기량을 밸브를 이용하여 간단하게 임의로 조절할 수 있어 부하 변동 범위가 넓다.
⑥ 기체연료는 저발열량의 것으로 고온을 얻을 수 있고 전열효율을 높일 수 있다.
⑦ 회분이 거의 없어 먼지발생량이 적다.
★★ ⑧ 연료의 예열이 쉽고, 저질연료도 고온을 얻을 수 있다.

(2) 단점

★★ ① 저장 및 수송이 불편하다.
　② 공기와 섞어 점화하면 폭발의 위험성이 있다.
　③ 시설비가 많이 든다.

> **Question 13**
>
> 다음 기체연료의 일반적인 특징으로 가장 거리가 먼 것은?
>　㉮ 연소조절, 점화 및 소화가 용이한 편이다.
>　㉯ 회분이 거의 없어 먼지발생량이 적다.
>　㉰ 연료의 예열이 쉽고, 저질연료도 고온을 얻을 수 있다.
>　㉱ 취급시 위험성이 적고, 설비비가 적게 든다.
>
> **풀이** ㉱ 취급시 위험성이 크고, 설비비가 많이 든다.

2. 기체연료의 종류

★★ **(1) LNG(액화천연가스)**

★★ ① LNG의 주성분은 CH_4(메탄) 이다.
★★ ② LNG의 밀도는 공기보다 작다.
★★ ③ LNG는 천연가스를 1기압하에서 -162℃ 정도로 냉각하여 액화시켜 대량 수송 및 저장을 가능하게 한 것이다.
　④ LNG는 지질학적으로 수용성 가스, 석탄계 가스, 석유계 가스로 구분되며 석탄계 가스가 대부분을 차지한다.
★★ ⑤ 고위발열량은 10,000 kcal/Sm^3 이다.

★★ **(2) LPG(액화석유가스)**

★★ ① LPG의 주성분은 C_3H_8(프로판)과 C_4H_{10}(부탄)이다.
★★ ② LPG의 비중이 공기보다 무거워 인화폭발의 위험성이 높다.
　③ LPG의 발열량이 높다.
　④ 석유정제때에 부산물로 생산되는 것과 천연가스에서 회수되는 것이 있으나 전자의 것이 대부분이다.
　⑤ 액체에서 기체로 될 때 증발열이 있으므로 사용하는데 유의할 필요가 있다.
★★ ⑥ 상온에서 10~20기압을 가하거나 또는 -49℃로 냉각시킬 때 용이하게 액화되는 석유

계 탄화수소이다.
⑦ 황분이 적고 독성이 없다.
⑧ 사용에 편리한 기체연료의 특징과 수송 및 저장에 편리한 액체연료의 특징을 겸비하고 있다.
⑨ 탄소수가 3~4개까지 포함되고 탄화수소류가 주성분으로 되어있다.
 ⑩ 발열량은 26,000kcal/m³, 비중은 공기의 1.5배 정도이다.
⑪ 공급원료는 원유, 천연가스를 채취할 때의 부산물, 상압증류, 접촉분해에 의한 석유의 정제공정에서 생성된 것 등이다.
⑫ 액화석유가스의 생성율은 원료의 처리량에서 보면 상압증류의 제품이 대부분이다.
⑬ 액화시키는 이유는 기체상태일때 보다 부피가 $\frac{1}{240} \sim \frac{1}{280}$로 줄어들기 때문이다.
⑭ 가정, 업무용으로 많이 사용되는 석유계 탄화수소 가스이다.
 ⑮ 액체에서 기체로 기화할 때 증발열(90~100kcal/kg)이 있다.

Question 14

액화석유가스(LPG)에 관한 설명으로 가장 거리가 먼 것은?

㉮ 메탄, 프로판을 주성분으로 하는 혼합물로 1atm에서 -168℃ 정도로 냉각하면 쉽게 액체상태로 된다.
㉯ 비중은 공기의 1.5~2.0배 정도로 누출시 인화의 위험성이 크다.
㉰ 천연가스 회수, 나프타 분해, 석유정제시 부산물 등으로부터 얻어진다.
㉱ 액체에서 기체로 될 때 증발열이 있다.

풀이 ㉮ 프로판과 부탄을 주성분으로 하는 혼합물로 상온에서 10~20기압을 가하거나 또는 -49℃로 냉각시킬 때 용이하게 액화되는 석유계 탄화수소이다.

Question 15

LPG와 LNG에 대한 설명으로 옳지 않은 것은?

㉮ LNG는 천연가스를 -168℃ 정도로 냉각하여 액화시킨 것으로 액화천연가스이다.
㉯ LNG의 주성분은 대부분이 메탄이고 그 외에 에탄, 프로판, 부탄 등으로 구성되어 있다.
㉰ LPG는 주로 naphtha의 열분해에 의해 제조된 것으로 자동차용 연료는 프로판, 가정용에는 부탄이 주로 사용된다.
㉱ LPG는 밀도가 공기보다 커서 누출시 건물의 바닥에 모이게 되고 LNG는 공기보다 가벼워 건물의 천장에 모이는 경향이 있다.

풀이 ㉰ LPG는 주로 석유정제때에 부산물로 생산되는 것과 천연가스에서 회수되는 것이 있으며, 자동차용 연료는 부탄, 가정용에는 프로판이 주로 사용된다.

(3) 발생로가스

① 가열된 석탄 또는 코크스에 공기와 수증기를 연속적으로 주입하여 부분적으로 산화반응 시킴으로써 얻어진다.
② 가연성분은 CO(25~30%), 수소(10~15%) 및 약간의 메탄이다.
③ 이 가스는 제조상 공기공급에 의해 다량의 질소를 함유하고 있다.
④ 발열량은 3,700kcal/Sm^{3}이다.

(4) 고로가스

① 용광로에서 선철을 제조할 때 발생한다.
② 고위발열량은 700~800kcal/Sm^{3}이다.
③ 주성분은 CO와 N_2이다.

(5) 전로가스

선철을 제강과정에서 강철로 만드는 과정에서 발생하는 가스로서 주성분은 일산화탄소(CO)이다.

(6) 수성

① 1,200K 이상으로 백열된 석탄 또는 코크스에 수증기를 반응시켜 얻는 기체연료이다.
② 주성분은 수소가 45~50%, 일산화탄소가 40~45%이다.
③ 단열 화염온도가 매우 높은 연료이다.
④ 고위발열량은 2,800kcal/Sm^{3}이다.

(7) 코크스로 가스(석탄가스)

① 코크스를 용광로에 넣어 선철을 제조할 때 발생하는 기체연료이다.
② 고위발열량은 5,100kcal/Sm^3 정도이다.
③ 주성분 : H_2 50%, CH_4 30%, CO 7%이다.

> **TIP**
> 이론공기량(Sm^3/Sm^3)
> ① 천연가스 : 8.0~9.5   ② 역청탄 : 7.5~8.5   ③ 코크스 : 8.0~9.0

Question 16

다음 중 연료의 이론공기량의 근사치 범위 A_o (Sm^3/Sm^3)로 가장 거리가 먼 것은?

㉮ 천연가스 : 8.0~9.5
㉯ 역청탄 : 7.5~8.5
㉰ 코크스 : 8.0~9.0
㉱ 발생로가스 : 5.0~8.0

정답 ㉱

CHAPTER 02 연소형태 및 연소장치

01 연소형태

★★ 1. 표면연소

① 적열 코크스나 숯의 표면에 산소가 접촉하여 일어나는 연소이다.
② 코크스나 석탄 등이 고온연소시 고체표면이 빨갛게 빛을 내면서 반응하는 연소로 화염이 없는 연소형태이다.

> **Question 01**
>
> 다음 연소의 종류 중 흑연, 코크스, 목탄 등과 같이 대부분 탄소만으로 되어 있는 고체연료에서 관찰되는 연소형태는 어느 것인가?
>
> ㉮ 표면연소　　㉯ 내부연소　　㉰ 증발연소　　㉱ 자기연소
>
> **정답** ㉮

★★ 2. 분해연소

① 고체연료가 화염을 정상적으로 내면서 연소하는 것이다.
② 장작, 석탄, 중유 등이 열분해하여 발생한 증기와 함께 연소초기에 불꽃을 내면서 반응하는 것이다.

Question 02

다음은 연소의 종류에 대한 내용이다. ( ) 안에 들어갈 말은 어느 것인가?

목재, 석탄, 타르 등은 연소초기에 열분해에 의해 가연성 가스가 생성되고, 이것이 긴 화염을 발생시키면서 연소하게 되는데 이러한 연소를 ( )라 한다.

㉮ 표면연소   ㉯ 분해연소   ㉰ 자기연소   ㉱ 확산연소

 ㉯

3. 발연연소

화염의 표면에서 산소와의 결합이 일어나는 연소이다.

★★ 4. 증발연소

① 오일의 표면에서 오일이 기화하여 일어나는 연소이다.
② 화염으로부터 열을 받으면 가연성 증기가 발생하는 연소로써 휘발유, 등유, 알콜, 벤젠 등의 액체연료의 연소형태이다.

 Question 03

다음 연소의 종류 중 휘발유, 등유, 알콜, 벤젠 등 액체연료의 연소방식으로 알맞은 것은 어느 것인가?

㉮ 자기연소   ㉯ 확산연소   ㉰ 증발연소   ㉱ 표면연소

 ㉰

5. 포트식 연소

① 기름을 접시모양으로 용기에 넣어 점화하면 연소열로 인해 액면이 가열되어 발생되는 증기가 외부에서 공급되는 공기와 혼합 연소하는 방식이다.
② 휘발성이 좋은 경질유 연소에 효과적이다.

6. 그을림연소

숯불과 같이 불꽃을 동반하지 않는 열분해와 표면연소의 복합형태라 볼 수 있다.

7. 자기연소(내부연소)

나이트로글리세린이 여기에 속한다.

> **Question 04**
>
> 다음 중 전형적인 자기연소를 하는 가연물에 해당하는 것은?
> ㉮ 아이소옥탄(isooctane) ㉯ 나이트로글리세린(nitroglycerine)
> ㉰ 나프타(naphtha) ㉱ 나프탈렌(naphthalene)
>
> 정답 ㉯

02 고체연료 연소장치

★★ 1. 미분탄연소장치

석탄을 0.1mm 정도 이하의 미분으로 분쇄한 것을 1차 공기중에 부유시켜 이를 버너로서 로내에 분출연소시키는 방법이다.

★★ ① 연료의 표면적이 크고 공기와의 접촉이 좋기 때문에 과잉공기가 적어도 완전연소가 가능하다.
② 연소의 조절이 쉽고 점화, 소화시의 손실이 적다.
★★ ③ 부하의 변동에 쉽게 적용할 수 있으므로 대형과 대용량 설비에 적합하다.
④ 과잉공기에 의한 열손실이 적다.
★★ ⑤ 비산먼지의 배출량이 많다.
⑥ 반응속도는 탄의 성질, 공기량 등에 따라 변하기는 하나, 연소에 요하는 시간은 대략 입자지름의 제곱에 비례한다.
★★ ⑦ 재비산이 많고, 집진장치가 필요하다.
⑧ 미분탄연소는 사용연료의 범위가 넓고, 스토커 연소에 적합하지 않은 점결탄과 저발열량탄 등도 사용할 수 있다. (저질탄 사용 가능)

⑨ 설비비와 유지비가 비싸다.
★★ ⑩ 분쇄기 및 배관중에 폭발의 우려 및 수송관의 마모가 일어날 수 있다.

Question 05

다음 중 화력발전소나 시멘트 소성로와 같은 대형 대용량 연소시설에서 석탄으로 연소시키고자 할 때 가장 적합한 연소방식은?

㉮ 화격자 연소　　㉯ 미분탄 연소　　㉰ 유동층 연소　　㉱ 스토커 연소

정답　㉯

Question 06

미분탄 연소에 대한 설명으로 틀린 것은 어느 것인가?

㉮ 스토커 연소에 적합하지 않은 점결탄과 저발열량탄도 사용가능하다.
㉯ 사용연료의 범위가 넓고, 적은 공기비로 완전연소가 가능하다.
㉰ 재비산이 많고, 집진장치가 필요하게 된다.
㉱ 배관 중 폭발의 우려나 수송관의 마모 우려가 없다.

풀이　㉱ 분쇄기 및 배관중에 폭발의 우려 및 수송관의 마모가 일어날 수 있다.

TIP

미분탄연소로 중 접선기울형 버너(tangential tilting burner)
① 사각연소로인 경우 각 모퉁이에 3~5개의 버너의 높이가 다르게 설치되어 있다.
② 1차공기 및 석탄주입관 끝은 10~30°정도의 각도범위에서 조정할 수 있도록 되어있다.
③ 화염을 상하로 이동시켜서 과열을 방지할 수 있도록 되어있다.

2. COM 연소장치(혼탄유 연소)

① Coal Oil Mixture를 말한다.
② 볼밀등을 사용하여 기름 중에서 석탄을 분쇄, 혼합하여 제조한다.
③ 미분탄의 침강을 막기 위해 계면활성제를 사용한다.
④ COM은 주로 석탄과 중유의 혼합연료이다.
⑤ 배출가스 중의 NO_x, SO_x, 먼지농도는 미분탄연소와 중유연소 각각인 경우 농도가중 평균정도가 된다.
⑥ 중유보다 미립화 특성이 양호하다.

⑦ 화염길이는 미분탄 연소에 가까운 반면, 화염 안정성은 중유연소에 가깝다.
⑧ 연소실내의 체류시간의 부족, 분사변의 폐쇄와 마모, 재의 처리 등에 주의할 필요가 있다.

3. 석탄슬러리 연소

① 석탄 슬러리 연료는 석탄분말에 기름을 혼합한 COM과 물을 혼합한 CWM으로 대별된다.
② 표면연소 시기에서는 COM 연소의 경우 연소온도가 높아진 만큼 표면연소가 가속된다고 볼 수 있다.
③ 분해연소 시기에서는 COM 연소의 경우 50wt%(W/W) 중유에 휘발분이 추가되는 형태로 되기 때문에 미분탄 연소보다는 분무연소에 더 가깝다.
④ 분해연소시기에는 CWM 연소의 경우 30wt(W/W)의 물이 증발하여 증발열을 빼앗음과 동시에 물을 함유함으로써 화염의 안정성이 나쁘다.

> **Question 07**
>
> 석탄슬러리 연소에 대한 설명으로 옳지 않은 것은?
>
> ㉠ 석탄 슬러리 연료는 석탄분말에 기름을 혼합한 COM과 물을 혼합한 CWM으로 대별된다.
> ㉡ 표면연소 시기에서는 COM연소의 경우 연소온도가 높아진 만큼 표면연소가 가속된다고 볼 수 있다.
> ㉢ 분해연소 시기에서는 CWM연소의 경우 15wt% (w/w)의 물이 증발하여 증발열을 빼앗음과 동시에 휘발분과 산소를 희석하기 때문에 화염의 안정성이 좋다.
> ㉣ 분해연소 시기에서는 COM연소의 경우 50wt% (w/w) 중유에 휘발분이 추가되는 형태로 되기 때문에 미분탄 연소보다는 분무연소에 더 가깝다.
>
> **풀이** ㉢ 분해연소시기에는 CWM 연소의 경우 30wt% (w/w)의 물이 증발하여 증발열을 빼앗음과 동시에 물을 함유함으로써 화염의 안전성이 나쁘다.

★★ 4. 유동층 연소장치

★★ ① 유동층연소는 다른 연소법에 비해 NO_x 생성억제가 잘되고, 화염층을 적게 할 수 있으므로 장치의 규모를 작게 할 수 있다.
★★ ② 화염층이 작고 클링커 장해 등을 감소시킬 수 있다.
★★ ③ 부하변동에 쉽게 응할 수 없다.
★★ ④ 재와 미연탄소의 방출이 많다.
★★ ⑤ 로의 구조가 매우 단순하고 구동부가 없어 고장이 적다.
⑥ 유동화매체로 사용되는 많은 양의 모래가 열저장 매체 구실을 함으로써 로의 일시적

가동 중단시 로의 냉각을 최소화 할 수 있다.
⑦ 연소가스의 체류시간이 짧은 반면 공기와 폐기물간의 접촉면적이 크므로 완전연소가 가능하다.
⑧ 연소과정에서 황의 연소에 따라 발생되는 SO_2의 제거가 용이하다.
★★ ⑨ 화격자의 단위 면적당 열부하를 크게 할 수 있다.
⑩ 유동매체의 열용량이 커서 액상물질과 고형물질 등 여러 가지 종류의 혼합연소가 가능하다.
★★ ⑪ 대형의 고체 폐기물은 로내로 투입전 파쇄 전처리하여 일반적으로 입경 50mm 이하로 분쇄하여야 한다.
⑫ 유동매체는 불활성이고 열충격에 강하며 융점은 높으며 미세하여야 한다.
⑬ 일반 소각로에서 소각이 어려운 난연성 폐기물의 소각에 적합하며, 특히 폐유, 폐윤활유 등의 소각에 탁월하다.
⑭ 유동매체의 손실로 인한 보충이 필요하다.
⑮ 로내에서 산성가스의 제거가 가능하다.
⑯ 유동층을 형성하는 분체와 공기와의 접촉면적이 크다.
⑰ 격심한 입자의 운동으로 층내가 균일온도로 유지된다.
⑱ 수명이 긴 Char(탄화물)는 연소가 완료되지 않고 배출될 수 있으므로 재연소장치에서의 연소가 필요하다.
⑲ 전열면적이 적게든다.

Question 08

유동층 연소에 대한 설명으로 틀린 것은 어느 것인가?

㉮ 유동화가 행해지는 공기유속의 범위는 한정되어 있으며, 통상 0.3~4m/s정도이다.
㉯ 비교적 고온에서 연소가 행해지므로 열생성 NO_X가 많고, 전열관의 부식이 문제가 된다.
㉰ 연료의 층내 체류시간이 길어 저발열량의 석탄도 완전 연소가 가능하다.
㉱ 유동매체에 석회석 등의 탈황제를 사용하여 로내 탈황도 가능하다.

풀이 ㉯ 비교적 낮은 온도에서 연소가 행해지므로 열생성 NO_X가 적다.

TIP

유동층 연소에서 부하변동에 대한 적응성이 좋지 않은 단점을 보완하기 위한 방법
① 공기분사판을 분할하여 층을 부분적으로 유동시킨다.
② 유동층을 몇 개의 셀로 분할하여 부하에 따라 작동시키는 수를 변화시킨다.
③ 층의 높이를 변화시킨다.
④ 층내의 연료비율을 변화시킨다.

Question 09

유동층연소에서 부하변동에 대한 적응성이 좋지 않은 단점을 보완하기 위한 방법으로 가장 거리가 먼 것은?
㉮ 공기분산판을 분할하여 층을 부분적으로 유동시킨다.
㉯ 층내의 연료비율을 고정시킨다.
㉰ 유동층을 몇 개의 셀로 분할하여 부하에 따라 작동시키는 수를 변화시킨다.
㉱ 층의 높이를 변화시킨다.

풀이 ㉯ 층내의 연료비율을 변화시킨다.

TIP

유동상 소각로에서 유동상의 매질(유동매체) 조건
① 불활성일 것　　　　　　★★ ② 높은 융점을 가질 것
③ 내마모성이 있을 것　　 ★★ ④ 비중이 작을 것
⑤ 열충격에 강할 것　　　　　 ⑥ 가격이 쌀 것

Question 10

유동층 연소로에 사용되는 유동매체의 구비조건으로 옳지 않은 것은?

㉮ 활성이 클 것 ㉯ 융점이 높을 것
㉰ 비중이 작을 것 ㉱ 입도분포가 균일할 것

풀이 ㉮ 활성이 작을 것

5. 체인스토커(Chain stoker)

★★ ① 연소과정이 미착화탄 → 산화층 → 환원층 → 회층으로 구성된다.
★ ② 연료층을 항상 균일하게 제어할 수 있다.
  ③ 저품질 연료도 스토우커를 적당히 선택할 경우에는 유효하게 연소시킬 수 있어 쓰레기 소각로에 많이 이용되는 화격자 연소장치이다.

Question 11

고체연료 연소장치 중 하급식 연소방법으로 연소과정이 미착화탄 → 산화층 → 환원층 → 회층으로 변하여 연소되고, 연료층을 항상 균일하게 제어할 수 있고, 저품질 연료도 유효하게 연소시킬 수 있어 쓰레기 소각로에 많이 이용되는 화격자 연소장치로 가장 적합한 것은?

㉮ 포트식 스토커(pot stoker) ㉯ 플라즈마 스토커(plasma stoker)
㉰ 로타리 킬른(rotary kiln) ㉱ 체인 스토커(chain stoker)

정답 ㉱

6. 로터리 킬른

① 소각 전처리가 크게 요구되지 않는다.
② 소각시 공기와의 접촉이 좋고 효율적으로 난류가 생성된다.
③ 여러 가지 형태의 폐기물(고체, 액체, 슬러지 등)을 동시 소각할 수 있다.
④ 공급장치의 설계에 있어 유연성이 있다.
★★ ⑤ 드럼이나 대형용기를 파쇄하지 않고 그대로 투입할 수 있다.
★ ⑥ 습식가스 세정시스템과 함께 사용할 수 있다.
⑦ 넓은 범위의 액상 또는 고상폐기물을 각각 또는 섞어서 소각할 수 있다.
★★ ⑧ 열효율이 낮다. (30~40% 정도)
⑨ 먼지발생량이 많다.

> **Question 12**
>
> 로타리킬른의 특징으로 가장 거리가 먼 것은?
> ㉮ 소각 전처리가 크게 요구되지 않는다.
> ㉯ 소각재 배출시 열손실이 적고, 별도의 후연소기가 불필요하다.
> ㉰ 소각시 공기와의 접촉이 좋고 효율적으로 난류가 생성된다.
> ㉱ 여러 가지 형태의 폐기물(고체, 액체, 슬러지 등)을 동시 소각할 수 있다.
>
> **풀이** ㉯ 소각재 배출시 열손실이 크고, 별도의 후연소기가 필요하다.

★★ 7. 화격자 연소

(1) 화격자 연소의 특징

① 상부투입식은 투입되는 연료와 공기의 방향이 향류로 교차되는 형태이다.
★★ ② 상부투입식 정상상태에서의 고정층은 상부로부터 석탄층, 건조층, 건류층, 환원층, 산화층, 회층으로 구성된다.
③ 상부투입식 연소에는 화격자 상에 고정층을 형성하지 않으면 안되므로 분상의 석탄은 그대로 사용하기에 곤란하다.
★★ ④ 경사스토커 방식의 경우 수분이 많은 것이나 발열량이 낮은 것도 어느정도 소각이 가능하다.
★★ ⑤ 체류시간이 길고 교반력이 약한 편이어서 국부가열이 발생할 염려가 있다.
⑥ 하향식 연소는 상향식 연소에 비해 소각물의 양은 절반정도로 감소한다.

Question 13

화격자 연소 중 상부투입 연소(over feeding firing)에서 일반적인 층의 구성순서로 가장 적합한 것은? (단, 상부 → 하부)

㉮ 석탄층 → 건조층 → 건류층 → 환원층 → 산화층 → 재층 → 화격자
㉯ 화격자 → 석탄층 → 건류층 → 건조층 → 산화층 → 환원층 → 재층
㉰ 석탄층 → 건류층 → 건조층 → 산화층 → 환원층 → 재층 → 화격자
㉱ 화격자 → 건조층 → 건류층 → 석탄층 → 환원층 → 산화층 → 재층

정답 ㉮

TIP

화격자의 종류 중 폰롤 시스템

폰롤 시스템(Von Roll System)은 일련의 왕복식 화격자들을 사용하여 폐기물을 소각로내에서 이동시키면서 연소시킨다. 화격자에는 건조화격자, 연소화격자, 후연소화격자의 세부분으로 구성되어 있다.

(2) 화격자 소각로(스토커방식 소각로)의 특징

① 도시폐기물을 소각하는 방식으로 널리 사용된다.
★★ ② 체류시간이 길고 교반력이 약하다.
★★ ③ 국부가열의 우려가 있다.
★★ ④ 연속적인 소각과 배출이 가능하다.
★★ ⑤ 수분이 많은 쓰레기의 소각도 가능하다.
★★ ⑥ 발열량이 낮은 쓰레기의 소각도 가능하다.
⑦ 복동식과 흔들이식이 있다.
⑧ 플라스틱과 같이 열에 쉽게 용융되는 폐기물의 연소에는 적합하지 않다.
⑨ 고온에서 기계적으로 구동하여 금속부의 마멸이 심할 수 있다.
⑩ 산포식 스토커, 계단식 스토커에 의한 연소방식은 화격자 연소장치에 속한다.

1) 병렬요동식 화격자
① 고정화격자와 가동화격자를 횡방향으로 나란히 배치하고, 가동화격자를 전후로 왕복운동시킨다.
② 비교적 강한 교반력과 이송력을 갖고 있다.
③ 화격자 눈의 매워짐이 별로 없어 낙진량이 많고 냉각작용이 부족하다.

Question 14

다음은 가동화격자의 종류에 대한 내용이다. ( ) 안에 들어갈 말은 어느 것인가?

( )는 고정화격자와 가동화격자를 횡방향으로 나란히 배치하고 가동화격자를 전후로 왕복운동시킨다. 비교적 강한 교반력과 이송력을 갖고 있으며 화격자 눈의 매워짐이 별로 없어 낙진량이 많고 냉각작용이 부족하다.

㉮ 부채형 반전식 화격자　　　　㉯ 병렬요동식 화격자
㉰ 이상식 화격자　　　　　　　　㉱ 회전 로울러식 화격자

정답 ㉯

2) 역동식 화격자
① 대형 소각로에 사용하는 가동화격자 중 화격자상에서 건조, 연소 및 후연소가 이루어진다.
② 쓰레기의 교반 및 연소조건이 양호하다.
③ 소각효율이 매우 높으나 화격자의 마모가 많다.

Question 15

대형 소각로에 사용하는 가동식 화격자 중 화격자 상에서 건조, 연소 및 후연소가 이루어지며 쓰레기의 교반 및 연소조건이 양호하고 소각효율이 매우 높으나 화격자의 마모가 많은 것은?

㉮ 역동식 화격자　　　　　　　　㉯ 회전 로울러식 화격자
㉰ 부채형 반전식 화격자　　　　㉱ 계단식 화격자

정답 ㉮

(3) 상부주입식(Over feed type) 소각로에서 용적 구성비

8. 고정상 소각로

① 소각로내의 화상위에서 쓰레기를 태우는 방식이다.
★ ② 플라스틱처럼 열에 열화, 용해되는 물질의 소각에 적합한 소각로이다.
★ ③ 체류시간이 길고 교반력이 약하다.
④ 국부적으로 가열될 염려가 있다.

9. 다단로 소각로

★ ① 체류시간이 길어 특히 휘발성이 적은 폐기물의 연소에 유리하다.
★ ② 온도반응이 느려서 보조연료 사용조절이 어렵다.
③ 다량의 수분이 증발되므로 수분함량이 높은 폐기물의 연소도 가능하다.
④ 물리·화학적 성분이 다른 각종 폐기물을 처리할 수 있다.

03 액체연료 연소장치

★★ 1. 유압분무식 버너

노즐을 통하여 5~20kg/cm² 정도의 압력으로 가압된 연료를 연소실 내부로 분무시키는 액체연료의 연소장치 버너이다.

① 대용량 버너 제작이 용이하다.
★★ ② 유량조절 범위가 좁아(환류식 1 : 3, 비환류식 1 : 2) 부하변동에 대한 적응성이 낮다.

★★ ③ 연료분사범위는 15~2,000L/hr 정도이다.
★★ ④ 연료유의 분사각도는 기름의 압력, 점도 등으로 약간 달라지지만 40~90° 정도의 넓은 각도로 할 수 있다.
⑤ 연료의 점도가 크거나 유압이 5kg/cm² 이하가 되면 분무화가 불량하다.
★★ ⑥ 유압은 보통 5~30kg/cm² 정도이다.
⑦ 구조가 간단하여 유지 및 보수가 용이하다.

〈유압식 버너〉　　　　　　〈반송유압식 버너〉

Question 16

유압분무식 버너에 관한 설명으로 옳지 않은 것은?

㉮ 유량조절범위가 환류식의 경우는 1 : 3, 비환류식의 경우는 1 : 2 정도여서 부하변동에 적응하기 어렵다.
㉯ 연료의 분사유량은 15~2,000kL/h 정도이다.
㉰ 분무각도가 40~90° 정도로 크다.
㉱ 연료의 점도가 크거나 유압이 5kg/cm² 이하가 되면 분무화가 불량하다.

풀이 ㉯ 연료의 분사범위는 15~2,000L/h 정도이다.

2. 회전식 버너

① 연료유의 점도가 작을수록 분무화 입경이 작아진다.
② 분무는 기계적 원심력과 공기를 이용한다.
★★ ③ 분무각도는 40~80° 정도로 크며, 유량조절 범위도 1 : 5 정도로 비교적 큰 편이다.
★★ ④ 부하변동이 있는 중소형 보일러용으로 사용된다.
⑤ 회전수는 5,000~6,000rpm 범위이다.
⑥ 유압식버너에 비하여 연료유의 분무화 입경이 비교적 크다.
★★ ⑦ 연료유는 0.5kg/cm² 정도 가압하여 공급한다.
⑧ 화염의 형식은 비교적 넓게 퍼지는 화염이다.
★★ ⑨ 연료유 분사유는 직결식의 경우 1,000L/hr 이하이다.

> **Question 17**
>
> 유류버너 중 회전식버너에 관한 설명으로 옳지 않은 것은?
> ㉮ 연료유의 점도가 작을수록 분무화 입경이 작아진다.
> ㉯ 분무는 기계적 원심력과 공기를 이용한다.
> ㉰ 유압식버너에 비하여 연료유의 분무화 입경이 1/10 이하로 매우 작다.
> ㉱ 분무각도는 40°~80° 정도로 크며, 유량조절범위도 1 : 5 정도로 비교적 큰 편이다.
>
> 풀이 ㉰ 유압식버너에 비하여 연료유의 분무화 입경이 비교적 크다.

★★★ 3. 저압공기식 유류버너(저압기류 분무식 버너)

★★ ① 비교적 좁은 각도의 짧은 화염이 발생한다.
★★ ② 소형가열로용이다.
★★ ③ 용량은 2~300L/hr이다.
   ④ $0.05~0.2kg/cm^2$ 정도의 저압공기를 사용하여 분무화시키는 방법이다.
   ⑤ 분무각도는 30~60° 정도이다.
★★ ⑥ 유량조절범위는 1 : 5로 비교적 큰 편이다.
   ⑦ 연료분사범위는 200L/hr 정도이다.
   ⑧ 분무매체는 공기이며 버너입구의 공기압력은 보통 400~1,500mmH$_2$O 정도이다.
★ ⑨ 분무에 필요한 공기량은 이론연소공기량의 30~50% 정도이다.

★★★ 4. 고압공기식 유류버너(고압기류 분무식 버너)

① 분무각도는 작지만 유량조절비는 커서 부하변동에 적응이 용이하다.
★★ ② 연료유의 점도가 큰 경우에는 분무화가 용이하나 연소시 소음이 크다.
③ 분무에 필요한 1차공기량은 이론연소공기량의 7~12% 정도이다.
★★ ④ 연료분사범위는 외부혼합식이 3~500L/hr, 내부혼합식이 10~1,200L/hr 정도이다.
⑤ 증기압 또는 공기압은 2~10kg/cm^2 정도이다.
★★ ⑥ 가장 좁은 각도의 긴 화염이며, 기름의 분무각도는 20~30° 정도이다.
★★ ⑦ 유량조절범위는 1 : 10 정도이다.
★ ⑧ 용도는 제강용평로, 연속가열로, 유리용해로 등의 대형가열로 등에 많이 사용된다.

〈고압증기식 버너〉 〈고압공기식 버너〉

Question 18

고압기류 분무식 버너의 특징으로 틀린 것은 어느 것인가?

㉮ 분무각도는 60° 정도로 크고, 유량조절범위는 1 : 3 정도로 부하변동에 대한 적응이 어렵다.
㉯ 2~8kg/cm^2 정도의 고압공기를 사용하여 연료유를 무화시키는 방식이다.
㉰ 연료유의 점도가 커도 분무화가 용이한 편이다.
㉱ 분무에 필요한 1차 공기량은 이론연소 공기량의 7~12% 정도이면 된다.

풀이 ㉮ 분무각도는 20~30°정도이고, 유량조절범위는 1 : 10이며, 부하변동에 대한 적응이 용이하다.

5. 건타입(Gun type) 버너

① 형식은 유압식과 공기분무식을 합한 것이다.
② 유압은 보통 7kg/cm^2 이상이다.
★ ③ 연소가 양호하고 소형이며 전자동 연소가 가능하다.

04 기타 내용

★ 1. 연료유를 미립화해서 공기와 혼합하여 단시간에 완전연소를 시키는 유류연소 버너가 갖추어야 할 조건

① 넓은 부하범위에 걸쳐 기름의 미립화가 가능할 것
② 소음발생이 적을 것
③ 점도가 높은 기름도 적은 동력비로서 미립화가 가능할 것

Question 19

연료유를 미립화해서 공기와 혼합하여 단시간에 완전연소를 시키는 유류연소버너가 갖추어야 할 조건으로 틀린 것은 어느 것인가?

㉮ 넓은 부하범위에 걸쳐 기름의 미립화가 가능할 것
㉯ 재를 제거하기 위한 장치가 있을 것
㉰ 소음 발생이 적을 것
㉱ 점도가 높은 기름도 적은 동력비로서 미립화가 가능할 것

정답 ㉯

2. 액체연료를 효율적으로 연소시키기 위해서는 연료를 미립화 해야한다. 미립화 특성을 결정하는 인자 중 중요사항

① 분무유량
② 분무입경
③ 분무의 도달거리
④ 분무각
⑤ 입경분포

★★ 3. 화염을 유지하기 위한 보염기

① 원추형 보염기는 원추의 가장자리에서 말려들게 한 소용돌이에 의하여 주로 보염작용을 행한다.
★★ ② 축류형 보염기는 날개축의 후방에 생기는 소용돌이에 의해 주로 보염작용을 행한다.

③ 공기유동에 대해 소용돌이를 발생시켜 화염의 순환영역을 만들어 화염의 안정화를 꾀한다.
④ 공기유동에 대해 연료를 역방향으로 분사하여 국부 공기 유속을 화염 전파속도보다 작게한다.

> **Question 20**
>
> 화염을 유지하기 위한 보염기에 관한 내용으로 틀린 것은 어느 것인가?
> ㉮ 원추형 보염기는 원추의 가장자리에서 말려들게 한 소용돌이에 의하여 주로 보염작용을 행한다.
> ㉯ 축류형 보염기는 축의 전방에 생기는 소용돌이에 의하여 주로 보염작용을 행한다.
> ㉰ 공기유동에 대해 소용돌이를 발생시켜 화염의 순환영역을 만들어 화염의 안정화를 꾀한다.
> ㉱ 공기유동에 대해 연료를 역방향으로 분사하고 국부공기 유속을 화염전파속도보다 작게 한다.
>
> **풀이** ㉯ 축류형 보염기는 축의 후방에 생기는 소용돌이에 의하여 주로 보염작용을 행한다.

05 기체연료 연소장치 및 연소형태

★★ 1. 확산형 가스버너 중 포트형

① 로 내부에서 연소가 완료되도록 가스와 공기의 유속을 결정한다.
② 포트입구가 작으면 슬래그가 부착해서 막힐 우려가 있다.
③ 고발열량 탄화수소를 사용할 경우는 가스압력을 이용하여 노즐로부터 고속으로 분출케 하여 그 힘으로 공기를 흡인하는 방식을 취한다.
④ 버너 자체가 로벽과 함께 내화벽돌로 조립되어 로 내부에 개구된 것이며, 가스와 공기를 함께 가열할 수 있는 이점이 있다.
★★ ⑤ 밀도가 큰 공기 출구는 상부에, 밀도가 작은 가스출구는 하부에 배치되도록 한다.

Question 21

확산형 가스버너인 포트형 설계시 주의사항으로 옳지 않은 것은?

㉮ 로 내부에서 연소가 완료되도록 가스와 공기의 유속을 결정한다.
㉯ 포트 입구가 작으면 슬래그가 부착해서 막힐 우려가 있다.
㉰ 고발열량 탄화수소를 사용할 경우는 가스압력을 이용하여 노즐로부터 고속으로 분출케하여 그 힘으로 공기를 흡인하는 방식을 취한다.
㉱ 밀도가 큰 가스 출구는 하부에, 밀도가 작은 공기 출구는 상부에 배치되도록 하여 양쪽의 밀도차에 의한 혼합이 잘 되도록 한다.

풀이 ㉱ 밀도가 큰 공기 출구는 상부에, 밀도가 작은 가스 출구는 하부에 배치되도록 하여 양쪽의 밀도차에 의한 혼합이 잘 되도록 한다.

TIP

기체상 오염물질에 대한 소각공정을 설계하기 위해 파악해야 할 인자
① 오염물질의 화학적 조성과 농도
② 배기가스의 온도와 유량
③ 오염물질 배출허용기준

★★ 2. 확산연소

기체연료와 연소용 공기를 연소실로 보내 연소하는 방식이다.

① 확산연소시 연료류와 공기류의 경계에서 확산과 혼합이 일어난다.
② 연소가능한 혼합비가 먼저 형성된 곳부터 연소가 시작되므로 연소형태는 연소기의 위치에 따라 달라진다.
★★ ③ 확산연소는 화염이 길다.
★★ ④ 확산연소는 역화의 위험이 없으며 가스와 공기를 예열할 수 있다.
★★ ⑤ 연료 분출속도가 클 경우 그을음이 발생하기 쉽다.
★★ ⑥ 기체연료와 연소용 공기를 버너내에서 혼합시키지 않는다.
⑦ 확산연소에 사용되는 버너로는 포트형과 버너형이 있다.
⑧ 확산연소는 주로 탄화수소가 적은 발생로가스, 고로가스에 적용되는 연소방식이고, 천연가스에도 사용될 수 있다.
⑨ 확산연소에 사용되는 버너 중 포트형은 기체연료와 공기를 다 같이 고온으로 예열할 수 있다.

Question 22

화염이 길고, 그을음이 발생하기 쉬운 반면, 역화(back fire)의 위험이 없으며, 공기와 가스를 예열할 수 있는 연소방식은 어느 것인가?

㉮ 예혼합연소 ㉯ 확산연소 ㉰ 플라즈마연소 ㉱ 컴팩트연소

정답 ㉯

★★ 3. 예혼합연소

기체연료와 연소용 공기를 버너내에서 혼합하여 공급하는 방식이다.

① 연소가 내부에서 연료와 공기의 혼합비가 변하지 않고 균일하게 연소된다.
★★ ② 화염온도가 높아 연소부하가 큰 경우에 사용이 가능하다.
★★ ③ 연소조절이 쉽고 화염길이가 짧다.
★★ ④ 혼합기의 분출속도가 느릴 경우 역화의 위험이 있다.
⑤ 예혼합연소에 사용되는 고압버너는 기체연료의 압력을 $2kg/cm^2$ 이상으로 공급하므로 연소실내의 압력은 정압이다.

Question 23

기체연료의 연소방식 중 예혼합연소에 관한 설명으로 옳지 않은 것은?

㉮ 연소기 내부에서 연료와 공기의 혼합비가 변하지 않고 균일하게 연소된다.
㉯ 화염길이가 길고, 그을음이 발생하기 쉽다.
㉰ 역화의 위험이 있어 역화방지기를 부착해야 한다.
㉱ 화염온도가 높아 연소부하가 큰 곳에 사용이 가능하다.

풀이 ㉯ 화염길이가 짧고, 그을음이 발생하지 않는다.

4. 부분예혼합연소

연소용 공기의 일부를 미리 기체연료와 혼합하고 나머지 공기는 연소실 내에서 혼합하여 확산연소시키는 방식이다.

★ ① 절충식 방법이다.
★★ ② 소형 또는 중형버너로 널리 사용된다.
③ 기체연료 또는 공기의 분출속도에 의해 생기는 흡인력을 이용하여 공기 또는 연료를 흡인한다.

Question 24

절충식 방법으로써 연소용 공기의 일부를 미리 기체연료와 혼합하고 나머지 공기는 연소실 내에서 혼합하여 확산 연소시키는 방식으로 소형 또는 중형 버너로 널리 사용되며, 기체연료 또는 공기의 분출속도에 의해 생기는 흡인력을 이용하여 공기 또는 연료를 흡인하는 것은?

㉮ 확산연소 ㉯ 예혼합연소
㉰ 유동층연소 ㉱ 부분예혼합연소

정답 ㉱

5. 확산연소에서 분류속도 변화에 따라 변화하는 분류확산화염의 특징

① 층류화염에서 난류화염으로 전이하는 높이는 유속이 증가함에 따라 급속히 아래쪽으로 이동하여 층류화염의 길이가 감소된다.
② 전이화염에서 유속을 더 증가시키면 대부분의 화염이 난류가 되고 전체화염의 길이는 크게 변화하지 않는다.
③ 층류화염에서 난류화염으로의 전이는 분류 레이놀즈수에 의존한다.

Question 25

확산연소에서 분류속도 변화에 따라 변화하는 분류확산화염에 대한 설명으로 가장 거리가 먼 것은?

㉮ 분류속도가 작은 영역에서는 화염의 표면이 매끈한 층류화염을 형성하고, 이 층류화염의 길이는 분류속도의 제곱에 비례하여 증가한다.
㉯ 층류화염에서 난류화염으로 전이하는 높이는 유속이 증가함에 따라 급속히 아래쪽으로 이동하여 층류화염의 길이가 감소된다.
㉰ 전이화염에서 유속을 더 증가시키면 대부분의 화염이 난류가 되고 전체화염의 길이는 크게 변화하지 않는다.
㉱ 층류화염에서 난류화염으로의 전이는 분류 레이놀즈수에 의존한다.

풀이 ㉮ 층류화염의 길이는 버너직경의 제곱에 비례한다.

CHAPTER 03 착화온도, 등가비, 탄수소비, 공기비, 매연

01 착화온도

1. 착화온도의 정의

충분한 공기의 공급하에서 고체연료를 가열해가면 어떤 온도에 달하여 더 가열하지 않아도 연료자신의 연소열에 의하여 연소를 계속하게 되는 온도이다.

★★★ 2. 착화온도의 특징

① 가연물의 증발량이 많을수록 낮아진다.
② 화학결합의 활성도가 클수록 낮아진다.
③ 산소와의 친화성이 클수록 낮아진다.
★★ ④ 활성화에너지가 작을수록 낮아진다.
⑤ 분자구조가 복잡할수록 낮아진다.
⑥ 발열량이 높을수록 낮아진다.
⑦ 공기중의 산소농도가 클수록 낮아진다.
⑧ 화학반응성이 클수록 낮아진다.
⑨ 공기의 압력이 높을수록 착화온도는 낮아진다.
⑩ 탄화수소의 착화온도는 분자량이 클수록 낮아진다.
⑪ 비표면적이 클수록 낮아진다.
★★ ⑫ 석탄의 탄화도가 작을수록 낮아진다.

Question 01

발화온도(착화온도)에 관한 설명으로 가장 거리가 먼 것은?

㉮ 가연물을 외부로부터 직접 점화하여 가열하였을 때 불꽃에 의해 연소되는 최저온도를 말한다.
㉯ 가연물의 분자구조가 복잡할수록 발화온도는 낮아진다.
㉰ 발열량이 크고 반응성이 큰 물질일수록 발화온도가 낮아진다.
㉱ 화학결합의 활성도가 큰 물질일수록 발화온도가 낮아진다.

풀이 ㉮ 착화온도는 충분한 공기의 공급하에서 고체연료를 가열해 가면 어떤 온도에 달하여 더 가열하지 않아도 연료자신의 연소열에 의하여 연소를 계속하게 하는 온도를 말한다.

★ 3. 연료의 착화온도

① 목탄 : 320~370℃
② 중유 : 550~580℃
③ 수소 : 580~600℃
④ 메탄 : 650~750℃
⑤ 갈탄(건조) : 250~400℃
⑥ 무연탄 : 440~500℃
⑦ 역청탄 : 320~400℃
⑧ 목재 : 250~300℃
⑨ 탄소 : 800~1,000℃
⑩ 휘발유 : 380~460℃

02 등가비(ϕ ; equivalent ratio)

① $\phi = \dfrac{\text{실제의 연료량/산화제}}{\text{완전연소를 위한 이상적 연료량/산화제}}$

② $\phi = \dfrac{1}{\text{공기비(m)}}$ 이다.

③ $\phi = 1$ 경우는 완전연소로 연료와 산화제의 혼합이 이상적이다.
★★ ④ $\phi > 1$ 경우는 연료가 과잉이며 불완전 연소로 CO, HC 최대이고 NO_x 최소가 된다.
★★ ⑤ $\phi < 1$ 경우는 공기가 과잉, 완전연소가 기대되며 CO가 최소가 된다.

> **Question 02**
>
> 등가비(ϕ)에 대한 내용으로 틀린 것은 어느 것인가?
>
> ㉮ 공기비(m) = $\dfrac{1}{\phi}$ 로 나타낼 수 있다.
>
> ㉯ ϕ = 1은 완전연소 상태라고 할 수 있다.
>
> ㉰ ϕ = $\dfrac{(실제의\ 연료량/산화제)}{(완전연소를\ 위한\ 이상적\ 연료량/산화제)}$ 로 나타낼 수 있다.
>
> ㉱ ϕ > 1은 과잉공기 상태로 질소산화물이 증가한다.
>
> **풀이** ㉱ ϕ > 1은 연료가 과잉이며, 불완전연소로 CO, HC가 최대이고 NO_x가 최소가 된다.

탄수소비(C/H)의 특징

① 석유계 연료의 탄수소비는 연소용 공기량과 발열량 그리고 연료의 연소특성에도 영향을 미친다.
② 탄수소비가 크면 비교적 비점이 높은 연료는 매연이 발생되기 쉽다.
③ 기체연료의 탄수소비는 올레핀계 > 나프텐계 > 아세틸계 > 프로필계 > 프로판 > 메탄 순으로 감소한다.
④ 중질 연료일수록 C/H비는 크다.
⑤ C/H비가 클수록 이론공연비는 감소된다.
⑥ C/H비는 휘발유 < 등유 < 경유 < 중유 순으로 증가한다.
⑦ C/H비가 클수록 휘도가 높고 방사율이 크다.

그을음(매연) 발생의 특징

★★ ① 분해나 산화하기 쉬운 탄화수소는 그을음 발생이 적다.
★★ ② C/H비가 큰 연료일수록 그을음이 잘 발생된다.
③ 발생빈도의 순서는 천연가스 < LPG < 제조가스 < 석탄가스 < 코크스 이다.

★★ ④ -C-C-의 탄소결합을 절단하기 보다 탈수소가 쉬운 쪽이 매연이 생기기 쉽다.
★★ ⑤ 탈수소, 중합 및 고리화합물 등과 같이 반응이 일어나기 쉬운 탄화수소일수록 매연이 잘 생긴다.
⑥ 연소실의 체적이 작을 때 매연이 발생한다.
⑦ 중유연소에서 공기비가 클수록 검댕이 적게 생긴다.
⑧ 중유연소에서 생성되는 검댕의 입경은 메탄연소의 경우보다 크다.
⑨ 석탄 연소에서는 석탄의 휘발분이 많을수록 검댕이 생기기 쉽다.
⑩ 통풍력이 부족할 때 매연이 발생한다.
⑪ 무리하게 연소시킬 때 매연이 발생한다.
⑫ 방향족 생성반응이 일어나기 쉬운 탄화수소일수록 발생하기 쉽다.

Question 03

매연발생에 대한 내용으로 틀린 것은 어느 것인가?

㉮ -C-C-의 결합을 절단하기보다는 탈수소가 쉬운 쪽이 매연 발생이 어렵다.
㉯ 연료의 C/H의 비율이 작을수록 매연 발생이 어렵다.
㉰ 탈수소, 중합 및 고리화합물 등과 같이 반응이 일어나기 쉬운 탄화수소일수록 매연이 잘 생긴다.
㉱ 분해하기 쉽거나, 산화하기 쉬운 탄화수소는 매연발생이 적다.

풀이 ㉮ -C-C-의 결합을 절단하기보나는 탈수소가 쉬운 쪽이 매연 발생이 쉽다.

05 반응속도

1. 연소반응에서의 반응속도(화학반응 속도론)

① 화학반응율은 통상 반응물이 사라지는 율이나 생성되는 율의 항으로 표현된다.
② 비가역적 단분자형 1차반응의 반응속도는 반응물의 농도에 정비례한다.
③ 비가역 단분자형 0차 반응의 반응속도는 반응물의 농도에 관계가 없다.
④ 화학반응 속도는 반응물이 화학반응을 통하여 생성물을 형성할 때 단위시간당 반응물이나 생성물의 농도변화를 의미한다.
⑤ 0차 반응은 반응속도가 반응물의 농도에 영향을 받지 않는 반응을 말한다.
⑥ 일련의 연쇄반응에서 반응속도가 가장 늦은 반응단계를 속도결정단계라 한다.

2. 연소속도

① 온도가 높고 압력이 높을수록 연소속도는 증가한다.
② 연소속도가 급격할 때 폭발이라 한다.
③ 가연물과 산소와의 반응속도 즉 분자간의 충돌속도를 말한다.
④ 연소속도에 미치는 인자는 연소용 공기중 산소의 농도, 반응계의 농도, 분무기의 확산 및 산소와의 혼합 등이다.
⑤ 정상연소에서 연소속도를 지배하는 요인으로는 공기중의 산소의 확산속도이다.

> **TIP**
> 탄이 정상연소를 할 경우 연소용 공기를 예열할 때 연소온도와 착화온도와의 관계
> 착화온도는 내려가고 연소온도는 올라간다.

3. 생성 엔탈피($\triangle H_f$)

① 발열반응일 때 음수(-) 값을 갖는다.
② 흡열반응일 때 양수(+) 값을 갖는다.
③ 표준압력(1atm)에서 측정한다.
④ 화합물의 생성열이란 화합물의 구성원소로부터 화합물을 형성할 때 발생 또는 흡수하는 열의 량을 의미한다.

4. 다음 그림은 탄소를 연소시킬 경우에 공급한 산소의 확산속도 및 산화반응속도(열 발생속도)와 온도와의 관계를 나타낸다. K점 이상에서의 온도에서 이루어지는 현상은 <u>산화반응이 억제되고 열발생속도가 KD에 따른다</u>.

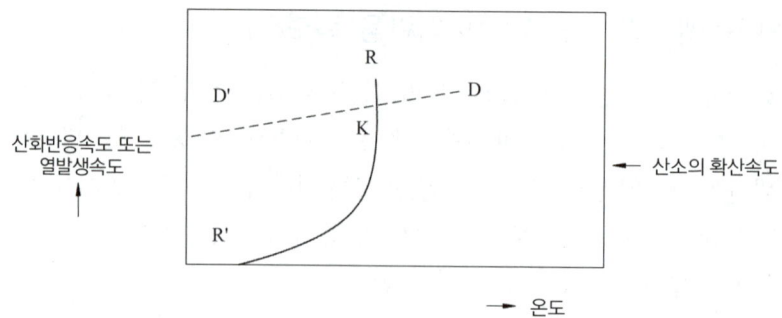

5. 반응 속도식

(1) 반응식

$$r = \frac{dC}{dt} = -kC^m$$

- k : 반응 속도 상수
- m : 반응 차수

• **영향인자**
- 농도 : 비례관계(단, 0차 반응은 농도와 무관)
- 촉매 : 반응속도 증가
- 온도 : 반응속도 증가(10℃ 증가하면 반응 속도는 2배 증가)
- 표면적 : 표면적에 비례
- 압력 : 액체에는 영향받지 않는다. (기체에서의 반응은 압력에 비례)

① **0차 반응** : 어느 시간이 지나면 반응이 끝나버리는 반응

$$r = \frac{dC}{dt} = -k[C]^0 \xrightarrow{\text{적분}} C_t - C_o = -k \cdot t$$

② **1차 반응** : 반응속도는 반응물질 농도에 비례한다는 반응

$$r = \frac{dC}{dt} = -k[C]^1 \xrightarrow{\text{적분}} \boxed{\ln \frac{C_t}{C_o} = -k \cdot t} \;\; ★★$$

③ **2차 반응** : 반응속도가 한가지 반응물의 농도의 제곱에 비례하여 진행하는 반응

$$r = \frac{dC}{dt} = -k[C]^2 \xrightarrow{\text{적분}} \boxed{\frac{1}{C_o} - \frac{1}{C_t} = -k \cdot t} \;\; ★★$$

📢 Question 04

어느 1차 반응에서 반응개시의 농도가 220mg/L이고 반응 1시간 후의 농도는 94mg/L이었다면 반응 2시간 후의 반응물질의 농도(mg/L)는 얼마인가?

 1차반응식 : $\ln \frac{C_t}{C_o} = -k \times t$

① $\ln \frac{94mg/L}{220mg/L} = -k \times 1hr$ ∴ $k = 0.85/hr$

② $\ln \frac{C_t}{220mg/L} = -0.85/hr \times 2hr$

∴ $C_t = 220mg/L \times e^{(-0.85/hr \times 2hr)} = 40.19mg/L$

(2) 반감기

반감기를 사용하면 $C_t = \dfrac{1}{2} C_o$가 된다.

① 0차 : $C_t - C_o = -k \cdot t \xrightarrow[C_t = 0.5C_o]{\text{반감기}} 0.5C_o - C_o = -k \cdot t$

② 1차 : $\ln \dfrac{C_t}{C_o} = -k \cdot t \xrightarrow[C_t = 0.5C_o]{\text{반감기}} \ln \dfrac{0.5C_o}{C_o} = -k \cdot t \Rightarrow \ln \dfrac{1}{2} = -k \times t$

③ 2차 : $\dfrac{1}{C_o} - \dfrac{1}{C_t} = -k \cdot t \xrightarrow[C_t = 0.5C_o]{\text{반감기}} \dfrac{1}{C_o} - \dfrac{1}{0.5C_o} = -k \cdot t$

Question 05

반감기가 1일인 방사성 폐수의 농도가 100mg/L라면 감소속도상수(/day)는 얼마인가? (단, 1차 반응으로 가정한다.)

풀이

$\ln \dfrac{C_t}{C_o} = -k \times t \xrightarrow[C_t = \frac{1}{2} C_o]{\text{반감기}} \ln \dfrac{1}{2} = -k \times t$

∴ $\ln \dfrac{1}{2} = -k \times 1\,\text{day}$

∴ $k = 0.693/\text{day}$

---

06 평균가스온도 계산식

평균가스온도$(t_m) = \dfrac{(t_1 - t_2)}{\text{LN}\left(\dfrac{t_1}{t_2}\right)}$

t_1 : 굴뚝입구의 온도(℃) t_2 : 굴뚝출구의 온도(℃)

Question 06

굴뚝에서 가스의 평균속도를 구할 때는 평균가스온도를 사용한다. 굴뚝입구의 온도가 245℃이고, 출구의 온도가 160℃일 때 굴뚝 내 평균가스온도(t_m)는?

풀이

$t_m = \dfrac{(t_1 - t_2)}{\text{LN}\left(\dfrac{t_1}{t_2}\right)} = \dfrac{(245 - 160)\,℃}{\text{LN}\left(\dfrac{245\,℃}{160\,℃}\right)} = 199.49\,℃$

폭발범위

1. 르샤틀리에 법칙

① 열역학적 평형이동에 관한 원리로, 평형상태에 있는 물질계의 온도, 압력을 변화시키면 그 변화를 감소시키는 방향으로 반응이 진행되어 새로운 평형에 도달한다는 르샤틀리에의 원리이다.

★★ ② 르샤틀리에 공식

$$\frac{100}{L} = \frac{V_1}{L_1} + \frac{V_2}{L_2} + \frac{V_3}{L_3} + \cdots$$

[L : 폭발범위   V : 조성비

Question 07

조성이 메탄 50%, 에탄 30%, 프로판 20%인 혼합가스의 폭발범위를 계산하시오. (단, 메탄 폭발범위 : 5~15%, 에탄 폭발범위 : 3~12.5%, 프로판 폭발범위 : 2.1~9.5%, 르샤틀리에의 식 적용)

풀이 폭발범위를 나타내는 르샤틀리에의 식

$$\frac{100}{L} = \frac{V_1}{L_1} + \frac{V_2}{L_3} + \frac{V_3}{L_3} + \cdots$$

따라서 폭발하한 : $\frac{100}{L} = \frac{50\%}{5\%} + \frac{30\%}{3\%} + \frac{20\%}{2.1\%}$

∴ L = 3.39%

폭발상한 : $\frac{100}{L} = \frac{50\%}{15\%} + \frac{30\%}{12.5\%} + \frac{20\%}{9.5\%}$

∴ L = 12.76%

따라서 혼합가스의 폭발범위는 3.39%~12.76%이다.

★★ 2. 가연성 가스의 폭발범위

① 가스의 온도가 높아지면 폭발범위는 일반적으로 넓어진다.
② 가스압이 높아지면 폭발하한값이 크게 변화되지 않으나 상한값은 높아진다.
③ 폭발한계 농도 이하에서는 폭발성 혼합가스를 생성하기 어렵다.
④ 압력이 상압(1기압)보다 높아질 때 변화가 크다.
★★ ⑤ 폭발하한 농도가 낮을수록 위험도가 증가하며 폭발상한과 폭발하한의 차이가 클수록 위험도가 커진다.

Question 08

가연성 가스의 폭발범위에 따른 위험도 증가요인으로 가장 알맞은 것은 어느 것인가?

㉮ 폭발하한농도가 낮을수록 위험도가 증가하며, 폭발상한과 폭발하한의 차이가 클수록 위험도가 커진다.
㉯ 폭발하한농도가 낮을수록 위험도가 증가하며, 폭발상한과 폭발하한의 차이가 작을수록 위험도가 커진다.
㉰ 폭발하한농도가 높을수록 위험도가 증가하며, 폭발상한과 폭발하한의 차이가 클수록 위험도가 커진다.
㉱ 폭발하한농도가 높을수록 위험도가 증가하며, 폭발상한과 폭발하한의 차이가 작을수록 위험도가 커진다.

정답 ㉮

08 아레니우스식

① 연소반응에서 반응속도 상수 K는 압력과 상관없고 온도의 함수로 나타낸 식이다.

② $K = K_o \cdot e^{-\frac{E}{RT}}$

- K : 반응속도상수
- R : 기체상수
- K_o : 빈도인자
- T : 절대온도
- E : 반응의 활성화에너지

Question 09

다음 중 화학반응 또는 연소반응에 있어서 반응속도 상수와 온도와의 관계를 나타낸 식은?

㉮ 깁스반응식
㉯ 보일 - 샤를의 식
㉰ 반데르발스식
㉱ 아레니우스식

정답 ㉱

09 NU(Nusselt number)

① 연소공학에서 주로 사용되는 무차원수 중 온도의 확산속도에 대한 물질의 확산속도의 비
② 전도열 이동속도에 대한 대류열 이동속도의 비

Question 10

연소학에서 사용되는 무차원수 중 "Nusselt number"의 의미로 알맞은 것은 어느 것인가?

㉮ 난류확산의 특성시간에 대한 화학반응의 특성시간의 비
㉯ 전도열 이동속도에 대한 대류열 이동속도의 비
㉰ 화염신장율
㉱ 온도 확산속도에 대한 운동량 확산속도의 비

정답 ㉯

10 폭굉 유도거리가 짧아지는 요건

① 관속에 방해물이 있거나 관내경이 작을수록
② 압력이 높을수록
③ 점화원의 에너지가 강할수록
④ 정상의 연소속도가 큰 혼합가스일 경우

11 NOx의 저감법

★★ 1. 열적 NOx(Thermal NOx)의 생성억제 방안

① 희박 예혼합 연소를 함으로써 최고 화염온도를 1800K 이하로 억제한다.
② 물의 증발잠열과 수증기의 현열 상승으로 화염열을 빼앗아 온도상승을 억제한다.
③ 화염의 최고온도를 저하시키기 위해서 화염을 분할시키기도 한다.
④ 화염형상의 변경 : 화염을 분할하거나 막상에 얇게 뻗쳐서 열손실을 증가시킨다.
⑤ 완만혼합 : 연료와 공기의 혼합을 완만히 하여 연소를 길게 함으로써 화염온도의 상승을 억제한다.
⑥ 배기가스 재순환
   ㉠ 팬을 써서 굴뚝가스를 로의 상부에 피드백시켜 최고화염온도와 산소농도로 억제한다.
   ㉡ 불꽃의 최고온도가 낮아져 질소산화물의 생성량이 줄어든다.

⑦ **2단연소법** : 최고화염온도를 줄이기 위해 채택된 방법으로써 1차적으로 이론공기량의 95% 정도를 버너에 공급하고, 나머지 공기는 버너의 상부에 공급하므로써 두 연소단계 사이에서 열의 일부가 제거되어 최고온도가 낮게되는 과정을 거쳐서 연소가 이루어진다.
⑧ **수증기 분무** : 화로내에 물이나 수증기를 분무하여 산소와 수소를 분해시키면 흡열반응을 일으키는 동시에 둥근 화염을 형성시켜 NO_X 발생을 방지한다.
⑨ **저온도 연소** : 주입하는 공기의 예열온도를 조절하여 질소산화물 발생을 줄인다.

Question 11

열생성 NO_X를 억제하는 연소방법에 대한 내용으로 틀린 것은 어느 것인가?

㉮ 희박예혼합연소 : 당량비를 높여 NO_X 발생온도를 현저히 낮추어(2,000K 이하) prompt NO_X로의 전환을 유도한다.
㉯ 화염형상의 변경 : 화염을 분할하거나 막상으로 얇게 늘려서 열손실을 증대시킨다.
㉰ 완만혼합 : 연료와 공기의 혼합을 완만하게 하여 연소를 길게 함으로써 화염온도의 상승을 억제한다.
㉱ 배기재순환 : 팬을 써서 굴뚝가스를 로의 상부에 피드백시켜 최고 화염온도와 산소농도로 억제한다.

풀이 ㉮ 희박예혼합연소 : 최고화염온도를 1800K 이하로 하여 NO_X 발생을 억제하는 방법이다.

★★ 2. 연소시 발생되는 NO_X는 원인과 생성기전에 따라 3가지로 분류

① **Fuel NOX** : 연소시 연료의 성분으로부터 발생
② **Thermal NOX** : 고온에서 공기중의 질소와 산소가 반응하여 생성
③ **Prompt NOX** : 화염에서 일어나는 전기적인 이온교환에 의해 생성

Question 12

연소시 발생되는 NO_X는 원인과 생성기전에 따라 3가지로 분류하는데, 해당하지 않는 것은 어느 것인가?

㉮ fuel NO_X ㉯ noxious NO_X ㉰ prompt NO_X ㉱ thermal NO_X

정답 ㉯

> **TIP**
> Prompt NO_X
> $CH_4 + N_2 \rightarrow HCN + N$

Question 13

연소물을 연소하는 과정에서 질소산화물(NO_X)이 발생하게 된다. 다음 반응 중 질소산화물(NO_X) 생성과정에서 발생하는 Prompt NO_X의 주된 반응식으로 알맞은 것은 어느 것인가?

㉮ $N + NH_3 \rightarrow N_2 + 1.5H_2$
㉯ $N_2 + O_5 \rightarrow 2NO + 1.5O_2$
㉰ $CH_4 + N_2 \rightarrow HCN + N$
㉱ $N + N \rightarrow N_2$

정답 ㉰

12 연소열을 정성적 및 정량적으로 표현하기 위한 용어

① 엔탈피는 어떤 계가 가지고 있는 열함량을 말한다.
② 잠열이란 물질에 의하여 흡수 또는 방출된 열이 상 또는 상태변화에만 사용되고 온도 상승의 효과를 나타내지 않는 열이다.
③ 엔탈피 변화란 정압에서의 반응열의 변화를 말한다.
④ 현열(sensible heat)은 물질에 의하여 흡수 또는 방출된 열이 물질의 상태변화에는 사용되지 않고 온도변화로 나타나는 열이다.
⑤ 비열(Heat Capacity)
  ㉠ 어떤 물체에 공급된 일정량의 열량에 대해 그로 인해 변화된 온도에 대한 그 열량의 변화율이다.
  ㉡ 상태함수가 아니고 경로에 따라 달라지는 양이다.
  ㉢ 단열 화염온도를 이론적으로 산출하기 위해 알아야 하는 열역적 상징중의 하나이다.
  ㉣ 물질 1g을 1℃ 상승시키는데 필요한 열량을 말하며, 순수한 물의 비열은 1cal/g·℃ 로서 다른 물질에 비해 큰 편이다.
  ㉤ 정압비열(C_p) : 압력이 일정한 경우의 비열
    정적비열(C_v) : 체적이 일정한 경우의 비열
    ★★ 이상 기체 : $C_p = C_v + R$(여기서 R은 기체상수)
    고체 및 액체 : $C_p \fallingdotseq C_v$

Question 14

비열(Heat capacity)에 관한 설명으로 옳지 않은 것은?

㉮ 물질 1g을 1℃ 상승시키는데 필요한 열량을 말하며, 순수한 물의 비열은 1cal/g·℃로서 다른 물질에 비해 큰 편이다.
㉯ 상태함수가 아니고 경로에 따라 달라지는 양이다.
㉰ 반응조건에 상관없이 동일한 값을 가지므로 연소반응에서 항상 상수로 취급하고, 이상기체의 경우 정압비열과 정적비열 값은 동일하다.
㉱ 단열 화염온도를 이론적으로 산출하기 위해 알아야 하는 열역학적 성질 중의 하나이다.

풀이 ㉰ 이상기체의 경우 정압비율이 정적비율에 비해 크다.

13 저온부식

1. 원인

★★ 저온부식은 노점온도(150℃) 이하에서 발생되며 황산(H_2SO_4)이 원인이 된다.

2. 대책

① 예열공기를 사용하거나 보온시공을 한다.
② 저온부식이 일어날 수 있는 금속표면은 내식재료로 피복을 한다.
★★ ③ 연소가스 온도를 산노점 온도보다 높게 유지해야 한다.
④ 과잉공기를 줄여서 연소한다.
⑤ 연료를 전처리하여 유황분을 제거한다.

Question 15

다음 중 저온부식의 원인과 대책에 관한 설명으로 가장 거리가 먼 것은?

㉮ 연소가스 온도를 산노점 온도보다 높게 유지해야 한다.
㉯ 예열공기를 사용하거나 보온시공을 한다.
㉰ 저온부식이 일어날 수 있는 금속표면은 피복을 한다.
㉱ 250℃ 이상의 전열면에 응축하는 황산, 질산 등에 의하여 발생된다.

풀이 ㉱ 150℃ 이하에서 주로 황산에 의하여 발생된다.

14. 발열량

① 단위질량의 연료가 완전연소 후, 처음의 온도까지 냉각될 때 발생하는 열량을 말한다.
② 일반적으로 수증기의 증발잠열은 이용이 잘 안되기 때문에 저위발열량이 주로 사용된다.
③ 고체연료의 경우 kcal/kg, 기체연료의 경우 kcal/Sm^{3}의 단위를 사용한다.
★★ ④ 수분의 증발잠열 포함유무에 따라 고위발열량과 저위발열량으로 구분된다.

Question 16

발열량에 대한 설명으로 틀린 것은 어느 것인가?
㉮ 단위질량의 연료가 완전연소 후, 처음의 온도까지 냉각될 때 발생하는 열량을 말한다.
㉯ 일반적으로 수증기의 증발잠열은 이용이 잘 안되기 때문에 저위발열량이 주로 사용된다.
㉰ 측정위치에 따라 고위발열량과 저위발열량으로 구분된다.
㉱ 고체연료의 경우 kcal/kg, 기체연료의 경우 kcal/Sm^{3}의 단위를 사용한다.

풀이 ㉰ 수분의 증발잠열 포함 유무에 따라 고위발열량과 저위발열량으로 구분된다.

CHAPTER 04 자동차

01 전형적인 자동차 기준(휘발유 자동차 기준)에서 가장 많이 배출되는 경우

① NO_x : 가속시(차가 가속될 때)
② CO : 공전시(아이드링)(차가 정지해서 엔진만 작동할 때)
③ HC : 감속시(차의 속도가 감속될 때)

Question 01

다음 중 가솔린자동차에서 배출되는 오염물질 중 아이드링시에 가장 많이 배출 되는 것은?

㉮ SO_x ㉯ NO_x ㉰ CO   ㉱ HC

정답 ㉰

02 자동차 후처리시설 중 삼원촉매장치

① 삼원촉매장치란 산화촉매(Pt, Pd)와 환원촉매(Rh)를 이용하여 CO, HC, NO_x를 동시에 줄일 수 있는 후처리 시설이다.
② 사용되는 촉매를 보면 최근에는 백금, 로듐에 팔라듐을 포함하여 사용하는 추세이다.
③ CO와 HC의 산화촉매로는 주로 백금(Pt)과 팔라듐(Pd)이 사용되고, NO의 환원촉매로는 로듐(Rh)이 사용된다.

④ 삼원촉매의 전환효율이 유지되는 공연비 폭은 14.4~14.6 범위로서 매우 좁다.
⑤ HC, CO, NO_X 성분을 동시에 저감시키기 위해서는 엔진에 공급되는 공기연료비가 이론공연비 정도로 공급되어야 한다.

★★ ⑥ CO와 HC는 CO_2와 H_2O로 산화되며 NO는 N_2로 환원된다.
⑦ CO, HC, NO_X 3성분을 동시에 저감시키기 위해서는 엔진에 공급되는 공기연료비는 이론공연비로 공급되어야 한다.
⑧ 촉매는 주로 백금과 로듐의 비가 5 : 1 정도로 사용된다.
⑨ Rh는 NO 반응을, Pt는 주로 CO와 HC를 저감시키는 산화반응을 촉진시킨다.
⑩ HC, CO, NO_X 까지 동시에 80% 이상 저감시킬 수 있다.

Question 02

가솔린 자동차의 후처리에 의한 배출가스 저감방안의 하나인 삼원촉매장치의 내용으로 틀린 것은 어느 것인가?

㉮ CO와 HC의 산화촉매로는 주로 백금(Pt)이 사용된다.
㉯ 로듐(Rh)은 NO의 산화반응을 촉진시킨다.
㉰ CO와 HC는 CO_2와 H_2O로 산화되며 NO는 N_2로 환원된다.
㉱ CO, HC, NO_X 3성분의 동시 저감을 위해 엔진에 공급되는 공기연료비는 이론공연비 정도로 공급되어야 한다.

풀이 ㉯ 로듐(Rh)은 NO의 환원반응을 촉진시킨다.

03 휘발유 자동차에 적용하는 대기오염물질 저감방법

① 기관개량
② 삼원촉매장치
③ 증발가스 방지장치
④ 배기가스 재순환 장치(EGR 시스템)
⑤ 연료 피드백 제어 및 컴퓨터 장치

경유(디젤기관) 자동차의 배출가스에 영향을 줄 수 있는 엔진의 운전변수 및 설계변수

① 공연비
② 연료조성
③ 공기소용돌이(air swirl)

> **TIP**
> 휘발유 자동차 연소기관에서 배출되는 블로우 바이가스 성분 중 대기오염에 가장 문제가 되는 것은 탄화수소(HC) 이다.

공연비(AFR)

★★ **1. 공연비의 특징(휘발유 자동차, 질량기준)**

① AFR을 10에서 14로 증가시키면 CO농도는 감소한다.
② CO와 HC는 불완전연소시에 배출비율이 높고, NO_X는 이론 AFR 부근에서 농도가 높다.
③ AFR 18 이상 정도의 높은 영역은 이런 연소기관에 적용하기는 곤란하다.
★★ ④ 공연비가 14.7(이론공연비)보다 크면 NO_X는 증가, CO 및 HC는 감소한다.
★★ ⑤ 공연비가 14.7(이론공연비)보다 작으면 NO_X는 감소, CO 및 HC는 증가한다.

자동차 내연기관의 공연비와 유해가스 발생 농도와의 관계로 알맞은 것은 어느 것인가?
㉮ 공연비를 이론치보다 높이면 NO_X는 감소하고, CO, HC는 증가한다.
㉯ 공연비를 이론치보다 낮추면 NO_X는 감소하고, CO, HC는 증가한다.
㉰ 공연비를 이론치보다 높이면 NO_X, CO, HC 모두 증가한다.
㉱ 공연비를 이론치보다 낮추면 NO_X, CO, HC 모두 감소한다.

정답 ㉯

★★ 2. 공연비(AFR) 계산

① 완전연소반응식

$$C_mH_n + \left(m + \frac{n}{4}\right)O_2 \rightarrow mCO_2 + \frac{n}{2}H_2O$$

② 체적비$(Sm^3/Sm^3) = \dfrac{\text{산소개수} \times 22.4Sm^3 \times \dfrac{1}{0.21}}{\text{연료개수} \times 22.4Sm^3}$

③ 질량비$(kg/kg) = \dfrac{\text{산소개수} \times 32kg \times \dfrac{1}{0.232}}{\text{연료개수} \times \text{연료의 분자량}(kg)}$

Question 04

C_8H_{18}(옥탄)의 공연비(AFR)를 계산하시오.

풀이
① $C_8H_{18} + 12.5O_2 \rightarrow 8CO_2 + 9H_2O$

② 체적비$(Sm^3/Sm^3) = \dfrac{12.5 \times 22.4Sm^3 \times \dfrac{1}{0.21}}{1 \times 22.4Sm^3} = \dfrac{12.5}{0.21} = 59.52$

③ 질량비$(kg/kg) = \dfrac{12.5 \times 32kg \times \dfrac{1}{0.232}}{1 \times 114(kg)} = 15.12$

3. 연소시 공기 – 연료비(AFR)에 따른 HC, CO, CO_2, O_2의 발생 그래프

(단, 실선은 이론, 점선은 실제의 관계를 나타냄)

(해설) ① CO, ② HC, ③ O_2, ④ CO_2

06 디젤엔진과 휘발유 스파크 점화엔진 비교

① 디젤엔진의 경우 AFR은 15 : 1~100 : 1로 혼합비는 매우 희박한 편이다.
② 디젤엔진은 특히 악취, 소음, 검은 매연이 문제시 된다.
③ 디젤엔진의 대기오염물 배출감소를 위해 연료 주입량을 감소, 제한시켜 엔진의 최대 부하를 감소시킨다.
④ 디젤엔진에서는 공회전시에 CO, HC의 배출이 적고 가속시에 NO_x, 매연이 많이 발생한다.
⑤ 디젤기관은 공기만을 압축하므로 압축비를 높게 하여 연비가 좋다.
⑥ 디젤기관은 1회전당 엔진에 유입되는 공기량이 거의 일정하다.
⑦ 디젤엔진은 확산연소에 가깝다.
⑧ 디젤엔진은 공급공기가 많기 때문에 배기가스 온도가 낮아 엔진 내구성에 유리하다.

07 가솔린 기관

① 가솔린기관은 공기-연료비(화학양론비)가 거의 일정하다.
② 가솔린엔진은 예혼합연소에 가깝다.
③ 가솔린엔진은 연소실 크기에 제한을 받는 편이다.

08 디젤기관의 특징

① 압축비가 높아(15~20) 소음진동이 크다.
② 정지가동시 배출가스 중 CO농도가 낮다.
③ 고속주행시 배출가스 중 NO_x 농도가 높고 매연이 많이 배출된다.
④ 정체가 심한 도심주행에 있어서는 연료소비가 적은 편이다.
⑤ 기계식 분사 또는 전자제어 분사방식으로 연료를 공급한다.
⑥ 압축비가 높아 최대효율이 가솔린자동차에 비해 1.5배 정도이며, 연비는 가솔린기관에 비해 높은 편이다.

09 가솔린엔진과 디젤엔진의 비교

특성	가솔린	디젤
연료공급방식	압축전 연료공기혼합	공기압축후 연료공급
점화방식	불꽃점화	압축점화
소음, 진동	적다	크다
압축비	8~9로 낮다	15~20으로 높다
연료소비효율	연비가 낮다	연비가 높다
연소실 크기 (실린더 직경)	제한적 (노킹 때문에 160mm 이하)	제한없음
기타	삼원촉매장치	입자상물질의 여과장치

Question 05

가솔린엔진과 디젤엔진의 상대적인 특성을 비교한 내용으로 틀린 것은 어느 것인가?

㉮ 가솔린엔진은 예혼합연소, 디젤엔진은 확산연소에 가깝다.
㉯ 가솔린엔진은 연소실 크기에 제한을 받는 편이다.
㉰ 디젤엔진은 공급공기가 많기 때문에 배기가스 온도가 낮아 엔진 내구성에 유리하다.
㉱ 디젤엔진은 가솔린엔진에 비하여 자기착화온도가 높아 검댕, CO, HC의 배출농도 및 배출량이 많다.

풀이 ㉱ 디젤엔진은 가속시에 NO_x와 매연이 많이 발생하지만, 공회전시에 CO와 HC는 적게 배출된다.

10 불꽃점화기관(가솔린 기관)에서 연소과정 중 생기는 노킹 현상을 효과적으로 방지하기 위한 기관구조에 대한 설명

① 연소실은 구형(circular type)으로 한다.
② 점화플러그는 연소실 중심에 부착시킨다.
③ 난류를 증가시키기 위해 난류생성 pot(구멍)을 부착시킨다.

11. 압축점화(디젤기관)기관에서 연소과정 중 생기는 디젤노킹(diesel knocking) 방지법

① 세탄가가 높은 연료를 사용한다.
② 분사개시 때 분사량을 감소시킨다.
③ 급기온도를 높인다.
④ 기관의 압축비를 높여 압축압력을 크게 한다.
⑤ 회전속도를 낮춘다.
⑥ 착화 지연 기간 및 급격 연소 시간의 분사량을 적게 한다.

Question 06

압축점화기관에서 연소과정 중 생기는 디젤노킹 방지법으로 틀린 것은?

㉮ 세탄가가 높은 연료를 사용한다.
㉯ 분사개시 때 분사량을 감소시킨다.
㉰ 급기온도를 높인다.
㉱ 기관의 압축비를 높여 압축압력을 낮게 한다.

풀이 ㉱ 기관의 압축비를 높여 압축압력을 높게 한다.

12. CNG(Compressed Natural Gas : 압축천연가스)를 가솔린에 적용했을 때

① 엔진 연소실과 연료공급계통에 퇴적물이 적어 윤활유나 엔진오일 필터의 교환주기가 연장된다.
② 옥탄가가 130정도로 높기 때문에 엔진 압축비를 높일 수 있다.
③ CO, HC는 30~50%, CO_2는 20~30% 이상 감소하는 것으로 알려져 있다.

CHAPTER 05 연소계산식

01 발열량 계산

1. 발열량의 정의
① 고위발열량(Hh) : 연료 연소시 발생되는 총 발열량
② 저위발열량(Hl) : 고위발열량에서 수분의 증발잠열을 제외한 값

2. 고체연료 및 액체연료의 발열량 계산식
① 고체, 액체 연료의 증발잠열 = 600kcal/kg×(9H+W)(kcal/kg)

  H : 수소의 함량(%)   W : 수분의 함량(%)

★★★ ② 고체, 액체 연료의 저위발열량(Hl) 계산식

  Hl = Hh-600(9H+W)(kcal/kg)

  Hl : 저위발열량(kcal/kg)   Hh : 고위발열량(kcal/kg)
  H : 수소의 함량   W : 수분의 함량

Question 01

수소 12%, 수분 0.3%가 포함된 고체연료의 고위발열량이 10,000Kcal/kg일 때 이 연료의 저위 발열량(kcal/kg)은 얼마인가?

풀이 Hl = Hh-600(9H+W)(kcal/kg) = 10,000kcal/kg-600×(9×0.12+0.003) = 9,350.2kcal/kg

③ 고체, 액체연료의 고위발열량(Hh) 계산식

$$Hh = Hl + 600(9H+W)(kcal/kg)$$

④ 듀롱(Dulong)식에 의한 고위발열량(Hh) 계산식

★★ $$Hh = 8,100C + 34,000\left(H - \frac{O}{8}\right) + 2,500S(kcal/kg)$$

$\begin{bmatrix} Hh : 고위발열량(kcal/kg) & C : 탄소의\ 함량 & H : 수소의\ 함량 & O : 산소의\ 함량 \\ S : 황의\ 함량 & \left(H - \dfrac{O}{8}\right) : 유효수소 & \dfrac{O}{8} : 무효수소 & \end{bmatrix}$

Question 02

액체연료의 성분분석결과 탄소 84%, 수소 11%, 황 2.4%, 산소 1.3%, 수분 1.3% 이었다면 이 연료의 저위발열량(kcal/kg)은 얼마인가? (단, Dulong식을 이용)

풀이 ① Dulong식에 의한 고위발열량(Hh)공식

$$Hh = 8,100C + 34,000\left(H - \frac{O}{8}\right) + 2,500S(kcal/kg)$$

$$= 8,100 \times 0.84 + 34,000 \times \left(0.11 - \frac{0.013}{8}\right) + 2,500 \times 0.024 = 10,548.75 kcal/kg$$

② 저위발열량(Hl)
= 고위발열량(Hh) - 600(9H+W)(kcal/kg) = 10,548.75kcal/kg - 600(9×0.11 + 0.013)
= 9,946.95kcal/kg

3. 기체연료의 발열량 계산식

① 기체연료의 완전연소반응식

★★ $$C_mH_n + \left(m + \frac{n}{4}\right)O_2 \rightarrow mCO_2 + \frac{n}{2}H_2O$$

② 기체연료의 증발잠열

$$= 600kcal/kg \times \frac{18kg}{22.4Sm^3} \times H_2O량(kcal/Sm^3)$$

$$= 482kcal/Sm^3 \times H_2O량(kcal/Sm^3)$$

$$\fallingdotseq 480kcal/Sm^3 \times H_2O량(kcal/Sm^3)$$

★★ ③ 기체연료의 저위발열량(Hl) 계산식

$$Hl = Hh - 480 \times H_2O량(kcal/Sm^3)$$

$\begin{bmatrix} Hl : 저위발열량(kcal/Sm^3) & Hh : 고위발열량(kcal/Sm^3) \\ H_2O량 : 완전연소반응식에서 H_2O갯수 & \end{bmatrix}$

Question 03

메탄의 고위발열량이 9,900Kcal/Sm³이라면 저위발열량(Kcal/Sm³)은 얼마인가?

풀이 $CH_4 + 2O_2 \rightarrow CO_2 + 2H_2O$
  $Hl = Hh - 480 \times H_2O량(kcal/Sm^3) = 9,900 kcal/Sm^3 - 480 \times 2 = 8,940 kcal/Sm^3$

④ 기체연료의 고위발열량(Hh) 계산식

  $Hh = Hl + 480 \times H_2O량(kcal/Sm^3)$

02 고체연료 및 액체연료의 연소계산식

1. 가연성분의 연소반응식

① $C + O_2 \rightarrow CO_2$
  12kg 22.4Sm³   22.4Sm³
        32kg   44kg

② $H_2 + 1/2O_2 \rightarrow H_2O$
  2kg 11.2Sm³   22.4Sm³
       16kg   18kg

③ $S + O_2 \rightarrow SO_2$
  32kg 22.4Sm³ 22.4Sm³
        32kg   64kg

2. 연소계산식(kg/kg ; 질량비)

① $O_o(\text{이론 산소량}) = \dfrac{32kg}{12kg}C + \dfrac{16kg}{2kg}\left(H - \dfrac{O}{8}\right) + \dfrac{32kg}{32kg}S$

  $= 2.667C + 8\left(H - \dfrac{O}{8}\right) + S$

② A_o(이론 공기량) = O_o(이론산소량)$\times \dfrac{1}{0.232}$

$= \left\{ \dfrac{32kg}{12kg}C + \dfrac{16kg}{2kg}\left(H-\dfrac{O}{8}\right) + \dfrac{32kg}{32kg}S \right\} \times \dfrac{1}{0.232}$

$= \left\{ 2.667C + 8\left(H-\dfrac{O}{8}\right) + S \right\} \times \dfrac{1}{0.232}$

$= 11.50C + 34.48\left(H-\dfrac{O}{8}\right) + 4.31S$

★★★ 3. 연소계산식(Sm^3/kg ; 체적비)

① O_o(이론 산소량) $= \dfrac{22.4Sm^3}{12kg}C + \dfrac{11.2Sm^3}{2kg}\left(H-\dfrac{O}{8}\right) + \dfrac{22.4Sm^3}{32kg}S$

$= 1.867C + 5.6\left(H-\dfrac{O}{8}\right) + 0.7S$

② A_o(이론 공기량) = O_o(이론산소량)$\times \dfrac{1}{0.21}$

$= \left\{ \dfrac{22.4Sm^3}{12kg}C + \dfrac{11.2Sm^3}{2kg}\left(H-\dfrac{O}{8}\right) + \dfrac{22.4Sm^3}{32kg}S \right\} \times \dfrac{1}{0.21}$

$= \left\{ 1.867C + 5.6\left(H-\dfrac{O}{8}\right) + 0.7S \right\} \times \dfrac{1}{0.21}$

$= 8.89C + 26.67\left(H-\dfrac{O}{8}\right) + 3.33S$

$\begin{bmatrix} C : \text{연료중 탄소의 함량} & H : \text{연료중 수소의 함량} & O : \text{연료중 산소의 함량} \\ S : \text{연료중 황의 함량} & \left(H-\dfrac{O}{8}\right) : \text{유효수소} & \dfrac{O}{8} : \text{무효수소} \end{bmatrix}$

Question 04

A중유의 원소조성이 C 85%, H 10%, S 2%, O 3%이었다. 이 중유 100kg을 완전연소 시키는데 필요한 이론공기량(Sm^3)은?

㉮ 215 ㉯ 515 ㉰ 1,019 ㉱ 1,219

풀이

이론공기량(A_o)= $8.89C + 26.67(H-\dfrac{O}{8}) + 3.33S(Sm^3/kg)$

따라서 $\{8.89 \times 0.85 + 26.67 \times (0.1 - \dfrac{0.03}{8}) + 3.33 \times 0.02\}(Sm^3/kg) \times 100kg = 1,019.01 Sm^3$

Question 05

메탄올(CH_3OH) 10kg을 완전 연소할 때 필요한 이론공기량(Sm^3)은 얼마인가?

㉮ $20Sm^3$ ㉯ $30Sm^3$ ㉰ $40Sm^3$ ㉱ $50Sm^3$

풀이
① $CH_3OH + 1.5O_2 \rightarrow CO_2 + 2H_2O$
  32kg : 1.5×22.4Sm^3
  10kg : X(산소량)

$$\therefore X(산소량) = \frac{10kg \times 1.5 \times 22.4 Sm^3}{32kg} = 10.5 Sm^3$$

② 이론공기량(Sm^3) = 이론산소량(Sm^3) × $\frac{1}{0.21}$ = $10.5 Sm^3 \times \frac{1}{0.21}$ = $50 Sm^3$

③ God(이론 건연소가스량) = $A_o - 5.6H + 0.7O + 0.8N$ = $Gow - \{1.244(9H+W)\}$
   = $Gd - \{(m-1)A_o\}$

④ Gd(실제 건연소가스량) = $mA_o - 5.6H + 0.7O + 0.8N$ = $God + \{(m-1)A_o\}$
   = $Gw - \{1.244(9H+W)\}$

⑤ Gow(이론 습연소가스량) = $A_o + 5.6H + 0.7O + 0.8N + 1.244W$ = $God + \{1.244(9H+W)\}$
   = $Gw - \{(m-1)A_o\}$

⑥ Gw(실제 습연소가스량) = $mA_o + 5.6H + 0.7O + 0.8N + 1.244W$ = $Gd + \{1.244(9H+W)\}$
   = $Gow + \{(m-1)A_o\}$

★★★ 고체연료 및 액체연료의 연소계산식 중 필수암기사항

(1) 연소계산식(kg/kg : 질량비)
  ① O_o(이론산소량) = $2.667C + 8\left(H - \frac{O}{8}\right) + 1S$
  ② A_o(이론공기량) = $\left\{2.667C + 8\left(H - \frac{O}{8}\right) + 1S\right\} \times \frac{1}{0.232}$

(2) 연소계산식(Sm^3/kg : 체적비)
  ① O_o(이론산소량) = $1.867C + 5.6\left(H - \frac{O}{8}\right) + 0.7S$
  ② A_o(이론공기량) = $8.89C + 26.67\left(H - \frac{O}{8}\right) + 3.33S$
  ③ God(이론 건연소가스량) = $A_o - 5.6H + 0.7O + 0.8N (Sm^3/kg)$
  ④ Gd(실제 건연소가스량) = $mA_o - 5.6H + 0.7O + 0.8N (Sm^3/kg)$
  ⑤ Gow(이론 습연소가스량) = $A_o + 5.6H + 0.7O + 0.8N + 1.244W (Sm^3/kg)$
  ⑥ Gw(실제 습연소가스량) = $mA_o + 5.6H + 0.7O + 0.8N + 1.244W (Sm^3/kg)$

TIP

① 실제-이론 = 과잉공기량의 차이 = $(m-1)A_o$ (Sm^3/kg)
② 습가스량-건가스량 = 수분량의 차이 = $1.244(9H+W)$ (Sm^3/kg)

Question 06

어떤 액체연료 1kg 중 C 85%, H 10%, O 2%, N 1%, S 2%가 포함되어 있다. 이 연료를 공기비 1.3으로 완전연소 시킬 때 발생하는 실제 습배출가스량(Sm^3/kg)은?

㉮ 8.6   ㉯ 9.8   ㉰ 10.4   ㉱ 13.9

풀이

① 이론공기량(A_o) = $8.89C + 26.67\left(H - \dfrac{O}{8}\right) + 3.33S$ (Sm^3/kg)

   = $8.89 \times 0.85 + 26.67 \times \left(0.1 - \dfrac{0.02}{8}\right) + 3.33 \times 0.02 = 10.2234 Sm^3/kg$

② 실제습배출가스량(G_w) = $mA_o + 5.6H + 0.7O + 0.8N + 1.244W$ (Sm^3/kg)

   = $1.3 \times 10.2234 Sm^3/kg + 5.6 \times 0.10 + 0.7 \times 0.02 + 0.8 \times 0.01 = 13.87 Sm^3/kg$

⑦ CO_2량 = $\dfrac{22.4 Sm^3}{12 kg} C = 1.867 C$ (Sm^3/kg)

⑧ SO_2량 = $\dfrac{22.4 Sm^3}{32 kg} S = 0.7 S$ (Sm^3/kg)

TIP

이론공기량(A_o) 및 이론가스량(G_o)

문헌 종별	이론공기량(A_o) 및 이론가스량(G_o)	Rosin	고체 및 액체
고체연료(석탄) (Sm^3/kg)	A_o	$1.01 \times \dfrac{Hl}{1,000} + 0.5$	$1.05 \times \dfrac{Hl}{1,000} + 0.1$
	G_o	$0.89 \times \dfrac{Hl}{1,000} + 1.65$	$1.11 \times \dfrac{Hl}{1,000} + 0.3$
액체연료 (Sm^3/kg)	A_o	$0.85 \times \dfrac{Hl}{1,000} + 2$	$1.04 \times \dfrac{Hl}{1,000} + 0.02$
	G_o	$1.1 \times \dfrac{Hl}{1,000}$	$1.11 \times \dfrac{Hl}{1,000} + 0.04$

Question 07

저위발열량 11,500kcal/kg인 중유를 연소시키는데 필요한 이론공기량은? (단, Rosin식 이용)

㉮ 9.8Sm³/kg　　　㉯ 11.8Sm³/kg　　　㉰ 14.2Sm³/kg　　　㉱ 17.8Sm³/kg

풀이 Rosin식에 의한 액체연료일 때 이론공기량(A_o)

$$A_o = 0.85 \times \frac{Hl}{1,000} + 2$$

[A_o : 이론공기량(Sm³/kg)　Hl : 저위발열량(kcal/kg)

따라서 $A_o = 0.85 \times \frac{11,500 kcal/kg}{1,000} + 2 = 11.78 Sm^3/kg$

4. 공기비(m)

★★★ ① 오르쟛트 분석법에 의한 배출가스 분석시(CO_2%, O_2%, CO% 주어질 때)

$$m = \frac{N_2\%}{N_2\% - 3.76 \times (O_2\% - 0.5 \times CO\%)} = \frac{N_2\%}{N_2\% - 3.76 \times O_2\%} \text{ (CO%가 없을 때)}$$

[$N_2\% = 100 - (CO_2\% + O_2\% + CO\%)$

Question 08

석탄 사용 가열로의 배기가스를 분석한 결과 CO_2 : 15%, O_2 : 5%, N_2 : 80%였다. 이 때 공기비는 대략 얼마인가? (단, 연료 중 질소는 무시한다.)

풀이 공기비(m) = $\frac{N_2\%}{N_2\% - 3.76 \times (O_2\% - 0.5 \times CO\%)} = \frac{80}{80 - 3.76 \times 5} = 1.31$

★★ ② 과잉공기율(%) = (m-1)×100(%)

　　예를 들어 과잉공기량이 20%이면 100%+20% = 120%가 된다.

　　따라서 공기비(m) = 1.2

★★ ③ 배출가스 중 O_2%가 존재할 때

$$m = \frac{21}{21 - O_2\%}$$

Question 09

배기가스중에 일산화탄소가 전혀 없는 완전연소가 일어나고, 이 때 공기비가 2.0이라면 배기가스중의 산소량(O_2)은 몇 % 인가?

풀이 O_2%만 존재시 공기비(m) 구하는 공식

$$m = \frac{21}{21 - O_2\%}$$

$$2.0 = \frac{21}{21 - O_2\%}$$

$$\therefore O_2 = 10.5\%$$

④ 실제공기량($mA_o = A$)과 이론공기량(A_o)이 존재할 때

$$m = \frac{A}{A_o}$$

⑤ $CO_{2max}(\%)$와 $CO_2(\%)$가 존재할 때

$$m = \frac{CO_{2max}(\%)}{CO_2(\%)}$$

5. 공기비(m)의 특징

★★ (1) 공기비(m)가 작을 경우 발생하는 현상

① 연소가스 중의 CO와 HC의 농도가 증가
② 매연이나 검댕의 발생량 증가
③ 연소효율 저하
④ 폭발의 위험

Question 10

다음 중 연료의 연소과정에서 공기비가 낮을 경우 예상되는 문제점으로 가장 적합한 것은?

㉮ 배출가스에 의한 열손실이 증가한다.
㉯ 배출가스 중 CO와 매연이 증가한다.
㉰ 배출가스 중 SO_X와 NO_X의 발생량이 증가한다.
㉱ 배출가스의 온도저하로 저온부식이 가속화된다.

정답 ㉯

★★★ (2) 공기비(m)가 클 경우 발생하는 현상

① 연소실내 연소온도 감소(연소실의 냉각효과를 가져옴)
② 배기가스에 의한 열손실 증대
③ SO_2, NO_2의 함량이 증가하여 부식이 촉진
④ CH_4, CO 및 C 등 물질의 농도가 감소
⑤ 방지시설의 용량이 커지고 에너지 손실 증가
⑥ 희석효과가 높아져 연소 생성물의 농도 감소

> **Question 11**
>
> 공기비가 클 경우 일어나는 현상으로 틀린 것은 어느 것인가?
> ㉮ SO_2, NO_2 함량이 증가하여 부식 촉진
> ㉯ 가스폭발의 위험과 매연 증가
> ㉰ 배기가스에 의한 열손실 증대
> ㉱ 연소실내 연소온도 감소
>
> **풀이** ㉯번의 설명은 공기비가 작을 경우 발생하는 현상이다.

★★ 6. CO_2max(최대 탄산가스량)

① 최대 탄산가스량은 연료의 조성에 따라 정해지며, 연료에 따라 서로 다른 값을 갖는다.
② 최대 탄산가스량은 과잉공기를 사용하지 않고 가연물을 산화시켰을 때 발생되는 건조가스량을 기준으로 한 CO_2의 부피 백분율이다.
③ 최대 탄산가스량의 산출법은 연료의 원소조성을 이용하는 방법과 배기가스의 조성을 이용하는 방법 등이 있다.
④ 공기비를 이용하여 산정하는 경우에는 과잉공기비에 배기가스 중의 CO_2 농도를 곱하여 얻어진다.

7. CO_2max(최대 탄산가스량) 계산식

① $CO_2max(\%) = \dfrac{1.867C}{God} \times 100(\%)$

★★ ② $CO_2max(\%) = \dfrac{21 \times (CO_2\% + CO\%)}{21 - O_2\% + 0.395 \times CO\%}$

③ $CO_2max(\%) = \dfrac{21 \times CO_2\%}{21 - O_2\%}$

Question 12

C 87%, H 10%, S 3%인 중유의 이론적인 $(CO_2)_{max}$ 값은?

㉮ 9.6% ㉯ 12.6% ㉰ 16.3% ㉱ 20.6%

풀이
① A_o(이론공기량) $= 8.89C + 26.67\left(H - \dfrac{O}{8}\right) + 3.33S\,(Sm^3/kg)$
    $= 8.89 \times 0.87 + 26.67 \times 0.10 + 3.33 \times 0.03 = 10.5012\,Sm^3/kg$
② G_{od}(이론건연소가스량) $= A_o - 5.6H + 0.70 + 0.8N\,(Sm^3/kg)$
    $= 10.5012\,Sm^3/kg - 5.6 \times 0.10 = 9.9412\,Sm^3/kg$
③ $CO_2\,max(\%) = \dfrac{1.867C}{G_{od}} \times 100 = \dfrac{1.867 \times 0.87\,Sm^3/kg}{9.9412\,Sm^3/kg} \times 100 = 16.34\%$

TIP
CO_2량 $= \dfrac{22.4\,Sm^3}{12\,kg} C = 1.867C\,Sm^3/kg$

Question 13

연소가스 분석결과 CO_2 30%, O_2 7% 일 때 $(CO_2)_{max}$는 얼마인가?(%) (단, 완전연소 기준)

풀이 $CO_2max = \dfrac{21 \times CO_2\%}{21 - O_2\%} = \dfrac{21 \times 30\%}{21 - 7\%} = 45\%$

Question 14

연소가스 분석결과가 CO_{2max} = 20%, CO_2 = 15%, CO = 5% 일 때 연소가스 중의 O_2는 몇 %인가?

풀이 $CO_{2max} = \dfrac{21 \times (CO_2 + CO)\%}{21 - O_2\% + 0.395CO\%}$

따라서 $20\% = \dfrac{21 \times (15+5)\%}{21 - O_2 + 0.395 \times 5\%}$

∴ $O_2 = 1.98\%$

8. 농도 계산식

(1) 실제 건연소가스량 기준

① $CO_2(ppm) = \dfrac{1.867C}{Gd} \times 10^6$

② $O_2(ppm) = \dfrac{(m-1)A_o \times 0.21}{Gd} \times 10^6$

③ $SO_2(ppm) = \dfrac{0.7S}{Gd} \times 10^6$

(2) 실제 습연소가스량 기준

① $CO_2(\%) = \dfrac{1.867C}{Gw} \times 100$

② $O_2(\%) = \dfrac{(m-1)A_o \times 0.21}{Gw} \times 100$

③ $SO_2(\%) = \dfrac{0.7S}{Gw} \times 100$

 Question 15

C, H, S의 중량(%)이 각각 85%, 10%, 5%인 중유를 공기과잉계수 1.3으로 연소시킬 때 건조 배기가스 중의 이산화황의 부피분율(%)은 얼마인가? (단, 황성분은 전량 이산화황으로 전환된다고 가정한다.)

㉮ 약 0.18%   ㉯ 약 0.27%   ㉰ 약 0.34%   ㉱ 약 0.45%

풀이

① 이론공기량(A_o) = $8.89C + 26.67\left(H - \dfrac{O}{8}\right) + 3.33S \, (Sm^3/kg)$
   = $8.89 \times 0.85 + 26.67 \times 0.10 + 3.33 \times 0.05 = 10.39 \, Sm^3/kg$

② 실제건연소가스량(Gd) = $mA_o - 5.6H + 0.7O + 0.8N \, (Sm^3/kg)$
   = $1.3 \times 10.39 \, Sm^3/kg - 5.6 \times 0.10$
   = $12.947 \, Sm^3/kg$

③ $SO_2(\%) = \dfrac{0.7S(Sm^3/kg)}{Gd(Sm^3/kg)} \times 100 = \dfrac{0.7 \times 0.05 \, Sm^3/kg}{12.947 \, Sm^3/kg} \times 100 = 0.27\%$

Question 16

C 84%, H 13%, S 2%, N 1%의 중유를 1kg 당 14Sm³의 공기로 완전연소시킨 경우 실제습배기가스 중 SO_2는 몇 ppm (용량비)이 되는가? (단, 중유중의 황은 모두 SO_2가 되는 것으로 가정한다.)

㉮ 약 2,000ppm ㉯ 약 1,800ppm ㉰ 약 1,120ppm ㉱ 약 950ppm

풀이
① 실제습배기가스량(Gw) = A+5.6H+0.7O+0.8N+1.244W(Sm^3/kg)
  = 14Sm^3/kg+5.6×0.13+0.8×0.01= 14.736Sm^3/kg

② SO_2ppm = $\dfrac{0.7S}{Gw} \times 10^6 = \dfrac{0.7 \times 0.02 Sm^3/kg}{14.736 Sm^3/kg} \times 10^6$ = 950.05ppm

03 기체연료의 연소계산식

1. 기체연료 중 주요 연료의 완전연소반응식

① $C_mH_n + \left(m+\dfrac{n}{4}\right)O_2 \rightarrow mCO_2 + \dfrac{n}{2}H_2O$

② $H_2 + 1/2O_2 \rightarrow H_2O$

③ $CO + 1/2O_2 \rightarrow CO_2$

④ $CH_4 + 2O_2 \rightarrow CO_2 + 2H_2O$

⑤ $C_2H_6 + 3.5O_2 \rightarrow 2CO_2 + 3H_2O$

⑥ $C_3H_8 + 5O_2 \rightarrow 3CO_2 + 4H_2O$

⑦ $C_4H_{10} + 6.5O_2 \rightarrow 4CO_2 + 5H_2O$

⑧ $C_6H_{14} + 9.5O_2 \rightarrow 6CO_2 + 7H_2O$

⑨ $C_8H_{18} + 12.5O_2 \rightarrow 8CO_2 + 9H_2O$

⑩ $C_9H_{20} + 14O_2 \rightarrow 9CO_2 + 10H_2O$

⑪ $CH_3OH + 1.5O_2 \rightarrow CO_2 + 2H_2O$

★★ 2. 기체연료의 연소계산식(Sm^3/Sm^3)

① O_o(이론 산소량) = 산소의 수

② A_o(이론 공기량) = O_o(이론 산소량) × $\dfrac{1}{0.21}$

③ God(이론 건연소가스량) = (1-0.21)A_o + CO_2량

④ Gd(실제 건연소가스량) = (m-0.21)A_o + CO_2량

⑤ Gow(이론 습연소가스량) = (1-0.21)A_o + CO_2량 + H_2O량

⑥ Gw(실제 습연소가스량) = (m-0.21)A_o + CO_2량 + H_2O량

3. C_3H_8의 연소계산식(Sm^3/Sm^3)

$$C_3H_8 + 5O_2 \rightarrow 3CO_2 + 4H_2O$$

① $O_o = \dfrac{5 \times 22.4 Sm^3}{1 \times 22.4 Sm^3} = 5$

② $A_o = O_o(Sm^3/Sm^3) \times \dfrac{1}{0.21} = \dfrac{5 \times 22.4 Sm^3}{1 \times 22.4 Sm^3} \times \dfrac{1}{0.21} = 5 \times \dfrac{1}{0.21}$

③ $God = (1-0.21) \times \dfrac{5 \times 22.4 Sm^3}{1 \times 22.4 Sm^3 \times 0.21} + \dfrac{3 \times 22.4 Sm^3}{1 \times 22.4 Sm^3} = (1-0.21) \times \dfrac{5}{0.21} + 3$

④ $Gd = (m-0.21) \times \dfrac{5 \times 22.4 Sm^3}{1 \times 22.4 Sm^3 \times 0.21} + \dfrac{3 \times 22.4 Sm^3}{1 \times 22.4 Sm^3} = (m-0.21) \times \dfrac{5}{0.21} + 3$

⑤ $Gow = (1-0.21) \times \dfrac{5 \times 22.4 Sm^3}{1 \times 22.4 Sm^3 \times 0.21} + \dfrac{3 \times 22.4 Sm^3}{1 \times 22.4 Sm^3} + \dfrac{4 \times 22.4 Sm^3}{1 \times 22.4 Sm^3}$

$= (1-0.21) \times \dfrac{5}{0.21} + 3 + 4$

⑥ $Gw = (m-0.21) \times \dfrac{5 \times 22.4 Sm^3}{1 \times 22.4 Sm^3 \times 0.21} + \dfrac{3 \times 22.4 Sm^3}{1 \times 22.4 Sm^3} + \dfrac{4 \times 22.4 Sm^3}{1 \times 22.4 Sm^3}$

$= (m-0.21) \times \dfrac{5}{0.21} + 3 + 4$

4. C_3H_8의 연소계산식(kg/kg)

$$C_3H_8 + 5O_2 \rightarrow 3CO_2 + 4H_2O$$

① $O_o = \dfrac{5 \times 32 kg}{1 \times 44 kg}$

② $A_o = O_o(kg/kg) \times \dfrac{1}{0.232} = \dfrac{5 \times 32 kg}{1 \times 44 kg} \times \dfrac{1}{0.232}$

③ $God = (1-0.232) \times \dfrac{5 \times 32 kg}{1 \times 44 kg \times 0.232} + \dfrac{3 \times 44 kg}{1 \times 44 kg}$

④ $Gd = (m-0.232) \times \dfrac{5 \times 32 kg}{1 \times 44 kg \times 0.232} + \dfrac{3 \times 44 kg}{1 \times 44 kg}$

⑤ $G_{ow} = (1-0.232) \times \dfrac{5 \times 32kg}{1 \times 44kg \times 0.232} + \dfrac{3 \times 44kg}{1 \times 44kg} + \dfrac{4 \times 18kg}{1 \times 44kg}$

⑥ $G_w = (m-0.232) \times \dfrac{5 \times 32kg}{1 \times 44kg \times 0.232} + \dfrac{3 \times 44kg}{1 \times 44kg} + \dfrac{4 \times 18kg}{1 \times 44kg}$

5. C_3H_8의 연소계산식(Sm^3/kg)

$C_3H_8 + 5O_2 \rightarrow 3CO_2 + 4H_2O$

① $O_o = \dfrac{5 \times 22.4Sm^3}{1 \times 44kg}$

② $A_o = O_o(Sm^3/kg) \times \dfrac{1}{0.21} = \dfrac{5 \times 22.4Sm^3}{1 \times 44kg} \times \dfrac{1}{0.21}$

③ $G_{od} = (1-0.21) \times \dfrac{5 \times 22.4Sm^3}{1 \times 44kg \times 0.21} + \dfrac{3 \times 22.4Sm^3}{1 \times 44kg}$

④ $G_d = (m-0.21) \times \dfrac{5 \times 22.4Sm^3}{1 \times 44kg \times 0.21} + \dfrac{3 \times 22.4Sm^3}{1 \times 44kg}$

⑤ $G_{ow} = (1-0.21) \times \dfrac{5 \times 22.4Sm^3}{1 \times 44kg \times 0.21} + \dfrac{3 \times 22.4Sm^3}{1 \times 44kg} + \dfrac{4 \times 22.4Sm^3}{1 \times 44kg}$

⑥ $G_w = (m-0.21) \times \dfrac{5 \times 22.4Sm^3}{1 \times 44kg \times 0.21} + \dfrac{3 \times 22.4Sm^3}{1 \times 44kg} + \dfrac{4 \times 22.4Sm^3}{1 \times 44kg}$

6. C_3H_8의 연소계산식(kg/Sm^3)

$C_3H_8 + 5O_2 \rightarrow 3CO_2 + 4H_2O$

① $O_o = \dfrac{5 \times 32kg}{1 \times 22.4Sm^3}$

② $A_o = O_o(kg/Sm^3) \times \dfrac{1}{0.232} = \dfrac{5 \times 32kg}{1 \times 22.4Sm^3} \times \dfrac{1}{0.232}$

③ $G_{od} = (1-0.232) \times \dfrac{5 \times 32kg}{1 \times 22.4Sm^3 \times 0.232} + \dfrac{3 \times 44kg}{1 \times 22.4Sm^3}$

④ $G_d = (m-0.232) \times \dfrac{5 \times 32kg}{1 \times 22.4Sm^3 \times 0.232} + \dfrac{3 \times 44kg}{1 \times 22.4Sm^3}$

⑤ $G_{ow} = (1-0.232) \times \dfrac{5 \times 32kg}{1 \times 22.4Sm^3 \times 0.232} + \dfrac{3 \times 44kg}{1 \times 22.4Sm^3} + \dfrac{4 \times 18kg}{1 \times 22.4Sm^3}$

⑥ $G_w = (m-0.232) \times \dfrac{5 \times 32kg}{1 \times 22.4Sm^3 \times 0.232} + \dfrac{3 \times 44kg}{1 \times 22.4Sm^3} + \dfrac{4 \times 18kg}{1 \times 22.4Sm^3}$

Question 17

프로판 1Sm³을 공기비 1.4로 완전연소시킬 때 실제습연소가스량(Sm³)은?

㉮ 25.8 ㉯ 28.8 ㉰ 32.1 ㉱ 35.3

풀이 $C_3H_8 + 5O_2 \rightarrow 3CO_2 + 4H_2O$

실제습연소가스량(Gw) = (m-0.21)A_o+CO_2량+H_2O량 = (1.4-0.21)×$\dfrac{5}{0.21}$+3+4 = 35.33Sm³/Sm³

TIP

이론공기량(A_o) = 이론산소량(O_o) × $\dfrac{1}{0.21}$ (Sm³/Sm³)

★★★ 7. 농도 계산식

(1) 실제 건연소가스량 기준

① $CO_2(\%) = \dfrac{CO_2량}{Gd} \times 100$

② $CO_2max(\%) = \dfrac{CO_2량}{God} \times 100$

③ $H_2O(\%) = \dfrac{H_2O량}{Gd} \times 100$

④ $SO_2(\%) = \dfrac{SO_2량}{Gd} \times 100$

⑤ $O_2(\%) = \dfrac{(m-1)A_o \times 0.21}{Gd} \times 100$

(2) 실제 습연소가스량 기준

① $CO_2(ppm) = \dfrac{CO_2량}{Gw} \times 10^6$

② $H_2O(ppm) = \dfrac{H_2O량}{Gw} \times 10^6$

③ $SO_2(ppm) = \dfrac{SO_2량}{Gw} \times 10^6$

④ $O_2(ppm) = \dfrac{(m-1)A_o \times 0.21}{Gw} \times 10^6$

Question 18

H₂ 50%, CH₄ 25%, CO₂ 18%, O₂ 7%로 조성된 기체연료를 이론공기량으로 완전연소시켰다. 습배출가스 중 CO_2의 농도(%)는?

㉮ 10.8% ㉯ 15.4% ㉰ 18.2% ㉱ 21.6%

풀이
$H_2 + 0.5O_2 \rightarrow H_2O$: 50%
$CH_4 + 2O_2 \rightarrow CO_2 + 2H_2O$: 25%
CO_2 : 18%
O_2 : 7%

① 이론습배출가스량(Gow) = $(1-0.21)A_o + CO_2 + H_2O$량$(Sm^3/Sm^3)$

$= (1-0.21) \times \left(\dfrac{0.5 \times 0.5 + 2 \times 0.25 - 0.07}{0.21}\right) + 0.5 + 0.25 + 2 \times 0.25 + 0.18$

$= 3.9881 Sm^3/Sm^3$

② CO_2량 = $1 \times 0.25 + 1 \times 0.18 Sm^3/Sm^3 = 0.43 Sm^3/Sm^3$

③ $CO_2\% = \dfrac{CO_2량}{Gow} \times 100 = \dfrac{0.43 Sm^3/Sm^3}{3.9881 Sm^3/Sm^3} \times 100 = 10.78\%$

04 기타 계산식

★★★ 1. 열발생율(kcal/m³·hr)

$$열발생율 = \dfrac{Hl \times Gf}{V}$$

[Hl : 저위발열량(kcal/kg)   Gf : 연료량(kg/hr)   V : 체적(m³)(가로×세로×높이)]

Question 19

가로, 세로, 높이가 각각 3m, 1m, 1.5m인 연소실에서 연소실 열발생율을 $2.5 \times 10^5 kcal/m^3 \cdot hr$가 되도록 하려면 1시간에 중유를 몇 kg 연소시켜야 하는가? (단, 중유의 저위발열량은 11,000kcal/kg이다)

풀이

열발생율(kcal/m³·hr) = $\dfrac{저위발열량(kcal/kg) \times 연료량(kg/hr)}{보일러 용적(m^3)}$

따라서 $2.5 \times 10^5 kcal/m^3 \cdot hr = \dfrac{11,000 kcal/kg \times 연료량(kg/hr)}{3m \times 1m \times 1.5m}$

∴ 연료량 = $\dfrac{2.5 \times 10^5 kcal/m^3 \cdot hr \times (3m \times 1m \times 1.5m)}{11,000 kcal/kg}$ = 102.27 kg/hr

★★ 2. 이론연소온도

$$Hl = G \times C \times \triangle t = G \times C \times (t_2 - t_1)$$

$$\therefore t_2 = \frac{Hl}{G \times C} + t_1$$

- Hl : 저위발열량(kcal/Sm³) G : 가스량(Sm³/Sm³) C : 비열(kcal/Sm³·℃)
- t_2 : 이론연소온도(℃) t_1 : 현재온도(℃)

Question 20

저발열량이 5,000kcal/Sm³의 연소가스의 이론적 연소온도(℃)를 계산하시오. (단, 이론적 연소 가스량 15Sm³/Sm³, 연소가스 평균정압 비열 0.35kcal/Sm³·℃, 기준온도는 0℃, 공기는 예열하지 않으며 연소가스는 해리되지 않는다.)

풀이
$$t_2 = \frac{Hl}{G \times C} + t_1 = \frac{5{,}000 \text{kcal/Sm}^3}{15 \text{Sm}^3/\text{Sm}^3 \times 0.35 \text{kcal/Sm}^3 \cdot ℃} + 0℃ = 952.38℃$$

Question 21

저발열량이 10,000kcal/kg, 이론공기량이 11Sm³/kg, 이론연소가스량이 11.5Sm³/kg의 중유를 공기비 1.4로 완전연소할 때 이론가스의 온도(℃)를 계산하시오. (단, 공기 및 중유의 온도는 20℃, 연소가스의 비열은 0.4kcal/Sm³·℃, 건조가스 기준)

풀이
$$t_2 = \frac{Hl}{G \times C} + t_1 = \frac{Hl}{\{G_o + (m-1)A_o\} \times C} + t_1 = \frac{10{,}000 \text{kcal/kg}}{\{11.5\text{Sm}^3/\text{kg} + (1.4-1) \times 11\text{Sm}^3/\text{kg}\} \times 0.4 \text{kcal/Sm}^3 \cdot ℃} + 20℃$$
$$= 1592.33℃$$

Question 22

메탄의 이론연소온도(℃)를 계산하시오. (단, 메탄, 공기가 50℃에서 공급되는 것으로 하며, 메탄의 저위발열량 8,600kcal/Sm³, CO_2, $H_2O(g)$, N_2의 평균정압 몰비열은 각각 13.1, 10.5, 8.0(kcal/kmol·℃)로 한다.)

풀이
$$CH_4 + 2O_2 \rightarrow CO_2 + 2H_2O + \frac{2}{0.21} \times 0.79 N_2$$

$$t_2 = \frac{Hl}{G \times C} + t_1 = \frac{8{,}600\text{kcal/Sm}^3}{(1 \times 13.1 + 2 \times 10.5 + \frac{2}{0.21} \times 0.79 \times 8.0) \text{kcal/kmol} \cdot ℃ \times \frac{1\text{kmol}}{22.4\text{Sm}^3}} + 50℃ = 2{,}093.05℃$$

3. 소요동력 계산

 $kW = \dfrac{Ps \times Q}{102 \times \eta} \times \alpha$

$Hp = \dfrac{Ps \times Q}{75 \times \eta} \times \alpha$

$\begin{bmatrix} Ps : 전압력손실(mmH_2O) \quad Q : 가스량(m^3/sec) \\ \eta : 처리효율 \quad\quad\quad\quad\quad\quad \alpha : 여유율 \\ 1kW = 102 kg \cdot m/sec \\ 1Hp(Ps) = 75 kg \cdot m/sec \end{bmatrix}$

Question 23

압력손실이 300mmH₂O 이고, 처리가스량 45,000m³/h 인 집진장치의 송풍기 소요동력(kW)을 계산하시오. (단, 송풍기의 효율은 65%, 여유율은 1.3 이다.)

풀이 $kW = \dfrac{Ps \times Q}{102 \times \eta} \times \alpha = \dfrac{300 mmH_2O \times 45,000 m^3/hr \times 1hr/3600sec}{102 \times 0.65} \times 1.3 = 73.53 kW$

PART

실전문제

대기환경
기　사
필　기

2013 1회 기출문제

| 제1과목 | 대기환경관리

01 낮과 밤의 기온 및 기온의 역전분포 특성에 관한 설명으로 거리가 먼 것은?

㉮ 낮에는 고도(지중에서는 깊이)에 따라 온도가 감소하므로 기온감율(dT/dz)은 음의 값이 되며, 이러한 상태를 체감상태라 한다.
㉯ 현열은 낮에는 공기중에서 지표로, 밤에는 지표에서 공기중으로 향하게 된다.
㉰ 지표에 가까울수록 낮에 기온이 더 높고 밤에 기온은 더 낮으므로 기온의 일교차는 지표면 부근에서 가장 크다.
㉱ 고도에 따른 온도의 기울기는 지표면 부근에서 가장 크고, 고도(또는 깊이)에 따라 감소한다.

풀이 ㉯ 현열은 밤에는 공기중에서 지표로, 낮에는 지표에서 공기중으로 향하게 된다.

02 다음 중 태양상수 값으로 가장 적합한 것은?

㉮ $0.1cal/cm^2 \cdot min$
㉯ $1cal/cm^2 \cdot min$
㉰ $2cal/cm^2 \cdot min$
㉱ $10cal/cm^2 \cdot min$

TIP

태양상수
① 태양상수란 대기권 밖에서 햇빛이 수직인 $1cm^2$의 면적에 1분동안 들어오는 태양 복사에너지의 양을 말하며, 그 값은 $2.0cal/cm^2 \cdot min$이다.
② 태양상수를 이용하여 지구표면의 단위면적이 1분 동안에 받는 평균 태양에너지를 구한 값은 태양상수 × $\frac{1}{4}$ 이므로 $0.5cal/cm^2 \cdot min$이다.

03 유해가스상 물질의 독성에 관한 설명으로 거리가 먼 것은?

㉮ SO_2는 0.1~1ppm에서도 수시간 내에 고등식물에게 피해를 준다.
㉯ CO_2독성은 10ppm 정도에서 인체와 식물에 해롭다.
㉰ CO는 100ppm까지는 1~3주간 노출되어도 고등식물에 대한 피해는 약하다.
㉱ HCl은 SO_2보다 식물에 미치는 영향이 훨씬 적으며, 한계농도는 10ppm에서 수시간 정도이다.

풀이 ㉯ CO_2독성은 1,000ppm 정도에서 인체와 식물에 해롭다.

answer 01 ㉯ 02 ㉰ 03 ㉯

04 입자에 의한 산란에 관한 설명으로 옳지 않은 것은? (단, λ : 파장, D : 입자직경)

㉮ 레일리산란은 D/λ가 10보다 클 때 나타나는 산란현상으로 산란광의 광도는 λ^4에 비례한다.
㉯ 맑은 하늘이 푸르게 보이는 까닭은 태양광선의 공기에 의한 레일리산란 때문이다.
㉰ 레일리산란에 의해 가시광선 중에서는 청색광이 많이 산란되고, 적색광이 적게 산란된다.
㉱ 입자의 크기가 빛의 파장과 거의 같거나 큰 경우에 나타나는 산란을 미산란이라고 한다.

풀이 ㉮ 레일리산란은 입자의 반경이 입사광선의 파장보다 훨씬 적은 경우에 발생하고 레일리 산란의 세기는 파장의 4승에 반비례한다.

05 A사업장내 굴뚝에서의 이산화질소 배출가스가 표준상태에서 $44mg/Sm^3$로 일정하게 배출되고 있다. 이를 ppm 단위로 환산하면?

㉮ 21.4ppm   ㉯ 24.4ppm
㉰ 44.8ppm   ㉱ 48.8ppm

풀이 $ppm(mL/Sm^3) = \dfrac{44mg}{Sm^3} \times \dfrac{22.4mL}{46mg} = 21.43ppm$

TIP
① $ppm = mL/Sm^3$
② 이산화질소 = NO_2
③ NO_2 1mol $\begin{cases} 46mg \\ 22.4mL \end{cases}$
④ NO_2의 분자량 = $14+(2\times16) = 46$

06 공기역학직경(aerodynamic diameter)에 관한 설명으로 가장 적합한 것은?

㉮ 원래의 먼지와 침강속도가 동일하며 밀도가 $1g/cm^3$인 구형입자의 직경
㉯ 원래의 먼지와 침강속도가 동일하며 밀도가 $1kg/cm^3$인 구형입자의 직경
㉰ 원래의 먼지와 밀도 및 침강속도가 동일한 선형 입자의 직경
㉱ 원래의 먼지와 밀도 및 침강속도가 동일한 구형 입자의 직경

TIP
스토크스 직경
구형이 아닌 입자와 같은 종속도와 밀도를 가진 구형 입자의 직경

07 다음 대기분산모델 중 광화학모델로서 미국에서 개발되었으며, 도시지역에서 광화학반응을 고려하여 오염물질의 이동을 계산하는 것은?

㉮ ADMS   ㉯ CTDMPLUS
㉰ SMOGSTOP   ㉱ UAM

풀이
㉮ ADMS : 가우시안모델로서 영국에서 개발되었으며, 도시지역 오염물질의 이동을 계산하는데 이용된다.
㉯ CTDMPLUS : 가우시안모델로서 미국에서 개발되었으며, 복잡한 지형에서 오염물질 이동을 계산하는데 사용된다.
㉱ UAM : 광화학모델로서 미국에서 개발되었으며, 도시지역에서 광화학반응을 고려하여 오염물질의 이동을 계산하는 모델이다.

answer 04 ㉮   05 ㉮   06 ㉮   07 ㉱

08 상자모델을 전개하기 위하여 설정된 가정으로 가장 거리가 먼 것은?

㉮ 오염물은 지면의 한 지점에서 일정하게 배출된다.
㉯ 고려된 공간에서 오염물의 농도는 균일하다.
㉰ 고려되는 공간의 수직단면에 직각방향으로 부는 바람의 속도가 일정하여 환기량이 일정하다.
㉱ 오염물의 분해는 일차반응에 의한다.

▶ 풀이 ㉮ 오염물은 배출원이 지면전역에 균등히 분포되어 있다.

09 아황산가스가 식물에 미치는 영향으로 가장 거리가 먼 것은?

㉮ 생활력이 왕성한 잎이 피해를 많이 입으며, 고구마, 시금치 등이 약한 식물로 알려져 있다.
㉯ 같은 농도에서는 낮보다는 야간에 피해를 많이 받는다.
㉰ 피해를 입은 부위는 황갈색 내지 회백색으로 퇴색된다.
㉱ 잎 뒤쪽 표피 밑의 세포(parenchyma)가 피해를 입기 시작한다.

▶ 풀이 ㉯ 같은 농도에서는 야간보다는 낮에 피해를 많이 받는다.

TIP
① SO_2에 약한 식물 : 대맥, 담배, 자주개나리, 목화, 보리, 고구마, 시금치 등
② SO_2에 강한 식물 : 양배추, 까치밤나무, 쥐당나무, 셀러리, 소나무, 옥수수 등

10 다음 대기오염물질 중 바닷물의 물보라 등이 배출원이며, 1차 오염물질에 해당하는 것은?

㉮ N_2O_3 ㉯ 알데하이드
㉰ HCN ㉱ NaCl

▶ 풀이 바닷물의 물보라 등이 배출원이며, 1차 오염물질에 해당하는 것은 보기 중에서 ㉱ NaCl이다.

11 굴뚝 배출가스량 $15m^3/s$, HCl의 농도 802ppm, 풍속 20m/s, $K_y = 0.07$, $K_z = 0.08$인 중립 대기조건에서 중심축상 최대 지표농도가 1.61×10^{-2}ppm인 경우 굴뚝의 유효고는? (단, sutton의 확산식을 이용한다.)

㉮ 약 30m ㉯ 약 50m
㉰ 약 70m ㉱ 약 100m

▶ 풀이 $$C_{max} = \frac{2Q}{\pi \cdot e \cdot u \cdot He^2}\left(\frac{K_z}{K_y}\right)$$

C_{max} : 최대지표농도(ppm)
Q : 배출가스량(m^3/sec)
e : 자연대수(2.72)
u : 평균풍속(m/sec)
He : 유효굴뚝높이(m)
K_z : 수직확산계수
K_y : 수평확산계수

따라서
$$1.61 \times 10^{-2} ppm = \frac{2 \times 15 m^3/sec \times 802 ppm}{\pi \times 2.72 \times 20 m/sec \times He^2} \times \left(\frac{0.08}{0.07}\right)$$

∴ He = 99.97m

answer 08 ㉮ 09 ㉯ 10 ㉱ 11 ㉱

12 시정거리에 관한 설명으로 거리가 먼 것은? (단, 입자 산란에 의해서만 빛이 감쇠되고, 입자상 물질은 모두 같은 크기의 구형태로 분포하고 있다고 가정한다.)

㉮ 시정거리는 대기 중 입자의 산란계수에 비례한다.
㉯ 시정거리는 대기 중 입자의 농도에 반비례한다.
㉰ 시정거리는 대기 중 입자의 밀도에 비례한다.
㉱ 시정거리는 대기 중 입자의 직경에 비례한다.

풀이 ㉮ 시정거리는 대기 중 입자의 산란계수에 반비례한다.

13 가우시안형의 대기오염확산방정식을 적용할 때 지면에 있는 오염원으로부터 바람부는 방향으로 250m 떨어진 연기의 중심축상 지상 오염농도(mg/m³)를 구하면? (단, 오염물질의 배출량 6g/sec, 풍속 4.5m/sec, σ_y는 22.5m, σ_z는 12m이다.)

㉮ 1.26   ㉯ 1.36
㉰ 1.57   ㉱ 1.83

풀이 가우시안 확산식

$$C = \frac{Q}{\pi \cdot u \cdot \sigma_y \cdot \sigma_z} \exp\left[-\frac{1}{2}\left(\frac{He}{\sigma_z}\right)^2\right] = \frac{Q}{\pi \cdot u \cdot \sigma_y \cdot \sigma_z}$$

- C : 농도(mg/m³)
- Q : 오염물질의 배출량(mg/sec)
- u : 풍속(m/sec)
- σ_z : 수평방향의 표준편차(m)
- σ_y : 수직방향의 표준편차(m)
- He : 유효굴뚝높이(m)

따라서 $C = \dfrac{6\text{g/sec} \times 10^3 \text{mg/g}}{\pi \times 4.5\text{m/sec} \times 22.5\text{m} \times 12\text{m}}$
       $= 1.57 \text{mg/m}^3$

14 대기와 해양의 상호작용에 해당되는 엘니뇨와 라니냐에 관한 설명으로 옳지 않은 것은?

㉮ 엘니뇨와 상대적인 현상으로 라니냐는 무역풍이 상대적으로 약화되어 서태평양의 온도가 감소된다.
㉯ 대기와 해양의 상호작용으로 열대 동태평양에서 중태평양에 걸친 광범위한 구역에서 해수면의 온도 상승을 엘니뇨라 한다.
㉰ 엘니뇨와 라니냐는 서로 독립적인 현상이 아니라, 반대 위상을 가지는 자연계의 진동현상이라 할 수 있다.
㉱ 엘니뇨 시기에는 서태평양의 기압이 높아지고 남태평양의 기압이 내려가는 남방진동이 나타난다.

풀이 ㉮ 라니냐는 무역풍이 상대적으로 강해지며 서태평양의 온도가 상승한다.

15 광화학반응에 관한 설명으로 옳지 않은 것은?

㉮ NO_2는 도시 대기오염물질 중에서 가장 중요한 태양빛 흡수기체로서 파장 420nm 이상의 가시광선에 의해 NO와 O로 광분해된다.
㉯ 알데하이드(RCHO)는 파장 313nm 이하에서 광분해한다.
㉰ 케톤은 파장 300~700nm에서 약한 흡수를 하여 광분해한다.
㉱ SO_2는 대류권에서 쉽게 광분해되며, 파장 450~500nm에서 강한 흡수를 나타낸다.

풀이 ㉱ SO_2는 대류권에서는 광분해가 일어나지 않으며, 파장 280~290nm에서 강한 흡수를 나타낸다.

---

answer 12 ㉮   13 ㉰   14 ㉮   15 ㉱

16 배출오염물질과 관련업종으로 가장 거리가 먼 것은?

㉮ 암모니아 : 비료공장, 냉동공장, 표백, 색소제조공장
㉯ 염소 : 석유정제, 석탄건류, 가스공업
㉰ 비소 : 화학공업, 유리공업, 과수원의 농약 분무작업
㉱ 불화수소 : 알루미늄공업, 요업, 인산 비료공업

[풀이] ㉯ 염소 : 농약제조, 화학공업, 소오다공업

17 입자상 오염물질 중 훈연(fume)에 관한 설명으로 가장 거리가 먼 것은?

㉮ 금속 산화물과 같이 가스상 물질이 승화, 증류 및 화학반응 과정에서 응축될 때 주로 생성되는 고체입자이다.
㉯ 20~50㎛ 정도의 크기가 대부분이다.
㉰ 활발한 브라운 운동을 한다.
㉱ 아연과 납산화물의 훈연은 고온에서 휘발된 금속의 산화와 응축과정에서 생성된다.

[풀이] ㉯ 1㎛ 이하의 크기가 대부분이다.

18 질소산화물에 관한 설명으로 거리가 먼 것은?

㉮ 아산화질소(N_2O)는 성층권의 오존을 분해하는 물질로 알려져 있다.
㉯ 전세계의 질소화합물 배출량 중 인위적인 배출량은 자연적 배출량의 약 70% 정도 차지하고 있으며, 그 비율은 점차 증가하는 추세이다.
㉰ 아산화질소(N_2O)는 대류권에서 태양에너지에 대하여 매우 안정하다.
㉱ 연료 NOx는 연료 중 질소화합물 연소에 의해 발생되고, 연료 중 질소화합물은 일반적으로 석탄에 많고 중유, 경유 순으로 적어진다.

[풀이] ㉯ 전세계의 질소화합물 배출량 중 인위적인 배출량은 자연적 배출량의 10% 정도인 것으로 추정되고 있으며, 그 비율은 점차 증가하는 추세이다.

19 상온에서 무색이며, 자극성 냄새를 가진 기체로서 비중이 약 1.03(공기 = 1)인 오염물질은?

㉮ 아황산가스   ㉯ 폼알데하이드
㉰ 이산화탄소   ㉱ 염소

[풀이]
기체의 비중 = $\dfrac{기체의\ 분자량(kg)}{공기의\ 분자량(29kg)}$

따라서 $1.03 = \dfrac{기체의\ 분자량}{29kg}$

∴ 기체의 분자량 = 1.03 × 29kg = 30kg
따라서 보기중에서 분자량이 30인 ㉯ 폼알데하이드(HCHO)가 정답이 된다.

answer 16 ㉯ 17 ㉯ 18 ㉯ 19 ㉯

20 대기의 안정도와 관련된 리챠든 수(R_i)를 나타낸 식으로 옳은 것은? (단, g : 그 지역의 중력가속도, θ : 잠재온도, u : 풍속, z : 고도)

㉮ $R_i = \dfrac{(g/\theta)(du/dz)^2}{(d\theta/dz)}$

㉯ $R_i = \dfrac{(\theta/g)(du/dz)^2}{(d\theta/dz)}$

㉰ $R_i = \dfrac{(g/\theta)(d\theta/dz)}{(du/dz)^2}$

㉱ $R_i = \dfrac{(\theta/g)(d\theta/dz)}{(du/dz)^2}$

▶풀이 리챠든 수(R_i)는 무차원수로서 대기의 동적인 안정도를 나타내는 것이다.

| 제2과목 | 연소공학

21 보일러에서 저온부식을 방지하기 위한 방법으로 가장 거리가 먼 것은?

㉮ 과잉공기를 줄여서 연소한다.
㉯ 가스온도를 산노점 이하가 되도록 조업한다.
㉰ 연료를 전처리하여 유황분을 제거한다.
㉱ 정치표면을 내식재료로 피복한다.

▶풀이 ㉯ 가스온도를 산노점 온도보다 높게 되도록 조업한다.

22 다음 연료 중 (CO_2)max 값(%)이 가장 큰 것은?

㉮ 고로가스 ㉯ 코우크스로가스
㉰ 갈탄   ㉱ 역청탄

▶풀이 (CO_2)max 값(%)이 가장 큰 것은 24.0~25.0%인 고로가스이다.

23 석탄 사용 가열로의 배기가스를 분석한 결과 CO_2 : 15%, O_2 : 5%, N_2 : 80% 였다. 이 때 공기비는 대략 얼마인가? (단, 연료 중 질소는 무시한다.)

㉮ 1.31 ㉯ 1.74
㉰ 1.92 ㉱ 2.12

▶풀이 배출가스 분석치
CO_2%, O_2%, N_2%일 때

공기비(m) = $\dfrac{N_2\%}{N_2\% - 3.76 \times O_2\%} = \dfrac{80\%}{80\% - 3.76 \times 5\%}$
= 1.31

answer 20 ㉰ 21 ㉯ 22 ㉮ 23 ㉮

24 연소장치의 특성에 관한 설명으로 옳지 않은 것은?

㉮ 유동층 연소는 다른 연소법에 비해 NOx 생성 억제가 잘 되고, 화염층을 작게 할 수 있으므로 장치의 규모를 작게 할 수 있다.
㉯ 산포식 스토커, 계단식 스토커에 의한 연소방식은 화격자 연소장치에 속한다.
㉰ 미분탄을 사용하는 연소시설에서는 화염의 전파속도는 기체연료에 비해 작으며, 만일 버너로부터 분출속도가 클 경우에는 역화의 우려가 발생할 수 있다.
㉱ 미분탄 연소는 사용연료의 범위가 넓고, 스토커 연소에 적합하지 않은 점결탄과 저발열량탄 등도 사용할 수가 있다.

풀이 ㉰ 미분탄을 사용하는 연소시설에서는 화염의 전파속도는 기체연료에 비해 크며, 만일 버너로부터 분출속도가 작을 경우에는 역화의 우려가 발생할 수 있다.

25 화학반응속도 및 반응속도상수에 관한 설명으로 옳지 않은 것은?

㉮ 1차 반응에서 반응속도상수의 단위는 s^{-1}이다.
㉯ 반응물의 농도를 무제한 증가할지라도 반응속도에는 영향을 미치지 않는 반응을 0차 반응이라 한다.
㉰ 화학반응속도론에서 반응속도상수 결정에 활성화에너지가 가장 주요한 영향인자로 작용하며, 넓은 온도범위에 걸쳐 유효하게 적용된다.
㉱ 반응속도상수는 온도에 영향을 받는다.

26 다음 중 기체연료의 연소방식에 해당되는 것은?

㉮ 스토커 연소
㉯ 회전식버너(rotary burner) 연소
㉰ 예혼합 연소
㉱ 유동층 연소

풀이 ㉮ 스토커 연소 : 고체연료의 연소방식
㉯ 회전식버너(rotary burner) 연소 : 액체연료의 연소방식
㉰ 예혼합 연소 : 기체연료의 연소방식
㉱ 유동층 연소 : 고체연료의 연소방식

27 액체연료의 성분분석결과 탄소 84%, 수소 11%, 황 2.4%, 산소 1.3%, 수분 1.3%이였다면 이 연료의 저위발열량은? (단, Dulong 식을 이용)

㉮ 약 800kcal/kg
㉯ 약 10,000kcal/kg
㉰ 약 13,000kcal/kg
㉱ 약 15,000kcal/kg

풀이 ① Dulong 식을 이용해 고위발열량(Hh)을 계산한다.

$Hh = 8,100C + 3,4000\left(H - \dfrac{O}{8}\right) + 2,500S \text{(kcal/kg)}$

$= 8,100 \times 0.84 + 34,000\left(0.11 - \dfrac{0.013}{8}\right) + 2,500 \times 0.024$

$= 10,548.75 \text{kcal/kg}$

② 저위발열량(Hl)을 계산한다.
Hl = Hh - 600(9H + W)(kcal/kg)
= 10,548.75kcal/kg - 600(9 × 0.11 + 0.013)
= 9,946.95kcal/kg

TIP
Dulong식은 고위발열량 구하는 공식임에 주의해야 한다.

answer 24 ㉰ 25 ㉰ 26 ㉰ 27 ㉯

28 C=82%, H=15%, S=3%의 조성을 가진 액체연료를 2kg/min으로 연소시켜 배기가스를 분석하였더니 CO_2=12.0%, O_2=5%, N_2=83% 라는 결과를 얻었다. 이때 필요한 연소용 공기량(Sm^3/hr)은?

㉮ 약 1,100 ㉯ 약 1,300
㉰ 약 1,600 ㉱ 약 1,800

풀이
① 공기비(m) 계산
$$m = \frac{N_2\%}{N_2\% - 3.76 \times O_2\%} = \frac{83\%}{83\% - 3.76 \times 5\%}$$
$$= 1.2928$$
② 이론공기량(A_o)을 계산
$$A_o = 8.89C + 26.67\left(H - \frac{O}{8}\right) + 3.33S \, (Sm^3/kg)$$
$$= 8.89 \times 0.82 + 26.67 \times 0.15 + 3.33 \times 0.03$$
$$= 11.3902 \, Sm^3/kg$$
③ 필요한 연소용 공기량(Sm^3/hr)
= 공기비(m)×이론공기량(Sm^3/kg)×연료량(kg/hr)
= 1.2928×11.3902Sm^3/kg×2kg/min×60min/hr
= 1,767.03Sm^3/hr

29 착화점이 높아지는 조건에 관한 설명으로 옳은 것은?

㉮ 분자구조가 복잡할수록
㉯ 발열량이 낮을수록
㉰ 산소의 농도가 클수록
㉱ 화학반응성이 클수록

풀이 착화점이 높아지는 조건
㉮ 분자구조가 간단할수록
㉰ 산소의 농도가 작을수록
㉱ 화학반응성이 작을수록

TIP
착화점(착화온도)은 활성화에너지와 석탄의 탄화도는 비례관계이며, 나머지 조건과는 반비례관계이다.

30 다음 중 매연 발생원인으로 가장 거리가 먼 것은?

㉮ 연소실의 체적이 적을 때
㉯ 통풍력이 부족할 때
㉰ 석탄 중에 황분이 많을 때
㉱ 무리하게 연소시킬 때

풀이 ㉰ 석탄 중에 휘발분이 많을 때

31 어떤 반응에서 0℃에서의 반응속도상수가 $0.001s^{-1}$이고 100℃에서의 반응속도상수가 $0.05s^{-1}$일 때 활성화에너지(kJ/mol)는?

㉮ 25 ㉯ 33
㉰ 41 ㉱ 50

풀이
① $\ln \frac{k_2}{k_1} = \frac{E(T_2-T_1)}{R \times T_2 \times T_1}$

$\ln \frac{0.05/sec}{0.001/sec}$

$= \frac{E\{(273+100) - (273+0)\}}{8.314 J/mole \cdot k \times (273+100) \times (273+0)}$

∴ E = 33,119.43J/mole

② E(kcal/mole) = $\frac{33,119.43J}{mole} \times \frac{1kJ}{10^3 J}$

= 33.12kJ/mole

answer 28 ㉱ 29 ㉯ 30 ㉰ 31 ㉯

32 프로판(C_3H_8) $1Sm^3$을 완전연소 시켰을 때 건조연소가스 중의 CO_2 농도는 11%이었다. 공기비는 약 얼마인가?

㉮ 1.05 ㉯ 1.15
㉰ 1.23 ㉱ 1.39

풀이
$CO_2\% = \dfrac{CO_2량}{Gd} \times 100$

$C_3H_8 + 5O_2 \rightarrow 3CO_2 + 4H_2O$
$Gd = (m-0.21)A_o + CO_2량$

따라서 $11\% = \dfrac{3}{(m-0.21) \times \dfrac{5}{0.21} + 3} \times 100$

∴ m = 1.23

TIP
Gd : 실제건조연소가스량

33 다음 중 표준공기 내에서 연소범위(vol%)가 가장 넓은 것은?

㉮ 메탄 ㉯ 아세틸렌
㉰ 벤젠 ㉱ 톨루엔

풀이 연소범위(vol%)가 가장 넓은 것은 ㉯아세틸렌이다.

34 석탄에 함유된 수분의 3가지 수분형태와 거리가 먼 것은?

㉮ 유효수분
㉯ 부착수분
㉰ 고유수분
㉱ 화합수분(결합수분)

풀이 석탄에 함유된 수분의 3가지 수분형태는 부착수분, 고유수분, 화합수분(결합수분)이다.

35 프로판 $1Sm^3$을 공기비 1.4로 완전연소 시킬 때 실제습연소가스량(Sm^3)은?

㉮ 25.8 ㉯ 28.8
㉰ 32.1 ㉱ 35.3

풀이 $C_3H_8 + 5O_2 \rightarrow 3CO_2 + 4H_2O$
실제습연소가스량(Gw)
$= (m-0.21)A_o + CO_2량 + H_2O량$
$= (1.4-0.21) \times \dfrac{5}{0.21} + 3 + 4 = 35.33 Sm^3/Sm^3$

TIP
이론공기량(A_o) = 이론산소량(O_o) $\times \dfrac{1}{0.21}$ (Sm^3/Sm^3)

36 다음 중 폭발성 혼합가스의 연소범위(L)를 구하는 식으로 옳은 것은? (단, n_n : 각 성분 단일의 연소한계(상한 또는 하한), P_n : 각 성분 가스의 체적(%))

㉮ $L = \dfrac{100}{\dfrac{n_1}{p_1} + \dfrac{n_2}{p_2} + \cdots}$

㉯ $L = \dfrac{100}{\dfrac{p_1}{n_1} + \dfrac{p_2}{n_2} + \cdots}$

㉰ $L = \dfrac{n_1}{p_1} + \dfrac{n_2}{p_2} + \cdots$

㉱ $L = \dfrac{p_1}{n_1} + \dfrac{p_2}{n_2} + \cdots$

풀이 폭발성 혼합가스의 연소범위(L)를 구하는 식으로 옳은 것은 ㉯번이다.

answer 32 ㉰ 33 ㉯ 34 ㉮ 35 ㉱ 36 ㉯

37 액체연료의 연소방식을 기화(vaporization) 연소방식과 분무화(atomization)연소 방식으로 분류할 때 다음 중 기화 연소방식에 해당하지 않는 것은?

㉮ 심지식 연소 ㉯ 반전식 연소
㉰ 포트식 연소 ㉱ 증발식 연소

풀이 기화 연소방식에는 심지식 연소, 포트식 연소, 증발식 연소가 있다.

38 다음 연료의 완전연소 시 발열량(kcal/Sm³)이 가장 큰 것은?

㉮ Propane   ㉯ Ethylene
㉰ Acetylene ㉱ Propylene

풀이 기체연료중 1Sm³당 발열량이 가장 큰 물질은 탄소수와 수소수가 가장 많은 물질이므로 ㉮ Propane (C_3H_8)이 된다.

TIP
명칭과 화학식
㉮ Propane(C_3H_8)
㉯ Ethylene(C_2H_4)
㉰ Acetylene(C_2H_2)
㉱ Propylene(C_3H_6)

39 다음 중 확산연소에 사용되는 버너로서 주로 천연가스와 같은 고발열량의 가스를 연소시키는데 사용되는 것은?

㉮ 건타입 버너   ㉯ 선회 버너
㉰ 방사형 버너   ㉱ 고압 버너

풀이 주로 천연가스와 같은 고발열량의 가스를 연소 시키는데 사용되는 것은 방사형 버너이다.

40 기체연료 중 연소하여 수분을 생성하는 H_2와 C_xH_y 연소반응의 발열량 산출식에서 아래의 480이 의미하는 것은?

$$Hl = Hh - 480(H_2 + \Sigma y/2 C_xH_y)(kcal/Sm^3)$$

㉮ H_2O 1kg 증발잠열
㉯ H_2 1kg 증발잠열
㉰ H_2O $1Sm^3$의 증발잠열
㉱ H_2 $1Sm^3$의 증발잠열

풀이 480이 의미하는 것은 H_2O $1Sm^3$의 증발잠열이다.

제3과목 | 대기오염방지기술

41 직경 10μm인 입자의 침강속도가 0.5cm/sec였다. 같은 조성을 지닌 30μm입자의 침강속도는? (단, 스토크스 침강속도식 적용)

㉮ 1.5cm/sec   ㉯ 2cm/sec
㉰ 3cm/sec   ㉱ 4.5cm/sec

풀이 $Vg = \dfrac{d^2(\rho_s - \rho)g}{18\mu}$ 에서 $Vg \propto d^2$이므로

$(10\mu m)^2 : 0.5cm/sec = (30\mu m)^2 : Vg$
따라서 $Vg = 4.5cm/s$

answer 37 ㉯ 38 ㉮ 39 ㉰ 40 ㉰ 41 ㉱

42 원심력 집진장치에 사용되는 용어에 관한 설명으로 옳지 않은 것은?

㉮ 임계입경(critical diameter)은 100% 분리한계입경이라고도 한다.
㉯ 분리계수가 클수록 집진율은 증가한다.
㉰ 분리계수는 입자에 작용하는 원심력을 관성력으로 나눈 값이다.
㉱ 사이클론에서 입자의 분리속도는 함진가스의 선회속도에는 비례하는 반면, 원통부 반경에는 반비례한다.

▶풀이 ㉰ 분리계수는 원심력의 분리속도를 중력의 침강속도로 나눈 값이다.

43 여과집진장치에 사용되는 각종 여포재의 성질에 관한 연결로 가장 거리가 먼 것은? (단, 여포재의 종류 - 산에 대한 저항성 - 최고사용온도)

㉮ 목면 - 양호 - 150℃
㉯ 글라스화이버 - 양호 - 250℃
㉰ 오론 - 양호 - 150℃
㉱ 비닐론 - 양호 - 100℃

▶풀이 ㉮ 목면 - 나쁨 - 80℃

44 먼지의 입경측정을 직접측정법과 간접측정법으로 분류할 때 다음 중 직접측정법에 해당하는 것은?

㉮ 광산란법   ㉯ 관성충돌법
㉰ 표준체측정법   ㉱ 액상침강법

▶풀이 먼지의 입경측정
① 직접측정법 : 표준체 측정법, 현미경측정법
② 간접측정법 : 관성충돌법, 액상침강법, 공기투과법, 광산란법

45 다음 흡착장치 중 가스의 유속을 크게 할 수 있고, 고체와 기체의 접촉을 크게 할 수 있으며, 가스와 흡착제를 향류로 접촉할 수 있는 장점은 있으나, 주어진 조업조건에 따른 조건 변동이 어려운 것은?

㉮ 유동층 흡착장치
㉯ 이동층 흡착장치
㉰ 고정층 흡착장치
㉱ 원통형 흡착장치

▶풀이 ㉮ 유동층 흡착장치에 대한 설명이다.

46 중력집진장치에서 집진효율을 향상시키기 위한 조건으로 옳지 않은 것은?

㉮ 침강실 내의 처리가스의 유속을 느리게 한다.
㉯ 침강실의 높이는 낮게 하고, 길이는 길게 한다.
㉰ 침강실의 입구폭을 작게 한다.
㉱ 침강실 내의 가스흐름을 균일하게 한다.

▶풀이 ㉰ 침강실의 입구폭을 크게 한다.

47 Co-Ni-Mo을 수소첨가촉매로 하여 250~450℃에서 30~150kg/cm²의 압력을 가하여 H_2S, S, SO_2 형태로 제거하는 중유탈황법은?

㉮ 직접탈황법   ㉯ 흡착탈황법
㉰ 활성탈황법   ㉱ 산화탈황법

▶풀이 ㉮ 직접탈황법에 대한 설명이다.

answer 42 ㉰ 43 ㉮ 44 ㉰ 45 ㉮ 46 ㉰ 47 ㉮

48 Venturi scrubber에서 액가스비가 0.6 L/m³, 목부의 압력손실이 330mmH₂O일 때 목부의 가스속도(m/sec)는? (단, 가스비중은 1.2kg/m³이며, Venturi scrubber의 압력손실식 $\triangle P = (0.5+L) \times \dfrac{rV^2}{2g}$ 를 이용할 것)

㉮ 60 ㉯ 70
㉰ 80 ㉱ 90

풀이
$\triangle P = (0.5+L) \times \dfrac{rV^2}{2g}$

$\begin{bmatrix} \triangle P : \text{압력손실(mmH}_2\text{O)} \\ L : \text{액가스비(L/m}^3\text{)} \\ r : \text{가스의 밀도(kg/m}^3\text{)} \\ V : \text{가스속도(m/sec)} \\ g : \text{중력가속도(9.8m/sec}^2\text{)} \end{bmatrix}$

따라서

$330\text{mmH}_2\text{O} = (0.5+0.6\text{L/m}^3) \times \dfrac{1.2\text{kg/m}^3 \times V^2}{2 \times 9.8\text{m/sec}^2}$

∴ V = 70m/sec

49 흡수에 관한 설명으로 옳지 않은 것은?

㉮ 습식세정장치에서 세정흡수효율은 세정수량이 클수록, 가스의 용해도가 클수록 헨리정수가 클수록 커진다.
㉯ SiF₄, HCHO 등은 물에 대한 용해도가 크나, NO, NO₂ 등은 물에 대한 용해도가 작은 편이다.
㉰ 용해도가 적은 기체의 경우에는 헨리의 법칙이 성립한다.
㉱ 헨리정수(atm·m³/kg·mol) 값은 온도에 따라 변하며, 온도가 높을수록 그 값이 크다.

풀이 ㉮ 습식세정장치에서 세정흡수효율은 세정수량이 작을수록, 가스의 용해도가 클수록 헨리정수가 작을수록 커진다.

50 다음 중 표면적이 200m²/g 정도로서, 주로 휘발유 및 용제정제 등으로 사용되는 흡착제는?

㉮ 실리카겔(Silica Gel)
㉯ 본차(Bone char)
㉰ 폴링(Pall ring)
㉱ 마그네시아(Magnesia)

풀이 ㉱ 마그네시아는 소수성 흡착제이다.

51 축류식 원심력 집진장치 중 반전형에 관한 설명으로 옳지 않은 것은?

㉮ 입구가스 속도가 50m/sec 전후이다.
㉯ 접선유입식에 비해 압력손실이 적은 편이다.
㉰ 가스의 균일한 분배가 용이한 잇점이 있다.
㉱ 함진가스 입구의 안내익에 따라 집진효율이 달라진다.

풀이 ㉮ 입구가스 속도가 10m/sec이며, 압력손실은 80~100mmH₂O이다.

52 충전탑에 관한 설명으로 가장 거리가 먼 것은?

㉮ 충전제는 화학적으로 불활성이어야 한다.
㉯ 충전제를 규칙적으로 충전하면 불규칙적으로 충전하는 방법에 비하여 압력손실이 적어진다.
㉰ 편류현상은 [탑의 직경/충전제직경]의 비가 8~10 범위일 때 최소가 된다.
㉱ 보통 가스유속은 부하점(Loading point)

answer 48 ㉯ 49 ㉮ 50 ㉱ 51 ㉮ 52 ㉱

에서의 유속의 70~80% 조작이 적당하다.

풀이 ㉣ 보통 가스유속은 범람(flooding)속도의 40~70%가 적당하다.

53 반경이 15cm인 덕트에 1기압, 동점성계수 $2.0 \times 10^{-5} m^2/sec$, 밀도 $1.7g/cm^3$인 유체가 300m/min의 속도로 흐르고 있을 때, Reynold수는?

㉮ 37,500　㉯ 42,500
㉰ 63,750　㉱ 75,000

풀이 $Re = \dfrac{DV}{\nu}$

$\begin{bmatrix} D : 직경(m) \\ V : 속도(m/sec) \\ \nu : 동점성계수(m^2/sec) \end{bmatrix}$

따라서 $Re = \dfrac{0.3m \times 300m/min \times 1min/60sec}{2.0 \times 10^{-5} m^2/sec}$
$= 75,000$

54 다음 집진장치 중 관성충돌, 직접차단, 확산, 정전기적 인력, 중력 등이 주된 집진원리인 것은?

㉮ 여과집진장치　㉯ 원심력집진장치
㉰ 전기집진장치　㉱ 중력집진장치

풀이 ㉮ 건식이며 주처리장치로 사용되는 여과집진장치에 대한 설명이다.

55 유해가스 처리 시 사용되는 충전탑(packed tower)에 관한 설명으로 옳지 않은 것은?

㉮ 액분산형 흡수장치로서 충전물의 충전방식을 불규칙적으로 했을 때 접촉면적은 크나, 압력손실이 커진다.
㉯ 충전탑에서 hold-up 이라는 것은 탑의 단위면적당 충전제의 양을 의미한다.
㉰ 흡수액에 고형물이 함유되어 있는 경우에는 침전물이 생기는 방해를 받는다.
㉱ 일정양의 흡수액을 흘릴 때 유해가스의 압력손실은 가스속도의 대수값에 비례하며, 가스속도 증가시 나타나는 첫 번째 파괴점을 loading point 라 한다.

풀이 ㉯ 충전탑에서 hold-up 이라는 것은 흡수액을 통과시키면서 유량속도를 증가할 경우 충전층내의 액보유량이 증가하게 되는 상태이다.

56 불소화합물의 흡수처리에 관한 설명으로 가장 거리가 먼 것은?

㉮ 세정장치 중 충전탑이 가장 적합하다.
㉯ 물에 대한 용해도가 비교적 크므로 수세에 의한 처리가 적당하다.
㉰ 스프레이탑을 사용할 때에 분무 노즐의 막힘이 없도록 보수관리에 주의가 필요하다.
㉱ 처리 중 고형물을 생성하는 경우가 많다.

풀이 ㉮ 세정장치 중 분무탑이나 제트스크러버가 가장 적합하다.

answer　53 ㉱　54 ㉮　55 ㉯　56 ㉮

57 송풍기의 크기와 유체의 밀도가 일정한 조건에서 한 송풍기가 1.2kW의 동력을 이용하여 20m³/min의 공기를 송풍하고 있다. 만약 송풍량이 30m³/min으로 증가했다면 이 때 필요한 송풍기의 소요동력(kW)은?

㉮ 1.5 ㉯ 1.8
㉰ 2.7 ㉱ 4.1

풀이
소요동력(kW) = 동력(kW) × $\left(\dfrac{r_2}{r_1}\right)^3$
= 1.2kW × $\left(\dfrac{30m^3/min}{20m^3/min}\right)^3$ = 4.05kW

TIP
① 송풍유량(Q) = Q'm³/min × $\left(\dfrac{r_2}{r_1}\right)^1$
② 유속(V) = V'm/min × $\left(\dfrac{r_2}{r_1}\right)^1$
③ 정압(PS) = PS'(mmH₂O) × $\left(\dfrac{r_2}{r_1}\right)^3$

58 흡착제를 친수성(극성)과 소수성(비극성)으로 구분 할 때, 다음 중 친수성 흡착제에 해당하지 않는 것은?

㉮ 활성탄
㉯ 실리카겔
㉰ 활성 알루미나
㉱ 합성 지올라이트

풀이 ㉮ 흡착제 중 활성탄과 마그네시아는 소수성(비극성) 흡착제이다.

59 사이클론에서 처리가스량에 대하여 외기의 누입이 없을 때 집진율은 88% 였다면 외부로부터 외기가 10% 누입될 때의 집진율은? (단, 이때 먼지 통과율은 누입되지 않은 경우의 3배에 해당한다.)

㉮ 54% ㉯ 64%
㉰ 75% ㉱ 83%

풀이 ① 정상시 효율(η) = 88% 이므로
정상시 통과율(P) = 100%-88% = 12%
② 비정상시 통과율(P) = 정상시 통과율(P)×3배
= 12%×3 = 36%
③ 비정상시 효율(η) = 100%-36% = 64%

TIP
① 통과율(P) + 효율(η) = 100%
② 통과율(P) = 100% - 효율(η)
③ 효율(η) = 100% - 통과율(P)

60 다음 중 여과집진장치에서 여포를 탈진하는 방법이 아닌 것은?

㉮ 기계적 진동(mechanical shaking)
㉯ 펄스제트(pulse jet)
㉰ 공기역류(reverse air)
㉱ 블로다운(blow down)

풀이 ㉱ 블로다운(blow down)은 원심력 집진장치의 효율 향상책이다.

answer 57 ㉱ 58 ㉮ 59 ㉯ 60 ㉱

| 제4과목 | 대기오염공정시험기준

61 배출원에서 배출되는 입자상과 가스상 수은을 냉증기-원자흡수분광광도법으로 분석할 때 사용되는 흡수액은?

㉮ 질산암모늄 + 황산용액
㉯ 다이크로뮴산포타슘용액
㉰ 염산하이드록실아민용액
㉱ 과망간산포타슘 + 황산

풀이 수은을 냉증기-원자흡수분광광도법으로 분석할 때 사용되는 흡수액은 4% 과망간산포타슘 + 10% 황산이다.

62 다음은 크로마토그래피와 감도조정부에 관한 사항이다. ( )안에 가장 적합한 것은?

> ( )에서는 필라멘트 전류, 기록계 스팬전압, 운반 가스유량, 기록지 이동속도를 쉽게 설정, 판독 또는 측정할 수 있는 것이어야 한다.

㉮ 고수소 염광광도 검출기(HFPD)
㉯ 불꽃 이온화 검출기(FID)
㉰ 불꽃 고이온화 검출기(FHID)
㉱ 열전도도 검출기(TCD)

풀이 ㉱ 열전도도 검출기(TCD)에 대한 설명이다.

63 다음 중 연료의 연소, 금속제련 또는 화학반응 공정등에서 배출되는 굴뚝 배출 가스 중의 일산화탄소 분석방법이라 볼 수 없는 것은?

㉮ 기체크로마토그래피법
㉯ 정전위 전해법
㉰ 비분산적외선분광분석법
㉱ 용액전도율법

풀이 굴뚝 배출가스 중의 일산화탄소 분석방법으로는 비분산적외선분광분석법, 정전위전해법(전기화학식), 기체크로마토그래피법이 있다.

64 굴뚝배출가스 중 질소산화물을 연속적으로 자동측정하는 방법 중 자외선흡수 분석계의 구성에 관한 설명으로 옳지 않은 것은?

㉮ 광원 : 중수소방전관 또는 중압수은등을 사용한다.
㉯ 시료셀 : 시료가스가 연속적으로 흘러갈 수 있는 구조로 되어 있으며 그 길이는 200~500mm이고, 셀의 창은 석영판과 같이 자외선 및 가시광선이 투과할 수 있는 재질이어야 한다.
㉰ 검출기 : 가시광선 및 자외부에서 감도가 좋은 비분산자외선광배전관이 이용된다.
㉱ 합산증폭기 : 신호를 증폭하는 기능과 일산화질소 측정파장에서 아황산가스의 간섭을 보정하는 기능을 가지고 있다.

풀이 ㉰ 검출기 : 자외선 및 가시광선에 대하여 감도가 좋은 광전자증배관 또는 광전관이 이용된다.

answer 61 ㉱ 62 ㉱ 63 ㉱ 64 ㉰

65 기체크로마토그래피법에서 정량분석방법과 가장 거리가 먼 것은?

㉮ 넓이 백분율법 ㉯ 상대검정곡선법
㉰ 외부표준법 ㉱ 절대검정곡선법

풀이 기체크로마토그래피법에서 정량분석방법에는 절대검정곡선법, 넓이백분율법, 보정넓이백분율법, 상대검정곡선법, 표준물첨가법이 있다.

66 굴뚝 배출가스 중 먼지를 보통형 흡입노즐을 이용할 때 등속흡입을 위한 흡입량(L/min)은?

- 대기압 : 765 mmHg
- 측정점에서의 정압 : -1.5 mmHg
- 건식가스미터의 흡입가스 게이지압 : 1mmHg
- 흡입노즐의 내경 : 6mm
- 배출가스의 유속 : 7.5m/sec
- 배출가스 중 수증기의 부피 백분율 : 10%
- 건식가스미터의 흡입온도 : 20℃
- 배출가스 온도 : 125℃

㉮ 14.8 ㉯ 11.6
㉰ 9.9 ㉱ 8.4

풀이
$$q_m = \frac{\pi d^2}{4} \times v \times \left(1 - \frac{X_w}{100}\right) \times \frac{273+\theta_m}{273+\theta_s} \times \frac{P_a+P_s}{P_a+P_m} \times 60 \times 10^{-3}$$

- q_m : 등속 흡입유량(L/min)
- d : 노즐의 직경(mm)
- v : 배출가스 유속(m/sec)
- X_w : 수증기의 부피 백분율(%)
- θ_m : 가스미터의 흡입가스온도(℃)
- θ_s : 배출가스 온도(℃)
- P_a : 대기압(mmHg)
- P_s : 측정점에서의 정압(mmHg)
- P_m : 가스미터의 흡입가스 게이지압(mmHg)

$$q_m = \frac{\pi \times (6mm)^2}{4} \times 7.5 m/sec \times (1-0.1) \times \frac{273+20℃}{273+125℃}$$
$$\times \frac{765mmHg - 1.5mmHg}{765mmHg + 1mmHg} \times 60 \times 10^{-3}$$
$$= 8.40 L/min$$

67 굴뚝 배출가스 중 산소를 자기식(자기력)으로 측정하는 방법에 대한 설명으로 틀린 것은?

㉮ 덤벨형 방식과 압력검출형 방식이 있다.
㉯ 상자성체인 산소분자가 자계 내에서 자기화 될 때 생기는 흡인력을 이용한다.
㉰ 체적자화율이 큰 가스(일산화질소, NO)의 영향을 무시할 수 있는 경우에 적용한다.
㉱ 측정범위는 1%~15.0% 이하로 한다.

풀이 ㉱ 측정범위는 0%~10.0% 이하로 한다.

68 다음 중 대기오염공정시험기준상 분석시험에 있어 기재 및 용어에 관한 설명으로 옳은 것은?

㉮ 용액의 액성표시는 따로 규정이 없는 한 유리전극법에 의한 pH 미터로 측정한 것을 뜻한다.
㉯ 시험조작중 "즉시"란 10초 이내에 표시된 조작을 하는 것을 뜻한다.
㉰ "감압 또는 진공"이라 함은 따로 규정이 없는 한 10mmHg 이하를 뜻한다.
㉱ "정확히 단다"라 함은 규정한 양의 검체를 취하여 분석용 저울로 0.3mg까지 다는 것을 뜻한다.

풀이 ㉯ 시험조작중 "즉시"란 30초 이내에 표시된 조작을 하는 것을 뜻한다.

answer 65 ㉰ 66 ㉱ 67 ㉱ 68 ㉮

㉰ "감압 또는 진공"이라 함은 따로 규정이 없는 한 15mmHg 이하를 뜻한다.
㉱ "정확히 단다"라 함은 규정한 양의 검체를 취하여 분석용 저울로 0.1mg까지 다는 것을 뜻한다.

69 굴뚝배출가스 중 먼지측정을 위한 시료채취방법에 관한 사항으로 옳지 않은 것은?

㉮ 피토관을 측정공에서 굴뚝내의 측정점까지 삽입하여 전압공을 배출가스 흐름방향에 바로 직면시켜 압력계에 의하여 동압을 측정한다.
㉯ 동압은 원칙적으로 0.1mmH$_2$O의 단위까지 읽고, 이때, 피토관의 배출가스 흐름방향에 대한 편차를 10° 이하가 되어야 한다.
㉰ 한 채취점에서의 채취시간을 최소 30초 이상으로 하고 모든 채취점에서 채취시간을 동일하게 한다.
㉱ 등속흡입식에 의해서 등속흡입계수를 구하고 그 값이 90%~110% 범위 내에 들지 않는 경우에는 다시 시료채취를 행한다.

풀이 ㉰ 한 채취점에서의 채취시간을 최소 2분 이상으로 하고 모든 채취점에서 채취시간을 동일하게 한다.

70 연료용 유류 중의 황함유량 분석방법으로 옳지 않은 것은?

㉮ 연소관식 공기법은 500~550℃로 가열한 석영재질 연소관 중에 공기를 불어넣어 시료를 연소시킨 후 생성된 황산화물을 붕산소듐(9%)에 흡수시켜 황산으로 만든 다음, 수산화소듐표준액으로 중화적정한다.
㉯ 연소관식 공기법의 경우 불용성 황산염을 만드는 금속(Ba, Ca 등)이 들어있는 시료에는 적용할 수 없다.
㉰ 연소관식 공기법의 경우 연소되어 산을 발생시키는 원소(P, N, Cl 등)가 들어있는 시료에는 적용할 수 없다.
㉱ 방사선식 여기법은 시료에 방사선을 조사하고, 여기된 황의 원자에서 발생하는 형광 X선의 강도를 측정한다.

풀이 ㉮ 연소관식 공기법은 950~1,100℃로 가열한 석영재질 연소관 중에 공기를 불어넣어 시료를 연소시킨 후 생성된 황산화물을 과산화수소(3%)에 흡수시켜 황산으로 만든 다음, 수산화소듐 표준액으로 중화적정한다.

answer 69 ㉰ 70 ㉮

71 기체크로마토그래피법에서 사용되는 용어에 관한 설명으로 옳지 않은 것은?

㉮ 일반적으로 5~30분 정도에서 측정하는 봉우리의 보유시간은 반복시험을 할 때 ±3% 오차범위 이내이어야 한다.
㉯ 기록계는 스트립 차아트식 자동평형 기록계로 스팬전압 10mV, 펜 응답시간 10초 이내, 기록지 이동속도는 10mm/분을 포함한 다단변속이 가능한 것이어야 한다.
㉰ 분리관 오븐의 온도조절 정밀도는 ±0.5℃의 범위이내 전원 전압변동 10%에 대하여 온도변화 ±0.5℃ 범위 이내(오븐의 온도가 150℃ 부근일 때)이어야 한다.
㉱ 주사기를 사용하는 시료도입부는 실리콘고무와 같은 내열성 탄성체격막이 있는 시료기화실로서 분리관온도와 동일하거나 또는 그 이상의 온도를 유지할 수 있는 가열기구가 갖추어져야 한다.

풀이 ㉯ 기록계는 스트립 차아트식 자동평형 기록계로 스팬전압 1mV, 펜 응답시간 2초 이내, 기록지 이동속도는 10mm/분을 포함한 다단변속이 가능한 것이어야 한다.

72 공기를 사용하는 중유 연소 보일러의 굴뚝 배출가스 유속을 피토우관으로 측정하니 동압이 8.5mmH₂O였다. 측정점의 유속은? (단, 굴뚝 배출가스 온도는 273℃, 1기압, 피토우관 계수는 1.0 이다. 표준상태의 공기밀도는 1.3kg/Sm³)

㉮ 8m/sec   ㉯ 12m/sec
㉰ 16m/sec ㉱ 19m/sec

풀이
$$V = C \times \sqrt{\frac{2gh}{r}}$$

$\begin{bmatrix} V : 유속(m/sec) \\ C : 피토우관계수 \\ g : 중력가속도(9.8m/sec^2) \\ h : 동압(mmH_2O) \\ r : 밀도(kg/m^3) \end{bmatrix}$

따라서 $V = 1.0 \times \sqrt{\dfrac{2 \times 9.8 m/sec^2 \times 8.5 mmH_2O}{1.3 kg/Sm^3 \times \dfrac{273}{273+273}}}$

$= 16.01 m/sec$

TIP
밀도가 표준상태(kg/Sm³)이고 온도가 주어지면 보정
$r(kg/m^3) = r_o(kg/Sm^3) \times \dfrac{273}{273+℃}$

73 대기환경 중에 존재하는 휘발성유기화합물(VOCs) 중 오존생성 전구물질과 유해 대기오염물질의 농도를 측정하기 위한 시험방법에 관한 설명으로 옳지 않은 것은?

㉮ 기체크로마토그래피법과 형광분광광도법이 있으며, 형광분광광도법을 주시험법으로 한다.
㉯ 흡착관은 스테인리스 스틸(5×89mm) 또는 유리재질(5×89mm)로 된 관에 측정대상성분에 따라 흡착제를 선택하여 각 흡착제의 돌파부피를 고려하여 200mg이상으로 충진한 후 사용한다.
㉰ 흡입펌프는 사용목적에 맞는 용량의 펌프를 사용하며, 이 시험방법에서는 저용량 펌프를 사용한다.
㉱ 흡착관은 사용하기 전에 반드시 안정화단계를 거쳐야 하는데, 보통 350℃(흡착제의 종류에 따라 조정가능)에서 헬륨가스 50mL/min으로 적어도 2시간 동안 안정화시킨다.

answer 71 ㉯ 72 ㉰ 73 ㉮

풀이 ㉮ 고체흡착열탈착법, 고체흡착용매추출법, 자동연속열탈착분석법이 있으며, 고체흡착 열탈착법과 자동연속열탈착분석법을 주시험법으로 한다.

74 굴뚝 배출가스 중 이황화탄소 분석방법으로 옳지 않은 것은?

㉮ 자외선/가시선분광법은 시료가스채취량 10L인 경우 배출가스중의 이황화탄소 농도 (4.0~60.0)ppm의 분석에 적합하다.

㉯ 자외선/가시선분광법은 다이에틸아민구리 용액에서 시료가스를 흡수시켜 생성된 다이에틸다이싸이오카밤산구리의 흡광도를 435nm의 파장에서 측정한다.

㉰ 기체크로마토그래피법에서 배출가스 중에 포함된 황화합물의 대부분이 이황화탄소이어서 전황화합물로 측정해도 지장이 없는 경우에는 분리관을 생략한 불꽃광도 검출방식 연속분석계를 사용해도 된다.

㉱ 열전도도검출기(TCD)를 구비한 기체크로마토그래피를 사용하여 정량하며, 이 방법은 이황화탄소농도 0.05ppm이상의 분석에 적합하다.

풀이 ㉱ 불꽃광도검출기(FPD)를 구비한 기체크로마토그래피를 사용하여 정량하며, 이 방법은 이황화탄소농도 0.5ppm 이상의 분석에 적합하다.

75 다음은 비분산 적외선 분광분석법에 사용되는 측정기기의 성능기준이다. ( )안에 가장 알맞은 것은?

> 스팬드리프트(span drift)는 동일 조건에서 제로가스를 흘려 보내면서 때때로 스팬가스를 도입할 때 제로드리프트를 뺀 드리프트가 이동형은 (①)에 전체 눈금의 (②)이 되어서는 안되며, 측정시간 간격은 이동형은 40분 이상이 되도록 한다.

㉮ ① 6시간 동안, ② ±2% 이상
㉯ ① 4시간 동안, ② ±2% 이상
㉰ ① 6시간 동안, ② ±5% 이상
㉱ ① 4시간 동안, ② ±5% 이상

76 다음은 환경대기 중 아황산가스 농도 측정을 위한 파라로자닐린법(Pararosaniline Method)에 관한 설명이다. ( )안에 알맞은 것은?

> 이 시험방법은 (①)용액에 대기중의 아황산가스를 흡수시켜 안전한 (②) 착화합물을 형성시키고 이 착화합물과 파라로자닐린 및 포름 알데히드를 반응시켜 진하게 발색되는 파라로자닐린 메틸술폰산을 형성시키는 것이다.

㉮ ① 이염화수은소듐
　② 사염화 아황산수은염
㉯ ① 사염화수은포타슘
　② 이염화 아황산수은염
㉰ ① 이염화수은포타슘
　② 사염화 아황산수은염
㉱ ① 사염화수은소듐
　② 이염화 아황산수은염

answer 74 ㉱　75 ㉯　76 ㉯

77 폐기물 소각로에서 배출되는 다이옥신류의 최종배출구에서 시료채취시 흡입가스량으로 가장 적합한 것은? (단, 기타 사항은 고려하지 않는다.)

㉮ 4시간 평균 3Nm^3 이상
㉯ 2시간 평균 1Nm^3 이상
㉰ 2시간 평균 0.5Nm^3 이상
㉱ 4시간 평균 2Nm^3 이상

풀이 최종배출구에서 시료채취시 흡입가스량은 4시간 평균 3Nm^3 이상이다.

78 특정 발생원에서 일정한 굴뚝을 거치지 않고 외부로 비산 배출되는 먼지의 측정방법에 관한 설명으로 옳지 않은 것은?

㉮ 시료채취장소는 원칙적으로 측정하려고 하는 발생원의 부지경계선상에 선정하며 풍향을 고려하여 그 발생원의 비산먼지 농도가 가장 높을 것으로 예상되는 지점 3개소 이상을 선정한다.
㉯ 시료채취장소 및 위치는 따로 풍상방향(風上方向)에 대상 발생원의 영향이 없을 것으로 추측되는 곳에 대조위치를 선정한다.
㉰ 그 지역을 대표할 수 있는 지점에 풍향풍속계를 설치하여 전 채취시간 동안의 풍향풍속을 기록하고, 연속기록 장치가 없을 경우에는 적어도 30분 간격으로 여러지점에서 3회 이상 풍향풍속을 측정하여 기록한다.
㉱ 풍속이 0.5m/초 미만 또는 10m/초 이상 되는 시간이 전 채취시간의 50% 미만일 때 풍속에 대한 보정계수는 1.0 이다.

풀이 ㉰ 그 지역을 대표할 수 있는 지점에 풍향풍속계를 설치하여 전 채취시간 동안의 풍향풍속을 기록하고, 연속기록 장치가 없을 경우에는 적어도 10분 간격으로 같은 지점에서 3회 이상 풍향풍속을 측정하여 기록한다.

79 고성능 이온크로마토그래피의 장치 중 써프렛서에 관한 설명으로 가장 거리가 먼 것은?

㉮ 목적성분의 전기전도도를 낮추어 이온성분을 고감도로 검출할 수 있게 해 준다.
㉯ 용리액에 사용되는 전해질 성분을 제거하기 위한 것이다.
㉰ 장치의 구성상 써프렛서 앞에 분리관이 위치한다.
㉱ 관형 써프렛서에 사용하는 충전물은 스티롤계 강산형 및 강염기형 수지이다.

풀이 ㉮ 전해질을 물 또는 저 전도도의 용매로 바꿔줌으로써 전기 전도도셀에서 목적이온성분과 전기 전도도만을 고감도로 검출할 수 있게 해 준다.

answer 77 ㉮　78 ㉰　79 ㉮

80 굴뚝 배출가스 중 폼알데하이드 농도를 아래 표의 크로모트로핀산법으로 분석하여 다음과 같은 분석결과를 얻었다. 이 경우 폼알데하이드의 농도(ppm)는?

> ⟨분석방법⟩
> 분석용 시료용액 10mL 및 표준용액 0.5mL에 흡수 발색액을 가하여 10mL로 한 표준비색 용액을 각각 별도의 시험관에 취하고 끓는 물중탕에서 10분간 가열한다. 물로 식힌후 파장 570nm부근에서 10mm셀을 사용하여 각각의 흡광도를 측정한다. 대조액으로는 흡수발색액 10mL를 같은 방법으로 처리하여 사용한다.
>
> ⟨분석결과⟩
> • 분석용 발색액의 흡광도 : 0.270
> • 표준 발색액의 흡광도 : 0.450
> • 건조시료가스량 : 60L

㉮ 0.05 ㉯ 0.10
㉰ 0.14 ㉱ 0.28

 풀이 폼알데하이드의 농도(ppm) = $5 \times \dfrac{A}{A_S} \times \dfrac{1}{V_S}$

$\begin{bmatrix} A : \text{분석용 발색액의 흡광도} \\ A_S : \text{표준발색액의 흡광도} \\ V_S : \text{건조시료 가스량(L)} \end{bmatrix}$

따라서 농도(ppm) = $5 \times \dfrac{0.270}{0.450} \times \dfrac{1}{60L}$ = 0.05ppm

answer 80 ㉮

| 제1과목 | 대기환경관리

01 다음 중 비인의 변위법칙과 관련된 식은?

㉮ $\lambda = 2897/T$ (λ : 복사에너지 중 파장에 대한 에너지 강도가 최대가 되는 파장, T : 흑체의 표면온도)

㉯ $E = \sigma T^4$ (E : 흑체의 단위표면적에서 복사되는 에너지, σ : 상수, T : 흑체의 표면온도)

㉰ $I = I_0 \exp(-K\rho L)$ (Io, I : 각각 입사 전후의 빛의 복사속밀도, K : 감쇠상수, ρ : 매질의 밀도, L : 통과거리)

㉱ $R = K(1-\alpha)-L$ (R : 순복사, K : 지표면에 도달한 일사량, α : 지표의 반사율, L : 지표로부터 방출되는 장파복사)

풀이 ㉮ 비인의 변위법칙
㉯ 스테판볼츠만 법칙
㉰ 램버트 비어 법칙
㉱ 복사수지식

02 다음 중 London형 스모그에 관한 설명으로 가장 거리가 먼 것은? (단, Los Angeles형 스모그와 비교)

㉮ 복사성 역전이다.
㉯ 습도가 85% 이상이었다.
㉰ 시정거리가 100m 이하이다.
㉱ 산화반응이다.

풀이 ㉱ 환원반응이다.

03 지상 10m에서의 풍속이 2m/sec라면 100m에서의 풍속은? (단, Deacon식 활용, 풍속지수 p = 0.5로 가정한다.)

㉮ 3.4m/sec   ㉯ 4.9m/sec
㉰ 5.5m/sec   ㉱ 6.3m/sec

풀이 $U_2 = U_1 \times \left(\dfrac{H_2}{H_1}\right)^P$

U_2 : 고도 H_2에서의 풍속(m/sec)
U_1 : 고도 H_1에서의 풍속(m/sec)
P : 매개변수

따라서 $U_2 = 2\text{m/sec} \times \left(\dfrac{100\text{m}}{10\text{m}}\right)^{0.5} = 6.32\text{m/sec}$

04 다음 중 SO_2가 식물에 미치는 영향에 관한 설명으로 가장 거리가 먼 것은?

㉮ 식물이 SO_2에 접촉하게 되면 잎 뒤쪽 표피 밑의 세포가 피해를 입기 시작한다.
㉯ 보통 백화현상에 의한 맥간반점을 형성한다.
㉰ 고엽이나 노엽보다 생활력이 왕성한 잎이 피해를 많이 받으며, 습도가 높을수록 피해가 크다.
㉱ SO_2에 강한 식물로는 보리, 참깨, 콩 등이 있다.

풀이 ㉱ SO_2에 강한 식물로는 양배추, 까치밤나무, 쥐당나무, 셀러리, 소나무, 옥수수 등이 있다.

answer 01 ㉮   02 ㉱   03 ㉱   04 ㉱

TIP
SO₂의 지표식물(약한 식물)
대맥, 담배, 자주개나리(알팔파), 목화, 보리 등

05 유명한 대기오염사건들과 발생 국가의 연결로 옳지 않은 것은?

㉮ LA스모그 사건 - 미국
㉯ 뮤즈계곡 사건 - 프랑스
㉰ 도노라 사건 - 미국
㉱ 포자리카 사건 - 멕시코

풀이 ㉯ 뮤즈계곡 사건 - 벨기에

06 석면폐증에 관한 설명으로 가장 거리가 먼 것은?

㉮ 폐의 석면폐증에 의한 비후화이며, 흉막의 섬유화와 밀접한 관련이 있다.
㉯ 비가역적이며, 석면노출이 중단된 후에도 악화되는 경우도 있다.
㉰ 폐하엽에 주로 발생하며 흉막을 따라 폐중엽이나 설엽으로 퍼져 간다.
㉱ 폐의 석면화는 폐조직의 신축성을 감소시키고, 가스교환능력을 저하시켜 결국 혈액으로의 산소공급이 불충분하게 된다.

풀이 ㉮ 석면 먼지의 흡입으로 인하여 발생하는 진폐의 하나이며 기관지나 폐포 등의 염증 및 섬유화를 유발하고, 흉막의 비후화 및 석회화 등과 관련이 있다.

07 Sutton의 확산식에서 지표고도에서 최대오염이 나타나는 풍하측 거리(m)는?

(단, $K_y = K_z = 0.07$, $He = 129m$, 이다.)

㉮ 약 3,950m   ㉯ 약 4,250m
㉰ 약 5,280m   ㉱ 약 6,510m

풀이 $X_{max} = \left(\dfrac{He}{Kz}\right)^{\frac{2}{2-n}}$

X_{max} : 최대지상거리(m)
He : 유효굴뚝높이(m)
Kz : 수직확산계수
n : 대기안정도 상수

따라서 $X_{max} = \left(\dfrac{129m}{0.07}\right)^{1.14} = 5,280.32m$

08 대기층은 물리적 및 화학적 성질에 따라서 고도별로 분류가 되어 있다. 지표면으로부터 상공으로 올바르게 배열된 것은?

㉮ 대류권 → 중간권 → 성층권 → 열권
㉯ 대류권 → 성층권 → 중간권 → 열권
㉰ 대류권 → 중간권 → 열권 → 성층권
㉱ 대류권 → 열권 → 중간권 → 성층권

풀이 대기권은 온도의 고도분포 특징에 따라
대류권(지표~11Km)→성층권(11~50Km)→중간권(50~80Km)→열권(80Km 이상)으로 구성되어 있다.

answer 05 ㉯ 06 ㉮ 07 ㉰ 08 ㉯

09 대기오염원의 영향을 평가하는 방법 중 분산모델에 관한 설명으로 가장 거리가 먼 것은?

㉮ 지형 및 오염원의 조업조건에 영향을 받는다.
㉯ 시나리오 작성이 곤란하고, 미래예측이 어렵다.
㉰ 먼지의 영향평가는 기상의 불확실성과 오염원이 미확인인 경우에 문제점을 가진다.
㉱ 오염물의 단기간 분석시 문제가 된다.

풀이 ㉯번의 설명은 수용모델에 해당한다.

TIP
분산모델
1. 장점
 ① 미래의 대기질을 예측할 수 있다.
 ② 특정한 오염원의 배출속도와 바람에 의한 분산요인을 입력자료로 하여 수용체 위치에서의 영향을 계산한다.
 ③ 특정오염원의 영향을 평가할 수 있는 잠재력이 있다.
 ④ 2차 오염원의 확인이 가능하다.
 ⑤ 점, 선, 면 오염원의 영향을 평가할 수 있다.
 ⑥ 기초적인 기상학적 원리를 적용, 미래의 대기질을 예측하여 대기오염제어 정책입안에 도움을 준다.
2. 단점
 ① 새로운 오염원의 지역내에 생길 때 매번 재평가하여야 한다.
 ② 지형 및 오염원의 조업조건에 영향을 받는다.
 ③ 기상과 관련하여 대기중의 무작의적인 특성을 적절하게 묘사할 수 없기 때문에 결과에 대한 불확실성이 크게 작용한다.
 ④ 오염물의 단기간 분석시 문제가 된다.
 ⑤ 먼지의 영향평가는 기상의 불확실성과 오염원이 미확인인 경우에 많은 문제점을 가진다.

10 먼지입자의 크기에 관한 설명으로 옳지 않은 것은?

㉮ 공기역학적 직경이 대상 입자상 물질의 밀도를 고려한데 반해, 스토크스 직경은 단위밀도($1g/cm^3$)를 갖는 구형입자로 가정하는 것이 두 개념의 차이점이다.
㉯ 스토크스 직경은 알고자 하는 입자상 물질과 같은 밀도 및 침강속도를 갖는 입자상 물질의 직경을 말한다.
㉰ 공기역학적 직경은 먼지의 호흡기 침착, 공기정화기의 성능조사 등 입자의 특성파악에 주로 이용된다.
㉱ 공기 중 먼지 입자의 밀도가 $1g/cm^3$ 보다 크고, 구형에 가까운 입자의 공기역학적 직경은 실제 직경보다 항상 크다.

풀이 ㉮ 스토크스 직경이 대상 입자상 물질의 밀도를 고려한데 반해, 공기역학적 직경은 단위밀도($1g/cm^3$)를 갖는 구형입자로 가정하는 것이 두 개념의 차이점이다.

11 인체 내에 축적되어 영향을 주는 오염물질 중 하나로 혈액 속의 헤모글로빈과 결합하여 카르복시헤모글로빈을 형성하는 것은?

㉮ NO ㉯ O_3
㉰ CO ㉱ SO_3

풀이 혈액 속의 헤모글로빈과 결합하여 카르복시헤모글로빈을 형성하는 물질은 일산화탄소(CO)이다.

answer 09 ㉯ 10 ㉮ 11 ㉰

12 다음 대기오염물질의 분류 중 2차 오염물질에 해당하지 않는 것은?

㉮ NOCl ㉯ 알데하이드
㉰ 케톤 ㉱ N_2O_3

풀이 ㉱ N_2O_3는 1차성 물질이다.

13 일산화탄소에 관한 설명으로 옳지 않은 것은?

㉮ 남위 30도 부근에서 최대농도를 나타내며, 대기 중 배경농도는 0.05ppm 정도이며, 남반구는 0.1~0.2ppm, 북반구는 0.01~0.03ppm 정도이다.
㉯ 일산화탄소는 토양박테리아의 활동에 의해 이산화탄소로 산화되어 대기 중에서 제거된다.
㉰ 대기 중 비에 의한 영향을 거의 받지 않는다.
㉱ 다른 물질에의 흡착현상은 거의 나타내지 않는다.

풀이 ㉮ 북위 50도 부근에서 최대농도를 나타낸다.

14 대기오염물질 중에서 대기 내의 체류시간 순서배열로 옳은 것은? (단, 긴 시간>짧은 시간)

㉮ $NO_2 > SO_2 > CO > CH_4$
㉯ $O_2 > N_2 > CO > CH_4$
㉰ $CO > N_2 > SO_2 > CH_4$
㉱ $N_2 > CH_4 > CO > SO_2$

풀이 체류시간
N_2 : 4×10^8년, CH_4 : 3~8년
CO : 1~3개월, SO_2 : 약 4일
NO_2 : 2~5개월, O_2 : 6,000년

15 대기오염사건과 기온역전에 관한 설명으로 옳지 않은 것은?

㉮ 로스앤젤레스 스모그사건은 광화학스모그에 의한 침강성 역전이다.
㉯ 런던스모그 사건은 주로 자동차 배출가스 중의 질소산화물과 반응성 탄화수소에 의한 것이다.
㉰ 침강역전은 고기압 중심부분에서 기층이 서서히 침강하면서 기온이 단열변화로 승온되어 발생하는 현상이다.
㉱ 복사역전은 지표에 접한 공기가 그보다 상공의 공기에 비하여 더 차가워져서 생기는 현상이다.

풀이 ㉯ 로스앤젤레스 스모그 사건은 주로 자동차 배출가스 중의 질소산화물과 반응성 탄화수소에 의한 것이다.

16 고도가 증가함에 따라 온위가 변하지 않고 일정한 대기의 안정도는 어떤 상태인가?

㉮ 불안정 ㉯ 안정
㉰ 중립 ㉱ 역전

풀이 고도가 증가함에 따라 온위가 변하지 않고 일정한 대기의 안정도는 중립이다.

answer 12 ㉱ 13 ㉮ 14 ㉱ 15 ㉯ 16 ㉰

17 다음은 바람장미에 관한 설명이다. ( )안에 가장 알맞은 것은?

> 바람장미에서 풍향 중 주풍은 막대의 (①) 표시하며, 풍속은 (②)(으)로 표시한다. 풍속이 (③)일때를 정온(calm) 상태로 본다.

㉮ ① 길이를 가장 길게, ② 막대의 굵기, ③ 0.2m/s
㉯ ① 굵기를 가장 굵게, ② 막대의 길이, ③ 0.2m/s
㉰ ① 길이를 가장 길게, ② 막대의 굵기, ③ 0.5m/s
㉱ ① 굵기를 가장 굵게, ② 막대의 길이, ③ 0.5m/s

TIP
정온(calm)상태 : 일정한 온도 상태

18 굴뚝에서 배출된 연기의 모양에 관한 설명으로 옳지 않은 것은?

㉮ trapping형은 보통 고기압지역에서 상공에 공중역전층이 있고, 지표 부근에 복사역전층이 있을 때 생기는 현상이다.
㉯ looping형은 굴뚝이 낮으면 풍하쪽 지상에 강한 오염원이 생기며, 저·고기압에 상관없이 발생한다.
㉰ fumigation형은 전형적인 가우시안 분포의 모양을 나타내며, 지면 가까이에는 거의 오염영향이 미치지 않는다.
㉱ fanning형은 대기가 매우 안정한 상태일 때에 아침과 새벽에 잘 발생하며, 강한 역전조건에서 잘 생긴다.

풀이 ㉰ conning형은 전형적인 가우시안 분포의 모양을 나타내며, 지면 가까이에는 거의 오염영향이 미치지 않는다.

19 질소산화물(NO_X)에 관한 설명으로 가장 거리가 먼 것은?

㉮ N_2O는 대류권에서는 온실가스로 성층권에서는 오존층 파괴물질로서 보통 대기 중에 약 0.5ppm 정도 존재한다.
㉯ 연소과정 중 고온에서는 90% 이상이 NO로 발생한다.
㉰ NO_2는 적갈색, 자극성 기체로 독성이 NO보다 약 5배 정도나 더 크다.
㉱ NO독성은 오존보다 10~15배 강하여 폐렴, 폐수종을 일으키며, 대기 중에 체류시간은 20~100년 정도이다.

풀이 ㉱ NO_2의 독성은 O_3의 $\frac{1}{10} \sim \frac{1}{15}$ 정도이며, 대기내 체류시간은 2~5일이다.

20 고속도로상의 교통밀도가 시간당 5,000대 이고, 차량의 평균속도가 100km/h이다. 차량 한 대의 탄화수소 방출량이 2×10^{-2}g/s 일 때, 고속도로상에서 방출되는 탄화수소의 총량(g/s·m)은?

㉮ 0.1   ㉯ 0.01
㉰ 0.001   ㉱ 0.0001

풀이 단위를 환산하여 풀이한다.
탄화수소의 양(g/sec·m)
$= \frac{2 \times 10^{-2} \text{g}}{\text{sec}} \times \frac{5,000\text{대}}{1\text{hr}} \times \frac{1\text{hr}}{100\text{km}} \times \frac{1\text{km}}{10^3\text{m}}$
$= 0.001$g/sec·m

answer 17 ㉮　18 ㉰　19 ㉱　20 ㉰

제2과목 | 연소공학

21 C 84%, H 13%, S 2%, N 1%의 중유를 1kg 당 14Sm³의 공기로 완전연소 시킨 경우 실제 습배기가스 중 SO_2는 몇 ppm(용량비)이 되는가? (단, 중유 중의 황은 모두 SO_2가 되는 것으로 가정한다.)

㉮ 약 2,000ppm ㉯ 약 1,800ppm
㉰ 약 1,120ppm ㉱ 약 950ppm

풀이 ① Gw = A+5.6H+0.7O+0.8N+1.244W
= 14Sm³/kg+5.6×0.13+0.8×0.01
= 14.736Sm³/kg

② SO_2(ppm) = $\dfrac{0.7S(Sm^3/kg)}{Gw(Sm^3/kg)} \times 10^6$

= $\dfrac{0.7 \times 0.02 Sm^3/kg}{14.736 Sm^3/kg} \times 10^6$ = 950.05ppm

22 고체연료 연소장치 중 하급식 연소방법으로 연소과정이 미착화탄 → 산화층 → 환원층 → 회층으로 변하여 연소되고, 연료층을 항상 균일하게 제어할 수 있고, 저품질 연료도 유효하게 연소시킬 수 있어 쓰레기 소각로에 많이 이용되는 화격자 연소장치로 가장 적합한 것은?

㉮ 포트식 스토커(pot stoker)
㉯ 플라즈마 스토커(plasma stoker)
㉰ 로타리 킬른(rotary kiln)
㉱ 체인 스토커(chain stoker)

풀이 ㉱ 체인 스토커(chain stoker)에 대한 설명이다.

23 기체연료의 압력을 2kg/cm² 이상으로 공급하므로 연소실내의 압력은 정압이며, 소형의 가열로에 사용되는 버너는?

㉮ 고압버너 ㉯ 저압버너
㉰ 송풍버너 ㉱ 선회버너

풀이 예혼합연소에 사용되는 고압버너는 기체연료의 압력을 2kg/cm² 이상으로 공급하므로 연소실내의 압력은 정압이다.

24 연료 등의 연소 시에 과잉공기의 비율을 높임으로써 생기는 현상으로 옳지 않은 것은?

㉮ 에너지손실이 커진다.
㉯ 연소가스의 희석효과가 높아진다.
㉰ 화염의 크기가 커지고 연소가스 중 불완전 연소물질의 농도가 증가한다.
㉱ CH_4, CO 및 C 등 연료 중 가연성 물질의 농도가 감소되는 경향을 보인다.

풀이 ㉰번의 설명은 공기비가 작을 경우에 발생하는 현상이다.

TIP
공기비(m)가 클 경우 발생하는 현상
① 연소실내 연소온도 감소(연소실의 냉각효과를 가져옴)
② 배기가스에 의한 열손실 증대
③ SO_2, NO_2의 함량이 증가하여 부식이 촉진
④ CH_4, CO 및 C 등 물질의 농도가 감소
⑤ 방지시설의 용량이 커지고 에너지 손실 증가
⑥ 희석효과가 높아져 연소 생성물의 농도 감소

answer 21 ㉱ 22 ㉱ 23 ㉮ 24 ㉰

25 Octane이 완전연소 할 때 이론적인 공기와 연료의 질량비를 구하면?

㉮ 9.7kg air/kg fuel
㉯ 11.4kg air/kg fuel
㉰ 15.1kg air/kg fuel
㉱ 19.3kg air/kg fuel

풀이 $C_8H_{18} + 12.5O_2 \rightarrow 8CO_2 + 9H_2O$

$$공연비(kg/kg) = \frac{산소개수 \times 32kg \times \frac{1}{0.232}}{연료개수 \times 연료의 분자량(kg)}$$

$$= \frac{12.5 \times 32kg \times \frac{1}{0.232}}{114kg} = 15.12$$

TIP

① 공연비 = AFR = $\frac{공기량}{연료량}$

② AFR(Sm³/Sm³) = $\frac{산소개수 \times 22.4Sm^3 \times \frac{1}{0.21}}{연료개수 \times 22.4Sm^3}$

③ 체적(Sm³) = 계수 × 22.4(Sm³)

④ 질량(kg) = 계수 × 분자량(kg)

26 매연 발생에 관한 설명으로 옳지 않은 것은?

㉮ 연료의 탄소/수소비가 클수록 매연이 생기기 쉽다.
㉯ 산화하기 쉬운 탄화수소는 매연 발생이 적다.
㉰ 탄화수소의 탈수소가 용이할수록 매연 발생이 쉽다.
㉱ 중합반응이 일어나기 쉬운 탄화수소 일수록 매연 발생이 적다.

풀이 ㉱ 중합반응이 일어나기 쉬운 탄화수소 일수록 매연 발생이 많다.

27 석유류의 비중이 커질 때의 특성으로 거리가 먼 것은?

㉮ 탄화수소비(C/H)가 커진다.
㉯ 발열량은 감소한다.
㉰ 화염의 휘도가 작아진다.
㉱ 착화점이 높아진다.

풀이 ㉰ 화염의 휘도가 커진다.

28 다음 중 디젤기관의 노킹(diesel knocking) 방지법으로 가장 적합한 것은?

㉮ 세탄가가 10 정도로 낮은 연료를 사용한다.
㉯ 연료 분사개시 때 분사량을 증가시킨다.
㉰ 기관의 압축비를 높여 압축압력을 높게 한다.
㉱ 기관 내로 분사된 연료를 한꺼번에 발화시킨다.

풀이 디젤기관의 노킹(diesel knocking) 방지법은 기관의 압축비를 높여 압축압력을 높게 한다.

29 사진현상을 하였더니 현상의 속도상수가 17℃일 때에 비하여 26℃에서 2배였다. 활성화 에너지(cal/mole)는?

㉮ 12,000   ㉯ 12,670
㉰ 12,970   ㉱ 13,270

풀이 ① $\ln \frac{K_2}{K_1} = \frac{E(T_2-T_1)}{R \cdot T_2 \cdot T_1}$

$\ln 2 = \frac{E\{(273+26)-(273+17)\}}{8.314 J/mole \cdot k \times (273+26) \times (273+17)}$

∴ E = 55,521.62 J/mol

answer 25 ㉰ 26 ㉱ 27 ㉰ 28 ㉰ 29 ㉱

② $E(cal/mole) = \dfrac{55,521.62J}{mole} \times \dfrac{1cal}{4.2J}$

　　　　　　　= 13,219.43cal/mole

TIP
① 1cal = 4.2J
② R = 8.314J/mol·k

TIP
각 연료의 비점
① 휘발유 : 30~200℃
② 등유 : 160~250℃
③ 경유 : 180~3500℃
④ 중유 : 230℃ 이상

30 연소용 공기의 일부를 미리 연료와 혼합하고, 나머지 공기는 연소실 내에서 혼합하여 확산 연소시키는 연소방식으로 소형 또는 중형 버너로 널리 사용되는 기체연료의 연소방식은?

㉮ 부분연소　㉯ 간헐연소
㉰ 연속연소　㉱ 부분예혼합연소

풀이 ㉱ 부분예혼합연소에 대한 설명이다.

31 다음 연료 및 연소에 관한 설명으로 옳지 않은 것은?

㉮ 휘발유, 등유, 경유, 중유 중 비점이 가장 높은 연료는 휘발유이다.
㉯ 연소라 함은 고속의 발열반응으로 일반적으로 빛을 수반하는 현상의 총칭이다.
㉰ 탄소성분이 많은 중질유 등의 연소에서는 초기에는 증발연소를 하고, 그 열에 의해 연료성분이 분해되면서 연소한다.
㉱ 그을림연소는 숯불과 같이 불꽃을 동반하지 않는 열분해와 표면연소의 복합 형태라 볼 수 있다.

풀이 ㉮ 휘발유, 등유, 경유, 중유 중 비점이 가장 높은 연료는 중유이다.

32 Thermal NO_x를 대상으로 한 저 NO_x 연소법으로 가장 거리가 먼 것은?

㉮ 배기가스 재순환
㉯ 연료대체
㉰ 희박예혼합연소
㉱ 수분사와 수증기분사

풀이 ㉯ 연료대체는 Feul NO_x에 해당한다.

33 유동층 연소에 관한 설명으로 거리가 먼 것은?

㉮ 부하변동에 따른 적응성이 낮은 편이다.
㉯ 높은 열용량을 갖는 균일 온도의 층내에서는 화염 전파는 필요없고 층의 온도를 유지할 만큼의 발열만 있으면 된다.
㉰ 분탄을 미분쇄 투입하여 석탄 입자의 체류시간을 짧게 유지한다.
㉱ 주방쓰레기, 슬러지 등 수분함량이 높은 폐기물을 층내에서 건조와 연소를 동시에 할 수 있다.

풀이 ㉰ 분탄을 미분쇄 투입하여 석탄 입자의 체류시간을 길게 유지한다.

answer 30 ㉱　31 ㉮　32 ㉯　33 ㉰

34 대형 소각로에 사용하는 가동식 화격자 중 화격자 상에서 건조, 연소 및 후연소가 이루어지며 쓰레기의 교반 및 연소조건이 양호하고 소각효율이 매우 높으나 화격자의 마모가 많은 것은?

㉮ 역동식 화격자
㉯ 회전 로울러식 화격자
㉰ 부채형 반전식 화격자
㉱ 계단식 화격자

풀이 ㉮ 역동식 화격자에 대한 설명이다.

35 액체연료의 연소장치에 관한 설명으로 옳지 않은 것은?

㉮ 유압식 분무식 버너는 대용량 버너 제작이 용이하다.
㉯ 고압 기류분무식 버너는 연소시 소음이 큰 편이다.
㉰ 회전식 버너는 유압식 버너에 비해 분무화 입경이 작은 편이다.
㉱ 저압 기류분무식 버너에서 분무에 필요한 공기량은 이론연소 공기량의 30~50% 정도이면 된다.

풀이 ㉰ 회전식 버너는 유압식 버너에 비해 분무화입경이 비교적 큰 편이다.

36 유황 함유량이 1.5%인 중유를 시간당 100톤 연소시킬 때 SO_2의 배출량(m^3/hr)은? (단, 표준상태 기준, 유황은 전량이 반응하고, 이 중 5%는 SO_3로서 배출되며, 나머지는 SO_2로 배출된다.)

㉮ 약 300
㉯ 약 500
㉰ 약 800
㉱ 약 1,000

풀이 $S + O_2 \rightarrow SO_2$
32kg : 22.4Sm^3
100×10^3kg/hr$\times 0.015 \times (1-0.05)$: X

$\therefore X = \dfrac{100 \times 10^3 \text{kg/hr} \times 0.015 \times (1-0.05) \times 22.4 \text{Sm}^3}{32\text{kg}}$

= 997.5Sm^3/hr

37 창고에 화재가 발생하여 적재된 어떤 화합물이 10분 동안에 1/2이 소실되었다. 이 화합물의 80%가 소실되는데 걸리는 시간은? (단, 연소반응은 2차반응으로 진행된다.)

㉮ 30분
㉯ 40분
㉰ 50분
㉱ 60분

풀이 2차 반응식 : $\dfrac{1}{C_o} - \dfrac{1}{C_t} = -k \times t$

C_o : 초기농도
C_t : t시간 후 농도
k : 상수
t : 시간

① $\dfrac{1}{C_o} - \dfrac{1}{0.5C_o} = -k \times 10\text{min}$

$\therefore k = 0.1/\text{min}$

② $\dfrac{1}{C_o} - \dfrac{1}{0.2C_o} = -0.1/\text{min} \times t$

$\therefore t = 40\text{min}$

TIP

① C_t는 C_o의 $\dfrac{1}{2}$이 소실되었으므로 $\dfrac{1}{2}C_o = 0.5C_o$
② C_t는 80%가 소실되었으므로 $C_t = 100-80 = 20\%$

answer 34 ㉮ 35 ㉰ 36 ㉱ 37 ㉯

38 석유의 물성치에 관한 설명으로 옳지 않은 것은?

㉮ 경질유는 방향족계 화합물을 10% 미만 함유한다고 할 수 있다.
㉯ 점도가 낮을수록 유동점이 낮아지므로 일반적으로 저점도의 중유는 고점도의 중유보다 유동점이 낮다.
㉰ 석유의 동점도가 감소하면 끓는점과 인화점이 높아지고, 연소가 잘 된다.
㉱ 석유의 비중이 커지면 탄화수소비(C/H)가 증가한다.

풀이 ㉰ 석유의 동점도가 감소하면 끓는점이 낮아지고 유동성이 좋아진다.

39 일반적인 고체연료의 원료 조성에 관한 설명으로 옳지 않은 것은?

㉮ 고체연료의 C/H 비는 15~20 정도의 범위이다.
㉯ 고체연료의 분자량은 평균하여 150 전후이다.
㉰ 고체연료는 액체연료에 비하여 수소 함유량이 적다.
㉱ 고체연료는 액체연료에 비하여 산소 함유량이 크다.

풀이 ㉯ 고체연료는 보통 고분자화합물로서 분자량이 1만 이상이다.

40 다음 각 연료의 $(CO_2)_{max}$ 값(%)으로 가장 거리가 먼 것은?

㉮ 탄소 : 21
㉯ 고로가스 : 15~16
㉰ 갈탄 : 19.0~19.5
㉱ 코우크스 : 20.0~20.5

풀이 ㉯ 고로가스 : 24.0~25.0

| 제3과목 | 대기오염방지기술

41 유해가스를 촉매연소법으로 처리할 때 촉매의 수명을 단축시키거나 효율을 감소시킬 수 있는 물질과 거리가 먼 것은?

㉮ Fe ㉯ Si
㉰ P   ㉱ Pd

풀이 촉매의 수명을 단축시키거나 효율을 감소시킬 수 있는 물질은 Fe, Si, P 이다.

42 세정집진장치 중 액가스비가 10~50L/m³ 정도로 다른 가압수식에 비해 10배 이상이며, 다량의 세정액이 사용되어 유지비가 고가이므로 처리가스량이 많지 않을 때 사용하는 것은?

㉮ Venturi scrubber
㉯ Theisen washer
㉰ Jet serubber
㉱ Impulse scrbber

풀이 ㉰ Jet serubber에 대한 설명이다.

answer 38 ㉰ 39 ㉯ 40 ㉯ 41 ㉱ 42 ㉰

43 S성분 3%를 함유한 중유 10ton/hr를 연소하는 보일러가 있다. 연소를 통해 S성분은 100% SO_2로 변화하고, 보일러의 배기가스를 NaOH수용액으로 세정하여 S성분을 Na_2SO_3로 회수할 경우에 이론적으로 필요한 NaOH의 양은? (단, 사용된 NaOH의 순도는 80%이다.)

㉮ 375kg/hr ㉯ 469kg/hr
㉰ 750kg/hr ㉱ 938kg/hr

풀이 $S + O_2 \rightarrow SO_2 + 2NaOH \rightarrow Na_2SO_3 + H_2O$
32kg : 2×40kg
10×10^3kg/hr×0.03 : 0.8×X
∴ $X = \dfrac{10 \times 10^3 \text{kg/hr} \times 0.03 \times 2 \times 40\text{kg}}{32\text{kg} \times 0.8} = 937.5$kg/hr

44 환기시설 설계에 사용되는 보충용 공기에 관한 설명으로 옳지 않은 것은?

㉮ 보충용 공기가 배기용 공기보다 약 10~15% 정도 많도록 조절하여 실내를 약간 양압으로 하는 것이 좋다.
㉯ 여름에는 보통 외부공기를 그대로 공급을 하지만, 공정내의 열부하가 커서 제어해야 하는 경우에는 보충용 공기를 냉각하여 공급한다.
㉰ 보충용 공기는 환기시설에 의해 작업장 내에서 배기된 만큼의 공기를 작업장내로 재공급해야 하는 공기의 양을 말한다.
㉱ 보충용 공기의 유입구는 작업장이나 다른 건물의 배기구에서 나온 유해물질의 유입을 유도할 수 있는 위치로서 바닥에서 1~1.5m 정도에서 유입되도록 한다.

풀이 ㉱ 보충용 공기의 유입구는 바닥으로부터 2.4~3m 높이에서 유입되도록 한다.

45 송풍기를 원심력형과 축류형으로 분류할 때 다음 중 축류형에 해당하는 것은?

㉮ 프로펠러형 ㉯ 방사경사형
㉰ 비행기날개형 ㉱ 전향날개형

풀이 송풍기 중 축류형에 해당하는 것은 프로펠러형이다.

46 레이놀드 수(Reynold Number)에 관한 설명으로 옳지 않은 것은? (단, 유체 흐름 기준)

㉮ $\dfrac{관성력}{점성력}$ 로 나타낼 수 있다.
㉯ 무차원의 수이다.
㉰ $\dfrac{(유체밀도 \times 유속 \times 유체흐름관직경)}{유체점도}$ 로 나타낼 수 있다.
㉱ $\dfrac{점성계수}{밀도}$ 로 나타낼 수 있다.

풀이 ㉱ 동점성계수 = $\dfrac{점성계수}{밀도}$

47 유해가스 흡수장치 중 다공판탑에 관한 설명으로 옳지 않은 것은?

㉮ 비교적 대량의 흡수액이 소요되고, 가스겉보기 속도는 10~20m/s 정도이다.
㉯ 액가스비는 0.3~5L/m^3, 압력손실은 100~200 mmH_2O/단 정도이다.
㉰ 고체부유물 생성시 적합하다.

answer 43 ㉱ 44 ㉱ 45 ㉮ 46 ㉱ 47 ㉮

㉣ 가스량의 변동이 격심할 때는 조업할 수 없다.

풀이 ㉮ 비교적 소량의 흡수액이 소요되고, 가스겉보기 속도는 0.3~1.0m/s 정도이다.

48 전기집진장치의 각종 장해에 따른 대책으로 가장 거리가 먼 것은?

㉮ 미분탄 연소 등에 따라 역전리 현상이 발생할 때에는 집진극의 타격을 강하게 하거나, 빈도수를 늘린다.
㉯ 재비산이 발생할 때에는 처리가스의 속도를 낮추어 준다.
㉰ 먼지의 비저항이 비정상적으로 높아 2차 전류가 현저히 떨어질 때에는 조습용 스프레이의 수량을 줄인다.
㉱ 먼지의 비저항이 비정상적으로 높아 2차 전류가 현저히 떨어질 때에는 스파크 횟수를 늘린다.

풀이 ㉰ 먼지의 비저항이 비정상적으로 높아 2차 전류가 현저히 떨어질 때에는 조습용 스프레이의 수량을 늘린다.

49 여과집진장치에서 여과포의 탈진방법의 유형이라고 볼 수 없는 것은?

㉮ 진동형
㉯ 역기류형
㉰ 충격제트기류 분사형
㉱ 승온형

풀이 여과포의 탈진방법의 유형으로는 진동형, 역기류형, 충격제트기류 분사형이 있다.

50 유해오염물질과 그 처리방법에 관한 설명으로 옳지 않은 것은?

㉮ 벤젠은 촉매연소법이나 활성탄 흡착법을 사용하여 제거한다.
㉯ 비소는 염산용액으로 채취 후, $Ca(OH)_2$에 대한 피흡착력을 이용하여 제거한다.
㉰ 염화인은 충전물을 채운 흡수탑을 이용하여 알칼리성 용액에 흡수시켜 제거한다.
㉱ 크로뮴산 미스트는 비교적 입자크기가 크고 친수성이므로 수세법으로 제거한다.

풀이 ㉯ 비소는 알칼리액에 의한 세정법으로 제거한다.

51 헨리법칙을 이용하여 유도된 총괄물질이동계수와 개별물질이동계수와의 관계를 옳게 나타낸 식은? (단, K_G : 기상총괄물질이동계수, k_l : 액상물질이동계수, k_g : 기상불실이농계수, H : 헨리정수)

㉮ $\dfrac{1}{K_G} = \dfrac{H}{k_g} + \dfrac{k_g}{k_l}$ ㉯ $\dfrac{1}{K_G} = \dfrac{1}{k_l} + \dfrac{k_g}{H}$

㉰ $\dfrac{1}{K_G} = \dfrac{1}{k_l} + \dfrac{H}{k_g}$ ㉱ $\dfrac{1}{K_G} = \dfrac{1}{k_g} + \dfrac{H}{k_l}$

answer 48 ㉰ 49 ㉱ 50 ㉯ 51 ㉱

52 먼지부하량이 20.0g/m³인 공기흐름을 제거효율이 70%인 사이클론과 95%인 전기집진장치를 순차적으로 적용하여 처리하고자 할 경우 총괄 제거효율은?

㉮ 88.5% ㉯ 91.5%
㉰ 98.5% ㉱ 99.5%

풀이 $\eta_T = 1-(1-\eta_1)\times(1-\eta_2)$

- η_T : 총합 집진율
- η_1 : 사이클론의 집진율
- η_2 : 전기집진장치의 집진율

따라서 $\eta_T = 1-(1-0.7)\times(1-0.95) = 0.985$
따라서 98.5% 이다.

53 실내에서 발생하는 CO_2의 양이 시간당 0.3m³일 때 필요한 환기량은? (단, CO_2의 허용농도와 외기의 CO_2농도는 각각 0.1%와 0.03% 이다.)

㉮ 약 430m³/h ㉯ 약 320m³/h
㉰ 약 210m³/h ㉱ 약 145m³/h

풀이 0.3m³/hr = 환기량(m³/hr)×(0.1-0.03)%×10⁻²

환기량(m³/hr) = $\dfrac{0.3m^3/hr}{(0.1-0.03)\%\times 10^{-2}}$

= 428.57m³/hr

54 냄새물질의 화학구조에 대한 설명으로 가장 거리가 먼 것은?

㉮ 골격이 되는 탄소수는 저분자일수록 관능기 특유의 냄새가 강하고 자극적이나 8~13에서 가장 향기가 강하다.
㉯ 불포화도(2중결합 및 3중결합의 수)가 높으면 냄새가 보다 강하게 난다.
㉰ 분자내 수산기의 수가 증가할수록 냄새가 강하다.
㉱ 락톤 및 케톤화합물은 환상이 크게 되면 냄새가 강해진다.

풀이 ㉰ 분자내 수산기의 수가 1개일 때 가장 강하고 수가 증가하면 약해져서 무취에 이른다.

55 유해가스의 연소처리에 관한 설명으로 가장 거리가 먼 것은?

㉮ 직접연소법은 경우에 따라 보조연료나 보조공기가 필요하며 대체로 오염물질의 발열량이 연소에 필요한 전체 열량의 50% 이상일때 경제적으로 타당하다.
㉯ 직접연소법은 after burner법이라고도 하며, HC, H_2, NH_3, HCN 및 유독가스 제거법으로 사용된다.
㉰ 가열연소법은 배기가스 중 가연성 오염물질의 농도가 매우 높아 직접연소법으로 불가능할 경우에 주로 사용되고 조업의 유동성이 적어 NO_X 발생이 많다.
㉱ 가열연소법에서 연소로 내의 체류시간은 0.2~0.8초 정도이다.

풀이 ㉰ 가열연소법은 배기가스 중 가연성 오염물질의 농도가 매우 낮아 직접연소법으로 불가능할 경우에 주로 사용된다.

answer 52 ㉰ 53 ㉮ 54 ㉰ 55 ㉰

56 다음 입자상 물질의 크기를 결정하는 방법 중 입자상 물질의 그림자를 2개의 등면적으로 나눈 선의 길이를 직경으로 하는 입경은?

㉮ 마틴직경   ㉯ 등면적경
㉰ 피렛직경   ㉱ 투영면적경

풀이 ㉮ 마틴직경에 대한 설명이다.

57 원통형 백필터를 사용하여 배기가스 2,000m³/min를 처리 하려고 한다. 가스 중 먼지농도는 15g/m³, 백필터의 지름은 350mm, 유효높이가 10m 이고, 겉보기 여과속도를 1.8cm/sec로 할 때, 필요한 백필터의 개수는?

㉮ 59개   ㉯ 169개
㉰ 303개   ㉱ 530개

풀이 $Q = \pi \cdot D \cdot L \cdot V_f \cdot n$

- Q : 배기가스량(m³/sec)
- D : 직경(m)
- L : 유효높이(m)
- V_f : 겉보기 여과속도(m/sec)
- n : 백필터 갯수

따라서 $n = \dfrac{Q}{\pi \cdot D \cdot L \cdot V_f}$

$= \dfrac{2,000\text{m}^3/\text{min} \times 1\text{min}/60\text{sec}}{\pi \times 0.35\text{m} \times 10\text{m} \times 0.018\text{m/sec}}$

$= 168.42 = 169$개

TIP 소수점 첫째자리에서 완전올림을 한다.

58 흡착능에 관한 설명으로 옳지 않은 것은?

㉮ 보전력은 탈착되지 않고 흡착제에 남아있는 가스의 무게를 흡착제의 무게로 나눈 값을 의미한다.
㉯ 활성탄 흡착상에 유기혼합증기가 통과되면 최초엔 비점이 높은 물질의 흡착량이 많아지지만 시간경과에 따라 증기의 종류에 관계없이 같은 양의 증기가 흡착된다.
㉰ 여러 가지 유기증기가 혼합되어 있는 배출가스를 흡착할 때 흡착율은 균일하지 않으며 이것은 이들 증기의 휘발성에 역비례한다.
㉱ 흡착질의 농도가 낮을 경우는 발열이 흡착율에 미치는 영향이 크지 않지만 고농도일 경우는 흡착율이 저하되므로 냉각을 해 주어야 한다.

59 다음 중 가스의 압력손실은 작은 반면, 세정액 분무를 위해 상당한 동력이 요구되며, 장치의 압력손실은 2~20mmH₂O, 가스 겉보기 속도는 0.2~1m/s 정도인 세정집진장치에 해당하는 것은?

㉮ venturi scrubber
㉯ cyclone scrubber
㉰ spray tower
㉱ packed tower

풀이 ㉰ spray tower(분무탑)에 대한 설명이다.

answer 56 ㉮ 57 ㉯ 58 ㉯ 59 ㉰

60 유량측정에 사용되는 가스 유속측정 장치 중 작동원리로 Bernoulli식이 적용되지 않는 것은?

㉮ 벤츄리장치(Venturi meter)
㉯ 오리피스장치(Orifice meter)
㉰ 건조가스장치(dry gas meter)
㉱ 로터미터(Rotameter)

| 제4과목 | 대기오염공정시험기준

61 굴뚝 등을 통하여 대기중으로 배출되는 가스상 물질을 분석하기 위한 시료 채취 방법에 대한 주의사항 중 옳지 않은 것은?

㉮ 흡수병을 만일 공용으로 할 때에는 대상 성분이 달라질때마다 묽은 산 또는 알칼리 용액과 물로 깨끗이 씻은 다음 다시 흡수액으로 3회 정도 씻은 후 사용한다.
㉯ 가스미터는 500mmH$_2$O 이내에서 사용한다.
㉰ 습식 가스미터를 이동 또는 운반할 때에는 반드시 물을 빼고, 오랫동안 쓰지 않을 때에도 그와 같이 배수한다.
㉱ 굴뚝내의 압력이 매우 큰 부압(-300 mmH$_2$O 정도 이하)인 경우에는, 시료 채취용 굴뚝을 부설하여 용량이 큰 펌프를 써서 시료가스를 흡입하고 그 부설한 굴뚝에 채취구를 만든다.

▶풀이 ㉯ 가스미터는 100mmH$_2$O 이내에서 사용한다.

62 어느 굴뚝의 측정공에서 피토우관으로 가스의 압력을 측정해 보니 동압이 15mmH$_2$O이었다. 이 가스의 유속은? (단, 사용한 피토우관의 계수(C)는 0.85이며, 가스의 단위체적당 질량은 1.2kg/m^{3}로 한다.)

㉮ 약 12.3m/s   ㉯ 약 13.3m/s
㉰ 약 15.3m/s   ㉱ 약 17.3m/s

▶풀이 $V = C \times \sqrt{\dfrac{2gh}{r}}$

V : 유속(m/sec)
C : 피토우관계수
g : 중력가속도(9.8m/sec^2)
h : 동압(mmH$_2$O)
r : 밀도(kg/m^3)

따라서 $V = 0.85 \times \sqrt{\dfrac{2 \times 9.8 \text{m/sec}^2 \times 15 \text{mmH}_2\text{O}}{1.2 \text{kg/m}^3}}$
= 13.30m/sec

63 원자흡수분광광도법의 검정곡선 작성법에 관한 설명으로 가장 거리가 먼 것은?

㉮ 검정곡선은 일반적으로 저농도 영역에서 양호한 직선을 나타내므로 저농도 영역에서 작성하는 것이 좋다.
㉯ 검정곡선법의 경우에는 적어도 3종류 이상의 농도의 표준시료용액에 대하여 흡광도를 측정하여 작성한다.
㉰ 표준물첨가법은 여러개의 같은 양의 분석시료에 각각 다른 농도의 표준물질을 가하여 흡광도를 구하여 작성한다.
㉱ 상대검정곡선법에 가한 내부 표준원소는 목적원소와 화학적, 물리적으로 다른 성질의 원소로서 목적원소와 흡광도 비를 구하는 동시 측정을 행한다.

answer   60 ㉰   61 ㉯   62 ㉯   63 ㉱

풀이 ㉣ 상대검정곡선법에 가한 내부 표준원소는 목적원소와 화학적, 물리적으로 아주 유사한 성질의 원소로서 목적원소와 흡광도 비를 구하는 동시 측정을 행한다.

64 배출가스 중 금속화합물을 원자흡수분광광도법으로 분석할 때 간섭물질에 대한 내용으로 틀린 것은?

㉮ 광학적 간섭은 분석하고자 하는 금속과 근접한 파장에서 발광하는 물질이 존재 발생할 수 있다.
㉯ 물리적 간섭은 표준물질과 분석용 시료용액의 매질(matrix) 차이에 의해 발생할 수 있다.
㉰ 화학적 간섭은 이온과 원자의 재결합으로 연속 발광할 때 발생할 수 있다.
㉱ 크로뮴 분석 시 아세틸렌-공기 불꽃에서는 철, 니켈 등에 의한 방해를 받는다.

풀이 ㉰ 화학적 간섭은 원자화 불꽃 중에서 이온화하거나, 공존물질과 작용하여 해리하기 어려운 화합물이 생성되는 경우에 발생할 수 있다.

65 배출가스 중 납화합물의 분석방법에 대한 내용으로 틀린 것은?

㉮ 원자흡수분광광도법의 정량범위는 시료채취량이 $1 Sm^3$일 때 $0.050 mg/Sm^3$ 이상이다.
㉯ 원자흡수분광광도법의 측정파장은 217.0nm이다.
㉰ 유도결합플라스마/원자발광분광법의 정량범위는 시료채취량이 $1 Sm^3$일 때 $0.025 mg/Sm^3$ 이상이다.
㉱ 유도결합플라스마/원자발광분광법의 방법검출한계는 $0.016 mg/Sm^3$이다.

풀이 ㉱ 유도결합플라스마/원자발광분광법의 방법검출한계는 $0.008 mg/Sm^3$이다.

66 다음은 환경대기중의 석면농도를 측정하기 위해 위상차현미경을 사용한 계수방법에 관한 사항이다. ( )안에 알맞은 것은?

시료는 주간시간대에 (오전 8시~오후 7시) (①)으로 1시간 채취하고, 유량계의 부자는 (②) 되게 조정한다.

㉮ ① 1L/min, ② 1L/min
㉯ ① 1L/min, ② 10L/min
㉰ ① 10L/min, ② 1L/min
㉱ ① 10L/min, ② 10L/min

풀이 석면농도 측정의 위상차 현미경법
① 시료채취량 : 10L/min
② 채취시간 : 1시간
③ 유량계부자 : 10L/min

answer 64 ㉰ 65 ㉱ 66 ㉱

67 다음은 환경기준 시험을 위한 채취지점 수(측정점수)의 결정시 TM좌표에 의한 방법을 설명한 것이다. ( )안에 알맞은 것은?

> 전국 지도의 TM좌표에 따라 해당지역의 (①)의 지도위에 (②)간격으로 바둑판 모양의 구획을 만들고(格子網) 그 구획마다 측정점을 선정한다.

㉮ ① 1 : 5,000이상, ② 200~300m
㉯ ① 1 : 5,000이상, ② 2~3km
㉰ ① 1 : 25,000이상, ② 200~300m
㉱ ① 1 : 25,000이상, ② 2~3km

68 일반적으로 사용하는 이온크로마토그래피의 구성장치 중 분리관에 관한 설명으로 가장 거리가 먼 것은?

㉮ 이온교환체의 구조면에서는 표층피복형, 표층박막형, 전다공성 미립자형이 있다.
㉯ 양이온 교환체는 표면에 슬폰산기를 보유한다.
㉰ 금속이온 분리용으로는 스테인리스관이 효과적이다.
㉱ 분리관은 에폭시수지관 또는 유리관 등이 사용된다.

▶풀이 ㉰ 금속이온 분리용으로는 스테인리스관은 좋지 않다.

69 배출가스 중 아연화합물의 분석방법인 원자흡수분광광도법에 대한 내용으로 틀린 것은?

㉮ 정량범위는 시료채취량이 1 Sm³일 때 0.016 mg/Sm³ 이상이다.
㉯ 측정파장은 213.9nm이다.
㉰ 정밀도는 10% 이내이다.
㉱ 방법검출한계는 0.031 mg/Sm³이다.

▶풀이 ㉮ 정량범위는 시료채취량이 1 Sm³일 때 0.100 mg/Sm³ 이상이다.

70 환경대기 중 일산화탄소를 비분산 적외선 분광분석법(자동연속)으로 분석할 경우 측정기의 성능기준으로 옳지 않은 것은?

㉮ 측정기의 측정눈금 범위는 원칙적으로 0~50 ppm 또는 0~100ppm으로 한다.
㉯ 재현성 측정 시 동일조건에서 제로가스와 스팬가스를 번갈아 3회 도입해서 각각의 측정치의 평균치로부터의 편차를 구한다. 이 편차가 최대눈금치의 ±2% 이내여야 한다.
㉰ 스팬가스를 흘려 보냈을 때 정상적인 지시 변동의 범위는 최대눈금치의 ±2% 이내여야 한다.
㉱ 시료대기채취구를 통하여 설정유량의 교정용 가스를 도입시켜 측정기의 지시치가 스팬 가스의 90% 응답을 나타내는 시간은 5분 이하여야 한다.

▶풀이 ㉱ 시료대기채취구를 통하여 설정유량의 교정용 가스를 도입시켜 측정기의 지시치가 스팬가스의 90% 응답을 나타내는 시간은 2분 30초 이하여야 한다.

answer 67 ㉱ 68 ㉰ 69 ㉮ 70 ㉱

71 다음은 굴뚝 배출가스 중의 산소측정방에 관한 설명이다. 가장 적합한 것은?

> 이 방식은 주기적으로 단속하는 자계내에서 산소분자에 작용하는 단속적인 흡입력을 자계내에 일정유량으로 유입하는 보조가스의 배압변화량으로서 검출한다.

㉮ 질코니아 방식
㉯ 담벨형 방식
㉰ 압력검출형 방식
㉱ 전극 방식

풀이 ㉮ 질코니아 방식 : 고온으로 가열된 질코니아소자의 양 끝에 전극을 설치하고 그 한쪽에 시료가스, 다른쪽에 공기를 통하여 산소농도 차를 주어 양극사이에 생기는 기전력을 검출한다.
㉯ 담벨형 방식 : 담벨과 시료중의 산소와의 자기화 강도의 차에 의하여 생기는 담벨의 편위량을 검출한다.
㉱ 전극 방식 : 가스투과성 격막을 통하여 전해조 중에 확산흡수된 산소가 고체전극표면위에서 환원될 때 생기는 잔해전류를 검출한다.

72 배출가스 중 다이옥신 및 퓨란류 분석을 위한 시료채취방법에 관한 설명으로 옳지 않은 것은?

㉮ 흡입노즐에서 흡입하는 가스의 유속은 측정점의 배출가스유속에 대해 상대오차 -5~+5%의 범위내로 한다.
㉯ 시간당 처리능력이 200kg 미만의 소각시설 중 일괄 투입식 연소방식에 한하여 1회 소각시간(폐기물을 소각로에 투입하고 연소가 종료되는데까지 소요되는 시간)이 4시간 미만 2시간이상의 경우는 시료채취시 흡입가스량을 2시간, 평균 1.5Nm^3 이상으로 할 수 있다.
㉰ 덕트내의 압력이 부압인 경우에는 흡입장치를 덕트밖으로 빼낸 후에 흡입 펌프를 정지시킨다.
㉱ 배출가스 시료를 채취하는 동안에 각 흡수병은 얼음 등으로 냉각시키며, XAD-2수지 채취관부는 -50℃ 이하로 유지하여야 한다.

풀이 ㉱ 배출가스 시료를 채취하는 동안에 각 흡수병은 얼음 등으로 냉각시키며, XAD-2수지 채취관부는 -30℃ 이하로 유지하여야 한다.

answer 71 ㉰ 72 ㉱

73 환경대기중의 석면농도를 측정하기 위해 멤브레인필터에 채취한 대기부유먼지중의 석면섬유를 위상차현미경을 사용하여 계수하는 방법에 관한 설명으로 옳지 않은 것은?

㉮ 석면먼지의 농도표시는 20℃, 1기압 상태의 기체 1mL중에 함유된 석면섬유의 개수(개/mL)로 표시한다.
㉯ 멤브레인 필터는 셀룰로오스 에스테르를 원료로 한 얇은 다공성의 막으로, 구멍의 지름은 평균 0.01~10μm의 것이 있다.
㉰ 필터를 광굴절율 1.5 전후의 불휘발성 용액에 담그면, 투명해지며 입자를 계수하기 쉽다.
㉱ 석면섬유의 광굴절율은 보통 2.0 이상이어서 위상차현미경으로 식별하기 용이하다.

[풀이] ㉱ 석면섬유의 광굴절율은 1.5이므로 위상차현미경으로 식별하기 용이하다.

74 굴뚝 배출가스 중 황산화물의 시료채취장치에 관한 설명으로 옳지 않은 것은?

㉮ 시료채취관은 배출가스중의 황산화물에 의해 부식되지 않는 재질, 예를 들면 유리관, 석영관, 스테인리스강관 등을 사용한다.
㉯ 시료중의 황산화물과 수분이 응축되지 않도록 시료채취관과 흡수병 사이를 가열한다.
㉰ 시료중에 먼지가 섞여 들어가는 것을 방지하기 위하여 채취관의 앞 끝에 적당한 여과재를 넣는다.
㉱ 가열부분에 있어서의 배관의 접속은 채취관과 같은 재질, 혹은 보통 고무관을 사용한다.

[풀이] ㉱ 가열부분에 있어서의 배관의 접속은 갈아맞춤 또는 실리콘 고무관을 사용하고 보통 고무관을 사용하면 안된다.

75 반경이 2.5m인 원형굴뚝의 먼지측정을 위한 측정점수는?

㉮ 12   ㉯ 16
㉰ 20   ㉱ 24

[풀이] 반경이 2.5m이므로 직경은 5m가 된다. 따라서 반경구분수는 5, 측정점수는 20이 된다.

TIP
원형 단면의 측정점

굴뚝직경(m)	반경구분수	측정점수
1 이하	1	4
1 초과 2 이하	2	8
2 초과 4 이하	3	12
4 초과 4.5 이하	4	16
4.5 초과	5	20

76 굴뚝배출가스 중 아황산가스의 자동연속 측정방법 중 자외선흡수분석계에 관한 설명으로 옳지 않은 것은?

㉮ 광원 : 저압수소방전관 또는 저압수은등이 사용된다.
㉯ 분광기 : 프리즘 또는 회절격자분광기를 이용하여 자외선영역 또는 가시광선영역의 단색광을 얻는데 사용된다.
㉰ 검출기 : 자외선 및 가시광선에 감도가 좋은 광전자증배관 또는 광전관이 이용된다.

answer 73 ㉱ 74 ㉱ 75 ㉰ 76 ㉮

㉑ 시료셀 : 시료셀은 200~500mm의 길이로 시료가스가 연속적으로 통과할 수 있는 구조로 되어 있어야 한다.

▶풀이 ㉮ 광원 : 중수소방전관 또는 중압수은등이 사용된다.

77 비소-흑연로 원자흡수분광광도법에 대한 내용으로 틀린 것은?

㉮ 비소화합물을 원자화시켜 193.7nm 파장에서 측정한다.
㉯ 건조시료가스량 1 Sm³인 경우 정량범위는 0.003ppm 이상이다.
㉰ 방법검출한계는 0.010ppm이며, 정밀도는 20% 이하이다.
㉱ 비소화합물 중 일부는 휘발성이 있어 채취시료를 전처리하는 동안 비소의 손실 가능성이 있다.

▶풀이 ㉰ 방법검출한계는 0.001ppm이며, 정밀도는 10% 이하이다.

78 다음은 연료용 유류 중의 황함유량을 측정하기 위한 분석방법 중 연소관식 공기법에 관한 설명이다. ( )안에 알맞은 것은?

> 950~1,100℃로 가열한 석영재질 연소관 중에 공기를 불어넣어 시료를 연소시킨다. 생성된 황산화물을 (   )에 흡수시켜 황산으로 만든 다음, 수산화소듐표준액으로 중화적정하여 황함유량을 구한다.

㉮ 과산화수소(3%)
㉯ 과망간산포타슘
㉰ 다이크로뮴산포타슘
㉱ 수산화포타슘

▶풀이 생성된 황산화물을 과산화수소(3%)에 흡수시켜 황산으로 만든다.

79 배출가스 중 베릴륨화합물의 분석방법인 원자흡수분광광도법에 대한 내용으로 틀린 것은?

㉮ 정량범위는 시료채취량이 1 Sm³일 때 0.008 mg/Sm³ 이상이다.
㉯ 측정파장은 234.9nm이다.
㉰ 정밀도는 10% 이내이다.
㉱ 방법검출한계는 0.013 mg/Sm³이다.

▶풀이 ㉮ 정량범위는 시료채취량이 1 Sm³일 때 0.040 mg/Sm³ 이상이다.

80 이온크로마토그래피법에서 사용하는 검출기 중 정전위 전극반응을 이용하는 것으로 검출감도가 높고 선택성이 있으며 전량검출기, 암페로 메트릭 검출기 등이 있는 것은?

㉮ 전기 전도도 검출기
㉯ 전기 화학적 검출기
㉰ 전기 자외선 흡수 검출기
㉱ 전기 가시선 흡수 검출기

▶풀이 ㉯ 전기 화학적 검출기에 대한 설명이다.

answer 77 ㉰ 78 ㉮ 79 ㉮ 80 ㉯

2013 4회 기출문제

| 제1과목 | 대기환경관리

01 역전에 관한 설명으로 가장 거리가 먼 것은?

㉮ 복사역전은 눈이 덮인 지역의 경우 눈의 알베도가 0.8보다 더 크고, 태양에서의 복사열전달이 최소가 되기 때문에 오전의 복사역전 현상이 연장되는 경향이 있다.
㉯ 복사역전은 해뜨기 직전 및 하늘이 맑고 바람이 약할 때 아주 강하다.
㉰ 침강역전은 배출원보다 낮은 고도에서 발생하므로 일반적으로 단기간 오염물질에 크게 기여한다.
㉱ 일반적으로 가을과 겨울은 역전의 기간이 길고, 자주 발생한다.

풀이 ㉰ 침강역전은 배출원보다 높은 고도에서 발생하므로 일반적으로 장기간 오염물질에 크게 기여한다.

02 Pasquill은 확산 추정 시 변동측정법을 추천하였으며, 광범위한 추정에 필요한 기상자료를 이용하여 확산의 계획안을 제출하였는데, 이 때 필요한 변수와 가장 거리가 먼 것은?

㉮ 풍속   ㉯ 습도
㉰ 운량   ㉱ 일사량

풀이 낮에는 일사량과 풍속으로, 야간에는 운량, 운고와 풍속으로 안정도를 구분하므로 변수로는 풍속, 운량, 일사량, 운고 등이 있다.

03 연기배출 형태 중 원추형(coning)에 관한 설명으로 가장 적합한 것은?

㉮ 대기가 불안정하여 난류가 심할 때 발생한다.
㉯ 대기가 중립조건일 때 잘 발생하며, 이 연기내에서는 오염의 단면분포가 전형적인 가우시안 분포를 나타낸다.
㉰ 대기가 매우 안정한 상태일 때 아침과 새벽에 잘 발생하며, 풍향이 자주 바뀔 때면 사행(蛇行)하는 연기 모양이 된다.
㉱ 고, 저기압에 상관없이 발생하며, 두 역전층 사이에서 오염물질이 배출될 때 발생한다.

풀이 ㉮ 파상형(Looping)
㉯ 원추형(coning)
㉰ 부채형(faning)
㉱ 구속형(traping)

answer 01 ㉰ 02 ㉯ 03 ㉯

04 유효굴뚝높이 200m인 연돌에서 배출되는 가스량은 20m³/sec, SO_2 농도는 1,750ppm이다. Ky = 0.07, Kz = 0.09인 중립 대기조건에서의 SO_2의 최대 지표농도(ppb)는? (단, 풍속은 30m/s 이다.)

㉮ 34ppb ㉯ 22ppb
㉰ 15ppb ㉱ 9ppb

[풀이]

$$C_{max} = \frac{2Q}{\pi \cdot e \cdot u \cdot He^2}\left(\frac{k_z}{k_y}\right)$$

- Q : 배출가스량(m³/sec)
- u : 풍속(m/sec)
- He : 유효굴뚝높이(m)
- kz : 수직확산계수
- ky : 수평확산계수
- e : 자연대수(2.72)

① $C_{max} = \frac{2 \times 20 m^3/sec \times 1,750 ppm}{\pi \times 2.72 \times 30 m/sec \times (200m)^2}\left(\frac{0.09}{0.07}\right)$
= 8.777×10^{-3} ppm

② 8.777×10^{-3} ppm $\times 10^3$ = 8.78ppb

05 Richardson수(R)에 관한 설명으로 옳지 않은 것은?

㉮ $R = \frac{g}{T} \times \frac{(\triangle T/\triangle Z)^2}{(\triangle u/\triangle Z)}$ 표시하며, ($\triangle T/\triangle Z$)는 강제대류의 크기, ($\triangle u/\triangle z$)는 자유대류의 크기를 나타낸다.
㉯ R > 0.25 일 때는 수직방향의 혼합이 없다.
㉰ R = 0 일 때는 기계적 난류만 존재한다.
㉱ R이 큰 음의 값을 가지면 대류가 지배적이어서 바람이 약하게 되어 강한 수직운동이 일어나며, 굴뚝의 연기는 수직 및 수평방향으로 빨리 분산한다.

[풀이] ㉮ $R = \frac{g}{T} \times \frac{(\triangle T/\triangle Z)}{(\triangle u/\triangle z)^2}$ 로 표시하며, ($\triangle T/\triangle Z$)는 자유대류의 크기, ($\triangle u/\triangle z$)는 강제대류의 크기를 나타낸다.

06 대기오염물질의 분류 중 1차 오염물질이라 볼 수 없는 것은?

㉮ 금속산화물
㉯ 일산화탄소
㉰ 과산화수소
㉱ 방향족 탄화수소

[풀이] ㉰ 과산화수소(H_2O_2)는 1,2차성 물질에 속한다.

07 실내공기오염물질 중 석면의 위험성은 점점 커지고 있다. 다음 설명하는 석면의 분류에 해당하는 것은?

> 백석면이라고 하고 석면의 형태 중 가장 먼저 마주치는 광물로서 일반적으로 미국에서 발견되는 석면 중 95% 정도가 이에 해당한다. 이 광물은 매우 유용하고 섬유상의 층상 규산염광물이며, 이 광물의 이상적인 화학적 구조는 $Mg_3(Si_2O_5)(OH)_4$ 이다. 광택은 비단광택이고, 경도는 2.5이다.

㉮ Chrysotile ㉯ Antigorite
㉰ Lizardite ㉱ Orthoantigorite

[풀이] ㉮ Chrysotile(백석면)에 대한 설명이다.

answer 04 ㉱ 05 ㉮ 06 ㉰ 07 ㉮

08 빛의 소멸계수(σ_{ext}) 0.45km^{-1}인 대기에서, 시정거리의 한계를 빛의 강도가 초기 강도의 95%가 감소했을 때의 거리라고 정의할 때, 이 때 시정거리 한계는? (단, 광도는 Lambert-Beer 법칙을 따르며, 자연대수로 적용)

㉮ 약 12.4km　　㉯ 약 8.7km
㉰ 약 6.7km　　㉱ 약 0.1km

풀이 $I = I_o \exp(-\sigma_{ext} \cdot X)$

$\begin{cases} I : 거리 X를 통과한 후의 농도 \\ I_o : 광원으로부터 광도 \\ \sigma_{exp} : 빛의 소멸계수 \\ X : 거리 \end{cases}$

따라서 $5 = 100\exp(-0.45\text{km}^{-1} \cdot X)$
∴ X = 6.66km

09 다음 물질의 특성에 대한 설명 중 옳은 것은?

㉮ 탄소의 순환에서 탄소(CO_2로서)의 가장 큰 저장고 역할을 하는 부분은 대기이다.
㉯ 불소(Fluorine)는 주로 자연상태에서 존재하며, 주관련 배출업종으로는 황산 제조공정, 연소공정 등이다.
㉰ 질소산화물은 연소 전 연료의 성분으로부터 발생하는 fuel NO_X와 저온연소에서 공기 중의 질소와 산소가 반응하여 생기는 thermal NO_X 등이 있다.
㉱ 염화수소는 플라스틱공업, PVC소각, 소다공업 등이 관련배출 업종이다.

풀이 ㉮ 탄소의 순환에서 탄소(CO_2로서)의 가장 큰 저장고 역할을 하는 부분은 해양이다.
㉯ 불소는 자연상태에서는 존재하지 않으며, 주관련 배출업종으로는 알루미늄제조업, 유리제조업, 화학비료공업 등이다.
㉰ 질소산화물은 연소시 연료의 성분으로부터 발생하는 fuel NO_X와 고온에서 공기중의 질소와 산소가 반응하여 생기는 thermal NO_X 등이 있다.

10 다음 오염물질과 주요 배출관련 업종의 연결로 가장 거리가 먼 것은?

㉮ 납 - 건전지 및 축전지, 인쇄, 페인트
㉯ 구리 - 제련소, 도금공장, 농약제조
㉰ 페놀 - 타르공업, 화학공업, 도장공업
㉱ 비소 - 석유정제, 석탄건류, 가스공업

풀이 ㉱ 비소 - 안료, 화학, 농약, 의약품

11 다음 특정물질 중 오존파괴지수가 가장 낮은 것은?

㉮ CF_2BrCl　　㉯ CCl_4
㉰ $C_2H_3Cl_3$　　㉱ C_2F_5Cl

풀이 오존파괴지수
㉮ CF_2BrCl : 3.0
㉯ CCl_4 : 1.1
㉰ $C_2H_3Cl_3$: 0.1
㉱ C_2F_5Cl : 0.6

answer 08 ㉰　09 ㉱　10 ㉱　11 ㉰

12 지상의 점오염원(He=0)으로부터 바람부는 방향으로 400m 떨어진 연기의 중심선상에서의 지상(z=0) 오염농도는? (단, 오염물질 배출량은 10g/s, 풍속은 5m/s, σ_y와 σ_z는 각각 22.5m와 12m이고, 농도 계산식은 가우시안 모델식을 적용)

㉮ 0.85mg/m³ ㉯ 1.55mg/m³
㉰ 2.36mg/m³ ㉱ 3.56mg/m³

풀이
$$C = \frac{Q}{\pi \cdot \sigma_y \cdot \sigma_z \cdot u} \exp\left[-\frac{1}{2}\left(\frac{He}{\sigma_z}\right)^2\right]$$

- C : 농도(mg/m³)
- Q : 오염물질 배출량(mg/sec)
- σ_y : 수평확산계수
- σ_z : 수직확산계수
- u : 풍속(m/sec)
- He : 유효굴뚝높이(m)

따라서, He=0이면
$$C = \frac{Q}{\pi \cdot \sigma_y \cdot \sigma_z \cdot u}$$
$$= \frac{10g/sec \times 10^3 mg/g}{\pi \times 22.5m \times 12m \times 5m/sec} = 2.36mg/m^3$$

13 역사적 대기오염사건에 관한 설명으로 옳은 것은?

㉮ 포자리카 사건은 MIC에 의한 피해이다.
㉯ 도쿄 요코하마사건은 PCB가 주오염물질로 작용했다.
㉰ 런던스모그 사건은 복사역전 형태였다.
㉱ 뮤즈계곡 사건은 PAN이 주된 오염물질로 작용한 사건이었다.

풀이 ㉮ 포자리카 사건은 황화수소(H_2S)에 의한 피해이다.
㉯ 도쿄 요코하마사건은 공장에서 배출된 물질이 주오염물질로 작용했다.
㉱ 뮤즈계곡 사건은 아황산가스가 주된 오염물질로 작용한 사건이었다.

14 다음은 탄화수소류에 관한 설명이다. ( )안에 가장 적합한 물질은?

> 탄화수소류 중에서 이중결합을 가진 올레핀 화합물은 포화 탄화수소나 방향족 탄화수소보다 대기 중에서의 반응성이 크다. 방향족 탄화수소는 대기 중에서 고체로 존재하며, 특히 ( )은 대표적인 발암물질이며, 환경호르몬으로 알려져 있으며, 연소과정에서 생성되며, 숯불에 구운 쇠고기 등 가열로 검게 탄 식품, 담배연기, 자동차 배기가스, 석탄타르 등에 포함되어 있다.

㉮ 벤조피렌 ㉯ 나프탈렌
㉰ 인트라센 ㉱ 톨루엔

풀이 ㉮ 벤조피렌에 대한 설명이다.

15 최대혼합 고도를 500m로 예상하여 오염농도를 3ppm으로 수정하였는데 실제 관측된 최대혼합고는 200m였다. 실제 나타날 오염농도는?

㉮ 36ppm ㉯ 47ppm
㉰ 55ppm ㉱ 67ppm

풀이 실제오염농도(ppm)
$$= 예상오염농도(ppm) \times \left(\frac{예상최대혼합고}{실제최대혼합고}\right)^3$$
$$= 3ppm \times \left(\frac{500m}{200m}\right)^3 = 46.88ppm$$

answer 12 ㉰ 13 ㉰ 14 ㉮ 15 ㉯

16 도시 대기오염물질 중에서 태양빛을 흡수하는 아주 중요한 기체 중의 하나로서 파장 0.42mm 이상의 가시광선에 의해 광분해되는 물질로서 대기 중 체류시간은 2~5일 정도인 것은?

㉮ RCHO ㉯ SO_2
㉰ NO_2 ㉱ CO_2

풀이 ㉰ NO_2(이산화질소)에 대한 설명이다.

TIP
파장 0.42mm는 파장 420nm

17 표준상태에서 SO_2 농도가 $1.28g/m^3$이라면 몇 ppm인가?

㉮ 약 250 ㉯ 약 350
㉰ 약 450 ㉱ 약 550

풀이
$$ppm(mL/Sm^3) = \frac{1.28g}{Sm^3} \times \frac{10^3 mg}{1g} \times \frac{22.4mL}{64mg}$$
$$= 448 mL/Sm^3 (ppm)$$

TIP
① $ppm = mL/Sm^3$
② SO_2 1mol $\begin{cases} 64mg \\ 22.4mL \end{cases}$

18 식물의 잎에 회백색 반점, 잎맥 사이의 표백, 백화 현상을 일으키며, 쥐당나무, 까치밤나무 등은 강한 편이고, 지표식물로는 보리, 담배 등인 대기오염물질은?

㉮ SO_2 ㉯ O_3
㉰ NO_2 ㉱ HF

풀이 ㉮ SO_2(아황산가스)에 대한 설명이다.

19 다음 중 불화수소(HF)의 주요 배출관련 업종으로 가장 적합한 것은?

㉮ 가스공업, 펄프공업
㉯ 도금공업, 플라스틱공업
㉰ 염료공업, 냉동공업
㉱ 화학비료공업, 알루미늄공업

풀이 불화수소(HF)의 주요 배출관련 업종으로는 화학비료공업, 알루미늄공업, 요업공업, 유리공업 등이 있다.

20 다음 설명하는 대기분산모델로 가장 적합한 것은?

- 적용모델식 : 가우시안모델
- 적용 배출원 형태 : 점, 선, 면
- 개발국 : 미국
- 특징 : 미국에서 최근 널리 이용되는 범용적인 모델로 장기 농도 계산용 모델이다.

㉮ RAMS ㉯ ISCLT
㉰ UAM ㉱ AUSPLUME

풀이 ㉯ ISCLT에 대한 설명이다.

answer 16 ㉰ 17 ㉰ 18 ㉮ 19 ㉱ 20 ㉯

| 제2과목 | 연소공학

21 다음 기체연료의 일반적인 특징으로 가장 거리가 먼 것은?

㉮ 연소조절, 점화 및 소화가 용이한 편이다.
㉯ 회분이 거의 없어 먼지발생량이 적다.
㉰ 연료의 예열이 쉽고, 저질연료도 고온을 얻을 수 있다.
㉱ 취급시 위험성이 적고, 설비비가 적게 든다.

풀이 ㉱ 취급시 위험성이 크고, 설비비가 많이 든다.

22 화염으로부터 열을 받으면 가연성 증기가 발생하는 연소로써 휘발유, 등유, 알콜, 벤젠 등의 액체연료의 연소형태는?

㉮ 증발 연소   ㉯ 자기 연소
㉰ 표면 연소   ㉱ 발화 연소

풀이 ㉮ 증발 연소에 대한 설명이다.

23 액체연료의 연소장치인 유압분무식 버너에 관한 설명으로 가장 거리가 먼 것은?

㉮ 구조가 간단하여 유지 및 보수가 용이하다.
㉯ 대용량 버너 제작이 용이하다.
㉰ 유량조절범위가 넓어 부하변동이 용이하다.
㉱ 분무각도가 40~90° 정도로 크다.

풀이 ㉰ 유량조절범위가 좁아 부하변동에 대한 적응성이 낮다.

24 어떤 2차반응에서 반응물질의 농도를 같게 했을 때 그 10%가 반응하는데 250초 걸렸다면 90% 반응하는데는 몇 초 걸리는가?

㉮ 18,550초   ㉯ 20,250초
㉰ 24,550초   ㉱ 28,250초

풀이 2차 반응식: $\frac{1}{C_o} - \frac{1}{C_t} = -k \times t$

$\begin{cases} C_o : \text{초기농도} \\ C_t : \text{t시간 후 농도} \\ k : \text{상수} \\ t : \text{시간} \end{cases}$

① $C_o = 100\% = 1C_o$
$C_t = 100-10\% = 90\% = 0.9C_o$

따라서 $\frac{1}{1C_o} - \frac{1}{0.9C_o} = -k \times 250\text{sec}$

∴ $k = 4.44444 \times 10^{-4}/\text{sec}$

② $C_o = 100\% = 1C_o$
$C_t = 100-90\% = 10\% = 0.1C_o$

따라서 $\frac{1}{1C_o} - \frac{1}{0.1C_o} = -(4.44444 \times 10^{-4}/\text{sec}) \times t$

∴ $t = 20,250\text{sec}$

25 중유 1kg속에 H 13%, 수분 0.7%가 포함되어 있다. 이 중유의 고위발열량이 5,000kcal/kg일 때 이 중유의 저위발열량(kcal/kg)은?

㉮ 4,126   ㉯ 4,294
㉰ 4,365   ㉱ 4,926

풀이 $Hl = Hh - 600(9H+W)(\text{kcal/kg})$

$\begin{cases} Hl : \text{저위발열량(kcal/kg)} \\ Hh : \text{고위발열량(kcal/kg)} \\ H : \text{수소의 함량} \\ W : \text{수분의 함량} \end{cases}$

따라서 $Hl = 5,000\text{kcal/kg} - 600 \times (9 \times 0.13 + 0.007)$
$= 4,293.8\text{kcal/kg}$

answer 21 ㉱ 22 ㉮ 23 ㉰ 24 ㉯ 25 ㉯

26 유황 함유량이 1.6%(W/W)인 중유를 매시 100톤 연소시킬 때 굴뚝으로 부터의 SO_3 배출량(Sm^3/h)은? (단, 유황은 전량이 반응하고 이 중 5%는 SO_3로서 배출되며 나머지는 SO_2로 배출된다.)

㉮ 1,120　　　㉯ 1,064
㉰ 136　　　　㉱ 56

풀이

$S + O_2 \rightarrow SO_2 + \frac{1}{2}O_2 \rightarrow SO_3$

32kg　　　　　　　：　　　22.4Sm^3
100×10^3kg/hr × 0.016 × 0.05 : X
∴ X = 56Sm^3/hr

TIP
SO_3의 배출량은 유황분의 5%임에 주의한다.

27 기체연료의 연소방식 중 예혼합연소에 관한 설명으로 옳지 않은 것은?

㉮ 연소기 내부에서 연료와 공기의 혼합비가 변하지 않고 균일하게 연소된다.
㉯ 화염길이가 길고, 그을음이 발생하기 쉽다.
㉰ 역화의 위험이 있어 역화방지기를 부착해야 한다.
㉱ 화염온도가 높아 연소부하가 큰 곳에 사용이 가능하다.

풀이 ㉯ 화염길이가 짧고, 그을음이 발생하지 않는다.

28 미분탄 연소장치에 관한 설명으로 옳지 않은 것은?

㉮ 설비비와 유지비가 많이 들고 재의 비산이 많아 집진장치가 필요하다.
㉯ 부하변동의 적응이 어려워 대형과 대용량 설비에는 적합치 않다.
㉰ 연소제어가 용이하고 점화 및 소화시 손실이 적다.
㉱ 스토우커 연소에 적합하지 않는 점결탄과 저발열량탄 등도 사용할 수 있다.

풀이 ㉯ 부하변동에 쉽게 적용할 수 있으므로 대형과 대용량 설비에 적합하다.

29 연소반응에서 가연성물질을 산화시키는 물질로 가장 거리가 먼 것은?

㉮ 산소　　　　㉯ 산화질소
㉰ 유황　　　　㉱ 할로겐계 물질

풀이 가연성물질을 산화시키는 물질은 조연성 물질이며, ㉮, ㉯, ㉱가 해당하며, ㉰ 유황은 가연성물질이다.

answer　26 ㉱　27 ㉯　28 ㉯　29 ㉰

30 화격자 연소 중 상부투입 연소(over feeding firing)에서 일반적인 층의 구성 순서로 가장 적합한 것은? (단, 상부→하부)

㉮ 석탄층 → 건조층 → 건류층 → 환원층 → 산화층 → 재층 → 화격자
㉯ 화격자 → 석탄층 → 건류층 → 건조층 → 산화층 → 환원층 → 재층
㉰ 석탄층 → 건류층 → 건조층 → 산화층 → 환원층 → 재층 → 화격자
㉱ 화격자 → 건조층 → 건류층 → 석탄층 → 환원층 → 산화층 → 재층

풀이 상부투입식 정상상태에서의 고정층은 상부로부터 석탄층, 건조층, 건류층, 환원층, 산화층, 재층으로 구성된다.

31 H_2 50%, CH_4 25%, CO_2 18%, O_2 7%로 조성된 기체연료를 이론공기량으로 완전연소시켰다. 습배출가스 중 CO_2의 농도(%)는?

㉮ 10.8%   ㉯ 15.4%
㉰ 18.2%   ㉱ 21.6%

풀이 $H_2 + 0.5O_2 \rightarrow H_2O$: 50%
$CH_4 + 2O_2 \rightarrow CO_2 + 2H_2O$: 25%
CO_2 : 18%
O_2 : 7%
① 이론습배출가스량(G_{ow})
   $= (1-0.21)A_o + CO_2 + H_2O량 (Sm^3/Sm^3)$
   $= (1-0.21) \times \left(\dfrac{0.5 \times 0.5 + 2 \times 0.25 - 0.07}{0.21} \right)$
   $\quad + 0.5 + 0.25 + 2 \times 0.25 + 0.18$
   $= 3.9881 \, Sm^3/Sm^3$
② $CO_2량 = 1 \times 0.25 + 1 \times 0.18 \, Sm^3/Sm^3$
   $= 0.43 \, Sm^3/Sm^3$
③ $CO_2\% = \dfrac{CO_2량}{G_{ow}} \times 100 = \dfrac{0.43 \, Sm^3/Sm^3}{3.9881 \, Sm^3/Sm^3} \times 100$
   $= 10.78\%$

32 다음 각종 가스의 완전연소 시 단위부피당 이론공기량(Sm^3/Sm^3)이 가장 큰 가스는?

㉮ ethylene   ㉯ methane
㉰ acetylene   ㉱ propylene

풀이 이론공기량이 가장 큰 연료는 완전연소반응식에서 산소의 갯수가 가장 큰 가스이므로 정답은 ㉱ propylene이 된다.
㉮ $C_2H_4(ethylene) + 3O_2 \rightarrow 2CO_2 + 2H_2O$
㉯ $CH_4(methane) + 2O_2 \rightarrow CO_2 + 2H_2O$
㉰ $C_2H_2(acetylene) + 2.5O_2 \rightarrow 2CO_2 + H_2O$
㉱ $C_3H_6(propylene) + 4.5O_2 \rightarrow 3CO_2 + 3H_2O$

33 유류버너 중 회전식버너에 관한 설명으로 옳지 않은 것은?

㉮ 연료유의 점도가 작을수록 분무화 입경이 작아진다.
㉯ 분무는 기계적 원심력과 공기를 이용한다.
㉰ 유압식버너에 비하여 연료유의 분무화 입경이 1/10 이하로 매우 작다.
㉱ 분무각도는 40°~80° 정도로 크며, 유량조절범위도 1 : 5 정도로 비교적 큰 편이다.

풀이 ㉰ 유압식버너에 비하여 연료유의 분무화 입경이 비교적 크다.

answer 30 ㉮   31 ㉮   32 ㉱   33 ㉰

34 고체연료에 관한 설명으로 옳지 않은 것은?

㉮ 갈탄은 휘발분이 많기 때문에 착화성이 좋고, 착화온도도 520~720K 정도로 비교적 낮은 편이다.
㉯ 아탄은 순탄 발열량이 낮을 뿐만 아니라 다량의 수분을 포함하고 있어 유효하게 이용할 수 있는 열량이 적다는 결점도 있다.
㉰ 역청탄을 저온 건류해서 얻어지는 반성코크스는 휘발분이 많고, 착화성도 좋다.
㉱ 코크스는 석탄에 비해 화력이 약하고, 매연이 잘 생기는 결점이 있다.

> 풀이 ㉱ 코크스는 석탄에 비해 화력이 크고, 매연이 발생되지 않는다.

35 모닥불이나 화재 등도 이 연소의 일종이며, 고정된 연료층을 연소용 공기가 통과하면서 연소가 일어나는 것으로 금속격자 위에 연료를 깔고 아래에서 공기를 불어 연소시키는 형태는?

㉮ 확산연소   ㉯ 분무화연소
㉰ 화격자연소   ㉱ 표면연소

> 풀이 ㉰ 화격자연소에 대한 설명이다.

36 확산형 가스버너인 포트형 설계시 주의사항으로 옳지 않은 것은?

㉮ 로 내부에서 연소가 완료되도록 가스와 공기의 유속을 결정한다.
㉯ 포트 입구가 작으면 슬래그가 부착해서 막힐 우려가 있다.
㉰ 고발열량 탄화수소를 사용할 경우는 가스압력을 이용하여 노즐로부터 고속으로 분출케하여 그 힘으로 공기를 흡입하는 방식을 취한다.
㉱ 밀도가 큰 가스 출구는 하부에, 밀도가 작은 공기 출구는 상부에 배치되도록 하여 양쪽의 밀도차에 의한 혼합이 잘 되도록 한다.

> 풀이 ㉱ 밀도가 큰 공기 출구는 상부에, 밀도가 작은 가스 출구는 하부에 배치되도록 하여 양쪽의 밀도차에 의한 혼합이 잘 되도록 한다.

37 폐타이어를 연료화하는 주된 방식과 가장 거리가 먼 것은?

㉮ 가압분해 증류 방식
㉯ 액화법에 의한 연료추출 방식
㉰ 열분해에 의한 오일추출 방식
㉱ 직접 연소 방식

38 연료의 표면적을 넓게 하여 연소반응이 원활하게 이루어지도록 하는 연소형태와 가장 거리가 먼 것은?

㉮ 분사연소
㉯ COM(coal oil mixture) 연소
㉰ 미분연소
㉱ 층류연소

answer 34 ㉱ 35 ㉰ 36 ㉱ 37 ㉮ 38 ㉱

39 오산화이질소(N_2O_5)의 분해는 아래와 같이 45℃에서 속도상수 $5.1×10^{-4}s^{-1}$인 1차반응이다. N_2O_5의 농도가 0.25M에서 0.15M로 감소되는데는 약 얼마의 시간이 걸리는가?

$$2N_2O_5(g) \rightarrow 4NO_2(g)+O_2(g)$$

㉮ 5min ㉯ 9min
㉰ 12min ㉱ 17min

풀이 1차반응식 $\ln \dfrac{C_t}{C_o} = -k \times t$

- C_o : 초기농도(0.25M)
- C_t : t시간후의 농도(0.15M)
- k : 상수($5.1×10^{-4}$/sec)
- t : 시간

① $\ln \left(\dfrac{0.15M}{0.25M} \right) = -5.1×10^{-4}/sec \times t$

∴ t = 1,001.619sec

② t(min) = 1,001.619sec × $\dfrac{1min}{60sec}$ = 16.69min

40 액체연료인 석유의 물성치에 관한 설명으로 옳지 않은 것은?

㉮ 석유류의 증기압이 큰 것은 착화점이 낮아서 위험하다.
㉯ 석유류의 인화점은 휘발유 -50℃~0℃, 등유 30℃~70℃, 중유 90℃~120℃ 정도이다.
㉰ 석유의 비중이 커지면 탄화수소비(C/H)가 증가하고, 발열량이 감소한다.
㉱ 석유의 동점도가 감소하면 끓는점이 높아지고 유동성이 좋아지며 이로 인하여 인화점이 높아진다.

풀이 ㉱ 석유의 동점도가 감소하면 끓는점이 낮아지고 유동성이 좋아진다.

| 제3과목 | 대기오염방지기술

41 온도 20℃, 압력 120kPa의 오염공기가 내경 400mm의 관로 내를 질량유속 1.2kg/s로 흐를 때 관내의 유체의 평균유속은? (단, 오염공기의 평균분자량은 29.96이고 이상기체로 취급한다. 1atm = $1.013 ×10^5$Pa)

㉮ 6.47m/s ㉯ 7.52m/s
㉰ 8.23m/s ㉱ 9.76m/s

풀이 유속(m/sec) = $\dfrac{질량속도(kg/sec)}{공기의 밀도(kg/m^3) \times 단면적(m^2)}$

① 질량속도 = 1.2kg/sec
② 표준상태에서 공기의 밀도

$= \dfrac{오염공기의\ 평균\ 분자량(kg)}{22.4Sm^3} = \dfrac{29.96kg}{22.4Sm^3}$

$= 1.3375kg/Sm^3$

③ 현재상태 공기의 밀도

$= 1.3375kg/Sm^3 \times \dfrac{273}{273+20} \times \dfrac{120\times10^3 pa}{1.013\times10^5 pa}$

$= 1.4763kg/m^3$

④ 단면적

$= \dfrac{\pi D^2}{4} (m^2) = \dfrac{\pi \times (0.4m)^2}{4} = 0.12566m^2$

⑤ 유속(m/sec)

$= \dfrac{1.2kg/sec}{1.4763kg/m^3 \times 0.12566m^2} = 6.47m/sec$

42 휘발유 자동차의 배출가스를 감소하기 위해 적용되는 삼원촉매 장치의 촉매물질 중 환원촉매로 사용되고 있는 물질은?

㉮ Pt ㉯ Ni
㉰ Rh ㉱ Pd

풀이 CO와 HC의 산화촉매로는 백금(Pt)과 팔라듐(Pd)이 사용되고, NO의 환원촉매로는 로듐(Rh)이 사용된다.

answer 39 ㉱ 40 ㉱ 41 ㉮ 42 ㉰

43 악취물질의 성질과 발생원에 관한 설명으로 가장 거리가 먼 것은?

㉮ 에틸아민($C_2H_5NH_2$)은 암모니아취 물질로 수산가공, 약품제조시에 발생한다.
㉯ 메틸머캅탄(CH_3SH)는 부패양파취 물질로 석유정제, 가스제조, 약품제조시에 발생한다.
㉰ 황화수소(H_2S)는 썩은 계란취 물질로 석유정제, 약품제조시에 발생한다.
㉱ 아크로레인(CH_2CHCHO)은 생선취 물질로 하수처리장, 축산업에서 발생한다.

풀이 ㉱ 아크로레인(CH_2CHCHO)은 불쾌한 냄새가 나며, 호흡기에 심한 자극성 물질로 석유화학, 글리세롤제조, 의약품 제조시에 발생한다.

44 광학현미경을 이용하여 입경을 측정하는 방법에서 입자의 투영면적을 이용하여 측정한 입경 중 입자의 투영면적 가장자리에 접하는 가장 긴 선의 길이로 나타내는 것은?

㉮ 등면적 직경 ㉯ Feret 직경
㉰ Martin 직경 ㉱ Heyhood 직경

풀이 ㉯ Feret 직경(정방향직경)에 대한 설명이다.

> **TIP**
> **Martin 직경**
> 광학현미경을 이용하여 입경을 측정하는 방법에서 입자의 투영면적을 이용하여 측정한 입경 중 입자의 면적을 2등분하는 선의 길이로 나타낸다.

45 전기집진장치의 특성으로 가장 거리가 먼 것은?

㉮ 소요설치면적이 적고, 전처리 시설이 불필요하다.
㉯ 주어진 조건에 따라 부하변동 적응이 곤란하다.
㉰ 약 450℃ 전후의 고온가스 처리가 가능하다.
㉱ 압력손실이 적어 송풍기의 동력비가 적게 든다.

풀이 ㉮ 소요설치면적이 크고, 전처리 시설이 필요하다.

46 침강실의 길이 5m인 중력집진장치를 사용하여 침강집진할 수 있는 먼지의 최소입경이 140μm였다. 이 길이를 2.5배로 변경할 경우 침강실에서 집진가능한 먼지의 최소입경 (μm)은? (단, 배출가스의 흐름은 층류이고, 길이 이외의 모든 설계조건은 동일하다.)

㉮ 약 70   ㉯ 약 89
㉰ 약 99   ㉱ 약 129

풀이 $d^2 = \dfrac{18 \cdot \mu \cdot Q}{(\rho_s - \rho) \cdot g \cdot B \cdot L}$ 에서 $d^2 \propto \dfrac{1}{L}$ 관계식을 이용해 풀이한다.

$(140\mu m)^2 : \dfrac{1}{5m} = d^2 : \dfrac{1}{5m \times 2.5}$

∴ d = 88.54μm

answer 43 ㉱ 44 ㉯ 45 ㉮ 46 ㉯

47 다음은 충전탑에 관한 설명이다. ( ) 안에 가장 적합한 것은?

> 일반적으로 충전탑은 가스의 속도를 (①)의 속도로 처리하는 것이 보통이며, 액가스비는 (②)를 사용하며 압력손실은 100~250mmH₂O 정도이다.

㉮ ① 0.5~1.5m/sec, ② 0.05~0.1L/m³
㉯ ① 0.5~1.5m/sec, ② 2~3L/m³
㉰ ① 5~10m/sec, ② 0.05~0.1L/m³
㉱ ① 5~10m/sec, ② 2~3L/m³

48 벤츄리 스크러버(Venturi Scrubber)에 관한 설명으로 가장 적합한 것은?

㉮ 먼지부하 및 가스유동에 민감하다.
㉯ 가압수식 중 압력손실은 매우 큰 반면, 집진율이 낮고 설치 소요면적이 크다.
㉰ 액가스비가 커서 소량의 세정액이 요구된다.
㉱ 점착성, 조해성 먼지처리 시 노즐막힘 현상이 현저하여 처리가 어렵다.

▶ 풀이 ㉯ 가압수식 중 압력손실이 매우 크고, 집진율이 높으며 설치 소요면적이 작다.
㉰ 액가스비가 작아 소량의 세정액이 요구된다.
㉱ 점착성, 조해성 먼지처리가 용이하다.

49 벤젠 소각시 속도상수 k가 540℃에서 0.00011/s, 640℃에서 0.14/s 일 때, 벤젠 소각에 필요한 활성화에너지(kcal/mol)는? (단, 벤젠의 연소반응은 1차 반응이라 가정하고, 속도상수 k는 다음 Arrhenius 식으로 표현된다. k = Aexp(-E/RT))

㉮ 95 ㉯ 105
㉰ 115 ㉱ 130

▶ 풀이 ① $\ln \frac{k_2}{k_1} = \frac{E \cdot (T_2 - T_1)}{R \cdot T_2 \cdot T_1}$

$\ln\left(\frac{0.14/sec}{0.00011/sec}\right)$

$= \frac{E \times \{(273+640) - (273+540)\}}{8.314 J/mole \cdot k \times (273+640) \times (273+540)}$

∴ E = 441,175.74 J/mole

② $E(kcal/mole) = \frac{441,175.74 J}{mole} \times \frac{1 cal}{4.2 J} \times \frac{1 kcal}{10^3 cal}$

= 105.04 kcal/mole

TIP
① 1 cal = 4.2 J
② R = 8.314 J/mole · k

50 다음 중 활성탄으로 흡착 시 가장 효과가 적은 것은?

㉮ 일산화질소 ㉯ 알콜류
㉰ 아세트산 ㉱ 담배연기

▶ 풀이 ㉮ 일산화질소는 환원법을 이용해 처리한다.

---

answer 47 ㉯ 48 ㉮ 49 ㉯ 50 ㉮

51 높이 2.5m, 폭 4.0m인 중력식 집진장치의 침강실에 바닥을 포함하여 20개의 평행판을 설치하였다. 이 침강실에 점도가 2.078×10^{-5} kg/m·sec인 먼지가스를 2.0m³/sec 유량으로 유입시킬 때 밀도가 1,200kg/m³이고, 입경이 40μm인 먼지입자를 완전히 처리하는데 필요한 침강실의 길이는? (단, 침강실의 흐름은 층류)

㉮ 0.5m ㉯ 1.0m
㉰ 1.5m ㉱ 2.0m

풀이
$$d^2 = \frac{18 \cdot \mu \cdot Q}{(\rho_s - \rho) \cdot g \cdot B \cdot L \cdot N}$$

$$L = \frac{18 \cdot \mu \cdot Q}{(\rho_s - \rho) \cdot g \cdot B \cdot d^2 \cdot N}$$

⎡ L : 길이(m)
⎢ μ : 점성도(kg/m·sec)
⎢ Q : 가스량(m³/sec)
⎢ B : 폭(m)
⎢ ρ_s : 입자의 밀도(kg/m³)
⎢ ρ : 가스의 밀도(kg/m³)
⎢ g : 중력가속도(9.8m/sec²)
⎣ N : 단수

따라서
$$L = \frac{18 \times 2.078 \times 10^{-5} \text{kg/m·sec} \times 2.0 \text{m}^3/\text{sec}}{1,200 \text{kg/m}^3 \times 9.8 \text{m/sec}^2 \times 4.0 \text{m} \times (40 \times 10^{-6} \text{m})^2 \times 20 \text{개}}$$
= 0.50m

TIP
ρ(가스의 밀도)는 작아서 무시함.

52 여과집진장치의 특성으로 옳지 않은 것은?

㉮ 다양한 여과재의 사용으로 인하여 설계시 융통성이 있다.
㉯ 여과재의 교환으로 유지비가 고가이다.
㉰ 수분이나 여과속도에 대한 적응성이 높다.
㉱ 폭발성, 점착성 및 흡습성 먼지의 제거가 곤란하다.

풀이 ㉰ 수분이나 여과속도에 대한 적응성이 낮다.

53 사이클론의 원추부 높이가 1.4m, 유입구 높이가 15cm, 원통부 높이가 1.4m일 때 외부선회류의 회전수는? (단, N = $(1/H_A)[H_B + (H_C/2)]$)

㉮ 6회 ㉯ 11회
㉰ 14회 ㉱ 18회

풀이
$$N = \frac{1}{H_A} \times \left(H_B + \frac{H_C}{2} \right)$$

⎡ N : 회전수
⎢ H_A : 유입구 높이(m)
⎢ H_B : 원통부 높이(m)
⎣ H_C : 원추부 높이(m)

따라서 $N = \frac{1}{0.15\text{m}} \times \left(1.4\text{m} + \frac{1.4\text{m}}{2} \right) = 14$회

answer 51 ㉮ 52 ㉰ 53 ㉰

54 A집진장치의 입구와 출구에서 함진가스 중 먼지의 농도를 측정하였더니 각각 15g/Sm³, 0.3g/Sm³ 이었고, 또 입구와 출구에서 측정한 먼지시료 중 0~5μm의 질량백분율이 각각 10%, 60% 이었다면 이 집진장치의 0~5μm 입경범위의 먼지에 대한 부분집진율(%)은?

㉮ 84 ㉯ 86
㉰ 88 ㉱ 90

풀이 부분집진율(%) = $\left(1 - \dfrac{C_o \times f_o}{C_i \times f_i}\right) \times 100$

- C_i : 입구농도
- C_o : 출구농도
- f_i : 입구의 질량분포
- f_o : 출구의 질량분포

따라서 부분집진율(%) = $\left(1 - \dfrac{0.3g/Sm^3 \times 0.6}{15g/Sm^3 \times 0.1}\right) \times 100$
= 88%

55 배출가스 중의 염화수소(HCl)의 농도가 150ppm 이고 배출허용기준이 40mg/Sm³이라면, 이 배출허용기준치로 유지하기 위하여 제거해야 할 HCl은 현재값의 약 몇 % 인가? (단, 표준상태 기준)

㉮ 72% ㉯ 76%
㉰ 80% ㉱ 84%

풀이 제거해야 할 농도(%) = $\left(1 - \dfrac{\text{기준치 농도}}{\text{배출 농도}}\right) \times 100$

① 기준치 농도 = 40mg/Sm³

② 배출농도 = $\dfrac{150mL}{Sm^3} \times \dfrac{36.5mg}{22.4mL}$
= 244.42mg/Sm³

③ 제거해야 할 농도(%)
= $\left\{1 - \dfrac{40mg/Sm^3}{244.42mg/Sm^3}\right\} \times 100 = 84\%$

56 원심력 집진장치의 성능인자에 관한 설명으로 가장 거리가 먼 것은?

㉮ 블로우 다운(blow-down) 효과를 적용하면 효율이 높아진다.
㉯ 내경(배출내관)이 작을수록 입경이 작은 먼지를 제거할 수 있다.
㉰ 한계(입구)유속 내에서는 유속이 빠를수록 효율이 감소한다.
㉱ 고농도는 병렬로 연결하고, 응집성이 강한 먼지는 직렬 연결(단수 3단 한계)하여 주로 사용한다.

풀이 ㉰ 한계(입구)유속 내에서는 유속이 빠를수록 효율이 증가한다.

57 배출가스 중 NO_x 발생을 저감시킬 수 있는 방법으로 거리가 먼 것은?

㉮ 공기비를 높게 하여 연소시킨다.
㉯ 배출가스를 순환시켜 연소시킨다.
㉰ 2단 연소법에 의하여 연소시킨다.
㉱ 연소실에 수증기를 주입한다.

풀이 ㉮ 공기비를 낮게 하여 연소시킨다.

answer 54 ㉰ 55 ㉱ 56 ㉰ 57 ㉮

58 여과집진장치의 탈진방식 중 간헐식에 관한 설명으로 옳지 않은 것은?

㉮ 간헐식 중 진동형은 여포의 음파진동, 횡진동, 상하진동에 의해 채취된 먼지층을 털어내는 방식이다.
㉯ 집진실을 여러 개의 방으로 구분하고 방 하나씩 처리가스의 흐름을 차단하여 순차적으로 탈진하는 방식이며, 여포의 수명은 연속식에 비해 길다.
㉰ 연속식에 비하여 먼지의 재비산이 적고, 높은 집진율을 얻을 수 있다.
㉱ 대량의 가스의 처리에 적합하며, 점성 있는 조대먼지의 탈진에 효과적이다.

풀이 ㉱ 대량의 가스의 처리에 부적합하며, 점성있는 조대먼지의 탈진에 비효과적이다.

59 환기장치의 요소로서 덕트 내의 동압에 관한 설명으로 옳은 것은?

㉮ 공기밀도에 비례한다.
㉯ 공기유속의 제곱에 반비례한다.
㉰ 속도압과 관계 없다.
㉱ 액체의 높이로 표시할 수 없다.

풀이 ㉯ 공기유속의 제곱에 비례한다.
㉰ 속도압과 관계 있다.
㉱ 액체의 높이로 표시할 수 있다.

TIP
동압(H) = $\dfrac{rv^2}{2g}$

[r : 기체밀도
  V : 공기유속
  g : 중력가속도]

60 유해가스 종류별 처리제 및 그 생성물과의 연결로 옳지 않은 것은?

	유해가스	처리제	생성물
㉮	SiF_4	H_2O	SiO_2
㉯	F_2	$NaOH$	NaF
㉰	HF	$Ca(OH)_2$	CaF_2
㉱	Cl_2	$Ca(OH)_2$	$Ca(ClO_3)_2$

풀이 ㉱ Cl_2의 처리제는 $Ca(OH)_2$, 생성물은 $Ca(OCl)_2$이다.

| 제4과목 | 대기오염공정시험기준

61 흡광차분광법에서 분석기 내부의 구성장치와 가장 거리가 먼 것은?

㉮ 분광기   ㉯ 써프렛서
㉰ 검지부   ㉱ 샘플채취부

풀이 분석기 내부는 분광기, 샘플 채취부, 검지부, 분석부, 통신부 등으로 구성된다.

62 연료의 연소로부터 배출되는 굴뚝 배출가스 중 일산화탄소를 정전위전해법으로 분석하고자 할 때 주요 성능기준으로 옳지 않은 것은?

㉮ 90% 응답시간은 2분 30초 이내로 한다.
㉯ 재현성은 측정범위 최대 눈금값의 ±2% 이내로 한다.
㉰ 적용범위는 최고 5%로 한다.
㉱ 전압 변동에 대한 안정성은 최대 눈금값의 ±1% 이내로 한다.

풀이 ㉰ 적용범위는 최고 3%로 한다.

answer 58 ㉱ 59 ㉮ 60 ㉱ 61 ㉯ 62 ㉰

63 환경대기 내의 탄화수소 측정방법 중 총 탄화수소 측정법 성능기준으로 옳지 않은 것은?

㉮ 측정범위는 0~10ppmC, 0~25ppmC 또는 0~50ppmC로 하여 1~3단계의 변환이 가능한 것이어야 한다.
㉯ 응답시간은 스팬가스를 도입시켜 측정치가 일정한 값으로 급격히 변화되어 스팬가스 농도의 90% 변화할 때까지의 시간은 2분 이하여야 한다.
㉰ 제로가스 및 스팬가스를 흘려보냈을 때 정상적인 측정치의 변동은 각 측정단계마다 최대 눈금치의 ±3%의 범위 내에 있어야 한다.
㉱ 제로조정 및 스팬조정을 끝낸 후 그 중간 농도의 교정용 가스를 주입시켰을 경우에 상당하는 메탄 농도에 대한 지시오차는 각 측정단계마다 최대 눈금치의 ±5%의 범위내에 있어야 한다.

[풀이] ㉰ 제로가스 및 스팬가스를 흘려보냈을 때 정상적인 측정치의 변동은 각 측정단계마다 최대 눈금치의 ±1%의 범위내에 있어야 한다.

64 원자흡수분광광도법(원자흡광광도법)에서 목적원소에 의한 흡광도 A_S와 표준원소에 의한 흡광도 A_R와의 비를 구하고 A_S/A_R값과 표준물질 농도와의 관계를 그래프에 작성하여 검정곡선을 만들어 시료 중의 목적원소 농도를 구하는 정량법은?

㉮ 표준물첨가법   ㉯ 상대검정곡선법
㉰ 절대검정곡선법 ㉱ 검정곡선법

[풀이] ㉯ 상대검정곡선법에 대한 설명이다.

65 다음은 비분산 적외선 분광분석법 중 응답시간(response time)의 성능기준을 나타낸 것이다. ( ) 안에 알맞은 것은?

> 제로 조정용 가스를 도입하여 안정된 후 유로를 (①)로 바꾸어 기준 유량으로 분석기에 도입하여 그 농도를 눈금 범위 내의 어느 일정한 값으로부터 다른 일정한 값으로 갑자기 변화시켰을 때 스텝(step) 응답에 대한 소비시간이 1초 이내이어야 한다. 또 이때 최종 지시값에 대한 (②)을 나타내는 시간은 40초 이내이어야 한다.

㉮ ① 비교가스, ② 10%의 응답
㉯ ① 스팬가스, ② 10%의 응답
㉰ ① 비교가스, ② 90%의 응답
㉱ ① 스팬가스, ② 90%의 응답

66 환경대기 내의 석면 시험방법 중 시료채취 장치 및 기구에 관한 설명으로 옳지 않은 것은?

㉮ 멤브레인 필터의 광굴절율 : 약 3.5 전후
㉯ 멤브레인 필터의 재질 및 규격 : 셀룰로즈에스테르제(또는 셀룰로즈나이트레이트제) pore size 0.8~1.2μm, ϕ 25mm 또는 ϕ 47mm
㉰ 흡입펌프 : 1L/min~20L/min로 흡입 가능한 다이아프램 펌프
㉱ Open face형 필터홀더의 재질 : 40mm의 집풍기가 홀더에 장착된 PVC

[풀이] ㉮ 멤브레인 필터의 광굴절율 : 약 1.5 전후

answer 63 ㉰   64 ㉯   65 ㉱   66 ㉮

67 환경대기 중의 일산화탄소 측정방법 중 불꽃 이온화 검출기법은 시료공기를 몰리큘러 시브(Molecular Sieve)가 채워진 분리관을 통과시켜 분리된 일산화탄소를 메탄으로 환원하여 불꽃 이온화 검출기로 정량하는 방법이다. 이때 사용되는 운반가스와 촉매로 가장 적합한 것은?

㉮ 질소와 백금(Pt)
㉯ 수소와 니켈(Ni)
㉰ 헬륨과 팔라듐(Pd)
㉱ 수소와 오스뮴(Os)

68 환경대기 중 옥시단트(오존으로서) 측정방법 중 화학발광법(자동연속측정법)에 관한 설명으로 옳지 않은 것은?

㉮ 시료대기중에 오존과 에틸렌(Ethylene) 가스가 반응할 때 생기는 발광도가 오존농도와 비례관계가 있다는 것을 이용하여 오존농도를 측정한다.
㉯ 이 측정방법의 최저감지농도는 0.05 ppm이며 방해물질로는 아황산가스에 대해 약간 영향을 받으나 다른 물질에 대하여는 영향을 받지 않는다.
㉰ 측정범위는 원칙적으로 0.5ppm O_3로 한다.
㉱ 여과지는 시료대기중에 포함되어 있는 먼지를 제거하고 유로의 막힘을 방지하기 위해 사용하며 테플론을 사용하여 오존이 흡착되는 것을 방지하여 측정오차의 발생을 줄여야 한다.

풀이 ㉯ 이 측정방법의 최저감지농도는 0.003ppm이며 방해물질로는 수분에 대해 약간 영향을 받으나 다른 물질에 대하여는 영향을 받지 않는다.

69 배출가스 중 카드뮴 화합물의 농도를 측정하기 위하여 채취한 시료가 다량의 유기물 유리탄소를 함유하고 있었다. 이 시료의 처리방법으로 가장 적합한 것은?

㉮ 염산법
㉯ 질산-염산법
㉰ 저온회화법
㉱ 질산-과산화수소수법

풀이 다량의 유기물 유리탄소를 함유하는 것, 셀룰로오스 섬유제 여과지를 사용한 것의 처리방법은 저온회화법이다.

70 분석대상가스가 암모니아인 경우 사용 가능한 채취관의 재질로 가장 거리가 먼 것은?

㉮ 스테인리스강   ㉯ 플루오로수지
㉰ 석영   ㉱ 실리콘수지

풀이 암모니아의 채취관의 재질로는 경질유리, 석영, 보통강철, 스테인리스강, 세라믹, 플루오로수지가 있다.

answer 67 ㉯ 68 ㉯ 69 ㉰ 70 ㉱

71 기체크로마토그래피의 장치구성에 관한 설명으로 가장 거리가 먼 것은?

㉮ 방사성 동위원소를 사용하는 검출기를 수용하는 검출기 오븐에 대하여는 온도조절기구와는 별도로 독립작용할 수 있는 과열방지기구를 설치해야 한다.
㉯ 분리관오븐의 온도조절 정밀도는 ±0.5℃ 범위 이내 전원 전압변동 10%에 대하여 온도변화 ±0.5℃ 범위 이내(오븐의 온도가 150℃ 부근일 때)이어야 한다.
㉰ 기록계는 스트립 차아트식 수직기록계로 스팬전압 1mV, 펜 응답시간 5초 이내, 기록지 이동속도는 5mm/분을 포함한 다단변속이 가능한 것이어야 한다.
㉱ 불꽃 이온화 검출기(FID)에서는 직렬 고저항치, 기록계 스팬전압 또는 기록계 전체눈금에 대한 이온전류치 기록지 이동속도를 설정, 판독 또는 측정할 수 있는 것이어야 한다.

▶풀이 ㉰ 기록계는 스트립 차아트식 자동평형 기록계로 스팬전압 1mV, 펜 응답시간 2초 이내, 기록지 이동속도는 10mm/분을 포함한 다단변속이 가능한 것이어야 한다.

72 기체-액체 크로마토그래피법에 사용되는 고정상액체의 조건으로 옳은 것은?

㉮ 사용온도에서 증기압이 낮고, 점성이 작은 것이어야 한다.
㉯ 사용온도에서 증기압이 낮고, 점성이 큰 것이어야 한다.
㉰ 사용온도에서 증기압이 높고, 점성이 작은 것이어야 한다.
㉱ 사용온도에서 증기압이 높고, 점성이 큰 것이어야 한다.

73 환경대기 중 가스상 물질의 시료채취방법에서 채취관-여과재-채취부-흡입펌프-유량계(가스미터)의 순으로 시료를 채취하는 방법은?

㉮ 용기채취법
㉯ 용매채취법
㉰ 직접채취법
㉱ 채취여지에 의한 방법

▶풀이 ㉯ 용매채취법에 대한 설명이다.

74 다음 중 대기오염공정시험기준상 지하공간 및 환경대기 중의 벤조(a)피렌 농도를 측정하기 위한 시험방법으로 가장 적합한 것은?

㉮ 이온크로마토그래피법
㉯ 비분산적외선분광분석법
㉰ 흡광차분광법
㉱ 형광분광광도법

▶풀이 환경대기 중의 벤조(a)피렌 농도를 측정방법으로는 기체크로마토그래피법, 형광분광광도법이 있다.

75 흡광광도 분석장치인 광전분광 광도계에서 발생하는 희미하고 약한 불빛인 미광(Stray Light)의 파장역으로 거리가 먼 것은?

㉮ 200~220nm
㉯ 300~330nm
㉰ 500~530nm
㉱ 700~800nm

▶풀이 미광(Stray Light)의 파장역으로는 200~220nm, 300~330nm, 700~800nm 이다.

answer 71 ㉰ 72 ㉮ 73 ㉯ 74 ㉱ 75 ㉰

76 굴뚝 배출가스 중의 수분량 측정을 위해 흡습관에 배출가스를 10L 통과시킨 결과, 흡습관의 질량증가는 0.7510g 이었다. 이때 건식가스미터로 측정하여보니, 게이지압이 4mmH₂O 이고, 흡입가스 온도가 27℃였다. 측정당시 대기압이 757mmHg이면 배출가스 중의 수분량(%)은?

㉮ 약 6.5% ㉯ 약 9.3%
㉰ 약 10.2% ㉱ 약 13.6%

▶ 풀이

$$X_w(\%) = \frac{1.244ma(L)}{Vs(L)+1.244ma(L)} \times 100(\%)$$

① $Vs(L)$
$= V(L) \times \frac{273}{273+t_g} \times \frac{(P_a+P_m/13.6-P_v)mmHg}{760mmHg}$
$= 10L \times \frac{273}{273+27} \times \frac{(757+4/13.6)mmHg}{760mmHg}$
$= 9.0676L$

② $X_w(\%) = \frac{1.244 \times 0.7510g}{9.0676L+1.244 \times 0.7510g} \times 100$
$= 9.34\%$

TIP

① $1.244 = \frac{22.4L}{18g}$

② $mmH_2O \xrightarrow{\div 13.6} mmHg$

77 대기환경중에 존재하는 휘발성유기화합물(VOCs) 중 오존생성 전구물질과 유해대기오염물질의 농도를 측정하기 위한 시험방법에 해당하지 않는 것은?

㉮ 고체흡착열탈착법
㉯ 자동연속열탈착분석법
㉰ 저온농축탈착법
㉱ 고체흡착용매추출법

▶ 풀이 오존생성 전구물질과 유해대기오염물질의 농도를 측정방법에는 고체흡착열탈착법, 자동연속열탈착분석법, 고체흡착용매추출법이 있다.

78 원자흡수분광광도법에서 사용하는 용어 설명으로 거리가 먼 것은?

㉮ 공명선(Resonance Line) : 원자가 외부로 빛을 반사했다가 방사하는 스펙트럼선
㉯ 근접선(Neighbouring Line) : 목적하는 스펙트럼선에 가까운 파장을 갖는 다른 스펙트럼선
㉰ 역화(Flame Back) : 불꽃의 연소속도가 크고 혼합기체의 분출속도가 작을 때 연소현상이 내부로 옮겨지는 것
㉱ 원자흡광(분광)측광 : 원자흡광스펙트럼을 이용하여 시료중의 특정원소의 농도와 그 휘선의 흡광정도와의 상관관계를 측정하는 것

▶ 풀이 ㉮공명선 : 원자가 외부로부터 빛을 흡수했다가 다시 먼저 상태로 돌아갈 때 방사하는 스펙트럼선

79 다음 중 굴뚝 배출가스 중의 질소산화물을 정량하는 방법은?

㉮ 침전적정법
㉯ 차아염소산염법
㉰ 아세틸아세톤법
㉱ 아연환원나프틸에틸렌다이아민법

▶ 풀이 질소산화물을 정량하는 방법은 아연환원나프틸에틸렌다이아민법과 자동측법이다.

answer 76 ㉯ 77 ㉰ 78 ㉮ 79 ㉱

80 다음 중 다이에틸아민구리 용액에서 시료가스를 흡수시켜 생성된 다이에틸다이싸이오카밤산구리의 흡광도를 435nm의 파장에서 측정하는 항목은?

㉮ CS_2 ㉯ H_2S
㉰ HCN ㉱ PAH

▶ 풀이 ㉮ CS_2(이황화탄소)의 자외선/가시선분광법에 대한 설명이다.

answer 80 ㉮ 81 ㉯ 82 ㉯ 83 ㉰ 84 ㉯

2014 1회 기출문제

| 제1과목 | 대기환경관리

01 납(Pb)의 인체 중독 및 특성에 관한 내용으로 틀린 것은 어느 것인가?

㉮ 납에 의한 중독증상은 일반적으로 Hunter-Russel 증후군으로 일컬어지고 있다.
㉯ 만성 납중독 현상은 혈액 증상, 신경 증상, 위장관 증상 등으로 나눌 수 있다.
㉰ 특징적인 5대 만성중독 증상으로는 연창백(鉛蒼白), 연연(鉛緣), 코프로폴피린뇨, 호기성 점적혈구, 심근마비 등을 들 수 있다.
㉱ 세포내에서 납은 SH기와 반응하여 헴(heme) 합성에 관여하는 효소를 포함한 여러 세포의 효소 작용을 방해한다.

풀이 ㉮ 수은(Hg)에 의한 중독증상은 일반적으로 Hunter-Russel 증후군으로 일컬어지고 있다.

02 가우시안(Gaussian) 분산모델에 있어서 수평 및 수직방향의 표준편차 σ_y와 σ_z에 관한 가정(설명)으로 틀린 것은 어느 것인가?

㉮ 대기의 안정상태와는 관계 있지만, 연돌로부터의 풍하거리와는 무관하다.
㉯ 고도에 따라 변하는 값으로 고도는 대기 중에서 하부 수백m에 국한하여 사용한다.
㉰ 지표는 평탄하다고 간주한다.
㉱ 시료채취시간은 약 10분으로 간주한다.

풀이 ㉮ 표준편차 σ_y와 σ_z는 대기의 안정상태와 풍하거리 X의 함수이다.

03 부피가 3,500m³이고 환기가 되지 않은 작업장에서 화학반응을 일으키지 않는 오염물질이 분당 60mg씩 배출되고 있다. 작업을 시작하기 전에 측정한 이 물질의 평균 농도가 10mg/m³이라면 1시간 이후의 작업장의 평균 농도(mg/m³)는 얼마가 되는가? (단, 상자모델 적용, 작업시작 전, 후의 온도 및 압력조건 동일.)

㉮ 11.0mg/m³
㉯ 13.6mg/m³
㉰ 18.1mg/m³
㉱ 19.9mg/m³

풀이 ① 작업시작 후 작업장의 농도(mg/m³)를 계산한다.

$$mg/m^3 = \frac{60mg/min \times 60min/1hr}{3,500m^3} = 1.03mg/m^3$$

② 1시간 이후의 작업장의 평균농도
= 작업시간 전 농도 + 작업시작 후 농도
= 10mg/m³ + 1.03mg/m³ = 11.03mg/m³

answer 01 ㉮ 02 ㉮ 03 ㉮

04 2,000m에서 대기압력(최초 기압)이 860 mbar, 온도가 5℃, 비열비 K가 1.4일 때 온위(potential temperature)는 얼마인가? (단, 표준압력은 1,000mbar이다.)

㉮ 약 284K ㉯ 약 290K
㉰ 약 294K ㉱ 약 309K

풀이 온위(θ) = T × $\left(\dfrac{1,000}{P}\right)^{0.288}$

$\begin{bmatrix} T : 절대온도(273+℃) \\ P : 대기압력(mbar) \end{bmatrix}$

따라서 θ = (273+5) × $\left(\dfrac{1,000}{860\text{mbar}}\right)^{0.288}$ = 290.34K

05 다음 오염물질 중 대표적인 인체의 국소 증상으로 손·발바닥에 나타나는 각화증, 각막궤양, 비중격천공, Mee's line, 탈모 등의 증상이 있는 오염물질은 어느 것인가?

㉮ Be ㉯ Hg
㉰ V   ㉱ As

풀이 ㉱ As(비소)에 대한 설명이다.

TIP
Mee's line (횡초백선)
손톱에 백색의 가로 줄무늬가 생기는 증상

06 등압선이 곡선인 경우, 원심력, 기압경도력, 전향력의 세힘이 평형을 이루는 상태에서 등압선을 따라 부는 바람은 어느 것인가?

㉮ geostrophic wind
㉯ corioli wind
㉰ gradient wind
㉱ friction wind

풀이 ㉰ gradient wind(경도풍)에 대한 설명이다.

07 스테판 볼츠만의 법칙에 의하면 표면온도가 2,000K인 흑체에서 복사되는 에너지는 표면온도가 1,000K인 흑체에서 복사되는 에너지의 몇 배가 되는가?

㉮ 2배 ㉯ 4배
㉰ 8배 ㉱ 16배

풀이 스테판 볼츠만 법칙
E = σT^4

$\begin{bmatrix} E : 에너지 \\ T : 표면온도(K) \end{bmatrix}$

따라서 E = T^4 관계를 이용한다.

$\dfrac{(2,000K)^4}{(1,000K)^4}$ = 16배

answer 04 ㉯ 05 ㉱ 06 ㉰ 07 ㉱

08 굴뚝 유효 높이를 3배로 증가시킬 때 지상 최대오염농도는 얼마인가? (단, Sutton 식을 적용한다.)

㉮ 기존의 3배 ㉯ 기존의 1/3
㉰ 기존의 9배 ㉱ 기존의 1/9

> **풀이**
> $C_{max} = \dfrac{2Q}{\pi \cdot e \cdot u \cdot He^2}\left(\dfrac{C_z}{C_y}\right)$
>
> 따라서 $C_{max} = \dfrac{1}{He^2}$ 이므로
>
> ∴ $C_{max} = \dfrac{1}{3^2} = \dfrac{1}{9}$ 배

09 오존(O_3)의 특성과 광화학반응에 관한 내용으로 틀린 것은 어느 것인가?

㉮ 산화력이 강하여 눈을 자극하고 물에 난용성이다.
㉯ 대기 중 지표면 오존(O_3)의 농도는 NO_2로 산화된 NO량에 비례하여 증가한다.
㉰ 과산화기가 산소와 반응하여 오존이 생길 수도 있다.
㉱ 오존의 탄화수소 산화반응율은 원자상태의 산소에 의한 탄화수소의 산화보다 빠르다.

> **풀이** ㉱ 오존의 탄화수소 산화반응율은 원자상태의 산소에 의한 탄화수소의 산화보다 느리다.

10 잠재적인 대기오염물질로 취급되고 있는 물질인 이산화탄소에 대한 내용으로 틀린 것은 어느 것인가?

㉮ 지구온실효과에 대한 추정 기여도는 CO_2가 50% 정도로 가장 높다.
㉯ 대기중의 이산화탄소 농도는 북반구의 경우 계절적으로는 보통 겨울에 증가한다.
㉰ 대기중에 배출하는 이산화탄소의 약 5%가 해수에 흡수된다.
㉱ 지구 북반구의 이산화탄소의 농도가 상대적으로 높다.

> **풀이** ㉰ 대기중에 CO_2의 50%는 대기내 축적되고 나머지 50%는 바다에 대부분 흡수되고 일부는 식물에 흡수된다.

11 다음 지표면 상태 중 일반적으로 알베도(%)가 가장 큰 것은 어느 것인가?

㉮ 삼림 ㉯ 사막
㉰ 수면 ㉱ 얼음

> **풀이** 보기 중에서 알베도(%)가 가장 큰 것은 얼음이다.
>
> **TIP**
> 알베도는 지구 지표면의 열수지를 표현하기 위해 복사 수지식을 적용하는데 지표의 반사율을 나타내는 지표이다.

answer 08 ㉱ 09 ㉱ 10 ㉰ 11 ㉱

12 다음 중 수용모델의 특성으로 알맞은 것은 어느 것인가?

㉮ 지형 및 오염원의 조업조건에 영향을 받는다.
㉯ 단기간 분석 시 문제가 된다.
㉰ 현재나 과거에 일어났던 일을 추정, 미래를 위한 전략은 세울 수 있으나 미래 예측은 어렵다.
㉱ 점, 선, 면 오염원의 영향을 평가할 수 있다.

풀이 ㉮, ㉯, ㉱의 내용은 분산모델에 대한 설명이다.

13 Pasquill에 의한 대기안정도 분류에서 사용되는 항목으로 틀린 것은 어느 것인가?

㉮ 상대습도
㉯ 지상 10m 고도에서의 풍속
㉰ 태양복사량
㉱ 운량분포

풀이 Pasquill에 의한 대기안정도 분류에서 사용되는 항목으로는 일사량(복사량), 풍속, 운량, 운고 등이 있다.

14 일반적인 가솔린 자동차 배기가스의 구성면에서 볼 때 다음 중 가장 많은 부피를 차지하는 물질은 어느 것인가? (단, 가속상태 기준)

㉮ 탄화수소   ㉯ 질소산화물
㉰ 일산화탄소 ㉱ 이산화탄소

풀이 가솔린 자동차 배기가스의 구성면에서 볼 때 가장 많은 부피를 차지하는 물질은 이산화탄소이다.

15 불안정한 조건에서 가스 속도가 10m/s, 굴뚝의 안지름이 5m, 가스온도가 173℃, 기온이 17℃, 풍속이 36km/hr일 때 연기의 상승높이(m)는 얼마인가?(단, 불안정 조건시 연기의 상승높이 $\triangle H = 150 \dfrac{F}{u^3}$이며 F는 부력임.)

㉮ 34m   ㉯ 42m
㉰ 49m   ㉱ 56m

풀이
① $F = g \times \left(\dfrac{D}{2}\right)^2 \times V_s \times \left(\dfrac{T_s - T_a}{T_a}\right)$ (m⁴/sec³)

$= 9.8\text{m/sec}^2 \times \left(\dfrac{5\text{m}}{2}\right)^2 \times 10\text{m/sec} \times \dfrac{(273+173)-(273+17)}{(273+17)}$

$= 329.48 \text{m}^4/\text{sec}^3$

② 풍속(m/sec) $= \dfrac{36\text{km}}{\text{hr}} \times \dfrac{10^3\text{m}}{1\text{km}} \times \dfrac{1\text{hr}}{3,600\text{sec}}$

$= 10\text{m/sec}$

③ $\triangle H = 150 \times \dfrac{F}{u^3}$

$= 150 \times \dfrac{329.48 \text{m}^4/\text{sec}^3}{(10\text{m/sec})^3} = 49.42\text{m}$

16 오염물질이 식물에 미치는 피해에 대한 설명으로 틀린 것은 어느 것인가?

㉮ 황화수소는 특히 고엽에 피해가 크며, 지표식물은 복숭아, 딸기, 사과 등이며, 강한 식물은 코스모스, 토마토, 오이 등이다.
㉯ 암모니아는 잎 전체에 영향을 주는 것이 특징이며, 암모니아에 접촉하여 수 시간이 지나면 잎 전체가 갈색이 된다.
㉰ 불화수소는 어린 잎에 피해가 현저한 편이며, 강한 식물로는 담배, 목화 등이 있다.
㉱ 아황산가스의 지표식물로는 자주개나리, 보리 등이 있다.

answer 12 ㉰ 13 ㉮ 14 ㉱ 15 ㉰ 16 ㉮

풀이 ㉮ 황화수소의 지표식물은 코스모스, 토마토, 오이 등이며, 강한 식물은 복숭아, 딸기, 사과 등이며, 주로 어린잎이나 새싹에 피해를 준다.

17 다음 주요 오존파괴물질 중 평균수명(년)이 가장 긴 것은 어느 것인가?

㉮ CFC-123
㉯ CFC-124
㉰ CFC-11
㉱ CFC-115

풀이 이 문제는 정답을 암기해 두어야 하며, 동일하게 재출제되는 문제입니다.

18 다음 대기오염물질 중 상온에서 무색투명하며, 일반적으로 불쾌한 자극성 냄새를 내는 액체이며, 햇빛에 파괴될 정도로 불안정하지만 부식성은 비교적 약하고, 끓는점은 약 47℃ 정도, 인화점은 −30℃ 정도인 오염물질은 어느 것인가?

㉮ HCl
㉯ Cl_2
㉰ SO_2
㉱ CS_2

풀이 ㉱ CS_2(이황화탄소)에 대한 설명이다.

19 다음은 NO_2의 광화학 반응식이다. ( )안에 들어갈 적당한 것은 어느 것인가? (단, O는 산소원자)

[①] + hv → [②] + O
O + [③] → [④]
[④] + [②] → [①] + [③]

㉮ ① NO, ② NO_2, ③ O_3, ④ O_2
㉯ ① NO_2, ② NO, ③ O_2, ④ O_3
㉰ ① NO, ② NO_2, ③ O_2, ④ O_3
㉱ ① NO_2, ② NO, ③ O_3, ④ O_2

20 역전에 대한 내용으로 틀린 것은 어느 것인가?

㉮ 전선역전층이나 해풍역전층은 모두 이동성이지만 그 상하에서 바람과 난류가 작아서 지표부근의 오염물질들을 오랫동안 정체시킨다.
㉯ 복사역전층에서는 안개가 발생하기 쉽고 매연이 소산되기 어려워 지표부근의 오염농도가 커진다.
㉰ 복사역전은 하늘이 맑고 바람이 약한 자정 이후와 새벽에 걸쳐 잘 생기며, 낮이 되면 일사에 의해 지면이 가열되면 곧 소멸된다.
㉱ 산을 넘는 푄기류가 산골짜기 사이로 통과할 때 발생하는 지형성 역전도 있으며, 이 역전층은 산골짜기, 분지 등으로 냉기가 모일 경우 발생한다.

풀이 ㉮ 전선역전층이나 해풍역전층은 모두 이동성이며, 고공에서 발생하는 역전이므로 고공의 오염물질을 오랫동안 정체시킨다.

answer 17 ㉱ 18 ㉱ 19 ㉯ 20 ㉮

| 제2과목 | 연소공학

21 액체연료가 미립화되는데 영향을 미치는 요인으로 틀린 것은 어느 것인가?

㉮ 분사압력 ㉯ 분사속도
㉰ 연료의 점도 ㉱ 연료의 발열량

풀이 ㉱ 연료의 발열량은 관계가 없다.

22 석탄의 물리화학적인 성상에 대한 내용으로 알맞은 것은 어느 것인가?

㉮ 연료 조성변화에 따른 연소특성으로 회분은 착화불량과 열손실을, 탄소는 발열량 저하 및 연소불량을 초래한다.
㉯ 석탄회분의 용융 시 SiO_2, Al_2O_3 등의 산성 산화물량이 많으면 회분의 용융점이 상승한다.
㉰ 석탄을 고온 건류하여 코크스를 생산할 때 온도는 250~300℃ 정도이다.
㉱ 석탄의 휘발분은 매연발생에 영향을 주지 않는다.

풀이 ㉮ 연료 조성변화에 따른 연소특성으로 수분은 착화불량과 열손실을, 회분은 발열량 저하 및 연소불량을 초래한다.
㉰ 석탄을 고온 건류하여 코크스를 생산할 때 온도는 1,100~1,200℃ 정도이다.
㉱ 석탄의 휘발분은 매연발생에 가장 큰 영향을 미친다.

23 Methane 1mole이 공기비 1.33으로 연소하고 있을 때 부피기준의 공연비(Air Fuel Ratio)는 얼마인가?

㉮ 9.5 ㉯ 11.4
㉰ 12.7 ㉱ 17.1

풀이 $CH_4 + 2O_2 \rightarrow CO_2 + 2H_2O$
AFR(Sm^3/Sm^3)

$= \dfrac{\text{산소갯수} \times 22.4 Sm^3 \times \dfrac{1}{0.21}}{\text{연료갯수} \times 22.4 Sm^3} \times \text{공기비(m)}$

$= \dfrac{2 \times 22.4 Sm^3 \times \dfrac{1}{0.21}}{1 \times 22.4 Sm^3} \times 1.33 = 12.67$

24 연소시 발생되는 NO_X는 원인과 생성기전에 따라 3가지로 분류하는데, 해당하지 않는 것은 어느 것인가?

㉮ fuel NO_X ㉯ noxious NO_X
㉰ prompt NO_X ㉱ thermal NO_X

풀이 연소시 발생되는 NO_X는 원인과 생성기전에 따라 fuel NO_X, prompt NO_X, thermal NO_X로 분류할 수 있다.

25 연료의 연소시 질소산화물(NO_X)의 발생을 줄이는 방법으로 틀린 것은 어느 것인가?

㉮ 예열연소 ㉯ 2단연소
㉰ 저산소연소 ㉱ 배가스 재순환

풀이 ㉮ 예열연소는 질소산화물이 많이 발생하는 조건이다.

answer 21 ㉱ 22 ㉯ 23 ㉰ 24 ㉯ 25 ㉮

26 가로, 세로, 높이가 각각 1.0m, 2.0m, 1.0m의 연소실에서 연소실 열발생률을 $20 \times 10^4 kcal/m^3 \cdot hr$로 하도록 하기 위해서는 하루에 연소하는 중유(kg)는 얼마인가? (단, 중유의 저발열량은 10,000kcal/kg이며, 연소실은 하루에 8시간 가동 기준.)

㉮ 320 ㉯ 420
㉰ 550 ㉱ 650

풀이 연소실의 열발생율(kcal/m³·hr)
$= \dfrac{저위발열량(kcal/kg) \times 중유량(kg/hr)}{가로 \times 세로 \times 높이(m^3)}$

따라서 $20 \times 10^4 kcal/m^3 \cdot hr$
$= \dfrac{10,000kcal/kg \times 중유량(kg/day) \times 1day/8hr}{(1.0m \times 2.0m \times 1.0m)}$

∴ 중유량 $= \dfrac{20 \times 10^4 kcal/m^3 \cdot hr \times (1.0m \times 2.0m \times 1.0m)}{10,000kcal/kg \times 1day/8hr}$
$= 320 kg/day$

27 다음 연소 중 코우크스나 목탄 등이 고온으로 될 때 빨간 짧은 불꽃을 내면서 연소하는 것으로, 휘발성분이 없는 고체연료의 연소형태는 어느 것인가?

㉮ 자기연소 ㉯ 분해연소
㉰ 표면연소 ㉱ 내부연소

풀이 ㉰ 표면연소에 대한 설명이다.

28 화염이 길고, 그을음이 발생하기 쉬운 반면, 역화(back fire)의 위험이 없으며, 공기와 가스를 예열할 수 있는 연소방식은 어느 것인가?

㉮ 예혼합연소 ㉯ 확산연소
㉰ 플라즈마연소 ㉱ 컴팩트연소

풀이 ㉯ 확산연소에 대한 설명이다.

29 2%(질량기준)의 황성분을 포함한 석탄 1톤을 표준대기 상태에서 이론적으로 완전연소 시킬 때 발생되는 SO_2량(Sm^3)은 얼마인가? (단, 황성분은 모두 SO_2로 전환된다.)

㉮ $42 Sm^3$ ㉯ $34 Sm^3$
㉰ $28 Sm^3$ ㉱ $14 Sm^3$

풀이 $S + O_2 \rightarrow SO_2$
32kg : $22.4 Sm^3$
$1,000 kg \times 0.02$: X

∴ $X = \dfrac{1,000 kg \times 0.02 \times 22.4 Sm^3}{32 kg} = 14 Sm^3$

30 주어진 기체연료 $1 Sm^3$를 이론적으로 완전연소시키는데 가장 적은 이론산소량(Sm^3)을 필요로 하는 것은 어느 것인가? (단, 연소시 모든 조건은 동일함.)

㉮ Methane ㉯ Hydrogen
㉰ Ethane ㉱ Acetylene

풀이 ㉮ Methane(CH_4) + $2O_2 \rightarrow CO_2 + 2H_2O$
㉯ Hydrogen(H_2) + $0.5O_2 \rightarrow H_2O$
㉰ Ethane(C_2H_6) + $3.5O_2 \rightarrow 2CO_2 + 3H_2O$
㉱ Acetylene(C_2H_2) + $2.5O_2 \rightarrow 2CO_2 + H_2O$
기체연료에서 이론공기량이 가장 적은 연료는 완전연소반응식에서 산소의 개수가 가장 적은 연료이므로 ㉯ Hydrogen이 정답이다.

answer 26 ㉮ 27 ㉰ 28 ㉯ 29 ㉱ 30 ㉯

31 공기압은 2~10kg/cm², 분무화용 공기량은 이론공기량의 7~12%, 분무각도는 30° 정도이며, 유량조절범위는 1 : 10 정도인 액체연료의 연소장치는?

㉮ 유압식 버너
㉯ 고압공기식 버너
㉰ 충돌 분사식 버너
㉱ 회전식 버너

풀이 ㉯ 고압공기식 버너에 대한 설명이다.

32 C : 85%, H : 10%, O : 2%, S : 2%, N : 1%로 구성된 중유 1kg을 완전연소 시킨 후 오르자트 분석결과 연소가스 중의 O_2 농도는 5.0%였다. 건조연소 가스량 (Sm^3/kg)은 얼마인가?

㉮ 8.9 Sm^3/kg ㉯ 10.9 Sm^3/kg
㉰ 12.9 Sm^3/kg ㉱ 15.9 Sm^3/kg

풀이
① 공기비(m) = $\frac{21}{21-O_2\%}$ = $\frac{21}{21-5.0\%}$ = 1.3125
② 이론공기량(A_o)
 = 8.89C+26.67× $\left(H-\frac{O}{8}\right)$ +3.33S(Sm^3/kg)
 = 8.89×0.85+26.67× $\left(0.1-\frac{0.02}{8}\right)$ +3.33×0.02
 = 10.2234Sm^3/kg
③ 실제건연소가스량(Gd)
 = mA_o-5.6H+0.7O+0.8N(Sm^3/kg)
 = 1.3125×10.2234Sm^3/kg-5.6×0.1+0.7×0.02+0.8×0.01
 = 12.88Sm^3/kg

33 연료 연소시 매연발생에 대한 내용으로 틀린 것은 어느 것인가?

㉮ 연료의 C/H 비율이 클수록 매연이 발생하기 쉽다.
㉯ 중합 및 고리화합물 등과 같이 반응이 일어나기 쉬운 탄화수소일수록 매연 발생이 적다.
㉰ 분해하기 쉽거나 산화하기 쉬운 탄화수소는 매연발생이 적다.
㉱ 탄소결합을 절단하기보다는 탈수소가 쉬운 쪽이 매연이 발생하기 쉽다.

풀이 ㉯ 중합 및 고리화합물 등과 같이 반응이 일어나기 쉬운 탄화수소일수록 매연발생이 크다.

34 확산형 가스버너 중 포트형에 관한 설명으로 옳지 않은 것은?

㉮ 포트형은 버너가 로벽에 의해 분리되어 내화벽돌로 조립된 것으로 가스 분출속도가 높다.
㉯ 구조상 가스와 공기압을 높이지 못한 경우에 사용한다.
㉰ 가스와 공기를 함께 가열할 수 있다.
㉱ 가스 및 공기의 온도와 밀도를 고려하여 밀도가 큰 공기 출구는 상부에, 밀도가 작은 가스출구는 하부에 배치되도록 설계한다.

풀이 ㉮ 포트형은 버너가 로벽과 함께 내화벽돌로 조립되어 로 내부에 개구된 것이다.

answer 31 ㉯ 32 ㉰ 33 ㉯ 34 ㉮

35 유압분무식 버너에 관한 설명으로 옳지 않은 것은?

㉮ 유량조절범위가 환류식의 경우는 1 : 3, 비환류식의 경우는 1 : 2 정도여서 부하변동에 적응하기 어렵다.
㉯ 연료의 분사유량은 15~2,000kL/h 정도이다.
㉰ 분무각도가 40~90°정도로 크다.
㉱ 연료의 점도가 크거나 유압이 5kg/cm² 이하가 되면 분무화가 불량하다.

풀이 ㉯ 연료의 분사범위는 15~2,000L/h 정도이다.

36 화염을 유지하기 위한 보염기에 관한 내용으로 틀린 것은 어느 것인가?

㉮ 원추형 보염기는 원추의 가장자리에서 말려들게 한 소용돌이에 의하여 주로 보염작용을 행한다.
㉯ 축류형 보염기는 축의 전방에 생기는 소용돌이에 의하여 주로 보염작용을 행한다.
㉰ 공기유동에 대해 소용돌이를 발생시켜 화염의 순환영역을 만들어 화염의 안정화를 꾀한다.
㉱ 공기유동에 대해 연료를 역방향으로 분사하고 국부공기 유속을 화염전파속도보다 작게 한다.

풀이 ㉯ 축류형 보염기는 축의 후방에 생기는 소용돌이에 의하여 주로 보염작용을 행한다.

37 열생성 NO_X를 억제하는 연소방법에 대한 내용으로 틀린 것은 어느 것인가?

㉮ 희박예혼합연소 : 당량비를 높여 NO_X 발생온도를 현저히 낮추어(2,000K 이하) prompt NO_X로의 전환을 유도한다.
㉯ 화염형상의 변경 : 화염을 분할하거나 막상으로 얇게 늘려서 열손실을 증대시킨다.
㉰ 완만혼합 : 연료와 공기의 혼합을 완만하게 하여 연소를 길게 함으로써 화염온도의 상승을 억제한다.
㉱ 배기재순환 : 팬을 써서 굴뚝가스를 로의 상부에 피드백시켜 최고 화염온도와 산소농도로 억제한다.

풀이 ㉮ 희박예혼합연소 : 최고화염온도를 1,800K 이하로 하여 NO_X 발생을 억제하는 방법이다.

38 다음 중 옥탄가가 가장 낮은 물질은 어느 것인가?

㉮ 노말 파라핀류 ㉯ 이소 올레핀류
㉰ 이소 파라핀류 ㉱ 방향족 탄화수소

39 메탄가스 $1Sm^3$가 완전연소할 때 발생하는 이론건조연소 가스량(Sm^3)은 얼마인가? (단, 표준상태 기준)

㉮ $4.8Sm^3$ ㉯ $6.5Sm^3$
㉰ $8.5Sm^3$ ㉱ $10.8Sm^3$

풀이 $CH_4 + 2O_2 \rightarrow CO_2 + 2H_2O$
이론건연소가스량(God)
= $(1-0.21)A_o + CO_2$량(Sm^3/Sm^3)
= $(1-0.21) \times \dfrac{2}{0.21} + 1 = 8.52Sm^3/Sm^3$

answer 35 ㉯ 36 ㉯ 37 ㉮ 38 ㉮ 39 ㉰

40 기체연료의 이론공기량(Sm^3/Sm^3)을 구하는 식으로 알맞은 것은 어느 것인가?
(단, H_2, CO, C_xH_y, O_2는 연료 중의 수소, 일산화탄소, 탄화수소, 산소의 체적비를 의미한다.)

㉮ $0.21\{0.5H_2+0.5CO+(x+y/4)C_xH_y-O_2\}$
㉯ $0.21\{0.5H_2+0.5CO+(x+y/4)C_xH_y+O_2\}$
㉰ $1/0.21\{0.5H_2+0.5CO+(x+y/4)C_xH_y-O_2\}$
㉱ $1/0.21\{0.5H_2+0.5CO+(x+y/4)C_xH_y+O_2\}$

풀이
$H_2+0.5O_2 \rightarrow H_2O$
$CO+0.5O_2 \rightarrow CO_2$
$C_xH_y+\left(x+\dfrac{y}{4}\right)O_2 \rightarrow xCO_2+\dfrac{y}{2}H_2O$
O_2
이론공기량(Sm^3/Sm^3)
$=\dfrac{\text{연료 중 가연성물질의 연소시 필요한 산소량·연료 중 산소량}}{0.21}$
$=\dfrac{0.5H_2+0.5CO+\left(x+\dfrac{y}{4}\right)C_xH_y-O_2}{0.21}$

| 제3과목 | 대기오염방지기술

41 여과집진장치에 대한 내용으로 틀린 것은 어느 것인가?

㉮ 수분이나 여과속도에 대한 적응성이 높다.
㉯ 폭발성 및 점착성 먼지의 처리에 적합하지 않다.
㉰ 여과재의 교환으로 유지비가 많이 든다.
㉱ 가스의 온도에 따라 여과재 선택에 제한을 받는다.

풀이 ㉮ 수분이나 여과속도에 대한 적응성이 낮다.

42 질소산화물(NO_X) 저감기술로 틀린 것은 어느 것인가?

㉮ 유기질소화합물을 함유하지 않는 연료를 사용할 것
㉯ 연소영역에서 산소의 농도를 높일 것
㉰ 고온영역에서 연소가스의 체류시간을 짧게할 것
㉱ 부분적인 고온영역을 없게 할 것

풀이 ㉯ 연소영역에서 산소의 농도를 낮출 것

43 다음에서 설명하는 것은 어떤 여과집진장치인가?

- 함진가스는 외부여과하고, 먼지는 여포외부에 걸리므로 여포에 casing이 필요하며, 여포의 상부에는 각각 venturi관과 nozzle이 붙어 있어 압축공기를 분사 nozzle에서 일정시간마다 분사하여 부착한 먼지를 털어내야 한다.
- 형상은 원통형으로 소형화가 가능하고, 여포를 부직포로 하면 직포의 2~3배, 여과속도 2~5m/min에서 처리할 수 있다.

㉮ pulse jet형   ㉯ 진동형
㉰ 역기류형   ㉱ reblower형

풀이 ㉮ pulse jet형에 대한 설명이다.

answer 40 ㉰ 41 ㉮ 42 ㉯ 43 ㉮

44 동일한 밀도를 가진 먼지입자(A, B)가 2개가 있다. B먼지 입자의 지름이 A먼지입자의 지름보다 100배가 더 크다고 하면, B먼지입자 질량은 A먼지입자의 질량보다 몇 배나 더 크겠는가?

㉮ 100 ㉯ 10,000
㉰ 1,000,000 ㉱ 100,000,000

[풀이] 질량(kg) = 체적(m^3)×밀도(kg/m^3)
$= \frac{\pi D^3}{6}(m^3) \times$ 밀도(kg/m^3)

따라서 질량 = D^3이므로
∴ 질량 = $(100배)^3$ = 1,000,000

45 사이클론의 유입구 높이가 18.75cm, 원통부의 높이가 1.0m, 원추부의 높이가 1.0m 일 때 외부선회류의 회전수는 얼마인가?

㉮ 2 ㉯ 4
㉰ 6 ㉱ 8

[풀이] 회전수(N) = $\frac{1}{H_A} \times \left(H_B + \frac{H_C}{2}\right)$

H_A : 유입구 높이(m)
H_B : 원통부 높이(m)
H_C : 원추부 높이(m)

따라서 회전수(N) = $\frac{1}{0.1875m} \times \left(1.0m + \frac{1.0m}{2}\right)$
= 8회

46 전기집진장치에서 입구 먼지농도가 16 g/Sm^3, 출구 먼지농도가 0.1g/Sm^3이었다. 출구 먼지농도를 0.03g/Sm^3으로 하기 위해서는 집진극의 면적을 약 몇 % 넓게 하면 되는가? (단, 다른 조건은 무시함.)

㉮ 32% ㉯ 24%
㉰ 16% ㉱ 8%

[풀이] $\eta = 1-\exp^{\frac{-A \cdot We}{Q}}$ 에서

$A = \ln(1-\eta) \times \left(-\frac{Q}{We}\right)$

① $\eta_1 = \left(1 - \frac{C_o}{C_i}\right) \times 100 = \left(1 - \frac{0.1g/Sm^3}{16g/Sm^3}\right) \times 100$
= 99.375%

따라서
$A_1 = LN(1-0.99375) \times \left(-\frac{Q}{We}\right) = 5.075 \times \left(\frac{Q}{We}\right)$

② $\eta_2 = \left(1 - \frac{C_o}{C_i}\right) \times 100 = \left(1 - \frac{0.03g/Sm^3}{16g/Sm^3}\right) \times 100$
= 99.81%

따라서
$A_2 = LN(1-0.9981) \times \left(-\frac{Q}{We}\right) = 6.266 \times \left(\frac{Q}{We}\right)$

③ 집진극의 면적 증가율(%)
$= \frac{A_2 - A_1}{A_1} \times 100 = \frac{6.266 - 5.075}{5.075} \times 100 = 23.47\%$

answer 44 ㉰ 45 ㉱ 46 ㉯

47 가스 1m³당 50g의 아황산가스를 포함하는 어떤 폐가스를 흡수 처리하기 위하여 가스 1m³에 대하여 순수한 물 2,000kg의 비율로 연속 향류 접촉시켰더니 폐가스 내 아황산가스의 농도가 1/10로 감소하였다. 물 1,000kg에 흡수된 아황산가스의 양(g)은 얼마인가?

㉮ 11.5 ㉯ 22.5
㉰ 33.5 ㉱ 44.5

풀이 순수한 물 2,000kg을 사용할 때 폐가스내 아황산가스 농도가 1/10로 감소하므로 처리해야 할 아황산가스 농도는 1m³당 45g이 된다.
따라서 45g:2,000kg = x(g):1,000kg으로 계산하면 x = 22.5(g)이 된다.

48 건식 탈황·탈질방법 중 하나인 전자선 조사법의 프로세스 특징으로 틀린 것은 어느 것인가?

㉮ 연소 배기가스에 암모니아 등을 첨가해 α, β, γ선, 전리성 방사선 등을 조사한다.
㉯ 부산물로 황산암모늄 및 질산암모늄을 생성한다.
㉰ 구성이 복잡해 계내의 압력손실이 높고, 배기가스의 변동 등에 대처가 어렵다.
㉱ 탈질 및 탈황효율은 전자선의 조사량에 비례한다.

풀이 ㉰구성이 간단해 계내의 압력손실이 낮고, 배기가스의 변동 등에 대처가 용이하다.

49 처리용량이 크며, 먼지의 크기가 0.1~0.9μm인 것에 대해서도 높은 집진효율을 가지며, 습식 또는 건식으로도 제진할 수 있고, 압력손실이 매우 적고, 유지비도 적게 소요될 뿐 아니라 고온의 가스도 처리 가능한 집진장치는 어느 것인가?

㉮ 전기집진장치   ㉯ 원심력집진장치
㉰ 세정집진장치   ㉱ 여과집진장치

풀이 ㉮ 전기집진장치에 대한 설명이다.

50 유수식 세정집진장치의 종류로 틀린 것은 어느 것인가?

㉮ 가스분수형   ㉯ 스크루형
㉰ 임펠라형   ㉱ 로타형

풀이 유수식 세정집진장치의 종류에는 가스선회형, 임펠라형, 로타형, 분수형이 있다.

51 습식 전기집진장치의 특징에 대한 내용으로 틀린 것은 어느 것인가?

㉮ 낮은 전기저항 때문에 생기는 재비산을 방지할 수 있다.
㉯ 처리가스 속도를 건식보다 2배 정도 높일 수 있다.
㉰ 집진극면이 청결하게 유지되며 강전계를 얻을 수 있다.
㉱ 먼지의 저항이 높기 때문에 역전리가 잘 발생된다.

풀이 ㉱습식 전기집진기에서는 역전리가 발생되지 않는다.

answer 47 ㉯ 48 ㉰ 49 ㉮ 50 ㉯ 51 ㉱

52 압력손실이 250mmH₂O이고, 처리가스량 30,000m³/h인 집진장치의 송풍기 소요동력(kW)은 얼마인가? (단, 송풍기의 효율은 80%, 여유율은 1.25이다.)

㉮ 약 25 kW ㉯ 약 29 kW
㉰ 약 32 kW ㉱ 약 38 kW

풀이
$$kW = \frac{Ps \times Q}{102 \times \eta} \times \alpha$$

- Ps : 압력손실(mmH₂O)
- Q : 처리가스량(m³/sec)
- η : 효율
- α : 여유율

따라서
$$kW = \frac{250\text{mmH}_2\text{O} \times 30,000\text{m}^3/\text{hr} \times 1\text{hr}/3,600\text{sec}}{102 \times 0.80} \times 1.25$$
$$= 31.91\text{kW}$$

TIP
1kW = 102kg · m/sec이므로 가스량(Q)의 시간 단위는 반드시 "sec"임에 주의

53 전기집진장치의 장애현상 중 먼지의 비저항이 비정상적으로 높아 2차 전류가 현저하게 떨어질 때의 대책으로 알맞은 것은 어느 것인가?

㉮ baffle을 설치한다.
㉯ 방전극을 교체한다.
㉰ 스파크 횟수를 늘린다.
㉱ 바나듐을 투입한다.

풀이 2차 전류가 현저하게 떨어질 때의 대책으로는 ① 스파크의 횟수를 늘린다. ② 조습용 스프레이의 수량을 늘린다. ③ 입구먼지농도를 적절히 조절한다. 등이 있다.

54 세정식 집진장치의 원리에 대한 내용으로 틀린 것은 어느 것인가?

㉮ 배기가스를 증습하면 입자의 응집이 낮아진다.
㉯ 액적에 입자가 충돌하여 부착된다.
㉰ 미립자가 확산되면 액적과의 접촉이 증가된다.
㉱ 액막과 기포에 입자가 접촉하여 부착된다.

풀이 ㉮ 배기가스를 증습하면 입자의 응집이 증가한다.

55 먼지입도의 분포(누적분포)를 나타내는 식은 어느 것인가?

㉮ Rayleigh 분포식
㉯ Freundlich 분포식
㉰ Rosin-Rammler 분포식
㉱ Cunningham 분포식

56 흡수장치를 액분산형과 기체분산형으로 분류할 때 다음 중 기체분산형에 해당하는 것은 어느 것인가?

㉮ spray tower ㉯ packed tower
㉰ plate tower ㉱ spray chamber

풀이 흡수장치의 종류
① 액분산형 흡수장치 : 충전탑, 분무탑, 벤츄리스크러버
② 기체분산형 흡수장치 : 다공판탑, 종탑, 기포탑

answer 52 ㉰ 53 ㉰ 54 ㉮ 55 ㉰ 56 ㉰

57 높이 7m, 폭 10m, 길이 15m의 중력집진 장치를 이용하여 처리가스를 4m³/sec 의 유량으로 비중이 1.5인 먼지를 처리 하고 있다. 이 집진장치가 채취할 수 있 는 최소입자의 크기(d_{min})는 얼마인가? (단, 온도는 25℃, 점성계수는 1.85×10^{-5} kg/m · s이며 공기의 밀도는 무시함.)

㉮ 약 32㎛   ㉯ 약 25㎛
㉰ 약 17㎛   ㉱ 약 12㎛

풀이
$d = \sqrt{\dfrac{18 \cdot \mu \cdot Q}{(\rho_s - \rho) \cdot g \cdot B \cdot L}} \times 10^6 (\mu m)$

따라서
$d = \sqrt{\dfrac{18 \times 1.85 \times 10^{-5} kg/m \cdot sec \times 4m^3/sec}{1.5 \times 10^3 kg/m^3 \times 9.8 m/sec^2 \times 10m \times 15m}} \times 10^6$
$= 24.58 \mu m$

TIP
비중(g/cm³) $\xrightarrow{\times 10^3}$ 밀도(kg/m³)

58 유해가스를 촉매연소법으로 처리할 때 촉매에 바람직하지 않은 물질로 틀린 것 은 어느 것인가?

㉮ 납(Pb)   ㉯ 수은(Hg)
㉰ 황(S)   ㉱ 일산화탄소(CO)

59 가로 5m, 세로 8m인 두 집진판이 평행 하게 설치되어 있고, 두 판 사이 중간에 원형철심 방전극이 위치하고 있는 전기 집진장치에 굴뚝가스가 120m³/min로 통과하고, 입자이동속도가 0.12m/s일 때의 집진효율(%)은 얼마인가? (단, Deutsch - Anderson식 적용함.)

㉮ 98.2%   ㉯ 98.7%
㉰ 99.2%   ㉱ 99.7%

풀이
$\eta = \left\{ 1 - \exp\dfrac{-A \cdot W_e}{Q} \right\} \times 100 (\%)$
$= \left\{ 1 - \exp\dfrac{-2 \times 5m \times 8m \times 0.12m/sec}{120m^3/min \times 1min/60sec} \right\} \times 100 = 99.18\%$

TIP
단면적(A) = 2×가로×세로(m²)

60 다음 발생 먼지 종류 중 일반적으로 S/Sb가 가장 큰 것은 어느 것인가?
(단, S는 진비중, Sb는 겉보기 비중)

㉮ 미분탄보일러   ㉯ 시멘트킬른
㉰ 카본블랙   ㉱ 골재드라이어

풀이 진비중(S)과 겉보기비중(Sb)의 비(S/Sb)
㉮ 미분탄보일러의 S/Sb = 2.1/0.52 = 4.04
㉯ 시멘트킬른의 S/Sb = 3.0/0.6 = 5.0
㉰ 카본블랙의 S/Sb = 1.9/0.025 = 76
㉱ 골재드라이어의 S/Sb = 2.9/1.06 = 2.73

TIP
진비중(S)과 겉보기비중(Sb)의 비(S/Sb)가 클수록 재비산현상을 유발할 가능성이 높다.

answer 57 ㉯   58 ㉱   59 ㉰   60 ㉰

| 제4과목 | 대기오염공정시험기준

61 굴뚝 배출가스 중의 카드뮴 화합물을 분석하기 위하여 시료를 채취하려고 한다. 시료 채취시 굴뚝 배출가스 온도에 따른 사용 여과지와의 연결로 틀린 것은 어느 것인가?

㉮ 120℃ 이하 - 셀룰로스 섬유제 여과지
㉯ 250℃ 이하 - 헤미셀룰로스 섬유제 여과지
㉰ 500℃ 이하 - 유리 섬유제 여과지
㉱ 1000℃ 이하 - 석영 섬유제 여과지

62 보통형(Ⅰ형) 흡입노즐을 사용한 굴뚝 배출가스 흡입시 10분간 채취한 흡입가스량(습식가스미터에서 읽은 값)이 60L 이었다. 이 때 등속흡입이 행하여지기 위한 가스미터에 있어서의 등속흡입 유량의 범위는 어느 것인가? (단, 등속흡입 정도를 알기 위한 등속흡입계수 $I(\%) = \dfrac{V_m}{q_m \times t} \times 100$ 이다.)

㉮ 3.3~5.3L/분   ㉯ 5.5~6.7L/분
㉰ 6.5~7.3L/분   ㉱ 7.5~8.3L/분

풀이
$I(\%) = \dfrac{V_m}{q_m \times t} \times 100$

⎡ I : 등속흡입계수(%)(등속흡입계수의 범위는 90 ~ 110%),
  V_m : 흡입가스량(습식가스미터에서 읽은 값)(L)
  q_m : 가스미터에 있어서의 등속흡입유량(L/분)
⎣ t : 가스 흡입시간(분)

① 등속흡입계수(I)가 90%일 때
등속유량(q_m) = $\dfrac{V_m}{I \times t} = \dfrac{60L}{0.90 \times 10min}$
= 6.66L/min

② 등속흡입계수(I)가 110%일 때
등속유량(q_m) = $\dfrac{V_m}{I \times t} = \dfrac{60L}{1.10 \times 10min}$
= 5.46L/min

③ 등속흡입유량의 범위는 5.46L/min~6.66L/min 이다.

63 원자흡수분광광도법을 이용하여 금속 물질을 측정할 때 금속별 측정파장이 틀린 것은?

㉮ Cd - 228.8nm
㉯ Cr - 357.9nm
㉰ Ni - 232.0nm
㉱ Zn - 324.7nm

풀이 ㉱ Zn - 213.9nm

64 배출가스 중 크로뮴화합물의 분석방법에 대한 내용으로 틀린 것은?

㉮ 원자흡수분광광도법의 정량범위는 시료채취량이 $1 Sm^3$ 일 때 $0.100 mg/Sm^3$ 이상이다.
㉯ 원자흡수분광광도법의 측정파장은 220.35nm이다.
㉰ 유도결합플라스마/원자발광분광법의 정량범위는 시료채취량이 $1 Sm^3$ 일 때 $0.050 mg/Sm^3$ 이상이다.
㉱ 유도결합플라스마/원자발광분광법의 방법검출한계는 $0.016 mg/Sm^3$ 이다.

풀이 ㉯ 원자흡수분광광도법의 측정파장은 357.9nm 이다.

answer 61 ㉯ 62 ㉯ 63 ㉱ 64 ㉯

65 굴뚝 배출가스를 습식가스미터를 사용하여 흡습관법으로 습윤가스의 수증기 백분율을 측정한 결과, 체적백분율로 14.45% 이었다. 이 때 흡수된 수분의 질량(g)은 얼마인가? (단, 습윤가스의 온도는 70℃, 시료채취량은 10L, 대기압, 가스미터게이지압, 가스미터 온도 70℃에서의 수증기포화압은 각각 0.6기압, 25mmHg, 270mmHg 이다.)

㉮ 약 0.15g ㉯ 약 0.2g
㉰ 약 0.25g ㉱ 약 0.3g

풀이

$X_w(\%) = \dfrac{1.244m_a(L)}{V_s(L)+1.244m_a(L)} \times 100(\%)$

① $V_s(L) = V(L) \times \dfrac{273}{273+℃} \times \dfrac{(Pa+Pm-Pv)mmHg}{760mmHg}$

$= 10L \times \dfrac{273}{273+70℃} \times \dfrac{(0.6 \times 760+25-270)mmHg}{760mmHg}$

$= 2.21L$

② $14.45\% = \dfrac{1.244ma}{2.21L+1.244ma} \times 100$

∴ $ma = 0.30g$

66 원형굴뚝의 반경이 0.85m 일 때 측정점 수는 얼마인가?

㉮ 4 ㉯ 8
㉰ 12 ㉱ 20

풀이 반경이 0.85m이므로 직경은 1.7m, 반경구분수는 2, 측정점수 8 이다.

TIP

굴뚝직경(m)	반경구분수	측정점수
1이하	1	4
1초과 2이하	2	8
2초과 4이하	3	12
4초과 4.5이하	4	16
4.5초과	5	20

67 굴뚝배출가스 중 오염물질 연속자동측정기기의 설치 위치 및 방법으로 틀린 것은 어느 것인가?

㉮ 병합굴뚝에서 배출허용기준이 다른 경우에는 측정기기 및 유량계를 합쳐지기 전 각각의 지점에 설치하여야 한다.
㉯ 분산굴뚝에서 측정기기는 나뉘기 전 굴뚝에 설치하거나, 나뉜 각각의 굴뚝에 설치하여야 한다.
㉰ 병합굴뚝에서 배출허용기준이 같은 경우에는 측정기기 및 유량계를 오염물질이 합쳐진 후 지점 또는 합쳐지기 전 지점에 설치하여야 한다.
㉱ 불가피하게 외부공기가 유입되는 경우에 측정기기는 외부공기 유입 후에 설치하여야 한다.

풀이 ㉱ 불가피하게 외부공기가 유입되는 경우에 측정기기는 외부공기 유입 전에 설치하여야 한다.

answer 65 ㉱ 66 ㉯ 67 ㉱

68 대기오염공정시험기준상 따로 규정이 없는 한 시험에 사용하는 ① 시약 명칭, ② 화학식, ③ 농도(%), ④ 비중(약) 기준으로 알맞게 연결된 것은 어느 것인가?

㉮ ① 암모니아수, ② NH_4OH
  ③ 30.0~34.0(NH_3로서), ④ 1.05
㉯ ① 아이오딘화수소산, ② HI,
  ③ 46.0~48.0, ④ 1.25
㉰ ① 브로민화수소산, ② HBr,
  ③ 47.0~49.0, ④ 1.48
㉱ ① 과염소산, ② H_2ClO_3,
  ③ 60.0~62.0, ④ 1.34

풀이 ㉮ ① 암모니아수, ② NH_4OH,
  ③ 28.0~30.0(NH_3로서), ④ 0.90
㉯ ① 아이오딘화수소산, ② HI, ③ 55.0~58.0,
  ④ 1.70
㉱ ① 과염소산, ② $HClO_4$, ③ 60.0~62.0, ④ 1.54

69 굴뚝 배출가스 중 먼지를 반자동식 채취기에 의한 방법으로 측정할 경우 원통형 여과지의 전처리 조건으로 알맞은 것은 어느 것인가? (단, 배출가스 온도가 110±5℃ 이상으로 배출된다.)

㉮ 80±5℃에서 충분히(1~3시간) 건조
㉯ 100±5℃에서 충분히(1시간) 건조
㉰ 120±5℃에서 충분히(1시간) 건조
㉱ 배출가스와 동일한 온도조건에서 충분히(1~3시간) 건조

70 다음은 이온크로마토그래피법(Ion Chromatography)의 장치에 관한 설명이다. 설명이 틀린 것은?

㉮ 용리액조는 이온성분이 용출되지 않는 재질로써 용리액이 공기와 원활한 접촉이 가능한 개방형을 선택한다.
㉯ 송액펌프는 맥동(脈動)이 적은 것을 선택한다.
㉰ 시료주입장치는 일정량의 시료를 밸브조작에 의해 분리관으로 주입하는 루프주입방식이 일반적이다.
㉱ 검출기는 분리관 용리액 중의 시료성분의 유무와 량을 검출하는 부분으로 일반적으로 전도도 검출기를 많이 사용한다.

풀이 ㉮ 용리액조는 이온성분이 용출되지 않는 재질로써 용리액을 직접공기와 접촉시키지 않는 밀폐된 것을 선택한다.

71 황성분 1.6% 이하 함유한 액체연료를 사용하는 연소시설에서 배출되는 황산화물(표준산소농도를 적용받는 항목)의 실측농도측정 결과 741ppm이었다. 배출가스 중의 실측산소 농도는 7%, 표준산소농도는 4% 이다. 황산화물의 농도(ppm)는 약 얼마인가?

㉮ 750 ppm ㉯ 800 ppm
㉰ 850 ppm ㉱ 900 ppm

풀이 오염물질 농도 보정
$$C = Ca \times \frac{21-O_s}{21-O_a} = 741ppm \times \frac{21-4\%}{21-7\%}$$
  $= 899.79ppm$

answer 68 ㉰ 69 ㉱ 70 ㉮ 71 ㉱

TIP
배출가스유량 보정
$Q = Q_a \div \dfrac{21-O_s}{21-O_a}$

72 원자흡광분석에서 발생하는 간섭 중 분석 시 사용하는 스펙트럼의 불꽃중에서 생성되는 목적원소의 원자증기 이외의 물질에 의하여 흡수되는 경우에 발생되는 것은 어느 것인가?

㉮ 이온학적 간섭 ㉯ 분광학적 간섭
㉰ 물리적 간섭 ㉱ 화학적 간섭

풀이 ㉯ 분광학적 간섭에 대한 설명이다.

73 환경대기 중 가스상 물질을 용매채취법으로 채취할 때 사용하는 순간유량계 중 면직식 유량게는 어느 것인가?

㉮ 게이트식 유량계
㉯ 미스트식 가스미터
㉰ 오리피스 유량계
㉱ 노즐식 유량계

74 자외선/가시선 분광법(흡광광도법)에서 미광(Stray light)의 유무조사에 사용되는 것은 어느 것인가?

㉮ Cell Holder ㉯ Holmium Glass
㉰ Cut Filter ㉱ Monochrometer

풀이 미광(Stray light)의 유무조사에 사용되는 것은 Cut Filter이다.

75 기체크로마토그래피 분석에 사용하는 검출기 중 이황화탄소를 분석(0.5ppm 이상)하는데 가장 적합한 검출기는 어느 것인가?

㉮ ICD ㉯ FPD
㉰ ECD ㉱ TCD

풀이 ㉯ 이황화탄소를 분석(0.5ppm 이상) 하는데 가장 적합한 검출기는 FPD(불꽃광도 검출기)이다.

76 굴뚝 배출가스 중 총탄화수소 측정분석에 사용하는 용어정의로 틀린 것은 어느 것인가?

㉮ 스팬값 : 측정기의 측정범위는 배출허용기준 이상으로 하며, 보통 기준의 1.2~3배를 적용한다.
㉯ 교정가스 : 농도를 알고 있는 희석가스를 사용한다.
㉰ 영점편차 : 영점가스 주입 전·후에 측정기가 반응하는 정도의 차이로 운전기간 동안에는 점검, 수리 또는 교정이 없는 상태이어야 한다.
㉱ 교정편차 : 최고농도의 교정가스 주입 전·후에 측정기가 반응하는 정도의 차이로 운전기간 동안에 점검, 수리 또는 교정이 가능한 상태이어야 한다.

풀이 ㉱ 교정편차 : 중간정도의 교정가스 주입 전·후에 측정기가 반응하는 정도의 차이로 운전기간 동안에 점검, 수리 또는 교정이 없는 상태이어야 한다.

answer 72 ㉯ 73 ㉮ 74 ㉰ 75 ㉯ 76 ㉱

77 환경대기 중에 있는 아황산가스 농도를 자동연속측정법으로 분석하고자 한다. 이에 해당하지 않는 것은 어느 것인가?

㉮ 적외선형광법 ㉯ 용액 전도율법
㉰ 흡광차분광법 ㉱ 불꽃광도법

> **풀이** 자동연속측정방법에는 자외선형광법, 용액 전도율법, 흡광차분광법, 불꽃광도법이 있다.

78 굴뚝 배출가스 내의 염화수소 분석방법 중 자외선/가시선 분광법(흡광광도법)에 해당하는 것은 어느 것인가?

㉮ 싸이오사이안산 제이수은법
㉯ 질산은법
㉰ 란탄-알리자린 콤플렉숀법
㉱ 4-아미노안티피린법

79 굴뚝에서 배출되는 가스상 물질을 채취할 때 ① 분석대상 가스별 ② 사용 채취관 및 연결관의 재질 ③ 여과재 재질의 연결로 알맞은 것은 어느 것인가?

㉮ ① 암모니아 - ② 염화비닐수지 - ③ 소결유리
㉯ ① 황산화물 - ② 보통강철 - ③ 알칼리 성분이 없는 유리솜
㉰ ① 플루오린화합물 - ② 스테인리스강 - ③ 카보런덤
㉱ ① 벤젠 - ② 세라믹 - ③ 카보런덤

> **풀이** ㉮ ① 암모니아 - ② 경질유리 - ③ 소결유리
> ㉯ ① 황산화물 - ② 경질유리 - ③ 알칼리 성분이 없는 유리솜
> ㉱ ① 벤젠 - ② 경질유리 - ③ 소결유리

80 환경대기 중 질소산화물 농도를 측정하기 위한 시험방법 중 주시험방법은 어느 것인가?

㉮ 살츠만법(자동)
㉯ 파라로잘린법(수동)
㉰ 화학발광법(자동)
㉱ 야곱스호흐하이저법(수동)

> **풀이** 환경대기 중 질소산화물 측정방법
> ① 자동 연속 측정 방법 : 화학발광법(주시험방법), 살츠만법, 흡광차분광법
> ② 수동 측정 방법 : 야곱스호흐하이저법, 수동살츠만법

answer 77 ㉮ 78 ㉮ 79 ㉰ 80 ㉰

2013 2회 기출문제

| 제1과목 | 대기환경관리

01 풍속이 5m/sec, 높이 50m, 직경 2m, 배출가스 속도 15m/sec, 배출가스 온도 127℃인 굴뚝이 있다. 대기 중의 공기온도가 27℃ 일 때 아래의 홀랜드식을 이용하여 유효굴뚝높이(m)를 계산하면? (단, 1기압을 기준, 대기의 안정도는 중립조건, 홀랜드식은 아래식을 적용.)

$$\Delta H = \frac{Vs \times d}{u} \times \left(1.5 + 2.68 \times 10^{-3} \times P \times \frac{Ts-Ta}{Ts} \times d\right)$$

㉮ 약 67m ㉯ 약 78m
㉰ 약 84m ㉱ 약 92m

풀이 ① ΔH

$$= \frac{Vs \times d}{U} \times \left(1.5 + 2.68 \times 10^{-3} \times P \times \frac{Ts-Ta}{Ts} \times d\right)$$

- ΔH : 연기의 상승고(m)
- Vs : 배출가스 속도(m/sec)
- u : 풍속(m/sec)
- d : 안지름(m)
- P : 대기압(mba)
- Ts : 가스의 절대온도(273+tg℃)
- Ta : 대기(외기)의 절대온도(273+ta℃)

여기서,

$$\Delta H = \frac{15m/sec \times 2m}{5m/sec} \times \left(1.5 + 2.68 \times 10^{-3} \times 1013.2mba \times \frac{(273+127)-(273+27)}{(273+127)} \times 2m\right)$$

$= 17.15m$

② He = H + ΔH

- He : 유효굴뚝높이(m)
- H : 실제굴뚝높이(m)
- ΔH : 연기의 상승고(m)

∴ He = 50m + 17.15m = 67.15m

02 실내공기 오염물질인 라돈에 대한 내용으로 틀린 것은 어느 것인가?

㉮ 주기율표에서 원자번호가 238번으로, 화학적으로 활성이 큰 물질이며, 흙속에서 방사선 붕괴를 일으킨다.
㉯ 무색, 무취의 기체로 액화되어도 색을 띠지 않는 물질이다.
㉰ 반감기는 3.8일로 라듐이 핵분열 할 때 생성되는 물질이다.
㉱ 자연계에 널리 존재하며, 건축자재 등을 통하여 인체에 영향을 미치고 있다.

풀이 ㉮ 주기율표에서 원자번호가 86번, 원자량은 222이며 화학적으로 거의 반응을 일으키지 않는다.

answer 01 ㉮ 02 ㉮

03 1시간에 10,000대의 차량이 고속도로 위에서 평균시속 80km로 주행하며, 각 차량의 평균 탄화수소 배출률은 0.02g/sec이다. 바람이 고속도로와 측면 수직방향으로 5m/sec로 불고 있다면 도로지반과 같은 높이의 평탄한 지형의 풍하 500m 지점에서의 지상오염농도($\mu g/m^3$)는 얼마인가? (단, 대기는 중립상태, 풍하 500m에서의 σ_z = 15m, $C(x, y, 0) = \dfrac{2q}{(2\pi)^{\frac{1}{2}}\sigma_z U} \exp\left[-\dfrac{1}{2}\left(\dfrac{He}{\sigma_z}\right)^2\right]$를 이용하시오.)

㉮ 26.6$\mu g/m^3$ ㉯ 34.1$\mu g/m^3$
㉰ 42.4$\mu g/m^3$ ㉱ 51.2$\mu g/m^3$

풀이

$C(x, y, 0) = \dfrac{2q}{(2\pi)^{\frac{1}{2}}\sigma_z U} \exp\left[-\dfrac{1}{2}\left(\dfrac{He}{\sigma_z}\right)^2\right]$

- q : 탄화수소 배출률(g/sec·m)
- σ_z : 수직방향의 표준편차(m)
- U : 풍속(m/sec)
- H : 유효굴뚝높이(m)

따라서, H = 0 이므로 $\dfrac{2q}{(2\pi)^{\frac{1}{2}}\sigma_z U}$ 로 계산한다.

$\therefore C = \dfrac{(2\times 0.02\text{g/sec}\times 10{,}000\text{대}/\text{hr}\times 1\text{hr}/80\text{km}\times 1\text{km}/1000\text{m})\text{g/sec}\cdot\text{m}}{(2\times\pi)^{\frac{1}{2}}\times 15\text{m}\times 5\text{m/sec}}$

$= 2.66\times 10^{-5}\text{g/m}^3 = 26.60\mu\text{g/m}^3$

04 지상으로부터 500m까지의 평균 기온감율이 0.85℃/100m 이다. 100m 고도의 기온이 15℃라 하면 300m에서의 기온(℃)은 얼마인가?

㉮ 13.30℃   ㉯ 12.45℃
㉰ 11.45℃   ㉱ 10.45℃

풀이 기온(℃)

$= 15℃ - \left\{\dfrac{0.85℃}{100\text{m}}\times(300\text{m}-100\text{m})\right\} = 13.30℃$

05 Fick의 확산방정식을 실제 대기에 적용시키기 위해 추가하는 가정으로 틀린 것은 어느 것인가?

㉮ 바람에 의한 오염물의 주(主)이동방향은 X축이다.
㉯ 하류로의 확산은 오염물이 바람에 의하여 X축을 따라 이동하는 것보다 강하다.
㉰ 과정은 안정상태이고, 풍속은 x, y, z 좌표 시스템내의 어느 점에서든 일정하다.
㉱ 오염물은 점오염원으로부터 계속적으로 방출된다.

TIP
Fick's 방정식의 가정조건
① 오염물은 점원으로부터 계속적으로 방출된다.
② 과정은 안정상태이다. 즉, $\dfrac{dc}{dt} = 0$
③ 풍속은 x, y, z 좌표 시스템내의 어느 점에서든 일정하다.
④ 바람에 의한 오염물의 주 이동방향은 X축이다.

answer 03 ㉮   04 ㉮   05 ㉯

06 바람을 일으키는 힘 중 기압경도력에 대한 내용으로 알맞은 것은 어느 것인가?

㉮ 수평 기압경도력은 등압선의 간격이 좁으면 강해지고, 반대로 간격이 넓으면 약해진다.
㉯ 지구의 자전운동에 의해서 생기는 가속도에 의한 힘을 말한다.
㉰ 극지방에서 최소가 되며, 적도지방에서 최대가 된다.
㉱ gradient wind 라고도 하며, 대기의 운동방향과 반대의 힘인 마찰력으로 인하여 발생된다.

풀이
㉯ 전향력의 설명
㉰ 원심력의 설명
㉱ gradient wind는 경도풍이며, 마찰력에 의해 발생하는 바람은 지상풍이다.

07 다음 중 지구온난화 지수가 가장 큰 것은?

㉮ PFC$_S$(과불화탄소)
㉯ HFC$_S$(수소불화탄소)
㉰ CH_4
㉱ N_2O

풀이 지구온난화 지수(GWP)
㉮ PFC$_S$(과불화탄소) : 7,000
㉯ HFC$_S$(수소불화탄소) : 1,300
㉰ CH_4 : 21
㉱ N_2O : 310

08 대류권 내 건조대기의 성분 및 조성에 대한 내용으로 틀린 것은 어느 것인가?

㉮ 농도가 매우 안정된 성분으로는 산소, 질소, 이산화탄소, 아르곤 등이다.
㉯ 이산화질소, 암모니아 성분은 농도가 쉽게 변하는 물질에 해당한다.
㉰ 오존의 평균농도는 0.1~1ppm 정도로 지역별 오염도에 따라 일변화가 매우 크다.
㉱ 질소, 산소를 제외하고 가장 큰 부피를 차지하고 있는 물질은 아르곤이다.

풀이 ㉰ 오존의 허용농도는 0.1ppm이하이고, 배경농도는 0.01~0.02 ppm 범위이다.

09 다음에서 설명하는 오염물질은 어느 것인가?

이 물질은 위장관에서 다른 원소들의 흡수에 영향을 미칠 수 있는데, 불소외 흡수를 억제하고, 칼슘과 철화합물의 흡수를 감소시키며, 소장에서 인과 결합하여 인 결핍과 골연화증을 유발한다.

㉮ 불화수소   ㉯ 자일렌
㉰ 알루미늄   ㉱ 니켈

풀이 ㉰ 알루미늄에 대한 설명이다.

answer 06 ㉮   07 ㉮   08 ㉰   09 ㉰

10 석면폐증에 대한 내용으로 틀린 것은 어느 것인가?

㉮ 석면폐증은 폐의 석면먼지 침착에 의한 섬유화이며, 흉막의 섬유화와는 무관하다.
㉯ 석면폐증은 폐상엽에서 주로 발생하며, 전이는 되지 않는 편이다.
㉰ 폐의 섬유화는 폐조직의 신축성을 감소시키고, 혈액으로의 산소공급을 불충분하게 한다.
㉱ 석면폐증은 비가역적이며, 석면노출이 중단된 이후에도 악화되는 경우가 있다.

풀이 ㉯ 석면폐증은 폐하엽에서 주로 발생하며, 흉막을 따라 폐중엽이나 설엽으로 퍼져 나간다.

11 입자상 물질의 크기 중 "마틴직경(Martin diameter)"의 설명으로 알맞은 것은 어느 것인가?

㉮ 입자상 물질의 그림자를 2개의 등면적으로 나눈 선의 길이를 직경으로 하는 것
㉯ 입자상 물질의 끝과 끝을 연결한 선 중 가장 긴 선을 직경으로 하는 것
㉰ 입경분포에서 개수가 가장 많은 입자를 직경으로 하는 것
㉱ 대수분포에서 중앙입경을 직경으로 하는 것

12 광화학 반응시 하루 중 오염물질의 일반적인 농도변화와 관련된 설명으로 틀린 것은 어느 것인가?

㉮ 알데히드는 대체적으로 오전 중에 감소경향을 나타내다가 오후가 되면서 오존과 더불어 서서히 증가한다.
㉯ 탄화수소 중에서 오존을 잘 형성시키는 것은 diolefins, olefins, aldehydes, alcohols 등이다.
㉰ NO_2는 오존의 농도가 최대에 도달할 때 통상적으로 아주 적게 생성된다.
㉱ NO와 탄화수소의 반응에 의해 NO_2는 오전 7시경을 전후로 해서 상당한 율로 발생하기 시작한다.

풀이 ㉮ 알데히드는 O_3 생성에 앞서 반응초기부터 생성되며 탄화수소의 감소에 대응한다.

13 가우시안형의 대기오염 확산방정식을 적용할 때, 지면에 있는 오염원으로부터 바람부는 방향으로 250m 떨어진 연기의 중심축상 지상 오염농도(mg/m^3)는 얼마인가? (단, 오염물질의 배출량은 5.5g/sec, 풍속은 5m/sec, σ_y = 22.5m, σ_z = 12m이다.)

㉮ $1.3mg/m^3$ ㉯ $1.9mg/m^3$
㉰ $2.3mg/m^3$ ㉱ $2.7mg/m^3$

풀이 $C = \dfrac{Q}{\pi \cdot U \cdot \sigma_y \cdot \sigma_z} \exp\left[-\dfrac{1}{2}\left(\dfrac{He}{\sigma_z}\right)^2\right]$

 C : 농도(mg/m^3)
 Q : 오염물질 배출량(mg/sec)
 σ_y : 수평방향의 표준편차(m)
 σ_z : 수직방향의 표준편차(m)
 u : 풍속(m/sec)
 He : 유효굴뚝높이(m)

따라서,

answer 10 ㉯ 11 ㉮ 12 ㉮ 13 ㉮

He = 0이면 $C = \dfrac{Q}{\pi \cdot U \cdot \sigma_y \cdot \sigma_z}$로 계산한다.

$C = \dfrac{5.5 \times 10^3 \text{mg/sec}}{\pi \times 22.5\text{m} \times 12\text{m} \times 5\text{m/sec}} = 1.3 \text{mg/m}^3$

14 광화학적 산화제와 2차 대기오염물질에 대한 내용으로 틀린 것은 어느 것인가?

㉮ 자외선이 강할 때, 빛의 지속시간이 긴 여름철에 대기가 안정되었을 때 대기 중 광산화제의 농도가 높아진다.
㉯ PAN은 강산화제로 작용하며, 빛을 흡수하여 가시거리를 증가시키며, 고엽에 특히 피해가 큰 편이다.
㉰ 오존은 폐충혈과 폐수종 등을 유발하며 섬모운동의 기능장애를 일으킨다.
㉱ 오존은 성숙한 잎에 피해가 크며, 섬유류의 퇴색작용과 식물의 셀룰로우즈를 손상시킨다.

풀이 ㉯ PAN은 강산화제로 작용하며, 빛을 분산시켜 가시거리를 감소시키며, 생활력이 왕성한 초엽에 피해가 크다.

15 비구형 입자의 크기를 역학적으로 산출하는 방법 중의 하나로 본래의 입자와 밀도 및 침강속도가 동일하다고 가정한 구형입자의 직경은 어느 것인가?

㉮ 종말직경   ㉯ 종단직경
㉰ 공기역학적직경   ㉱ 스톡스직경

풀이 ㉱ 스톡스직경에 대한 설명이다.

16 굴뚝의 반경이 1.5m, 평균풍속이 180m/min인 경우 굴뚝의 유효연돌높이를 24m 증가시키기 위한 굴뚝 배출가스 속도(m/sec)는 얼마인가? (단, 연기의 유효상승 높이 $\triangle H = 1.5 \times \dfrac{W_s}{u} \times D$ 이용 하시오.)

㉮ 13m/sec   ㉯ 16m/sec
㉰ 26m/sec   ㉱ 32m/sec

풀이 $\triangle H = 1.5 \times \dfrac{W_s}{u} \times D$

- $\triangle H$: 연기의 상승고(m)
- W_s : 연기의 배출속도(m/sec)
- u : 풍속(m/sec)
- D : 직경(m)

따라서

$24\text{m} = 1.5 \times \left(\dfrac{W_s}{180\text{m/min} \times 1\text{min}/60\text{sec}}\right) \times (1.5\text{m} \times 2)$

∴ $W_s = 16\text{m/sec}$

17 대기오염물질이 인체에 미치는 영향으로 틀린 것은 어느 것인가?

㉮ 금속수은은 수은증기를 흡입하면 대부분 흡수되나 경구 섭취시에는 소구를 형성하므로 위장관으로는 잘 흡수되지 않는다.
㉯ 만성 연(Pb)중독 증상의 특징적인 5대 증상으로는 연창백, 연연, 코프로폴피린뇨, 호염기성 점적혈구, 심근마비 등을 들 수 있다.
㉰ 베릴륨 화합물은 흡입, 섭취 혹은 피부 접촉으로 대부분 흡수된다.
㉱ 염소, 포스겐 및 질소산화물 등의 상기도 자극 증상은 경미한 반면, 수시간 경과 후 오히려 폐포를 포함한 하기도의 자극증상은 현저하게 나타나는 편이다.

answer 14 ㉯   15 ㉱   16 ㉯   17 ㉰

풀이 ㉰ 베릴륨 화합물은 흡입, 섭취 혹은 피부접촉으로는 거의 흡수되지 않는다.

18 다음 중 아황산가스에 대한 식물별 저항력이 가장 강한 것은 어느 것인가?

㉮ 연초 ㉯ 장미
㉰ 알팔파 ㉱ 쥐당나무

풀이 ① SO_2에 대한 저항력이 강한 식물로는 양배추, 까치밤나무, 쥐당나무, 셀러리, 소나무 등이 있다.
② SO_2의 지표식물(약한 식물)은 대맥, 담배, 자주개나리(알팔파), 목화, 보리 등이 있다.

19 오존에 대한 설명으로 틀린 것은 어느 것인가?

㉮ 대기 중 오존의 배경농도는 0.01~0.02 ppm 정도이다.
㉯ 청정지역의 오존농도의 일변화는 도시지역보다 매우 크므로 대기 중 NO, NO_2 농도변화에 따른 오존의 광화학적 생성과 소멸을 밝히기에 유리하다.
㉰ 도시나 전원지역의 대기 중 오존농도는 가끔 NO_2의 광해리에 의해 생성될 때보다 높은 경우가 있는데 이는 오존을 소모하지 않고 NO가 NO_2로 산화되기 때문이다.
㉱ 대류권에서 오존의 생성율은 과산화기의 농도와 관계가 깊다.

풀이 ㉯ 청정지역의 대류권 오존농도는 일변화가 거의 없다.

20 일산화탄소(CO)에 대한 설명으로 틀린 것은 어느 것인가?

㉮ CO는 토양박테리아에 의해 이산화탄소로 산화됨으로써 대기 중에서 제거되거나 대류권 및 성층권에서 일어나는 광화학반응에 의해 제거되기도 한다.
㉯ 대기 중에서 CO의 평균 체류시간은 5~10년 정도로 대기 중 배경농도는 남반구에서는 0.1~0.5ppm 정도, 북반구에서는 1~2ppm 정도이다.
㉰ 강우에 의한 영향을 거의 받지 않으며, 유해한 화학반응을 거의 일으키지 않는 편이다.
㉱ 풍향과 풍속이 일정한 경우 도로 부근의 농도는 교통량과 비례하여 CO량이 증가되는 경향을 보인다.

풀이 ㉯ 대기 중에서 CO의 평균 체류시간은 1~3개월 정도, 지구의 위도별로 CO의 분포는 공업이 발달한 북위 50도 부근에서 최대치를 보인다.

answer 18 ㉱ 19 ㉯ 20 ㉯

| 제2과목 | 연소공학

21 연소학에서 사용되는 무차원수 중 "Nusselt number"의 의미로 알맞은 것은 어느 것인가?

㉮ 난류확산의 특성시간에 대한 화학반응의 특성시간의 비
㉯ 전도열 이동속도에 대한 대류열 이동속도의 비
㉰ 화염신장율
㉱ 온도 확산속도에 대한 운동량 확산속도의 비

22 가솔린엔진과 디젤엔진의 상대적인 특성을 비교한 내용으로 틀린 것은 어느 것인가?

㉮ 가솔린엔진은 예혼합연소, 디젤엔진은 확산연소에 가깝다.
㉯ 가솔린엔진은 연소실 크기에 제한을 받는 편이다.
㉰ 디젤엔진은 공급공기가 많기 때문에 배기가스 온도가 낮아 엔진 내구성에 유리하다.
㉱ 디젤엔진은 가솔린엔진에 비하여 자기착화온도가 높아 검댕, CO, HC의 배출농도 및 배출량이 많다.

풀이 ㉱ 디젤엔진은 가속시에 NO_x와 매연이 많이 발생하지만, 공회전시에 CO와 HC는 적게 배출된다.

23 기체연료에 대한 설명으로 틀린 것은 어느 것인가?

㉮ 연료 속의 유황함유량이 적어 연소 배기가스 중 SO_2 발생량이 매우 적다.
㉯ 다른 연료에 비해 저장이 곤란하며, 공기와 혼합해서 점화하면 폭발 등의 위험도 있다.
㉰ 메탄을 주성분으로 하는 천연가스를 1기압하에서 -168℃ 정도로 냉각하여 액화시킨 연료를 LNG라 한다.
㉱ 발생로가스란 코크스나 석탄을 불완전 연소해서 얻은 가스로 주성분은 CH_4와 H_2 이다.

풀이 ㉱ 발생로가스는 가열된 석탄 또는 코크스에 공기와 수증기를 연속적으로 주입하여 부분적으로 산화반응 시킴으로써 얻어지며, 주성분은 CO(25~30%), 수소(10~5%) 및 약간의 메탄이다.

24 다음 알콜연료 중 에테르, 아세톤, 벤젠 등 많은 유기물질을 용해하며, 무색의 독특한 냄새를 가지고, 모두 8종의 이성체가 존재하는 것은 어느 것인가?

㉮ 에탄올(C_2H_5OH)
㉯ 프로판올(C_3H_7OH)
㉰ 부탄올(C_4H_9OH)
㉱ 펜탄올($C_5H_{11}OH$)

answer 21 ㉯ 22 ㉱ 23 ㉱ 24 ㉱

25 시간당 1ton의 석탄을 연소시킬 때 발생하는 SO_2는 $0.31Sm^3/min$이었다. 이 석탄의 황함유량(%)은 얼마인가? (단, 표준상태를 기준으로 하고, 석탄 중의 황성분은 연소하여 전량 SO_2가 된다.)

㉮ 2.66% ㉯ 2.97%
㉰ 3.12% ㉱ 3.40%

풀이
$S + O_2 \rightarrow SO_2$
32kg : $22.4Sm^3$
$1ton/hr \times 1hr/60min \times 10^3 kg/ton \times \dfrac{S(\%)}{100}$
: $0.31Sm^3/min$
∴ S = 2.66%

26 미분탄 연소에 대한 설명으로 틀린 것은 어느 것인가?

㉮ 스토커 연소에 적합하지 않은 점결탄과 저발열량탄도 사용가능하다.
㉯ 사용연료의 범위가 넓고, 적은 공기비로 완전연소가 가능하다.
㉰ 재비산이 많고, 집진장치가 필요하게 된다.
㉱ 배관 중 폭발의 우려나 수송관의 마모 우려가 없다.

풀이 ㉱ 분쇄기 및 배관중에 폭발의 우려 및 수송관의 마모가 일어날 수 있다.

27 1mole의 프로판이 완전연소 할 때의 AFR은 얼마인가? (단, 부피기준이다.)

㉮ 9.5   ㉯ 19.5
㉰ 23.8 ㉱ 33.8

풀이 ① $C_3H_8 + 5O_2 \rightarrow 3CO_2 + 4H_2O$

② AFR(부피기준)= $\dfrac{\text{산소갯수} \times 22.4Sm^3 \times \dfrac{1}{0.21}}{\text{연료갯수} \times 22.4Sm^3}$

$= \dfrac{5 \times 22.4Sm^3 \times \dfrac{1}{0.21}}{1 \times 22.4Sm^3} = 23.8Sm^3/Sm^3$

28 3%의 황이 함유된 중유를 매일 100kL 사용하는 보일러에 황함량 1.5%인 중유를 30% 섞어 사용할 때 SO_2 배출량은 몇 % 감소하겠는가? (단, 중유의 황성분은 모두 SO_2로 전환되고, 중유비중 1.0으로 가정하시오.)

㉮ 30% ㉯ 25%
㉰ 15% ㉱ 10%

풀이 ① 처음사용량 : S함량이 3%인 100%로 구성된 연료 100kL
② 나중사용량 : S함량이 3%인 70%+S함량이 1.5%인 30%로 구성된 연료 100kL
③ 감소량(%) = $\left(1 - \dfrac{\text{나중사용}}{\text{처음사용}}\right) \times 100$

$= \left\{1 - \dfrac{(3\% \times 0.7 + 1.5\% \times 0.3) \times 100kL}{3\% \times 1 \times 100kL}\right\} \times 100$

= 15%

answer 25 ㉮ 26 ㉱ 27 ㉰ 28 ㉰

29 화학반응속도는 일반적으로 Arrhenius 식으로 표현된다. 어떤 반응에서 화학반응상수가 27℃일 때에 비하여 77℃일 때 3배가 되었다면 이 화학반응의 활성화에너지(kcal/mole)는 얼마인가?

㉮ 2.3kcal/mole ㉯ 4.6kcal/mole
㉰ 6.9kcal/mole ㉱ 13.2kcal/mole

풀이 ① $\ln \dfrac{k_2}{k_1} = \dfrac{E(T_2-T_1)}{R \times T_2 \times T_1}$

$\ln 3 = \dfrac{E\{(273+77) - (273+27)\}}{8.314 J/mole \cdot k \times (273+77) \times (273+27)}$

∴ E = 19,181.11 J/mole

② $E(kcal/mole) = \dfrac{19,181.11 J}{mole} \times \dfrac{1 cal}{4.2 J} \times \dfrac{1 kcal}{10^3 cal}$

= 4.6kcal/mole

30 다음은 유류연소용 버너에 대한 설명이다. ( )안에 알맞은 것은?

( )는 증기압 또는 공기압은 2~10 kg/cm²이고, 무화용 공기량은 이론공기량의 7~12% 정도이다. 유량조절비는 1 : 10 정도이며, 분무각도는 20~30°정도이다.

㉮ 유압식 버너
㉯ 회전식 버너
㉰ 저압공기분무식 버너
㉱ 고압공기식 버너

풀이 ㉱ 고압공기식 버너에 대한 설명이다.

31 연소물을 연소하는 과정에서 질소산화물(NO_X)이 발생하게 된다. 다음 반응 중 질소산화물(NO_X) 생성과정에서 발생하는 Prompt NO_X의 주된 반응식으로 알맞은 것은 어느 것인가?

㉮ $N + NH_3 \rightarrow N_2 + 1.5H_2$
㉯ $N_2 + O_5 \rightarrow 2NO + 1.5O_2$
㉰ $CH_4 + N_2 \rightarrow HCN + N$
㉱ $N + N \rightarrow N_2$

풀이 Prompt NO_X의 주된 반응식은 메탄과 질소의 반응식임을 숙지하시기 바랍니다.

32 발열량에 대한 설명으로 틀린 것은 어느 것인가?

㉮ 단위질량의 연료가 완전연소 후, 처음의 온도까지 냉각될 때 발생하는 열량을 말한다.
㉯ 일반적으로 수증기의 증발잠열은 이용이 잘 안되기 때문에 저위발열량이 주로 사용된다.
㉰ 측정위치에 따라 고위발열량과 저위발열량으로 구분된다.
㉱ 고체연료의 경우 kcal/kg, 기체연료의 경우 kcal/Sm³의 단위를 사용한다.

풀이 ㉰ 수분의 증발잠열 포함 유무에 따라 고위발열량과 저위발열량으로 구분된다.

answer 29 ㉯ 30 ㉱ 31 ㉰ 32 ㉰

33 중유 중의 황분이 질량비로 S%인 중유를 매시간 W(L)사용하는 연소로에서 배출되는 황산화물의 배출량(m^3/hr)은 얼마인가? (단, 표준상태기준, 중유비중 0.9, 황분은 전량 SO_2로 배출된다.)

㉮ 21.4SW   ㉯ 1.24SW
㉰ 0.0063SW   ㉱ 0.789SW

풀이 $S + O_2 \rightarrow SO_2$
32kg : 22.4Sm^3
W(L/hr)×0.9kg/L×$\frac{S\%}{100}$: X

∴ X = 0.0063WS(Sm^3/hr)

34 메탄올(CH_3OH) 10kg을 완전 연소할 때 필요한 이론공기량(Sm^3)은 얼마인가?

㉮ 20Sm^3 ㉯ 30Sm^3
㉰ 40Sm^3 ㉱ 50Sm^3

풀이 ① $CH_3OH + 1.5O_2 \rightarrow CO_2 + 2H_2O$
32kg : 1.5×22.4Sm^3
10kg : X(산소량)

∴ X(산소량) = $\frac{10kg \times 1.5 \times 22.4Sm^3}{32kg}$
= 10.5Sm^3

② 이론공기량(Sm^3) = 이론산소량(Sm^3)×$\frac{1}{0.21}$
= 10.5Sm^3×$\frac{1}{0.21}$ = 50Sm^3

35 유동층 연소에 대한 설명으로 틀린 것은 어느 것인가?

㉮ 유동화가 행해지는 공기유속의 범위는 한정되어 있으며, 통상 0.3~4m/s정도이다.
㉯ 비교적 고온에서 연소가 행해지므로 열생성 NO_X가 많고, 전열관의 부식이 문제가 된다.
㉰ 연료의 층내 체류시간이 길어 저발열량의 석탄도 완전 연소가 가능하다.
㉱ 유동매체에 석회석 등의 탈황제를 사용하여 로내 탈황도 가능하다.

풀이 ㉯ 비교적 낮은 온도에서 연소가 행해지므로 열생성 NO_X가 적다.

36 탄소 86%, 수소 13%, 황 1%의 중유를 연소하여 배기가스를 분석했더니 CO_2+SO_2가 13%, O_2가 3%, CO가 0.5%이었다. 건조 연소가스 중의 SO_2 농도(ppm)는 얼마인가? (단, 표준상태 기준)

㉮ 약 590ppm   ㉯ 약 970ppm
㉰ 약 1,120ppm   ㉱ 약 1,480ppm

풀이 $SO_2(ppm) = \frac{SO_2량}{Gd} \times 10^6(ppm)$

① 공기비(m) = $\frac{N_2\%}{N_2\% - 3.76 \times (O_2\% - 0.5CO\%)}$
= $\frac{83.5\%}{83.5\% - 3.76 \times (3\% - 0.5 \times 0.5\%)}$ = 1.141

② $A_o = 8.89C + 26.67\left(H - \frac{O}{8}\right) + 3.33S$ (Sm^3/kg)
= 8.89×0.86 + 26.67×0.13 + 3.33×0.01
= 11.1458Sm^3/kg

③ Gd = mA_o - 5.6H + 0.7O + 0.8N (Sm^3/kg)
= 1.141×11.1458Sm^3/kg - 5.6×0.13
= 11.9894Sm^3/kg

④ SO_2ppm = $\frac{0.7 \times 0.01 Sm^3/kg}{11.9894 Sm^3/kg} \times 10^6$ = 583.85ppm

answer 33 ㉰   34 ㉱   35 ㉯   36 ㉮

TIP

① $N_2(\%) = 100-(CO_2\%+O_2\%+CO\%)$
　　　$= 100-(13\%+3\%+0.5\%) = 83.5\%$
② SO_2량$(Sm^3/kg) = 0.7S(Sm^3/kg)$

37 연료 중 질소와 산소를 포함하지 않은 액체 및 고체연료의 이론건조 배출가스량 God와 이론공기량 A_o의 관계식으로 알맞은 것은 어느 것인가?

㉮ $God = A_o + 5.6H$
㉯ $God = A_o - 5.6H$
㉰ $God = A_o + 11.2H$
㉱ $God = A_o - 11.2H$

풀이 이론건연소가스량(God)
$= A_o - 5.6H + 0.7O + 0.8N(Sm^3/kg)$

38 다음 중 공기비(m〉1)에 관한 식으로 틀린 것은 어느 것인가? (단, 실제공기량 : A, 이론공기량 : A_o, 배출가스 중 질소량 : $N_2(\%)$, 배출가스 중 산소량 : $O_2(\%)$)

㉮ $m = A/A_o$
㉯ $m = 21/(21-O_2)$
㉰ $m = 1 + (과잉공기량/A_o)$
㉱ $m = N_2/(N_2 - 4.76O_2)$

풀이 ㉱ $m = \dfrac{N_2}{N_2 - 3.76 \times O_2}$

39 질소산화물(NO_x)생성 특성에 대한 설명으로 틀린 것은 어느 것인가?

㉮ 일반적으로 동일 발열량을 기준으로 NO_x 배출량은 석탄 > 오일 > 가스 순이다.
㉯ 연료 NO_x는 주로 질소성분을 함유하는 연료의 연소과정에서 생성된다.
㉰ 천연가스에는 질소성분이 거의 없으므로 연료의 NO_x생성은 무시할 수 있다.
㉱ 고정오염원에서 배출되는 질소산화물은 주로 NO_2이며, 소량의 NO를 함유한다.

풀이 ㉱ 고정오염원에서 배출되는 질소산화물은 주로 NO이며, 소량의 NO_2를 함유한다.

40 기체연료의 연소방법에 대한 설명으로 틀린 것은 어느 것인가?

㉮ 확산연소는 화염이 길고 그을음이 발생하기 쉽다.
㉯ 예혼합연소에는 포트형과 버너형이 있다.
㉰ 예혼합연소는 화염온도가 높아 연소부하가 큰 경우에 사용이 가능하다.
㉱ 예혼합연소는 혼합기의 분출속도가 느릴 경우 역화의 위험이 있다.

풀이 ㉯ 확산연소에는 포트형과 버너형이 있다.

answer 37 ㉯　38 ㉱　39 ㉱　40 ㉯

| 제3과목 | 대기오염방지기술

41 온도 25℃ 염산액적을 포함한 배출가스 1.5m³/s를 폭 9m, 높이 7m, 길이 10m의 침강집진기로 집진 제거하고자 한다. 염산비중이 1.6이라면 이 침강집진기가 집진할 수 있는 최소제거입경(μm)은 얼마인가? (단, 25℃에서의 공기점도 1.85×10⁻⁵kg/m·s이다.)

㉮ 약 12μm ㉯ 약 19μm
㉰ 약 32μm ㉱ 약 42μm

풀이
$$d = \sqrt{\frac{18\mu \cdot Q}{(\rho_s - \rho) \cdot g \cdot B \cdot L}} \times 10^6 (\mu m)$$
$$= \sqrt{\frac{18 \times 1.85 \times 10^{-5} kg/m \cdot sec \times 1.5 m^3/sec}{1.6 \times 10^3 kg/m^3 \times 9.8 m/sec^2 \times 9m \times 10m}} \times 10^6$$
$$= 18.81 \mu m$$

42 다음 세정집진장치 중 입구유속(기본유속)이 가장 빠른 것은 어느 것인가?

㉮ Jet scrubber
㉯ Venturi scrubber
㉰ Theisen Washer
㉱ Cyclone scrubber

풀이 ㉯ Venturi scrubber의 입구유속이 60~90m/sec로 가장 빠르다.

43 전기집진장치 내 먼지의 겉보기 이동속도는 0.11m/sec, 5m×4m인 집진판 182매를 설치하여 유량 9,000m³/min를 처리할 경우 집진효율(%)은 얼마인가? (단, 내부 집진판은 양면집진, 2개의 외부 집진판은 각 하나의 집진면을 가진다.)

㉮ 98.0% ㉯ 98.8%
㉰ 99.0% ㉱ 99.5%

풀이

$$= \left\{1 - \exp\frac{-5m \times 4m \times 362 \times 0.11 m/sec}{9,000 m^3/min \times 1 min/60 sec}\right\} \times 100$$
$$= 99.51\%$$

TIP
단수(n) = 180매(양면)×2+2매(단면)×1 = 362매

44 사이클론의 운전조건과 치수가 집진율에 미치는 영향으로 틀린 것은 어느 것인가?

㉮ 함진가스의 온도가 높아지면 가스의 점도가 커져 집진율은 저하되나 그 영향은 크지 않은 편이다.
㉯ 입구의 크기가 작아지면 처리가스의 유입속도가 빨라져 집진율과 압력손실은 증가한다.
㉰ 출구의 직경이 작을수록 집진율은 증가하지만 동시에 압력손실도 증가하고 함진가스의 처리능력도 떨어진다.
㉱ 원통의 직경이 클수록 집진율이 증가한다.

풀이 ㉱ 원통의 직경이 작을수록 집진율이 증가한다.

answer 41 ㉯ 42 ㉯ 43 ㉱ 44 ㉱

45 전기집진장치에서 입구먼지 농도가 10 g/Sm³, 출구먼지 농도가 0.1g/Sm³이었다. 출구먼지 농도를 50mg/Sm³로 하기 위해서는 집진극 면적을 약 몇 배 정도로 넓게 하면 되는가?(단, 다른 조건은 변하지 않는다.)

㉮ 1.15배   ㉯ 1.55배
㉰ 1.85배   ㉱ 2.05배

▶풀이 전기집진장치에서 효율 구하는 공식
$$\eta = \left(1-\exp\frac{-A \times We}{Q}\right) \times 100$$
$$A = \ln(1-\eta) \times \left(\frac{-Q}{We}\right)$$

① $\eta_1 = \left(1-\frac{C_o}{C_i}\right) \times 100 = \left(1-\frac{0.1g/Sm^3}{10g/Sm^3}\right) \times 100$
   $= 99\%$
   따라서
   $A_1 = LN(1-0.99) \times \left(\frac{-Q}{We}\right) = 4.605\left(\frac{Q}{We}\right)$

② $\eta_2 = \left(1-\frac{C_o}{C_i}\right) \times 100 = \left(1-\frac{0.05g/Sm^3}{10g/Sm^3}\right) \times 100$
   $= 99.5\%$
   따라서
   $A_2 = LN(1-0.995) \times \left(\frac{-Q}{We}\right) = 5.2983\left(\frac{Q}{We}\right)$

③ 집진극의 면적변화
$$\frac{A_2}{A_1} = \frac{5.2983\left(\frac{Q}{We}\right)}{4.605\left(\frac{Q}{We}\right)} = 1.15배$$

46 배출가스 중에 함유된 질소산화물 처리를 위한 건식법 중 선택적 촉매환원법(SCR)에 대한 설명으로 틀린 것은 어느 것인가?

㉮ 환원제로는 NH_3가 사용된다.
㉯ 질소산화물 전환율은 반응온도에 따라 종모양(bell-shape)을 나타낸다.
㉰ 질소산화물이 촉매에 의하여 선택적으로 환원되어 질소분자와 물로 전환된다.
㉱ 촉매 선택성에 의해 NO의 환원반응만 있고, 기타 산화반응 등의 부반응은 없다.

▶풀이 ㉱ 촉매 선택성에 의해 NO의 환원반응과 기타 산화반응 등의 부반응이 일어난다.

47 1atm, 20℃에서 공기 동점성계수 $\nu = 1.5 \times 10^{-5} m^2/s$일 때 관의 지름을 50mm로 하면 그 관로에서의 풍속(m/s)은 얼마인가? (단, 레이놀즈 수는 2.5×10^4이다.)

㉮ 2.5m/s   ㉯ 5.0m/s
㉰ 7.5m/s   ㉱ 10.0m/s

▶풀이 $Re = \frac{D \times V \times \rho}{\mu} = \frac{D \times V}{\nu}$

$2.5 \times 10^4 = \frac{50 \times 10^{-3} m \times V}{1.5 \times 10^{-5} m^2/sec}$

$V = \frac{2.5 \times 10^4 \times 1.5 \times 10^{-5} m^2/sec}{50 \times 10^{-3} m} = 7.5 m/sec$

answer 45 ㉮ 46 ㉱ 47 ㉰

48 전기집진장치의 처리가스 유량 110m³/min, 집진극 면적 500m², 입구 먼지농도 30g/Sm³, 출구 먼지농도 0.2g/Sm³이고 누출이 없을 때 충전입자의 이동속도(m/sec)는 얼마인가? (단, Deutsch 효율식을 적용 하시오.)

㉮ 0.013m/s ㉯ 0.018m/s
㉰ 0.023m/s ㉱ 0.028m/s

[풀이]
① $\eta = \left(1 - \dfrac{C_o}{C_i}\right) \times 100 = \left(1 - \dfrac{0.2g/Sm^3}{30g/Sm^3}\right) \times 100$
   $= 99.33\%$

② $\eta = \left(1 - \exp\dfrac{-A \times We}{Q}\right) \times 100$

   $0.9933 = 1 - \exp\left\{\dfrac{-500m^2 \times we}{110m^3/min \times 1min/60sec}\right\}$

   $\therefore we = \dfrac{LN(1-0.9933)}{\dfrac{-500m^2}{110m^3/min \times 1min/60sec}}$

   $= 0.018 m/sec$

49 냄새물질의 특성에 대한 설명으로 틀린 것은 어느 것인가?

㉮ 냄새분자를 구성하는 원소로는 C, H, O, N, S, Cl 등이다.
㉯ 냄새물질로 분자량이 가장 작은 것은 암모니아 이며, 분자량이 큰 물질은 냄새강도가 분자량에 비례하여 강해지는 경향이 있다.
㉰ 냄새물질은 화학반응성이 풍부하다.
㉱ 화학물질이 냄새물질로 되기 위해서는 친유성기와 친수성기의 양기를 가져야 한다.

[풀이] ㉯ 냄새물질로 분자량이 가장 작은 것은 암모니아 이며, 분자량이 큰 물질은 냄새강도가 분자량에 반비례하여 약해지는 경향이 있다.

50 배출가스 중 먼지농도가 2,500mg/Sm³인 먼지를 처리하고자 제진효율이 60%인 중력집진장치, 80%인 원심력집진장치, 85%인 세정집진장치를 직렬로 연결하여 사용해 왔다. 여기에 효율이 85%인 여과집진장치를 하나 더 직렬로 연결할 때, 전체집진효율(①)과 이 때 출구의 먼지농도 (②)는 각각 얼마인가?

㉮ ① 97.5% ② 62.5mg/Sm³
㉯ ① 98.3% ② 42.5mg/Sm³
㉰ ① 99.0% ② 25mg/Sm³
㉱ ① 99.8% ② 5mg/Sm³

[풀이]
① $\eta_T = 1 - (1-\eta_1) \times (1-\eta_2) \times (1-\eta_3) \times (1-\eta_4)$
   $= 1 - (1-0.60) \times (1-0.80) \times (1-0.85) \times (1-0.85)$
   $= 0.9982$
   따라서 $\eta_T = 99.82\%$

② $\eta_T = \left(1 - \dfrac{C_o}{C_i}\right) \times 100$

   $99.82\% = \left(1 - \dfrac{C_o}{2,500mg/Sm^3}\right) \times 100$

   $\therefore C_o = 2,500mg/Sm^3 \times (1-0.9982) = 4.5mg/Sm^3$

51 다음은 원심송풍기에 관한 설명이다. ( )안에 알맞은 것은?

> ( )은 익현길이가 짧고 깃폭이 넓은 36~64매나 되는 다수의 전경깃이 강철판의 회전차에 붙여지고, 용접해서 만들어진 케이싱 속에 삽입된 형태의 팬으로서 시로코팬이라고도 널리 알려져 있다.

㉮ 레이디얼팬 ㉯ 터오보팬
㉰ 다익팬   ㉱ 익형팬

[풀이] ㉰ 다익팬에 대한 설명이다.

answer 48 ㉯ 49 ㉯ 50 ㉱ 51 ㉰

52 벤츄리스크러버의 액가스비를 크게 하는 요인으로 틀린 것은 어느 것인가?

㉮ 먼지 입자의 점착성이 클 때
㉯ 먼지 입자의 친수성이 클 때
㉰ 먼지의 농도가 높을 때
㉱ 처리가스의 온도가 높을 때

풀이 ㉯ 먼지 입자의 친수성이 작을 때

53 다음 각 집진장치의 유속과 집진특성에 대한 설명으로 틀린 것은 어느 것인가?

㉮ 중력집진장치와 여과집진장치는 기본유속이 작을수록 미세한 입자를 채취한다.
㉯ 원심력집진장치는 적정 한계내에서는 입구유속이 빠를수록 효율은 높은 반면 압력손실은 높아진다.
㉰ 벤츄리스크러버와 제트스크러버는 기본유속이 적을수록 집진율이 높다.
㉱ 건식 전기집진장치는 재비산 한계내에서 기본유속을 정한다.

풀이 ㉰ 벤츄리스크러버는 기본유속이 클수록 집진율이 높다.

54 다음 중 물을 가압 공급하여 함진가스를 세정하는 방식의 가압수식 스크러버로 틀린 것은 어느 것인가?

㉮ Venturi scrubber
㉯ Impulse scrubber
㉰ Packed tower
㉱ Jet scrubber

풀이 ㉯ Impulse scrubber는 회전식에 속한다.

55 흡수탑에 적용되는 흡수액 선정시 고려할 사항으로 가장 거리가 먼 것은?

㉮ 휘발성이 커야 한다.
㉯ 용해도가 커야 한다.
㉰ 비점이 높아야 한다.
㉱ 점도가 낮아야 한다.

풀이 ㉮ 휘발성이 작아야 한다.

56 다이옥신의 처리대책으로 틀린 것은 어느 것인가?

㉮ 촉매분해법 : 촉매로는 금속산화물(V_2O_5, TiO_2 등), 귀금속(Pt, Pd)이 사용된다.
㉯ 광분해법 : 자외선파장(250~340nm)이 가장 효과적인 것으로 알려져 있다.
㉰ 열분해방법 : 산소가 아주 적은 환원성 분위기에서 탈염소화, 수소첨가반응 등에 의해 분해시킨다.
㉱ 오존분해법 : 수중 분해시 순수의 경우는 산성일수록, 온도는 20℃ 전후에서 분해속도가 커지는 것으로 알려져 있다.

풀이 ㉱ 오존분해법 : 염기성 조건일수록, 온도가 높을수록 분해속도가 커진다.

57 사이클론의 반경이 50cm인 원심력 집진장치에서 입자의 접선방향속도가 10 m/s 이라면 분리계수는 얼마인가?

㉮ 10.2   ㉯ 20.4
㉰ 34.5   ㉱ 40.9

풀이 분리계수(S) = $\dfrac{V^2}{Rg}$ = $\dfrac{(10\text{m/sec})^2}{0.5\text{m} \times 9.8\text{m/sec}^2}$ = 20.41

answer   52 ㉯   53 ㉰   54 ㉯   55 ㉮   56 ㉱   57 ㉯

58 입자상 물질에 대한 설명으로 틀린 것은 어느 것인가?

㉮ 공기동력학경은 stokes경과 달리 입자밀도를 1g/cm³으로 가정함으로써 보다 쉽게 입경을 나타낼 수 있다.
㉯ 비구형 입자에서 입자의 밀도가 1보다 클 경우 공기동력학경은 stokes경에 비해 항상 크다고 볼 수 있다.
㉰ cascade impactor는 관성충돌을 이용하여 입경을 간접적으로 측정하는 방법이다.
㉱ 직경 d인 구형입자의 비표면적은 d/6이다.

풀이 ㉱ 직경 d인 구형입자의 비표면적은 6/d 이다.

59 다음 악취물의 공기 중 최소감지농도 (ppm)가 가장 낮은 것은 어느 것인가?

㉮ 아세톤   ㉯ 암모니아
㉰ 염화메틸렌   ㉱ 페놀

풀이 공기 중 최소감지농도가 가장 낮다는 것은 악취가 심하다는 의미이므로 보기 중에서 ㉱ 페놀이 정답이다.

60 흡착, 흡착제 및 흡착선택성에 대한 설명으로 틀린 것은 어느 것인가?

㉮ 알콜류, 초산, 벤젠류 등은 잘 흡착되는 것에 해당한다.
㉯ 에틸렌, 일산화질소 등은 흡착효과가 거의 없는 것에 해당한다.
㉰ 화학흡착은 흡착과정에서 발열량이 적고, 흡착제의 재생이 용이하다.
㉱ silicagel은 250℃ 이하에서 물 및 유기물을 잘 흡착한다.

풀이 ㉰ 화학흡착은 흡착과정에서 발열량이 크고, 흡착제의 재생이 용이하지 못하다.

| 제4과목 | 대기오염공정시험기준

61 배출가스 중 황화수소을 분석하는 자외선/가시선분광법-메틸렌블루법에 대한 설명으로 틀린 것은?

㉮ 배출가스 중의 황화수소를 수산화소듐용액에 흡수시킨다.
㉯ 메틸렌블루의 흡광도를 670nm에서 측정한다.
㉰ 시료채취량이 20L인 경우, 정량범위는 1.7ppm 이상이다.
㉱ 시료채취관에서 흡수병까지의 연결관은 가능한 짧게 한다.

풀이 ㉮ 배출가스 중의 황화수소를 아연아민착염용액에 흡수시킨다.

62 분석대상가스 중 흡수액으로 아황산수소소듐 용액을 사용하는 것은?

㉮ 사이안화수소   ㉯ 벤젠
㉰ 비소화합물   ㉱ 폼알데하이드

풀이 아황산수소소듐 용액을 흡수액으로 사용하는 방법은 폼알데하이드 및 알데하이드류를 분석하는 자외선/가시선분광법 - 크로모트로핀산법에서 사용한다.

answer 58 ㉱ 59 ㉱ 60 ㉰ 61 ㉮ 62 ㉱

63 화학분석 일반사항에 관한 규정 중 규정된 시약, 시액, 표준물질에 관한 사항으로 틀린 것은 어느 것인가?

㉮ 시험에 사용하는 표준품은 원칙적으로 특급시약을 사용한다.
㉯ 표준액을 조제하기 위한 표준용시약은 따로규정이 없는 한 데시케이터에 보존된 것을 사용한다.
㉰ 표준품을 채취할 때 표준액이 정수로 기재되어 있는 경우는 실험자가 환산하여 기재수치에 "약"자를 붙여 사용할 수 없다.
㉱ "약"이란 그 무게 또는 부피에 대하여 ±10% 이상의 차가 있어서는 안된다.

▸풀이 ㉰ 표준품을 채취할 때 표준액이 정수로 기재되어 있는 경우는 실험자가 환산하여 기재수치에 "약"자를 붙여 사용할 수 있다.

64 굴뚝 배출가스 중 일산화탄소를 정전위전해법으로 분석하고자 할 때 주요 성능기준에 관한 설명으로 틀린 것은 어느 것인가?

㉮ 적용범위 : 적용범위는 최고 5%로 한다.
㉯ 재현성 : 재현성은 측정범위 최대 눈금값의 ±2% 이내로 한다.
㉰ 드리프트 : 고정형은 24시간, 이동형은 4시간 연속 측정하여 제로 드리프트 및 스팬 드리프트는 어느 것이나 최대 눈금값의 ±2% 이내로 한다.
㉱ 응답시간 : 90% 응답시간은 2분 30초 이내로 한다.

▸풀이 ㉮ 적용범위 : 적용범위는 최고 3%로 한다.

65 흡광광도 분석장치로 측정한 A물질의 투과퍼센트 지시치가 25%일 때 A물질의 흡광도는 얼마인가?

㉮ 0.25   ㉯ 0.50
㉰ 0.60   ㉱ 0.82

▸풀이 흡광도(A) = $\log \dfrac{1}{\text{투과도}}$ = $\log \dfrac{1}{0.25}$ = 0.60

66 다음은 배출가스 중 금속화합물을 원자흡수분광광도법으로 분석하기 위한 시료의 전처리(회화법)에 관한 설명이다. ( ) 안에 알맞은 것은?

> 회화법은 시료를 채취한 여과지를 적당한 크기로 자르고, 자기도가니에 넣은 다음, 전기로를 써서 (①)℃에서 회화한 다음 백금도가니에 옮겨 넣는다. 여기에 (1+3) 황산 몇 방울과 (②) 20mL를 가하고 통풍실 안에서 가열판위에 올려놓고 극히 서서히 가열한다.

㉮ ① 500, ② HF
㉯ ① 1500, ② HF
㉰ ① 500, ② 4% NaOH
㉱ ① 1500, ② 4% NaOH

67 굴뚝 배출가스 중 질소산화물을 자외선/가시선분광법 아연환원나프틸에틸렌다이아민법으로 분석할 경우 흡수액으로 알맞은 것은?

㉮ 수산화소듐용액   ㉯ 질산용액
㉰ 붕산용액   ㉱ 황산용액

풀이 질소산화물을 자외선/가시선분광법 아연환원나프틸에틸렌다이아민법으로 분석 시 흡수액은 0.005 mol/L 황산용액이다.

68 다음은 DNPH 유도체화 고성능액체크로마토그래피(HPLC/UV) 분석법에 관한 설명이다. (   )안에 알맞은 것은?

> 이 시험방법은 카보닐화합물과 DNPH가 반응하여 형성된 DNPH 유도체를 아세토나이트릴(acetonitrile) 용매로 추출하여 고성능액체크로마토그래피(HPLC)를 이용하여 (   )파장에서 분석한다.

㉮ 자외선(UV) 검출기의 180nm
㉯ 자외선(UV) 검출기의 220nm
㉰ 자외선(UV) 검출기의 360nm
㉱ 자외선(UV) 검출기의 480nm

TIP
DNPH = dinitrophenylhydrazine

69 반자동식 채취기에 의한 방법으로 배출가스 중 먼지를 측정하고자 할 경우 흡입노즐에 관한 설명이다. (   )안에 알맞은 것은?

> 흡입노즐의 안과 밖의 가스흐름이 흐트러지지 않도록 흡입노즐 내경(d)은 (①)으로 한다. 흡입노즐의 내경(d)는 정확히 측정하여 0.1mm 단위까지 구하여 둔다. 흡입노즐의 꼭지점은 (②)의 예각(銳角)이 되도록 하고 매끈한 반구모양으로 한다.

㉮ ① 2mm 이상, ② 30°이하
㉯ ① 2mm 이상, ② 45°이하
㉰ ① 3mm 이상, ② 30°이하
㉱ ① 4mm 이상, ② 45°이하

70 환경대기 중 다환방향족탄화수소류(PAHs)에서 증기상태로 존재하는 PAHs를 채취하는 물질로 틀린 것은 어느 것인가?

㉮ 석영필터(quartz filter)
㉯ XAD-2 수지
㉰ PUF(polyurethane foam)
㉱ Tenax

71 비분산 적외선 분광분석법에 적용되는 용어의 정의로 틀린 것은 어느 것인가?

㉮ 정필터형 : 측정성분이 흡수되는 적외선을 그 흡수파장에서 측정하는 방식
㉯ 반복성 : 동일한 분석계를 이용하여 다른 측정대상을 동일한 방법과 조건으로 비교적 장시간에 반복적으로 측정하는 경우에 측정치의 일치정도
㉰ 비교가스 : 시료셀에서 적외선 흡수를 측정하는 경우 대조가스로 사용하는 것으로 적외선을 흡수하지 않는 가스
㉱ 비분산 : 빛을 프리즘이나 회절격자와 같은 분산소자에 의해 분산하지 않는 것

풀이 ㉯ 반복성 : 동일한 분석계를 이용하여 다른 측정대상을 동일한 방법과 조건으로 비교적 단시간에 반복적으로 측정하는 경우로서 개개의 측정치가 일치하는 정도

answer   68 ㉰   69 ㉰   70 ㉮   71 ㉯

72 매연 측정방법 중 불투명도법에 대한 설명으로 알맞은 것은 어느 것인가?

㉮ 측정자는 건물로부터 배출가스를 분명하게 관측할 수 있는 3km 이내의 거리에 위치해야 한다.
㉯ 비탁도는 최소 0.5도 단위로 측정값을 기록한다.
㉰ 입자상 물질이 건물로부터 제일 적게 새어나오는 곳을 대상으로 하여 측정한다.
㉱ 비탁도에 10%를 곱한 값을 불투명도 값으로 한다.

[풀이] ㉮ 측정자는 건물로부터 배출가스를 분명하게 관측할 수 있는 1km 이내의 거리에 위치해야 한다.
㉰ 입자상 물질이 건물로부터 제일 많이 새어나오는 곳을 대상으로 하여 측정한다.
㉱ 비탁도에 20%를 곱한 값을 불투명도 값으로 한다.

73 대기 중에 부유하고 있는 입자상물질 시료채취 방법인 고용량공기시료채취기법에 대한 설명으로 틀린 것은 어느 것인가?

㉮ 채취입자의 입경은 일반적으로 0.1~100μm 범위이다.
㉯ 공기흡입부는 무부하(無負荷)일 때의 흡입유량은 보통 0.5m³/hr 범위 정도로 한다.
㉰ 공기흡입부, 여과지홀더, 유량측정부 및 보호상자로 구성된다.
㉱ 채취용 여과지는 보통 0.3μm 되는 입자를 99% 이상 채취할 수 있는 것을 사용한다.

[풀이] ㉯ 공기흡입부는 무부하(無負荷)일 때의 흡입유량은 보통 2m³/min 범위 정도로 한다.

74 환경대기 중 석면측정방법에 대한 설명으로 틀린 것은 어느 것인가? (단, 위상차 현미경법 기준)

㉮ 주간시간대에(오전 8시~오후 7시) 10L/min으로 1시간만 측정한다.
㉯ 석면의 굴절률은 약 1.5로 일반 현미경으로는 식별이 어렵고 위상차현미경으로 계수하면 편리하다.
㉰ 석면은 먼지 중 길이 3μm 이상이고 길이와 폭이 5:1 이상인 석면섬유를 계수대상물로 정의한다.
㉱ 계수를 위한 장치로서 현미경은 배율 10배의 대안렌즈 및 10배와 40배 이상의 대물렌즈를 가진 위상차 현미경 또는 간접위상차 현미경이 필요하다.

[풀이] ㉰ 석면은 먼지 중 길이 5μm 이상이고 길이와 폭이 3:1 이상인 석면섬유를 계수대상물로 정의한다.

75 굴뚝 배출가스 중 브로민화합물의 분석방법 중 자외선/가시선분광법에 대한 설명으로 틀린 것은?

㉮ 배출가스 중 브로민화합물을 수산화소듐용액에 흡수시킨다.
㉯ 다이크로뮴산포타슘용액을 사용하여 브로민으로 산화시킨다.
㉰ 정량범위는 브로민화합물로서 (1.8 ~ 17.0)ppm이다.
㉱ 염화수소 100ppm, 염소 10ppm, 이산화황 50ppm까지는 영향이 없다.

[풀이] ㉯ 과망간산포타슘용액을 사용하여 브로민으로 산화시킨다.

answer 72 ㉯ 73 ㉯ 74 ㉰ 75 ㉯

76 굴뚝 배출가스 유속을 피토우관으로 측정한 결과가 다음과 같을 때 배출가스 유속(m/sec)은 얼마인가?

- 동압 : 100mmH₂O
- 배출가스 온도 : 295℃
- 표준상태 배출가스 비중량 : 1.2kg/m³ (0℃, 1기압)
- 피토우관계수 : 0.87

㉮ 43.7m/s   ㉯ 48.2 m/s
㉰ 50.7 m/s   ㉱ 54.3 m/s

풀이
$V = C \times \sqrt{\dfrac{2gh}{r}}$

① $r(kg/m^3) = 1.2 kg/Sm^3 \times \dfrac{273}{273+295}$
   $= 0.5768 kg/m^3$

② $V = 0.87 \times \sqrt{\dfrac{2 \times 9.8 m/sec^2 \times 100 mmH_2O}{0.5768 kg/m^3}}$
   $= 50.72 m/sec$

77 굴뚝 배출가스 중 총탄화수소 측정을 위한 장치 구성조건 등에 대한 설명으로 틀린 것은 어느 것인가?

㉮ 총탄화수소 분석기는 흡광차분광방식 또는 비불꽃(non flame)이온크로마토그램방식의 분석기를 사용하며 폭발위험이 없어야 한다.
㉯ 시료채취관은 스테인리스강 또는 이와 동등한 재질의 것으로 하고 굴뚝중심 부분의 10% 범위 내에 위치할 정도의 길이의 것을 사용한다.
㉰ 기록계를 사용하는 경우에는 최소 4회/분이 되는 기록계를 사용한다.
㉱ 영점가스로는 총탄화수소농도(프로판 또는 탄소등가 농도)가 0.1ppmv 이하 또는 스팬값의 0.1% 이하인 고순도 공기를 사용한다.

풀이 ㉮ 총탄화수소분석기는 불꽃이온화 또는 비분산적외선방식의 분석기를 사용하며 폭발위험이 없어야 한다.

78 다음 중 수산화소듐 용액을 흡수액으로 사용하지 않는 것은?

㉮ 황화수소   ㉯ 사이안화수소
㉰ 브로민화합물 ㉱ 페놀화합물

풀이 ㉮ 황화수소의 흡수액은 아연아민착염 용액이다.

79 연도 배출가스중의 수분의 부피백분율을 측정하기 위하여 흡습관에 배출가스 10L를 흡입하여 유입시킨 결과 흡습관의 질량 증가는 0.82g이었다. 이때 가스 흡입은 건식 가스미터로 측정하여 그 가스미터의 가스 게이지압은 4mm 수주이고, 온도는 27℃ 이었다. 그리고 대기압은 760mmHg 이었다면 이 배출가스 중 수분량(%)은 얼마인가?

㉮ 약 10%   ㉯ 약 13%
㉰ 약 16%   ㉱ 약 18%

풀이
$X_w(\%) = \dfrac{1.244 m_a(L)}{V_s(L) + 1.244 m_a} \times 100$

$V_s(L) = 10L \times \dfrac{273}{273+27} \times \dfrac{(760+4/13.6)mmHg}{760 mmHg}$
$= 9.1035 L$

따라서 $X_w(\%) = \dfrac{1.244 \times 0.82 g}{9.1035 L + 1.244 \times 0.82 g} \times 100$
$= 10.08\%$

answer 76 ㉰ 77 ㉮ 78 ㉮ 79 ㉮ 80 ㉯

80 굴뚝배출가스 중 아황산가스를 자외선 흡수분석계로 연속측정하고자 할 때 그 분석계의 구성에 대한 설명으로 틀린 것은 어느 것인가?

㉮ 광원 : 중수소방전관 또는 중압수은 등이 사용된다.
㉯ 검출기 : 자외선 및 가시광선에 감도가 좋은 광음극방전관이 이용된다.
㉰ 분광기 : 프리즘 또는 회절격자분광기를 이용하여 자외선영역 또는 가시광선영역의 단색광을 얻는데 사용된다.
㉱ 시료셀 : 시료셀은 200~500mm의 길이로 시료가스가 연속적으로 통과할 수 있는 구조로 되어 있으며, 셀의 창은 석영판과 같이 자외선 및 가시광선이 투과할 수 있는 재질로 되어 있어야 한다.

풀이 ㉯ 검출기 : 자외선 및 가시광선에 감도가 좋은 광전자증배관 또는 광전관이 이용된다.

answer 80 ㉯

2014 4회 기출문제

| 제1과목 | 대기환경관리

01 맑은 여름날 해가 뜬 후부터 오후 최고기온이 나타나는 시간까지의 연기의 분산형태를 순서대로 바르게 나타낸 것은 어느 것인가?

㉮ fanning → fumigation → coning → looping
㉯ fanning → looping → coning → lofting
㉰ fanning → looping → fumigation → lofting
㉱ fanning → trapping → looping → coning

풀이 맑은 여름날 해가 뜬 후부터 오후 최고기온이 나타나는 시간까지의 연기의 분산형태는 fanning(부채형) → fumigation(훈증형) → coning(원추형) → looping(파상형) 순이다.

02 가우시안 모델에 도입된 가정조건으로 틀린 것은 어느 것인가?

㉮ 연기의 분산은 정상상태 분포를 가정한다.
㉯ 바람에 의한 오염물의 주 이동방향은 x축이며, 풍속은 일정하다.
㉰ 연직방향의 풍속은 통상 수평방향의 풍속보다 크므로 고도변화에 따라 반영한다.
㉱ 난류확산계수는 일정하다.

풀이 ㉰ 연직방향의 풍속은 통상 수평방향의 풍속보다 상대적으로 크기가 작기 때문에 연직방향의 풍속을 무시한다.

03 대기오염물질의 분산을 예측하기 위한 바람장미(wind rose)에 대한 내용으로 틀린 것은 어느 것인가?

㉮ 풍속이 1m/sec 이하일 때를 정온(calm) 상태로 본다.
㉯ 바람장미는 풍향별로 관측된 바람의 발생빈도와 풍속을 16방향으로 표시한 기상도형이다.
㉰ 관측된 풍향별 발생빈도를 %로 표시한 것을 방향량(vector)이라 한다.
㉱ 가장 빈번히 관측된 풍향을 주풍(prevailing wind)이라 하고, 막대의 길이를 가장 길게 표시한다.

풀이 ㉮ 풍속이 0.2m/sec 이하일 때를 정온(calm) 상태로 본다.

answer 01 ㉮   02 ㉰   03 ㉮

04 라돈에 대한 내용으로 틀린 것은 어느 것인가?

㉮ 일반적으로 인체의 조혈기능 및 중추신경계통에 가장 큰 영향을 미치는 것으로 알려져 있으며, 화학적으로 반응성이 크다.
㉯ 무색, 무취의 기체로 액화되어도 색을 띠지 않는 물질이다.
㉰ 공기보다 9배 정도 무거워 지표에 가깝게 존재한다.
㉱ 주로 토양, 지하수, 건축자재 등을 통하여 인체에 영향을 미치고 있으며 흙속에서 방사선 붕괴를 일으킨다.

풀이 ㉮ 일반적으로 호흡기계통의 질환과 폐암을 유발하며, 화학적으로 반응성이 매우 작다.

05 다음 기체 중 비중이 가장 적은 것은 어느 것인가? (단, 동일한 조건 기준이다.)

㉮ NH_3 ㉯ NO
㉰ H_2S ㉱ SO_2

풀이 기체의 비중 = $\frac{기체의 분자량}{공기의 분자량}$ 에서 기체의 비중은 기체의 분자량에 비례한다.
따라서 비중이 가장 작은 물질은 분자량이 가장 작은 물질을 찾는다.
㉮ NH_3의 분자량은 17
㉯ NO의 분자량은 30
㉰ H_2S의 분자량은 34
㉱ SO_2의 분자량은 64
따라서 정답은 ㉮ 번이다.

06 국지풍에 대한 내용으로 틀린 것은 어느 것인가?

㉮ 낮에 바다에서 육지로 부는 해풍은 밤에 육지에서 바다로 부는 육풍보다 강한 것이 보통이다.
㉯ 곡풍은 경사면 → 계곡 → 주계곡으로 수렴하면서 풍속이 가속되기 때문에 낮에 산 위쪽으로 부는 산풍보다 더 강하게 부는 것이 보통이다.
㉰ 열섬효과로 인해 도시의 중심부가 주위보다 고온이 되어 도시 중심부에서 상승기류가 발생하고 도시 주위의 시골에서 도시로 부는 바람을 전원풍이라 한다.
㉱ 휀풍은 산맥의 정상을 기준으로 풍상쪽 경사면을 따라 공기가 상승하면서 건조단열 변화를 하기 때문에 평지에서보다 기온이 약 1℃/100m 율로 하강한다.

풀이 ㉯ 산풍은 경사면 → 계곡 → 주계곡으로 수렴하면서 풍속이 가속되기 때문에 낮에 산위쪽으로 부는 곡풍보다 더 강하다.

07 다음 대기오염물질과 관련되는 주요 배출업종을 연결한 것으로 알맞은 것은 어느 것인가?

㉮ 벤젠 - 도장공업
㉯ 염소 - 주유소
㉰ 시안화수소 - 유리공업
㉱ 이황화탄소 - 구리정련

풀이 대기오염물질과 관련되는 주요 배출업종
㉯ 염소 – 농약제조, 화학공업, 소오다공업
㉰ 시안화수소 – 청산제조공업, 제철공업, 화학공업, 가스공업
㉱ 이황화탄소 – 비스코스섬유공업, 레이온 제조업

answer 04 ㉮ 05 ㉮ 06 ㉯ 07 ㉮

08 상대습도가 70%이고, 상수를 1.2로 정의할 때, 먼지 농도가 70μg/m³이면, 가시거리(km)는?

㉮ 약 12km   ㉯ 약 17km
㉰ 약 22km   ㉱ 약 27km

풀이
$$V = \frac{10^3 \times A}{G}$$

$\begin{bmatrix} V : 가시거리(km) \\ G : 농도(\mu g/m^3) \\ A : 상수(1.2) \end{bmatrix}$

따라서 $V = \frac{10^3 \times 1.2}{70\mu g/m^3} = 17.14km$

09 실내공기 오염물질에 대한 내용으로 틀린 것은 어느 것인가?

㉮ 벤젠은 무색의 휘발성 액체이며, 끓는점은 약 80℃ 정도이고, 인화성이 강하다.
㉯ 석면은 얇고 긴 섬유의 형태로서 규소, 수소, 마그네슘, 철, 산소 등의 원소를 함유하며, 그 기본구조는 산화규소의 형태를 취한다.
㉰ 석면의 공업적 생산 및 소비량은 각섬석계열이 95% 정도이고, 나머지는 사문석 계열로서 강도는 높으나 굴절성은 약하다.
㉱ 톨루엔의 끓는점은 약 111℃ 정도이고, 휘발성이 강하고 그 증기는 폭발성이 있다.

풀이 ㉰ 석면의 공업적 생산 및 소비량은 사문석계열이 95% 정도이고, 나머지는 각섬석 계열로서 강도가 높다.

10 스테판-볼츠만의 법칙에 따르면 흑체복사를 하는 물체에서 물체의 표면온도가 1,500K에서 1,897K로 변화될때, 복사에너지의 변화는 몇 배인가?

㉮ 1.25배   ㉯ 1.33배
㉰ 2.56배   ㉱ 3.16배

풀이 $E = \sigma T^4$에서 $E = T^4$이므로
$E = \frac{(1,897K)^4}{(1,500K)^4} = 2.56배$

11 다음 중 가장 높은 압력을 나타내는 것은 어느 것인가?

㉮ 15 psi   ㉯ 76 kPa
㉰ 76 torr   ㉱ 1000 mbar

풀이 표준기압 : 1atm = 760mmHg = 14.7PSI
       = 101.3kPa = 760torr = 1013.2mbar

㉮ 1atm : 14.7PSI = X : 15PSI
  ∴ X = 1.02atm
㉯ 1atm : 101.3kPa = X : 76kPa
  ∴ X = 0.75atm
㉰ 1atm : 760torr = X : 76torr
  ∴ X = 0.1atm
㉱ 1atm : 1013.2mba = X : 1000mba
  ∴ X = 0.99atm

answer 08 ㉯ 09 ㉰ 10 ㉰ 11 ㉮

12 냄새에 관한 다음 설명 중 ( )안에 들어갈 말은 어느 것인가?

> 매우 엷은 농도의 냄새는 아무 것도 느낄 수 없지만 이것을 서서히 진하게 하면 어떤 농도가 되고, 무엇인지 모르지만 냄새의 존재를 느끼는 농도로 나타난다. 이 최소농도를 (①)라고 정의하고 있다. 또한 농도를 짙게 해 가면 냄새질이나 어떤 느낌의 냄새인지를 표현할 수 있는 시점이 나오게 된다. 이 최저농도가 되는 곳이 (②)라고 한다.

㉮ ① 최소감지농도
　　　(detection threshold)
　② 최소포착농도
　　　(capture threshold)
㉯ ① 최소인지농도
　　　(recognition threshold)
　② 최소자각농도
　　　(awareness threshold)
㉰ ① 최소인지농도
　　　(recognition threshold)
　② 최소포착농도
　　　(capture threshold)
㉱ ① 최소감지농도
　　　(detection threshold)
　② 최소인지농도
　　　(recognition threshold)

TIP
내용 중 "느끼는 = 감지농도, 표현할 수 있는 = 인지농도"로 숙지하시면 됩니다.

13 2,000m에서 대기압력(최초 기압)이 805 mbar, 온도가 5℃, 비열비 K가 1.4일 때 온위(potential temperature)는 얼마인가? (단, 표준압력은 1,000mbar 기준이다.)

㉮ 약 284K　　㉯ 약 289K
㉰ 약 296K　　㉱ 약 324K

풀이 온위(θ) = T × $\left(\dfrac{1,000}{P}\right)^{0.288}$
= (273+5℃)K × $\left(\dfrac{1,000\text{mbar}}{805\text{mbar}}\right)^{0.288}$
= 295.92K

14 지상으로부터 500m까지의 평균 기온 감률은 1.2℃/100m이다. 100m 고도의 기온이 18℃일 때 400m에서의 기온(℃)은 얼마인가?

㉮ 8.6℃　　㉯ 10.8℃
㉰ 12.2℃　　㉱ 14.4℃

풀이 기온(℃)
= 18℃ - $\left\{\dfrac{1.2℃}{100\text{m}} \times (400\text{m}-100\text{m})\right\}$ = 14.4℃

answer　12 ㉱　13 ㉰　14 ㉱

15 리차드슨 수에 대한 내용으로 알맞은 것은 어느 것인가?

㉮ 리차드슨 수가 -0.04 보다 작으면 수직방향의 혼합은 없다.
㉯ 리차드슨 수가 0 이면 기계적 난류만 존재한다.
㉰ 리차드슨 수가 0 에 접근하면 분산이 커져 대류혼합이 지배적이다.
㉱ 일차원 수로서 기계난류를 대류난류로 전환시키는 율을 측정한 것이다.

풀이
㉮ 리차드슨 수가 -0.04 보다 작으면 대류에 의한 혼합이 기계적 혼합을 지배한다.
㉰ 리차드슨 수가 0 에 접근하면 분산이 작아져 기계적 난류가 지배적이다.
㉱ 무차원 수로서 대류 난류를 기계적 난류로 전환시키는 율을 측정한 것이다.

16 다음 특정물질 중 오존 파괴지수가 가장 큰 것은 어느 것인가?

㉮ CFC-113 ㉯ CFC-114
㉰ Halon-1211 ㉱ Halon-1301

풀이 오존 파괴지수
㉮ CFC-113 : 0.8
㉯ CFC-114 : 1.0
㉰ Halon-1211 : 3.0
㉱ Halon-1301 : 10.0

17 직경 4m인 굴뚝에서 연기가 10m/s의 속도로 풍속 5m/s인 대기로 방출된다. 대기는 27℃, 중립상태 $\left(\dfrac{\Delta\theta}{\Delta Z}=0\right)$ 이고, 연기의 온도가 167℃ 일 때 TVA모델에 의한 연기의 상승고(m)는 얼마인가?
(단, TVA모델 : $\Delta H = \dfrac{173 \cdot F^{1/3}}{U \cdot \exp(0.64\Delta\theta/\Delta Z)}$, 부력계수 $F = [g \cdot V_s \cdot d^2(T_s-T_a)]/4T_a$를 이용할 것)

㉮ 약 196m ㉯ 약 165m
㉰ 약 145m ㉱ 약 124m

풀이
$\Delta H = \dfrac{173 \times F^{1/3}}{U}(m)$

$\begin{bmatrix} \Delta H : 연기의\ 상승고(m) \\ U : 풍속(m/sec) \\ F : 부력(m^4/sec^3) \end{bmatrix}$

① $F = \dfrac{g \times V_s \times d^2 \times (T_s-T_a)}{4 \times T_a}$

$= \dfrac{9.8m/sec^2 \times 10m/sec \times (4m)^2 \times \{(273+167)-(273+27)\}}{4 \times (273+27)}$

$= 182.9333 m^4/sec^3$

② $\Delta H = \dfrac{173 \times (182.9333 m^4/sec^3)^{\frac{1}{3}}}{5m/sec} = 196.42m$

18 혼합층에 대한 내용으로 알맞은 것은 어느 것인가?

㉮ 최대혼합깊이는 통상 낮에 가장 적고, 밤시간을 통하여 점차 증가한다.
㉯ 야간에 역전이 극심한 경우 최대혼합깊이는 5000m 정도까지 증가한다.
㉰ 계절적으로 최대혼합깊이는 주로 겨울에 최소가 되고, 이른 여름에 최대값을 나타낸다.
㉱ 환기량은 혼합층의 온도와 혼합층내의 평균풍속을 곱한 값으로 정의된다.

▎풀이 ㉮ 최대혼합깊이는 통상 밤에 가장 적고, 낮시간을 통하여 점차 증가한다.
㉯ 야간에 역전이 극심한 경우 최대혼합깊이는 거의 0이 될수도 있다.
㉱ 환기량은 혼합층의 높이에 혼합층내의 평균풍속을 곱한 값으로 정의된다.

19 굴뚝에서 배출되는 연기의 형태 중 looping형에 대한 내용으로 알맞은 것은 어느 것인가?

㉮ 전체 대기층이 강한 안정시에 나타나며, 연직확산이 적어 지표면에 순간적 고농도를 나타낸다.
㉯ 전체 대기층이 중립일 경우에 나타나며, 연기모양의 요동이 적은편이다.
㉰ 과단열감률 상태의 대기일 때 나타나므로 맑은 날 오후에 발생하기 쉽다.
㉱ 상층이 불안정, 하층이 안정일 경우에 나타나며, 바람이 다소 강하거나 구름이 낀 날 일어난다.

▎풀이 ㉮ 전체 대기층이 강한 안정시 : 부채형
㉯ 전체 대기층이 중립시 : 원추형
㉱ 상층이 불안정, 하층이 안정시 : 상승형

20 휘발성이 높은 액체이므로 쉽게 작업실내의 농도가 높아져 중추신경계에 대한 특징적인 독성작용으로 심한 급성 또는 아급성 뇌병증을 유발하며, 피부를 통해서도 흡수되지만 대부분 상기도를 통해 체내에 흡수되는 물질은 어느 것인가?

㉮ 삼염화에틸렌 ㉯ 염화비페닐
㉰ 이황화탄소   ㉱ 아크릴 아미드

▎풀이 ㉰ 이황화탄소(CS_2)에 대한 설명이다.

| 제2과목 | 연소공학

21 석탄·석유 혼합연료(COM)에 대한 내용으로 알맞은 것은 어느 것인가?

㉮ 중유에다 거의 같은 질량의 미분탄을 섞어서 고체화시킨 연료이다.
㉯ 열량비로는 COM 중의 석탄의 비율은 5% 정도로 석유비율이 큰 편이다.
㉰ 별도의 중유전용 연소시설을 이용하지 않는 것이 큰 장점이다.
㉱ 유해성분을 포함하고 있으므로 재와 매연처리, 연소가스의 연소실내 체류시간을 미분탄 정도로 고려할 필요가 있다.

▎풀이 ㉮ 미세한 가루형태의 석탄에 중유를 혼합하여 액상으로 만든 연료이다.
㉯ 열량비로는 COM 중의 석탄 52%, B-C유 38%, 물 10%를 혼합한다.
㉰ 별도의 중유전용 연소시설을 이용해야 한다.

answer 18 ㉰ 19 ㉰ 20 ㉰ 21 ㉱

22 Propane $1Sm^3$을 연소시킬 경우 이론 건조연소 가스 중의 탄산가스 최대농도(%)는 얼마인가?

㉮ 12.8% ㉯ 13.8%
㉰ 14.8% ㉱ 15.8%

풀이
$CO_{2max}(\%) = \dfrac{CO_2량(Sm^3/Sm^3)}{God(Sm^3/Sm^3)} \times 100$

① Propane(C_3H_8)의 완전연소 반응식
  $C_3H_8 + 5O_2 \rightarrow 3CO_2 + 4H_2O$
② 이론건조가스량(God)
  $= (1-0.21)A_o + CO_2량(Sm^3/Sm^3)$
  $= (1-0.21) \times \dfrac{5}{0.21} + 3 = 21.8095 Sm^3/Sm^3$
③ $CO_2량 = 3Sm^3/Sm^3$
④ $CO_{2max} = \dfrac{3Sm^3/Sm^3}{21.8095Sm^3/Sm^3} \times 100 = 13.76\%$

23 어떤 1차 반응에서 반감기가 10분 이었다. 반응물이 1/10 농도로 감소할 때까지 걸리는 시간(min)은 얼마인가?

㉮ 6.9min ㉯ 33.2min
㉰ 693min ㉱ 3323min

풀이
1차반응식 $\ln \dfrac{C_t}{C_o} = -k \times t$

$\begin{bmatrix} C_o : 초기농도 \\ C_t : t시간후의 농도 \\ k : 상수 \\ t : 시간 \end{bmatrix}$

① $\ln \dfrac{1}{2} = -k \times 10min$

∴ $k = \dfrac{\ln \dfrac{1}{2}}{-10min} = 0.0693/min$

② $\ln \dfrac{1}{10} = -0.0693/min \times t$

∴ $t = \dfrac{\ln \dfrac{1}{10}}{-0.0693/min} = 33.23min$

24 액체연료의 종류 및 성질에 대한 내용으로 틀린 것은 어느 것인가?

㉮ 휘발유는 석유제품 중 가장 경질이며, 비점은 약 250~350℃ 정도, 비중은 0.85~0.90 정도이다.
㉯ 등유는 휘발유와 유사한 방법으로 정제하며 무색내지 담황색이고, 인화점은 휘발유보다 높다.
㉰ 경유의 착화성 여부는 세탄값으로 표시되며, 세탄값 40~60 정도의 것이 좋은 편이다.
㉱ 중유 점도의 정도는 C중유>B중유>A중유 순으로 감소되며, 수송 시 적정점도는 500~1,000cSt 정도이다.

풀이 ㉮ 휘발유는 석유제품 중 가장 경질유이며, 비점(비등점)은 약 30~200℃ 정도, 비중은 0.72~0.76 정도이다.

25 석유의 물리적 성질에 대한 내용으로 틀린 것은 어느 것인가?

㉮ 비중이 커지면 화염의 휘도가 커지며, 점도도 증가한다.
㉯ 증기압이 높으면 인화점이 높아져서 연소효율이 저하된다.
㉰ 유동점(pour point)은 일반적으로 응고점보다 2.5℃ 높은 온도를 말한다.
㉱ 점도가 낮아지면 인화점이 낮아지고 연소가 잘된다.

풀이 ㉯ 증기압이 높으면 인화점이 낮아져서 연소효율이 증가하나 위험하다.

answer 22 ㉯ 23 ㉯ 24 ㉮ 25 ㉯

26 석탄의 성질에 대한 내용으로 틀린 것은 어느 것인가?

㉮ 비열은 석탄화도가 진행됨에 따라 증가하며, 통상 0.30~0.35kcal/kg·℃ 정도이다.
㉯ 건조된 것은 석탄화도가 진행된 것일수록 착화온도가 상승한다.
㉰ 석탄류의 비중은 석탄화도가 진행됨에 따라 증가되는 경향을 보인다.
㉱ 착화온도는 수분함유량에 영향을 크게 받으며, 무연탄의 착화온도는 보통 440~550℃ 정도이다.

풀이 ㉮ 비열은 석탄화도가 진행됨에 따라 감소한다.

27 다음은 연소의 종류에 대한 내용이다. ( )안에 들어갈 말은 어느 것인가?

> 목재, 석탄, 타르 등은 연소초기에 열분해에 의해 가연성 가스가 생성되고, 이것이 긴 화염을 발생시키면서 연소하게 되는데 이러한 연소를 ( )라 한다.

㉮ 표면연소 ㉯ 분해연소
㉰ 자기연소 ㉱ 확산연소

풀이 ㉯ 분해연소에 대한 설명이다.

28 아세틸렌을 완전 연소시킬때 이론공연비(A/F ratio)를 부피비로 계산하면?

㉮ 2.5   ㉯ 8.9
㉰ 11.9 ㉱ 25

풀이 ① 아세틸렌(C_2H_2)의 완전연소 반응식
$C_2H_2 + 2.5O_2 \rightarrow 2CO_2 + H_2O$
② 공연비(AFR)

$$= \frac{\text{공기량}(Sm^3)}{\text{연료량}(Sm^3)} = \frac{\text{산소갯수} \times 22.4 Sm^3 \times \frac{1}{0.21}}{\text{연료갯수} \times 22.4 Sm^3}$$

$$= \frac{\text{산소갯수} \times \frac{1}{0.21}}{\text{연료갯수}} = \frac{2.5 \times \frac{1}{0.21}}{1}$$

$= 11.91 Sm^3/Sm^3$

29 저위발열량이 5,000kcal/Sm^3의 기체연료의 이론연소온도(℃)는 얼마인가? (단, 이론연소가스량 15Sm^3/Sm^3, 연료연소가스의 평균정압비열 0.35kcal/Sm^3·℃, 기준온도는 0℃, 공기는 예열하지 않으며, 연소가스는 해리되지 않는다.)

㉮ 952℃   ㉯ 994℃
㉰ 1,008℃   ㉱ 1,118℃

풀이 이론연소온도(℃)

$$= \frac{\text{저위발열량}(kcal/Sm^3)}{\text{가스량}(Sm^3/Sm^3) \times \text{평균정압비열}(kcal/Sm^3·℃)} + \text{기준온도}$$

$$= \frac{5,000 kcal/Sm^3}{15 Sm^3/Sm^3 \times 0.35 kcal/Sm^3·℃} + 0℃$$

$= 952.38℃$

30 다음 주요 기체연료 중 일반적으로 발열량이 가장 큰 것은 어느 것인가? (단, 발열량단위 : kcal/Sm^3)

㉮ 발생로가스 ㉯ 고로가스
㉰ 수성가스   ㉱ 아세틸렌

---

answer 26 ㉮   27 ㉯   28 ㉰   29 ㉮   30 ㉱

31 절충식 방법으로써 연소용 공기의 일부를 미리 기체연료와 혼합하고 나머지 공기는 연소실 내에서 혼합하여 확산 연소시키는 방식으로 소형 또는 중형 버너로 널리 사용되며, 기체연료 또는 공기의 분출속도에 의해 생기는 흡입력을 이용하여 공기 또는 연료를 흡입하는 것은?

㉮ 확산연소   ㉯ 예혼합연소
㉰ 유동층연소 ㉱ 부분예혼합연소

풀이 ㉱ 부분예혼합연소에 대한 설명이다.

32 다음 중 연료 연소시 매연발생에 대한 내용으로 틀린 것은 어느 것인가?

㉮ 분해하기 쉽거나 산화하기 쉬운 탄화수소는 매연이 많이 발생되는 편이다.
㉯ 연료의 C/H 비율이 작을수록 매연이 생기기 어려운 편이다.
㉰ -C-C-의 탄소결합을 절단하는 것보다 탈수소가 용이한 쪽이 매연이 잘 발생되는 편이다.
㉱ 탈수소, 중합 및 고리화합물 등과 같이 반응이 일어나기 쉬운 탄화수소일수록 매연이 잘 생기는 편이다.

풀이 ㉮ 분해하기 쉽거나 산화하기 쉬운 탄화수소는 매연이 적게 발생되는 편이다.

33 다음은 가동화격자의 종류에 대한 내용이다. ( )안에 들어갈 말은 어느 것인가?

> ( )는 고정화격자와 가동화격자를 횡방향으로 나란히 배치하고 가동화격자를 전후로 왕복운동시킨다. 비교적 강한 교반력과 이송력을 갖고 있으며 화격자 눈의 메워짐이 별로 없어 낙진량이 많고 냉각작용이 부족하다.

㉮ 부채형 반전식 화격자
㉯ 병렬요동식 화격자
㉰ 이상식 화격자
㉱ 회전 로울러식 화격자

풀이 ㉯ 병렬요동식 화격자에 대한 설명이다.

34 기체연료의 특징 및 종류에 대한 내용으로 틀린 것은 어느 것인가?

㉮ 부하변동범위가 넓고 연소의 조절이 용이한 편이다.
㉯ 천연가스는 화염전파속도가 크며, 폭발범위가 크므로 1차 공기를 적게 혼합하는 편이 유리하다.
㉰ 액화천연가스는 메탄을 주성분으로 하는 천연가스를 1기압하에서 -160℃ 근처에서 냉각, 액화시켜 대량수송 및 저장을 가능하게 한 것이다.
㉱ 액화석유가스는 액체에서 기체로 될 때 증발열(90~100kcal/kg)이 있으므로 사용하는데 유의할 필요가 있다.

풀이 ㉯ 천연가스는 화염전파속도가 작고, 폭발범위가 작다.

answer 31 ㉱ 32 ㉮ 33 ㉯ 34 ㉯

35 각종 연료의 $(CO_2)max$ 값(%)으로 틀린 것은 어느 것인가?

㉮ 탄소 : 21.0
㉯ 고로가스 : 24.0~25.0
㉰ 역청탄 : 18.5~19.0
㉱ 코우크스로 가스 : 19.0~20.0

[풀이] ㉱ 코우크스로 가스 : 20.0~20.5

36 다음 각종 연료의 이론공기량의 개략치 값(Sm^3/kg)으로 틀린 것은 어느 것인가?

㉮ 코우크스 : 0.8~1.2
㉯ 고로가스 : 0.7~0.9
㉰ 발생로 가스 : 0.9~1.2
㉱ 가솔린 : 11.3~11.5

[풀이] ㉮ 코우크스 : 8.5 정도

37 과잉공기가 지나칠 때 나타나는 현상으로 틀린 것은 어느 것인가?

㉮ 배기가스에 의한 열손실의 증가
㉯ 연소실내 온도가 저하
㉰ 배기가스의 온도가 높아지고 매연이 증가
㉱ 배기가스 중 NO_X양 증가

[풀이] ㉰ 매연이 증가하는 조건은 공기가 적을때의 현상이다.

38 다음은 화격자의 종류 중 폰 롤 시스템에 대한 내용이다. ( )안에 들어갈 말로 틀린 것은 어느 것인가?

> 폰 롤 시스템(Von Roll System)은 일련의 왕복식 화격자들을 사용하여 폐기물을 소각로 내에서 이동시키면서 연소시킨다. 화격자는 ( ), ( ), ( )의 세부분으로 구성되어 있다.

㉮ 건조 화격자   ㉯ 회전 화격자
㉰ 연소 화격자   ㉱ 후연소 화격자

39 연료유를 미립화해서 공기와 혼합하여 단시간에 완전연소를 시키는 유류연소 버너가 갖추어야 할 조건으로 틀린 것은 어느 것인가?

㉮ 넓은 부하범위에 걸쳐 기름의 미립화가 가능할 것
㉯ 재를 제거하기 위한 장치가 있을 것
㉰ 소음 발생이 적을 것
㉱ 점도가 높은 기름도 적은 동력비로서 미립화가 가능할 것

[풀이] ㉯ 재가 거의 발생하지 않으므로 재를 제거하기 위한 장치는 필요없다.

answer 35 ㉱ 36 ㉮ 37 ㉰ 38 ㉯ 39 ㉯

40 C = 82%, H = 14%, S = 3%, N = 1%로 조성된 중유를 12Sm³ 공기/kg 중유로 완전연소 했을 때 습윤 배출가스 중의 SO_2의 농도(ppm)는 얼마인가? (단, 중유 중의 황분은 모두 SO_2로 된다.)

㉮ 1,400ppm ㉯ 1,640ppm
㉰ 1,900ppm ㉱ 2,260ppm

풀이

$$SO_2(ppm) = \frac{SO_2량(Sm^3/kg)}{실제습윤가스량(Sm^3/kg)} \times 10^6$$

① Gw = A+5.6H+0.7O+0.8N+1.244W
   = 12Sm³/kg+5.6×0.14+0.8×0.01
   = 12.792Sm³/kg

② $SO_2 = \frac{0.7 \times 0.03 Sm^3/kg}{12.792 Sm^3/kg} \times 10^6 = 1,641.65ppm$

| 제3과목 | 대기오염방지기술

41 다음 중 기체분산형 흡수장치로만 구성된 것은 어느 것인가?

㉮ 단탑, 기포탑
㉯ 기포탑, 충전탑
㉰ 분무탑, 단탑
㉱ 분무탑, 충전탑

풀이 흡수장치의 종류
① 기체분산형 흡수장치 : 다공판탑, 종탑, 기포탑
② 액분산형 흡수장치 : 충전탑, 분무탑, 벤츄리스크러버

42 각종 유해가스 처리방법으로 틀린 것은 어느 것인가?

㉮ 아크로레인은 NaClO등의 산화제를 혼입한 가성소다 용액으로 흡수 제거한다.
㉯ CO는 백금계의 촉매를 사용하여 연소시켜 제거한다.
㉰ 이황화탄소는 암모니아를 불어넣는 방법으로 제거한다.
㉱ Br_2는 산성수용액에 의한 선정법으로 제거한다.

풀이 ㉱ Br_2는 가성소다 수용액에 의한 선정법으로 제거한다.

43 다음은 활성탄의 고온 활성화 재생방법으로 적용될 수 있는 다단로(multi-hearthfurnace)와 회전로(rotary kiln)를 비교한 내용이다. 이 중에서 틀린 것은 어느 것인가?

구분		다단로	회전로
①	온도 유지	여러 개의 버너로 구분된 반응영역에서 온도분포 조절이 가능하고 열효율이 높음	단 1개의 버너로 열 공급 영역별 온도 유지가 불가능하고 열효율이 낮음
②	수증기 공급	반응영역에서 일정하게 분사	입구에서만 공급하므로 일정치 않음
③	입도 분포	입도에 비례하여 큰 입자가 빨리 배출	입도 분포에 관계없이 체류시간을 동일하게 유지가능
④	품질	고품질 입상재생 설비로 적합	고품질 입상재생 설비로 부적합

㉮ ① ㉯ ②
㉰ ③ ㉱ ④

---

answer 40 ㉯ 41 ㉮ 42 ㉱ 43 ㉰

풀이 다단로의 입도분포는 입도분포에 관계없이 체류시간을 동일하게 유지가 가능하고, 회전로의 입도분포는 입도에 비례하여 큰 입자가 빨리 배출된다.

44 전기집진장치의 장애현상 중 2차 전류가 많이 흐를 때의 원인으로 틀린 것은 어느 것인가?

㉮ 먼지의 농도가 너무 낮을 때
㉯ 공기 부하시험을 행할 때
㉰ 방전극이 너무 가늘 때
㉱ 이온 이동도가 적은 가스를 처리할 때

풀이 ㉱ 이온 이동도가 큰 가스를 처리할 때

45 중력집진장치에 대한 내용으로 틀린 것은 어느 것인가?

㉮ 압력손실이 10~15mmH₂O 정도로 적다.
㉯ 함진가스의 온도변화에 의한 영향을 거의 받지 않는다.
㉰ 장치 운전 시 신뢰도가 낮으며, 함진가스의 먼지부하나 유량변동에 영향을 거의 받지 않아 적응성이 높다.
㉱ 침강실의 높이는 작게, 길이는 가급적 크게 하는 편이 집진율이 향상된다.

풀이 ㉰ 장치 운전 시 신뢰도가 낮으며, 함진가스의 먼지부하나 유량변동에 적응성이 낮다.

46 배출가스의 흐름이 층류일 때 입경 100μm 입자가 100% 침강하는데 필요한 중력 침강실의 길이(m)는 얼마인가? (단, 중력 침강실의 높이 1m, 배출가스의 유속 2m/s, 입자의 종말침강속도는 0.5m/s 이다.)

㉮ 1m ㉯ 4m
㉰ 10m ㉱ 16m

풀이
$$\eta = \frac{V_g \times L}{u \times H} \times 100$$

η : 효율
V_g : 침강속도(m/sec)
L : 길이(m)
u : 유속(m/sec)
H : 높이(m)

따라서 $100\% = \frac{0.5\text{m/sec} \times L}{2\text{m/sec} \times 1\text{m}} \times 100$

$\therefore L = \frac{1 \times 2\text{m/sec} \times 1\text{m}}{0.5\text{m/sec}} = 4.0\text{m}$

47 NOₓ와 SOₓ 동시 제어기술에 대한 내용으로 틀린 것은 어느 것인가?

㉮ SOXNO 공정은 감마 알루미나 담체의 표면에 나트륨을 첨가하여 SOₓ와 NOₓ를 동시에 흡착시킨다.
㉯ CuO공정은 알루미나 담체에 CuO를 함침시켜 SO₂는 흡착 반응하고 NOₓ는 선택적 촉매환원되어 제거되는 원리를 이용하는 공정이다.
㉰ CuO 공정에서 온도는 보통 850~1,000℃ 정도로 조정하며, CuSO₂ 형태로 이동된 솔벤트 재생기에서 산소 또는 오존으로 재생된다.
㉱ 활성탄 공정은 S, H₂SO₄ 및 액상 SO₂ 등의 부산물이 생성되며, 공정 중 재가열이 없으므로 경제적이다.

풀이 ㉰ CuO 공정에서 온도는 보통 370~430℃ 정도로 조정한다.

answer 44 ㉱ 45 ㉰ 46 ㉯ 47 ㉰

48 염소를 함유한 폐가스를 소석회와 반응시켰을 때 발생되는 물질은 어느 것인가?

㉮ 실리카겔
㉯ 표백분
㉰ 차아염소산나트륨
㉱ 포스겐

풀이 ① 반응식 : $2Cl_2 + 2Ca(OH)_2 \rightarrow CaCl_2 + Ca(OCl)_2 + 2H_2O$
② 표백분의 주성분 : $CaCl_2 \cdot Ca(OCl)_2 \cdot 2H_2O$

49 다른 VOC 제거장치와 비교하여 생물여과의 장·단점으로 틀린 것은 어느 것인가?

㉮ CO와 NO_X 등을 포함하여 생성되는 오염부산물이 적거나 없다.
㉯ 습도제어에 각별한 주의가 필요하다.
㉰ 고농도 오염물질의 처리에 적합하다.
㉱ 생체량 증가로 인해 장치가 막힐 수 있다.

풀이 ㉰ 고농도 오염물질의 처리에 부적합하다.

50 촉매연소법에 대한 내용으로 틀린 것은 어느 것인가?

㉮ 열소각법에 비해 체류시간이 훨씬 짧다.
㉯ 열소각법에 비해 NO_X 생성량을 감소시킬 수 있다.
㉰ 팔라듐, 알루미나 등은 촉매에 바람직하지 않은 원소이다.
㉱ 열소각법에 비해 점화온도를 낮춤으로써 전체 비용을 절감할 수 있다.

풀이 ㉰ 팔라듐, 알루미나 등의 원소도 촉매로 사용된다.

51 전기집진장치를 구성하는 요소에 대한 내용으로 틀린 것은 어느 것인가?

㉮ 방전극은 코로나 방전을 일으키기 쉽도록 가늘고 긴 뾰족한 edge를 가질 것
㉯ 방전극은 진동 혹은 요동을 일으키지 아니하는 구조일 것
㉰ 집진전극 중 건식의 경우에는 취타에 의해 먼지 비산이 많이 생기도록 하는 구조일 것
㉱ 집진전극은 중량이 가벼울 것

풀이 ㉰ 집진전극 중 건식의 경우에는 취타에 의해 먼지 비산이 생기지 않는 구조일 것

> **TIP**
> **취타(추타장치, Rapping Device)**
> 건식 집진장치의 집진극, 방전극, 전기집진장치 입구의 가스정류장치에 부착되어 있는 먼지를 제거하기 위하여 충격 또는 진동을 주는 장치이며, 기계식 추타방법과 전자식 추타방법이 있다.

52 벤츄리스크러버의 액가스비를 크게 하는 요인으로 틀린 것은 어느 것인가?

㉮ 먼지입자의 친수성이 클 때
㉯ 먼지의 입경이 작을 때
㉰ 먼지입자의 점착성이 클 때
㉱ 처리가스의 온도가 높을 때

풀이 ㉮ 먼지입자의 친수성이 낮을 때

---

answer 48 ㉯ 49 ㉰ 50 ㉰ 51 ㉰ 52 ㉮

53 집진효율이 70%인 1차 집진장치가 있다. 총집진효율이 98%라면 2차 집진장치의 집진효율(%)은 얼마인가?

㉮ 91.1%　　㉯ 93.3%
㉰ 94.8%　　㉱ 96.5%

풀이 $\eta_T = 1-(1-\eta_1)\times(1-\eta_2)$

η_T : 총집진율
η_1 : 1차 집진장치 효율
η_2 : 2차 집진장치 효율

따라서 $0.98 = 1-(1-0.70)\times(1-\eta_2)$
∴ $\eta_2 = 0.9333$ 따라서 93.33%

54 전기집진장치에서 먼지의 비저항이 높을 경우 발생하는 현상으로 틀린 것은 어느 것인가?

㉮ 먼지와 집진판의 결합력이 낮아 먼지가 가스중으로 재비산된다.
㉯ 역코로나 현상이 발생한다.
㉰ 전하가 쉽게 집진판으로 전달되지 않는다.
㉱ 가스 중 먼지입자의 이온화와 이동현상을 감소시킨다.

풀이 ㉮번은 재비산현상에 대한 설명이다.

55 배출가스 중 황산화물을 접촉식 황산제조방법의 원리를 이용한 접촉산화법으로 처리할 때 사용되는 일반적인 촉매로 가장 알맞은 것은 어느 것인가?

㉮ PbO　　㉯ PbO_2
㉰ V_2O_5　　㉱ $KMnO_4$

풀이 접촉산화법에서 사용되는 촉매는 Pt, V_2O_5, K_2SO_4이다.

56 A공장의 연마실에서 발생되는 배출가스의 먼지제거에 cyclone이 사용되고 있다. 유입폭이 40cm이고, 유효회전수 5회, 입구유입속도 10m/s로 가동중인 공정조건에서 10㎛ 먼지입자의 부분집진효율(%)은 얼마인가? (단, 먼지의 밀도는 $1.6g/cm^3$, 가스점도는 $1.75\times10^{-4}g/cm\cdot s$, 가스밀도는 고려하지 않는다.)

㉮ 약 40%　　㉯ 약 45%
㉰ 약 50%　　㉱ 약 55%

풀이 부분집진율$(\eta) = \dfrac{d^2\times\pi\times V\times(\rho_s-\rho)\times N}{9\times\mu\times B}\times100(\%)$

d : 직경(m)
V : 유입속도(m/sec)
ρ_s : 입자의 밀도(kg/m^3)
ρ : 가스의 밀도(kg/m^3)
N : 회전수
μ : 가스의 점성도($kg/m\cdot sec$)
B : 유입구 폭(m)

$\eta = \dfrac{(10\times10^{-6}m)^2\times\pi\times10m/sec\times1.6\times10^3 kg/m^3\times5회}{9\times1.75\times10^{-5}kg/m\cdot sec\times0.4m}\times100$

$= 39.89\%$

TIP

$\rho_s = 1.6g/cm_3 \xrightarrow{\times10^3} 1.6\times10^3 kg/m^3$

$\mu = 1.75\times10^{-4}g/cm\cdot sec \xrightarrow{\times10^{-1}} 1.75\times10^{-5}kg/m\cdot sec$

answer 53 ㉯　54 ㉮　55 ㉰　56 ㉮

57 흡착제에 대한 내용으로 틀린 것은 어느 것인가?

㉮ 마그네시아는 표면적이 50~100m²/g 으로 NaOH 용액 중 불순물 제거에 주로 사용된다.
㉯ 활성탄은 표면적이 600~1,400m²/g으로 용제회수, 악취제거, 가스정화 등에 사용된다.
㉰ 일반적으로 활성탄의 물리적 흡착방법으로 제거할 수 있는 유기성 가스의 분자량은 45이상이어야 한다.
㉱ 활성탄은 비극성물질을 흡착하며 대부분의 경우 유기용제 증기를 제거하는데 탁월하다.

풀이 ㉮ 마그네시아는 표면적이 200m²/g 정도이고, 휘발유 및 유기용제 정제용으로 주로 사용된다.

58 사이클론에서 50%의 집진효율로 제거되는 입자의 최소입경은 무엇인가?

㉮ critical diameter
㉯ cut size diameter
㉰ average size diameter
㉱ analytical diameter

풀이 50%의 집진효율로 제거되는 입자의 최소입경은 cut size diameter이다.

59 공기 중 CO_2 가스의 부피가 5%를 넘으면 인체에 해롭고 한다면 지금 600m³ 되는 방에서 문을 닫고 80%의 탄소를 가진 숯을 최소 몇 kg을 태우면 해로운 상태로 되겠는가? (단, 기존의 공기 중 CO_2 가스의 부피는 고려하지 않으며, 실내에서 완전혼합, 표준상태 기준이다.)

㉮ 약 5kg   ㉯ 약 10kg
㉰ 약 15kg   ㉱ 약 20kg

풀이
$C + O_2 \rightarrow CO_2$
12kg   : 22.4Sm³
Xkg×0.80 : 600m³×0.05

$$\therefore X = \frac{600m^3 \times 0.05 \times 12kg}{22.4Sm^3 \times 0.80} = 20.09kg$$

60 면적 1.5m²인 여과집진장치로 먼지농도가 1.5g/m³인 배기가스가 100m³/min으로 통과하고 있다. 먼지가 모두 여과포에서 제거되었으며, 집진된 먼지층의 밀도가 1g/cm³라면 1시간 후 여과된 먼지층의 두께(mm)는 얼마인가?

㉮ 1.5mm   ㉯ 3mm
㉰ 6mm   ㉱ 15mm

풀이
$$먼지층의 두께 = \frac{먼지 부하}{먼지층 밀도}$$

① 여과속도(cm/min) = $\frac{유량}{면적} = \frac{100m^3/min}{1.5m^2}$
   = 66.6667m/min = 6,666.67cm/min

② 먼지부하(g/cm²)
   = 입구농도(g/cm³)×여과속도(cm/min)
     ×탈락시간(min)×효율
   = 1.5g/m³×10⁻⁶m³/1cm³×6,666.67cm/min
     ×1hr×60min/1hr = 0.60g/cm²

③ 먼지층의 두께(mm) = $\frac{0.60g/cm^2}{1g/cm^3}$ = 0.6cm
   = 6mm

answer 57 ㉮   58 ㉯   59 ㉱   60 ㉰

| 제4과목 | 대기오염공정시험기준

61 굴뚝 배출가스 중 황산화물을 측정하는 자동측정법에 대한 설명으로 틀린 것은?

㉮ 적외선흡수법은 5,300nm 적외선 영역에서 광흡수를 이용한다.
㉯ 측정범위(적용범위)는 0ppm~2,000ppm이다.
㉰ 화학발광법의 간섭물질은 이산화탄소이다.
㉱ 수분에 의한 영향을 최소화하기 위해 시료채취관을 가열하거나, 응축기 및 응축수트랩을 연결하여 사용한다.

풀이 ㉯ 측정범위(적용범위)는 0ppm~1,000ppm이다.

62 굴뚝 배출가스 중 수분측정을 위하여 흡습제에 10L의 시료를 흡입하여 유입시킨 결과 흡습세의 질량 증가가 0.8500g이었다. 이 배출가스 중의 수증기 부피백분율(%)은 얼마인가? (단, 건식가스미터의 흡입가스온도 : 27℃, 가스미터에서의 가스게이지압 + 대기압 : 760mmHg이다.)

㉮ 10.4%   ㉯ 9.5%
㉰ 7.3%   ㉱ 5.5%

풀이 $X_w(\%)$

$$= \frac{1.244 \times m_a(g)}{V(L) \times \frac{273}{273+tg℃} \times \frac{(P_a+P_m)mmHg}{760mmHg} + 1.244 m_a(g)} \times 100(\%)$$

V : 현재의 건조가스량(L)
tg : 가스미터의 흡입가스온도(℃)
Pa : 대기압(mmHg)
Pm : 게이지압(mmHg)
ma : 수분의 질량(g)

따라서 $X_w(\%)$

$$= \frac{1.244 \times 0.85g}{10L \times \frac{273}{273+27} \times \frac{760mmHg}{760mmHg} + 1.244 \times 0.85g} \times 100(\%)$$

$= 10.41\%$

63 원자흡수분광광도 분석을 위해 시료를 전처리 하고자 한다. "타르 기타 소량의 유기물을 함유하는 시료"의 전처리 방법으로 틀린 것은 어느 것인가?

㉮ 마이크로파 산분해법
㉯ 저온 회화법
㉰ 질산-염산법
㉱ 질산-과산화수소수법

풀이 전처리방법
① 타르 기타 소량의 유기물을 함유하는 것 : 질산-염산법, 질산-과산화수소법
② 유기물을 함유하지 않는 것 : 질산법
③ 다량의 유기물 유리탄소를 함유하는 것, 셀룰로오스 섬유제 여과지를 사용한 것 : 저온회화법

64 자기분광광전광도계를 사용하여 과망간산포타슘 용액(20~60mg/L)의 흡수곡선을 작성할 경우 다음 중 흡광도 값이 최대가 나오는 파장의 범위(nm)는 어느 것인가?

㉮ 350~400nm   ㉯ 400~450nm
㉰ 500~550nm   ㉱ 600~650nm

answer 61 ㉯ 62 ㉮ 63 ㉯ 64 ㉰

65 흡광광도 분석장치에 대한 내용으로 틀린 것은 어느 것인가?

㉮ 일반적으로 사용하는 흡광광도 분석장치는 광원부, 파장선택부, 시료부 및 측광부로 구성된다.
㉯ 측광부로는 일반적으로 단색화장치(Monochromer) 또는 필터(Filter)를 사용하며, 단색화장치로는 프리즘, 회절격자 또는 이 두 가지를 조합시킨 것을 사용하며 단색광을 내기 위하여 슬릿(slit)을 탈착시킨다.
㉰ 광전분광광도계에는 미분측광, 2파장 측광, 시차측광이 가능한 것도 있다.
㉱ 흡수셀의 재질 중 유리제는 주로 가시 및 근적외부 파장범위, 석영제는 자외부 파장범위, 플라스틱제는 근적외부 파장범위를 측정할 때 사용한다.

풀이 ㉯ 측광부로는 일반적으로 단색화장치 또는 필터를 사용하며, 단색화장치로는 프리즘, 회절격자 또는 이 두 가지를 조합시킨 것을 사용하며 단색광을 내기 위하여 슬릿을 부속시킨다.

66 대기오염공정시험기준상 분석대상 가스에 대한 흡수액을 수산화소듐으로 사용하지 않는 것은 어느 것인가?

㉮ 이황화탄소
㉯ 플루오린화합물
㉰ 염화수소
㉱ 브로민화합물

풀이 ㉮ 이황화탄소의 흡수액은 다이에틸아민구리용액이다.

67 굴뚝반경(단면이 원형)이 3m인 경우, 배출가스 중 먼지측정을 위한 굴뚝 측정 점수로 알맞은 것은 어느 것인가?

㉮ 20
㉯ 16
㉰ 12
㉱ 8

풀이 원형단면의 측정점

굴뚝직경(m)	반경구분수	측정점수
1이하	1	4
1초과 2이하	2	8
2초과 4이하	3	12
4초과 4.5이하	4	16
4.5초과	5	20

68 원자흡수분광광도법에서 측정조건 결정방법으로 틀린 것은 어느 것인가?

㉮ 감도가 가장 높은 스펙트럼선을 분석선으로 하는 것이 일반적이다.
㉯ 양호한 S/N비를 얻기 위하여 분광기의 슬릿 폭은 목적으로 하는 분석선을 분리할 수 있는 범위내에서 되도록 넓게 한다. (이웃의 스펙트럼선과 겹치지 않는 범위 내에서)
㉰ 불꽃중에서의 시료의 원자밀도 분포와 원소 불꽃의 상태 등에 따라 다르므로 불꽃의 최적위치에서 빛(光速)이 투과하도록 버너의 위치를 조절한다.
㉱ 일반적으로 광원램프의 전류값이 낮으면 램프의 감도가 떨어지는 등 수명이 감소하므로 광원램프는 장치의 성능이 허락하는 범위내에서 되도록 높은 전류값에서 동작시킨다.

풀이 ㉱ 일반적으로 광원램프의 전류값이 높으면 램프의 감도가 떨어지고 수명이 감소하므로 광원램프는 장치의 성능이 허락하는 범위 내에서 되도록 낮은 전류값에서 동작시킨다.

answer 65 ㉯ 66 ㉮ 67 ㉮ 68 ㉱

69 휘발성 유기화합물질(VOCs) 누출확인 방법에서 사용되는 용어정의로 틀린 것은 어느 것인가?

㉮ 교정가스 : 미지 농도로 기기 표시치를 교정하는데 사용되는 VOCs 화합물로서 일반적으로 누출농도와 다른 농도의 대조화합물이다.

㉯ 반응인자 : 관련규정에 명시된 대조화합물로 교정된 기기를 이용하여 측정할 때 관측된 측정값과 VOCs 화합물 기지농도와의 비율이다.

㉰ 교정 정밀도 : 기지의 농도값과 측정값간의 평균차이를 상대적인 퍼센트로 표현하는 것으로서, 동일한 기지 농도의 측정값들의 일치정도이다.

㉱ 응답시간 : VOCs가 시료채취장치로 들어가 농도 변화를 일으키기 시작하여 기기계기판의 최종값이 90%를 나타내는데 걸리는 시간이다.

[풀이] ㉮ 교정가스 : 기기 농도로 기기 표시치를 교정하는데 사용되는 VOCs 화합물로서 일반적으로 누출농도와 유사한 농도의 대조화합물이다.

70 다음은 굴뚝 배출가스 중의 질소산화물에 대한 아연 환원나프틸에틸렌다이아민 분석방법이다. ( )안에 알맞은 말은 어느 것인가?

> 시료중의 질소산화물을 오존 존재하에서 물에 흡수시켜 (①)으로 만든다. 이 (①)을 (②)을 사용하여 (③)으로 환원한 후 설파닐아마이드(Sulfonilic Amide) 및 나프틸에틸렌다이아민(Naphthyl Ethylene diamine)을 반응시켜 얻어진 착색의 흡광도로부터 질소산화물을 정량하는 방법이다.

	①	②	③

㉮ 아질산이온 - 분말금속아연 - 질산이온
㉯ 아질산이온 - 분말황산아연 - 질산이온
㉰ 질산이온 - 분말황산아연 - 아질산이온
㉱ 질산이온 - 분말금속아연 - 아질산이온

answer 69 ㉮ 70 ㉱

71 다음은 비분산형 적외선 측정기기의 성능기준이다. ( )안에 알맞은 말은 어느 것인가?

> 제로 조정용 가스를 도입하여 안정된 후 유로를 스팬가스로 바꾸어 기준 유량으로 분석기에 도입하여 그 농도를 눈금 범위 내의 어느 일정한 값으로부터 다른 일정한 값으로 갑자기 변화시켰을 때 스텝(step) 응답에 대한 소비시간이 (①)이어야 한다. 또 이때 최종 지시치에 대한 90%의 응답을 나타내는 시간은 (②)이어야 한다.

㉮ ① 10초 이내, ② 30초 이내
㉯ ① 10초 이내, ② 40초 이내
㉰ ① 1초 이내, ② 30초 이내
㉱ ① 1초 이내, ② 40초 이내

풀이 ① 스텝응답에 대한 소비시간 : 1초이내
② 최종 지시치에 대한 90%의 응답을 나타내는 시간 : 40초 이내

72 다음 내용은 대기오염공정시험기준 총칙의 설명이다. ( )안에 알맞은 말은 어느 것인가?

> 이 시험기준의 각 항에 표시한 검출한계는 (①), (②) 등을 고려하여 해당되는 각 조의 조건으로 시험하였을 때 얻을 수 있는 (③)를 참고하도록 표시한 것이므로 실제 측정할 때는 그 목적에 따라 적당히 조정할 수도 있다.

	①	②	③
㉮	반복성	정밀성	바탕치
㉯	재현성	안정성	한계치
㉰	회복성	정량성	오차
㉱	재생성	정확성	바탕치

73 기체크로마토그래피법에서 이론단수가 1,600이 되는 분리관이 있다. 머무름시간이 10min이 되는 봉우리의 밑부분 폭(봉우리 좌우 변곡점에서 접선이 자르는 바탕선의 길이)은 얼마인가? (단, 기록지 이동속도는 5mm/min, 이론단수는 모든 성분에 대하여 같다고 한다.)

㉮ 1mm ㉯ 2mm
㉰ 5mm ㉱ 10mm

풀이 이론단수(n)
$$= 16 \times \left\{\frac{\text{기록지의 이동속도(mm/min)} \times \text{머무름시간(min)}}{\text{봉우리의 폭(mm)}}\right\}^2$$
따라서 $1{,}600 = 16 \times \left\{\dfrac{5\text{mm/min} \times 10\text{min}}{\text{봉우리의 폭(mm)}}\right\}^2$
∴ 기록지 봉우리의 폭 = 5mm

74 환경대기 중의 석면시험방법(위상차현미경법) 중 계수대상물의 식별방법에 대한 내용으로 틀린 것은 어느 것인가?

㉮ 단섬유인 경우 구부러져 있는 섬유는 곡선에 따라 전체 길이를 재어서 판정한다.
㉯ 헝클어져 다발을 이루고 있는 경우로서 섬유가 헝클어져 정확한 수를 헤아리기 힘들때에는 0개로 판정한다.
㉰ 섬유에 입자가 부착하고 있는 경우 입자의 폭이 3μm를 넘는 것은 1개로 판정한다.
㉱ 섬유가 그래티클 시야의 경계선에 물린 경우 그래티클 시야 안으로 한쪽 끝만 들어와 있는 섬유는 1/2개로 인정한다.

풀이 ㉰ 섬유에 입자가 부착하고 있는 경우 입자의 폭이 3μm를 넘는 것은 0개로 판정한다.

answer 71 ㉱ 72 ㉯ 73 ㉰ 74 ㉰

75 다음은 연료용 유류중의 황함유량을 측정하기 위한 분석방법 중 연소관식 공기법에 대한 내용이다. ( )안에 알맞은 말은 어느 것인가?

> 950~1,100℃로 가열한 석영재질 연소관 중에 공기를 불어넣어 시료를 연소시킨다. 생성된 황산화물을 (①)에 흡수시켜 황산으로 만든 다음, (②)으로 중화적정하여 황함유량을 구한다.

㉮ ① 붕산용액(0.5W/V%)
　② 수산화소듐표준액
㉯ ① 붕산용액(0.5W/V%)
　② 싸이오황산소듐표준액
㉰ ① 과산화수소(3%)
　② 수산화소듐표준액
㉱ ① 과산화수소(3%)
　② 싸이오황산소듐표준액

76 배출허용기준 중 표준산소농도를 적용받는 항목에 대한 배출가스유량 보정식으로 알맞은 것은 어느 것인가? (단, Q : 배출가스유량(Sm^3/일), Q_a : 실측배출가스유량(Sm^3/일), O_a : 실측산소농도(%), O_s : 표준산소농도(%))

㉮ $Q = Q_a \times [(21-O_s)/(21-O_a)]$
㉯ $Q = Q_a \div [(21-O_s)/(21-O_a)]$
㉰ $Q = Q_a \times [(21+O_s)/(21+O_a)]$
㉱ $Q = Q_a \div [(21+O_s)/(21+O_a)]$

77 기체크로마토그래피에 의한 정량분석에서 이용되는 정량법의 종류가 아닌 것은 어느 것인가?

㉮ 외부첨가법
㉯ 보정넓이 백분율법
㉰ 표준물첨가법
㉱ 넓이 백분율법

풀이 정량분석의 종류에는 절대검정곡선법, 넓이백분율법, 보정넓이 백분율법, 상대검정곡선법, 표준물첨가법이 있다.

78 굴뚝 배출가스 중 염화수소 분석방법으로 알맞은 것은 어느 것인가?

㉮ 이온크로마토그래피법
㉯ 기체크로마토그래피법
㉰ 이온교환법
㉱ 이온전극법

풀이 염화수소의 분석방법에는 자외선/가시선분광법-싸이오사이안산제이수은법, 이온크로마토그래피가 있다.

79 대기오염공정시험기준상 배출가스 중 카드뮴화합물의 분석방법으로 알맞은 것은?

㉮ 자외선/가시선분광법
㉯ 원자흡수분광광도법
㉰ 이온크로마토그래피
㉱ 기체크로마토그래피

풀이 카드뮴화합물의 분석방법에는 원자흡수분광광도법과 유도결합플라스마/원자발광분광법이 있다.

answer 75 ㉰ 76 ㉯ 77 ㉮ 78 ㉰ 79 ㉯

80 다음은 중금속 분석을 위한 전처리 방법 중 저온회화법에 대한 내용이다. ( ) 안에 알맞은 말은 어느 것인가?

> 시료를 채취한 여과지를 회화실에 넣고 약 (①)에서 회화한다. 셀룰로스섬유제 여과지를 사용했을 때에는 그대로, 유리섬유제 또는 석영섬유제 여과지를 사용했을 때에는 적당한 크기로 자르고 250mL 원뿔형 비커에 넣은 다음 (②)를 가한다. 이것을 물중탕 중에서 약 30분간 가열하여 녹인다.

㉮ ① 200℃ 이하
  ② 황산(2+1) 70mL 및 과망간산칼륨(0.025N) 5mL
㉯ ① 450℃ 이하
  ② 황산(2+1) 70mL 및 과망간산칼륨(0.025N) 5mL
㉰ ① 200℃ 이하
  ② 염산(1+1) 70mL 및 과산화수소수(30%) 5mL
㉱ ① 450℃ 이하
  ② 염산(1+1) 70mL 및 과산화수소수(30%) 5mL

answer 80 ㉰

2015 1회 기출문제

| 제1과목 | 대기환경관리

01 해륙풍에 관한 내용으로 틀린 것은 어느 것인가?

㉮ 낮에는 해풍, 밤에는 육풍이 발달한다.
㉯ 해풍은 대규모 바람이 약한 맑은 여름날에 발달하기 쉽다.
㉰ 육풍은 해풍에 비해 풍속이 크고, 수직·수평적인 영향범위가 넓은 편이다.
㉱ 해풍의 가장 전면(내륙 쪽)에서는 해풍이 급격히 약해져서 수렴구역이 생기는데 이 수렴구역을 해풍전선이라 한다.

풀이 ㉰ 육풍은 해풍에 비해 풍속이 작고, 수직·수평적인 영향범위가 좁은 편이다.

02 다음 식물 중 아황산가스에 대한 저항력이 가장 큰 것은 어느 것인가?

㉮ 까치밤나무 ㉯ 포도
㉰ 단풍 ㉱ 등나무

풀이 ① SO_2의 약한 식물 (지표식물): 대맥, 담배, 자주개나리(알파파), 목화, 보리 등
② SO_2의 강한 식물: 양배추, 까치밤나무, 셀러리, 소나무, 옥수수 등

03 다이옥신(Dioxin)에 대한 내용으로 틀린 것은 어느 것인가?

㉮ 표준상태에서 증기압이 매우 낮은 고형화합물이다.
㉯ 다이옥신류는 크게 PCDD, PCDF로 대별된다.
㉰ 수용성은 낮으나 벤젠 등에 용해되며 토양 등에 흡수된다.
㉱ 소각로에서 1,000℃ 정도의 고온온도에서 fly ash 표면에 염소 공여체와 반응하여 배출된다.

풀이 ㉱ 소각로에서 300~400℃ 정도의 저온에서 fly ash 표면에 염소 공여체와 반응하여 배출된다.

04 다음 중 Panofsky에 의한 리차드슨수(Ri) 크기와 대기의 혼합간의 관계에 따른 설명으로 틀린 것은 어느 것인가?

㉮ Ri = 0 : 수직방향의 혼합이 없다.
㉯ 0 < Ri < 0.25 : 성층에 의해 약화된 기계적 난류가 존재한다.
㉰ Ri < -0.04 : 대류에 의한 혼합이 기계적 혼합을 지배한다.
㉱ -0.03 < Ri < 0 : 기계적 난류와 대류가 존재하나 기계적 난류가 혼합을 주로 일으킨다.

풀이 ㉮ Ri = 0 : 기계적 난류만 존재한다.

answer 01 ㉰ 02 ㉮ 03 ㉱ 04 ㉮

05 최대혼합고도를 400m로 예상하여 오염농도를 6ppm으로 수정하였는데 실제 관측된 최대혼합고도는 200m였다. 이때 실제 나타날 오염농도(ppm)는 얼마인가?

㉮ 9ppm ㉯ 16ppm
㉰ 32ppm ㉱ 48ppm

풀이 실제오염농도(ppm)
= 예상오염농도(ppm) × $\left(\dfrac{\text{예상최대혼합고}}{\text{실제최대혼합고}}\right)^3$
= 6ppm × $\left(\dfrac{400\text{m}}{200\text{m}}\right)^3$ = 48ppm

06 다음에서 설명하는 대기오염물질로 알맞은 것은 어느 것인가?

- 이 물질의 직업성 폭로는 철강제조에서 아주 많으며, 알루미늄, 마그네슘, 구리와의 합금제조 등에서도 흔한 편이다.
- 이 흄에 급성폭로되면 열, 오한, 호흡곤란 등의 증상을 특징으로 하는 금속열을 일으키나 자연히 치유된다.
- 만성폭로가 계속되면 파킨슨 증후군과 거의 비슷한 증후군으로 진전되어 말이 느리고 단조로워진다.

㉮ 비소 ㉯ 수은
㉰ 망간 ㉱ 납

풀이 ㉰ 망간(Mn)에 대한 설명이다.

07 다음 중 대기오염 물질의 농도를 추정하기 위한 상자모델(box model)의 가정으로 틀린 것은 어느 것인가?

㉮ 고려되는 공간에서 오염물의 농도는 균일하다.
㉯ 오염원은 방출과 동시에 균등하게 혼합된다.
㉰ 오염물 농도가 균일함에 따라 분해는 0차반응에 의한다.
㉱ 오염물 방출원이 지면 전역에 균등하게 분포되어 있다.

풀이 ㉰ 오염물 농도의 분해는 1차반응에 의한다.

08 오존층에 대한 내용으로 틀린 것은 어느 것인가?

㉮ 오존층이란 성층권에서도 오존이 더욱 밀집해 분포하고 있는 지상 50~60km 정도의 구간을 말한다.
㉯ 오존층의 두께를 표시하는 단위는 돕슨(Dobson)이며, 지구 대기 중의 오존총량을 표준 상태에서 두께로 환산했을 때 1mm를 100돕슨으로 정하고 있다.
㉰ 오존총량은 적도상에서 약 200돕슨, 극지방에서 약 400돕슨 정도인 것으로 알려져 있다.
㉱ 오존은 성층권에서는 대기 중의 산소 분자가 주로 240nm 이하의 자외선에 의해 광분해되어 생성된다.

풀이 ㉮ 오존층이란 성층권에서도 오존이 더욱 밀집해 분포하고 있는 지상 20~30km 정도의 구간을 말한다.

answer 05 ㉱ 06 ㉰ 07 ㉰ 08 ㉮

09 대기의 특성에 대한 내용으로 틀린 것은 어느 것인가?

㉮ 성층권에서는 오존이 자외선을 흡수하여 성층권의 온도를 상승시킨다.
㉯ 지표 부근의 표준상태에서의 건조공기의 구성성분은 부피농도로 질소 > 산소 > 아르곤 > 이산화탄소의 순이다.
㉰ 대기의 온도는 위쪽으로 올라갈수록 대류권에서는 하강, 성층권에서는 상승, 열권에서는 하강한다.
㉱ 대류권의 고도는 겨울철에 낮고, 여름철에 높으며, 보통 저위도 지방이 고위도 지방에 비해 높다.

풀이 ㉰ 대기의 온도는 위쪽으로 올라갈수록 대류권에서는 하강, 성층권에서는 상승, 중간권에서는 하강, 열권에서는 상승한다.

10 200℃, 1atm에서 이산화황의 농도가 2.0g/m³이다. 표준상태에서는 약 몇 ppm인가?

㉮ 986
㉯ 1,213
㉰ 1,759
㉱ 2,314

풀이 ppm(mL/Sm³)

$$= \frac{2.0g}{m^3} \times \frac{273+200℃}{273} \times \frac{10^3 mg}{1g} \times \frac{22.4mL}{64mg}$$

$$= 1,212.82 mL/Sm^3 (ppm)$$

TIP
① SO_2 1mol $\begin{cases} 64mg \\ 22.4mL \end{cases}$
② ppm = mL/Sm³

11 지구 대기의 성질에 대한 내용으로 틀린 것은 어느 것인가?

㉮ 지표면의 온도는 약 15℃ 정도이나 상공 12km 정도의 대류권계면에서는 약 -55℃ 정도까지 하강한다.
㉯ 성층권계면에서의 온도는 지표보다는 약간 낮으나 성층권계면 이상의 중간권에서 기온은 다시 하강한다.
㉰ 중간권 이상에서의 온도에서는 대기의 분자운동에 의해 결정된 온도로서 직접 관측된 온도와는 다르다.
㉱ 대류권과 비교하였을 때 열권에서 분자의 운동속도는 매우 느리지만 공기 평균자유행로는 짧다.

풀이 ㉱ 대류권과 비교하였을 때 열권에서 분자의 운동속도는 매우 느리지만 공기평균자유행로는 길다.

12 다음에서 설명하는 대기분산모델로 알맞은 것은 어느 것인가?

- 적용모델식 : 가우시안모델
- 적용배출원 형태 : 점, 선, 면
- 개발국 : 영국
- 특징 : 도시지역에서 오염물질의 이동 계산, 영국에서 많이 사용하는 모델임

㉮ OCD
㉯ UAM
㉰ ISCLT
㉱ ADMS

풀이 ㉱ ADMS에 대한 설명이다.

---

answer 09 ㉰ 10 ㉯ 11 ㉱ 12 ㉱

13 오염물질에 대한 식물피해에 대한 내용으로 틀린 것은 어느 것인가?

㉮ 황화수소는 어린잎과 새싹에 피해가 많은 편이며, 강한 식물로는 복숭아, 딸기 등이다.
㉯ 에틸렌은 고목의 생장저해가 특징적이며, 글라디올러스가 가장 민감한 편이며, 0.1ppb에서 피해가 인정된다.
㉰ 암모니아는 잎 전체에 영향을 주는 편이다.
㉱ 일산화탄소는 식물에는 별로 심각한 영향을 주지 않으나 500ppm 정도에서 토마토 잎에 피해를 보인다.

풀이 ㉯ 에틸렌은 이상낙엽, 새나무가지의 성장 저해 및 성장 억제를 일으키며, 지표식물은 토마토, 스위트피이며, 강한 식물은 양배추이다.

14 바람의 요소 중 전향력에 대한 내용으로 틀린 것은 어느 것인가?

㉮ 지구의 자전에 의해 생기는 가속도를 전향가속도라 하고 이 가속도에 의한 힘을 전향력이라 한다.
㉯ 전향력의 크기는 적도에서 가장 크며, 위도가 높아질수록 작아진다.
㉰ 전향력은 북반구에서는 움직이는 물체의 운동방향의 오른쪽 직각방향으로 작용한다.
㉱ 코리올리힘이라고도 하며, 경도력과 반대방향으로 작용한다.

풀이 ㉯ 전향력의 크기는 위도가 높아질수록 증가하므로 극지방에서 최대가 되고 적도지방에서 최소가 된다.

15 상업지역에 먼지의 농도를 측정하기 위하여 여과지를 통하여 0.2m/sec의 속도로 2.5시간 동안 여과시킨 결과 깨끗한 여과지에 비해 사용한 여과지의 빛전달율이 60%이었다면 1,000m당의 Coh는 얼마인가?

㉮ 12.3   ㉯ 6.2
㉰ 3.6   ㉱ 3.1

풀이
$$Coh = \frac{\log \frac{1}{\text{빛전달율}} \times 100}{\text{속도(m/sec)} \times \text{여과시간(hr)} \times 3,600} \times 1,000m$$

$$= \frac{\log \frac{1}{0.60} \times 100}{0.2m/sec \times 2.5hr \times 3,600} \times 1,000m = 12.33$$

16 대기오염가스를 배출하는 굴뚝의 유효고도가 87m에서 100m로 높아졌다면 굴뚝의 풍하측 지상의 최대 오염농도는 87m일 때의 것과 비교하면 몇 %가 되겠는가? (단, 기타 조건은 일정하다.)

㉮ 47%   ㉯ 62%
㉰ 76%   ㉱ 88%

풀이 지상최대오염농도(C_{max}) = $\frac{1}{He^2}$

따라서

지상최대오염농도(%) = $\frac{\frac{1}{(100m)^2}}{\frac{1}{(87m)^2}} \times 100 = 75.69\%$

answer 13 ㉯ 14 ㉯ 15 ㉮ 16 ㉰

17 태양상수를 이용하여 지구표면의 단위 면적이 1분 동안에 받는 평균 태양에너지를 구하는 식으로 알맞은 것은 어느 것인가? (단, C_M : 평균 태양에너지, C : 태양상수, R : 지구반지름)

㉮ $C_M = C \times [(\pi R^2/4\pi R^2)]$
㉯ $C_M = C \times [(4\pi R^2/\pi R^2)]$
㉰ $C_M = C \times [(\pi R/2\pi R^2)]$
㉱ $C_M = C \times [(2\pi R/\pi R^2)]$

풀이 평균 태양에너지 $= C \times \left(\dfrac{\pi R^2}{4\pi R^2}\right) = C \times \dfrac{1}{4}$

18 최대혼합깊이(MMD)에 대한 내용으로 틀린 것은 어느 것인가?

㉮ 야간에 역전이 심할 경우에는 점차 증가하여 그 값이 5,000m 이상이 될 수도 있다.
㉯ 통상적으로 계절적으로는 이른 여름에 아주 크다.
㉰ 열부상효과에 의하여 대류에 의한 혼합층의 깊이가 결정되는데 이를 MMD라 한다.
㉱ 실제로 MMD는 지표위 수 km까지의 실제 공기의 온도종단도를 작성함으로써 결정된다.

풀이 ㉮ 야간에 역전이 심할 경우에는 그 값이 거의 0이 될 수도 있다.

19 역전(inversion)에 대한 내용으로 틀린 것은 어느 것인가?

㉮ 난류역전, 해풍역전은 지표역전에 해당한다.
㉯ 침강역전, 전선역전은 공중역전에 해당한다.
㉰ 해풍역전은 이동성이므로 오염물질을 오랫동안 정체시키지는 않는 편이다.
㉱ 복사역전층에서는 안개가 발생하기 쉽고 매연이 쉽게 확산하지 못하는 편이다.

풀이 ㉮ 난류역전, 해풍역전은 공중역전에 해당한다.

20 상대습도가 70%일 때 먼지의 농도가 $50\mu g/m^3$인 지역이 있다. 이 지역의 가시거리(km)는 얼마인가? (단, 상수 A = 1.2이다.)

㉮ 24km   ㉯ 20km
㉰ 15km   ㉱ 32km

풀이 $V = \dfrac{10^3 \times A}{G}$

따라서 $V = \dfrac{10^3 \times 1.2}{50\mu g/m^3} = 24$km

answer 17 ㉮ 18 ㉮ 19 ㉮ 20 ㉮

| 제2과목 | 연소공학

21 르샤틀리에가 주장한 열역학적인 평형이동에 대한 원리를 가장 알맞게 나타낸 것은 어느 것인가?

㉮ 평형상태에 있는 물질계의 온도, 압력을 변화시키면 그 변화를 감소시키는 방향으로 반응이 진행된다.
㉯ 평형상태에 있는 물질계의 온도, 압력을 변화시키면 그 변화를 증가시키는 방향으로 평형이동이 진행된다.
㉰ 평형상태에 있는 물질계의 온도, 압력을 변화시키면 그 변화는 도중의 경로에 관계하지 않고 시작과 끝 상태만으로 결정된다.
㉱ 평형상태에 있는 물질계의 온도, 압력을 변화시키면 그 변화는 압력에는 무관하고, 온도변화를 감소시키는 방향으로 반응이 진행된다.

22 다음 중 가솔린자동차에 적용되는 삼원 촉매기술과 관련된 오염물질로 틀린 것은 어느 것인가?

㉮ SO_x ㉯ NO_x
㉰ CO   ㉱ HC

풀이 ① 환원촉매(Rh) 이용 : NO_x
② 산화촉매(Pt, Pd) 이용 : CO, HC

23 S함량 3%의 벙커 C유 100KL를 사용하는 보일러에 S함량 1%인 벙커 C유로 30% 섞어 사용하면 SO_2 배출량은 몇 % 감소하는가? (단, 벙커 C유 비중 0.95, 벙커 C유 중의 S는 모두 SO_2로 전환된다.)

㉮ 16%   ㉯ 20%
㉰ 25%   ㉱ 28%

풀이 ① 처음 사용 : S함량이 3%인 100%
② 나중 사용 : S함량이 3%인 70% + S함량이 1%인 30%
③ 감소량(%) = $\left(1 - \dfrac{\text{나중사용}}{\text{처음사용}}\right) \times 100$

$= \left\{1 - \dfrac{(3\% \times 0.70 + 1\% \times 0.30) \times 100 kL}{(3\% \times 1) \times 100 kL}\right\} \times 100$

$= 20\%$

24 등가비(ϕ, equivalent ratio)와 연소상태와의 관계를 설명한 것 중 틀린 것은 어느 것인가?

㉮ $\phi = 1$ 경우는 완전 연소로 연료와 산화제의 혼합이 이상적이다.
㉯ $\phi > 1$ 경우는 연료가 과잉, 질소산화물(NO)은 최대발생
㉰ $\phi < 1$ 경우는 공기가 과잉, CO는 최소
㉱ $\phi > 1$ 경우는 불완전 연소가 발생, 연료가 과잉

풀이 ㉯ $\phi > 1$ 경우는 연료가 과잉, 질소산화물(NO)은 최소발생, CO 최대 발생

answer 21 ㉮ 22 ㉮ 23 ㉯ 24 ㉯

25 A연소시설에서 연료 중 수소를 10% 함유하는 중유를 연소시킨 결과 건조연소가스 중의 SO_2 농도가 600ppm이었다. 건조연소가스량이 13Sm³/kg이라면 실제습배출가스량 중 SO_2 농도(ppm)는 얼마인가?

㉮ 약 350ppm ㉯ 약 450ppm
㉰ 약 550ppm ㉱ 약 650ppm

풀이 ① 건조가스량 기준

$$SO_2(ppm) = \frac{SO_2량}{건조가스량(Gd)} \times 10^6$$

$$600ppm = \frac{SO_2량}{13Sm^3/kg} \times 10^6$$

∴ SO_2량 = 0.0078Sm³/kg

② 습가스량 기준

$$SO_2(ppm) = \frac{SO_2량}{습가스량(Gw)} \times 10^6$$

Gw = Gd + {1.244(9H+W)}
= 13Sm³/kg + (1.244×9×0.10)
= 14.1196Sm³/kg

따라서 $SO_2(ppm) = \frac{0.0078Sm^3/kg}{14.1196Sm^3/kg} \times 10^6$

= 552.42ppm

26 쓰레기 재생연료(RDF)에 대한 내용으로 틀린 것은 어느 것인가?

㉮ 쓰레기 재생연료를 연소시키는데는 회전로울러식이 사슬상화격자 연소기보다 효율이 좋으며, 도시쓰레기의 소각에 비해 제어가 용이하지 않은 단점이 있다.
㉯ 쓰레기 재생연료의 소각에서 연료의 체재시간이 높은 온도에서 충분히 길지 않고(800~850℃에서 2초 이상) 시스템이 제대로 가동 못할 시에는 염소를 포함하는 플라스틱이 잔존하여 다이옥신 등의 배출이 문제가 될 수 있다.
㉰ fluff RDF는 겉보기 밀도가 낮고, 비교적 수분함량이 높아서 저장하거나 수송하기가 어려운 단점이 있다.
㉱ 쓰레기 재생연료는 고정탄소가 석탄에 비해 적은 반면 휘발분이 많다.

풀이 ㉮ 쓰레기 재생연료를 연소시키는 데는 사실상 화격자가 회전로울러식 연소기 보다 효율이 좋으며, 도시 쓰레기의 소각에 비해 제어가 용이하다.

27 예혼합연소에 대한 내용으로 알맞은 것은 어느 것인가?

㉮ 혼합기의 분출속도가 느릴 경우 역화의 위험이 있으므로 역화방지기를 부착해야 한다.
㉯ 화염온도가 낮아 연소부하가 적은 경우에 효과적으로 사용 가능하다.
㉰ 예혼합연소에 사용되는 버너로 선회버너, 방사버너가 있다.
㉱ 연소조절이 어렵고, 화염길이가 길다.

풀이 ㉯ 화염온도가 높아 연소부하가 큰 경우에 효과적으로 사용 가능하다.
㉰ 예혼합연소에 사용되는 버너로 분젠버너가 있다.
㉱ 연소조절이 쉽고, 화염길이가 짧다.

28 어떤 화학과정에서 반응물질이 25% 분해하는데 41.3분 걸린다는 것을 알았다. 이 반응이 1차라고 가정할 때, 속도상수 k는 얼마인가?

㉮ $1.437 \times 10^{-4} s^{-1}$ ㉯ $1.232 \times 10^{-4} s^{-1}$
㉰ $1.161 \times 10^{-4} s^{-1}$ ㉱ $1.022 \times 10^{-4} s^{-1}$

answer 25 ㉰ 26 ㉮ 27 ㉮ 28 ㉰

풀이 1차반응식 $\ln \dfrac{C_t}{C_o} = -k \times t$

- C_o : 초기농도(%)
- C_t : t시간 후의 농도(%)
- k : 상수(/sec)
- t : 시간(sec)

따라서

$\ln \dfrac{(100-25)\%}{100\%} = -k \times 41.3\text{min} \times 60\text{sec/min}$

∴ $k = 1.16 \times 10^{-4}$/sec

29 화격자식(스토커) 소각로에 대한 내용으로 틀린 것은 어느 것인가?

㉮ 휘발성분이 많고 열분해 되기 쉬운 물질을 소각할 경우에는 공기를 아래쪽에서 위쪽으로 통과시키는 상향연소 방식을 사용하는 것이 효과적이다.

㉯ 경사 스토커 방식의 경우 수분이 많은 것이나 발열량이 낮은 것도 어느 정도 소각이 가능하다.

㉰ 체류시간이 길고 교반력이 약한 편이어서 국부가열이 발생할 염려가 있다.

㉱ 하향식 연소는 상향식 연소에 비해 소각물의 양은 절반 정도로 감소한다.

풀이 ㉮ 휘발성분이 많고, 열분해 되기 쉬운 물질을 소각할 경우에는 공기를 위쪽에서 아래쪽으로 통과시키는 하향 연소 방식을 사용하는 것이 효과적이다.

30 공기를 사용하여 CO를 완전연소 시킬 때 연소가스 중의 CO_2 농도의 최대치는 얼마인가?

㉮ 19.7% ㉯ 21.3%
㉰ 29.3% ㉱ 34.7%

풀이 $CO + 0.5O_2 \rightarrow CO_2$

$CO_{2max} = \dfrac{CO_2량}{God} \times 100(\%)$

① 이론건연소가스량(God)
$= (1-0.21)A_o + CO_2량 (Sm^3/Sm^3)$
$= (1-0.21) \times \dfrac{0.5}{0.21} + 1 = 2.881 Sm^3/Sm^3$

② $CO_2량 = 1Sm^3/Sm^3$

③ $CO_{2max} = \dfrac{1Sm^3/Sm^3}{2.881Sm^3/Sm^3} \times 100 = 34.71\%$

31 프로판(C_3H_8)을 완전연소하였을 때, 건 연소가스 중의 CO_2가 8%(V/V%)이었다. 공기 과잉계수(m)는 얼마인가?

㉮ 1.32 ㉯ 1.43
㉰ 1.52 ㉱ 1.66

풀이 $CO_2\% = \dfrac{CO_2량}{실제건연소가스량(Gd)} \times 100$

$C_3H_8 + 5O_2 \rightarrow 3CO_2 + 4H_2O$

$Gd = (m-0.21)A_o + CO_2량$

따라서 $8\% = \dfrac{3}{(m-0.21) \times \dfrac{5}{0.21} + 3} \times 100$

∴ m = 1.659

32 미분탄 연소에 대한 내용으로 틀린 것은 어느 것인가?

㉮ 부하변동에 쉽게 적용할 수 있으므로 대형과 대용량 설비에 적합하다.

㉯ 노벽 및 전열면에 쌓이는 재를 최소화 시킬 수 있으며 화격자 연소에 비하여 공기비는 동일 수준이다.

㉰ 연소제어가 용이하고, 점화 및 소화시 손실이 적은 편이다.

㉱ 스토커 연소에 비해 공기와의 접촉 및

answer 29 ㉮   30 ㉱   31 ㉱   32 ㉯

열전달도 좋아지므로 작은 공기비로 완전연소가 가능한 편이다.

풀이 ㉯ 노벽 및 전열면에 쌓이는 재의 최소화가 어렵고, 화격자 연소에 비해 공기비는 작은 편이다.

33 다음 그림은 연소시 공기-연료비에 따른 HC, CO, CO_2, O_2의 발생량을 나타낸 것이다. ④의 항목에 해당되는 것은 어느 것인가? (단, 실선은 이론, 점선은 실제의 관계를 나타낸다.)

㉮ O_2 ㉯ HC
㉰ CO_2 ㉱ CO

풀이 ㉮ O_2 : ③
㉯ HC : ②
㉰ CO_2 : ④
㉱ CO : ①

34 다음 기체연료 중 완전연소에 필요한 이론공기량(Sm^3/Sm^3)이 가장 많이 필요한 것은 어느 것인가?

㉮ 수소   ㉯ 액화석유가스
㉰ 메탄   ㉱ 에탄

풀이 완전연소반응식에서 산소의 갯수가 가장 큰 물질이 이론공기량이 가장 많이 필요하므로 정답은 ㉯이다.
㉮ 수소(H_2)+$0.5O_2$ → H_2O
㉯ 액화석유가스(C_3H_8)+$5O_2$ → $3CO_2$+$4H_2O$
㉰ 메탄(CH_4)+$2O_2$ → CO_2+$2H_2O$
㉱ 에탄(C_2H_6)+$3.5O_2$ → $2CO_2$+$3H_2O$

35 탄소, 수소의 질량 조성이 각각 86%, 14%인 액체연료를 매시 30kg 연소한 경우 배기가스의 분석치가 CO_2 12.5%, O_2 3.5%, N_2 84%이라면 매시간 필요한 공기량(Sm^3)은 얼마인가?

㉮ 약 794Sm^3 ㉯ 약 675Sm^3
㉰ 약 591Sm^3 ㉱ 약 406Sm^3

풀이 ① CO_2%, O_2%, N_2%가 주어진 경우

공기비(m) = $\dfrac{N_2\%}{N_2\%-3.76\times(O_2\%-0.5CO\%)}$

= $\dfrac{84\%}{84\%-3.76\times 3.5\%}$ = 1.1858

② 이론공기량(A_o)
= $8.89C+26.67\left(H-\dfrac{O}{8}\right)+3.33S$ (Sm^3/kg)
= $8.89\times 0.86+26.67\times 0.14$
= $11.3792 Sm^3/kg$

③ 필요한 공기량(Sm^3/hr)
= 공기비(m)×이론공기량(Sm^3/kg)×연료량(kg/hr)
= $1.1858\times 11.3792 Sm^3/kg\times 30kg/hr$
= $404.80 Sm^3/hr$

36 연소(화염)온도에 대한 내용으로 알맞은 것은 어느 것인가?

㉮ 이론 단열 연소온도는 실제 연소온도보다 높다.
㉯ 공기비를 크게 할수록 연소온도는 높아진다.
㉰ 실제 연소온도는 연소로의 열손실에는 거의 영향을 받지 않는다.
㉱ 평형 단열 연소온도는 이론 단열 연소온도와 같다.

answer 33 ㉰ 34 ㉯ 35 ㉱ 36 ㉮

풀이 ④ 공기비를 크게 할수록 연소온도는 낮아진다.
④ 실제 연소온도는 연소로의 연손실에 영향을 받는다.
④ 평형 단열 연소온도는 이론 단열 연소 온도보다 낮다.

37 황(S)함량 1.6%인 중유를 500kg/h로 연소할 때 30분 동안 생성되는 황산화물의 양(Sm^3)은 얼마인가? (단, 중유 중 황은 모두 SO_2로 되며, 표준상태 기준)

㉮ $2.8Sm^3$　　㉯ $5.6Sm^3$
㉰ $11.2Sm^3$　㉱ $22.4Sm^3$

풀이　$S + O_2 \rightarrow SO_2$
32kg : 22.4Sm^3
500kg/hr×0.016×1hr/60min×30min : X
∴ X = 2.8Sm^3

38 다음 연소의 종류 중 흑연, 코크스, 목탄 등과 같이 대부분 탄소만으로 되어 있는 고체연료에서 관찰되는 연소형태는 어느 것인가?

㉮ 표면연소　㉯ 내부연소
㉰ 증발연소　㉱ 자기연소

풀이 ㉮ 표면연소에 대한 설명이다.

39 다음 중 기체연료의 확산연소에 사용되는 버너 형태로 알맞은 것은 어느 것인가?

㉮ 공기 분무식 버너
㉯ 심지식 버너
㉰ 회전식 버너
㉱ 포트형 버너

풀이 확산연소에 사용되는 버너로는 포트형과 버너형이 있다.

40 다음 연료 중 착화점이 가장 높은 것은 어느 것인가?

㉮ 갈탄(건조)　㉯ 발생로가스
㉰ 수소　　　　㉱ 무연탄

풀이 ㉮ 갈탄(건조) : 250~400℃
㉯ 발생로가스(CO) : 610℃
㉰ 수소 : 580~600℃
㉱ 무연탄 : 440~500℃

| 제3과목 | 대기오염방지기술

41 전기집진장치 유지관리 사항으로 틀린 것은 어느 것인가?

㉮ 시동 시 고전압 회로의 절연저항이 100 kΩ 이상 되어야 한다.
㉯ 운전 시 1차 전압이 낮은데도 과도한 2차 전류가 흐를 때는 고압회로의 절연 불량인 경우가 많다.
㉰ 운전 시 2차 전류가 주기적으로 변동하는 것은 방전극에 의한 영향이 크다.
㉱ 정지 시 접지저항은 적어도 년 1회 이상 점검하고 10Ω 이하로 유지한다.

풀이 ㉮ 시동 시 고전압 회로의 절연저항이 100MΩ 이상 되어야 한다.

answer 37 ㉮　38 ㉮　39 ㉱　40 ㉯　41 ㉮

42 A먼지 배출공장에 집진율 85%인 사이클론과 집진율 96%인 전기집진장치를 직렬로 연결하여 설치하였다. 이 때 총 집진효율(%)은 얼마인가?

㉮ 90.4% ㉯ 94.4%
㉰ 96.4% ㉱ 99.4%

풀이 $\eta_T = 1-(1-\eta_1)\times(1-\eta_2)$

- η_T : 총집진효율(%)
- η_1 : 사이클론의 집진효율(%)
- η_2 : 전기집진장치의 집진효율(%)

따라서 $\eta_T = 1-(1-0.85)\times(1-0.96) = 0.994$
∴ 99.4%

43 기상 총괄이동단위높이가 2m인 충전탑을 이용하여 배출가스 중의 HF를 NaOH 수용액으로 흡수제거하려 할 때, 제거율을 98%로 하기 위한 충전탑의 높이(m)는 얼마인가?

㉮ 5.6m ㉯ 5.9m
㉰ 6.5m ㉱ 7.8m

풀이 $H = NOG \times HOG = \ln\left\{\dfrac{1}{1-\dfrac{\eta(\%)}{100}}\right\} \times HOG$

$= \ln\left(\dfrac{1}{1-0.98}\right) \times 2m = 7.82m$

44 중력침전을 결정하는 중요 매개변수는 먼지입자의 침전속도이다. 다음 중 이 침전속도 결정 시 가장 중요한 것은 어느 것인가?

㉮ 입자의 유해성
㉯ 입자의 크기와 밀도
㉰ 대기의 분압
㉱ 입자의 온도

풀이 침전속도 결정 시 가장 중요한 것은 입자의 크기와 밀도이다.

45 아래에서 설명하는 후드 형식으로 알맞은 것은 어느 것인가?

> 작업을 위한 하나의 개구면을 제외하고 발생원 주위를 전부 에워싼 것으로 그 안에서 오염물질이 발산된다. 이 방식은 오염물질의 송풍시 낭비되는 부분이 적은데 이는 개구면 주변의 벽이 라운지 역할을 하고, 측벽은 외부로부터의 분기류에 의한 방해에 대하여 방해판 역할을 하기 때문이다.

㉮ 수(receiving)형 후드
㉯ 슬롯(slot)형 후드
㉰ 부스(booth)형 후드
㉱ 캐노피(canopy)형 후드

풀이 ㉰ 부스(booth)형 후드에 대한 설명이다.

answer 42 ㉱ 43 ㉱ 44 ㉯ 45 ㉰

46 가스처리방법 중 흡착(물리적기준)에 대한 설명으로 틀린 것은 어느 것인가?

㉮ 흡착열이 낮고 흡착과정이 가역적이다.
㉯ 다분자 흡착이며 오염가스 회수가 용이하다.
㉰ 처리할 가스의 분압이 낮아지면 흡착량은 감소한다.
㉱ 처리가스의 온도가 올라가면 흡착량이 증가한다.

풀이 ㉱ 처리가스의 온도가 올라가면 흡착량이 감소한다.

47 광학현미경으로 입자의 투영면적을 이용하여 측정한 먼지입경 중 입자의 투영면적을 2등분하는 선의 길이로 나타내는 것은 무엇인가?

㉮ Martin 직경   ㉯ Feret 직경
㉰ 등면적 직경   ㉱ Heyhood 직경

풀이 ㉮ Martin 직경에 대한 설명이다.

48 사업장에서 발생되는 케톤(ketone)류를 제어하는 방법 중 제어효율이 가장 낮은 방법은 어느 것인가?

㉮ 직접소각법   ㉯ 응축법
㉰ 흡착법   ㉱ 흡수법

풀이 케톤류의 처리방법은 직접소각법, 응축법, 흡수법이 있다.

49 촉매연소법에 대한 내용으로 틀린 것은 어느 것인가?

㉮ 촉매는 백금, 코발트, 니켈 등이 있으나, 고가이지만 성능이 우수한 백금계의 것이 많이 이용된다.
㉯ 직접연소법에 비해 연료소비량이 적어 운전비는 절감되나, 촉매독이 문제가 된다.
㉰ 직접연소법에 비해 질소산화물의 발생량이 높고, 고농도로 배출된다.
㉱ 적용 가능한 악취성분은 가연성 악취성분, 황화수소, 암모니아 등이 있다.

풀이 ㉰ 직접연소법에 비해 질소산화물의 발생량이 작다.

50 원형 Duct의 기류에 의한 압력손실에 대한 내용으로 틀린 것은 어느 것인가?

㉮ 길이가 길수록 압력손실은 커진다.
㉯ 유속이 클수록 압력손실은 커진다.
㉰ 직경이 클수록 압력손실은 작아진다.
㉱ 곡관이 많을수록 압력손실은 작아진다.

풀이 ㉱ 곡관이 많을수록 압력손실은 커진다.

TIP

$$\triangle P = \lambda \times \frac{L}{D} \times \frac{rV^2}{2g} \text{ (mmH}_2\text{O)}$$

여기서, 압력손실($\triangle P$)은
- 관의 길이(L)에 비례
- 관의 직경(D)에 반비례
- 유체의 밀도(r)에 비례
- 유속(V)의 제곱에 비례
- 중력가속도(g)에 반비례

answer 46 ㉱ 47 ㉮ 48 ㉰ 49 ㉰ 50 ㉱

51 황산화물 배출제어 방법 중 재생식 공정으로 알맞은 것은 어느 것인가?

㉮ 석회석법 ㉯ 웰만-로드법
㉰ Chiyoda 법 ㉱ 이중염기법

풀이 재생식 공정에는 웰만-로드법, 산화마그네슘법, 활성탄 흡착법 등이 있다.

52 흡착장치에 대한 내용으로 틀린 것은 어느 것인가?

㉮ 고정층 흡착장치에서 보통 수직으로 된 것은 대규모에 적합하고, 수평으로 된 것은 소규모에 적합하다.
㉯ 일반적으로 이동층 흡착장치는 유동층 흡착장치에 비해 가스의 유속을 크게 유지할 수 없는 단점이 있다.
㉰ 유동층 흡착장치는 고정층과 이동층 흡착장치의 장점만을 이용한 복합형으로 고체와 기체의 접촉을 좋게 할 수 있다.
㉱ 유동층 흡착장치는 흡착제의 유동에 의한 마모가 크게 일어나고, 조업조건에 따른 주어진 조건의 변동이 어렵다.

풀이 ㉮ 고정층 흡착장치에서 보통 수직으로 된 것은 소규모에 적합하고, 수평으로 된 것은 대규모에 적합하다.

53 먼지함유량이 A인 배출가스에서 C만큼 제거시키고 B만큼을 통과시키는 집진장치의 효율산출식으로 틀린 것은 어느 것인가?

㉮ C/A ㉯ C/(B+C)
㉰ B/A ㉱ (A-B)/A

풀이

① 제거효율 $= \dfrac{C}{A} = \dfrac{C}{B+C} = \dfrac{A-B}{A}$

② 통과율 $= \dfrac{B}{A}$

54 다음 중 다른 VOC_s 방지장치와 상대 비교한 생물여과장치의 특성으로 틀린 것은 어느 것인가?

㉮ CO 및 NO_X를 포함한 생성 오염부산물이 적거나 없다.
㉯ 고농도 오염물질의 처리에 적합하고, 설치가 복잡한 편이다.
㉰ 습도제어에 각별한 주의가 필요하다.
㉱ 생체량의 증가로 장치가 막힐 수 있다.

풀이 ㉯ 고농도 오염물질의 처리에 부적합하고, 설치가 간단한 편이다.

answer 51 ㉯ 52 ㉮ 53 ㉰ 54 ㉯

55 여과집진장치에 대한 내용으로 틀린 것은 어느 것인가?

㉮ 폭발성, 점착성 및 흡습성 먼지의 제거에 효과적이다.
㉯ 여과재의 내열성에서는 고온가스 냉각 시 산노점(dew point) 이상으로 유지해야 한다.
㉰ 간헐식은 여포의 수명이 연속식에 비해 길다.
㉱ 간헐식은 탈진방법에 따라 진동형, 역기류형, 역기류진동형으로 분류할 수 있다.

풀이 ㉮ 폭발성, 점착성 및 흡습성 먼지의 제거에 효과적이지 못하다.

56 Henry 법칙이 적용되는 가스로서 공기 중 유해가스의 분압이 16mmHg일 때, 수중 유해가스의 농도는 3.0kmol/m³이었다. 같은 조건에서 가스분압이 435 mmH₂O가 되면 수중 유해가스의 농도는?

㉮ 1.5kmol/m³   ㉯ 3.0kmol/m³
㉰ 6.0kmol/m³   ㉱ 9.0kmol/m³

풀이 P = H×C에서
분압(P)는 농도(C)에 비례관계이므로
16mmHg : 3.0kmol/m³
= (435mmH₂O/13.6)mmHg : C
∴ C = 6.0kmol/m³

57 다음 중 전기집진장치에서 코로나 방전 시 부(−)코로나 방전을 이용하는 이유로 알맞은 것은 어느 것인가? (단, 정(+)코로나 방전 시와 비교)

㉮ 코로나 방전개시 전압이 낮기 때문에
㉯ 불꽃 방전개시 전압이 낮기 때문에
㉰ 적은 양의 코로나 전류를 흘릴 수 있기 때문에
㉱ 낮은 전계강도를 얻을 수 있기 때문에

58 악취물질의 성질과 발생원에 대한 내용으로 틀린 것은 어느 것인가?

㉮ 아크로레인(CH_2CHCHO)은 자극취 물질로 석유화학, 약품제조시에 발생한다.
㉯ 메틸메르캅탄(CH_3SH)은 부패양파취 물질로 석유정제, 가스제조, 약품제조에 발생한다.
㉰ 황화수소(H_2S)는 썩은 계란취 물질로 석유정제나 약품제조시에 발생한다.
㉱ 에틸아민($C_2H_5NH_2$)은 마늘취 물질로 석유정제, 인쇄작업장에서 발생한다.

풀이 ㉱ 에틸아민($C_2H_5NH_2$)은 질소화합물로서 생선 썩는 냄새가 난다.

answer 55 ㉮ 56 ㉰ 57 ㉮ 58 ㉱

59 층류의 흐름인 공기중을 입경이 2.2 μm, 밀도가 2,400g/L인 구형입자가 자유낙하하고 있다. 이때 구형입자의 종말속도(m/s)는 얼마인가? (단, 20℃에서의 공기 점도는 $1.81×10^{-4}$poise이다.)

㉮ $3.5×10^{-6}$m/s
㉯ $3.5×10_{-5}$m/s
㉰ $3.5×10^{-4}$m/s
㉱ $3.5×10^{-3}$m/s

풀이

$$Vg = \frac{d^2(\rho_s-\rho)g}{18\mu}$$

- Vg : 침강속도(m/sec)
- d : 직경(m)
- ρ_s : 입자의 밀도(kg/m³)
- ρ : 가스의 밀도(kg/m³)
- g : 중력가속도(9.8m/sec²)
- μ : 점성도(kg/m·sec)

따라서 Vg

$$= \frac{(2.2×10^{-6}m)^2×(2,400-1.21)kg/m^3×9.8m/sec^2}{18×1.81×10^{-5}kg/m·sec}$$

$$= 3.5×10^{-4}m/sec$$

TIP

① 밀도 g/L = kg/m³

② 가스의 밀도(kg/m³) = 1.3kg/Sm³ × $\frac{273}{273+20}$

= 1.21kg/m³

③ 점성계수(μ)의 단위

Centipoise poise(g/cm·sec) $\xrightarrow{×10^{-1}}$ kg/m·sec

60 유입구 폭이 20cm, 유효회전수가 8인 사이클론에 아래 상태와 같은 함진가스를 처리하고자 할 때, 이 함진가스에 포함된 입자의 절단입경(μm)은 얼마인가?

- 함진가스의 유입속도 : 30m/s
- 함진가스의 점도 : $2×10^{-5}$kg/m·s
- 함진가스의 밀도 : 1.2kg/m³
- 먼지입자의 밀도 : 2.0g/cm³
- 함진가스의 유입속도 : 30m/s
- 함진가스의 점도 : $2×10^{-5}$kg/m·s
- 함진가스의 밀도 : 1.2kg/m³
- 먼지입자의 밀도 : 2.0g/cm³

㉮ 2.78μm
㉯ 3.46μm
㉰ 4.58μm
㉱ 5.32μm

풀이

$$dp_{50} = \sqrt{\frac{9\mu B}{2\pi V(\rho_s-\rho)N}}×10^6(\mu m)$$

$$= \sqrt{\frac{9×2×10^{-5}kg/m·sec×0.2m}{2×\pi×30m/sec×(2,000-1.2)kg/m^3×8회}}×10^6$$

$$= 3.46\mu m$$

| 제4과목 | 대기오염공정시험기준

61 싸이오사이안산제이수은법으로 염화수소를 분석할 때 필요한 시약과 관계가 없는 것은 어느 것인가?

㉮ 메틸알콜
㉯ 과염소산(1+2)
㉰ 황산제이철암모늄용액
㉱ 질산은 용액

answer 59 ㉰ 60 ㉯ 61 ㉱

62 원자흡수분광광도법에서 사용되는 용어의 정의로 틀린 것은 어느 것인가?

㉮ 근접선 : 목적하는 스펙트럼선에 가까운 파장을 갖는 다른 스펙트럼선
㉯ 선프로파일 : 파장에 대한 스펙트럼선의 강도를 나타내는 곡선
㉰ 충전가스 : 불꽃 단락을 방지하기 위해 분무버너에 채우는 가스
㉱ 다연료 불꽃 : 가연성 가스/조연성 가스의 값을 크게 한 불꽃

[풀이] ㉰ 충전가스 : 중공음극램프에 채우는 가스

63 다음 제시된 자료에서 구한 비산먼지의 농도(mg/Sm³)는 얼마인가?

- 채취먼지량이 가장 많은 위치에서의 먼지농도 : 115mg/Sm³
- 대조위치에서의 먼지농도 : 0.15mg/Sm³
- 풍향은 전 시료채취 기간 중 주 풍향이 90° 이상 변하고 있다.
- 풍속은 0.5m/초 미만 또는 10m/초 이상되는 시간이 전 채취시간의 50% 이상이다.

㉮ 114.9mg/Sm³ ㉯ 137.8mg/Sm³
㉰ 165.4mg/Sm³ ㉱ 206.7mg/Sm³

[풀이] 비산먼지농도(C)
= $(C_H - C_B) \times W_D \times W_S$
= (115-0.15)mg/Sm³×1.5×1.2
= 206.73mg/Sm³

TIP
풍향보정계수 $\begin{cases} 45° \text{ 미만} : 1.0 \\ 45° \sim 90° : 1.2 \\ 90° \text{ 이상} : 1.5 \end{cases}$

풍속보정계수 $\begin{cases} 50\% \text{ 미만} : 1.0 \\ 50\% \text{ 이상} : 1.2 \end{cases}$

64 굴뚝 배출가스 중 총탄화수소 측정에 대한 내용으로 틀린 것은 어느 것인가?

㉮ 불꽃이온화검출(FID)법에서의 결과 농도는 프로판(또는 알칸계 표준물질) 또는 탄소등가농도로 환산하여 표시한다.
㉯ 불꽃이온화검출(FID)법의 경우 배출원에서 채취된 시료는 여과재 등을 이용하여 먼지를 제거한 후 가열채취관을 통하여 불꽃이온화분석기(Flame Ionization Analyzer)로 유입되어 분석된다.
㉰ 반응시간은 오염물질농도의 단계변화에 따라 최종값의 50% 이상에 도달하는 시간을 말한다.
㉱ 시료채취관은 스테인리스강 또는 이와 동등한 재질의 것으로 하고 굴뚝 중심 부분의 10% 범위 내에 위치할 정도의 길이의 것을 사용한다.

[풀이] ㉰ 반응시간은 오염물질농도의 단계변화에 따라 최종값의 90% 이상에 도달하는 시간을 말한다.

answer 62 ㉰ 63 ㉱ 64 ㉰

65 비분산 적외선 가스 분광분석법에 대한 내용으로 틀린 것은 어느 것인가?

㉮ 선택성 검출기를 이용하여 시료 중의 특정성분에 대한 적외선 흡수량 변화를 측정한다.
㉯ 광원은 원칙적으로 니크로뮴선 또는 탄화규소의 저항체에 전류를 흘려 가열한 것을 사용한다.
㉰ 분석기의 최저 눈금값을 교정하기 위하여 제로가스를 사용한다.
㉱ 적외선 가스 분석기는 교호단속 분석기와 동시단속 분석기로 분류한다.

풀이 ㉱ 적외선 가스 분석기는 복광속형과 단광속형으로 분류한다.

66 공정시험기준 중 일반화학분석에 대한 공통적인 사항으로 따로 규정이 없는 경우 사용해야 하는 시약의 규격으로 틀린 것은 어느 것인가?

	명칭	농도(%)	비중(약)
①	암모니아수	32.0~38.0 (NH_3로서)	1.38
②	플루오린화수소산	46.0~48.0	1.14
③	브로민화수소산	47.0~49.0	1.48
④	과염소산	60.0~62.0	1.54

㉮ ① ㉯ ②
㉰ ③ ㉱ ④

풀이 ① 암모니아수의 농도는 28.0~30.0(NH_3로서), 비중은 약 0.90이다.

67 기체크로마토그래피의 설치조건(장소, 전기관계)으로 틀린 것은 어느 것인가?

㉮ 분석에 사용하는 유해물질을 안전하게 처리할 수 있는 곳이어야 한다.
㉯ 접지점의 접지저항은 20~25Ω 범위 이내이어야 한다.
㉰ 전원변동은 지정전압의 10% 이내로서 주파수 변동이 없는 것이어야 한다.
㉱ 실온 5~35℃, 상대습도 85% 이하로 직사광선이 쪼이지 않는 곳이어야 한다.

풀이 ㉯ 접지점의 접지저항은 10Ω 이하이어야 한다.

68 굴뚝배출가스 중의 오염물질과 연속자동측정방법과의 연결이 틀린 것은 어느 것인가?

㉮ 아황산가스 - 불꽃광도법
㉯ 염화수소 - 이온전극법
㉰ 질소산화물 - 저인선흡수법
㉱ 플루오린화수소 - 자외선흡수법

풀이 ㉱ 플루오린화수소 - 이온전극법

answer 65 ㉱ 66 ㉮ 67 ㉯ 68 ㉱

69 굴뚝 배출가스 중 질소산화물을 측정하는 자동측정법에 대한 설명으로 틀린 것은?

㉮ 측정범위(적용범위)는 0ppm~1,000 ppm이하로 한다.
㉯ 적외선흡수법은 5,300nm 적외선영역에서 광흡수를 이용한다.
㉰ 화학발광법의 간섭물질은 이산화황이다.
㉱ 수분에 의한 영향을 최소화하기 위해 시료채취관을 가열하거나, 응축기 및 응축수트랩을 연결하여 사용한다.

[풀이] ㉰ 화학발광법의 간섭물질은 이산화탄소이다.

70 화학반응 등에 따라 굴뚝으로부터 배출되는 이황화탄소를 자외선/가시선 분광법으로 정량할 때 흡수액으로 알맞은 것은 어느 것인가?

㉮ 수산화제이철암모늄용액
㉯ 다이에틸아민구리용액
㉰ 아연아민착염용액
㉱ 제일염화주석용액

[풀이] 이황화탄소(CS_2)의 흡수액은 다이에틸아민구리용액이다.

71 연료용 유류 중의 황 함유량을 측정하기 위한 분석방법은 어느 것인가?

㉮ 방사선식 여기법
㉯ 자동 연속 열탈착 분석법
㉰ 테들라 백-열 탈착법
㉱ 몰린 형광 광도법

[풀이] 유류 중의 황 함유량을 측정하기 위한 분석방법으로는 연소관식 공기법, 방사선식 여기법이 있다.

72 배출가스 중 페놀화합물의 분석방법인 자외선/가시선분광법 – 4-아미노안티피린법에 대한 내용으로 틀린 것은?

㉮ 배출가스 중 페놀화합물을 수산화소듐 용액으로 흡수하고 완충 용액을 첨가하여 pH를 조절한다.
㉯ 4-아미노안티피린 용액과 헥사사이아노철(Ⅲ)산포타슘 용액을 첨가하고 페놀화합물과 반응하여 생성하는 안티피린계 색소의 흡광도를 파장 510nm에서 측정하여 페놀화합물을 정량한다.
㉰ 시료채취량이 20L이고 분석용 시료용액의 양이 200mL인 경우, 정량범위는 1.00ppm 이상이며, 방법검출한계는 0.32ppm이다.
㉱ 배출가스 중 염소, 브로민 등의 산화성가스 또는 이산화황 등의 환원성가스가 공존하여도 영향을 받지 않는다.

[풀이] ㉱ 배출가스 중 염소, 브로민 등의 산화성가스 또는 이산화황 등의 환원성가스가 공존하면 영향을 받으므로 그 영향을 무시하거나 제거 할 수 있는 경우에 적용한다.

answer 69 ㉰ 70 ㉯ 71 ㉮ 72 ㉱

73 환경대기 중 휘발성유기화합물(VOCs)의 시험방법에 사용되는 용어에 대한 설명으로 틀린 것은 어느 것인가?

㉮ 머무름부피(retention volume) : 흡착관으로부터 분석물질을 탈착하기 위하여 필요한 운반가스의 부피를 측정함으로써 결정된다.

㉯ 흡착관의 안정화(conditioning) : 흡착관을 사용하기 전에 열탈착기에 의해서 보통 350℃(흡착제별로 사용최고온도를 고려하여 조정)에서 헬륨가스 25mL/min으로 적어도 1시간 동안 안정화시킨 후 사용한다.

㉰ 열탈착 : 열과 불활성가스를 이용하여 흡착제로부터 휘발성유기화합물을 탈착시켜 기체크로마토그래피로 전달하는 과정이다.

㉱ 2단 열탈착 : 흡착제로부터 분석물질을 열탈착하여 저온농축관에 농축한 다음 저온농축관을 가열하여 농축된 화합물을 기체크로마토그래피로 전달하는 과정이다.

풀이 ㉯ 흡착관의 안정화(conditioning) : 시료채취를 하기 전 흡착관은 열탈착기에 의해서 예를 들어, 350℃(흡착제별로 사용 최고온도보다 20℃ 아래를 고려하여 조절)에서 순도 99.99% 이상의 헬륨기체 또는 질소기체 50~100 mL/min으로 적어도 2시간 동안 안정화시킨 후 사용한다.

74 어떤 기체크로마토그램에 있어 성분 A의 머무름시간은 10분, 봉우리 폭은 8mm였다. 이 경우 성분 A의 HETP(1 이론단에 해당하는 분리관의 길이)는 얼마인가? (단, 분리관의 길이는 10m, 기록지의 속도는 매분 10mm이다.)

㉮ 2mm ㉯ 4mm
㉰ 6mm ㉱ 8mm

풀이 ① 이론단수(n)
$$= 16 \times \left\{ \frac{\text{기록지의 이동속도(mm/min)} \times \text{머무름시간(min)}}{\text{봉우리 폭(mm)}} \right\}^2$$
$$= 16 \times \left(\frac{10\text{mm/min} \times 10\text{min}}{8\text{mm}} \right)^2 = 2,500$$

② $HETP = \dfrac{\text{분리관 길이}}{\text{이론단수}} = \dfrac{10 \times 10^3 \text{mm}}{2,500} = 4\text{mm}$

75 다음은 굴뚝배출가스 중 아황산가스를 연속적으로 자동측정하는 방법에 사용되는 용어에 관한 설명이다. ( ) 안에 알맞은 말은 어느 것인가?

- 교정가스 : 공인기관의 보정치가 제시되어 있는 표준가스로 연속자동측정기 최대눈금치의 약 (①)에 해당하는 농도를 갖는다.(90% 교정가스를 스팬가스라고 한다.)
- 제로가스 : 분석계를 교정하기 위하여 사용하는 순도가 높고 분석결과에 영향을 주지 않는 가스로서, (②)인 고순도 공기를 말한다.

㉮ ① 10%와 30% ② 1ppm 이하
㉯ ① 10%와 60% ② 1ppm 이하
㉰ ① 30%와 60% ② 0.1ppm 이하
㉱ ① 50%와 90% ② 0.1ppm 이하

answer 73 ㉯ 74 ㉯ 75 ㉱

76 다음은 환경대기 내의 먼지 측정 시험방법이다. 어떤 측정법에 해당하는가?

> 이 방법은 대기 중 부유하고 있는 입자상 물질을 일정시간(1시간 이상) 여과지 위에 채취한 후 빛(파장: 400nm)을 조사해서 빛의 두 파장을 측정하고 그 값으로부터 입자상 물질의 농도를 구하는 방법이다. 이 방법에 의한 채취입자의 입경은 0.1~10μm의 범위이다.

㉮ 광산란법　　㉯ 광투과법
㉰ 광흡착법　　㉱ 베타선법

77 굴뚝 내부 단면의 가로 길이가 2m이고, 세로 길이가 1.5m일 때 이 굴뚝의 환산직경(m)은 얼마인가? (단, 굴뚝 단면은 사각형이며, 상하 동일 단면적을 가진 굴뚝이다.)

㉮ 1.5m　　㉯ 1.7m
㉰ 1.9m　　㉱ 2.0m

[풀이] 환산직경 $= \dfrac{2 \times \text{가로} \times \text{세로}}{\text{가로}+\text{세로}} = \dfrac{2 \times 2m \times 1.5m}{2m+1.5m}$
$= 1.71m$

78 분석대상가스의 종류별, 채취관 및 연결관 재질의 연결로 틀린 것은 어느 것인가?

㉮ 암모니아 - 스테인리스강
㉯ 일산화탄소 - 석영
㉰ 질소산화물 - 스테인리스강
㉱ 이황화탄소 - 보통강철

[풀이] 이황화탄소의 채취관 및 연결관의 재질로는 경질유리, 석영, 플루오로수지가 있다.

79 다음 대상 가스별 분석방법의 연결로 알맞은 것은?

㉮ 폼알데하이드 : 오르토톨리딘법
㉯ 질소산화물 : 크로모트로핀산법
㉰ 사이안화수소 : 4-피리딘카르복실산-피라졸론법
㉱ 페놀화합물 : 적정법

[풀이] 대상가스별 분석방법
㉮ 폼알데하이드 : 고성능액체크로마토그래피, 자외선/가시선분광법(크로모트로핀산법, 아세틸아세톤법)
㉯ 질소산화물 : 자동측정법, 아연환원나프틸에틸렌다이아민법
㉰ 사이안화수소 : 자외선/가시선분광법(4-피리딘카르복실산-피라졸론법), 연속흐름법
㉱ 페놀화합물 : 자외선/가시선분광법(4-아미노안티피린법), 기체크로마토그래피

80 자외선/가시선 분광법에 대한 내용으로 틀린 것은 어느 것인가?

㉮ 가시부와 근적외부의 광원으로는 주로 텅스텐램프를, 자외부의 광원으로는 주로 중수소 방전관을 사용한다.
㉯ 광전관, 광전자증배관은 주로 자외 내지 가시파장 범위에서, 광전도셀은 근적외 파장 범위에서의 광전측광에 사용한다.
㉰ 흡수셀의 유리제는 주로 자외부 파장 범위를, 플라스틱제는 근자외부 및 가시광선 파장 범위를 측정할 때 사용한다.
㉱ 흡광도의 눈금보정은 다이크로뮴산포타슘용액으로 한다.

[풀이] ㉰ 흡수셀의 유리제는 가시 및 근적외 파장범위를, 플라스틱제는 근적외부 파장 범위를 측정할 때 사용한다.

answer 76 ㉯　77 ㉯　78 ㉱　79 ㉰　80 ㉰

2015 2회 기출문제

| 제1과목 | 대기환경관리

01 파장이 5,240 Å인 빛 속에서 상대습도가 70% 이하인 경우 밀도가 1,700mg/cm³이고, 직경이 0.4μm인 기름방울의 분산면적비가 4.5일 때, 가시거리가 959m라면 먼지농도(mg/m³)는 얼마인가?

㉮ 0.21mg/m³ ㉯ 0.31mg/m³
㉰ 0.41mg/m³ ㉱ 0.51mg/m³

풀이

$$V = \frac{5.2 \times \rho \times r}{K \times C}$$

- V : 가시거리(m)
- ρ : 먼지의 밀도(mg/cm³)
- r : 반경(μm)
- K : 상수
- C : 농도(mg/m³)

따라서 $959m = \dfrac{5.2 \times 1,700 mg/cm^3 \times 0.2 \mu m}{4.5 \times C}$

∴ C = 0.41mg/m³

TIP
① 먼지농도(mg/m³) → 먼지의 밀도(cm³)
② 먼지농도(μg/m³) → 먼지의 밀도(μg/cm³)

02 오존에 대한 내용으로 틀린 것은 어느 것인가? (단, 대류권 내 존재하는 오존 기준)

㉮ 보통 지표오존의 배경농도는 1~2ppm 범위이다.
㉯ 오존은 태양빛, 자동차 배출원인 질소산화물과 휘발성유기화합물 등에 의해 일어나는 복잡한 광화학반응으로 생성된다.
㉰ 오염된 대기 중에서 오존농도에 영향을 주는 것은 태양빛의 강도, NO₂/NO의 비, 반응성탄화수소 농도 등이다.
㉱ 국지적인 광화학스모그로 생성된 Oxidant의 지표물질이다.

풀이 ㉮ 보통 지표오존의 배경농도는 0.01~0.02ppm 범위이다.

03 다음 중 대기오염물질의 배출원이 되는 제조공정과 그 발생오염물질과의 연결로 틀린 것은 어느 것인가?

㉮ 유리제조, 가스공업 - 염소가스
㉯ 화학비료, 냉동공장 - 암모니아가스
㉰ 석유정제, 포르말린제조 - 벤젠
㉱ 석유정제, 석탄건류 - 황화수소가스

풀이 ㉮ 농약제조, 화학공업, 소오다공업 - 염소가스

answer 01 ㉰ 02 ㉮ 03 ㉮

04 지상에서 NO_x를 3g/s로 배출하고 있는 굴뚝 없는 쓰레기 소각장에서 풍하 방향으로 3km 떨어진 곳의 중심축상 NO_x 지표면에서의 오염농도(g/m^3)는 얼마인가? (단, 가우시안모델식을 사용하고, 풍속은 7m/s, σ_y = 190m, σ_z = 65m이며, NO_x는 배출되는 동안에 화학적으로 반응하지 않는 것으로 가정한다.)

㉮ $2.2 \times 10^{-5} g/m^3$ ㉯ $1.1 \times 10^{-5} g/m^3$
㉰ $5.5 \times 10^{-6} g/m^3$ ㉱ $2.75 \times 10^{-6} g/m^3$

풀이

$$C = \frac{Q}{\pi \cdot \sigma_y \cdot \sigma_z \cdot u} \exp\left[-\frac{1}{2}\left(\frac{He}{C_z}\right)^2\right]$$

- C : 농도(g/m^3)
- Q : 오염물질 배출량(g/sec)
- σ_y : 수평방향의 표준편차(m)
- σ_z : 수직방향의 표준편차(m)
- u : 풍속(m/sec)
- He : 유효굴뚝 높이(m)

굴뚝이 없는 소각장이므로 He = 0이면

$C = \frac{Q}{\pi \cdot \sigma_y \cdot \sigma_z \cdot u}$ 가 된다.

$\therefore C = \frac{3g/sec}{\pi \times 190m \times 65m \times 7m/sec} = 1.1 \times 10^{-5} g/m^3$

05 유효높이(H)가 60m인 굴뚝으로부터 SO_2가 125g/s의 속도로 배출되고 있다. 굴뚝높이에서의 풍속은 6m/s이고 풍하거리 500m에서 대기안정 조건에 따라 편차 σ_y는 36m, σ_z는 18.5m이었다. 이 굴뚝으로부터 풍하거리 500m의 중심선상의 지표면 농도($\mu g/m^3$)는 얼마인가? (단, 가우시안모델식을 사용하고, SO_2는 배출되는 동안에 화학적으로 반응하지 않는다고 가정한다.)

㉮ 약 $52\mu g/m^3$ ㉯ 약 $66\mu g/m^3$
㉰ 약 $2,483\mu g/m^3$ ㉱ 약 $9,957\mu g/m^3$

풀이

$$C = \frac{Q}{\pi \cdot \sigma_y \cdot \sigma_z \cdot u} \exp\left[-\frac{1}{2}\left(\frac{He}{\sigma_z}\right)^2\right]$$

$$= \frac{125g/sec \times 10^6 \mu g/g}{\pi \times 36m \times 18.5m \times 6m/sec} \exp\left[-\frac{1}{2}\left(\frac{60m}{18.5m}\right)^2\right]$$

$$= 51.77 \mu g/m^3$$

06 다음은 지구온난화에 대한 내용이다. ( ) 안에 들어갈 말은?

(①)는 온실기체들의 구조상 또는 열축적 능력에 따라 온실효과를 일으키는 잠재력을 지수로 표현한 것으로 CH_4, N_2O, HFCs, CO_2, SF_6 등이 있으며, 이 중 (①)가 가장 큰 값은 (②)이다.

㉮ ① GHG, ② CO_2
㉯ ① GHG, ② SF_6
㉰ ① GWP, ② CO_2
㉱ ① GWP, ② SF_6

07 다음에서 설명하고 있는 대기오염 물질은 어느 것인가?

- 이 물질은 반응성이 풍부하므로 단분자로는 거의 존재하지 않는다.
- 주로 어린 잎에 민감하며, 잎의 끝 또는 가장자리가 탄다.
- 이 오염물질에 강한 식물로는 담배, 목화, 고추 등이 있다.

㉮ 일산화탄소
㉯ 염소 및 그 화합물
㉰ 오존 및 옥시던트
㉱ 불소 및 그 화합물

answer 04 ㉯ 05 ㉮ 06 ㉱ 07 ㉱

풀이 ㉣ 불소 및 그 화합물에 대한 설명이다.

08 전향력에 대한 내용으로 틀린 것은 어느 것인가?

㉮ 전향인자(f)는 $2\Omega \sin\psi$ 로 나타내며, ψ는 위도, Ω 은 지구자전 각속도로서 $7.25 \times 10^{-5} \text{rad} \cdot \text{s}^{-1}$ 이다.
㉯ 지구 북반구에서 나타나는 전향력은 물체의 이동방향에 대해 오른쪽 직각방향으로 작용한다.
㉰ 전향력은 극지방에서 0, 적도지방은 최대이다.
㉱ 일반적으로 전향력은 전향인자와 풍속의 곱으로 나타낸다.

풀이 ㉰ 전향력은 극지방에서 최대, 적도지방은 최소(0)이다.

09 다음은 주요 실내공기 오염물질에 대한 내용이다. ( ) 안에 들어갈 물질은 어느 것인가?

> ( )의 주요 발생원은 흙, 바위, 물, 지하수, 화강암, 콘크리트 등이며, 인체에 대한 주요 영향은 폐암을 들 수 있다.

㉮ 석면 ㉯ 라돈
㉰ 폼알데하이드 ㉱ VOC_s

풀이 ㉯ 라돈(Rn)에 대한 설명이다.

10 광화학반응에 의한 고농도 오존이 나타날 수 있는 기상조건으로 틀린 것은 어느 것인가?

㉮ 시간당 일사량이 $5MJ/m^2$ 이상으로 일사가 강할 때
㉯ 질소산화물과 휘발성 유기화합물의 배출이 많을 때
㉰ 지면에 복사역전이 존재하고 대기가 불안정 할 때
㉱ 기압경도가 완만하여 풍속 4m/sec 이하의 약풍이 지속될 때

풀이 ㉰ 고공에 침강성역전이 존재하고 대기가 안정할 때

11 다음 각종 환경관련 국제협약(조약)에 대한 주요 내용으로 틀린 것은 어느 것인가?

㉮ 몬트리올 의정서 : 오존층 파괴물질인 염화불화탄소의 생산과 사용규제를 위한 협약
㉯ 바젤협약 : 폐기물의 해양투기로 인한 해양오염을 방지하기 위한 협약
㉰ 람사협약 : 자연자원의 보전과 현명한 이용을 위한 습지보전 협약
㉱ CITES : 멸종위기에 처한 야생동식물의 보호를 위한 협약

풀이 ㉯ 바젤협약 : 유해폐기물의 국제적 이동의 통제와 규제를 주요 골자로 하는 국제협약이다.

answer 08 ㉰ 09 ㉯ 10 ㉰ 11 ㉯

12 일산화탄소에 대한 내용으로 틀린 것은 어느 것인가?

㉮ 인위적 주요배출원은 각종 교통수단의 엔진연료의 연소 등이다.
㉯ 자연적 발생원에는 화산폭발, 테르펜류의 산화, 클로로필의 분해, 산불 및 해수 중의 미생물 작용 등이 있다.
㉰ 토양 박테리아에 의하여 대기 중에서 제거되거나 대류권 및 성층권에서 일어나는 광화학 반응에 의하여 제거되기도 한다.
㉱ 수용성이기 때문에 강우에 의한 영향이 크며 다른 물질에 흡착되어 제거되기도 한다.

풀이 ㉱ 난용성이기 때문에 강우에 의한 영향이 거의 없으며, 다른 물질에 흡착되어 제거되지 않는다.

13 지상 10m에서의 풍속이 7.5m/sec라면 지상 100m에서의 풍속(m/sec)은 얼마인가? (단, Deacon식을 적용하고, 풍속지수(P) = 0.12이다.)

㉮ 약 8.2m/s   ㉯ 약 8.9m/s
㉰ 약 9.2m/s   ㉱ 약 9.9m/s

풀이 $U_2 = U_1 \times \left(\dfrac{H_2}{H_1}\right)^P$

$= 7.5 \text{m/sec} \times \left(\dfrac{100\text{m}}{10\text{m}}\right)^{0.12} = 9.89 \text{m/sec}$

14 다음 기온역전의 발생기전에 대한 내용으로 알맞은 것은 어느 것인가?

㉮ 이류성 역전 - 따뜻한 공기가 차가운 지표면 위로 흘러갈 때 발생
㉯ 침강형 역전 - 저기압 중심부분에서 기층이 서서히 침강할 때 발생
㉰ 해풍형 역전 - 바다에서 더워진 바람이 차가운 육지 위로 불 때 발생
㉱ 전선형 역전 - 비교적 높은 고도에서 차가운 공기가 따뜻한 공기 위로 전선을 이룰 때 발생

풀이 ㉯ 침강형 역전 - 고기압 중심부분에서 기층이 서서히 침강할 때 발생
㉰ 해풍형 역전 - 육지에서 더워진 바람이 차가운 바다 위로 불 때 발생
㉱ 전선형 역전 - 비교적 높은 고도에서 차가운 공기가 따뜻한 공기 아래로 전선을 이룰 때 발생

15 가우시안모델에 도입되어 적용된 가정으로 틀린 것은 어느 것인가?

㉮ 연기의 분산은 steady state이다.
㉯ 풍속은 고도에 따라 증가한다.
㉰ 난류확산계수는 일정하다.
㉱ 연직방향의 풍속은 통상 수평방향의 풍속보다 상대적으로 크기가 작기 때문에 연직방향의 풍속을 무시한다.

풀이 ㉯ 풍속은 일정하다.

TIP
steady state = 정상상태

answer 12 ㉱ 13 ㉱ 14 ㉮ 15 ㉯

16 다음 중 대기내에서의 오염물질의 일반적인 체류시간 순서로 알맞은 것은 어느 것인가?

㉮ $CO_2 > N_2O > CO > SO_2$
㉯ $N_2O > CO_2 > CO > SO_2$
㉰ $CO_2 > SO_2 > N_2O > CO$
㉱ $N_2O > SO_2 > CO_2 > CO$

▶풀이 체류시간은 N_2O : 20~100년, CO_2 : 2~4년, CO : 1~3개월, SO_2 : 4일

17 질소산화물(NO_X)에 대한 내용으로 틀린 것은 어느 것인가?

㉮ NO_X의 인위적 배출량 중 거의 대부분이 연소과정에서 발생된다.
㉯ NO_X는 그 자체도 인체에 해롭지만 광화학스모그의 원인물질로도 중요한 역할을 한다.
㉰ 연소과정에서 처음 발생되는 NO_X는 주로 NO이다.
㉱ 연소 시 연료 중 질소의 NO 변환율은 대체로 약 2~5% 범위이다.

▶풀이 ㉱ 연소 시 연료 중 질소의 NO 변환율은 대체로 약 20~50% 범위이다.

18 지표부근의 대기 조성성분의 부피농도(%)와 성분별 체류시간이 알맞게 짝지어진 것은?

㉮ N_2 : 78.09%, 7~10년
㉯ O_2 : 20.94%, 6,000년
㉰ CO_2 : 0.035ppm, 주로 축적
㉱ H_2 : 0.55%, 0.5년

▶풀이 ㉮ N_2 : 78.09%, 4×10^8년
㉰ CO_2 : 0.035%(350ppm), 2~4년
㉱ H_2 : 0.55ppm, 4~7년

19 다음의 내용에 해당하는 복사의 법칙은 어느 것인가?

- 열역학 평형상태하에서는 어떤 주어진 온도에서 매질의 방출계수와 흡수계수의 비는 매질의 종류에 상관없이 온도에 의해서만 결정된다는 법칙이다.
- 주어진 온도에서 어떤 물체의 파장 λ의 복사선에 대한 흡수율은 동일온도와 파장에 대한 그 물체의 복사율과 같다.
- 이 법칙은 국소적 열역학 평형에 대해서도 확장된다.

㉮ 스테판볼츠만의 법칙
㉯ 플랭크의 법칙
㉰ 빈의 법칙
㉱ 키르히호프의 법직

▶풀이 ㉱ 키르히호프의 법칙에 대한 설명이다.

20 광화학반응에 대한 내용으로 틀린 것은 어느 것인가?

㉮ SO_2는 대류권에서 쉽게 광분해되며, 파장 360nm 이하와 510~550nm에서 강한 흡수를 보인다.
㉯ NO_2는 파장 420nm 이상의 가시광선에 의해 NO와 O로 광분해된다.
㉰ 알데히드는 파장 313nm 이하에서 광분해한다.
㉱ 케톤은 파장 300~700nm에서 약한 흡수를 하여 광분해한다.

answer 16 ㉯ 17 ㉱ 18 ㉯ 19 ㉱ 20 ㉮

풀이 ㉮ SO_2는 대류권에서 광분해반응이 일어나지 않으며, 파장 280~290nm에서 강한 흡수가 일어난다.

| 제2과목 | 연소공학

21 석탄의 탄화도가 증가하면 감소하는 것은?

㉮ 착화온도 ㉯ 비열
㉰ 발열량 ㉱ 고정탄소

풀이 ① 탄화도가 증가하면 고정탄소, 발열량, 착화온도, 연료비 증가
② 탄화도가 증가하면 매연발생량, 비열, 휘발분, 수분, 산소의 양, 연소속도 감소

22 액체연료의 연소장치 중 유압 분무식버너에 대한 내용으로 틀린 것은 어느 것인가?

㉮ 대용량 버너 제작이 용이하다.
㉯ 분무각도가 40~90° 정도로 크다.
㉰ 연료의 점도가 크거나 유압이 5kg/cm² 이하가 되면 분무화가 불량하다.
㉱ 유량조절범위가 넓어 부하변동 적응에 용이하다.

풀이 ㉱ 유량조절범위(1:3)가 좁아 부하변동에 대한 적응이 낮다.

23 CO_2 50kg을 표준상태에서의 부피(m^3)로 나타내면 얼마인가? (단, CO_2는 이상기체이고, 표준상태로 간주하시오.)

㉮ 12.73 ㉯ 22.40
㉰ 25.45 ㉱ 44.80

풀이 이상기체 상태방정식 $PV = \frac{W}{M}RT$를 이용한다.

$1atm \times V(L) = \frac{50 \times 10^3 g}{44g} \times 0.082 atm \cdot L/mol \cdot k \times 273k$

∴ $V = 25,438.636L = 25.44 m^3$

24 미분탄연소에 대한 내용으로 틀린 것은 어느 것인가?

㉮ 부하변동에 대한 응답성이 우수한 편이어서 대용량의 연소로 적합하다.
㉯ 최초의 분해연소 시에 다량의 가연가스를 방출하고 곧 이어서 고정탄소의 표면연소가 시작된다.
㉰ 명료한 화염면이 형성되고, 화염이 연소실에 국부적으로 형성된다.
㉱ 화격자 연소보다 낮은 공기비로써 높은 연소효율을 얻을 수 있다.

풀이 ㉰ 화염면의 형성이 명료하지 않고, 화염이 연소실 전체적으로 형성된다.

answer 21 ㉯ 22 ㉱ 23 ㉰ 24 ㉰

25 벤젠의 연소반응이 다음과 같을 때 벤젠의 연소열(kJ/mole)은 얼마인가? (단, 표준상태(25℃, 1atm)에서의 표준생성열)

$$C_6H_6(g) + 7.5O_2(g) \rightarrow 6CO_2(g) + 3H_2O(g)$$

생성열	ΔH_f°(kJ/mole)
$C_6H_6(g)$	83
$O_2(g)$	0
$CO_2(g)$	-394
$H_2O(g)$	-286

㉮ -3,127kJ/mole ㉯ -3,252kJ/mole
㉰ -3,305kJ/mole ㉱ -3,514kJ/mole

풀이 연소열
= 생성물의 표준생성열 - 반응물의 표준생성열
= {6×(-394)+3×(-286)}(kJ/mole)-83kJ/mole
= -3,305kJ/mole

26 프로판의 고발열량이 20,000kcal/Sm³이라면 저발열량(kcal/Sm³)은 얼마인가?

㉮ 17,240   ㉯ 17,820
㉰ 18,080   ㉱ 18,430

풀이 $C_3H_8+5O_2 \rightarrow 3CO_2+4H_2O$
저위발열량(Hl)
= 고위발열량(Hh) - 480×H₂O량(kcal/Sm³)
= 20,000kcal/Sm³ - 480×4 = 18,080kcal/Sm³

27 프로판과 부탄을 용적비 1 : 1로 혼합한 가스 1Sm³을 이론적으로 완전연소할 때 발생하는 CO_2의 양(Sm³)은 얼마인가? (단, 표준상태 기준)

㉮ 1.5Sm³   ㉯ 2.5Sm³
㉰ 3.5Sm³   ㉱ 4.5Sm³

풀이 $C_3H_8+5O_2 \rightarrow 3CO_2+4H_2O : \frac{1}{2}$

$C_4H_{10}+6.5O_2 \rightarrow 4CO_2+5H_2O : \frac{1}{2}$

따라서 CO_2량 = $3 \times \frac{1}{2} + 4 \times \frac{1}{2}$ = 3.5Sm³/Sm³

TIP
프로판 = C_3H_8, 부탄 = C_4H_{10}

28 중유 1kg 중 C 86%, H 12%, S 2%가 포함되어 있었고, 배출가스 성분을 분석한 결과 CO_2 13%, O_2 3.5%이었다. 건조연소가스량(Gd, Sm³/kg)은 얼마인가?

㉮ 9.5Sm³/kg   ㉯ 10.2Sm³/kg
㉰ 12.3Sm³/kg   ㉱ 16.4Sm³/kg

풀이 ① 공기비(m)를 계산한다.

$$m = \frac{N_2\%}{N_2\%-3.76\times(O_2\%-0.5CO\%)}$$

$N_2\%$ = 100-($CO_2\%+O_2\%$)
     = 100-(13%+3.5%) = 83.5%

따라서 공기비(m) = $\frac{83.5\%}{83.5\%-3.76\times3.5\%}$
                = 1.1871

② 이론공기량(A_o)을 계산한다.

$A_o = 8.89C+26.67\left(H-\frac{O}{8}\right)+3.33S$(Sm³/kg)

= 8.89×0.86+26.67×0.12+3.33×0.02
= 10.9124Sm³/kg

answer 25 ㉰ 26 ㉰ 27 ㉰ 28 ㉯

③ 실제건조연소가스량(Gd)을 계산한다.
Gd = $mA_o - 5.6H + 0.7O + 0.8N(Sm^3/kg)$
= $1.1871 \times 10.9124 Sm^3/kg - 5.6 \times 0.12$
= $12.28 Sm^3/kg$

29 자동차 내연기관의 공연비와 유해가스 발생 농도와의 관계로 알맞은 것은 어느 것인가?

㉮ 공연비를 이론치보다 높이면 NO_X는 감소하고, CO, HC는 증가한다.
㉯ 공연비를 이론치보다 낮추면 NO_X는 감소하고, CO, HC는 증가한다.
㉰ 공연비를 이론치보다 높이면 NO_X, CO, HC 모두 증가한다.
㉱ 공연비를 이론치보다 낮추면 NO_X, CO, HC 모두 감소한다.

풀이 ① 공연비를 이론치보다 낮추면 NO_X는 감소, CO, HC는 증가
② 공연비를 이론치보다 높이면 NO_X는 증가, CO, HC는 감소

30 고압기류 분무식 버너의 특징으로 틀린 것은 어느 것인가?

㉮ 분무각도는 60° 정도로 크고, 유량조절 범위는 1 : 3 정도로 부하변동에 대한 적응이 어렵다.
㉯ 2~8kg/cm² 정도의 고압공기를 사용하여 연료유를 무화시키는 방식이다.
㉰ 연료유의 점도가 커도 분무화가 용이한 편이다.
㉱ 분무에 필요한 1차 공기량은 이론연소 공기량의 7~12% 정도이면 된다.

풀이 ㉮ 분무각도는 20~30° 정도이고, 유량조절범위는 1 : 10이며, 부하변동에 대한 적응이 용이하다.

31 열적 NO_X(thermal NO_X)의 생성억제 방안으로 틀린 것은 어느 것인가?

㉮ 희박예혼합연소를 함으로써 최고 화염온도를 1,800K 이하로 억제한다.
㉯ 물의 증발잠열과 수증기의 현열상승으로 화염열을 빼앗아 온도상승을 억제한다.
㉰ 화염의 최고온도를 저하시키기 위해서 화염을 분할시키기도 한다.
㉱ 연료유와 배기가스에 암모니아를 투입하고, 400~600℃에서 촉매와 접촉시켜 제어한다.

풀이 ㉱ 연료유와 배기가스에 암모니아를 투입하고, 250~450℃에서 촉매와 접촉시켜 제어한다.

32 가연성 가스의 폭발범위에 따른 위험도 증가요인으로 가장 알맞은 것은 어느 것인가?

㉮ 폭발하한농도가 낮을수록 위험도가 증가하며, 폭발상한과 폭발하한의 차이가 클수록 위험도가 커진다.
㉯ 폭발하한농도가 낮을수록 위험도가 증가하며, 폭발상한과 폭발하한의 차이가 작을수록 위험도가 커진다.
㉰ 폭발하한농도가 높을수록 위험도가 증가하며, 폭발상한과 폭발하한의 차이가 클수록 위험도가 커진다.
㉱ 폭발하한농도가 높을수록 위험도가 증가하며, 폭발상한과 폭발하한의 차이가 작을수록 위험도가 커진다.

answer 29 ㉯ 30 ㉮ 31 ㉱ 32 ㉮

33 다음 중 공기비(m)가 연소에 미치는 영향으로 틀린 것은 어느 것인가?

㉮ 공기비가 너무 적을 경우 불완전연소로 연소효율이 저하된다.
㉯ 공기비가 너무 큰 경우 배가스 중 NO_x 양이 감소한다.
㉰ 공기비가 너무 적을 경우 불완전연소로 매연이 발생한다.
㉱ 공기비가 너무 큰 경우 배가스에 의한 열손실이 증가한다.

풀이 ㉯ 공기비가 너무 큰 경우 배가스 중 NO_x 양이 증가한다.

34 석탄을 공업분석한 결과 수분이 0.8%, 휘발분이 8.5%이었다. 이 석탄의 연료비는 얼마인가?

㉮ 1.2 ㉯ 2.6
㉰ 4.8 ㉱ 10.7

풀이 연료비 = $\dfrac{\text{고정탄소}}{\text{휘발분}}$

고정탄소(%) = 100-(수분+휘발분+회분)(%)
= 100-(0.8%+8.5%) = 90.7%

따라서 연료비 = $\dfrac{90.7\%}{8.5\%}$ = 10.67

35 다음 기체연료 중 고위발열량(kJ/mole)이 가장 큰 물질은 어느 것인가? (단, 25℃, 1atm을 기준으로 한다.)

㉮ carbon monoxide
㉯ methane
㉰ ethane
㉱ n-pentane

풀이 고위발열량이 가장 큰 연료는 탄소수와 수소수가 가장 많은 연료이므로 ㉱ n-pentane(C_5H_{12})이 정답이다.

TIP
㉮ carbon monoxide = CO
㉯ methane = CH_4
㉰ ethane = C_2H_6
㉱ n-pentane = C_5H_{12}

36 다음 연료 중 CO_2max(%) 값[최대탄산가스량 값(%)]이 가장 작은 연료는 어느 것인가?

㉮ 고로가스 ㉯ 발생로가스
㉰ 코우크스로가스 ㉱ 무연탄

풀이 ㉮ 고로가스 : 24~25%
㉯ 발생로가스 : 18~19%
㉰ 코우크스로가스 : 11~11.5%
㉱ 무연탄 : 19~20%

37 메탄을 연소할 때 부피를 기준으로 한 부피공연비(AFR)는 얼마인가?

㉮ 6.84 ㉯ 7.68
㉰ 9.52 ㉱ 11.58

풀이 $CH_4 + 2O_2 \rightarrow CO_2 + 2H_2O$

공연비(AFR ; Sm^3/Sm^3)

$= \dfrac{\text{산소갯수} \times 22.4Sm^3 \times \dfrac{1}{0.21}}{\text{연료갯수} \times 22.4Sm^3}$

$= \dfrac{2 \times 22.4Sm^3 \times \dfrac{1}{0.21}}{1 \times 22.4Sm^3} = 9.52$

answer 33 ㉯ 34 ㉱ 35 ㉱ 36 ㉰ 37 ㉰

38 조성이 메탄 50%, 에탄 30%, 프로판 20%인 혼합가스의 폭발범위는 얼마인가? (단, 메탄의 폭발범위 5~15%, 에탄의 폭발범위 3~12.5%, 프로판의 폭발범위 2.1~9.5%, 르샤틀리에의 식을 적용하시오.)

㉮ 1.2~8.6%
㉯ 1.9~9.6%
㉰ 2.5~10.8%
㉱ 3.4~12.8%

풀이 르샤틀리에 공식

$$\frac{100}{L} = \frac{V_1}{L_1} + \frac{V_2}{L_2} + \frac{V_3}{L_3}$$

$\begin{bmatrix} L : 폭발범위 \\ V : 조성비 \end{bmatrix}$

① 하한값 : $\frac{100}{L} = \frac{50\%}{5\%} + \frac{30\%}{3\%} + \frac{20\%}{2.1\%}$

∴ L = 3.39%

② 상한값 : $\frac{100}{L} = \frac{50\%}{15\%} + \frac{30\%}{12.5\%} + \frac{20\%}{9.5\%}$

∴ L = 12.76%

③ 혼합가스의 폭발범위는 3.39~12.76% 이다.

39 다음 연소장치 중 일반적으로 가장 큰 공기비를 필요로 하는 것은?

㉮ 미분탄버너
㉯ 수평수동화격자
㉰ 오일버너
㉱ 가스버너

풀이 고체연료를 연소하는 장치가 가장 큰 공기비를 필요로 하므로 정답은 ㉯ 수평수동화격자이다.

40 1,000초 동안 반응물의 1/2이 분해되었다면 반응물이 1/250이 남을 때까지는 얼마의 시간이 필요한가? (단, 1차 반응 기준이다.)

㉮ 약 6,650초
㉯ 약 6,950초
㉰ 약 7,470초
㉱ 약 7,970초

풀이 1차반응식 $\ln \frac{C_t}{C_o} = -k \times t$

$\begin{bmatrix} C_o : 초기농도 \\ C_t : t시간 후의 농도 \\ k : 상수 \\ t : 시간 \end{bmatrix}$

① $\ln \frac{1}{2} = -k \times 1,000\,sec$

∴ $k = \frac{\ln \frac{1}{2}}{-1,000\,sec} = 6.93 \times 10^{-4}/sec$

② $\ln \frac{1}{250} = -6.93 \times 10^{-4}/sec \times t$

∴ $t = \frac{\ln \frac{1}{250}}{-6.93 \times 10^{-4}/sec} = 7,967.48\,sec$

| 제3과목 | 대기오염방지기술

41 NOx의 제어는 연소방식의 변경과 배연가스의 처리기술의 2가지로 구분할 수 있는데, 다음 중 연소방식을 변환시켜 NOx의 생성을 감축시키는 방안으로 틀린 것은 어느 것인가?

㉮ 접촉산화법
㉯ 물 주입법
㉰ 저과잉공기연소법
㉱ 배기가스재순환법

풀이 ㉮ 접촉산화법은 황산화물(SO_x)을 제거하는 방법이다.

answer 38 ㉱ 39 ㉯ 40 ㉱ 41 ㉮

42 HOG가 0.7m이고 제거율이 99%면 흡수탑의 충진높이(m)는 얼마인가?

㉮ 1.6m ㉯ 2.1m
㉰ 2.8m ㉱ 3.2m

풀이 H = NOG×HOG

$\begin{cases} H : 충전탑의 높이(m) \\ NOG : 총괄이동단위수, NOG = \ln\left(\dfrac{1}{1-\eta}\right) \\ HOG : 총괄이동단위높이(m) \end{cases}$

따라서 H = $\ln\left(\dfrac{1}{1-0.99}\right)$×0.7m = 3.22m

43 배연탈황기술의 종류로 틀린 것은 어느 것인가?

㉮ 석회석 주입법   ㉯ 수소화 탈황법
㉰ 활성산화 망간법 ㉱ 암모니아법

풀이 ㉯ 수소화 탈황법은 중유 탈황법의 종류이다.

44 A배출시설에서 시간당 배출가스량이 100,000Sm³이고, 배출가스 중 질소산화물의 농도는 350ppm이다. 이 질소산화물을 산소의 공존하에 암모니아에 의한 선택적 접촉환원법으로 처리할 경우 암모니아의 소요량(kg/hr)은 얼마인가?
(단, 탈질률은 90%이고, 배출가스 중 질소산화물은 전부 NO로 가정한다.)

㉮ 약 18kg/hr   ㉯ 약 24kg/hr
㉰ 약 26kg/hr   ㉱ 약 30kg/hr

풀이 $4NO + 4NH_3 + O_2 \rightarrow 4N_2 + 6H_2O$
4×22.4Sm³ : 4×17kg
100,000Sm³/hr×350ppm×10⁻⁶×0.90 : X
∴ X = 23.91kg/hr

45 연소배출가스가 3,600Sm³/h인 굴뚝에서 정압을 측정하였더니 20mmH₂O였다. 여유율 25%인 송풍기를 사용할 경우 필요한 소요동력(kW)은 얼마인가?
(단, 송풍기의 정압효율은 80%, 전동기의 효율은 70%로 한다.)

㉮ 0.11kW   ㉯ 0.2kW
㉰ 0.44kW   ㉱ 9.0kW

풀이 $kW = \dfrac{Ps \times Q}{102 \times \eta_1 \times \eta_2} \times \alpha$

$\begin{cases} Ps : 정압손실(mmH_2O) \\ Q : 배출가스량(Sm^3/sec) \\ \eta_1 : 송풍기의 정압효율 \\ \eta_2 : 전동기의 효율 \\ \alpha : 여유율 \end{cases}$

따라서
$kW = \dfrac{20mmH_2O \times 3,600Sm^3/hr \times 1hr/3,600sec}{102 \times 0.80 \times 0.70} \times 1.25$
= 0.44kW

46 관성충돌계수(효과)를 크게 하기 위한 입자배출원의 특성 또는 운전조건으로 틀린 것은 어느 것인가?

㉮ 액적의 직경이 커야 한다.
㉯ 먼지의 밀도가 커야 한다.
㉰ 처리가스와 액적의 상대속도가 커야 한다.
㉱ 처리가스의 점도가 낮아야 한다.

풀이 ㉮ 액적의 직경이 작아야 한다.

answer 42 ㉱ 43 ㉯ 44 ㉯ 45 ㉰ 46 ㉮

47 충전탑(packed tower) 내 충전물이 갖추어야 할 조건으로 틀린 것은 어느 것인가?

㉮ 단위체적당 넓은 표면적을 가질 것
㉯ 압력손실이 작을 것
㉰ 충전밀도가 작을 것
㉱ 공극률이 클 것

풀이 ㉰ 충전밀도가 클 것

48 여과집진장치에서 먼지부하가 444g/m²에 도달하면 먼지를 털어준다고 한다. 만일 입구 먼지농도가 20g/m³, 여과속도를 0.6m/s로 가동할 경우 털어주는 주기(초)는 얼마인가? (단, 집진효율은 95%이다.)

㉮ 35초 ㉯ 37초
㉰ 39초 ㉱ 44초

풀이 $L_d = C_i \times V_f \times t \times \eta$

L_d : 먼지부하(g/m²)
C_i : 입구의 먼지농도(g/m³)
V_f : 여과속도(m/sec)
t : 탈락시간(sec)
η : 집진효율

따라서 444g/m² = 20g/m³ × 0.6m/sec × t × 0.95
∴ t = 38.95sec ≒ 39sec

49 처리가스량 1×10^6 Sm³/h, 집진장치 입구의 먼지농도 2g/Sm³, 출구의 먼지농도 0.3g/Sm³, 집진장치의 압력손실을 72mmH₂O로 했을 경우, Blower의 소요동력(kW)은 얼마인가? (단, Blower의 효율은 80%이다.)

㉮ 425kW ㉯ 375kW
㉰ 245kW ㉱ 187kW

풀이 동력(kW) = $\dfrac{P_s \times Q}{102 \times \eta}$

P_s : 압력손실(mmH₂O)
Q : 처리가스량(Sm³/sec)
η : 효율

$kW = \dfrac{72mmH_2O \times 1 \times 10^6 Sm^3/hr \times 1hr/3,600sec}{102 \times 0.80}$

= 245.10kW

50 송풍기 회전판 회전에 의하여 집진장치에 공급되는 세정액이 미립자로 만들어져 집진하는 원리를 가진 회전식 세정집진장치에서 직경이 10cm인 회전판이 9,620rpm으로 회전할 때 형성되는 물방울의 직경(μm)은 얼마인가?

㉮ 93μm ㉯ 104μm
㉰ 208μm ㉱ 316μm

풀이 $dw = \dfrac{200}{N \times \sqrt{R}} \times 10^4$

dw : 물방울 직경(μm)
N : 회전수(rpm = 회/min)
R : 반경(cm)

따라서 $dw = \dfrac{200}{9,620rpm \times \sqrt{5cm}} \times 10^4 = 92.98μm$

answer 47 ㉰ 48 ㉰ 49 ㉰ 50 ㉮

51 중력식 집진장치의 집진율 향상조건에 대한 내용으로 틀린 것은 어느 것인가?

㉮ 침강실 내 처리가스의 속도가 작을수록 미립자가 채취된다.
㉯ 침강실 입구폭이 클수록 유속이 느려지며 미세한 입자가 채취된다.
㉰ 다단일 경우에는 단수가 증가할수록 집진율은 커지나, 압력손실도 증가한다.
㉱ 침강실의 높이가 낮고, 중력장의 길이가 짧을수록 집진율은 높아진다.

풀이 ㉱ 침강실의 높이가 낮고, 중력장의 길이가 길수록 집진율은 높아진다.

52 외부식 후드의 특성으로 틀린 것은 어느 것인가?

㉮ 다른 종류의 후드에 비해 근로자가 방해를 많이 받지 않고 작업할 수 있다.
㉯ 포위식 후드보다 일반적으로 필요 송풍량이 많다.
㉰ 외부 난기류의 영향으로 흡입효과가 떨어진다.
㉱ 천개형 후드, 그라인더용 후드 등이 여기에 해당하며, 기류속도가 후드 주변에서 매우 느리다.

풀이 ㉱ 슬롯형 후드, 측방형 후드, 하방형 후드가 여기에 해당하며, 기류속도가 후드 주변에서 매우 빠르다.

53 다음 중 직물여과기(Fabric Filter)의 여과직물을 청소하는 방법으로 틀린 것은 어느 것인가?

㉮ 임펙트 제트형   ㉯ 진동형
㉰ 역기류형   ㉱ 펄스 제트형

풀이 직물여과기의 여과직물을 청소하는 방법으로는 진동형(기계적 진동), 역기류형(공기역류), 펄스 제트형(충격 제트기류분사형)이 있다.

54 암모니아의 농도가 용적비로 200ppm인 실내공기를 송풍기로 환기시킬 때 실내용적이 4,000m³이고, 송풍량이 100m³/min이면 농도를 20ppm으로 감소시키기 위한 시간(분)은 얼마인가?

㉮ 82분   ㉯ 92분
㉰ 102분   ㉱ 112분

풀이 ① $k = \dfrac{송풍량(m^3/min)}{실내용적(m^3)} = \dfrac{100m^3/min}{4,000m^3}$
 $= 0.025/min$

② 1차반응식 : $\ln \dfrac{C_t}{C_o} = -k \times t$

$\ln \dfrac{20ppm}{200ppm} = -0.025/min \times t$

∴ $t = 92.10 min$

answer 51 ㉱ 52 ㉱ 53 ㉮ 54 ㉯

55 원심력 집진장치 중 분리계수(separation factor, S)에 관한 내용으로 틀린 것은 어느 것인가?

㉮ 분리계수는 중력가속도에 반비례한다.
㉯ 분리계수는 입자에 작용되는 원심력과 중력과의 관계이다.
㉰ 사이클론 원추하부의 반경이 클수록 분리계수는 커진다.
㉱ 원심력이 클수록 분리계수는 커지며 집진율도 증가한다.

풀이 ㉰ 사이클론 원추하부의 반경이 클수록 분리계수는 작아진다.

TIP

$$분리계수(S) = \frac{원심력의\ 분리속도}{중력의\ 침강속도} = \frac{V^2}{Rg}$$

56 다음은 물리흡착과 화학흡착의 비교표이다. 틀린 것은 어느 것인가?

구분	물리흡착	화학흡착
① 온도 범위	낮은 온도	대체로 높은 온도
② 흡착층	단일 분자층	여러 층이 가능
③ 가역 정도	가역성이 높음	가역성이 낮음
④ 흡착열	낮음	높음 (반응열 정도)

㉮ ①   ㉯ ②
㉰ ③   ㉱ ④

풀이 흡착층
① 물리적 흡착의 흡착층 : 여러 층이 가능
② 화학적 흡착의 흡착층 : 단일 분자층

57 전기집진장치의 각종 장해현상에 따른 대책으로 틀린 것은 어느 것인가?

㉮ 먼지의 비저항이 낮아 재비산 현상이 발생한 경우 baffle을 설치한다.
㉯ 배출가스의 점성이 커서 역전리 현상이 발생한 경우 집진극의 타격을 강하게 하거나 빈도수를 늘린다.
㉰ 먼지의 비저항이 비정상적으로 높아 2차 전류가 현저하게 떨어질 경우 스파크 횟수를 줄인다.
㉱ 먼지의 비저항이 비정상적으로 높아 2차 전류가 현저하게 떨어질 경우 조습용 스프레이의 수량을 늘린다.

풀이 ㉰ 먼지의 비저항이 비정상적으로 높아 2차 전류가 현저하게 떨어질 경우 스파크 횟수를 늘린다.

58 다음에서 설명하는 산업용 여과재로 알맞은 것은 어느 것인가?

- 최대허용온도가 약 80℃
- 내산성은 나쁨, 내알칼리성은 (약간)양호

㉮ Cotton   ㉯ Teflon
㉰ Orlon   ㉱ Glass fiber

풀이 ㉮ Cotton(목면)에 대한 설명이다.

answer 55 ㉰   56 ㉯   57 ㉰   58 ㉮

59 특정대기오염물질에 의한 사고가 발생하였을 때 취할 수 있는 조치로 틀린 것은 어느 것인가?

㉮ HCN, PH_3, $COCl_2$ 등 맹독성 가스에 대해서는 위험표시와 출입금지 표시를 설치한다.
㉯ 용해도가 큰 클로로슬폰산(HSO_3Cl)은 보통 많은 양의 물을 사용하여 희석한다.
㉰ Cl_2의 흡수제로는 소석회 이외에 차아염소산소다 220, 탄산소다 175, 물 100 정도의 비율로 섞은 것을 사용한다.
㉱ 상온에서는 액상인 물질이나 비점이 상온에 가까운 물질의 증기는 활성탄으로 흡착하는 방법도 효과적이다.

풀이 ㉯ 클로로슬폰산(HSO_3Cl)은 물과 접촉되면 기화속도가 빨라지므로 물과 접촉해서는 안된다.

60 A 집진장치의 입구와 출구에서의 함진가스 농도가 각각 $10g/Sm^3$, $100mg/Sm^3$이고, 그 중 입경범위가 0~5μm인 먼지의 질량분율이 각각 8%와 60%일 때, 이 집진장치에서 입경범위 0~5μm인 먼지의 부분집진율(%)은 얼마인가?

㉮ 89.5% ㉯ 90.3%
㉰ 92.5% ㉱ 99.0%

풀이 부분집진율(%) = $\left(1 - \dfrac{C_o \times f_o}{C_i \times f_i}\right) \times 100$

$\begin{bmatrix} C_i : 입구의\ 먼지농도(g/Sm^3) \\ C_o : 출구의\ 먼지농도(g/Sm^3) \\ f_i : 입구의\ 질량분율 \\ f_o : 출구의\ 질량분율 \end{bmatrix}$

따라서
부분집진율(%) = $\left(1 - \dfrac{0.1g/Sm^3 \times 0.60}{10g/Sm^3 \times 0.08}\right) \times 100$
= 92.50%

| 제4과목 | 대기오염공정시험기준

61 굴뚝 배출가스 중 산소를 전기화학식으로 측정하는 방법에 대한 설명으로 틀린 것은?

㉮ 산소의 전기화학적 산화환원 반응을 이용하여 산소농도를 연속적으로 측정한다.
㉯ 질코니아방식은 고온에서 산소와 반응하는 가연성가스(일산화탄소, 메테인 등)의 영향을 무시할 수 있는 경우에 적용할 수 있다.
㉰ 측정범위는 0% ~ 5.0% 이하로 한다.
㉱ 전극방식은 산화환원반응을 일으키는 가스(SO_2, CO_2 등)의 영향을 무시할 수 있는경우에 적용할 수 있다.

풀이 ㉰ 측정범위는 0% ~ 25.0% 이하로 한다.

62 0.25N의 수산화소듐 용액 200mL를 만들려고 한다. 필요한 수산화소듐의 양(g)은 얼마인가?

㉮ 2g ㉯ 4g
㉰ 6g ㉱ 8g

풀이 N농도 = $\dfrac{질량(g)}{부피(L)} \times \dfrac{1eq}{1당량g}$

0.25N = $\dfrac{질량(g)}{0.2L} \times \dfrac{1eq}{40g}$

∴ 질량 = 2.0g

answer 59 ㉯　60 ㉰　61 ㉰　62 ㉮

63 배출가스 중 비소화합물의 분석방법인 수소화물생성 원자흡수분광광도법에 대한 내용으로 틀린 것은?

㉮ 시료용액 중의 비소를 수소화비소로 하여 아르곤-수소 불꽃 중에 도입하고 비소에 의한 원자흡수를 파장 228.8nm에서 측정하여 비소를 정량한다.

㉯ 정량범위는 0.003ppm 이상 (시료용액 250mL, 건조시료가스량 1 Sm^3인 경우)이다.

㉰ 방법검출한계는 0.001ppm이며, 정밀도는 10% 이하이다.

㉱ 비소화합물 중 일부는 휘발성이 있어 채취 시료를 전처리하는 동안 비소의 손실 가능성이 있으므로 주의하여야 한다.

풀이 ㉮ 시료용액 중의 비소를 수소화비소로 하여 아르곤-수소 불꽃 중에 도입하고 비소에 의한 원자흡수를 파장 193.7nm에서 측정하여 비소를 정량한다.

64 굴뚝이나 덕트 내를 흐르는 가스의 유속 및 유량 측정에 사용되는 기구 및 장치 등에 대한 내용으로 틀린 것은 어느 것인가?

㉮ 피토우관은 스테인리스와 같은 재질의 금속관을 사용하며, 관의 바깥지름의 범위는 20~50mm 정도이어야 한다.

㉯ 피토우관의 각 분기관 사이의 거리는 같아야 하며, 각 분기관과 오리피스 평면과의 거리는 바깥지름의 1.05~1.50배 사이에 있어야 한다.

㉰ 차압계는 경사마노미터, 전자마노미터 등을 사용하여 굴뚝배출가스의 차압을 측정할 수 있도록 하며, 최소 0.3mmH_2O 눈금을 읽을 수 있는 마노미터를 사용한다.

㉱ 기압계는 2.54mmHg(34.54mmH_2O) 이내에서 대기압력을 측정할 수 있는 수은, 아네로이드(aneroid) 등 기압계로 1회/년 이상 교정검사를 한 것을 사용한다.

풀이 ㉮ 피토우관은 스테인리스와 같은 재질의 금속관을 사용하며, 관의 바깥지름의 범위는 4~10mm 정도이어야 한다.

65 굴뚝 배출가스 중 먼지의 농도를 측정하고자 한다. 굴뚝 단면적(m^2)이 1 초과 4 이하인 사각형 굴뚝단면인 경우 측정점수 산정을 위해 구분된 1변의 길이 L(m) 기준으로 가장 알맞은 것은 어느 것인가?

㉮ L ≦ 0.1   ㉯ L ≦ 0.5
㉰ L ≦ 0.667   ㉱ L ≦ 1

풀이 굴뚝면적(m^2)에 따른 구분된 1변의 길이(L)(m)
① 1m^2 이하 : L ≦ 0.5
② 1m^2 초과 4m^2 이하 : L ≦ 0.667
③ 4m^2 초과 20m^2 이하 : L ≦ 1

answer 63 ㉮   64 ㉮   65 ㉰

66 다음은 폐기물 소각로 등에서 배출되는 가스 중 가스상 및 입자상의 폴리클로리네이티드 디벤조 파라다이옥신 및 폴리클로리네이티드 디벤조퓨란류의 분석방법 중 원통형 여지 준비에 대한 내용이다. ( ) 안에 알맞은 것은?

> 원통형 여지는 대기오염공정시험기준에서 규정하고 있는 원통형 여지 중 유리섬유 재질의 것을 사용한다. 사용에 앞서 ( ), 아세톤 및 톨루엔으로 각각 30분간 초음파 세정을 한 다음 진공건조 시킨다.

㉮ 550℃에서 충분하게 작열시킨 후
㉯ 650℃에서 2시간 작열시킨 후
㉰ 750℃에서 충분하게 작열시킨 후
㉱ 850℃에서 2시간 작열시킨 후

67 대기오염공정시험기준상 소각로, 보일러 등 연소시설의 굴뚝 등에서 배출되는 배출가스 중에 포함되어 있는 폼알데하이드 및 알데하이드류의 분석방법으로 틀린 것은 어느 것인가?

㉮ 크로모트로핀산(Chromotropic Acid)법
㉯ 고성능액체크로마토그래피법(HPLC)
㉰ 아세틸 아세톤(Acetyl Acetone)법
㉱ 기체크로마토그래피법(GC법)

▶풀이 폼알데하이드 및 알데하이드류의 분석방법에는 고성능액체크로마토그래피, 자외선/가시선분광법 - 크로모트로핀산법, 자외선/가시선분광법 - 아세틸아세톤법이 있다.

68 다음은 환경대기 중 아황산가스를 파라로자닐린법으로 측정하고자 할 때 흡광광도계에 대한 내용이다. ( ) 안에 알맞은 것은?

> 흡광광도계는 (①)에서 흡광도를 측정할 수 있어야 하고, 측정에 사용되는 스펙트럼폭은 (②)이어야 한다. 스펙트럼밴드폭이 이보다 넓으면 바탕시험에 지장이 온다. 또한 흡광광도계의 파장은 교정되어 있어야 한다.

㉮ ① 460nm, ② 10nm
㉯ ① 460nm, ② 15nm
㉰ ① 548nm, ② 10nm
㉱ ① 548nm, ② 15nm

69 배출가스 중 폼알데하이드 및 알데하이드류를 자외선/가시선분광법 – 크로모트로핀산법으로 분석할 때 사용하는 흡수액은?

㉮ 아황산수소소듐 용액
㉯ 수산화소듐 용액
㉰ 다이에틸아민구리 용액
㉱ 아연아민착염 용액

▶풀이 폼알데하이드 및 알데하이드류를 자외선/가시선분광법 - 크로모트로핀산법으로 분석할 때 사용하는 흡수액은 아황산수소소듐 용액(10g/L)이다.

answer 66 ㉱ 67 ㉱ 68 ㉱ 69 ㉮

70 대기환경 중에 존재하는 휘발성유기화합물(VOCs) 중 오존생성 전구물질과 유해대기오염물질의 농도를 측정하기 위한 시험방법으로 틀린 것은 어느 것인가?

㉮ 고체흡착열탈착법
㉯ 고체증기흡수분무법
㉰ 고체흡착용매추출법
㉱ 자동연속열탈착분석법

풀이 분석방법으로는 고체흡착열탈착법(주시험방법), 고체흡착용매추출법, 자동연속열탈착 분석법(주시험방법)이 있다.

71 A굴뚝에서 배출가스의 유속을 측정하기 위하여 피토우관에 비중이 0.85인 붉게 착색된 톨루엔을 넣은 경사마노미터를 연결하여 다음과 같은 결과를 얻었다. 이 경우 배출가스의 유속(m/sec)은 얼마인가?

- 배출가스의 온도 : 180℃
- 피토우관 계수 : 0.86
- 경사마노미터를 이용한 확대율 : 10배
- 경사마노미터의 액주수치 : 60mm
- 굴뚝 내의 배출가스 밀도 : 0.8kg/m³

㉮ 6.5m/s ㉯ 7.8m/s
㉰ 8.2m/s ㉱ 9.6m/s

풀이 ① 동압(h)
= 액주거리(mm)×톨루엔 비중×$\frac{1}{확대율}$
= 60mm×0.85×$\frac{1}{10}$ = 5.1mmH₂O

② $V = C \times \sqrt{\frac{2gh}{r}}$

$= 0.86 \times \sqrt{\frac{2 \times 9.8\text{m/sec}^2 \times 5.1\text{mmH}_2\text{O}}{0.8\text{kg/m}^3}}$

= 9.61m/sec

72 다음 중 환경대기내 아황산가스 농도 측정을 위한 주시험방법은?

㉮ 불꽃광도법   ㉯ 용액전도율법
㉰ 자외선형광법 ㉱ 파라로자닐린법

풀이 환경대기내 아황산가스 농도 측정을 위한 주시험방법은 자동연속측정법 중 자외선형광법이다.

73 굴뚝 배출가스 내의 질소산화물 분석방법 중 아연환원 나프틸에틸렌다이아민법에 대한 내용으로 틀린 것은 어느 것인가?

㉮ 시료 중 질소산화물을 오존 존재하에서 물에 흡수시켜 질산이온으로 만든다.
㉯ 질산이온을 분말금속아연을 사용하여 아질산이온으로 환원시킨다.
㉰ 시료 중 질소산화물 농도의 정량범위는 (6.7~230)ppm이다.
㉱ 1,000V/Vppm 이상의 이산화황, 염화이온, 암모늄이온의 공존에 방해를 받는다.

풀이 ㉱ 2,000V/Vppm 이하의 이산화황는 방해하지 않고 염화이온 및 암모늄이온의 공존도 방해하지 않는다.

answer 70 ㉯ 71 ㉱ 72 ㉰ 73 ㉱

74 굴뚝 배출가스 중의 먼지를 연속적으로 자동측정하는 광산란적분법의 4가지 장치구성부로 틀린 것은 어느 것인가?

㉮ 앰프부   ㉯ 검출부
㉰ 농도지시부   ㉱ 수신부

풀이 광산란적분법의 장치구성부는 시료채취부, 검출부, 앰프부, 수신부로 구성되어 있다.

75 다음 기체크로마토그래피 분석에 사용되는 검출기 중 금속필라멘트 또는 전기저항체를 검출소자로 하여 금속판 안에 들어 있는 본체와 여기에 안정된 직류전기를 공급하는 전원회로, 전류조절부, 신호검출 전기회로, 신호 감쇄부 등으로 구성되어 있는 검출기는 어느 것인가?

㉮ 전자포획형 검출기(ECD)
㉯ 열전도도 검출기(TCD)
㉰ 불꽃 이온화 검출기(FID)
㉱ 불꽃광도 검출기(FPD)

풀이 ㉯ 열전도도 검출기(TCD)에 대한 설명이다.

76 원자흡수분광광도법에서 사용하는 용어의 정의로 틀린 것은 어느 것인가?

㉮ 선프로파일 : 파장에 대한 스펙트럼선의 강도를 나타내는 곡선
㉯ 예복합 버너 : 가연성 가스, 조연성 가스 및 시료를 분무실에서 혼합시켜 불꽃 중에 넣어주는 방식의 버너
㉰ 분무실 : 분무기와 병용하여 분무된 시료용액의 미립자를 더욱 미세하게 해주는 한편 큰 입자와 분리시키는 작용을 갖는 장치
㉱ 공명선 : 목적하는 스펙트럼선에 가까운 파장을 갖는 다른 스펙트럼선

풀이 ㉱ 공명선 : 원자가 외부로부터 빛을 흡수했다가 다시 먼저 상태로 돌아갈 때 방사하는 스펙트럼선

77 비중이 1.88, 농도 97%(질량 %)인 농황산(H_2SO_4)의 규정농도(N)는 얼마인가?

㉮ 18.6N   ㉯ 24.9N
㉰ 37.2N   ㉱ 49.8N

풀이
$$N \text{농도} = \frac{\text{비중(g)}}{\text{(mL)}} \times \frac{10^3 \text{mL}}{1\text{L}} \times \frac{1\text{eq}}{\text{분자량(g)/가수}} \times \frac{\%}{100}$$
$$= \frac{1.88\text{g}}{\text{mL}} \times \frac{10^3\text{mL}}{1\text{L}} \times \frac{1\text{eq}}{98\text{g}/2} \times \frac{97\%}{100}$$
$$= 37.22\text{N}$$

answer 74 ㉰   75 ㉯   76 ㉱   77 ㉰

78 다음은 화학분석 일반사항에 대한 규정이다. 틀린 것은 어느 것인가?

㉮ "약"이란 그 무게 또는 부피에 대하여 ±10% 이상의 차가 있어서는 안된다.
㉯ 방울수라 함은 10℃에서 정제수 10방울을 떨어뜨릴 때 그 부피가 약 1mL 되는 것을 뜻한다.
㉰ 밀봉용기라 함은 물질을 취급 또는 보관하는 동안에 기체 또는 미생물이 침입하지 않도록 내용물을 보호하는 용기를 뜻한다.
㉱ 냉수는 15℃ 이하, 온수는 60~70℃, 열수는 약 100℃를 말한다.

풀이 ㉯ 방울수라 함은 20℃에서 정제수 20방울을 떨어뜨릴 때 그 부피가 약 1mL되는 것을 뜻한다.

79 배출가스 중 금속화합물을 유도결합플라스마/원자발광분광법으로 분석할 때 각 금속별 측정파장(nm)과 정량범위(mg/Sm^3)로 틀린 것은?

㉮ Cd : 226.50, 0.005 이상
㉯ Pb : 220.35, 0.025 이상
㉰ Cu : 313.04, 0.025 이상
㉱ Zn : 213.86, 0.050 이상

풀이 ㉰ Cu의 측정파장은 324.75nm, 정량범위는 0.050 mg/Sm^3 이상이다.

80 배출가스 중 금속화합물을 분석하기 위해 채취한 시료가 다량의 유기물 유리탄소를 함유할 때 시료의 처리방법으로 알맞은 것은 어느 것인가?

㉮ 질산-염산법
㉯ 질산-과산화수소법
㉰ 질산법
㉱ 저온회화법

풀이 ㉱ 저온회화법에 대한 설명이다.

answer 78 ㉯ 79 ㉰ 80 ㉱

2015 4회 기출문제

| 제1과목 | 대기환경관리

01 다음 중 다이옥신에 대한 내용으로 틀린 것은 어느 것인가?

㉮ 가장 유독한 다이옥신은 2,3,7,8-tetrachlorodibenzo-p-dioxin으로 알려져 있다.
㉯ PCDF계는 75개, PCDD계는 135개의 동족체가 존재한다.
㉰ 벤젠 등에 용해되는 지용성으로서 열적 안정성이 좋다.
㉱ 유기성 고체물질로서 용출실험에 의해서도 거의 추출되지 않는 특징을 가지고 있다.

풀이 ㉯ PCDF계는 135개, PCDD계는 75개의 이성질체가 존재한다.

02 최대 혼합고도를 400m로 예상하여 오염농도를 4ppm으로 추정하였는데 실제 관측된 최대 혼합고도는 250m였다. 실제 나타날 오염농도(ppm)는 약 얼마인가?

㉮ 9ppm ㉯ 16ppm
㉰ 32ppm ㉱ 64ppm

풀이 실제오염농도(ppm)
$= 예상오염농도(ppm) \times \left\{\dfrac{예상최대혼합고}{실제최대혼합고}\right\}^3$
$= 4\text{ppm} \times \left(\dfrac{400\text{m}}{250\text{m}}\right)^3 = 16.38\text{ppm}$

03 다음 특정물질 중 오존 파괴지수가 가장 큰 물질은 어느 것인가?

㉮ Halon-1211 ㉯ Halon-1301
㉰ CCl_4 ㉱ HCFC-22

풀이 오존층 파괴지수
㉮ Halon-1211 : 3.0
㉯ Halon-1301 : 10.0
㉰ CCl_4 : 1.1
㉱ HCFC-22 : 0.055

04 다음 중 온실효과(Green House Effect)에 대한 내용으로 틀린 것은 어느 것인가?

㉮ 온실효과에 대한 기여도는 $CO_2 > CH_4$이다.
㉯ 온실가스들은 각각 적외선 흡수대가 있으며, O_3의 주요흡수대는 파장 13~17μm 정도이다.
㉰ 온실가스들은 각각 적외선 흡수대가 있으며, CH_4와 N_2O의 주요흡수대는 파장 7~8μm 정도이다.
㉱ 교토의정서는 기후변화협약에 따른 온실가스 감축과 관련한 국제협약이다.

풀이 ㉯ 온실가스들은 각각 적외선 흡수대가 있으며, O_3의 주요 흡수대는 파장 9~10μm 정도이다.

answer 01 ㉯ 02 ㉯ 03 ㉯ 04 ㉯

05 다음 중 폼알데하이드의 배출과 가장 관련이 깊은 업종은 어느 것인가?

㉮ 피혁, 합성수지, 포르마린 제조
㉯ 비료, 표백, 색소 제조
㉰ 고무가공, 청산, 석면 제조
㉱ 석유정제, 석탄건류, 가스공업

풀이 폼알데하이드 배출공업은 피혁, 합성수지, 포르마린 제조이다.

06 다음은 역사적인 대기오염 사건을 나열한 것이다. 먼저 발생한 사건부터 알맞게 나열된 것은 어느 것인가?

㉮ 포자리카사건 - 도쿄 요코하마사건 - LA스모그사건 - 런던스모그사건
㉯ 도쿄 요코하마사건 - 포자리카사건 - 런던스모그사건 - LA스모그사건
㉰ 포자리카사건 - 도쿄 요코하마사건 - 런던스모그사건 - LA스모그사건
㉱ 도쿄 요코하마사건 - 포자리카사건 - LA스모그사건 - 런던스모그사건

풀이 도쿄 요코하마사건(1946년) - 포자리카사건(1950년) - 런던스모그사건(1952년) - LA 스모그사건(1954년) 순이다.

07 지표높이 5m에서의 풍속이 4m/s일 때 상공의 풍속이 6m/s가 되는 위치의 높이(m)는 얼마인가? (단, 풍속지수는 0.28, Deacon법칙을 적용하시오.)

㉮ 약 15m   ㉯ 약 21m
㉰ 약 33m   ㉱ 약 43m

풀이
$$u_2 = u_1 \times \left(\frac{H_2}{H_1}\right)^P$$
$$6m/sec = 4m/sec \times \left(\frac{H_2}{5m}\right)^{0.28}$$
$$\therefore H_2 = 5m \times \left(\frac{6m/sec}{4m/sec}\right)^{\frac{1}{0.28}} = 21.28m$$

08 다음 대기오염물질과 관련되는 업종으로 틀린 것은 어느 것인가?

㉮ 비소 - 화학공업, 유리공업, 과수원의 농약 분무작업 등
㉯ 크로뮴 - 화학비료공업, 염색공업, 시멘트제조업, 크로뮴도금업, 피혁제조업 등
㉰ 시안화수소 - 피혁공장, 합성수지공장, 포르말린제조업 등
㉱ 질소산화물 - 내연기관, 폭약, 필름제조업, 비료 등

풀이 ㉰ 시안화수소 : 청산제조공업, 제철공업, 화학공업, 가스공업

09 서울을 비롯한 대도시 지역에서 1990년부터 2000년까지 10년 동안 다른 오염물질에 비해 오염 농도가 크게 감소하지 않은 대기오염물질은 어느 것인가?

㉮ 일산화탄소(CO)
㉯ 납(Pb)
㉰ 아황산가스(SO_2)
㉱ 이산화질소(NO_2)

풀이 자동차에서 배출되는 이산화질소(NO_2)이다.

answer   05 ㉮   06 ㉯   07 ㉯   08 ㉰   09 ㉱

10 바람장미에 대한 내용으로 틀린 것은 어느 것인가?

㉮ 대기오염물질의 이동방향은 주풍(主風)과 같은 방향이며, 풍속은 막대 날개의 길이로 표시한다.
㉯ 방향량(vector)은 관측된 풍향별 회수를 백분율로 나타낸 값이다.
㉰ 주풍은 가장 빈번히 관측된 풍향을 말하며, 막대의 길이를 가장 길게 표시한다.
㉱ 풍속이 0.2m/s 이하일 때를 정온(calm) 상태로 본다.

풀이 ㉮ 대기오염물질의 이동방향은 주풍(主風)과 같은 방향이며, 풍속은 막대기의 굵기로 표시한다.

11 대기오염물질이 금속구조물에 미치는 영향에 대한 내용으로 틀린 것은 어느 것인가?

㉮ 철은 대기오염물질의 농도, 습도와 온도가 높을수록 부식속도는 빠르시만 일정한 시간이 흐르면 보호막이 생김으로써 부식속도는 떨어진다.
㉯ 니켈은 촉매역할을 하여 대기 중 SO_3를 SO_2로 환원시키며, 황산박층을 만든 후 아황산니켈이 된다.
㉰ 아연은 SO_2와 수증기가 공존할 때 표면에 피막을 형성해서 보호막 역할을 한다.
㉱ 알루미늄은 산화되어 Al_2O_3를 표면에 형성하여 대기오염을 방지하는 보호막 역할을 한다.

풀이 ㉯ 니켈은 촉매역할을 하여 대기 중 SO_2를 SO_3로 산화시키며, 황산박층을 만든 후 아황산니켈이 된다.

12 내경이 2m인 굴뚝에서 온도 440K의 연기가 6m/s의 속도로 분출되며 분출지점에서의 주변 풍속은 4m/s이다. 대기의 온도가 300K, 중립조건일 때 연기의 상승 높이($\triangle h$)는 얼마인가? (단, $\triangle h = \dfrac{114CF^{\frac{1}{3}}}{U}$ 이용, C = 1.58, F = 부력매개변수)

㉮ 약 136m   ㉯ 약 166m
㉰ 약 181m   ㉱ 약 195m

풀이
① $F = g \times \left(\dfrac{D}{2}\right)^2 \times V_s \times \left(\dfrac{T_s - T_a}{T_a}\right)$ (m⁴/sec³)

$= 9.8\text{m/sec}^2 \times \left(\dfrac{2\text{m}}{2}\right)^2 \times 6\text{m/sec} \times \left(\dfrac{440K - 300K}{300K}\right)$

$= 27.44\text{m}^4/\text{sec}^3$

② $\triangle h = \dfrac{114 \times C \times F^{1/3}}{u}$

$= \dfrac{114 \times 1.58 \times (27.44\text{m}^4/\text{sec}^3)^{\frac{1}{3}}}{4\text{m/sec}}$

$= 135.82\text{m}$

13 다음 악취물질의 공기 중 최소감지농도(ppm)가 가장 낮은 물질은 어느 것인가?

㉮ 암모니아   ㉯ 황화수소
㉰ 아세톤   ㉱ 염화메틸렌

answer 10 ㉮ 11 ㉯ 12 ㉮ 13 ㉯

14 Gaussian 연기 확산 모델에 대한 내용으로 틀린 것은 어느 것인가?

㉮ 장·단기적인 대기오염도 예측에 사용이 용이하다.
㉯ 간단한 화학반응을 묘사할 수 있다.
㉰ 선오염원에서 풍하 방향으로 확산되어가는 plume이 정규분포를 한다고 가정한다.
㉱ 주로 평탄지역에 적용이 가능하도록 개발되어 왔으나 최근 복잡지형에도 적용이 가능토록 개발되고 있다.

▶풀이 ㉰ 면오염원에서 풍하 방향으로 확산되어가는 plume이 정규분포를 한다고 가정한다.

15 바람에 관여하는 힘으로 틀린 것은 어느 것인가?

㉮ Centrifugal force
㉯ Friction force
㉰ Coriolis force
㉱ Electronic force

▶풀이 바람에 관여하는 힘으로는 Centrifugal force(원심력), Friction force(마찰력), Coriolis force(전향력)이다.

16 지표에 도달하는 일사량의 변화에 영향을 주는 요소로 틀린 것은 어느 것인가?

㉮ 태양광의 입사각 변화
㉯ 계절
㉰ 대기의 두께
㉱ 지표면의 상태

▶풀이 지표에 도달하는 일사량의 변화에 영향을 주는 요소로는 태양광의 입사각 변화, 계절, 대기의 두께 등이다.

17 수용모델의 분석법에 대한 내용으로 틀린 것은 어느 것인가?

㉮ 광학현미경법으로는 입경이 $0.01\mu m$보다 큰 입자만을 대상으로 먼지의 형상, 모양 및 색깔별로 오염원을 구별할 수 있고, 미숙련 경험자도 쉽게 분석가능하다.
㉯ 전자주사현미경은 광학현미경보다 작은 입자를 측정할 수 있고, 정성적으로 먼지의 오염원을 확인할 수 있다.
㉰ 시계열분석법은 대기오염 제어의 기능을 평가하고 특정 오염원의 경향을 추적할 수 있으며, 타 방법을 통해 제시된 오염원을 확인하는데 매우 유용한 정성적 분석법이다.
㉱ 공간계열법은 시료채취기간 중 오염배출속도 및 기상학 등에 크게 의존하여 분산모델과 큰 연관성을 갖는다.

▶풀이 ㉮ 광학현미경법으로는 입경이 $1\mu m$보다 큰 입자만을 대상으로 먼지의 형상, 모양 및 색깔별로 오염원을 구별할 수 있고, 미숙련 경험자는 분석이 어렵다.

18 성층권의 오존층 파괴의 원인물질인 CFC 화합물 중 CFC-12의 화학식으로 알맞은 것은 어느 것인가?

㉮ CF_2Cl_2
㉯ $CHFCl_2$
㉰ $CFCl_3$
㉱ CHF_2Cl

▶풀이 CFC-12의 화학식은 CF_2Cl_2이다.

answer 14 ㉰ 15 ㉱ 16 ㉱ 17 ㉮ 18 ㉮

19 굴뚝 높이 상하층에서 각각 침강역전과 복사역전이 동시에 발생되는 경우의 연기형태는 어느 것인가?

㉮ looping ㉯ coning
㉰ fumigation ㉱ trapping

풀이 ㉱ trapping(구속형)에 대한 설명이다.

20 자동차에서 배출되는 대기오염물질 중 크랭크케이스에서 blow by 가스로 배출되어 문제가 되는 물질은 어느 것인가?

㉮ 질소산화물 ㉯ 탄화수소
㉰ 일산화탄소 ㉱ 납

풀이 크랭크케이스에서 배출되는 blow by 가스의 주성분은 탄화수소(HC)이며, 휘발유 자동차에서 배출된다.

| 제2과목 | 연소공학

21 쓰레기 이송방식에 따른 각 화격자에 대한 내용으로 틀린 것은 어느 것인가?

㉮ 부채형 반전식 화격자는 교반력이 커서 저질쓰레기의 소각에 적당하다.
㉯ 역동식 화격자는 쓰레기 교반 및 연소조건이 양호하고 소각효율이 높으나 화격자의 마모가 많다.
㉰ 이상식 화격자는 건조, 연소, 후연소의 각 화격자를 수평인 일직선상으로 배치한 것으로서 내구성과 이송효율은 좋으나 혼합률은 낮다.
㉱ 병렬 요동식 화격자는 비교적 강한 이송력을 갖고 있고, 화격자 눈의 메워짐이 별로 없어 낙진량이 많고 냉각작용이 부족하다.

풀이 ㉰ 이상식 화격자는 건조, 연소, 후연소의 각 화격자를 수직으로 배치하여 내구성과 이송효율 그리고 혼합률이 좋다.

22 C 84%, H 13%, S 2%, N 1%의 중유를 1kg당 14Sm³의 공기로 완전연소시킨 경우 실제습배기가스 중 SO_2는 몇 ppm(용량비)이 되는가? (단, 중유 중의 황은 모두 SO_2가 되는 것으로 가정한다.)

㉮ 약 2,000ppm ㉯ 약 1,800ppm
㉰ 약 1,120ppm ㉱ 약 950ppm

풀이 ① G_w = A+5.6H+0.7O+0.8N+1.244W
  = 14Sm³/kg+5.6×0.13+0.8×0.01
  = 14.7363Sm³/kg

② $SO_2 ppm = \frac{0.7S(Sm^3/kg)}{G_w(Sm^3/kg)} \times 10^6$
  $= \frac{0.7 \times 0.02 Sm^3/kg}{14.7363 Sm^3/kg} \times 10^6 = 950.05 ppm$

23 중유를 시간당 1,000kg씩 연소시키는 배출시설이 있다. 연돌의 단면적이 3m²일 때 배출가스의 유속(m/s)은 얼마인가? (단, 이 중유의 표준상태에서의 원소 조성 및 배출가스의 분석치는 아래표와 같고, 배출가스의 온도는 270℃이다.)

[중유의 조성]
탄소 : 86.0%, 수소 : 13.0%, 황분 : 1.0%
[배출가스의 분석결과]
(CO_2)+(SO_2) : 13.0%, O_2 : 2.0%, CO : 0.1%

answer 19 ㉱ 20 ㉯ 21 ㉰ 22 ㉱ 23 ㉮

㉮ 약 2.4m/s ㉯ 약 3.2m/s
㉰ 약 3.6m/s ㉱ 약 4.4m/s

풀이
① 공기비(m) = $\dfrac{N_2\%}{N_2\% - 3.76 \times (O_2\% - 0.5CO\%)}$

$N_2(\%) = 100 - (CO_2\% + O_2\% + CO\%)$
$= 100 - (13 + 2 + 0.1)\% = 84.9\%$

따라서

공기비(m) = $\dfrac{84.9\%}{84.9\% - 3.76 \times (2.0\% - 0.5 \times 0.1\%)}$
$= 1.0945$

② 이론공기량(A_o)
$= 8.89C + 26.67\left(H - \dfrac{O}{8}\right) + 3.33S (Sm^3/kg)$
$= 8.89 \times 0.86 + 26.67 \times 0.13 + 3.33 \times 0.01$
$= 11.1458 Sm^3/kg$

③ 실제습연소가스량(G_w)
$= mA_o + 5.6H + 0.7O + 0.8N + 1.244W (Sm^3/kg)$
$= 1.0945 \times 11.1458 Sm^3/kg + 5.6 \times 0.13$
$= 12.927 Sm^3/kg$

④ 가스량(Q)
= 실제습연소가스량(G_w) × 중유량(kg/hr)
$= 12.927 Sm^3/kg \times 1,000 kg/hr \times 1hr/3,600sec$
$= 3.5908 Sm^3/sec$

⑤ 가스량(Q) = 단면적(A) × 유속(v)
$3.5908 Sm^3/sec \times \dfrac{273+270}{273} = 3m^2 \times v(m/sec)$

∴ $v = 2.39 m/sec$

24
1 centi-poise(cp)는 몇 kg/m·sec 인가?

㉮ $\dfrac{1}{1,000}$ ㉯ $\dfrac{1}{100}$
㉰ 100 ㉱ 1,000

풀이
① 1centi-poise = 10^{-2}poise = 10^{-2}g/cm·sec
② 10^{-2}g/cm·sec $\xrightarrow{\times 10^{-1}}$ 10^{-3}kg/m·sec

25
A(g) → 생성물 반응에서 그 반감기가 0.693/k인 반응은 어느 것인가?
(단, k는 속도상수이다.)

㉮ 0차 반응 ㉯ 1차 반응
㉰ 2차 반응 ㉱ n차 반응

풀이 ㉯ 1차 반응에 대한 설명이다.

26
공기비가 클 경우 일어나는 현상으로 틀린 것은 어느 것인가?

㉮ SO_2, NO_2 함량이 증가하여 부식 촉진
㉯ 가스폭발의 위험과 매연 증가
㉰ 배기가스에 의한 열손실 증대
㉱ 연소실 내 연소온도 감소

풀이 ㉯번의 설명은 공기비가 작을 경우 발생하는 현상이다.

27
다음은 어떤 석유대체 연료에 대한 내용인가?

> 케로겐(kerogen)이라 불리우는 유기질 물질이 스며들어 있는 혈암같은 암반을 말하는 것으로, 이 물질은 원래 식물이 수백만년 동안 석유로 토화되어 유기물질에 흡수된 것이다. 이것이 압력을 받아 성층화가 이루어져 이 물질을 만들게 된다.

㉮ 오일셰일(oil shale)
㉯ 타르샌드(tar sand)
㉰ 오일샌드(oil sand)
㉱ 오리멀전(orimulsion)

풀이 ㉮ 오일셰일에 대한 설명이다.

answer 24 ㉮ 25 ㉯ 26 ㉯ 27 ㉮

28 등가비(ϕ)에 대한 내용으로 틀린 것은 어느 것인가?

㉮ 공기비(m) = $\frac{1}{\phi}$ 로 나타낼 수 있다.
㉯ $\phi = 1$은 완전연소 상태라고 할 수 있다.
㉰ $\phi = \frac{(실제의\ 연료량/산화제)}{(완전연소를\ 위한\ 이상적\ 연료량/산화제)}$ 로 나타낼 수 있다.
㉱ $\phi > 1$은 과잉공기 상태로 질소산화물이 증가한다.

▶풀이 ㉱ $\phi > 1$은 연료가 과잉이며, 불완전연소로 CO, HC가 최대이고 NO_X가 최소가 된다.

29 매연발생에 대한 내용으로 틀린 것은 어느 것인가?

㉮ -C-C-의 결합을 절단하기보다는 탈수소가 쉬운 쪽이 매연 발생이 어렵다.
㉯ 연료의 C/H의 비율이 작을수록 매연 발생이 어렵다.
㉰ 탈수소, 중합 및 고리화합물 등과 같이 반응이 일어나기 쉬운 탄화수소일수록 매연이 잘 생긴다.
㉱ 분해하기 쉽거나, 산화하기 쉬운 탄화수소는 매연발생이 적다.

▶풀이 ㉮ -C-C-의 결합을 절단하기보다는 탈수소가 쉬운 쪽이 매연 발생이 쉽다.

30 다음 수식은 무엇을 산출하기 위한 식인가?

$$G = mA_o - 5.6H + 0.7O + 0.8N(Sm^3/kg)$$

㉮ 기체연료의 이론습연소가스량(Sm^3/Sm^3)
㉯ 고체 및 액체연료의 이론습연소가스량 (Sm^3/kg)
㉰ 기체연료의 실제습연소가스량(Sm^3/Sm^3)
㉱ 고체 및 액체연료의 실제건연소가스량 (Sm^3/kg)

31 다음 연료의 조성성분에 따른 연소특성으로 틀린 것은 어느 것인가?

㉮ 휘발분 : 매연발생을 방지한다.
㉯ 수분 : 열손실을 초래하고 착화를 불량하게 한다.
㉰ 고정탄소 : 발열량이 높고 연소성을 좋게 한다.
㉱ 회분 : 발열량이 낮고 연소성이 양호하지 않다.

▶풀이 ㉮ 휘발분 : 매연발생을 증가시킨다.

32 탄소 85%, 수소 15%의 경유 1kg을 공기비 1.2로 연소하는 경우 탄소의 2%가 검댕으로 된다고 하면 실제건연소가스 $1Sm^3$ 중의 검댕의 농도(g/Sm^3)는 얼마인가?

㉮ 약 $1.3g/Sm^3$　㉯ 약 $1.1g/Sm^3$
㉰ 약 $0.8g/Sm^3$　㉱ 약 $0.6g/Sm^3$

▶풀이 ① 이론공기량(A_o)
= $8.89C + 26.67\left(H - \frac{gC}{8}\right) + 3.33S (Sm^3/kg)$
= $8.89 \times 0.85 + 26.67 \times 0.15 = 11.557 Sm^3/kg$

answer　28 ㉱　29 ㉮　30 ㉱　31 ㉮　32 ㉮

② 실제건연소가스량(Gd)
= mA₀-5.6H+0.7O+0.8N(Sm³/kg)
= 1.2×11.557Sm³/kg-5.6×0.15
= 13.0284Sm³/kg
③ 검댕의 농도(g/Sm³)
= $\frac{0.85 \times 0.02 kg/kg}{13.0284 Sm^3/kg} \times 10^3 g/kg$ = 1.30g/Sm³

33. 화학반응속도 및 반응속도상수에 대한 내용으로 틀린 것은 어느 것인가?

㉮ 1차 반응에서 반응속도상수의 단위는 s⁻¹이다.
㉯ 반응물의 농도를 무제한 증가할지라도 반응속도에는 영향을 미치지 않는 반응을 0차 반응이라 한다.
㉰ 화학반응속도론에서 반응속도상수 결정에 활성화에너지가 가장 중요한 영향인자로 작용하며, 넓은 온도범위에 걸쳐 유효하게 적용된다.
㉱ 반응속도상수는 온도에 영향을 받는다.

풀이 ㉰ 화학반응속도론에서 반응속도상수 결정에 가장 중요한 영향인자는 온도와 활성화에너지이다.

34. 아래의 조성을 가진 혼합기체의 하한 연소범위(%)는 얼마인가?

성분	조성(%)	하한연소범위(%)
메탄	80	5.0
에탄	15	3.0
프로판	4	2.1
부탄	1	1.5

㉮ 3.46% ㉯ 4.24%
㉰ 4.55% ㉱ 5.05%

풀이 르샤틀리에 공식
$\frac{100}{L} = \frac{V_1}{L_1} + \frac{V_2}{L_2} + \frac{V_3}{L_3}$

$\frac{100}{L} = \frac{80\%}{5.0\%} + \frac{15\%}{3.0\%} + \frac{4\%}{2.1\%} + \frac{1\%}{1.5\%}$

∴ L = 4.24%

35. 3.0%의 황을 함유하는 중유를 매시 2,000kg 연소할 때 생기는 황산화물(SO₂)의 이론량(Sm³/hr)은 얼마인가?

㉮ 42Sm³/hr ㉯ 66Sm³/hr
㉰ 84Sm³/hr ㉱ 105Sm³/hr

풀이
S + O₂ → SO₂
32kg : 22.4Sm³
2,000kg/hr×0.03 : X
∴ X = 42Sm³/hr

36. 다음 연소의 종류 중 휘발유, 등유, 알콜, 벤젠 등 액체연료의 연소방식으로 알맞은 것은 어느 것인가?

㉮ 자기연소 ㉯ 확산연소
㉰ 증발연소 ㉱ 표면연소

풀이 휘발유, 등유, 알콜, 벤젠 등 액체연료의 연소방식은 증발연소이다.

answer 33 ㉰ 34 ㉯ 35 ㉮ 36 ㉰

37 중유에 대한 내용으로 틀린 것은 어느 것인가?

㉮ 점도가 낮을수록 유동점이 낮아진다.
㉯ 비중이 클수록 유동점과 점도는 감소하고, 잔류탄소 등이 증가한다.
㉰ 비중이 클수록 발열량이 적어지고 연소성이 나빠진다.
㉱ 중유는 일반적으로 점도를 중심으로 3종으로 분류된다.

풀이 ㉯ 비중이 클수록 유동점, 점도, 잔류탄소는 증가한다.

38 연소가스 분석결과 CO_2 11%, O_2 7%일 때, $(CO_2)_{max}$(%)는 얼마인가?

㉮ 11.5%   ㉯ 16.5%
㉰ 22.5%   ㉱ 33.5%

풀이 $CO_2max(\%) = \dfrac{21 \times CO_2\%}{21-O_2\%} = \dfrac{21 \times 11\%}{21-7\%} = 16.5\%$

TIP

$CO_2max(\%) = \dfrac{21 \times (CO_2\% + CO\%)}{21-O_2\%+0.395 \times CO\%}$

39 다음 설명에 해당하는 기체연료는 어느 것인가?

> 고온으로 가열된 무연탄이나 코크스 등에 수증기를 반응시켜 얻은 기체연료
> $C+H_2O \rightarrow CO+H_2+Q$
> $C+2H_2O \rightarrow CO_2+2H_2+Q$

㉮ 수성가스   ㉯ 고로가스
㉰ 오일가스   ㉱ 발생로가스

풀이 ㉮ 수성가스에 대한 설명이다.

TIP

수성가스의 주성분
① H_2 : 45~50%
② CO : 40~45%

40 C, H, S의 질량(%)이 각각 85%, 10%, 5%인 중유를 공기과잉계수 1.3으로 연소시킬 때 건조 배기가스 중의 이산화황의 부피분율(%)은 얼마인가? (단, 황성분은 전량 이산화황으로 전환된다고 가정한다.)

㉮ 약 0.18%   ㉯ 약 0.27%
㉰ 약 0.34%   ㉱ 약 0.45%

풀이 ① 이론공기량(A_o)
$= 8.89C+26.67\left(H-\dfrac{O}{8}\right)+3.33S(Sm^3/kg)$
$= 8.89 \times 0.85+26.67 \times 0.10+3.33 \times 0.05$
$= 10.39 Sm^3/kg$

② 실제건연소가스량(Gd)
$= mA_o-5.6H+0.7O+0.8N(Sm^3/kg)$
$= 1.3 \times 10.39 Sm^3/kg-5.6 \times 0.10$
$= 12.947 Sm^3/kg$

③ $SO_2(\%) = \dfrac{0.7S(Sm^3/kg)}{Gd(Sm^3/kg)} \times 100$
$= \dfrac{0.7 \times 0.05 Sm^3/kg}{12.947 Sm^3/kg} \times 100 = 0.27\%$

answer 37 ㉯ 38 ㉯ 39 ㉮ 40 ㉯

| 제3과목 | 대기오염방지기술

41 전기집진장치에서 먼지의 비저항 조절에 대한 내용으로 틀린 것은 어느 것인가?

㉮ 석탄 중의 황함유량이 높을수록 비저항은 증가한다.
㉯ 처리가스의 온도를 조절하면 비저항 조절이 가능하다.
㉰ 비저항이 낮은 경우 암모니아 가스를 주입하면 비저항을 높일 수 있다.
㉱ 비저항이 높은 경우 처리가스의 습도를 높이면 비저항을 낮출 수 있다.

풀이 ㉮ 석탄 중의 황함유량이 높을수록 비저항은 감소한다.

42 전기집진장치 운전 시 역전리 현상의 원인으로 틀린 것은 어느 것인가?

㉮ 미분탄 연소 시
㉯ 입구의 유속이 클 때
㉰ 배가스의 점성이 클 때
㉱ 먼지 비저항이 너무 클 때

풀이 ㉯번은 재비산현상의 원인이다.

43 집진장치의 압력손실 200mmH$_2$O, 처리가스량 3,600m^3/min, 송풍기 효율 70%, 송풍기 축동력에 여유율 20%를 고려한다면 이 장치의 소요동력(kW)은 얼마인가?

㉮ 약 202kW   ㉯ 약 240kW
㉰ 약 286kW   ㉱ 약 343kW

풀이
$$kW = \frac{Ps \times Q}{102 \times \eta} \times \alpha$$
$$= \frac{200mmH_2O \times 3,600m^3/min \times 1min/60sec}{102 \times 0.70} \times 1.20$$
$$= 201.68kW$$

44 평판형 집진기(3.0m×2.3m)가 평행으로 극판간 거리 0.3m로 6개가 설치되었으며, 내부는 양면 집진판이며, 양끝 집진판은 하나의 집진면을 가질 때 집진장치를 가동하여 얻을 수 있는 집진효율(%)은 얼마인가? (단, 유입 배기가스 총 유량은 100m^3/min이며 각 집진판으로 균일하게 분배되어 처리되며, 10g/m^{3}의 먼지를 먼지 입자의 겉보기 이동속도 0.1m/sec로 고정하여 집진장치를 가동한다.)

㉮ 99.5%   ㉯ 98.4%
㉰ 97.0%   ㉱ 95.5%

풀이
$$\eta = \left(1-\exp\frac{-A \times We}{Q}\right) \times 100$$
$$= \left\{1-\exp\left(\frac{-3.0m \times 2.3m \times 10개 \times 0.1m/sec}{100m^3/min \times 1min/60sec}\right)\right\} \times 100$$
$$= 98.41\%$$

TIP
집진판(N)
= 내부는 양면이므로 (4×2) + 양끝은 단면(2×1)
= 10개

answer 41 ㉮   42 ㉯   43 ㉮   44 ㉯

45 물을 가압(加壓) 공급하여 함진가스를 세정하는 형식의 가압수식 스크러버로 틀린 것은 어느 것인가?

㉮ Venturi Scrubber
㉯ Impulse Scrubber
㉰ Spray Tower
㉱ Jet Scrubber

풀이 ㉯ Impulse Scrubber는 회전식 세정집진장치에 속한다.

46 유해가스 처리장치 중 충전탑(packed tower)에 대한 내용으로 틀린 것은 어느 것인가?

㉮ 충전탑은 충전물을 채운 탑 내에서 액을 위에서 밑으로 흐르게 하고 가스는 아래에서 분사시켜 접촉시키는 기체 분산형 흡수장치이다.
㉯ 충전제를 불규칙적으로 충전하는 방법은 접촉면적이 크고 압력손실도 크다.
㉰ 범람점에서의 가스속도는 충전제를 불규칙하게 쌓았을 때보다 규칙적으로 쌓았을 때가 더 크다.
㉱ 일반적으로 충전탑의 직경(D)과 충전제 직경(d)의 비 D/d가 8~10일 때 편류현상이 최소가 된다.

풀이 ㉮ 충전탑은 충전물을 채운 탑 내에서 액을 위에서 밑으로 흐르게 하고 가스는 아래에서 분사시켜 접촉시키는 액분산형 흡수장치이다.

47 다음 여과재(filter bag) 재질 중 내산성 및 내알칼리성이 모두 양호한 것은 어느 것인가?

㉮ 비닐론
㉯ 사란
㉰ 테트론
㉱ 나일론(에스테르계)

풀이 내산성 및 내알칼리성이 모두 양호한 것으로는 테프론, 비닐론, 카네카론이 있다.

48 처리가스 유량이 5,000m³/hr인 가스를 충전탑을 이용하여 처리하고자 한다. 충전탑 내 가스의 속도를 0.34m/sec로 할 경우 흡수탑의 직경(m)은 얼마인가?

㉮ 약 1.9m   ㉯ 약 2.3m
㉰ 약 2.8m   ㉱ 약 3.5m

풀이 유량(Q) = 단면적(A)×유속(v)
$= \frac{\pi D^2}{4}(m^2) \times v(m/sec)$

$D = \sqrt{\frac{4Q}{\pi V}} = \sqrt{\frac{4 \times 5,000 m^3/hr \times 1hr/3,600sec}{\pi \times 0.34 m/sec}}$
$= 2.28m$

49 고체벽으로 입자를 흐르게 하여 입자를 응집시켜 채취하는 집진장치들은 유사한 설계식을 사용하여 입자를 채취한다. 이것과 가장 관계가 먼 것은 어느 것인가?

㉮ 전기집진장치   ㉯ 중력침강실
㉰ 사이클론   ㉱ 백필터

answer 45 ㉯ 46 ㉮ 47 ㉮ 48 ㉯ 49 ㉱

50 500ppm의 NO를 함유하는 배기가스 45,000Sm³/h를 암모니아 선택적 접촉 환원법으로 배연탈질 할 때 요구되는 암모니아의 양(Sm³/h)은 얼마인가?
(단, 산소가 공존하는 상태이며, 표준상태 기준이다.)

㉮ 15.0Sm³/h　　㉯ 22.5Sm³/h
㉰ 30.0Sm³/h　　㉱ 34.5Sm³/h

풀이 $4NO + 4NH_3 + O_2 \rightarrow 4N_2 + 6H_2O$
$4 \times 22.4 Sm^3 : 4 \times 22.4 Sm^3$
$45,000 Sm^3/hr \times 500 ppm \times 10^{-6} : X$
∴ $X = 22.5 Sm^3/hr$

51 사이클론 유입구의 높이(길이)가 50cm, 원통부의 길이가 200cm, 원추부의 길이가 200cm일 때 유효회전수(Ne)는 얼마인가?

㉮ 2　　㉯ 4
㉰ 6　　㉱ 8

풀이 $Ne = \dfrac{1}{H_A} \times \left(H_B + \dfrac{H_C}{2} \right)$

Ne : 유효회전수
H_A : 유입구 높이(m)
H_B : 원통부 높이(m)
H_C : 원추부 높이(m)

따라서 $Ne = \dfrac{1}{0.5m} \times \left(2m + \dfrac{2m}{2} \right) = 6$회

52 여과집진장치의 탈진방식에 대한 내용으로 틀린 것은 어느 것인가?

㉮ 간헐식의 여포 수명은 연속식에 비해서는 긴 편이고, 점성이 있는 조대먼지를 탈진할 경우 여포손상의 가능성이 있다.
㉯ 간헐식은 먼지의 재비산이 적고 높은 집진율을 얻을 수 있다.
㉰ 연속식은 채취와 탈진이 동시에 이루어져 압력손실의 변동이 크므로 저농도, 저용량의 가스처리에 효율적이다.
㉱ 연속식은 탈진 시 먼지의 재비산이 일어나 간헐식에 비해 집진율이 낮고 여과자루의 수명이 짧은 편이다.

풀이 ㉰ 연속식은 채취와 탈진이 동시에 이루어져 압력손실이 거의 일정하며, 고농도, 대용량의 가스처리에 효율적이다.

53 전기집진장치의 장애현상 중 "2차 전류가 많이 흐를 때"의 원인으로 틀린 것은 어느 것인가?

㉮ 먼지의 농도가 너무 낮을 때
㉯ 먼지의 비저항이 비정상적으로 높을 때
㉰ 이온이동도가 큰 가스를 처리할 때
㉱ 공기부하 시험을 행할 때

풀이 ㉯번은 2차 전류가 현저하게 떨어질 때의 원인이다.

answer　50 ㉯　51 ㉰　52 ㉰　53 ㉯

54 가솔린 자동차의 후처리에 의한 배출가스 저감방안의 하나인 삼원촉매장치의 내용으로 틀린 것은 어느 것인가?

㉮ CO와 HC의 산화촉매로는 주로 백금(Pt)이 사용된다.
㉯ 로듐(Rh)은 NO의 산화반응을 촉진시킨다.
㉰ CO와 HC는 CO_2와 H_2O로 산화되며 NO는 N_2로 환원된다.
㉱ CO, HC, NO_X 3성분의 동시 저감을 위해 엔진에 공급되는 공기연료비는 이론공연비 정도로 공급되어야 한다.

풀이 ㉯ 로듐(Rh)은 NO의 환원반응을 촉진시킨다.

55 송풍기를 운전할 때 필요유량에 과부족을 일으켰을 때 송풍기의 유량조절 방법으로 틀린 것은 어느 것인가?

㉮ 회전수 조절법   ㉯ 안내익 조절법
㉰ Damper 부착법   ㉱ 체걸름 조절법

풀이 송풍기를 운전할 때 필요유량에 과부족을 일으켰을 때 송풍기의 유량조절 방법으로는 회전수 조절법, 안내익 조절법, Damper 부착법이 있다.

56 헨리의 법칙을 따르는 유해가스가 물속에 $2.0kmol/m^3$만큼 용해되어 있을 때, 분압이 $258.4mmH_2O$이었다면, 이 유해가스의 분압이 $38mmHg$로 될 때 물 속의 유해가스 농도는 얼마인가? (단, 기타 조건은 변화없음)

㉮ $10.0kmol/m^3$ ㉯ $8.0kmol/m^3$
㉰ $6.0kmol/m^3$ ㉱ $4.0kmol/m^3$

풀이 $P = H \times C$에서 $P \propto C$ 관계이므로
$2.0kmol/m^3 : 258.4mmH_2O$
$= C : (38mmHg \times 13.6)mmH_2O$
∴ $C = 4.0kmol/m^3$

TIP
① 수은주 비중 $= \dfrac{10,332mmH_2O}{760mmHg}$
$= 13.6mmH_2O/mmHg$
② $mmH_2O \xrightarrow{\div 13.6} mmHg$
③ $mmHg \xrightarrow{\times 13.6} mmH_2O$

57 벤츄리 스크러버 적용 시 액가스비를 크게 하는 요인으로 틀린 것은 어느 것인가?

㉮ 먼지의 친수성이 클 때
㉯ 먼지의 입경이 작을 때
㉰ 처리가스의 온도가 높을 때
㉱ 먼지의 농도가 높을 때

풀이 ㉮ 먼지의 친수성이 작을 때

58 장방형 굴뚝에서 가로길이가 a, 세로길이가 b일 경우 상당직경의 표현식으로 알맞은 것은 어느 것인가?

㉮ $\dfrac{2ab}{a+b}$ ㉯ $\dfrac{a+b}{2ab}$
㉰ $\sqrt{a \times b}$ ㉱ $\dfrac{a+b}{2}$

풀이 상당직경 $= \dfrac{단면적}{평균둘레길이} = \dfrac{a \times b}{\dfrac{2(a+b)}{4}} = \dfrac{2ab}{a+b}$

answer 54 ㉯ 55 ㉱ 56 ㉱ 57 ㉮ 58 ㉮

59 악취처리방법에 대한 내용으로 틀린 것은 어느 것인가?

㉮ 촉매연소법은 약 300~400℃의 온도에서 산화분해시킨다.
㉯ 직접연소법은 700~800℃에서 0.5초 정도가 일반적이다.
㉰ 황화수소는 촉매연소로 처리가 불가능하다.
㉱ 촉매에 바람직하지 않은 원소는 납, 비소, 수은 등이다.

풀이 ㉰ 황화수소는 가연성 물질로 구성되어 있어 촉매연소로 처리가 가능하다.

60 실내에서 발생하는 CO_2의 양이 시간당 $0.3m^3$일 때 필요한 환기량(m^3/h)은 얼마인가? (단, CO_2의 허용농도와 외기의 CO_2 농도는 각각 0.1%와 0.03%이다.)

㉮ 약 $430m^3/h$ ㉯ 약 $320m^3/h$
㉰ 약 $210m^3/h$ ㉱ 약 $145m^3/h$

풀이 $0.3m^3/hr$ = 환기량(m^3/hr)×(0.1-0.03)%×10^{-2}

∴ 환기량 = $\dfrac{0.3m^3/hr}{(0.1-0.03)\% \times 10^{-2}}$ = $428.57 Sm^3/hr$

| 제4과목 | 대기오염공정시험기준

61 굴뚝 배출가스상 물질 시료채취를 위한 채취부에 대한 내용으로 틀린 것은 어느 것인가?

㉮ 수은 마노미터는 대기와 압력차가 100 mmHg 이상인 것을 쓴다.
㉯ 유리로 만든 가스건조탑을 쓰며, 건조제로써 입자상태의 실리카겔, 염화칼슘 등을 쓴다.
㉰ 가스미터는 일회전 1L의 습식 또는 건식 가스미터로 온도계와 압력계가 붙어 있는 것을 쓴다.
㉱ 펌프는 배기능력 5~50L/분인 개방형인 것을 쓴다.

풀이 ㉱ 펌프는 배기능력 0.5~5L/분인 밀폐형인 것을 쓴다.

62 다음 그림은 원자흡수분광광도법에 의한 시료 중의 분석원소 농도를 구하는 방법이다. 어떤 정량법인가?

㉮ 검정곡선법   ㉯ 절대검정곡선법
㉰ 표준물첨가법   ㉱ 상대검정곡선법

풀이 ㉰ 표준물첨가법에 대한 설명이다.

answer 59 ㉰ 60 ㉮ 61 ㉱ 62 ㉰

63 다음은 이온크로마토그래피의 원리 및 적용범위에 대한 내용이다. ( ) 안에 알맞은 말은 어느 것인가?

> 이온크로마토그래피법은 이동상으로는 (㉠)를(을) 그리고 고정상으로는 (㉡)를(을) 사용하여 이동상에 녹는 혼합물을 고분리능 고정상이 충전된 분리관 내로 통과시켜 시료성분의 용출상태를 전도도 검출기로 검출하여 그 농도를 정량하는 방법이다.

㉮ ㉠ 액체　　㉡ 전해질
㉯ ㉠ 전해질　　㉡ 액체
㉰ ㉠ 액체　　㉡ 이온교환수지
㉱ ㉠ 이온교환수지　　㉡ 액체

풀이 이온크로마토그래피에서 이동상은 액체, 고정상은 이온교환수지를 사용한다.

64 다음은 기체크로마토그래피법에 사용되는 충전물질에 대한 내용이다. ( ) 안에 알맞은 말은 어느 것인가?

> ( )은 다이비닐벤젠(Divinyl Benzene)을 가교제(Bridge Intermediate)로 스티렌계 단량체(Styrene系 單量體)를 중합시킨 것과 같이 고분자 물질을 단독 또는 고정상 액체로 표면처리하여 사용한다.

㉮ 흡착형 충전물질
㉯ 분배형 충전물질
㉰ 다공성 고분자형 충전물질
㉱ 이온교환막형 충전물질

풀이 ㉰ 다공성 고분자형 충전물질에 대한 설명이다.

65 대기오염공정시험기준에 의거하여 환경대기 중 휘발성 유기화합물(유해 VOC$_S$ 고체흡착법)을 분석할 때, 휘발성유기화합물질의 추출용매로 알맞은 것은 어느 것인가?

㉮ Ethyl alcohol　　㉯ PCB
㉰ CS$_2$　　㉱ n-Hexane

풀이 휘발성 유기화합물물질의 추출용매는 이황화탄소(CS$_2$)이다.

66 배출가스 중 염소를 자외선/가시선분광법인 4-피리딘카복실산-피라졸론법에 대한 설명으로 틀린 것은?

㉮ 시료채취량이 20L이고 분석용 시료용액의 양이 50mL인 경우, 정량범위는 0.1ppm 이상이다.
㉯ 방법검출한계는 0.04ppm이다.
㉰ 이산화질소의 영향을 많이 받는다.
㉱ 발색된 흡광도를 638nm 부근의 파장에서 측정한다.

풀이 ㉰ 이산화질소의 영향을 받지 않는다.

67 "물질을 취급 또는 보관하는 동안에 이물(異物)이 들어가거나 내용물이 손실되지 않도록 보호하는 용기"는 어느 것인가?

㉮ 차광용기　　㉯ 밀폐용기
㉰ 기밀용기　　㉱ 밀봉용기

풀이 용기
㉮ 차광용기 : 광선
㉯ 밀폐용기 : 이물질
㉰ 기밀용기 : 공기

answer 63 ㉰　64 ㉰　65 ㉰　66 ㉰　67 ㉯

㉣ 밀봉용기 : 미생물

68 환경대기의 아황산가스 농도측정법 중 파라로자닐린법에 대한 내용으로 틀린 것은 어느 것인가?

㉮ 주요 방해물질로는 질소산화물(NO_X), 오존(O_3), 망간(Mn), 철(Fe) 및 크로뮴(Cr)이다.
㉯ 암모니아, 황화물(Sulfides) 및 알데히드는 방해되지 않는다.
㉰ NO_X의 방해는 EDTA을 사용함으로써 제거할 수 있고 오존의 방해는 측정기간을 단축시킴으로써 제거된다.
㉱ 시료 채취 후의 흡수액은 비교적 안정하고 22℃에 있어서 아황산가스 손실은 1일당 1%로 5℃로 보관하면 30일간은 손실되지 않는다.

▶ 풀이 ㉰ NO_X의 방해는 슬파민산(NH_2SO_3H)을 사용함으로써 제거된다.

69 특정발생원에서 일정한 굴뚝을 거치지 않고 외부로 비산되는 먼지를 고용량공기시료채취기로 측정한 결과 다음과 같은 자료를 얻었다. 이때 비산먼지의 농도(mg/Sm^3)는 얼마인가?

- 채취먼지량이 가장 많은 위치에서의 먼지농도 : $65mg/Sm^3$
- 대조위치에서의 먼지농도 : $0.23mg/Sm^3$
- 풍향보정계수 : 1.5
- 풍속보정계수 : 1.2

㉮ $117mg/Sm^3$ ㉯ $102mg/Sm^3$
㉰ $94mg/Sm^3$ ㉱ $87mg/Sm^3$

▶ 풀이 $C = (C_H - C_B) \times W_D \times W_S$

$\begin{bmatrix} C_H : \text{채취먼지량이 가장 많은 위치에서의 먼지농도}(mg/Sm^3) \\ C_B : \text{대조위치에서의 먼지농도}(mg/Sm^3) \end{bmatrix}$
$W_D, W_S :$ 풍향, 풍속 측정 결과로부터 구한 보정계수

따라서 $C = (65-0.23)mg/Sm^3 \times 1.5 \times 1.2$
$= 116.59mg/Sm^3$

70 대기오염공정시험기준에 의거, 환경대기 중 각 항목별 분석 방법으로 틀린 것은 어느 것인가?

㉮ 질소산화물 - 살츠만법
㉯ 옥시단트 - 광산란법
㉰ 탄화수소 - 비메탄 탄화수소 측정법
㉱ 아황산가스 - 파라로자닐린법

▶ 풀이 옥시단트의 분석방법으로는 자외선광도법, 화학발광법, 중성아이오드화포타슘법, 흡광차분광법이 있다.

71 굴뚝 배출가스 중 이산화황의 자동 연속 측정방법에서 사용하는 용어의 의미로 알맞은 것은 어느 것인가?

㉮ 스팬가스 : 90% 교정가스
㉯ 제로가스 : 공인기관에 의해 아황산가스의 농도가 10ppm 미만으로 보증된 표준가스
㉰ 응답시간 : 스팬가스 보정치의 90%에 해당하는 지시치를 나타낼 때까지 걸리는 시간
㉱ 교정가스 : 연속자동측정기 최대 눈금치의 약 10%와 90%에 해당하는 보증된 표준가스

▶ 풀이 ㉯ 제로가스 : 공인기관에 의해 아황산가스의 농도가 1ppm 미만으로 보증된 표준가스
㉰ 응답시간 : 스팬가스 보정치의 95%에 해당하는 지시치를 나타낼 때까지 걸리는 시간

answer 68 ㉰   69 ㉮   70 ㉯   71 ㉮

㉣ 교정가스 : 연속자동측정기 최대 눈금치의 약 50%와 90%에 해당하는 보증된 표준가스

72
배출가스 중 금속화합물을 유도결합플라스마 – 원자발광분광법으로 분석할 때 사용되는 용어의 내용으로 틀린 것은 어느 것인가?

㉠ 감도는 각 원소 성분에 대해 입사광의 1% (0.0044 흡광도)를 흡수할 수 있는 시료의 농도를 말한다.
㉡ 표준용액은 가능한 한 시료의 매질과 동일한 조성을 갖도록 조제해야 하며, 표준물질의 함량은 1% 이내의 함량 정밀도를 가져야 한다.
㉢ 표준원액은 정확한 농도를 알고 있는 비교적 고농도의 용액으로, 일반적으로 1,000mg/kg 농도에서 1% 이내의 불확도를 나타내야 한다.
㉣ 시료 용액의 점도, 표면장력, 휘발성 등과 같은 물리적 특성이나 화학적 조성의 차이에 의해 원자화율이 달라지면서 정량성이 저하되는 효과를 매질효과라 한다.

▣ 풀이 ㉢ 표준원액은 정확한 농도를 알고 있는 비교적 고농도의 용액으로, 일반적으로 1,000mg/kg 농도에서 0.3% 이내의 불확도를 나타내야 한다.

73
굴뚝 배출가스 중의 사이안화수소를 자외선/가시선분광법(4-피리딘카복실산-피라졸론법)에 의해 정량시 흡광도 측정파장으로 옳은 것은?

㉠ 510nm ㉡ 350nm
㉢ 638nm ㉣ 880nm

▣ 풀이 사이안화수소의 자외선/가시선분광법
① 흡광도 측정파장 : 638nm
② 정량범위 : 시료채취량 10L인 경우 0.05ppm 이상
③ 흡수액 : 수산화소듐용액(20g/L)

74
환경대기 중 다환방향족탄화수소류(PAHs)–기체크로마토그래피/질량분석법에서 사용되는 (   ) 안에 알맞은 용어는 어느 것인가?

(   )은 추출과 분석 전에 각 시료, 공시료, 매체시료(matrix-spiked)에 더해지는 화학적으로 반응성이 없는 환경 시료 중에 없는 물질을 말한다.

㉠ 절대표준물질(absolutely standard)
㉡ 외부표준물질(external standard)
㉢ 매체표준물질(matrix standard)
㉣ 대체표준물질(surrogate)

▣ 풀이 ㉣ 대체표준물질에 대한 설명이다.

75
대기오염공정시험기준상 자외선/가시선 분광법에서 사용되는 흡수셀의 재질에 따른 사용파장범위로 알맞은 것은 어느 것인가?

㉠ 유리제는 근적외부 파장범위
㉡ 석영제는 가시부 및 근적외부 파장범위
㉢ 플라스틱제는 자외부 파장범위
㉣ 플라스틱제는 가시부 파장범위

▣ 풀이 흡수셀의 재질
① 유리제 : 가시 및 근적외부 파장
② 석영제 : 자외부 파장범위
③ 플라스틱제 : 근적외부 파장범위

answer 72 ㉢ 73 ㉢ 74 ㉣ 75 ㉠

76 굴뚝 배출가스 내의 이황화탄소 분석방법 중 자외선/가시선 분광법의 측정파장으로 알맞은 것은 어느 것인가?

㉮ 435nm ㉯ 560nm
㉰ 620nm ㉱ 670nm

[풀이] 이황화탄소(CS_2)의 자외선/가시선분광법
① 흡광도 측정파장 : 435nm
② 시료채취량 10L인 경우 : 4.0ppm~60.0ppm
③ 흡수액 : 다이에틸아민구리용액

77 흡광차분광법(Differential Optical Absorption Spectroscopy)에 대한 내용으로 틀린 것은 어느 것인가?

㉮ 광원은 180~2,850nm 파장을 갖는 제논램프를 사용한다.
㉯ 주로 사용되는 검출기는 자외선 및 가시선 흡수 검출기이다.
㉰ 분광기는 Czerny-Turner 방식이나 Holographic 방식을 채택한다.
㉱ 아황산가스, 질소산화물, 오존 등의 대기오염 물질분석에 적용된다.

[풀이] ㉯ 주로 사용하는 검출기는 광전자증배관 검출기이다.

78 배출허용기준 중 표준산소농도를 적용받는 항목의 오염물질 농도 보정식으로 알맞은 것은 어느 것인가?

- C : 오염물질 농도(mg/Sm³ 또는 ppm)
- Ca : 실측오염물질 농도(mg/Sm³ 또는 ppm)
- O_a : 실측산소농도(%)
- O_s : 표준산소농도(%)

㉮ $C = Ca \times \dfrac{21-O_s}{21-O_a}$ ㉯ $C = Ca \times \dfrac{21-O_s}{21+O_a}$

㉰ $C = Ca \div \dfrac{21-O_s}{21-O_a}$ ㉱ $C = Ca \div \dfrac{21-O_s}{21+O_a}$

[풀이]
① 오염물질 농도 보정식 : $C = Ca \times \dfrac{21-O_s}{21-O_a}$

② 배출가스 유량 보정식 : $Q = Qa \div \dfrac{21-O_s}{21-O_a}$

79 굴뚝 배출가스 중 브로민화합물 분석에 사용되는 흡수액으로 알맞은 것은 어느 것인가?

㉮ 황산+과산화수소+증류수
㉯ 붕산용액(5g/L)
㉰ 수산화소듐용액(4g/L)
㉱ 다이에틸아민구리용액

[풀이] 브로민화합물의 흡수액은 수산화소듐용액(4g/L)이다.

80 굴뚝 배출가스 중 사이안화수소를 자외선/가시선분광법-4-피리딘카복실산-피라졸론법으로 분석하는 방법에 대한 설명으로 틀린 것은?

㉮ 흡수액으로 수산화소듐용액(20g/L)을 사용한다.
㉯ 배출가스 중 염소등의 산화성가스 또는 알데하이드류, 황화수소, 이산화황 등의 환원성가스가 공존하면 영향을 받는다.
㉰ 시료채취량이 10L이고 분석용 시료용액의 양이 250mL인 경우 정량범위는 0.05ppm 이상이다.
㉱ 흡광도를 540nm 부근에서 측정한다.

[풀이] ㉱ 흡광도를 638nm 부근에서 측정한다.

answer 76 ㉮ 77 ㉯ 78 ㉮ 79 ㉰ 80 ㉱

2016 1회 기출문제

| 제1과목 | 대기환경관리

01 복사역전이 가장 발생되기 쉬운 기상조건으로 알맞은 것은 어느 것인가?
㉮ 하늘이 흐리고, 바람이 강하며, 습도가 높을 때
㉯ 하늘이 흐리고, 바람이 약하며, 습도가 낮을 때
㉰ 하늘이 맑고, 바람이 강하며, 습도가 높을 때
㉱ 하늘이 맑고, 바람이 약하며, 습도가 낮을 때

풀이 복사성역전은 하늘이 맑고, 바람이 약하며, 습도가 낮을 때 잘 발생한다.

02 도시 대기오염물질 중, 태양빛을 흡수하는 기체 중의 하나로서 파장 420nm 이상의 가시광선에 의해 광분해되는 물질로 대기 중 체류시간이 약 2~5일 정도인 물질은 어느 것인가?
㉮ SO_2 ㉯ NO_2
㉰ CO_2 ㉱ RCHO

풀이 ㉯ 이산화질소(NO_2)에 대한 설명이다.

03 경도풍을 형성하는데 필요한 힘으로 틀린 것은 어느 것인가?
㉮ 마찰력 ㉯ 전향력
㉰ 원심력 ㉱ 기압경도력

풀이 경도풍은 마찰이 작용하지 않는 자유대기에서 등압선이 곡선일 때 기압경도력과 전향력, 원심력이 평형을 이루어 부는 바람이다.

04 광화학스모그와 가장 거리가 먼 것은 어느 것인가?
㉮ NO ㉯ CO
㉰ PAN ㉱ HCHO

풀이 ㉯ 일산화탄소(CO)는 1차성 스모그에만 참여하는 물질이다.

05 Dobson unit에 관한 설명에서 ( )에 알맞은 말은 어느 것인가?

1Dobson은 지구 대기 중 오존의 총량을 0℃, 1기압의 표준상태에서 두께로 환산했을 때 ( )에 상당하는 양을 의미한다.

㉮ 0.01mm ㉯ 0.1mm
㉰ 0.1cm ㉱ 1cm

풀이 1mm가 100돕슨이므로
100돕슨 : 1mm = 1돕슨 : x
∴ x = $\frac{1mm \times 1돕슨}{100돕슨}$ = 0.01mm = 0.001cm

answer 01 ㉱ 02 ㉯ 03 ㉮ 04 ㉯ 05 ㉮

06 굴뚝높이가 60m, 대기온도 27℃, 배기가스의 평균온도가 137℃일 때, 통풍력을 1.5배 증가시키기 위해서 요구되는 배출가스의 온도(℃)는 얼마인가? (단, 굴뚝의 높이는 일정하고, 배기가스와 대기의 비중량은 1.3kg/Nm³이다.)

㉮ 약 230℃ ㉯ 약 280℃
㉰ 약 320℃ ㉱ 약 370℃

풀이
① $Z = 355 \times H \times \left(\dfrac{1}{273+t_a} - \dfrac{1}{273+t_g}\right)$

$= 355 \times 60m \times \left(\dfrac{1}{273+27} - \dfrac{1}{273+137}\right)$

$= 19.05 mmH_2O$

② $19.05 mmH_2O \times 1.5$

$= 355 \times 60m \times \left(\dfrac{1}{273+27} - \dfrac{1}{273+t_g}\right)$

$\therefore t_g = \dfrac{1}{\dfrac{1}{273+27} - \dfrac{19.05mmH_2O \times 1.5}{355 \times 60m}} - 273 = 229.06℃$

07 가우시안형의 대기오염확산방정식을 적용할 때, 지면에 있는 오염원으로부터 바람부는 방향으로 250m 떨어진 연기의 중심축상 지상오염농도(mg/m³)는 얼마인가? (단, 오염물질의 배출량 6g/sec, 풍속 4.5m/sec, σ_y는 22.5m, σ_z는 12m이다.)

㉮ 1.26 ㉯ 1.36
㉰ 1.57 ㉱ 1.83

풀이
$C = \dfrac{Q}{\pi \sigma_y \sigma_z u} = \dfrac{6g/sec \times 10^3 mg/g}{\pi \times 22.5m \times 12m \times 4.5m/sec}$

$= 1.57 mg/m^3$

08 대기의 수직구조에 대한 내용으로 알맞은 것은 어느 것인가?

㉮ 대류권의 높이는 여름보다 겨울이 높다.
㉯ 대류권은 지상으로부터 약 20~30km 정도의 범위를 말한다.
㉰ 구름이 끼고 비가 내리는 등의 기상현상은 대류권에 국한되어 나타나는 현상이다.
㉱ 대류권의 높이는 고위도 지방보다 저위도 지방이 낮다.

풀이 ㉮ 대류권의 높이는 여름보다 겨울이 낮다.
㉯ 대류권은 지표~11km까지의 범위를 말한다.
㉱ 대류권의 높이는 고위도 지방보다 저위도 지방이 높다.

09 바람을 일으키는 힘 중 전향력에 대한 내용으로 틀린 것은 어느 것인가?

㉮ 전향력은 운동의 속력과 방향에 영향을 미친다.
㉯ 북반구에서는 항상 움직이는 물체의 운동방향의 오른쪽 직각방향으로 작용한다.
㉰ 전향력은 극지방에서 최대가 되고 적도지방에서 최소가 된다.
㉱ 전향력의 크기는 위도, 지구자전 각속도, 풍속의 함수로 나타낸다.

풀이 ㉮ 전향력(코리올리힘)은 운동의 방향만 변화시키고 속도에는 아무런 영향을 미치지 않는다.

answer 06 ㉮ 07 ㉰ 08 ㉰ 09 ㉮

10 공기역학적직경(aerodynamic diameter)에 대한 내용으로 알맞은 것은 어느 것인가?

㉮ 대상 먼지와 침강속도가 동일하며 밀도가 1g/cm³인 구형입자의 직경
㉯ 대상 먼지와 침강속도가 동일하며 밀도가 1kg/cm³인 구형입자의 직경
㉰ 대상 먼지와 밀도 및 침강속도가 동일한 선형입자의 직경
㉱ 대상 먼지와 밀도 및 침강속도가 동일한 구형입자의 직경

풀이 공기역학적직경은 대상 먼지와 침강속도가 동일하며 밀도가 1g/cm³인 구형입자의 직경을 말한다.

11 A굴뚝의 실제높이가 50m이고, 굴뚝의 반지름은 2m이다. 이 때 배출가스의 분출속도가 18m/s이고, 풍속이 4m/s일 때, 유효굴뚝높이(m)는 얼마인가? (단, $\triangle H = 1.5 \times (Wc/u) \times D$를 이용하시오.)

㉮ 약 64m ㉯ 약 77m
㉰ 약 98m ㉱ 약 135m

풀이 ① $\triangle H = 1.5 \times \left(\dfrac{We}{u}\right) \times D = 1.5 \times \left(\dfrac{18m/sec}{4m/sec}\right) \times 4m$
       $= 27m$
② $He = H + \triangle H = 50m + 27m = 77m$

12 옥탄가에 대한 내용에서 ( )에 알맞은 말은 어느 것인가?

옥탄가는 안티노킹성이 우수하여 좋은 연소특성을 갖는 (①)의 안티노킹성을 100으로 하고, 상대적으로 쉽게 노킹하는 (②)의 안티노킹성을 0으로 하여 부피비로 나타낸다.

㉮ ① iso-octane, ② n-octane
㉯ ① n-octane, ② iso-octane
㉰ ① iso-octane, ② n-heptane
㉱ ① n-heptane, ② n-octane

13 Sutton의 확산방정식에서 최대착지농도(C_{max})에 대한 설명으로 틀린 것은 어느 것인가?

㉮ 평균풍속에 비례한다.
㉯ 오염물질 배출량에 비례한다.
㉰ 유효굴뚝 높이의 제곱에 반비례한다.
㉱ 수평 및 수직방향 확산계수와 관계가 있다.

풀이 ㉮ 평균풍속에 반비례한다.

TIP
$$C_{max} = \dfrac{2Q}{\pi \cdot e \cdot u \cdot He^2}\left(\dfrac{C_z}{C_y}\right)$$

14 불소화합물의 지표식물로 가장 알맞은 것은 어느 것인가?

㉮ 콩   ㉯ 목화
㉰ 담배 ㉱ 옥수수

answer 10 ㉮ 11 ㉯ 12 ㉰ 13 ㉮ 14 ㉱

풀이 ① 불소화합물의 지표식물로는 옥수수, 자두, 메밀, 글라디올러스 등이 있다.
② 불소화합물의 강한 식물로는 담배, 목화, 고추 등이 있다.

15 역사적인 대기오염사건에 대한 내용으로 알맞은 것은 어느 것인가?

㉮ 포자리카 사건은 MIC에 의한 피해이다.
㉯ 런던스모그 사건은 복사역전 형태였다.
㉰ 뮤즈계곡 사건은 PAN이 주된 오염물질로 작용했다.
㉱ 도쿄 요코하마 사건은 PCB가 주된 오염물질로 작용했다.

풀이 ㉮ 포자리카 사건은 황화수소(H_2S)에 의한 피해이다.
㉰ 뮤즈계곡 사건은 아황산가스(SO_2)가 주된 오염물질로 작용했다.
㉱ 도쿄 요코하마 사건은 공장에서 배출된 대기오염물질이 주된 오염물질로 작용했다.

16 제조공정과 발생하는 오염물질이 잘못 짝지어진 것은 어느 것인가?

㉮ 화학비료 - NH_3 ㉯ 제철공업 - HCN
㉰ 가스공업 - H_2S ㉱ 석유정제 - HCl

풀이 ㉱ 석유정제 - 벤젠

17 광화학 반응 시 하루 중 NO_X 변화에 관한 내용으로 알맞은 것은 어느 것인가?

㉮ NO_2는 오존의 농도 값이 적을 때 비례적으로 가장 적은 값을 나타낸다.
㉯ NO_2는 오전 7~9시 경을 전후로 하여 일중 고농도를 나타낸다.
㉰ 오전중의 NO의 감소는 오존의 감소와 시간적으로 일치한다.
㉱ 교통량이 많은 이른 아침시간대에 오존농도가 가장 높고, NO_X는 오후 2~3시 경이 가장 높다.

풀이 ㉮ NO_2는 오존의 농도 값이 적을 때 비례적으로 가장 많은 값을 나타낸다.
㉰ 오전 중의 NO의 감소는 오존의 증가와 시간적으로 일치한다.
㉱ 교통량이 많은 이른 아침시간대에 오존농도가 가장 낮고, NO_X는 이른 아침 시간대에 가장 높다.

18 지표면 오존 농도를 증가시키는 원인물질이 아닌 것은 어느 것인가?

㉮ CO   ㉯ NO_X
㉰ VOC_S ㉱ 태양열 에너지

풀이 일산화탄소(CO)는 1차성 물질로만 작용하여 2차성 스모그에 참여하지 않는다.

19 그림은 어떤 지역의 고도에 따른 대기의 온도변화를 나타낸 것이다. 주로 침강역전에 해당하는 부분은?

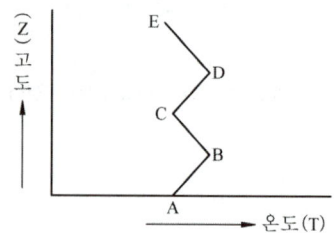

㉮ AB 구간   ㉯ BC 구간
㉰ CD 구간   ㉱ DE 구간

풀이 ① AB 구간 : 복사성역전 구간
② CD 구간 : 침강성역전 구간

answer 15 ㉯   16 ㉱   17 ㉯   18 ㉮   19 ㉰

20 먼지농도가 120μg/m³이고, 상대습도가 70%인 상태의 대도시에서 가시거리 (m)는 얼마인가? (단, 상수 A = 1.2)

㉮ 5km ㉯ 10km
㉰ 15km ㉱ 20km

풀이 $V = \dfrac{10^3 \times A}{G} = \dfrac{10^3 \times 1.2}{120\mu g/m^3} = 10km$

| 제2과목 | 연소공학

21 공기를 사용하여 프로판(C_3H_8)을 완전 연소시킬 때 건조가스 중의 CO_{2max}(%)는 얼마인가?

㉮ 13.76% ㉯ 14.76%
㉰ 15.25% ㉱ 16.85%

풀이 $C_3H_8 + 5O_2 \rightarrow 3CO_2 + 4H_2O$

$God = (1-0.21)A_o + CO_2량(Sm^3/Sm^3)$

$\quad = (1-0.21) \times \dfrac{5}{0.21} + 3 = 21.8095 Sm^3/Sm^3$

$CO_{2max} = \dfrac{CO_2량}{God} \times 100 = \dfrac{3Sm^3/Sm^3}{21.8095Sm^3/Sm^3} \times 100$

$\quad = 13.76\%$

TIP
$Sm^3/Sm^3 =$ 체적비 = 개수비

22 폭발성 혼합가스의 연소범위(L)를 구하는 식으로 알맞은 것은 어느 것인가?
(단, n_i : 각 성분 단일의 연소한계(상한 또는 하한), p_i : 각 성분 가스의 부피(%))

㉮ $L = \dfrac{100}{\dfrac{n_1}{p_1} + \dfrac{n_2}{p_2} + \cdots}$

㉯ $L = \dfrac{100}{\dfrac{p_1}{n_1} + \dfrac{p_2}{n_2} + \cdots}$

㉰ $L = \dfrac{n_1}{p_1} + \dfrac{n_2}{p_2} + \cdots$

㉱ $L = \dfrac{p_1}{n_1} + \dfrac{p_2}{n_2} + \cdots$

풀이 $\dfrac{100}{L} = \dfrac{P_1}{n_1} = \dfrac{P_2}{n_2} + \cdots$에서

$L = \dfrac{100}{\dfrac{p_1}{n_1} + \dfrac{p_2}{n_2} + \cdots}$

23 [보기]에서 설명하는 내용으로 가장 적합한 유류연소버너는 어느 것인가?

[보기]
- 화염의 형식 : 가장 좁은 각도의 긴 화염이다.
- 유량조절범위 : 약 1 : 10 정도이며, 대단히 넓다.
- 용도 : 제강용 평로, 연속가열로, 유리 용해로 등의 대형가열로 등에 많이 사용된다.

㉮ 유압식 ㉯ 회전식
㉰ 고압공기식 ㉱ 저압공기식

풀이 ㉰ 고압공기식 버너에 대한 설명이다.

answer 20 ㉯ 21 ㉮ 22 ㉯ 23 ㉰

24 연소실 내로 공급되는 연료를 연소시키기 위해 필요한 공기를 공급하는 통풍방식 중 압입통풍에 대한 내용으로 틀린 것은 어느 것인가?

㉮ 내압이 정압(+)으로 연소효율이 좋다.
㉯ 송풍기의 고장이 적고 점검 및 보수가 용이하다.
㉰ 역화의 위험성이 없다.
㉱ 흡입통풍식보다 송풍기의 동력 소모가 적다.

풀이 ㉰ 역화의 위험성이 있다.

25 미분탄 연소방식의 특징으로 틀린 것은 어느 것인가?

㉮ 부하변동에 쉽게 적용할 수 있다.
㉯ 비교적 저질탄도 유효하게 사용할 수 있다.
㉰ 연료의 접촉표면적이 크므로 작은 공기비로도 연소가 가능하다.
㉱ 고효율이 요구되는 소규모 연소 장치에 적합하다.

풀이 ㉱ 대형과 대용량 설비에 적합하다.

26 연료 연소 시 공연비(AFR)가 이론량보다 작을 때 나타나는 현상으로 알맞은 것은 어느 것인가?

㉮ 완전연소로 연소실 내의 열손실이 작아진다.
㉯ 배출가스 중 일산화탄소의 양이 많아진다.
㉰ 연소실벽에 미연탄화물 부착이 줄어든다.
㉱ 연소효율이 증가하여 배출가스의 온도가 불규칙하게 증가 및 감소를 반복한다.

풀이 ㉮ 불완전연소로 연소실 내의 열손실이 커진다.
㉰ 연소실벽에 미연탄화물 부착이 늘어난다.
㉱ 연소효율이 감소한다.

27 기체연료의 연소 특징으로 틀린 것은 어느 것인가?

㉮ 적은 과잉공기를 사용하여도 완전연소가 가능하다.
㉯ 저장 및 수송이 불편하며 시설비가 많이 소요된다.
㉰ 연소효율이 높고 매연이 발생하지 않는다.
㉱ 부하의 변동범위가 넓어 연소조절이 어렵다.

풀이 ㉱ 부하의 변동범위가 넓고 연소조절이 용이하다.

28 기체연료의 연소방식 중 예혼합연소에 대한 내용으로 틀린 것은 어느 것인가?

㉮ 연소기 내부에서 연료와 공기의 혼합비가 변하지 않고 균일하게 연소된다.
㉯ 화염길이가 길고, 그을음이 발생하기 쉽다.
㉰ 역화의 위험이 있어 역화방지기를 부착해야 한다.
㉱ 화염온도가 높아 연소부하가 큰 곳에 사용이 가능하다.

풀이 ㉯ 화염의 길이가 짧고, 그을음이 발생하지 않는다.

answer 24 ㉰ 25 ㉱ 26 ㉯ 27 ㉱ 28 ㉯

29 보일러에서 저온부식을 방지하기 위한 방법으로 틀린 것은 어느 것인가?

㉮ 과잉공기를 줄여서 연소한다.
㉯ 가스온도를 산노점 이하가 되도록 조절한다.
㉰ 연료를 전처리하여 황함량을 낮춘다.
㉱ 장치표면을 내식재료로 피복한다.

[풀이] ㉯ 가스온도를 산노점 이상이 되도록 조절한다.

30 촉매연소법에 대한 내용으로 틀린 것은 어느 것인가?

㉮ 일반적으로 구리, 금, 은, 아연, 카드뮴 등은 촉매의 수명을 단축시킨다.
㉯ 고농도의 VOCs, 열용량이 높은 물질을 함유한 가스에 효과적으로 적용된다.
㉰ 배출가스 중의 가연성 오염물질을 연소로 내에서 파라듐, 코발트 등의 촉매를 사용하여 주로 연소한다.
㉱ 대부분의 촉매는 800~900℃ 이하에서 촉매역할이 활발하므로 촉매연소에서의 온도상승은 50~100℃ 정도로 유지하는 것이 좋다.

[풀이] ㉯ 고농도의 VOCs, 열용량이 높은 물질을 함유한 가스에 비효과적이다.

31 연소의 종류에 대한 내용으로 틀린 것은 어느 것인가?

㉮ 증발연소 : 물질이 직접 기화되면서 연소된다.
㉯ 표면연소 : 휘발분의 함유율이 적은 물질이 연소될 때 표면의 탄소분부터 직접 연소된다.
㉰ 다단연소 : 1단계로 표면물질이 연소되고 중심부로 들어가면서 단계적으로 연소된다.
㉱ 분해연소 : 착화온도에 도달하기 전에 휘발분이 생성되고 그것이 연소되면서 착화연소가 시작된다.

[풀이] ㉰ 다단연소는 연소의 형태에 해당하지 않는다.

32 메탄올 2.0kg을 완전연소하는데 필요한 이론공기량(Sm^3)은 얼마인가?

㉮ $2.5Sm^3$ ㉯ $5.0Sm^3$
㉰ $7.5Sm^3$ ㉱ $10.0Sm^3$

[풀이] ① 이론산소량 계산
$CH_3OH + 1.5O_2 \rightarrow CO_2 + 2H_2O$
$32kg : 1.5 \times 22.4Sm^3$
$2.0kg : 이론산소량(O_0)$

∴ 이론산소량$(O_0) = \dfrac{2.0kg \times 1.5 \times 22.4Sm^3}{32kg}$

$= 2.1Sm^3$

② 이론공기량(Sm^3)
$= 이론산소량(Sm^3) \times \dfrac{1}{0.21} = 2.1Sm^3 \times \dfrac{1}{0.21}$
$= 10Sm^3$

33 에탄(C_2H_6)의 고위발열량이 15,520kcal/Sm^3일 때, 저위발열량(kcal/Sm^3)은 얼마인가? (단, H_2O $1Sm^3$의 증발잠열은 480 kcal/Sm^3)

㉮ $15,380kcal/Sm^3$ ㉯ $14,560kcal/Sm^3$
㉰ $14,080kcal/Sm^3$ ㉱ $13,820kcal/Sm^3$

[풀이] $C_2H_6 + 3.5O_2 \rightarrow 2CO_2 + 3H_2O$
$Hl = Hh - 480 \times H_2O량(kcal/Sm^3)$
$= 15,520kcal/Sm^3 - 480 \times 3$
$= 14,080kcal/Sm^3$

answer 29 ㉯ 30 ㉯ 31 ㉰ 32 ㉱ 33 ㉰

34 중유의 특성에 관한 내용으로 알맞은 것은 어느 것인가?

㉮ 인화점은 낮을수록 좋다.
㉯ 회분의 양은 많을수록 좋다.
㉰ 비중이 클수록 발열량은 증가한다.
㉱ 잔류탄소 함량이 많아지면 점도는 높아진다.

풀이 ㉮ 인화점은 낮을수록 위험하다.
㉯ 회분의 양은 많을수록 좋지 않다.
㉰ 비중이 클수록 발열량은 감소한다.

35 탄소 85%, 수소 10%, 황 5%인 중유를 공기비 1.2로 연소할 때 건조 배출가스 중 SO_2의 부피비(%)는 얼마인가?

㉮ 0.29% ㉯ 1.46%
㉰ 2.60% ㉱ 3.72%

풀이 ① 이론공기량(A_o)

$= 8.89C + 26.67\left(H - \dfrac{O}{8}\right) + 3.33S(Sm^3/kg)$

$= 8.89 \times 0.85 + 26.67 \times 0.1 + 3.33 \times 0.05$

$= 10.39 Sm^3/kg$

② 실제건연소가스량(G_d)

$= mA_o - 5.6H + 0.7O + 0.8N(Sm^3/kg)$

$= 1.2 \times 10.39 Sm^3/kg - 5.6 \times 0.1$

$= 11.908 Sm^3/kg$

③ $SO_2(\%) = \dfrac{0.7S(Sm^3/kg)}{G_d(Sm^3/kg)} \times 100$

$= \dfrac{0.7 \times 0.05 Sm^3/kg}{11.908 Sm^3/kg} \times 100 = 0.29\%$

36 연료 및 연소에 대한 내용으로 틀린 것은 어느 것인가?

㉮ 휘발유, 등유, 경유, 중유 중 비점이 가장 높은 연료는 휘발유이다.
㉯ 연소는 고속의 발열반응이며 일반적으로 빛을 수반한다.
㉰ 탄소성분이 많은 중질유 등의 연소에서는 초기에는 증발연소를 하고, 그 열에 의해 연료성분이 분해되면서 연소한다.
㉱ 코크스나 목탄 등의 고체연료는 빨간 불꽃을 내면서 연소되는 표면연소이다.

풀이 ㉮ 휘발유, 등유, 경유, 중유 중 비점(끓는점)이 가장 높은 연료는 중유이다.

37 액화천연가스의 대부분을 차지하는 구성성분은 어느 것인가?

㉮ CH_4 ㉯ C_2H_6
㉰ C_3H_8 ㉱ C_4H_{10}

풀이 주성분
① 액화천연가스(LNG) : 메탄(CH_4)
② 액화석유가스(LPG) : 프로판(C_3H_8), 부탄(C_4H_{10})

answer 34 ㉱ 35 ㉮ 36 ㉮ 37 ㉮

38 휘발유의 안티노킹제(anti-knocking agent)로 옥탄가를 증진시키는 물질로 최근에 널리 사용되는 물질은 어느 것인가?

㉮ Cenox
㉯ Cetane
㉰ TEL(tetraethyl lead)
㉱ MTBE(methyl tetra-butyl ether)

[풀이] 휘발유의 안티노킹제로 옥탄가를 증진시키는 물질로 최근에 널리 사용되는 물질은 MTBE(methyl tetra-butyl ether)이다.

39 석탄의 탄화도가 증가하면 감소하는 것은 어느 것인가?

㉮ 비열
㉯ 발열량
㉰ 고정탄소
㉱ 착화온도

[풀이] ① 석탄의 탄화도가 증가하면 고정탄소, 발열량, 착화온도, 연료비는 증가한다.
② 석탄의 탄화도가 증가하면 매연발생량, 비열, 휘발분, 수분, 산소의 양, 연소속도는 감소한다.

40 액체연료를 효율적으로 연소시키기 위해서는 연료를 미립화하여야 한다. 이때 미립화 특성을 결정하는 인자로 틀린 것은 어느 것인가?

㉮ 분무유량
㉯ 분무입경
㉰ 분무점도
㉱ 분무의 도달 거리

[풀이] 미립화 특성을 결정하는 인자로는 분무유량, 분무입경, 분무의 도달거리, 분무각, 입경분포가 있다.

| 제3과목 | 대기오염방지기술

41 사이클론(cyclone)의 조업 변수 중 집진효율을 결정하는 가장 중요한 변수는 어느 것인가?

㉮ 유입가스의 속도
㉯ 사이클론 내부 높이
㉰ 유입가스의 먼지 농도
㉱ 사이클론에서의 압력손실

[풀이] 사이클론의 조업 변수 중 집진효율을 결정하는 가장 중요한 변수는 유입가스의 속도이다.

42 축류식 원심력 집진장치 중 반전형에 대한 내용으로 틀린 것은 어느 것인가?

㉮ 입구가스 속도가 50m/sec 전후이다.
㉯ 접선유입식에 비해 압력손실이 적은 편이다.
㉰ 가스의 균일한 분배가 용이한 이점이 있다.
㉱ 함진가스 입구의 안내익에 따라 집진효율이 달라진다.

[풀이] ㉮ 입구가스 속도가 12m/sec 전후이다.

answer 38 ㉱ 39 ㉮ 40 ㉰ 41 ㉮ 42 ㉮

43 전기집진장치의 각종 장해에 따른 대책으로 틀린 것은 어느 것인가?

㉮ 미분탄 연소 등에 따라 역전리 현상이 발생할 때에는 집진극의 타격을 강하게 하거나, 빈도수를 늘린다.
㉯ 재비산이 발생할 때에는 처리가스의 속도를 낮추어 준다.
㉰ 먼지의 비저항이 비정상적으로 높아 2차 전류가 현저히 떨어질 때에는 조습용 스프레이의 수량을 줄인다.
㉱ 먼지의 비저항이 비정상적으로 높아 2차 전류가 현저히 떨어질 때에는 스파크 횟수를 늘린다.

풀이 ㉰ 먼지의 비저항이 비정상적으로 높아 2차전류가 현저히 떨어질 때에는 조습용 스프레이의 수량을 늘린다.

44 총 집진효율 93%를 얻기 위해 40% 효율을 가진 1차 전처리 설비를 설치 시, 2차 처리 장치의 효율(%)은 얼마인가?

㉮ 58.3% ㉯ 68.3%
㉰ 78.3% ㉱ 88.3%

풀이
$\eta_T = 1 - (1-\eta_1) \times (1-\eta_2)$
$0.93 = 1 - \frac{1-0.93}{1-0.40} = (1-0.40) \times (1-\eta_2)$
$\therefore \eta_2 = 0.8833$
따라서 88.33%

45 Cl_2 농도가 0.5%인 배출가스 10,000 Sm^3/hr를 $Ca(OH)_2$ 현탁액으로 세정처리 시 필요한 $Ca(OH)_2$의 양(kg/hr)은 얼마인가?

㉮ 약 147.4kg/hr ㉯ 약 155.3kg/hr
㉰ 약 160.3kg/hr ㉱ 약 165.2kg/hr

풀이 $2Cl_2 + 2Ca(OH)_2 \rightarrow CaCl_2 + Ca(OCl)_2 + 2H_2O$
$2 \times 22.4 Sm^3 : 2 \times 74 kg$
$10,000 Sm^3/hr \times 0.5\% \times 10^{-2} : X$
$\therefore X = \frac{10,000 Sm^3/hr \times 0.5\% \times 10^{-2} \times 2 \times 74 kg}{2 \times 22.4 Sm^3}$
$= 165.18 kg/hr$

46 유해가스를 촉매연소법으로 처리할 때 촉매의 수명을 단축시키거나 효율을 감소시킬 수 있는 물질로 틀린 것은 어느 것인가?

㉮ Fe ㉯ Si
㉰ Pd ㉱ P

풀이 유해가스를 촉매연소법으로 처리할 때 촉매의 수명을 단축시키거나 효율을 감소시킬 수 있는 물질은 철(Fe), 규소(Si), 인(P)이다.

47 헨리법칙을 이용하여 유도된 총괄물질이동계수와 개별물질이동계수와의 관계를 나타낸 식으로 알맞은 것은 어느 것인가? (단, K_G : 기상총괄물질이동계수, k_l : 액상물질이동계수, k_g : 기상물질이동계수, H : 헨리정수)

㉮ $\frac{1}{K_G} = \frac{H}{k_g} + \frac{k_g}{k_l}$ ㉯ $\frac{1}{K_G} = \frac{H}{k_l} + \frac{k_g}{H}$
㉰ $\frac{1}{K_G} = \frac{1}{k_g} + \frac{H}{k_l}$ ㉱ $\frac{1}{K_G} = \frac{1}{k_l} + \frac{H}{k_g}$

answer 43 ㉰ 44 ㉱ 45 ㉱ 46 ㉰ 47 ㉰

48 활성탄 흡착법을 이용하여 악취 제거 시 효과가 거의 없는 물질은 어느 것인가?

㉮ 페놀(phenol)
㉯ 스타이렌(styrene)
㉰ 에틸머캡탄(ethyl mercaptan)
㉱ 암모니아(ammonia)

49 전기집진장치의 먼지 제거효율을 95%에서 99%로 증가시키고자 할 때, 집진극의 면적은 길이방향으로 몇 배 증가하여야 하는가? (단, 나머지 조건은 일정하다고 가정함)

㉮ 1.24배
㉯ 1.54배
㉰ 1.84배
㉱ 2.14배

풀이 $\eta = \left\{1 - \exp\dfrac{-A \times We}{Q}\right\} \times 100$

$A = LN(1-\eta) \times \left(\dfrac{-Q}{We}\right)$

따라서 $\dfrac{A_2}{A_1} = \dfrac{LN(1-0.99) \times \left(\dfrac{Q}{We}\right)}{LN(1-0.95) \times \left(\dfrac{Q}{We}\right)} = 1.54$배

50 직경 100μm의 먼지가 높이 8m되는 위치에서 바람이 5m/sec 수평으로 불 때 이 먼지의 전방 낙하지점(m)은 얼마인가? (단, 동종의 10μm 먼지의 낙하속도는 0.6cm/sec이다.)

㉮ 67m
㉯ 77m
㉰ 88m
㉱ 99m

풀이 $L = \left(\dfrac{\text{작은 입경}}{\text{큰 입경}}\right)^2 \times \dfrac{u \times H}{Vg}$(m)

$= \left(\dfrac{10\mu m}{100\mu m}\right)^2 \times \dfrac{5m/sec \times 8m}{0.006m/sec} = 66.67m$

51 불화수소가스를 함유한 용해성이 높은 가스를 충전탑에서 흡수처리 할 때 기상총괄단위수(NOG)를 10, 기상총괄이동단위높이(HOG)를 0.5m로 할 때 충전탑의 높이(m)는 얼마인가?

㉮ 5m
㉯ 5.5m
㉰ 10m
㉱ 10.5m

풀이 H = NOG×HOG

H : 충전탑의 높이(m)
NOG : 총괄이동단위수
HOG : 총괄이동단위높이(m)

따라서, H = 10×0.5m = 5m

answer 48 ㉱ 49 ㉯ 50 ㉮ 51 ㉮

52 여과집진장치에 대한 내용으로 틀린 것은 어느 것인가?

㉮ 여과자루 모양에 따라 원통형, 평판형, 봉투형으로 분류되며, 주로 원통형을 사용한다.
㉯ 여과자루 길이(L)/여과자루 직경(D) ≒50 이상으로 많이 설계하고, 여과자루 간의 최소 간격은 1.5m 이상이 되어야 한다.
㉰ 간헐식의 경우는 먼지의 재비산이 적고 여포수명이 연속식에 비해 길다.
㉱ 간헐식 중 진동형은 접착성 먼지집진에는 사용할 수 없다.

[풀이] ㉯ 여과주머니의 직경에 대한 길이의 비(L/D)를 너무 크게 하면 주머니들끼리 마찰할 위험이 있고, 먼지제거가 곤란하므로 통상 L/D비는 20 이하가 좋다.

53 충전탑 내 상부에서 흐르는 액체는 충전제 전체를 적시면서 고르게 분포하는 것이 가장 좋다. 균일한 액의 분포를 위하여 가장 이상적인 편류현상의 D/d는 얼마인가? (단, 충전탑의 지름 : D, 충전제의 지름 : d)

㉮ 1~2 정도   ㉯ 8~10 정도
㉰ 40~70 정도   ㉱ 50~100 정도

[풀이] 균일한 액의 분포를 위하여 가장 이상적인 편류현상의 D/d는 8~10 정도이다.

54 여과집진장치의 탈진방식에 대한 내용으로 틀린 것은 어느 것인가?

㉮ 연속식에는 역제트기류 분사형과 충격제트기류 분사형 등이 있다.
㉯ 연속식은 채취와 탈진이 동시에 이루어지므로 압력손실이 거의 일정하고 고농도, 대용량의 가스를 처리할 수 있다.
㉰ 간헐식은 먼지의 재비산이 적고, 높은 집진율을 얻을 수 있으며, 여포의 수명은 연속식에 비해 길다.
㉱ 충격제트기류 분사형은 여과자루에 상하로 이동하는 블로워에 몇 개의 슬롯을 설치하고 여기에 고속제트기류를 주입하여 여과자루를 위·아래로 이동하면서 탈진하는 방식으로 내면여과이다.

[풀이] ㉱ 충격제트기류 분사형은 연속식 탈진방식으로 처리가스가 여과포의 외부에서 내부로 투과되기 때문에 먼지는 여과포 외벽에 집진되며, 표면여과에 해당한다.

55 원심형 송풍기의 성능에 관한 내용으로 알맞은 것은 어느 것인가?

㉮ 송풍기의 풍량은 회전수의 제곱에 비례한다.
㉯ 송풍기의 풍압은 회전수의 제곱에 비례한다.
㉰ 송풍기의 크기는 회전수의 제곱에 비례한다.
㉱ 송풍기의 동력은 회전수의 제곱에 비례한다.

[풀이] ㉮ 송풍기의 풍량은 회전수의 1승에 비례한다.
㉰ 송풍기의 속도는 회전수의 1승에 비례한다.
㉱ 송풍기의 동력은 회전수의 3승에 비례한다.

answer 52 ㉯ 53 ㉯ 54 ㉱ 55 ㉯

56 악취제거 방법에 대한 내용으로 틀린 것은 어느 것인가?

㉮ 물리흡착법이 주로 이용된다.
㉯ 희석 방법은 악취를 대량의 공기로 희석시켜 감지되지 않도록 하는 염가의 방법이다.
㉰ 백금이나 금속 산화물 등의 산화 촉매를 이용하여 260~450℃ 정도의 온도에서 산화 처리할 수 있다.
㉱ 유기성의 냄새 유발 물질을 태워서 산화시키면 불완전 연소가 있더라도 냄새의 강도를 줄일 수 있다.

풀이 ㉱ 유기성의 냄새 유발 물질을 태워서 산화시켜 불완전 연소가 되면 냄새의 강도가 증가한다.

57 흡착과정에 관한 내용으로 틀린 것은 어느 것인가?

㉮ 파과곡선의 형태는 흡착탑의 경우에 따라서 비교적 기울기가 큰 것이 바람직하다.
㉯ 포화점(saturation point)에서는 주어진 온도와 압력조건에서 흡착제가 가장 많은 양의 흡착질을 흡착하는 점이다.
㉰ 실제의 흡착은 비정상상태에서 진행되므로 흡착의 초기에는 흡착이 천천히 진행되다가 어느 정도 흡착이 진행되면 빠르게 흡착이 이루어진다.
㉱ 흡착제층 전체가 포화되어 배출가스 중에 오염가스 일부가 남게 되는 점을 파과점(break point)이라 하고, 이점 이후부터는 오염가스의 농도가 급격히 증가한다.

풀이 ㉰ 실제의 흡착은 비정상상태에서 진행되므로 흡착의 초기에는 흡착이 빠르게 진행되다가 어느 정도 흡착이 진행되면 천천히 흡착이 이루어진다.

58 배연탈황법 중 석회석주입법에 대한 내용으로 틀린 것은 어느 것인가?

㉮ 석회석 재생뿐만 아니라 부대설비가 많이 소요된다.
㉯ 배출가스의 온도가 떨어지지 않는 장점이 있다.
㉰ 소규모 보일러나 노후된 보일러에 많이 사용되어 왔다.
㉱ 연소로 내에서 짧은 접촉시간을 가지며, 아황산가스가 석회분말의 표면 안으로 침투가 어렵다.

풀이 ㉮ 석회석 재생뿐만 아니라 부대설비가 적게 소요된다.

59 유체의 점도를 나타내는 단위 표현으로 틀린 것은 어느 것인가?

㉮ poise ㉯ liter·atm
㉰ Pa·s ㉱ $\dfrac{g}{cm \cdot s}$

answer 56 ㉱ 57 ㉰ 58 ㉮ 59 ㉯

60 배출가스 중의 NO_x 제거법에 대한 내용으로 틀린 것은 어느 것인가?

㉮ 비선택적인 촉매환원에서는 NO_x뿐만 아니라, O_2까지 소비된다.
㉯ 선택적 촉매환원법은 TiO_2와 V_2O_5를 혼합하여 제조한 촉매에 NH_3, H_2, CO, H_2S 등의 환원가스를 작용시켜 NO_x를 N_2로 환원시키는 방법이다.
㉰ 선택적 촉매환원법의 최적온도 범위는 700~850℃ 정도이며, 보통 50% 정도의 NO_x를 저감시킬 수 있다.
㉱ 배출가스 중의 NO_x 제거는 연소조절에 의한 제어법보다 더 높은 NO_x 제거 효율이 요구되는 경우나 연소방식을 적용할 수 없는 경우에 사용된다.

[풀이] ㉰ 선택적 촉매환원법의 최적온도 범위는 300~400℃ 정도이며, 보통 80% 정도의 NO_x를 저감시킬 수 있다.

| 제4과목 | 대기오염공정시험기준

61 다음의 조건을 이용하여 기체크로마토그래피법에서 계산된 머무름시간(분)은 얼마인가?

- 이론단수 : 1,600
- 기록지 이동속도 : 5mm/분
- 봉우리의 좌우변곡점에서 접선이 자르는 바탕선 길이 : 10mm

㉮ 5분 ㉯ 10분
㉰ 15분 ㉱ 20분

[풀이]
$$n = 16 \times \left(\frac{tR}{W}\right)^2$$

$\begin{bmatrix} n : 이론단수 \\ W : 봉우리의 폭(mm) \\ tR : 기록지의 이동속도(mm/min) \end{bmatrix}$

따라서 $1,600 = 16 \times \left(\frac{5mm/min \times 머무름시간(min)}{10mm}\right)^2$

∴ 머무름시간 = 20min

TIP
tR = 기록지의 이동속도(mm/min)×머무름시간(min)

62 대기오염공정시험기준상 굴뚝 배출가스 중의 폼알데하이드 및 알데하이드류의 분석방법으로 알맞은 것은 어느 것인가?

㉮ 중화법
㉯ 페놀디슬폰산법
㉰ 크로모트로핀산법
㉱ 4-아미노 안티피린법

[풀이] 폼알데하이드 및 알데하이드류의 분석방법으로는 고성능 액체크로마토그래피법, 자외선/가시선분광법(크로모트로핀산법, 아세틸아세톤법)이 있다.

63 굴뚝 등에서 배출되는 가스 중의 산소측정을 위한 자기풍분석계의 구성인자로 틀린 것은 어느 것인가?

㉮ 담벨 ㉯ 자극
㉰ 측정셀 ㉱ 열선소자

[풀이] 자기풍분석계의 구성인자로는 측정셀, 비교셀, 자극, 열선소자가 있다.

---

answer 60 ㉰ 61 ㉱ 62 ㉰ 63 ㉮

64 굴뚝 배출가스 중의 이황화탄소 분석방법에 대한 내용 중 (　)에 알맞은 말은 어느 것인가?

> 자외선/가시선 분광법은 다이에틸아민구리용액에서 시료가스를 흡수시켜 생성된 다이에틸다이싸이오카밤산구리의 흡광도를 (①)의 파장에서 측정한다. 이 방법은 시료가스채취량 10L인 경우 배출가스 중의 이황화탄소 농도 (②)의 분석에 적합하다.

㉮ ① 340nm, ② 0.05~1ppm
㉯ ① 340nm, ② 3~60ppm
㉰ ① 435nm, ② 0.05~1ppm
㉱ ① 435nm, ② (4.0~60.0)ppm

풀이 이황화탄소의 자외선/가시선분광법
① 측정파장 : 435nm
② 정량범위 : 시료채취량 10L인 경우 (4.0~60.0)ppm
③ 흡수액 : 다이에틸아민구리용액

65 A 보일러 굴뚝의 배출가스 온도 280℃, 압력 760mmHg, 피토우관에 의한 동압 측정치는 0.552mmHg이었다. 이 때 굴뚝 배출가스 평균 유속(m/s)은 얼마인가? (단, 굴뚝 내 습배출가스의 밀도는 1.3kg/Sm³, 피토우관 계수는 1이다.)

㉮ 약 9.6   ㉯ 약 12.3
㉰ 약 14.6   ㉱ 약 15.1

풀이 $V = C \times \sqrt{\dfrac{2gh}{r}}$

$= 1 \times \sqrt{\dfrac{2 \times 9.8 m/sec^2 \times (0.552 mmHg \times 13.6) mmH_2O}{1.3 kg/Sm^3 \times \dfrac{273}{273+280℃}}}$

$= 15.14 m/sec$

66 굴뚝 배출가스 내 산소측정 분석계 중 측정셀, 자극보조 가스용 조리개, 검출소자, 증폭기 등으로 구성되는 분석계는 어느 것인가?

㉮ 자기풍 분석계
㉯ 담벨형 자기력 분석계
㉰ 압력 검출형 자기력 분석계
㉱ 전기화학식 질코니아 분석계

풀이 ㉰ 압력 검출형 자기력 분석계에 대한 설명이다.

67 배출가스 중 벤젠을 분석하는 방법으로 알맞은 것은?

㉮ 자외선/가시선분광법
㉯ 기체크로마토그래피
㉰ 이온크로마토그래피
㉱ 원자흡수분광광도법

풀이 배출가스 중 벤젠을 분석하는 방법은 기체크로마토그래피이다.

68 원형굴뚝의 단면적이 13~15m²인 경우 배출되는 먼지 측정을 위한 반경구분수 (①)와 측정점수(②)는 얼마인가?

㉮ ① 2, ② 8   ㉯ ① 3, ② 12
㉰ ① 4, ② 16   ㉱ ① 5, ② 20

풀이 원형굴뚝의 단면적이 13~15m²이면 직경으로 환산하면 4.07~4.37m이므로 반경구분수는 4, 측정점수는 16이다.

굴뚝직경(m)	반경구분수	측정점수
1 이하	1	4
1 초과 2 이하	2	8
2 초과 4 이하	3	12
4 초과 4.5 이하	4	16
4.5 초과	5	20

answer 64 ㉱ 65 ㉱ 66 ㉰ 67 ㉯ 68 ㉰

TIP

단면적(m²) = $\frac{\pi D^2}{4}$ 이므로

① $13m^2 = \frac{\pi D^2}{4}$ 에서 $D = \sqrt{\frac{4 \times 13m^2}{\pi}} = 4.07m$

② $15m^2 = \frac{\pi D^2}{4}$ 에서 $D = \sqrt{\frac{4 \times 15m^2}{\pi}} = 4.37m$

69 배출가스 중 금속화합물을 원자흡수분광광도법으로 분석할 때 간섭물질에 대한 설명으로 틀린 것은?

㉮ 광학적 간섭은 분석하고자 하는 금속과 근접한 파장에서 발광하는 물질이 존재할 때 발생할 수 있다.

㉯ 화학적 간섭은 이온과 원자의 재결합으로 연속 발광할 때 발생할 수 있다.

㉰ 물리적 간섭은 표준물질과 분석용 시료용액의 매질(matrix) 차이에 의해 발생할 수 있다.

㉱ 크로뮴 분석 시 아세틸렌-공기 불꽃에서는 철, 니켈 등에 의한 방해를 받는다. 이 경우에는 아세틸렌-산화이질소 불꽃 사용하여 간섭효과를 줄일 수 있다.

풀이 ㉯번은 광학적 간섭에 대한 내용이다.

70 비산먼지의 농도를 구하기 위해 측정한 조건 및 결과가 다음과 같을 때 비산먼지의 농도(mg/Sm³)는 얼마인가?

〈측정조건 및 결과〉
- 채취먼지량이 가장 많은 위치에서의 먼지농도(mg/Sm³) : 5.8
- 대조위치에서의 먼지농도(mg/Sm³) : 0.17
- 전 시료채취 기간 중 주 풍향이 45°~90° 변한다.
- 풍속이 0.5m/초 미만 또는 10m/초 이상 되는 시간이 전 채취시간의 50% 이상이다.

㉮ 5.6 ㉯ 6.8
㉰ 8.1 ㉱ 10.1

풀이 $C = (C_H - C_B) \times W_D \times W_S$

- C : 비산먼지농도(mg/Sm³)
- C_H : 채취먼지량이 가장 많은 위치에서의 먼지농도(mg/Sm³)
- C_B : 대조위치에서의 먼지농도(mg/Sm³)
- W_D : 풍향 측정결과로부터 구한 보정계수(1.2)
- W_S : 풍속 측정결과로부터 구한 보정계수(1.2)

따라서 $C = (5.8-0.17)mg/Sm^3 \times 1.2 \times 1.2$
$= 8.11 mg/Sm^3$

TIP

① 풍향에 대한 보정계수
- 주풍량이 90° 이상 : 1.5
- 주풍량이 45°~90° : 1.2
- 주풍량이 45° 미만 : 1.0

② 풍속에 대한 보정계수
- 전 채취시간의 50% 미만 : 1.0
- 전 채취시간의 50% 이상 : 1.2

answer 69 ㉯ 70 ㉰

71 비분산 적외선 분광분석법에서 사용하는 주요 용어의 정의로 틀린 것은 어느 것인가?

㉮ 비교가스 : 시료셀에서 적외선 흡수를 측정하는 경우 대조가스로 사용하는 것으로 적외선을 흡수하지 않는 가스
㉯ 스팬 드리프트(Span Drift) : 계기의 눈금스팬에 대응하는 지시치의 일정 기간 내의 변동
㉰ 스팬가스(Span Gas) : 분석계의 최저 눈금값을 교정하기 위하여 사용하는 가스
㉱ 정필터형 : 측정성분이 흡수되는 적외선을 그 흡수파장에서 측정하는 방식

풀이 ㉰ 스팬가스(Span Gas) : 분석계의 최고 눈금값을 교정하기 위하여 사용하는 가스

72 원자흡광 분석장치에 대한 내용으로 틀린 것은 어느 것인가?

㉮ 램프점등장치 중 직류점등 방식은 광원의 빛 자체가 변조되어 있기 때문에 빛의 단속기(chopper)는 필요하지 않다.
㉯ 원자흡광분석용 광원은 원자흡광 스펙트럼선의 선폭보다 좁은 선폭을 갖고 휘도가 높은 스펙트럼을 방사하는 중공음극램프가 많이 사용된다.
㉰ 시료를 원자화하는 일반적인 방법은 용액 상태로 만든 시료를 불꽃 중에 분무하는 방법이며 플라즈마 제트불꽃 또는 방전을 이용하는 방법도 있다.
㉱ 전분무 버너는 가연가스와 조연가스가 버너 선단부에서 혼합되어 불꽃을 형성하고 이 때 빨아올린 시료용액은 모두 이 불꽃속으로 들어가게 된다.

풀이 ㉮ 램프점등장치 중 교류점등 방식은 광원의 빛 자체가 변조되어 있기 때문에 빛의 단속기는 필요하지 않다.

73 이온크로마토그래피법에 대한 내용으로 틀린 것은 어느 것인가?

㉮ 공급전원은 전압변동 5% 이하, 주파수 변동 10% 이하로 변동이 적어야 한다.
㉯ 일반적으로 강수물, 대기먼지, 하천수 중의 이온성분을 정량·정성 분석하는 데 이용한다.
㉰ 가시선 흡수 검출기(VIS 검출기)는 전이금속 성분의 발색반응을 이용하는 경우에 사용된다.
㉱ 써프렛서는 관형과 이온교환막형이 있으며, 관형은 음이온에는 스티롤계 강산형(H^+) 수지가, 양이온에는 스티롤계 강염기형(OH^-)의 수지가 충진된 것을 사용한다.

풀이 ㉮ 공급전원은 전압변동 10% 이하이고, 주파수변동이 없어야 한다.

74 기체크로마토그래피(Gas Chromatography)분석에 사용되는 검출기로 틀린 것은 어느 것인가?

㉮ Thermal Conductivity Detector
㉯ Electronic Conductivity Detector
㉰ Electron Capture Detector
㉱ Flame Photometric Detector

풀이 ㉯ 전기전도도검출기(Electronic Conductivity Detector)는 이온크로마토그래피의 검출기이다.

answer 71 ㉰ 72 ㉮ 73 ㉮ 74 ㉯

75 환경대기 중의 시료채취에 관한 일반적인 주의사항으로 틀린 것은 어느 것인가?

㉮ 악취물질의 채취는 되도록 짧은 시간 내에 끝내고 입자상 물질 중의 금속성분이나 발암성 물질 등은 되도록 장시간 채취한다.
㉯ 시료채취 유량은 각 항에서 규정하는 범위 내에서는 되도록 많이 채취하는 것을 원칙으로 한다.
㉰ 바람이나 눈, 비로부터 보호하기 위하여 측정기기는 실내에 설치하고 채취구는 밖으로 연결할 경우에는 채취관 벽과의 반응, 흡착, 흡수 등에 의한 영향을 최소한도로 줄일 수 있는 재질과 방법을 선택한다.
㉱ 입자상 물질을 채취할 경우에는 채취관 벽에 먼지가 부착 또는 퇴적하는 것을 피하고 특히 채취관은 수평방향으로 연결할 경우에는 되도록 관의 길이를 길게 하고 곡률변경은 작게 한다.

[풀이] ㉱ 입자상 물질을 채취할 경우에는 채취관 벽에 먼지가 부착 또는 퇴적하는 것을 피하고 특히 채취관은 수평방향으로 연결할 경우에는 되도록 관의 길이를 짧게 하고 곡률변경은 크게 한다.

76 대기오염공정시험기준의 화학분석 일반사항에서 시험의 기재 및 용어에 대한 내용으로 틀린 것은 어느 것인가?

㉮ 액체성분의 양을 "정확히 취한다"함은 눈금피펫, 메스실린더 정도의 정확도를 갖는 용량계 사용을 말한다.
㉯ 시험조작 중 "즉시"란 30초 이내에 표시된 조작을 하는 것을 말한다.
㉰ "항량이 될 때까지 건조한다"라 함은 따로 규정이 없는 한 보통의 건조방법으로 1시간 더 건조 시, 전후 무게의 차가 매 g당 0.3mg 이하일 때를 말한다.
㉱ "정확히 단다"라 함은 규정한 량의 검체를 취하여 분석용 저울로 0.1mg까지 다는 것을 뜻한다.

[풀이] ㉮ 액체성분의 양을 "정확히 취한다"함은 홀피펫, 눈금플라스크 또는 이와 동등 이상의 정확도를 갖는 용량계 사용을 말한다.

77 전기 아크로를 사용하는 철강공장에서 외부로 비산 배출되는 먼지를 불투명도법으로 측정하는 방법으로 알맞은 것은 어느 것인가?

㉮ 비탁도는 최소 1도의 단위로 측정값을 기록한다.
㉯ 시료의 채취시간은 60초 간격으로 비탁도를 측정한다.
㉰ 측정된 비탁도에 100%를 곱한 값을 불투명도 값으로 한다.
㉱ 측정 시 태양은 측정자의 좌측 또는 우측에 있어야 하고, 측정위치는 발생원으로부터 멀어도 1km 이내이어야 한다.

[풀이] ㉮ 비탁도는 최소 0.5도의 단위로 측정값을 기록한다.
㉯ 시료의 채취시간은 30초 간격으로 비탁도를 측정한다.
㉰ 측정된 비탁도에 20%를 곱한 값을 불투명도 값으로 한다.

answer 75 ㉱ 76 ㉮ 77 ㉱

78 굴뚝배출가스 중 아황산가스를 연속적으로 자동측정하는 방법에서 사용되는 용어의 의미로 틀린 것은 어느 것인가?

㉮ 90% 교정가스를 스팬가스라고 한다.
㉯ 제로가스는 표준시험기관에 의해 아황산가스 농도가 0.1ppm 미만으로 보증된 참가스를 말한다.
㉰ 교정가스는 공인기관의 보정치가 제시되어 있는 표준가스로 연속자동측정기 최대 눈금치의 약 50%와 90%에 해당하는 농도를 갖는다.
㉱ 보정이란 보다 참에 가까운 값을 구하기 위하여 판독값 또는 계산값에 어떤 값을 가감하는 것 또는 그 값을 말한다.

풀이 ㉯ 제로가스는 표준시험기관에 의해 아황산가스 농도가 1ppm 미만으로 보증된 표준 가스를 말한다.

79 굴뚝배출가스 중 먼지측정을 위한 시료채취방법에 관한 사항으로 틀린 것은 어느 것인가?

㉮ 한 채취점에서의 채취시간을 최소 30초 이상으로 하고 모든 채취점에서 채취시간을 동일하게 한다.
㉯ 동압은 원칙적으로 0.1mmH$_2$O의 단위까지 읽고 이때, 피토관의 배출가스 흐름방향에 대한 편차는 10° 이하가 되어야 한다.
㉰ 등속흡입식에 의해서 등속흡입계수를 구하고 그 값이 90~110% 범위 내에 들지 않는 경우에는 다시 시료채취를 행한다.
㉱ 피토관을 측정공에서 굴뚝 내의 측정점까지 삽입하여 전압공을 배출가스 흐름방향에 바로 직면시켜 압력계에 의하여 동압을 측정한다.

풀이 ㉮ 한 채취점에서의 채취시간을 최소 2분 이상으로 하고 모든 채취점에서 채취시간을 동일하게 한다.

80 연료용 유류 중의 황함유량 측정방법 중 방사선식 여기법에 대한 내용으로 틀린 것은 어느 것인가?

㉮ 여기법 분석계의 전원 스위치를 넣고, 1시간 이상 안정화시킨다.
㉯ 시료에 방사선을 조사하고, 여기된 황의 원자에서 발생하는 γ선의 강도를 측정한다.
㉰ 표준 시료는 다이부틸다이술파이드를 이용하여 조제한 것으로 황함유량이 확인된 것을 사용한다.
㉱ 시료를 충분히 교반한 후 준비된 시료 셀에 기포가 들어가지 않도록 주의하여 액층의 두께가 5~20mm가 되도록 시료를 넣는다.

풀이 ㉯ 시료에 방사선을 조사하고, 여기된 황의 원자에서 발생하는 형광 X선의 강도를 측정한다.

answer 78 ㉯ 79 ㉮ 80 ㉯

2016 2회 기출문제

| 제1과목 | 대기환경관리

01 광화학반응에 관한 내용으로 틀린 것은 어느 것인가?

㉮ 대기 중의 어떤 종류의 분자는 태양빛을 흡수하여 여기상태가 되거나 또는 분해한다.
㉯ 성층권의 오존층이 대부분의 자외선을 차단한 후 대류권으로 들어오는 태양빛의 파장은 180nm 이상의 단파장이다.
㉰ 대류권에서 광화학 대기오염에 영향을 미치는 물질은 280~700nm의 범위에 있는 빛을 흡수하는 물질이다.
㉱ 0.3μm 이하의 단파장에서 성층권의 오존층에 의한 태양빛의 흡수가 있다.

풀이 ㉯ 성층권의 오존층이 대부분의 자외선을 차단한 후 대류권으로 들어오는 태양빛의 파장은 280 nm 이상이다.

02 A굴뚝으로부터 배출되는 SO_2가 풍하 측 5,000m 지점에서 지표 최고 농도를 나타냈을 때, 유효굴뚝 높이(m)는 얼마인가? (단, sutton 확산식을 사용하고, 수직확산계수는 0.07, 대기안정도 지수(n)는 0.25이다.)

㉮ 약 120m   ㉯ 약 140m
㉰ 약 160m   ㉱ 약 180m

풀이
$X_{max} = \left(\dfrac{He}{Cz}\right)^{\frac{2}{2-n}}$

$5,000m = \left(\dfrac{He}{0.07}\right)^{\frac{2}{2-0.25}}$

$He = 0.07 \times (5,000m)^{\frac{2-0.25}{2}} = 120.70m$

03 지상 10m에서의 풍속이 2m/sec라면 100m에서의 풍속(m/sec)은 얼마인가? (단, Deacon식 활용, 풍속지수 P = 0.5로 가정)

㉮ 약 3.4m/sec   ㉯ 약 4.9m/sec
㉰ 약 5.5m/sec   ㉱ 약 6.3m/sec

풀이
$u_2 = u_1 \times \left(\dfrac{H_2}{H_1}\right)^P = 2m/sec \times \left(\dfrac{100m}{10m}\right)^{0.5}$
$= 6.32m/sec$

answer 01 ㉯   02 ㉮   03 ㉱

04 Down Wash 현상에 대한 내용으로 알맞은 것은 어느 것인가?

㉮ 원심력집진장치에서 처리가스량의 5~10% 정도를 흡입하여 줌으로써 유효원심력을 증대시키는 방법이다.
㉯ 굴뚝의 높이가 건물보다 높은 경우 건물 뒤편에 공동현상이 생기고 이 공동에 대기오염물질의 농도가 낮아지는 현상을 말한다.
㉰ 굴뚝 아래로 오염물질이 휘날리어 굴뚝 밑부분에 오염물질의 농도가 높아지는 현상을 말한다.
㉱ 해가 뜬 후 지표면이 가열되어 대기가 지면으로부터 열을 받아 지표면 부근부터 역전층이 해소되는 현상을 말한다.

풀이 ㉰번 설명이 Down Wash 현상에 대한 내용이다.

05 대기오염사건과 기온역전에 대한 내용으로 틀린 것은 어느 것인가?

㉮ 로스앤젤레스 스모그사건은 광화학스모그에 의한 침강성 역전이다.
㉯ 런던스모그 사건은 주로 자동차 배출가스 중의 질소산화물과 반응성 탄화수소에 의한 것이다.
㉰ 침강역전은 고기압 중심부분에서 기층이 서서히 침강하면서 기온이 단열변화로 승온되어 발생하는 현상이다.
㉱ 복사역전은 지표에 접한 공기가 그보다 상공의 공기에 비하여 더 차가워져서 생기는 현상이다.

풀이 ㉯ 런던스모그 사건은 주로 초저녁에 발생하였고 석탄의 매연과 화력발전소 등의 굴뚝에서 배출된 매연이 주 오염원이다.

06 대기오염물질과 피해현상을 잘못 연결한 것은 어느 것인가?

㉮ 황산화물 - 금속을 부식시키며, 습도가 높을수록 부식율은 증가한다.
㉯ 황화수소 - 금속의 표면에 검은 피막을 형성시켜 외관상의 피해를 주며, 도료를 변색시킨다.
㉰ 오존 - 섬유류를 퇴색시키고, 특히 고무를 쉽게 노화시킨다.
㉱ 질소산화물 - 대리석, 모르타르 등의 탄산염을 함유하는 물질을 부식시킨다.

풀이 ㉱ 질소산화물 - 섬유의 탈색, 금속의 부식

07 지구온난화가 환경에 미치는 영향 중 알맞은 것은 어느 것인가?

㉮ 온난화에 의한 해면상승은 전지구적으로 일정하게 발생한다.
㉯ 대류권 오존의 생성반응을 촉진시켜 오존의 농도가 감소한다.
㉰ 기상조건의 변화는 대기오염의 발생횟수와 오염농도에 영향을 준다.
㉱ 기온상승과 토양의 건조화는 생물성장의 남방한계에는 영향을 주지만 북방한계에는 영향을 주지 않는다.

풀이 ㉮ 온난화에 의한 해면상승은 전지구적으로 일정하지 않다.
㉯ 대류권 오존의 생성반응을 촉진시켜 오존의 농도가 증가한다.
㉱ 기온상승과 토양의 건조화는 생물성장의 남방한계뿐만 아니라 북방한계에도 영향을 준다.

answer 04 ㉰ 05 ㉯ 06 ㉱ 07 ㉰

08 대기오염원의 영향을 평가하는 방법 중 분산모델에 대한 내용으로 틀린 것은 어느 것인가?

㉮ 지형 및 오염원의 조업조건에 영향을 받는다.
㉯ 시나리오 작성이 곤란하고, 미래예측이 어렵다.
㉰ 오염물의 단기간 분석 시 문제가 된다.
㉱ 먼지의 영향평가는 기상의 불확실성과 오염원이 미확인인 경우에 문제점을 가진다.

풀이 ㉯번은 수용모델에 대한 설명이다.

09 고속도로상의 교통밀도가 25,000대/hr 이고, 각 차량의 평균 속도는 110km/hr 이다. 차량의 평균 탄화수소의 배출량이 0.06g/s·대일 때, 고속도로에서 방출되는 탄화수소의 총량(g/s·m)은 얼마인가?

㉮ 0.00136 ㉯ 0.0136
㉰ 1.36   ㉱ 13.6

풀이 탄화수소의 총량(g/sec·m)
$= \dfrac{0.06g}{sec \cdot 대} \times \dfrac{25,000대}{hr} \times \dfrac{1hr}{110km} \times \dfrac{1km}{10^3 m}$
$= 0.0136 g/sec \cdot m$

10 다음 중 납 배출 관련업종으로 틀린 것은 어느 것인가?

㉮ 페인트   ㉯ 소오다 공업
㉰ 인쇄   ㉱ 크레용

풀이 납 배출 관련업종으로는 인쇄, 도가니제조공장, 축전지제조공장, 고무가공공장, 크레용, 에나멜, 페인트, 휘발유 자동차가 있다.

11 Richardson number에 대한 내용으로 틀린 것은 어느 것인가?

㉮ 리차드슨 수가 0에 접근하면 분산은 줄어들며 결국 대류난류만 존재한다.
㉯ 무차원수로서 근본적으로 대류난류를 기계적인 난류로 전환시키는 율을 측정한 것이다.
㉰ 큰 음의 값을 가지면 굴뚝의 연기는 수직 및 수평방향으로 빨리 분산한다.
㉱ 0.25보다 크게 되면 수직혼합은 없어지고 수평상의 소용돌이만 남게 된다.

풀이 ㉮ 리차드슨 수가 0에 접근하면 분산은 줄어들며 결국 기계적난류만 존재한다.

12 지상으로부터 500m까지의 평균 기온 감률은 −1.2℃/100m이다. 100m 고도에서 17℃라 하면 고도 400m에서의 기온(℃)은 얼마인가?

㉮ 10.6℃   ㉯ 11.8℃
㉰ 12.2℃   ㉱ 13.4℃

풀이 기온(℃)
$= 17℃ - \left\{ \dfrac{1.2℃}{100m} \times (400m - 100m) \right\} = 13.4℃$

answer 08 ㉯ 09 ㉯ 10 ㉯ 11 ㉮ 12 ㉱

13 황산화물이 각종 물질에 미치는 영향에 관한 내용으로 틀린 것은 어느 것인가?

㉮ 공기가 SO_2를 함유하면 부식성이 매우 강하게 된다.
㉯ SO_2는 대기 중의 먼지와 반응하여 황산염이 형성됨으로써 대부분의 금속을 부식시킨다.
㉰ 대기에서 형성되는 아황산 및 황산은 석회, 대리석, 시멘트 등 각종 건축재료를 약화시킨다.
㉱ 황산화물을 대기 중 또는 금속의 표면에서 황산으로 변함으로써 부식성을 더 약하게 한다.

풀이 ㉱ 황산화물을 대기 중 또는 금속의 표면에서 황산으로 변함으로써 부식성을 더 강하게 한다.

14 대기오염물질 중 바닷물의 물보라 등이 배출원이며, 1차 오염물질에 해당하는 것은 어느 것인가?

㉮ N_2O_3 ㉯ 알데하이드
㉰ HCN   ㉱ NaCl

풀이 ㉱ 염화나트륨(NaCl)에 대한 설명이다.

15 연기의 형태에 대한 내용으로 틀린 것은 어느 것인가?

㉮ 지붕형 : 하층에 비하여 상층이 안정한 대기상태를 유지할 때 발생한다.
㉯ 환상형 : 과단열감률 조건일 때 즉 대기가 불안정할 때 발생한다.
㉰ 원추형 : 오염의 단면분포가 전형적인 가우시안 분포를 이루며, 대기가 중립 조건일 때 잘 발생한다.
㉱ 부채형 : 연기가 배출되는 상당한 고도까지도 강안정한 대기가 유지될 경우 즉, 기온역전 현상을 보이는 경우 연직운동이 억제되어 발생한다.

풀이 ㉮ 지붕형(Lofting) : 상층에 비하여 하층이 안정한 대기상태를 유지할 때 발생한다.

16 인체 내에 축적되어 영향을 주는 오염물질 중 하나로 혈액속의 헤모글로빈과 결합하여 카르복시헤모글로빈을 형성하는 물질은 어느 것인가?

㉮ NO   ㉯ O_3
㉰ CO   ㉱ SO_3

풀이 ㉰ 일산화탄소(CO)에 대한 설명이다.

answer   13 ㉱   14 ㉱   15 ㉮   16 ㉰

17 굴뚝에서 배출되는 plume의 유효상승고를 $\triangle h = D\left(\dfrac{W}{U}\right)^{1.4}$ 에 의해 계산하고자 한다. 굴뚝의 내경이 2m, 풍속이 3m/sec라고 할 때, $\triangle h$를 4m까지 상승시키려고 한다면 배출가스의 분출속도(m/sec)는 얼마인가?

㉮ 약 5m/sec   ㉯ 약 8m/sec
㉰ 약 11m/sec ㉱ 약 14m/sec

풀이 $\triangle h = D \times \left(\dfrac{W}{U}\right)^{1.4}$

따라서 $4m = 2m \times \left(\dfrac{W}{3m/sec}\right)^{1.4}$

$\therefore W = 3m/sec \times \left(\dfrac{4m}{2m}\right)^{\frac{1}{1.4}} = 4.92 m/sec$

18 대기층은 물리적 및 화학적 성질에 따라서 고도별로 분류가 되어 있다. 지표면으로부터 상공으로 올바르게 배열된 것은 어느 것인가?

㉮ 대류권 → 중간권 → 성층권 → 열권
㉯ 대류권 → 중간권 → 열권 → 성층권
㉰ 대류권 → 성층권 → 중간권 → 열권
㉱ 대류권 → 열권 → 중간권 → 성층권

풀이 대기층은 고도에 따른 온도의 분포에 따라 대류권(지표~11Km)→성층권(11~50Km)→중간권(50~80Km)→열권(80Km 이상)으로 구분한다.

19 실내공기오염물질 중 "라돈"에 대한 내용으로 틀린 것은 어느 것인가?

㉮ 무색·무취의 기체이며 액화 시 푸른색을 띤다.
㉯ 화학적으로 거의 반응을 일으키지 않는다.
㉰ 일반적으로 인체에 폐암을 유발시키는 것으로 알려져 있다.
㉱ 라듐의 핵분열 시 생성되는 물질이며 반감기는 3.8일간이다.

풀이 ㉮ 무색·무취의 기체이며 액화되어도 색을 띠지 않는다.

20 염화수소 1V/V ppm에 상당하는 W/W ppm은 얼마인가? (단, 표준상태기준, 공기의 밀도는 1.293kg/m³)

㉮ 약 0.76   ㉯ 약 0.93
㉰ 약 1.26   ㉱ 약 1.64

풀이 $mg/kg = \dfrac{1.0 mL}{Sm^3} \times \dfrac{36.5 mg}{22.4 mL} \times \dfrac{Sm^3}{1.293 kg} = 1.26 mg/kg$

TIP
① (V/V)ppm = mL/Sm³
② (W/W)ppm = mg/kg
③ HCl의 분자량 = 1+35.5 = 36.5
④ HCl 1mol $\begin{cases} 36.5mg \\ 22.4mL \end{cases}$

answer 17 ㉮ 18 ㉰ 19 ㉮ 20 ㉰

| 제2과목 | 연소공학

21 옥탄가에 대한 내용으로 틀린 것은 어느 것인가?

㉮ n-Paraffine에서는 탄소수가 증가할수록 옥탄가가 저하하여 C_7에서 옥탄가는 0이다.
㉯ 방향족 탄화수소의 경우 벤젠고리의 측쇄가 C_3까지는 옥탄가가 증가하지만 그 이상이면 감소한다.
㉰ Naphthene계는 방향족 탄화수소보다는 옥탄가가 작지만 n-Paraffine계보다는 큰 옥탄가를 가진다.
㉱ iso-Paraffine에서는 methyl기 가지가 적을수록, 중앙에 집중하지 않고 분산될수록 옥탄가가 증가한다.

풀이 ㉱ iso-Paraffine에서는 methyl기 측쇄(가지)가 많을수록, 특히 중앙부에 집중할수록 옥탄가는 증가한다.

22 연소에 관한 내용으로 틀린 것은 어느 것인가?

㉮ 연소용 공기 중 버너로 공급되는 공기는 1차공기이다.
㉯ 연소온도에 가장 큰 영향을 미치는 인자는 연소용 공기의 공기비이다.
㉰ 소각로의 연소효율을 판단하는 인자는 배출가스 중 이산화탄소의 농도이다.
㉱ 액체연료에서 연료의 C/H비가 작을수록 검댕의 발생이 쉽다.

풀이 ㉱ 액체연료에서 연료의 C/H비가 클수록 검댕의 발생이 쉽다.

23 연소반응속도에 관한 내용으로 틀린 것은 어느 것인가?

㉮ 반응속도식은 온도와 가연성물질 농도에 의존한다.
㉯ 연료와 공기가 혼합된 상태에서는 균질반응을 하며, 균질반응속도는 Arrhenius식으로 나타낸다.
㉰ 공급 공기량이 적은 상태에서 가연성 기체의 화염은 탄소입자가 발생해 황색을 나타낸다.
㉱ 연료의 혼합기체 연소 시 불꽃색이 청색으로 보이는 부분은 연소속도가 아주 느린 상태이다.

풀이 ㉱ 연료의 혼합기체 연소 시 불꽃색이 청색으로 보이는 부분은 연소속도가 아주 빠른 상태이다.

24 공기비가 너무 낮을 경우 나타나는 현상으로 틀린 것은 어느 것인가?

㉮ 연소효율이 저하된다.
㉯ 연소실 내의 연소온도가 낮아진다.
㉰ 가스의 폭발위험과 매연발생이 크다.
㉱ 가연성분과 산소의 접촉이 원활하게 이루어지지 못한다.

풀이 ㉯번에 대한 설명은 공기비가 클 경우 발생하는 현상이다.

answer 21 ㉱ 22 ㉱ 23 ㉱ 24 ㉯

25 기체 연료의 연소방식 중 확산연소에 대한 내용으로 틀린 것은 어느 것인가?

㉮ 역화의 위험성이 없다.
㉯ 가스와 공기를 예열할 수 없다.
㉰ 붉고 긴 화염을 만든다.
㉱ 연료의 분출속도가 클 경우에는 그을음이 발생하기 쉽다.

▎풀이 ㉯ 가스와 공기를 예열할 수 있다.

26 유류 버너의 종류에 대한 내용으로 틀린 것은 어느 것인가?

㉮ 유압식버너에서 연료유의 분무각도는 압력, 점도 등으로 약간 달라지지만 40~90° 정도이다.
㉯ 고압공기식버너는 고점도 사용에도 가능하며, 분무각도가 20~30° 정도이며, 장염이나 연소시 소음이 발생된다.
㉰ 저압공기식버너는 구조가 간단하고, 유량조절범위는 1 : 10 정도이며, 무화 상태가 좋아서 대형 가열로에 주로 사용한다.
㉱ 회전식버너의 유량조절범위는 1 : 5 정도이고, 유압식버너에 비해 연료유의 분무화 입경은 비교적 크다.

▎풀이 ㉰ 저압공기식버너는 구조가 간단하고, 유량조절범위는 1 : 5 정도이며, 소형 가열로에 주로 사용한다.

27 무연탄의 탄화도가 커질수록 나타나는 성질로서 틀린 것은 어느 것인가?

㉮ 휘발분이 감소한다.
㉯ 발열량이 증가한다.
㉰ 착화온도가 낮아진다.
㉱ 고정탄소의 양이 증가한다.

▎풀이 ㉰ 착화온도가 증가한다.

28 2차반응에서 반응물질의 농도를 같게 했을 때, 그 10%가 반응하는데 250초 걸렸다면 90% 반응하는데 걸리는 시간(초)은 얼마인가?

㉮ 18,550초　㉯ 20,250초
㉰ 24,550초　㉱ 28,250초

▎풀이 2차반응식 : $\dfrac{1}{C_o} - \dfrac{1}{C_t} = -k \times t$

① $\dfrac{1}{100} - \dfrac{1}{100-10} = -k \times 250\,\text{sec}$

∴ $k = 4.4 \times 10^{-6}/\text{sec}$

② $\dfrac{1}{100} - \dfrac{1}{100-90} = -4.4 \times 10^{-6}/\text{sec} \times t$

∴ $t = 20,454.55\,\text{sec}$

---

answer 25 ㉯　26 ㉰　27 ㉰　28 ㉯

29 디젤기관의 노킹(diesel knocking) 방지법으로 알맞은 것은 어느 것인가?

㉮ 세탄가가 10 정도로 낮은 연료를 사용한다.
㉯ 연료 분사개시 때 분사량을 증가시킨다.
㉰ 기관의 압축비를 높여 압축압력을 높게 한다.
㉱ 기관 내로 분사된 연료를 한꺼번에 발화시킨다.

풀이 ㉮ 세탄가가 높은 연료를 사용한다.
㉯ 연료 분사개시 때 분사량을 감소시킨다.
㉱ 급기온도를 높인다.

30 연소 부산물 중 클링커(clinker) 발생 및 대책으로 틀린 것은 어느 것인가?

㉮ 연료층의 내부온도가 높을 때 회분이 환원분위기 속에서 고온열화로 발생된다.
㉯ 연료 연소층의 교반속도를 크게 할수록 클링커 발생량이 줄어든다.
㉰ 연료 연소층의 온도분포가 균일한 경우 클링커 발생이 억제된다.
㉱ 연료중의 회분 유입을 억제하여 클링커 발생을 예방할 수 있다.

풀이 ㉯ 연료 연소층의 교반속도를 크게 할수록 클링커 발생량이 증가한다.

31 석유에 대한 내용으로 틀린 것은 어느 것인가?

㉮ 경질유는 방향족계 화합물을 10% 미만 함유한다고 할 수 있다.
㉯ 점도가 낮을수록 유동점이 낮아지므로 일반적으로 저점도의 중유는 고점도의 중유보다 유동점이 낮다.
㉰ 석유의 동점도가 감소하면 끓는점과 인화점이 높아지고, 연소가 잘 된다.
㉱ 석유의 비중이 커지면 탄화수소비(C/H)가 증가한다.

풀이 ㉰ 석유의 동점도가 감소하면 끓는점이 낮아지고 유동성이 좋아진다.

32 대형 소각로에 사용하는 가동식 화격자상에서 건조, 연소 및 후연소가 이루어지며 쓰레기의 교반 및 연소조건이 양호하고 소각효율이 매우 높으나 마모가 많은 화격자 방식은 어느 것인가?

㉮ 회전 로울러식   ㉯ 부채형 반전식
㉰ 계단식   ㉱ 역동식

풀이 ㉱ 역동식에 대한 설명이다.

33 기체연료의 연소방식으로 알맞은 것은 어느 것인가?

㉮ 스토커 연소   ㉯ 예혼합 연소
㉰ 유동층 연소   ㉱ 회전식버너 연소

풀이 기체연료의 연소방식으로는 확산연소, 예혼합연소, 부분예혼합연소가 있다.

answer 29 ㉰ 30 ㉯ 31 ㉰ 32 ㉱ 33 ㉯

34 황함량이 가장 낮은 연료는 어느 것인가?

㉮ LPG ㉯ 중유
㉰ 경유 ㉱ 휘발유

풀이 황함량이 가장 낮은 연료는 기체연료이다.

35 황 함유량 1.6wt%인 중유를 시간당 50 ton으로 연소시킬 때 SO_2의 배출량(Sm^3/hr)은 얼마인가? (단, 표준상태를 기준으로 하고, 황은 100% 반응하며, 이 중 5%는 SO_3로, 나머지는 SO_2로 배출된다.)

㉮ 532Sm^3/hr ㉯ 560Sm^3/hr
㉰ 585Sm^3/hr ㉱ 605Sm^3/hr

풀이 $S + O_2 \rightarrow SO_2$
32kg : 22.4Sm^3
50×10^3kg/hr × 0.016 × 0.95 : X
∴ X = 532Sm^3/hr

36 중유연소 가열로의 배기가스를 분석한 결과 용량비로 N_2 = 80%, CO = 12%, O_2 = 8%의 결과를 얻었다. 공기비는 얼마인가?

㉮ 1.1 ㉯ 1.4
㉰ 1.6 ㉱ 2.0

풀이 공기비(m) = $\dfrac{N_2\%}{N_2\% - 3.76 \times (O_2\% - 0.5CO\%)}$

= $\dfrac{80\%}{80\% - 3.76 \times (8\% - 0.5 \times 12\%)}$ = 1.104

37 부피비 99%의 메탄(CH_4)과 미량의 불순물로 구성된 탄화수소 혼합가스 3L를 완전연소할 때 필요한 이론적 공기량(L)은 얼마인가?

㉮ 약 9.4L ㉯ 약 13.5L
㉰ 약 19.8L ㉱ 약 28.3L

풀이 ① $CH_4 + 2O_2 \rightarrow CO_2 + 2H_2O$: 99%

이론공기량(A_o) = $\dfrac{산소량}{0.21} = \dfrac{2 \times 0.99}{0.21}$

= 9.43L/L

② 이론공기량(A_o) = 9.43L/L × 3L = 28.29L

38 연료의 완전연소 시 발열량(kcal/Sm^3)이 가장 큰 물질은 어느 것인가?

㉮ Propane ㉯ Ethylene
㉰ Acetylene ㉱ Propylene

풀이 완전연소 시 발열량이 가장 큰 물질은 탄소와 수소가 가장 많은 연료이므로 정답은 ㉮ 프로판이다.

TIP
㉮ Propane = C_3H_8 ㉯ Ethylene = C_2H_4
㉰ Acetylene = C_2H_2 ㉱ Propylene = C_3H_6

39 3,000K 정도의 고온조건으로 연소할 때 일산화탄소가 상당량 발생되는 원인으로 알맞은 것은 어느 것인가?

㉮ 혼합상태가 불량해지기 때문이다.
㉯ 산소 부족현상이 나타나기 때문이다.
㉰ 이산화탄소가 열분해되기 때문이다.
㉱ 연소시간이 불충분해지기 때문이다.

풀이 3,000K 정도의 고온연소 시 일산화탄소(CO)가 많이 발생하는 이유는 이산화탄소(CO_2)의 열분해때문이다.

answer 34 ㉮ 35 ㉮ 36 ㉮ 37 ㉱ 38 ㉮ 39 ㉰

40 중유는 A, B, C로 구분된다. 이것을 구분하는 기준은 무엇인가?

㉮ 점도 ㉯ 비중
㉰ 착화온도 ㉱ 유황함량

풀이 중유를 A, B, C로 구분하는 기준은 점도이다.

| 제3과목 | 대기오염방지기술

41 유해가스에 대한 설명 중 가장 거리가 먼 것은?

㉮ Cl_2가스는 상온에서 황록색을 띤 기체이며 자극성 냄새를 가진 유독물질로 관련 배출원은 표백공업이다.
㉯ F_2는 상온에서 무색의 발연성 기체로 강한 자극성이며 물에 잘 녹고 관련 배출원은 알루미늄 제련공업이다.
㉰ SO_2는 무색의 강한 자극성 기체로 환원성 표백제로도 이용되고 화석연료의 연소에 의해서도 발생된다.
㉱ NO는 적갈색의 특이한 냄새를 가진 물에 잘 녹는 맹독성 기체로 자동차배출이 가장 많은 부분을 차지한다.

풀이 ㉱ NO는 무색, 난용성 기체이며, 자동차 배출이 가장 많은 부분을 차지한다.

42 높이 100m, 직경이 1m인 굴뚝에서 260°C의 배출가스가 12,000m³/hr로 토출될 때 굴뚝에 의한 마찰손실(mmH₂O)은 약 얼마인가? (단, 굴뚝의 마찰계수는 λ = 0.06, 표준상태의 공기밀도는 1.3kg/m³이다.)

㉮ 1.84mmH₂O ㉯ 2.94mmH₂O
㉰ 3.68mmH₂O ㉱ 4.82mmH₂O

풀이 $\triangle P = \lambda \times \dfrac{L}{D} \times \dfrac{rv^2}{2g}$ (mmH₂O)

① 유량(Q) = 단면적(A)×유속(v) = $\dfrac{\pi D^2}{4} \times v$

∴ $v = \dfrac{Q}{\dfrac{\pi D^2}{4}} = \dfrac{12,000 m^3/hr \times 1hr/3,600sec}{\dfrac{\pi}{4} \times (1m)^2}$

= 4.244m/sec

② $r = 1.3kg/Sm^3 \times \dfrac{273}{273+260℃} = 0.666kg/m^3$

③ $\triangle P = 0.06 \times \dfrac{100m}{1m} \times \dfrac{0.666kg/m^3 \times (4.244m/sec)^2}{2 \times 9.8m/sec^2}$

= 3.67mmH₂O

43 먼지농도 50g/Sm³의 함진가스를 정상 운전 조건에서 96%로 처리하는 사이클론이 있다. 처리가스의 15%에 해당하는 외부공기가 유입될 때의 먼지통과율이 외부공기 유입이 없는 정상운전시의 2배에 달한다면, 출구가스 중의 먼지 농도(g/Sm³)는 얼마인가?

㉮ 3.0g/Sm³ ㉯ 3.5g/Sm³
㉰ 4.0g/Sm³ ㉱ 4.5g/Sm³

풀이 ① 정상시 효율(η) = 96%
② 정상시 통과율(P) = 100-96 = 4%
③ 비정상시 통과율(P) = 정상시 통과율×2
= 4%×2 = 8%
④ $P = \dfrac{C_o \times Q_o}{C_i \times Q_i} \times 100$

$8\% = \dfrac{C_o \times 1.15}{50g/Sm^3 \times 1.0} \times 100$

∴ $C_o = \dfrac{0.08 \times 50g/Sm^3 \times 1.0}{1.15} = 3.48g/Sm^3$

answer 40 ㉮ 41 ㉱ 42 ㉰ 43 ㉯

44 원심력 집진장치에 사용되는 용어에 대한 내용으로 틀린 것은 어느 것인가?

㉮ 임계입경(critical diameter)은 100% 분리한계입경이라고도 한다.
㉯ 분리계수가 클수록 집진율은 증가한다.
㉰ 분리계수는 입자에 작용하는 원심력을 관성력으로 나눈 값이다.
㉱ 사이클론에서 입자의 분리속도는 함진가스의 선회속도에는 비례하는 반면, 원통부 반경에는 반비례한다.

풀이 ㉰ 분리계수는 입자에 작용하는 원심력을 중력으로 나눈 값이다.

45 가스의 압력손실은 작은 반면, 세정액 분무를 위해 상당한 동력이 요구되며, 장치의 압력손실은 2~20mmH₂O, 가스 겉보기 속도는 0.2~1m/s 정도인 세정집진장치는 어느 것인가?

㉮ 벤츄리스크러버(venturi scrubber)
㉯ 사이클론스크러버(cyclone scrubber)
㉰ 충전탑(packed tower)
㉱ 분무탑(spray tower)

풀이 ㉱ 분무탑에 대한 설명이다.

46 유해가스 처리 시 사용되는 충전탑(packed tower)에 대한 내용으로 틀린 것은 어느 것인가?

㉮ 액분산형 흡수장치로서 충전물의 충전방식을 불규칙적으로 했을 때 접촉면적은 크나, 압력손실이 커진다.
㉯ 충전탑에서 hold-up이라는 것은 탑의 단위면적당 충전재의 양을 의미한다.
㉰ 흡수액에 고형물이 함유되어 있는 경우에는 침전물이 생기는 방해를 받는다.
㉱ 일정량의 흡수액을 흘릴 때 유해가스의 압력손실은 가스속도의 대수값에 비례하며, 가스속도 증가 시 나타나는 첫 번째 파괴점을 loading point라 한다.

풀이 ㉯ 충전탑에서 hold-up이라는 것은 흡수액을 통과시키면서 유량속도를 증가할 경우 충전층 내의 액보유량이 증가하게 되는 상태이다.

47 전기집진장치의 집진율과 집진기 변수와의 관계식은 어느 것인가? (단, η : 집진율, A : 집진극의 면적(m²), V : 입자의 유속(m/s), Q : 가스유량(m³/s))

㉮ $\eta = 1-\exp\left[-V\dfrac{A}{Q}\right]$

㉯ $\eta = 1-\exp\left[-Q\dfrac{A}{V}\right]$

㉰ $\eta = 1-\exp\left[-Q\dfrac{V}{A}\right]$

㉱ $\eta = 1-\exp\left[Q\dfrac{V}{A}\right]$

answer 44 ㉰ 45 ㉱ 46 ㉯ 47 ㉮

48 송풍기가 표준공기(밀도 : 1.2kg/m³)를 10m³/sec로 이동시키고 1,000rpm으로 회전할 때 정압이 900N/m²이었다면 공기밀도가 1.0kg/m³으로 변할 때 송풍기의 정압은 얼마인가?

㉮ 520N/m² ㉯ 625N/m²
㉰ 750N/m² ㉱ 820N/m²

풀이 송풍기의 정압 = 정압 × $\left(\dfrac{\rho_2}{\rho_1}\right)^1$

= 900N/m² × $\left(\dfrac{1.0\text{kg/m}^3}{1.2\text{kg/m}^3}\right)^1$ = 750N/m²

49 후드에서 오염물질을 흡입하는 요령으로 틀린 것은 어느 것인가?

㉮ 후드를 발생원에 근접시킨다.
㉯ 국부적인 흡입방식을 택한다.
㉰ 충분한 포착속도를 유지한다.
㉱ 후두의 개구면적을 크게 한다.

풀이 ㉱ 후두의 개구면적을 작게 한다.

50 벤츄리스크러버(venturi scrubber)에 대한 내용으로 틀린 것은 어느 것인가?

㉮ 목부의 처리가스 속도는 보통 60~90 m/s이다.
㉯ 물방울 입경과 먼지 입경의 비는 충돌효율면에서 10 : 1 전후가 좋다.
㉰ 액가스비는 보통 0.3~1.5L/m³ 정도, 압력손실은 300~800mmH₂O 전후이다.
㉱ 가압수식 중에서 집진율이 가장 높아 대단히 광범위하게 사용되며, 소형으로 대용량의 가스처리가 가능하다.

풀이 ㉯ 물방울 입경과 먼지 입경의 비는 충돌효율면에서 150 : 1 전후가 좋다.

51 염소가스를 함유하는 배출가스에 100kg의 수산화나트륨을 포함한 수용액을 순환 사용하여 100% 반응시킨다면 몇 kg의 염소가스를 처리할 수 있는가?
(단, 표준상태 기준이다.)

㉮ 약 82kg ㉯ 약 85kg
㉰ 약 89kg ㉱ 약 93kg

풀이 $Cl_2 + 2NaOH \rightarrow NaCl + NaOCl + H_2O$
71kg : 2×40kg
X : 100kg
∴ X = 88.75kg

52 충전탑에 대한 내용으로 틀린 것은 어느 것인가?

㉮ 충전탑은 flooding point의 40~70%에서 보통 설계된다.
㉯ 일정한 양의 흡수액을 흘릴 때 유해가스의 압력손실은 가스속도의 대수값에 반비례한다.
㉰ 가스속도를 증가시키면 2군데에서 break point가 나타나는데, 1번째 break point가 loading point이다.
㉱ flooding point에서의 가스속도는 충전제를 불규칙하게 쌓았을 때보다 규칙적으로 쌓았을 때가 더 크다.

풀이 ㉯ 일정한 양의 흡수액을 흘릴 때 유해가스의 압력손실은 가스속도의 대수값에 비례한다.

answer 48 ㉰ 49 ㉱ 50 ㉯ 51 ㉰ 52 ㉯

53 사이클론의 원추부 높이가 1.4m, 유입구 높이가 15cm, 원통부 높이가 1.4m일 때 외부 선회류의 회전수는 얼마인가? (단, $N = (1/H_A)[H_B+(H_C/2)]$)

㉮ 6회 ㉯ 11회
㉰ 14회 ㉱ 18회

풀이 $N = \dfrac{1}{H_A} \times \left(H_B + \dfrac{H_C}{2}\right) = \dfrac{1}{0.15m} \times \left(1.4m + \dfrac{1.4m}{2}\right)$
= 14회

54 입구 직경이 400mm인 접선유입식 사이클론으로 함진가스 100m³/min을 처리할 때, 배출가스의 밀도는 1.28kg/m³이고, 압력손실계수가 8이면 사이클론 내의 압력손실은?

㉮ 83mmH₂O ㉯ 92mmH₂O
㉰ 114mmH₂O ㉱ 126mmH₂O

풀이 △P = 압력손실계수(F)×속도압(Vp)
① F = 8
② Vp = $\dfrac{rv^2}{2g}$(mmH₂O)

$v = \dfrac{Q}{A} = \dfrac{Q}{\dfrac{\pi D^2}{4}} = \dfrac{100m^3/min \times 1min/60sec}{\dfrac{\pi}{4} \times (0.4m)^2}$

= 13.2629m/sec

∴ Vp = $\dfrac{1.28kg/m^3 \times (13.2629m/sec)^2}{2 \times 9.8m/sec^2}$

= 11.4876mmH₂O
③ △P = 8×11.4876mmH₂O = 91.90mmH₂O

55 활성탄의 가스흡착에서 흡착이 진행될 때 활성탄상의 온도 변화로 알맞은 것은 어느 것인가?

㉮ 활성탄의 온도가 증가된다.
㉯ 활성탄의 온도가 감소된다.
㉰ 활성탄의 온도의 변화가 없다.
㉱ 활성탄의 온도는 감소하다가 변화가 없다.

풀이 활성탄상의 온도변화는 흡착이 진행될수록 온도는 증가한다.

56 원심력 집진장치에서 압력손실의 감소 원인으로 틀린 것은 어느 것인가?

㉮ 장치 내 처리가스가 선회되는 경우
㉯ 호퍼 하단 부위에 외기가 누입될 경우
㉰ 외통의 접합부 불량으로 함진가스가 누출될 경우
㉱ 내통이 마모되어 구멍이 뚫려 함진가스가 by-pass될 경우

풀이 ㉯, ㉰, ㉱외에 VANE의 마모가 있다.

57 공기의 유속과 점도가 각각 1.5m/s와 0.0187cp일 때 레이놀즈 수를 계산한 결과 1,950이었다. 이 때 덕트 내를 이동하는 공기의 밀도(kg/m³)는 얼마인가? (단, 덕트의 직경은 75mm이다.)

㉮ 0.23kg/m³ ㉯ 0.29kg/m³
㉰ 0.32kg/m³ ㉱ 0.40kg/m³

풀이 Re = $\dfrac{D \times V \times \rho}{\mu}$

answer 53 ㉰ 54 ㉯ 55 ㉮ 56 ㉮ 57 ㉰

$$1{,}950 = \frac{(75 \times 10^{-3}\text{m}) \times 1.5\text{m/sec} \times \rho}{0.0187 \times 10^{-3}\text{kg/m} \cdot \text{sec}}$$

$$\therefore \rho = 0.32 \text{kg/m}^3$$

58 자연 통풍력을 증대시키기 위한 방법으로 틀린 것은 어느 것인가?

㉮ 굴뚝을 높인다.
㉯ 굴뚝 통로를 단순하게 한다.
㉰ 굴뚝 안의 가스를 냉각시킨다.
㉱ 굴뚝가스의 체류시간을 증가시킨다.

풀이 ㉰ 굴뚝 안의 가스의 온도를 높인다.

59 여과집진장치의 먼지제거 매커니즘으로 틀린 것은 어느 것인가?

㉮ 관성충돌(inertial impaction)
㉯ 확산(diffusion)
㉰ 직접차단(direct interception)
㉱ 무화(atomization)

풀이 ㉱ 중력작용

60 유해오염물질과 그 처리방법에 대한 내용으로 틀린 것은 어느 것인가?

㉮ 비소는 염산용액으로 채취 후, $Ca(OH)_2$에 대한 피흡착력을 이용하여 제거한다.
㉯ 벤젠은 촉매연소법이나 활성탄 흡착법을 사용하여 제거한다.
㉰ 염화인은 충전물을 채운 흡수탑을 이용하여 알칼리성 용액에 흡수시켜 제거한다.
㉱ 크로뮴산 미스트는 비교적 입자크기가 크고 친수성이므로 수세법으로 제거한다.

풀이 ㉮ 비소는 알칼리액에 의한 세정에 의해 제거한다.

| 제4과목 | 대기오염공정시험기준

61 환경대기 중 탄화수소 측정방법에서 총탄화수소 측정법 성능기준으로 틀린 것은 어느 것인가?

㉮ 측정범위는 0~10ppmC, 0~25ppmC 또는 0~50ppmC로 하여 1~3단계(Range)의 변환이 가능한 것이어야 한다.
㉯ 응답시간은 스팬가스를 도입시켜 측정치가 일정한 값으로 급격히 변화되어 스팬가스 농도의 90% 변화할 때까지의 시간은 2분 이하여야 한다.
㉰ 제로가스 및 스팬가스를 흘려보냈을 때 정상적인 측정치의 변동은 각 측정단계(Range)마다 최대 눈금치의 ±3%의 범위 내에 있어야 한다.
㉱ 제로조정 및 스팬조정을 끝낸 후 그 중간 농도의 교정용 가스를 주입시켰을 경우에 상당하는 메탄 농도에 대한 지시오차는 각 측정단계(Range)마다 최대 눈금치의 ±5%의 범위 내에 있어야 한다.

풀이 ㉰ 제로가스 및 스팬가스를 흘려보냈을 때 정상적인 측정치의 변동은 각 측정단계마다 최대 눈금치의 ±1%의 범위 내에 있어야 한다.

answer 58 ㉰ 59 ㉱ 60 ㉮ 61 ㉰

62 A도시면적이 150km²이고 인구밀도가 4,000명/km²이며 전국 평균 인구밀도가 800명/km²일 때, 인구비례에 의한 방법으로 결정한 A도시의 환경기준 시험을 위한 시료 채취 지점수는 얼마인가? (단, A도시면적은 지역의 가주지 면적(총면적에서 전답, 임야, 호수, 하천 등의 면적을 뺀 면적)이다.)

㉮ 30개 ㉯ 35개
㉰ 40개 ㉱ 45개

풀이 측정점수
$= \dfrac{\text{그 지역 가주지 면적}}{25\text{km}^2} \times \dfrac{\text{그 지역 인구밀도}}{\text{전국 평균인구밀도}}$
$= \dfrac{150\text{km}^2}{25\text{km}^2} \times \dfrac{4,000}{800} = 30$개

63 링겔만 매연 농도표에 의한 배출가스 중 매연의 농도 측정 시 연도 배출구에서 몇 cm 떨어진 곳의 농도와 비교하는가?

㉮ 10~30cm ㉯ 15~30cm
㉰ 30~45cm ㉱ 45~60cm

64 대기 및 굴뚝 배출가스 중 일산화탄소를 연속적으로 측정하는 비분산 정필터형 적외선 가스분석계(고정형)의 성능 유지조건으로 알맞은 것은 어느 것인가?

㉮ 최종 지시값에 대한 90%의 응답을 나타내는 시간은 60초 이내이어야 한다.
㉯ 전체 눈금의 ±5% 이하에 해당하는 농도변화를 검출할 수 있는 감도를 지녀야 한다.
㉰ 동일 조건에서 제로가스를 연속적으로 도입하여 24시간 연속측정하는 동안 전체 눈금의 ±5% 이상의 지시변화가 없어야 한다.
㉱ 전압변동에 대한 안정성 측면에서 전원전압이 설정 전압의 ±10% 이내로 변화하였을 때 지시값의 변화는 전체 눈금의 ±1% 이내이어야 한다.

풀이 ㉮ 최종 지시값에 대한 90%의 응답을 나타내는 시간은 40초 이내이어야 한다.
㉯ 전체 눈금의 ±1% 이하에 해당하는 농도변화를 검출할 수 있는 감도를 지녀야 한다.
㉰ 동일 조건에서 제로가스를 연속적으로 도입하여 24시간 연속측정하는 동안 전체 눈금의 ±2% 이상의 지시변화가 없어야 한다.

answer 62 ㉮ 63 ㉰ 64 ㉱

65 연료용 유류 중의 황함유량 분석방법으로 틀린 것은 어느 것인가?

㉮ 연소관식 공기법은 500~550℃로 가열한 석영재질 연소관 중에 공기를 불어넣어 시료를 연소시킨 후 생성된 황산화물을 붕산소듐(9%)에 흡수시켜 황산으로 만든 다음, 수산화소듐표준액으로 중화적정한다.
㉯ 연소관식 공기법의 경우 불용성 황산염을 만드는 금속(Ba, Ca 등)이 들어있는 시료에는 적용할 수 없다.
㉰ 연소관식 공기법의 경우 연소되어 산을 발생시키는 원소(P, N, Cl 등)가 들어있는 시료에는 적용할 수 없다.
㉱ 방사선식 여기법은 시료에 방사선을 조사하고, 여기된 황의 원자에서 발생하는 형광 X선의 강도를 측정한다.

풀이 ㉮ 연소관식 공기법은 950~1100℃로 가열한 석영재질 연소관 중에 공기를 불어넣어 시료를 연소시킨 후 생성된 황산화물을 과산화수소(3%)에 흡수시켜 황산으로 만든 다음, 수산화소듐표준액으로 중화적정한다.

TIP
수산화소듐표준액 = 수산화나트륨표준액

66 비분산적외선분광분석법에서 분석계의 최고 눈금값을 교정하기 위하여 사용하는 가스는 어느 것인가?

㉮ 비교가스   ㉯ 제로가스
㉰ 스팬가스   ㉱ 필터가스

풀이 ㉰ 스팬가스에 대한 설명이다.

67 일정한 굴뚝을 거치지 않고 외부로 비산 배출되는 먼지측정을 위한 고용량공기시료채취기법의 시료 채취방법으로 틀린 것은 어느 것인가?

㉮ 시료채취장소는 원칙적으로 측정하려고 하는 발생원의 부지경계선상에 선정하며 풍향을 고려하여 그 발생원의 비산먼지 농도가 가장 높을 것으로 예상되는 지점 3개소 이상을 선정한다.
㉯ 별도로 발생원의 위(upstream)인 바람의 방향을 따라 대상 발생원의 영향이 없을 것으로 추측되는 곳에 대조위치를 선정한다.
㉰ 시료채취는 1회 10분 이상 연속 채취하며, 풍속이 1m/s 미만으로 바람이 거의 없을 때는 시료채취를 하지 않는다.
㉱ 풍향풍속의 측정 시 연속기록 장치가 없을 경우에는 적어도 10분 간격으로 같은 지점에서의 3회 이상 풍향풍속을 측정하여 기록한다.

풀이 ㉰ 시료채취는 1회 1시간 이상 연속 채취하며, 풍속이 0.5m/s 미만으로 바람이 거의 없을 때는 시료채취를 하지 않는다.

answer 65 ㉮   66 ㉰   67 ㉰

68 환경대기 중의 아황산가스를 산정량 수동법으로 측정하였다. 시료용액에 지시용액을 두 방울 가하고 0.01N 알칼리용액으로 적정하여 회색이 될 때 들어간 알칼리의 양이 20mL, 채취한 시료량은 10m³이었다. 이 때 아황산가스의 농도(μg/m³)는 얼마인가?

㉮ 640μg/m³ ㉯ 1,280μg/m³
㉰ 1,460μg/m³ ㉱ 1,640μg/m³

 풀이

$$S = \frac{32,000 \times N \times v}{V}$$

- S : 아황산가스의 농도(μg/m³)
- N : 알칼리의 규정농도(0.01N)
- v : 적정에 사용한 알칼리의 양(mL)
- V : 시료가스 채취량(m³)

따라서 $S = \dfrac{32,000 \times 0.01N \times 20mL}{10m^3} = 640μg/m^3$

69 환경기준 시험을 위한 채취지점수(측정점수) 결정 시 TM좌표에 의한 방법 중 ( )에 알맞은 말은 어느 것인가?

> 전국 지도의 TM좌표에 따라 해당지역의 (①)의 지도 위에 (②) 간격으로 바둑판 모양의 구획을 만들고 그 구획마다 측정점을 선정한다.

㉮ ① 1 : 5,000 이상, ② 200~300m
㉯ ① 1 : 5,000 이상, ② 2~3km
㉰ ① 1 : 25,000 이상, ② 200~300m
㉱ ① 1 : 25,000 이상, ② 2~3km

70 환경대기 중의 질소산화물을 자동연속측정하는 방법으로 틀린 것은 어느 것인가?

㉮ 자외선형광법 ㉯ 살츠만법
㉰ 화학발광법 ㉱ 흡광차분광법

풀이 환경대기 중의 질소산화물을 자동연속측정하는 방법으로는 살츠만법, 화학발광법, 흡광차분광법이 있다.

71 이온크로마토그래피에서 사용되는 검출기 중 정전위 전극반응을 이용하고, 검출 감도가 높고 선택성이 있어 분석화학 분야에 널리 이용되는 검출기는 어느 것인가?

㉮ 가시선 흡수 검출기
㉯ 정전위 검출기
㉰ 전기화학적 검출기
㉱ 전기전도도 검출기

풀이 ㉰ 전기화학적 검출기에 대한 설명이다.

72 굴뚝 배출가스 중 다이옥신 및 퓨란류 분석 시 시약으로 사용하는 증류수로 알맞은 것은 어느 것인가?

㉮ 메탄올로 세정한 증류수
㉯ 아세톤으로 세정한 증류수
㉰ 노말헥세인으로 세정한 증류수
㉱ 다이클로로메탄으로 세정한 증류수

answer 68 ㉮ 69 ㉱ 70 ㉮ 71 ㉰ 72 ㉰

73 배출가스 중 금속화합물을 원자흡수분광광도법으로 분석할 때 간섭물질에 대한 내용으로 틀린 것은?

㉮ 광학적 간섭은 분석하고자 하는 금속과 근접한 파장에서 발광하는 물질이 존재하거나, 측정파장의 스펙트럼이 넓어질 때 발생할 수 있다.
㉯ 물리적 간섭은 표준용액과 분석용 시료용액 또는 분석용 시료용액 간의 물리적 성질(점도, 밀도, 표면장력 등)의 차이 또는 표준물질과 분석용 시료용액의 매질(matrix) 차이에 의해 발생할 수 있다.
㉰ 화학적 간섭은 이온과 원자의 재결합으로 연속 발광할 때 또는 분자띠 발광 시 발생할 수 있다.
㉱ 크로뮴 분석 시 아세틸렌-공기 불꽃에서는 철, 니켈 등에 의한 방해를 받는다.

풀이 ㉰ 화학적 간섭은 원자화 불꽃 중에서 이온화하거나, 공존물질과 작용하여 해리하기 어려운 화합물이 생성되는 경우에 발생할 수 있다.

74 환경대기 중의 먼지 측정방법 중 습도, 비, 안개 등의 영향을 크게 받기 때문에 상대습도가 70% 이상이 되면 측정치의 신뢰도가 낮아지는 측정방법은 어느 것인가?

㉮ 고용량 공기시료채취기법
㉯ 저용량 공기시료채취기법
㉰ 광산란법
㉱ 광투과법

풀이 ㉰ 광산란법에 대한 설명이다.

75 기체크로마토그래피의 설치조건에 대한 내용으로 틀린 것은 어느 것인가?

㉮ 설치장소는 진동이 없고 부식가스나 먼지가 적고 실온 5~35℃, 상대습도 85% 이하로서 직사광선이 쪼이지 않는 곳으로 한다.
㉯ 공급전원은 지정된 전력 및 주파수이어야 하고, 전원변동은 지정전압의 10% 이내로서 주파수의 변동이 없는 것이어야 한다.
㉰ 고주파가열로와 같은 것으로부터 전자기의 유도를 받지 않아야 한다.
㉱ 분리관을 장치에 부착한 후 운반가스의 압력을 사용압력 이하로 유지하면서 가스누출 시험을 한다.

풀이 ㉱ 분리관을 장치에 부착한 후 운반가스의 압력을 사용압력 이상으로 올리고 가스누출시험을 한다.

answer 73 ㉰ 74 ㉰ 75 ㉱

76 굴뚝 배출가스 중의 수분량을 흡습관법으로 측정한 결과 다음과 같은 결과 값을 얻었다. 습배출가스 중의 수증기 백분율(%)은 얼마인가? (단, 표준상태 기준이다.)

- 건조가스 흡입유량 : 20L
- 측정 전 흡습관 질량 : 96.16g
- 측정 후 흡습관 질량 : 97.69g

㉮ 약 6.4% ㉯ 약 7.1%
㉰ 약 8.7% ㉱ 약 9.5%

풀이 수분량 = 97.69g - 96.16g = 1.53g

$$X_w(\%) = \frac{1.244 \times ma(L)}{Vs(L) + 1.244 \times ma(L)} \times 100$$

$$= \frac{1.244 \times 1.53g}{20L + 1.244 \times 1.53g} \times 100$$

$$= 8.69\%$$

77 다음은 시험의 기재 및 용어에 관한 설명이다. ( ) 안에 알맞은 말은 어느 것인가?

시험조작 중 "즉시"란 (①) 이내에 표시된 조작을 하는 것을 뜻하며, "감압 또는 진공"이라 함은 따로 규정이 없는 한 (②) 이하를 뜻한다.

㉮ ① 10초, ② 15mmH$_2$O
㉯ ① 10초, ② 15mmHg
㉰ ① 30초, ② 15mmH$_2$O
㉱ ① 30초, ② 15mmHg

풀이 ① 즉시 : 30초 이내
② 감압 또는 진공 : 15mmHg 이하

78 굴뚝에서 배출되는 가스상 물질 중 폼알데하이드 채취 시 채취관의 재질로 틀린 것은 어느 것인가?

㉮ 경질유리 ㉯ 스테인리스강
㉰ 석영   ㉱ 플루오로수지

풀이 폼알데하이드 채취 시 채취관의 재질로는 경질유리, 석영, 플루오로수지가 있다.

79 원자흡수분광광도법에 사용되는 불꽃 중 불꽃의 온도가 높아 불꽃 중에서 해리하기 어려운 내화성 산화물(refractory oxide)을 만들기 쉬운 원소의 분석에 가장 적합한 것은 어느 것인가?

㉮ 아세틸렌-공기
㉯ 아세틸렌-산소
㉰ 수소-공기-알곤
㉱ 아세틸렌-아산화질소

풀이 ㉱ 아세틸렌(C$_2$H$_2$)-아산화질소(N$_2$O)에 대한 설명이다.

80 배출가스 중 가스상물질의 시료채취장치 중 채취부에 사용되는 부품의 조건으로 틀린 것은 어느 것인가?

㉮ 펌프는 배기능력 10~20L/min인 개방형을 쓴다.
㉯ 가스미터는 일회전 1L의 습식 또는 건식 가스미터를 쓴다.
㉰ 수은 마노미터는 대기와 압력차가 100mmHg 이상인 것을 쓴다.
㉱ 가스건조탑은 유리로 만든 가스건조탑을 쓰며, 건조제로서는 입자상태의 염화칼슘 등을 쓴다.

풀이 ㉮ 펌프는 배기능력 0.5~5L/min인 밀폐형을 쓴다.

answer 76 ㉰ 77 ㉱ 78 ㉯ 79 ㉱ 80 ㉮

2016 4회 기출문제

| 제1과목 | 대기환경관리

01 따뜻한 공기가 찬 지표면이나 수면 위를 불어갈 때 따뜻한 공기의 하층이 찬 지표면 수면에 의해 냉각되어 발생하는 역전 형태는 어느 것인가?

㉮ 접지역전 ㉯ 침강역전
㉰ 전선역전 ㉱ 해풍역전

풀이 ㉮ 접지역전에 대한 설명이다.

02 유효고 50m인 굴뚝에서 NO가 200g/sec의 속도로 배출되고 있다. 굴뚝 유효고에서의 풍속은 10m/sec일 때, 500m 풍하방향 중심선상 지표면에서의 NO 농도($\mu g/m^3$)는 얼마인가? (단, σ_y = 30m, σ_z = 15m이다.)

㉮ 약 $3\mu g/m^3$ ㉯ 약 $5\mu g/m^3$
㉰ 약 $27\mu g/m^3$ ㉱ 약 $55\mu g/m^3$

풀이 가우시안 확산식을 이용한다.
$$C = \frac{Q}{\pi \cdot u \cdot \sigma_y \cdot \sigma_z} \exp\left[-\frac{1}{2}\left(\frac{He}{\sigma_z}\right)^2\right]$$

- C : NO의 농도($\mu g/m^3$)
- Q : NO의 배출량($\mu g/sec$)
- u : 풍속(m/sec)
- σ_y : 수평방향의 표준편차(m)
- σ_z : 수직방향의 표준편차(m)
- He : 유효굴뚝높이(m)

따라서
$$C = \frac{200 \times 10^6 \mu g/sec}{\pi \times 10 m/sec \times 30m \times 15m} \exp\left[-\frac{1}{2}\left(\frac{50m}{15m}\right)^2\right]$$
$$= 54.69 \mu g/m^3$$

03 대기의 안정도와 관련된 리차든수(Ri)를 나타낸 식으로 알맞은 것은 어느 것인가? (단, g : 그 지역의 중력가속도, θ : 잠재온도, u : 풍속, z : 고도)

㉮ $Ri = \dfrac{(g/\theta)(d\theta/dz)}{(du/dz)^2}$

㉯ $Ri = \dfrac{(g/\theta)(du/dz)^2}{(d\theta/dz)}$

㉰ $Ri = \dfrac{(\theta/g)(du/dz)^2}{(d\theta/dz)}$

㉱ $Ri = \dfrac{(\theta/g)(d\theta/dz)}{(du/dz)^2}$

풀이
$$Ri = \frac{g}{T_m} \times \left\{\frac{\Delta t/\Delta z}{(\Delta u/\Delta z)^2}\right\}$$
$$= \frac{g}{\theta} \times \left\{\frac{d\theta/dz}{(du/dz)^2}\right\}$$

answer 01 ㉮ 02 ㉱ 03 ㉮

04 광화학반응의 주요 생성물 중 PAN (peroxyacetyl nitrate)의 화학식으로 알맞은 것은 어느 것인가?

㉮ $CH_3CO_2N_4O_2$
㉯ $CH_3C(O)O_2NO_2$
㉰ $C_5H_{11}C(O)O_2N_4O_2$
㉱ $C_5H_{11}CO_2NO_2$

풀이 PAN의 화학식은 $CH_3C(O)O_2NO_2$이다.

05 산성비에 대한 다음 설명 중 ( ) 안에 들어갈 알맞은 말은 어느 것인가?

> 산성비는 통상 pH (①) 이하의 강우를 말하며, 이는 자연 상태의 대기 중에 존재하는 (②)가 강우에 흡수되었을 때 나타나는 pH를 기준으로 한 것이다.

㉮ ① 7, ② CO_2 ㉯ ① 7, ② NO_2
㉰ ① 5.6 ② CO_2 ㉱ ① 5.6 ② NO_2

06 다음 가스 중 혈액 내의 헤모글로빈(Hb)과 결합력이 가장 강한 물질은 어느 것인가?

㉮ CO   ㉯ O_2
㉰ NO   ㉱ CS_2

풀이 혈액내의 헤모글로빈과의 결합력 세기 순서는 O_2 < CO < NO이다.

07 최대혼합고(MMD)에 대한 내용으로 틀린 것은 어느 것인가?

㉮ 통상적으로 밤에 가장 낮으며, 낮시간 동안 증가한다.
㉯ 야간 극심한 역전하에서는 0이 될 수도 있다.
㉰ 낮시간 동안에는 통상 20~30m의 값을 나타낸다.
㉱ 실제 MMD는 지표 위 수km까지 실제 공기의 온도종단도를 작성함으로써 결정된다.

풀이 ㉰ 낮시간 동안에는 통상 2,000~3,000m의 값을 나타낸다.

08 로스앤젤레스 스모그 사건에 관한 내용으로 틀린 것은 어느 것인가?

㉮ 대기는 침강성 역전 상태였다.
㉯ 주 오염성분은 NO_X, O_3, PAN, 탄화수소이다.
㉰ 광화학적 및 열적 산화반응을 통해서 스모그가 형성되었다.
㉱ 주 오염 발생원은 가정 난방용 석탄과 화력발전소의 매연이다.

풀이 ㉱ 주 오염 발생원은 자동차에서 배출되는 질소산화물, 탄화수소 등에 의하여 생성된 광화학산화물(O_3, PAN)이다.

answer 04 ㉯   05 ㉰   06 ㉰   07 ㉰   08 ㉱

09 1~2μm 이하의 미세입자는 세정(rain out) 효과가 작은데 그 이유로 알맞은 것은 어느 것인가?

㉮ 응축효과가 크기 때문에
㉯ 휘산효과가 크기 때문에
㉰ 부정형의 입자가 많기 때문에
㉱ 브라운 운동을 하기 때문에

풀이 1~2μm 이하의 미세입자에서 세정효과가 작은 이유는 브라운 운동을 하기 때문이다.

10 벤젠에 대한 내용으로 틀린 것은 어느 것인가?

㉮ 체내에 흡수된 벤젠은 지방이 풍부한 피하조직과 골수에서 고농도로 축적되어 오래 잔존할 수 있다.
㉯ 체내에서 마뇨산(hippuric acid)으로 대사하여 소변으로 배설된다.
㉰ 비점은 약 80℃ 정도이고, 체내 흡수는 대부분 호흡기를 통하여 이루어진다.
㉱ 벤젠 폭로에 의해 발생되는 백혈병은 주로 급성 골수아성 백혈병(acute myeloblastic leukemia)이다.

풀이 ㉯ 체내에서 마뇨산(hippuric acid)으로 대사하여 소변으로 배설되는 물질은 톨루엔이다.

11 다환방향족 탄화수소(Polycyclic Aromatic Hydrocarbons, PAH)에 대한 내용으로 틀린 것은 어느 것인가?

㉮ 대부분 PAH는 물에 잘 용해되며, 산성비의 주요 원인물질로 작용한다.
㉯ 대부분 공기역학적 직경이 2.5μm 미만인 입자상 물질이다.
㉰ 석탄, 기름, 가스, 쓰레기, 각종 유기물질의 불완전 연소가 일어나는 동안에 형성된 화학물질 그룹이다.
㉱ 고리 형태를 갖고 있는 방향족 탄화수소로서 미량으로도 암 및 돌연변이를 일으킬 수 있다.

풀이 ㉮ 대부분 PAH는 물에 잘 용해되지 않는다.

12 A도시의 먼지 농도를 측정하기 위하여 공기를 여과지를 통하여 0.4m/s의 속도로 3시간 동안 여과시킨 결과 깨끗한 여과지에 비해 사용된 여과지의 빛 전달률이 80%이었다. 이 때 1,000m당의 Coh는 약 얼마인가?

㉮ 1.25 ㉯ 1.50
㉰ 2.25 ㉱ 4.32

풀이
$$Coh = \frac{\log\frac{1}{빛전달률}\times 100}{여과속도(m/sec)\times 여과시간(hr)\times 3,600}\times 1,000m$$

$$= \frac{\log\frac{1}{0.80}\times 100}{0.4m/sec\times 3hr\times 3,600}\times 1,000m = 2.24$$

answer 09 ㉱ 10 ㉯ 11 ㉮ 12 ㉰

13 등압면이 직선이 아닌 곡선일 때에 부는 바람인 경도풍은 3가지 힘이 평형을 이루고 있을 때 나타난다. 이 3가지 힘으로 알맞은 것은 어느 것인가?

㉮ 마찰력, 전향력, 원심력
㉯ 기압경도력, 전향력, 원심력
㉰ 기압경도력, 마찰력, 원심력
㉱ 기압경도력, 전향력, 마찰력

풀이 경도풍에 작용하는 힘은 기압경도력, 전향력, 원심력이다.

14 굴뚝높이 50m, 배출 연기온도 200℃, 배출연기속도 30m/s, 굴뚝직경이 2m인 화력발전소가 있다. 지금 주변 대기온도가 20℃이고, 굴뚝 배출구에서 대기 풍속이 10m/s이며, 대기압은 1,000mb인 조건에서 다음 Holland식을 이용한 연기의 유효굴뚝높이(m)는 얼마인가?

$$\triangle H = \frac{Vsd}{u} \times \left[1.5 + 2.68 \times 10^{-3} \times P_a \left(\frac{T_s - T_a}{T_s}\right) d\right]$$

㉮ 약 71m
㉯ 약 85m
㉰ 약 93m
㉱ 약 21m

풀이
① $\triangle H = \frac{Vs \times d}{u} \times \left[1.5 + 2.68 \times 10^{-3} \times P_a \times \left(\frac{T_s - T_a}{T_s}\right) \times d\right]$

$= \frac{30\text{m/sec} \times 2\text{m}}{10\text{m/sec}} \times \left[1.5 + 2.68 \times 10^{-3} \times 1,000\text{mb} \times \frac{(273+200)-(273+20)}{(273+200)} \times 2\text{m}\right]$

$= 21.238\text{m}$

② He = H + △H = 50m + 21.238m = 71.24m

15 상자모델을 전개하기 위하여 설정된 가정으로 틀린 것은 어느 것인가?

㉮ 오염물은 지면의 한 지점에서 일정하게 배출된다.
㉯ 고려된 공간에서 오염물의 농도는 균일하다.
㉰ 오염물의 분해는 일차반응에 의한다.
㉱ 고려되는 공간의 수직단면에 직각방향으로 부는 바람의 속도가 일정하여 환기량이 일정하다.

풀이 ㉮ 오염물은 지면 전역에 균등히 분포되어 있다.

16 대기오염물질별로 지표식물을 짝지은 것으로 틀린 것은 어느 것인가?

㉮ HF - 알팔파
㉯ SO_2 - 담배
㉰ O_3 - 시금치
㉱ NH_3 - 해바라기

풀이 지표식물(약한 식물)
㉮ HF : 옥수수, 자두, 메밀, 글라디올러스
㉯ SO_2 : 대맥, 담배, 자주개나리(알팔파), 목화, 보리
㉰ O_3 : 담배(연초), 시금치, 자주개나리(알팔파), 토마토, 백송
㉱ NH_3 : 토마토, 해바라기, 메밀

answer 13 ㉯ 14 ㉮ 15 ㉮ 16 ㉮

17 태양복사의 산란에 대한 내용으로 틀린 것은 어느 것인가?

㉮ 레일리 산란의 경우 그 세기는 파장의 2승에 반비례한다.
㉯ 산란의 세기는 입사되는 빛의 파장(λ)에 대한 입자크기(반경)의 비에 의해 결정된다.
㉰ 입자의 크기가 입사되는 빛의 파장에 비해 아주 작게 되면 레일리산란이 발생한다.
㉱ 맑은 날 하늘이 푸르게 보이는 이유는 레일리산란 특성에 의해 파장이 짧은 청색광이 긴 적색광보다 더욱 강하게 산란되기 때문이다.

▶풀이 ㉮ 레일리 산란의 경우 그 세기는 파장의 4승에 반비례한다.

18 질소산화물에 대한 내용으로 틀린 것은 어느 것인가?

㉮ 아산화질소(N_2O)는 성층권의 오존을 분해하는 물질로 알려져 있다.
㉯ 아산화질소(N_2O)는 대류권에서 태양에너지에 대하여 매우 안정하다.
㉰ 전세계의 질소화합물 배출량 중 인위적인 배출량은 자연적 배출량의 약 70% 정도 차지하고 있으며, 그 비율은 점차 증가하는 추세이다.
㉱ 연료 NO_X는 연료 중 질소화합물 연소에 의해 발생되고, 연료 중 질소화합물은 일반적으로 석탄에 많고 중유, 경유 순으로 적어진다.

▶풀이 ㉰ 전세계의 질소화합물 배출량 중 인위적인 배출량은 자연적 배출량의 약 10% 정도 차지하고 있다.

19 다음 중 세류현상(down wash)이 발생하지 않는 조건으로 알맞은 것은 어느 것인가?

㉮ 굴뚝높이에서의 풍속이 오염물질 토출속도의 1.5배 이상일 때
㉯ 굴뚝높이에서의 풍속이 오염물질 토출속도의 2.0배 이상일 때
㉰ 오염물질의 토출속도가 굴뚝높이 풍속의 1.5배 이상일 때
㉱ 오염물질의 토출속도가 굴뚝높이 풍속의 2.0배 이상일 때

▶풀이 세류현상(down wash)의 방지책은 오염물질의 토출속도를 굴뚝높이 풍속의 2.0배 이상 유지이다.

20 대기오염물질과 그 발생원의 연결로 틀린 것은 어느 것인가?

㉮ 페놀 - 타르공업, 도장공업
㉯ 암모니아 - 소다공업, 인쇄공장, 농약제조
㉰ 시안화수소 - 청산제조업, 가스공업, 제철공업
㉱ 아황산가스 - 용광로, 제련소, 석탄화력발전소

▶풀이 ㉯ 암모니아 - 도금공업, 냉동공업, 비료공장, 표백, 색소제조공장

answer 17 ㉮ 18 ㉰ 19 ㉱ 20 ㉯

| 제2과목 | 연소공학

21 액화석유가스(LPG)에 관한 내용으로 틀린 것은 어느 것인가?

㉮ 황분이 적고 유독성분이 거의 없다.
㉯ 사용에 편리한 기체연료의 특징과 수송 및 저장에 편리한 액체연료의 특징을 겸비하고 있다.
㉰ 천연가스에서 회수되기도 하지만 대부분은 석유정제 시 부산물로 얻어진다.
㉱ 비중이 공기보다 가벼워 누출될 경우 인화 폭발 위험성이 크다.

풀이 ㉱ 비중이 공기보다 무거워 누출될 경우 인화 폭발 위험성이 크다.

22 COM(coal oil mixture), 즉 혼탄유 연소 특징으로 틀린 것은 어느 것인가?

㉮ COM은 주로 석탄과 중유의 혼합연료이다.
㉯ 배출가스 중의 NO_X, SO_X, 먼지농도는 미분탄 연소와 중유연소 각각인 경우 농도가중 평균정도가 된다.
㉰ 화염길이가 중유 연소인 경우에 가까운 것에 대하여 화염안정성은 미분탄 연소인 경우에 가깝다.
㉱ 중유보다 미립화 특성이 양호하다.

풀이 ㉰ 화염길이는 미분탄 연소에 가까운 반면, 화염 안정성은 중유 연소에 가깝다.

23 중유조성이 탄소 87%, 수소 11%, 황 2%이었다면 이 중유연소에 필요한 이론 습 연소가스량(Sm^3/kg)은 얼마인가?

㉮ $9.63 Sm^3/kg$ ㉯ $11.35 Sm^3/kg$
㉰ $12.96 Sm^3/kg$ ㉱ $13.62 Sm^3/kg$

풀이 ① 이론공기량(A_o)
$= 8.89C + 26.67\left(H - \dfrac{O}{8}\right) + 3.33S$
$= 8.89 \times 0.87 + 26.67 \times 0.11 + 3.33 \times 0.02$
$= 10.7346 Sm^3/kg$
② 이론습연소가스량(G_{ow})
$= A_o + 5.6H + 0.7O + 0.8N + 1.244W$
$= 10.7346 Sm^3/kg + 5.6 \times 0.11$
$= 11.35 Sm^3/kg$

24 프로판(C_3H_8) $1Sm^3$을 완전연소시켰을 때 건조연소가스 중의 CO_2 농도는 11%이었다. 공기비는 약 얼마인가?

㉮ 1.05 ㉯ 1.15
㉰ 1.23 ㉱ 1.39

풀이 ① $C_3H_8 + 5O_2 \rightarrow 3CO_2 + 4H_2O$
$CO_2\% = \dfrac{CO_2량}{Gd} \times 100$
$11\% = \dfrac{3}{Gd} \times 100$
∴ $Gd = 27.273 Sm^3/Sm^3$
② $Gd = (m - 0.21)A_o + CO_2량$
$27.273 Sm^3/Sm^3 = (m - 0.21) \times \dfrac{5}{0.21} + 3$
∴ $m = 1.23$

answer 21 ㉱ 22 ㉰ 23 ㉯ 24 ㉰

25 액체연료인 석유의 물성치에 대한 내용으로 틀린 것은 어느 것인가?

㉮ 석유류의 증기압이 큰 것은 착화점이 낮아서 위험하다.
㉯ 석유류의 인화점은 휘발유 -50~0℃, 등유 30~70℃, 중유 90~120℃ 정도이다.
㉰ 석유의 비중이 커지면 탄화수소비(C/H)가 증가하고, 발열량이 감소한다.
㉱ 석유의 동점도가 감소하면 끓는점이 높아지고 유동성이 좋아지며 이로 인하여 인화점이 높아진다.

풀이 ㉱ 석유의 동점도가 감소하면 끓는점이 낮아지고 유동성이 좋아진다.

26 기체연료의 연소방식과 연소장치에 대한 내용으로 틀린 것은 어느 것인가?

㉮ 확산연소는 주로 탄화수소가 적은 발생로가스, 고로가스 등에 적용되는 연소방식이다.
㉯ 예혼합연소는 화염온도가 낮아 국부가열의 염려가 없고 연소부하가 작은 경우 사용이 가능하며, 화염의 길이가 길다.
㉰ 저압버너는 역화방지를 위해 1차 공기량을 이론공기량의 약 60% 정도만 흡입하고 2차 공기는 로내의 압력을 부압으로 하여 공기를 흡입한다.
㉱ 예혼합연소에 사용되는 버너에는 저압버너, 고압버너, 송풍버너 등이 있다.

풀이 ㉯ 예혼합연소는 화염온도가 높고 연소부하가 큰 경우 사용이 가능하며, 화염의 길이가 짧다.

27 A석탄을 사용하여 가열로의 배출가스를 분석한 결과 CO_2 14.5%, O_2 6%, N_2 79%, CO 0.5%이었다. 이 경우의 공기비는 얼마인가?

㉮ 1.18　　㉯ 1.38
㉰ 1.58　　㉱ 1.78

풀이
$$m = \frac{N_2\%}{N_2\% - 3.76 \times (O_2\% - 0.5CO\%)}$$
$$= \frac{79\%}{79\% - 3.76 \times (6\% - 0.5 \times 0.5\%)} = 1.38$$

28 C 85%, H 15%의 액체 연료를 100kg/hr로 연소하는 경우, 연소 배출가스의 분석결과가 CO_2 12%, O_2 4%, N_2 84%이었다면 실제 연소용 공기량(Sm^3/h)은 얼마인가? (단, 표준상태 기준)

㉮ 약 1,160Sm^3/h　　㉯ 약 1,410Sm^3/h
㉰ 약 1,620Sm^3/h　　㉱ 약 1,730Sm^3/h

풀이 ① 이론공기량(A_o)
$$= 8.89C + 26.67\left(H - \frac{O}{8}\right) + 3.33S (Sm^3/kg)$$
$$= 8.89 \times 0.85 + 26.67 \times 0.15 = 11.557 Sm^3/kg$$

② 공기비(m) $= \dfrac{N_2\%}{N_2\% - 3.76(O_2\% - 0.5CO\%)}$
$$= \frac{84\%}{84\% - 3.76 \times 4\%} = 1.218$$

③ 실제 연소용 공기량(Sm^3/hr)
$= mA_o \times$ 연료량(kg/hr)
$= 1.218 \times 11.557 Sm^3/kg \times 100 kg/hr$
$= 1,407.64 Sm^3/hr$

answer 25 ㉱　26 ㉯　27 ㉯　28 ㉯

29 A기체연료 $2Sm^3$을 분석한 결과 C_3H_8 $1.7Sm^3$, CO $0.15Sm^3$, H_2 $0.14Sm^3$, O_2 $0.01Sm^3$였다면 이 연료를 완전연소 시켰을 때 생성되는 이론습연소가스량(Sm^3)은 얼마인가?

㉮ 약 $41Sm^3$ ㉯ 약 $45Sm^3$
㉰ 약 $52Sm^3$ ㉱ 약 $57Sm^3$

풀이 $C_3H_8 + 5O_2 \rightarrow 3CO_2 + 4H_2O : 1.7Sm^3$
$CO + 0.5O_2 \rightarrow CO_2 : 0.15Sm^3$
$H_2 + 0.5O_2 \rightarrow H_2O : 0.14Sm^3$
$O_2 : 0.01Sm^3$
이론습연소가스량(Gow)
$= (1-0.21)A_o + CO_2량 + H_2O량 (Sm^3/Sm^3)$
따라서

$Gow = \left\{(1-0.21)\dfrac{5\times1.7Sm^3 + 0.5\times0.15Sm^3 + 0.5\times0.14Sm^3 - 0.01Sm^3}{0.21}\right.$
$\left. + 3\times1.7Sm^3 + 1\times0.15Sm^3 + 4\times1.7Sm^3 + 1\times0.14Sm^3\right\}$
$= 44.67Sm^3$

TIP 주어진 연료의 함량은 연료 $2Sm^3$의 분석치임에 주의

30 기체연료 중 연소하여 수분을 생성하는 H_2와 C_xH_y 연소반응의 발열량 산출식에서 아래의 480이 의미하는 것은 무엇인가?

$$H_l = H_h - 480(H_2 + \Sigma y/2 C_xH_y)(kcal/Sm^3)$$

㉮ H_2O 1kg의 증발잠열
㉯ H_2 1kg의 증발잠열
㉰ H_2O $1Sm^3$의 증발잠열
㉱ H_2 $1Sm^3$의 증발잠열

풀이 480은 H_2O $1Sm^3$의 증발잠열이다.

31 다음 중 디젤노킹(diesel knocking) 방지법으로 틀린 것은 어느 것인가?

㉮ 착화지연 기간 및 급격연소 시간의 분사량을 감소시킨다.
㉯ 급기 온도를 높인다.
㉰ 기관의 압축비를 크게 하여 압축압력을 높게 한다.
㉱ 회전속도를 높인다.

풀이 ㉱ 회전속도를 낮춘다.

32 다음 중 연료의 연소과정에서 공기비가 낮을 경우 예상되는 문제점으로 알맞은 것은 어느 것인가?

㉮ 배출가스에 의한 열손실이 증가한다.
㉯ 배출가스 중 CO와 매연이 증가한다.
㉰ 배출가스 중 SO_x와 NO_x의 발생량이 증가한다.
㉱ 배출가스의 온도저하로 저온부식이 가속화된다.

풀이 공기비가 낮으면 불완전연소이므로 CO와 매연이 증가한다.

---

answer 29 ㉯ 30 ㉰ 31 ㉱ 32 ㉯

33 기체연료의 이론공기량(Sm^3/Sm^3)을 구하는 식으로 알맞은 것은 어느 것인가?
(단, H_2, CO, C_xH_y, O_2는 연료 중의 수소, 일산화탄소, 탄화수소, 산소의 체적비를 의미한다.)

㉮ $0.21\{0.5H_2+0.5CO+(x+y/4)C_xH_y-O_2\}$
㉯ $0.21\{0.5H_2+0.5CO+(x+y/4)C_xH_y+O_2\}$
㉰ $1/0.21\{0.5H_2+0.5CO+(x+y/4)C_xH_y-O_2\}$
㉱ $1/0.21\{0.5H_2+0.5CO+(x+y/4)C_xH_y+O_2\}$

풀이 $H_2+0.5O_2 \to H_2O$
$CO+0.5O_2 \to CO_2$
$C_xH_y+\left(x+\dfrac{y}{4}\right)O_2 \to xCO_2+\dfrac{y}{2}H_2O$
O_2

이론공기량(A_o) = $\dfrac{0.5H_2+0.5CO+\left(x+\dfrac{y}{4}\right)C_xH_y-O_2}{0.21}$

34 1.5%(질량기준) 황분을 함유한 석탄 1,143 kg을 이론적으로 완전연소시킬 때 SO_2 발생량(Sm^3)은 얼마인가? (단, 표준상태기준이며, 황분은 전량 SO_2로 전환된다.)

㉮ $12Sm^3$ ㉯ $18Sm^3$
㉰ $21Sm^3$ ㉱ $24Sm^3$

풀이 $S + O_2 \to SO_2$
32kg : 22.4Sm^3
1,143kg×0.015 : X
∴ X = 12.0Sm^3

35 폐가스 소각과 관련한 다음 설명 중 틀린 것은 어느 것인가?

㉮ 직접화염 재연소기의 설계 시 반응시간은 1~3초 정도로 하고, 이 방법은 다른 방법에 비해 NO_X 발생이 적다.
㉯ 직접화염 소각은 가연성 폐가스의 배출량이 많은 경우에 유용하다.
㉰ 촉매산화법은 고온연소법에 비해 반응온도가 낮은 편이다.
㉱ 촉매산화법은 저농도의 가연물질과 공기를 함유하는 기체 폐기물에 대하여 적용되며 백금 및 팔라듐 등이 촉매로 쓰인다.

풀이 ㉮ 직접화염 재연소기의 설계 시 반응시간은 0.5초 정도로 하고, 이 방법은 다른 방법에 비해 NO_X 발생이 많다.

36 그을음 발생에 대한 내용으로 틀린 것은 어느 것인가?

㉮ 분해나 산화하기 쉬운 탄화수소는 그을음 발생이 적다.
㉯ C/H비가 큰 연료일수록 그을음이 잘 발생된다.
㉰ 탈수소보다 -C-C-의 탄소결합을 절단하는 것이 용이한 연료일수록 잘 발생된다.
㉱ 발생빈도의 순서는 '천연가스 < LPG < 제조가스 < 석탄가스 < 코크스'이다.

풀이 ㉰ -C-C-의 탄소결합을 절단하기보다 탈수소가 쉬운 쪽이 매연이 생기기 쉽다.

answer 33 ㉰ 34 ㉮ 35 ㉮ 36 ㉰

37 연소 시 매연 발생량이 가장 적은 탄화수소는 어느 것인가?

㉮ 나프텐계 ㉯ 올레핀계
㉰ 방향족계 ㉱ 파라핀계

풀이 문제 조건에서 매연 발생량이 가장 적은 탄화수소는 파라핀계이다.

38 C = 78(질량%), H = 18(질량%), S = 4(질량%)인 중유의 $(CO_2)_{max}$은 약 몇 %인가? (단, 표준상태, 건조가스 기준)

㉮ 20.6% ㉯ 17.6%
㉰ 14.8% ㉱ 13.4%

풀이 ① 이론공기량(A_o)

$= 8.89C + 26.67\left(H - \dfrac{O}{8}\right) + 3.33S(Sm^3/kg)$

$= 8.89 \times 0.78 + 26.67 \times 0.18 + 3.33 \times 0.04$

$= 11.868 Sm^3/kg$

② 이론건연소가스량(God)

$= A_o - 5.6H + 0.7O + 0.8N(Sm^3/kg)$

$= 11.868 Sm^3/kg - 5.6 \times 0.18 = 10.86 Sm^3/kg$

③ $CO_{2max}(\%) = \dfrac{1.867C}{God} \times 100$

$= \dfrac{1.867 \times 0.78 Sm^3/kg}{10.86 Sm^3/kg} \times 100$

$= 13.41\%$

39 C = 82%, H = 15%, S = 3%의 조성을 가진 액체연료를 2kg/min으로 연소시켜 배기가스를 분석하였더니 CO_2 = 12.0%, O_2 = 5%, N_2 = 83%라는 결과를 얻었다. 이 때 필요한 연소용 공기량(Sm^3/hr)은 얼마인가?

㉮ 약 1,100Sm^3/hr ㉯ 약 1,300Sm^3/hr
㉰ 약 1,600Sm^3/hr ㉱ 약 1,800Sm^3/hr

풀이 ① 공기비(m) = $\dfrac{N_2\%}{N_2\% - 3.76 \times (O_2\% - 0.5CO\%)}$

$= \dfrac{83\%}{83\% - 3.76 \times 5\%} = 1.2928$

② 이론공기량(A_o)

$= 8.89C + 26.67\left(H - \dfrac{O}{8}\right) + 3.33S(Sm^3/kg)$

$= 8.89 \times 0.82 + 26.67 \times 0.15 + 3.33 \times 0.03$

$= 11.3902 Sm^3/kg$

③ 필요한 연소용 공기량(Sm^3/hr)

$= mA_o \times 연료량(kg/hr)$

$= 1.2928 \times 11.3902 Sm^3/kg \times 2kg/min \times 60 min/hr$

$= 1,767.03 Sm^3/hr$

40 다음 중 폭굉유도거리가 짧아지는 요건으로 틀린 것은 어느 것인가?

㉮ 정상의 연소속도가 작은 단일가스인 경우
㉯ 관속에 방해물이 있거나 관내경이 작을수록
㉰ 압력이 높을수록
㉱ 점화원의 에너지가 강할수록

풀이 ㉮ 정상의 연소속도가 큰 혼합가스인 경우

answer 37 ㉱ 38 ㉱ 39 ㉱ 40 ㉮

| 제3과목 | 대기오염방지기술

41 Bag filter에서 먼지부하가 360g/m²일 때마다 부착먼지를 간헐적으로 탈락시키고자 한다. 유입가스 중의 먼지농도가 10g/m³이고, 겉보기 여과속도가 1cm/sec일 때 부착먼지의 탈락시간 간격(hr)은 얼마인가? (단, 집진율은 80%이다.)

㉮ 약 0.4hr ㉯ 약 1.3hr
㉰ 약 2.4hr ㉱ 약 3.6hr

풀이 ① $L_d = C_i \times V_f \times t \times \eta$
360g/m² = 10g/m³×0.01m/sec×t×0.80
∴ t = 4,500sec
② t(hr) = 4,500sec × $\dfrac{1hr}{3,600sec}$ = 1.25hr

42 목(throat) 부분의 지름이 30cm인 Ventri Scrubber를 사용하여 360m³/min의 함진가스를 처리할 때, 320L/min의 세정수를 공급할 경우 이 부분의 압력손실(mmH₂O)은 얼마인가? (단, 가스밀도는 1.2kg/m³이고, 압력손실계수는 [0.5 +액가스비]이다.)

㉮ 약 545mmH₂O ㉯ 약 575mmH₂O
㉰ 약 613mmH₂O ㉱ 약 665mmH₂O

풀이 $\triangle P = (0.5 + 액가스비) \times \dfrac{rv^2}{2g}$ (mmH₂O)

① v(m/sec) = $\dfrac{Q(m^3/sec)}{\dfrac{\pi D^2}{4}(m^2)}$

= $\dfrac{360m^3/min \times 1min/60sec}{\dfrac{\pi}{4} \times (0.3m)^2}$

= 84.88m/sec

② 액가스비(L/m³) = $\dfrac{320L/min}{360m^3/min}$ = 0.889L/m³

③ $\triangle P = (0.5 + 0.889L/m^3) \times \dfrac{1.2kg/m^3 \times (84.88m/sec)^2}{2 \times 9.8m/sec^2}$

= 612.69mmH₂O

43 선택적 촉매환원(SCR)법과 선택적 비촉매환원(SNCR)법이 주로 제거하는 오염물질은 어느 것인가?

㉮ 휘발성유기화합물
㉯ 질소산화물
㉰ 황산화물
㉱ 악취물질

풀이 ㉯ 질소산화물(NO$_X$)의 제거방법이다.

44 휘발유 자동차의 배출가스를 감소하기 위해 적용되는 삼원촉매장치의 촉매물질 중 환원 촉매로 사용되고 있는 물질은 어느 것인가?

㉮ Pt   ㉯ Ni
㉰ Rh   ㉱ Pd

풀이 환원촉매는 로듐(Rh)이고 산화촉매는 백금(Pt)과 팔라듐(Pd)이다.

45 액측 저항이 클 경우에 이용하기 유리한 기체 분산형 흡수장치는 어느 것인가?

㉮ 충전탑   ㉯ 다공판탑
㉰ 분무탑   ㉱ 하이드로필터

풀이 기체 분산형 흡수장치로는 다공판탑, 종탑, 기포탑이 있다.

answer 41 ㉯ 42 ㉰ 43 ㉯ 44 ㉰ 45 ㉯

46 흡수에 의한 가스상 물질의 처리장치로 거리가 먼 것은?

㉮ 충전탑   ㉯ 분무탑
㉰ 다공판탑   ㉱ 활성알루미나탑

> **풀이** ㉱ 활성알루미나탑은 흡착에 의한 제거방법이다.

47 굴뚝(연돌)에서 피토우관을 사용하여 배출가스의 유속을 구하고자 측정한 결과가 아래 [보기]와 같을 때, 이 굴뚝에서의 배출가스 유속(m/s)은 얼마인가?

[보기]
C : 피토우관 계수이며 값은 1.0
g : 중력가속도이며 값은 $9.8 m/s^2$
h : 동압으로 측정값은 $5.0 mmH_2O$
r : 배출가스 밀도이며 측정값은 $1.5 kg/m^3$

㉮ 약 5m/s   ㉯ 약 6m/s
㉰ 약 7m/s   ㉱ 약 8m/s

> **풀이** $V = C \times \sqrt{\dfrac{2gh}{r}} (m/sec)$
>
> $= 1.0 \times \sqrt{\dfrac{2 \times 9.8 m/sec^2 \times 5.0 mmH_2O}{1.5 kg/m^3}}$
>
> $= 8.083 m/sec$

48 여과집진장치의 특성으로 틀린 것은 어느 것인가?

㉮ 다양한 여과재의 사용으로 인하여 설계 시 융통성이 있다.
㉯ 여과재의 교환으로 유지비가 고가이다.
㉰ 수분이나 여과속도에 대한 적응성이 높다.
㉱ 폭발성, 점착성 및 흡습성 먼지의 제거가 곤란하다.

> **풀이** ㉰ 수분이나 여과속도에 대한 적응성이 낮다.

49 활성탄에 SO_2를 흡착시키면 황산이 생성된다. 이를 탈착시키는 방법 중 활성탄 소모나 약산이 생성되는 단점을 극복하기 위해 H_2S 또는 CS_2를 반응시켜 단체의 S를 생성시키는 방법은 어느 것인가?

㉮ 세척법   ㉯ 산화법
㉰ 환원법   ㉱ 촉매법

> **풀이** ㉰ 환원법에 대한 설명이다.

50 흡수탑의 충전물에 요구되는 사항으로 틀린 것은 어느 것인가?

㉮ 단위 부피 내의 표면적이 클 것
㉯ 간격의 단면적이 클 것
㉰ 단위 부피의 무게가 가벼울 것
㉱ 가스 및 액체에 대하여 내식성이 없을 것

> **풀이** ㉱ 가스 및 액체에 대하여 내식성이 있을 것

answer 46 ㉱ 47 ㉱ 48 ㉰ 49 ㉰ 50 ㉱

51 충전탑(packed tower)과 단탑(plate tower)을 비교 설명한 것으로 틀린 것은 어느 것인가?

㉮ 포말성 흡수액일 경우 충전탑이 유리하다.
㉯ 흡수액에 부유물이 포함되어 있을 경우 단탑을 사용하는 것이 더 효율적이다.
㉰ 온도 변화에 따른 팽창과 수축이 우려될 경우에는 충전제 손상이 예상되므로 단탑이 유리하다.
㉱ 운전 시 용매에 의해 발생하는 용해열을 제거해야 할 경우 냉각오일을 설치하기 쉬운 충전탑이 유리하다.

풀이 ㉱ 운전 시 용매에 의해 발생하는 용해열을 제거해야 할 경우 단탑이 유리하다.

52 냄새물질의 화학구조에 관한 내용으로 틀린 것은 어느 것인가?

㉮ 골격이 되는 탄소수는 저분자일수록 관능기 특유의 냄새가 강하고 자극적이나 8~13에서 가장 냄새가 강하다.
㉯ 불포화도(2중결합 및 3중결합의 수)가 높으면 냄새가 보다 강하게 난다.
㉰ 락톤 및 케톤화합물은 환상이 크게 되면 냄새가 강해진다.
㉱ 분자 내 수산기의 수가 증가할수록 냄새가 강하다.

풀이 ㉱ 분자 내 수산기의 수가 1개일 때 가장 강하고 수가 증가하면 약해져서 무취에 이른다.

53 직경이 500mm인 관에 60m³/min의 공기가 통과한다면 공기의 이동속도(m/sec)는 얼마인가?

㉮ 5.1m/sec ㉯ 5.7m/sec
㉰ 6.2m/sec ㉱ 6.9m/sec

풀이
$$V(m/sec) = \frac{Q(m^3/sec)}{\frac{\pi D^2}{4}(m^2)} = \frac{60m^3/min \times 1min/60sec}{\frac{\pi}{4} \times (0.5m)^2}$$
$$= 5.09 m/sec$$

54 질산공장의 배출가스 중 NO_2 농도가 80ppm, 처리가스량이 1,000Sm³이었다. CO에 의한 비선택적 접촉환원법으로 NO_2를 처리하여 NO와 CO_2로 만들고자 할 때, 필요한 CO양(Sm³)은 얼마인가?

㉮ 0.04Sm³ ㉯ 0.08Sm³
㉰ 0.16Sm³ ㉱ 0.32Sm³

풀이
$NO_2 + CO \rightarrow NO + CO_2$
22.4Sm³ : 22.4Sm³
1,000Sm³ × 80ppm × 10⁻⁶ : X
∴ X = 0.08Sm³

answer 51 ㉱ 52 ㉱ 53 ㉮ 54 ㉯

55 관성력 집진장치에 대한 내용으로 틀린 것은 어느 것인가?

㉮ 압력손실은 30~70mmH₂O 정도이고, 굴뚝 또는 배관에 적용될 때가 있다.
㉯ 곡관형, louver형, pocket형, multibaffle형 등은 반전식에 해당한다.
㉰ 함진가스의 방향 전환각도가 크고, 방향 전환 횟수가 적을수록 압력손실은 커지나 집진율이 높아진다.
㉱ 반전식의 경우 방향전환을 하는 가스의 곡률반경이 작을수록 미세한 먼지를 분리채취할 수 있다.

풀이 ㉰ 함진가스의 방향 전환각도가 작고, 방향 전환 횟수가 많을수록 압력손실은 커지나 집진율이 높아진다.

56 불화수소 농도가 250ppm인 굴뚝 배출 가스량 1,000Sm³/h를 10m³의 물로 10시간 순환 세정할 경우 순환수의 pH는 얼마인가? (단, 불화수소는 60%가 전리하고, 불소의 원자량은 19)

㉮ 2.17 ㉯ 2.48
㉰ 2.72 ㉱ 2.94

풀이 ① [HF]의

$$mol/L = \frac{QSm^3/hr \times CmL/Sm^3 \times 10^{-3}L/mL \times 제거시간(hr) \times \frac{제거율(\%)}{100} \times \frac{1mol}{22.4L}}{순환수(L)}$$

$$= \frac{1,000Sm^3/hr \times 250mL/Sm^3 \times 10^{-3}L/mL \times 10hr \times 0.60 \times \frac{1mol}{22.4L}}{10 \times 10^3 L}$$

$= 6.70 \times 10^{-3} mol/L$

② [H⁺]의 농도 = $6.70 \times 10^{-3} mol/L$
③ pH = -log[H⁺] = -log[6.70×10^{-3} mol/L] = 2.17

TIP
① ppm = mL/Sm³
② 산성물질에서 pH = -log[H⁺]
③ HF → H⁺ + F⁻
  XM   XM   XM

57 먼지의 발생원을 자연적 및 인위적으로 구분할 때 그 발생원이 다른 것은 어느 것인가?

㉮ 질소산화물과 탄화수소의 반응에 의해 0.2μm 이하의 입자가 발생한다.
㉯ 화산의 폭발에 의해서 먼지와 SO₂가 발생한다.
㉰ 사막지역과 같이 지면의 먼지가 바람에 날릴 경우 통상 0.3μm 이상의 입자상 물질이 발생한다.
㉱ 자연적으로 발생한 O₃과 자연대기 중 탄화수소물(HC) 간의 광화학적 기체반응에 의해 0.2μm 이하의 입자가 발생한다.

풀이 ㉮번은 인위적인 요인이며, ㉯, ㉰, ㉱번은 자연적인 요인이다.

58 송풍기를 원심력형과 축류형으로 분류할 때 다음 중 축류형에 해당하는 것은 어느 것인가?

㉮ 프로펠러형 ㉯ 방사경사형
㉰ 비행기날개형 ㉱ 전향날개형

풀이 축류송풍기는 프로펠러형이다.

answer 55 ㉰ 56 ㉮ 57 ㉮ 58 ㉮

59 VOCs의 종류 중 지방족 및 방향족 HC를 처리하기 위해 적용하는 제어기술로 틀린 것은 어느 것인가?

㉮ 흡수 ㉯ 생물막
㉰ 촉매소각 ㉱ UV 산화

▶풀이 VOCs의 종류 중 지방족 및 방향족 HC를 처리하기 위해 적용하는 제어기술은 생물막, 촉매소각, UV 산화이다.

60 여과집진장치의 탈진방식 중 간헐식에 대한 내용으로 틀린 것은 어느 것인가?

㉮ 연속식에 비하여 먼지의 재비산이 적고, 높은 집진율을 얻을 수 있다.
㉯ 대량의 가스의 처리에 적합하며, 점성 있는 조대먼지의 탈진에 효과적이다.
㉰ 간헐식 중 진동형은 여포의 음파진동, 횡진동, 상하진동에 의해 채취된 먼지층을 털어내는 방식이다.
㉱ 집진실을 여러 개의 방으로 구분하고 방 하나씩 처리가스의 흐름을 차단하여 순차적으로 탈진하는 방식이며, 여포의 수명은 연속식에 비해 길다.

▶풀이 ㉯ 대량의 가스의 처리에 부적합하며, 점성있는 조대먼지의 탈진에 비효과적이다.

| 제4과목 | 대기오염공정시험기준

61 이온크로마토그래피법(Ion Chromatography)에 사용되는 장치에 대한 내용으로 틀린 것은 어느 것인가?

㉮ 용리액조는 이온성분이 용출되지 않는 재질로서 용리액이 공기와 원활한 접촉이 가능한 개방형을 선택한다.
㉯ 송액펌프는 맥동(脈動)이 적은 것을 선택한다.
㉰ 시료주입장치는 일정량의 시료를 밸브조작에 의해 분리관으로 주입하는 루프주입방식이 일반적이다.
㉱ 검출기는 분리관 용리액 중의 시료성분의 유무와 양을 검출하는 부분으로 일반적으로 전도도 검출기를 많이 사용한다.

▶풀이 ㉮ 용리액조는 이온성분이 용출되지 않는 재질로서 용리액이 직접 공기와 접촉시키지 않는 밀폐형을 선택한다.

answer 59 ㉮ 60 ㉯ 61 ㉮

62 특정 발생원에서 일정한 굴뚝을 거치지 않고 외부로 비산 배출되는 먼지를 고용량공기 시료채취법으로 측정하는 방법에 대한 내용으로 틀린 것은 어느 것인가?

㉮ 시료채취장소는 원칙적으로 측정하려고 하는 발생원의 부지경계선상에 선정하며 풍향을 고려하여 그 발생원의 비산먼지 농도가 가장 높을 것으로 예상되는 지점 3개소 이상을 선정한다.

㉯ 시료채취장소 별도로 발생원의 위(upstream)인 바람의 방향을 따라 대상 발생원의 영향이 없을 것으로 추측되는 곳에 대조위치를 선정한다.

㉰ 그 지역을 대표할 수 있는 지점에 풍향풍속계를 설치하여 전 채취시간 동안의 풍향풍속을 기록하고, 연속기록 장치가 없을 경우에는 적어도 30분 간격으로 여러 지점에서 3회 이상 풍향풍속을 측정하여 기록한다.

㉱ 풍속이 0.5m/s 미만 또는 10m/s 이상되는 시간이 전 채취시간의 50% 미만일 때 풍속에 대한 보정계수는 1.0이다.

풀이 ㉰ 그 지역을 대표할 수 있는 지점에 풍향풍속계를 설치하여 전 채취시간 동안의 풍향풍속을 기록하고, 연속기록 장치가 없을 경우에는 적어도 10분 간격으로 여러 지점에서 3회 이상 풍향풍속을 측정하여 기록한다.

63 폐기물 소각로에서 배출되는 다이옥신류의 최종배출구에서 시료채취 시 흡입가스량으로 알맞은 것은 어느 것인가?
(단, 기타 사항은 고려하지 않는다.)

㉮ 4시간 평균 3Nm³ 이상
㉯ 2시간 평균 1Nm³ 이상
㉰ 2시간 평균 0.5Nm³ 이상
㉱ 4시간 평균 2Nm³ 이상

풀이 최종배출구에서 시료채취 시 흡입가스량은 4시간 평균 3Nm³ 이상이다.

64 굴뚝 배출가스 중 사이안화수소를 자외선/가시선분광법-4-피리딘카복실산-피라졸론법으로 분석 시 흡수액은?

㉮ 붕산용액(5g/L)
㉯ 과산화수소용액
㉰ 아연아민착염용액
㉱ 수산화소듐용액(20g/L)

풀이 ㉮ 붕산용액(5g/L) : 암모니아
㉯ 과산화수소용액 : 황산화물
㉰ 아연아민착염용액 : 황화수소

answer 62 ㉰ 63 ㉮ 64 ㉱

65 기체크로마토그래피법에 대한 내용으로 틀린 것은 어느 것인가?

㉮ 분리관오븐의 온도조절 정밀도는 ±0.5℃의 범위 이내 전원 전압변동 10%에 대하여 온도변화 ±0.5℃ 범위 이내(오븐의 온도가 150℃ 부근일 때)이어야 한다.
㉯ 머무름시간을 측정할 때는 2회 측정하여 그 평균치를 구하며 일반적으로 5~30분 정도에서 측정하는 봉우리의 머무름시간은 반복시험을 할 때 ±5% 오차범위 이내이어야 한다.
㉰ 분리관유로는 시료도입부, 분리관, 검출기기배관으로 구성된다.
㉱ 가스 시료도입부는 가스계량관(통상 0.5~5mL)과 유로변환기구로 구성된다.

풀이 ㉯ 머무름시간을 측정할 때는 3회 측정하여 그 평균치를 구하며 일반적으로 5~30분 정도에서 측정하는 봉우리의 머무름시간은 반복시험을 할 때 ±3% 오차범위 이내이어야 한다.

66 원형굴뚝의 반경이 0.85m일 때 측정점수는 몇 개인가?

㉮ 4 ㉯ 8
㉰ 12 ㉱ 20

풀이 반경이 0.85m이면 직경은 1.7m이므로 반경구분수 2, 측정점수 8

TIP
원형 단면의 측정점

굴뚝직경(m)	반경구분수	측정점수
1 이하	1	4
1 초과 2 이하	2	8
2 초과 4 이하	3	12
4 초과 4.5 이하	4	16
4.5 초과	5	20

67 굴뚝 배출가스 중 일산화탄소를 정전위 전해법으로 분석하고자 할 때 주요 성능 기준에 대한 내용으로 틀린 것은 어느 것인가?

㉮ 적용범위 : 적용범위는 최고 5%이다.
㉯ 재현성 : 재현성은 측정범위 최대 눈금값의 ±2% 이내로 한다.
㉰ 드리프트 : 고정형은 24시간, 이동형은 4시간 연속 측정하여 제로 드리프트 및 스팬 드리프트는 어느 것이나 최대 눈금값의 ±2% 이내로 한다.
㉱ 응답시간 : 90% 응답시간은 2분 30초 이내로 한다.

풀이 ㉮ 적용범위 : 적용범위는 최고 3%이다.

68 다음 중 흡광도를 측정하기 위한 순서로 원칙적으로 제일 먼저 행하여야 할 내용은 어느 것인가?

㉮ 시료셀과 대조셀을 넣고 눈금판의 지시치의 차이를 확인한다.
㉯ 광로를 차단 후 대조셀로 영점을 맞춘다.
㉰ 광원으로부터 광속을 통하여 눈금 100에 맞춘다.
㉱ 눈금판의 지시 안정 여부를 확인한다.

풀이 순서는 ㉱ → ㉯ → ㉰ → ㉮이다.

answer 65 ㉯ 66 ㉯ 67 ㉮ 68 ㉱

69 수산화소듐(NaOH)용액을 흡수액으로 사용하는 분석대상가스로 틀린 것은 어느 것인가?

㉮ 염화수소 ㉯ 브로민화합물
㉰ 플루오린화합물 ㉱ 이황화탄소

> **풀이** ㉱ 이황화탄소(CS_2)의 흡수액은 다이에틸아민구리용액이다.

70 굴뚝 배출가스 중의 염화수소를 자외선/가시선분광법-싸이오사이안산제이수은법으로 측정하는 방법에 대한 내용으로 틀린 것은 어느 것인가?

㉮ 흡수액은 수산화소듐용액을 사용한다.
㉯ 이산화황, 기타 할로겐화물, 사이안화물 및 황화물의 영향이 무시될 때에 적당하다.
㉰ 하이포아염소산소듐용액으로 적정한다.
㉱ 시료채취관은 유리관, 석영관, 플루오로수지관 등을 사용한다.

> **풀이** ㉰ 자외선/가시선분광법이므로 460nm에서 흡광도를 측정한다.

71 굴뚝 배출가스 내의 휘발성유기화합물(Volatile Organic Compounds, VOC_s) 시료채취 장치 중 흡착관법에 대한 내용으로 틀린 것은 어느 것인가?

㉮ 채취관의 재질은 유리, 플루오로수지 등으로 120℃ 이상까지 가열이 가능한 것이어야 한다.
㉯ 응축기는 유리재질이어야 하며 앞쪽 흡착관을 통과한 후에 위치하여 가스를 50℃ 이하로 낮출 수 있는 용량이어야 한다.
㉰ 흡착관은 사용하기 전 반드시 안정화(컨디셔닝) 단계를 거쳐야 한다.
㉱ 유량측정부는 기기의 온도 및 압력측정이 가능해야 하며 최소 100mL/min의 유량으로 시료채취가 가능해야 한다.

> **풀이** ㉯ 응축기는 유리재질이어야 하며 앞쪽 흡착관을 통과하기 전에 위치하여 가스를 20℃ 이하로 낮출 수 있는 용량이어야 한다.

72 배출가스 중 염소를 자외선/가시선분광법인 4-피리딘카복실산-피라졸론법에 대한 설명으로 틀린 것은?

㉮ 시료채취량이 20L이고 분석용 시료용액의 양이 50mL인 경우, 정량범위는 0.1ppm 이상이다.
㉯ 방법검출한계는 0.04ppm이다.
㉰ 발색된 흡광도를 638nm 부근의 파장에서 측정한다.
㉱ 이산화질소의 영향을 많이 받는다.

> **풀이** ㉱ 이산화질소의 영향을 받지 않는다.

answer 69 ㉱ 70 ㉰ 71 ㉯ 72 ㉱

73 환경대기 중 아황산가스 농도 측정방법 중 자동연속측정법은 어느 것인가?

㉮ 비분산적외선분석법
㉯ 불꽃 이온화검출기법
㉰ 광산란법
㉱ 자외선형광법

풀이 환경대기 중 아황산가스 농도 측정방법 중 자동연속측정법으로는 용액전도율법, 불꽃 광도법, 자외선형광법, 흡광차분광법이 있다.

74 환경대기 중 벤조(a)피렌 농도를 측정하기 위한 주시험방법으로 알맞은 것은 어느 것인가?

㉮ 이온크로마토그래피법
㉯ 기체크로마토그래피법
㉰ 흡광차분광법
㉱ 용매채취법

풀이 환경대기 중 벤조(a)피렌 시험방법에는 기체크로마토그래피법(주시험방법)과 형광분광광도법이 있다.

75 다음 굴뚝 배출가스 중의 산소측정방식에 대한 내용으로 알맞은 것은 어느 것인가?

> 이 방식은 주기적으로 단속하는 자계 내에서 산소분자에 작용하는 단속적인 흡입력을 자계 내에 일정 유량으로 유입하는 보조가스의 배압변화량으로 검출한다.

㉮ 질코니아 방식 ㉯ 담벨형 방식
㉰ 압력검출형 방식 ㉱ 전극 방식

풀이 ㉰ 압력검출형 방식에 대한 설명이다.

76 배출가스 중 베릴륨화합물의 분석방법인 원자흡수분광광도법에 대한 내용으로 틀린 것은?

㉮ 정량범위는 시료채취량이 1 Sm³일 때 0.008 mg/Sm³ 이상이다.
㉯ 측정파장은 234.9nm이다.
㉰ 정밀도는 10% 이내이다.
㉱ 방법검출한계는 0.013 mg/Sm³이다.

풀이 ㉮ 정량범위는 시료채취량이 1 Sm³일 때 0.040 mg/Sm³ 이상이다.

77 굴뚝배출가스 중의 금속화합물을 원자흡수분광광도법으로 분석할 때 굴뚝배출가스의 온도가 500~1,000℃일 경우에 사용하는 원통여과지로 알맞은 것은 어느 것인가?

㉮ 유리 섬유제 원통여과지
㉯ 석영 섬유제 원통여과지
㉰ 셀룰로스 섬유제 원통여과지
㉱ 고무 섬유제 원통여과지

풀이 ㉯ 석영 섬유제 원통여과지에 대한 설명이다.

answer 73 ㉱ 74 ㉯ 75 ㉰ 76 ㉮ 77 ㉯

78 A 굴뚝 배출가스의 유속을 피토우관으로 측정하였다. 배출가스 온도는 120℃, 동압 측정 시 확대율이 10배가 되는 경사마노미터를 사용하였고, 그 내부액은 비중이 0.85의 톨루엔을 사용하여 경사마노미터의 액주(液株)로 측정한 동압은 45mm·톨루엔주이었다. 이 때의 배출가스 유속(m/s)은 얼마인가? (단, 피토우관의 계수 : 0.9594, 배출가스의 표준상태에서의 밀도 : 1.3kg/Sm³)

㉮ 약 7.8m/s ㉯ 약 8.7m/s
㉰ 약 9.5m/s ㉱ 약 10.2m/s

풀이

① 동압(h) = 액주거리(mm)×톨루엔 비중×$\dfrac{1}{확대율}$

= $45mm \times 0.85 \times \dfrac{1}{10}$ = $3.825 mmH_2O$

② 밀도(r) = $\dfrac{1.3kg}{Sm^3} \times \dfrac{273}{273+120℃}$ = $0.903 kg/m^3$

③ $V = C \times \sqrt{\dfrac{2gh}{r}}$ (m/sec)

= $0.9594 \times \sqrt{\dfrac{2 \times 9.8 m/sec^2 \times 3.825 mmH_2O}{0.903 kg/m^3}}$

= 8.74m/sec

79 자외선/가시선 분광법으로 측정한 A물질의 투과퍼센트 지시치가 25%일 때 A물질의 흡광도는 얼마인가?

㉮ 0.25 ㉯ 0.50
㉰ 0.60 ㉱ 0.82

풀이 흡광도(A) = $\log \dfrac{1}{투과도}$ = $\log \dfrac{1}{0.25}$ = 0.60

80 굴뚝 배출가스 중 카드뮴을 원자흡수분광광도법으로 분석하려고 한다. 채취한 시료에 유기물이 함유되지 않았을 경우 분석용 시료용액의 전처리방법으로 알맞은 것은 어느 것인가?

㉮ 질산법
㉯ 과망간산칼륨법
㉰ 질산-과산화수소수법
㉱ 저온회화법

풀이 전처리방법

① 질산-염산법, 질산-과산화수소법, 마이크로파 산분해법 : 타르 기타 소량의 유기물을 함유한 것
② 질산법, 마이크로파 산분해법 : 유기물을 함유하지 않는 것
③ 저온회화법 : 다량의 유기물 유리탄소를 함유한 것, 셀룰로오스 섬유제 여과지를 사용한 것

answer 78 ㉯ 79 ㉰ 80 ㉮

2017 1회 기출문제

| 제1과목 | 대기환경관리

01 다음 중 주로 연소시에 배출되는 무색의 기체로 물에 매우 난용성이며, 혈액중의 헤모글로빈과 결합력이 강해 산소 운반 능력을 감소시키는 물질은 어느 것인가?

㉮ PAN ㉯ 알데히드
㉰ NO   ㉱ HC

풀이 ㉰ 일산화질소(NO)에 대한 설명이다.

02 다음은 탄화수소류에 관한 설명이다. ( )안에 알맞은 물질은 어느 것인가?

> 탄화수소류 중에서 이중결합을 가진 올레핀 화합물은 포화 탄화수소나 방향족 탄화수소보다 대기중에서 반응성이 크다. 방향족 탄화수소는 대기중에서 고체로 존재한다. 특히 ( )은 대표적인 발암물질이며, 환경호르몬으로 알려져 있고, 연소과정에서 생성된다. 숯불에 구운 쇠고기 등 가열로 검게 탄 식품, 담배연기, 자동차 배기가스, 석탄타르 등에 포함되어 있다.

㉮ 벤조피렌   ㉯ 나프탈렌
㉰ 안트라센   ㉱ 톨루엔

풀이 ㉮ 벤조피렌에 대한 설명이다.

03 다음 오염물질 중 하이드록시기를 포함하고 있는 물질은 어느 것인가?

㉮ 니켈카-보닐 ㉯ 벤젠
㉰ 메틸 멜캅탄   ㉱ 페놀

풀이 하이드록시기(-OH)를 포함하고 있는 물질은 ㉱ 페놀이다.

04 다음은 입자상 물질의 측정장치 중 질량농도 측정방법에 관한 사항이다. ( ) 안에 알맞은 것은 어느 것인가?

> ( )은/는 입자의 관성력을 이용하여 입자를 크기별로 측정하고, cascade impactor로 크기별로 질량농도를 측정하는 방법이다.

㉮ 여지채취법
㉯ Piezobalance
㉰ 다단식 충돌판 측정법
㉱ 정전식 분급법

풀이 ㉰ 다단식 충돌판 측정법에 대한 설명이다.

answer 01 ㉰ 02 ㉮ 03 ㉱ 04 ㉰

05 CO에 대한 설명으로 틀린 것은 어느 것인가?

㉮ 자연적 발생원에는 화산폭발, 테르펜류의 산화, 클로로필의 분해, 산불 및 해수 중 미생물의 작용 등이 있다.
㉯ 지구위도별 분포로 보면 적도 부근에서 최대치를 보이고, 북위 30도 부근에서 최소치를 나타낸다.
㉰ 물에 난용성이므로 수용성 가스와는 달리 비에 의한 영향을 거의 받지 않는다.
㉱ 다른 물질에 흡착현상도 거의 나타나지 않는다.

풀이 ㉯ 지구의 위도별로 일산화탄소의 분포는 공업이 발달한 북위 50도 부근에서 최대치를 보인다.

06 다음 광화학적 산화제와 2차 대기오염물질에 대한 내용으로 틀린 것은 어느 것인가?

㉮ PAN은 peroxyacetyl nitrate의 약자이며, $CH_3COOONO_2$의 분자식을 갖는다.
㉯ PAN은 PBN(peroxybenzoyl nitrate)보다 100배 이상 눈에 강한 통증을 주며, 빛을 흡수시키므로 가시거리를 감소시킨다.
㉰ 오존은 섬모운동의 기능장애를 일으키며, 염색체 이상이나 적혈구의 노화를 초래하기도 한다.
㉱ 광화학반응의 주요 생성물은 PAN, CO_2, 케톤 등이 있다.

풀이 ㉯ PAN은 PBN(peroxybenzoyl nitrate)보다 눈에 대한 통증이 100배 이상 약하고, 빛을 분산시키므로 가시거리를 감소시킨다.

07 냄새에 관한 다음 설명 중 ( )안에 알맞은 것은 어느 것인가?

> 매우 엷은 농도의 냄새는 아무것도 느낄 수 없지만 이것을 서서히 진하게 하면 어떤 농도가 되고, 무엇인지 모르지만 냄새의 존재를 느끼는 농도로 나타난다. 이 최소농도를 (①)라고 정의하고 있다. 또한 농도를 짙게 하다보면 냄새질이나 어떤 느낌의 냄새인지를 표현할 수 있는 시점이 나오게 된다. 이 최저농도가 되는 곳이 (②)라고 한다.

㉮ ① 최소감지농도(detection threshold)
② 최소포착농도(capture threshold)
㉯ ① 최소인지농도(recognition threshold)
② 최소자각농도(awareness threshold)
㉰ ① 최소인지농도(recognition threshold)
② 최소포착농도(capture threshold)
㉱ ① 최소감지농도(detection threshold)
② 최소인지농도(recognition threshold)

풀이 ① 냄새존재를 느끼는 최소농도 : 최소감지농도
② 냄새인지 최저농도 : 최소인지농도

08 굴뚝에서 배출되는 연기모양 중 원추형에 대한 내용으로 알맞은 것은 어느 것인가?

㉮ 수직온도경사가 과단열적이고, 난류가 심할 때 주로 발생한다.
㉯ 지표역전이 파괴되면서 발생하며 30분 이상은 지속하지 않는 경향이 있다.
㉰ 연기의 상하부분 모두 역전인 경우 발생한다.
㉱ 구름이 많이 낀 날에 주로 관찰된다.

풀이 ㉮ 파상형(Looping)에 대한 설명

answer 05 ㉯ 06 ㉯ 07 ㉱ 08 ㉱

㈐ 훈증형(Fumigation)에 대한 설명
㈑ 구속형(Trapping)에 대한 설명

09 다음은 최대혼합고(MMD)에 대한 내용이다. ( )안에 알맞은 것은 어느 것인가?

> MMD값은 통상적으로 (①)에 가장 낮으며, (②)시간 동안 증가한다. (②)시간 동안에는 통상 (③) 값을 나타내기도 한다.

㉮ ① 밤, ② 낮, ③ 20~30km
㉯ ① 밤, ② 낮, ③ 2,000~3,000m
㉰ ① 낮, ② 밤, ③ 20~30km
㉱ ① 낮, ② 밤, ③ 2,000~3,000m

풀이 ① 최대혼합고(MMD) 최대 : 여름, 낮, 불안정한 대기
② 최대혼합고(MMD) 최소 : 겨울, 밤, 안정한 대기

10 마찰층(friction layer)과 관련된 바람에 대한 내용으로 틀린 것은 어느 것인가?

㉮ 마찰층 내의 바람은 높이에 따라 항상 반시계방향으로 각천이(angular shift)가 생긴다.
㉯ 마찰층 내의 바람은 위로 올라갈수록 실제 풍향은 서서히 지균풍에 가까워진다.
㉰ 마찰층 내의 바람은 위로 올라갈수록 그 변화량이 감소한다.
㉱ 마찰층 이상 고도에서 바람의 고도변화는 근본적으로 기온분포에 의존한다.

풀이 ㉮ 마찰층 내의 바람은 높이에 따라 항상 시계방향으로 각천이가 생긴다.

11 열섬효과에 대한 내용으로 틀린 것은 어느 것인가?

㉮ 도시에서는 인구와 산업의 밀집지대로서 인공적인 열이 시골에 비하여 월등하게 많이 공급된다.
㉯ 열섬현상은 고기압의 영향으로 하늘이 맑고 바람이 약한 때에 잘 발생한다.
㉰ 도시의 지표면은 시골보다 열용량이 적고 열전도율이 높아 열섬효과의 원인이 된다.
㉱ 열섬효과로 도시주위의 시골에서 도시로 바람이 부는데 이를 전원풍이라 한다.

풀이 ㉰ 도시의 지표면은 시골보다 열용량이 크고 열전도율이 낮아 열섬효과의 원인이 된다.

12 입자상물질의 농도가 250μg/m³이고, 상대습도가 70%인 대도시에서 가시거리는 몇 km인가? (단, 계수 A는 1.3으로 한다.)

㉮ 4.3km ㉯ 5.2km
㉰ 6.5km ㉱ 7.2km

풀이 $V = \dfrac{10^3 \times A}{G} = \dfrac{10^3 \times 1.3}{250\mu g/m^3} = 5.2km$

answer 09 ㉯ 10 ㉮ 11 ㉰ 12 ㉯

13 다음은 바람장미에 대한 내용이다. ( )안에 알맞은 것은 어느 것인가?

> 바람장미에서 풍향 중 주풍은 막대의 (①) 표시하며, 풍속은 (②)(으)로 표시한다. 풍속이 (③)일 때를 정온(calm) 상태로 본다.

㉮ ① 길이를 가장 길게, ② 막대의 굵기 ③ 0.2m/s 이하
㉯ ① 굵기를 가장 굵게, ② 막대의 길이 ③ 0.2m/s 이하
㉰ ① 길이를 가장 길게, ② 막대의 굵기 ③ 1m/s 이하
㉱ ① 굵기를 가장 굵게, ② 막대의 길이 ③ 1m/s 이하

14 태양상수를 이용하여 지구표면의 단위면적이 1분 동안에 받는 평균태양에너지를 구한 값은?

㉮ $0.25 cal/cm^2 \cdot min$
㉯ $0.5 cal/cm^2 \cdot min$
㉰ $1.0 cal/cm^2 \cdot min$
㉱ $2.0 cal/cm^2 \cdot min$

풀이 ① 태양상수(태양복사에너지의 양)
  $= 2.0 cal/cm^2 \cdot min$
② 평균 태양에너지 = 태양상수 $\times \frac{1}{4}$
  $= 2.0 cal/cm^2 \cdot min \times \frac{1}{4}$
  $= 0.5 cal/cm^2 \cdot min$

15 다음은 황화합물에 대한 내용이다. ( )안에 알맞은 것은 어느 것인가?

> 전 지구적으로 해양을 통해 자연적 발생원 중 가장 많은 양의 황화합물이 ( ) 형태로 배출되고 있다.

㉮ H_2S ㉯ CS_2
㉰ $DMS[(CH_3)_2S]$ ㉱ OCS

풀이 ㉰ $DMS[(CH_3)_2S]$에 대한 설명이다.

16 2,000m에서 대기압력(최초 기압)이 805 mbar, 온도가 5℃, 비열비 K가 1.4일 때 온위(potential temperature)는 얼마인가? (단, 표준압력은 1,000mbar)

㉮ 약 284K   ㉯ 약 289K
㉰ 약 296K   ㉱ 약 324K

풀이 온위$(\theta) = T \times \left(\frac{1,000}{P}\right)^{0.288}$
  $= (273+5℃)k \times \left(\frac{1,000mbar}{805mbar}\right)^{0.288}$
  $= 295.92K$

17 환기를 위한 실내공기오염의 지표가 되는 물질로 알맞은 것은 어느 것인가?

㉮ SO_2 ㉯ NO_2
㉰ CO ㉱ CO_2

풀이 ㉱ 이산화탄소(CO_2)에 대한 설명이다.

---

answer 13 ㉮   14 ㉯   15 ㉰   16 ㉰   17 ㉱

18 Richardson수(R)에 대한 내용으로 틀린 것은 어느 것인가?

㉮ $R = \dfrac{g}{T} \cdot \dfrac{(\triangle T/\triangle Z)^2}{(\triangle u/\triangle Z)}$ 로 표시하며, $\triangle T/\triangle Z$는 강제대류의 크기, $\triangle u/\triangle z$는 자유대류의 크기를 나타낸다.
㉯ R > 0.25일 때는 수직방향의 혼합이 없다.
㉰ R = 0일 때는 기계적 난류만 존재한다.
㉱ R이 큰 음의 값을 가지면 대류가 지배적이어서 바람이 약하게 되어 강한 수직운동이 일어나며, 굴뚝의 연기는 수직 및 수평방향으로 빨리 분산된다.

풀이 ㉮ $R = \dfrac{g}{T} \times \left\{ \dfrac{(\triangle t/\triangle z)}{(\triangle u/\triangle z)^2} \right\}$

19 다음 중 다이옥신의 광분해에 가장 효과적인 파장범위(nm)는 어느 것인가?

㉮ 100~150nm   ㉯ 250~340nm
㉰ 500~800nm   ㉱ 1,200~1,500nm

풀이 다이옥신의 광분해에 가장 효과적인 파장범위는 250~340nm이다.

20 역사적 대기오염사건과 주 원인물질을 알맞게 연결된 것은 어느 것인가?

㉮ 뮤즈계곡 사건 - 아황산가스
㉯ 도쿄 요코하마 사건 - 수은
㉰ 런던스모그 사건 - 오존
㉱ 포자리카 사건 - 메틸이소시아네이트

풀이 ㉯ 도쿄 요코하마 사건 - 공장에서 배출된 대기오염물질
㉰ 런던스모그 사건 - 아황산가스와 미세먼지
㉱ 포자리카 사건 - 황화수소

| 제2과목 | 연소공학

21 가연기체와 공기 혼합기체의 가연한계(vol%)가 가장 넓은 물질은 어느 것인가?

㉮ 메탄   ㉯ 아세틸렌
㉰ 벤젠   ㉱ 톨루엔

풀이 각 물질의 폭발하한계~상한계(%) 범위
㉮ 메탄 : 5~15%   ㉯ 아세틸렌 : 2.5~81%
㉰ 벤젠 : 1.4~7.1% ㉱ 톨루엔 : 1.4~6.7%

22 연소 배출가스 분석결과 CO_2 11.9%, O_2 7.1%일 때 과잉공기계수는 약 얼마인가?

㉮ 1.2   ㉯ 1.5
㉰ 1.7   ㉱ 1.9

풀이 과잉공기계수(m) = $\dfrac{N_2\%}{N_2\% - 3.76 \times O_2\%}$

$= \dfrac{81\%}{81\% - 3.76 \times 7.1\%} = 1.49$

여기서 $N_2(\%) = 100 - (CO_2\% + O_2\%)$
$= 100 - (11.9\% + 7.1\%) = 81\%$

23 다음 중 기체연료의 일반적인 특징으로 틀린 것은 어느 것인가?

㉮ 연소조절, 점화 및 소화가 용이한 편이다.
㉯ 회분이 거의 없어 먼지발생량이 적다.
㉰ 연료의 예열이 쉽고, 저질연료도 고온을 얻을 수 있다.
㉱ 취급시 위험성이 적고, 설비비가 적게 든다.

풀이 ㉱ 취급시 위험성이 크고, 설비비가 많이 든다.

answer 18 ㉮ 19 ㉯ 20 ㉮ 21 ㉯ 22 ㉯ 23 ㉱

24 연료의 연소시 과잉공기의 비율을 높여 생기는 현상으로 틀린 것은 어느 것인가?

㉮ 에너지손실이 커진다.
㉯ 연소가스의 희석효과가 높아진다.
㉰ 화염의 크기가 커지고 연소가스 중 불완전 연소물질의 농도가 증가한다.
㉱ 공연비가 커지고 연소온도가 낮아진다.

풀이 ㉰번은 공기비가 작은 경우에 해당한다.

25 기체연료와 공기를 혼합하여 연소할 경우 다음 중 연소속도가 가장 큰 물질은 어느 것인가? (단, 대기압, 25℃ 기준)

㉮ 메탄 ㉯ 수소
㉰ 프로판 ㉱ 아세틸렌

풀이 연소속도가 가장 큰 물질은 분자량이 가장 작은 수소(H_2)이다.

26 유동층 연소에 대한 내용으로 틀린 것은 어느 것인가?

㉮ 부하변동에 따른 적응성이 낮은 편이다.
㉯ 높은 열용량을 갖는 균일 온도의 층내에서는 화염 전파는 필요 없고, 층의 온도를 유지할 만큼의 발열만 있으면 된다.
㉰ 분탄을 미분쇄 투입하여 석탄 입자의 체류시간을 짧게 유지한다.
㉱ 주방쓰레기, 슬러지 등 수분함량이 높은 폐기물을 층내에서 건조와 연소를 동시에 할 수 있다.

풀이 ㉰분탄을 분쇄 투입하여 석탄 입자의 체류시간을 길게 유지한다.

27 다음 자동차 배출가스 중 삼원촉매장치가 적용되는 물질로 틀린 것은 어느 것인가?

㉮ CO ㉯ SO_X
㉰ NO_X ㉱ HC

풀이 ① 산화촉매(Pt, Pd)로 처리 : CO, HC
② 환원촉매(Rh)로 처리 : NO_X

28 탄소 87%, 수소 13%의 경유 1kg을 공기비 1.3으로 완전연소 시켰을 때, 실제건조 연소 가스 중 CO_2 농도(%)는 얼마인가?

㉮ 10.1% ㉯ 11.7%
㉰ 12.9% ㉱ 13.8%

풀이 ① 이론공기량(A_o)
$= 8.89C+26.67\left(H-\dfrac{O}{8}\right)+3.33S(Sm^3/kg)$
$= 8.89×0.87+26.67×0.13 = 11.2014 Sm^3/kg$
② 공기비(m) = 1.3
③ 실제건연소가스량(Gd)
$= mA_o-5.6H+0.7O+0.8N(Sm^3/kg)$
$= 1.3×11.2014Sm^3/kg-5.6×0.13$
$= 13.8338 Sm^3/kg$
④ $CO_2(\%) = \dfrac{1.867C(Sm^3/kg)}{Gd(Sm^3/kg)}×100$
$= \dfrac{1.867×0.87Sm^3/kg}{13.8338Sm^3/kg}×100$
$= 11.74\%$

29 다음 기체연료 중 고위발열량(kcal/Sm^3)이 가장 낮은 물질은 어느 것인가?

㉮ 메탄 ㉯ 에탄
㉰ 프로판 ㉱ 에틸렌

풀이 기체연료에서는 탄소수와 수소수가 가장 적은 것이 발열량이 가장 낮으므로 정답은 ㉮ 메탄이다.

answer 24 ㉰ 25 ㉯ 26 ㉰ 27 ㉯ 28 ㉯ 29 ㉮

30 부피비율로 프로판 30%, 부탄 70%로 이루어진 혼합가스 1L를 완전연소 시키는데 필요한 이론공기량(L)은 얼마인가?

㉮ 23.1L ㉯ 28.8L
㉰ 33.1L ㉱ 38.8L

풀이
$C_3H_8 + 5O_2 \rightarrow 3CO_2 + 4H_2O$: 30%
$C_4H_{10} + 6.5O_2 \rightarrow 4CO_2 + 5H_2O$: 70%
이론공기량(A_o) = $\dfrac{5 \times 0.30 + 6.5 \times 0.70}{0.21}$ (L/L)
= 28.81L/L

31 클링커 장애(Clinker trouble)가 가장 문제가 되는 연소장치는 어느 것인가?

㉮ 화격자 연소장치
㉯ 유동층 연소장치
㉰ 미분탄 연소장치
㉱ 분무식 오일버너

풀이 ㉮ 화격자 연소장치에 대한 설명이다.

32 저위발열량 11,000kcal/kg인 중유를 완전연소 시키는데 필요한 이론습연소가스량(Sm³/kg)은 얼마인가? (단, 표준상태 기준, Rosin의 식 적용)

㉮ 약 8.2Sm³/kg   ㉯ 약 10.2Sm³/kg
㉰ 약 12.2Sm³/kg   ㉱ 약 14.2Sm³/kg

풀이 이론습연소가스량(G_o)
= $1.1 \times \dfrac{Hl}{1,000}$ = $1.1 \times \dfrac{11,000\text{kcal/kg}}{1,000}$ (Sm³/kg)
= 12.1Sm³/kg

33 연소실에서 아세틸렌 가스 1kg을 연소시킨다. 이때 연료의 80%(질량기준)가 완전연소되고, 나머지는 불완전연소 되었을 때, 발생되는 열량(kcal)은 얼마인가? (단, 연소반응식은 아래 식에 근거하여 계산하시오.)

- $C + O_2 \rightarrow CO_2$
  $\triangle H$ = 97,200kcal/kmol
- $C + \dfrac{1}{2}O_2 \rightarrow CO$
  $\triangle H$ = 29,200kcal/kmol
- $H_2 + \dfrac{1}{2}O_2 \rightarrow H_2O$
  $\triangle H$ = 57,200kcal/kmol

㉮ 39,130kcal   ㉯ 10,530kcal
㉰ 9,730kcal   ㉱ 8,630kcal

풀이
$C_2H_2 + 2.5O_2 \rightarrow 2CO_2 + H_2O$: 80%
$C_2H_2 + 1.5O_2 \rightarrow 2CO + H_2O$: 20%
발생열량
= $(2 \times 97,200 \times 0.80 + 57,200 \times 0.80 + 2 \times 29,200 \times 0.2 + 57,200 \times 0.2)$kcal/kmol $\times \dfrac{1\text{kmol}}{26\text{kg}}$
= 8630.77kcal/kg

TIP
① 아세틸렌 = C_2H_2
② C_2H_2의 분자량 = $2 \times 12 + 2 \times 1$ = 26
③ C_2H_2 1kmol $\begin{cases} 26\text{kg} \\ 22.4\text{Sm}^3 \end{cases}$

answer 30 ㉯   31 ㉮   32 ㉰   33 ㉱

34 석유계 액체연료의 탄수소비(C/H)에 관한 내용으로 틀린 것은 어느 것인가?

㉮ C/H 비가 클수록 이론공연비가 증가한다.
㉯ C/H 비가 클수록 방사율이 크다.
㉰ 중질연료일수록 C/H 비가 크다.
㉱ C/H 비가 클수록 비교적 비점이 높은 연료이며, 매연이 발생되기 쉽다.

풀이 ㉮ C/H 비가 클수록 이론공연비가 감소한다.

35 에탄과 부탄의 혼합가스 $1Sm^3$를 완전연소시킨 결과 배기가스 중 탄산가스의 생성량이 $3.3Sm^3$이었다면 혼합가스 중 에탄과 부탄의 mol비(에탄/부탄)는 얼마인가?

㉮ 2.19   ㉯ 1.86
㉰ 0.54   ㉱ 0.46

풀이
$C_2H_6 + 3.5O_2 \rightarrow 2CO_2 + 3H_2O$
  X   2X
$C_4H_{10} + 6.5O_2 \rightarrow 4CO_2 + 5H_2O$
 (1-X)   4(1-X)
CO_2량 = $2X+4(1-X) = 3.3Sm^3/Sm^3$
∴ $X(C_2H_6) = 0.35$
$C_4H_{10} = 1-X = 1-0.35 = 0.65$

따라서 ∴ $\dfrac{C_2H_6 (에탄)}{C_4H_{10}(부탄)} = \dfrac{0.35}{0.65} = 0.54$

36 연료 연소 시 검댕(그을음)의 발생에 대한 내용으로 틀린 것은 어느 것인가?

㉮ 연료의 탄소/수소의 비가 작을수록 검댕이 발생하기 쉽다.
㉯ 탄소-탄소간의 결합이 절단되기보다 탈수소가 쉬운 연료일수록 검댕이 쉽게 발생한다.
㉰ 분해, 산화하기 쉬운 탄화수소 연료일수록 검댕 발생이 적다.
㉱ 천연가스 < LPG < 코크스 < 아탄 < 중유 순으로 검댕이 많이 발생한다.

풀이 ㉮ 연료의 탄소/수소의 비가 작을수록 검댕이 발생하기 어렵다.

37 C : 78%, H : 22%로 구성되어 있는 액체연료 1kg을 공기비 1.2로 연소하는 경우에 C의 1%가 검댕으로 발생된다고 하면 건연소가스 $1Sm^3$ 중의 검댕의 농도 (g/Sm^3)는 약 얼마인가?

㉮ $0.55g/Sm^3$ ㉯ $0.75g/Sm^3$
㉰ $0.95g/Sm^3$ ㉱ $1.05g/Sm^3$

풀이 ① 공기비(m) = 1.2
② 이론공기량(A_o)
  = $8.89C+26.67\left(H-\dfrac{O}{8}\right)+3.33S(Sm^3/kg)$
  = $8.89\times0.78+26.67\times0.22 = 12.8016Sm^3/kg$
③ 실제건연소가스량(Gd)
  = $mA_o-5.6H+0.7O+0.8N(Sm^3/kg)$
  = $1.2\times12.8016Sm^3/kg-5.6\times0.22$
  = $14.1299Sm^3/kg$
④ 검댕의 농도(g/Sm^3)
  = $\dfrac{검댕량}{Gd}$
  = $\dfrac{0.78\times0.01kg/kg}{14.1299Sm^3/kg}\times10^3 = 0.55g/Sm^3$

answer 34 ㉮ 35 ㉰ 36 ㉮ 37 ㉮

38 다음 중 건타입(Gun type) 버너에 대한 내용으로 틀린 것은 어느 것인가?

㉮ 형식은 유압식과 공기분무식을 합한 것이다.
㉯ 유압은 보통 7kg/cm² 이상이다.
㉰ 연소가 양호하고, 전자동 연소가 가능하다.
㉱ 유량조절 범위가 넓어 대용량에 적합하다.

풀이 ㉱ 유량조절 범위가 좁아 대용량에 부적합하다.

39 액화석유가스에 대한 내용으로 틀린 것은 어느 것인가?

㉮ 황분이 적고 독성이 없다.
㉯ 비중이 공기보다 가볍고, 누출될 경우 쉽게 인화 폭발될 수 있다.
㉰ 발열량은 20,000~30,000kcal/Sm³ 정도로 매우 높다.
㉱ 유지 등을 잘 녹이기 때문에 고무 패킹이나 유지로 된 도포제로 누출을 막는 것은 어렵다.

풀이 ㉯ 비중이 공기보다 무겁고, 누출될 경우 쉽게 인화 폭발될 수 있다.

40 연소과정에서 NOx의 발생 억제 방법으로 틀린 것은 어느 것인가?

㉮ 2단 연소 　㉯ 저온도 연소
㉰ 고산소 연소 　㉱ 배기가스 재순환

풀이 ㉰ 저산소 연소

| 제3과목 | 대기오염방지기술

41 다음 중 접선유입식 원심력 집진장치의 특징으로 알맞은 것은 어느 것인가?

㉮ 장치의 압력손실은 5,000mmH₂O 이다.
㉯ 장치 입구의 가스속도는 18~20cm/s 이다.
㉰ 입구모양에 따라 나선형과 와류형으로 분류된다.
㉱ 도익선회식이라고도 하며, 반전형과 직진형이 있다.

풀이 ㉮ 장치의 압력손실은 100mmH₂O 이다.
㉯ 장치 입구의 가스속도는 7~15m/s 이다.
㉱ 입구모양에 따라 나선형과 와류형으로 분류된다.

42 여과집진장치에서 여과포 탈진방법의 유형이라고 볼 수 없는 것은 어느 것인가?

㉮ 진동형
㉯ 역기류형
㉰ 충격제트기류 분사형
㉱ 승온형

풀이 여과포 탈진방법의 유형
① 간헐식의 유형 : 진동형, 역기류형, 역기류 진동형
② 연속식의 유형 : 역제트기류 분사형, 충격제트기류 분사형

answer 38 ㉱　39 ㉯　40 ㉰　41 ㉰　42 ㉱

43 매시간 4ton의 중유를 연소하는 보일러의 배연탈황에 수산화나트륨을 흡수제로 하여 부산물로서 아황산나트륨을 회수한다. 중유 중 황성분은 3.5%, 탈황율이 98%라면 필요한 수산화나트륨의 이론량(kg/h)은 얼마인가? (단, 중유 중 황성분은 연소시 전량 SO_2로 전환되며, 표준상태를 기준으로 한다.)

㉮ 230kg/h ㉯ 343kg/h
㉰ 452kg/h ㉱ 553kg/h

풀이 $S + O_2 \rightarrow SO_2 + 2NaOH \rightarrow Na_2SO_3 + H_2O$
32kg : 2×40kg
4,000kg/hr×0.035×0.98 : X
∴ X = 343kg/hr

44 집진장치의 입구쪽의 처리가스 유량이 300,000Sm³/h, 먼지농도가 15g/Sm³이고, 출구쪽의 처리된 가스의 유량은 305,000Sm³/h, 먼지농도가 40mg/Sm³이었다. 이 집진장치의 집진율(%)은 얼마인가?

㉮ 98.6% ㉯ 99.1%
㉰ 99.7% ㉱ 99.9%

풀이 집진율(%) $= \left(1 - \dfrac{C_o \times Q_o}{C_i \times Q_i}\right) \times 100$
$= \left\{1 - \dfrac{0.04\text{g/Sm}^3 \times 305{,}000\text{Sm}^3/\text{hr}}{15\text{g/Sm}^3 \times 300{,}000\text{Sm}^3/\text{hr}}\right\} \times 100$
$= 99.73\%$

45 VOCs를 98% 이상 제어하기 위한 VOCs 제어기술로 틀린 것은 어느 것인가?

㉮ 후연소
㉯ 루우프(loop) 산화
㉰ 재생(regenerative) 열산화
㉱ 저온(cryogenic) 응축

풀이 휘발성유기화합물(VOCs)을 98% 이상 제어하기 위한 VOCs 제어기술로는 후연소, 회복 열산화, 저온 응축, 재생 열산화가 있다.

46 관성력집진장치의 집진율 향상조건으로 틀린 것은 어느 것인가?

㉮ 적당한 dust box의 형상과 크기가 필요하다.
㉯ 기류의 방향전환 횟수가 많을수록 압력손실은 커지지만 집진율은 높아진다.
㉰ 보통 충돌직전에 처리가스 속도가 크고, 처리후 출구가스 속도가 작을수록 집진율은 높아진다.
㉱ 함진가스의 충돌 또는 기류 방향 전환 직전의 가스속도가 작고, 방향 전환시 곡률 반경이 클수록 미세입자 채취가 용이하다.

풀이 ㉱ 함진가스의 충돌 또는 기류 방향 전환직전의 가스속도가 크고, 방향 전환시 곡률 반경이 작을수록 미세입자 채취가 용이하다.

answer 43 ㉯ 44 ㉰ 45 ㉯ 46 ㉱

47 평판형 전기집진장치의 집진판 사이의 간격이 10cm, 가스의 유속은 3m/s, 입자가 집진극으로 이동하는 속도가 4.8 cm/s 일 때, 층류영역에서 입자를 완전히 제거하기 위한 이론적인 집진극의 길이(m)는 얼마인가?

㉮ 1.34m ㉯ 2.14m
㉰ 3.13m ㉱ 4.29m

풀이 $L = \dfrac{u \times s}{We}$

$\begin{cases} L : 길이(m) \\ u : 유속(m/sec) \\ We : 이동하는 속도(m/sec) \\ s : 집진극과 방전극간 거리(m) \end{cases}$

따라서, $L = \dfrac{3\text{m/sec} \times 0.05\text{m}}{0.048\text{m/sec}} = 3.13\text{m}$

TIP
$s = \dfrac{10\text{cm}}{2} = 5\text{cm} = 0.05\text{m}$

48 벤츄리스크러버의 액가스비를 크게 하는 요인으로 틀린 것은 어느 것인가?

㉮ 먼지 입자의 점착성이 클 때
㉯ 먼지 입자의 친수성이 클 때
㉰ 먼지의 농도가 높을 때
㉱ 처리가스의 온도가 높을 때

풀이 ㉯ 먼지 입자의 친수성이 작을 때

49 침강실의 길이 5m인 중력집진장치를 사용하여 침강집진 할 수 있는 먼지의 최소입경이 140μm였다. 이 길이를 2.5배로 변경할 경우 침강실에서 집진가능한 먼지의 최소입경 (μm)은 얼마인가? (단, 배출가스의 흐름은 층류이고, 길이 이외의 모든 설계조건은 동일하다.)

㉮ 약 70μm ㉯ 약 89μm
㉰ 약 99μm ㉱ 약 129μm

풀이 $d^2 = \dfrac{18 \cdot \mu \cdot Q}{(\rho_s - \rho) \cdot g \cdot B \cdot L}$ 에서 $d^2 \propto \dfrac{1}{L}$ 이용

$(140\mu m)^2 : \dfrac{1}{5m} = d^2 : \dfrac{1}{5m \times 2.5}$

∴ $d = 88.54\mu m$

50 냄새물질에 대한 내용으로 틀린 것은 어느 것인가?

㉮ 물리화학적 자극량과 인간의 감각강도 관계는 Ranney 법칙과 잘 맞다.
㉯ 골격이 되는 탄소수는 저분자일수록 관능기 특유의 냄새가 강하고 자극적이며, 8~13에서 가장 향기가 강하다.
㉰ 분자내 수산기의 수는 1개일 때 가장 강하고 수가 증가하면 약해져서 무취에 이른다.
㉱ 불포화도가 높으면 냄새가 보다 강하게 난다.

풀이 ㉮ 물리화학적 자극량과 인간의 감각강도 관계는 웨버-페히너 법칙과 잘 맞다.

answer 47 ㉰ 48 ㉯ 49 ㉯ 50 ㉮

51 다음과 같은 특성을 가진 유해물질은 어느 것인가?

> - 인화성이 있고, 연소 시 유독가스를 발생시킨다.
> - 무색의 비점(26℃ 정도)이 낮은 액체이고, 그 증기는 약간 방향성을 가진다.
> - 물, 알콜, 에테르 등과 임의의 비율로도 혼합되며, 그 수용액은 극히 약한 산성을 나타낸다.
> - 폭발성도 강하고, 물에 대한 용해도가 매우 크다.

㉮ 시안화수소(HCN)
㉯ 아세트산(CH_3COOH)
㉰ 벤젠(C_6H_6)
㉱ 염소(Cl_2)

풀이 ㉮ 시안화수소(HCN)에 대한 설명이다.

52 집진효율이 98%인 집진시설에서 처리 후 배출되는 먼지농도가 0.3g/m³일 때 유입된 먼지의 농도는 몇 g/m³인가?

㉮ 10g/m³   ㉯ 15g/m³
㉰ 20g/m³   ㉱ 25g/m³

풀이 $\eta = \left(1 - \dfrac{C_o}{C_i}\right) \times 100$에서

$C_i = \dfrac{C_o}{(1-\eta)} = \dfrac{0.3 g/m^3}{(1-0.98)} = 15 g/Sm^3$

53 충전탑에 사용되는 충전물에 대한 내용으로 틀린 것은 어느 것인가?

㉮ 가스와 액체가 전체에 균일하게 분포될 수 있도록 하여야 한다.
㉯ 충전물의 단면적은 기액간의 충분한 접촉을 위해 작은 것이 바람직하다.
㉰ 하단의 충전물이 상단의 충전물에 의해 눌려있으므로 이 하중을 견디는 내강성이 있어야 하며, 또한 충전물의 강도는 충전물의 형상에도 관련이 있다.
㉱ 충분한 기계적 강도와 내식성이 요구되며 단위 부피내의 표면적이 커야 한다.

풀이 ㉯ 충전물의 단면적은 기액간의 충분한 접촉을 위해 큰 것이 바람직하다.

54 다음은 불소화합물 처리에 대한 설명이다. ( )안에 알맞은 화학식은 어느 것인가?

> 사불화규소는 물과 반응해서 콜로이드 상태의 규산과 ( )이 생성된다.

㉮ CaF_2 ㉯ $NaHF_2$
㉰ $NaSiF_6$ ㉱ H_2SiF_6

풀이 $2HF + SiF_4 \rightarrow H_2SiF_6$

answer 51 ㉮ 52 ㉯ 53 ㉯ 54 ㉱

55 온도 25℃ 염산액적을 포함한 배출가스 1.5m³/s를 폭 9m, 높이 7m, 길이 10m의 침강집진기로 집진제거 하고자 한다. 염산비중이 1.6이라면 이 침강집진기가 집진할 수 있는 최소제거 입경(μm)은 얼마인가?

(단, 25℃에서의 공기점도 1.85×10^{-5} kg/m·s)

㉮ 약 12μm   ㉯ 약 19μm
㉰ 약 32μm   ㉱ 약 42μm

풀이

$$d = \sqrt{\frac{18 \cdot \mu \cdot Q}{(\rho_s - \rho) \cdot g \cdot B \cdot L}} \times 10^6 (\mu m)$$

$$= \sqrt{\frac{18 \times 1.85 \times 10^{-5} \text{kg/m} \cdot \text{sec} \times 1.5 \text{m}^3/\text{sec}}{1,600 \text{kg/m}^3 \times 9.8 \text{m/sec}^2 \times 9\text{m} \times 10\text{m}}} \times 10^6$$

$= 18.81 \mu m$

TIP
① 비중 $\xrightarrow{\times 10^3}$ kg/m³
② 1.6 $\xrightarrow{\times 10^3}$ 1,600kg/m³
③ ρ(가스밀도)는 무시해도 됨.

56 A공장의 연마실에서 발생되는 배출가스의 먼지제거에 cyclone이 사용되고 있다. 유입폭이 40cm이고, 유효회전수 5회, 입구유입속도 10m/s로 가동 중인 공정조건에서 10μm 먼지입자의 부분집진효율은 몇 %인가? (단, 먼지의 밀도는 1.6g/cm³, 가스점도는 1.75×10^{-4} g/cm·s, 가스밀도는 고려하지 않음.)

㉮ 약 40%   ㉯ 약 45%
㉰ 약 50%   ㉱ 약 55%

풀이

부분집진율(η) = $\frac{d^2 \times \pi \times V \times (\rho_s - \rho) \times N}{9 \times \mu \times B} \times 100$

$$= \frac{(10 \times 10^{-6} \text{m})^2 \times \pi \times 10 \text{m/sec} \times 1,600 \text{kg/m}^3 \times 5회}{9 \times 1.75 \times 10^{-5} \text{kg/m} \cdot \text{sec} \times 0.4\text{m}} \times 100$$

$= 39.89\%$

TIP
① ρ_s = 1.6g/cm³ $\times 10^3$ = 1,600kg/m³
② μ = 1.75×10^{-4} g/cm·sec $\times 10^{-1}$ = 1.75×10^{-5} kg/m·sec
③ ρ(가스밀도)는 무시해도 됨.

57 전기집진장치의 장애현상 중 먼지의 비저항이 비정상적으로 높아 2차 전류가 현저하게 떨어질 때의 대책으로 알맞은 것은 어느 것인가?

㉮ baffle을 설치한다.
㉯ 방전극을 교체한다.
㉰ 스파크 횟수를 늘린다.
㉱ 바나듐을 투입한다.

풀이 2차 전류가 현저하게 떨어질 때의 대책
① 스파크의 횟수를 늘린다.
② 조습용 스프레이의 수량을 늘린다.
③ 입구먼지 농도를 서설히 조절한다.

58 다음 세정집진장치 중 입구유속(기본유속)이 가장 빠른 것은 어느 것인가?

㉮ Jet scrubber
㉯ Venturi scrubber
㉰ Theisen washer
㉱ Cyclone scrubber

풀이 입구유속이 가장 빠른 것은 Venturi scrubber로 60~90m/sec이다.

---

answer 55 ㉯   56 ㉮   57 ㉰   58 ㉯

59 다이옥신의 처리대책으로 틀린 것은 어느 것인가?

㉮ 촉매분해법 : 촉매로는 금속산화물(V_2O_5, TiO_2 등), 귀금속(Pt, Pd)이 사용된다.
㉯ 광분해법 : 자외선파장(250~340nm)이 가장 효과적인 것으로 알려져 있다.
㉰ 열분해방법 : 산소가 아주 적은 환원성 분위기에서 탈염소화, 수소첨가반응 등에 의해 분해시킨다.
㉱ 오존분해법 : 수중 분해시 순수의 경우는 산성일수록, 온도는 20℃ 전후에서 분해속도가 커지는 것으로 알려져 있다.

풀이 ㉱ 오존분해법 : 수중 분해시 순수의 경우는 염기성일수록, 온도는 높을수록 분해속도가 커지는 것으로 알려져 있다.

60 유해가스를 처리하기 위해 흡착법에 사용되는 흡착제에 대한 내용으로 틀린 것은 어느 것인가?

㉮ 활성탄이 가장 많이 사용되며, 주로 극성물질에 유효한 반면, 유기용제의 증기 제거능은 낮다.
㉯ 실리카겔은 250℃ 이하에서 물과 유기물을 잘 흡착한다.
㉰ 활성알루미나는 물과 유기물을 잘 흡착하며 175~325℃로 가열하여 재생시킬 수 있다.
㉱ 합성제올라이트는 극성이 다른 물질이나 포화정도가 다른 탄화수소의 분리가 가능하다.

풀이 ㉮ 활성탄이 가장 많이 사용되며, 주로 비극성물질에 유효하고, 유기용제의 증기 제거능도 높다.

| 제4과목 | 대기오염공정시험기준

61 배출가스 중 납화합물을 분석하는 원자흡수분광광도법에 대한 설명으로 틀린 것은?

㉮ 정밀도는 20% 이하이다.
㉯ 정량범위는 0.050 mg/Sm^3 이상이다.
㉰ 측정파장은 217.0nm이다.
㉱ 방법검출한계는 0.016 mg/Sm^3이다.

풀이 ㉮ 정밀도는 10% 이하이다.

62 원자흡수분광광도법에서 화학적 간섭을 방지하는 방법으로 틀린 것은 어느 것인가?

㉮ 이온교환에 의한 방해물질 제거
㉯ 표준첨가법의 이용
㉰ 미량의 간섭원소의 첨가
㉱ 은폐제의 첨가

풀이 ㉰ 과량의 간섭원소의 첨가

answer 59 ㉱ 60 ㉮ 61 ㉮ 62 ㉰

63 배출가스 중 휘발성유기화합물(VOCs) 시료채취방법에서 시료채취장치 중 시료채취 주머니법에 대한 내용으로 틀린 것은?

㉮ 시료채취 주머니는 플루오로 수지, 폴리에스터 수지 등의 불활성 재질로 시료채취 동안이나 채취 후 보관 시 반드시 직사광선을 받지 않도록 하여야 한다.
㉯ 배출가스의 온도가 100℃ 미만으로 시료채취 주머니 내에 수분응축의 우려가 없는 경우에는 응축기 및 응축수 트랩을 사용하지 않아도 무방하다.
㉰ 진공 흡입상자는 (10~100)L 시료채취 주머니를 담을 수 있어야 하며, 용기가 완전진공이 되도록 밀폐된 구조의 것을 사용하여야 한다.
㉱ 흡입펌프는 흡입유량이 (1~4)L/min의 용량과 격막펌프로 휘발성유기화합물의 흡착성이 낮은 재질(PTFE 재질 등)로 된 것을 사용한다.

풀이 ㉰ 진공 흡입상자는 (1~10)L 시료채취 주머니를 담을 수 있어야 하며, 용기가 완전진공이 되도록 밀폐된 구조의 것을 사용하여야 한다.

64 비분산형 적외선 분석기의 구성에서 ( )안에 들어갈 명칭을 옳게 나열한 것은? (단, 복광속 분석계)

광원 - (①) - (②) - 시료셀 - 검출기 - 증폭기 - 지시계

㉮ ① 광학섹터, ② 회전필터
㉯ ① 회전섹터, ② 광학필터
㉰ ① 광학필터, ② 회전필터
㉱ ① 회전섹터, ② 광학섹터

풀이 복광속분석계의 순서는 광원 - 회전섹터 - 광학필터 - 시료셀 - 검출기 - 증폭기 - 지시계이다.

65 대기오염공정시험기준에서 규정한 환경대기 중 금속분석을 위한 주 시험방법은 어느 것인가?

㉮ 원자흡수분광광도법
㉯ 자외선/가시선분광법
㉰ 이온크로마토그래피
㉱ 유도결합플라스마 원자발광분광법

풀이 원자흡수분광광도법이 금속분석을 위한 주 시험방법이다.

66 대기오염공정시험기준상 일반시험방법에 대한 내용으로 알맞은 것은 어느 것인가?

㉮ 상온은 15~25℃, 실온은 1~35℃로 하고, 찬곳은 따로 규정이 없는 한 4℃이하의 곳을 뜻한다.
㉯ 냉후(식힌 후)라 표시되어 있을 때는 보온 또는 가열 후 상온까지 냉각된 상태를 뜻한다.
㉰ 시험은 따로 규정이 없는 한 상온에서 조작하고 조작 직후 그 결과를 관찰한다.
㉱ 냉수는 4℃ 이하, 온수는 50~60℃, 열수는 100℃를 말한다.

풀이 ㉮ 상온은 15~25℃, 실온은 1~35℃로 하고, 찬곳은 따로 규정이 없는 한 0~15 ℃를 뜻한다.
㉯ 냉후(식힌 후)라 표시되어 있을 때는 보온 또는 가열 후 실온까지 냉각된 상태를 뜻한다.
㉱ 냉수는 15℃ 이하, 온수는 60~70℃, 열수는 100℃를 말한다.

answer 63 ㉰ 64 ㉯ 65 ㉮ 66 ㉰

67 굴뚝 배출가스 중 산소를 자기식(자기력)으로 측정하는 방법에 대한 설명으로 틀린 것은?

㉮ 체적자화율이 큰 가스(일산화질소, NO)의 영향을 무시할 수 있는 경우에 적용한다.
㉯ 상자성체인 산소분자가 자계 내에서 자기화 될 때 생기는 흡인력을 이용한다.
㉰ 덤벨형 방식과 압력검출형 방식이 있다.
㉱ 측정범위는 1 % ~ 15.0 % 이하로 한다.

풀이 ㉱ 측정범위는 0 % ~ 10.0 % 이하로 한다.

68 연료의 연소로부터 배출되는 굴뚝 배출가스 중 일산화탄소를 정전위전해법으로 분석하고자 할 때 주요 성능기준으로 틀린 것은 어느 것인가?

㉮ 90% 응답 시간은 2분 30초 이내이다.
㉯ 재현성은 측정범위 최대 눈금값의 ±2% 이내이다.
㉰ 적용범위는 최고 5%이다.
㉱ 전압 변동에 대한 안정성은 최대 눈금값의 ±1% 이내이다.

풀이 ㉰ 적용범위는 최고 3%이다.

69 환경대기 중 가스상 물질의 시료채취방법에서 시료가스를 일정유량으로 통과시키는 것으로 채취관 – 여과재 – 채취부 – 흡입펌프 – 유량계(가스미터)의 순으로 시료를 채취하는 방법은 어느 것인가?

㉮ 용기채취법
㉯ 용매채취법
㉰ 직접채취법
㉱ 채취여지에 의한 방법

풀이 ㉯ 용매채취법에 대한 설명이다.

70 다음 중 다이에틸아민구리 용액에서 시료가스를 흡수시켜 생성된 다이에틸다이싸이오카밤산구리의 흡광도를 435nm의 파장에서 측정하는 항목은 어느 것인가?

㉮ CS_2
㉯ H_2S
㉰ HCN
㉱ PAH

풀이 ㉮ 이황화탄소(CS_2)의 자외선/가시선분광법에 대한 설명이다.

answer 67 ㉱ 68 ㉰ 69 ㉯ 70 ㉮

71 굴뚝 배출가스 중 황산화물의 시료채취 장치에 대한 내용으로 틀린 것은 어느 것인가?

㉮ 가열부분에 있어서의 배관의 접속은 채취관과 같은 재질, 혹은 보통 고무관을 사용한다.
㉯ 시료중의 황산화물과 수분이 응축되지 않도록 시료채취관과 콕 사이를 가열할 수 있는 구조로 한다.
㉰ 시료중에 먼지가 섞여 들어가는 것을 방지하기 위하여 채취관의 앞 끝에 알칼리(alkali)가 없는 유리솜 등 적당한 여과재를 넣는다.
㉱ 시료채취관은 배출가스중의 황산화물에 의해 부식되지 않는 재질, 예를 들면 유리관, 석영관, 스테인리스강관 등을 사용한다.

풀이 ㉮ 채취관과 어댑터, 삼방콕 등 가열하는 접속부분은 갈아 맞춤 또는 실리콘 고무관을 사용하고 보통 고무관을 사용하면 안된다.

72 환경대기 중 석면농도를 측정하기 위해 위상차현미경을 사용한 계수방법에 대한 내용이다. ( )안에 알맞은 말은?

시료채취 측정시간은 주간시간대(오전 8시~오후 7시)에 (①)으로 1시간 측정하고, 유량계의 부자를 (②)되게 조정한다.

㉮ ① 1L/min, ② 1L/min
㉯ ① 1L/min, ② 10L/min
㉰ ① 10L/min, ② 1L/min
㉱ ① 10L/min, ② 10L/min

73 고용량공기시료채취기법을 사용하여 비산먼지를 측정하고자 한다. 풍속이 0.5m/s 미만 또는 10m/s 이상되는 시간이 전 채취시간의 50% 미만일 때 풍속에 대한 보정계수는 얼마인가?

㉮ 0.8   ㉯ 1.0
㉰ 1.2   ㉱ 1.5

풀이 풍속에 대한 보정계수
① 전 채취시간의 50% 미만일 때 : 1.0
② 전 채취시간의 50% 이상일 때 : 1.2

74 기체크로마토그래피에서 정량분석방법과 가장 거리가 먼 것은?

㉮ 넓이 백분율법
㉯ 표준물첨가법
㉰ 내부표준물질법
㉱ 절대검정곡선법

풀이 정량분석방법으로는 절대검정곡선법, 넓이 백분율법, 보정넓이 백분율법, 상대검정곡선법, 표준물 첨가법이 있다.

75 굴뚝 배출가스 중 먼지를 반자동식 측정법으로 채취하고자 할 경우, 먼지시료채취 기록지 서식에 기재되어야 할 항목으로 틀린 것은 어느 것인가?

㉮ 배출가스 온도(℃)
㉯ 오리피스압차(mmH$_2$O)
㉰ 여과지 표면적(cm^2)
㉱ 수분량(%)

answer 71 ㉮   72 ㉱   73 ㉯   74 ㉰   75 ㉰

76 다음은 굴뚝 등에서 배출되는 질소산화물의 자동연속측정방법(자외선흡수분석계 사용)에 대한 내용이다. ( )안에 알맞은 말은?

> 합산증폭기는 신호를 증폭하는 기능과 일산화질소 측정파장에서 ( )의 간섭을 보정하는 기능을 가지고 있다.

㉮ 수분 ㉯ 아황산가스
㉰ 이산화탄소 ㉱ 일산화탄소

77 대기오염공정시험법상 다음 분석가스별 시험방법에 대한 흡수액으로 틀린 것은?

㉮ 암모니아 - 붕산용액(5g/L)
㉯ 황화수소 - 수산화소듐용액(4g/L)
㉰ 황산화물 - 과산화수소용액(1+9)
㉱ 브로민화합물 - 수산화소듐용액(4g/L)

풀이 ㉯ 황화수소 - 아연아민착염용액

78 염산(1+4)라고 되어 있을 때, 실제 조제할 경우 어떻게 하는가?

㉮ 염산 1mL를 물 2mL에 혼합한다.
㉯ 염산 1mL를 물 3mL에 혼합한다.
㉰ 염산 1mL를 물 4mL에 혼합한다.
㉱ 염산 1mL를 물 5mL에 혼합한다.

풀이 염산(1+4) = 염산(1 : 4)는 염산 1mL를 물 4mL에 혼합해 총 5mL가 된다.

79 굴뚝배출가스 중 일산화탄소를 분석하는 방법으로 틀린 것은?

㉮ 비분산적외선분광분석법
㉯ 이온크로마토그래피
㉰ 전기화학식
㉱ 기체크로마토그래피

풀이 굴뚝배출가스 중 일산화탄소를 분석하는 방법에는 비분산적외선분광분석법, 전기화학식(정전위전해법), 기체크로마토그래피가 있다.

80 굴뚝배출가스 중 먼지 측정시 등속흡입정도를 보기 위하여 등속흡입계수(%)를 산정한다. 이 때 그 값이 몇 % 범위 내에 들지 않는 경우 다시 시료를 채취하여야 하는가?

㉮ 90~105% ㉯ 90~110%
㉰ 95~105% ㉱ 95~110%

풀이 등속흡입계수의 값이 90%~110% 범위 내에 들지 않을 경우에는 다시 시료채취를 한다.

answer 76 ㉯ 77 ㉯ 78 ㉰ 79 ㉯ 80 ㉯

2017 2회 기출문제

| 제1과목 | 대기환경관리

01 일반적인 가솔린 자동차 배기가스의 구성면에서 볼 때 다음 중 가장 많은 부피를 차지하는 물질은 어느 것인가? (단, 가속상태 기준)

㉮ 탄화수소 ㉯ 질소산화물
㉰ 일산화탄소 ㉱ 이산화탄소

풀이 ㉱ 이산화탄소(CO_2)에 대한 설명이다.

02 지표 부근의 대기성분의 부피비율(농도)이 큰 것부터 순서대로 알맞게 나열된 것은 어느 것인가? (단, N_2, O_2 성분은 생략)

㉮ CO_2 - Ar - CH_4 - H_2
㉯ CO_2 - Ar - H_2 - CH_4
㉰ Ar - CO_2 - He - Ne
㉱ Ar - CO_2 - Ne - He

풀이 대기성분(부피비율)은 N_2 - O_2 - Ar - CO_2 - Ne - He 순이다.

03 불안정한 대기상태에서 굴뚝의 연기방출속도가 15m/sec, 굴뚝 안지름이 4m일 때 이 연기의 상승높이는? (단, 연기의 상승높이 $\triangle H = 150 \times \dfrac{F}{u^3}$, F는 부력, 배기가스 온도 127℃, 대기온도 17℃, 풍속 6m/sec)

㉮ 125m ㉯ 135m
㉰ 145m ㉱ 155m

풀이
① $F = g \times \left(\dfrac{D}{2}\right)^2 \times V_s \times \left(\dfrac{T_s - T_a}{T_a}\right)$ (m⁴/sec³)

$= 9.8 \text{m/sec}^2 \times \left(\dfrac{4m}{2}\right)^2 \times 15 \text{m/sec}$

$\times \dfrac{(273+127)-(273+17)}{(273+17)}$

$= 223.0345 \text{m}^4/\text{sec}^3$

② $\triangle H = 150 \times \dfrac{F}{u^3} = 150 \times \dfrac{223.0345 \text{m}^4/\text{sec}^3}{(6\text{m/sec})^3}$

$= 154.89 \text{m}$

answer 01 ㉱ 02 ㉱ 03 ㉱

04 다음 ( )안에 들어갈 알맞은 말은?

> 지구의 평균 지상기온은 지구가 태양으로부터 받고 있는 태양에너지와 지구가 (①) 형태로 우주로 방출하고 있는 에너지의 균형으로부터 결정된다. 이 균형은 대기중의 (②), 수증기 등의 (①)을(를) 흡수하는 기체가 큰 역할을 하고 있다.

㉮ ① : 자외선, ② : CO
㉯ ① : 적외선, ② : CO
㉰ ① : 자외선, ② : CO_2
㉱ ① : 적외선, ② : CO_2

05 다음 중 염소 또는 염화수소 배출 관련 업종으로 틀린 것은 어느 것인가?

㉮ 소다 제조업
㉯ 농약 제조업
㉰ 화학 공업
㉱ 시멘트 제조업

풀이 ㉱ 시멘트 제조업에서는 크로뮴(Cr)이 배출된다.

06 실내공기에 영향을 미치는 오염물질에 대한 내용으로 틀린 것은 어느 것인가?

㉮ 석면은 자연계에 존재하는 유화화(油和化) 된 규산염 광물의 총칭이고, 미국에서 가장 일반적인 것으로는 아크티놀라이트(백석면)가 있다.
㉯ 석면의 발암성은 청석면 > 아모사이트 > 백석면 순이다.
㉰ Rn-222의 반감기는 3.8일이며, 그 낭핵종도 같은 종류의 알파선을 방출하지만 화학적으로는 거의 불활성이다.
㉱ 우라늄과 라듐은 Rn-222의 발생원에 해당된다.

풀이 ㉮ 석면은 자연계에 존재하는 유화화 된 규산염 광물의 총칭이고, 미국에서 가장 일반적인 것으로는 크리스틸(백석면)이 있다.

07 다음 오염물질 중 상온에서 무색 투명하고, 순수한 경우에는 냄새가 거의 없지만 일반적으로 불쾌한 자극성 냄새를 가진 액체로서 햇빛에 파괴될 정도로 불안정하지만 부식성은 비교적 약하며, 끓는점은 약 46℃이며 그 증기는 공기보다 약 2.64배 정도 무거운 물질은 어느 것인가?

㉮ HCl
㉯ Cl_2
㉰ SO_2
㉱ CS_2

풀이 기체의 비중 = $\dfrac{\text{기체의 분자량(kg)}}{\text{공기의 분자량(29kg)}}$ 이므로
기체의 분자량 = 2.64×29kg = 76.56kg
따라서 보기 중 기체의 분자량이 약 76kg인 물질이 정답이므로 ㉱ 이황화탄소(CS_2)가 정답이다.

answer 04 ㉱ 05 ㉱ 06 ㉮ 07 ㉱

08 석면폐증에 대한 내용으로 틀린 것은 어느 것인가?

㉮ 폐의 석면폐증에 의한 비후화이며, 흉막의 섬유화와 밀접한 관련이 있다.
㉯ 비가역적이며, 석면노출이 중단된 후에도 악화되는 경우가 있다.
㉰ 폐하엽에 주로 발생하며 흉막을 따라 폐중엽이나 설엽으로 퍼져간다.
㉱ 폐의 석면화는 폐조직의 신축성을 감소시키고, 가스교환능력을 저하시켜 결국 혈액으로의 산소공급이 불충분하게 된다.

풀이 ㉮ 석면폐증은 폐의 석면먼지 침착에 의한 섬유화이며, 흉막의 섬유화와는 무관하다.

09 다음 Gaussian 분산식에 대한 설명으로 알맞은 것은 어느 것인가?

$$C(x, y, z, H) = \frac{Q}{2\pi u \sigma_y \sigma_z} \left[\exp\left(-\frac{y^2}{2\sigma_y^2}\right) \right]$$
$$\left[\exp\left(\frac{-(z-H)^2}{2\sigma_z^2}\right) + \exp\left(\frac{-(-z+H)^2}{2\sigma_z^2}\right) \right]$$

㉮ 비정상상태에서 불연속적으로 배출하는 면오염원으로부터 바람방향이 배출면에 수평인 경우 풍하측의 지면농도를 산출하는 경우에 사용한다.
㉯ 공중역전이 존재할 경우 역전층의 오염물질의 상향확산에 의한 일정고도 상에서의 중심축상 선오염원의 농도를 산출하는 경우에 사용한다.
㉰ 지표면으로부터 고도 H에 위치하는 점원-지면으로부터 반사가 있는 경우에 사용한다.
㉱ 연속적으로 배출하는 무한의 선오염원으로부터 바람의 방향이 배출선에 수직인 경우 플룸내에서 소멸되는 풍하측의 지면농도를 산출하는 경우에 사용한다.

10 시정거리에 대한 내용으로 틀린 것은 어느 것인가? (단, 입자 산란에 의해서만 빛이 감쇠되고, 입자상 물질은 모두 같은 크기의 구 형태로 분포하고 있다고 가정한다.)

㉮ 시정거리는 대기 중 입자의 산란계수에 비례한다.
㉯ 시정거리는 대기 중 입자의 농도에 반비례한다.
㉰ 시정거리는 대기 중 입자의 밀도에 비례한다.
㉱ 시정거리는 대기 중 입자의 직경에 비례한다.

풀이 ㉮ 시정거리는 대기 중 입자의 산란계수에 반비례한다.

11 다음 오염물질 중 온실효과를 유발하는 물질로 틀린 것은 어느 것인가?

㉮ 이산화탄소 ㉯ CFCs
㉰ 메탄   ㉱ 아황산가스

풀이 ㉱ 아황산가스(SO_2)는 온실가스가 아니다.

TIP
온실효과를 유발하는 물질(온실기체)
이산화탄소, 메탄, 아산화질소, 수소불화탄소, 과불화탄소, 육불화황, 염화불화탄소, 수소염화불화탄소

answer 08 ㉮ 09 ㉰ 10 ㉮ 11 ㉱

12 먼지농도가 40μg/m³, 상대습도가 70%일 때 가시거리는 얼마인가? (단, 계수 A는 1.2 적용)

㉮ 19km   ㉯ 23km
㉰ 30km   ㉱ 67km

풀이 $V = \dfrac{10^3 \times A}{G}$

$\begin{bmatrix} V : 가시거리(km) \\ A : 상수 \\ G : 농도(μg/m^3) \end{bmatrix}$

따라서 $V = \dfrac{10^3 \times 1.2}{40μg/m^3} = 30km$

13 면배출원으로부터 배출되는 오염물질의 확산을 다루는 상자모델 사용 시 가정조건으로 틀린 것은 어느 것인가?

㉮ 상자 공간에서 오염물의 농도는 균일하다.
㉯ 오염배출원은 이 상자가 차지하고 있는 지면전역에 균등하게 분포되어 있다.
㉰ 상자안에서는 밑면에서 방출되는 오염물질이 상자 높이인 혼합층까지 즉시 균등하게 혼합된다.
㉱ 배출된 오염물질이 다른 물질로 변화되는 율과 지면에 흡수되는 율은 100%이다.

풀이 ㉱ 배출된 오염물질이 다른 물질로 변하지도 않고 지면에 흡수되지도 않는다.

14 굴뚝에서 배출되어지는 연기의 모양 중 환상형(looping)에 대한 내용으로 알맞은 것은 어느 것인가?

㉮ 전체 대기층이 강한 안정시에 나타나며, 연직확산이 적어 지표면에 순간적 고농도를 나타낸다.
㉯ 전체 대기층이 중립일 경우에 나타나며, 연기모양의 요동이 적은 형태이다.
㉰ 상층이 불안정, 하층이 안정일 경우에 나타나며, 바람이 다소 강하거나 구름이 낀 날 일어난다.
㉱ 대기층이 매우 불안정시에 나타나며, 맑은 날 낮에 발생하기 쉽다.

풀이 ㉮ 부채형
㉯ 원추형
㉰ 상승형(지붕형)
㉱ 환상형(파상형)

15 유효굴뚝높이 100m인 연돌에서 배출되는 가스량은 10m³/sec, SO₂의 농도가 1,500ppm 일 때 Sutton식에 의한 최대 지표농도는 얼마인가? (단, $K_y = K_z = 0.05$, 평균풍속은 10m/sec이다.)

㉮ 약 0.008ppm
㉯ 약 0.035ppm
㉰ 약 0.078ppm
㉱ 약 0.116ppm

풀이 $C_{max} = \dfrac{2Q}{\pi \cdot e \cdot U \cdot He^2}\left(\dfrac{k_z}{k_y}\right)$

$= \dfrac{2 \times 10m^3/sec \times 1,500ppm}{\pi \times 2.72 \times 10m/sec \times (100m)^2}\left(\dfrac{0.05}{0.05}\right)$

$= 0.035ppm$

answer 12 ㉰ 13 ㉱ 14 ㉱ 15 ㉯

16 다음은 NO_2의 광화학 반응식이다. ①~④에 알맞은 것은? (단, O는 산소원자)

$$[①] + h\nu \rightarrow [②] + O$$
$$O + [③] \rightarrow [④]$$
$$[④] + [②] \rightarrow [①] + [③]$$

㉮ ① NO, ② NO_2, ③ O_3, ④ O_2
㉯ ① NO_2, ② NO, ③ O_2, ④ O_3
㉰ ① NO, ② NO_2, ③ O_2, ④ O_3
㉱ ① NO_2, ② NO, ③ O_3, ④ O_2

17 바람을 일으키는 힘 중 기압경도력에 대한 내용으로 알맞은 것은 어느 것인가?

㉮ 수평 기압경도력은 등압선의 간격이 좁으면 강해지고, 반대로 간격이 넓으면 약해진다.
㉯ 지구의 자전운동에 의해서 생기는 가속도에 의한 힘을 말한다.
㉰ 극지방에서 최소가 되며 적도지방에서 최대가 된다.
㉱ gradient wind 라고도 하며, 대기의 운동방향과 반대의 힘인 마찰력으로 인하여 발생된다.

▶풀이 ㉯ 전향력의 설명
㉰ 원심력의 설명
㉱ gradient wind는 경도풍이며, 마찰력에 의해 발생하는 바람은 지상풍이다.

18 바람에 대한 내용으로 틀린 것은 어느 것인가?

㉮ 북반구의 경도풍은 저기압에서는 반시계방향으로 회전하면서 위쪽으로 상승하면서 분다.
㉯ 마찰층내 바람은 높이에 따라 시계방향으로 각천이가 생겨나며, 위로 올라갈수록 실제풍향은 점점 지균풍과 가까워진다.
㉰ 산풍은 경사면 → 계곡 → 주계곡으로 수렴하면서 풍속이 가속되기 때문에 낮에 산위쪽으로 부는 곡풍보다 더 강하다.
㉱ 해륙풍이 부는 원인은 낮에는 육지보다 바다가 빨리 더워져서 바다의 공기가 상승하기 때문에 바다에서 육지로 8~15km 정도까지 바람(해풍)이 분다.

▶풀이 ㉱ 해륙풍이 부는 원인은 낮에는 바다보다 육지가 빨리 더워져서 육지의 공기가 상승하기 때문에 바다에서 육지로 8~15km 정도까지 바람(해풍)이 분다.

19 상온에서 무색이며, 자극성 냄새를 가진 기체로서 비중이 약 1.03(공기 = 1)인 오염물질은 어느 것인가?

㉮ 아황산가스   ㉯ 폼알데하이드
㉰ 이산화탄소   ㉱ 염소

▶풀이 기체의 비중 = $\dfrac{\text{기체의 분자량(kg)}}{\text{공기의 분자량(29kg)}}$ 이므로

기체의 분자량 = 1.03×29kg = 29.87kg
따라서 보기 중에서 분자량이 30kg인 ㉯폼알데하이드(HCHO)가 정답이 된다.

answer 16 ㉯   17 ㉮   18 ㉱   19 ㉯

20 대기오염이 식물에 미치는 영향에 대한 내용으로 틀린 것은 어느 것인가?

㉮ SO₂는 회백색반점을 생성하며, 피해 부분은 엽육세포이다.
㉯ PAN은 유리화, 은백색 광택을 나타내며, 주로 해면연조직에 피해를 준다.
㉰ NO₂는 불규칙 흰색 또는 갈색으로 변화되며, 피해부분은 엽육세포이다.
㉱ HF는 SO₂와 같이 잎 안쪽부분에 반점을 나타내기 시작하며, 늙은 잎에 특히 민감하며, 밤에 피해가 현저하다.

[풀이] ㉱ HF는 잎 끝으로 침입하여 어린잎에 민감하며, 낮에 피해가 현저하다.

| 제2과목 | 연소공학

21 유동층연소에서 부하변동에 대한 적응성이 좋지 않은 단점을 보완하기 위한 방법으로 틀린 것은 어느 것인가?

㉮ 공기분산판을 분할하여 층을 부분적으로 유동시킨다.
㉯ 층 내의 연료비율을 고정시킨다.
㉰ 유동층을 몇 개의 셀로 분할하여 부하에 따라 작동시키는 수를 변화시킨다.
㉱ 층의 높이를 변화시킨다.

[풀이] ㉯ 층내의 연료비율을 변동시킨다.

22 폐타이어를 연료화 하는 주된 방식으로 틀린 것은 어느 것인가?

㉮ 가압분해 증류 방식
㉯ 액화법에 의한 연료추출 방식
㉰ 열분해에 의한 오일추출 방식
㉱ 직접 연소 방식

23 확산형 가스버너 중 포트형에 대한 내용으로 틀린 것은 어느 것인가?

㉮ 버너 자체가 로벽과 함께 내화벽돌로 조립되어 로 내부에 개구된 것이며, 가스와 공기를 함께 가열할 수 있는 이점이 있다.
㉯ 고발열량 탄화수소를 사용할 경우에는 가스압력을 이용하여 노즐로부터 고속으로 분출하게 하여 그 힘으로 공기를 흡입하는 방식을 취한다.
㉰ 밀도가 큰 공기 출구는 상부에, 밀도가 작은 가스 출구는 하부에 배치되도록 한다.
㉱ 구조상 가스와 공기압이 높은 경우에 사용한다.

[풀이] ㉱ 구조상 가스와 공기압이 낮은 경우에 사용한다.

answer   20 ㉱   21 ㉯   22 ㉮   23 ㉱

24 수소 12%, 수분 1%를 함유한 중유 1kg의 발열량을 열량계로 측정하였더니 10,000kcal/kg이었다. 비정상적인 보일러의 운전으로 인해 불완전연소에 의한 손실열량이 1,400kcal/kg이라면 연소효율은 얼마인가?

㉮ 82% ㉯ 85%
㉰ 87% ㉱ 90%

풀이 ① 저위발열량 계산
$Hl = Hh - 600(9H+W)$
$= 10,000\text{kcal/kg} - 600 \times (9 \times 0.12 + 0.01)$
$= 9,346\text{kcal/kg}$

② 연소효율 $= \dfrac{\text{저위발열량} - \text{손실열량}}{\text{저위발열량}} \times 100$
$= \dfrac{(9,346 - 1,400)\text{kcal/kg}}{9,346\text{kcal/kg}} \times 100$
$= 85\%$

25 기체연료에 대한 내용으로 틀린 것은 어느 것인가?

㉮ 연료속의 유황함유량이 적어 연소 배기가스 중 SO_2 발생량이 매우 적다.
㉯ 다른 연료에 비해 저장이 곤란하며, 공기와 혼합해서 점화하면 폭발 등의 위험도 있다.
㉰ 메탄을 주성분으로 하는 천연가스를 1기압하에서 -168℃ 정도로 냉각하여 액화시킨 연료를 LNG라 한다.
㉱ 발생로가스란 코크스나 석탄을 불완전연소해서 얻는 가스로 주성분은 CH_4와 H_2이다.

풀이 ㉱ 발생로가스란 가열된 석탄 또는 코크스에 공기와 수증기를 연속적으로 주입하여 부분적으로 산화 반응시킴으로써 얻어지며, 주성분은 일산화탄소와 수소이다.

26 다음 중 확산연소에 사용되는 버너로서 주로 천연가스와 같은 고발열량의 가스를 연소시키는데 사용되는 버너는 어느 것인가?

㉮ 건타입 버너
㉯ 선회 버너
㉰ 방사형 버너
㉱ 고압 버너

풀이 ㉰ 방사형 버너에 대한 설명이다.

27 유압분무식 버너에 대한 내용으로 틀린 것은 어느 것인가?

㉮ 유량조절범위가 환류식의 경우는 1 : 3, 비환류식의 경우는 1 : 2 정도여서 부하변동에 적응하기 어렵다.
㉯ 연료의 분사유량은 15~2,000kL/h 정도이다.
㉰ 분무각도가 40~90° 정도로 크다.
㉱ 연료의 점도가 크거나 유압이 5kg/cm^2 이하가 되면 분무화가 불량하다.

풀이 ㉯ 연료의 분사유량은 15~2,000L/h 정도이다.

28 Octane을 공기 중에서 완전연소 시킬 때 이론연소용 공기와 연료의 질량비 (이론 연소용 공기의 질량/연료의 질량, kg/kg)는 얼마인가?

㉮ 약 5
㉯ 약 10
㉰ 약 15
㉱ 약 20

answer 24 ㉯ 25 ㉱ 26 ㉰ 27 ㉯ 28 ㉰

풀이 $C_8H_{18} + 12.5O_2 \rightarrow 8CO_2 + 9H_2O$

$$공연비(kg/kg) = \frac{산소갯수 \times 32kg \times \frac{1}{0.232}}{연료갯수 \times 연료의 분자량(kg)}$$

$$= \frac{12.5 \times 32kg \times \frac{1}{0.232}}{114kg} = 15.12$$

TIP

① 공연비 = AFR = $\frac{공기량}{연료량}$

② $AFR(Sm^3/Sm^3) = \dfrac{산소갯수 \times 22.4Sm^3 \times \frac{1}{0.21}}{연료개수 \times 22.4Sm^3}$

③ 체적(Sm^3) = 계수 × 22.4(Sm^3)

④ 질량(kg) = 계수 × 분자량(kg)

29 연소가스 분석결과 CO_2 15%, O_2 7%일 때, CO_{2max}(%)는?

㉮ 11.5% ㉯ 16.5%
㉰ 22.5% ㉱ 33.5%

풀이
$$CO_2max(\%) = \frac{21 \times (CO_2 + CO)}{21 - O_2 + 0.395\,CO}$$
$$= \frac{21 \times CO_2}{21 - O_2}$$
$$= \frac{21 \times 15\%}{21 - 7\%} = 22.5\%$$

30 다음 중 과잉산소량(잔존 O_2량)을 옳게 표시한 것은? (단, A : 실제공기량, A_o : 이론공기량, m : 공기과잉계수(m > 1), 표준상태이며, 부피기준임)

㉮ 0.21mA_o ㉯ 0.21(m-1)A_o
㉰ 0.21mA   ㉱ 0.21(m-1)A

31 연소반응에서 반응속도상수 k를 온도의 함수인 다음 반응식으로 나타낸 법칙은 어느 것인가?

$$k = k_o e^{-E/RT}$$

㉮ Henry's Law
㉯ Fick's Law
㉰ Arrhenius's Law
㉱ Van der Waals's Law

풀이 ㉰ Arrhenius's Law에 대한 설명이다.

32 프로판(C_3H_8)과 에탄(C_2H_6)의 혼합가스 $1Sm^3$를 완전연소 시킨 결과 배기가스 중 이산화탄소(CO_2)의 생성량이 $2.8Sm^3$이었다. 이 혼합가스의 mol비(C_3H_8/C_2H_6)는 얼마인가?

㉮ 0.25 ㉯ 0.5
㉰ 2.0   ㉱ 4.0

풀이 $C_3H_8 + 5O_2 \rightarrow 3CO_2 + 4H_2O$
 X   3X
$C_2H_6 + 3.5O_2 \rightarrow 2CO_2 + 3H_2O$
(1-X)   2(1-X)

따라서 CO_2량 = $\{3X + 2(1-X)\}Sm^3 = 2.8Sm^3$
∴ X = 0.8(프로판)
따라서 에탄 = 1-X = 1-0.8 = 0.2
∴ $\dfrac{프로판}{에탄} = \dfrac{0.8}{0.2} = 4.0$

answer 29 ㉰ 30 ㉯ 31 ㉰ 32 ㉱

33 화격자연소 중 상입식 연소에 대한 내용으로 틀린 것은 어느 것인가?

㉮ 석탄의 공급방향이 1차 공기의 공급 방향과 반대로서 수동 스토커 및 산포식 스토커가 해당된다.
㉯ 공급된 석탄은 연소가스에 의해 가열되어 건류층에서 휘발분을 방출한다.
㉰ 코크스화한 석탄은 환원층에서 아래의 산화층에서 발생한 탄산가스를 일산화탄소로 환원한다.
㉱ 착화가 어렵고, 저품질 석탄의 연소에는 부적합하다.

▶ 풀이 ㉱ 착화가 어렵고, 저품질 석탄의 연소에 적합하다.

34 다음 설명하는 연소장치로 가장 알맞은 것은 어느 것인가?

- 증기압 또는 공기압은 2~10kg/cm²이다.
- 유량조절범위는 1 : 10 정도이다.
- 분무각도는 20~30°, 연소시 소음이 발생된다.
- 대형가열로 등에 많이 사용된다.

㉮ 고압공기식 버너
㉯ 유압식 버너
㉰ 저압공기분무식 버너
㉱ 슬래그탭 버너

▶ 풀이 ㉮ 고압공기식 버너에 대한 설명이며, 핵심내용은 유량조절범위이다.

35 석탄의 성질에 대한 내용으로 틀린 것은 어느 것인가?

㉮ 비열은 석탄화도가 진행됨에 따라 증가하며, 통상 0.30~0.35kcal/kg℃ 정도이다.
㉯ 건조된 것은 석탄화도가 진행된 것일수록 착화온도가 상승한다.
㉰ 석탄류의 비중은 석탄화도가 진행됨에 따라 증가되는 경향을 보인다.
㉱ 착화온도는 수분함유량에 영향을 크게 받으며, 무연탄의 착화온도는 보통 440~550℃ 정도이다.

▶ 풀이 ㉮ 비열은 석탄화도가 진행됨에 따라 감소한다.

36 메탄의 고위발열량이 9,900kcal/Sm³이라면 저위발열량(kcal/Sm³)은 얼마인가?

㉮ 8,540
㉯ 8,620
㉰ 8,790
㉱ 8,940

▶ 풀이 $CH_4 + 2O_2 \rightarrow CO_2 + 2H_2O$
저위발열량(Hl)
= 고위발열량(Hh) $-480 \times H_2O$량(kcal/Sm³)
= 9,900kcal/Sm³ -480×2
= 8,940kcal/Sm³

answer 33 ㉱ 34 ㉮ 35 ㉮ 36 ㉱

37 다음 액체연료 C/H비의 순서로 알맞은 것은 어느 것인가? (단, 큰 순서 > 작은 순서)

㉮ 중유 > 등유 > 경유 > 휘발유
㉯ 중유 > 경유 > 등유 > 휘발유
㉰ 휘발유 > 등유 > 경유 > 중유
㉱ 휘발유 > 경유 > 등유 > 중유

> 풀이 C/N비가 큰 것은 저질연료이므로 중유 > 경유 > 등유 > 휘발유 순이다.

38 다음 연료 중 착화온도가 가장 높은 연료는 어느 것인가?

㉮ 갈탄(건조) ㉯ 중유
㉰ 역청탄   ㉱ 메탄

> 풀이 착화온도
> ㉮ 갈탄(건조) : 250℃~400℃
> ㉯ 중유 : 550℃~580℃
> ㉰ 역청탄 : 320℃~400℃
> ㉱ 메탄 : 650℃~750℃

39 다음 중 흑연, 코크스, 목탄 등과 같이 대부분 탄소만으로 되어 있고, 휘발성분이 거의 없는 연소의 형태로 가장 적합한 연소는 어느 것인가?

㉮ 자기연소   ㉯ 확산연소
㉰ 표면연소   ㉱ 분해연소

> 풀이 ㉰ 표면연소에 대한 설명으로 화염이 없는 연소형태이다.

40 연소시 발생되는 NO_X는 원인과 생성기전에 따라 3가지로 분류하는데, 분류항목에 속하지 않는 것은?

㉮ fuel NO_X ㉯ noxious NO_X
㉰ prompt NO_X ㉱ thermal NO_X

> 풀이 연소시 발생되는 NO_X는 원인과 생성기전에 따라 fuel NO_X, prompt NO_X, thermal NO_X로 분류한다.

| 제3과목 | 대기오염방지기술

41 세정집진장치 중 액가스비가 10~50 L/m³ 정도로 다른 가압수식에 비해 10배 이상이며, 다량의 세정액이 사용되어 유지비가 고가이므로 처리가스량이 많지 않을 때 사용하는 장치는 어느 것인가?

㉮ Venturi scrubber
㉯ Theisen washer
㉰ Jet scrubber
㉱ Impulse scrubber

> 풀이 ㉰ Jet scrubber에 대한 설명으로 핵심내용은 액가스비이다.

42 사이클론에서 50%의 집진효율로 제거되는 입자의 최소입경을 무엇이라 부르는가?

㉮ critical diameter
㉯ cut size diameter
㉰ average size diameter
㉱ analytical diameter

> answer 37 ㉯ 38 ㉱ 39 ㉰ 40 ㉯ 41 ㉰ 42 ㉯

풀이 50%의 집진효율로 제거되는 입자의 최소입경은 cut size diameter이다.

43 표준형 평판 날개형보다 비교적 고속에서 가동되고, 후향 날개형을 정밀하게 변형시킨 것으로써 원심력 송풍기 중 효율이 가장 좋아 대형 냉난방 공기조화장치, 산업용 공기 청정장치 등에 주로 이용되며, 에너지 절감효과가 뛰어난 송풍기 유형은 어느 것인가?

㉮ 비행기 날개형(airfoil blade)
㉯ 방사 날개형(radial blade)
㉰ 프로펠러형(propeller)
㉱ 전향 날개형(forward curved)

풀이 ㉮ 비행기 날개형에 대한 설명으로 핵심내용은 "대형 냉난방공기조화장치"이다.

44 흡수장치의 종류 중 기체분산형 흡수장치에 해당하는 것은 어느 것인가?

㉮ venturi scrubber
㉯ spray tower
㉰ packed tower
㉱ plate tower

풀이 ㉱ plate tower는 기체분산형 흡수장치에 해당한다.

45 8개 실로 분리된 충격 제트형 여과집진기에서 전체 처리가스량 8,000m³/min, 여과속도 2m/min로 처리하기 위하여 직경 0.25m, 길이 12m 규격의 필터백(filter bag)을 사용하고 있다. 이 때 집진장치의 각 실(house)에 필요한 필터백의 개수는 얼마인가? (단, 각 실의 규격은 동일함, 필터백은 짝수로 선택함)

㉮ 50 ㉯ 54
㉰ 58 ㉱ 64

풀이 $Q = \pi \cdot D \cdot L \cdot V_f \cdot n$

Q : 배기가스량(m³/min)
D : 직경(m)
L : 유효높이(m)
V_f : 겉보기 여과속도(m/min)
n : 백필터 개수

따라서

$n = \dfrac{Q}{\pi \cdot D \cdot L \cdot V_f} = \dfrac{8,000 m^3/min}{\pi \times 0.25m \times 12m \times 2m/min}$

= 425개

따라서 1개실의 백필터 개수 = $\dfrac{425}{8}$ = 53.125

= 54개

46 분무탑에 대한 내용으로 틀린 것은 어느 것인가?

㉮ 구조가 간단하고 압력손실이 적은 편이다.
㉯ 침전물이 생기는 경우에 적합하며, 충전탑에 비해 설비비 및 유지비가 적게 드는 장점이 있다.
㉰ 분무에 큰 동력이 필요하고, 가스의 유출시 비말동반이 많다.
㉱ 분무액과 가스의 접촉이 균일하여 효율이 우수하다.

풀이 ㉱ 분무액과 가스의 접촉이 균일하지 못해 효율이 낮다.

answer 43 ㉮ 44 ㉱ 45 ㉯ 46 ㉱

47 직경 10μm인 입자의 침강속도가 0.5 cm/sec였다. 같은 조성을 지닌 30μm 입자의 침강속도는 얼마인가? (단, 스토크스 침강속도식 적용)

㉮ 1.5cm/sec ㉯ 2cm/sec
㉰ 3cm/sec   ㉱ 4.5cm/sec

풀이 $V_g = \dfrac{d^2(\rho_s - \rho)g}{18\mu}$ 에서 $V_g \propto d^2$ 이므로

$(10\mu m)^2 : 0.5 cm/sec = (30\mu m)^2 : V_g$

따라서 $V_g = 4.5 cm/sec$

48 다음은 휘발유엔진 배기가스에 영향을 미치는 사항에 대한 내용이다. ( )안에 알맞은 말은?

> ( )의 역할은 광범위한 상태하에서 엔진이 만족스럽게 작동할 수 있는 혼합비로 연료증기와 공기의 균질혼합물을 제공하는 것이다.

㉮ Wankel engine
㉯ Charger
㉰ Carburetor
㉱ ABS

풀이 ㉰ Carburetor에 대한 설명이다.

49 다른 VOC 제거장치와 비교하여 생물여과의 장·단점으로 틀린 것은 어느 것인가?

㉮ CO 및 NO_X 등을 포함하여 생성되는 오염부산물이 적거나 없다.
㉯ 습도제어에 각별한 주의가 필요하다.
㉰ 고농도 오염물질의 처리에 적합하다.
㉱ 생체량 증가로 인해 장치가 막힐 수 있다.

풀이 ㉰ 고농도 오염물질의 처리에 부적합하다.

50 여과집진장치의 탈진방식 중 간헐식에 대한 내용으로 틀린 것은 어느 것인가?

㉮ 간헐식 중 진동형은 여포의 음파진동, 횡진동, 상하진동에 의해 채취된 먼지층을 털어내는 방식으로 접착성 먼지의 집진에는 사용할 수 없다.
㉯ 집진실을 여러개의 방으로 구분하고 방 하나씩 처리가스의 흐름을 차단하여 순차적으로 탈진하는 방식이며, 여포의 수명은 연속식에 비해 길다.
㉰ 간헐식 중 역기류형의 적정 여과속도는 3~5cm/s이고, glass fiber는 역기류형 중 가장 저항력이 강하다.
㉱ 연속식에 비하여 먼지의 재비산이 적고, 높은 집진율을 얻을 수 있다.

풀이 ㉰ 간헐식 중 역기류형의 적정 여과속도는 0.5~1.5cm/sec이다.

51 유체의 점성에 대한 내용으로 틀린 것은 어느 것인가?

㉮ 점성은 유체분자 상호간에 작용하는 분자응집력과 인접 유체층간의 분자운동에 의하여 생기는 운동량 수송에 기인한다.
㉯ 액체의 점성계수는 주로 분자응집력에 의하므로 온도의 상승에 따라 낮아진다.
㉰ Hagen의 점성법칙은 점성의 결과로 생기는 전단응력은 유체의 속도구배에 반비례한다.

answer 47 ㉱ 48 ㉰ 49 ㉰ 50 ㉰ 51 ㉰

㉣ 점성계수는 온도에 의해 영향을 받지만 압력과 습도에는 거의 영향을 받지 않는다.

풀이 ㉢ Hagen의 점성법칙은 점성의 결과로 생기는 전단응력은 유체의 속도구배에 비례한다.

52 벤젠 소각시 속도상수 k가 540℃에서 0.00011/s, 640℃에서 0.14/s 일 때, 벤젠 소각에 필요한 활성화에너지(kcal/mol)는 얼마인가? (단, 벤젠의 연소반응은 1차반응이라 가정하고, 속도상수 k는 다음 Arrhenius 식으로 표현된다. k = Aexp(-E/RT))

㉮ 95　　　㉯ 105
㉰ 115　　　㉱ 130

풀이 ① $\ln \dfrac{k_2}{k_1} = \dfrac{E \cdot (T_2-T_1)}{R \cdot T_2 \cdot T_1}$

$\ln\left(\dfrac{0.14/\text{sec}}{0.00011/\text{sec}}\right)$
$= \dfrac{E \times \{(273+640)-(273+540)\}}{8.314 J/\text{mole} \cdot k \times (273+640) \times (273+540)}$

∴ E = 441,175.74J/mole

② E(kcal/mole) = $\dfrac{441,175.74J}{\text{mole}} \times \dfrac{1cal}{4.2J} \times \dfrac{1kcal}{10^3 cal}$

= 105.04kcal/mole

TIP
① 1cal = 4.2J
② R = 8.314J/mole·k

53 전기로에 설치된 백필터의 입구 및 출구 가스량과 먼지 농도가 다음과 같을 때 먼지의 통과율은 얼마인가?

- 입구가스량 : 11,400Sm³/hr
- 출구가스량 : 270Sm³/min
- 입구 먼지농도 : 12,630mg/Sm³
- 출구 먼지농도 : 1.11g/Sm³

㉮ 10.5%　　　㉯ 11.1%
㉰ 12.5%　　　㉱ 13.1%

풀이 통과율(P) = $\dfrac{C_o \times Q_o}{C_i \times Q_i} \times 100(\%)$

따라서 P = $\dfrac{1.11g/Sm^3 \times 270Sm^3/min \times 60min/hr}{12.63g/Sm^3 \times 11,400Sm^3/hr} \times 100$

= 12.49%

54 하전식 전기집진장치에 대한 내용으로 틀린 것은 어느 것인가?

㉮ 1단식은 역전리의 억제는 효과적이나 재비산 방지는 곤란하다.
㉯ 2단식은 비교적 함진농도가 낮은 가스 처리에 유용하다.
㉰ 2단식은 1단식에 비해 오존의 생성을 감소시킬 수 있다.
㉱ 1단식은 보통 산업용으로 많이 쓰인다.

풀이 ㉮ 1단식은 역전리의 억제는 비효과적이나 재비산 방지는 용이하다.

answer 52 ㉯　53 ㉰　54 ㉮

55 알루미나 담체에 탄산나트륨을 3.5~3.8% 정도 첨가하여 제조된 흡착제를 사용하여 SO_2와 NO_x를 동시에 제거하는 공정은 어느 것인가?

㉮ 석회석 세정법
㉯ Wellman-Lord법
㉰ Dual Acid scrubbing
㉱ NOXSO 공정

풀이 ㉱ NOXSO 공정에 대한 설명이다.

56 배출가스 중 염화수소의 농도가 500 ppm이다. 배출허용기준이 $100mg/Sm^3$일 때, 최소한 몇 %를 제거해야 배출허용기준을 만족시킬 수 있는가? (단, 표준상태 기준이며, 기타 조건은 동일하다.)

㉮ 약 68%   ㉯ 약 78%
㉰ 약 88%   ㉱ 약 98%

풀이 제거해야 할 농도 $= \left(1 - \dfrac{\text{배출허용기준농도}}{\text{배출농도}}\right) \times 100$

$= \left(1 - \dfrac{100mg/Sm^3}{\dfrac{500mL}{Sm^3} \times \dfrac{36.5mg}{22.4mL}}\right) \times 100 = 87.73\%$

57 98% 효율을 가진 전기집진기로 유량이 $5,000m^3/min$인 공기흐름을 처리하고자 한다. 표류속도(We)가 6.0cm/sec일 때, Deutsch식에 의한 필요 집진면적은 얼마나 되겠는가?

㉮ 약 $3,938m^2$ ㉯ 약 $4,431m^2$
㉰ 약 $4,937m^2$ ㉱ 약 $5,433m^2$

풀이 $\eta = 1 - \exp^{\dfrac{-A \times We}{Q}}$

$\therefore A = \dfrac{LN(1-\eta)}{\dfrac{-W_e}{Q}} = \dfrac{LN(1-0.98)}{\dfrac{-0.06m/sec}{5,000m^3/min \times 1min/60sec}}$

$= 5,433.37m^2$

58 촉매연소법에 대한 내용으로 틀린 것은 어느 것인가?

㉮ 열소각법에 비해 체류시간이 훨씬 짧다.
㉯ 열소각법에 비해 NO_x 생성량을 감소시킬 수 있다.
㉰ 팔라듐, 알루미나 등은 촉매에 바람직하지 않은 원소이다.
㉱ 열소각법에 비해 점화온도를 낮춤으로써 운영 비용을 절감할 수 있다.

풀이 ㉰ 팔라듐, 알루미나 등은 촉매로 사용하는 원소이다.

59 다음 중 송풍기에 관한 법칙 표현으로 틀린 것은 어느 것인가? (단, 송풍기의 크기와 유체의 밀도는 일정하며, Q : 풍량, N : 회전수, W : 동력, V : 배출속도, △P : 정압)

㉮ $W_1/N_1^3 = W_2/N_2^3$
㉯ $Q_1/N_1 = Q_2/N_2$
㉰ $V_1/N_1^3 = V_2/N_2^3$
㉱ $\triangle P_1/N_1^2 = \triangle P_2/N_2^2$

풀이 이 문제는 재출제 시 동일하게 출제되는 문제이므로 정답만 숙지하시면 됩니다.

answer 55 ㉱ 56 ㉰ 57 ㉱ 58 ㉰ 59 ㉰

60 다음은 흡착제에 대한 내용이다. ( ) 안에 알맞은 말은?

> 현재 분자체로 알려진 ( )이/가 흡착제로 많이 쓰이는데, 이것은 제조과정에서 그 결정구조를 조절하여 특정한 물질을 선택적으로 흡착시키거나 흡착속도를 다르게 할 수 있는 장점이 있으며, 극성이 다른 물질이나 포화정도가 다른 탄화수소의 분리가 가능하다.

㉮ Activated carbon
㉯ Synthetic Zeolite
㉰ Silica gel
㉱ Activated Alumina

풀이 ㉯ 합성제올라이트(Synthetic Zeolite)에 대한 설명이다.

| 제4과목 | 대기오염공정시험기준

61 이론단수가 1,600인 분리관이 있다. 머무름시간이 20분인 봉우리의 좌우변곡점에서 접선이 자르는 바탕선의 길이가 10mm일 때, 기록지 이동속도는? (단, 이론단수는 모든 성분에 대하여 같다.)

㉮ 2.5mm/min ㉯ 5mm/min
㉰ 10mm/min   ㉱ 15mm/min

풀이 이론단수(n) = $16 \times \left\{ \dfrac{\text{기록지의 이동속도(mm/min)} \times \text{머무름시간(min)}}{\text{봉우리의 폭(mm)}} \right\}^2$

따라서

$1{,}600 = 16 \times \left\{ \dfrac{\text{기록지의 이동속도(mm/min)} \times 20\text{min}}{10\text{mm}} \right\}^2$

∴ 기록지 이동속도 = 5mm/min

---

62 다음은 환경대기 중 다환방향족탄화수소류(PAH_s)−기체크로마토그래피/질량분석법에 사용되는 용어의 정의이다. ( )안에 알맞은 말은?

> ( )은 추출과 분석전에 각 시료, 공시료, 매체시료(matrix-spiked)에 더해지는 화학적으로 반응성이 없는 환경 시료중에 없는 물질을 말한다.

㉮ 내부표준물질(IS, internal standard)
㉯ 외부표준물질(ES, external standard)
㉰ 대체표준물질(surrogate)
㉱ 속실렛(soxhlet) 추출물질

풀이 ㉰ 대체표준물질(surrogate)에 대한 설명이다.

---

63 환경대기 중의 석면시험방법 중 위상차현미경법을 통한 계수대상물의 식별방법에 대한 내용으로 틀린 것은 어느 것인가? (단, 적정한 분석능력을 가진 위상차현미경 등을 사용 한 경우)

㉮ 단섬유인 경우 구부러져 있는 섬유는 곡선에 따라 전체 길이를 재어서 판정한다.
㉯ 헝클어져 다발을 이루고 있는 경우로서 섬유가 헝클어져 정확한 수를 헤아리기 힘들 때에는 0개로 판정한다.
㉰ 섬유에 입자가 부착하고 있는 경우 입자의 폭이 3μm를 넘는 것은 1개로 판정한다.
㉱ 섬유가 그래티큘 시야의 경계선에 물린 경우 그래티큘 시야 안으로 한쪽 끝만 들어와 있는 섬유는 1/2개로 인정한다.

풀이 ㉰ 섬유에 입자가 부착하고 있는 경우 입자의 폭이 3μm를 넘지 않는 경우 1개로 판정한다.

---

answer 60 ㉯   61 ㉯   62 ㉰   63 ㉰

64 다음은 환경대기 중 유해 휘발성유기화합물의 시험방법(고체흡착법)에서 사용되는 용어의 정의이다. ( )안에 알맞은 말은?

> 일정농도의 VOC_s가 흡착관에 흡착되는 초기시점부터 일정시간이 흐르게 되면 흡착관 내부에 상당량의 VOC_s가 포화되기 시작하고 전체 VOC_s양의 5%가 흡착관을 통과하게 되는데, 이 시점에서 흡착관 내부로 흘러간 총 부피를 ( )라 한다.

㉮ 머무름부피(Retention Volume)
㉯ 안전부피(Safe Sample Volume)
㉰ 파과부피(Breakthrough Volume)
㉱ 탈착부피(Desorption Volume)

풀이 ㉰ 파과부피(Breakthrough Volume)에 대한 설명이다.

65 온도표시에 대한 내용으로 틀린 것은 어느 것인가?

㉮ "냉후"(식힌 후)라 표시되어 있을 때는 보온 또는 가열후 실온까지 냉각된 상태를 뜻한다.
㉯ 상온은 15~25℃, 실온은 1~35℃로 한다.
㉰ 찬 곳은 따로 규정이 없는 한 0~5℃를 뜻한다.
㉱ 온수는 60~70℃이고, 열수는 약 100℃를 말한다.

풀이 ㉰ 찬 곳은 따로 규정이 없는 한 0~15℃를 뜻한다.

66 다음은 비분산 적외선 분광분석법 중 응답시간(response time)의 성능기준을 나타낸 것이다. ①, ②에 들어갈 알맞은 말은?

> 제로 조정용 가스를 도입하여 안정된 후 유로를 (①)로 바꾸어 기준 유량으로 분석계에 도입하여 그 농도를 눈금 범위 내의 어느 일정한 값으로부터 다른 일정한 값으로 갑자기 변화시켰을 때 스텝(step) 응답에 대한 소비시간이 1초 이내이어야 한다. 또 이 때 최종 지시치에 대한 (②)을 나타내는 시간은 40초 이내이어야 한다.

㉮ ① 비교가스, ② 10%의 응답
㉯ ① 스팬가스, ② 10%의 응답
㉰ ① 비교가스, ② 90%의 응답
㉱ ① 스팬가스, ② 90%의 응답

67 배출가스 중 다이옥신 및 퓨란류 분석을 위한 시료채취방법에 대한 내용으로 틀린 것은 어느 것인가?

㉮ 흡입노즐에서 흡입하는 가스의 유속은 측정점의 배출가스유속에 대해 상대오차 -5~+5%의 범위내로 한다.
㉯ 최종배출구에서 시료채취 시 흡입기체량은 표준상태(0℃, 1기압)에서 4시간 평균 $3m^3$ 이상으로 한다.
㉰ 덕트내의 압력이 부압인 경우에는 흡입장치를 덕트밖으로 빼낸 후에 흡입 펌프를 정지시킨다.
㉱ 배출가스 시료를 채취하는 동안에 각 흡수병은 얼음 등으로 냉각시키며, XAD-2수지 흡착관은 -50℃ 이하로 유지하여야 한다.

answer 64 ㉰ 65 ㉰ 66 ㉱ 67 ㉱

풀이 ㉣ 배출가스 시료를 채취하는 동안에 각 흡수병은 얼음 등으로 냉각시키며, XAD-2 수지 흡착관은 30℃ 이하로 유지하여야 한다.

68 굴뚝 배출가스 중 CS_2의 측정에 사용되는 흡수액은 어느 것인가? (단, 자외선/가시선분광법으로 측정)

㉮ 붕산 용액
㉯ 가성소다 용액
㉰ 황산동 용액
㉱ 다이에틸아민구리 용액

풀이 이황화탄소(CS_2)의 흡수액은 다이에틸아민구리 용액이다.

69 굴뚝 배출가스 중 먼지를 시료채취장치 1형을 사용한 반자동식 채취기에 의한 방법으로 측정할 경우 원통형 여과지의 전처리 조건으로 알맞은 것은 어느 것인가? (단, 배출가스 온도가 (110±5)℃ 이상으로 배출된다.)

㉮ (80±5)℃에서 충분히 (1~3시간) 건조
㉯ (100±5)℃에서 30분간 건조
㉰ (120±5)℃에서 30분간 건조
㉱ (110±5)℃에서 충분히 (1~3시간) 건조

70 굴뚝 배출가스 중 폼알데하이드 및 알데하이드류의 분석방법으로 틀린 것은?

㉮ 고성능 액체크로마토그래피
㉯ 자외선/가시선분광법 - 크로모트로핀산법
㉰ 나프틸에틸렌다이아민법
㉱ 자외선/가시선분광법 - 아세틸아세톤법

풀이 폼알데하이드 및 알데하이드류의 분석방법에는 고성능 액체크로마토그래피, 자외선/가시선분광법 - 크로모트로핀산법, 자외선/가시선분광법 - 아세틸아세톤법가 있다.

71 배출가스 중 황화수소의 분석방법인 자외선/가시선분광법-메틸렌블루법에 대한 내용으로 틀린 것은?

㉮ 시료채취량이 20L이고 분석용 시료용액의 양이 200mL인 경우, 정량범위는 1.7 ppm 이상이다.
㉯ 채취관의 재질은 스테인레스강, 유리, 석영, PTFE(polytetrafluoroethylene) 수지 등을 사용한다.
㉰ 연결관의 길이는 가능한 짧게 하고 수분이 응축될 우려가 있는 경우에는 채취관에서 흡수병 사이를 약 120 ℃로 가열한다.
㉱ 흡수액은 수산화소듐 용액(4g/L)이다.

풀이 ㉱ 흡수액은 아연아민착염 용액이다.

answer 68 ㉱ 69 ㉱ 70 ㉰ 71 ㉱

72 굴뚝배출가스 내의 질소산화물을 연속적으로 자동측정하는 방법 중 화학발광분석계의 구성에 대한 내용으로 틀린 것은 어느 것인가?

㉮ 유량제어부는 시료가스 유량제어부와 오존가스 유량제어부가 있으며 이들은 각각 저항관, 압력조절기, 니들밸브, 면적유량계, 압력계 등으로 구성되어 있다.
㉯ 반응조는 시료가스와 오존가스를 도입하여 반응시키기 위한 용기로서 이 반응에 의해 화학발광이 일어나고 내부압력조건에 따라 감압형과 상압형이 있다.
㉰ 오존발생기는 산소가스를 오존으로 변환시키는 역할을 하며, 에너지원으로서 무성방전관 또는 자외선발생기를 사용한다.
㉱ 검출기에는 화학발광을 선택적으로 투과시킬 수 있는 발광필터가 부착되어 있으며 전기신호를 발광도로 변환시키는 역할을 한다.

▶풀이 ㉱ 검출기에는 화학발광을 선택적으로 투과시킬 수 있는 광학필터가 부착되어 있으며 발광도를 전기신호로 변환시키는 역할을 한다.

73 흡광차분광법에 대한 내용으로 틀린 것은 어느 것인가?

㉮ 일반 흡광광도법은 적분적이며 흡광차분광법은 미분적이라는 차이가 있다.
㉯ 측정에 필요한 광원은 180~2,850nm 파장을 갖는 제논램프를 사용한다.
㉰ 분석장치는 분석기와 광원부로 나누어지며 분석기 내부는 분광기, 샘플 채취부, 검지부, 분석부, 통신부 등으로 구성된다.
㉱ 광원부는 발·수광부 및 광케이블로 구성된다.

▶풀이 ㉮ 일반 흡광광도법은 미분적이며 흡광차분광법은 적분적이라는 차이가 있다.

74 배출가스 중 폼알데하이드 및 알데하이드류의 분석방법인 자외선/가시선분광법 – 크로모트로핀산법에 대한 내용으로 틀린 것은?

㉮ 폼알데하이드를 포함하고 있는 배출가스를 크로모트로핀산 용액으로 발색시켜 얻은 흡광도를 측정하여 폼알데하이드 농도를 구한다.
㉯ 시료채취량 60L이고 분석용 시료용액의 양이 100mL인 경우, 정량범위는 0.080ppm 이상이다.
㉰ 이산화황, 이산화질소 등의 물질이나 다른 알데하이드가 공존하면 영향을 받을 수 있다.
㉱ 흡수액은 수산화소듐 용액(10g/L)이다.

▶풀이 ㉱ 흡수액은 아황산수소소듐 용액(10g/L)이다.

answer   72 ㉱   73 ㉮   74 ㉱   75 ㉰

75 기체크로마토그래피의 장치구성에 대한 내용으로 틀린 것은 어느 것인가?

㉮ 방사성 동위원소를 사용하는 검출기를 수용하는 검출기 오븐에 대하여는 온도조절기구 와는 별도로 독립작용 할 수 있는 과열방지기구를 설치해야 한다.
㉯ 분리관오븐의 온도조절 정밀도는 ±0.5℃ 범위 이내 전원 전압변동 10%에 대하여 온도변화 ±0.5℃ 범위 이내(오븐의 온도가 150℃ 부근일 때)이어야 한다.
㉰ 머무름시간을 측정할 때는 10회 측정하여 그 평균치를 구한다. 일반적으로 5분~30분 정도에서 측정하는 봉우리의 머무름시간은 반복시험을 할 때 ±0.5% 오차범위 이내이어야 한다.
㉱ 불꽃이온화 검출기는 대부분의 화합물에 대하여 열전도도 검출기보다 약 1,000배 높은 감도를 나타내고 대부분의 유기화합물의 검출이 가능하므로 흔히 사용된다.

▶풀이 ㉰ 머무름시간을 측정할 때는 3회 측정하여 그 평균치를 구한다. 일반적으로 5분~30분 정도에서 측정하는 봉우리의 머무름시간은 반복시험을 할 때 ±3% 오차범위 이내 이어야 한다.

76 다음은 중금속 분석을 위한 전처리 방법 중 저온회화법에 대한 내용이다. ①, ②에 들어갈 알맞은 말은?

시료를 채취한 여과지를 회화실에 넣고 약 (①)에서 회화한다. 셀룰로스섬유제 여과지를 사용했을 때에는 그대로, 유리섬유제 또는 석영섬유제 여과지를 사용했을 때에는 적당한 크기로 자르고 250 mL 원뿔형 비커에 넣은 다음 (②)를 가한다. 이것을 물중탕 중에서 약 30분간 가열하여 녹인다.

㉮ ① 200℃ 이하, ② 황산(2+1) 70mL 및 과망간산포타슘(0.025N) 5mL
㉯ ① 450℃ 이하, ② 황산(2+1) 70mL 및 과망간산포타슘(0.025N) 5mL
㉰ ① 200℃ 이하, ② 염산(1+1) 70mL 및 과산화수소수(30%) 5mL
㉱ ① 450℃ 이하, ② 염산(1+1) 70mL 및 과산화수소수(30%) 5mL

77 굴뚝에서 배출되는 건조배출가스의 유량을 연속적으로 자동 측정하는 방법에 대한 내용으로 틀린 것은 어느 것인가?

㉮ 건조배출가스 유량은 배출되는 표준상태의 건조배출가스량[Sm^3(5분적산치)]으로 나타낸다.
㉯ 열선식 유속계를 이용하는 방법에서 시료채취부는 열선과 지주 등으로 구성되어 있으며, 열선은 직경 2~10μm, 길이 약 1mm의 텅스텐이나 백금선 등이 쓰인다.
㉰ 유량의 측정방법에는 피토관, 열선유속계, 와류유속계를 이용하는 방법이 있다.
㉱ 와류유속계를 사용할 때에는 압력계 및 온도계는 유량계 상류측에 설치해야 하고, 일반적으로 온도계는 글로브식을, 압력계는 부르돈관식을 사용한다.

▶풀이 ㉱ 와류유속계를 사용할 때에는 압력계 및 온도계는 유량계 하류측에 설치해야 하고, 일반적으로 온도계는 글로브식을, 압력계는 부르돈관식을 사용한다.

answer 76 ㉰　77 ㉱

78 어떤 사업장의 굴뚝에서 실측한 배출가스 중 A오염물질의 농도가 600ppm이었다. 이 때 표준산소농도는 6%, 실측산소농도는 8% 이었다면 이 사업장의 배출가스 중 보정된 A오염물질의 농도는 얼마인가? (단, A오염물질은 배출허용기준 중 표준산소농도를 적용받는 항목이다.)

㉮ 약 486ppm   ㉯ 약 520ppm
㉰ 약 692ppm   ㉱ 약 768ppm

풀이 오염물질의 농도보정

$$C = C_a \times \frac{21-O_s}{21-O_a} = 600\text{ppm} \times \frac{21-6\%}{21-8\%}$$
$$= 692.31\text{ppm}$$

79 A굴뚝의 측정공에서 피토관으로 가스의 압력을 측정해 보니 동압이 15 mmH$_2$O 이었다. 이 가스의 유속은? (단, 사용한 피토관의 계수(C)는 0.85이며, 가스의 단위체적당 질량은 1.2kg/m^{3}로 한다.)

㉮ 약 12.3m/s   ㉯ 약 13.3m/s
㉰ 약 15.3m/s   ㉱ 약 17.3m/s

풀이

$$V = C \times \sqrt{\frac{2gh}{r}}$$

- V : 공기의 유속(m/sec)
- C : 피토관계수
- g : 중력가속도(9.8m/sec^2)
- h : 동압(mmH$_2$O)
- r : 밀도(kg/m^3)

따라서 $V = 0.85 \times \sqrt{\dfrac{2 \times 9.8\text{m/sec}^2 \times 15\text{mmH}_2\text{O}}{1.2\text{kg/m}^3}}$
$= 13.30\text{m/sec}$

80 다음은 굴뚝배출가스 중 이산화황을 연속적으로 자동측정하는 방법 중 불꽃광도분석계의 측정원리에 관한 설명이다. ①, ②에 들어갈 알맞은 말은?

> 환원선 수소불꽃에 도입된 이산화황은 불꽃 중에서 환원될 때 발생하는 빛 가운데 (①)부근의 빛에 대한 발광강도를 측정하여 연도배출가스 중 이산화황 농도를 구한다. 이 방법을 이용하기 위하여는 불꽃에 도입되는 이산화황 농도가 (②) 이하가 되도록 시료가스를 깨끗한 공기로 희석해야한다.

㉮ ① 254nm, ② 5~6mg/min
㉯ ① 394nm, ② 5~6mg/min
㉰ ① 254nm, ② 5~6μg/min
㉱ ① 394nm, ② 5~6μg/min

answer 78 ㉰ 79 ㉯ 80 ㉱

2017 4회 기출문제

| 제1과목 | 대기환경관리

01 라돈에 대한 내용으로 틀린 것은 어느 것인가?

㉮ 라돈 붕괴에 의해 생성된 낭핵종이 α선을 방출하여 폐암을 발생하는 것으로 알려져 있다.
㉯ 자극취가 있는 무색의 기체로서 γ선을 방출한다.
㉰ 공기보다 무거워 지표에 가깝게 존재한다.
㉱ 주로 건축자재를 통하여 인체에 영향을 미치고 있으며 화학적으로 서의 반응을 일으키지 않는다.

풀이 ㉯ 라돈은 무색, 무취의 기체이다.

02 대기오염물질이 인체에 미치는 영향으로 틀린 것은 어느 것인가?

㉮ 오존(O_3) - 눈을 자극하고, 폐수종과 폐충혈 등을 유발시키며, 섬모운동의 기능장애 등을 일으킬 수 있다.
㉯ 납(Pb)과 그 화합물 - 다발성 신경염에 의해 사지의 가까운 부분에 가안 근육의 위축이 나타나며, 급성작용으로 주로 지각장애를 일으킨다.
㉰ 크로뮴(Cr) - 만성중독은 코, 폐 및 위장의 점막에 병변을 일으키는 것이 특징이다.
㉱ 비소(As) - 피부염, 손·발바닥의 각화, 피부암 등을 일으킨다.

풀이 ㉯ 납(Pb)과 그 화합물 : 세포 내에서 SH기와 결합하여 헴(heme) 합성에 관여하는 효소를 포함한 여러 세포의 효소작용을 방해한다.

03 광화학 스모그현상에 대한 내용으로 틀린 것은 어느 것인가?

㉮ LA형 스모그는 광화학 스모그의 대표적인 피해사례이다.
㉯ 광화학반응에 의해 생성된 물질은 미산란 효과에 의해 대기의 파장변화와 가시도의 증가를 초래한다.
㉰ 광화학 옥시던트 물질은 인체의 눈, 코, 점막을 자극하고, 폐기능 등을 약화시킨다.
㉱ 정상상태일 경우 오존의 대기 중 오존 농도는 NO_2와 NO비, 태양빛의 강도 등에 의해 좌우 된다.

풀이 ㉯ 광화학반응에 의해 생성된 물질은 미산란 효과에 의해 대기의 파장변화와 가시도의 감소를 초래한다.

answer 01 ㉯ 02 ㉯ 03 ㉯

04 대기의 건조단열체감율과 국제적인 약속에 의한 중위도 지방을 기준으로 한 실제체감율인 표준체감율 사이의 관계를 대류권내에서 도식화 한 것으로 알맞은 것은 어느 것인가? (단, 건조단열체감율은 점선, 표준체감율은 실선 종축은 고도, 횡축은 온도를 나타낸다.)

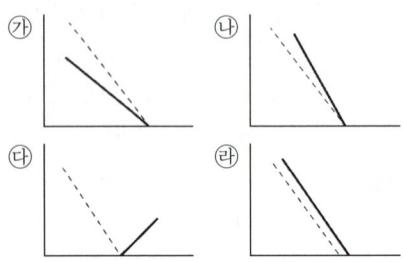

풀이 ㈏번에 대한 설명이며, 국제적으로 약속된 표준체감율은 $-0.66℃/100m$이다.

05 오염된 대기에서의 SO_2의 산화에 대한 내용으로 틀린 것은 어느 것인가?

㈎ 연소과정에서 배출되는 SO_2의 광분해는 상당히 효과적인데, 그 이유는 저공에 도달하는 것보다 더 긴 파장이 요구되기 때문이다.
㈏ 낮은 농도의 올레핀계 탄화수소도 NO가 존재하면 SO_2를 광산화시키는데 상당히 효과적일 수 있다.
㈐ 파라핀계 탄화수소는 NO_x와 SO_2가 존재하여도 aerosol을 거의 형성시키지 않는다.
㈑ 모든 SO_2의 광화학은 일반적으로 전자적으로 여기된 상태의 SO_2의 분자반응들만 포함한다.

풀이 ㈎ 연소과정에서 배출되는 SO_2는 대류권에서 광분해가 일어나지 않는다.

06 최대혼합 고도를 500m로 예상하여 오염농도를 3ppm으로 수정하였는데 실제 관측된 최대혼합고는 200m였다. 실제 나타날 오염농도는 얼마인가?

㈎ 36ppm ㈏ 47ppm
㈐ 55ppm ㈑ 67ppm

풀이 실제오염농도(ppm)
= 예상오염농도(ppm) × $\left(\dfrac{예상최대혼합고}{실제최대혼합고}\right)^3$
= $3ppm × \left(\dfrac{500m}{200m}\right)^3$ = 46.88ppm

07 다음 중 CFC-12의 올바른 식은 어느 것인가?

㈎ CHF_2Cl_2 ㈏ CF_3Br
㈐ CF_3Cl ㈑ CF_2Cl_2

풀이 화학식
① CFC-11 : $CFCl_3$
② CFC-12 : CF_2Cl_2
③ CFC-13 : CF_3Cl

08 가우시안형의 대기오염 확산방정식을 적용할 때, 지면에 있는 오염원으로부터 바람부는 방향으로 250m 떨어진 연기의 중심축상 지상 오염농도는 얼마인가? (단, 오염물질의 배출량은 5.5g/sec, 풍속은 5m/sec, σ_y = 22.5m, σ_z = 12m이다.)

㈎ $1.3mg/m^3$ ㈏ $1.9mg/m^3$
㈐ $2.3mg/m^3$ ㈑ $2.7mg/m^3$

풀이 $C = \dfrac{Q}{\pi \cdot U \cdot \sigma_y \cdot \sigma_z} \exp\left[-\dfrac{1}{2}\left(\dfrac{H_e}{\sigma_z}\right)^2\right]$

answer 04 ㈏ 05 ㈎ 06 ㈏ 07 ㈑ 08 ㈎

$$\begin{bmatrix} C : \text{농도}(mg/m^3) \\ Q : \text{오염물질 배출량}(mg/sec) \\ \sigma_y : \text{수평방향의 표준편차}(m) \\ \sigma_z : \text{수직방향의 표준편차}(m) \\ U : \text{풍속}(m/sec) \\ He : \text{유효굴뚝높이}(m) \end{bmatrix}$$

따라서 $H_e = 0$이면 $C = \dfrac{Q}{\pi \cdot U \cdot \sigma_y \cdot \sigma_z}$로 계산한다.

$C = \dfrac{5.5g/sec \times 10^3 mg/g}{\pi \times 22.5m \times 12m \times 5m/sec} = 1.3 mg/m^3$

09 다음 대기오염물질 중 2차 오염물질로 틀린 것은 어느 것인가?

㉮ SO_3 ㉯ N_2O_3
㉰ H_2O_2 ㉱ NO_2

풀이 ㉯ N_2O_3는 1차성 물질이다.

10 빛의 소멸계수(σ_{ext})0.45km^{-1}인 대기에서, 시정거리의 한계를 빛의 강도가 초기 강도의 95%가 감소했을 때의 거리라고 정의할 때, 이 때 시정거리 한계는 얼마인가? (단, 광도는 Lembert-Beer 법칙을 따르며, 자연대수로 적용)

㉮ 약 12.4km   ㉯ 약 8.7km
㉰ 약 6.7km   ㉱ 약 0.1km

풀이 $I = I_o \exp^{(-\sigma_{ext} \cdot X)}$

$$\begin{bmatrix} I : \text{거리 X를 통과한 후의 농도} \\ I_o : \text{광원으로부터 광도} \\ \sigma_{ext} : \text{빛의 소멸계수} \\ X : \text{거리} \end{bmatrix}$$

따라서 $5 = 100 \exp^{(-0.45km \cdot X)}$

$\therefore X = \dfrac{\ln \dfrac{5}{100}}{-0.45/km} = 6.66km$

11 굴뚝의 반경이 1.5m, 평균풍속이 180m/min인 경우 굴뚝의 유효연돌높이를 24m 증가시키기 위한 굴뚝 배출가스 속도는 얼마인가? (단, 연기의 유효상승 높이 $\triangle H = 1.5 \times \dfrac{W_s}{u} \times D$ 이용)

㉮ 13m/sec   ㉯ 16m/sec
㉰ 26m/sec   ㉱ 32m/sec

풀이 $\triangle H = 1.5 \times \dfrac{W_s}{u} \times D$

$$\begin{bmatrix} \triangle H : \text{연기의 상승고}(m) \\ W_s : \text{연기의 배출속도}(m/sec) \\ U : \text{풍속}(m/sec) \\ D : \text{직경}(m) \end{bmatrix}$$

$24m = 1.5 \times \left(\dfrac{W_s}{180m/min \times 1min/60sec} \right) \times (1.5m \times 2)$

$\therefore W_s = 16m/sec$

TIP
직경(D) = 2×반경(R) = 2×1.5m = 3m

12 오존층의 O_3은 주로 어느 파장의 태양빛을 흡수하여 대류권 지상의 생명체들을 보호하는가?

㉮ 자외선 파장 450nm~640nm
㉯ 자외선 파장 290nm~440nm
㉰ 자외선 파장 200nm~290nm
㉱ 고에너지 자외선파장 < 100nm

풀이 오존층은 자외선 파장의 200nm~290nm 파장의 태양빛을 흡수하여 지상의 생명체를 보호한다.

answer 09 ㉯ 10 ㉰ 11 ㉯ 12 ㉰

13 직경 4m인 굴뚝에서 연기가 10m/s의 속도로 풍속 5m/s인 대기로 방출된다. 대기는 27℃ 중립상태($\frac{\triangle \theta}{\triangle Z} = 0$)이고, 연기의 온도가 167℃일 때 TVA모델에 의한 연기의 상승고(m)는 얼마인가? (단, TVA모델:
$\triangle H = \frac{173 \cdot F^{1/3}}{U \cdot exp(0.64 \triangle \theta / \triangle Z)}$ 부력계수 F = [g $\cdot V_s \cdot d^2(T_s-T_a)$]/4T_a를 이용할 것)

㉮ 약 196m ㉯ 약 165m
㉰ 약 145m ㉱ 약 124m

풀이 $\triangle H = \frac{173 \times F^{\frac{1}{3}}}{U}$(m)

$\begin{bmatrix} \triangle H : \text{연기의 상승고(m)} \\ u : \text{풍속(m/sec)} \\ F : \text{부력(m}^4\text{/sec}^3) \end{bmatrix}$

① $F = \frac{g \times V_s \times d^2 \times (T_s-T_a)}{4 \times T_a}$

$= \frac{9.8m/sec^2 \times 10m/sec \times (4m)^2 \times \{(273+167)-(273+27)\}}{4 \times (273+27)}$

$= 182.9333 m^4/sec^3$

② $\triangle H = \frac{173 \times (182.9333 m^4/sec^3)^{\frac{1}{3}}}{5m/sec} = 196.42m$

14 다음 연기 형태 중 부채형(fanning)에 대한 내용으로 틀린 것은 어느 것인가?

㉮ 주로 저기압구역에서 굴뚝 높이보다 더 낮게 지표 가까이에 역전층이, 그 상공에는 불안정상태일 때 발생한다.
㉯ 굴뚝의 높이가 낮으면 지표부근에 심각한 오염문제를 발생시킨다.
㉰ 대기가 매우 안정된 생태일 때 아침과 새벽에 잘 발생한다.
㉱ 풍향이 자주 바뀔 때면 뱀이 기어가는 연기모양이 된다.

풀이 ㉮ 전체 대기층이 강한 안정시에 나타나며, 지상에는 오염물질의 영향이 매우 크다.

15 오염물질이 주위로 확산되지 않고 안전하게 후드에 유입되도록 조절한 공기의 속도와 적절한 안전율을 고려한 공기의 유속을 무엇이라 하는가?

㉮ 제어속도(control velocity)
㉯ 상대속도(relative velocity)
㉰ 질량속도(mass velocity)
㉱ 부피속도(volumetric velocity)

풀이 ㉮ 제어속도에 대한 설명이다.

16 다음 중 수용모델의 특징으로 알맞은 것은 어느 것인가?

㉮ 지형 및 오염원의 조업조건에 영향을 받는다.
㉯ 단기간 분석 시 문제가 된다.
㉰ 현재나 과거에 일어났던 일을 추정, 미래를 위한 전략은 세울 수 있으나 미래 예측은 어렵다.
㉱ 점, 선, 면 오염원의 영향을 평가할 수 있다.

풀이 ㉮·㉯·㉱는 분산모델에 대한 설명이다.

answer 13 ㉮ 14 ㉮ 15 ㉮ 16 ㉰

17 지상 20m에서의 풍속이 10m/sec 라고 한다면 지상 40m에서의 풍속(m/sec)은 얼마인가? (단, Deacon의 power law 적용, P = 0.3)

㉮ 약 10.9m/sec ㉯ 약 11.3m/sec
㉰ 약 12.3m/sec ㉱ 약 13.3m/sec

풀이
$u_2 = u_1 \times \left(\dfrac{H_2}{H_1}\right)^p$
$= 10\text{m/sec} \times \left(\dfrac{40\text{m}}{20\text{m}}\right)^{0.3} = 12.31\text{m/sec}$

18 유해화학물질의 생산, 저장, 수송, 누출 중의 사고로 인해 일어나는 대기오염 재해지역과 원인물질의 연결로 틀린 것은 어느 것인가?

㉮ 체르노빌 - 방사능물질
㉯ 포자리카 - 황화수소
㉰ 세베소 - 다이옥신
㉱ 보팔 - 이산화황

풀이 ㉱ 보팔 - 메틸이소시아네이트

19 다음 중 불화수소(HF)의 주요 배출관련 업종으로 알맞은 것은 어느 것인가?

㉮ 가스공업, 펄프공업
㉯ 도금공업, 플라스틱공업
㉰ 염료공업, 냉동공업
㉱ 화학비료공업, 알루미늄공업

풀이 불화수소(HF)의 주요 배출관련 업종은 화학비료공업, 알루미늄공업이다.

20 먼지입자의 크기에 대한 내용으로 틀린 것은 어느 것인가?

㉮ 공기역학적 직경이 대상 입자상 물질의 밀도를 고려하는데 반해, 스토크스 직경은 단위밀도(1g/cm^3)를 갖는 구형 입자로 가정하는 것이 두 개념의 차이점이다.
㉯ 스토크스 직경은 알고자 하는 입자상 물질과 같은 밀도 및 침강속도를 갖는 입자상 물질의 직경을 말한다.
㉰ 공기역학적 직경은 먼지의 호흡기 침착, 공기정화기의 성능조사 등 입자의 특성파악에 주로 이용된다.
㉱ 공기 중 먼지 입자의 밀도가 1g/cm^3보다 크고, 구형에 가까운 입자의 공기역학적 직경은 실제 광학직경보다 항상 크게 된다.

풀이 ㉮ 스토크스 직경이 대상 입자상 물질의 밀도를 고려하는데 반해, 공기역학적 직경은 단위밀도(1g/cm^3)를 갖는 구형입자로 가정하는 것이 두 개념의 차이점이다.

| 제2과목 | 연소공학

21 다음 회분 성분 중 백색에 가깝고 융점이 높은 것은 어느 것인가?

㉮ CaO   ㉯ SiO_2
㉰ MgO   ㉱ K_2O

풀이 백색에 가깝고 융점이 높으며, 가장 많이 함유된 것이 SiO_2이다.

answer 17 ㉰ 18 ㉱ 19 ㉱ 20 ㉮ 21 ㉯

22 탄소 86%, 수소 13%, 황 1%의 중유를 연소하여 배기가스를 분석했더니 (CO_2+SO_2)가 13%, O_2가 3%, CO가 0.5%이였다. 건조 연소가스 중의 SO_2 농도는 얼마인가? (단, 표준상태 기준)

㉮ 약 590ppm ㉯ 약 970ppm
㉰ 약 1,120ppm ㉱ 약 1,480ppm

풀이
$SO_2(ppm) = \dfrac{SO_2량}{Gd} \times 10^6 (ppm)$

① 공기비(m)
$= \dfrac{N_2\%}{N_2\% - 3.76 \times (O_2\% - 0.5CO\%)}$
$= \dfrac{83.5\%}{83.5\% - 3.76 \times (3\% - 0.5 \times 0.5\%)} = 1.141$

② $A_o = 8.89C + 26.67\left(H - \dfrac{O}{8}\right) + 3.33S (Sm^3/kg)$
$= 8.89 \times 0.86 + 26.67 \times 0.13 + 3.33 \times 0.01$
$= 11.1458 Sm^3/kg$

③ $Gd = mA_o - 5.6H + 0.7O + 0.8N (Sm^3/kg)$
$= 1.141 \times 11.1458 Sm^3/kg - 5.6 \times 0.13$
$= 11.99 Sm^3/kg$

④ $SO_2(ppm) = \dfrac{0.7 \times 0.01 Sm^3/kg}{11.99 Sm^3/kg} \times 10^6$
$= 583.82 ppm$

TIP
① $N_2(\%) = 100 - (CO_2\% + O_2\% + CO\%)$
$= 100 - (13\% + 3\% + 0.5\%) = 83.5\%$
② $SO_2량(Sm^3/kg) = \dfrac{22.4 Sm^3}{32 kg} \times S = 0.7S (Sm^3/kg)$

23 화학반응속도론에 대한 내용으로 틀린 것은 어느 것인가?

㉮ 영차반응은 반응속도가 반응물의 농도에 영향을 받지 않는 반응을 말한다.
㉯ 화학반응속도는 반응물이 화학반응을 통하여 생성물을 형성할 때 단위시간당 반응물이나 생성물의 농도변화를 의미한다.
㉰ 화학반응식에서 반응속도상수는 반응물 농도와 관련된다.
㉱ 일련의 연쇄반응에서 반응속도가 가장 늦은 반응단계를 속도결정단계라 한다.

풀이 ㉰ 화학반응식에서 반응속도상수는 활성화에너지와 온도에 관련된다.

24 수소 12%, 수분 0.7%인 중유의 고위발열량이 5,000kcal/kg일 때 저위발열량(kcal/kg)은 얼마인가?

㉮ 4,348kcal/kg ㉯ 4,412kcal/kg
㉰ 4,476kcal/kg ㉱ 4,514kcal/kg

풀이 $Hl = Hh - 600(9H + W)(kcal/kg)$

- Hl : 저위발열량(kcal/kg)
- Hh : 고위발열량(kcal/kg)
- H : 수소의 함량
- W : 수분의 함량

따라서 $Hl = 5,000 kcal/kg - 600 \times (9 \times 0.12 + 0.007)$
$= 4,347.8 kcal/kg$

answer 22 ㉮ 23 ㉰ 24 ㉮

25 0℃일 때 물의 융해열과 100℃일 때 물의 기화열을 합한 열량(kcal/kg)은 얼마인가?

㉮ 80kcal/kg   ㉯ 539kcal/kg
㉰ 619kcal/kg   ㉱ 1025kcal/kg

> 풀이 0℃일 때 물의 융해열 + 100℃일 때 물의 기화열
> = 79.40kcal/kg + 539kcal/kg
> = 618.4kcal/kg

26 기체연료 연소방식 중 예혼합연소에 대한 내용으로 틀린 것은 어느 것인가?

㉮ 연소기 내부에서 연료와 공기의 혼합비가 변하지 않고 균일하게 연소된다.
㉯ 역화의 위험이 없으며 공기를 예열할 수 있다.
㉰ 화염온도가 높아 연소부하가 큰 경우에 사용이 가능하다.
㉱ 연소조절이 쉽고 화염길이가 짧다.

> 풀이 ㉯번은 확산연소에 대한 설명이다.

27 황분이 질량비로 S%인 중유를 매시간 W(L)사용하는 연소로에서 배출되는 황산화물의 배출량(m^3/hr)은 얼마인가?
(단, 표준상태기준, 중유비중 0.9, 황분은 전량 SO_2로 배출)

㉮ 21.4SW   ㉯ 1.24SW
㉰ 0.0063SW   ㉱ 0.789SW

> 풀이 $S + O_2 \rightarrow SO_2$
> 32kg   : 22.4Sm^3
> W(L/hr)×0.9kg/L×$\frac{S\%}{100}$: X
> ∴ X = 0.0063WS(Sm^3/hr)

28 엔탈피에 관한 내용으로 틀린 것은 어느 것인가?

㉮ 엔탈피는 반응경로와 무관하다.
㉯ 엔탈피는 물질의 양에 비례한다.
㉰ 흡열반응은 반응계의 엔탈피가 감소한다.
㉱ 반응물이 생성물보다 에너지상태가 높으면 발열반응이다.

> 풀이 ㉰ 흡열반응은 반응계의 엔탈피가 증가한다.

29 발화온도(착화온도)에 대한 내용으로 틀린 것은 어느 것인가?

㉮ 가연물을 외부로부터 직접 점화하여 가열하였을 때 불꽃에 의해 연소되는 최저온도를 말한다.
㉯ 가연물의 분자구조가 복잡할수록 발화온도는 낮아진다.
㉰ 발열량이 크고 반응성이 큰 물질일수록 발화온도가 낮아진다.
㉱ 화학결합의 활성도가 큰 물질일수록 발화온도가 낮아진다.

> 풀이 ㉮ 가연물을 충분한 공기공급하에서 어떤 온도에 달하면 더 이상 가열하지 않아도 연료 자신의 연소열에 의하여 연소를 계속하게 되는 온도를 말한다.

answer 25 ㉰ 26 ㉯ 27 ㉰ 28 ㉰ 29 ㉮

30 석탄의 공업분석에 대한 내용으로 틀린 것은 어느 것인가?

㉮ 고정탄소는 조습시료의 질량에서부터 수분, 회분, 휘발분의 질량을 뺀 잔량의 비율로 표시한다.
㉯ 공업분석은 건류나 연소 등의 방법으로 석탄을 공업적으로 이용할 때 석탄의 특성을 표시하는 분석방법이다.
㉰ 회분은 시료 1g에 공기를 제한하면서 전기로에서 650℃까지 가열한 후 잔류하는 무기 물량을 건조시료의 질량에 대한 백분율로 표시한다.
㉱ 고정탄소와 휘발분의 질량비를 연료비라 한다.

풀이 이 문제는 재출제 시 동일하게 출제되는 문제이므로 정답만 숙지하시면 됩니다.

31 다음 ( )안에 들어갈 알맞은 말은?

> ( ) 배출가스 중의 CO_2 농도는 최대가 되며, 이 때의 CO_2량을 최대탄산가스량 $(CO_2)_{max}$ 라 하고, CO_2/God 비로 계산한다.

㉮ 실제공기량으로 연소시킬 때
㉯ 공기부족상태에서 연소시킬 때
㉰ 연료를 다른 미연성분과 같이 불완전 연소시킬 때
㉱ 이론공기량으로 완전연소 시킬 때

풀이 최대탄산가스량 $(CO_2)_{max}$ 는 이론건조가스량 기준이다.

32 석탄 슬러지 연소에 관한 내용으로 알맞은 것은 어느 것인가?

㉮ 석탄 슬러리 연료는 석탄분말에 물을 혼합한 COM과 기름을 혼합한 CWM으로 대별 된다.
㉯ COM연소의 경우 표면연소 시기에서는 연소온도가 높아진 만큼 표면연소의 속도가 감속된다고 볼 수 있다.
㉰ 분해연소 시기에서는 CWM연소의 경우 30Wt%(w/w)의 물이 증발하여 증발열을 빼앗음과 동시에 휘발분과 산소를 희석하기 때문에 화염의 안정성이 극도로 나쁘게 된다.
㉱ CWM연소의 경우 분해연소 시기에서는 50Wt%(w/w) 중유에 휘발분이 추가되는 형태가 되기 때문에 미분탄 연소보다는 확산연소에 더 가깝다.

풀이 ㉮ 석탄 슬러리 연료는 석탄분말에 기름을 혼합한 COM과 물을 혼합한 CWM으로 대별된다.
㉯ COM연소의 경우 표면연소 시기에서는 연소온도가 높아진 만큼 표면연소의 속도가 지속된다고 볼 수 있다.
㉱ COM연소의 경우 분해연소 시기에서는 50Wt%(w/w) 중유에 휘발분이 추가되는 형태가 되기 때문에 미분탄 연소보다는 분무연소에 더 가깝다.

answer 30 ㉰ 31 ㉱ 32 ㉰

33 유황 함유량이 1.5%인 중유를 시간당 100톤 연소시킬 때 SO_2의 (m^3/hr)은 얼마인가? (단, 표준상태 기준, 유황은 전량이 반응하고, 이 중 5%는 SO_3로서 배출되며, 나머지는 SO_2로 배출된다.)

㉮ 약 $300m^3/hr$ ㉯ 약 $500m^3/hr$
㉰ 약 $800m^3/hr$ ㉱ 약 $1,000m^3/hr$

풀이 $S + O_2 \rightarrow SO_2$
32kg : 22.4Sm^3
100×10^3kg/hr×0.015×(1-0.05) : X

$\therefore X = \dfrac{100 \times 10^3 \text{kg/hr} \times 0.015 \times (1-0.05) \times 22.4Sm^3}{32\text{kg}}$

　　 = 997.5Sm^3/hr

34 C = 85%, H = 14%, S = 3%, N = 1%로 조성된 중유를 12(Sm^3공기/kg중유)로 완전연소 했을 때 습윤 배출가스 중 SO_2는 약 몇 ppm인가? (단, 중유 중 황분은 모두 SO_2로 된다.)

㉮ 1,400ppm ㉯ 1,640ppm
㉰ 1,900ppm ㉱ 2,260ppm

풀이 SO_2(ppm) = $\dfrac{SO_2량(Sm^3/kg)}{실제습윤가스량(Sm^3/kg)} \times 10^6$

① 실제습윤가스량(Gw)
　= A+5.6H+0.7O+0.8N+1.244W(Sm^3/kg)
　= 12Sm^3/kg+5.6×0.14+0.8×0.01
　= 12.792Sm^3/kg
② SO_2량 = 0.7S(Sm^3/kg) = 0.7×0.03(Sm^3/kg)
③ $SO_2 = \dfrac{0.7 \times 0.03 Sm^3/kg}{12.792 Sm^3/kg} \times 10^6$ = 1,641.65ppm

35 다음 액화석유가스(LPG)에 관한 내용으로 틀린 것은 어느 것인가?

㉮ 비중이 공기보다 무거워 누출 시 인화·폭발의 위험성이 높은 편이다.
㉯ 액체에서 기체로 기화할 때 증발열이 5~10kcal/kg로 작아 취급이 용이하다.
㉰ 발열량이 높은 편이며, 황분이 적다.
㉱ 천연가스에서 회수되거나 나프타의 분해에 의해 얻어지기도 하지만 대부분 석유정제 시 부산물로 얻어진다.

풀이 ㉯ 액체에서 기체로 기화할 때 증발열이 90~100kcal/kg로 커 취급이 어렵다.

36 다음 중 기체의 연소속도를 지배하는 주요인자로 틀린 것은 어느 것인가?

㉮ 발열량
㉯ 촉매
㉰ 산소와의 혼합비
㉱ 산소농도

풀이 기체의 연소속도를 지배하는 주요인자로는 촉매, 산소와의 혼합비, 산소농도, 반응계의 온도 및 농도, 활성화에너지이다.

37 가로, 세로, 높이가 각각 3m, 1m, 1.5m인 연소실에서 연소실 열발생율을 2.5×10^5kcal/m^3·hr가 되도록 하려면 1시간에 중유를 몇 kg 연소시켜야 하는가? (단, 중유의 저위발열량은 11,000kcal/kg이다.)

㉮ 약 50kg ㉯ 약 100kg
㉰ 약 150kg ㉱ 약 200kg

answer 33 ㉱ 34 ㉯ 35 ㉯ 36 ㉮ 37 ㉯

풀이 연소실의 열발생율(kcal/m³·hr)

$$= \frac{저위발열량(kcal/kg) \times 중유량(kg/hr)}{가로 \times 세로 \times 높이(m^3)}$$

따라서 $2.5 \times 10^5 kcal/m^3 \cdot hr$

$$= \frac{11,000 kcal/kg \times 중유량(kg/hr)}{3m \times 1m \times 1.5m}$$

∴ 중유량 $= \frac{2.5 \times 10^5 kcal/m^3 \cdot hr \times (3m \times 1m \times 1.5m)}{11,000 kcal/kg}$

$= 102.27 kg/hr$

38 아래 조건의 기체연료의 이론연소온도(℃)는 약 얼마인가?

[조건]
- 연료의 저발열량 : 7,500kcal/Sm³
- 연료의 이론연소가스량 : 10.5Sm³/Sm³
- 연료연소가스의 평균정압비열 : 0.35kcal/Sm³·℃
- 기준온도 : 25℃
- 지금 공기는 예열되지 않고, 연소가스는 해리되지 않는 것으로 한다.

㉮ 1,916℃ ㉯ 2,066℃
㉰ 2,196℃ ㉱ 2,256℃

풀이 이론연소온도(℃)

$$= \frac{저위발열량(kcal/Sm^3)}{가스량(Sm^3/Sm^3) \times 평균정압비열(kcal/Sm^3 \cdot ℃)} + 기준온도(℃)$$

$$= \frac{7,500 kcal/Sm^3}{10.5 Sm^3/Sm^3 \times 0.35 kcal/Sm^3 \cdot ℃} + 25℃$$

$= 2,065.82℃$

39 다음 중 연소과정에서 등가비(equivalent ratio)가 1보다 큰 경우는 어느 것인가?

㉮ 공급연료가 과잉인 경우
㉯ 배출가스 중 질소산화물이 증가하고 일산화탄소가 최소가 되는 경우
㉰ 공급연료의 가연성분이 불완전한 경우
㉱ 공급공기가 과잉인 경우

풀이 ㉯ 등가비가 1과 같은 경우
㉰ 등가비가 1보다 큰 경우
㉱ 등가비가 1보다 작은 경우

40 연소공정에서 과잉공기량의 공급이 많을 경우 발생하는 현상으로 틀린 것은 어느 것인가?

㉮ 연소실의 온도가 낮게 유지된다.
㉯ 배출가스에 의한 열손실이 증대된다.
㉰ 황산화물에 의한 전열면의 부식을 가중시킨다.
㉱ 매연발생이 많아진다.

풀이 ㉱ 매연이 적게 발생한다.

| 제3과목 | 대기오염방지기술

41 벤츄리스크러버의 액가스비를 크게 하는 요인으로 틀린 것은 어느 것인가?

㉮ 먼지입자의 친수성이 클 때
㉯ 먼지의 입경이 작을 때
㉰ 먼지입자의 점착성이 클 때
㉱ 처리가스의 온도가 높을 때

풀이 ㉮ 먼지입자의 친수성이 작을 때

answer 38 ㉯ 39 ㉮ 40 ㉱ 41 ㉮

42 압력손실은 100~200mmH$_2$O 정도이고, 가스량 변동에도 비교적 적응성이 있으며, 흡수액에 고형분이 함유되어 있는 경우에는 흡수에 의해 침전물이 생기는 등 방해를 받는 세정장치로 알맞은 것은 어느 것인가?

㉮ 다공판탑
㉯ 제트스크러버
㉰ 충전탑
㉱ 벤츄리스크러버

풀이 ㉰ 충전탑(흡수탑)에 대한 설명이다.

43 가스처리방법 중 흡착(물리적 기준)에 대한 설명으로 틀린 것은 어느 것인가?

㉮ 흡착열이 낮고 흡착과정이 가역적이다.
㉯ 다분자 흡착이며 오염가스 회수가 용이하다.
㉰ 처리할 가스의 분압이 낮아지면 흡착량은 감소한다.
㉱ 처리가스의 온도가 올라가면 흡착량이 증가한다.

풀이 ㉱ 처리가스의 온도가 올라가면 흡착량이 감소한다.

TIP
흡착량은 온도에 반비례, 압력에 비례한다.

44 배출가스 내의 NO$_x$ 제거방법 중 환원제를 사용하는 접촉환원법에 대한 내용으로 틀린 것은 어느 것인가?

㉮ 선택적 환원제로는 NH$_3$, H$_2$S 등이 있다.
㉯ 선택적인 접촉환원법에서 Al$_2$O$_3$계의 촉매는 SO$_2$, SO$_3$, O$_2$와 반응하여 황산염이 되기 쉽고, 촉매의 활성이 저하된다.
㉰ 선택적인 접촉환원법은 과잉의 산소를 먼저 소모한 후 첨가된 반응물인 질소산화물을 선택적으로 환원시킨다.
㉱ 비선택적 접촉환원법의 촉매로는 Pt 뿐만 아니라, Co, Ni, Cu, Cr 등의 산화물도 이용 가능하다.

풀이 ㉰ 선택적인 접촉환원법은 배기가스 중에 존재하는 산소와는 무관하게 NO$_x$를 선택적으로 접촉 환원시키는 방법이다.

45 다음 유해가스 처리에 대한 내용으로 틀린 것은 어느 것인가?

㉮ 염화인(PCl$_3$)은 물에 대한 용해도가 낮아 암모니아를 불어넣어 병류식 충전탑에서 흡수처리한다.
㉯ 시안화수소는 물에 대한 용해도가 매우 크므로 가스를 물로 세정하여 처리한다.
㉰ 아크로레인은 그대로 흡수가 불가능하며 NaClO 등의 산화제를 혼입한 가성소다용액으로 흡수 제거한다.
㉱ 이산화셀렌은 코트럴집진기로 채취, 결정으로 석출, 물에 잘 용해되는 성질을 이용해 스크러버에 의해 세정하는 방법 등이 이용된다.

풀이 ㉮ 염화인(PCl$_3$)은 물에 대한 용해도가 높아 물에 흡수시켜 제거한다.

answer 42 ㉰ 43 ㉱ 44 ㉰ 45 ㉮

46 원형 Duct의 기류에 의한 압력손실에 대한 내용으로 틀린 것은 어느 것인가?

㉮ 길이가 길수록 압력손실은 커진다.
㉯ 유속이 클수록 압력손실은 커진다.
㉰ 직경이 클수록 압력손실은 작아진다.
㉱ 곡관이 많을수록 압력손실은 작아진다.

풀이 ㉱ 곡관이 많을수록 압력손실은 커진다.

TIP
$\triangle P = \lambda \times \dfrac{L}{D} \times \dfrac{rV^2}{2g}$ (mmH$_2$O)

여기서, 압력손실($\triangle P$)은
- 관의 길이(L)에 비례
- 관의 직경(D)에 반비례
- 유체의 밀도(r)에 비례
- 유속(V)의 제곱에 비례
- 중력가속도(g)에 반비례

47 Stokes 운동이라 가정하고, 직경 20 μm, 비중 1.3인 입자의 표준대기 중 종말침강속도는 몇 m/s인가? (단, 표준공기의 점도와 밀도는 각각 3.44×10^{-5} kg/m·s, 1.3kg/m^{3}이다.)

㉮ 1.64×10^{-2} m/s   ㉯ 1.32×10^{-2} m/s
㉰ 1.18×10^{-2} m/s   ㉱ 0.82×10^{-2} m/s

풀이 $Vg = \dfrac{d^2(\rho_s - \rho)g}{18\mu}$

- Vg : 침강속도(m/sec)
- d : 직경(m)
- ρ_s : 입자의 밀도(kg/m^3)
- ρ : 가스의 밀도(kg/m^3)
- g : 중력가속도(9.8m/sec^2)
- μ : 점성도(kg/m·sec)

따라서
$Vg = \dfrac{(20 \times 10^{-6} m)^2 \times (1,300 kg/m^3 - 1.3 kg/m^3) \times 9.8 m/sec^2}{18 \times 3.44 \times 10^{-5} kg/m \cdot sec}$
$= 8.22 \times 10^{-3}$ m/sec $= 0.82 \times 10^{-2}$ m/sec

48 전기집진장치 내 먼지의 겉보기 이동속도는 0.11m/sec, 5m×4m인 집진판 182매를 설치하여 유량 9,000m^3/min를 처리할 경우 집진효율은 얼마인가? (단, 내부 집진판은 양면집진, 2개의 외부 집진판은 각 하나의 집진면을 가진다.)

㉮ 98.0%   ㉯ 98.8%
㉰ 99.0%   ㉱ 99.5%

풀이 $\eta = \left(1 - \exp\dfrac{-A \times We}{Q}\right) \times 100$
$= \left\{1 - \exp\left(\dfrac{-5m \times 4m \times 362 \times 0.11 m/sec}{9,000 m^3/min \times 1 min/60 sec}\right)\right\} \times 100$
$= 99.51\%$

TIP
집진판(N)
= 내부는 양면이므로(180×2) + 양끝은 단면(2×1)
= 362개

49 악취 및 휘발성 유기화합물질 제거에 가장 많이 사용되는 흡착제는 무엇인가?

㉮ 제올라이트   ㉯ 활성백토
㉰ 실리카겔   ㉱ 활성탄

풀이 ㉱ 활성탄에 대한 설명이며, 활성탄은 주로 악취제거용으로 사용되는 소수성흡착제이다.

answer 46 ㉱ 47 ㉱ 48 ㉱ 49 ㉱

50 황함유량 2.5%인 중유를 30ton/hr로 연소하는 보일러에서 배기가스를 NaOH 수용액으로 처리한 후 황성분을 전량 Na_2SO_3로 회수할 경우, 이 때 필요한 NaOH의 이론량은 얼마인가? (단, 황성분은 전량 SO_2로 전환된다.)

㉮ 1,750kg/hr ㉯ 1,875kg/hr
㉰ 1,935kg/hr ㉱ 2,015kg/hr

풀이 $S + O_2 \rightarrow SO_2 + 2NaOH \rightarrow Na_2SO_3 + H_2O$
32kg : 2×40kg
30×10^3kg/hr×0.025 : X

$\therefore X = \dfrac{30 \times 10^3 \text{kg/hr} \times 0.025 \times 2 \times 40\text{kg}}{32\text{kg}} = 1,875$kg/hr

51 다음 발생 먼지 종류 중 일반적으로 S/Sb가 가장 큰 것은 어느 것인가? (단, S는 진비중, Sb는 겉보기 비중)

㉮ 미분탄보일러 ㉯ 시멘트킬른
㉰ 카본블랙   ㉱ 골재드라이어

풀이 진비중(S)/겉보기비중(Sb)
㉮ 미분탄보일러 : 4.30
㉯ 시멘트킬른 : 5.0
㉰ 카본블랙 : 76.0
㉱ 골재드라이어 : 2.73

TIP 진비중(S)과 겉보기비중(Sb)의 비(S/Sb)가 클수록 재비산현상을 유발할 가능성이 높다.

52 후드의 제어속도(Control Velocity)에 대한 내용으로 알맞은 것은 어느 것인가?

㉮ 확산조건, 오염원의 주변 기류에는 영향이 크지 않다.
㉯ 유해물질의 발생조건이 조용한 대기 중 거의 속도가 없는 상태로 비산하는 경우(가스, 흄 등)의 제어속도 범위는 1.5~2.5m/sec 정도이다.
㉰ 유해물질의 발생조건이 빠른 공기의 움직임이 있는 곳에서 활발히 비산하는 경우(분쇄기 등)의 제어속도 범위는 15~25m/sec 정도이다.
㉱ 오염물질의 발생속도를 이겨내고 오염물질을 후드내로 흡입하는데 필요한 최소의 기류속도를 말한다.

풀이 ㉮ 확산조건, 오염원의 주변 기류에 영향을 크게 받는다.
㉯ 유해물질의 발생조건이 조용한 대기 중 거의 속도가 없는 상태로 비산하는 경우(가스, 흄 등)의 제어속도 범위는 0.3~0.5m/sec 정도이다.
㉰ 유해물질의 발생조건이 빠른 공기의 움직임이 있는 곳에서 활발히 비산하는 경우(분쇄기 등)의 제어속도 범위는 1~3m/sec 정도이다.

answer 50 ㉯ 51 ㉰ 52 ㉱

53 미세입자가 운동하는 경우에 작용하는 항력(drag force)에 관련된 내용으로 틀린 것은 어느 것인가?

㉮ 레이놀즈수가 커질수록 항력계수는 증가한다.
㉯ 항력계수가 커질수록 항력은 증가한다.
㉰ 입자의 투영면적이 클수록 항력은 증가한다.
㉱ 상대속도의 제곱에 비례하여 항력은 증가한다.

풀이 ㉮ 레이놀즈수가 커질수록 항력계수는 감소한다.

54 유수식 세정집진장치의 종류로 틀린 것은 어느 것인가?

㉮ 가스분수형 ㉯ 스크루형
㉰ 임펠라형 ㉱ 로타형

풀이 유수식 세정집진장치의 종류로는 가스선회형, 임펠라형, 로타형, 분수형이 있다.

55 다음 중 기체분산형 흡수장치에 해당하는 것은 무엇인가?

㉮ 기포탑
㉯ 사이클론스크러버
㉰ 분무탑
㉱ 충전탑

풀이 기체분산형 흡수장치에는 다공판탑, 종탑, 기포탑이 있다.

56 먼지농도 10g/m³인 배기가스를 1,200 m³/min로 배출하는 배출구에 여과집진장치를 설치하고자 한다. 이 여과집진장치의 평균 여과속도는 3m/min이고, 여기에 직경 20cm, 길이 4m의 여과백을 사용한다면 필요한 여과백의 수는 얼마인가?

㉮ 120개 ㉯ 140개
㉰ 160개 ㉱ 180개

풀이 $Q = \pi \cdot D \cdot L \cdot V_f \cdot n$

- Q : 배기가스량(m³/min)
- D : 직경(m)
- L : 유효높이(m)
- V_f : 겉보기 여과속도(m/min)
- n : 백필터 개수

따라서
$$n = \frac{Q}{\pi \cdot D \cdot L \cdot V_f} = \frac{1,200 \text{m}^3/\text{min}}{\pi \times 0.2\text{m} \times 4\text{m} \times 3\text{m/min}}$$
$= 159.15 = 160$개

TIP 소수점 첫째자리에서 완전올림을 한다.

57 커닝험 보정계수에 관한 내용으로 알맞은 것은 어느 것인가? (단, 커닝험 보정계수가 1이상인 경우)

㉮ 미세입자일수록 가스의 점성저항이 작아지므로 커닝험 보정계수가 작아진다.
㉯ 미세입자일수록 가스의 점성저항이 커지므로 커닝험 보정계수가 작아진다.
㉰ 미세입자일수록 가스의 점성저항이 커지므로 커닝험 보정계수가 작아진다.
㉱ 미세입자일수록 가스의 점성저항이 작아지므로 커닝험 보정계수는 커진다.

풀이 커닝험 보정계수는 온도에 비례하고, 직경, 압력, 점성저항에는 반비례한다.

answer 53 ㉮ 54 ㉯ 55 ㉮ 56 ㉰ 57 ㉱

58 환기시설 설계에 사용되는 보충용 공기에 대한 내용으로 틀린 것은 어느 것인가?

㉮ 보충용 공기가 배기용 공기보다 약 10~15% 정도 많도록 조절하여 실내를 약간 양압으로 하는 것이 좋다.
㉯ 여름에는 보통 외부공기를 그대로 공급을 하지만, 공정 내의 열부하가 커서 제어해야 하는 경우에는 보충용 공기를 냉각하여 공급한다.
㉰ 보충용 공기는 환기시설에 의해 작업장 내에서 배기된 만큼의 공기를 작업장 내로 재공급해야 하는 공기의 양을 말한다.
㉱ 보충용 공기의 유입구는 작업장이나 다른 건물의 배기구에서 나온 유해물질의 유입을 유도할 수 있는 위치로서 바닥에서 1~1.2m 정도에서 유입되도록 한다.

풀이 ㉱ 보충용 공기의 유입구는 바닥으로부터 2.4~3m 높이에서 유입되도록 한다.

59 습식 전기집진장치의 특징으로 틀린 것은 어느 것인가?

㉮ 낮은 전기저항 때문에 발생하는 재비산을 방지할 수 있다.
㉯ 처리가스 속도를 건식보다 2배 정도 높일 수 있다.
㉰ 집진극면이 청결하게 유지되며 강전계를 얻을 수 있다.
㉱ 먼지의 저항이 높기 때문에 역전리가 잘 발생된다.

풀이 ㉱ 습식 전기집진기는 재비산이나 역전리현상이 발생하지 않는다.

60 원심력집진장치에 대한 내용으로 틀린 것은 어느 것인가?

㉮ 배기관경(내경)이 작을수록 입경이 작은 먼지를 제거할 수 있다.
㉯ 점착성이 있는 먼지의 집진에는 적당치 않으며, 딱딱한 입자는 장치의 마모를 일으킨다.
㉰ 침강먼지 및 미세한 먼지의 재비산을 막기 위해 스키머와 회전깃, 살수설비 등을 설치하여 제진효율을 증대시킨다.
㉱ 고농도일 때는 직렬 연결하여 사용하고, 응집성이 강한 먼지인 경우는 병렬 연결하여 사용한다.

풀이 ㉱ 고농도일 때는 병렬 연결하여 사용하고, 응집성이 강한 먼지인 경우는 직렬연결 하여 사용한다.

| 제4과목 | 대기오염공정시험기준

61 기체크로마토그래피의 정성분석에 대한 내용으로 틀린 것은 어느 것인가?

㉮ 동일 조건하에서 특정한 미지성분의 머무름 값(보유치)과 예측되는 물질의 봉우리의 머무른 값을 비교한다.
㉯ 머무름 값의 표시는 무효부피(Dead Volume)의 보정유무를 기록하여야 한다.
㉰ 보통 5~30분 정도에서 측정하는 봉우리의 머무름시간은 반복시험을 할 때 ±5% 오차범위 이내이어야 한다.
㉱ 머무름시간을 측정할 때는 3회 측정하여 그 평균치를 구한다.

풀이 ㉰ 보통 5~30분 정도에서 측정하는 봉우리의 머무

answer 58 ㉱ 59 ㉱ 60 ㉱ 61 ㉰

름시간은 반복시험을 할 때 ±3% 오차범위 이내이어야 한다.

62 반자동식 채취기에 의한 방법으로 배출가스 중 먼지를 측정하고자 할 경우 흡입노즐에 관한 설명이다. ( )안에 들어갈 알맞은 말은?

> 흡입노즐의 안과 밖의 가스흐름이 흐트러지지 않도록 흡입노즐 안지름(d)은 (㉠)으로 한다. 흡입노즐의 안지름 d는 정확히 측정하여 0.1mm 단위까지 구하여 둔다. 흡입노즐의 꼭지점은 (㉡)의 예각(銳角)이 되도록 하고 매끈한 반구모양으로 한다.

㉮ ㉠ 1mm 이상, ㉡ 30° 이하
㉯ ㉠ 1mm 이상, ㉡ 45° 이하
㉰ ㉠ 3mm 이상, ㉡ 30° 이하
㉱ ㉠ 3mm 이상, ㉡ 45° 이하

풀이 흡입노즐
① 안지름 : 3mm 이상
② 꼭지점 : 30° 이하의 예각

63 기체크로마토그래피에서 분리관 효율을 나타내기 위한 이론단수를 구하는 식으로 알맞은 것은 어느 것인가? (단, t_R : 시료도입점으로부터 봉우리 최고점까지의 길이, W : 봉우리의 좌우 변곡점에서 접선이 자르는 바탕선의 길이)

㉮ $16 \times \dfrac{t_R}{W}$ ㉯ $16 \times \left(\dfrac{t_R}{W}\right)^2$
㉰ $16 \times \left(\dfrac{W}{t_R}\right)^2$ ㉱ $16 \times \dfrac{W}{t_R}$

64 배출가스 중의 납화합물을 자외선 가시선 분광법으로 분석한 결과가 아래와 같다고 할 때, 표준상태 건조 배출가스 중 납의 농도는 얼마인가?

- 시료 용액 중 납의 농도 : 15μg/mL
- 분석용 시료용액의 최종부피 : 250mL
- 표준상태에서의 건조한 대기기체 채취량 : 1000L

㉮ 0.0375mg/Sm³ ㉯ 0.375mg/Sm³
㉰ 3.75mg/Sm³ ㉱ 37.5mg/Sm³

풀이
$$mg/Sm^3 = \dfrac{15\mu g}{mL} \times \dfrac{mg}{10^3 \mu g} \times 250mL \times \dfrac{1}{1000L} \times \dfrac{10^3 L}{m^3}$$
$$= 3.75 mg/Sm^3$$

65 원자흡수분광광도법의 원리로 알맞은 것은 어느 것인가?

㉮ 시료를 해리시켜 중성원자로 증기화하여 생긴 기저상태의 원자가 이 원자 증기층을 투과하는 특유파장의 빛을 흡수하는 현상을 이용
㉯ 시료를 해리시켜 발생된 여기상태의 원자가 기저상태로 되면서 내는 열의 봉우리폭을 측정
㉰ 시료를 해리시켜 발생된 여기상태의 원자가 원자 증기층을 통과하는 빛의 발생속도의 차이를 이용
㉱ 시료를 해리시켜 발생된 여기상태의 원자가 기저상태로 돌아올 때 내는 가스속도의 차이를 이용한 측정

풀이 원자흡수분광광도법의 원리에 대한 설명은 ㉮번이다.

answer 62 ㉰ 63 ㉯ 64 ㉰ 65 ㉮

66 굴뚝 배출가스 중 이산화황의 자동연속 측정방법에서 사용되는 용어의 의미로 틀린 것은 어느 것인가?

㉮ 검출한계 : 제로드리프트의 2배에 해당하는 지시치가 갖는 아황산가스의 농도를 말한다.
㉯ 응답시간 : 시료채취부를 통하지 않고 제로가스를 연속자동측정기의 분석부에 흘려주다가 갑자기 스팬가스로 바꿔서 흘려준 후, 기록계에 표시된 지시치가 스팬가스 보정치의 95%에 해당하는 지시치를 나타낼 때까지 걸리는 시간을 말한다.
㉰ 경로(Path) 측정시스템 : 굴뚝 또는 덕트 단면 직경의 5% 이상의 경로를 따라 오염물질 농도를 측정하는 배출가스
㉱ 제로가스 : 정제된 공기나 순수한 질소(순도 99.999% 이상)를 말한다.

풀이 ㉰ 경로(Path) 측정시스템 : 굴뚝 또는 덕트 단면 직경의 10% 이상의 경로를 따라 오염물질 농도를 측정하는 배출가스

67 시료채취 시 흡수액으로 수산화소듐용액을 사용하지 않는 항목은 어느 것인가?

㉮ 플루오린화합물   ㉯ 이황화탄소
㉰ 사이안화수소   ㉱ 브로민화합물

풀이 ㉯ 이황화탄소의 흡수액은 다이에틸아민구리용액이다.

68 배출가스 중 황화수소를 분석하는 자외선/가시선분광법-메틸렌블루법에 대한 설명으로 틀린 것은?

㉮ 배출가스 중의 황화수소를 아연아민 착염용액에 흡수시킨다.
㉯ 시료채취관에서 흡수병까지의 연결관은 가능한 짧게 한다.
㉰ 시료채취량이 20L인 경우 정량범위는 1.7 ppm 이상이다.
㉱ 메틸렌블루의 흡광도를 540nm에서 측정한다.

풀이 ㉱ 메틸렌블루의 흡광도를 670nm에서 측정한다.

69 굴뚝연속자동측정기 측정방법 중 연결관의 부착방법으로 틀린 것은 어느 것인가?

㉮ 연결관은 가능한 짧은 것이 좋다.
㉯ 냉각연결관은 될 수 있는 대로 수직으로 연결한다.
㉰ 기체-액체 분리관은 연결관의 부착위치 중 가장 높은 부분 또는 최고 온도의 부분에 부착한다.
㉱ 응축수에 배출에 쓰는 펌프는 충분히 내구성이 있는 것을 쓰고, 이 때 응축수 트랩은 사용하지 않아도 좋다.

풀이 ㉰ 기체-액체 분리관은 연결관의 부착 위치 중 가장 낮은 부분 또는 최저온도의 부분에 부착하여 응축수를 급격히 냉각시키고 배관계의 밖으로 빨리 방출시킨다.

answer 66 ㉰ 67 ㉯ 68 ㉱ 69 ㉰

70 환경대기 중 가스상 물질을 용매채취법으로 채취할 때 사용하는 순간유량계 중 면적식 유량계는 어느 것인가?

㉮ 게이트식 유량계
㉯ 미스트식 가스미터
㉰ 오리피스 유량계
㉱ 노즐식 유량계

풀이 면적식 유량계는 게이트식 유량계이다.

71 굴뚝 배출가스 유속을 피토관으로 측정한 결과가 다음과 같을 때 배출가스 유속은 얼마인가?

- 동압 : 100mmH₂O
- 배출가스 온도 : 295℃
- 표준상태 배출가스 비중량 : 1.2kg/m³ (0℃, 1기압)
- 피토관 계수 : 0.87

㉮ 43.7m/s   ㉯ 48.2m/s
㉰ 50.7m/s   ㉱ 54.3m/s

풀이
$$V = C \times \sqrt{\frac{2gh}{r}}$$

① $r(kg/m^3) = 1.2kg/Sm^3 \times \frac{273}{273+295}$
   $= 0.5768 kg/m^3$

② $V = 0.87 \times \sqrt{\frac{2 \times 9.8 m/sec^2 \times 100 mmH_2O}{0.5768 kg/m^3}}$
   $= 50.72 m/sec$

72 배출가스 중 폼알데하이드 및 알데하이드류를 자외선/가시선분광법 – 크로모트로핀산법으로 분석할 때 사용되는 흡수액은?

㉮ 붕산용액
㉯ 황산용액
㉰ 수산화소듐 용액
㉱ 아황산수소소듐 용액

풀이 ㉱ 흡수액은 아황산수소소듐 용액 (10g/L)이다.

73 굴뚝 단면이 원형일 경우 먼지측정을 위한 측정점에 대한 내용으로 틀린 것은 어느 것인가?

㉮ 굴뚝 직경이 4.5m를 초과할 때는 측정점수는 20 이다.
㉯ 굴뚝 반경이 2.5m인 경우에 측정점수는 20이다.
㉰ 굴뚝 단면적이 1m² 이하로 소규모일 경우에는 그 굴뚝 단면의 중심을 대표점으로 하여 1점만 측정한다.
㉱ 굴뚝 직경이 1.5m인 경우에 반경 구분수는 2 이다.

풀이 ㉰ 굴뚝 단면적이 0.25m² 이하로 소규모일 경우에는 그 굴뚝 단면의 중심을 대표점으로 하여 1점만 측정한다.

TIP
원형단면의 측정점

굴뚝직경(2R)(m)	반경구분수	측정점수
1 이하	1	4
1 초과 2 이하	2	8
2 초과 4 이하	3	12
4 초과 4.5 이하	4	16
4.5 초과	5	20

answer 70 ㉮   71 ㉰   72 ㉱   73 ㉰

74 굴뚝 배출가스 중 황산화물을 측정하는 자동측정법에 대한 설명으로 틀린 것은?

㉮ 적외선흡수법은 7,300nm 부근에서 적외선가스분석계를 이용한다.
㉯ 측정범위(적용범위)는 0ppm~2,000ppm 이다.
㉰ 자외선흡수법의 간섭물질은 이산화질소이다.
㉱ 수분에 의한 영향을 최소화하기 위해 시료채취관을 가열하거나, 응축기 및 응축수트랩을 연결하여 사용한다.

풀이 ㉯ 측정범위(적용범위)는 0ppm~1,000ppm이다.

75 환경대기 중의 먼지농도 시료채취 방법인 고용량 공기시료채취기법에 대한 내용으로 틀린 것은 어느 것인가?

㉮ 채취입자의 입경은 일반적으로 0.1~100μm범위이다.
㉯ 공기흡입부의 경우 무부하(無負荷)일 때의 흡입유량이 보통 0.5m³/hr 범위 정도로 한다.
㉰ 공기흡입부, 여과지홀더, 유량측정부 및 보호상자로 구성된다.
㉱ 채취용 여과지는 보통 0.3μm되는 입자를 99% 이상 채취할 수 있는 것을 사용한다.

풀이 ㉯ 공기흡입부의 경우 무부하일 때의 흡입유량이 보통 2m³/min 정도로 한다.

76 배출가스 중 수동식측정법으로 먼지측정을 위한 장치구성에 대한 내용으로 틀린 것은 어느 것인가?

㉮ 원칙적으로 적산유량계는 흡입 가스량의 측정을 위하여 또 순간유량계는 등속흡입 조작을 확인하기 위하여 사용한다.
㉯ 먼지채취부의 구성은 흡입노즐, 여과지홀더, 고정쇠, 드레인채취기, 연결관 등으로 구성되며, 단 2형일 때는 흡입노즐 뒤에 흡입관을 접속한다.
㉰ 여과지홀더는 유리제 또는 스테인리스강 재질 등으로 만들어진 것을 쓴다.
㉱ 건조용기는 시료채취 여과지의 수분 평형을 유지하기 위한 용기로서 (20±5.6)℃ 대기 압력에서 적어도 4시간을 건조시킬 수 있어야 한다. 또는, 여과지를 100℃에서 적어도 2시간동안 건조시킬 수 있어야 한다.

풀이 ㉱ 원통형 여과지는 110±5℃에서 충분히(1~3시간) 건조하고 데시케이터 내에서 실온까지 냉각하여 0.1mg까지 정확히 단 후 여과지홀더에 끼운다.

77 알데하이드류를 DNPH 유도체를 형성하여 아세토나이트릴(acetonitrile)용매로 추출하여 고성능 액체크로마토그래피에 의해 자외선 검출기로 분석할 때 측정파장으로 가장 적합한 것은 어느 것인가?

㉮ 360nm   ㉯ 510nm
㉰ 650nm   ㉱ 730nm

answer 74 ㉯ 75 ㉯ 76 ㉱ 77 ㉮ 78 ㉮ 79 ㉯

풀이 고성능액체크로마토그래피에 의해 알데하이드류를 분석할 때 자외선검출기의 측정파장은 360nm이다.

78 공정시험기준 중 일반화학분석에 대한 공통적인 사항으로 따로 규정이 없는 경우 사용해야 하는 시약의 규격으로 틀린 것은 어느 것인가?

	명칭	농도(%)	비중(약)
㉠	암모니아수	32.0~38.0 (NH_3로서)	1.38
㉡	플루오린화수소산	46.0~68.0	1.14
㉢	브로민화수소산	47.0~49.0	1.48
㉣	과염소산	60.0~62.0	1.54

㉮ ㉠ ㉯ ㉡
㉰ ㉢ ㉱ ㉣

풀이 ㉠ 암모니아수 - 농도(%) 28.0~30.0(NH_3로서)
- 비중 : 0.90

79 액의 농도에 대한 내용으로 틀린 것은 어느 것인가?

㉮ 액의 농도를 (1→5)로 표시한 것은 그 용질의 성분이 고체일 때는 1g을 용매에 녹여 전량을 5mL로 하는 비율을 말한다.
㉯ 황산(1 : 7)은 용질이 액체일 때 1mL를 용매에 녹여 전량을 7mL로 하는 것을 뜻한다.
㉰ 혼액(1+2)은 액체상의 성분을 각각 1용량 대 2용량의 비율로 혼합한 것을 뜻한다.
㉱ 단순히 용액이라 기재하고 그 용액의 이름을 밝히지 않은 것은 수용액을 뜻한다.

풀이 ㉯ 황산(1 : 7)은 용질이 액체일 때 1mL를 용매에 녹여 전량을 8mL로 하는 것을 뜻한다.

80 환경대기 내의 석면 시험방법(위상차현미경법) 중 시료채취 장치 및 기구에 대한 내용으로 틀린 것은 어느 것인가?

㉮ 멤브레인 필터의 광굴절률 : 약 3.5 전후
㉯ 멤브레인 필터의 재질 및 규격 : 셀룰로오스 에스테르제 또는 셀룰로오스 나이트레이트제 pore size 0.8~1.2μm, 직경 25mm 또는 47mm
㉰ 20L/min로 공기를 흡입할 수 있는 로터리펌프 또는 다이아프램 펌프는 시료채취관, 시료 채취장치, 흡입기체 유량측정장치, 기체흡입장치 등으로 구성한다.
㉱ Open face형 필터홀더의 재질 : 40mm의 집풍기가 홀더에 정착된 PVC

풀이 ㉮ 멤브레인 필터의 광굴절률 : 약 1.5 전후

answer 80 ㉮

2018 1회 기출문제

| 제1과목 | 대기환경관리

01 1시간에 10,000대의 차량이 고속도로 위에서 평균시속 80km로 주행하며, 각 차량의 평균탄화수소 배출률은 0.02g/sec이다. 바람이 고속도로와 측면 수직방향으로 5m/sec로 불고 있다면 도로지반과 같은 높이의 평탄한 지형의 풍하 500m 지점에서의 지상오염농도는 얼마인가? (단, 대기는 중립상태이며, 풍하 500m에서의 $\sigma_z = 15m$, $C(x, 0) = \dfrac{2q}{(2\pi)^{\frac{1}{2}} \sigma_z U} \exp\left[-\dfrac{1}{2}\left(\dfrac{H}{\sigma_z}\right)^2\right]$ 를 이용하시오.)

㉮ $26.6\mu g/m^3$
㉯ $34.1\mu g/m^3$
㉰ $42.4\mu g/m^3$
㉱ $51.2\mu g/m^3$

풀이

$$C(x, 0) = \dfrac{2q}{(2\pi)^{\frac{1}{2}} \sigma_z U} \exp\left[-\dfrac{1}{2}\left(\dfrac{H}{\sigma_z}\right)^2\right]$$

여기서
- q : 탄화수소 배출률(μg/sec)
- σ_z : 수직방향의 표준편차(m)
- U : 풍속(m/sec)
- H : 유효굴뚝높이(m)

따라서, H = 0이므로 $C = \dfrac{2q}{(2\pi)^{\frac{1}{2}} \sigma_z U}$

$$\therefore C = \dfrac{(2 \times 0.02g/sec \times 10,000대/hr \times 1hr/80km \times 1km/1000m)g/sec \cdot m}{(2 \times \pi)^{\frac{1}{2}} \times 15m \times 5m/sec}$$

$= 2.66 \times 10^{-5} g/m^3 = 26.60 \mu g/m^3$

02 대기오염 예측의 기본이 되는 난류확산 방정식은 시간에 따른 오염물 농도의 변화를 선형화한 여러 항으로 구성된다. 다음 중 방정식을 선형화 하고자 할 때 고려해야 할 사항으로 틀린 것은?

㉮ 바람에 의한 수평방향 이류항
㉯ 난류에 의한 분산항
㉰ 분자 확산에 의한 항
㉱ 복잡한 화학(연소)반응에 의해 변화하는 항

풀이 방정식을 선형화 하고자 할 때 고려해야 할 사항으로는 바람에 의한 수평방향 이류항, 난류에 의한 분산항, 분자 확산에 의한 항이 있다.

03 전기자동차의 일반적 특성으로 틀린 것은?

㉮ 엔진소음과 진동이 적다.
㉯ 대형차에 잘 맞으며, 자동차 수명보다 전지 수명이 길다.
㉰ 친환경 자동차에 해당한다.
㉱ 충전 시간이 오래 걸리는 편이다.

풀이 ㉯ 소형차에 잘 맞으며, 자동차 수명보다 전지 수명이 짧다.

answer 01 ㉮ 02 ㉱ 03 ㉯

04 대기오염사건과 대표적인 주 원인물질 또는 전구물질의 연결로 틀린 것은?

㉮ 뮤즈계곡사건 - SO_2
㉯ 도노라 사건 - NO_2
㉰ 런던 스모그사건 - SO_2
㉱ 보팔사건 - MIC(Methyl Isocyanate)

풀이 ㉯ 도노라 사건 - SO_2, H_2SO_4 mist

05 정상상태 조건하에서 단위면적당 확산되는 물질의 이동속도는 농도의 기울기에 비례한다는 것과 관련된 법칙은 어느 것인가?

㉮ Fick의 법칙
㉯ Fourier의 법칙
㉰ 르 샤틀리에의 법칙
㉱ Reynold의 법칙

풀이 ㉮ Fick의 법칙에 대한 설명이다.

06 대기의 안정도 조건에 관한 설명으로 틀린 것은?

㉮ 과단열적조건은 환경감율이 건조단열감율 보다 클 때를 말한다.
㉯ 중립적 조건은 환경감율과 건조단열감율이 같을 때를 말한다.
㉰ 미단열적조건은 건조단열감율이 환경감율 보다 작을 때를 말하며, 이 때의 대기는 아주 안정하다.
㉱ 등온 조건은 기온감율이 없는 대기상태이므로 공기의 상·하 혼합이 잘 이루어지지 않는다.

풀이 ㉰ 미단열적조건은 건조단율감율이 환경감율 보다 클 때를 말하며, 이 때의 대기는 약한 안정하다.

07 다음 지표면 상태 중 일반적으로 알베도(%)가 가장 큰 것은?

㉮ 삼림   ㉯ 사막
㉰ 수면   ㉱ 얼음

풀이 지표면 상태 중 일반적으로 알베도(%)가 가장 큰 것은 얼음이다.

TIP
알베도 : 지구지표면의 열수지를 표현하기 위해 복사수지식을 적용하는데 지표의 반사율을 나타내는 지표이다.

08 대기 중에 배출된 "A"라는 물질은 광분해반응(1차 반응)에 의해 반감기 2hr의 속도로 분해된다. "A" 물질이 대기 중으로 배출되어 초기 농도의 80%가 분해되는데 소요되는 시간은 얼마인가?

㉮ 약 0.6hr   ㉯ 약 2.5hr
㉰ 약 3.1hr   ㉱ 약 4.6hr

풀이 1차 반응식 : $\ln \frac{C_t}{C_o} = -k \times t$

여기서
C_o : 초기농도
C_t : t시간 후 농도
k : 상수
t : 시간

① $\ln \frac{1}{2} = -k \times 2hr$

∴ $k = \frac{\ln \frac{1}{2}}{-2hr} = 0.3466/hr$

② $\ln \frac{(100-80)\%}{100\%} = -0.3466/hr \times t$

answer 04 ㉯ 05 ㉮ 06 ㉰ 07 ㉱ 08 ㉱

$$\therefore t = \frac{\ln \frac{(100-80)\%}{100\%}}{-0.3466/hr} = 4.64hr$$

09 분산모델의 특징에 관한 설명으로 틀린 것은?

㉮ 미래의 대기질을 예측할 수 있으며 시나리오를 작성할 수 있다.
㉯ 점·선·면 오염원의 영향을 평가할 수 있다.
㉰ 단기간 분석시 문제가 될 수 있고, 새로운 오염원이 지역내 신설될 때 매번 재평가 하여야 한다.
㉱ 지형, 기상학적 정보 없이도 사용 가능하다.

풀이 ㉱번은 수용모델의 설명이다.

TIP
분산모델
(1) 장점
① 미래의 대기질을 예측할 수 있다.
② 특정한 오염원의 배출속도와 바람에 의한 분산요인을 입력자료로 하여 수용체 위치에서의 영향을 계산한다.
③ 특정오염원의 영향을 평가할 수 있는 잠재력이 있다.
④ 2차 오염원의 확인이 가능하다.
⑤ 점, 선, 면 오염원의 영향을 평가할 수 있다.
⑥ 기초적인 기상학적 원리를 적용, 미래의 대기질을 예측하여 대기오염제어 정책입안에 도움을 준다.
(2) 단점
① 새로운 오염원의 지역내에 생길 때 매번 재평가하여야 한다.
② 지형 및 오염원의 조업조건에 영향을 받는다.
③ 기상과 관련하여 대기중의 무작위적인 특성을 적절하게 묘사할 수 없기 때문에 결과에 대한 불확실성이 크게 작용한다.
④ 오염물의 단기간 분석시 문제가 된다.
⑤ 먼지의 영향평가는 기상의 불확실성과 오염원이 미확인 경우에 많은 문제점을 가진다.

10 부피가 3,500m³이고 환기가 되지 않은 작업장에서 화학반응을 일으키지 않는 오염물질이 분당 60mg씩 배출되고 있다. 작업을 시작하기 전에 측정한 이 물질의 평균 농도가 10mg/m³이라면 1시간 이후의 작업장의 평균 농도는 얼마인가? (단, 상자모델을 적용하며, 작업시작 전, 후의 온도 및 압력조건은 동일하다.)

㉮ 11.0mg/m³ ㉯ 13.6mg/m³
㉰ 18.1mg/m³ ㉱ 19.9mg/m³

풀이 ① 작업시작 후 작업장의 농도(mg/m³)를 계산한다.

$$mg/m^3 = \frac{60mg/min}{3,500m^3} \times \frac{60min}{1hr} \times 1hr = 1.03mg/m^3$$

② 1시간 이후의 작업장의 평균농도
  = 작업시간 전 농도 + 작업시작 후 농도
  = 10mg/m³ + 1.03mg/m³ = 11.03mg/m³

11 다음 중 일반적으로 대도시의 산성강우 속에 가장 미량으로 존재할 것으로 예상되는 것은? (단, 산성강우는 pH 5.6 이하로 본다.)

㉮ SO_4^{2-} ㉯ K^+
㉰ Na^+ ㉱ F^-

풀이 ㉱ 불소이온(F^-)은 인광석, 형석, 빙정석에 존재하므로 산성강우에 가장 미량으로 존재한다.

answer 09 ㉱ 10 ㉮ 11 ㉱

12 아래 그림은 고도에 따른 풍속과 온도(실선 : 환경감율, 점선 : 건조단열감율), 그리고 굴뚝연기의 모양을 나타낸 것이다. 이에 대한 설명으로 틀린 것은?

㉮ 대기가 아주 불안정한 경우로 난류가 심하다.
㉯ 날씨가 맑고 태양복사가 강한 계절에 잘 발생하며 수직온도 경사가 과단열적이다.
㉰ 일출과 함께 역전층이 해소되면서 하부의 불안정층이 연돌의 높이를 막 넘었을 때 발생한다.
㉱ 연기가 지면에 도달하는 경우 연돌부근의 지표에서 고농도의 오염을 야기하기도 하지만 빨리 분산된다.

풀이 ㉰ 야간에 형성된 접지역전층은 일출 후 지표면이 가열되면 지표면에서부터 역전이 해소되어 하층은 대류가 활발하여 불안정해지나 그 상층은 아직 안정한 상태로 남아있는 경우에 나타나는 굴뚝의 연기형태는 Fumigation(훈증형)형이다.

13 대기압력이 900mb인 높이에서의 온도가 25℃이었다. 온위는 얼마인가?

(단, $\theta = T\left(\dfrac{1,000}{P}\right)^{0.288}$)

㉮ 307.2K   ㉯ 377.8K
㉰ 421.4K   ㉱ 487.5K

풀이
$\theta = T \times \left(\dfrac{1,000}{P}\right)^{0.288}$
$= (273+25℃)K \times \left(\dfrac{1,000}{900mb}\right)^{0.288}$
$= 307.18K$

14 호흡을 통해 인체의 폐에 250ppm의 일산화탄소를 포함하는 공기가 흡입되었을 때, 혈액내 최종 포화 COHb는 몇%인가?

(단, 흡입공기 중 O_2는 21%, $\dfrac{COHb}{O_2Hb} = 240 \times \dfrac{Pco}{Po_2}$를 가정)

㉮ 22.2%   ㉯ 28.6%
㉰ 33.3%   ㉱ 41.2%

풀이 $\dfrac{COHb}{O_2Hb} = 240 \times \dfrac{Pco}{Po_2}$
COHb = X
O_2Hb = 100-X
Pco = 250ppm
Po_2 = 21% = 21×10^4ppm
따라서 $\dfrac{X}{100-X} = 240 \times \dfrac{250ppm}{21 \times 10^4 ppm}$
∴ X = 22.22%

15 다음 중 불소화합물의 가장 주된 배출원은?

㉮ 알루미늄공업   ㉯ 코크스 연소로
㉰ 냉동공장   ㉱ 석유정제

풀이 불소화합물의 배출원은 화학비료공업, 알루미늄공업, 요업공업, 유리공업이 있다.

answer 12 ㉰ 13 ㉮ 14 ㉮ 15 ㉮

16 오존의 광화학반응 등에 관한 설명으로 틀린 것은?

㉮ 광화학반응에 의한 오존생성율은 RO_2 농도와 관계가 깊다.
㉯ 야간에는 NO_2와 반응하여 O_3이 생성되며, 일련의 반응에 의해 HNO_3가 소멸된다.
㉰ 대기 중 오존의 배경농도는 0.01 ~ 0.02 ppm 정도이다.
㉱ 고농도 오존은 평균기온 32℃, 풍속 2.5 m/sec 이하 및 자외선 강도 $0.8mW/cm^2$ 이상일 때 잘 발생되는 경향이 있다.

▶ 풀이 ㉯ 주간에는 NO_2와 반응하여 O_3이 생성되며, 일련의 반응에 의해 NO_2가 감소한다.

17 세포내에서 SH기와 결합하여 헴(heme) 합성에 관여하는 효소를 포함한 여러 세포의 효소 작용을 방해하며, 적혈구 내의 전해질이 감소되어 적혈구 생존기간이 짧아지고, 심한 경우 용혈성 빈혈이 나타나기도 하는 대기오염물질은 어느 것인가?

㉮ 카드뮴　　㉯ 납
㉰ 수은　　　㉱ 크롬

▶ 풀이 ㉯ 납(pb)에 대한 설명이다.

18 LA스모그를 유발시킨 역전현상으로 가장 적합한 것은?

㉮ 침강역전　　㉯ 전선역전
㉰ 접지역전　　㉱ 복사역전

▶ 풀이 스모그의 종류
① LA 스모그 : 침강성 역전
② 런던 스모그 : 복사성(방사성) 역전

19 다음 기체 중 비중이 가장 작은 것은?
(단, 동일한 조건)

㉮ NH_3　　㉯ NO
㉰ H_2S　　㉱ SO_2

▶ 풀이 기체의 비중 = $\dfrac{기체의\ 분자량(kg)}{공기의\ 분자량(kg)}$ 이므로 기체의 비중은 기체의 분자량에 비례관계이므로 기체의 분자량이 가장 작은 물질이 비중이 가장 작으므로 ㉮ NH_3(분자량 17)이 정답이 된다.

20 잠재적인 대기오염물질로 취급되는 CO_2에 관한 설명으로 틀린 것은?

㉮ 지구온실효과에 대한 추정 기여도는 CO_2가 50% 정도로 가장 높다.
㉯ 대기중의 이산화탄소 농도는 북반구의 경우 계절적으로는 보통 겨울에 증가한다.
㉰ 대기중에 배출되는 이산화탄소의 약 5%가 해수에 흡수된다.
㉱ 지구 북반구의 이산화탄소의 농도가 상대적으로 높다.

▶ 풀이 ㉰ 대기중 CO_2의 50%는 대기내 축적되고 나머지 50%는 바다에 대부분 흡수되고 일부는 식물에 흡수된다.

answer   16 ㉯   17 ㉯   18 ㉮   19 ㉮   20 ㉰

| 제2과목 | 연소공학

21 절충식 방법으로써 연소용 공기의 일부를 미리 기체연료와 혼합하고 나머지 공기는 연소실 내에서 혼합하여 확산 연소시키는 방식으로 소형 또는 중형 버너로 널리 사용되며, 기체연료 또는 공기의 분출속도에 의해 생기는 흡입력을 이용하여 공기 또는 연료를 흡입하는 것은?

㉮ 확산연소
㉯ 예혼합연소
㉰ 유동층연소
㉱ 부분예혼합연소

풀이 ㉱ 부분예혼합연소에 대한 설명이다.

22 중유의 질량 성분 분석결과 탄소 : 82%, 수소 : 11%, 황 : 3%, 산소 : 1.5%, 기타 2.5% 라면 이 중유의 완전연소 시 시간당 필요한 이론 공기량은 얼마인가? (단, 연료사용량 100L/hr, 연료비중 0.95이며, 표준상태 기준)

㉮ 약 630Sm^3
㉯ 약 720Sm^3
㉰ 약 860Sm^3
㉱ 약 980Sm^3

풀이 ① 이론공기량(A_o)
$= 8.89C+26.67\left(H-\dfrac{O}{8}\right)+3.33S(Sm^3/kg)$
$= 8.89\times0.82+26.67\times\left(0.11-\dfrac{0.015}{8}\right)+3.33\times0.03$
$= 10.2734 Sm^3/kg$
② $10.2734 Sm^3/kg \times 100L/hr \times 0.95kg/L$
$= 975.97 Sm^3/hr$

23 다음 각종 연료성분의 완전연소시 단위 체적당 고위발열량(kcal/Sm^3)의 크기 순서로 옳은 것은?

㉮ 일산화탄소 > 메탄 > 프로판 > 부탄
㉯ 메탄 > 일산화탄소 > 프로판 > 부탄
㉰ 프로판 > 부탄 > 메탄 > 일산화탄소
㉱ 부탄 > 프로판 > 메탄 > 일산화탄소

풀이 기체연료에서는 탄소수와 수소수가 많을수록 고위발열량이 커진다. 따라서 ㉱번이 정답이다.

24 메탄 3.0Sm^3을 완전연소시킬 때 발생되는 이론 습연소 가스량(Sm^3)은 얼마인가?

㉮ 약 25.6
㉯ 약 28.6
㉰ 약 31.6
㉱ 약 34.6

풀이 ① $CH_4 + 2O_2 \rightarrow CO_2 + 2H_2O$
이론습연소가스량(Gow)
$= (1-0.21)A_o + CO_2량 + H_2O량 (Sm^3/Sm^3)$
$= (1-0.21)\times\dfrac{2}{0.21}+1+2$
$= 10.5238 Sm^3/Sm^3$
② $10.5238 Sm^3/Sm^3 \times 3Sm^3$
$= 31.57 Sm^3$

answer 21 ㉱ 22 ㉱ 23 ㉱ 24 ㉰

25 부탄가스를 완전연소시키기 위한 공기 연료비(Air Fuel Ratio)는 얼마인가? (단, 부피기준)

㉮ 15.23　　㉯ 20.15
㉰ 30.95　　㉱ 60.46

풀이 $C_4H_{10} + 6.5O_2 \rightarrow 4CO_2 + 5H_2O$
공연비(AFR ; Sm^3/Sm^3)

$$= \frac{산소갯수 \times 22.4Sm^3 \times \frac{1}{0.21}}{연료갯수 \times 22.4Sm^3}$$

$$= \frac{6.5 \times 22.4Sm^3 \times \frac{1}{0.21}}{1 \times 22.4Sm^3}$$

$= 30.95$

26 액체연료의 연소형태로 틀린 것은?

㉮ 액면연소　　㉯ 표면연소
㉰ 분무연소　　㉱ 증발연소

풀이 ㉯ 표면연소는 고체연료의 연소형태이다.

27 석탄의 물리화학적인 성상에 관한 설명으로 옳은 것은?

㉮ 연료 조성변화에 따른 연소특성으로써 회분은 착화불량과 열손실을, 고정탄소는 발열량 저하 및 연소불량을 초래한다.
㉯ 석탄회분의 용융 시 SiO_2, Al_2O_3 등의 산성 산화물량이 많으면 회분의 용융점이 상승한다.
㉰ 석탄을 고온 건류하여 코크스를 생산할 때 온도는 250~300℃ 정도이다.
㉱ 석탄의 휘발분은 매연발생에 영향을 주지 않는다.

풀이 ㉮ 연료 조성변화에 따른 연소특성으로 수분은 착화불량과 열손실을, 회분은 발열량저하 및 연소불량을 초래한다.
㉰ 석탄을 고온 건류하여 코크스를 생산할 때 온도는 1,100~1,200℃ 정도이다.
㉱ 석탄의 휘발분은 매연발생에 가장 큰 영향을 미친다.

28 다음 중 $1Sm^3$의 질량이 2.59kg인 포화 탄화수소 연료에 해당하는 것은?

㉮ CH_4　　㉯ C_2H_6
㉰ C_3H_8　　㉱ C_4H_{10}

풀이 기체의 밀도 $= \frac{기체의 분자량(kg)}{부피(22.4Sm^3)}$

따라서 기체의 분자량 = 기체의 밀도 × 부피($22.4Sm^3$)
$= 2.59kg/Sm^3 \times 22.4Sm^3$
$= 58.02kg$

따라서 보기중에서 분자량이 58인 부탄(C_4H_{10})이 정답이 된다.

29 황함량이 질량비로 2.0%인 액체연료 1L를 연소하여 배출되는 SO_2가 표준상태 기준으로 $10m^3$라고 한다면, 배출가스 중 SO_2농도는 몇 ppm인가? (단, 연료 비중은 0.8, 표준상태 기준)

㉮ 140　　㉯ 280
㉰ 560　　㉱ 1,120

풀이 ① 배출가스량 $= 10Sm^3/L \div 0.8kg/L$
$= 12.5Sm^3/kg$
② SO_2량 $= 0.7 \times S(Sm^3/kg)$
$= 0.7 \times 0.02 = 0.014Sm^3/kg$
③ SO_2농도 $= \frac{SO_2량}{가스량} \times 10^6$
$= \frac{0.014Sm^3/kg}{12.5Sm^3/kg} \times 10^6$
$= 1,120ppm$

answer　25 ㉰　26 ㉯　27 ㉯　28 ㉱　29 ㉱

30 어떤 화학반응 과정에서 반응물질이 25% 분해하는데 41.3분 걸린다는 것을 알았다. 이 반응이 1차라고 가정할 때, 속도상수 k는 얼마인가?

㉮ $1.437 \times 10^{-4} s^{-1}$
㉯ $1.232 \times 10^{-4} s^{-1}$
㉰ $1.161 \times 10^{-4} s^{-1}$
㉱ $1.022 \times 10^{-4} s^{-1}$

풀이 1차 반응식 : $\ln \dfrac{C_t}{C_o} = -k \times t$

여기서
C_o : 초기농도(%)
C_t : t시간 후의 농도(%)
k : 상수(/sec)
t : 시간(sec)

따라서 $\ln \dfrac{(100-25)\%}{100\%} = -k \times 41.3 \min \times 60 \sec/\min$

∴ $k = 1.16 \times 10^{-4}$/sec

31 어떤 반응에서 0℃에서의 반응속도상수가 $0.001 s^{-1}$이고 100℃에서의 반응속도상수가 $0.05 s^{-1}$일 때 활성화에너지(kJ/mol)는 얼마인가?

㉮ 25   ㉯ 33
㉰ 41   ㉱ 50

풀이 ① $\ln \dfrac{k_2}{k_1} = \dfrac{E(T_2-T_1)}{R \times T_2 \times T_1}$

$\ln \left(\dfrac{0.05/\sec}{0.001/\sec} \right)$

$= \dfrac{E\{(273+100) - (273+0)\}}{8.314 J/mole \cdot k \times (273+100) \times (273+0)}$

∴ $E = 33,119.43 J/mole$

② $E(kJ/mole) = \dfrac{33,119.43 J}{mole} \times \dfrac{1 kJ}{10^3 J}$

$= 33.12 kJ/mole$

32 석유의 물리적 성질에 관한 설명으로 틀린 것은?

㉮ 비중이 커지면 화염의 휘도가 커지며, 점도도 증가한다.
㉯ 증기압이 높으면 인화점이 높아져서 연소효율이 저하된다.
㉰ 유동점(pour point)은 일반적으로 응고점보다 2.5℃ 높은 온도를 말한다.
㉱ 점도가 낮아지면 인화점이 낮아지고 연소가 잘된다.

풀이 ㉯ 증기압이 높으면 인화점이 낮아져서 연소효율이 증가된다.

33 주어진 기체연료 $1 Sm^3$를 이론적으로 완전연소 시키는데 가장 적은 이론산소량(Sm^3)을 필요로 하는 것은? (단, 연소시 모든 조건은 동일하다.)

㉮ Methane   ㉯ Hydrogen
㉰ Ethane   ㉱ Acetylene

풀이 ㉮ Methane(CH_4)+$2O_2$ → CO_2+$2H_2O$
㉯ Hydrogen(H_2)+$0.5O_2$ → H_2O
㉰ Ethane(C_2H_6)+$3.5O_2$ → $2CO_2$+$3H_2O$
㉱ Acetylene(C_2H_2)+$2.5O_2$ → $2CO_2$+H_2O
기체연료에서 이론공기량이 가장 적은 연료는 완전연소반응식에서 산소의 개수가 가장 적은 연료이므로 ㉯ Hydrogen이 정답이다.

answer 30 ㉰   31 ㉯   32 ㉯   33 ㉯

34 기체연료의 특징 및 종류에 관한 설명으로 틀린 것은?

㉮ 부하변동범위가 넓고 연소의 조절이 용이한 편이다.
㉯ 천연가스는 화염전파속도가 크며, 폭발범위가 크므로 1차 공기를 적게 혼합하는 편이 유리하다.
㉰ 액화천연가스는 메탄을 주성분으로 하는 천연가스를 1기압하에서 -168℃ 근처에서 냉각, 액화시켜 대량수송 및 저장을 가능하게 한 것이다.
㉱ 액화석유가스는 액체에서 기체로 될 때 증발열(90~100kcal/kg)이 있으므로 사용하는데 유의할 필요가 있다.

풀이 ㉯ 천연가스는 화염전파속도가 작으며, 폭발범위가 좁아 1차 공기를 많이 혼합하는 편이 유리하다.

35 저위발열량이 5,000kcal/Sm³인 기체연료의 이론 연소온도(℃)는 약 얼마인가? (단, 이론연소가스량 15Sm³/Sm³, 연료가스의 평균정압 비열 0.35kcal/Sm³ · ℃, 기준온도는 0℃, 공기는 예열하지 않으며, 연소가스는 해리되지 않는다고 본다.)

㉮ 952 ㉯ 994
㉰ 1,008 ㉱ 1,118

풀이 이론연소도(℃)
$= \dfrac{\text{저위발열량(kcal/Sm}^3\text{)}}{\text{가스량(Sm}^3\text{/Sm}^3\text{)} \times \text{평균정압비열(kcal/Sm}^3 \cdot \text{℃)}} + \text{기준온도(℃)}$
$= \dfrac{5{,}000\,\text{kcal/Sm}^3}{15\,\text{Sm}^3\text{/Sm}^3 \times 0.35\,\text{kcal/Sm}^3 \cdot \text{℃}} + 0\text{℃}$
$= 952.38\,\text{℃}$

36 자동차 내연기관에서 휘발유(C_8H_{18} : 옥탄)를 연소시킬 때 공기연료비(Air Fuel Ratio)는 얼마인가? (단, 완전연소, 질량기준)

㉮ 60 ㉯ 40
㉰ 30 ㉱ 15

풀이 $C_8H_{18} + 12.5O_2 \rightarrow 8CO_2 + 9H_2O$

공연비(kg/kg) $= \dfrac{\text{산소갯수} \times 32\text{kg} \times \dfrac{1}{0.232}}{\text{연료갯수} \times \text{연료의 분자량(kg)}}$

$= \dfrac{12.5 \times 32\text{kg} \times \dfrac{1}{0.232}}{114\text{kg}}$

$= 15.12$

TIP
① 공연비 = AFR = $\dfrac{\text{공기량}}{\text{연료량}}$
② AFR(Sm³/Sm³) = $\dfrac{\text{산소갯수} \times 22.4\,\text{Sm}^3 \times \dfrac{1}{0.21}}{\text{연료개수} \times 22.4\,\text{Sm}^3}$
③ 체적(Sm³) = 계수×22.4(Sm³)
④ 질량(kg) = 계수×분자량(kg)

37 다음 중 연소 또는 폐기물 소각공정에서 생성될 수 있는 대기오염물질로 틀린 것은?

㉮ 염화수소 ㉯ 다이옥신
㉰ 벤조(a)피렌 ㉱ 라돈

풀이 ㉱ 라돈(Rn)은 주로 건축자재를 통하여 인체에 영향을 미치는 물질로 호흡기계통의 질환과 폐암을 유발한다.

answer 34 ㉯ 35 ㉮ 36 ㉱ 37 ㉱

38 다음 조건에 해당되는 액체연료와 가장 가까운 것은?

- 비점 : 200 ~ 320℃ 정도
- 비중 : 0.8 ~ 0.9 정도
- 정제한 것은 무색에 가깝고, 착화성 적부는 octane 값으로 표시된다.

㉮ Naphtha ㉯ Heavy oil
㉰ Light oil ㉱ Kerosene

풀이 ㉰ 경유(Light oil)에 대한 설명이다.

39 액체연료의 연소버너에 관한 다음 설명으로 틀린 것은?

㉮ 유압식 버너의 연료 분무각도는 40 ~ 90° 정도이다.
㉯ 고압공기식 버너의 분무각도는 40 ~ 80° 정도이고, 유량조절범위는 1 : 5 정도이다.
㉰ 회전식 버너는 유압식 버너에 비해 분무의 입자는 비교적 크고, 유압은 0.5kg/cm² 전후이다.
㉱ 저압공기식 버너는 주로 소형 가열로 등에 이용되고, 무화에 사용하는 공기량은 전 이론 공기량의 30 ~ 50% 정도이다.

풀이 ㉯ 고압공기식 버너의 분무각도는 20 ~ 30° 정도이고, 유량조절범위는 1 : 10 정도이다.

40 다음 알콜연료 중 에테르, 아세톤, 벤젠 등 많은 유기물질을 용해하며, 무색의 독특한 냄새를 가지고, 모두 8종의 이성체가 존재하는 물질은?

㉮ Ethanol(C_2H_5OH)
㉯ Propanol(C_3H_7OH)
㉰ Butanol(C_4H_9OH)
㉱ Pentanol($C_5H_{11}OH$)

풀이 ㉱ Pentanol($C_5H_{11}OH$)에 대한 설명이며, 8개의 이성질체를 가지는 물질이다.

| 제3과목 | 대기오염방지기술

41 다음은 원심송풍기에 관한 설명이다. ( )안에 들어갈 알맞은 말은?

( )은 익현길이가 짧고 깃폭이 넓은 36 ~ 64매나 되는 다수의 전경깃이 강철판의 회전차에 붙여지고, 용접해서 만들어진 케이싱 속에 삽입된 형태의 팬으로서 시로코팬이라고도 널리 알려져 있다.

㉮ 레이디얼팬 ㉯ 터어보팬
㉰ 다익팬 ㉱ 익형팬

풀이 ㉰ 다익팬에 대한 설명이다.

answer 38 ㉰ 39 ㉯ 40 ㉱ 41 ㉰

42 전기집진장치의 특성에 관한 설명으로 틀린 것은?

㉮ 전압변동과 같은 조건변동에 쉽게 적응하기 어렵다.
㉯ 다른 고효율 집진장치에 비해 압력손실(10~20mmH$_2$O)이 적어 소요동력이 적은 편이다.
㉰ 대량가스 및 고온(350℃ 정도)가스의 처리도 가능하다.
㉱ 입자의 하전을 균일하게 하기 위해 장치내부의 처리가스속도는 보통 7~15m/s를 유지하도록 한다.

풀이 ㉱ 처리가스속도는 건식은 1~2m/s, 습식은 2~4m/s이다.

43 처리가스량 30,000m³/hr, 압력손실 300mmH$_2$O인 집진장치의 송풍기 소요동력(kW) 얼마인가? (단, 송풍기의 효율은 47%이다.)

㉮ 약 38kW ㉯ 약 43kW
㉰ 약 49kW ㉱ 약 52kW

풀이

$$kW = \frac{Ps \times Q}{102 \times \eta} \times \alpha$$

여기서
- Ps : 압력손실(mmH$_2$O)
- Q : 처리가스량(m³/sec)
- η : 처리효율
- α : 여유율

따라서

$$kW = \frac{300mmH_2O \times 30,000m^3/hr \times 1hr/3,600sec}{102 \times 0.47}$$

$= 52.15kW$

44 다음 중 기체분산형 흡수장치로만 짝지어진 것은?

㉮ 단탑, 기포탑 ㉯ 기포탑, 충전탑
㉰ 분무탑, 단탑 ㉱ 분무탑, 충전탑

풀이 흡수장치의 종류
① 기체분산형 : 다공판탑, 종탑, 기포탑
② 액분산형 : 충전탑, 분무탑, 벤츄리스크러버

45 흡착제의 종류 중 각종 방향족 유기용제, 할로겐화된 지방족유기용제, 에스테르류, 알콜류 등의 비극성류의 유기용제를 흡착하는데 탁월한 효과가 있는 물질은?

㉮ 활성백토 ㉯ 실리카겔
㉰ 활성탄   ㉱ 활성알루미나

풀이 ㉰ 흡착제인 활성탄에 대한 설명이며, 활성탄은 소수성 흡착제이다.

46 유해가스 종류별 처리제 및 그 생성물과의 연결로 틀린 것은?

㉮ 유해가스 - SiF$_4$, 처리제 - H$_2$O, 생성물 - SiO$_2$
㉯ 유해가스 - F$_2$, 처리제 - NaOH, 생성물 - NaF
㉰ 유해가스 - HF, 처리제 - Ca(OH)$_2$, 생성물 - CaF$_2$
㉱ 유해가스 - Cl$_2$, 처리제 - Ca(OH)$_2$, 생성물 - Ca(ClO$_3$)$_2$

풀이 ㉱ 염소(Cl$_2$)의 처리제는 Ca(OH)$_2$이고, 생성물은 CaCl$_2$와 Ca(OCl)$_2$이다.

answer 42 ㉱ 43 ㉱ 44 ㉮ 45 ㉰ 46 ㉱

47 다음은 활성탄의 고온 활성화 재생방법으로 적용될 수 있는 다단로(multi-healthfurance)와 회전로(rotary kiln)의 비교표이다. 틀린 것은?

구분	다단로	회전로
㉠ 온도유지	여러 개의 버너로 구분된 반응 영역에서 온도분포 조절이 가능하고 열효율이 높음	단 1개의 버너로 열공급 영역별 온도유지가 불가능하고 열효율이 낮음
㉡ 수증기 공급	반응영역에서 일정하게 분사	입구에서만 공급하므로 일정치 않음
㉢ 입도분포	입도에 비례하여 큰 입자가 빨리 배출	입도 분포에 관계없이 체류시간을 동일하게 유지가능
㉣ 품질	고품질 입상재생 설비로 적합	고품질입상재생 설비로 부적합

㉮ ㉠ ㉯ ㉡
㉰ ㉢ ㉱ ㉣

▶풀이 ㉢ 다단로는 입도 분포에 관계없이 체류시간을 동일하게 유지가능하고, 회전로는 입도에 비례하여 큰 입자가 빨리 배출된다.

48 흡수에 관한 설명으로 틀린 것은?

㉮ 습식세정장치에서 세정흡수율은 세정수량이 클수록, 가스의 용해도가 클수록 헨리정수가 클수록 커진다.
㉯ SiF_4, $HCHO$ 등은 물에 대한 용해도가 크나, NO, NO_2 등은 물에 대한 용해도가 작은편이다.
㉰ 용해도가 작은 기체의 경우에는 헨리의 법칙이 성립한다.
㉱ 헨리정수($atm \cdot m^3/kg \cdot mol$)값은 온도에 따라 변하며, 온도가 높을수록 그 값이 크다.

▶풀이 ㉮ 습식세정장치에서 세정흡수율은 세정수량이 작을수록, 가스의 용해도가 클수록 헨리정수가 작을수록 커진다.

49 10개의 bag을 사용한 여과 집진장치에서 입구먼지농도가 $25g/Sm^3$, 집진율이 98%였다. 가동 중 1개의 bag에 구멍이 열려 전체처리가스량의 1/5이 그대로 통과하였다면 출구의 먼지농도는 얼마인가? (단, 나머지 bag의 집진율 변화는 없음)

㉮ $3.24g/Sm^3$ ㉯ $4.09g/Sm^3$
㉰ $4.82g/Sm^3$ ㉱ $5.40g/Sm^3$

▶풀이 출구의 먼지농도
= 정상시 출구의 먼지농도 + 비정상시 출구의 먼지농도
= $\left(25g/Sm^3 \times \left(1-\dfrac{1}{5}\right) \times (1-0.98)\right) + \left(25g/Sm^3 \times \dfrac{1}{5}\right)$
= $5.4g/Sm^3$

50 습식전기집진장치의 특징에 관한 설명 중 틀린 것은?

㉮ 작은 전기저항에 의해 생기는 먼지는 재비산을 방지할 수 있다.
㉯ 집진면이 청결하여 높은 전계 강도를 얻을 수 있다.
㉰ 건식에 비하여 가스의 처리속도를 2배 정도 크게 할 수 있다.
㉱ 고저항의 먼지로 인한 역전리 현상이 일어나기 쉽다.

answer 47 ㉰ 48 ㉮ 49 ㉱ 50 ㉱

풀이 ㉣번에 대한 설명은 건식전기집진장치에 대한 설명이다.

51 각종 유해가스 처리법으로 가장 틀린 것은?

㉮ 아크로레인은 NaClO 등의 산화제를 혼입한 가성소다 용액으로 흡수 제거한다.
㉯ CO는 백금계의 촉매를 사용하여 연소시켜 제거한다.
㉰ 이황화탄소는 암모니아를 불어넣는 방법으로 제거한다.
㉱ Br_2는 산성수용액에 의한 선정법으로 제거한다.

풀이 ㉱ Br_2는 알칼리성수용액에 의한 선정법으로 제거한다.

52 HF 3,000ppm, SiF_4 1,500ppm 들어있는 가스를 시간당 22,400Sm³씩 물에 흡수시켜 규불산을 회수하려고 한다. 이론적으로 회수할 수 있는 규불산의 양은 얼마인가? (단, 흡수율은 100%)

㉮ 67.2Sm³/h ㉯ 1.5kg·mol/h
㉰ 3.0kg·mol/h ㉱ 22.4Sm³/h

풀이 $2HF + SiF_4 \rightarrow H_2SiF_6$
 2 : 1 : 1
① HF (kg·mol/hr)
 = 22,400Sm³/hr×3,000ppm
 $\times 10^{-6} \times \dfrac{1kg \cdot mol}{22.4Sm^3}$ = 3kg·mol/hr
② SiF_4(kg·mol/hr)
 = 22,400Sm³/hr×1,500ppm
 $\times 10^{-6} \times \dfrac{1kg \cdot mol}{22.4Sm^3}$ = 1.5kg·mol/hr

따라서 규불산의 양은 비례식의 정수비에 의해서 1.5kg·mol/hr이다.

53 유체의 운동을 결정하는 점도(viscosity)에 대한 설명으로 옳은 것은?

㉮ 온도가 증가하면 대개 액체의 점도는 증가한다.
㉯ 액체의 점도는 기체에 비해 아주 크며, 대개 분자량이 증가하면 증가한다.
㉰ 온도가 감소하면 대개 기체의 점도는 증가한다.
㉱ 온도에 따른 액체의 운동점도(kinematic viscosity)의 변화폭은 절대점도의 경우보다 넓다.

풀이 ㉮ 온도가 증가하면 대개 액체의 점도는 감소한다.
㉰ 온도가 감소하면 대개 기체의 점도는 감소한다.
㉱ 온도에 따른 액체의 운동점도의 변화폭은 절대점도의 경우보다 좁다.

TIP
점도
① 액체의 점도는 온도와 반비례관계
② 기체의 점도는 온도와 비례관계

54 먼지의 Stokes 직경이 5×10^{-4}cm, 입자의 밀도가 1.8g/cm³일 때 이 먼지의 공기역학적 직경(cm)은 얼마인가? (단, 먼지는 구형입자이며, 침강속도가 같다.)

㉮ 7.8×10^{-4} ㉯ 6.7×10^{-4}
㉰ 5.4×10^{-4} ㉱ 2.6×10^{-4}

풀이 침강속도(V_g)는 밀도(ρ)×d^2의 관계식을 가지므로
1.8g/cm³×$(5 \times 10^{-4}$cm$)^2$ = 1.0g/cm³×d^2
∴ d = 6.7×10^{-4}cm

answer 51 ㉱ 52 ㉯ 53 ㉯ 54 ㉯

> **TIP**
> 공기역학적 직경에서 사용하는 밀도는 1g/cm³임에 주의해야 함.

55 국소배기 장치 중 후드의 설치 및 흡입 방법으로 틀린 것은?

㉮ 발생원에 최대한 접근시켜 흡입시킨다.
㉯ 주 발생원을 대상으로 하는 국부적인 흡입방식으로 한다.
㉰ 흡입속도를 크게 하기 위하여 개구면적을 넓게 한다.
㉱ 포착속도(Capture velocity)를 충분히 유지시킨다.

풀이 ㉰ 흡입속도를 크게 하기 위하여 개구면적을 작게 한다.

56 백필터의 먼지부하가 420g/m²에 달할 때 먼지를 탈락시키고자 한다. 이 때 탈락시간 간격은? (단, 백필터 유입가스 함진 농도는 10g/m³, 여과속도는 7,200cm/hr이다.)

㉮ 25분   ㉯ 30분
㉰ 35분   ㉱ 40분

풀이 $L_d = C_i \times V_f \times t$
여기서
L_d : 먼지부하(g/m²)
C_i : 입구농도(g/m³)
V_f : 여과속도(m/min)
t : 탈락시간(min)

① $V_f(m/min) = \dfrac{7,200cm}{hr} \times \dfrac{1m}{10^2 cm} \times \dfrac{1hr}{60min} = 1.2 m/min$

② $420 g/m^2 = 10 g/m^3 \times 1.2 m/min \times t$

∴ $t = \dfrac{420 g/m^2}{10 g/m^3 \times 1.2 m/min} = 35 min$

57 400ppm의 HCl을 함유하는 배출가스를 처리하기 위해 액가스비가 2L/Sm³인 충전탑을 설계하고자 한다. 이 때 발생되는 폐수를 중화하는데 필요한 시간당 0.5N NaOH 용액의 양은 얼마인가? (단, 배출가스는 400Sm³/h로 유입되며, HCl은 흡수액인 물에 100% 흡수된다.)

㉮ 9.2L   ㉯ 11.4L
㉰ 14.2L ㉱ 18.8L

풀이 ① HCl의 당량을 계산한다.

$eq/L = \dfrac{400 Sm^3}{hr} \times \dfrac{400 mL}{Sm^3} \times \dfrac{36.5 mg}{22.4 mL} \times \dfrac{1g}{10^3 mg} \times \dfrac{1eq}{36.5g}$

$= 7.143 eq/hr$

② 중화적정 공식 $N_1 V_1 = N_2 V_2$ 를 이용한다.
$7.143 eq/hr = 0.5 eq/L \times V(L/hr)$
∴ $V = 14.29 L/hr$

58 일반적으로 더스트의 체적당 표면적을 비표면적이라 하는데 구형입자의 비표면적의 식을 옳게 나타낸 것은? (단, d는 구형입자의 직경)

㉮ 2/d   ㉯ 4/d
㉰ 6/d   ㉱ 8/d

풀이 비표면적(SV) $= \dfrac{표면적}{체적} = \dfrac{\pi \times d^2}{\dfrac{\pi}{6} \times d^3} = \dfrac{6}{d}$

answer 55 ㉰ 56 ㉰ 57 ㉰ 58 ㉰

59 Co-Ni-Mo을 수소첨가촉매로 하여 250 ~ 450℃에서 30 ~ 150kg/cm² 의 압력을 가하면 S 이 H_2S, SO_2 등의 형태로 제거되는 중요 탈황법은 어느 것인가?

㉮ 직접탈황법　㉯ 흡착탈황법
㉰ 활성탈황법　㉱ 산화탈황법

풀이 ㉮ 직접탈황법에 대한 설명이다.

60 다음 중 여과집진장치에서 여포를 탈진하는 방법으로 틀린 것은?

㉮ 기계적 진동(mechanical shaking)
㉯ 펄스제트(pulse jet)
㉰ 공기역류(reverse air)
㉱ 블로다운(blow down)

풀이 ㉱ 블로다운효과는 원심력집진장치의 효율향상책이다.

| 제4과목 | 대기오염공정시험기준

61 A오염물질의 실측 농도가 250mg/Sm³이고, 이 때 실측 산소농도가 3.5%이다. A오염물질의 보정농도(mg/Sm³)는? (단, A오염물질은 표준산소농도를 적용받으며, 표준산소농도는 4%이다.)

㉮ 약 219mg/Sm³
㉯ 약 243mg/Sm³
㉰ 약 247mg/Sm³
㉱ 약 286mg/Sm³

풀이 오염물질의 농도보정

$$C = C_a \times \frac{21-O_s}{21-O_a} = 250 mg/Sm^3 \times \frac{21-4\%}{21-3.5\%}$$
$$= 242.86 mg/Sm^3$$

62 환경대기 중의 탄화수소 농도를 측정하기 위한 시험방법 중 주시험법인 것은?

㉮ 총탄화수소 측정법
㉯ 비메탄 탄화수소 측정법
㉰ 활성 탄화수소 측정법
㉱ 비활성 탄화수소 측정법

풀이 환경대기중의 탄화수소 시험방법으로는 총탄화수소 측정법, 비메탄 탄화수소 측정법, 활성 탄화수소 측정법이 있으며, 주시험방법은 비메탄 탄화수소 측정법이다.

63 환경대기 중 시료채취위치 선정기준으로 틀린 것은?

㉮ 주위에 건물 등이 밀집되어 있을 때는 건물 바깥벽으로부터 적어도 1.5m 이상 떨어진 곳에 채취점을 선정한다.
㉯ 시료의 채취높이는 그 부근의 평균오염도를 나타낼 수 있는 곳으로서 가능한 1.5~30m 범위로 한다.
㉰ 주위에 장애물이 있을 경우에는 채취 위치로부터 장애물까지의 거리가 그 장애물 높이의 1.5배 이상이 되도록 한다.
㉱ 주위에 장애물이 있을 경우에는 채취점과 장애물 상단을 연결하는 직선이 수평선과 이루는 각도가 30°이하 되는 곳을 선정한다.

풀이 ㉰ 주위에 장애물이 있을 경우에는 채취 위치로부터 장애물까지의 거리가 그 장애물높이의 2배 이상이 되도록 한다.

answer 59 ㉮　60 ㉱　61 ㉯　62 ㉯　63 ㉰

64 원자흡수분광광도법에서 목적원소에 의한 흡광도 A_S와 표준원소에 의한 흡광도 A_R와의비를 구하고 A_S/A_R값과 표준물질 농도와의 관계를 그래프에 작성하여 검정곡선을 만들어 시료 중의 목적원소 농도를 구하는 정량법은 무엇인가?

㉮ 표준물첨가법 ㉯ 상대검정곡선법
㉰ 절대검정곡선법 ㉱ 검정곡선법

풀이 ㉯ 상대검정곡선법에 대한 설명이다.

65 보통형 (I형) 흡입노즐을 사용한 굴뚝 배출가스 흡입시 10분간 채취한 흡입가스량 (습식가스미터에서 읽은 값)이 60L이었다. 이 때 등속흡입이 행하여지기 위한 가스미터에 있어서의 등속흡입유량의 범위로 가장 적합한 것은? (단, 등속흡입 정도를 알기 위한 등속흡입계수 I(%) = $\frac{V_m}{q_m \times t} \times 100$이다.)

㉮ 3.3 ~ 5.3L/분   ㉯ 5.5 ~ 6.7L/분
㉰ 6.5 ~ 7.3L/분   ㉱ 7.5 ~ 8.3L/분

풀이 $I(\%) = \frac{V_m}{q_m \times t} \times 100$

여기서
- I : 등속흡입계수(%) (등속흡입계수의 범위는 90 ~ 110%)
- V_m : 흡입가스량(습식가스미터에서 읽은 값)(L)
- q_m : 가스미터에 있어서의 등속흡입유량(L/분)
- t : 가스 흡입시간(분)

① 등속흡입계수(I)가 90%일 때
등속흡입유량(q_m) = $\frac{V_m}{I \times t} = \frac{60L}{0.90 \times 10min} = 6.66 L/min$

② 등속흡입계수(I)가 110%일 때
등속흡입유량(q_m) = $\frac{V_m}{I \times t} = \frac{60L}{1.10 \times 10min} = 5.46 L/min$

③ 등속흡입유량의 범위는 5.46L/min ~ 6.66L/min이다.

66 대기오염공정시험기준상 굴뚝 배출가스 중 일산화탄소 분석방법으로 틀린 것은?

㉮ 자외선가시선분광법
㉯ 정전위전해법
㉰ 비분산적외선분광분석법
㉱ 기체크로마토그래피법

풀이 일산화탄소의 분석방법으로는 비분산적외선분광분석법, 정전위전해법, 기체크로마토그래피법이 있다.

67 굴뚝 배출가스 중 수분의 부피백분율을 측정하기 위하여 흡습관에 배출가스 10L를 흡입하여 유입시킨 결과 흡습관의 질량 증가는 0.82g이었다. 이 때 가스흡입은 건식 가스미터로 측정하여 그 가스미터의 가스 게이지압은 4mmHg이고, 온도는 27℃이었다. 그리고 대기압은 760mmHg이었다면 이 배출가스 중 수분량(%)은 얼마인가?

㉮ 약 10%   ㉯ 약 13%
㉰ 약 16%   ㉱ 약 18%

풀이 $X_w(\%) = \frac{1.244ma}{V_s(L) + 1.244ma} \times 100$

$V_s(L) = 10L \times \frac{273}{273+27℃} \times \frac{(760+4)mmHg}{760mmHg}$
       $= 9.1479L$

따라서 $X_w(\%) = \frac{1.244 \times 0.82g}{9.1479L + 1.244 \times 0.82g} \times 100$
            $= 10.03\%$

TIP
① 흡습관을 사용하면 습가스량 기준
② $1.244ma(L) = \frac{22.4L}{18g} \times 수분질량(g)$

answer 64 ㉯ 65 ㉯ 66 ㉮ 67 ㉮

68 다음 설명은 대기오염공정시험기준 총칙의 설명이다. ( )안에 들어갈 단어로 가장 적합하게 나열된 것은?

> 이 시험기준의 각 항에는 표시한 검출한계는 (㉠), (㉡) 등을 고려하여 해당되는 각조의 조건으로 시험하였을 때 얻을 수 있는 (㉢)를 참고하도록 표시한 것이므로 실제 측정 시 채취량이 줄어들거나 늘어날 경우 (㉢)가 조정될 수 있다.

㉮ ㉠ 반복성, ㉡ 정밀성, ㉢ 바탕치
㉯ ㉠ 재현성, ㉡ 안정성, ㉢ 한계치
㉰ ㉠ 회복성, ㉡ 정량성, ㉢ 오차
㉱ ㉠ 재생성, ㉡ 정확성, ㉢ 바탕치

풀이 검출한계는 재현성, 안정성 등을 고려하여 해당되는 각조의 조건으로 시험하였을 때 얻을 수 있는 한계치를 참고하도록 표시한 것이다.

69 굴뚝 내 배출가스 유속을 피토우관으로 측정한 결과 그 동압이 35mmH₂O였다면 굴뚝내의 유속(m/sec)은 얼마인가? (단, 배출가스 온도는 225℃, 공기의 비중량은 1.3kg/Sm³, 피토우관 계수는 0.98이다.)

㉮ 28.5 ㉯ 30.4
㉰ 32.6 ㉱ 35.8

풀이
$V = C \times \sqrt{\dfrac{2gh}{r}}$

① $r(kg/m^3) = 1.3 kg/Sm^3 \times \dfrac{273}{273+225℃}$
  $= 0.7127 kg/m^3$

② $V = 0.98 \times \sqrt{\dfrac{2 \times 9.8 m/sec^2 \times 35 mmH_2O}{0.7127 kg/m^3}}$
  $= 30.40 m/sec$

70 2,4-다이나이트로페닐하이드라진(DNPH)과 반응하여 하이드라존유도체를 생성하게 하여 이를 액체크로마토그래피로 분석하는 물질은?

㉮ 아민류 ㉯ 알데하이드류
㉰ 벤젠   ㉱ 다이옥신류

풀이 ㉯ 알데하이드를 고성능 액체크로마토그래피법으로 분석하는 방법에 대한 설명이다.

71 원자흡수분광광도법에서 원자흡광분석시 스펙드럼의 불꽃 중에서 생성되는 목적원소의 원자증기 이외의 물질에 의하여 흡수되는 경우에 일어나는 간섭의 종류는?

㉮ 이온학적 간섭 ㉯ 분광학적 간섭
㉰ 물리적 간섭   ㉱ 화학적 간섭

풀이 ㉯ 분광학적 간섭에 대한 설명이다.

72 대기오염공정시험기준상 화학분석 일반사항에 관한 규정 중 옳은 것은?

㉮ 상온은 15~25℃, 실온은 1~35℃, 찬 곳은 따로 규정이 없는 한 0~15℃의 곳을 뜻한다.
㉯ 방울수라 함은 20℃에서 정제수 10방울을 떨어뜨릴 때 그 부피가 약 1mL 되는 것을 뜻한다.
㉰ "약"이란 그 무게 또는 부피에 대하여 ±1% 이상의 차가 있어서는 안 된다.
㉱ 10억분율은 pphm으로 표시하고 따로 표시가 없는 한 기체일 때는 용량 대 용량(부피분율), 액체일 때는 중량 대 중량(질

answer 68 ㉯ 69 ㉯ 70 ㉯ 71 ㉯ 72 ㉮

량분율)을 표시한 것을 뜻한다.

풀이 ㉯ 방울수라 함은 20℃에서 정제수 20방울을 떨어뜨릴 때 그 부피가 약 1mL되는 것을 뜻한다.
㉰ "약"이란 그 무게 또는 부피에 대하여 ±10% 이상의 차가 있어서는 안 된다.
㉱ 10억분율은 ppb로 표시하고 따로 표시가 없는 한 기체일 때는 용량 대 용량(부피분율), 액체일 때는 중량 대 중량(질량분율)으로 표시한 것을 뜻한다.

73 다음 기체크로마토그래피의 장치구성 중 가열장치가 필요한 부분과 그 이유로 가장 적합하게 연결된 것은?

㉮ A, B, C - 운반가스 및 시료의 응축을 방지하기 위해
㉯ A, C, D - 운반가스 응축을 방지하고, 시료를 기화하기 위해
㉰ C, D, E - 시료를 기화시키고, 기화된 시료의 응축 및 응결을 방지하기 위해
㉱ B, C, D - 운반가스 유량의 적절한 조절과 분리관내 충진제의 흡착 및 흡수능을 높이기 위해

풀이 ① 가열장치가 필요한 부분 : 시료도입부, 분리관, 검출기
② 이유 : 시료를 기화시키고, 기화된 시료의 응축 및 응결을 방지하기 위해서

74 흡광차분광법(DOAS)으로 측정시 필요한 광원으로 옳은 것은?

㉮ 1800~2,850nm 파장을 갖는 Zeus 램프
㉯ 200~900nm 파장을 갖는 Zeus 램프
㉰ 180~2,850nm 파장을 갖는 Xenon 램프
㉱ 200~900nm 파장을 갖는 Hollow cathode 램프

풀이 흡광차분광법에서 광원은 180~2,850nm 파장을 갖는 제논(Xenon)램프이다.

75 휘발성유기화합물질(VOCs) 누출확인 방법에 관한 설명으로 틀린 것은?

㉮ 검출불가능 누출농도는 누출원에서 VOCs가 대기중으로 누출되지 않는다고 판단되는 농도로서 국지적 VOCs배경농도의 최고 농도값이다.
㉯ 휴대용 측정기기를 사용하여 개별누출원으로부터의 직접적인 누출량을 측정한다.
㉰ 누출농도는 VOCs가 누출되는 누출원 표면으로서의 농도로서 대조화합물을 기초로 한 기기의 측정값이다.
㉱ 응답시간은 VOCs가 시료채취장치로 들어가 농도 변화를 일으키기 시작하여 기기계기판의 최종값이 90%를 나타내는데 걸리는 시간이다.

풀이 ㉯ 휴대용 측정기기를 사용하여 개별누출원으로부터의 직접적인 누출량을 측정하지 아니한다.

answer 73 ㉰ 74 ㉰ 75 ㉯

76 굴뚝 배출가스 중 황산화물을 아르세나조Ⅲ법으로 측정할 경우 설명으로 틀린 것은?

㉮ 흡수액은 과산화수소를 사용한다.
㉯ 지시약은 아르세나조Ⅲ을 사용한다.
㉰ 아세트산바륨용액으로 적정한다.
㉱ 이 시험법은 수산화소듐으로 적정하는 킬레이트침전법이다.

▶ 풀이 ㉱ 이 시험법은 아세트산바륨용액으로 적정하는 킬레이트침전법이다.

77 건식가스미터를 사용하여 굴뚝에서 배출되는 가스상 물질을 시료채취 하고자 할 때, 건조 시료 가스 채취량을 구하기 위해 필요한 항목으로 틀린 것은?

㉮ 가스미터의 게이지압
㉯ 가스미터의 온도
㉰ 가스미터로 측정한 흡입가스량
㉱ 가스미터 온도에서의 포화 수증기압

▶ 풀이 ㉱번 항목은 습식가스미터에 해당한다.

TIP
건식가스미터 사용시 건조시료가스량 구하는 공식
$$Vs(L) = V(L) \times \frac{273}{273+tg\,℃} \times \frac{(Pa+Pm)mmHg}{760mmHg}$$

78 다음은 굴뚝 배출가스 중의 질소산화물에 대한 아연환원 나프틸에틸렌다이아민 분석방법이다. (   )안에 들어갈 말로 올바르게 연결된 것은?

> 시료중의 질소산화물을 오존 존재하에서 물에 흡수시켜 (㉠)으로 만든다. 이 (㉠)을 (㉡)을 사용하여 (㉢)으로 환원한 후 설파닐아마이드(sulfanilarnide) 및 나프틸에틸렌다이아민(naphthyl ethylene diarnine)을 반응시켜 얻어진 착색의 흡광도로부터 질소산화물을 정량하는 방법이다.

㉮ ㉠아질산이온, ㉡분말금속아연, ㉢질산이온
㉯ ㉠아질산이온, ㉡분말황산아연, ㉢질산이온
㉰ ㉠질산이온, ㉡분말황산아연, ㉢아질산이온
㉱ ㉠질산이온, ㉡분말금속아연, ㉢아질산이온

▶ 풀이 아연환원 나프틸에틸렌다이아민 분석방법은 질소산화물을 오존 존재하에서 물에 흡수시켜 질산이온으로 만들고, 이 질산이온을 분말금속아연을 사용하여 아질산이온으로 환원한다.

79 대기오염공정시험기준 중 환경대기 내의 아황산가스 측정방법으로 틀린 것은?

㉮ 적외선 형광법   ㉯ 용액 전도율법
㉰ 불꽃광도법   ㉱ 자외선 형광법

▶ 풀이 환경대기 내의 아황산가스 측정방법
① 자동연속측정법 : 용액 전도율법, 불꽃광도법, 자외선형광법(주시험방법), 흡광차분광법
② 수동 및 반자동측정법 : 파라로자닐린법, 산정량수동법, 산정량반자동법

answer 76 ㉱ 77 ㉱ 78 ㉱ 79 ㉮

80 대기오염공정시험법상 배출가스 중 수은화합물을 분석하는 방법으로 알맞은 것은?

㉮ 냉증기-원자흡수분광광도법
㉯ 유도결합플라스마/원자발광분광법
㉰ 자외선/가시선분광법
㉱ 기체크로마토그래피

풀이 배출가스 중 수은화합물의 분석방법은 냉증기-원자흡수분광광도법이다.

answer 80 ㉮

2018 2회 기출문제

| 제1과목 | 대기환경관리

01 역전풍(Anticyclone)구역 내에서 차가운 공기가 장시간 침강(단열적)하였을 때 공기덩어리 상부면(Top)과 하부면(Botton)의 온도차(변화)를 바르게 표시한 것은? (단, dT/dP는 압력에 대한 온도 변화이며, 이상기체로 작용한다.)

㉮ $(dT/dP)_{Top} < (dT/dP)_{Botton}$
㉯ $(dT/dP)_{Top} > (dT/dP)_{Botton}$
㉰ $(dT/dP)_{Top} = (dT/dP)_{Botton}$
㉱ $(dT/dP)_{Top} \leq (dT/dP)_{Botton}$

풀이 차가운 공기가 장시간 침강(단열적)한 경우 :
$(dT/dP)_{Top} > (dT/dP)_{Botton}$

02 최대 혼합고도를 400m로 예상하여 오염농도를 3ppm으로 추정하였는데, 실제 관측된 최대 혼합고도는 200m였다. 실제 나타날 오염농도는 얼마인가? (단, 기타 조건은 같음)

㉮ 21ppm   ㉯ 24ppm
㉰ 27ppm   ㉱ 29ppm

풀이 실제오염농도(ppm)
= 예상오염농도(ppm) × $\left\{\dfrac{예상최대혼합고}{실제최대혼합고}\right\}^3$
= 3ppm × $\left(\dfrac{400m}{200m}\right)^3$ = 24.0ppm

03 다음 중 대기오염물질의 분산을 예측하기 위한 바람장미(wind rose)에 관한 설명으로 틀린 것은?

㉮ 바람장미는 풍향별로 관측된 바람의 발생빈도와 풍속을 16방향인 막대기형으로 표시한 기상도형이다.
㉯ 가장 빈번히 관측된 풍향을 주풍(prevailing wind)이라 하고, 막대의 굵기를 가장 굵게 표시한다.
㉰ 관측된 풍향별 발생빈도를 %로 표시한 것을 방향량(vector)이라 하며, 바람장미의 중앙에 숫자로 표시한 것은 무풍률이다.
㉱ 풍속이 0.2m/sec 이하일 때를 정온(calm)상태로 본다.

풀이 ㉯ 가장 빈번히 관측된 풍향을 주풍(prevailing wind)이라 하고, 막대의 길이를 가장 길게 표시한다.

answer 01 ㉯ 02 ㉯ 03 ㉯

04 주요 배출오염물질과 그 발생원과의 연결로 가장 관계가 적은 것은?

㉮ HF - 도장공업, 석유정제
㉯ HCl - 소다공업, 활성탄제조, 금속제련
㉰ C_6H_6 - 포르말린제조
㉱ Br_2 - 염료, 의약품 및 농약 제조

풀이 ㉮ 불화수소(HF) : 화학비료공업, 알루미늄공업, 요업공업, 유리공업

05 표준상태에서 SO_2농도가 $1.28g/m^3$라면 몇 ppm인가?

㉮ 약 250   ㉯ 약 350
㉰ 약 450   ㉱ 약 550

풀이
$$ppm(mL/Sm^3) = \frac{1.28g}{Sm^3} \times \frac{10^3 mg}{1g} \times \frac{22.4mL}{64mg}$$
$$= 448 mL/Sm^3 (ppm)$$

TIP
① ppm = mL/Sm^3
② SO_2 1mol $\begin{cases} 64mg \\ 22.4mL \end{cases}$

06 다음 중 London형 스모그에 관한 설명으로 틀린 것은? (단, Los Angeles형 스모그와 비교)

㉮ 복사성 역전
㉯ 습도가 85% 이상
㉰ 시정거리가 100m 이하
㉱ 산화반응

풀이 반응
① 런던스모그 : 환원반응
② LA스모그 : 산화반응, 광화학반응

07 다음은 입경(직경)에 대한 설명이다. ( )안에 들어갈 알맞은 말은?

( )은 입자성 물질의 끝과 끝을 연결한 선 중 가장 긴 선을 직경으로 하는 것을 말한다.

㉮ 휘렛 직경
㉯ 마틴 직경
㉰ 공기역학적 직경
㉱ 스토크스 직경

풀이 ㉮ 휘렛(Feret) 직경에 대한 설명이다.

08 리차드슨 수에 관한 설명으로 옳은 것은?

㉮ 리차드슨 수가 -0.04보다 작으면 수직방향의 혼합은 없다.
㉯ 리차드슨 수가 0이면 기계적 난류만 존재한다.
㉰ 리차드슨 수가 0에 접근하면 분산이 커져 대류혼합이 지배적이다.
㉱ 일차원 수로서 기계난류를 대류난류로 전환시키는 율을 측정할 것이다.

풀이 ㉮ 리차드슨 수가 -0.04보다 작으면 수직방향의 혼합이 지배적이다.
㉰ 리차드슨 수가 0에 접근하면 분산이 작아지고 기계적 난류가 지배적이다.
㉱ 무차원 수로서 대류난류를 기계적 난류로 전환시키는 율을 측정할 것이다.

answer 04 ㉮ 05 ㉰ 06 ㉱ 07 ㉮ 08 ㉯

09 지표부근의 공기덩어리가 지면으로부터 열을 받는 경우 부력을 얻어 상승하게 되는데 상승과정에서 단열변화가 이루어져 어떤 고도에 이르면 상승한 공기 중에 들어있는 수증기는 포화되고 응결이 이루어진다. 이와 같이 열적 상승에 의해 응결이 이루어지는 고도를 일컫는 용어로 가장 적합한 것은?

㉮ 대류응결고도(CCL)
㉯ 상승응결고도(LCL)
㉰ 혼합응결고도(MCL)
㉱ 상승지수(LI)

풀이 ㉮ 대류응결고도(CCL)에 대한 설명이다.

10 이동 배출원이 도심지역인 경우, 하루 중 시간대별 각 오염물의 농도 변화는 일정한 형태를 나타내는데, 다음 중 일반적으로 기장 이른 시간에 하루 중 최대 농도를 나타내는 물질은?

㉮ O_3 ㉯ NO_2
㉰ NO   ㉱ Aldehydes

풀이 일반적으로 가장 이른 시간에 하루 중 최대 농도를 나타내는 물질은 1차성물질이므로 일산화질소(NO)가 정답이 된다.

11 각 오염물질의 특성에 관한 설명으로 틀린 것은?

㉮ 염소는 암모니아에 비해서 훨씬 수용성이 약하므로 후두에 부종만을 일으키기보다는 호흡기계 전체에 영향을 미친다.
㉯ 포스겐 자체는 자극성이 경미하지만 수중에서 재빨리 염산으로 분해되어 거의 급성 전구증상이 없이 치사량을 흡입할 수 있으므로 매우 위험하다.
㉰ 브로민화합물은 부식성이 강하며 주로 상기도에 대하여 급성 흡입효과를 지니고, 고농도에서는 일정기간이 지나면 폐부종을 유발하기도 한다.
㉱ 불화수소는 수용액과 에테르 등의 유기용매에 매우 잘 녹으며, 무수불화수소는 약산성의 물질이다.

풀이 ㉱ 불화수소는 물에 매우 잘 녹으며, 무수불화수소는 약산성의 물질이다.

12 질소산화물(NO_X)에 관한 설명으로 틀린 것은?

㉮ N_2O는 대류권에서는 온실가스로 성층권에서는 오존층 파괴물질로서 보통 대기 중에 약 0.5ppm 정도 존재한다.
㉯ 연소과정 중 고온에서는 90% 이상이 NO로 발생한다.
㉰ NO_2는 적갈색, 자극성 기체로 독성이 NO보다 약 5배 정도나 더 크다.
㉱ NO의 독성은 오존보다 10~15배 강하여 폐렴, 폐수종을 일으키며, 대기 중에 체류시간은 20~100년 정도이다.

풀이 ㉱ NO의 독성은 NO_2보다 작으며, 대기 중 체류시간은 약 2~5일 정도이다.

13 Deacon의 공식을 이용하여 지표높이 10m에서의 풍속이 2m/s일 때, 고도 100m 에서의 풍속은 얼마인가? (단, P : 0.4)

㉮ 약 5.0m/s   ㉯ 약 8.7m/s
㉰ 약 10.6m/s ㉱ 약 15.1m/s

풀이
$$U_2 = U_1 \times \left(\frac{H_2}{H_1}\right)^P$$
$$= 2m/sec \times \left(\frac{100m}{10m}\right)^{0.4}$$
$$= 5.02m/sec$$

14 각 오염물질의 대사 및 작용기전으로 틀린 것은?

㉮ 알루미늄화합물은 소장에서 인과 결합하여 인 결핍과 골연화증을 유발한다.
㉯ 암모니아와 아황산가스는 물에 대한 용해도가 높기 때문에 흡입된 대부분의 가스가 상기도 점막에서 흡수되므로 즉각적으로 자극증상을 유발한다.
㉰ 삼염화에틸렌은 다발성신경염을 유발하고, 중추신경계를 억제하는데 간과 신경에 미치는 독성이 사염화탄소에 비해 현저하게 높다.
㉱ 이황화탄소는 중추신경계에 대한 특징적인 독성작용으로 심한 급성 또는 아급성 뇌병증을 유발한다.

풀이 ㉰ 삼염화에틸렌은 중추신경계를 억제하며, 간과 신장에 미치는 독성은 사염화탄소에 비해 낮은 편이다.

15 다음 식물 중 에틸렌가스에 대한 저항성이 가장 큰 것은?

㉮ 완두   ㉯ 스위트피
㉰ 양배추 ㉱ 토마토

풀이 에틸렌가스에 강한 식물은 양배추이며, 약한 식물(지표식물)은 토마토, 스위트피이다.

16 라돈에 관한 설명으로 틀린 것은?

㉮ 일반적으로 인체의 조혈기능 및 중추신경계통에 가장 큰 영향을 미치는 것으로 알려져 있으며, 화학적으로 반응성이 크다.
㉯ 무색, 무취의 기체로 액화되어도 색을 띠지 않는 물질이다.
㉰ 공기보다 9배 정도 무거워 지표에 가깝게 존재한다.
㉱ 주로 토양, 지하수, 건축자재 등을 통하여 인체에 영향을 미치고 있으며 흙속에서 방사선 붕괴를 일으킨다.

풀이 ㉮ 라돈은 폐암을 유발하며 화학적으로 반응성이 작은 안정한 물질이다.

17 냄새물질에 대한 다음 설명으로 틀린 것은?

㉮ 분자내 수산기의 수가 1개 일 때 가장 약하고, 수가 증가하면 강한 냄새를 유발한다.
㉯ 골격이 되는 탄소 수는 저분자일수록 관능기 특유의 냄새가 강하다.
㉰ 에스테르화합물은 구성하는 산이나 알코올류보다 방향이 우세하다.
㉱ 분자 내에 황 및 질소가 있으면 냄새가 강하다.

answer 13 ㉮   14 ㉰   15 ㉰   16 ㉮   17 ㉮

풀이 ㉮ 분자내 수산기의 수가 1개 일 때 가장 강하고, 수가 증가하면 약해져서 무취에 이른다.

18 다음 오염물질의 균질층 내에서의 건조 공기 중 체류시간의 순서배열(짧은 시간에서부터 긴 시간)로 옳게 나열된 것은?

㉮ N_2 - CO - CO_2 - H_2
㉯ CO - CH_4 - O_2 - N_2
㉰ O_2 - N_2 - H_2 - CO
㉱ CO_2 - H_2 - N_2 - CO

풀이 체류시간 : CO(1~3개월) - CH_4(3~8년) - O_2(6000년) - N_2(4×10^8년)

19 혼합층에 관한 설명으로 가장 적절한 것은?

㉮ 최대혼합깊이는 통상 낮에 가장 적고, 밤시간을 통하여 점차 증가한다.
㉯ 야간에 역전이 극심한 경우 최대혼합깊이는 5000m 정도까지 증가한다.
㉰ 계절적으로 최대혼합깊이는 주로 겨울에 최소가 되고 이른 여름에 최대값을 나타낸다.
㉱ 환기량은 혼합층의 온도와 혼합층 내의 평균풍속을 곱한 값으로 정의된다.

풀이 ㉮ 최대혼합깊이는 통상 밤에 가장 적고, 낮시간을 통하여 점차 증가한다.
㉯ 야간에 역전이 극심한 경우 최대혼합깊이는 0이 될 수도 있다.
㉱ 환기량은 혼합층의 높이에 혼합층 내의 평균풍속을 곱한 값으로 정의된다.

20 다음 특정물질 중 오존 파괴지수가 가장 큰 것은?

㉮ CFC-113
㉯ CFC-114
㉰ Halon-1211
㉱ Halon-1301

풀이 오존층 파괴지수(ODP)
㉮ CFC-113 : 0.8
㉯ CFC-114 : 1.0
㉰ Halon-1211 : 3.0
㉱ Halon-1301 : 10.0

| 제2과목 | 연소공학

21 확산형 가스버너인 포트형 사용 및 설계 시의 주의사항으로 틀린 것은?

㉮ 구조상 가스와 공기압을 높이지 못한 경우에 사용한다.
㉯ 가스와 공기를 함께 가열 수 있는 이점이 있다.
㉰ 고발열량 탄화수소를 사용할 경우는 가스압력을 이용하여 노즐로부터 고속으로 분출케 하여 그 힘으로 공기를 흡입하는 방식을 취한다.
㉱ 밀도가 큰 가스 출구는 하부에, 밀도가 작은 공기 출구는 상부에 배치되도록 하여 양쪽의 밀도차에 의한 혼합이 잘 되도록 한다.

풀이 ㉱ 밀도가 큰 가스 출구는 상부에, 밀도가 작은 공기 출구는 하부에 배치되도록 한다.

answer 18 ㉯ 19 ㉰ 20 ㉱ 21 ㉱

22 중유에 관한 설명으로 틀린 것은?

㉮ 점도가 낮은 것이 사용상 유리하고, 용적당 발열량이 적은 편이다.
㉯ 인화점이 높은 경우 역화의 위험이 있으며, 보통 그 예열온도보다 약 2℃ 정도 높은 것을 쓴다.
㉰ 점도가 낮을수록 유동점이 낮아진다.
㉱ 잔류탄소의 함량이 많아지면 점도가 높게 된다.

풀이 ㉯ 인화점이 낮은 경우 역화의 위험이 있으며, 보통 그 예열온도보다 약 5℃ 이상 높은 것이 좋다.

23 착화온도에 관한 다음 설명으로 틀린 것은?

㉮ 반응활성도가 클수록 높아진다.
㉯ 분자구조가 간단할수록 높아진다.
㉰ 산소농도가 클수록 낮아진다.
㉱ 발열량이 낮을수록 높아진다.

풀이 ㉮ 반응활성도가 클수록 낮아진다.

TIP
착화온도는 활성화에너지와 석탄의 탄화도와는 비례관계이고, 나머지 조건과는 반비례관계이다.

24 다음 설명에 해당하는 기체연료는 무엇인가?

> 고온으로 가열된 무연탄이나 코크스 등에 수증기를 반응시켜 얻은 기체연료이며, 반응식은 아래와 같다.
> $C + H_2O \rightarrow CO + H_2 + Q$
> $C + 2H_2O \rightarrow CO_2 + 2H_2 + Q$

㉮ 수성가스 ㉯ 고로가스
㉰ 오일가스 ㉱ 발생로가스

풀이 ㉮ 수성가스에 대한 설명이며, 수성가스는 주성분이 수소(45~50%), 일산화탄소(40~45%)이다.

25 미분탄연소로에 사용되는 버너 중 접선기울형 버너(tangential tiling burner)에 관한 설명으로 틀린 것은?

㉮ 선회흐름을 보일러에 활용한 것으로 선회버너라고도 하며, 연소로 외벽쪽으로 화염을 분산·형성한다.
㉯ 사각연소로인 경우 각 모퉁이에 3~5개의 버너가 높이가 다르게 설치되어 있다.
㉰ 1차 공기 및 석탄 주입관 끝은 10~30° 정도의 각도범위에서 조정할 수 있도록 되어 있다.
㉱ 화염을 상하로 이동시켜서 과열을 방지할 수 있도록 되어 있다.

풀이 ㉮ 선회흐름을 보일러에 활용한 것으로 선회버너라고도 하며, 연소로 전면으로 화염을 분산·형성한다.

answer 22 ㉯ 23 ㉮ 24 ㉮ 25 ㉮

26 메탄 1mol이 완전연소할 때 AFR은 얼마인가? (단, 몰기준)

㉮ 6.5 ㉯ 7.5
㉰ 8.5 ㉱ 9.5

풀이 $CH_4 + 2O_2 \rightarrow CO_2 + 2H_2O$

$$공연비(AFR ; Sm^3/Sm^3) = \frac{산소갯수 \times 22.4 Sm^3 \times \frac{1}{0.21}}{연료갯수 \times 22.4 Sm^3}$$

$$= \frac{2 \times 22.4 Sm^3 \times \frac{1}{0.21}}{1 \times 22.4 Sm^3}$$

$$= 9.52$$

27 고압기류 분무식 버너에 관한 설명으로 틀린 것은?

㉮ 연료분사범위는 외부혼합식이 3 ~ 500 L/hr, 내부혼합식이 10 ~ 1,200L/hr 정도이다.
㉯ 분무각도는 30 ~ 60°정도이고 유량조절비는 1 : 5로 비교적 커서 부하변동에 적응이 용이하다.
㉰ 2 ~ 8kg/cm²의 고압공기를 사용하여 연료유를 무화시키는 방식이다.
㉱ 분무에 필요한 1차 공기량은 이론연소 공기량의 7 ~ 12% 정도이다.

풀이 ㉯ 분무각도는 20 ~ 30°정도이고 유량조절비는 1 : 10으로 커서 부하변동에 적응이 용이하다.

28 다음 중 기체연료의 연소장치로서 천연가스와 같은 고발열량 연료를 연소시키는데 가장 적합하게 사용되는 버너의 종류는 무엇인가?

㉮ 선회형 버너 ㉯ 방사형 버너
㉰ 회전식 버너 ㉱ 건타입 버너

풀이 ㉯ 방사형 버너에 대한 설명이며, "천연가스연소"가 핵심이다.

29 연료의 종류에 따른 연소 특성으로 틀린 것은?

㉮ 기체연료는 저발열량의 것으로 고온을 얻을 수 있고, 전열효율을 높일 수 있다.
㉯ 액체연료는 화재, 역화 등의 위험이 크며, 연소온도가 높아 국부적인 과열을 일으키기 쉽다.
㉰ 액체연료는 기체연료에 비해 적은 과잉 공기로 완전연소가 가능하다.
㉱ 액체연료의 경우 회분은 아주 적지만, 재속의 금속산화물이 장애원인이 될 수 있다.

풀이 ㉰ 액체연료는 기체연료에 비해 많은 과잉 공기로 완전연소가 가능하다.

answer 26 ㉱ 27 ㉯ 28 ㉯ 29 ㉰

30 다음은 가동화격자의 종류에 관한 설명이다. ( )안에 들어갈 알맞은 말은?

> ( )는 고정화격자와 가동화격자를 횡방향으로 나란히 배치하고 가동화격자를 전후로 왕복운동시킨다. 비교적 강한 교반력과 이송력을 갖고 있으며 화격자 눈의 메워짐이 별로 없어 낙진량이 많고 냉각작용이 부족하다.

㉮ 부채형 반전식 화격자
㉯ 병렬요동식 화격자
㉰ 이상식 화격자
㉱ 회전 롤러식 화격자

풀이 ㉯ 병렬요동식 화격자에 대한 설명이다.

31 다음 각종 연료의 이론공기량의 개략치 값(Sm^3/kg)으로 가장 거리가 먼 것은?

㉮ 코우크스 : 0.8 ~ 1.2
㉯ 고로가스 : 0.7 ~ 0.9
㉰ 발생로 가스 : 0.9 ~ 1.2
㉱ 가솔린 : 11.3 ~ 11.5

풀이 ㉮ 코우크스 : 8.5 정도

32 다음의 액체탄화수소 중 탄소수가 가장 적고, 비점이 30 ~ 200℃, 비중이 0.72 ~ 0.76 정도인 물질은?

㉮ 중유 ㉯ 경유
㉰ 등유 ㉱ 휘발유

풀이 ㉱ 휘발유(gasoline)에 대한 설명이다.

33 Propane $1Sm^3$을 연소시킬 경우 이론건조연소가스 중의 탄산가스 최대농도(%)는 얼마인가?

㉮ 12.8%   ㉯ 13.8%
㉰ 14.8%   ㉱ 15.8%

풀이
$$CO_2 max(\%) = \frac{CO_2량(Sm^3/Sm^3)}{God(Sm^3/Sm^3)} \times 100$$

① Propane(C_3H_8)의 완전연소 반응식
$C_3H_8 + 5O_2 \rightarrow 3CO_2 + 4H_2O$

② 이론건조연소가스량(God)
$= (1-0.21)A_o + CO_2량(Sm^3/Sm^3)$
$= (1-0.21) \times \frac{5}{0.21} + 3$
$= 21.8095 Sm^3/Sm^3$

③ $CO_2량 = 3Sm^3/Sm^3$

④ $CO_2 max(\%) = \frac{3Sm^3/Sm^3}{21.8095 Sm^3/Sm^3} \times 100$
$= 13.76\%$

34 연소물을 연소하는 과정에서 질소산화물(NO_X)이 발생하게 된다. 다음 반응 중 질소산화물(NO_X) 생성 과정에서 발생하는 Prompt NO_X의 주된 반응식으로 가장 적합한 것은?

㉮ $N + NH_3 \rightarrow N_2 + 1.5H_2$
㉯ $N_2 + O_5 \rightarrow 2NO + 1.5O_2$
㉰ $CH_4 + N_2 \rightarrow HCN + N$
㉱ $N + N \rightarrow N_2$

풀이 Promo NO_X는 메탄과 질소의 반응에 의해 생성되는 질소화합물이다.

answer 30 ㉯ 31 ㉮ 32 ㉱ 33 ㉯ 34 ㉰

35 고체연료 연소장치 중 하급식 연소방법으로 연소과정이 미착화탄 → 산화층 → 환원층 → 회층으로 변하여 연소되고, 연료층을 항상 균일하게 제어할 수 있고, 저품질 연료도 유효하게 연소시킬 수 있어 쓰레기 소각로에 많이 이용되는 화격자 연소장치로 가장 적합한 것은?

㉮ 포트식 스토커(pot stoker)
㉯ 플라즈마 스토커(plasma stoker)
㉰ 로타리 킬른(rotary kiln)
㉱ 체인 스토커(chain stoker)

풀이 ㉱ 체인 스토커에 대한 설명이며, 핵심 내용은 "쓰레기 소각로"임을 숙지하시면 됩니다.

36 프로판 $1Sm^3$을 공기비 1.3으로 완전 연소시킬 경우, 발생되는 건조연소가스량(Sm^3)은 얼마인가?

㉮ 약 23.7   ㉯ 약 26.4
㉰ 약 28.9   ㉱ 약 33.7

풀이 $C_3H_8 + 5O_2 \rightarrow 3CO_2 + 4H_2O$
실제건조연소가스량(Gd)
= (m-0.21)A_o + CO_2량(Sm^3/Sm^3)
= (1.3-0.21) × $\dfrac{5}{0.21}$ + 3
= 28.95 Sm^3/Sm^3

TIP
이론공기량(A_o)
= 이론산소량(O_o) × $\dfrac{1}{0.21}$ (Sm^3/Sm^3)

37 유동층 연소로의 특성으로 틀린 것은?

㉮ 유동층을 형성하는 분체와 공기와의 접촉면적이 크다.
㉯ 격심한 입자의 운동으로 층내가 균일온도로 유지된다.
㉰ 석탄연소 시 미연소된 char가 배출될 수 있으므로 재연소장치에서의 연소가 필요하다.
㉱ 부하변동에 따른 적응력이 높다.

풀이 ㉱ 부하변동에 따른 적응력이 낮다.

38 $C_{18}H_{20}$ 1.5kg을 완전연소 시킬 때 필요한 이론 공기량(Sm^3)은 얼마인가?

㉮ 10.4   ㉯ 11.5
㉰ 12.6   ㉱ 15.6

풀이 ① $C_{18}H_{20} + 23O_2 \rightarrow 18CO_2 + 10H_2O$
236kg : 23×22.4 Sm^3
1.5kg : X(산소량)
∴ X(산소량) = $\dfrac{1.5kg \times 23 \times 22.4 Sm^3}{236kg}$
= 3.2746 Sm^3
② 이론공기량(Sm^3)
= 이론산소량(Sm^3) × $\dfrac{1}{0.21}$
= 3.2746 Sm^3 × $\dfrac{1}{0.21}$
= 15.59 Sm^3

---

answer 35 ㉱   36 ㉰   37 ㉱   38 ㉱

39 석탄의 탄화도 증가에 따른 특성으로 틀린 것은?

㉮ 연소속도가 커진다.
㉯ 수분 및 휘발분이 감소한다.
㉰ 산소의 양이 줄어든다.
㉱ 발열량이 증가한다.

풀이 ㉮ 연소속도가 작아진다.

> **TIP**
> **석탄의 탄화도**
> ① 탄화도가 증가하면 고정탄소, 발열량, 착화온도, 연료비 증가
> ② 탄화도가 증가하면 매연발생량, 비열, 휘발분, 수분, 산소의 양, 연소속도 감소

40 S함량 5%의 B-C유 400kL를 사용하는 보일러에 S함량 1%인 B-C유를 50% 섞어서 사용하면 SO_2의 배출량은 몇 % 감소하겠는가? (단, 기타 연소조건은 동일하며, S는 연소시 전량 SO_2로 변환되고, B-C유 비중은 0.95(S함량에 무관))

㉮ 30%   ㉯ 35%
㉰ 40%   ㉱ 45%

풀이 ① 처음 사용 : S함량이 5%인 100%
② 나중 사용 : S함량이 5%인 50% + S함량이 1%인 50%
③ 감소량(%) = $\left(1 - \dfrac{\text{나중 사용}}{\text{처음 사용}}\right) \times 100$
= $\left(1 - \dfrac{5\% \times 0.5 + 1\% \times 0.5}{5\% \times 1}\right) \times 100$
= 40%

| 제3과목 | 대기오염방지기술

41 기상 총괄이동단위높이가 2m인 충전탑을 이용하여 배출가스 중의 HF를 NaOH 수용액으로 흡수제거하려 할 때, 제거율을 98%로 하기 위한 충전탑의 높이는? (단, 평형분압은 무시한다.)

㉮ 5.6m   ㉯ 5.9m
㉰ 6.5m   ㉱ 7.8m

풀이
$H = NOG \times HOG = \ln\left\{\dfrac{1}{1-\dfrac{\eta(\%)}{100}}\right\} \times HOG$
$= \ln\left(\dfrac{1}{1-0.98}\right) \times 2m$
$= 7.82m$

42 유해물질 제거를 위한 흡수장치 중 다공판탑에 관한 설명으로 틀린 것은?

㉮ 판간격은 보통 40cm이고, 액가스비는 0.3 ~ 5L/m^3 정도이다.
㉯ 압력손실이 20mmH₂O 정도이고, 가스량의 변동이 심한 경우에도 용이하게 조업할 수 있다.
㉰ 판수를 증가시키면 고농도 가스도 일시 처리가 가능하다.
㉱ 가스속도는 0.3 ~ 1m/s 정도이다.

풀이 ㉯ 압력손실이 100 ~ 200mmH₂O 정도이고, 가스량의 변동이 심한 경우에는 조업이 어렵다.

answer 39 ㉮   40 ㉰   41 ㉱   42 ㉯

43 중력식집진장치의 이론적 집진효율을 계산할 때 응용되는 Stokes 법칙을 만족하는 가정(조건)으로 틀린 것은?

㉮ $10^{-4} < N_{Re} < 0.5$
㉯ 구는 일정한 속도로 운동
㉰ 구는 강체
㉱ 전이영역흐름(intermediate flow)

풀이 ㉱ 층류영역흐름

44 입자상 물질에 관한 설명으로 틀린 것은?

㉮ 공기동력학경은 stokes경과 달리 입자밀도를 $1g/cm^3$으로 가정함으로써 보다 쉽게 입경을 나타낼 수 있다.
㉯ 비구형입자에서 입자의 밀도가 1보다 클 경우 공기동력학경은 stokes경에 비해 항상 크다고 볼 수 있다.
㉰ cascade impactor는 관성충돌을 이용하여 입경을 간접적으로 측정하는 방법이다.
㉱ 직경 d인 구형입자의 비표면적(단위체적당 표면적)은 d/6이다.

풀이 ㉱ 직경 d인 구형입자의 비표면적(단위체적당 표면적)은 6/d이다.

45 외부식 후드의 특성으로 틀린 것은?

㉮ 다른 종류의 후드에 비해 근로자가 방해를 많이 받지 않고 작업할 수 있다.
㉯ 포위식 후드보다 일반적으로 필요 송풍량이 많다.
㉰ 외부 난기류의 영향으로 흡입효과가 떨어진다.
㉱ 천개형 후드, 그라인더용 후드 등이 여기에 해당하며, 기류속도가 후드 주변에서 매우 느리다.

풀이 ㉱ 슬롯형 후드, 측방형 후드, 하방형 후드가 여기에 해당하며, 기류속도가 후드 주변에서 매우 빠르다.

46 상온에서 밀도가 $1,000kg/m^3$, 입경 50μm인 구형 입자가 높이 5m 정지대기 중에서 침강하여 지면에 도달하는데 걸리는 시간(sec)은 약 얼마인가? (단, 상온에서 공기밀도는 $1.2kg/m^3$, 점도는 $1.8 \times 10^{-5} kg/m \cdot sec$이며, stokes 영역이다.)

㉮ 66   ㉯ 86
㉰ 94   ㉱ 105

풀이
① $Vg = \dfrac{d^2 \times (\rho_s - \rho) \times g}{18\mu}$

$= \dfrac{(50 \times 10^{-6})^2 \times (1,000-1.2)kg/m^3 \times 9.8m/sec^2}{18 \times 1.8 \times 10^{-5} kg/m \cdot sec}$

$= 0.0755 m/sec$

② $Vg = \dfrac{H}{t}$

따라서 $0.0755 m/sec = \dfrac{5m}{t}$

$\therefore t = \dfrac{5m}{0.0755 m/sec} = 66.23 sec$

answer 43 ㉱ 44 ㉱ 45 ㉱ 46 ㉮

47 전기집진장치에서 입구먼지 농도가 $10g/Sm^3$, 출구먼지 농도가 $0.1g/Sm^3$ 이었다. 출구먼지 농도를 $50mg/Sm^3$로 하기 위해서는 집진극 면적을 약 몇 배 정도로 넓게 하면 되는가? (단, 다른 조건은 변하지 않는다.)

㉮ 1.15배 ㉯ 1.55배
㉰ 1.85배 ㉱ 2.05배

풀이 전기집진장치에서 효율 구하는 공식

$$\eta = \left(1 - \exp\frac{-A \times We}{Q}\right) \times 100$$

$$A = \ln(1-\eta) \times \left(\frac{-Q}{We}\right)$$

① $\eta_1 = \left(1 - \frac{C_o}{C_i}\right) \times 100$

$= \left(1 - \frac{0.1g/Sm^3}{10g/Sm^3}\right) \times 100 = 99\%$

따라서 $A_1 = LN(1-0.99) \times \left(\frac{-Q}{We}\right)$

$= 4.605\left(\frac{Q}{We}\right)$

② $\eta_2 = \left(1 - \frac{C_o}{C_i}\right) \times 100$

$= \left(1 - \frac{0.05g/Sm^3}{10g/Sm^3}\right) \times 100 = 99.5\%$

따라서 $A_2 = LN(1-0.995) \times \left(\frac{-Q}{We}\right)$

$= 5.2983\left(\frac{Q}{We}\right)$

③ 집진극의 면적변화 $= \dfrac{A_2}{A_1} = \dfrac{5.2983\left(\dfrac{Q}{We}\right)}{4.605\left(\dfrac{Q}{We}\right)}$

$= 1.15$배

48 여과집진장치 중 간헐식 탈진방식에 관한 설명으로 틀린 것은? (단, 연속식과 비교)

㉮ 먼지의 재비산이 적고, 여과포 수명이 길다.
㉯ 탈진과 여과를 순차적으로 실시하므로 높은 집진효율을 얻을 수 있다.
㉰ 고농도 대량의 가스 처리가 용이하다.
㉱ 진동형과 역기류형, 역기류 진동형이 여기에 해당한다.

풀이 ㉰번의 설명은 연속식 탈진방식에 대한 설명이다.

49 벤츄리스크러버에서 액가스비를 크게 하는 요인으로 옳은 것은?

㉮ 먼지의 농도가 낮을 때
㉯ 먼지 입자의 점착성이 클 때
㉰ 먼지 입자의 친수성이 클 때
㉱ 먼지 입자의 입경이 클 때

풀이 ㉮ 먼지의 농도가 높을 때
㉰ 먼지 입자의 친수성이 낮을 때
㉱ 먼지 입자의 입경이 작을 때

50 후드의 유입계수가 0.85, 속도압이 $25mmH_2O$일 때 후드의 압력손실은 얼마인가?

㉮ $8.1mmH_2O$ ㉯ $8.8mmH_2O$
㉰ $9.6mmH_2O$ ㉱ $10.8mmH_2O$

풀이 $\triangle P = \dfrac{1-Ce^2}{Ce^2} \times Vp (mmH_2O)$

여기서
$\triangle P$: 압력손실(mmH_2O)
Ce : 유입계수
Vp : 속도압(mmH_2O)

answer 47 ㉮ 48 ㉰ 49 ㉯ 50 ㉰

따라서 $\triangle P = \dfrac{1-(0.85)^2}{(0.85)^2} \times 25\text{mmH}_2\text{O}$

$= 9.6\text{mmH}_2\text{O}$

51 다음 악취물질 중 통상적으로 공기 중의 최소 감지농도가 가장 낮은 것은?

㉮ 아세톤
㉯ 암모니아
㉰ 염소
㉱ 황화수소

풀이 공기 중의 최소 감지농도가 가장 낮다는 것은 악취가 심하다는 의미이므로 정답은 ㉱ 황화수소(H_2S)이다.

52 송풍기 운전에서 필요 유량이 과부족을 일으켰을 때 송풍기의 유량조절 방법에 해당하지 않는 것은?

㉮ 회전수 조절법
㉯ 안내익 조절법
㉰ Damper 부착법
㉱ 체걸음 조절법

풀이 송풍기의 유량조절 방법은 회전수 조절법, 안내익 조절법, Damper 부착법이다.

53 흡착제를 친수성(극성)과 소수성(비극성)으로 구분할 때, 다음 중 친수성 흡착제에 해당하지 않는 것은?

㉮ 활성탄
㉯ 실리카겔
㉰ 활성 알루미나
㉱ 합성 지올라이트

풀이 ㉮ 활성탄은 소수성(비극성) 흡착제이다.

54 다음은 어떤 법칙에 관한 설명인가?

> 휘발성인 에탄올을 물에 녹인 용액의 증기압은 물의 증기압보다 높다. 그러나 비휘발성인 설탕을 물에 녹인 용액인 설탕물의 증기압은 물보다 낮아진다.

㉮ 헨리(Henry)의 법칙
㉯ 렌츠(Lenz)의 법칙
㉰ 샤를(Charle)의 법칙
㉱ 라울(Raoult)의 법칙

풀이 ㉱ 라울(Raoult)의 법칙에 대한 설명이며, 핵심내용은 "증기압"임을 숙지하시면 됩니다.

55 광학현미경으로 입자의 투영면적을 이용하여 측정한 먼지 입경 중 입자의 투영면적을 2등분하는 선의 길이로 나타내는 것은?

㉮ Martin 경
㉯ Feret 경
㉰ 등면적 경
㉱ Heyhood 경

풀이 ㉮ Martin 경에 대한 설명이다.

56 흡수탑에 적용되는 흡수액 선정 시 고려할 사항으로 틀린 것은?

㉮ 휘발성이 커야 한다.
㉯ 용해도가 커야 한다.
㉰ 비점이 높아야 한다.
㉱ 점도가 낮아야 한다.

풀이 ㉮ 휘발성이 작아야 한다.

answer 51 ㉱ 52 ㉱ 53 ㉮ 54 ㉱ 55 ㉮ 56 ㉮

57 유해가스로 오염된 가연성물질을 처리하는 방법 중 연료소비량이 적은 편이며, 산화온도가 비교적 낮기 때문에 NO_X의 발생이 매우 적은 처리방법은?

㉮ 직접연소법
㉯ 고온산화법
㉰ 촉매산화법
㉱ 산, 알칼리 세정법

풀이 ㉰ 촉매산화법에 대한 설명이며, 반응온도는 250~450℃로 낮아 NO_X이 적게 발생한다.

58 Henry 법칙이 적용되는 가스로서 공기 중 유해가스의 평형분압이 16mmHg일 때, 수중 유해가스의 농도는 $3.0kmol/m^3$였다. 같은 조건에서 가스분압이 $435mmH_2O$가 되면 수중 유해가스의 농도는? (단, Hg의 비중 13.6)

㉮ 약 $1.5kmol/m^3$ ㉯ 약 $3.0kmol/m^3$
㉰ 약 $6.0kmol/m^3$ ㉱ 약 $9.0kmol/m^3$

풀이 $P = H \times C$에서 $P \propto C$ 관계이므로
$3.0kmol/m^3$: 16mmHg
= C : ($435mmH_2O/13.6$)mmHg
∴ $C = 6.0kmol/m^3$

59 대기오염물 중 연소성이 있는 것은 연소나 재연소시켜 제거한다. 다음 중 재연소법의 장점으로 거리가 먼 것은?

㉮ 시설이 배기의 유량과 농도가 크게 변하지 않는 한 잘 적응할 수 있다.
㉯ 시설비는 비교적 많이 소요되지만, 유지비는 낮고 연소생성물에 대한 독성의 우려가 없다.
㉰ 경제적인 폐열회수가 가능하다.
㉱ 효율 저하가 거의 없다.

풀이 ㉯ 시설비는 비교적 적게 소요되지만, 유지비가 높고 연소생성물에 대한 독성의 우려가 있다.

60 배출가스 중의 일산화탄소를 제거하는 방법 중 가장 적절한 방법은?

㉮ 벤츄리스크러버나 충전탑 등으로 세정하여 제거
㉯ 백금계 촉매를 사용하여 무해한 이산화탄소로 산화시켜 제거
㉰ 황산나트륨을 이용하여 흡수하는 시보드법을 적용하여 제거
㉱ 분무탑내에서 알칼리용액으로 중화하여 흡수제거

풀이 일산화탄소는 백금계 촉매를 사용하여 무해한 이산화탄소로 산화시켜 제거한다.

| 제4과목 | 대기오염공정시험기준

61 굴뚝에서 배출되는 가스 중 이황화탄소(CS_2)를 채취하기 위한 흡수액은?
(단, 자외선/가시선분광법 기준)

㉮ 페놀디술폰산 용액
㉯ p-다이메틸아미노벤질리덴로다닌의 아세톤 용액
㉰ 다이에틸아민구리 용액
㉱ 수산화소듐 용액

풀이 이황화탄소의 흡수액은 다이에틸아민구리용액이다.

answer 57 ㉰ 58 ㉰ 59 ㉯ 60 ㉯ 61 ㉰

62 환경대기 중의 석면을 위상차현미경법으로 측정하는 방법에 관한 설명으로 옳지 않은 것은?

㉮ 멤브레인 필터의 광굴절률은 약 5.0 이상을 원칙으로 한다.
㉯ 채취지점은 바닥면으로부터 1.2 ~ 1.5m 되는 위치에서 측정하고, 대상시설의 측정지점은 2개소 이상을 원칙으로 한다.
㉰ 헝클어져 다발을 이루고 있는 섬유는 길이가 $5\mu m$ 이상이고, 길이와 폭의 비가 3 : 1 이상인 섬유를 석면섬유 개수로서 계수한다.
㉱ 석면먼지의 농도표시는 20℃, 1기압 상태의 기체 1mL 중에 함유된 석면섬유의 개수로 표시한다.

풀이 ㉮ 멤브레인 필터의 광굴절률은 약 1.5를 원칙으로 한다.

63 저용량 공기시료채취기에 의해 환경대기 중 먼지 채취 시 여과지 또는 샘플러 각 부분의 공기저항에 의하여 생기는 압력손실을 측정하여 유량계의 유량을 보정해야 한다. 유량계의 설정조건에서 1기압에서의 유량을 20L/min, 사용조건에 따른 유량계 내의 압력손실을 150mmHg라 할 때, 유량계의 눈금값은 얼마로 설정하여야 하는가?

㉮ 16.3L/min   ㉯ 20.3L/min
㉰ 22.3L/min   ㉱ 25.3L/min

풀이 이 문제는 동일하게 출제가 예상되므로 정답을 외워 두시면 됩니다.

64 굴뚝반경(단면이 원형)이 3m인 경우, 배출가스 중 먼지측정을 위한 굴뚝 측정점수로 적합한 것은?

㉮ 20   ㉯ 16
㉰ 12   ㉱ 8

풀이 굴뚝반경이 3m이면 직경은 6m이며, 측정점수는 20이다.

TIP

굴뚝직경(m)	반경구분수	측정점수
1 이하	1	4
1 초과 2 이하	2	8
2 초과 4 이하	3	12
4 초과 4.5 이하	4	16
4.5 초과	5	20

65 굴뚝에서 배출되는 배출가스 중 무기 불소화합물을 자외선/가시선분광법으로 분석하여 다음과 같은 결과를 얻었다. 이때, 불소화합물의 농도(ppm, F)는 얼마인가? (단, 방해이온이 존재할 경우)

- 검정곡선에서 구한 불소화합물 이온의 질량 : 1mg
- 건조시료가스량 : 20L
- 분취한 액량 : 50mL

㉮ 100   ㉯ 155
㉰ 250   ㉱ 295

풀이
$$C = \frac{A_F \times \dfrac{V}{v}}{V_s} \times 1{,}000 \times \frac{22.4}{19}$$

answer   62 ㉮   63 ㉰   64 ㉮   65 ㉱

- C : 불소화합물의 농도 (ppm, F)
- A_F : 검정곡선에서 구한 불소화합물 이온의 질량 (mg)
- V_S : 건조시료가스량 (L)
- V : 시료용액 전량(방해이온이 존재할 경우 : 250mL, 방해이온이 존재하지 않을 경우 : 200mL)
- V : 분취한 액량 (mL)

따라서 $C = \dfrac{1mg \times \dfrac{250mL}{50mL}}{20L} \times 1{,}000 \times \dfrac{22.4}{19}$

$= 294.74 ppm$

66 화학분석 일반사항에 관한 규정으로 옳은 것은?

㉮ 방울수라 함은 20℃에서 정제수 20방울을 떨어뜨릴 때 그 부피가 약 10mL 되는 것을 뜻한다.

㉯ 기밀용기라 함은 물질을 취급 또는 보관하는 동안에 기체 또는 미생물이 침입하지 않도록 내용물을 보호하는 용기를 뜻한다.

㉰ "감압 또는 진공"이라 함은 따로 규정이 없는 한 15mmHg 이하를 뜻한다.

㉱ 시험조작 중 "즉시"란 10초 이내에 표시된 조작을 하는 것을 뜻한다.

풀이 ㉮ 방울수라 함은 20℃에서 정제수 20방울을 떨어뜨릴 때 그 부피가 약 1mL 되는 것을 뜻한다.
㉯ 기밀용기라 함은 물질을 취급 또는 보관하는 동안에 외부로부터의 공기 또는 다른 가스가 침입하지 않도록 내용물을 보호하는 용기를 뜻한다.
㉱ 시험조작 중 "즉시" 란 30초 이내에 표시된 조작을 하는 것을 뜻한다.

67 다음은 기체크로마토그래피에 사용되는 충전물질에 관한 설명이다. ( )안에 들어갈 알맞은 말은?

> ( )은 다이바이닐벤젠(Divinyl Benzzene)을 가교제(Bridge Intermediate)로 스티렌계 단량체를 중합시킨 것과 같이 고분자 물질을 단독 또는 고정상 액체로 표면처리하여 사용한다.

㉮ 흡착형 충전물질
㉯ 분배형 충전물질
㉰ 다공성 고분자형 충전물질
㉱ 이온교환막형 충전물질

풀이 ㉰ 다공성 고분자형 충전물질에 대한 설명이다.

68 원자흡수분광광도법에서 사용하는 용어의 정의로 옳은 것은?

㉮ 공명선(Resonance Line) : 원자가 외부로부터 빛을 흡수했다가 다시 먼저 상태로 돌아 갈 때 반사하는 스펙트럼선

㉯ 중공음극램프(Hollow Cathode Lamp) : 원자흡광분석의 광원이 되는 것으로 목적원소를 함유하는 중공음극 한 개 또는 그 이상을 고압의 질소와 함께 채운 방전관

㉰ 역화(Flame Back) : 불꽃의 연소속도가 작고 혼합기체의 분출속도가 클 때 연소현상이 내부로 옮겨지는 것

㉱ 멀티 패스(Multi-Path) : 불꽃 중에서 광로를 짧게 하고 반사를 증대시키기 위하여 반사현상을 이용하여 불꽃 중에 빛을 여러 번 투과시키는 것

풀이 ㉯ 중공음극램프(Hollow Cathode Lamp) : 원자

answer 66 ㉰ 67 ㉰ 68 ㉮

흡광분석의 광원이 되는 것으로 목적원소를 함유하는 중공음극 한 개 또는 그 이상을 저압의 네온과 함께 채운 방전관
㉰ 역화(Flame Back) : 불꽃의 연소속도가 크고 혼합기체의 분출속도가 작을 때 연소현상이 내부로 옮겨지는 것
㉴ 멀티 패스(Multi-Path) : 불꽃 중에서 광로를 길게 하고 흡수를 증대시키기 위하여 반사현상을 이용하여 불꽃 중에 빛을 여러 번 투과시키는 것

71 다음 중 원자흡수분광광도법에 사용되는 분석장치인 것은?

㉮ Stationary Liquid
㉯ Detector Oven
㉰ Nebulizer-Chamber
㉴ Electron Capture Detector

▶풀이 ㉮, ㉯, ㉴는 기체크로마토그래피법에 해당한다.

69 기체-고체 크로마토그래피에서 분리관 내경이 3mm일 경우 사용되는 흡착제 및 담체의 입경범위(μm)로 가장 적합한 것은? (단, 흡착성 고체분말, 100 ~ 80mesh 기준)

㉮ 120 ~ 149μm
㉯ 149 ~ 177μm
㉰ 177 ~ 250μm
㉴ 250 ~ 590μm

▶풀이

분리관내경(mm)	흡착제 및 담체의 입경범위(μm)
3	149 ~ 177(100 ~ 80mesh)
4	177 ~ 250(80 ~ 60mesh)
5 ~ 6	250 ~ 590(60 ~ 28mesh)

72 굴뚝배출가스 중 수분량이 체적백분율로 10%이고, 배출가스의 온도는 80℃, 시료 채취량은 10L, 대기압은 0.6기압, 가스미터 게이지압은 25mmHg, 가스미터온도 80℃에서의 수증기포화압이 255mmHg라 할 때, 흡수된 수분량(g)은 얼마인가?

㉮ 0.459
㉯ 0.328
㉰ 0.205
㉴ 0.147

▶풀이

$X_w(\%) = \dfrac{1.244ma(L)}{Vs(L)+1.244ma(L)} \times 100(\%)$

① $Vs(L) = V(L) \times \dfrac{273}{273+℃} \times \dfrac{(Pa+Pm-Pv)mmHg}{760mmHg}$

$= 10L \times \dfrac{273}{273+80℃}$

$\times \dfrac{(0.6 \times 760+25-255)mmHg}{760mmHg}$

$= 2.30L$

② $10\% = \dfrac{1.244ma}{2.30L+1.244ma} \times 100$

∴ ma = 0.205g

70 굴뚝배출가스의 연속자동측정 방법에서 측정항목과 측정방법이 잘못 연결된 것은?

㉮ 염화수소 - 비분산적외선분석법
㉯ 암모니아 - 이온전극법
㉰ 질소산화물 - 화학발광법
㉴ 아황산가스 - 용액전도율법

▶풀이 ㉯ 암모니아 - 용액전도율법, 적외선가스분석법

answer 69 ㉯ 70 ㉯ 71 ㉰ 72 ㉰

73 굴뚝에서 배출되는 가스에 대한 시료채취 시 주의해야 할 사항으로 틀린 것은?

㉮ 굴뚝 내의 압력이 매우 큰 부압(-300mmH₂O 정도 이하)인 경우에는 시료채취용 굴뚝을 부설한다.
㉯ 굴뚝 내의 압력이 부압(-)인 경우에는 채취구를 열었을 때 유해가스가 분출될 염려가 있으므로 충분한 주의를 필요로 한다.
㉰ 가스미터는 100mmH₂O 이내에서 사용한다.
㉱ 시료가스의 양을 재기 위하여 쓰는 채취병은 미리 0℃ 때의 참부피를 구해둔다.

[풀이] ㉯ 굴뚝 내의 압력이 정압(+)인 경우에는 채취구를 열었을 때 유해가스가 분출될 염려가 있으므로 충분한 주의를 필요로 한다.

74 자외선/가시선 분광법에서 적용되는 램버어트-비어(Lembert-Beer)의 법칙에 관계되는 식으로 옳은 것은? (단, I_o : 입사광의 강도, C : 농도, ϵ : 흡광계수, I_t : 투사광의 강도, l : 빛의 투사거리)

㉮ $I_o = I_t \cdot 10^{-\epsilon Cl}$ ㉯ $I_t = I_o \cdot 10^{-\epsilon Cl}$
㉰ $C = \dfrac{I_t}{I_o} \cdot 10^{-\epsilon l}$ ㉱ $C = \dfrac{I_o}{I_t} \cdot 10^{-\epsilon l}$

[풀이] 램비어트-비어 법칙
① $I_t = I_o \cdot 10^{-\epsilon Cl}$
② $I_o = I_t \cdot 10^{\epsilon Cl}$

75 다음은 이온크로마토그래피의 검출기에 관한 설명이다. ( )안에 들어갈 알맞은 말은?

(㉠)는 고성능 액체크로마토그래피 분야에서 가장 널리 사용되는 검출기이며, 최근에는 이온크로마토그래피에서도 전기 전도도 검출기와 병행하여 사용되기도 한다. 또한 (㉡)는 전이금속 성분의 발색반응을 이용하는 경우에 사용된다.

㉮ ㉠ 자외선흡수검출기, ㉡ 가시선흡수검출기
㉯ ㉠ 전기화학적검출기, ㉡ 염광광도검출기
㉰ ㉠ 이온전도도검출기, ㉡ 전기화학적검출기
㉱ ㉠ 광전흡수검출기, ㉡ 암페로메트릭검출기

[풀이] 자외선흡수검출기는 고성능 액체크로마토그래피 분야에서 가장 널리 사용되는 검출기이며, 가시선흡수검출기는 전이금속 성분의 발색반응을 이용하는 경우에 사용된다.

76 링겔만 매연 농도법을 이용한 매연 측정에 관한 내용으로 틀린 것은?

㉮ 매연의 검은 정도는 6종으로 분류한다.
㉯ 될 수 있는 한 바람이 불지 않을 때 측정한다.
㉰ 연돌구 배경의 검은 장해물을 피해 연기의 흐름에 직각인 위치에서 태양광선을 측면으로 받는 방향으로부터 농도표를 측정자 앞 16m에 놓는다.
㉱ 굴뚝 배출구에서 30~40m 떨어진 곳의 농도를 측정자의 눈높이에 수직이 되게 관측 비교한다.

answer 73 ㉯ 74 ㉯ 75 ㉮ 76 ㉱

풀이 ㉣ 굴뚝 배출구에서 30~45cm 떨어진 곳의 농도를 측정자의 눈높이에 수직이 되게 관측 비교한다.

77 비중이 1.88, 농도 97%(질량%)인 농황산(H_2SO_4)의 규정 농도(N)는 얼마인가?

㉮ 18.6N ㉯ 24.9N
㉰ 37.2N ㉱ 49.8N

풀이

$$N\text{농도} = \frac{\text{비중(g)}}{(mL)} \times \frac{10^3 mL}{1L} \times \frac{1eq}{\text{분자량(g)/가수}} \times \frac{\text{농도(\%)}}{100}$$

$$= \frac{1.88g}{mL} \times \frac{10^3 mL}{1L} \times \frac{1eq}{98g/2} \times \frac{97\%}{100}$$

$$= 37.22N$$

78 대기오염공정시험기준상 연료의 연소, 금속제련 또는 화학반응 공정 등에서 배출되는 굴뚝 배출가스 중의 일산화탄소 분석방법으로 틀린 것은?

㉮ 비분산적외선분광분석법
㉯ 기체크로마토그래피
㉰ 정전위전해법
㉱ 화학발광법

풀이 일산화탄소 분석방법으로는 비분산적외선분광분석법, 기체크로마토그래피, 정전위전해법(전기화학식)이 있다.

79 어떤 굴뚝 배출가스의 유속을 피토우관으로 측정하고자 한다. 동압 측정시 확대율이 10배인 경사 마노미터를 사용하여 액주 55mm를 얻었다. 동압은 약 몇 mmH_2O인가? (단, 경사 마노미터는 비중 0.85의 톨루엔을 사용한다.)

㉮ 7.0 ㉯ 6.5
㉰ 5.5 ㉱ 4.7

풀이

동압(h) = 액주거리(mm)×톨루엔 비중×$\frac{1}{\text{확대율}}$

$= 55mm \times 0.85 \times \frac{1}{10} = 4.68mmH_2$O

80 배출가스의 흡수를 위한 분석가스와 그 흡수액을 연결한 것으로 틀린 것은?

㉮ 페놀화합물 : 수산화소듐용액(4g/L)
㉯ 비소 : 수산화소듐용액(40g/L)
㉰ 황화수소 : 아연아민착염
㉱ 사이안화수소 : 아세틸아세톤함유 흡수액

풀이 ㉱ 사이안화수소 : 수산화소듐용액(20g/L)

TIP
비소의 흡수액은 수산화소듐용액(질량분율 4%)이므로 $\frac{4g}{100mL} = \frac{40g}{1,000mL} = \frac{40g}{1L}$이 된다.

answer 77 ㉰ 78 ㉱ 79 ㉱ 80 ㉱

2018 4회 기출문제

2018년 9월 15일 시행

제1과목 | 대기환경관리

01 다음 중 SO_2가 주로 오염물질로 작용한 대기오염 피해사건으로 틀린 것은?

㉮ London Smog 사건
㉯ Poza Rica 사건
㉰ Donora 사건
㉱ Meuse Valley 사건

풀이 ㉯ Poza Rica 사건은 황화수소(H_2S) 누설사건이다.

02 다음에서 설명하는 대기분산모델로 가장 적합한 것은?

- 적용 모델식 : 가우시안모델
- 적용 배출원 형태 : 점, 선 면
- 개발국 : 미국
- 특징 : 미국에서 널리 이용되는 범용적인 모델로 장기 농도계산용 모델임

㉮ RAMS ㉯ ADMS
㉰ ISCLT ㉱ MM5

풀이 ㉰ ISCLT에 대한 설명이다.

03 광화학반응에 의한 고농도 오존이 나타날 수 있는 기상조건으로 틀린 것은?

㉮ 시간당 일사량이 $5MJ/m^2$ 이상으로 일사가 강할 때
㉯ 질소산화물과 휘발성 유기화합물의 배출이 많을 때
㉰ 지면에 복사역전이 존재하고 대기가 불안정 할 때
㉱ 기압경도가 완만하여 풍속 4m/sec 이하의 약풍이 지속될 때

풀이 ㉰ 지면에 침강역전이 존재하고 대기가 안정 할 때

04 수용모델(Receptor Model)의 특징으로 틀린 것은?

㉮ 불법배출 오염원을 정량적으로 확인 평가 할 수 있다.
㉯ 2차 오염원의 확인이 가능하다.
㉰ 지형, 기상학적 정보 없이도 사용 가능하다.
㉱ 현재나 과거에 일어났던 일을 추정하여 미래를 위한 전략은 세울 수 있으나, 미래 예측은 어렵다.

풀이 ㉯ 분산모델에 대한 설명이다.

answer 01 ㉯ 02 ㉰ 03 ㉰ 04 ㉯

05 유효굴뚝높이 130m의 굴뚝으로부터 배출되는 SO_2가 지표면에서 최대농도를 나타내는 착지지점(X_{max})은? (단, sutton의 확산식을 이용하여 계산하고, 수직확산계수 C_z = 0.05, 대기안정도계수 n = 0.25 이다.)

㉮ 4,880m ㉯ 5,797m
㉰ 6,877m ㉱ 7,995m

풀이 $X_{max} = \left(\dfrac{He}{C_z}\right)^{\frac{2}{2-n}}$

여기서
- X_{max} : 최대지상거리(m)
- He : 유효굴뚝높이(m)
- C_z : 수직확산계수
- n : 대기안정도 상수

따라서 $X_{max} = \left(\dfrac{130m}{0.05}\right)^{\frac{2}{2-0.25}}$
= 7,995.15m

06 다음 중 공중역전에 해당되지 않는 것은?

㉮ 난류역전 ㉯ 접지역전
㉰ 전선역전 ㉱ 침강역전

풀이 역전의 종류
① 지표역전(접지역전) : 복사성(방사성) 역전, 이류성 역전
② 공중역전 : 침강성 역전, 전선성 역전, 해풍역전, 난류성 역전

07 온실기체와 관련한 다음 설명 중 ( ) 안에 가장 알맞은 것은?

(㉠)는 지표부근 대기 중 농도가 약 1.5 ppm 정도이고 주로 미생물의 유기물 분해 작용에 의해 발생하며, (㉡)의 특수 파장을 흡수하여 온실 기체로 작용한다.

㉮ ㉠ CO_2, ㉡ 적외선
㉯ ㉠ CO_2, ㉡ 자외선
㉰ ㉠ CH_4, ㉡ 적외선
㉱ ㉠ CH_4, ㉡ 자외선

08 최대혼합깊이(MMD)에 관한 설명으로 틀린 것은?

㉮ 일반적으로 대단히 안정된 대기에서의 MMD가 작다.
㉯ 실체 측정 시 MMD는 지상에서 수 km 상공까지의 실제공기의 온도종단도로 작성하여 결정된다.
㉰ 일반적으로 MMD가 높은 날은 대기오염이 심하고 낮은 날에는 대기오염이 적음을 나타낸다.
㉱ 통상 계절적으로는 MMD는 이른 여름에 최대가 되고, 겨울에 최소가 된다.

풀이 ㉰ 일반적으로 MMD가 높은 날은 대기오염이 약하고, 낮은 날에는 대기오염이 심하다.

09 다음 중 크로뮴 발생과 가장 관련이 적은 업종은?

㉮ 피혁공업 ㉯ 염색공업
㉰ 시멘트제조업 ㉱ 레이온제조업

풀이 ㉱ 레이온제조업은 이황화탄소(CS_2)가 발생한다.

answer 05 ㉱ 06 ㉯ 07 ㉰ 08 ㉰ 09 ㉱

10 다음 물질의 특성에 대한 설명 중 옳은 것은?

㉮ 탄소의 순환에서 탄소(CO_2로서)의 가장 큰 저장고 역할을 하는 부분은 대기이다.
㉯ 불소(Fluorine)는 주로 자연상태에서 존재하며, 주 관련 배출업종으로는 황산 제조공정, 연소공정 등이다.
㉰ 질소산화물은 연소 전 연료의 성분으로부터 발생하는 fuel NO_X와 저온연소에서 공기 중의 질소와 수소가 반응하여 생기는 thermal NO_X 등이 있다.
㉱ 염화수소는 플라스틱공업, PVC소각, 소다공업 등이 관련 배출업종이다.

▶ 풀이
㉮ 탄소의 순환에서 탄소(CO_2로서)의 가장 큰 저장고 역할을 하는 부분은 해양이다.
㉯ 불소(Fluorine)는 주로 자연상태에서 존재하지 않으며, 주 관련 배출업종으로는 알루미늄공업, 화학비료공업, 유리공업 등이다.
㉰ 질소산화물은 연소 전 연료의 성분으로부터 발생하는 fuel NO_X와 고온연소에서 공기 중의 질소와 산소가 반응하여 생기는 thermal NO_X 등이 있다.

11 대기오염물질의 분산을 예측하기 위한 바람장미(wind rose)에 관한 설명으로 틀린 것은?

㉮ 풍속이 1m/sec 이하일 때를 정온(calm)상태로 본다.
㉯ 바람장미는 풍향별로 관측된 바람의 발생빈도와 풍속을 16방향으로 표시한 기상도형이다.
㉰ 관측된 풍향별 발생빈도를 %로 표시한 것을 방향량(vector)이라 한다.
㉱ 가장 빈번히 관측된 풍향을 주풍(prevailing wind)이라 하고, 막대의 길이를 가장 길게 표시한다.

▶ 풀이 ㉮ 풍속이 0.2m/sec 이하일 때를 정온(calm)상태로 본다.

12 다음 중 대기 내 오염물질의 일반적인 체류시간 순서로 옳은 것은?

㉮ CO_2 > N_2O > CO > SO_2
㉯ N_2O > CO_2 > CO > SO_2
㉰ CO_2 > SO_2 > N_2O > CO
㉱ N_2O > SO_2 > CO_2 > CO

▶ 풀이 체류시간은 N_2O : 20~100년, CO_2 : 2~4년, CO : 1~3개월, SO_2 : 4일

13 스테판-볼츠만의 법칙에 따르면 흑체복사를 하는 물체에서 물체의 표면온도가 1,500K에서 1,997K로 변화된다면, 복사에너지는 약 몇 배로 변화되는가?

㉮ 1.25 배　㉯ 1.33배
㉰ 2.56배　㉱ 3.14배

▶ 풀이 $E = \sigma T^4$에서 $E = T^4$이므로
$E = \dfrac{(1,997K)^4}{(1,500K)^4} = 3.14$배

answer 10 ㉱　11 ㉮　12 ㉯　13 ㉱

14 아래 대기오염사건들의 발생 순서가 오래된 것부터 순서대로 올바르게 나열된 것은?

> ㉠ 인도 보팔시의 대기오염사건
> ㉡ 미국의 도노라 사건
> ㉢ 벨기에의 뮤즈계곡 사건
> ㉣ 영국의 런던 스모그 사건

㉮ ㉠→㉡→㉢→㉣
㉯ ㉢→㉡→㉣→㉠
㉰ ㉡→㉠→㉣→㉢
㉱ ㉢→㉣→㉠→㉡

풀이 대기오염사건 발생년도
㉠ 1984년 ㉡ 1948년 ㉢ 1930년 ㉣ 1952년

15 가우시안모델에 관한 설명으로 틀린 것은?

㉮ 주로 평탄지역에 적용하도록 개발되어 왔으나, 최근 복잡지형에도 적용이 가능하도록 개발되고 있다.
㉯ 간단한 화학반응을 묘사할 수 있다.
㉰ 점오염원에서는 모든 방향으로 확산되어가는 plume은 동일하다고 가정하여 유도한다.
㉱ 장, 단기적인 대기오염도 예측에 사용이 용이하다.

풀이 ㉰ 점오염원에서는 풍하방향으로 확산되어가는 plume이 정규분포 한다고 가정하여 유도한다.

16 지구 대기의 성질에 관한 설명으로 틀린 것은?

㉮ 지표면의 온도는 약 15℃ 정도이나 상공 12km 정도의 대류권계면에서는 약 -55℃ 정도까지 하강한다.
㉯ 성층권계면에서의 온도는 지표보다는 약간 낮으나 성층권계면 이상의 중간권에서 기온은 다시 하강한다.
㉰ 중간권 이상에서의 온도는 대기의 분자운동에 의해 결정된 온도로서 직접 관측된 온도와는 다르다.
㉱ 대류권과 비교하였을 때 열권에서 분자의 운동속도는 매우 느리지만 공기 평균자유행로는 짧다.

풀이 ㉱ 대류권과 비교하였을 때 열권에서 분자의 운동속도는 매우 느리지만 평균자유행로는 길다.

17 다음 설명에 해당하는 특정대기유해물질은 무엇인가?

> 회백색이며, 높은 장력을 가진 가벼운 금속이다. 합금을 하면 전기 및 열전도가 크고, 마모와 부식에 강하다. 인체에 대한 영향으로는 직업성 폐질환이 우려되고, 발암성이 크고, 폐, 뼈, 간, 비장에 침착되므로 노출에 주의해야 한다.

㉮ V ㉯ As
㉰ Be ㉱ Zn

풀이 ㉰ 베릴륨(Be)에 대한 설명이다.

answer 14 ㉯ 15 ㉰ 16 ㉱ 17 ㉰

18 상대습도가 70%이고, 상수를 1.2로 정의할 때, 먼지 농도가 70μg/m³이면, 가시거리는 얼마인가?

㉮ 약 12km ㉯ 약 17km
㉰ 약 22km ㉱ 약 27km

 풀이
$$V = \frac{10^3 \times A}{G}$$

여기서
- V : 가시거리(km)
- A : 상수
- G : 농도(μg/m³)

따라서 $V = \frac{10^3 \times 1.2}{70\mu g/m^3} = 17.14$ km

19 정규(Gaussian) 확산 모델과 Turner의 확산계수(10분 기준)를 이용해서 대기가 약간 불안정할 때 하나의 굴뚝에서 배출되는 SO₂의 풍하 1km 지점에서의 지상 농도가 0.20ppm인 것으로 평가(계산)하였다면 SO₂의 1시간 평균농도는?

(단, $C_2 = C_1 \times \left(\frac{t_1}{t_2}\right)^q$ 이용, q = 0.17 이다.)

㉮ 약 0.26 ppm ㉯ 약 0.22 ppm
㉰ 약 0.18 ppm ㉱ 약 0.15 ppm

 풀이
$$C_2 = C_1 \times \left(\frac{t_1}{t_2}\right)^q$$

여기서
- C_1 : t_1(10min)에서의 농도(ppm)
- C_2 : t_2(60min)에서의 농도(ppm)
- q : 상수

따라서 $C_2 = 0.20\text{ppm} \times \left(\frac{10\text{min}}{60\text{min}}\right)^{0.17}$
$= 0.15$ ppm

20 성층권에 관한 다음 설명으로 틀린 것은?

㉮ 하층부의 밀도가 커서 매우 안정한 상태를 유지하므로 공기의 상승이나 하강 등의 연직운동은 억제된다.
㉯ 화산분출 등에 의하여 미세한 먼지가 이 권역에 유입되면 수년간 남아 있게 되어 기후에 영향을 미치기도 한다.
㉰ 고도에 따라 온도가 상승하는 이유는 성층권의 오존이 태양광선 중의 자외선을 흡수하기 때문이다.
㉱ 오존의 밀도는 일반적으로 지상으로부터 50km 부근이 가장 높고, 이와 같이 오존이 많이 분포한 층을 오존층이라 한다.

풀이 ㉱ 오존의 밀도는 일반적으로 지상으로부터 20~30km 부근이 가장 높고, 이와 같이 오존이 많이 분포한 층을 오존층이라 한다.

| 제2과목 | 연소공학

21 각종 연료의(CO₂)max(%)으로 거리가 먼 것은?

㉮ 탄소 10.5~11.0%
㉯ 코우크스 20.0~20.5%
㉰ 역청탄 18.5~19.0%
㉱ 고로가스 24.0~25.0%

풀이 ㉮ 탄소 21.0%

answer 18 ㉯   19 ㉱   20 ㉱   21 ㉮

22 기체연료의 특징으로 틀린 것은?

㉮ 저장이 용이, 시설비가 적게 든다.
㉯ 점화 및 소화가 간단하다.
㉰ 부하의 변동범위가 넓다.
㉱ 연소 조절이 용이하다.

풀이 ㉮ 저장이 용이하지 못하고, 시설비가 많이 든다.

23 기체연료의 종류 중 액화석유가스에 관한 설명으로 틀린 것은?

㉮ LPG라 하며 가정, 업무용으로 많이 사용되어 온 석유계 탄화수소가스이다.
㉯ 1기압 하에서 -168℃ 정도로 냉각하여 액화시킨 연료이다.
㉰ 탄소수가 3~4개 까지 포함되는 탄화수소류가 주성분이다.
㉱ 대부분 석유정제 시 부산물로 얻어진다.

풀이 ㉯번의 설명은 액화천연가스에 대한 설명이다.

24 불꽃 점화기관에서의 연소과정 중 생기는 노킹현상을 효과적으로 방지하기 위한 기관구조에 대한 설명으로 틀린 것은?

㉮ 말단가스를 고온으로 하기 위한 산화촉매시스템을 사용한다.
㉯ 연소실을 구형(circular type)으로 한다.
㉰ 점화플러그는 연소실 중심에 부착시킨다.
㉱ 난류를 증가시키기 위해 난류생성 pot를 부착시킨다.

풀이 ㉮ 말단가스의 온도, 압력을 내린다.

25 메탄을 이론공기로 완전연소 할 때 부피를 기준으로 한 공연비(AFR)는 얼마인가?

㉮ 6.84   ㉯ 7.68
㉰ 9.52   ㉱ 11.58

풀이 $CH_4 + 2O_2 \rightarrow CO_2 + 2H_2O$

공연비(AFR ; Sm^3/Sm^3)

$$= \frac{\text{산소갯수} \times 22.4 Sm^3 \times \frac{1}{0.21}}{\text{연료갯수} \times 22.4 Sm^3}$$

$$= \frac{2 \times 22.4 Sm^3 \times \frac{1}{0.21}}{1 \times 22.4 Sm^3}$$

$= 9.52$

26 연소시 발생하는 매연 또는 그을음 생성에 미치는 인자 등에 대한 설명으로 틀린 것은?

㉮ 산화하기 쉬운 탄화수소는 매연 발생이 적다.
㉯ 탈수소가 용이한 연료일수록 매연이 잘 생기지 않는다.
㉰ 일반적으로 탄수소비(C/H)가 클수록 매연이 생기기 쉽다.
㉱ 중합 및 고리화합물 등이 매연이 잘 생긴다.

풀이 ㉯ 탈수소가 용이한 연료일수록 매연이 잘 발생한다.

27 연료의 연소시 질소산화물(NO_X)의 발생을 줄이는 방법으로 틀린 것은?

㉮ 예열연소   ㉯ 2단연소
㉰ 저산소연소 ㉱ 배가스 재순환

풀이 ㉮ 저온도 연소

answer 22 ㉮ 23 ㉯ 24 ㉮ 25 ㉰ 26 ㉯ 27 ㉮

28 화격자 연소 중 상부투입 연소(over feeding fring)에서 일반적인 층의 구성순서로 가장 적합한 것은? (단, 상부 → 하부)

㉮ 석탄층 → 건류층 → 환원층 → 산화층 → 재층 → 화격자
㉯ 화격자 → 석탄층 → 건류층 → 산화층 → 환원층 → 재층
㉰ 석탄층 → 건류층 → 산화층 → 환원층 → 재층 → 화격자
㉱ 화격자 → 건류층 → 석탄층 → 환원층 → 산화층 → 재층

29 3.0%의 황을 함유하는 중유를 매시 2,000kg 연소할 때 생기는 황산화물(SO_2)의 이론량(Sm^3/hr)은? (단, 중유 중 황은 전량 SO_2로 배출됨)

㉮ 42   ㉯ 66
㉰ 84   ㉱ 105

풀이 $S + O_2 \rightarrow SO_2$
32kg : 22.4Sm^3
2,000kg/hr×0.03 : X
∴ X = 42Sm^3/hr

30 프로판(C_3H_8) 1Sm^3을 완전연소 하였을 때, 건연소가스 중의 CO_2가 8%(V/V%)이었다. 공기 과잉계수(m)는 얼마인가?

㉮ 1.32   ㉯ 1.43
㉰ 1.52   ㉱ 1.66

풀이 $CO_2\% = \dfrac{CO_2량}{실제건연소가스량(Gd)} \times 100$
$C_3H_8 + 5O_2 \rightarrow 3CO_2 + 4H_2O$
$Gd = (m-0.21)A_o + CO_2량$

따라서 $8\% = \dfrac{3}{(m-0.21) \times \dfrac{5}{0.21} + 3} \times 100$

∴ m = 1.659

31 A(g) → 생성물 반응에서 그 반감기가 0.693/k인 반응은? (단, k는 반응속도상수)

㉮ 0차 반응   ㉯ 1차 반응
㉰ 2차 반응   ㉱ 3차 반응

풀이 ㉯ 1차반응에 대한 설명이다.

32 프로판의 고위발열량이 20,000kcal/Sm^3이라면 저위발열량(kcal/Sm^3)은?

㉮ 17,040   ㉯ 17,620
㉰ 18,080   ㉱ 18,830

풀이 $C_3H_8 + 5O_2 \rightarrow 3CO_2 + 4H_2O$
저위발열량(Hl)
= 고위발열량(Hh) - 480×H_2O량(kcal/Sm^3)
= 20,000kcal/Sm^3 - 480×4
= 18,080kcal/Sm^3

33 석탄의 탄화도와 관련된 설명으로 틀린 것은?

㉮ 탄화도가 클수록 고정탄소가 많아져 발열량이 커진다.
㉯ 탄화도가 클수록 휘발분이 감소하고 착화온도가 높아진다.
㉰ 탄화도가 클수록 연소속도가 빨라진다.
㉱ 탄화도가 클수록 연료비가 증가한다.

풀이 ㉰ 탄화도가 클수록 연소속도가 느려진다.

answer 28 ㉮   29 ㉮   30 ㉱   31 ㉯   32 ㉰   33 ㉰

TIP
석탄의 탄화도가 증가하면
① 증가 : 고정탄소, 발열량, 착화온도, 연료비
② 감소 : 매연생성량, 비열, 휘발분, 산소의 양, 연소속도

34 기체연료의 연소장치 및 연소방식에 관한 설명으로 틀린 것은?

㉮ 확산연소는 주로 탄화수소가 적은 발생로가스, 고로가스에 적용되는 연소방식이고, 천연가스에도 사용될 수 있다.
㉯ 확산연소에 사용되는 버너 중 포트형은 기체연료와 공기를 다 같이 고온으로 예열할 수 있다.
㉰ 예혼합연소는 화염온도가 높아 연소부하가 큰 경우에 사용되고 하염 길이가 길고, 그을음 생성이 많다.
㉱ 예혼합연소에 사용되는 고압버너는 기체연료의 압력을 2kg/cm² 이상으로 공급하므로 연소실내의 압력은 정압이다.

풀이 ㉰ 예혼합연소는 화염온도가 높아 연소부하가 큰 경우에 사용되고, 화염길이가 짧고, 그을음 생성이 적다.

35 최적 연소부하율이 100,000kcal/m³·hr인 연소로를 설계하여 발열량이 5,000kcal/kg인 석탄을 200kg/hr로 연소하고자 한다면 이 때 필요한 연소로의 연소실 용적은? (단, 열효율은 100%이다.)

㉮ 200m³ ㉯ 100m³
㉰ 20m³   ㉱ 10m³

풀이 연소부하율(kcal/m³·hr)

$= \dfrac{\text{저위발열량(kcal/kg)} \times \text{석탄량(kg/hr)}}{\text{용적}(m^3)}$

따라서

$100{,}000\text{kcal/m}^3 \cdot \text{hr} = \dfrac{5{,}000\text{kcal/kg} \times 200\text{kg/hr}}{\text{용적}(m^3)}$

$\therefore$ 용적 $= \dfrac{5{,}000\text{kcal/kg} \times 200\text{kg/hr}}{100{,}000\text{kcal/m}^3 \cdot \text{hr}}$

$= 10\text{m}^3$

36 화염으로부터 열을 받으면 가연성 증기가 발생하는 연소로서 휘발유, 등유, 알코올, 벤젠 등의 액체연료의 연소형태는 무엇인가?

㉮ 증발 연소   ㉯ 자기 연소
㉰ 표면 연소   ㉱ 발화 연소

풀이 ㉮ 증발연소에 대한 설명이며, 내용의 핵심은 "휘발유의 연소형태"임을 숙지하시면 됩니다.

37 C 85%, H 7%, O 5%, S 3%인 중유의 이론직인(CO_2)max(%) 값은 얼마인가?

㉮ 9.6   ㉯ 12.6
㉰ 17.6   ㉱ 20.6

풀이 ① 이론공기량(A_o)

$= 8.89C + 26.67\left(H - \dfrac{O}{8}\right) + 3.33S(\text{Sm}^3/\text{kg})$

$= 8.89 \times 0.85 + 26.67 \times \left(0.07 - \dfrac{0.05}{8}\right) + 3.33 \times 0.03$

$= 9.3566\text{Sm}^3/\text{kg}$

② 이론건연소가스량(God)

$= A_o - 5.6H + 0.7O + 0.8N(\text{Sm}^3/\text{kg})$

$= 9.3566\text{Sm}^3/\text{kg} - 5.6 \times 0.07 + 0.7 \times 0.05$

$= 8.9996\text{Sm}^3/\text{kg}$

③ $CO_{2\text{max}}(\%) = \dfrac{1.867C}{\text{God}} \times 100$

$= \dfrac{1.867 \times 0.85\text{Sm}^3/\text{kg}}{8.9996\text{Sm}^3/\text{kg}} \times 100$

$= 17.63\%$

answer 34 ㉰ 35 ㉱ 36 ㉮ 37 ㉰

38 연료에 관한 다음 설명으로 틀린 것은?

㉮ 하한값은 낮을수록, 상한값은 높을수록 위험하다.
㉯ 폭발범위가 넓을수록 위험하다.
㉰ 온도와 압력이 낮을수록 위험하다.
㉱ 불연성 가스를 첨가하면 폭발범위가 좁아진다.

풀이 ㉰ 온도와 압력이 높을수록 위험하다.

39 연료에 관한 다음 설명으로 틀린 것은?

㉮ 연료비는 탄화도의 정도를 나타내는 지수로서, 고정탄소/휘발분으로 계산된다.
㉯ 석유계 액체연료는 고위발열량이 10,000~12,000kcal/kg 정도이고, 메탄올과 같이 산소를 함유한 연료의 경우 발열량은 일반 석유계 액체연료보다 높아진다.
㉰ 일산화탄소의 고위발열량은 3,000kcal/Sm³ 정도이며, 프로판과 부탄보다는 발열량이 낮다.
㉱ LPG는 상온에서 압력을 주면 용이하게 액화되는 석유계의 탄화수소를 말한다.

풀이 ㉯ 석유계 액체연료는 고위발열량이 10,000~12,000kcal/kg 정도이고, 메탄올과 같이 산소를 함유한 연료의 경우 발열량은 일반 석유계 액체연료보다 낮아진다.

40 시간당 1ton의 석탄을 연소시킬 때 발생하는 SO_2는 $0.31Sm^3/min$이었다. 이 석탄의 황 함유량(%)은 얼마인가? (단, 표준상태를 기준으로 하고, 석탄 중의 황성분은 연소하여 전량 SO_2가 된다.)

㉮ 2.66% ㉯ 2.97%
㉰ 3.12% ㉱ 3.40%

풀이
$S + O_2 \rightarrow SO_2$
32kg : $22.4Sm^3$

$1ton/hr \times 1hr/60min \times 10^3 kg/ton \times \dfrac{S(\%)}{100}$: $0.31Sm^3/min$

∴ S = 2.66%

| 제3과목 | 대기오염방지기술

41 공장 배출가스 중의 일산화탄소를 백금계의 촉매를 사용하여 연소시켜 처리하고자 할 때, 촉매독으로 작용하는 물질로 가장 거리가 먼 것은?

㉮ Ni ㉯ Zn
㉰ As ㉱ S

풀이 일산화탄소를 백금계의 촉매를 사용하여 연소시켜 처리하고자 할 때, 촉매독으로 작용하는 물질은 Pb, As, S, Zn 등이 있다.

answer 38 ㉰ 39 ㉯ 40 ㉮ 41 ㉮

42 가솔린 자동차의 후처리에 의한 배출가스 저감방안의 하나인 삼원 촉매장치의 설명으로 틀린 것은?

㉮ CO와 HC의 산화촉매로는 주로 백금(Pt)이 사용된다.
㉯ 일반적으로 촉매는 백금(Pt)과 로듐(Rh)의 비율이 2:1로 사용되며, 로듐(Rh)은 NO의 산화반응을 촉진시킨다.
㉰ CO와 HC는 CO_2와 H_2O로 산화되며 NO는 N_2로 환원된다.
㉱ CO, HC, NO_x 3성분의 동시 저감을 위해 엔진에 공급되는 공기연료비는 이론공연비정도로 공급되어야 한다.

풀이 ㉯ 일반적으로 촉매는 백금(Pt)과 로듐(Rh)의 비율이 2 : 1로 사용되며, 로듐(Rh)은 NO의 환원반응을 촉진시킨다.

43 입경측정방법 중 관성충돌법(cascade impactor법)에 관한 설명으로 틀린 것은?

㉮ 관성충돌을 이용하여 입경을 간접적으로 측정하는 방법이다.
㉯ 입자의 질량크기분포를 알 수 있다.
㉰ 되튐으로 인한 시료의 손실이 일어날 수 있다.
㉱ 시료채취가 용이하고 채취준비에 시간이 걸리지 않는 장점이 있으나, 단수의 임의 설계가 어렵다.

풀이 ㉱ 시료채취가 어렵고 채취준비시간이 길며, 단수의 임의 설계가 용이하다.

44 송풍기 회전판 회전에 의하여 집진장치에 공급되는 세정액이 미립자로 만들어져 집진하는 원리를 가진 회전식 세정집진 장치에서 직경이 10cm인 회전판이 9,620rpm으로 회전할 때 형성되는 물방울의 직경(μm)은 얼마인가?

㉮ 93   ㉯ 104
㉰ 208   ㉱ 316

풀이 $$dw = \frac{200}{N \times \sqrt{R}} \times 10^4$$

여기서
 dw : 물방울 직경(μm)
 N : 회전수(rpm = 회/min)
 R : 반경(cm)

따라서 $dw = \frac{200}{9{,}620\text{rpm} \times \sqrt{5\text{cm}}} \times 10^4 = 92.98\mu m$

45 cyclone으로 집진 시 입경에 따라 집진효율이 달라지게 되는데 집진효율이 50%인 입경을 의미하는 용어는 무엇인가?

㉮ Cut size diameter
㉯ Critical diameter
㉰ Stokes diameter
㉱ Projected area diameter

풀이 ㉮ Cut size diameter = 50%인 입경 = 절단입경

answer 42 ㉯ 43 ㉱ 44 ㉮ 45 ㉮

46 내경이 120mm의 원통내를 20℃ 1기압의 공기가 30m³/hr로 흐른다. 표준상태의 공기의 밀도가 1.3kg/Sm³, 20℃의 공기의 점도가 1.81×10^{-4} poise이라면 레이놀드 수는 얼마인가?

㉮ 약 4,500   ㉯ 약 5,900
㉰ 약 6,500   ㉱ 약 7,300

풀이

$$Re = \frac{D \times V \times \rho}{\mu}$$

여기서
- Re : 레이놀드 수
- D : 내경(m)
- V : 속도(m/sec)
- ρ : 점성계수(kg/m·sec)

따라서 $Re = \dfrac{0.12m \times 0.7368m/sec \times 1.21kg/m^3}{1.81 \times 10^{-5} kg/m \cdot sec}$

= 5,910.68

TIP

① 속도(V) = $\dfrac{Q}{A} = \dfrac{Q}{\dfrac{\pi \times d^2}{4}}$

$= \dfrac{30m^3/hr \times 1hr/3600sec}{\dfrac{\pi \times (0.12m)^2}{4}}$

= 0.7368m/sec

② $\rho = 1.3kg/Sm^3 \times \dfrac{273}{273 + 20℃}$

= 1.21kg/m³

③ poise $\xrightarrow{\times 10^{-1}}$ kg/m·sec

47 A굴뚝 배출가스 중의 염화수소 농도가 250ppm이었다. 염화수소의 배출허용기준을 80mg/Sm³로 하면 염화수소의 농도를 현재 값의 몇 % 이하로 하여야 하는가? (단, 표준상태 기준)

㉮ 약 10% 이하   ㉯ 약 20% 이하
㉰ 약 30% 이하   ㉱ 약 40% 이하

풀이

현재값의 농도(%) = $\dfrac{배출허용기준}{배출농도} \times 100$

$= \dfrac{80mg/Sm^3}{250mL/Sm^3 \times \dfrac{36.5mg}{22.4mL}} \times 100$

= 19.64%

48 중력 집진장치에서 수평이동속도 V_x, 침강실폭 B, 침강실 수평길이 L, 침강실 높이 H, 종말침강속도가 V_t 라면 주어진 입경에 대한 부분집진효율은? (단, 층류기준)

㉮ $\dfrac{V_x \times B}{V_t \times H}$ ㉯ $\dfrac{V_t \times H}{V_x \times B}$

㉰ $\dfrac{V_t \times L}{V_x \times H}$ ㉱ $\dfrac{V_x \times H}{V_t \times L}$

풀이

$\eta(\%) = \dfrac{V_g \times L}{u \times H} \times 100 = \dfrac{V_t \times L}{V_x \times H} \times 100$

answer 46 ㉯ 47 ㉯ 48 ㉰

49 Venturi scrubber에서 액가스비가 0.6L/m³, 목부의 압력손실이 330mmH₂O 일 때 목부의 가스속도(m/sec)는 얼마인가?

(단, r = 1.2kg/m³, Venturi scrubber의 압력손실식 $\triangle P = (0.5+L) \times \dfrac{rV^2}{2g}$ 를 이용할 것)

㉮ 60 ㉯ 70
㉰ 80 ㉱ 90

풀이 $\triangle P = (0.5+L) \times \dfrac{rv^2}{2g}$

여기서
- △P : 압력손실(mmH₂O)
- L : 액가스비(L/m³)
- r : 가스의 밀도(kg/m³)
- V : 가스속도(m/sec)
- g : 중력가속도(9.8m/sec²)

따라서
$330 \text{mmH}_2\text{O} = (0.5 + 0.6\text{L/m}^3) \times \dfrac{1.2\text{kg/m}^3 \times V^2}{2 \times 9.8\text{m/sec}^2}$

∴ V = 70m/sec

50 다음 중 다른 VOCs 방지장치와 상대 비교한 생물여과장치의 특성으로 틀린 것은?

㉮ CO 및 NOx를 포함한 생성 오염부산물이 적거나 없다.
㉯ 고농도 오염물질의 처리에 적합하고, 설치가 복잡한 편이다.
㉰ 습도제어에 각별한 주의가 필요하다.
㉱ 생체량의 증가로 장치가 막힐 수 있다.

풀이 ㉯ 고농도 오염물질의 처리에 부적합하고, 설치가 간단한 편이다.

51 NOx발생을 억제하는 방법으로 틀린 것은?

㉮ 과잉 공기를 적게 하여 연소시킨다.
㉯ 연소용 공기에 배기가스의 일부를 혼합 공급하여 산소 농도를 감소시켜 운전한다.
㉰ 이론공기량의 70% 정도를 버너에 공급하여 불완전 연소시키고, 그 후 30~35% 공기를 하부로 주입하여 완전 연소시켜 화염온도를 증가시킨다.
㉱ 고체, 액체연료에 비해 기체연료가 공기와의 혼합이 잘 되어 신속히 연소함으로써 고온에서 연소가스의 체류시간을 단축시켜 운전한다.

풀이 ㉰ 1차적으로 이론공기량의 95% 정도를 버너에 공급하고, 나머지 공기는 버너의 상부에 공급함으로써 두 연소단계 사이에서 열의 일부가 제거되어 최고 온도를 낮게 한다.

52 HOG가 0.7m이고 제거율이 99%면 흡수탑의 충진높이는 얼마인가?

㉮ 1.6m ㉯ 2.1m
㉰ 2.8m ㉱ 3.2m

풀이 H = NOG×HOG

여기서
- H : 충전탑의 높이(m)
- NOG : 총괄이동단위수
- NOG : $\ln\left(\dfrac{1}{1-\eta}\right)$
- HOG : 총괄이동단위높이(m)

따라서 $H = \ln\left(\dfrac{1}{1-0.99}\right) \times 0.7\text{m} = 3.22\text{m}$

answer 49 ㉯ 50 ㉯ 51 ㉰ 52 ㉱

53 사이클론의 유입구 높이가 18.75cm, 원통부의 높이가 1.0m, 원추부의 높이가 1.0m일 때 외부선회류의 회전수는 얼마인가?

㉮ 2 ㉯ 4
㉰ 6 ㉱ 8

풀이 $N = \dfrac{1}{H_A} \times \left(H_B + \dfrac{H_C}{2}\right)$

여기서
- N : 회전수
- H_A : 유입구 높이(m)
- H_B : 원통부 높이(m)
- H_C : 원추부 높이(m)

따라서 회전수(N) = $\dfrac{1}{0.1875m} \times \left(1m + \dfrac{1m}{2}\right)$
= 8회

54 유해가스 처리를 위한 흡수액의 선정 조건으로 옳은 것은?

㉮ 용해도가 적어야 한다.
㉯ 휘발성이 적어야 한다.
㉰ 점성이 높아야 한다.
㉱ 용매의 화학적 성질과 확연히 달라야 한다.

풀이 ㉮ 용해도가 높아야 한다.
㉰ 점성이 작아야 한다.
㉱ 용매의 화학적 성질과 비슷해야 한다.

55 2개의 집진장치를 조합하여 먼지를 제거하려고 한다. 2개를 직렬로 연결하는 방식(A)과 2개를 병렬로 연결하는 방식(B)에 대한 다음 설명으로 틀린 것은? (단, 각 집진장치의 처리량과 집진율은 80%로 둘 다 동일하다고 가정한다.)

㉮ (A)방식이 (B)방식보다 더 일반적이다.
㉯ (B)방식은 처리가스의 양이 많은 경우 사용된다.
㉰ (A)방식의 총집진율은 94%이다.
㉱ (B)방식의 총집진율은 단일집진장치 때와 같이 80%이다.

풀이 ㉰ (A)방식의 총집진율은 96%이다.

TIP
① A방식의 총집진율(η_T) = $1-(1-\eta_1)\times(1-\eta_2)$
   = $1-(1-0.8)\times(1-0.8)$
   = 0.96 따라서 96%
② B방식의 총집진율(η_T) = $\dfrac{\eta_1+\eta_2}{2}$
   = $\dfrac{80\%+80\%}{2}$
   = 80%

56 3개의 집진장치를 직렬로 조합하여 집진한 결과 총집진율이 99%이었다. 1차 집진장치의 집진율이 70%, 2차 집진장치의 집진율이 80%라면 3차 집진장치의 집진율은 얼마인가?

㉮ 약 75.6% ㉯ 약 83.3%
㉰ 약 89.2% ㉱ 약 93.4%

풀이 총합집진율(η_T) = $1-(1-\eta_1)\times(1-\eta_2)\times(1-\eta_3)$
∴ $0.99 = 1-(1-0.7)\times(1-0.8)\times(1-\eta_3)$
따라서 η_3 = 0.8333 이므로 83.33%이다.

answer 53 ㉱ 54 ㉯ 55 ㉰ 56 ㉯

57 가로 5m, 세로 8m인 두 집진판이 평행하게 설치되어 있고, 두 판 사이 중간에 원형철심방전극이 위치하고 있는 전기집진장치에 굴뚝가스가 120m³/min로 통과하고, 입자이동속도가 0.12m/s일 때의 집진효율은? (단, Deutsch - Anderson 식 적용)

㉮ 98.2% ㉯ 98.7%
㉰ 99.2% ㉱ 99.7%

풀이
$$\eta = \left\{1-\exp\frac{-A \cdot We}{Q}\right\} \times 100(\%)$$
$$= \left\{1-\exp\frac{-2\times 5m\times 8m\times 0.12m/sec}{120m^3/min\times 1min/60sec}\right\}\times 100$$
$$= 99.18\%$$

TIP
단면적(A) = 2×가로×세로(m²)

58 흡착제에 관한 설명으로 옳지 않은 것은?

㉮ 마그네시아는 표면적이 50~100m²/g으로 NaOH 용액 중 불순물 제거에 주로 사용된다.
㉯ 활성탄은 표면적이 600~1400m²/g으로 용제회수, 악취제거, 가스정화 등에 사용된다.
㉰ 일반적으로 활성탄의 물리적 흡착방법으로 제거할 수 있는 유기성 가스의 분자량은 45이상이어야 한다.
㉱ 활성탄은 비극성물질을 흡착하며 대부분의 경우 유기용제 증기를 제거하는데 탁월하다.

풀이 ㉮ 마그네시아는 표면적이 200m²/g으로 기름용제 정제에 주로 사용된다.

59 석회세정법의 특성으로 틀린 것은?

㉮ 배기온도가 높아(120℃ 정도) 통풍력이 높다.
㉯ 먼지와 연소재의 동시 제거가 가능하므로 제진시설이 따로 불필요하다.
㉰ 소규모 소용량 이용에 편리하다.
㉱ 통풍펜을 사용할 경우 동력비가 비싸다.

풀이 ㉮ 배기온도가 낮아 통풍력이 낮다.

60 다음 세정집진장치 중 세정액을 가압 공급하여 함진가스를 세정하는 가압수식에 해당하지 않는 것은?

㉮ Venturi scrubber
㉯ Impulse scrubber
㉰ Packed tower
㉱ Jet scrubber

풀이 ㉯ Impulse scrubber는 회전식 집진장치이다.

| 제4과목 | 대기오염공정시험기준

61 굴뚝을 통하여 대기중으로 배출되는 가스상 물질을 분석하기 위한 시료 채취방법에 대한 주의사항 중 틀린 것은?

㉮ 흡수병을 공용으로 할 때에는 대상 성분이 달라질 때마다 묽은 산 또는 알칼리 용액과 물로 깨끗이 씻은 다음 다시 흡수액으로 3회 정도 씻은 후 사용한다.
㉯ 가스미터는 500mmH₂O 이내에서 사용한다.

answer 57 ㉰ 58 ㉮ 59 ㉮ 60 ㉯ 61 ㉯

㉰ 습식 가스미터를 이동 또는 운반할 때에는 반드시 물을 빼고, 오랫동안 쓰지 않을 때에도 그와 같이 배수한다.
㉱ 굴뚝내의 압력이 매우 큰 부압(-300 mmH₂O 정도 이하)인 경우에는, 시료 채취용 굴뚝을 부설하여 부피가 큰 펌프를 써서 시료가스를 흡입하고 그 부설한 굴뚝에 채취구를 만든다.

풀이 ㉯ 가스미터는 100mmH₂O 이내에서 사용한다.

62 기체-액체크로마토그래피에서 일반적으로 사용되는 분배형 충전물질인 고정 상액체의 종류 중 탄화수소계에 해당되는 것은?

㉮ 플루오린화규소
㉯ 스쿠아란(Squlalne)
㉰ 폴리페닐에테르
㉱ 활성알루미나

풀이 ㉮ 실리콘계
㉰ 에테르계
㉱ 흡착형 충전물질

63 배출가스 중 플루오린화합물의 분석방법인 자외선/가시선분광법 - 란타넘-알리자린콤플렉손법에 대한 내용으로 틀린 것은?

㉮ 배출가스 중 무기 플루오린화합물을 수산화소듐 용액으로 흡수하고 완충용액을 첨가하여 pH를 조절한다.
㉯ 란타넘-알리자린콤플렉손 용액을 첨가하고 플루오린화 이온과 반응하여 생성하는 복합 착화합물의 흡광도를 파장 520nm에서 측정한다.
㉰ 시료채취량이 80L인 경우, 정량범위는 0.05ppm 이상이다.
㉱ 배출가스 중 알루미늄(III), 철(II), 구리(II), 아연(II) 등의 중금속 이온이나 인산 이온 등이 공존하면 영향을 받는다.

풀이 ㉯ 란타넘-알리자린콤플렉손 용액을 첨가하고 플루오린화 이온과 반응하여 생성하는 복합 착화합물의 흡광도를 파장 620nm에서 측정한다.

64 굴뚝 배출가스 중 사이안화수소를 자외선/가시선분광법-4-피리딘카복실산-피라졸론법으로 분석하는 방법에 대한 설명으로 틀린 것은?

㉮ 시료채취량이 10L인 경우, 정량범위는 0.05ppm 이상이다.
㉯ 638nm 부근의 흡광도를 측정한다.
㉰ 배출가스 중 염소 등의 산화성가스가 공존하면 영향을 받는다.
㉱ 흡수액은 황산용액(20g/L)이다.

풀이 ㉱ 흡수액은 수산화소듐용액(20g/L)이다.

65 굴뚝배출가스 중 질소산화물을 연속적으로 자동 측정하는 방법 중 자외선흡수 분석계의 구성에 관한 설명으로 틀린 것은?

㉮ 광원 : 중수소방전관 또는 중압수은등을 사용한다.
㉯ 시료셀 : 시료가스가 연속적으로 흘러갈 수 있는 구조로 되어 있으며 그 길이는 200~500mm이고, 셀의 창은 석영판과 같이 자외선 및 가시광선이 투과할 수 있는 재질이어야 한다.

answer 62 ㉯ 63 ㉯ 64 ㉱ 65 ㉰

㉰ 광학필터 : 프리즘과 회절격자 분광기 등을 이용하여 자외선 영역 또는 가시광선영역의 단색광을 얻는 데 사용된다.
㉱ 합산증폭기 : 신호를 증폭하는 기능과 일산화질소 측정파장에서 아황산가스의 간섭을 보정하는 기능을 가지고 있다.

풀이 ㉰ 광학필터 : 특정 파장 영역의 흡수나 다층박막의 광학적 간섭을 이용하여 자외선 영역 또는 가시광선 영역의 일정한 폭을 갖는 빛을 얻는데 사용한다.

66 굴뚝 배출가스 중 산소를 전기화학식으로 측정하는 방법에 대한 설명으로 틀린 것은?

㉮ 산소의 전기화학적 산화환원 반응을 이용하여 산소농도를 연속적으로 측정한다.
㉯ 질코니아방식은 고온에서 산소와 반응하는 가연성가스(일산화탄소, 메테인 등)의 영향을 무시할 수 있는 경우에 적용할 수 있다.
㉰ 측정범위는 0% ~ 5.0% 이하로 한다.
㉱ 전극방식은 산화환원반응을 일으키는 가스(SO_2, CO_2 등)의 영향을 무시할 수 있는경우에 적용할 수 있다.

풀이 ㉰ 측정범위는 0% ~ 25.0% 이하로 한다.

67 굴뚝 배출가스 중의 황화수소 분석방법에 관한 설명으로 옳은 것은?

㉮ 오르토 톨리딘을 함유하는 흡수액에 황화수소를 통과시켜 얻어지는 발색액의 흡광도를 측정한다.
㉯ 시료 중의 황화수소를 아연아민착염용액에 흡수시켜 P-아미노다이메틸아닐린 용액과 염화철(Ⅲ) 용액을 가하여 생성되는 메틸렌블루의 흡광도를 측정한다.
㉰ 다이에틸아민구리 용액에서 황화수소가스를 흡수시켜 생성된 다이에틸 다이싸이오카밤산구리의 흡광도를 측정한다.
㉱ 황화수소 흡수액을 일정량으로 묽게 한 다음 완충액을 가하여 pH를 조절하고, 란탄과 알리자린 콤플렉션을 가하여 얻어지는 발색액의 흡광도를 측정한다.

68 환경대기 중 먼지를 저용량 공기시료 채취기로 분당 20L 씩 채취할 경우, 유량계의 눈금값 Q_r(L/min)을 나타내는 식으로 옳은 것은? (단, 1기압에서의 기준이며, $\triangle P$(mmHg)는 마노미터로 측정한 유량계 내의 압력손실이다.)

㉮ $20\sqrt{\dfrac{760-\triangle P}{760}}$

㉯ $20\sqrt{\dfrac{760}{760-\triangle P}}$

㉰ $760\sqrt{\dfrac{20/\triangle P}{760}}$

㉱ $760\sqrt{\dfrac{760}{20/\triangle P}}$

answer 66 ㉰ 67 ㉯ 68 ㉯

69 대기오염공정시험기준의 총칙에 근거한 "방울수"의 의미로 가장 적합한 것은?

㉮ 20℃에서 정제수 20방울을 떨어뜨릴 때 그 부피가 약 1mL 되는 것을 뜻한다.
㉯ 20℃에서 정제수 10방울을 떨어뜨릴 때 그 부피가 약 1mL 되는 것을 뜻한다.
㉰ 0℃에서 정제수 10방울을 떨어뜨릴 때 그 부피가 약 1mL 되는 것을 뜻한다.
㉱ 0℃에서 정제수 1방울을 떨어뜨릴 때 그 부피가 약 1mL 되는 것을 뜻한다.

70 굴뚝배출가스 중 오염물질 연속자동측정기기의 설치 위치 및 방법으로 틀린 것은?

㉮ 병합굴뚝에서 배출허용기준이 다른 경우에는 측정기기 및 유량계를 합쳐지기 전 각각의 지점에 설치하여야 한다.
㉯ 분산굴뚝에서 측정기기는 나뉘기 전 굴뚝에 설치하거나 나뉜 각각의 굴뚝에 설치하여야 한다.
㉰ 병합굴뚝에서 배출허용기준이 같은 경우에는 측정기기 및 유량계를 오염물질이 합쳐진 후 지점 또는 합쳐지기 전 지점에 설치하여야 한다.
㉱ 불가피하게 외부공기가 유입되는 경우에 측정기기는 외부공기 유입 후에 설치하여야한다.

풀이 ㉱ 불가피하게 외부공기가 유입되는 경우에 측정기기는 외부공기 유입 전에 설치하여야 한다.

71 굴뚝 등에서 배출되는 오염물질별 분석방법으로 틀린 것은?

㉮ 자외선가시선분광법에 의한 암모니아 분석시 분석용 시료 용액에 페놀-나이트로프루시드소듐 용액과 하이포아염소산소듐 용액을 가하고 암모늄 이온과 반응시킨다.
㉯ 염화수소를 자외선가시선분광법으로 분석시 시료에 메틸알콜 10mL 등을 가하고 마개를 한 후 흔들어 잘 섞는다.
㉰ 이황화탄소를 자외선가시선분광법으로 분석시 황화수소를 제거하기 위해 흡수병 중 한개는 전처리용으로 아세트산카드뮴용액을 넣는다.
㉱ 황산화물을 침전적정법으로 분석 시 종말점은 녹색이다.

풀이 ㉱ 황산화물을 침전적정법으로 분석 시 종말점은 청색이 1분간 지속되는 점이다.

72 다음 액체시약 중 비중이 가장 큰 것은?
(단, 브로민의 원자량은 79.9, 염소는 35.5, 아이오딘(요오드)는 126.9이다.)

㉮ 브로민화수소산(HBr, 농도 : 47.0~49.0%)
㉯ 염산(HCl, 농도 : 35.0~37.0%)
㉰ 질산(HNO₃, 농도 : 60.0~62.0%)
㉱ 아이오딘화수소산(HI, 농도 : 55.0~58.0%)

풀이 보기 액체의 비중
㉮ 1.48 ㉯ 1.18 ㉰ 1.38 ㉱ 1.70

answer 69 ㉮ 70 ㉱ 71 ㉱ 72 ㉱

73 시판되는 염산시약의 농도가 35%이고 비중이 1.18인 경우 0.1M의 염산 1L를 제조할 때 시판 염산시약 약 몇 mL를 취하여 증류수로 희석하여야 하는가?

㉮ 3 ㉯ 6
㉰ 9 ㉱ 15

▶풀이
① $N(eq/L) = \dfrac{비중(g)}{mL} \times \dfrac{10^3 mL}{L} \times \dfrac{1eq}{분자량(g)/가수}$

$\times \dfrac{\%농도}{100}$

$= \dfrac{1.18g}{mL} \times \dfrac{10^3 mL}{L} \times \dfrac{1eq}{36.5g/1} \times \dfrac{35\%}{100}$

$= 11.315N$

② $N_1 \times V_1 = N_2 \times V_2$
$0.1N \times 1,000mL = 11.315N \times V_2$
$\therefore V_2 = 8.84mL$

74 원자흡수분광광도법에서 원자흡광 분석장치의 구성으로 틀린 것은?

㉮ 분리관 ㉯ 광원부
㉰ 단색화부 ㉱ 시료원자화부

▶풀이 원자흡광 분석장치의 구성은 광원부 → 시료원자화부 → 단색화부 → 측광부 순이다.

75 대기오염공정시험기준에 의거 환경대기 중 휘발성 유기화합물(유해 VOCs 고체흡착법)을 추출할 때 추출용매로 가장 적합한 것은?

㉮ Ethyl alcohol ㉯ PCB
㉰ CS_2 ㉱ n-Hexane

▶풀이 추출용매로 사용하는 것은 이황화탄소(CS_2)이다.

76 광원에서 나오는 빛을 단색화장치에 의하여 좁은 파장범위의 빛만을 선택하여 어떤 액층을 통과시킬 때 입사광의 강도가 1이고, 투사광의 강도가 0.5였다. 이 경우 Lambert-Beer법칙을 적용하여 흡광도를 구하면 얼마인가?

㉮ 0.3 ㉯ 0.5
㉰ 0.7 ㉱ 1.0

▶풀이 흡광도(A) = $\log\left(\dfrac{입사광의 강도}{투사광의 강도}\right)$

$= \log\left(\dfrac{1}{0.5}\right) = 0.30$

77 굴뚝의 측정공에서 피토우관을 이용하여 측정한 조건이 다음과 같을 때 배출가스의 유속은 얼마인가?

- 동압 : 13mmH₂O
- 피토우관계수 : 0.85
- 가스의 밀도 : 1.2kg/m³

㉮ 10.6m/sec ㉯ 12.4m/sec
㉰ 14.8m/sec ㉱ 17.8m/sec

▶풀이 $V = C \times \sqrt{\dfrac{2gh}{r}}$

여기서
- V : 공기의 유속(m/sec)
- C : 피토우관 계수
- g : 중력가속도(9.8m/sec²)
- h : 동압(mmH₂O)
- r : 밀도(kg/m³)

따라서 $V = 0.85 \times \sqrt{\dfrac{2 \times 9.8 m/sec^2 \times 13 mmH_2O}{1.2 kg/m^3}}$

$= 12.39 m/sec$

answer 73 ㉰ 74 ㉮ 75 ㉰ 76 ㉮ 77 ㉯

78 비분산적외선분광분석법에서 용어의 정의 중 "측정성분이 흡수되는 적외선을 그 흡수파장에서 측정하는 방식"을 의미하는 것은?

㉮ 정필터형 ㉯ 복광필터형
㉰ 회절격자형 ㉱ 적외선흡광형

풀이 ㉮ 정필터형에 대한 설명이다.

79 다음은 자외선가시선분광법에서 측광부에 관한 설명이다. ( )안에 가장 알맞은 것은?

> 측광부의 광전측광에는 광전관, 광전자증배관, 광전도셀 또는 광전지 등을 사용한다. 광전관, 광전자증배관은 주로 (㉠) 범위에서, 광전도셀은 (㉡)범위에서, 광전지는 주로(㉢) 범위 내에서의 광전측광에 사용된다.

㉮ ㉠ 근적외파장, ㉡ 자외파장, ㉢ 가시파장
㉯ ㉠ 가시파장, ㉡ 근자외 내지 가시파장, ㉢ 적외파장
㉰ ㉠ 근적외파장, ㉡ 근자외파장, ㉢ 가시 내지 근적외파장
㉱ ㉠ 자외 내지 가시파장, ㉡ 근적외파장, ㉢ 가시파장

풀이 측광부
① 광전관, 광전자증배관 : 자외 내지 가시파장 범위
② 광전도셀 : 근적외파장 범위
③ 광전지 : 가시파장 범위

80 굴뚝 배출가스 중 폼알데하이드 및 알데하이드류의 분석방법에 대한 내용으로 틀린 것은?

㉮ 고성능 액체크로마토그래피는 배출가스 중의 알데하이드류를 흡수액 2,4-다이나이트로페닐하이드라진 (DNPH)과 반응하여 하이드라존 유도체를 생성하게 되고 이를 액체크로마토그래프로 분석하여 정량한다.
㉯ 자외선/가시선분광법 - 크로모트로핀산법은 폼알데하이드를 포함하고 있는 배출가스를 아황산수소소듐 용액으로 채취하고 크로모트로핀산 용액으로 발색시켜 얻은 흡광도를 측정하여 폼알데하이드 농도를 구한다.
㉰ 자외선/가시선분광법 - 아세틸아세톤법은 폼알데하이드를 포함하고 있는 배출가스를 정제수로 채취하고 아세틸아세톤 용액으로 발색시켜 얻은 흡광도를 측정하여 폼알데하이드 농도를 구한다.
㉱ 고성능액체크로마토그래피는 시료채취량 60L인 경우, 정량범위는 0.080ppm 이상이다.

풀이 ㉱ 고성능액체크로마토그래피는 시료채취량이 10L인 경우, 정량범위는 0.010ppm 이상이다.

answer 78 ㉮ 79 ㉱ 80 ㉱

2019 1회 기출문제

| 제1과목 | 대기오염개론

01 굴뚝 유효높이를 3배로 증가시키면 지상 최대오염도는 어떻게 변화되는가?
(단, sutton의 식에 의함)

㉮ 처음의 3배   ㉯ 처음의 1/3
㉰ 처음의 9배   ㉱ 처음의 1/9

풀이
$$C_{max} = \frac{2Q}{\pi \cdot e \cdot u \cdot He^2}\left(\frac{C_z}{C_y}\right)$$

따라서 $C_{max} = \frac{1}{He^2}$ 이므로

∴ $C_{max} = \frac{1}{3^2} = \frac{1}{9}$ 배

02 다음은 지구온난화와 관련된 설명이다. ( )안에 알맞은 것은?

> (㉠)는 온실기체들의 구조상 또는 열축적 능력에 따라 온실효과를 일으키는 잠재력을 지수로 표현한 것으로, 이 온실기체들은 CH_4, N_2O, HFC_S, CO_2, SF_6 등이 있으며, 이 중 (㉠)가 가장 큰 값을 나타내는 물질은 (㉡)이다.

㉮ ㉠ GHG, ㉡ CO_2
㉯ ㉠ GHG, ㉡ SF_6
㉰ ㉠ GWP, ㉡ CO_2
㉱ ㉠ GWP, ㉡ SF_6

풀이
① GWP는 CO_2를 기준으로 하는 지구온난화지수이다.
② SF_6(육불화황)은 GWP가 23,900으로 가장 큰 값을 가진다.

TIP
온실가스별 지구온난화지수(GWP)

화학식	물질명	GWP
CO_2	이산화탄소	1.0
CH_4	메탄	21
N_2O	아산화질소	310
HFC_S	수소불화탄소	1,300
PFC_S	과불화탄소	7,000
SF_6	육불화황	23,900

03 2,000m에서 대기압력(최초 기압)이 860mbar, 온도가 5℃, 비열비 K가 1.4일 때 온위(potential temperature)는?
(단, 표준압력은 1,000mbar)

㉮ 약 284K   ㉯ 약 290K
㉰ 약 294K   ㉱ 약 309K

풀이
$$온위(\theta) = T \times \left(\frac{1,000}{P}\right)^{0.288}$$
$$= (273+5℃)k \times \left(\frac{1,000mbar}{860mbar}\right)^{0.288}$$
$$= 290.34K$$

answer 01 ㉱ 02 ㉱ 03 ㉯

04 다음 중 석면의 구성성분으로 틀린 것은?

㉮ K ㉯ Na
㉰ Fe ㉱ Si

풀이 석면의 구성성분은 나트륨(Na), 철(Fe), 규소(Si)이다.

05 석면폐증에 관한 설명으로 틀린 것은?

㉮ 석면폐증은 폐의 석면분진 침착에 의한 섬유화이며, 흉막의 섬유화와는 무관하다.
㉯ 석면폐증은 폐상엽에서 주로 발생하며, 전이되지 않는다.
㉰ 폐의 섬유화는 폐조직의 신축성을 감소시키고, 혈액으로의 산소공급을 불충분하게 한다.
㉱ 석면폐증은 비가역적이며, 석면노출이 중단된 이후에도 악화되는 경우가 있다.

풀이 ㉯ 석면폐증은 폐하엽에서 주로 발생하며, 흉막을 따라 폐중엽이나 설엽으로 퍼져 나간다.

06 스테판-볼쯔만의 법칙에 의하면 표면온도가 1,500K에서 1,800K가 되었다면, 흑체에서 복사되는 에너지는 약 몇 배가 되는가?

㉮ 1.2배 ㉯ 1.4배
㉰ 2.1배 ㉱ 3.2배

풀이 $E = \sigma T^4$에서 $E = T^4$이므로
흑체에서 복사되는 에너지(E) = $\dfrac{(1,800K)^4}{(1,500K)^4}$ = 2.07배

07 대기오염물의 분산과정에서 최대 혼합깊이(Maximum mixing depth)를 가장 적합하게 표현한 것은?

㉮ 열부상 효과에 의한 대류혼합층의 높이
㉯ 풍향에 의한 대류혼합층의 높이
㉰ 기압의 변화에 의한 대류혼합층의 높이
㉱ 오염물간 화학반응에 의한 대류혼합층의 높이

풀이 최대 혼합깊이는 열부상 효과에 의한 대류혼합층의 높이이다.

08 체적이 100m³인 복사실의 공간에서 오존 배출량이 분당 0.2mg인 복사기를 연속 사용하고 있다. 복사기 사용전의 실내 오존의 농도가 0.1ppm라고 할 때 5시간 사용 후 오존농도는 몇 ppb인가? (단, 0℃, 1기압 기준, 환기는 고려하지 않음)

㉮ 260 ㉯ 380
㉰ 420 ㉱ 520

풀이 ① 복사기 사용 후 오존농도(ppm)
ppm(mL/Sm³)
$= \dfrac{0.2mg}{min} \times \dfrac{60min}{1hr} \times 5hr \times \dfrac{1}{100m^3} \times \dfrac{22.4mL}{48mg}$
$= 0.28ppm$

② 오존농도
= 복사기 사용 전 농도 + 복사기 사용 후 농도
= 0.1ppm + 0.28ppm = 0.38ppm
따라서 0.38ppm × 10^3 = 380ppb

TIP
① ppm = mL/Sm³
② ppb = μL/Sm³
③ O₃ 1mol { 48mg / 22.4mL
④ ppm $\xrightarrow{\times 10^3}$ ppb
⑤ 표준상태의 체적 : Sm³ = Nm³

answer 04 ㉮ 05 ㉯ 06 ㉰ 07 ㉮ 08 ㉯

09 오존(O_3)의 특성과 광화학반응에 관한 설명으로 틀린 것은?

㉮ 산화력이 강하여 눈을 자극하고 물에 난용성이다.
㉯ 대기 중 지표면 오존의 농도는 NO_2로 산화된 NO 량에 비례하여 증가한다.
㉰ 과산화기가 산소와 반응하여 오존이 생길 수도 있다.
㉱ 오존의 탄화수소 산화반응율은 원자 상태의 산소에 의한 탄화수소의 산화보다 빠르다.

[풀이] ㉱ 오존의 탄화수소 산화반응율은 원자상태의 산소에 의한 탄화수소의 산화보다 느리다.

10 지표 부근 대기의 일반적인 체류시간의 순서로 가장 적합한 것은?

㉮ $O_2 > N_2O > CH_4 > CO$
㉯ $O_2 > CH_4 > CO > N_2O$
㉰ $CO > O_2 > N_2O > CH_4$
㉱ $CO > CH_4 > O_2 > N_2O$

[풀이] 체류시간의 순서는 O_2(6,000년) > N_2O(20~100년) > CH_4(3~8년) > CO(1~3개월) 순이다.

11 바람을 일으키는 힘 중 전향력에 관한 설명으로 틀린 것은?

㉮ 전향력은 운동방향은 변화시키지 않지만, 속도에는 영향을 미친다.
㉯ 북반구에서는 항상 움직이는 물체의 운동방향의 오른쪽 직각방향으로 작용한다.
㉰ 전향력은 극지방에서 최대가 되고 적도 지방에서 최소가 된다.
㉱ 전향력의 크기는 위도, 지구자전 각속도, 풍속의 함수로 나타낸다.

[풀이] ㉮ 전향력은 운동방향은 변화시키고, 속도에는 아무런 영향을 미치지 않는다.

12 파장이 5240Å인 빛 속에서 상대습도가 70% 이하인 경우 밀도가 1700mg/cm³이고, 직경이 0.4μm인 기름방울의 분산면적비가 4.5일 때, 가시거리가 959m이라면 먼지농도(mg/m³)는?

㉮ 0.21   ㉯ 0.31
㉰ 0.41   ㉱ 0.51

[풀이]
$$V = \frac{5.2 \times \rho \times r}{K \times C}$$

여기서 V : 가시거리(m)
ρ : 먼지의 밀도(mg/cm³)
r : 반경(μm)
K : 상수
C : 농도(mg/m³)

따라서
$$959m = \frac{5.2 \times 1,700 mg/cm^3 \times 0.2 \mu m}{4.5 \times C}$$

∴ C = 0.41mg/m³

TIP
먼지의 밀도와 농도에서 질량 단위를 동일하게 만드는 것이 핵심 포인트임!!

answer 09 ㉱ 10 ㉮ 11 ㉮ 12 ㉰

13 광화학물질인 PAN에 관한 설명으로 틀린 것은?

㉮ PAN의 분자식은 $C_6H_5COOONO_2$ 이다.
㉯ 식물의 경우 주로 생활력이 왕성한 초엽에 피해가 크다.
㉰ 식물의 영향은 잎의 밑부분이 은(백)색 또는 청동색이 되는 경향이 있다.
㉱ 눈에 통증을 일으키며 빛을 분산시키므로 가시거리를 단축시킨다.

▶ 풀이 ㉮ PAN의 분자식은 $CH_3COOONO_2$ 이다.

14 다음 중 지표부근 대기 중에서 성분함량이 가장 낮은 것은?

㉮ Ar   ㉯ He
㉰ Xe   ㉱ Kr

▶ 풀이 성분함량 순서는 Ar > He > Kr > Xe 이다.

15 다음 중 오존층 보호를 위한 국제 환경협약으로만 옳게 연결된 것은?

㉮ 바젤협약 - 비엔나협약
㉯ 오슬로협약 - 비엔나협약
㉰ 비엔나협약 - 몬트리올의정서
㉱ 몬트리올의정서 - 람사협약

▶ 풀이 오존층 보호를 위한 국제 환경협약
① 비엔나 협약
② 몬트리올 의정서
③ 런던회의

16 질소산화물(NO_X)에 관한 설명으로 틀린 것은?

㉮ NO_X의 인위적 배출량 중 거의 대부분이 연소과정에서 발생된다.
㉯ NO_X는 그 자체도 인체에 해롭지만 광화학스모그의 원인물질로도 중요한 역할을 한다.
㉰ 연소과정에서 초기에 발생되는 NO_X는 주로 NO 이다.
㉱ 연소시 연료 중 질소의 NO 변환율은 대체로 약 2~5% 범위이다.

▶ 풀이 ㉱ 연소시 연료 중 질소의 NO 변환율은 대체로 약 20~50% 범위이다.

17 역사적으로 유명한 대기오염사건 중 LA smog 사건에 대한 설명으로 틀린 것은?

㉮ 아침, 저녁 환원반응에 의한 발생
㉯ 자동차 등의 석유연료의 소비 증가
㉰ 침강역전 상태
㉱ Aldehyde, O_3 등의 옥시던트 발생

▶ 풀이 ㉮ 한낮 광화학(산화)반응에 의한 발생

answer 13 ㉮   14 ㉰   15 ㉰   16 ㉱   17 ㉮

18 내경이 2m이고, 실제높이가 45m인 연돌에서 15m/s로 배출되는 배기가스의 온도는 127℃, 대기중의 공기압은 1기압, 기온은 27℃이다. 연돌 배출구에서의 풍속이 5m/s일 때, 유효연돌 높이는?
(단, Holland의 연기 상승높이 결정식은 다음과 같다.)

$$\triangle H = \frac{Vs \cdot d}{U}\left(1.5 + 2.68 \times 10^{-3} \cdot P\left(\frac{T_s - T_a}{T_s}\right) \times d\right)$$

㉮ 74.1m   ㉯ 67.1m
㉰ 65.1m   ㉱ 62.1m

풀이
① $\triangle H = \frac{Vs \times d}{U} \times \left(1.5 + 2.68 \times 10^{-3} \times P \times \frac{T_s - T_a}{T_s} \times d\right)$

여기서 △H : 연기의 상승고(m)
　　　Vs : 배출가스 속도(m/sec)
　　　u : 풍속(m/sec)
　　　d : 안지름(m)
　　　P : 대기압(mba)
　　　Ts : 가스의 절대온도(273+tg℃)
　　　Ta : 대기(외기)의 절대온도(273+ta℃)

∴ $\triangle H = \frac{15m/sec \times 2m}{5m/sec} \times \left(1.5 + 2.68 \times 10^{-3} \times 1013.2mba \right.$
$\left. \times \frac{(273+127)-(273+27)}{(273+127)} \times 2m\right)$
= 17.15m

② He = H + △H
여기서 He : 유효굴뚝높이(m)
　　　H : 실제굴뚝높이(m)
　　　△H : 연기의 상승고(m)
∴ He = 45m + 17.15m = 62.15m

19 암모니아가 식물에 미치는 영향으로 틀린 것은?

㉮ 토마토, 메밀 등은 40ppm 정도의 암모니아 가스 농도에서 1시간 지나면 피해 증상이 나타난다.
㉯ 최초의 증상은 잎 선단부에 경미한 황화현상으로 나타난다.
㉰ 잎의 일부분에 영향이 나타나며, 강한 식물로는 겨자, 해바라기 등이 있다.
㉱ 암모니아의 독성은 HCl과 비슷한 정도이다.

풀이 ㉰ 잎의 전부분에 영향이 나타나며, 약한 식물로 토마토, 해바라기, 메밀 등이 있다.

20 지상에서부터 500m까지의 평균기온감율은 0.88℃/100m이다. 100m 고도에서의 기온이 20℃라면 300m에서의 기온은?

㉮ 15.5℃   ㉯ 16.2℃
㉰ 17.5℃   ㉱ 18.2℃

풀이
기온(℃) = 20℃ - $\left\{\frac{0.88℃}{100m} \times (300m - 100m)\right\}$
= 18.24℃

answer　18 ㉱　19 ㉰　20 ㉱

| 제2과목 | 연소공학

21 과잉공기가 지나칠 때 나타나는 현상으로 틀린 것은?

㉮ 연소실 내의 온도가 저하된다.
㉯ 배기가스에 의한 열손실이 증가된다.
㉰ 배기가스의 온도가 높아지고 매연이 증가한다.
㉱ 열효율이 감소되고 배기가스 중 NO_X 증가의 가능성이 있다.

풀이 ㉰번에서 매연이 증가하는 것은 공기비가 작을 경우에 해당한다.

TIP
공기비(m)가 클 경우 발생하는 현상
① 연소실내 연소온도 감소(연소실의 냉각효과를 가져옴)
② 배기가스에 의한 열손실 증대
③ SO_2, NO_2의 함량이 증가하여 부식이 촉진
④ CH_4, CO 및 C 등 물질의 농도가 감소
⑤ 방지시설의 용량이 커지고 에너지 손실 증가
⑥ 희석효과가 높아져 연소 생성물의 농도 감소

22 탄소 85%, 수소 15%의 구성비를 갖는 중유를 연소할 때 CO_2max(%)는 얼마인가?

㉮ 11.6% ㉯ 13.4%
㉰ 14.8% ㉱ 16.4%

풀이 ① 이론공기량(A_o)
$= 8.89C+26.67\left(H-\dfrac{O}{8}\right)+3.33S(Sm^3/kg)$
$= 8.89\times0.85+26.67\times0.15 = 11.557Sm^3/kg$
② 이론건연소가스량(God)
$= A_o-5.6H+0.7O+0.8N(Sm^3/kg)$
$= 11.557Sm^3/kg-5.6\times0.15$
$= 10.717Sm^3/kg$
④ $CO_{2max} = \dfrac{1.867C}{God}\times100$
$= \dfrac{1.867\times0.85Sm^3/kg}{10.717Sm^3/kg}\times100$
$= 14.81\%$

TIP
① CO_2max는 이론건연소가스량(God) 기준
② CO_2량 $= \dfrac{22.4Sm^3}{12kg}\times C = 1.867\times C(Sm^3/kg)$

23 분자식 C_mH_n인 탄화수소 $1Sm^3$를 완전연소 시 이론공기량이 $19Sm^3$ 인 것은?

㉮ C_2H_4 ㉯ C_2H_2
㉰ C_3H_8 ㉱ C_3H_4

풀이 ㉮ $C_2H_4 + 3O_2 \rightarrow 2CO_2 + 2H_2O$
이론공기량(A_o) $= \dfrac{3}{0.21} = 14.29Sm^3/Sm^3$
㉯ $C_2H_2 + 2.5O_2 \rightarrow 2CO_2 + H_2O$
이론공기량(A_o) $= \dfrac{2.5}{0.21} = 11.91Sm^3/Sm^3$
㉰ $C_3H_8 + 5O_2 \rightarrow 3CO_2 + 4H_2O$
이론공기량(A_o) $= \dfrac{5}{0.21} = 23.81Sm^3/Sm^3$
㉱ $C_3H_4 + 4O_2 \rightarrow 3CO_2 + 2H_2O$
이론공기량(A_o) $= \dfrac{4}{0.21} = 19.05Sm^3/Sm^3$

answer 21 ㉰ 22 ㉰ 23 ㉱

24 연료 연소 시 매연발생에 관한 설명으로 틀린 것은?

㉮ 연료의 C/H 비율이 클수록 매연이 발생하기 쉽다.
㉯ 중합 및 고리화합물 등과 같이 반응이 일어나기 쉬운 탄화수소일수록 매연 발생이 적다.
㉰ 분해하기 쉽거나 산화하기 쉬운 탄화수소는 매연발생이 적다.
㉱ 탄소결합을 절단하기보다는 탈수소가 쉬운 쪽이 매연이 발생하기 쉽다.

풀이 ㉯ 중합 및 고리화합물 등과 같이 반응이 일어나기 쉬운 탄화수소일수록 매연 발생이 많다.

25 수소 8%, 수분 2%가 포함된 고체연료의 고위발열량이 8,000kcal/kg일 때 이 연료의 저위발열량은?

㉮ 7,984kcal/kg
㉯ 7,779kcal/kg
㉰ 7,556kcal/kg
㉱ 6,835kcal/kg

풀이 Hl = Hh-600(9H+W)(kcal/kg)
여기서 Hl : 저위발열량(kcal/kg)
Hh : 고위발열량(kcal/kg)
H : 수소의 함량
W : 수분의 함량
따라서 Hl = 8,000kcal/kg-600×(9×0.08+0.02)
= 7,556kcal/kg

26 기체연료의 일반적 특징으로 틀린 것은?

㉮ 저발열량의 것으로 고온을 얻을 수 있다.
㉯ 연소효율이 높고 검댕이 거의 발생하지 않으나, 많은 과잉공기가 소모된다.
㉰ 저장이 곤란하고 시설비가 많이 드는 편이다.
㉱ 연료 속에 황이 포함되지 않은 것이 많고, 연소조절이 용이하다.

풀이 ㉯ 연소효율이 높고 검댕이 거의 발생하지 않으며, 적은 과잉공기가 소모된다.

27 다음 연료 중 착화온도가 가장 높은 것은?

㉮ 천연가스   ㉯ 황
㉰ 중유   ㉱ 휘발유

TIP
착화온도란 충분한 공기의 공급하에서 고체연료를 가열해가면 어떤 온도에 달하여 더 가열하지 않아도 연료자신의 연소열에 의하여 연소를 계속하게 되는 온도이다.

28 화학반응속도는 일반적으로 Arrnenius 식으로 표현된다. 어떤 반응에서 화학반응상수가 27℃일 때에 비하여 77℃ 일 때 3배가 되었다면 이 화학반응의 활성화 에너지는?

㉮ 2.3kcal/mol   ㉯ 4.6kcal/mol
㉰ 6.9kcal/mol   ㉱ 13.2kcal/mol

풀이 ① $\ln \dfrac{k_2}{k_1} = \dfrac{E(T_2-T_1)}{R \times T_2 \times T_1}$

answer 24 ㉯ 25 ㉰ 26 ㉯ 27 ㉮ 28 ㉯

$$\ln 3 = \frac{E\{(273+77)-(273+27)\}}{8.314 \text{J/mole} \cdot k \times (273+77) \times (273+27)}$$

$$\therefore E = 19,181.11139 \text{J/mole}$$

② $E(\text{kcal/mole}) = \frac{19,181.11139 \text{J}}{\text{mole}} \times \frac{1\text{cal}}{4.2\text{J}} \times \frac{1\text{kcal}}{10^3\text{cal}}$

$= 4.57 \text{kcal/mole}$

29 다음 중 연소와 관련된 설명으로 가장 적합한 것은?

㉮ 공연비는 예혼합연소에 있어서의 공기와 연료의 질량비(또는 부피비)이다.
㉯ 등가비가 1보다 큰 경우, 공기가 과잉인 경우로 열손실이 많아진다.
㉰ 등가비와 공기비는 상호 비례관계가 있다.
㉱ 최대탄산가스량(%)은 실제 건조연소가스량을 기준한 최대탄산가스의 용적백분율이다.

풀이 ㉯ 등가비가 1보다 큰 경우, 연료가 과잉인 경우로 불완전연소가 된다.
㉰ 등가비와 공기비는 상호 반비례관계가 있다.
㉱ 최대탄산가스량(%)은 이론 건조연소가스량을 기준한 최대탄산가스의 용적백분율이다.

30 연소의 종류에 관한 설명으로 틀린 것은?

㉮ 포트액면연소는 액면에서 증발한 연료가스 주위를 흐르는 공기와 혼합하면서 연소하는 것으로 연소속도는 주위 공기의 흐름속도에 거의 비례하여 증가한다.
㉯ 심지연소는 공급공기의 유속이 낮을수록, 공기의 온도가 높을수록 화염의 높이는 높아진다.
㉰ 증발연소는 일반적으로 가정용 석유스토브, 보일러 등 연료가 경질유이며, 소형인 것에 사용된다.
㉱ 분무연소는 연소장치를 작게 할 수 있는 장점은 있으나, 고부하의 연소는 불가능하다.

풀이 ㉱ 분무연소는 연소장치를 작게 할 수 있는 장점이 있으며, 고부하 연소도 가능하다.

31 다음 연료별 이론공기량 $A_o(\text{Sm}^3/\text{Sm}^3)$이 가장 큰 것은?

㉮ 석탄가스   ㉯ 발생로가스
㉰ 탄소   ㉱ 고로가스

풀이 기체연료에서 이론공기량이 가장 큰 연료는 완전연소 반응식에서 산소의 개수가 가장 많은 연료가 된다. 따라서 ㉮ 석탄가스가 정답이다.

32 다음 조건에서 메탄의 이론연소온도는?
(단, 메탄, 공기는 25°C에서 공급되며 CO2, H2O(g), N2의 평균정압 몰비열 (상온~2100°C)은 각각 13.1, 10.5, 8.0[kcal/kmol · °C]이고, 메탄의 저위발열량은 8,600[kcal/Sm3])

㉮ 약 1,870°C   ㉯ 약 2,070°C
㉰ 약 2,470°C   ㉱ 약 2,870°C

풀이 $CH_4 + 2O_2 \rightarrow CO_2 + 2H_2O + \frac{2}{0.21} \times 0.79 N_2$

$t_2 = \frac{H_1}{G \times C} + t_1$

$= \frac{8,600 \text{kcal/Sm}^3}{(1 \times 13.1 + 2 \times 10.5 + \frac{2}{0.21} \times 0.79 \times 8.0) \text{kcal/kmol} \cdot °C \times \frac{1\text{kmol}}{22.4\text{Sm}^3}}$

$+ 25°C = 2,068.05°C$

answer 29 ㉮ 30 ㉱ 31 ㉮ 32 ㉯

33 다음 중 저온부식의 원인과 대책에 관한 설명으로 틀린 것은?

㉮ 연소가스 온도를 산노점 온도보다 높게 유지해야 한다.
㉯ 예열공기를 사용하거나 보온시공을 한다.
㉰ 저온부식이 일어날 수 있는 금속표면은 피복을 한다.
㉱ 250℃ 이상의 전열면에 응축하는 황산, 질산 등에 의하여 발생된다.

풀이 ㉱ 150℃ 이하에서 주로 황산에 의하여 발생된다.

34 탄소, 수소의 중량 조성이 각각 86%, 14%인 액체연료를 매시 30kg 연소한 경우 배기가스의 분석치가 CO_2 12.5%, O_2 3.5%, N_2 84%이라면 매시간 필요한 공기량(Sm^3/hr)은?

㉮ 약 794   ㉯ 약 675
㉰ 약 591   ㉱ 약 406

풀이 ① CO_2%, O_2%, N_2%

공기비(m) = $\dfrac{N_2\%}{N_2\% - 3.76 \times (O_2\% - 0.5CO\%)}$

= $\dfrac{84\%}{84\% - 3.76 \times 3.5\%}$ = 1.1858

② 이론공기량(A_o) = $8.89C + 26.67\left(H - \dfrac{O}{8}\right)$
  $+ 3.33S$ (Sm^3/kg)
  = $8.89 \times 0.86 + 26.67 \times 0.14$
  = 11.3792 Sm^3/kg

③ 필요한 공기량(Sm^3/hr)
  = 공기비(m) × 이론공기량(A_o) × 연료량(kg/hr)
  = 1.1858 × 11.3792 Sm^3/kg × 30kg/hr
  = 404.80 Sm^3/hr

35 다음 기체연료 중 고위발생량(kJ/mol)이 가장 큰 것은? (단, 25℃, 1atm을 기준으로 한다.)

㉮ carbon monoxide
㉯ methane
㉰ ethane
㉱ n-pentane

풀이 고위발열량이 가장 큰 연료는 탄소수와 수소수가 가장 많은 연료이므로 ㉱ n-pentane(C_5H_{12})이 정답이다.

TIP

분자식
㉮ CO ㉯ CH_4 ㉰ C_2H_6 ㉱ C_5H_{12}

36 탄소 84.0%, 수소 13.0%, 황 2.0%, 질소 1.0%의 조성을 가진 중유 1kg당 15Sm^3의 공기로 완전연소 할 경우 습배출가스 중 SO_2의 농도(ppm)는? (단, 표준상태 기준, 중유중의 황성분은 모두 SO_2로 된다.)

㉮ 약 680ppm   ㉯ 약 735ppm
㉰ 약 800ppm   ㉱ 약 890ppm

풀이 ① 실제습배기가스량(G_w)
  = $A + 5.6H + 0.7O + 0.8N + 1.244W$ (Sm^3/kg)
  = 15 Sm^3/kg + 5.6 × 0.13 + 0.8 × 0.01
  = 15.736 Sm^3/kg

② SO_2 ppm = $\dfrac{0.7S(Sm^3/kg)}{G_w(Sm^3/kg)} \times 10^6$

  = $\dfrac{0.7 \times 0.02 Sm^3/kg}{15.736 Sm^3/kg} \times 10^6$

  = 889.68 ppm

answer 33 ㉱ 34 ㉱ 35 ㉱ 36 ㉱

37 미분탄 연소장치에 관한 설명으로 틀린 것은?

㉮ 설비비와 유지비가 많이 들고 재의 비산이 많아 집진장치가 필요하다.
㉯ 부하변동의 적응이 어려워 대형과 대용량 설비에는 적합지 않다.
㉰ 연소제어가 용이하고 점화 및 소화시 손실이 적다.
㉱ 스토커 연소에 적합하지 않는 점결탄과 저발열량탄 등도 사용할 수 있다.

▶풀이 ㉯ 부하변동의 적응이 용이하며, 대형과 대용량 설비에 적합하다.

38 착화온도에 관한 설명으로 틀린 것은?

㉮ 휘발성분이 적고 고정탄소량이 많을수록 높아진다.
㉯ 반응 활성도가 작을수록 낮아진다.
㉰ 석탄의 탄화도가 증가하면 높아진다.
㉱ 공기의 산소농도가 높아지면 낮아진다.

▶풀이 ㉯ 반응 활성도가 작을수록 높아진다.

39 유류버너 중 회전식버너에 관한 설명으로 틀린 것은?

㉮ 연료유의 점도가 작을수록 분무화 입경이 작아진다.
㉯ 분무는 기계적 원심력과 공기를 이용한다.
㉰ 유압식버너에 비하여 연료유의 분무화 입경이 1/10 이하로 매우 작다.
㉱ 분무각도는 40°~ 80° 정도로 크며, 유량조절범위도 1 : 5 정도로 비교적 큰 편이다.

▶풀이 ㉰ 유압식버너에 비하여 연료유의 분무화 입경이 비교적 크다.

40 액화석유가스(LPG)에 관한 설명으로 틀린 것은?

㉮ 비중이 공기보다 작고, 상온에서 액화가 되지 않는다.
㉯ 액체에서 기체로 될 때 증발열이 발생한다.
㉰ 프로판, 부탄을 주성분으로 하는 혼합물이다.
㉱ 발열량이 20,000~30,000kcal/Sm^3 정도로 높다.

▶풀이 ㉮ 비중이 공기보다 크고, 상온에서 액화가 용이하다.

| 제3과목 | 대기오염방지기술

41 전기집진장치에서 입자가 받는 Coulomb 힘(kg·m/s^2)을 옳게 나타낸 것은?

(단, eo : 전하(1.602×10-19)Coulomb), n : 전하수, E : 하전부의 전계강도(Volt/m), μ : 가스점도(kg/m · s), D : 입자직경(m), Ve : 입자분리속도(m/s))

㉮ ne$_o$E ㉯ 2ne$_o$/E
㉰ 3πμDV$_e$ ㉱ 6πμDV$_e$

▶풀이 쿨롱력 = n(전하수)×e$_o$(전하)×E(하전부의 전계강도)

answer 37 ㉯ 38 ㉯ 39 ㉰ 40 ㉮ 41 ㉮

42 배출가스중의 질소산화물의 처리방법인 비선택적 촉매환원법(NSCR)에서 사용하는 환원제로 거리가 먼 것은?

㉮ CH_4 ㉯ NH_3
㉰ H_2 ㉱ CO

▶ 풀이 주로 사용되는 환원제는 메탄(CH_4), 수소(H_2), 일산화탄소(CO)이다.

▶ TIP 암모니아(NH_3)는 선택적 촉매환원법(SCR)에서 사용하는 환원제이다.

43 물을 가압(加壓) 공급하여 함진가스를 세정하는 형식의 가압수식 스크러버가 아닌 것은?

㉮ Venturi Scrubber
㉯ Impulse Scrubber
㉰ Spray Tower
㉱ Jet Scrubber

▶ 풀이 ㉯ Impulse Scrubber는 회전식 세정집진장치에 속한다.

▶ TIP
세정집진장치의 종류
1. 유수식
   ① 가스선회형
   ② 임펠라형
   ③ 로타형
   ④ 분수형
2. 가압수식
   ① 벤츄리스크러버
   ② 분무탑
   ③ 제트스크러버
   ④ 충전탑
3. 회전식
   ① 타이젠와셔
   ② 임펄스스크러버

44 전기집진장치에서 전류밀도가 먼지층 표면부근의 이온전류 밀도와 같고 양호한 집진작용이 이루어지는 값이 $2×10^{-8}$ A/cm^2이며, 또한 먼지층 중의 절연파괴 전계강도를 $5×10^3 V/cm$로 한다면, 이때 ㉠ 먼지층의 겉보기 전기저항과 ㉡ 이 장치의 문제점으로 옳은 것은?

㉮ ㉠ $1×10^{-4}$ ($\Omega \cdot cm$), ㉡ 먼지의 재비산
㉯ ㉠ $1×10^4$ ($\Omega \cdot cm$), ㉡ 먼지의 재비산
㉰ ㉠ $2.5×10^{11}$ ($\Omega \cdot cm$), ㉡ 역전리 현상
㉱ ㉠ $4×10^{12}$ ($\Omega \cdot cm$), ㉡ 역전리 현상

▶ 풀이 먼지층의 겉보기 전기저항 $= \dfrac{5×10^3 V/cm}{2×10^{-8} A/cm^2}$

$= 2.5×10^{11} \dfrac{V}{A} \cdot cm$

$= 2.5×10^{11} \Omega \cdot cm$

45 공기 중 CO_2가스의 부피가 5%를 넘으면 인체에 해롭다고 한다면 지금 $600m^3$ 되는 방에서 문을 닫고 80%의 탄소를 가진 숯을 최소 몇 kg을 태우면 해로운 상태로 되겠는가?(단, 기존의 공기 중 CO_2가스의 부피는 고려하지 않음, 실내에서 완전 혼합, 표준상태 기준)

㉮ 약 5kg   ㉯ 약 10kg
㉰ 약 15kg   ㉱ 약 20kg

▶ 풀이 C + O_2 → CO_2
12kg : $22.4Sm^3$
Xkg×0.8 : $600m^3$×0.05
∴X = 20.09kg

answer 42 ㉯ 43 ㉯ 44 ㉰ 45 ㉱

46 중력식 집진장치의 집진율 향상조건에 관한 설명으로 틀린 것은?

㉮ 침강실 내 처리가스의 속도가 작을수록 미립자가 채취된다.
㉯ 침강실 입구폭이 클수록 유속이 느려지며 미세한 입자가 채취된다.
㉰ 다단일 경우에는 단수가 증가할수록 집진효율은 상승하나, 압력손실도 증가한다.
㉱ 침강실의 높이가 낮고, 중력장의 길이가 짧을수록 집진율은 높아진다.

▶풀이 ㉱ 침강실의 높이가 낮고, 중력장의 길이가 길수록 집진율은 높아진다.

47 레이놀드 수(Reynold Number)에 관한 설명으로 틀린 것은? (단, 유체 흐름 기준)

㉮ $\dfrac{관성력}{점성력}$로 나타낼 수 있다.
㉯ 무차원의 수이다.
㉰ $\dfrac{(유체밀도 \times 유속 \times 유체흐름 관직경)}{유체점도}$로 나타낼 수 있다.
㉱ $\dfrac{점성계수}{밀도}$로 나타낼 수 있다.

▶풀이 ㉱ 동점성계수 = $\dfrac{점성계수}{밀도}$

TIP
레이놀드 수(Re) 계산공식
① $Re = \dfrac{유체흐름\ 관직경 \times 유속 \times 유체밀도}{점성계수}$
② $Re = \dfrac{유체흐름\ 관직경 \times 유속}{동점성계수}$

48 유해가스 흡수장치 중 다공판탑에 관한 설명으로 틀린 것은?

㉮ 비교적 대량의 흡수액이 소요되고, 가스겉보기 속도는 10~20m/s 정도이다.
㉯ 액가스비는 0.3~5L/m³, 압력손실은 100~200mmH₂O/단 정도이다.
㉰ 고체부유물 생성시 적합하다.
㉱ 가스량의 변동이 격심할 때는 조업할 수 없다.

▶풀이 ㉮ 비교적 소량의 흡수액이 소요되고, 가스겉보기 속도는 0.3~1.0m/s 정도이다.

49 황산화물 처리방법 중 건식 석회석 주입법에 관한 설명으로 틀린 것은?

㉮ 초기 투자비용이 적게 들어 소규모 보일러나 노후 보일러용으로 많이 사용되었다.
㉯ 부대시설은 많이 필요하나, 아황산가스의 제거효율은 비교적 높은 편이다.
㉰ 배기가스의 온도가 잘 떨어지지 않는다.
㉱ 연소로 내에서의 화학반응은 소성, 흡수, 산화의 3가지로 구분할 수 있다.

▶풀이 ㉯ 부대시설은 적게 필요하나, 아황산가스의 제거효율은 비교적 낮은 편이다.

answer 46 ㉱ 47 ㉱ 48 ㉮ 49 ㉯

50 후드의 형식 중 외부식 후드에 해당하지 않는 것은?

㉮ 장갑부착 상자형(Glove box 형)
㉯ 슬로트형(Slot 형)
㉰ 그리드형(Grid 형)
㉱ 루버형(Louver 형)

풀이 ㉮ 장갑부착 상자형(Glove box 형)은 포위식에 해당한다.

TIP
국소배기후드의 형식분류
1. 포위식
   ① 포위형(Cover)
   ② 장갑부착상자형(Globe box)
   ③ 건축부스형(Booth)
   ④ 드래프트 챔버형(Draft chamber)
2. 외부식
   ① 슬롯트형(Slot)
   ② 루버형(Louver)
   ③ 그리드형(Grid)
   ④ 자립형(Free standing hood)
3. 리시버식
   ① 캐노피형(Canopy)
   ② 포위형(Grinder cover)
   ③ 자립형(Free standing receiving hood)

51 다음 여과제의 재질 중 내산성 여과재로 틀린 것은?

㉮ 목면   ㉯ 카네카론
㉰ 비닐론   ㉱ 글라스화이버

풀이 ㉮ 목면은 내산성은 나쁘고, 내알칼리성은 약간 양호하다.

52 길이 5m, 높이 2m인 중력침강실이 바닥을 포함하여 8개의 평행판으로 이루어져 있다. 침강실에 유입되는 분진가스의 유속이 0.2m/s일 때 분진을 완전히 제거할 수 있는 최소입경은 얼마인가? (단, 입자의 밀도는 1,600kg/m³, 분진가스의 점도는 $2.1×10^{-5}$kg/m·s, 밀도는 1.3kg/m³이고 가스의 흐름은 층류로 가정한다.)

㉮ 31.0μm   ㉯ 23.2μm
㉰ 15.5μm   ㉱ 11.6μm

풀이
$$d = \sqrt{\frac{18×\mu×u×H}{(\rho_s-\rho)×g×L×N}} ×10^6$$
$$= \sqrt{\frac{18×2.1×10^{-5}kg/m·s×0.2m/sec×2m}{(1,600-1.3)kg/m^3×9.8m/sec^2×5m×8}} ×10^6$$
$$= 15.53\mu m$$

53 NOx와 SOx 동시 제어기술에 관한 설명으로 틀린 것은?

㉮ SOXNO 공정은 감마 알루미나 담체의 표면에 나트륨을 첨가하여 SOx와 NOx를 동시에 흡착시킨다.
㉯ CuO 공정은 알루미나 담체에 CuO를 함침시켜 SO_2는 흡착반응하고 NOx는 선택적 촉매환원되어 제거되는 원리를 이용하는 공정이다.
㉰ CuO 공정에서 온도는 보통 850~1,000℃ 정도로 조정하며, $CuSO_2$ 형태로 이동된 솔벤트 재생기에서 산소 또는 오존으로 재생된다.
㉱ 활성탄 공정은 S, H_2S, O_2 및 액상 SO_2 등의 부산물이 생성되며, 공정 중 재가열이 없으므로 경제적이다.

answer 50 ㉮ 51 ㉮ 52 ㉰ 53 ㉰

54 지름 20cm, 유효높이 3m인 원통형 Bag Filter로 4m³/s의 함진가스를 처리하고자 한다. 여과속도를 0.04m/s로 할 경우 필요한 Bag Filter수는 얼마인가?

㉮ 35개   ㉯ 54개
㉰ 70개   ㉱ 120개

풀이 $Q = \pi \cdot D \cdot L \cdot n \cdot V_f$

$$\therefore n = \frac{Q}{\pi \cdot D \cdot L \cdot V_f} = \frac{4m^3/sec}{\pi \times 0.2m \times 3m \times 0.04m/sec}$$
$$= 53.05 = 54개$$

55 송풍기의 크기와 유체의 밀도가 일정할 때 송풍기의 회전수를 2배로 하면 풍압은 몇 배가 되는가?

㉮ 2배   ㉯ 4배
㉰ 6배   ㉱ 8배

풀이 풍압은 송풍기 회전수의 2승에 비례하므로
풍압 = (2배)² = 4배

56 충전탑(packed tower) 내 충전물이 갖추어야 할 조건으로 틀린 것은?

㉮ 단위체적당 넓은 표면적을 가질 것
㉯ 압력손실이 적을 것
㉰ 충전밀도가 작을 것
㉱ 공극률이 클 것

풀이 ㉰ 충전밀도가 클 것

57 전기집진장치에서 먼지의 전기비저항이 높은 경우 전기비저항을 낮추기 위해 주입하는 물질로 틀린 것은?

㉮ 수증기   ㉯ NH_3
㉰ H_2SO_4 ㉱ $NaCl$

풀이 ㉯ 암모니아(NH_3) 주입은 먼지의 전기비저항이 낮은 경우 전기비저항을 높이기 위해 사용한다.

58 유해가스와 물이 일정한 온도에서 평형상태에 있다. 기상의 유해가스의 분압이 40mmHg일 때 수중가스의 농도가 16.5kmol/m³이다. 이 경우 헨리정수(atm·m³/kmol)는 약 얼마인가?

㉮ 1.5×10^{-3} ㉯ 3.2×10^{-3}
㉰ 4.3×10^{-3} ㉱ 5.6×10^{-3}

풀이 헨리정수(atm·m³/kmol)

$$= \frac{분압(atm)}{농도(kmo/m^3)}$$
$$= \frac{40mmHg/760}{16.5kmol/m^3}$$
$$= 0.00319 atm \cdot m^3/kmol$$
$$= 3.19 \times 10^{-3} atm \cdot m^3/kmol$$

TIP
① 표준기압 : 1atm = 760mmHg = 10,332mmH₂O
② 헨리정수(atm·m³/kmol) = $\frac{분압(mmHg)/760}{농도(kmol/m^3)}$
③ 헨리정수(atm·m³/kmol) = $\frac{분압(mmH_2O)/10,332}{농도(kmol/m^3)}$

answer 54 ㉯ 55 ㉯ 56 ㉰ 57 ㉯ 58 ㉯

59 휘발성유기화합물(VOCs)의 배출량을 줄이도록 요구받을 경우 그 저감방안으로 틀린 것은?

㉮ VOCs 대신 다른 물질로 대체한다.
㉯ 용기에서 VOCs 누출시 공기와 희석시켜 용기내 VOCs 농도를 줄인다.
㉰ VOCs를 연소시켜 인체에 덜 해로운 물질로 만들어 대기중으로 방출시킨다.
㉱ 누출되는 VOCs를 고체흡착제를 사용하여 흡착 제거한다.

풀이 휘발성유기화합물(VOCs)의 제어 기술로는 흡착법, 연소법, 응축법, 흡수법이 있다.

60 벤츄리스크러버의 특성에 관한 설명으로 틀린 것은?

㉮ 유수식 중 집진율이 가장 높고, 목부의 처리 가스유속은 보통 15~30m/s 정도이다.
㉯ 물방울 입경과 먼지 입경의 비는 150 : 1 전후가 좋다.
㉰ 액가스비의 경우 일반적으로 친수성은 10μm 이상의 큰 입자가 $0.3L/m^3$ 전후이다.
㉱ 먼지 및 가스유동에 민감하고 대량의 세정액이 요구된다.

풀이 ㉮ 가압수식에 해당하며, 효율이 우수한 편이며, 목부의 처리 가스유속은 60~90m/s로 가장 크다.

| 제4과목 | 대기오염공정시험기준

61 휘발성유기화합물 누출확인에 사용되는 휴대용 VOCs 측정기기에 관한 설명으로 틀린 것은?

㉮ 휴대용 VOCs 측정기기의 계기눈금은 최소한 표시된 누출농도의 ±5 %를 읽을 수 있어야 한다.
㉯ 휴대용 VOCs 측정기기는 펌프를 내장하고 있어 연속적으로 시료가 검출기로 제공되어야 하며, 일반적으로 시료 유량은 0.5 L/min~3 L/min이다.
㉰ 휴대용 VOCs 측정기기의 응답시간은 60초보다 작거나 같아야 한다.
㉱ 측정될 개별 화합물에 대한 기기의 반응인자(response factor)는 10보다 작아야 한다.

풀이 ㉰ 휴대용 VOCs 측정기기의 응답시간은 30초보다 작거나 같아야 한다.

62 이온크로마토그래피의 일반적인 장치 구성순서로 옳은 것은?

㉮ 펌프 - 시료주입장치 - 용리액조 - 분리관 - 검출기 - 써프렛서
㉯ 용리액조 - 펌프 - 시료주입장치 - 분리관 - 써프렛서 - 검출기
㉰ 시료주입장치 - 펌프 - 용리액조 - 써프렛서 - 분리관 - 검출기
㉱ 분리관 - 시료주입장치 - 펌프 - 용리액조 - 검출기 - 써프렛서

풀이 이온크로마토그래피의 구성순서는 용리액조 - 펌프 - 시료주입장치 - 분리관 - 써프렛서 - 검출기 순이다.

answer 59 ㉯ 60 ㉮ 61 ㉰ 62 ㉯

63 환경대기 중의 각 항목별 분석방법의 연결로 틀린 것은?

㉮ 질소산화물 : 살츠만법
㉯ 옥시던트(오존으로서) : 베타선법
㉰ 일산화탄소 : 불꽃이온화검출기법 (기체크로마토그래프법)
㉱ 아황산가스 : 파라로자닐린법

풀이 ㉯ 옥시던트(오존으로서) : 자외선광도법

64 전자 포획 검출기(ECD)에 관한 설명으로 틀린 것은?

㉮ 탄화수소, 알코올, 케톤 등에 대해 감도가 우수하다.
㉯ 유기 할로겐 화합물, 나이트로 화합물 및 유기금속 화합물 등 전자 친화력이 큰 원소가 포함된 화합물을 수 ppt의 매우 낮은 농도까지 선택적으로 검출할 수 있다.
㉰ 방사성 물질인 Ni-63 혹은 삼중수소로부터 방출되는 β선이 운반 기체를 전리하여 이로 인해 전자 포획 검출기 셀(cell)에 전자구름이 생성되어 일정 전류가 흐르게 된다.
㉱ 고순도(99.9995%)의 운반 기체를 사용하여야 하고 반드시 수분트랩(trap)과 산소트랩을 연결하여 수분과 산소를 제거할 필요가 있다.

풀이 ㉮ 탄화수소, 알코올, 케톤 등에 대해 감도가 불량하다.

65 굴뚝 배출가스상 물질의 시료채취방법으로 틀린 것은?

㉮ 채취관은 흡입가스의 유량, 채취관의 기계적 강도, 청소의 용이성 등을 고려해서 안지름 6mm~25mm 정도의 것을 쓴다.
㉯ 채취관의 길이는 선정한 채취점까지 끼워 넣을 수 있는 것이어야 하고, 배출가스의 온도가 높을 때에는 관이 구부러지는 것을 막기 위한 조치를 해두는 것이 필요하다.
㉰ 여과재를 끼우는 부분은 교환이 쉬운 구조의 것으로 한다.
㉱ 일반적으로 사용되는 플루오로수지 연결관은 100℃ 이상에서는 사용할 수 없다.

풀이 ㉱ 일반적으로 사용되는 플루오로수지 연결관은 100℃ 이상에서도 사용할 수 있다.

TIP
도관 = 연결관

66 연료용 유류 중의 황 함유량을 측정하기 위한 분석방법은?

㉮ 방사선식 여기법
㉯ 자동 연속 열탈착 분석법
㉰ 시료채취 주머니-열 탈착법
㉱ 몰린 형광광도법

풀이 유류 중 황함유량 분석방법
① 연소관식 공기법
② 방사선식 여기법

answer 63 ㉯ 64 ㉮ 65 ㉱ 66 ㉮

67 굴뚝 배출가스 중 암모니아의 자외선/가시선분광법-인도페놀법으로 분석하는 방법에 대한 설명으로 틀린 것은?

㉮ 흡수액으로 수산화소듐용액(4g/L)을 사용한다.
㉯ 시료채취관의 재질로는 유리관, 스테인리스강재질, 석영관, 플루오로수지관을 사용한다.
㉰ 분석을 위한 광전광도계의 측정파장은 640nm이다.
㉱ 시료채취량이 20L인 경우, 정량범위는 1.2ppm 이상이다.

▶ 풀이 ㉮ 흡수액으로 붕산용액(5g/L)을 사용한다.

68 굴뚝 배출가스 중 벤젠을 분석하고자 할 때 사용하는 채취관이나 연결관의 재질로 틀린 것은?

㉮ 경질유리 ㉯ 석영
㉰ 플루오로수지 ㉱ 보통강철

▶ 풀이 벤젠을 분석시 채취관이나 도관(연결관)의 재질
① 경질유리
② 석영
③ 플루오로수지

TIP
보통강철은 일산화탄소(CO)와 암모니아(NH_3)의 채취관이나 연결관의 재질로 사용된다.

69 환경대기 중의 석면농도를 측정하기 위해 멤브레인필터에 채취한 대기부유먼지 중의 석면섬유를 위상차현미경을 사용하여 계수하는 방법에 관한 설명으로 틀린 것은?

㉮ 석면먼지의 농도표시는 20℃, 1기압 상태의 기체 1mL 중에 함유된 석면섬유의 개수(개/mL)로 표시한다.
㉯ 멤브레인 필터는 셀룰로오스 에스테르를 원료로 한 얇은 다공성의 막으로, 구멍의 지름은 평균 (0.01~10)μm의 것이 있다.
㉰ 대기 중 석면은 강제 흡입 장치를 통해 여과장치에 채취한 후 위상차현미경으로 계수하여 석면 농도를 산출한다.
㉱ 빛은 간섭성을 띄우기 위해 단일빛을 사용하며, 후광 또는 차광이 발생하더라도 측정에 영향을 미치지 않는다.

▶ 풀이 ㉱ 위상차가 일정해서 간섭을 일으킬 수 있는 빛은 파장과 주기가 모두 짧아서 간섭성을 띄려면 하나의 광원에서 갈라진 두 갈래의 빛일 경우에만 가능하며, 후광(halo)이나 차광(shading)은 관찰을 방해하기도 한다.

70 굴뚝 배출가스 중 브로민 화합물 분석에 사용되는 흡수액으로 옳은 것은?

㉮ 0.005mol/L 황산용액
㉯ 붕산용액(5g/L)
㉰ 수산화소듐용액(4g/L)
㉱ 다이에틸아민구리용액

▶ 풀이 ㉮ 0.05mol/L 황산용액 : 질소산화물(NO_X)
㉯ 붕산용액(5g/L) : 암모니아(NH_3)
㉱ 다이에틸아민구리용액 : 이황화탄소(CS_2)

answer 67 ㉮ 68 ㉱ 69 ㉱ 70 ㉰

71 다음 중 자외선/가시선 분광법에서 흡광도를 측정하기 위한 순서로써 원칙적으로 제일먼저 행하여야 할 행위는?

㉮ 시료셀을 광로에 넣고 눈금판의 지시치를 흡광도 또는 투과율로 읽는다.
㉯ 광로를 차단 후 대조셀로 영점을 맞춘다.
㉰ 광원으로부터 광속을 통하여 눈금 100에 맞춘다.
㉱ 눈금판의 지시가 안정되어 있는지 여부를 확인한다.

풀이 흡광도를 측정 순서는 ㉱ → ㉯ → ㉰ → ㉮ 이다.

72 원자흡수분광광도법에 사용되는 용어 설명으로 틀린 것은?

㉮ 역화(Flame Back) : 불꽃의 연소속도가 크고 혼합기체의 분출속도가 작을 때 연소현상이 내부로 옮겨지는 것
㉯ 중공음극램프(Hollow Cathode Lamp) : 원자흡광 분석의 광원이 되는 것으로 목적원소를 함유하는 중공음극 한 개 또는 그 이상을 고압의 질소와 함께 채운 방전관
㉰ 멀티 패스(Multi-Path) : 불꽃 중에서의 광로를 길게 하고 흡수를 증대시키기 위하여 반사를 이용하여 불꽃 중에 빛을 여러 번 투과시키는 것
㉱ 공명선(Resonance Line) : 원자가 외부로부터 빛을 흡수했다가 다시 먼저 상태로 돌아갈 때 방사하는 스펙트럼선

풀이 ㉯ 중공음극램프 : 원자흡광 분석의 광원이 되는 것으로 목적원소를 함유하는 중공음극 한 개 또는 그 이상을 저압의 네온과 함께 채운 방전관

73 자외선/가시선 분광법에서 미광(Stray light)의 유무조사에 사용되는 것은?

㉮ Cell Holder
㉯ Holmiumglass
㉰ Cut Filter
㉱ Monochrometer

풀이 광원이나 광전측광 검출기에는 한정된 사용파장역이 있어 미광의 영향이 크기 때문에 투과특성을 갖는 컷트필터를 사용하며 미광의 유무를 조사하는 것이 좋다.

74 굴뚝단면이 원형이고 굴뚝 직경이 3m인 경우, 배출가스 먼지 측정을 위한 측정점수는?

㉮ 8
㉯ 12
㉰ 16
㉱ 20

풀이 직경이 3m이므로 반경구분수 3, 측정점수 12 이다.

TIP

굴뚝직경(m)	반경구분수	측정점수
1 이하	1	4
1 초과 2 이하	2	8
2 초과 4 이하	3	12
4 초과 4.5 이하	4	16
4.5 초과	5	20

answer 71 ㉱ 72 ㉯ 73 ㉰ 74 ㉯

75 흡광차분광법(Differential Optical Absorption Spectroscopy)의 설명으로 틀린 것은?

㉮ 광원은 180nm~2,850nm 파장을 갖는 제논램프를 사용한다.
㉯ 주로 사용되는 검출기는 자외선 및 가시선 흡수 검출기이다.
㉰ 분광계는 Czerny-Turner방식이나 Holographic 방식을 채택한다.
㉱ 이산화황, 질소산화물, 오존 등의 대기오염물질분석에 적용된다.

풀이 ㉯ 흡광차분광법은 검출기가 없다.

76 다음은 기체크로마토그래피에 사용되는 검출기에 관한 설명이다. ( )안에 가장 적합한 것은?

( )는 안정된 직류전기를 공급하는 전원회로, 전류조절부, 신호검출 전기회로, 신호 감쇄부 등으로 구성되며, 둘 사이의 열전도도 차이를 측정함으로써 시료를 검출하여 분석한다. 모든 화합물을 검출할 수 있어 분석대상에 제한이 없고, 값이 싸며 시료를 파괴하지 않는 장점이 있으나, 다른 검출기에 비해 감도가 낮다.

㉮ Flame Ionization Detector
㉯ Electron Capture Detector
㉰ Thermal Conductivity Detector
㉱ Flame Photometric Detector

풀이 ㉰ 열전도도 검출기(TCD)에 대한 설명이다.

77 황성분 1.6% 이하 함유한 액체연료를 사용하는 연소시설에서 배출되는 황산화물(표준산소농도를 적용받는 항목)의 실측농도 측정결과 741ppm이었고, 배출가스 중의 실측산소농도는 7%, 표준산소농도는 4%이다. 황산화물의 농도(ppm)는 약 얼마인가?

㉮ 750ppm ㉯ 800ppm
㉰ 850ppm ㉱ 900ppm

풀이
$$C = C_a \times \frac{21-O_s}{21-O_a} = 741ppm \times \frac{21-4\%}{21-7\%}$$
$$= 899.79ppm$$

TIP
① 오염물질 농도 보정식
$$C = C_a \times \frac{21-O_s}{21-O_a}$$
② 배출가스 유량 보정식
$$Q = Q_a \div \frac{21-O_s}{21-O_a}$$

78 굴뚝 배출가스 중 먼지를 보통형(1형) 흡입노즐을 이용할 때 등속흡입을 위한 흡입량(L/min)은?

- 대기압 : 758mmHg
- 측정점에서의 정압 : -1.5mmHg
- 건식가스미터의 흡입가스 게이지압 : 1mmHg
- 흡입노즐의 내경 : 6mm
- 배출가스의 유속 : 7.5m/s
- 배출가스 중 수증기의 부피 백분율 : 10%
- 건식가스미터의 흡입온도 : 20℃
- 배출가스 온도 : 125℃

㉮ 14.8   ㉯ 11.6

answer 75 ㉯ 76 ㉰ 77 ㉱ 78 ㉱

㉰ 9.9　　㉱ 8.4

풀이

$$q_m = \frac{\pi d^2}{4} \times v \times \left(1 - \frac{X_W}{100}\right) \times \frac{273+\theta_m}{273+\theta_s}$$

$$\times \frac{P_a+P_s}{P_a+P_m} \times 60\,sec/min \times 10^3\,L/m^3$$

여기서 q_m : 등속 흡입유량(L/mim)
　　　　d : 노즐의 직경(m)
　　　　v : 배출가스 유속(m/sec)
　　　　X_W : 수증기의 부피 백분율(%)
　　　　θ_m : 가스미터의 흡입가스온도(℃)
　　　　θ_s : 배출가스 온도(℃)
　　　　P_a : 대기압(mmHg)
　　　　P_s : 측정점에서의 정압(mmHg)
　　　　P_m : 가스미터의 흡입가스 게이지압 (mmHg)

따라서 $q_m = \frac{\pi \times (6 \times 10^{-3}m)^2}{4} \times 7.5\,m/sec \times (1-0.1)$

$\times \frac{273+20℃}{273+125℃} \times \frac{765mmHg-1.5mmHg}{765mmHg+1mmHg}$

$\times 60\,sec/min \times 10^3\,L/m^3$

$= 8.40\,L/min$

79 굴뚝 배출가스 중 암모니아의 자외선/가시선분광법-인도페놀법의 설명으로 틀린 것은?

㉮ 시료채취량이 20L인 경우, 정량범위는 1.2ppm 이상이다.
㉯ 분석용 시료용액 10mL를 취하고 여기에 페놀-나이트로프루시드소듐 용액 10mL를 가한 후 하이포아염소산암모늄용액 10mL을 가한 다음 마개를 하고 조용히 흔들어 섞는다.
㉰ (25~30)℃의 물중탕에서 약 1시간 방치한 후 640 nm 부근의 파장에서 흡광도를 측정한다.
㉱ 분석을 위한 광전광도계의 측정파장은 640nm 부근이다.

풀이 ㉯ 분석용 시료용액 10mL를 취하고 여기에 페놀-나이트로프루시드소듐 용액 5mL을 가한 후 하이포아염소산소듐용액 5mL을 가한 다음 마개를 하고 조용히 흔들어 섞는다.

80 굴뚝 배출가스 중 아황산가스의 자동 연속 측정방법에서 사용하는 용어의 의미로 가장 적합한 것은?

㉮ 편향(Bias) : 측정결과에 치우침을 주는 원인에 의해서 생기는 우연오차
㉯ 제로드리프트 : 연속 자동측정기가 정상적으로 가동되는 조건하에서 제로가스를 일정시간 흘려준 후 발생한 출력신호가 변화한 정도
㉰ 시험가동시간 : 연속 자동측정기를 정상적인 조건에 따라 운전할 때 예기치 않는 수리, 조정, 부품교환 없이 연속 가동할 수 있는 최대시간
㉱ 점(Point) 측정 시스템 : 굴뚝 단면 직경의 20% 이하의 경로 또는 여러 지점에서 오염물질 농도를 측정하는 연속 자동측정시스템

풀이 ㉮ 편향(Bias) : 측정결과에 치우침을 주는 원인에 의해서 생기는 계통오차
㉰ 시험가동시간 : 연속 자동측정기를 정상적인 조건에 따라 운전할 때 예기치 않는 수리, 조정, 부품교환 없이 연속 가동할 수 있는 최소시간
㉱ 점(Point) 측정 시스템 : 굴뚝 단면 직경의 10% 이하의 경로 또는 단일점에서 오염물질 농도를 측정하는 배출가스 연속 자동측정시스템

answer 79 ㉯　80 ㉯

2019 2회 기출문제

| 제1과목 | 대기오염개론

01 지구온난화가 환경에 미치는 영향 중 옳은 것은?

㉮ 온난화에 의한 해면상승은 지역의 특수성에 관계없이 전지구적으로 동일하게 발생한다.
㉯ 대류권 오존의 생성반응을 촉진시켜 오존의 농도가 지속적으로 감소한다.
㉰ 기상조건의 변화는 대기오염의 발생횟수와 오염농도에 영향을 준다.
㉱ 기온상승과 토양의 건조화는 생물성장의 남방한계에는 영향을 주지만 북방한계에는 영향을 주지 않는다.

▶ 풀이 ㉮ 온난화에 의한 해면상승은 지역의 특수성에 따라 전지구적으로 다르게 발생한다.
㉯ 대류권 오존의 생성반응을 촉진시켜 오존의 농도가 지속적으로 증가한다.
㉱ 기온상승과 토양의 건조화는 생물성장의 남방한계와 북방한계에 영향을 준다.

02 대기오염모델 중 수용모델에 관한 설명으로 거리가 먼 것은?

㉮ 기초적인 기상학적 원리를 적용, 미래의 대기질을 예측하여 대기오염제어 정책 입안에 도움을 준다.
㉯ 입자상 물질, 가스상 물질, 가시도 문제 등 환경과학 전반에 응용할 수 있다.
㉰ 모델의 분류로는 오염물질의 분석방법에 따라 현미경분석법과 화학분석법으로 구분할 수 있다.
㉱ 측정 자료를 입력 자료로 사용하므로 시나리오 작성이 곤란하다.

▶ 풀이 ㉮번의 설명은 분산모델의 설명이다.

TIP
분산모델과 수용모델
1. 분산모델의 장·단점
 (1) 장점
  ① 미래의 대기질을 예측할 수 있다.
  ② 특정한 오염원의 배출속도와 바람에 의한 분산요인을 입력 자료로 하여 수용체 위치에서의 영향을 계산한다.
  ③ 특정오염원의 영향을 평가할 수 있는 잠재력이 있다.
  ④ 2차 오염물의 확인이 가능하다.
  ⑤ 점, 선, 면 오염원의 영향을 평가할 수 있다.
  ⑥ 기초적인 기상학적 원리를 적용, 미래의 대기질을 예측하여 대기오염제어 정책입안에 도움을 준다.
 (2) 단점
  ① 새로운 오염원의 지역 내에 생길 때 매번 재평가하여야 한다.
  ② 지형 및 오염원의 조업조건에 영향을 받는다.
  ③ 기상과 관련하여 대기 중의 무작의적인 특성을 적절하게 묘사할 수 없기 때문에 결과에 대한 불확실성이 크게 작용한다.
  ④ 오염물의 단기간 분석 시 문제가 된다.
  ⑤ 분진의 영향평가는 기상의 불확실성과 오염원이 미확인인 경우에 많은 문제점을 가진다.
2. 수용모델의 장·단점
 (1) 장점
  ① 입자상 및 가스상 물질, 가시도 문제 등 환경과학 전반에 응용할 수 있다.
  ② 새로운 오염원, 불확실한 오염원과 불법 배출

과년도 기출문제

answer 01 ㉰ 02 ㉮

오염원을 정량적으로 확인 평가할 수 있다.
③ 대기오염 배출원이 주변지역에 미치는 영향 또는 기여도를 수리통계학적으로 분석하는 것이다.
④ 질량보전의 법칙과 질량수지 개념에 바탕을 두고 유도가 시작된다.
⑤ 적용범위는 도시단위의 소규모에서 최근에는 국가 단위의 중규모까지 확장되고 있고, 분산모델의 결과를 확인하는 역할을 하고 있다.
⑥ 지형, 기상학적 정보 없이도 사용 가능하다.
⑦ 수용체입장에서 영향평가가 현실적으로 이루어 질 수 있다.
⑧ 현재나 과거에 일어났던 일을 추정, 미래를 위한 전략을 세울 수 있다.
⑨ 오염원의 조업 및 운영 상태에 대한 정보 없이도 사용 가능하다.
(2) 단점
① 측정자료를 입력하므로 시나리오 작성이 곤란하다.
② 미래를 예측하기가 어렵다.

03 광화학반응과 관련된 오염물질 일변화의 일반적인 특징으로 가장 거리가 먼 것은?

㉮ NO_2와 HC의 반응에 의해 오후 3시경을 전후로 NO가 최대로 발생하기 시작한다.
㉯ NO에서 NO_2로의 산화가 거의 완료되고 NO_2가 최고농도에 도달하는 때부터 O_3가 증가되기 시작한다.
㉰ Aldehyde는 O_3생성에 앞서 반응초기부터 생성되며 탄화수소의 감소에 대응한다.
㉱ 주요 생성물로는 PAN, Aldehyde, 과산화기 등이 있다.

풀이 ㉮ NO_2와 HC의 반응에 의해 한낮에 O_3의 농도가 최대가 된다.

04 다음 중 CFC_s(염화불화탄소)의 배출원과 거리가 먼 것은?

㉮ 스프레이 분사제
㉯ 우레탄 발포제
㉰ 형광등 안정기
㉱ 냉장고의 냉매

풀이 탄화수소 화합물에서 수소를 불소 또는 할로겐 원소로 치환한 물질로 냉장고나 에어컨 등의 냉매 그리고 용제나 발포제, 스프레이나 소화기의 분무제 등으로 사용된다.

05 대기오염 농도를 추정하기 위한 상자모델에서 사용하는 가정으로 옳지 않은 것은?

㉮ 고려되는 공간에서 오염물질의 농도는 균일하다.
㉯ 오염물질의 배출원이 지면 전역에 균등히 분포되어 있다.
㉰ 오염물질의 분해는 0차 반응에 의한다.
㉱ 고려되는 공간의 수직단면에 직각방향으로 부는 바람의 속도가 일정하여 환기량이 일정하다.

풀이 ㉰ 오염물질의 분해는 1차 반응에 의한다.

TIP
상자모델의 가정조건
① 오염물 분해는 1차 반응에 의한다.
② 오염물 배출원이 지면전역에 균등히 분포되어 있다.
③ 고려된 공간에서 오염물의 농도는 균일하다.
④ 오염물질의 농도가 시간에 따라서만 변하는 0차원 모델이다.
⑤ 오염원은 방출과 동시에 균등하게 혼합된다.
⑥ 고려되는 공간의 단면에 직각방향으로 부는 바람의 속도가 일정하여 환기량이 일정하다.
⑦ 배출원 오염물질은 다른 물질로 변하지도 않고 지면에 흡수되지도 않는다.
⑧ 상자안에서는 밑면에서 방출되는 오염물질이 상자높이인 혼합층까지 즉시 균등하게 혼합된다.

answer 03 ㉮ 04 ㉰ 05 ㉰

06
유효굴뚝높이 200m인 연돌에서 배출되는 가스량은 20m³/sec, SO_2 농도는 1,750ppm이다. $k_y = 0.07$, $k_z = 0.09$인 중립 대기조건에서 SO_2의 최대 지표농도(ppb)는? (단, 풍속은 30m/sec이다.)

㉮ 34ppb ㉯ 22ppb
㉰ 15ppb ㉱ 9ppbdbf

풀이
$$C_{max} = \frac{2Q}{\pi \cdot e \cdot U \cdot He^2}\left(\frac{k_z}{k_y}\right)$$

여기서
- Q : 배출가스량(m³/sec)
- u : 풍속(m/sec)
- He : 유효굴뚝높이(m)
- k_z : 수직확산계수
- k_y : 수평확산계수
- e : 자연대수(2.72)

① $C_{max} = \frac{2 \times 20m^3/sec \times 1,750ppm}{\pi \times 2.72 \times 30m/sec \times (200m)^2}\left(\frac{0.09}{0.07}\right)$
   $= 8.777 \times 10^{-3}$ ppm

② 8.777×10^{-3} ppm × 10^3 = 8.78ppb

TIP
① ppm = mL/Sm³ = mL/Nm³
② ppb = μL/Sm³ = μL/Nm³
③ ppm $\xrightarrow{\times 10^3}$ ppb
④ ppb $\xrightarrow{\times 10^{-3}}$ ppm

07
해륙풍에 관한 설명으로 옳지 않은 것은?

㉮ 육지와 바다는 서로 다른 열적 성질 때문에 주간에는 육지로부터, 야간에는 바다로부터 바람이 분다.
㉯ 야간에는 바다의 온도 냉각율이 육지에 비해 작으므로 기압차가 생겨나 육풍이 존재한다.
㉰ 육풍은 해풍에 비해 풍속이 작고, 수직 수평적인 범위도 좁게 나타나는 편이다.
㉱ 해륙풍이 장기간 지속되는 경우에는 폐쇄된 국지 순환의 결과로 인하여 해안가에 공업단지 등의 산업도시가 있는 지역에서는 대기오염물질의 축적이 일어날 수 있다.

풀이 ㉮ 육지와 바다는 서로 다른 열적 성질 때문에 주간에는 바다로부터, 야간에는 육지로부터 바람이 분다.

08
가스상 물질의 영향에 관한 설명으로 거리가 먼 것은?

㉮ SO_2는 1ppm 정도에서도 수 시간 내에 고등식물에게 피해를 준다.
㉯ CO_2 독성은 10ppm 정도에서 인체와 식물에 해롭다.
㉰ CO는 100ppm까지는 1~3주간 노출되어도 고등식물에 대한 피해는 약한 편이다.
㉱ HCl은 SO_2 보다 식물에 미치는 영향이 훨씬 적으며, 한계농도는 10ppm에서 수 시간 정도이다.

풀이 ㉯ CO_2는 1,000ppm 정도에서 인체와 식물에 해롭다.

09
열섬현상에 관한 설명으로 가장 거리가 먼 것은?

㉮ Dust dome effect라고도 하며, 직경 10km 이상의 도시에서 잘 나타나는 현상이다.
㉯ 도시지역 표면의 열적 성질의 차이 및 지표면에서의 증발잠열의 차이 등으로 발생된다.
㉰ 태양의 복사열에 의해 도시에 축적된 열이 주변지역에 비해 크기 때문에 형

성된다.
㉣ 대도시에서 발생하는 기후현상으로 주변지역 보다 비가 적게 오며, 건조해져코, 기관지 염증의 원인이 되며, 태양복사량과 관련된 비타민C의 결핍을 초래한다.

풀이 ㉣ 대도시에서 발생하는 기후현상으로 주변지역보다 온도가 높고, 비가 많이 오고 안개가 자주 발생한다.

10 먼지 농도가 $40\mu g/m^3$일 때 가시거리는?
(단, 상대습도 70%, A = 1.2)

㉮ 25km   ㉯ 30km
㉰ 35km   ㉱ 40km

풀이 $V = \dfrac{10^3 \times A}{G}$

여기서
- V : 가시거리(km)
- A : 상수
- G : 농도($\mu g/m^3$)

따라서 $V = \dfrac{10^3 \times 1.2}{40\mu g/m^3} = 30km$

11 다음 분산모델 중 미국에서 개발한 것으로 광화학모델이며, 점오염원이나 면오염원에 적용하고, 도시지역의 오염물질 이동을 계산할 수 있는 것은?

㉮ ISCLT   ㉯ TCM
㉰ UAM   ㉱ RAMS

풀이 ㉰ UAM에 대한 설명이다.

12 다음 중 PAN(Peroxy Acetyl Nitrate)의 구조식을 옳게 나타낸 것은?

㉮
$$C_6H_5-\overset{\overset{O}{\|}}{C}-O-O-NO_2$$

㉯
$$CH_3-\overset{\overset{O}{\|}}{C}-O-O-NO_2$$

㉰
$$C_2H_5-\overset{\overset{O}{\|}}{C}-O-O-NO_2$$

㉱
$$C_4H_8-\overset{\overset{O}{\|}}{C}-O-O-NO_2$$

풀이 ㉮ PBzN(Peroxy Benzonyl Nitrate)
㉯ PAN(Peroxy Acetyl Nitrate)
㉰ PPN(Peroxy Propionyl Nitrate)

13 다음은 어떤 연기 형태에 해당하는 설명인가?

> 대기가 매우 안정한 상태일 때에 아침과 새벽에 잘 발생하며, 강한 역전조건에서 잘 생긴다. 이런 상태에서는 연기의 수직 방향 분산은 최소가 되고, 풍향에 수직되는 수평방향의 분산은 아주 적다.

㉮ fanning   ㉯ coning
㉰ looping   ㉱ lofting

풀이 대기안정도
㉮ fanning : 역전(매우 안정) 조건
㉯ coning : 중립, 미단열, 등온 조건
㉰ looping : 과단열(매우 불안정) 조건
㉱ lofting : 하층-역전(매우 안정), 고공-과단열(매우 불안정)

answer 10 ㉯ 11 ㉰ 12 ㉯ 13 ㉮

14 아래 그림은 고도에 따른 대기의 기온 변화를 나타낸 것이다. 다음 중 대기 중에 섞인 오염물질이 가장 잘 확산되는 기온 변화 형태는?

㉮ ㉠ ㉯ ㉡
㉰ ㉢ ㉱ ㉣

▶ 풀이
㉠ 그래프 : 과단열(매우 불안정)
㉣ 그래프 : 역전(매우 안정)

15 다음 대기오염물질의 분류 중 2차 오염물질에 해당하지 않은 것은?

㉮ NOCl   ㉯ 알데하이드
㉰ 케톤   ㉱ N_2O_3

▶ 풀이 ㉱ N_2O_3는 1차성 물질이다.

16 가솔린 연료를 사용하는 차량은 엔진 가동형태에 따라 오염물질 배출량은 달라진다. 다음 중 통상적으로 탄화수소가 제일 많이 발생하는 엔진 가동형태는?

㉮ 정속(60km/h)   ㉯ 가속
㉰ 정속(40km/h)   ㉱ 감속

▶ 풀이 가솔린 엔진에서 많이 발생하는 조건
① 질소산화물(NO_X) : 가속시
② 탄화수소(HC) : 감속시
③ 일산화탄소(CO) : 공회전시

17 지표부근에 존재하는 오존(O_3)에 관한 설명 중 틀린 것은?

㉮ 질소산화물과 탄화수소의 광화학적 반응에 의해 생성되며, 강력한 산화작용을 한다.
㉯ 오존에 강한 식물로는 담배, 앨팰퍼, 무 등이 있다.
㉰ 식물의 엽록소 파괴, 동화작용의 억제, 산소작용의 저해 등을 일으킨다.
㉱ 식물의 피해정도는 기공의 개폐, 증산작용의 대소 등에 따라 달라진다.

▶ 풀이 ㉯ 오존에 약한 식물로는 담배, 앨팰퍼, 무 등이 있다.

18 Down Wash 현상에 관한 설명은?

㉮ 원심력집진장치에서 처리가스량의 5~10%정도를 흡입하여 줌으로써 유효원심력을 증대 시키는 방법이다.
㉯ 굴뚝의 높이가 건물보다 높은 경우 건물 뒤편에 공동현상이 생기고 이 공동에 대기오염물질의 농도가 높아지는 현상을 말한다.
㉰ 굴뚝 아래로 오염물질이 휘날리어 굴뚝 밑부분에 오염물질의 농도가 높아지는 현상을 말한다.
㉱ 해가 뜬 후 지표면이 가열되어 대기가 지면으로부터 열을 받아 지표면 부근부터 역전층이 해소되는 현상을 말한다.

▶ 풀이 ㉮ 원심력집진장치의 블로우다운 현상
㉯ 다운드래프트 현상
㉰ 다운와쉬 현상
㉱ 훈증형

answer 14 ㉮ 15 ㉱ 16 ㉱ 17 ㉯ 18 ㉰

19 가우시안 모델에 도입된 가정조건으로 거리가 먼 것은?

㉮ 연기의 분산은 정상상태 분포를 가정한다.
㉯ 바람에 의한 오염물의 주 이동방향은 x축이며, 풍속은 일정하다.
㉰ 연직방향의 풍속은 통상 수평방향의 풍속보다 크므로 고도변화에 따라 반영한다.
㉱ 난류확산계수는 일정하다.

풀이 ㉰ 연직방향의 풍속은 통상 수평방향의 풍속보다 상대적으로 크기가 작기 때문에 연직 방향의 풍속은 무시한다.

20 지상으로부터 500m까지의 평균 기온감율이 0.85℃/100m 고도의 기온이 15℃라 하면 400m에서 기온은?

㉮ 13.30℃ ㉯ 12.45℃
㉰ 11.45℃ ㉱ 10.45℃

풀이 기온(℃) = 15℃ - $\left\{\dfrac{0.85℃}{100m} \times (400m-100m)\right\}$
= 12.45℃

| 제2과목 | 연소공학

21 중유의 특성에 관한 설명으로 가장 거리가 먼 것은?

㉮ 중유는 비중이 클수록 유동점, 점도가 증가한다.
㉯ 중유는 인화점이 150℃ 이상으로 이 온도 이하에서는 인화의 위험이 적다.
㉰ 중유의 잔류 탄소함량은 일반적으로 7~16% 정도이다.
㉱ 점도가 낮은 것은 일반적으로 낮은 비점의 탄화수소를 함유한다.

풀이 ㉯ 중유는 인화점이 40℃ 정도이며 이 온도 이하에서는 인화의 위험이 적다.

22 공기를 사용하여 propane을 완전연소 시킬 때 건조 연소가스 중의 $CO_2max(\%)$는?

㉮ 13.76 ㉯ 17.76
㉰ 18.25 ㉱ 22.85

풀이 $CO_2max(\%) = \dfrac{CO_2량(Sm^3/Sm^3)}{God(Sm^3/Sm^3)} \times 100$

① Propane(C_3H_8)의 완전연소 반응식
$C_3H_8 + 5O_2 \rightarrow 3CO_2 + 4H_2O$
② 이론건연소가스량(God)
= $(1-0.21)A_o + CO_2량(Sm^3/Sm^3)$
= $(1-0.21) \times \dfrac{5}{0.21} + 3$
= $21.8095 Sm^3/Sm^3$
③ $CO_2량 = 3Sm^3/Sm^3$
④ $CO_2max = \dfrac{3Sm^3/Sm^3}{21.8095Sm^3/Sm^3} \times 100$
= 13.76%

answer 19 ㉰ 20 ㉯ 21 ㉯ 22 ㉮

23 화학반응속도 및 반응속도상수에 관한 설명으로 옳지 않은 것은?

㉮ 1차 반응에서 반응속도상수의 단위는 s^{-1} 이다.
㉯ 반응물의 농도를 무제한 증가할지라도 반응속도에는 영향을 미치지 않는 반응을 0차반응이라 한다.
㉰ 화학반응속도론에서 반응속도상수 결정에 활성화에너지가 가장 주요한 영향인자로 작용하며, 넓은 온도범위에 걸쳐 유효하게 적용된다.
㉱ 반응속도상수는 온도에 영향을 받는다.

풀이 정답만 암기해 두시면 되는 문제입니다.

24 착화점의 설명으로 옳지 않은 것은?

㉮ 화학적으로 발열량이 작을수록 착화점은 낮다.
㉯ 화학결합의 활성도가 클수록 착화점은 낮다.
㉰ 분자구조가 복잡할수록 착화점은 낮다.
㉱ 산소 농도가 클수록 착화점은 낮다.

풀이 ㉮ 화학적으로 발열량이 작을수록 착화점은 커진다.

25 다음 중 기체연료 연소장치에 해당하지 않는 것은?

㉮ 송풍 버너 ㉯ 선회 버너
㉰ 방사형 버너 ㉱ 로터리 버너

풀이 ㉱ 로터리(회전식) 버너는 액체연료 연소장치이다.

26 석유류의 물성에 관한 설명으로 옳지 않은 것은?

㉮ 비중이 커지면 화염의 휘도가 커지며, 점도가 증가한다.
㉯ 증기압이 크면 인화점 및 착화점이 높아져서 안전하지만, 연소효율은 저하된다.
㉰ 점도가 낮아지면 인화점이 낮아지고 연소가 잘 된다.
㉱ 유체온도를 서서히 냉각하였을 때 유체가 유동할 수 있는 최저온도를 유동점이라 하고, 일반적으로 응고점보다 2.5℃ 높은 온도를 유동점이라 한다.

풀이 ㉯ 증기압이 크면 인화점 및 착화점이 낮아서 위험하다.

27 용적 100m³의 밀폐된 실내에서 황함량 0.01%인 등유 200g을 완전연소 시킬 때 실내의 평균 SO_2농도(ppb)는? (단, 표준상태를 기준으로 하고, 황은 전량 SO_2로 전환된다.)

㉮ 140 ㉯ 240
㉰ 430 ㉱ 570

풀이 ① SO_2량(g) 계산
$S + O_2 \rightarrow SO_2$
32g : 64g
200g × 0.0001 : X
∴ X = 0.04g

② $ppb = \dfrac{0.04g}{100m^3} \times \dfrac{22.4L}{64g} \times \dfrac{10^6 \mu L}{1L}$
= 140ppb

TIP
① ppm = mL/Sm³ = mL/Nm³
② ppb = μL/Sm³ = μL/Nm³
③ SO_2 1mol $\begin{cases} 64g \\ 22.4L \end{cases}$

answer 23 ㉰ 24 ㉮ 25 ㉱ 26 ㉯ 27 ㉮

28 탄화도의 증가에 따른 연소특성의 변화에 대한 설명으로 옳지 않은 것은?

㉮ 착화온도는 상승한다.
㉯ 발열량은 증가한다.
㉰ 산소의 양이 줄어든다.
㉱ 연료비(고정탄소% / 휘발분%)는 감소한다.

풀이 ㉱ 연료비(고정탄소% / 휘발분%)는 증가한다.

29 다음 중 연료 연소 시 공기비가 이론치보다 작을 때 나타나는 현상으로 가장 적합한 것은?

㉮ 완전연소로 연소실내의 열손실이 작아진다.
㉯ 배출가스 중 일산화탄소의 양이 많아진다.
㉰ 연소실벽에 미연탄화물 부착이 줄어든다.
㉱ 연소효율이 증가하여 배출가스의 온도가 불규칙하게 증가 및 감소를 반복한다.

TIP
공기비(m)의 특징
(1) 공기비(m)가 작을 경우 발생하는 현상
 ① 연소가스 중의 CO와 HC의 농도가 증가
 ② 매연이나 검댕의 발생량 증가
 ③ 연소효율 저하
(2) 공기비(m)가 클 경우 발생하는 현상
 ① 연소실내 연소온도 감소(연소실의 냉각효과를 가져옴)
 ② 배기가스에 의한 열손실 증대
 ③ SO_2, NO_2의 함량이 증가하여 부식이 촉진
 ④ CH_4, CO 및 C 등 물질의 농도가 감소
 ⑤ 방지시설의 용량이 커지고 에너지 손실 증가
 ⑥ 희석효과가 높아져 연소 생성물의 농도 감소

30 탄소 85%, 수소 15%된 경유(1kg)를 공기과잉 계수 1.1로 연소했더니 탄소 1%가 검댕(그을음)으로 된다. 건조 배기가스 $1Sm^3$중 검댕의 농도(g/Sm^3)는?

㉮ 약 0.72 ㉯ 약 0.86
㉰ 약 1.72 ㉱ 약 1.86

풀이 ① 이론공기량(A_o)
 $= 8.89C+26.67\left(H-\dfrac{O}{8}\right)+3.33S(Sm^3/kg)$
 $= 8.89×0.85+26.67×0.15 = 11.557 Sm^3/kg$
② 실제건연소가스량(Gd)
 $= mA_o-5.6H+0.7O+0.8N(Sm^3/kg)$
 $= 1.1×11.557 Sm^3/kg-5.6×0.15$
 $= 11.8727 Sm^3/kg$
③ 검댕의 농도(g/Sm^3)
 $= \dfrac{0.85×0.01 kg/kg}{11.8727 Sm^3/kg}×10^3 g/kg = 0.72 g/Sm^3$

31 다음 연료의 연소 시 이론공기량의 개략치(Sm^3/kg)가 가장 큰 것은?

㉮ LPG   ㉯ 고로가스
㉰ 발생로가스 ㉱ 석탄가스

32 유압분무식 버너의 특징과 거리가 먼 것은?

㉮ 유량조절범위가 1 : 10 정도로 넓어서 부하변동에 적응이 쉽다.
㉯ 연료분사범위는 15~2000L/h 정도이다.
㉰ 연료의 점도가 크거나 유압이 $5kg/cm^2$ 이하가 되면 분무화가 불량하다.
㉱ 구조가 간단하여 유지 및 보수가 용이한 편이다.

풀이 ㉮ 유량조절범위가 좁아 부하변동에 적응성이 낮다.

answer 28 ㉱ 29 ㉯ 30 ㉮ 31 ㉮ 32 ㉮

33 9,000kcal/kg의 열량을 내는 석탄을 시간당 80kg 연소하는 보일러가 있다. 실제로 이 보일러에서 시간당 흡수된 열량이 600,000kcal라면 이 보일러의 열효율(%)은?

㉮ 66.7　　㉯ 75.0
㉰ 83.3　　㉱ 90.0

[풀이] 보일러의 열효율(%)
$= \dfrac{\text{흡수열량}}{\text{연료의 발생열량}} \times 100(\%)$
$= \dfrac{600{,}000\,\text{kcal/hr}}{9{,}000\,\text{kcal/kg} \times 80\,\text{kg/hr}} \times 100$
$= 83.33\%$

34 저위발열량이 7,000kcal/Sm³의 가스연료의 이론연소온도(℃)는? (단, 이론연소가스량은 10m3/Sm3, 연료연소가스의 평균 정압비열은 0.35kcal/Sm3·℃, 기준온도는 15℃, 지금공기는 예열되지 않으며, 연소가스는 해리되지 않음)

㉮ 1,515　　㉯ 1,825
㉰ 2,015　　㉱ 2,325

[풀이] 이론연소온도(℃)
$= \dfrac{\text{저위발열량(kcal/Sm}^3)}{\text{가스량(Sm}^3/\text{Sm}^3) \times \text{평균정압비열(kcal/Sm}^3\cdot\text{℃})} + \text{기준온도(℃)}$
$= \dfrac{7{,}000\,\text{kcal/Sm}^3}{10\,\text{m}^3/\text{Sm}^3 \times 0.35\,\text{kcal/Sm}^3\cdot\text{℃}} + 15\text{℃}$
$= 2{,}015\text{℃}$

35 폐열회수장치가 설치된 소각로의 특징에 관한 설명으로 거리가 먼 것은? (단, 폐열회수를 안하는 소각로와 비교)

㉮ 연소가스 배출 부분과 수증기 보일러관에서 부식의 염려가 없다.
㉯ 열 회수로 연소가스의 온도와 부피를 줄일 수 있다.
㉰ 공기와 연소가스의 양이 비교적 적으므로 용량이 작은 송풍기를 쓸 수 있다.
㉱ 수증기 생산을 위한 수냉로벽, 보일러 등 설비가 필요하다.

[풀이] ㉮ 연소가스 배출 부분과 수증기 보일러관에서 부식의 염려가 있다.

36 기체연료의 연소방식과 연소장치에 관한 설명으로 옳지 않은 것은?

㉮ 확산연소는 주로 탄화수소가 적은 발생로가스, 고로가스 등에 적용되는 연소방식이다.
㉯ 예혼합연소는 화염온도가 낮아 국부가열의 염려가 없고 연소부하가 작은 경우 사용이 가능하며, 화염의 길이가 길다.
㉰ 저압버너는 역화방지를 위해 1차 공기량을 이론공기량의 약 60% 정도만 흡입하고 2차 공기는 로내의 압력을 부압(-)으로 하여 공기를 흡입한다.
㉱ 예혼합연소에 사용되는 버너에는 저압버너, 고압버너, 송풍버너 등이 있다.

[풀이] ㉯ 예혼합연소는 화염온도가 높아 국부가열의 염려가 있고 연소부하가 큰 경우 사용이 가능하며, 화염의 길이가 짧다.

answer 33 ㉰　34 ㉰　35 ㉮　36 ㉯

37 A기체연료 $2Sm^3$을 분석한 결과 C_3H_8 $1.7Sm^3$, CO $0.15Sm^3$, H_2 $0.14Sm^3$, O_2 $0.01Sm^3$였다면 이 연료를 완전연소 시켰을 때 생성되는 이론 습연소가스량(Sm^3)은?

㉮ 약 $41Sm^3$ ㉯ 약 $45Sm^3$
㉰ 약 $52Sm^3$ ㉱ 약 $57Sm^3$

풀이
$C_3H_8 + 5O_2 \rightarrow 3CO_2 + 4H_2O : 1.7Sm^3$
$CO + 0.5O_2 \rightarrow CO_2 : 0.15Sm^3$
$H_2 + 0.5O_2 \rightarrow H_2O : 0.14Sm^3$
$O_2 : 0.01Sm^3$

이론 습연소가스량(Gow)
$= (1-0.21)A_o + CO_2 + H_2O량(Sm^3)$
$= (1-0.21) \times \left(\dfrac{5 \times 1.7 + 0.5 \times 0.15 + 0.5 \times 0.14 - 0.01}{0.21} \right)$
$\quad + 3 \times 1.7 + 4 \times 1.7 + 1 \times 0.15 + 1 \times 0.14$
$= 44.67Sm^3$

TIP
주어진 분석치는 연료 $2Sm^3$에 해당하는 값임에 주의한다.

38 CH_4 : 30%, C_2H_6 : 30%, C_3H_8 : 40%인 혼합가스의 폭발범위로 가장 적합한 것은? (단, 르샤틀리에의 식 적용)

- CH_4 폭발범위 : 5~15%
- C_2H_6 폭발범위 : 3~12.5%
- C_3H_8 폭발범위 : 2.1~9.5%

㉮ 약 2.9~11.6% ㉯ 약 3.7~13.8%
㉰ 약 4.9~14.6% ㉱ 약 5.8~15.4%

풀이 르샤틀리에 공식
$\dfrac{100}{L} = \dfrac{V_1}{L_1} \times \dfrac{V_2}{L_2} \times \dfrac{V_3}{L_3}$
여기서

L : 폭발범위
V : 조성비

① 하한값 : $\dfrac{100}{L} = \dfrac{30\%}{5\%} + \dfrac{30\%}{3\%} + \dfrac{40\%}{2.1\%}$
∴ L = 2.85%

② 상한값 : $\dfrac{100}{L} = \dfrac{30\%}{15\%} + \dfrac{30\%}{12.5\%} + \dfrac{40\%}{9.5\%}$
∴ L = 11.61%

③ 혼합가스의 폭발범위는 2.85%~11.61%이다.

39 미분탄연소의 특징에 관한 설명으로 거리가 먼 것은?

㉮ 부하변동에 대한 응답성이 좋은 편이어서 대용량의 연소에 적합하다.
㉯ 화격자연소보다 낮은 공기비로서 높은 연소효율을 얻을 수 있다.
㉰ 분무연소와 상이한 점은 가스화 속도가 빠르고, 화염이 연소실 중앙부에 집중하여 명료한 화염면이 형성된다는 것이다.
㉱ 석탄의 종류에 따른 탄력성이 부족하고, 로벽 및 전열면에서 재의 퇴적이 많은 편이다.

40 Butane 2kg을 표준상태에서 완전연소 시키는데 필요한 이론산소의 양(kg)은?

㉮ 3.59 ㉯ 5.02
㉰ 7.17 ㉱ 11.17

풀이 $C_4H_{10} + 6.5O_2 \rightarrow 4CO_2 + 5H_2O$
58kg : 6.5×32kg
2kg : X
따라서 X = 7.17kg

TIP
① C_4H_{10}의 분자량 = 12×4 + 1×10 = 58kg
② 질량(kg) = 계수×분자량(kg)
③ 부피(Sm^3) = 계수×22.4(Sm^3)

answer 37 ㉯ 38 ㉮ 39 ㉰ 40 ㉰

| 제3과목 | 대기오염방지기술

41 사이클론의 반경이 50cm인 원심력 집진장치에서 입자의 접선방향속도가 10m/sec이라면 분리계수는?

㉮ 10.2 ㉯ 20.4
㉰ 34.5 ㉱ 40.9

풀이 분리계수(S) = $\dfrac{V^2}{Rg}$ = $\dfrac{(10m/sec)^2}{0.5m \times 9.8m/sec^2}$
= 20.41

42 유해가스의 물리적 흡착에 관한 설명으로 옳지 않은 것은?

㉮ 온도가 낮을수록 흡착량은 많다.
㉯ 흡착제에 대한 용질의 분압이 높을수록 흡착량이 증가한다.
㉰ 가역성이 높고 여러 층의 흡착이 가능하다.
㉱ 흡착열이 높고, 분자량이 작을수록 잘 흡착 된다.

풀이 ㉱ 흡착열이 낮고, 분자량이 클수록 잘 흡착 된다.

43 시간당 5톤의 중유를 연소하는 보일러의 배기가스를 수산화나트륨 수용액으로 세정하여 탈황하고 부산물로 아황산나트륨을 회수하려고 한다. 중유 중 황(S)함량이 2.56%, 탈황장치의 탈황효율이 87.5%일 때, 필요한 수산화나트륨의 이론량은 시간당 몇 kg인가?

㉮ 300kg ㉯ 280kg
㉰ 250kg ㉱ 225kg

풀이 S + O_2 → SO_2 + 2NaOH → Na_2SO_3 + H_2O
32kg : 2×40kg
5×10^3kg/hr×0.0256×0.875 : X

∴ X = $\dfrac{5 \times 10^3 kg/hr \times 0.0256 \times 0.875 \times 2 \times 40kg}{32kg}$
= 280kg/hr

44 암모니아의 농도가 용적비로 200ppm인 실내공기를 송풍기로 환기시킬 때 실내용적이 4,000m^3이고, 송풍량이 100m^3/min이면 농도를 20ppm으로 감소시키기 위해 소요되는 시간은?

㉮ 82min ㉯ 92min
㉰ 102min ㉱ 112min

풀이 1차 반응식 : $\ln \dfrac{C_t}{C_o}$ = -k·t

여기서
- C_o : 초기농도(ppm)
- C_t : t시간 후의 농도(허용농도)(ppm)
- k : 상수(/hr)
- t : 시간(hr)

① k(/min) = $\dfrac{송풍량}{실내용적}$
= $\dfrac{100m^3/min}{4,000m^3}$ = 0.025/min

② $\ln \dfrac{C_t}{C_o}$ = -k·t

$\ln \dfrac{20ppm}{200ppm}$ = -0.025/min × t

∴ t = 92.10min

answer 41 ㉯ 42 ㉱ 43 ㉯ 44 ㉯

45 다음 중 (CH₃)₂CHCH₂CHO의 냄새특성으로 가장 적합한 것은?

㉮ 양파, 양배추 썩는 냄새
㉯ 분뇨 냄새
㉰ 땀냄새
㉱ 자극적이며, 새콤하고 타는 듯한 냄새

풀이 (CH₃)₂CHCH₂CHO는 i-발레르알데하이드로 지정악취물질로 자극적이며, 새콤하고 타는 듯한 냄새가 난다.

46 냄새물질에 관한 다음 설명 중 가장 거리가 먼 것은?

㉮ 물리화학적 자극량과 인간의 감각강도 관계는 Ranney 법칙과 잘 맞다.
㉯ 골격이 되는 탄소(C)수는 저분자일수록 관능기 특유의 냄새가 강하고 자극적이며, 8~13에서 가장 향기가 강하다.
㉰ 분자내 수산기의 수는 1개 일 때 가장 강하고 수가 증가하면 약해져서 무취에 이른다.
㉱ 불포화도가 높으면 냄새가 보다 강하게 난다.

풀이 ㉮ 물리화학적 자극량과 인간의 감각강도 관계는 웨버-페히너 법칙과 잘 맞다.

47 유해가스의 연소처리에 관한 설명으로 가장 거리가 먼 것은?

㉮ 직접연소법은 경우에 따라 보조연료나 보조공기가 필요하며, 대체로 오염물질의 발열량이 연소에 필요한 전체 열량의 50% 이상일 때 경제적으로 타당하다.
㉯ 직접연소법은 after burner법이라고도 하며, HC, H₂, NH₃, HCN 및 유독가스 제거법으로 사용된다.
㉰ 가열연소법은 배기가스 중 가연성 오염물질의 농도가 매우 높아 직접연소법으로 불가능할 경우에 주로 사용되고 조업의 유동성이 적어 NOx 발생이 많다.
㉱ 가열연소법에서 연소로 내의 체류시간은 0.2~0.8초 정도이다.

풀이 ㉰ 가열연소법은 배기가스 중 가연성 오염물질의 농도가 매우 낮아 직접연소법으로 가능할 경우에 주로 사용된다.

48 탈취방법에 관한 설명으로 옳지 않은 것은?

㉮ BALL 차단법은 밀폐형 구조물을 설치할 필요가 없고, 크기와 색상이 다양한 편이다.
㉯ 약액세정법은 조작이 복잡하고, 대상 악취물질에 대한 제한성이 크지만, 산성가스 및 염기성 가스의 별도 처리가 필요하지 않다.
㉰ 산화법 중 염소주입법은 페놀이 다량 함유되었을 때에는 클로로페놀을 형성하여 2차오염 문제를 발생시킨다.
㉱ 수세법은 수온 변화에 따라 탈취효과가 변하고, 처리풍향 및 압력손실이 크다.

풀이 ㉯ 약액세정법은 조작이 간단하고, 대상 악취물질에 대한 제한성이 작지만, 산성가스 및 염기성 가스의 별도 처리가 필요하다.

answer 45 ㉱ 46 ㉮ 47 ㉰ 48 ㉯

49 흡수에 관한 설명으로 옳지 않은 것은?

㉮ 가스측 경막저항은 흡수액에 대한 유해 가스의 농도가 클 때 경막저항을 지배하고, 반대로 액측 경막저항은 용해도가 작을 때 지배한다.
㉯ 대기오염물질은 보통 공기 중에 소량 포함되어 있고, 유해가스의 농도가 큰 흡수제를 사용하므로 가스측 경막저항이 주로 지배한다.
㉰ Baker는 평형선과 조작선을 사용하여 NTU를 결정하는 방법을 제안하였다.
㉱ 충전탑의 조건이 평형곡선에서 멀어질수록 흡수에 대한 추진력은 더 작아지며, NTU는 Berl number에 의해 지배된다.

50 여과집진장치에 사용되는 각종 여과제의 성질에 관한 연결로 가장 거리가 먼 것은? (단, 여과제의 종류 - 산에 대한 저항성 - 최고사용온도)

㉮ 목면 - 양호 - 150℃
㉯ 글라스화이버 - 양호 - 250℃
㉰ 오론 - 양호 - 150℃
㉱ 비닐론 - 양호 - 100℃

▶풀이 ㉮ 목면 - 나쁨 - 80℃

51 직경이 15cm인 원형관에서 층류로 흐를 수 있게 임계 레이놀즈수를 2,100으로 할 때, 최대 평균유속(cm/sec)은?
(단, $\nu = 1.8 \times 10^{-6} m^2/sec$)

㉮ 1.52 ㉯ 2.52
㉰ 4.59 ㉱ 6.74

▶풀이
$$Re = \frac{D \times V \times \rho}{\mu} = \frac{D \times V}{\nu}$$
$$2,100 = \frac{0.15m \times V}{1.8 \times 10^{-6} m^2/sec}$$
$$\therefore V = \frac{2,100 \times 1.8 \times 10^{-6} m^2/sec}{0.15m}$$
$$= 0.025 m/sec = 2.52 cm/sec$$

52 덕트설치 시 주요원칙으로 거리가 먼 것은?

㉮ 공기가 아래로 흐르도록 하향구배를 만든다.
㉯ 구부러짐 전후에는 청소구를 만든다.
㉰ 밴드는 가능하면 완만하게 구부리며, 90°는 피한다.
㉱ 덕트는 가능한 한 길게 배치하도록 한다.

▶풀이 ㉱ 덕트는 가능한 한 짧게 배치하도록 한다.

53 전기집진장치에서 비저항과 관련된 내용으로 옳지 않은 것은?

㉮ 배연설비에서 연료에 S함유량이 많은 경우는 먼지의 비저항이 낮아진다.
㉯ 비저항이 낮은 경우에는 건식 전기집진장치를 사용하거나, 암모니아 가스를 주입한다.
㉰ $10^{11} \sim 10^{13} \Omega \cdot cm$ 범위에서는 역전리 또는 역이온화가 발생한다.
㉱ 비저항이 높은 경우는 분진층의 전압손실이 일정하더라도 가스상의 전압손실이 감소하게 되므로, 전류는 비저항의 증가에 따라 감소된다.

▶풀이 ㉯ 비저항이 낮은 경우에는 습식 전기집진장치를 사용하거나, 암모니아 가스를 주입한다.

answer 49 ㉱ 50 ㉮ 51 ㉯ 52 ㉱ 53 ㉯

54 설치 초기 전기집진장치의 효율이 98%였으나, 2개월 후 성능이 96%로 떨어졌다. 이때 먼지 배출농도는 설치 초기의 몇 배인가?

㉮ 2배 ㉯ 4배
㉰ 8배 ㉱ 16배

풀이 통과율의 변화 = $\frac{(100-96\%)}{(100-98\%)} = \frac{4\%}{2\%} = 2$배

55 다음 입자상 물질의 크기를 결정하는 방법 중 입자상 물질의 그림자를 2개의 등면적으로 나눈 선의 길이를 직경으로 하는 입경은?

㉮ 마틴직경 ㉯ 스톡스직경
㉰ 피렛직경 ㉱ 투영면적경

풀이 ㉮ 마틴직경에 대한 설명이다.

56 유해가스에 대한 설명 중 가장 거리가 먼 것은?

㉮ Cl_2가스는 상온에서 황록색을 띤 기체이며 자극성 냄새를 가진 유독물질로 관련 배출원은 표백공업이다.
㉯ F_2는 상온에서 무색의 발연성 기체로 강한 자극성이며 물에 잘 녹고 관련 배출원은 알루미늄 제련공업이다.
㉰ SO_2는 무색의 강한 자극성 기체로 환원성 표백제로도 이용되고 화석연료의 연소에 의해서도 발생된다.
㉱ NO는 적갈색의 특이한 냄새를 가진 물에 잘 녹는 맹독성 기체로 자동차 배출이 가장 많은 부분을 차지한다.

풀이 ㉱ NO는 무색, 무취의 기체로 물에 잘 녹지 않는 난용성으로 자동차에서 가장 많이 배출된다.

57 가스 1m³ 당 50g의 아황산가스를 포함하는 어떤 폐가스를 흡수 처리하기 위하여 가스 1m³에 대하여 순수한 물 2,000kg의 비율로 연속 향류 접촉시켰더니 폐가스 내 아황산가스의 농도가 1/10로 감소하였다. 물 1,000kg에 흡수된 아황산가스의 양(g)은?

㉮ 11.5 ㉯ 22.5
㉰ 33.5 ㉱ 44.5

풀이 순수한 물 2,000kg을 사용할 때 폐가스내 아황산가스 농도가 1/10로 감소하므로 처리해야 할 아황산가스 농도는 1m³당 45g이 된다.
따라서 45g : 2,000kg = X(g) : 1,000kg
∴ X = 22.5g

58 흡착장치에 관한 다음 설명 중 가장 거리가 먼 것은?

㉮ 고정층 흡착장치에서 보통 수직으로 된 것은 대규모에 적합하고, 수평으로 된 것은 소규모에 적합하다.
㉯ 일반적으로 이동층 흡착장치는 유동층 흡착장치에 비해 가스의 유속을 크게 유지할 수 없는 단점이 있다.
㉰ 유동층 흡착장치는 고정층과 이동층 흡착장치의 장점만을 이용한 복합형으로 고체와 기체의 접촉을 좋게 할 수 있다.
㉱ 유동층 흡착장치는 흡착제의 유동에 의한 마모가 크게 일어나고, 조업조건에 따른 주어진 조건의 변동이 어렵다.

풀이 ㉮ 고정층 흡착장치에서 보통 수직으로 된 것은 소규모에 적합하고, 수평으로 된 것은 대규모에 적합하다.

answer 54 ㉮ 55 ㉮ 56 ㉱ 57 ㉯ 58 ㉮

59 Bag filter에서 먼지부하가 360g/m²일 때마다 부착먼지를 간헐적으로 탈락시키고자 한다. 유입가스 중의 먼지농도가 10g/m³이고, 겉보기 여과속도가 1cm/sec일 때 부착먼지의 탈락시간 간격은? (단, 집진율은 80%이다.)

㉮ 약 0.4hr ㉯ 약 1.3hr
㉰ 약 2.4hr ㉱ 약 3.6hr

▶풀이 $L_d = C_i \times \eta \times V_f \times t$
여기서
- L_d : 먼지부하(g/m²)
- C_i : 먼지의 유입농도(g/m³)
- η : 집진율(%)
- V_f : 여과속도(m/sec)
- t : 탈락시간(sec)

① $360g/m^2 = 10g/m^3 \times 0.80 \times 0.01m/sec \times t$

$$\therefore t = \frac{360g/m^2}{10g/m^3 \times 0.80 \times 0.01m/sec} = 4,500sec$$

② $t(hr) = 4,500sec \times \dfrac{1hr}{3,600sec} = 1.25hr$

60 원심력 집진장치에서 압력손실의 감소 원인으로 가장 거리가 먼 것은?

㉮ 장치 내 처리가스가 선회되는 경우
㉯ 호퍼 하단 부위에 외기가 누입될 경우
㉰ 외통의 접합부 불량으로 함진가스가 누출될 경우
㉱ 내통이 마모되어 구멍이 뚫려 함진가스가 by pass될 경우

▶풀이 ㉮ VANE의 마모

TIP
VANE은 압축기에서 유입된 공기를 일정한 방향으로 축을 회전시키기 위해서 붙어있는 작은 날개들 또는 풍향기와 같이 공기를 유연하게 흐르게 하는 것이다.

| 제4과목 | 대기오염공정시험기준

61 다음은 시험의 기재 및 용어에 관한 설명이다. ( )안에 알맞은 것은?

> 시험조작 중 "즉시"란 (㉠)이내에 표시된 조작을 하는 것을 뜻하며, "감압 또는 진공"이라 함은 따로 규정이 없는 한 (㉡) 이하를 뜻한다.

㉮ ㉠ 10초, ㉡ 15mmH₂O
㉯ ㉠ 10초, ㉡ 15mmHg
㉰ ㉠ 30초, ㉡ 15mmH₂O
㉱ ㉠ 30초, ㉡ 15mmHg

▶풀이 ① 즉시 : 30초 이내
② 감압 또는 진공 : 15mmHg 이하

62 굴뚝 배출가스 중 사이안화수소를 자외선/가시선분광법-4-피리딘카복실산-피라졸론법으로 분석 시 흡수액은?

㉮ 붕산용액(5g/L)
㉯ 과산화수소용액
㉰ 수산화소듐용액(20g/L)
㉱ 아연아민착염용액

▶풀이 ㉮ 붕산용액(5g/L) : 암모니아
㉯ 과산화수소용액 : 황산화물
㉱ 아연아민착염용액 : 황화수소

answer 59 ㉯ 60 ㉮ 61 ㉱ 62 ㉰

63 대기오염공정시험기준상 굴뚝 배출가스 중 플루오린화수소산을 연속적으로 자동 측정하는 방법은?

㉮ 자외선형광법 ㉯ 이온전극법
㉰ 적외선흡수법 ㉱ 자외선흡수법

> 풀이 ① 분석방법 : 자외선/가시선분광법 - 란타넘-알리자린콤플렉손법, 이온크로마토그래피, 이온선택전극법, 연속흐름법
> ② 자동연속측정방법 : 이온전극법

64 다음은 굴뚝 배출가스 중의 이황화탄소 분석방법에 관한 설명이다. ( )안에 알맞은 것은?

> 자외선/가시선 분광법은 다이에틸아민구리용액에서 시료가스를 흡수시켜 생성된 다이에틸 다이싸이오카밤산구리의 흡광도를 (㉠)의 파장에서 측정한다. 이 방법은 시료가스채취량 10L인 경우 배출가스 중의 이황화탄소 농도 (㉡)의 분석에 적합하다.

㉮ ㉠ 340nm, ㉡ (0.05~1)ppm
㉯ ㉠ 340nm, ㉡ (4.0~60.0)ppm
㉰ ㉠ 435nm, ㉡ (0.05~1)ppm
㉱ ㉠ 435nm, ㉡ (4.0~60.0)ppm

> 풀이 이황화탄소의 자외선/가시선 분광법
> ① 흡수액 : 다이에틸아민구리용액
> ② 파장 : 435nm
> ③ 농도 : (4.0~60.0)ppm

65 자외선/가시선 분광법에 관한 설명으로 옳지 않은 것은?

㉮ 시료물질 등에 적당한 시약을 넣어 발색시킨 용액의 흡광도를 측정하여 시료중의 목적성분을 정량하는 방법으로 파장 200nm~1200nm에서의 액체의 흡광도를 측정한다.
㉯ 일반적으로 광원으로 나오는 빛을 단색화장치(monochrometer) 또는 필터(filter)에 의하여 좁은 파장범위의 빛만을 선택하여 액층을 통과시킨 다음 광전측광으로 흡광도를 측정하여 목적성분의 농도를 정량하는 방법이다.
㉰ (투사광의 강도/입사광의 강도)를 투과도(t)라 하며, 투과도(t)의 상용대수를 흡광도라 한다.
㉱ 광원부 - 파장선택부 - 시료부 - 측광부로 구성되어 있고, 가시부와 근적외부의 광원으로는 주로 텅스텐램프를 사용한다.

> 풀이 ㉰ (투사광의 강도/입사광의 강도)를 투과도(t)라 하며, 투과도(t) 역수의 상용대수를 흡광도라 한다.

66 이온크로마토그래피에 관한 설명으로 옳지 않은 것은?

㉮ 분리관의 재질은 용리액 및 시료액과 반응성이 큰 것을 선택하며 스테인리스관이 널리 사용된다.
㉯ 용리액조는 일반적으로 폴리에틸렌이나 경질 유리제를 사용한다.
㉰ 송액펌프는 일반적으로 맥동이 적은 것을 사용한다.
㉱ 검출기는 일반적으로 전도도 검출기를 많이 사용하고, 그 외 자외선, 가시선 흡수검출기(UV, VIS 검출기), 전기화학적 검출기 등이 사용된다.

answer 63 ㉯ 64 ㉱ 65 ㉰ 66 ㉮

풀이 ㉮ 분리관의 재질은 용리액 및 시료액과 반응성이 적은 것을 선택하며 에폭시수지관 또는 유리관이 사용된다.

㉻ 근접선(Neighbouring Line) : 원자가 외부로부터 빛을 흡수했다가 다시 먼저 상태로 돌아갈 때 방사하는 스펙트럼선

풀이 ㉻ 근접선 : 목적하는 스펙트럼선에 가까운 파장을 갖는 다른 스펙트럼선

67 다음은 비분산형적외선분석기의 성능 기준이다. ( )안에 알맞은 것은?

> 제로 조정용 가스를 도입하여 안정된 후 유로를 스팬가스로 바꾸어 기준 유량으로 분석기에 도입하여 그 농도를 눈금 범위내의 어느 일정한 값으로부터 다른 일정한 값으로 갑자기 변화시켰을 때 스텝(step) 응답에 대한 소비시간이 (㉠)이어야 한다. 또 이때 최종 지시치에 대한 90%의 응답을 나타내는 시간은 (㉡)이어야 한다.

㉮ ㉠ 10초 이내, ㉡ 30초 이내
㉯ ㉠ 10초 이내, ㉡ 40초 이내
㉰ ㉠ 1초 이내, ㉡ 30초 이내
㉱ ㉠ 1초 이내, ㉡ 40초 이내

풀이 ① 스텝응답에 대한 소비시간은 1초 이내
② 최종 지시치에 대한 90%의 응답을 나타내는 시간은 40초 이내

68 원자흡수분광광도법에 사용되는 용어의 정의로 옳지 않은 것은?

㉮ 분무실(Nebulizer-Chamber) : 분무기와 함께 분무된 시료용액의 미립자를 더욱 미세하게 해주는 한편 큰 입자와 분리시키는 작용을 갖는 장치
㉯ 선프로파일(Line Profile) : 파장에 대한 스펙트럼선의 강도를 나타내는 곡선
㉰ 예복합 버너(Premix Type Burner) : 가연성 가스, 조연성 가스 및 시료를 분무실에서 혼합시켜 불꽃 중에 넣어주는 방식의 버너

69 비산먼지의 농도를 구하기 위해 측정한 조건 및 결과가 다음과 같을 때 비산먼지의 농도(mg/Sm^3)는?

> <측정조건 및 결과>
> • 채취먼지량이 가장 많은 위치에서의 먼지농도(mg/Sm^3) : 5.8
> • 대조위치에서의 먼지농도(mg/Sm^3) : 0.17
> • 전 시료채취 기간 중 주 풍향이 45°~90° 변한다.
> • 풍속이 0.5m/s 미만 또는 10m/s 이상되는 시간이 전 채취시간의 50% 이상이다.

㉮ 5.6   ㉯ 6.8
㉰ 8.1   ㉱ 10.1

풀이 비산먼지농도(C)
= $(C_H - C_B) \times W_D \times W_S$ = $(5.8 - 0.17) mg/Sm^3 \times 1.2 \times 1.2$
= $8.11 mg/Sm^3$

TIP
보정계수
(1) 풍향에 대한 보정계수

풍향변화범위	보정계수
주풍향이 90° 이상	1.5
주풍향이 45°~90°	1.2
주풍향이 45° 미만	1.0

(2) 풍속에 대한 보정계수

풍속계수	보정계수
전 채취시간의 50% 미만	1.0
전 채취시간의 50% 이상	1.2

answer 67 ㉱ 68 ㉱ 69 ㉰

70 수산화소듐(NaOH)용액을 흡수액으로 사용하는 분석대상가스가 아닌 것은?

㉮ 염화수소 ㉯ 사이안화수소
㉰ 플루오린화합물 ㉱ 이황화탄소

> 풀이 ㉱ 이황화탄소의 흡수액은 다이에틸아민구리용액이다.

71 기체크로마토그래피에 관한 설명으로 옳지 않은 것은?

㉮ 기체시료 또는 기화한 액체나 고체 시료를 운반가스에 의하여 분리, 관내에 전개, 응축시켜 액체 상태로 각 성분을 분리 분석한다.
㉯ 일반적으로 대기의 무기물 또는 유기물의 대기오염 물질에 대한 정성, 정량분석에 이용된다.
㉰ 일정유량으로 유지되는 운반가스는 시료도입부로부터 분리관내를 흘러서 검출기를 통해 외부로 방출된다.
㉱ 시료도입부로부터 기체, 액체 또는 고체 시료를 도입하면 기체는 그대로, 액체나 고체는 가열기화되어 운반가스에 의하여 분리관내로 송입된다.

> 풀이 ㉮ 기체시료 또는 기화한 액체나 고체 시료를 운반가스에 의하여 분리, 관내에 전개시켜 기체 상태로 각 성분을 분리 분석한다.

72 분석대상가스별 흡수액으로 잘못 짝지어진 것은?

㉮ 암모니아 – 붕산용액(5g/L)
㉯ 비소 – 수산화소듐용액(질량분율 4%)
㉰ 브로민화합물 – 수산화소듐용액(4g/L)
㉱ 질소산화물 – 수산화소듐용액(4g/L)

> 풀이 ㉱ 질소산화물 – 0.005mol/L 황산용액

73 화학분석 일반사항에 관한 설명으로 옳지 않은 것은?

㉮ 1억분율은 ppm, 10억분율은 pphm으로 표시한다.
㉯ 실온은 (1~35)℃로 하고, 찬 곳은 따로 규정이 없는 한 (0~15)℃의 곳을 뜻한다.
㉰ "냉후"(식힌 후)라 표시되어 있을 때는 보온 또는 가열 후 실온까지 냉각된 상태를 뜻한다.
㉱ 액의 농도를 (1→2), (1→5) 등으로 표시한 것은 그 용질의 성분이 고체일 때는 1g을, 액체일 때는 1mL를 용매에 녹여 전량을 각각 2mL 또는 5mL로 하는 비율을 뜻한다.

> 풀이 ㉮ 1억분율은 pphm, 10억분율은 ppb로 표시한다.

74 배출가스 중 폼알데하이드 및 알데하이드류를 자외선/가시선분광법 – 크로모트로핀산법으로 분석할 때 사용되는 흡수액은?

㉮ 붕산용액
㉯ 황산용액
㉰ 수산화소듐 용액
㉱ 아황산수소소듐 용액

> 풀이 ㉱ 흡수액은 아황산수소소듐 용액 (10g/L)이다.

answer 70 ㉱ 71 ㉮ 72 ㉱ 73 ㉮ 74 ㉱

75 대기오염공정기준에 의거, 환경대기 중 각 항목별 분석 방법으로 옳지 않은 것은?

㉮ 질소산화물 - 살츠만법
㉯ 옥시던트 - 광산란법
㉰ 탄화수소 - 비메탄 탄화수소 측정법
㉱ 아황산가스 - 파라로자닐린법

풀이 옥시던트의 분석방법으로는 자외선광도법, 화학발광법, 중성아이오드화포타슘법, 흡광차분광법이 있다.

76 다음은 연료용 유류 중의 황함유량을 연소관식 공기법으로 분석하는 방법이다. ( )안에 알맞은 것은?

(950~1,100)℃로 가열한 석영재질 연소관 중에 공기를 불어넣어 시료를 연소시킨다. 생성된 황산화물을 (㉠)에 흡수시켜 황산으로 만든 다음, (㉡)으로 중화적정하여 황함유량을 구한다.

㉮ ㉠ 과산화수소(3%), ㉡ 수산화칼륨표준액
㉯ ㉠ 과산화수소(3%), ㉡ 수산화소듐표준액
㉰ ㉠ 10% AgNO₃, ㉡ 수산화칼륨표준액
㉱ ㉠ 10% AgNO₃, ㉡ 수산화소듐표준액

풀이 연료용 유류 중의 황함유량 분석법
(1) 연소관식 공기법
   ① 연소온도 : (950~1,100)℃
   ② 흡수액 : 과산화수소(3%)
   ③ 적정액 : 수산화소듐표준액
(2) 방사선식 여기법
   ① 방사선 조사
   ② 형광 X선의 강도 측정

77 고용량공기시료채취기로 비산먼지를 채취하고자 한다. 측정결과가 다음과 같을 때 비산먼지의 농도는?

- 채취시간 : 24시간
- 채취개시 직후의 유량 : 1.8m³/min
- 채취종료 직전의 유량 : 1.2m³/min
- 채취 후 여과지의 질량 : 3.828g
- 채취 전 여과지의 질량 : 3.419g

㉮ 0.13mg/m³   ㉯ 0.19mg/m³
㉰ 0.25mg/m³   ㉱ 0.35mg/m³

풀이 비산먼지의 농도

$$= \frac{(채취 후 - 채취 전)mg}{\frac{(직전의 유량 + 직후의 유량)m^3/min}{2} \times 채취시간(hr) \times 60}$$

$$= \frac{(3.828 - 3.419)g \times 10^3 mg/g}{\frac{(1.2+1.8)m^3/min}{2} \times 24hr \times 60} = 0.19mg/m^3$$

78 기체-고체 크로마토그래피법에서 사용하는 흡착형 충전물과 거리가 먼 것은?

㉮ 알루미나   ㉯ 활성탄
㉰ 담체   ㉱ 실리카겔

풀이 ㉰ 담체는 기체-액체 크로마토그래피법에 사용된다.

TIP 기체-고체 크로마토그래피법에서 사용하는 흡착형 충전물로는 실리카겔, 활성탄, 알루미나, 합성제올라이트 등이 있다.

---

answer 75 ㉯   76 ㉯   77 ㉯   78 ㉰

79 A도시면적이 150km²이고 인구밀도가 4,000명/km²이며 전국 평균 인구밀도가 800명/km²일 때, 인구비례에 의한 방법으로 결정한 A도시의 환경기준 시험을 위한 시료 측정점수는? (단, A도시 면적은 지역의 가주지 면적(총면적에서 전답, 호수, 임야, 하천 등의 면적을 뺀 면적)이다.)

㉮ 30
㉯ 35
㉰ 40
㉱ 45

풀이

측정점수 = $\dfrac{\text{그 지역 가주지 면적(km}^2\text{)}}{25\text{km}^2}$

$\times \dfrac{\text{그 지역 인구밀도}}{\text{전국 평균 인구밀도}}$

$= \dfrac{150\text{km}^2}{25\text{km}^2} \times \dfrac{4,000}{800} = 30$

80 굴뚝 배출가스 중 불꽃이온화검출기에 의한 총탄화수소 측정에 관한 설명으로 옳지 않은 것은?

㉮ 결과 농도는 프로페인 또는 탄소등가농도로 환산하여 표시한다.
㉯ 배출원에서 채취된 시료는 여과지 등을 이용하며 먼지를 제거한 후 가열채취관을 통하여 불꽃이온화분석기로 유입되어 분석된다.
㉰ 반응시간은 오염물질농도의 단계변화에 따라 최종값의 50%이상에 도달하는 시간을 말한다.
㉱ 시료채취관은 스테인리스강 또는 이와 동등한 재질의 것으로 하고 굴뚝중심 부분의 10%범위 내에 위치할 정도의 길이의 것을 사용한다.

풀이 ㉰ 반응시간은 오염물질농도의 단계변화에 따라 최종값의 90%이상에 도달하는 시간을 말한다.

answer 79 ㉮ 80 ㉰

2019 4회 기출문제

| 제1과목 | 대기오염개론

01 황산화물의 각종 영향에 대한 설명으로 옳지 않은 것은?

㉮ 공기가 SO_2를 함유하면 부식성이 강하게 된다.
㉯ SO_2는 대기 중의 분진과 반응하여 황산염이 형성됨으로써 대부분의 금속을 부식시킨다.
㉰ 대기에서 형성되는 아황산 및 황산은 석회, 대리석, 시멘트 등 각종 건축 재료를 약화시킨다.
㉱ 황산화물은 대기 중 또는 금속의 표면에서 황산으로 변함으로써 부식성을 더욱 약하게 한다.

풀이 ㉱ 황산화물은 대기 중 또는 금속의 표면에서 황산으로 변함으로써 부식성을 더욱 강하게 한다.

02 다음과 같이 인체에 피해를 유발시킬 수 있는 오염물질로 가장 적합한 것은?

> 혈액 헤모글로빈의 기본요소인 포르피린고리의 형성을 방해함으로써 인체 내 헤모글로빈의 형성을 억제하여 만성빈혈이 발생할 수 있다.

㉮ 다이옥신   ㉯ 납
㉰ 망간   ㉱ 바나듐

풀이 ㉯ 납(Pb)에 대한 설명이다.

03 다음 Dobson unit에 관한 설명 중 ( )안에 알맞은 것은?

> 1Dobson은 지구 대기 중 오존의 총량을 0℃, 1기압의 표준상태에서 두께로 환산했을 때 ( )에 상당하는 양을 의미한다.

㉮ 0.01mm   ㉯ 0.1mm
㉰ 0.1cm   ㉱ 1cm

풀이 지구 대기층의 오존총량을 표준상태에서 두께로 환산했을 때 1mm는 100돕슨(Dobson)에 해당한다.
따라서 1mm : 100Dobson = $x$mm : 1Dobson
∴ x = 0.01mm

04 NO_X 중 이산화질소에 관한 설명으로 옳지 않은 것은?

㉮ 적갈색의 자극성을 가진 기체이며, NO보다 5~7배 정도 독성이 강하다.
㉯ 분자량 46, 비중은 1.59 정도이다.
㉰ 수용성이지만 NO보다는 수중 용해도가 낮으며 일명 웃음기체라고도 한다.
㉱ 부식성이 강하고, 산화력이 크며, 생리적인 독성과 자극성을 유발할 수 있다.

풀이 ㉰ 이산화질소(NO_2)는 난용성이며, 웃음기체는 아산화질소(N_2O)이다.

answer   01 ㉱   02 ㉯   03 ㉮   04 ㉰

05 오염물질이 식물에 미치는 영향에 대한 설명으로 가장 거리가 먼 것은?

㉮ 오존은 0.2ppm 정도의 농도에서 2~3시간 접촉하면 피해를 일으키며, 보통 엽록소 파괴, 동화작용 억제, 산소작용의 저해 등을 일으킨다.
㉯ 질소산화물은 엽록소가 갈색으로 되어 잎의 내부에 갈색 또는 흑갈색의 반점이 생기며 담배, 해바라기, 진달래 등은 이산화질소에 대한 식물의 감수성이 약한 편이다.
㉰ 양배추, 클로버, 상추 등은 에틸렌가스에 대해 저항성 식물이다.
㉱ 보리, 목화 등은 아황산가스에 대해 저항성이 강한 식물이며, 까치밤나무, 쥐당나무 등은 저항성이 약한 식물에 해당한다.

풀이 ㉱ 보리, 목화 등은 아황산가스에 대해 저항성이 약한 식물이며, 까치밤나무, 쥐당나무 등은 저항성이 강한 식물에 해당한다.

06 역전에 관한 설명으로 옳지 않은 것은?

㉮ 복사역전층은 보통 가을로부터 봄에 걸쳐서 날씨가 좋고, 바람이 약하며, 습도가 적을 때 자정 이후 아침까지 잘 발생한다.
㉯ 침강역전은 고기압 중심부분에서 기층이 서서히 침강하면서 기온이 단열변화로 승온되어 발생하는 현상이다.
㉰ 전선역전층은 빠른 속도로 움직이는 경향이 있어서 오염문제에 심각한 영향을 주지는 않는 편이다.
㉱ 해풍역전은 정체성 역전으로서 보통 오염물질을 오랫동안 정체시킨다.

풀이 ㉱ 해풍역전은 육지위에 있는 따뜻한 기층 바로 아래로 한랭한 해풍이 불어와 형성된 역전이다.

07 산란에 관한 설명으로 옳지 않은 것은?

㉮ Rayleigh는 "맑은 하늘 또는 저녁노을은 공기 분자에 의한 빛의 산란에 의한 것"이라는 것을 발견하였다.
㉯ 빛을 입자가 들어있는 어두운 상자 안으로 도입시킬 때 산란광이 나타나며 이것을 틴달빛(光)이라고 한다.
㉰ Mie산란의 결과는 입사빛의 파장에 대하여 입자가 대단히 작은 경우에만 적용되는 반면, Rayleigh의 결과는 모든 입경에 대하여 적용된다.
㉱ 입자에 빛이 조사될 때 산란의 경우, 동일한 파장의 빛이 여러 방향으로 다른 강도로 산란되는 반면, 흡수의 경우는 빛에너지가 열, 화학반응의 에너지로 변환된다.

풀이 ㉰ Mie산란의 결과는 입자의 크기가 빛의 파장과 거의 같거나 큰 경우에 적용되는 반면, Rayleigh의 결과는 입자의 크기가 빛의 파장보다 대단히 작은 경우에 적용된다.

08 먼지의 농도가 $0.075mg/m^3$ 인 지역의 상대습도가 70%일 때, 가시거리는? (단, 계수 = 1.2로 가정)

㉮ 4km ㉯ 16km
㉰ 30km ㉱ 42km

풀이 $V = \dfrac{10^3 \times A}{G}$

여기서
V : 가시거리(km)
A : 상수
G : 농도($\mu g/m^3$)

따라서 $V = \dfrac{10^3 \times 1.2}{0.075 \times 10^3 \mu g/m^3}$
$= 16km$

answer 05 ㉱ 06 ㉱ 07 ㉰ 08 ㉯

09 다음 대기오염물질 중 바닷물의 물보라 등이 배출원이며, 1차 오염물질에 해당하는 것은?

㉮ N_2O_3 ㉯ 알데하이드
㉰ HCN ㉱ NaCl

풀이 바닷물의 물보라 등이 배출원이면서 1차 오염물질은 염화나트륨(NaCl)이다.

10 Fick의 확산방정식을 실제 대기에 적용시키기 위해 세우는 추가적인 가정으로 거리가 먼 것은?

㉮ $\dfrac{dC}{dt} = 0$ 이다.
㉯ 바람에 의한 오염물의 주이동 방향은 X축으로 한다.
㉰ 오염물질의 농도는 비점오염원에서 간헐적으로 배출된다.
㉱ 풍속은 x, y, z 좌표 내의 어느 점에서든 일정하다.

풀이 ㉰ 오염물질의 농도는 점오염원으로부터 계속적으로 배출된다.

11 역사적인 대기오염사건에 관한 설명으로 옳은 것은?

㉮ 포자리카 사건은 MIC에 의한 피해이다.
㉯ 런던스모그 사건은 복사역전 형태였다.
㉰ 뮤즈계곡 사건은 PAN이 주된 오염물질로 작용했다.
㉱ 도쿄 요코하마 사건은 PCB가 주된 오염물질로 작용했다.

풀이 ㉮ 포자리카 사건은 황화수소(H_2S)에 의한 피해이다.
㉰ 뮤즈계곡 사건은 아황산가스(SO_2)가 주된 오염물질로 작용했다.
㉱ 도쿄 요코하마 사건은 황산화물(SO_X)이 주된 오염물질로 작용했다.

12 최대혼합고도가 500m일 때 오염농도는 4ppm이었다. 오염농도가 500ppm일 때 최대혼합고도는 얼마인가?

㉮ 50m ㉯ 100m
㉰ 200m ㉱ 250m

풀이 실제오염농도(ppm)
$= $ 예상오염농도(ppm) $\times \left(\dfrac{\text{예상최대혼합고}}{\text{실제최대혼합고}}\right)^3$

$4\text{ppm} = 500\text{ppm} \times \left(\dfrac{\text{Hm}}{500\text{m}}\right)^3$

따라서 H = 100m

13 도시 대기오염물질 중 태양빛을 흡수하는 기체 중의 하나로서 파장 420nm 이상의 가시광선에 의해 광분해되는 물질로 대기 중 체류시간이 약 2~5일 정도인 것은?

㉮ SO_2 ㉯ NO_2
㉰ CO_2 ㉱ RCHO

풀이 ㉯ 이산화질소(NO_2)에 대한 설명이다.

TIP 보기 중에서 답을 찾는 포인트는 광분해반응을 하는 물질을 찾는 것이다.

answer 09 ㉱ 10 ㉰ 11 ㉯ 12 ㉯ 13 ㉯

14 가우시안 모델의 대기오염 확산방정식을 적용할 때 지면에 있는 오염원으로부터 바람이 부는 방향으로 200m 떨어진 연기의 중심축상 지상 오염농도(mg/m³)는? (단, 오염물질의 배출량은 6g/s, 풍속은 3.5m/s, σ_y, σ_z는 각각 22.5m, 12m이다.)

㉮ 0.96　　㉯ 1.41
㉰ 2.02　　㉱ 2.46

풀이
$$C = \frac{Q}{\pi \cdot U \cdot \sigma_y \cdot \sigma_z}$$
$$= \frac{6\,\text{g/sec} \times 10^3\,\text{mg/g}}{\pi \times 22.5\,\text{m} \times 12\,\text{m} \times 3.5\,\text{m/sec}}$$
$$= 2.02\,\text{mg/m}^3$$

TIP
$$C = \frac{Q}{\pi \cdot U \cdot \sigma_y \cdot \sigma_z} \exp\left[-\frac{1}{2}\left(\frac{He}{\sigma_z}\right)^2\right]$$
조건에서 He = 0이면 $C = \frac{Q}{\pi \cdot U \cdot \sigma_y \cdot \sigma_z}$ 가 된다.
여기서 C : 농도(mg/m³)
Q : 오염물질 배출량(mg/sec)
σ_y : 수평방향의 표준편차(m)
σ_z : 수직방향의 표준편차(m)
U : 풍속(m/sec)
He : 유효굴뚝높이(m)

15 수용모델의 분석법에 관한 설명으로 옳지 않은 것은?

㉮ 광학현미경법은 입경이 0.01μm 보다 큰 입자만을 대상으로 먼지의 형상, 모양 및 색깔별로 오염원을 구별할 수 있고, 미숙련 경험자도 쉽게 분석 가능하다.
㉯ 전자주사현미경은 광학현미경보다 작은 입자를 측정할 수 있고, 정성적으로 먼지의 오염원을 확인할 수 있다.
㉰ 시계열분석법은 대기오염 제어의 기능을 평가하고 특정 오염원의 경향을 추적할 수 있으며, 타 방법을 통해 제시된 오염원을 확인하는 데 매우 유용한 정성적 분석법이다.
㉱ 공간계열법은 시료채취기간 중 오염배출속도 및 기상학 등에 크게 의존하여 분산모델과 큰 연관성을 갖는다.

풀이 ㉮ 광학현미경법은 입경이 1μm보다 큰 입자만을 대상으로 먼지의 형상, 모양 및 색깔별로 오염원을 구별할 수 있고, 숙련된 경험자만이 분석할 수 있다.

16 오존에 관한 설명으로 옳지 않은 것은?
(단, 대류권 내 오존 기준)

㉮ 보통 지표오존의 배경농도는 1~2ppm 범위이다.
㉯ 오존은 태양빛, 자동차 배출원인 질소산화물과 휘발성 유기화합물 등에 의해 일어나는 복잡한 광화학반응으로 생성된다.
㉰ 오염된 대기 중 오존농도에 영향을 주는 것은 태양빛의 강도, NO_2/NO의 비, 반응성 탄화수소농도 등이다.
㉱ 국지적인 광화학스모그로 생성된 Oxidant의 지표물질이다.

풀이 ㉮ 보통 지표오존의 배경농도는 0.01~0.02ppm 범위이다.

17 대기오염가스를 배출하는 굴뚝의 유효고도가 87m에서 100m로 높아졌다면 굴뚝의 풍하측 지상 최대 오염농도는 87m일 때의 것과 비교하면 몇 %가 되겠는가? (단, 기타 조건은 일정)

㉮ 47%　　㉯ 62%
㉰ 76%　　㉱ 88%

answer 14 ㉰　15 ㉮　16 ㉮　17 ㉰

풀이 지상최대오염농도(C_{max}) = $\dfrac{1}{He^2}$

따라서, 지상최대오염농도(%) = $\dfrac{\dfrac{1}{(100m)^2}}{\dfrac{1}{(87m)^2}} \times 100$
= 75.69%

18 다음 중 2차 대기오염물질에 해당하지 않는 것은?

㉮ SO_3 ㉯ H_2SO_4
㉰ NO_2 ㉱ CO_2

풀이 ㉱ 이산화탄소(CO_2)는 1차성 물질이다.

19 다음 특정물질 중 오존 파괴지수가 가장 큰 것은?

㉮ Halon-1211   ㉯ Halon-1301
㉰ CCl_4 ㉱ HCFC-22

풀이 오존층 파괴지수
㉮ Halon-1211 : 3.0
㉯ Halon-1301 : 10.0
㉰ CCl_4 : 1.1
㉱ HCFC-22 : 0.055

20 벤젠에 관한 설명으로 옳지 않은 것은?

㉮ 체내에 흡수된 벤젠은 지방이 풍부한 피하조직과 골수에서 고농도로 축적되어 오래 잔존할 수 있다.
㉯ 체내에서 마뇨산(hippuric acid)으로 대사하여 소변으로 배설된다.
㉰ 비점은 약 80℃ 정도이고, 체내 흡수는 대부분 호흡기를 통하여 이루어진다.
㉱ 벤젠 폭로에 의해 발생되는 백혈병은 주로 급성 골수아성 백혈병(acute myeloblastic leukemia)이다.

풀이 ㉯ 체내 흡수는 대부분 호흡기를 통하여 이루어진다.

| 제2과목 | 연소공학

21 화격자 연소로에서 석탄을 연소시킬 경우 화염이동속도에 대한 설명으로 옳지 않은 것은?

㉮ 입경이 작을수록 화염이동속도는 커진다.
㉯ 발열량이 높을수록 화염이동속도는 커진다.
㉰ 공기온도가 높을수록 화염이동속도는 커진다.
㉱ 석탄화도가 높을수록 화염이동속도는 커진다.

풀이 ㉱ 석탄화도가 높을수록 화염이동속도는 작아진다.

22 연료의 특성에 대한 설명 중 옳은 것은?

㉮ 석탄의 비중은 탄화도가 진행될수록 작아진다.
㉯ 중유의 비중이 클수록 유동점과 잔류탄소는 감소한다.
㉰ 중유 중 잔류탄소의 함량이 많아지면 점도가 낮아진다.
㉱ 메탄은 프로판에 비해 이론공기량이 적다.

풀이 ㉮ 석탄의 비중은 탄화도가 진행될수록 커진다.
㉯ 중유의 비중이 클수록 유동점과 잔류탄소는 증가한다.
㉰ 중유 중 잔류탄소의 함량이 많아지면 점도가 높아진다.

answer 18 ㉱   19 ㉯   20 ㉯   21 ㉱   22 ㉱

23 정상연소에서 연소속도를 지배하는 요인으로 가장 적합한 것은?

㉮ 연료 중의 불순물 함유량
㉯ 연료 중의 고정탄소량
㉰ 공기 중의 산소의 확산속도
㉱ 배출가스 중의 N_2 농도

풀이 정상연소에서 연소속도를 지배하는 요인은 공기 중의 산소의 확산속도이다.

24 휘발유, 등유, 알코올, 벤젠 등 액체연료의 연소방식에 해당하는 것은?

㉮ 자기연소 ㉯ 확산연소
㉰ 증발연소 ㉱ 표면연소

풀이 휘발유, 등유, 알코올, 벤젠 등 액체연료의 연소방식은 증발연소이다.

25 다음은 연료의 분류에 관한 설명이다. ( )안에 들어갈 가장 적합한 것은?

( )는 가솔린과 유사하거나 또는 약간 높은 끓는점 범위의 유분으로 240℃에서 96% 이상이 증류되는 성분을 말하며, 옥탄가가 낮아 직접적으로 내연기관의 연료로 사용될 수 없기 때문에 가솔린에 혼합하거나 석유화학 원료용으로 주로 사용된다.

㉮ 나프타 ㉯ 등유
㉰ 경유   ㉱ 중유

풀이 ㉮ 나프타에 대한 설명이다.

26 중유조성이 탄소 87%, 수소 11%, 황 2%이었다면 이 중유연소에 필요한 이론 습연소가스량(Sm^3/kg)은?

㉮ 9.63   ㉯ 11.35
㉰ 13.63 ㉱ 15.62

풀이 ① 이론공기량(A_o)
= $8.89C+26.67\left(H-\dfrac{O}{8}\right)+3.33S(Sm^3/kg)$
= $8.89×0.87+26.67×0.11+3.33×0.02$
= $10.7346 Sm^3/kg$
② 이론 습연소가스량(G_{ow})
= $A_o+5.6H+0.7O+0.8N+1.244W(Sm^3/kg)$
= $10.7346Sm^3/kg+5.6×0.11$
= $11.35 Sm^3/kg$

27 목재, 석탄, 타르 등 연소초기에 가연성 가스가 생성되고 긴 화염이 발생되는 연소의 형태는?

㉮ 표면연소 ㉯ 분해연소
㉰ 증발연소 ㉱ 확산연소

풀이 ㉯ 분해연소에 대한 설명이다.

28 분무연소기의 자동제어 방법인 시퀀스제어(순차제어, sequential control)에 관한 설명으로 가장 거리가 먼 것은?

㉮ 안전장치가 따로 필요 없다.
㉯ 분무연소기의 자동점화, 자동소화, 연소량 자동제어 등이 행해진다.
㉰ 화염이 꺼진 경우 화염검출기가 소화를 검출하고, 점화플러그를 다시 작동시킨다.
㉱ 지진에 의해서 감지기가 작동하면 연료 개폐 밸브가 닫힌다.

풀이 ㉮ 안전장치가 따로 필요하다.

answer 23 ㉰ 24 ㉰ 25 ㉮ 26 ㉯ 27 ㉯ 28 ㉮

29 유동층 연소에 관한 설명으로 거리가 먼 것은?

㉮ 사용연료의 입도범위가 넓기 때문에 연료를 미분쇄 할 필요가 없다.
㉯ 비교적 고온에서 연소가 행해지므로 열생성 NO_x가 많고, 전열관의 부식이 문제가 된다.
㉰ 연료의 층내 체류시간이 길어 저발열량의 석탄도 완전연소가 가능하다.
㉱ 유동매체에 석회석 등의 탈황제를 사용하여 로내 탈황도 가능하다.

▶ 풀이 ㉯ 다른 연소법에 비해 열생성 NO_x의 발생이 적고, 전열관 부식의 문제가 없다.

30 COM(coal oil mixture, 혼탄유) 연소에 관한 설명으로 옳지 않은 것은?

㉮ COM은 주로 석탄과 중유의 혼합연료이다.
㉯ 연소실내 체류시간의 부족, 분사변의 폐쇄와 마모 등 주의가 요구된다.
㉰ 재의 처리가 용이하고, 중유 전용 보일러의 연료로서 개조 없이 COM을 효율적으로 이용할 수 있다.
㉱ 중유보다 미립화 특성이 양호하다.

▶ 풀이 ㉰ 재의 처리가 용이하지 못하고, 중유 전용 보일러의 연료로서 개조 없이 COM을 효율적으로 이용할 수 없다.

31 옥탄가에 대한 설명으로 옳지 않은 것은?

㉮ n-Paraffine에서는 탄소수가 증가할수록 옥탄가는 저하하여 C_7에서 옥탄가는 0이다.
㉯ 방향족 탄화수소의 경우 벤젠고리의 측쇄가 C_3까지는 옥탄가가 증가하지만 그 이상이면 감소한다.
㉰ Naphthene계는 방향족 탄화수소보다는 옥탄가가 작지만 n-Paraffine계보다는 큰 옥탄가를 가진다.
㉱ iso-Paraffine에서는 methyl 가지가 적을수록, 중앙에 집중하지 않고 분산될수록 옥탄가가 증가한다.

▶ 풀이 ㉱ iso-Paraffine에서는 methyl 가지가 적을수록, 중앙에 집중하지 않고 분산될수록 옥탄가가 감소한다.

32 내용적 $160m^3$의 밀폐된 실내에서 2.23kg의 부탄을 완전연소 할 때, 실내에서의 산소농도(V/V, %)는? (단, 표준상태, 기타 조건은 무시하며, 공기 중 용적산소비율은 21%)

㉮ 15.6%   ㉯ 17.5%
㉰ 19.4%   ㉱ 20.8%

▶ 풀이 ① 부탄(C_4H_{10}) 연소시 소모되는 산소량
$C_4H_{10} + 6.5O_2 \rightarrow 4CO_2 + 5H_2O$
58kg : $6.5 \times 22.4m^3$
2.23kg : X
∴ X = $5.60m^3$
② 실내에 있는 산소량 = $160m^3 \times 0.21 = 33.6m^3$
③ 남아있는 산소량
= 실내에 있는 산소량 - 부탄 연소시 소모된 산소량
= $33.6m^3 - 5.60m^3 = 28m^3$
④ 실내의 산소농도(%) = $\dfrac{28m^3}{160m^3} \times 100 = 17.5\%$

answer 29 ㉯ 30 ㉰ 31 ㉱ 32 ㉯

33 연소가스 분석결과 CO_2는 17.5%, O_2는 7.5% 일 때 $(CO_2)max(\%)$는?

㉮ 19.6 ㉯ 21.6
㉰ 27.2 ㉱ 34.8

풀이 $CO_2max(\%) = \dfrac{21 \times CO_2\%}{21-O_2\%} = \dfrac{21 \times 17.5\%}{21-7.5\%}$
$= 27.22\%$

34 액체연료의 연소용 버너 중 유량의 조절 범위가 일반적으로 가장 큰 것은?

㉮ 저압기류분무식 버너
㉯ 회전식 버너
㉰ 고압기류분무식 버너
㉱ 유압분무식 버너

풀이 유량 조절범위
㉮ 저압기류분무식 버너 1 : 5
㉯ 회전식 버너 1 : 5
㉰ 고압기류분무식 버너 1 : 10
㉱ 유압분무식 버너 1 : 3

35 다음 중 그을음이 잘 발생하기 쉬운 연료 순으로 나열한 것은? (단, 쉬운 연료 > 어려운 연료)

㉮ 타르 > 중유 > 석탄가스 > LPG
㉯ 석탄가스 > LPG > 타르 > 중유
㉰ 중유 > LPG > 석탄가스 > 타르
㉱ 중유 > 타르 > LPG > 석탄가스

풀이 그을음이 잘 발생하기 쉬운 연료는 불완전연소가 되는 저질연료이므로 타르 > 중유 > 석탄가스 > LPG 순서가 된다.

36 미분탄 연소의 특징으로 거리가 먼 것은?

㉮ 스토커 연소에 비해 작은 공기비로 완전연소가 가능하다.
㉯ 사용연료의 범위가 넓고, 스토커 연소에 적합하지 않은 점결탄과 저발열량탄 등도 사용가능하다.
㉰ 부하변동에 쉽게 적용할 수 있다.
㉱ 설비비와 유지비가 적게 들고, 재비산의 염려가 없으며, 별도 설비가 불필요하다.

풀이 ㉱ 설비비와 유지비가 많이 들고, 재비산의 염려가 있으며, 별도 설비(집진장치)가 필요하다.

37 고압기류분무식 버너에 관한 설명으로 옳지 않은 것은?

㉮ $2 \sim 8 kg/cm^2$의 고압공기를 사용하여 연료유를 분무화 시키는 방식이다.
㉯ 분무각도는 30° 정도, 유량조절비는 1 : 10 정도이다.
㉰ 분무에 필요한 1차 공기량은 이론공기량의 80~90% 범위이다.
㉱ 연료유의 점도가 커도 분무화가 용이하나 연소 시 소음이 큰 편이다.

풀이 ㉰ 분무에 필요한 1차 공기량은 이론공기량의 7~12% 범위이다.

answer 33 ㉰ 34 ㉰ 35 ㉮ 36 ㉱ 37 ㉰

38 가연한계에 대한 설명으로 옳지 않은 것은?

㉮ 일반적으로 가연한계는 산화제 중의 산소분율이 커지면 넓어진다.
㉯ 파라핀계 탄화수소의 가연범위는 비교적 좁다.
㉰ 기체연료는 압력이 증가할수록 가연한계가 넓어지는 경향이 있다.
㉱ 혼합기체의 온도를 높게 하면 가연범위는 좁아진다.

[풀이] ㉱ 혼합기체의 온도를 높게 하면 가연범위는 넓어진다.

39 저 NOx 연소기술 중 배가스 순환기술에 관한 설명으로 거리가 먼 것은?

㉮ 일반적으로 배가스 재순환비율은 연소공기 대비 10~20%에서 운전된다.
㉯ 희석에 의한 산소농도 저감효과보다는 화염온도 저하효과가 작기 때문에, 연료 NOx보다는 고온 NOx 억제효과가 적다.
㉰ 장점으로 대부분의 다른 연소제어기술과 병행해서 사용할 수 있다.
㉱ 저 NOx 버너와 같이 사용하는 경우가 많다.

[풀이] ㉯ 희석에 의한 산소농도 저감효과보다는 화염온도 저하효과가 크기 때문에, 연료 NOx보다는 고온 NOx 억제효과가 높다.

40 착화점이 낮아지는 조건으로 거리가 먼 것은?

㉮ 산소의 농도는 낮을수록
㉯ 반응활성도는 클수록
㉰ 분자의 구조는 복잡할수록
㉱ 발열량은 높을수록

[풀이] ㉮ 산소의 농도는 높을수록

| 제3과목 | 대기오염방지기술

41 악취물질의 성질과 발생원에 관한 설명으로 가장 거리가 먼 것은?

㉮ 에틸아민($C_2H_5NH_2$)은 암모니아취 물질로 수산가공, 약품제조 시에 발생한다.
㉯ 메틸머캅탄(CH_3SH)은 부패양파취 물질로 석유정제, 가스제조, 약품제조 시에 발생한다.
㉰ 황화수소(H_2S)는 썩은 계란취 불실로 석유정제, 약품제조 시에 발생한다.
㉱ 아크로레인(CH_2CHCHO)은 생선취 물질로 하수처리장, 축산업에서 발생한다.

[풀이] ㉱ 아크로레인(CH_2CHCHO)은 불쾌한 냄새가 나며 호흡기에 심한 자극성 물질로 석유화학, 글리세롤제조, 의약품 제조시에 발생한다.

answer 38 ㉱ 39 ㉯ 40 ㉮ 41 ㉱

42 각 집진장치의 특징에 관한 설명으로 옳지 않은 것은?

㉮ 여과집진장치에서 여포는 가스온도가 350℃를 넘지 않도록 하여야 하며, 고온가스를 냉각시킬 때에는 산노점 이하로 유지해야 한다.
㉯ 전기집진장치는 낮은 압력손실로 대량의 가스처리에 적합하다.
㉰ 제트스크러버는 처리가스량이 많은 경우에는 잘 쓰지 않는 경향이 있다.
㉱ 중력집진장치는 설치면적이 크고 효율이 낮아 전처리설비로 주로 이용되고 있다.

풀이 ㉮ 여과집진장치에서 여포는 가스온도가 250℃를 넘지 않도록 하여야 하며, 고온가스를 냉각시킬 때에는 산노점 이상로 유지해야 한다.

43 배출가스 중 먼지농도가 3,200mg/Sm³인 먼지처리를 위해 집진율이 각각 60%, 70%, 75%인 중력집진장치, 원심력집진장치, 세정집진장치를 직렬로 연결해서 사용해 왔다. 여기에 집진장치 하나를 추가로 직렬연결 하여 최종 배출구 먼지농도를 20mg/Sm³ 이하로 줄이려면, 추가 집진장치의 집진율은 최소 몇 %가 되어야 하는가?

㉮ 약 79.2%   ㉯ 약 85.6%
㉰ 약 89.6%   ㉱ 약 92.4%

풀이 집진율(%) = $\left(1 - \dfrac{\text{배출농도}}{\text{유입농도}}\right) \times 100$
= $\left(1 - \dfrac{20\text{mg/Sm}^3}{3,200\text{mg/Sm}^3 \times (1-0.60) \times (1-0.70) \times (1-0.75)}\right) \times 100$
= 79.17%

44 복합 국소배기장치에서 댐퍼조절평형법(또는 저항조절평형법)의 특징으로 옳지 않은 것은?

㉮ 오염물질 배출원이 많아 여러 개의 가지덕트를 주덕트에 연결할 필요가 있는 경우 사용한다.
㉯ 덕트의 압력손실이 큰 경우 주로 사용한다.
㉰ 작업 공정에 따른 덕트의 위치 변경이 가능하다.
㉱ 설치 후 송풍량 조절이 불가능하다.

풀이 ㉱ 설치 후 송풍량 조절이 가능하다.

45 유해가스 처리를 위한 흡수액의 구비조건으로 거리가 먼 것은?

㉮ 용해도가 커야 한다.
㉯ 휘발성이 적어야 한다.
㉰ 점성이 커야 한다.
㉱ 용매의 화학적 성질과 비슷해야 한다.

풀이 ㉰ 점성이 작아야 한다.

46 탈황과 탈질 동시제어 공정으로 거리가 먼 것은?

㉮ SCR공정   ㉯ 전자빔공정
㉰ NOXSO공정   ㉱ 산화구리공정

풀이 ㉮ SCR공정은 선택적 촉매접촉환원법으로 질소산화물(NO_X)을 처리하는 방법이다.

answer 42 ㉮ 43 ㉮ 44 ㉱ 45 ㉰ 46 ㉮

47 선택적 촉매환원법과 선택적 비촉매환원법으로 주로 제거하는 오염물질은?

㉮ 휘발성유기화합물
㉯ 질소산화물
㉰ 황산화물
㉱ 악취물질

▶풀이 선택적 촉매환원법(SCR)과 선택적 비촉매환원법(NCR)은 질소산화물(NO_X)을 제거하는 방법이다.

48 벤츄리 스크러버 적용 시 액가스비를 크게 하는 요인으로 옳지 않은 것은?

㉮ 먼지의 친수성이 클 때
㉯ 먼지의 입경이 작을 때
㉰ 처리가스의 온도가 높을 때
㉱ 먼지의 농도가 높을 때

▶풀이 ㉮ 먼지의 친수성이 작을 때

49 사이클론에서 가스 유입속도를 2배로 증가시키고, 입구폭을 4배로 늘리면 50% 효율로 집진되는 입자의 직경, 즉 Lapple의 절단입경(d_{p50})은 처음에 비해 어떻게 변화되겠는가?

㉮ 처음의 2배
㉯ 처음의 $\sqrt{2}$ 배
㉰ 처음의 $\frac{1}{2}$ 배
㉱ 처음의 $\frac{1}{\sqrt{2}}$ 배

▶풀이 $d_{p50} = \left(\frac{9 \times \mu \times B}{2 \times \pi \times V \times (\rho_s - \rho) \times N}\right)^{\frac{1}{2}} \times 10^6 (\mu m)$

따라서 $d_{p50} = \sqrt{\frac{B}{V}} = \sqrt{\frac{4B}{2V}} = \sqrt{2}$ 배

50 벤츄리 스크러버에 관한 설명으로 가장 적합한 것은?

㉮ 먼지부하 및 가스유동에 민감하다.
㉯ 집진율이 낮고 설치 소요면적이 크며, 가압수식 중 압력손실은 매우 크다.
㉰ 액가스비가 커서 소량의 세정액이 요구된다.
㉱ 점착성, 조해성 먼지처리 시 노즐 막힘 현상이 현저하여 처리가 어렵다.

▶풀이 ㉯ 집진율이 높고 설치 소요면적이 작으며, 가압수식 중 압력손실은 가장 크다.
㉰ 액가스비가 작고, 대량의 세정액이 요구된다.
㉱ 점착성, 조해성 먼지처리 시 노즐 막힘 현상이 낮아 처리가 용이하다.

51 전기집진장치의 장해현상 중 2차 전류가 현저하게 떨어질 때의 원인 또는 대책에 관한 설명으로 거리가 먼 것은?

㉮ 분진의 농도가 너무 높을 때 발생한다.
㉯ 대책으로는 스파크의 횟수를 늘리는 방법이 있다.
㉰ 대책으로는 조습용 스프레이의 수량을 늘리는 방법이 있다.
㉱ 분진의 비저항이 비정상적으로 낮을 때 발생하며, CO를 주입시킨다.

▶풀이 ㉱ 분진의 비저항이 비정상적으로 높을 때 발생하며, SO_2를 주입시킨다.

answer 47 ㉯ 48 ㉮ 49 ㉯ 50 ㉮ 51 ㉱

52 유해물질을 함유하는 가스와 그 제거장치의 조합으로 거리가 먼 것은?

㉮ 시안화수소 함유 가스 - 물에 의한 세정
㉯ 사불화규소 함유 가스 - 충전탑
㉰ 벤젠 함유 가스 - 촉매연소법
㉱ 삼산화인 함유 가스 - 표면적이 충분히 넓은 충전물을 채운 흡수탑 안에서 알칼리성 용액에 의한 흡수제거

풀이 ㉯ 사불화규소 함유 가스 - 분무탑이나 제트스크러버

53 흡수탑의 충전물에 요구되는 사항으로 거리가 먼 것은?

㉮ 단위 부피 내의 표면적이 클 것
㉯ 간격의 단면적이 클 것
㉰ 단위 부피의 무게가 가벼울 것
㉱ 가스 및 액체에 대하여 내식성이 없을 것

풀이 ㉱ 가스 및 액체에 대하여 내식성이 있을 것

54 석유정제 시 배출되는 H_2S의 제거에 사용되는 세정제는?

㉮ 암모니아수
㉯ 사염화탄소
㉰ 다이에탄올아민 용액
㉱ 수산화칼슘 용액

풀이 황화수소(H_2S)의 제거에 사용되는 세정제는 수산화칼슘[$Ca(OH)_2$] 용액을 사용한다.

55 후드 설계 시 고려사항으로 옳지 않은 것은?

㉮ 잉여공기의 흡입을 적게 하고 충분한 포착속도를 가지기 위해 가능한 한 후드를 발생원에 근접시킨다.
㉯ 분진을 발생시키는 부분을 중심으로 국부적으로 처리하는 로컬 후드방식을 취한다.
㉰ 후드 개구면의 중앙부를 열어 흡입풍량을 최대한으로 늘리고, 포착속도를 최소한으로 작게 유지한다.
㉱ 실내외 기류, 발생원과 후드 사이의 장애물 등에 의한 영향을 고려하여 필요에 따라 에어커튼을 이용한다.

풀이 ㉰ 후드 개구면의 중앙부를 닫아 흡입풍량을 최소한으로 줄이고, 포착속도를 최대한으로 크게 유지한다.

56 다음 입경측정법에 해당하는 것은?

> 주로 1μm 이상인 먼지의 입경 측정에 이용되고, 그 측정 장치로는 앤더슨 피펫, 침강천칭, 광투과장치 등이 있다.

㉮ 표준체 측정법 ㉯ 관성충돌법
㉰ 공기투과법   ㉱ 액상 침강법

풀이 ㉱ 액상 침강법에 대한 설명이다.

---

answer 52 ㉯ 53 ㉱ 54 ㉱ 55 ㉰ 56 ㉱

57 배출가스 내의 황산화물 처리방법 중 건식법의 특징으로 가장 거리가 먼 것은?
(단, 습식법과 비교)

㉮ 장치의 규모가 큰 편이다.
㉯ 반응효율이 높은 편이다.
㉰ 배출가스의 온도 저하가 거의 없는 편이다.
㉱ 연돌에 의한 배출가스의 확산이 양호한 편이다.

풀이 ㉯ 반응효율이 낮은 편이다.

58 입자상 물질과 NOx 저감을 위한 디젤엔진 연료분사시스템의 적용기술로 가장 거리가 먼 것은?

㉮ 분사압력 저압화
㉯ 분사압력 최적제어
㉰ 분사율 제어
㉱ 분사시기 제어

풀이 ㉮ 분사압력 고압화

59 펄스젯 여과집진기에서 압축공기량 조절장치와 가장 관련이 깊은 것은?

㉮ 확산관(diffuser tube)
㉯ 백케이지(bag cage)
㉰ 스크레이퍼(scraper)
㉱ 방전극(discharge electrode)

풀이 ㉮ 확산관(diffuser tube)는 펄스젯 여과집진기의 경우 여과포 상단에서 압축공기를 불어넣어 여과포 외피에 부착된 먼지를 제거하게 된다. 그러나 압축공기의 힘이 여과포 하단까지 도달하려면 여과포를 통과하여 외부로 빠지는 압축공기량을 조절하여 주는 장치를 말한다.

60 밀도 $0.8g/cm^3$인 유체의 동점도가 3Stokes이라면 절대점도는?

㉮ 2.4poise
㉯ 2.4centi poise
㉰ 2400poise
㉱ 2400centi poise

풀이 절대점도(g/cm·sec) = 밀도×동점도
= $0.8g/cm^3 \times 3cm^2/sec$
= 2.4g/cm·sec

TIP
① Poise = g/cm·sec
② Centi Poise $\xrightarrow{\times 10^{-2}}$ Poise
③ Stokes = cm^2/sec
④ 동점도(cm^2/sec) = $\dfrac{점성계수(g/cm \cdot sec)}{밀도(g/cm^3)}$

| 제4과목 | 대기오염공정시험기준

61 흡광차분광법(DOAS)의 원리와 적용범위에 관한 설명으로 거리가 먼 것은?

㉮ 50m~1,000m 정도 떨어진 곳의 빛의 이동경로 (Path)를 통과하는 가스를 실시간으로 분석할 수 있다.
㉯ 이산화황, 질소산화물, 오존 등의 대기오염물질 분석에 적용할 수 있다.
㉰ 측정에 필요한 광원은 180~380nm 파장을 갖는 자외선램프를 사용한다.
㉱ 흡광광도법의 기본 원리인 Beer-Lambert 법칙을 응용하여 분석한다.

풀이 ㉰ 측정에 필요한 광원은 180nm~2,850nm 파장을 갖는 제논램프를 사용한다.

answer 57 ㉯ 58 ㉮ 59 ㉮ 60 ㉮ 61 ㉰

62 환경대기 중의 옥시던트 측정법에 사용되는 용어의 설명으로 옳지 않은 것은?

㉮ 옥시던트는 전옥시던트, 광화학 옥시던트, 오존 등의 산화성물질의 총칭을 말한다.
㉯ 전옥시던트는 중성아이오드화포타슘 용액에 의해 아이오드를 유리시키는 물질을 총칭한다.
㉰ 광화학옥시던트는 전옥시던트에서 오존을 제외한 물질이다.
㉱ 제로가스는 측정기의 영점을 교정하는데 사용하는 교정용 가스이다.

풀이 ㉰ 광화학옥시던트는 전옥시던트에서 이산화질소를 제외한 물질이다.

63 자기분광광전도계를 사용하여 과망간산포타슘 용액(20~60mg/L)의 흡수곡선을 작성할 경우 다음 중 흡광도 값이 최대가 나오는 파장의 범위는?

㉮ (350~400)nm ㉯ (400~450)nm
㉰ (500~550)nm ㉱ (600~650)nm

풀이 자기분광광전도계를 사용하여 과망간산포타슘 용액(20~60mg/L)의 흡수곡선을 작성할 경우 흡광도 값이 최대가 나오는 파장의 범위는 (500~550)nm이다.

64 메틸렌블루법은 배출가스 중 어떤 물질을 측정하기 위한 방법인가?

㉮ 황화수소
㉯ 플루오린화수소
㉰ 염화수소
㉱ 사이안화수소

풀이 메틸렌블루법(자외선/가시선 분광법)은 황화수소(H_2S)를 측정하는 방법이다.

65 원형굴뚝의 직경이 4.3m이었다. 굴뚝 배출가스 중의 먼지 측정을 위한 측정점수는 몇 개로 하여야 하는가?

㉮ 12 ㉯ 16
㉰ 20 ㉱ 24

풀이 직경이 4.3m이므로 반경구분수 4, 측정점수 16이다.

TIP

굴뚝직경(m)	반경구분수	측정점수
1 이하	1	4
1 초과 2 이하	2	8
2 초과 4 이하	3	12
4 초과 4.5 이하	4	16
4.5 초과	5	20

66 이온크로마토그래피에서 사용되는 써프렛서에 관한 설명으로 옳지 않은 것은?

㉮ 관형과 이온교환막형이 있다.
㉯ 용리액으로 사용되는 전해질 성분을 분리검출하기 위하여 분리관 앞에 병렬로 접속시킨다.
㉰ 관형 써프렛서 중 음이온에는 스티롤계 강산형(H^+)수지가 충진된 것을 사용한다.
㉱ 전해질을 물 또는 저전도도의 용매로 바꿔줌으로써 전기 전도도 셀에서 목적이온 성분과 전기 전도도만을 고감도로 검출할 수 있게 해준다.

풀이 ㉯ 용리액으로 사용되는 전해질 성분을 분리검출하기 위하여 분리관 뒤에 직렬로 접속시킨다.

answer 62 ㉰ 63 ㉰ 64 ㉮ 65 ㉯ 66 ㉯

67 시험분석에 사용하는 용어 및 기재사항에 관한 설명으로 옳지 않은 것은?

㉮ "약"이란 그 무게 또는 부피에 대하여 ±10% 이상의 차가 있어서는 안된다.
㉯ "정확히 단다"라 함은 규정한 양의 검체를 취하여 분석용 저울로 0.1mg까지 다는 것을 뜻한다.
㉰ "항량이 될 때까지 건조한다 또는 강열한다"라 함은 따로 규정이 없는 한 보통의 건조방법으로 30분간 더 건조 또는 강열할 때 전후 무게의 차가 0.3mg 이하일 때를 뜻한다.
㉱ 액체성분의 양을 "정확히 취한다"라 함은 홀피펫, 부피플라스크 또는 이와 동등 이상의 정도를 갖는 용량계를 사용하여 조작하는 것을 뜻한다.

> **풀이** ㉰ "항량이 될 때까지 건조한다 또는 강열한다"라 함은 따로 규정이 없는 한 보통의 건조 방법으로 1시간 더 건조 또는 강열할 때 전후 무게의 차가 매 g당 0.3mg 이하일 때를 뜻한다.

68 환경대기 중에 있는 아황산가스 농도를 자동연속측정법으로 분석하고자 한다. 이에 해당하지 않는 것은?

㉮ 적외선형광법   ㉯ 용액전도율법
㉰ 흡광차분석법   ㉱ 불꽃광도법

> **풀이** ㉮ 자외선형광법

69 소각로, 소각시설 및 그 밖의 배출원에서 배출되는 입자상 및 가스상 수은(Hg)의 측정·분석방법 중 냉증기 원자흡수분광광도법에 관한 설명으로 옳지 않은 것은?

㉮ 배출원에서 등속으로 흡입된 입자상과 가스상 수은은 흡수액인 산성 과망간산포타슘 용액에 채취된다.
㉯ 정량범위는 0.005mg/Sm^3~0.075mg/Sm^3 이고 (건조시료가스량 1Sm^{3}인 경우), 방법검출한계는 0.003mg/Sm^{3}이다.
㉰ Hg^{2+} 형태로 채취한 수은을 Hg^0 형태로 환원시켜서 측정한다.
㉱ 시료채취 시 배출가스 중에 존재하는 산화 유기물질은 수은의 채취를 방해할 수 있다.

> **풀이** ㉯ 정량범위는 0.0005mg/Sm^3~0.0075mg/Sm^3 이고 (건조시료가스량 1Sm^{3}인 경우), 방법검출한계는 0.0002mg/Sm^{3}이다.

70 굴뚝 배출가스 중 사이안화수소를 자외선/가시선분광법-4-피리딘카복실산-피라졸론법으로 분석하는 방법에 대한 설명으로 틀린 것은?

㉮ 흡수액으로 수산화소듐용액(20g/L)을 사용한다.
㉯ 흡광도를 540nm 부근에서 측정한다.
㉰ 시료채취량이 10L이고 분석용 시료용액의 양이 250mL인 경우, 정량범위는 0.05ppm 이상이다.
㉱ 배출가스 중 염소등의 산화성가스 또는 알데하이드류, 황화수소, 이산화황 등의 환원성가스가 공존하면 영향을 받는다.

answer 67 ㉰ 68 ㉮ 69 ㉯ 70 ㉯

[풀이] ⊕ 흡광도를 638nm 부근에서 측정한다.

71 원자흡수분광광도법에서 사용하는 용어 설명으로 거리가 먼 것은?

㉮ 공명선(Resonance Line) : 원자가 외부로 빛을 반사했다가 방사하는 스펙트럼선
㉯ 근접선(Neighbouring Line) : 목적하는 스펙트럼선에 가까운 파장을 갖는 다른 스펙트럼선
㉰ 역화(Flame Back) : 불꽃의 연소속도가 크고 혼합기체의 분출속도가 작을 때 연소현상이 내부로 옮겨지는 것
㉱ 원자흡광(분광)측광 : 원자흡광스펙트럼을 이용하여 시료중의 특정원소의 농도와 그 휘선의 흡광정도와의 상관관계를 측정하는 것

[풀이] ㉮ 공명선 : 원자가 외부로부터 빛을 흡수했다가 다시 먼저 상태로 돌아갈 때 방사하는 스펙트럼선

72 굴뚝 배출가스 중 산소를 자기식(자기력)으로 측정하는 방법에 대한 설명으로 틀린 것은?

㉮ 측정범위는 1% ~ 15.0% 이하로 한다.
㉯ 상자성체인 산소분자가 자계 내에서 자기화 될 때 생기는 흡인력을 이용한다.
㉰ 체적자화율이 큰 가스(일산화질소, NO)의 영향을 무시할 수 있는 경우에 적용한다.
㉱ 덤벨형 방식과 압력검출형 방식이 있다.

[풀이] ㉮ 측정범위는 0% ~ 10.0% 이하로 한다.

73 다음 원자흡수분광광도법의 측정순서 중 일반적으로 가장 먼저 하여야 하는 것은?

㉮ 분광기의 파장눈금을 분석선의 파장에 맞춘다.
㉯ 광원램프를 점등하여 적당한 전류값으로 설정한다.
㉰ 가스유량 조절기의 밸브를 열어 불꽃을 점화한다.
㉱ 시료용액을 불꽃 중에 분무시켜 지시한 값을 읽어 둔다.

[풀이] 측정순서는 ㉯ → ㉰ → ㉮ → ㉱ 순이다.

74 배출허용기준 중 표준산소농도를 적용받는 항목에 대한 배출가스유량 보정식으로 옳은것은? (단, Q : 배출가스유량(Sm3/일), Qa : 실측배출가스유량(Sm3/일), Qa : 실측산소농도(%), Os : 표준산소농도(%))

㉮ $Q = Q_a \times [(21-O_s)/(21-O_a)]$
㉯ $Q = Q_a \div [(21-O_s)/(21-O_a)]$
㉰ $Q = Q_a \times [(21+O_s)/(21+O_a)]$
㉱ $Q = Q_a \div [(21+O_s)/(21+O_a)]$

[풀이] 보정식

① 농도 보정식 : $C = C_a \times \dfrac{(21-O_s)}{(21-O_a)}$

② 유량 보정식 : $Q = Q_a \div \dfrac{(21-O_s)}{(21-O_a)}$

answer 71 ㉮ 72 ㉮ 73 ㉯ 74 ㉯

75 특정발생원에서 일정한 굴뚝을 거치지 않고 외부로 비산되는 먼지를 고용량 공기시료채취법으로 측정한 결과 다음과 같은 자료를 얻었다. 이 때 비산먼지의 농도는 몇 mg/Sm³인가?

- 채취먼지량이 가장 많은 위치에서의 먼지농도 : 65mg/Sm³
- 대조위치에서의 먼지농도 : 0.23mg/Sm³
- 전 시료채취 기간 중 주 풍향이 90° 이상 변하고, 풍속이 0.5m/s 미만 또는 10m/s 이상 되는 시간이 전 채취시간이 50% 이상이다.

㉮ 117 ㉯ 102
㉰ 94   ㉱ 87

풀이 비산먼지농도(C)
= $(C_H - C_B) \times W_D \times W_S$ = (65-0.23)mg/Sm³×1.5×1.2
= 116.59mg/Sm³

TIP
보정계수
(1) 풍향에 대한 보정계수

풍향변화범위	보정계수
주풍향이 90° 이상	1.5
주풍향이 45°~90°	1.2
주풍향이 45° 미만	1.0

(2) 풍속에 대한 보정계수

풍속계수	보정계수
전 채취시간의 50% 미만	1.0
전 채취시간의 50% 이상	1.2

76 환경대기 중 위상차현미경을 사용한 석면시험 방법과 그 용어의 설명으로 옳지 않은 것은?

㉮ 위상차 현미경은 굴절율 또는 두께가 부분적으로 다른 무색투명한 물체의 각 부분의 투과광 사이에 생기는 위상차를 화상면에서 명암의 차로 바꾸어, 구조를 보기 쉽도록 한 현미경이다.
㉯ 석면먼지의 농도표시는 0℃, 760mmH₂O의 기체 1μL중에 함유된 석면섬유의 개수(개/μL)로 표시한다.
㉰ 대기 중 석면은 강제 흡인 장치를 통해 여과장치에 채취한 후 위상차현미경으로 계수하여 석면 농도를 산출한다.
㉱ 위상차현미경을 사용하여 섬유상으로 보이는 입자를 계수하고 같은 입자를 보통의 생물현미경으로 바꾸어 계수하여, 그 계수치들의 차를 구하면 굴절율이 거의 1.5인 섬유상의 입자 즉 석면이라고 추정할 수 있는 입자를 계수할 수가 있게 된다.

풀이 ㉯ 석면먼지의 농도표시는 20℃, 760mmHg의 기체 1mL 중에 함유된 석면섬유의 개수(개/mL)로 표시한다.

77 대기오염공정시험기준상 따로 규정이 없는 한 "시약 명칭 – 화학식 농도(%) – 비중 (약)"기준으로 옳은 것은?

㉮ 암모니아수 - NH_4OH - 30.0~34.0(NH_3로서) - 1.05
㉯ 아이오딘화수소산 - HI - 46.0~48.0 - 1.25
㉰ 브로민화수소산 - HBr - 47.0~49.0 - 1.48
㉱ 과염소산 - H_2ClO_3 - 60.0~62.0 - 1.34

answer 75 ㉮ 76 ㉯ 77 ㉰

풀이 ㉮ 암모니아수 - NH₄OH - 28.0~30.0(NH₃로서) - 0.90
㉯ 아이오딘화수소산 - HI - 55.0~58.0 - 1.70
㉰ 과염소산 - HClO₄ - 60.0~62.0 - 1.54

78
비분산적외선분광분석법(Non Dispersive Infrared Photometer Analysis)에서 사용되는 용어에 관한 설명으로 옳지 않은 것은?

㉮ 비교가스는 시료셀에서 적외선 흡수를 측정하는 경우 대조가스로 사용하는 것으로 적외선을 흡수하지 않는 가스를 말한다.
㉯ 비교셀은 시료셀과 동일한 모양을 가지며 아르곤 또는 질소와 같은 불활성 기체를 봉입하여 사용한다.
㉰ 광학필터는 시료광속과 비교광속을 일정주기로 단속시켜, 광학적으로 변조시키는 것으로 단속방식에는 1~20Hz의 교호단속 방식과 동시단속 방식이 있다.
㉱ 시료셀은 시료가스가 흐르는 상태에서 양단의 창을 통해 시료광속이 통과하는 구조를 갖는다.

풀이 ㉰ 광학필터는 시료가스중에 간섭물질 가스의 흡수파장역의 적외선을 흡수제거하기 위하여 사용하며, 가스필터와 고체필터가 있는데, 이것은 단독 또는 적절히 조합하여 사용한다.

79
기체크로마토그래피에 의한 정량분석에서 이용되는 정량법으로 거리가 먼 것은?

㉮ 표준넓이추가법
㉯ 보정넓이 백분율법
㉰ 상대검정곡선법
㉱ 절대검정곡선법

80
다음 중 현행 대기오염공정시험기준상 일반적으로 자외선/가시선분광법으로 분석하지 않는 물질은?

㉮ 배출가스 중 이황화탄소
㉯ 유류 중 황함유량
㉰ 배출가스 중 황화수소
㉱ 배출가스 중 플루오린화합물

풀이 기체크로마토그래피에 의한 정량분석에서 이용되는 정량법으로는 절대검정곡선법, 넓이 백분율법, 보정넓이 백분율법, 상대검정곡선법, 표준물 첨가법이 있다.

풀이 유류 중 황함유량의 분석방법으로는 연소관식 공기법과 방사선식 여기법이 있다.

answer 78 ㉰ 79 ㉮ 80 ㉯

2020 1·2회 기출문제

| 제1과목 | 대기오염개론

01 전기자동차의 일반적 특성으로 가장 거리가 먼 것은?

㉮ 내연기관에 비해 소음과 진동이 적다.
㉯ CO_2나 NO_X를 배출하지 않는다.
㉰ 충전 시간이 오래 걸리는 편이다.
㉱ 대형차에 잘 맞으며, 자동차 수명보다 전지 수명이 길다.

풀이 ㉱ 소형차에 잘 맞으며, 자동차 수명보다 전지 수명이 짧다.

02 디젤 자동차의 배출가스 후처리기술로 옳지 않은 것은?

㉮ 매연여과장치
㉯ 습식흡수방법
㉰ 산화 촉매장치
㉱ 선택적 촉매환원

풀이 디젤 자동차의 배출가스 후처리기술
㉮ 매연여과장치 : 입자상물질 제거
㉰ 산화 촉매장치 : 팔라듐(Pd)과 백금(Pt)의 산화촉매를 이용해 CO, HC 제거
㉱ 선택적 촉매환원 : 로듐(Rh)의 환원촉매를 이용해 NO_X 제거

03 Panofsky에 의한 리차드슨 수(Ri)의 크기와 대기의 혼합간의 관계에 관한 설명으로 옳지 않은 것은?

㉮ Ri = 0 : 수직방향의 혼합이 없다.
㉯ 0 < Ri < 0.25 : 성층에 의해 약화된 기계적 난류가 존재한다.
㉰ Ri < -0.04 : 대류에 의한 혼합이 기계적 혼합을 지배한다.
㉱ -0.03 < Ri < 0 : 기계적 난류와 대류가 존재하나 기계적 난류가 혼합을 주로 일으킨다.

풀이 ㉮ Ri = 0 : 기계적 난류만 존재한다.

04 도시 대기오염물질의 광화학 반응에 관한 설명으로 옳지 않은 것은?

㉮ O_3는 파장 200~320nm에서 강한 흡수가, 450~700nm에서는 약한 흡수가 일어난다.
㉯ PAN은 알데하이드의 생성과 동시에 생기기 시작하며, 일반적으로 오존농도와는 관계가 없다.
㉰ NO_2는 도시 대기오염물질 중에서 가장 중요한 태양빛 흡수 기체로서 파장 420nm 이상의 가시광선에 의하여 NO와 O로 광분해한다.
㉱ SO_3는 대기 중의 수분과 쉽게 반응하여 황산을 생성하고 수분을 더 흡수하여 중요한 대기오염물질의 하나인 황산입자 또는 황산미스트를 생성한다.

answer 01 ㉱ 02 ㉯ 03 ㉮ 04 ㉯

> **풀이** ㉯ PAN은 알데하이드의 생성보다 늦게 생기기 시작하며, 일반적으로 오존농도와 관계가 있다.

05 LA 스모그에 관한 설명으로 옳지 않은 것은?

㉮ 광화학적 산화반응으로 발생한다.
㉯ 주 오염원은 자동차 배기가스이다.
㉰ 주로 새벽이나 초저녁에 자주 발생한다.
㉱ 기온이 24℃ 이상이고, 습도가 70% 이하로 낮은 상태일 때 잘 발생한다.

> **풀이** ㉰ 주로 햇빛이 강한 한낮에 주로 발생한다.

06 다음 중 주로 연소 시 배출되는 무색의 기체로 물에 매우 난용성이며, 혈액 중의 헤모글로빈과 결합력이 강해 산소 운반능력을 감소시키는 물질은?

㉮ HC ㉯ NO
㉰ PAN ㉱ 알데하이드

> **풀이** 무색의 기체로 물에 매우 난용성이며, 헤모글로빈과 결합력이 강한 물질은 일산화질소(NO)이다.

> **TIP**
> 헤모글로빈과의 결합력
> 니트로소헤모글로빈(NHb) > 카르복시헤모글로빈(COHb) > 옥시헤모글로빈(O_2Hb)

07 열섬효과에 관한 설명으로 옳지 않은 것은?

㉮ 열섬현상은 고기압의 영향으로 하늘이 맑고 바람이 약한 때에 잘 발생한다.
㉯ 열섬효과로 도시주위의 시골에서 도시로 바람이 부는데, 이를 전원풍이라 한다.
㉰ 도시의 지표면은 시골보다 열용량이 적고 열전도율이 높아 열섬효과의 원인이 된다.
㉱ 도시에서는 인구와 산업의 밀집지대로서 인공적인 열이 시골에 비하여 월등하게 많이 공급된다.

> **풀이** ㉰ 도시의 지표면은 시골보다 열용량이 높고 열전도율이 낮아 열섬효과의 원인이 된다.

08 실내공기 오염물질인 라돈에 관한 설명으로 가장 거리가 먼 것은?

㉮ 무색, 무취의 기체로 액화되어도 색을 띠지 않는 물질이다.
㉯ 반감기는 3.8일로 라듐이 핵분열 할 때 생성되는 물질이다.
㉰ 자연계에 널리 존재하며, 건축자재 등을 통하여 인체에 영향을 미치고 있다.
㉱ 주기율표에서 원자번호가 238번으로, 화학적으로 활성이 큰 물질이며, 흙속에서 방사선붕괴를 일으킨다.

> **풀이** ㉱ 주기율표에서 원자번호가 86번으로, 화학적으로 활성이 작은 물질이며, 흙속에서 방사선 붕괴를 일으킨다.

09 실제 굴뚝 높이가 50m, 굴뚝내경 5m, 배출가스의 분출속도가 12m/s, 굴뚝주위의 풍속이 4m/s 라고 할 때, 유효굴뚝의 높이(m)는?

(단, $\triangle H = 1.5 \times D \times \left(\dfrac{V_s}{U}\right)$ 이다.)

㉮ 22.5 ㉯ 27.5
㉰ 72.5 ㉱ 82.5

> **풀이** ① $\triangle H = \dfrac{1.5 \times V_s \times D}{U}$

answer 05 ㉰ 06 ㉯ 07 ㉰ 08 ㉱ 09 ㉰

여기서 △H : 연기의 상승고(m)
  V_S : 배출가스속도(m/sec)
  U : 풍속(m/sec)
  D : 내경(m)

따라서 △H = $\frac{1.5 \times 12\text{m/sec} \times 5\text{m}}{4\text{m/sec}}$ = 22.5m

② He = H+△H
여기서 He : 유효굴뚝높이(m)
  H : 실제굴뚝높이(m)
  △H : 연기의 상승고(m)
따라서 He = 50m+22.5m = 72.5m

10 다음 [보기]가 설명하는 오염물질로 옳은 것은?

> ① 상온에서 무색이며 투명하여 순수한 경우에는 냄새가 거의 없지만 일반적으로 불쾌한 자극성 냄새를 가진 액체
> ② 햇빛에 파괴될 정도로 불안정하지만 부식성은 비교적 약함
> ③ 끓는점은 약 46℃이며, 그 증기는 공기보다 약 2.64배 정도 무거움

㉮ $COCl_2$ ㉯ Br_2
㉰ SO_2 ㉱ CS_2

풀이 ㉱ 이황화탄소(CS_2)에 대한 설명이다.

TIP 이 문제에서 정답을 찾는 포인트는 증기의 비중이다.

11 대기 중 각 오염원의 영향평가를 해결하기 위한 수용모델에 관한 설명으로 옳지 않은 것은?

㉮ 지형, 기상학적 정보 없이도 사용 가능하다.
㉯ 수용체 입장에서 영향평가가 현실적으로 이루어 질 수 있다.
㉰ 오염원의 조업 및 운영 상태에 대한 정보 없이도 사용 가능하다.
㉱ 측정 자료를 입력 자료로 사용하므로 배출원 조건의 시나리오 작성이 용이하다.

풀이 ㉱ 측정 자료를 입력 자료로 사용하므로 배출원 조건의 시나리오 작성이 곤란하다.

12 산성비가 토양에 미치는 영향에 관한 설명으로 옳지 않은 것은?

㉮ Al^{3+}은 뿌리의 세포분열이나 Ca 또는 P의 흡수나 흐름을 저해한다.
㉯ 교환성 Al은 산성의 토양에만 존재하는 물질이고, 교환성 H와 함께 토양 산성화의 주요한 요인이 된다.
㉰ 토양의 양이온 교환기는 강산적 성격을 갖는 부분과 약산적 성격을 갖는 부분으로 나누는데, 결정도가 낮은 점토광물은 강산적이다.
㉱ 산성강수가 가해지면 토양은 산적 성격이 약한 교환기부터 순서적으로 Ca^{2+}, Mg^{2+}, Na^+, K^+ 등의 교환성 염기를 방출하고, 대신 그 교환 자리에 H^+가 흡착되어 치환된다.

풀이 ㉰ 토양의 양이온 교환기는 강산적 성격을 갖는 부분과 약산적 성격을 갖는 부분으로 나누는데, 결정도가 높은 점토광물은 강산적이다.

13 다음 중 2차 오염물질(secondary pollutants)은?

㉮ SiO_2 ㉯ N_2O_3
㉰ NaCl ㉱ NOCl

answer 10 ㉱ 11 ㉱ 12 ㉰ 13 ㉱

풀이 오염물질
㉮ SiO_2 : 1차 오염물질
㉯ N_2O_3 : 1차 오염물질
㉰ $NaCl$: 1차 오염물질
㉱ $NOCl$: 2차 오염물질

14 다음 오염물질 중 온실효과를 유발하는 것으로 가장 거리가 먼 것은?

㉮ 메탄 ㉯ CFCs
㉰ 이산화탄소 ㉱ 아황산가스

풀이 온실효과를 유발하는 물질은 이산화탄소, 메탄, 아산화질소, 수소불화탄소, 과불화탄소, 육불화황, 염화불화탄소, 수소염화불화탄소가 있다.

15 대기오염사건과 대표적인 주 원인물질 또는 전구물질의 연결이 옳지 않은 것은?

㉮ 뮤즈계곡 사건 - SO_2
㉯ 도노라 사건 - NO_2
㉰ 런던 스모그 사건 - SO_2
㉱ 보팔 사건 - MIC(Methyl Isocyanate)

풀이 ㉯ 도노라 사건 - SO_2

16 지름이 $1.0\mu m$인 물방울이 3.2×10^{-3}cm/s의 속도로 공기 중에서 지표로 자유낙하할 때 Reynolds 수는? (단, 공기의 점도는 1.72×10^{-2}g/cm·s, 밀도는 1.29kg/m3이다.)

㉮ 1.9×10^{-8} ㉯ 2.4×10^{-8}
㉰ 1.9×10^{-5} ㉱ 2.4×10^{-5}

풀이 $N_{Re} = \dfrac{D \times V \times \rho}{\mu}$
여기서
$\begin{bmatrix} D : 지름(m) \\ V : 속도(m/sec) \\ \rho : 공기의 밀도(kg/m^3) \\ \mu : 공기의 점도(kg/m \cdot sec) \end{bmatrix}$

따라서
$N_{Re} = \dfrac{1.0\times 10^{-6}m \times 3.2\times 10^{-5}m/s \times 1.29kg/m^3}{1.72\times 10^{-3}kg/m \cdot sec}$
$= 2.4\times 10^{-8}$

TIP
① 판정기준
(층류) $N_{Re} < 2,100$
(난류) $N_{Re} > 4,000$
(천이구역) $2,100 < N_{Re} < 4,000$

② 3.2×10^{-3}cm/s $\xrightarrow{\times 10^{-2}}$ 3.2×10^{-5}m/s

③ 1.72×10^{-2}g/cm·s $\xrightarrow{\times 10^{-1}}$ 1.72×10^{-3}kg/m·s

17 NO의 농도가 0.5ppm일 때 20℃, 750mmHg에서 NO의 농도($\mu g/m^3$)는?

㉮ 약 463 ㉯ 약 524
㉰ 약 553 ㉱ 약 616

풀이 NO의 농도($\mu g/m^3$)
$= \dfrac{0.5mL}{Sm^3} \times \dfrac{273}{273+20} \times \dfrac{750mmHg}{760mmHg}$
$\times \dfrac{30mg}{22.4mL} \times \dfrac{10^3 \mu g}{1mg}$
$= 615.72 \mu g/m^3$

TIP
① ppm = mL/Sm^3
② NO 1mol $\begin{cases} 30mg \\ 22.4mL \end{cases}$

answer 14 ㉱ 15 ㉯ 16 ㉯ 17 ㉱

18 대기 중에 존재하는 가스상 오염물질 중 염화수소와 염소에 관한 설명으로 옳지 않은 것은?

㉮ 염소는 강한 산화력을 이용하여 살균제, 표백제로 쓰인다.
㉯ 염화수소가 대기 중에 노출될 경우 백색의 연무를 형성하기도 한다.
㉰ 염소는 상온에서 적갈색을 띄는 액체로 휘발성과 부식성이 강하다.
㉱ 염화수소는 무색으로서 자극성 냄새가 있으며 상온에서 기체이다. 전지, 약품, 비료 등에 사용된다.

풀이 ㉰ 염소는 상온에서 황록색을 띄는 액체로 휘발성과 부식성이 강하다.

19 대기압력이 900mb인 높이에서의 온도가 25℃일 때 온위(potential temperature, K)는?

(단, $\theta = T\left(\dfrac{1{,}000}{P}\right)^{0.288}$)

㉮ 307.2 ㉯ 377.8
㉰ 421.4 ㉱ 487.5

풀이 $\theta = T \times \left(\dfrac{1{,}000}{P}\right)^{0.288}$

$= (273+25℃)k \times \left(\dfrac{1{,}000}{900mb}\right)^{0.288}$

$= 307.18K$

20 대기오염원의 영향을 평가하는 방법 중 분산모델에 관한 설명으로 가장 거리가 먼 것은?

㉮ 오염물의 단기간 분석 시 문제가 된다.
㉯ 지형 및 오염원의 조업조건에 영향을 받는다.
㉰ 먼지의 영향평가는 기상의 불확실성과 오염원이 미확인인 경우에 문제점을 가진다.
㉱ 현재나 과거에 일어났을 일을 추정, 미래를 위한 전략은 세울 수 있으나 미래 예측은 어렵다.

풀이 ㉱번의 설명은 수용모델이다.

제2과목 | 연소공학

21 액체연료 연소장치 중 건타입(Gun type) 버너에 관한 설명으로 옳지 않은 것은?

㉮ 유압은 보통 7kg/cm² 이상 이다.
㉯ 연소가 양호하고 전자동 연소가 가능하다.
㉰ 형식은 유압식과 공기분무식을 합한 것이다.
㉱ 유량조절 범위가 넓어 대형 연소에 사용한다.

풀이 ㉱ 유량조절 범위가 좁아 소형 연소에 사용한다.

22 기체연료의 특징 및 종류에 관한 설명으로 옳지 않은 것은?

㉮ 부하의 변동범위가 넓고 연소의 조절이 용이한 편이다.
㉯ 천연가스는 화염전파속도가 크며, 폭발범위가 크므로 1차 공기를 적게 혼합하는 편이 유리하다.
㉰ 액화천연가스는 메탄을 주성분으로 하는 천연가스를 1기압 하에서 -168℃ 근처에서 냉각, 액화시켜 대량수송 및 저장을 가능하게 한 것이다.

answer 18 ㉰ 19 ㉮ 20 ㉱ 21 ㉱ 22 ㉯

㉑ 액화석유가스는 액체에서 기체로 될 때 증발열(90~100kcal/kg)이 있으므로 사용하는데 유의할 필요가 있다.

풀이 ㉯ 천연가스는 화염전파속도가 작고, 폭발범위가 작다.

23 액체연료의 특징으로 옳지 않은 것은?

㉮ 저장 및 계량, 운반이 용이하다.
㉯ 점화, 소화 및 연소의 조절이 쉽다.
㉰ 발열량이 높고 품질이 대체로 일정하며 효율이 높다.
㉱ 소량의 공기로 완전 연소되며 검댕발생이 없다.

풀이 ㉱번은 기체연료에 대한 설명이다.

24 어떤 물질의 1차 반응에서 반감기가 10분이었다. 반응물이 1/10 농도로 감소할 때까지 얼마의 시간(분)이 걸리겠는가?

㉮ 6.9 ㉯ 33.2
㉰ 69.3 ㉱ 3,323

풀이 1차 반응식 : $\ln \dfrac{C_t}{C_o} = -k \times t$

여기서
- C_o : 초기농도
- C_t : t시간 후 농도
- k : 상수
- t : 시간

① $\ln \dfrac{1}{2} = -k \times 10\min$

∴ $k = \dfrac{\ln \dfrac{1}{2}}{-10\min} = 0.0693/\min$

② $\ln \dfrac{1}{10} = -0.0693/\min \times t$

∴ $t = \dfrac{\ln \dfrac{1}{10}}{-0.0693/\min} = 33.23\min$

25 다음 기체연료 중 고위발열량($kcal/Sm^3$)이 가장 낮은 것은?

㉮ Ethane ㉯ Ethylene
㉰ Acetylene ㉱ Methane

풀이 기체연료 중 고위발열량이 가장 낮은 연료는 탄소와 수소가 가장 적은 연료이므로 메탄(CH_4)이 정답이다.

TIP
각 연료의 화학식
㉮ Ethane : C_2H_6 ㉯ Ethylene : C_2H_4
㉰ Acetylene : C_2H_2 ㉱ Methane : CH_4

26 유류연소버너 중 유압식 버너에 관한 설명으로 가장 거리가 먼 것은?

㉮ 대용량 버너 제작이 용이하다.
㉯ 유압은 보통 50~90kg/cm^2 정도이다.
㉰ 유량 조절 범위가 좁아(환류식 1 : 3, 비환류식 1 : 2) 부하변동에 적응하기 어렵다.
㉱ 연료유의 분사각도는 기름의 압력, 점도 등으로 약간 달라지지만 40~90° 정도의 넓은 각도로 할 수 있다.

풀이 ㉯ 유압은 보통 5~30kg/cm^2 정도이다.

answer 23 ㉱ 24 ㉯ 25 ㉱ 26 ㉯

27 액화석유가스에 관한 설명으로 옳지 않은 것은?

㉮ 저장 설비비가 많이 든다.
㉯ 황분이 적고 독성이 없다.
㉰ 비중이 공기보다 가볍고, 누출될 경우 쉽게 인화 폭발될 수 있다.
㉱ 유지 등을 잘 녹이기 때문에 고무 패킹이나 유지로 된 도포제로 누출을 막는 것은 어렵다.

풀이 ㉰ 비중이 공기보다 무겁고, 누출될 경우 쉽게 인화 폭발될 수 있다.

TIP
기체연료
① 액화석유가스의 주성분 : 프로판(C_3H_8)과 부탄(C_4H_{10})
② 액화천연가스의 주성분 : 메탄(CH_4)

28 기체 연료의 연소방식 중 확산연소에 관한 설명으로 옳지 않은 것은?

㉮ 역화의 위험성이 없다.
㉯ 붉고 긴 화염을 만든다.
㉰ 가스와 공기를 예열할 수 없다.
㉱ 연료의 분출속도가 클 경우에는 그을음이 발생하기 쉽다.

풀이 ㉰ 가스와 공기를 예열할 수 있다.

29 다음 연소장치 중 일반적으로 가장 큰 공기비를 필요로 하는 것은?

㉮ 오일버너   ㉯ 가스버너
㉰ 미분탄버너   ㉱ 수평수동화격자

풀이 연소장치 중 일반적으로 가장 큰 공기비를 필요로 하는 것은 고체연료를 연소하는 장치이므로 ㉱ 수평수동화격자가 정답이 된다.

30 프로판과 부탄이 용적비 3 : 2로 혼합된 가스 $1Sm^3$가 이론적으로 완전연소 할 때 발생하는 CO_2의 양(Sm^3)은?

㉮ 2.7   ㉯ 3.2
㉰ 3.4   ㉱ 4.1

풀이
$C_3H_8 + 5O_2 \rightarrow 3CO_2 + 4H_2O : \dfrac{3}{5}$

$C_4H_{10} + 6.5O_2 \rightarrow 4CO_2 + 5H_2O : \dfrac{2}{5}$

따라서 CO_2량 $= 3 \times \dfrac{3}{5} + 4 \times \dfrac{2}{5} = 3.4 Sm^3/Sm^3$

31 연소 시 매연 발생량이 가장 적은 탄화수소는?

㉮ 나프텐계   ㉯ 올레핀계
㉰ 방향족계   ㉱ 파라핀계

풀이 연소 시 매연 발생량이 가장 적은 탄화수소는 파라핀계(C_nH_{2n+2})이다.

32 C 80%, H 20%로 구성된 액체 탄화수소 연료 1kg을 완전연소 시킬 때 발생하는 CO_2의 부피(Sm^3)는?

㉮ 1.2   ㉯ 1.5
㉰ 2.6   ㉱ 2.9

풀이
$C + O_2 \rightarrow CO_2$
12kg : $22.4 Sm^3$
1kg×0.80 : X
∴ X = $1.49 Sm^3$

answer 27 ㉰   28 ㉰   29 ㉱   30 ㉰   31 ㉱   32 ㉯

33 저위발열량이 5,000kcal/Sm³인 기체 연료의 이론 연소온도(℃)는 약 얼마인가? (단, 이론연소가스량 15Sm3/Sm3, 연료 연소가스의 평균정압 비열 0.35kcal/Sm3·℃, 기준온도는 0℃, 공기는 예열하지 않으며, 연소가스는 해리되지 않는다고 본다.)

㉮ 952   ㉯ 994
㉰ 1,008 ㉱ 1,118

풀이 이론연소온도(℃)

$= \dfrac{\text{저위발열량(kcal/Sm}^3)}{\text{가스량(Sm}^3/\text{Sm}^3) \times \text{평균정압비열(kcal/Sm}^3 \cdot \text{℃)}} + \text{기준온도(℃)}$

$= \dfrac{5{,}000 \text{kcal/Sm}^3}{15\text{Sm}^3/\text{Sm}^3 \times 0.35\text{kcal/Sm}^3 \cdot \text{℃}} + 0\text{℃}$

$= 952.38\text{℃}$

34 프로판 2kg을 과잉공기계수 1.31로 완전연소시킬 때 발생하는 습연소가스량(kg)은?

㉮ 약 24   ㉯ 약 32
㉰ 약 38   ㉱ 약 43

풀이 $C_3H_8 + 5O_2 \rightarrow 3CO_2 + 4H_2O$

① 실제 습연소가스량(Gw)
= (m-0.232)A₀+CO₂량+H₂O량

$= (1.31-0.232) \times \dfrac{5 \times 32\text{kg}}{1 \times 44\text{kg} \times 0.232} + \dfrac{3 \times 44\text{kg}}{1 \times 44\text{kg}}$

$+ \dfrac{4 \times 18\text{kg}}{1 \times 44\text{kg}}$

= 21.533kg/kg

② 21.533kg/kg × 2kg = 43.07kg

TIP

이론공기량(A₀) = 이론산소량(kg/kg) × $\dfrac{1}{0.232}$ (kg/kg)

35 착화온도(발화점)에 대한 특성으로 옳지 않은 것은?

㉮ 분자구조가 복잡할수록 착화온도는 낮아진다.
㉯ 산소농도가 낮을수록 착화온도는 낮아진다.
㉰ 발열량이 클수록 착화온도는 낮아진다.
㉱ 화학반응성이 클수록 착화온도는 낮아진다.

풀이 ㉯ 산소농도가 낮을수록 착화온도는 높아진다.

36 S 함량 3%의 벙커 C유 100kL를 사용하는 보일러에 S 함량 1%인 벙커 C유로 30% 섞어 사용하면 SO_2 배출량은 몇 % 감소하는가? (단, 벙커 C유 비중 0.95, 벙커 C유 함유 S는 모두 SO2로 전환된다.)

㉮ 16%   ㉯ 20%
㉰ 25%   ㉱ 28%

풀이 ① 처음 사용 : S함량이 3%인 100%
② 나중 사용 : S함량이 3%인 70% + S함량이 1%인 30%
③ 감소량(%) = $\left(1 - \dfrac{\text{나중 사용}}{\text{처음 사용}}\right) \times 100$

$= \left\{1 - \dfrac{(3\% \times 0.70 + 1\% \times 0.30) \times 100\text{kL}}{(3\% \times 1) \times 100\text{kL}}\right\}$
$\times 100$

= 20%

37 옥탄(C_8H_{18})을 완전연소 시킬 때의 AFR(Air Fuel Ratio)은? (단, 질량비 기준으로 한다.)

㉮ 15.1   ㉯ 30.8
㉰ 45.3   ㉱ 59.5

풀이 $C_8H_{18} + 12.5O_2 \rightarrow 8CO_2 + 9H_2O$

answer 33 ㉮ 34 ㉱ 35 ㉯ 36 ㉯ 37 ㉮

$$\text{공연비(kg/kg)} = \frac{\text{산소갯수} \times 32kg \times \frac{1}{0.232}}{\text{연료갯수} \times \text{연료의 분자량(kg)}}$$

$$= \frac{12.5 \times 32kg \times \frac{1}{0.232}}{114kg}$$

$$= 15.12$$

TIP

① 공연비 = AFR = $\frac{\text{공기량}}{\text{연료량}}$

② AFR(Sm^3/Sm^3) = $\frac{\text{산소갯수} \times 22.4Sm^3 \times \frac{1}{0.21}}{\text{연료갯수} \times 22.4Sm^3}$

③ 체적(Sm^3) = 계수 × 22.4(Sm^3)

④ 질량(kg) = 계수 × 분자량(kg)

38 황화수소의 연소반응식이 다음 [보기]와 같을 때 황화수소 $1Sm^3$의 이론연소공기량(Sm^3)은?

[보기] $2H_2S + 3O_2 \rightarrow 2SO_2 + 2H_2O$

㉮ 5.54 ㉯ 6.42
㉰ 7.14 ㉱ 8.92

 풀이

① $2H_2S + 3O_2 \rightarrow 2SO_2 + 2H_2O$
   $2 \times 22.4Sm^3 : 3 \times 22.4Sm^3$
   $1Sm^3$: 이론산소량
   ∴ 이론산소량 = $1.5Sm^3$

② 이론공기량(A_o)
   = 이론산소량(Sm^3) × $\frac{1}{0.21}$(Sm^3)
   = $1.5Sm^3 \times \frac{1}{0.21}$
   = $7.14Sm^3$

39 어떤 액체연료를 보일러에서 완전연소시켜 그 배출가스를 Orsat 분석 장치로서 분석하여 CO_2 15%, O_2 5%의 결과를 얻었다면, 이때 과잉공기계수는? (단, 일산화탄소 발생량은 없다.)

㉮ 1.12 ㉯ 1.19
㉰ 1.25 ㉱ 1.31

풀이 과잉공기계수(m) = $\frac{N_2\%}{N_2\% - 3.76 \times O_2\%}$

$= \frac{80\%}{80\% - 3.76 \times 5\%} = 1.307$

여기서 $N_2(\%) = 100 - (15\% + 5\%) = 80\%$

40 다음 연소의 종류 중 흑연, 코크스, 목탄 등과 같이 대부분 탄소만으로 되어있는 고체연료에서 관찰되는 연소형태는?

㉮ 표면연소 ㉯ 내부연소
㉰ 증발연소 ㉱ 자기연소

풀이 ㉮ 표면연소에 대한 설명이다.

TIP

연소형태
① 표면연소 : 코크스나 석탄 등이 고온 연소시 고체 표면이 빨갛게 빛을 내면서 반응하는 연소로 화염이 없는 연소형태이다.
② 분해연소 : 장작, 석탄, 중유 등이 열분해하여 발생한 증기와 함께 연소초기에 불꽃을 내면서 연소하는 형태이다.

answer 38 ㉰ 39 ㉱ 40 ㉮

| 제3과목 | 대기오염방지기술

41 중력침전을 결정하는 중요 매개변수는 먼지입자의 침전속도이다. 다음 중 먼지의 침전속도 결정과 가장 관계가 깊은 것은?

㉮ 입자의 온도
㉯ 대기의 분압
㉰ 입자의 유해성
㉱ 입자의 크기와 밀도

풀이 먼지의 침전속도를 결정하는 것은 ㉱ 입자의 크기와 밀도이다.

42 처리가스량 25,420m³/h, 압력손실이 100mmH₂O인 집진장치의 송풍기 소요 동력(kW)은 약 얼마인가? (단, 송풍기 효율은 60%, 여유율은 1.3이다.)

㉮ 9 ㉯ 12
㉰ 15 ㉱ 18

풀이
$$kW = \frac{Ps \times Q}{102 \times \eta} \times \alpha$$

여기서
- Ps : 압력손실(mmH₂O)
- Q : 처리가스량(m³/sec)
- η : 처리효율
- α : 여유율

따라서
$$kW = \frac{100mmH_2O \times 25,420m^3/hr \times 1hr/3,600sec}{102 \times 0.60} \times 1.3$$
$$= 15.0 kW$$

43 다음은 활성탄의 고온 활성화 재생방법으로 적용될 수 있는 다단로(multi-hearthfurnace)와 회전(rotary kiln)의 비교표이다. 비교 내용 중 옳지 않은 것은?

구분	다단로	회전로
① 온도유지	여러 개의 버너로 구분된 반응 영역에서 온도분포 조절이 가능하고 열효율이 높음	단 1개의 버너로 열공급 영역별 온도유지가 불가능하고 열효율이 낮음
② 수증기 공급	반응영역에서 일정하게 분사	입구에서만 공급하므로 일정치 않음
③ 입도분포	입도에 비례하여 큰 입자가 빨리 배출	입도 분포에 관계없이 체류시간을 동일하게 유지가능
④ 품질	고품질 입상재생 설비로 적합	고품질 입상재생 설비로 부적합

㉮ ① ㉯ ②
㉰ ③ ㉱ ④

풀이 ③ 다단로의 입도분포 : 입도 분포에 관계없이 체류시간을 동일하게 유지가능
③ 회전로의 입도분포 : 입도에 비례하여 큰 입자가 빨리 배출

44 다음 악취물질 중 공기 중의 최소 감지 농도가 가장 낮은 것은?

㉮ 염소 ㉯ 암모니아
㉰ 황화수소 ㉱ 이황화탄소

answer 41 ㉱ 42 ㉰ 43 ㉰ 44 ㉰

풀이 공기 중의 최소 감지농도가 낮다는 것은 악취가 심하다는 의미이므로 보기 중에서 악취가 가장 심한 황화수소(H_2S)가 정답이다.

45 환기 및 후드에 관한 설명으로 옳지 않은 것은?

㉮ 폭이 넓은 오염원 탱크에서는 주로 '밀고 당기는(push/pull)' 방식의 환기공정이 요구된다.
㉯ 후드는 일반적으로 개구면적을 좁게 하여 흡인속도를 크게 하고, 필요 시 에어커튼을 이용한다.
㉰ 폭이 좁고 긴 직사각형의 슬로트후드(slot hood)는 전기도금공정과 같은 상부개방형 탱크에서 방출되는 유해물질을 포집하는데 효율적으로 이용된다.
㉱ 천개형후드는 포착형보다 유입 공기의 속도가 빠를 때 사용되며, 주로 저온의 오염공기를 배출하고 과잉습도를 제거할 때 제한적으로 사용된다.

풀이 ㉱ 천개형후드는 주로 고온의 오염공기를 처리하는데 사용된다.

46 접선유입식 원심력 집진장치의 특징에 관한 설명 중 옳은 것은?

㉮ 장치의 압력손실은 5,000mmH₂O이다.
㉯ 장치 입구의 가스속도는 18~20cm/s이다.
㉰ 유입구 모양에 따라 나선형과 와류형으로 분류된다.
㉱ 도익선회식이라고도 하며 반전형과 직진형이 있다.

풀이 ㉮ 장치의 압력손실은 100mmH₂O 전후이다.
㉯ 장치 입구의 가스속도는 7~15m/s이다.
㉱번은 축류식 원심력 집진장치에 해당한다.

47 A집진장치의 입구 및 출구의 배출가스 중 먼지의 농도가 각각 15g/Sm³, 150mg/Sm³이었다. 또한 입구 및 출구에서 채취한 먼지시료 중에 포함된 0~5μm의 입경분포의 중량 백분율이 각각 10%, 60%이었다면 이 집진장치의 0~5μm의 입경범위의 먼지시료에 대한 부분집진율(%)은?

㉮ 90% ㉯ 92%
㉰ 94% ㉱ 96%

풀이 부분집진율(%) = $\left(1 - \dfrac{C_o \times f_o}{C_i \times f_i}\right) \times 100$

여기서 C_i : 입구의 먼지농도(g/Sm³)
C_o : 출구의 먼지농도(g/Sm³)
f_i : 입구의 중량분포
f_o : 출구의 중량분포

따라서
부분집진율(%) = $\left(1 - \dfrac{0.15\text{g/Sm}^3 \times 0.60}{15\text{g/Sm}^3 \times 0.1}\right) \times 100$
= 94.0%

48 직경이 D인 구형입자의 비표면적(S_v, m²/m³)에 관한 설명으로 옳지 않은 것은? (단, ρ는 구형입자의 밀도이다.)

㉮ $S_v = \dfrac{3\rho}{D}$ 로 나타낸다.
㉯ 입자가 미세할수록 부착성이 커진다.
㉰ 먼지의 입경과 비표면적은 반비례 관계이다.
㉱ 비표면적이 크게 되면 원심력 집진장치의 경우에는 장치벽면을 폐색시킨다.

풀이 ㉮ 비표면적(S_v) = $\dfrac{6}{D}$ 로 나타낸다.

answer 45 ㉱ 46 ㉰ 47 ㉰ 48 ㉮

49 염소농도 0.2%인 굴뚝 배출가스 3,000 Sm³/h를 수산화칼슘용액을 이용하여 염소를 제거 하고자 할 때, 이론적으로 필요한 시간당 수산화칼슘의 양(kg/h)은? (단, 처리효율은 100%로 가정한다.)

㉮ 16.7   ㉯ 18.2
㉰ 19.8   ㉱ 23.1

풀이 $2Cl_2 + 2Ca(OH)_2 \rightarrow CaCl_2 + Ca(OCl)_2 + 2H_2O$
$2 \times 22.4 Sm^3 : 2 \times 74 kg$
$3,000 Sm^3/hr \times 0.2\% \times 10^{-2} : X$

$\therefore X = \dfrac{3,000 Sm^3/hr \times 0.2\% \times 10^{-2} \times 2 \times 74 kg}{2 \times 22.4 Sm^3}$

$= 19.82 kg/hr$

50 헨리의 법칙에 관한 설명으로 옳지 않은 것은?

㉮ 비교적 용해도가 적은 기체에 적용된다.
㉯ 헨리상수의 단위는 atm/m³·kmol이다.
㉰ 헨리상수의 값은 온도가 높을수록, 용해도가 적을수록 커진다.
㉱ 온도와 기체의 부피가 일정할 때 기체의 용해도는 용매와 평형을 이루고 있는 기체의 분압에 비례한다.

풀이 ㉯ 헨리상수의 단위는 atm·m³/kmol이다.

51 탈취방법 중 촉매연소법에 관한 설명으로 옳지 않은 것은?

㉮ 직접연소법에 비해 질소산화물의 발생량이 높고, 고농도로 배출된다.
㉯ 직접연소법에 비해 연료소비량이 적어 운전비는 절감되나, 촉매독이 문제가 된다.
㉰ 적용 가능한 악취성분은 가연성 악취성분, 황화수소, 암모니아 등이 있다.
㉱ 촉매는 백금, 코발트, 니켈 등이 있으며, 고가이지만 성능이 우수한 백금계의 것이 많이 이용된다.

풀이 ㉮ 직접연소법에 비해 온도가 낮아 질소산화물의 발생량이 낮다.

52 다음은 물리흡착과 화학흡착의 비교표이다. 비교 내용 중 옳지 않은 것은?

구분		물리흡착	화학흡착
①	온도범위	낮은 온도	대체로 높은 온도
②	흡착층	단일 분자층	여러 층이 가능
③	가역정도	가역성이 높음	가역성이 낮음
④	흡착열	낮음	높음(반응열 정도)

㉮ ①   ㉯ ②
㉰ ③   ㉱ ④

풀이 ② 물리흡착의 흡착층 : 여러 층이 가능
② 화학흡착의 흡착층 : 단일 분자층

53 벤츄리스크러버의 액가스비를 크게 하는 요인으로 가장 거리가 먼 것은?

㉮ 먼지의 농도가 높을 때
㉯ 처리가스의 온도가 높을 때
㉰ 먼지 입자의 친수성이 클 때
㉱ 먼지 입자의 점착성이 클 때

풀이 ㉰ 먼지 입자의 친수성이 작을 때

answer 49 ㉰   50 ㉯   51 ㉮   52 ㉯   53 ㉰

54 다음 중 유해물질 처리방법으로 가장 거리가 먼 것은?

㉮ CO는 백금계의 촉매를 사용하여 연소시켜 제거한다.
㉯ Br_2는 산성수용액에 의한 선정법으로 제거한다.
㉰ 이황화탄소는 암모니아를 불어넣는 방법으로 제거한다.
㉱ 아크로레인은 NaClO 등의 산화제를 혼입한 가성소다 용액으로 흡수 제거한다.

▶풀이 ㉯ Br_2는 가성소다수용액에 의한 선정법으로 제거한다.

55 80%의 효율로 제진하는 전기집진장치의 집진면적을 2배로 증가시키면 집진효율(%)은 얼마로 향상되는가?

㉮ 92%   ㉯ 94%
㉰ 96%   ㉱ 98%

▶풀이 집진극의 면적변화 = $\dfrac{LN(1-\eta_2) \times \left(\dfrac{-Q}{We}\right)}{LN(1-\eta_1) \times \left(\dfrac{-Q}{We}\right)}$

$2배 = \dfrac{LN(1-\eta_2) \times \left(\dfrac{-Q}{We}\right)}{LN(1-0.80) \times \left(\dfrac{-Q}{We}\right)}$

∴ η_2 = 0.96 따라서 96%이다.

56 굴뚝 배출 가스량은 $2,000 Sm^3/h$, 이 배출가스 중 HF 농도는 $500 mL/Sm^3$이다. 이 배출가스를 $50 m^3$의 물로 세정할 때 24시간 후 순환수인 폐수의 pH는?
(단, HF는 100% 전리되며, HF 이외의 영향은 무시한다.)

㉮ 약 1.3   ㉯ 약 1.7
㉰ 약 2.1   ㉱ 약 2.6

▶풀이 ① HF의 mol/L

$= \dfrac{가스량(Sm^3/hr) \times 농도(ppm=mL/Sm^3) \times 10^{-3}L/mL \times \dfrac{제거율(\%)}{100} \times 제거시간(hr) \times \dfrac{1mol}{22.4L}}{순환수(L)}$

$= \dfrac{2,000 Sm^3/hr \times 500 mL/Sm^3 \times 10^{-3} L/mL \times 24hr \times \dfrac{1mol}{22.4L}}{50 \times 10^3 L}$

$= 2.143 \times 10^{-2}$ mol/L

② $[H^+] = 2.143 \times 10^{-2}$ mol/L
③ pH $= -\log[H^+] = -\log[2.143 \times 10^{-2}$ mol/L$] = 1.67$

57 먼지의 입경분포에 관한 설명으로 옳지 않은 것은?

㉮ 대수정규분포는 미세한 입자의 특성과 잘 일치한다.
㉯ 빈도분포는 먼지의 입경분포를 적당한 입경간격의 개수 또는 질량의 비율로 나타내는 방법이다.
㉰ 먼지의 입경분포를 나타내는 방법 중 적산분포에는 정규분포, 대수정규분포, Rosin Rammler 분포가 있다.
㉱ 적산분포(R)는 일정한 입경보다 큰 입자가 전체의 입자에 대하여 몇% 있는가를 나타내는 것으로 입경분포가 0이면 R = 100%이다.

▶풀이 ㉮ 대수정규분포는 큰 입자의 특성과 잘 일치한다.

answer 54 ㉯   55 ㉰   56 ㉯   57 ㉮

58 사이클론의 원추부 높이가 1.4m, 유입구 높이가 15cm, 원통부 높이가 1.4m일 때 외부선회류의 회전수는?

(단, $N = \dfrac{1}{H_A}\left[H_B + \dfrac{H_C}{2}\right]$)

㉮ 6회 ㉯ 11회
㉰ 14회 ㉱ 18회

풀이 $N = \dfrac{1}{H_A} \times \left(H_B + \dfrac{H_C}{2}\right)$

여기서
- N : 유효회전수
- H_A : 유입구 높이(m)
- H_B : 원통부 높이(m)
- H_C : 원추부 높이(m)

따라서 회전수$(N) = \dfrac{1}{0.15m} \times \left(1.4m + \dfrac{1.4m}{2}\right)$
= 14회

59 세정집진장치의 특징으로 옳지 않은 것은?

㉮ 압력손실이 작아 운전비가 적게 든다.
㉯ 소수성 입자의 집진율이 낮은 편이다.
㉰ 점착성 및 조해성 분진의 처리가 가능하다.
㉱ 연소성 및 폭발성 가스의 처리가 가능하다.

풀이 ㉮ 압력손실이 커 운전비가 많이 든다.

60 국소배기시설에서 후드의 유입계수가 0.84, 속도압이 10mmH₂O일 때 후드에서의 압력손실(mmH₂O)은?

㉮ 4.2 ㉯ 8.4
㉰ 16.8 ㉱ 33.6

풀이 $\triangle P = \dfrac{1-Ce^2}{Ce^2} \times V_p (mmH_2O)$

여기서
- $\triangle P$: 압력손실(mmH₂O)
- Ce : 유입계수
- V_p : 속도압(mmH₂O)

따라서
$\triangle P = \dfrac{1-(0.84)^2}{(0.84)^2} \times 10 mmH_2O = 4.17 mmH_2O$

| 제4과목 | 대기오염공정시험기준

61 배출가스 중 질소산화물 농도 측정방법으로 옳지 않은 것은?

㉮ 화학발광법
㉯ 자외선형광법
㉰ 적외선 흡수법
㉱ 아연환원 나프틸에틸렌다이아민법

풀이 배출가스 중 질소산화물 농도 측정방법으로는 화학발광법, 자외선흡수법, 적외선 흡수법, 전기화학식(정전위전해법), 아연환원 나프틸에틸렌다이아민법이 있다.

62 적정법에 의한 배출가스 중 브로민화합물의 정량 시 과잉의 하이포아염소산염을 환원시키는데 사용하는 것은?

㉮ 염산 ㉯ 폼산소듐
㉰ 수산화소듐 ㉱ 암모니아수

풀이 적정법에 의한 배출가스 중 브로민화합물의 정량 시 과잉의 하이포아염소산염을 환원시키는데 사용하는 것은 폼산소듐이다.

answer 58 ㉰ 59 ㉮ 60 ㉮ 61 ㉯ 62 ㉯

TIP

브로민화합물의 적정법
배출가스 중 브로민화합물을 수산화소듐 용액에 흡수시킨 다음 브로민을 하이포아염소산소듐 용액을 사용하여 브로민산 이온으로 산화시키고 과잉의 하이포아염소산염은 폼산소듐으로 환원시켜 이 브로민산 이온을 아이오딘 적정법으로 정량하는 방법이다.

63 화학반응 공정 등에서 배출되는 굴뚝 배출가스 중 일산화탄소 분석방법에 따른 정량범위로 틀린 것은?

㉮ 정전위전해법 : 0ppm~200ppm 이하
㉯ 비분산형적외선분석법 : 0ppm~1,000ppm 이하
㉰ 기체크로마토그래피 : TCD의 경우 1,000ppm 이상
㉱ 기체크로마토그래피 : FID의 경우 1ppm~2,000ppm

▶풀이 ㉮ 정전위전해법 : 0ppm~1,000ppm 이하

64 액의 농도에 관한 설명으로 옳지 않은 것은?

㉮ 단순히 용액이라 기재하고 그 용액의 이름을 밝히지 않은 것은 수용액을 뜻한다.
㉯ 혼액(1+2)은 액체상의 성분을 각각 1용량 대 2용량의 비율로 혼합한 것을 뜻한다.
㉰ 황산(1 : 7)은 용질이 액체일 때 1mL를 용매에 녹여 전량을 7mL로 하는 것을 뜻한다.
㉱ 액의 농도를 (1→5)로 표시한 것은 그 용질의 성분이 고체일 때는 1g을 용매에 녹여 전량을 5mL로 하는 비율을 말한다.

▶풀이 ㉰ 황산(1 : 7)은 용질이 액체일 때 1mL를 용매 7mL에 녹여 전량을 8mL로 하는 것을 뜻한다.

65 대기오염공정시험기준상 비분산적외선 분광분석법에서 응답시간에 관한 설명이다. ( )안에 알맞은 것은?

> 응답시간은 제로 조정용 가스를 도입하여 안정된 후 유로를 스팬가스로 바꾸어 기준 유량으로 분석기에 도입하여 그 농도를 눈금 범위 내의 어느 일정한 값으로부터 다른 일정한 값으로 갑자기 변화시켰을 때 스텝(step) 응답에 대한 소비시간이 (㉠) 이내이어야 한다. 또 이때 최종 지시값에 대한 90%의 응답을 나타내는 시간은 (㉡) 이내이어야 한다.

㉮ ㉠ 1초, ㉡ 1분   ㉯ ㉠ 1초, ㉡ 40초
㉰ ㉠ 10초, ㉡ 1분 ㉱ ㉠ 10초, ㉡ 40초

▶풀이 ① 스텝(step) 응답에 대한 소비시간 1초 이내
② 최종 지시값에 대한 90%의 응답을 나타내는 시간 40초 이내

66 대기 및 굴뚝 배출 기체중의 오염물질을 연속적으로 측정하는 비분산형적외선 분석기(고정형)의 성능 유지조건에 대한 설명으로 옳은 것은?

㉮ 최대눈금 범위의 ±5% 이하에 해당하는 농도변화를 검출할 수 있는 것이어야 한다.
㉯ 측정가스의 유량이 표시한 기준유량에 대하여 ±10% 이내에서 변동하여도 성능에 지장이 있어서는 안된다.
㉰ 동일 조건에서 제로가스를 연속적으로

answer 63 ㉮ 64 ㉰ 65 ㉯ 66 ㉱

도입하여 24시간 연속 측정하는 동안 전체눈금의 ±5% 이상의 지시변화가 없어야 한다.

㉣ 전압변동에 대한 안정성 측면에서 전원전압이 설정 전압의 ±10% 이내로 변화하였을 때 지시값 변화는 전체눈금의 ±1% 이내이어야 한다.

풀이
㉮ ±5% 이하 → ±1% 이하
㉯ ±10% 이내 → ±2% 이내
㉰ ±5% 이상 → ±2% 이상

67 굴뚝 배출가스 유속을 피토관으로 측정한 결과가 다음과 같을 때 배출가스 유속(m/s)은?

- 동압 : 100mmH₂O
- 배출가스 온도 : 295℃
- 표준상태 배출가스 밀도 : 1.2kg/m³ (0℃, 1기압)
- 피토관 계수 : 0.87

㉮ 43.7 ㉯ 48.2
㉰ 50.7 ㉱ 54.3

풀이
$$V = C \times \sqrt{\dfrac{2gh}{r}}$$

- V : 공기의 유속(m/sec)
- C : 피토관 계수
- g : 중력가속도(9.8m/sec²)
- h : 동압(mmH₂O)
- r : 밀도(kg/m³)

따라서 $V = 0.87 \times \sqrt{\dfrac{2 \times 9.8 \text{m/sec}^2 \times 100 \text{mmH}_2\text{O}}{1.2 \text{kg/Sm}^3 \times \dfrac{273}{273+295}}}$

= 50.72 m/sec

TIP
배출가스 밀도 1.2kg/m³는 표준상태이므로 온도를 보정해야 한다.

68 기체크로마토그래피의 장치구성에 관한 설명으로 옳지 않은 것은?

㉮ 분리관유로는 시료도입부, 분리관, 검출기기배관으로 구성되며, 배관의 재료는 스테인리스강이나 유리 등 부식에 대한 저항이 큰 것이어야 한다.

㉯ 분리관(column)은 충전물질을 채운 내경 2mm~7mm의 시료에 대하여 불활성금속, 유리 또는 합성수지관으로 각 분석방법에서 규정하는 것을 사용한다.

㉰ 운반가스는 일반적으로 열전도도형 검출기(TCD)에서는 순도 99.8% 이상의 아르곤이나 질소를, 수소염 이온화 검출기(FID)에서는 순도 99.8% 이상의 수소를 사용한다.

㉱ 주사기를 사용하는 시료도입부는 실리콘고무와 같은 내열성 탄성체격막이 있는 시료 기화실로서 분리관온도와 동일하거나 또는 그 이상의 온도를 유지할 수 있는 가열기구가 갖추어져야 한다.

풀이 ㉰ 운반가스는 일반적으로 열전도도형 검출기(TCD)에서는 순도 99.8% 이상의 수소나 헬륨을, 불꽃이온화검출기(FID)에서는 순도 99.8% 이상의 질소나 헬륨을 사용한다.

69 배출가스 중 가스상 물질의 시료 채취방법 중 다음 분석물질별 흡수액과의 연결이 옳지 않은 것은?

	분석방법	흡수액
①	플루오린화합물	수산화소듐용액(0.1mol/L)
②	이황화탄소	다이에틸아민구리용액
③	비소	수산화칼륨용액(질량분율 4%)
④	황화수소	아연아민착염용액

㉮ ① ㉯ ②
㉰ ③ ㉱ ④

 67 ㉰ 68 ㉰ 69 ㉰

풀이 비소의 흡수액은 수산화소듐 용액(질량분율 4%)이다.

풀이 아연화합물 분석방법에는 원자흡수분광광도법, 유도결합플라스마/원자발광분광법이 있다.

70 다음 중 굴뚝에서 배출되는 가스의 유량을 측정하는 기기가 아닌 것은?

㉮ 피토우관
㉯ 열선 유속계
㉰ 와류 유속계
㉱ 위상차 유속계

풀이 굴뚝에서 배출되는 가스의 유량을 측정하는 기기는 피토우관, 열선 유속계, 와류 유속계 등이다.

73 대기오염공정시험기준상 원자흡수분광광도법 분석 장치 중 시료원자화장치에 관한 설명으로 옳지 않은 것은?

㉮ 시료원자화장치 중 버너의 종류로 전분무버너와 예혼합버너가 있다.
㉯ 내화성산화물을 만들기 쉬운 원소의 분석에 적당한 불꽃은 프로판-공기 불꽃이다.
㉰ 빛이 투과하는 불꽃의 길이를 10cm 이상으로 해 주려면 멀티패스(Multi-Path) 방식을 사용한다.
㉱ 분석위 감도를 높여주고 안정한 측정치를 얻기 위하여 불꽃 중에 빛을 투과시킬 때 불꽃 중에서의 유효길이를 되도록 길게 한다.

71 배출가스 중 암모니아를 인도페놀법으로 분석할 때 암모니아와 같은 양으로 공존하면 안 되는 물질은?

㉮ 아민류
㉯ 황화수소
㉰ 아황산가스
㉱ 이산화질소

풀이 암모니아를 인도페놀법으로 분석시 간섭(방해)물질
① 이산화질소 100배 이상
② 아민류 몇 십배 이상
③ 이산화황 10배 이상
④ 황화수소 같은 양 이상

풀이 ㉯ 내화성산화물을 만들기 쉬운 원소의 분석에 적당한 불꽃은 아세틸렌-아산화질소 불꽃이다.

74 배출허용기준 중 표준산소농도를 적용받는 항목에 대한 배출가스량 보정식으로 옳은 것은? (단, Q : 배출가스유량(Sm3/일), Qa : 실측배출가스유량(Sm3/일), Os : 표준산소농도(%), Oa : 실측산소농도(%))

㉮ $Q = Q_a \times \dfrac{O_s - 21}{O_a - 21}$

㉯ $Q = Q_a \times \dfrac{O_a - 21}{O_s - 21}$

㉰ $Q = Q_a \div \dfrac{21 - O_s}{21 - O_a}$

72 배출가스 중 아연화합물을 분석하는 방법으로 알맞게 연결된 것은?

㉮ 자외선/가시선분광법 - 유도결합플라스마/원자발광분광법
㉯ 원자흡수분광광도법 - 유도결합플라스마/원자발광분광법
㉰ 기체크로마토그래피 - 이온크로마토그래피
㉱ 원자흡수분광광도법 - 자외선/가시선분광법

answer 70 ㉱ 71 ㉯ 72 ㉯ 73 ㉯ 74 ㉰

㉣ $Q = Q_a \div \dfrac{21-O_a}{21-O_s}$

풀이
① 유량 보정식 : $Q = Q_a \div \dfrac{21-O_s}{21-O_a}$

② 농도 보정식 : $C = C_a \times \dfrac{21-O_s}{21-O_a}$

75 공정시험방법상 환경대기 중의 탄화수소 농도를 측정하기 위한 주시험법은?

㉮ 총탄화수소 측정법
㉯ 활성 탄화수소 측정법
㉰ 비활성 탄화수소 측정법
㉱ 비메탄 탄화수소 측정법

풀이 환경대기중의 탄화수소 측정방법
① 총탄화수소 측정법
② 활성 탄화수소 측정법
③ 비메탄 탄화수소 측정법(주 시험방법)

76 대기오염공정시험기준상 분석시험에 있어 기재 및 용어에 관한 설명으로 옳은 것은?

㉮ 시험조작중 "즉시"란 10초 이내에 표시된 조작을 하는 것을 뜻한다.
㉯ "감압 또는 진공"이라 함은 따로 규정이 없는 한 10mmHg 이하를 뜻한다.
㉰ 용액의 액성표시는 따로 규정이 없는 한 유리전극법에 의한 pH미터로 측정한 것을 뜻한다.
㉱ "정확히 단다"라 함은 규정한 양의 검체를 취하여 분석용 저울로 0.3mg까지 다는 것을 뜻한다.

풀이 ㉮ 시험조작중 "즉시"란 30초 이내에 표시된 조작을 하는 것을 뜻한다.
㉯ "감압 또는 진공"이라 함은 따로 규정이 없는 한 15mmHg 이하를 뜻한다.
㉱ "정확히 단다"라 함은 규정한 양의 검체를 취하여 분석용 저울로 0.1mg까지 다는 것을 뜻한다.

77 굴뚝배출가스 중 수분량이 체적백분율로 10%이고, 배출가스의 온도는 80℃, 시료채취량은 10L, 대기압은 0.6기압, 가스미터 게이지압은 25mmHg, 가스미터온도 80℃에서의 수증기포화압이 255mmHg라 할 때, 흡수된 수분량(g)은?

㉮ 0.15g   ㉯ 0.21g
㉰ 0.33g   ㉱ 0.46g

풀이
$X_w(\%) = \dfrac{1.244 \times ma(L)}{V_s(L) + 1.244 \times ma(L)} \times 100(\%)$

① $V_s(L) = V(L) \times \dfrac{273}{273+℃} \times \dfrac{(P_a+P_m-P_v)mmHg}{760mmHg}$

$= 10L \times \dfrac{273}{273+80℃}$

$\times \dfrac{(0.6 \times 760 + 25 - 255)mmHg}{760mmHg}$

$= 2.30L$

② $10\% = \dfrac{1.244 \times ma}{2.30L + 1.244 \times ma} \times 100$

∴ $ma = 0.21g$

answer 75 ㉱ 76 ㉰ 77 ㉯

78 굴뚝배출가스 중 아황산가스의 자동연속 측정방법 중 자외선 흡수분석계에 관한 설명으로 옳지 않은 것은?

㉮ 광원 : 저압수소방전관 또는 저압수은 등이 사용된다.
㉯ 분광기 : 프리즘 또는 회절격자분광기를 이용하여 자외선영역 또는 가시광선영역의 단색광을 얻는데 사용된다.
㉰ 검출기 : 자외선 및 가시광선에 감도가 좋은 광전자증배관 또는 광전광이 이용된다.
㉱ 시료셀 : 시료셀은 200~500mm의 길이로 시료가스가 연속적으로 통과할 수 있는 구조로 되어 있다.

풀이 ㉮ 광원 : 중수소방전관 또는 중압수은 등이 사용된다.

79 배출가스 중 이황화탄소를 자외선가시선분광법으로 정량할 때 흡수액으로 옳은 것은?

㉮ 이언이민칙엄 용액
㉯ 제일염화주석 용액
㉰ 다이에틸아민구리 용액
㉱ 수산화제이철암모늄 용액

풀이 자외선가시선분광법으로 분석 시 이황화탄소의 흡수액은 다이에틸아민구리 용액이다.

80 원자흡광분석에서 발생하는 간섭 중 분석에 사용하는 스펙트럼의 불꽃 중에서 생성되는 목적원소의 원자증기 이외의 물질에 의하여 흡수되는 경우에 발생되는 것은?

㉮ 물리적 간섭   ㉯ 화학적 간섭
㉰ 분광학적 간섭 ㉱ 이온학적 간섭

풀이 ㉰ 분광학적 간섭에 대한 설명이다.

answer 78 ㉮   79 ㉰   80 ㉰

2020 3회 기출문제

| 제1과목 | 대기오염개론

01 햇빛이 지표면에 도달하기 전에 자외선의 대부분을 흡수함으로써 지표생물권을 보호하는 대기권의 명칭은?

㉮ 대류권 ㉯ 성층권
㉰ 중간권 ㉱ 열권

풀이 햇빛이 지표면에 도달하기 전에 자외선의 대부분을 흡수함으로써 지표생물권을 보호하는 대기권은 성층권이다.

02 44m 높이의 연돌에서 배출되는 가스의 평균온도가 250℃이고, 대기의 온도가 25℃일 때, 이 굴뚝의 통풍력(mmH₂O)은? (단, 표준상태의 가스와 공기의 밀도는 1.3kg/Sm3이고 굴뚝 안에서의 마찰손실은 무시한다.)

㉮ 약 12.4 ㉯ 약 15.8
㉰ 약 22.5 ㉱ 약 30.7

풀이
$$Z = 355 \times H \times \left(\frac{1}{273+t_a℃} - \frac{1}{273+t_g℃} \right)$$

여기서
- Z : 통풍력(mmH₂O)
- H : 굴뚝의 높이(m)
- t_a : 외기의 온도(℃)
- t_g : 가스의 온도(℃)

따라서

$$Z = 355 \times 44m \times \left(\frac{1}{273+25℃} - \frac{1}{273+250℃} \right)$$
$$= 22.55 mmH_2O$$

03 다음 대기오염물질과 관련되는 주요 배출업종을 연결한 것으로 가장 적합한 것은?

㉮ 벤젠 – 도장공업
㉯ 염소 – 주유소
㉰ 시안화수소 – 유리공업
㉱ 이황화탄소 – 구리정련

풀이 주요 배출업종
㉮ 벤젠 - 도장공업, 석유정제, 피혁제조, 수지공업
㉯ 염소 - 농약제조, 화학공업, 소다공업
㉰ 시안화수소 - 청산제조공업, 제철공업, 화학공업, 가스공업
㉱ 이황화탄소 - 비스코스섬유공업, 레이온제조업

04 대기가 가시광선을 통과시키고 적외선을 흡수하여 열을 밖으로 나가지 못하게 함으로써 보온 작용을 하는 것을 무엇이라 하는가?

㉮ 온실효과 ㉯ 복사균형
㉰ 단파복사 ㉱ 대기의 창

풀이 ㉮ 온실효과에 대한 설명이다.

answer 01 ㉯ 02 ㉰ 03 ㉮ 04 ㉮

05 대기오염이 식물에 미치는 영향에 관한 설명으로 가장 거리가 먼 것은?

㉮ SO_2는 회백색 반점을 생성하며, 피해 부분은 엽육세포이다.
㉯ PAN은 유리화, 은백색 광택을 나타내며, 주로 해면연조직에 피해를 준다.
㉰ NO_2는 불규칙 흰색 또는 갈색으로 변화되며, 피해 부분은 엽육세포이다.
㉱ HF는 SO_2와 같이 잎 안쪽 부분에 반점을 나타내기 시작하며, 늙은 잎에 특히 민감하고, 밤이 낮보다 피해가 크다.

풀이 ㉱ HF는 SO_2와는 다르게 잎의 선단(끝) 부분에 반점을 나타내기 시작하며, 어린 잎에 특히 민감하고, 낮이 밤보다 피해가 크다.

06 오존에 관한 설명으로 옳지 않은 것은?

㉮ 대기 중 오존은 온실가스로 작용한다.
㉯ 대기 중에서 오존의 배경농도는 0.1~0.2ppm 범위이다.
㉰ 단위체적당 대기 중에 포함된 오존의 분자수(mol/cm^3)로 나타낼 경우 약 지상 25km 고도에서 가장 높은 농도를 나타낸다.
㉱ 오존전량(total overhead amount)은 일반적으로 적도지역에서 낮고, 극지의 인근 지점에서는 높은 경향을 보인다.

풀이 ㉯ 대기 중에서 오존의 배경농도는 0.01~0.02ppm 범위이다.

07 다음 황화합물에 관한 설명 중 ( )안에 가장 알맞은 것은?

> 전지구적으로 해양을 통해 자연적 발생원 중 가장 많은 양의 황화합물이 ( )형태로 배출되고 있다.

㉮ H_2S ㉯ CS_2
㉰ OCS ㉱ $(CH_3)_2S$

풀이 ㉱ DMS(Dimethyl sulfide : $(CH_3)_2S$)에 대한 설명이다.

08 다음 중 지구온난화 지수가 가장 큰 것은?

㉮ CH_4 ㉯ SF_6
㉰ N_2O ㉱ HFCs

풀이 지구온난화 지수(GWP)
㉮ CH_4(메탄) : 21
㉯ SF_6(육불화황) : 23,900
㉰ N_2O(아산화질소) : 310
㉱ HFCs(과불화탄소) : 1,300

09 시정장애에 관한 설명 중 옳지 않은 것은?

㉮ 시정장애 직접 원인은 부유분진 중 극미세먼지 때문이다.
㉯ 시정장애 물질들은 주민의 호흡기계 건강에 영향을 미친다.
㉰ 빛이 대기를 통과할 때 시정장애 물질들은 빛을 산란 또는 흡수한다.
㉱ 2차 오염물질들이 서로 반응, 응축, 응집하여 생성된 물질들이 직접적인 원인이다.

풀이 ㉱ 1차 오염물질들이 서로 반응, 응축, 응집하여 생성된 물질들이 직접적인 원인이다.

answer 05 ㉱ 06 ㉯ 07 ㉱ 08 ㉯ 09 ㉱

10 석면이 가지고 있는 일반적인 특성과 거리가 먼 것은?

㉮ 절연성
㉯ 내화성 및 단열성
㉰ 흡습성 및 저인장성
㉱ 화학적 불활성

풀이 석면의 일반적인 특성은 절연성이 있고, 내화성 및 단열성을 가지며, 화학적으로 불활성이다.

11 A굴뚝으로부터 배출되는 SO_2가 풍하측 5,000m 지점에서 지표 최고 농도를 나타냈을 때, 유효굴뚝 높이(m)는? (단, Sutton의 확산식을 사용하고, 수직확산계수는 0.07, 대기안정도 지수(n)는 0.25이다.)

㉮ 약 120 ㉯ 약 140
㉰ 약 160 ㉱ 약 180

풀이 $X_{max} = \left(\dfrac{He}{C_z}\right)^{\frac{2}{2-n}}$

여기서
- X_{max} : 최대지상거리(m)
- He : 유효굴뚝높이(m)
- C_z : 수직확산계수
- n : 대기안정도 상수

$5,000m = \left(\dfrac{He}{0.07}\right)^{\frac{2}{2-0.25}}$

∴ $He = 0.07 \times (5,000m)^{\frac{2-0.25}{2}}$

 $= 120.70m$

12 산성비에 관한 설명 중 옳은 것은?

㉮ 산성비 생성의 주요 원인물질은 다이옥신, 중금속 등이다.
㉯ 일반적으로 산성비에 대한 내성은 침엽수가 활엽수보다 강하다.
㉰ 산성비란 정상적인 빗물의 pH 7 보다 낮게 되는 경우를 말한다.
㉱ 산성비로 인해 호수나 강이 산성화되면 물고기 먹이가 되는 플랑크톤의 생장을 촉진한다.

풀이 ㉮ 산성비 생성의 주요 원인물질은 SO_X, NO_X, HCl 등이다.
㉰ 산성비란 정상적인 빗물의 pH가 5.6 보다 낮게 되는 경우를 말한다.
㉱ 산성비로 인해 호수나 강이 산성화되면 물고기 먹이가 되는 플랑크톤의 생장이 억제된다.

13 다음 [보기]가 설명하는 주위 대기조건에 따른 연기의 배출형태를 옳게 나열한 것은?

[보기]
㉠ 지표면 부근에 대류가 활발하여 불안정하지만, 그 상층은 매우 안정하여 오염물의 확산이 억제되는 대기조건에서 발생한다. 발생시간 동안 상대적으로 지표면의 오염물질농도가 일시적으로 높아질 수 있는 형태
㉡ 대기상태가 중립인 경우에 나타나며, 바람이 다소 강하거나 구름이 많이 낀 날 자주 볼 수 있는 상태

㉮ ㉠ 지붕형, ㉡ 원추형
㉯ ㉠ 훈증형, ㉡ 원추형
㉰ ㉠ 구속형, ㉡ 훈증형
㉱ ㉠ 부채형, ㉡ 훈증형

풀이 대기 안정도
① 훈증형 : 지표-과단열(매우 불안정) 조건, 고공-역전(매우 안정) 조건
② 원추형 : 중립, 등온, 미단열 조건

answer 10 ㉰ 11 ㉮ 12 ㉯ 13 ㉯

14 상온에서 녹황색이고 강한 자극성 냄새를 내는 기체로서 공기보다 무겁고 표백작용이 강한 오염물질은?

㉮ 염소
㉯ 아황산가스
㉰ 이산화질소
㉱ 폼알데하이드

풀이 상온(15~25℃)에서 녹황색이고 강한 자극성 냄새를 내는 기체로서 공기보다 무겁고 표백작용이 강한 오염물질은 염소(Cl_2)이다.

15 다음 ( )안에 들어갈 용어로 옳은 것은?

지구의 평균 지상기온은 지구가 태양으로부터 받고 있는 태양에너지와 지구가 (㉠) 형태로 우주로 방출하고 있는 에너지의 균형으로부터 결정된다. 이 균형은 대기 중의 (㉡), 수증기 등 (㉠)을(를) 흡수하는 기체가 큰 역할을 하고 있다.

㉮ ㉠ 자외선, ㉡ CO
㉯ ㉠ 적외선, ㉡ CO
㉰ ㉠ 자외선, ㉡ CO_2
㉱ ㉠ 적외선, ㉡ CO_2

TIP
① 온실효과에 참여하는 빛 : 적외선
② 광화학반응에 참여하는 빛 : 자외선

16 로스앤젤레스 스모그 사건에 대한 설명 중 옳지 않은 것은?

㉮ 대기는 침강성 역전 상태였다.
㉯ 주 오염성분은 NO_X, O_3, PAN, 탄화수소이다.
㉰ 광화학적 및 열적 산화반응을 통해서 스모그가 형성되었다.
㉱ 주 오염 발생원은 가정 난방용 석탄과 화력발전소의 매연이다.

풀이 ㉱ 주 오염원은 대도시의 자동차에서 배출되는 질소산화물과 탄화수소에 의해서 생성되는 광화학산화물(O_3, PAN 등)이다.

17 다음 ( )안에 가장 적합한 물질은?

방향족 탄화수소 중 ( )은 대표적인 발암 물질이며, 환경 호르몬으로 알려져 있고, 연소 과정에서 생성된다. 숯불에 구운 쇠고기 등 가열로 검게 탄 식품, 담배연기, 자동차 배기가스, 석탄타르 등에 포함되어 있다.

㉮ 벤조피렌
㉯ 나프탈렌
㉰ 안트라센
㉱ 톨루엔

풀이 ㉮ 벤조피렌에 대한 설명이다.

18 빛의 소멸계수(σ_{ext})가 0.45km^{-1}인 대기에서, 시정거리의 한계를 빛의 강도가 초기 강도의 95%가 감소했을 때의 거리라고 정의할 경우 이 때 시정거리 한계(km)는? (단, 광도는 Lambert-Beer 법칙을 따르며, 자연대수로 적용한다.)

㉮ 약 0.1
㉯ 약 6.7
㉰ 약 8.7
㉱ 약 12.4

풀이 $I = I_o \exp(-\sigma_{ext} \cdot X)$
여기서
I : 거리 X를 통과한 후의 농도
I_o : 광원으로부터 광도
σ_{ext} : 빛의 소멸계수
X : 거리
따라서 5% = 100exp$^{(-0.45km^{-1} \cdot X)}$

answer 14 ㉮ 15 ㉱ 16 ㉱ 17 ㉮ 18 ㉯

$$\therefore X = \frac{\ln\frac{5\%}{100}}{-0.45 km^{-1}} = 6.66 km$$

19 안료, 색소, 의약품 제조공업에 이용되며 색소침착, 손·발바닥의 각화, 피부암 등을 일으키는 물질로 옳은 것은?

㉮ 납   ㉯ 크롬
㉰ 비소 ㉱ 니켈

▶풀이 ㉰ 비소(As)에 대한 설명이다.

20 Fick의 확산방정식을 실제 대기에 적용시키기 위한 추가적 가정에 대한 내용과 가장 거리가 먼 것은?

㉮ 오염물질은 플룸(plum)내에서 소멸된다.
㉯ 바람에 의한 오염물의 주 이동방향은 x축이다.
㉰ 풍향, 풍속, 온도 시간에 따른 농도변화가 없는 정상상태 분포를 가정한다.
㉱ 풍속은 x, y, z 좌표시스템 내의 어느 점에서든 일정하다.

▶풀이 ㉮ 오염물질은 플룸(plum)내에서 방출된다.

| 제2과목 | 연소공학

21 연료의 연소 시 과잉공기의 비율을 높여 생기는 현상으로 옳지 않은 것은?

㉮ 에너지손실이 커진다.
㉯ 연소가스의 희석효과가 높아진다.
㉰ 공연비가 커지고 연소온도가 낮아진다.
㉱ 화염의 크기가 커지고 연소가스 중 불완전 연소물질의 농도를 증가한다.

▶풀이 ㉱ 연소물질(CH_4, CO, C 등)의 농도 감소

22 다음 가스 중 $1Sm^3$를 완전연소할 때 가장 많은 이론공기량(Sm^3)이 요구되는 것은? (단, 가스는 순수가스임)

㉮ 에탄   ㉯ 프로판
㉰ 에틸렌 ㉱ 아세틸렌

▶풀이 이론공기량이 가장 큰 연료는 완전연소반응식에서 산소의 갯수가 가장 큰 가스이므로 정답은 ㉯번 propane이 된다.
㉮ C_2H_6(ethane)$+3.5O_2 \to 2CO_2+3H_2O$
㉯ C_3H_8(propane)$+5O_2 \to 3CO_2+4H_2O$
㉰ C_2H_4(ethylene)$+3O_2 \to 2CO_2+2H_2O$
㉱ C_2H_2(acetylene)$+2.5O_2 \to 2CO_2+H_2O$

23 기체연료 연소방식 중 예혼합연소에 관한 설명으로 옳지 않은 것은?

㉮ 연소조절이 쉽고 화염길이가 짧다.
㉯ 역화의 위험이 없으며 공기를 예열할 수 있다.
㉰ 화염온도가 높아 연소부하가 큰 경우에 사용이 가능하다.
㉱ 연소기 내부에서 연료와 공기의 혼합비가 변하지 않고 균일하게 연소된다.

▶풀이 ㉯ 역화의 위험이 있으며, 공기를 예열할 수 없다.

answer 19 ㉰ 20 ㉮ 21 ㉱ 22 ㉯ 23 ㉯

24 가스의 조성이 CH_4 70%, C_2H_6 20%, C_3H_8 10%인 혼합가스의 폭발범위로 가장 적합한 것은? (단, CH_4 폭발범위 : 5 ~ 15%, C_2H_6 폭발범위 : 3 ~ 12.5%, C_3H_8 폭발범위 : 2.1 ~ 9.5% 이며, 르샤틀리의 식을 적용한다.)

㉮ 약 2.9 ~ 12%   ㉯ 약 3.1 ~ 13%
㉰ 약 3.9 ~ 13.7%   ㉱ 약 4.7 ~ 7.8%

풀이 르샤틀리에 공식

$$\frac{100}{L} = \frac{V_1}{L_1} + \frac{V_2}{L_2} + \frac{V_3}{L_3}$$

여기서 L : 폭발범위
　　　V : 조성비

① 하한값 : $\frac{100}{L} = \frac{70\%}{5\%} + \frac{20\%}{3\%} + \frac{10\%}{2.1\%}$
　∴ L = 3.93%

② 상한값 : $\frac{100}{L} = \frac{70\%}{15\%} + \frac{20\%}{12.5\%} + \frac{10\%}{9.5\%}$
　∴ L = 13.66%

③ 혼합가스의 폭발범위는 3.93% ~ 13.66%이다.

25 다음 설명에 해당하는 기체연료는?

- 고온으로 가열된 무연탄이나 코크스 등에 수증기를 반응시켜 얻은 기체연료 이다.
- 반응식 $C + H_2O \rightarrow CO + H_2 + Q$
　　　$C + 2H_2O \rightarrow CO_2 + 2H_2 + Q$

㉮ 수성가스   ㉯ 오일 가스
㉰ 고로 가스   ㉱ 발생로 가스

풀이 주성분이 수소(H_2)와 일산화탄소(CO)인 연료는 ㉮ 수성가스이다.

26 다음 중 기체연료의 확산연소에 사용되는 버너 형태로 가장 적합한 것은?

㉮ 심지식 버너   ㉯ 회전식 버너
㉰ 포트형 버너   ㉱ 증기 분무식 버너

풀이 기체연료의 확산연소에 사용되는 버너 형태는 포트형과 버너형이다.

27 연소실 열발생률에 대한 설명으로 옳은 것은?

㉮ 연소실의 단위면적, 단위시간당 발생되는 열량이다.
㉯ 열손실의 단위용적, 단위시간당 발생되는 열량이다.
㉰ 단위시간에 공급된 연료의 중량을 연소실 용적으로 나눈 값이다.
㉱ 연소실에 공급된 연료의 발열량을 연소실 면적으로 나눈 값이다.

풀이 연소실 열발생률($kcal/m^3 \cdot hr$)은 열손실의 단위용적, 단위시간당 발생되는 열량이다.

28 1.5%(무게기준) 황분을 함유한 석탄 1,143kg을 이론적으로 완전연소시킬 때 SO_2 발생량(Sm^3)은? (단, 표준상태 기준이며, 황분은 전량 SO_2로 전환된다.)

㉮ 12   ㉯ 18
㉰ 21   ㉱ 24

풀이 $S + O_2 \rightarrow SO_2$
　　32kg : 22.4Sm^3
　　1,143kg×0.015 : X

$$\therefore X = \frac{1,143kg \times 0.015 \times 22.4Sm^3}{32kg}$$
　　　= 12.0Sm^3

answer 24 ㉰ 25 ㉮ 26 ㉰ 27 ㉯ 28 ㉮

29 쓰레기 이송방식에 따라 가동화격자(moving stoker)를 분류할 때 다음 [보기]가 설명하는 화격자 방식은?

[보기]
- 고정화격자와 가동화격자를 횡방향으로 나란히 배치하고, 가동화격자를 전후로 왕복운동 시킨다.
- 비교적 강한 교반력과 이송력을 갖고 있으며, 화격자의 눈이 메워짐이 별로 없다는 이점이 있으나, 낙진량이 많고 냉각작용이 부족하다.

㉮ 직렬식 ㉯ 병렬요동식
㉰ 부채 반전식 ㉱ 회전 로울러식

풀이 ㉯ 병렬요동식에 대한 설명이다.

30 코크스나 목탄 등이 고온으로 될 때 빨간 짧은 불꽃을 내면서 연소하는 것으로, 휘발성분이 없는 고체연료의 연소형태는?

㉮ 자기연소 ㉯ 분해연소
㉰ 표면연소 ㉱ 내부연소

풀이 ㉰ 표면연소에 대한 설명이다.

TIP
분해연소 : 장작, 석탄, 중유 등이 열분해하여 발생한 증기와 함께 연소초기에 불꽃을 내면서 연소하는 고체연료의 연소형태이다.

31 다음 연료 중 착화온도(℃)의 대략적인 범위가 옳지 않은 것은?

㉮ 목탄 : 320~370℃
㉯ 중유 : 430~480℃
㉰ 수소 : 580~600℃
㉱ 메탄 : 650~750℃

풀이 ㉯ 중유 : 550~580℃

32 벙커 C유에 2.5%의 S성분이 함유되어 있을 때 건조 연소가스량 중의 SO_2양(%)은? (단, 공기비 1.3, 이론 공기량 12Sm^3/kg-oil, 이론 건조연소 가스량 12.5Sm^3/kg-oil이고, 연료 중의 황성분은 95%가 연소되어 SO_2로 된다.)

㉮ 약 0.1 ㉯ 약 0.2
㉰ 약 0.3 ㉱ 약 0.4

풀이
① $Gd = (m-1)A_o + God$
   $= (1.3-1) \times 12 Sm^3/kg + 12.5 Sm^3/kg$
   $= 16.1 Sm^3/kg$

② $SO_2(\%) = \dfrac{SO_2량(Sm^3/kg)}{Gd(Sm^3/kg)} \times 100$

   $= \dfrac{0.7 \times 0.025 Sm^3/kg}{16.1 Sm^3/kg} \times 100$

   $= 0.11\%$

33 배기장치의 송풍기에서 1,000Sm^3/min의 배기가스를 배출하고 있다. 이 장치의 압력손실은 250mmH_2O이고, 송풍기의 효율이 65%라면 이 장치를 움직이는데 소요되는 동력(kW)은?

㉮ 43.61 ㉯ 55.36
㉰ 62.84 ㉱ 78.57

answer 29 ㉯ 30 ㉰ 31 ㉯ 32 ㉮ 33 ㉰

풀이 $kW = \dfrac{Ps \times Q}{102 \times \eta} \times \alpha$

여기서
- Ps : 정압(mmH$_2$O)
- Q : 배출가스량(Sm^3/sec)
- η : 송풍기 정압효율
- α : 여유율

따라서
$kW = \dfrac{250\text{mmH}_2\text{O} \times 1{,}000\text{Sm}^3/\text{min} \times 1\text{min}/60\text{sec}}{102 \times 0.65}$

$= 62.85\text{kW}$

34 [보기]에서 설명하는 내용으로 가장 적합한 유류연소버너는?

[보기]
- 화염의 형식 : 가장 좁은 각도의 긴 화염이다.
- 유량조절범위 : 약 1:10 정도이며, 대단히 넓다.
- 용도 : 제강용평로, 연속가열로, 유리용해로 등의 대형가열로 등에 많이 사용된다.

㉮ 유압식 ㉯ 회전식
㉰ 고압기류식 ㉱ 저압기류식

풀이 ㉰ 고압기류식에 대한 설명이다.

35 유동층연소에서 부하변동에 대한 적응성이 좋지 않은 단점을 보완하기 위한 방법으로 가장 거리가 먼 것은?

㉮ 층의 높이를 변화시킨다.
㉯ 층 내의 연료비율을 고정시킨다.
㉰ 공기분산판을 분할하여 층을 부분적으로 유동시킨다.
㉱ 유동층을 몇 개의 셀로 분할하여 부하에 따라 작동시키는 수를 변화시킨다.

풀이 ㉯ 층 내의 연료비율을 유동성 있게 한다.

36 탄소 80%, 수소 15%, 산소 5% 조성을 갖는 액체연료의 (CO$_2$)max(%)는? (단, 표준상태 기준)

㉮ 12.7 ㉯ 13.7
㉰ 14.7 ㉱ 15.7

풀이 ① 이론공기량(A_o)
$= 8.89C + 26.67\left(H - \dfrac{O}{8}\right) + 3.33S$ (Sm^3/kg)
$= 8.89 \times 0.80 + 26.67 \times \left(0.15 - \dfrac{0.05}{8}\right)$
$= 10.9458$ Sm^3/kg

② 이론건연소가스량(God)
$= A_o - 5.6H + 0.7O + 0.8N$ (Sm^3/kg)
$= 10.9458$ Sm^3/kg $- 5.6 \times 0.15 + 0.7 \times 0.05$
$= 10.1408$ Sm^3/kg

③ $CO_{2max}(\%) = \dfrac{1.867C}{God} \times 100$

$= \dfrac{1.867 \times 0.80 \text{Sm}^3/\text{kg}}{10.1408 \text{Sm}^3/\text{kg}} \times 100$

$= 14.73\%$

37 메탄 1mol이 공기비 1.2로 연소할 때의 등가비는?

㉮ 0.63 ㉯ 0.83
㉰ 1.26 ㉱ 1.62

풀이 등가비 $= \dfrac{1}{\text{공기비}(m)} = \dfrac{1}{1.2} = 0.83$

answer 34 ㉰ 35 ㉯ 36 ㉰ 37 ㉯

38 메탄의 고위발열량이 9,900kcal/Sm³이라면 저위발열량(kcal/Sm³)은?

㉮ 8,540　㉯ 8,620
㉰ 8,790　㉱ 8,940

풀이 $CH_4 + 2O_2 \rightarrow CO_2 + 2H_2O$
저위발열량(Hl)
= 고위발열량(Hh)−480×H_2O량(kcal/Sm³)
= 9,900kcal/Sm³ − 480×2
= 8,940kcal/Sm³

39 액화천연가스의 대부분을 차지하는 구성성분은?

㉮ CH_4　㉯ C_2H_6
㉰ C_3H_8　㉱ C_4H_{10}

풀이 ① 액화천연가스(LNG)의 주성분 : 메탄(CH_4)
② 액화석유가스(LPG)의 주성분 : 프로판(C_3H_8), 부탄(C_4H_{10})

40 H_2 40%, CH_4 20%, C_3H_8 20%, CO 20%의 부피조성을 가진 기체연료 1Sm³을 공기비 1.1로 연소시킬 때 필요한 실제공기량(Sm³)은?

㉮ 약 8.1　㉯ 약 8.9
㉰ 약 10.1　㉱ 약 10.9

풀이 $H_2 + 0.5O_2 \rightarrow H_2O$: 40%
$CH_4 + 2O_2 \rightarrow CO_2 + 2H_2O$: 20%
$C_3H_8 + 5O_2 \rightarrow 3CO_2 + 4H_2O$: 20%
$CO + 0.5O_2 \rightarrow CO_2$: 20%
필요한 실제공기량(Sm³)
= 공기비(m) × $\dfrac{\text{이론 산소량(Sm}^3)}{0.21}$
= 1.1 × $\dfrac{(0.5×0.40 + 2×0.20 + 5×0.20 + 0.5×0.20)}{0.21}$
= 8.91Sm³

| 제3과목 | 대기오염방지기술

41 전기집진장치로 함진가스를 처리할 때 입자의 겉보기 고유저항이 높을 경우의 대책으로 옳지 않은 것은?

㉮ 아황산가스를 조절제로 투입한다.
㉯ 처리가스의 습도를 높게 유지한다.
㉰ 탈진의 빈도를 늘리거나 타격강도를 높인다.
㉱ 암모니아를 조절제로 주입하고, 건식집진장치를 사용한다.

풀이 ㉱ 황산을 조절제로 주입하고, 습식집진장치를 사용한다.

42 다음 각 집진장치의 유속과 집진특성에 대한 설명 중 옳지 않은 것은?

㉮ 건식 전기집진장치는 재비산 한계내에서 기본유속을 정한다.
㉯ 벤츄리스크러버와 제트스크러버는 기본유속이 작을수록 집진율이 높다.
㉰ 중력집진장치와 여과집진장치는 기본유속이 작을수록 미세한 입자를 포집한다.
㉱ 원심력집진장치는 적정 한계내에서는 입구유속이 빠를수록 효율은 높은 반면 압력손실을 높아진다.

풀이 ㉯ 벤츄리스크러버와 제트스크러버는 기본유속이 클수록 집진율이 높다.

answer 38 ㉱　39 ㉮　40 ㉯　41 ㉱　42 ㉯

43 적용 방법에 따른 충전탑(packed tower)과 단탑(plate tower)을 비교한 설명으로 가장 거리가 먼 것은?

㉮ 포말성 흡수액일 경우 충전탑이 유리하다.
㉯ 흡수액에 부유물이 포함되어 있을 경우 단탑을 사용하는 것이 더 효율적이다.
㉰ 온도 변화에 따른 팽창과 수축이 우려될 경우에는 충전제 손상이 예상되므로 단탑이 더 유리하다.
㉱ 운전 시 용매에 의해 발생하는 용해열을 제거해야 할 경우 냉각오일을 설치하기 쉬운 충전탑이 유리하다.

풀이 ㉱ 운전 시 용매에 의해 발생하는 용해열을 제거해야 할 경우 냉각오일을 설치하기 쉬운 단탑이 유리하다.

44 먼지함유량이 A인 배출가스에서 C만큼 제거시키고 B만큼을 통과시키는 집진장치의 효율 산출식과 가장 거리가 먼 것은?

㉮ $\dfrac{C}{A}$ ㉯ $\dfrac{C}{(B+C)}$
㉰ $\dfrac{B}{A}$ ㉱ $\dfrac{(A-B)}{A}$

풀이 ㉰ $\dfrac{B}{A}$ 은 통과율 산출식이다.

TIP

입구농도 A → [집진장치 C] → 출구농도 B

45 평판형 전기집진장치의 집진판 사이의 간격이 10cm, 가스의 유속은 3m/s, 입자가 집진극으로 이동하는 속도가 4.8cm/s 일 때, 층류영역에서 입자를 완전히 제거하기 위한 이론적인 집진극의 길이(m)는?

㉮ 1.34   ㉯ 2.14
㉰ 3.13   ㉱ 4.29

풀이 $L = \dfrac{u \times S}{We}$

여기서
- L : 집진기 길이(m)
- u : 유속(m/sec)
- S : 집진극과 방전극간 거리(m)
- We : 이동 속도(m/sec)

따라서 $L = \dfrac{3\text{m/sec} \times 0.05\text{m}}{0.048\text{m/sec}} = 3.13\text{m}$

TIP $S = \dfrac{10\text{cm}}{2} = 5\text{cm} = 0.05\text{m}$

46 습식탈황법의 특징에 대한 설명 중 옳지 않은 것은?

㉮ 반응속도가 빨라 SO_2의 제거율이 높다.
㉯ 처리한 가스의 온도가 낮아 재가열이 필요한 경우가 있다.
㉰ 장치의 부식 위험이 있고, 별도의 폐수 처리시설이 필요하다.
㉱ 상업상 부산물의 회수가 용이하지 않고, 보수가 어려우며, 공정의 신뢰도가 낮다.

풀이 ㉱ 상업상 부산물의 회수가 용이하고, 보수가 쉬우며, 공정의 신뢰도가 높다.

answer 43 ㉱ 44 ㉰ 45 ㉰ 46 ㉱

47 배출가스 중 염화수소 제거에 관한 설명으로 옳지 않은 것은?

㉮ 누벽탑, 충전탑, 스크러버 등에 의해 용이하게 제거 가능하다.
㉯ 염화수소 농도가 높은 배기가스를 처리하는 데는 관외 냉각형, 염화수소 농도가 낮은 때에는 충전탑 사용이 권장된다.
㉰ 염화수소의 용해열이 크고 온도가 상승하면 염화수소의 분압이 상승하므로 완전 제거를 목적으로 할 경우에는 충분히 냉각할 필요가 있다.
㉱ 염산은 부식성이 있어 장치는 플라스틱, 유리라이닝, 고무라이닝, 폴리에틸렌 등을 사용해서는 안 되며 충전탑, 스크러버를 사용할 경우에는 mist catcher는 설치할 필요가 없다.

풀이 ㉱ 염산은 부식성이 있어 장치는 플라스틱, 유리라이닝, 고무라이닝, 폴리에틸렌 등을 사용해야 하고, 충전탑, 스크러버를 사용할 경우에는 mist catcher는 설치해야 한다.

48 가스 중 불화수소를 수산화나트륨 용액과 향류로 접촉시켜 87% 흡수시키는 충전탑의 흡수율을 99.5%로 향상시키기 위한 충전탑의 높이는? (단, 흡수액상의 불화수소의 평형분압은 0이다.)

㉮ 2.6배 높아져야 함
㉯ 5.2배 높아져야 함
㉰ 9배 높아져야 함
㉱ 18배 높아져야 함

풀이 $H = NOG \times HOG$
$H \propto NOG$ 이므로
$NOG = \ln\left(\dfrac{1}{1-\eta}\right)$

$\dfrac{NOG_2}{NOG_1} = \dfrac{\ln\left(\dfrac{1}{1-0.995}\right)}{\ln\left(\dfrac{1}{1-0.87}\right)} = 2.60$ 배

49 다음 [보기]가 설명하는 원심력 송풍기는?

[보기]
• 구조가 간단하여 설치장소의 제약이 적고, 고온, 고압 대용량에 적합하며, 압입통풍기로 주로 사용된다.
• 효율이 좋고 적은 동력으로 운전이 가능하다.

㉮ 터보형   ㉯ 평판형
㉰ 다익형   ㉱ 프로펠러형

풀이 ㉮ 터보형에 대한 설명이다.

50 중력집진장치에서 집진효율을 향상시키기 위한 조건으로 옳지 않은 것은?

㉮ 침강실의 입구폭을 작게 한다.
㉯ 침강실 내의 가스흐름을 균일하게 한다.
㉰ 침강실 내의 처리가스의 유속을 느리게 한다.
㉱ 침강실의 높이는 낮게 하고, 길이는 길게 한다.

풀이 ㉮ 침강실의 입구폭을 크게(유입속도를 작게) 한다.

answer 47 ㉱ 48 ㉮ 49 ㉮ 50 ㉮

51 다음 [보기]가 설명하는 흡착장치로 옳은 것은?

[보기]
가스의 유속을 크게 할 수 있고, 고체와 기체의 접촉을 크게 할 수 있으며, 가스와 흡착제를 향류로 접촉할 수 있는 장점은 있으나, 주어진 조업조건에 따른 조건변동이 어렵다.

㉮ 유동층 흡착장치 ㉯ 이동층 흡착장치
㉰ 고정층 흡착장치 ㉱ 원통형 흡착장치

풀이 ㉮ 유동층 흡착장치에 대한 설명이다.

52 45° 곡관의 반경비가 2.0일 때, 압력손실계수는 0.27이다. 속도압이 26mmH$_2$O일 때, 곡관의 압력손실(mmH$_2$O)은?

㉮ 1.5 ㉯ 2.0
㉰ 3.5 ㉱ 4.0

풀이 ① 압력손실 = 압력손실계수(F) × 속도압(Vp)
= 0.27×26mmH$_2$O = 7.02mmH$_2$O
② 45° 곡관의 압력손실
= 7.02mmH$_2$O ÷ 2.0 = 3.51mmH$_2$O

53 후드의 종류에 관한 설명으로 옳지 않은 것은?

㉮ 일반적으로 포집형 후드는 다른 후드보다 작업자의 작업방해가 적고, 적용이 유리하다.
㉯ 포위식 후드의 예로는 완전 포위식인 글러브 상자와 부분 포위식인 실험실 후드, 페인트 분무도장 후드가 있다.
㉰ 후드는 동작원리에 따라 크게 포위식과 외부식으로, 포위식은 다시 레시버형 또는 수형과 포집형 후드로 구분할 수 있다.
㉱ 포위식 후드는 적은 제어풍량으로 만족할 만한 효과를 기대할 수 있으나, 유입공기량이 적어 충분한 후드 개구면 속도를 유지하지 못하면 오히려 외부로 오염물질이 배출될 우려가 있다.

풀이 ㉰ 후드는 동작원리에 따라 크게 포위식과 외부식 그리고 레시버식으로 구분할 수 있다.

TIP
후드의 종류
① 포위식 : 포위형(Cover), 장갑부착상자형, 건축부스형, 드래프트 챔버형
② 외부식 : 슬로트형, 루버형, 그리드형, 자립형
③ 레시버형 : 캐노피형, 포위형(Grider cover), 자립형

54 공기의 유속과 점도가 각각 1.5m/s, 0.0187cP일 때, 레이놀즈수를 계산한 결과 1,950이었다. 이때 덕트 내를 이동하는 공기의 밀도(kg/m^3)는 약 얼마인가? (단, 덕트의 직경은 75mm이다.)

㉮ 0.23 ㉯ 0.29
㉰ 0.32 ㉱ 0.40

풀이
$$Re = \frac{D \times V \times \rho}{\mu}$$
$$1,950 = \frac{75 \times 10^{-3}\text{m} \times 1.5\text{m/sec} \times \rho}{0.0187 \times 10^{-3}\text{kg/m} \cdot \text{sec}}$$
∴ $\rho = 0.32 \text{kg/m}^3$

TIP
① D = 75mm $\xrightarrow{\times 10^{-3}}$ 75×10^{-3}m = 0.075m
② μ = 0.0187cP $\xrightarrow{\times 10^{-3}}$ 0.0187×10^{-3}kg/m·sec
③ μ(점성계수)
: cP $\xrightarrow{\times 10^{-2}}$ P(g/cm·sec) $\xrightarrow{\times 10^{-1}}$ kg/m·sec

answer 51 ㉮ 52 ㉰ 53 ㉰ 54 ㉰

55 전기집진장치의 각종 장해현상에 따른 대책으로 가장 거리가 먼 것은?

㉮ 먼지의 비저항이 낮아 재비산 현상이 발생할 경우 baffle을 설치한다.
㉯ 배출가스의 점성이 커서 역전리 현상이 발생할 경우 집진극의 타격을 강하게 하거나 빈도수를 늘린다.
㉰ 먼지의 비저항이 비정상적으로 높아 2차 전류가 현저하게 떨어질 경우 스파크 횟수를 줄인다.
㉱ 먼지의 비저항이 비정상적으로 높아 2차 전류가 현저하게 떨어질 경우 조습용 스프레이의 수량을 늘린다.

풀이 ㉰ 먼지의 비저항이 비정상적으로 높아 2차 전류가 현저하게 떨어질 경우 스파크 횟수를 늘린다.

56 일반적인 활성탄 흡착탑에서의 화재방지에 관한 설명으로 가장 거리가 먼 것은?

㉮ 접촉시간은 30초 이상, 선속도는 0.1m/s 이하로 유지한다.
㉯ 축열에 의한 발열을 피할 수 있도록 형상이 균일한 조립상 활성탄을 사용한다.
㉰ 사영역이 있으면 축열이 일어나므로 활성탄 층의 구조를 수직 또는 경사지게 하는 편이 좋다.
㉱ 운전 초기에는 흡착열이 발생하여 15~30분 후에는 점차 낮아지므로 물을 충분히 뿌려주어 30분 정도 공기를 공회전시킨 다음 정상 가동한다.

풀이 ㉮ 접촉시간은 2초 이하, 선속도는 0.2~0.4m/s로 유지한다.

TIP
선속도가 0.2m/s 미만이면 유속이 낮아 축열이 생겨 화재가 발생할 수 있다.

57 광학현미경을 이용하여 입자의 투영면적을 관찰하고 그 투영면적으로부터 먼지의 입경을 측정하는 방법 중 "입자의 투영면적 가장자리에 접하는 가장 긴 선의 길이"로 나타내는 입경(직경)은?

㉮ 등면적 직경   ㉯ Feret 직경
㉰ Martin 직경   ㉱ Heyhood 직경

풀이 ㉯ Feret 직경에 대한 설명이다.

58 다음 중 활성탄으로 흡착 시 효과가 가장 적은 것은?

㉮ 알코올류   ㉯ 아세트산
㉰ 담배연기   ㉱ 일산화질소

풀이 ㉱ 일산화질소(NO)는 환원법을 이용하여 처리한다.

59 배출가스 중의 NO_X 제거법에 관한 설명으로 옳지 않은 것은?

㉮ 비선택적인 촉매환원에서는 NO_X 뿐만 아니라 O_2까지 소비된다.
㉯ 선택적 촉매환원법의 최적온도 범위는 700~850℃ 정도이며, 보통 50% 정도의 NO_X를 저감시킬 수 있다.
㉰ 선택적 촉매환원법은 T_iO_2와 V_2O_5를 혼합하여 제조한 촉매에 NH_3, H_2, CO, H_2S 등의 환원가스를 작용시켜 NO_X를 N_2로 환원시키는 방법이다.
㉱ 배출가스 중의 NO_X 제거는 연소조절에 의한 제어법보다 더 높은 NO_X 제거효율이 요구되는 경우나 연소방식을 적용할 수 없는 경우에 사용된다.

풀이 ㉯ 선택적 촉매환원법의 최적온도 범위는 300~400℃ 정도이며, 보통 80% 정도의 NO_X를 저감시킬 수 있다.

answer 55 ㉰ 56 ㉮ 57 ㉯ 58 ㉱ 59 ㉯

60 반지름 250mm, 유효높이 15m인 원통형 백필터를 사용하여 농도 6g/m³인 배출가스를 20m³/s 로 처리하고자 한다. 겉보기 여과속도를 1.2cm/s로 할 때 필요한 백필터의 수는?

㉮ 49 ㉯ 62
㉰ 65 ㉱ 71

풀이 $Q = \pi \cdot D \cdot L \cdot n \cdot V_f$

$$\therefore n = \frac{Q}{\pi \cdot D \cdot L \cdot V_f} = \frac{20 \text{m}^3/\text{sec}}{\pi \times 2 \times 0.25\text{m} \times 15\text{m} \times 0.012\text{m/sec}}$$

$= 70.7355 = 71$개

TIP
① D는 직경이므로 D = 2×250mm = 2×0.25m
② L = 유효높이 = 길이(m)
③ V_f = 1.2cm/sec = 0.012m/sec

| 제4과목 | 대기오염공정시험기준

61 대기오염공정시험기준상 고성능 이온 크로마토그래피의 장치 중 써프렛서에 관한 설명으로 가장 거리가 먼 것은?

㉮ 장치의 구성상 써프렛서 앞에 분리관이 위치한다.
㉯ 용리액에 사용되는 전해질 성분을 제거하기 위한 것이다.
㉰ 관형 써프렛서에 사용하는 충전물은 스티롤계 강산형 및 강염기형 수지이다.
㉱ 목적성분의 전기전도도를 낮추어 이온 성분을 고감도로 검출할 수 있게 해준다.

풀이 ㉱ 목적 성분의 전기전도도를 낮추어 목적이온 성분과 전기 전도도만을 고감도로 검출할 수 있게 해준다.

62 굴뚝 배출가스 중 먼지농도를 반자동식 시료채취기에 의해 분석하는 경우 채취장치 구성에 관한 설명으로 옳지 않은 것은?

㉮ 흡인노즐의 꼭지점은 80° 이하의 예각이 되도록 하고 주위장치에 고정시킬 수 있도록 충분한 각(가급적 수직)이 확보되도록 한다.
㉯ 흡인노즐의 안과 밖의 가스흐름이 흐트러지지 않도록 흡인노즐 안지름 (d)은 3mm 이상으로 하고, d는 정확히 측정하여 0.1mm 단위까지 구하여 둔다.
㉰ 흡입관은 수분농축 방지를 위해 시료가스 온도를 120℃±14℃로 유지할 수 있는 가열기를 갖춘 보로실리케이트, 스테인리스강 재질 또는 석영 유리관을 사용한다.
㉱ 피토관은 피토관 계수가 정해진 L형 피토관(C : 1.0 전후) 또는 S형(웨스턴형 C : 0.85전후) 피토관으로써 배출가스 유속의 계속적인 측정을 위해 흡입관에 부착하여 사용한다.

풀이 ㉮ 흡인노즐의 꼭지점은 30° 이하의 예각이 되도록 하고, 내외면은 매끄럽게 되어야 한다.

63 굴뚝에서 배출되는 건조배출가스의 유량을 계산할 때 필요한 값으로 옳지 않은 것은? (단, 굴뚝의 단면은 원형이다.)

㉮ 굴뚝 단면적
㉯ 배출가스 평균온도
㉰ 배출가스 평균동압
㉱ 배출가스 중의 수분량

풀이 ㉰ 배출가스 평균정압

answer 60 ㉱ 61 ㉱ 62 ㉮ 63 ㉰

64 대기오염공정시험기준상 원자흡수분광광도법에서 사용하는 용어의 정의로 옳지 않은 것은?

㉮ 선프로파일(Line Profile) : 파장에 대한 스펙트럼선의 강도를 나타내는 곡선
㉯ 공명선(Resonance Line) : 목적하는 스펙트럼선에 가까운 파장을 갖는 다른 스펙트럼선
㉰ 예복합 버너(Premix Type Burner) : 가연성 가스, 조연성 가스 및 시료를 분무실에서 혼합시켜 불꽃 중에 넣어주는 방식의 버너
㉱ 분무실(Nebulizer-Chamber) : 분무기와 함께 분무된 시료용액의 미립자를 더욱 미세하게 해주는 한편 큰 입자와 분리시키는 작용을 갖는 장치

풀이 ㉯ 공명선 : 원자가 외부로부터 빛을 흡수했다가 다시 먼저 상태로 돌아갈 때 방사하는 스펙트럼 선

65 굴뚝 배출가스 내의 산소측정방법 중 덤벨형(dumb-bell) 자기력 분석계에 관한 설명으로 옳지 않은 것은?

㉮ 측정셀은 시료 유통실로서 자극사이에 배치하여 덤벨 및 불균형 자계발생 자극편을 내장한 것이어야 한다.
㉯ 편위검출부는 덤벨의 편위를 검출하기 위한 것으로 광원부와 덤벨봉에 달린 거울에서 반사하는 빛을 받는 수광기로 된다.
㉰ 피드백코일은 편위량을 없애기 위하여 전류에 의하여 자기를 발생시키는 것으로 일반적으로 백금선이 이용된다.
㉱ 덤벨은 자기화율이 큰 유리 등으로 만들어진 중공의 구체를 막대 양 끝에 부착한 것으로 수소 또는 헬륨을 봉입한 것을 말한다.

풀이 ㉱ 덤벨은 석영 등 산소에 비해 자화율이 매우 작은 재료를 봉의 양 끝에 붙인 것을 말한다.

66 환경대기 중 석면농도를 측정하기 위해 위상차현미경을 사용한 계수방법에 관한 설명으로 ( )안에 알맞은 것은?

> 시료채취 측정시간은 주간시간대에 (오전 8시~오후 7시) (㉠) 으로 1시간 측정하고, 시료채취조작 시 유량계의 부자를 (㉡)되게 조정한다.

㉮ ㉠ 1 L/min, ㉡ 1 L/min
㉯ ㉠ 1L/min, ㉡ 10L/min
㉰ ㉠ 10L/min, ㉡ 1L/min
㉱ ㉠ 10L/min, ㉡ 10L/min

풀이 시료채취 측정시간은 주간시간대에 (오전 8시~오후 7시) 10L/min으로 1시간 측정하고, 시료채취조작 시 유량계의 부자를 10L/min되게 조정한다.

67 대기오염공정시험기준상 일반화학분석에 대한 공통적인 사항으로 따로 규정이 없는 경우 사용해야 하는 시약의 규격으로 옳지 않은 것은?

	명칭	농도(%)	비중(약)
가	암모니아수	32.0~38.0 (NH$_3$로서)	1.38
나	플루오린화수소	46.0~68.0	1.14
다	브로민화수소	47.0~49.0	1.48
라	과염소산	60.0~62.0	1.54

㉮ 가
㉯ 나
㉰ 다
㉱ 라

answer 64 ㉯ 65 ㉱ 66 ㉱ 67 ㉮

풀이 ㉮ 암모니아수 : 농도 28.0~30.0(NH₃로서), 비중 약 0.90

68 어떤 굴뚝 배출가스의 유속을 피토관으로 측정하고자 한다. 동압 측정 시 확대율이 10배인 경사 마노미터를 사용하여 액주 55mm를 얻었다. 동압은 약 몇 mmH₂O인가? (단, 경사 마노미터에는 비중 0.85의 톨루엔을 사용한다.)

㉮ 4.7 ㉯ 5.5
㉰ 6.5 ㉱ 7.0

풀이 동압(h) = 액주거리(mm)×톨루엔 비중× $\dfrac{1}{확대율}$

$= 55\text{mm} \times 0.85 \times \dfrac{1}{10} = 4.68\text{mmH}_2\text{O}$

69 굴뚝 배출가스량이 125Sm³/h이고, HCl 농도가 200ppm 일 때, 5,000L 물에 2시간 흡수시켰다. 이때 이 수용액의 pOH는? (단, 흡수율은 60%이다.)

㉮ 8.5 ㉯ 9.3
㉰ 10.4 ㉱ 13.3

풀이 ① HCl의 mol/L

$= \dfrac{Q(\text{Sm}^3/\text{hr}) \times C(\text{mL/Sm}^3) \times 10^{-3}\text{L/mL} \times \dfrac{\eta(\%)}{100} \times 제거시간(\text{hr}) \times \dfrac{1\text{mol}}{22.4\text{L}}}{순환수(\text{L})}$

$= \dfrac{125\text{Sm}^3/\text{hr} \times 200\text{mL/Sm}^3 \times 10^{-3}\text{L/mL} \times 0.6 \times 2\text{hr} \times \dfrac{1\text{mol}}{22.4\text{L}}}{5,000\text{L}}$

$= 2.68 \times 10^{-4} \text{mol/L}$

② $[H^+] = 2.68 \times 10^{-4}$ mol/L
③ pH = -log$[H^+]$ = -log$[2.68 \times 10^{-4}$ mol/L$]$
    = 3.572
④ pOH = 14-pH = 14-3.572 = 10.43

70 대기오염공정시험기준상 화학분석 일반사항에 대한 규정 중 옳지 않은 것은?

㉮ "약"이란 그 무게 또는 부피에 대하여 ±10% 이상의 차가 있어서는 안 된다.
㉯ 냉수는 15℃ 이하, 온수는 (60~70)℃, 열수는 약 100℃를 말한다.
㉰ 방울수라 함은 10℃에서 정제수 10방울을 떨어뜨릴 때 그 부피가 약 1mL되는 것을 뜻한다.
㉱ 밀봉용기라 함은 물질을 취급 또는 보관하는 동안에 기체 또는 미생물이 침입하지 않도록 내용물을 보호하는 용기를 뜻한다.

풀이 ㉰ 방울수라 함은 20℃에서 정제수 20방울을 떨어뜨릴 때 그 부피가 약 1mL되는 것을 뜻한다.

71 대기오염공정시험기준상 원자흡수분광광도법에서 분석시료의 측정조건 결정에 관한 설명으로 가장 거리가 먼 것은?

㉮ 분석선 선택 시 감도가 가장 높은 스펙트럼선을 분석선으로 하는 것이 일반적이다.
㉯ 양호한 SN비를 얻기 위하여 분광기의 슬릿폭은 목적으로 하는 분석선을 분리할 수 있는 범위 내에서 되도록 넓게 한다(이웃의 스펙트럼선과 겹치지 않는 범위 내에서).
㉰ 불꽃 중에서의 시료의 원자밀도 분포와 원소 불꽃의 상태 등에 따라 다르므로 불꽃의 최적위치에서의 빛이 투과하도록 버너의 위치를 조절한다.
㉱ 일반적으로 광원램프의 전류값이 낮으면 램프의 감도가 떨어지는 등 수명이 감소하므로 광원램프는 장치의 성능이 허락하는 범위 내에서 되도록 높은 전류값에서 동작시킨다.

answer 68 ㉮ 69 ㉰ 70 ㉰ 71 ㉱

풀이 ㉣ 일반적으로 광원램프의 전류값이 높으면 램프의 감도가 떨어지는 등 수명이 감소하므로 광원램프는 장치의 성능이 허락하는 범위 내에서 되도록 낮은 전류값에서 동작시킨다.

72 굴뚝 내의 온도(θ_s)는 133℃이고, 정압(Ps)은 15mmHg이며 대기압(Pa)은 745mmHg이다. 이 때 대기오염공정시험기준상 굴뚝 내의 배출가스 밀도(kg/m³)는? (단, 표준상태의 공기의 밀도(ν_o)는 1.3kg/Sm3이고, 굴뚝 내 기체 성분은 대기와 같다.)

㉮ 0.744 ㉯ 0.874
㉰ 0.934 ㉣ 0.984

풀이 배출가스 밀도(kg/m³)
$= \frac{1.3kg}{Sm^3} \times \frac{273}{273+133℃} \times \frac{(745+15)mmHg}{760mmHg}$
$= 0.87 kg/m^3$

73 고용량공기시료채취기를 이용하여 배출가스 중 비산먼지의 농도를 계산하려고 한다. 풍속이 0.5m/s 미만 또는 10m/s 이상 되는 시간이 전 채취시간의 50% 이상일 때 풍속에 대한 보정계수는?

㉮ 1.0 ㉯ 1.2
㉰ 1.4 ㉣ 1.5

풀이

풍속에 대한 보정계수	풍향에 대한 보정계수
전 채취시간의 50% 미만 : 1.0 전 채취시간의 50% 이상 : 1.2	주풍향이 90° 이상 : 1.5 주풍향이 45°~90° : 1.2 주풍향이 45° 미만 : 1.0

74 굴뚝 배출가스 중 아황산가스의 연속 자동측정방법의 종류로 옳지 않은 것은?

㉮ 불꽃광도법 ㉯ 광전도전위법
㉰ 자외선흡수법 ㉣ 용액전도율법

풀이 굴뚝 배출가스 중 아황산가스의 연속 자동측정방법으로는 불꽃광도법, 자외선흡수법, 용액전도율법, 적외선흡수법, 정전위전해법이 있다.

75 대기오염공정시험기준상 환경대기 중 정가스상 물질의 시료 채취방법에 관한 설명으로 옳지 않은 것은?

㉮ 용기채취법에서 용기는 일반적으로 수소 또는 헬륨 가스가 충진된 주머니(bag)를 사용한다.
㉯ 용기채취법은 시료를 일단 일정한 용기에 채취한 다음 분석에 이용하는 방법으로 채취관 - 용기, 또는 채취관 - 유량조절기 - 흡입펌프 - 용기로 구성된다.
㉰ 직접채취법에서 채취관은 일반적으로 4불화에틸렌수지(teflon), 경질유리, 스테인리스강제 등으로 된 것을 사용한다.
㉣ 직접채취법에서 채취관의 길이는 5 m 이내로 되도록 짧은 것이 좋으며, 그 끝은 빗물이나 곤충 기타 이물질이 들어가지 않도록 되어 있는 구조이어야 한다.

풀이 ㉮ 용기채취법에서 용기는 일반적으로 진공병 또는 공기주머니를 사용한다.

76 배출가스 중 굴뚝 배출 시료채취방법 중 분석대상기체가 폼알데하이드일 때 채취관, 연결관의 재질로 옳지 않은 것은?

㉮ 석영 ㉯ 보통강철
㉰ 경질유리 ㉣ 플루오로수지

answer 72 ㉯ 73 ㉯ 74 ㉯ 75 ㉮ 76 ㉯

풀이 폼알데하이드의 채취관과 도관(연결관)의 재질은 석영, 경질유리, 플루오로수지이다.

77 굴뚝의 배출가스 중 구리화합물을 원자흡수분광광도법으로 분석할 때의 적정 파장(nm)은?

㉮ 213.8   ㉯ 228.8
㉰ 324.8   ㉱ 357.9

풀이 구리화합물을 원자흡수분광광도법으로 분석할 때의 적정한 측정 파장은 324.8nm이다.

78 대기오염공정시험기준상 비분산적외선분광분석법의 용어 및 장치 구성에 관한 설명으로 옳지 않은 것은?

㉮ 제로 드리프트(Zero Drift)는 측정기의 교정범위눈금에 대한 지시값의 일정기간 내의 변동을 말한다.
㉯ 비교가스는 시료 셀에서 적외선 흡수를 측정하는 경우 대조가스로 사용하는 것으로 적외선을 흡수하지 않는 가스를 말한다.
㉰ 광원은 원칙적으로 흑체발광으로 니크로뮴선 또는 탄화규소의 저항체에 전류를 흘려 가열한 것을 사용한다.
㉱ 시료셀은 시료가스가 흐르는 상태에서 양단의 창을 통해 시료 광속이 통과하는 구조를 갖는다.

풀이 ㉮ 제로 드리프트(Zero Drift)는 측정기의 최저눈금에 대한 지시값의 일정기간내의 변동을 말한다.

79 다음 굴뚝 배출가스를 분석할 때 아연환원 나프틸에틸렌다이아민법이 시험방법인 물질로 옳은 것은?

㉮ 페놀   ㉯ 브로민화합물
㉰ 이황화탄소   ㉱ 질소산화물

풀이 ㉱ 질소산화물의 시험방법에 해당한다.

80 환경대기 중 아황산가스를 파라로자닐린법으로 분석할 때 다음 간섭물질에 대한 제거방법으로 옳은 것은?

㉮ NO_X : 측정기간을 늦춘다.
㉯ Cr : pH를 4.5 이하로 조절한다.
㉰ O_3 : 설퍼민산(NH_3SO_3)을 사용한다.
㉱ Mn, Fe : EDTA 및 인산을 사용한다.

풀이 ㉮ NO_X : 설퍼민산(NH_3SO_3)을 사용한다.
㉯ Cr : EDTA 및 인산을 사용한다.
㉰ O_3 : 측정기간을 늦춘다.

answer 77 ㉰   78 ㉮   79 ㉱   80 ㉱

2020 4회 기출문제

| 제1과목 | 대기오염개론

01 다음 중 대기층의 구조에 관한 설명으로 옳은 것은?

㉮ 지상 80km 이상을 열권이라고 한다.
㉯ 오존층은 주로 지상 약 30~45km에 위치한다.
㉰ 대기층의 수직 구조는 대기압에 따라 4개 층으로 나뉜다.
㉱ 일반적으로 지상에서부터 상층 10~12km까지를 성층권이라고 한다.

풀이 ㉯ 오존층은 주로 지상 약 20~30km에 위치한다.
㉰ 대기층의 수직 구조는 온도에 따라 4개 층으로 나뉜다.
㉱ 일반적으로 지상에서부터 상층 11~50km까지를 성층권이라고 한다.

02 광화학적 산화제와 2차 대기오염물질에 관한 설명으로 옳지 않은 것은?

㉮ 오존은 산화력이 강하므로 눈을 자극하고, 폐수종과 폐출혈 등을 유발시킨다.
㉯ PAN은 강산화제로 작용하며, 빛을 흡수하여 가시거리를 증가시키며, 고엽에 특히 피해가 큰 편이다.
㉰ 오존은 성숙한 잎에 피해가 크며, 섬유류의 퇴색작용과 직물의 셀룰로우스를 손상시킨다.
㉱ 자외선이 강할 때, 빛의 지속시간이 긴 여름철에, 대기가 안정되었을 때 대기 중 광산화제의 농도가 높아진다.

풀이 ㉯ PAN은 강산화제로 작용하며, 빛을 분산하여 가시거리를 감소시키며, 어린잎에 특히 피해가 큰 편이다.

03 광화학옥시던트 중 PAN에 관한 설명으로 옳은 것은?

㉮ 분자식은 $CH_3COOONO_2$이다.
㉯ PBzN 보다 100배 정도 강하게 눈을 자극한다.
㉰ 눈에는 자극이 없으나 호흡기 점막에는 강한 자극을 준다.
㉱ 푸른색, 계란 썩는 냄새를 갖는 기체로서 대기중에서 강산화제로 작용한다.

풀이 ㉯ PBzN이 100배 정도 강하게 눈을 자극한다.
㉰ 눈에 자극이 있다.
㉱ 무색, 무미의 기체로서 대기중에서 강산화제로 작용한다.

answer 01 ㉮ 02 ㉯ 03 ㉮

04 최대에너지의 파장과 흑체 표면의 절대온도는 반비례함을 나타내는 법칙은?

㉮ 플랑크 법칙
㉯ 알베도의 법칙
㉰ 비인의 변위법칙
㉱ 스테판-볼츠만의 법칙

풀이 최대에너지의 파장과 흑체 표면의 절대온도는 반비례함을 나타내는 법칙은 비인의 변위법칙으로 파장(λ_m) = $\frac{비례상수(a)}{절대온도(T)}$ 로 나타낸다.

05 온실효과에 관한 설명 중 가장 적합한 것은?

㉮ 실제 온실에서의 보온작용과 같은 원리이다.
㉯ 일산화탄소의 기여도가 가장 큰 것으로 알려져 있다.
㉰ 온실효과 가스가 증가하면 대류권에서 적외선 흡수량이 많아져서 온실효과가 증대된다.
㉱ 가스차단기, 소화기 등에 주로 사용되는 NO_2는 온실효과에 대한 기여도가 CH_4 다음으로 크다.

풀이 ㉮ 실제 온실에서의 보온작용과는 다른 원리이다.
㉯ 이산화탄소의 기여도가 가장 큰 것으로 알려져 있다.
㉱ 가스차단기, 소화기 등에 주로 사용되는 CFC는 온실효과에 대한 기여도가 CH_4 보다 크다.

06 대기압력이 950mb인 높이에서 공기의 온도가 −10℃일 때 온위(potential temperature)는? (단, $\theta = T\left(\frac{1,000}{P}\right)^{0.288}$ 를 이용한다.)

㉮ 약 267K   ㉯ 약 277K
㉰ 약 287K   ㉱ 약 297K

풀이 온위(θ) = (273-10)K × $\left(\frac{1,000}{950mb}\right)^{0.288}$
= 266.91K

07 라돈에 관한 설명으로 가장 거리가 먼 것은?

㉮ 무색, 무취의 기체로 액화되어도 색을 띠지 않는 물질이다.
㉯ 공기보다 9배 정도 무거워 지표에 가깝게 존재한다.
㉰ 주로 토양, 지하수, 건축자재 등을 통하여 인체에 영향을 미치고 있으며 흙속에서 방사선 붕괴를 일으킨다.
㉱ 일반적으로 인체의 조혈기능 및 중추신경계통에 가장 큰 영향을 미치는 것으로 알려져 있으며, 화학적으로 반응성이 크다.

풀이 ㉱ 일반적으로 호흡기계통의 질환과 폐암을 유발하며, 화학적으로 정하여 반응성이 작다.

answer 04 ㉰   05 ㉰   06 ㉮   07 ㉱

08 건물에 사용되는 대리석, 시멘트 등을 부식시켜 재산상의 손실을 발생시키는 산성비에 가장 큰 영향을 미치는 물질로 옳은 것은?

㉮ O_3
㉯ N_2
㉰ SO_2
㉱ TSP

풀이 산성비에 가장 큰 영향을 미치는 물질은 황산화물(SO_X), 질소산화물(NO_X), HCl 등이 있다.

09 다음 중 염소 또는 염화수소 배출 관련 업종으로 가장 거리가 먼 것은?

㉮ 화학 공업
㉯ 소다 제조업
㉰ 시멘트 제조업
㉱ 플라스틱 제조업

풀이 관련업종
① 염화수소 : 소다 제조업, 활성탄 제조업, 플라스틱 제조업, 금속제련업, 염산제조업
② 염소 : 농약제조업, 화학공업, 소다제조업

10 Richardson수(R)에 관한 설명으로 옳지 않은 것은?

㉮ R = 0은 대류에 의한 난류만 존재함을 나타낸다.
㉯ 0.25 < R 은 수직방향의 혼합이 거의 없음을 나타낸다.
㉰ Richardson수(R)가 큰 음의 값을 가지면 바람이 약하게 되어 강한 수직운동이 일어난다.
㉱ -0.03 < R < 0 기계적 난류와 대류가 존재하나 기계적 난류가 혼합을 주로 일으킴을 나타낸다.

풀이 ㉮ R = 0은 기계적인 난류만 존재함을 나타낸다.

11 대기오염사건과 기온역전에 관한 설명으로 옳지 않은 것은?

㉮ 로스앤젤레스 스모그사건은 광화학스모그의 오염형태를 가지며, 기상의 안정도는 침강역전 상태이다.
㉯ 런던스모그 사건은 주로 자동차 배출가스 중의 질소산화물과 반응성 탄화수소에 의한 것이다.
㉰ 침강역전은 고기압 중심부분에서 기층이 서서히 침강하면서 기온이 단열변화로 승온되어 발생하는 현상이다.
㉱ 복사역전은 지표에 접한 공기가 그보다 상공의 공기에 비하여 더 차가워져서 생기는 현상이다.

풀이 ㉯ 런던스모그 사건은 주로 석탄연료에서 발생되는 아황산가스와 먼지 등이 복사성 역전, 무풍상태, 높은 습도에서 발생한 것이다.

12 온위(Potential temperature)에 대한 설명으로 옳은 것은?

㉮ 환경감률이 건조 단열감률과 같은 기층에서는 온위가 일정하다.
㉯ 환경감률이 습윤 단열감률과 같은 기층에서는 온위가 일정하다.
㉰ 어떤 고도의 공기덩어리를 850mb 고도까지 건조단열적으로 옮겼을 때의 온도이다.
㉱ 어떤 고도의 공기덩어리를 1,000mb 고도까지 건조단열적으로 옮겼을 때의 온도이다.

풀이 안정도
① 중립 : 환경감율선(r) = 건조단열감율선(rd)
② 과단열 : 환경감율선(r) > 건조단열감율선(rd)
③ 역전 : 환경감율선(r) < 건조단열감율선(rd)

answer 08 ㉰ 09 ㉰ 10 ㉮ 11 ㉯ 12 ㉮

13 다음 중 일반적으로 대도시의 산성강우 속에 가장 높은 농도로 존재할 것으로 예상되는 이온성분은? (단, 산성강우는 pH 5.6이하로 본다.)

㉮ K^+　　㉯ F^-
㉰ Na^+　　㉱ SO_4^{2-}

풀이 산성강우는 산성물질에 의해 발생하므로 보기 중에서 황산이온(SO_4^{2-})이 정답이 된다.

14 다음 중 CFC-12의 올바른 화학식은?

㉮ CF_3Br　　㉯ CF_3Cl
㉰ CF_2Cl_2　　㉱ $CHFCl_2$

풀이 ㉮ CF_3Br : Halon 1301
㉯ CF_3Cl : CFC-13
㉰ CF_2Cl_2 : CFC-12
㉱ $CHFCl_2$: HCFC-21

15 다음 중 이산화탄소의 가장 큰 흡수원으로 옳은 것은?

㉮ 토양　　㉯ 동물
㉰ 해수　　㉱ 미생물

풀이 이산화탄소(CO_2)의 50%는 대기내 축적되고 나머지 50%는 바다에 대부분 흡수되고 일부는 식물에 흡수된다.

16 충분히 발달된 지표경계층에서 측정된 평균풍속 자료가 아래 표와 같은 경우 마찰속도(u*)는? (단, $U = \dfrac{U^*}{k} \ln \dfrac{Z}{Z_o}$, Karman constant : 0.40)

고도(m)	풍속(m/s)
2	3.7
1	2.9

㉮ 0.12m/s　　㉯ 0.46m/s
㉰ 1.06m/s　　㉱ 2.12m/s

풀이 $U = \dfrac{U^*}{k} \times \ln \dfrac{Z}{Z_o}$

$(3.7-2.9)\text{m/s} = \dfrac{U^*}{0.40} \times \ln \dfrac{2m}{1m}$

∴ $U^* = 0.46$m/s

17 대기환경보호를 위한 국제의정서와 설명의 연결이 옳지 않은 것은?

㉮ 소피아 의정서 - CFC 감축의무
㉯ 교토 의정서 - 온실가스 감축목표
㉰ 몬트리올 의정서 - 오존층 파괴물질의 생산 및 사용의 규제
㉱ 헬싱키 의정서 - 유황배출량 또는 국가 간 이동량 최저 30% 삭감

풀이 ㉮ 소피아 의정서 - 질소산화물(NO_X) 저감에 관한 협약

answer 13 ㉱　14 ㉰　15 ㉰　16 ㉯　17 ㉮

18 입자에 의한 산란에 관한 설명으로 옳지 않은 것은? (단, λ : 파장, D : 입자직경으로 한다.)

㉮ 레일리산란은 D/λ가 10보다 클 때 나타나는 산란현상으로 산란광의 광도는 λ^4에 비례한다.
㉯ 맑은 하늘이 푸르게 보이는 까닭은 태양광선의 공기에 의한 레일리산란 때문이다.
㉰ 레일리산란에 의해 가시광선 중에서는 청색광이 많이 산란되고, 적색광이 적게 산란된다.
㉱ 입자의 크기가 빛의 파장과 거의 같거나 큰 경우에 나타나는 산란을 미산란이라고 한다.

풀이 ㉮ 레일리산란은 입자의 반경이 입사광선의 파장보다 훨씬 적은 경우에 발생하고 레일리산란의 세기는 파장의 4승에 반비례한다.

19 지표에 도달하는 일사량의 변화에 영향을 주는 요소와 가장 거리가 먼 것은?

㉮ 계절
㉯ 대기의 두께
㉰ 지표면의 상태
㉱ 태양의 입사각의 변화

풀이 지표에 도달하는 일사량의 변화에 영향을 주는 요소로는 계절, 대기의 두께, 태양의 입사각의 변화 등이 있다.

20 50m의 높이가 되는 굴뚝내의 배출가스 평균온도가 300℃, 대기온도가 20℃일 때 통풍력(mmH₂O)은? (단, 연소가스 및 공기의 비중을 1.3kg/Sm³이라고 가정한다.)

㉮ 약 15   ㉯ 약 30
㉰ 약 45   ㉱ 약 60

풀이 $Z = 355 \times 50m \times \left(\dfrac{1}{273+20℃} - \dfrac{1}{273+300℃}\right)$
$= 29.60 mmH_2O$

TIP

$Z = 355 \times H \times \left(\dfrac{1}{273+t_a℃} - \dfrac{1}{273+t_g℃}\right)$

여기서 Z : 통풍력(mmH₂O)
　　　 H : 굴뚝의 높이(m)
　　　 t_a : 대기의 온도(℃)
　　　 t_g : 가스의 온도(℃)

answer 18 ㉮   19 ㉰   20 ㉯

| 제2과목 | 연소공학

21 옥탄가(octane number)에 관한 설명으로 옳지 않은 것은?

㉮ N-paraffine에서는 탄소수가 증가할수록 옥탄가가 저하하여 C_7에서 옥탄가는 0이다.
㉯ Iso-paraffine에서는 methyl 측쇄가 많을수록, 특히 중앙부에 집중할수록 옥탄가는 증가한다.
㉰ 방향족 탄화수소의 경우 벤젠고리의 측쇄가 C_3까지는 옥탄가가 증가하지만 그 이상이면 감소한다.
㉱ iso-octane과 n-octane, neo-octane의 혼합표준연료의 노킹정도와 비교하여 공급가솔린과 동등한 노킹정도를 나타내는 혼합표준연료 중의 iso-octane(%)를 말한다.

풀이 ㉱ iso-octane과 n-heptane의 혼합표준연료의 노킹정도와 비교했을 때, 공급가솔린과 동등한 노킹정도를 나타내는 혼합표준연료 중의 iso-octane(%)를 말한다.

22 중유에 관한 설명과 거리가 먼 것은?

㉮ 점도가 낮을수록 유동점이 낮아진다.
㉯ 잔류탄소의 함량이 많아지면 점도가 높게 된다.
㉰ 점도가 낮은 것이 사용상 유리하고, 용적당 발열량이 적은 편이다.
㉱ 인화점이 높은 경우 역화의 위험이 있으며, 보통 그 예열온도보다 약 2℃ 정도 높은 것을 쓴다.

풀이 ㉱ 인화점이 낮은 경우 역화의 위험이 있으며, 보통 그 예열온도보다 약 5℃ 정도 높은 것을 쓴다.

23 다음 중 화학적 반응이 항상 자발적으로 일어나는 경우는? (단, $\Delta G°$는 Gibbs 자유에너지 변화량, $\Delta S°$는 엔트로피 변화량, ΔH는 엔탈피 변화량이다.)

㉮ $\Delta G° < 0$ ㉯ $\Delta G° > 0$
㉰ $\Delta S° < 0$ ㉱ $\Delta H < 0$

풀이 ㉮ $\Delta G° < 0$이면 반응은 자발적으로 일어난다.

24 다음 중 석탄의 탄화도 증가에 따라 감소하는 것은?

㉮ 비열   ㉯ 발열량
㉰ 고정탄소   ㉱ 착화온도

풀이 석탄의 탄화도 증가에 따라
① 증가 : 고정탄소, 발열량, 착화온도, 연료비(고정탄소/휘발분)
② 감소 : 매연발생량, 비열, 휘발분, 수분, 산소의 양, 연소속도

25 다음 중 NOx 발생을 억제하기 위한 방법으로 가장 거리가 먼 것은?

㉮ 연료대체
㉯ 2단 연소
㉰ 배출가스 재순환
㉱ 버너 및 연소실의 구조 개량

풀이 ㉮ 저온도 연소 및 저과잉공기량 연소

answer 21 ㉱ 22 ㉱ 23 ㉮ 24 ㉮ 25 ㉮

26 액체연료의 연소장치에 관한 설명 중 옳은 것은?

㉮ 건타입(gun type) 버너는 유압식과 공기분무식을 혼합한 것으로 유압이 $30kg/cm^2$ 이상으로 대형 연소장치이다.
㉯ 저압기류 분무식 버너의 분무각도는 30~60° 정도이고, 분무에 필요한 공기량은 이론연소 공기량의 30~50% 정도이다.
㉰ 고압기류 분무식 버너의 분무각도는 70°이고, 유량조절 비가 1:3 정도로 부하변동 적응이 어렵다.
㉱ 회전식 버너는 유압식 버너에 비해 연료유의 입경이 작으며, 직결식은 분무컵의 회전수가 전동기의 회전수보다 빠른 방식이다.

풀이
㉮ 건타입(gun type) 버너는 유압식과 공기분무식을 혼합한 것으로 유압이 $7kg/cm^2$ 이상으로 소형 연소장치이다.
㉰ 고압기류 분무식 버너의 분무각도는 20~30°이고, 유량조절 비가 1:10 정도로 부하변동 적응이 용이하다.
㉱ 회전식 버너는 유압식 버너에 비해 연료유의 입경이 크다.

27 다음 각종 연료성분의 완전연소 시 단위체적당 고위발열량($kcal/Sm^3$)의 크기 순서로 옳은 것은?

㉮ 일산화탄소 > 메탄 > 프로판 > 부탄
㉯ 메탄 > 일산화탄소 > 프로판 > 부탄
㉰ 프로판 > 부탄 > 메탄 > 일산화탄소
㉱ 부탄 > 프로판 > 메탄 > 일산화탄소

풀이 기체연료의 경우 탄소수와 수소수가 많은 연료일수록 발열량이 증가하므로 ㉱번이 정답이 된다.

28 어떤 화학반응 과정에서 반응물질이 25% 분해하는데 41.3분 걸린다는 것을 알았다. 이 반응이 1차라고 가정할 때, 속도상수 $k(s^{-1})$는?

㉮ $1.022×10^{-4}$　㉯ $1.161×10^{-4}$
㉰ $1.232×10^{-4}$　㉱ $1.437×10^{-4}$

풀이 $\ln\frac{(100-25)\%}{100\%} = -k×41.3min×60sec/min$

∴ $k = 1.16×10^{-4}/sec$

TIP
1차 반응식 : $\ln\frac{C_t}{C_o} = -k×t$
여기서 C_o : 초기농도(%)
C_t : t시간 후의 농도(%)
k : 상수(/sec)
t : 시간(sec)

29 C : 78(중량%), H : 18(중량%), S : 4(중량%)인 중유의 $(CO_2)_{max}$는? (단, 표준상태, 건조가스 기준으로 한다.)

㉮ 약 13.4%　㉯ 약 14.8%
㉰ 약 17.6%　㉱ 약 20.6%

풀이
① 이론공기량(A_o)
$= 8.89C+26.67\left(H-\frac{O}{8}\right)+3.33S(Sm^3/kg)$
$= 8.89×0.78+26.67×0.18+3.33×0.04$
$= 11.868 Sm^3/kg$
② 이론건연소가스량(God)
$= A_o-5.6H+0.7O+0.8N(Sm^3/kg)$
$= 11.868Sm^3/kg-5.6×0.18$
$= 10.86 Sm^3/kg$
③ $CO_{2max}(\%) = \frac{1.867C}{God}×100$
$= \frac{1.867×0.78Sm^3/kg}{10.86Sm^3/kg}×100$
$= 13.41\%$

answer 26 ㉯　27 ㉱　28 ㉯　29 ㉮

30 아래의 조성을 가진 혼합기체의 하한 연소범위(%)는?

성분	조성(%)	하한연소범위(%)
메탄	80	5.0
에탄	15	3.0
프로판	4	2.1
부탄	1	1.5

㉮ 3.46   ㉯ 4.24
㉰ 4.55   ㉱ 5.05

풀이 르샤틀리에 공식 :

$$\frac{100}{L} = \frac{V_1}{L_1} + \frac{V_2}{L_2} + \frac{V_3}{L_3}$$

$$\frac{100}{L} = \frac{80\%}{5.0\%} + \frac{15\%}{3.0\%} + \frac{4\%}{2.1\%} + \frac{1\%}{1.5\%}$$

∴ L = 4.24%

31 중유를 시간당 1,000kg씩 연소시키는 배출시설이 있다. 연돌의 단면적이 3m²일 때 배출가스의 유속(m/s)은? (단, 이 중유의 표준상태에서의 원소 조성 및 배출가스의 분석치는 아래 표와 같고, 배출가스의 온도는 270℃이다.)

[중유의 조성]
C : 86.0%, H : 13.0%, 황분 : 1.0%
[배출가스의 분석결과]
(CO_2)+(SO_2) : 13.0%, O_2 : 2.0%, CO : 0.1%

㉮ 약 2.4   ㉯ 약 3.2
㉰ 약 3.6   ㉱ 약 4.4

풀이
① 공기비(m) = $\frac{N_2\%}{N_2\% - 3.76 \times (O_2\% - 0.5CO\%)}$

$N_2(\%)$ = 100-($CO_2\% + O_2\% + CO\%$)
= 100-(13+2+0.1)% = 84.9%

따라서

공기비(m) = $\frac{84.9\%}{84.9\% - 3.76 \times (2.0\% - 0.5 \times 0.1\%)}$
= 1.0945

② 이론공기량(A_o)
= $8.89C + 26.67\left(H - \frac{O}{8}\right) + 3.33S(Sm^3/kg)$
= $8.89 \times 0.86 + 26.67 \times 0.13 + 3.33 \times 0.01$
= $11.1458 Sm^3/kg$

③ 실제습연소가스량(G_w)
= $mA_o + 5.6H + 0.7O + 0.8N + 1.244W(Sm^3/kg)$
= $1.0945 \times 11.1458 Sm^3/kg + 5.6 \times 0.13$
= $12.927 Sm^3/kg$

④ 가스량(Q)
= 실제습연소가스량(G_w) × 중유량(kg/hr)
= $12.927 Sm^3/kg \times 1,000 kg/hr \times 1hr/3,600 sec$
= $3.5908 Sm^3/sec$

⑤ 가스량(Q) = 단면적(A) × 유속(v)
$3.5908 Sm^3/sec \times \frac{273+270}{273} = 3m^2 \times v(m/sec)$

∴ v = 2.38 m/sec

32 저위발열량이 4,900kcal/Sm³인 가스연료의 이론연소온도(℃)는? (단, 이론연소가스량 : 10Sm³/Sm³, 기준온도 : 15℃, 연료연소가스의 평균정압비열 : 0.35kcal/Sm³·℃, 공기는 예열되지 않으며, 연소가스는 해리되지 않는 것으로 한다.)

㉮ 1,015   ㉯ 1,215
㉰ 1,415   ㉱ 1,615

풀이 이론연소온도(℃)
= $\frac{저위발열량(kcal/Sm^3)}{가스량(Sm^3/Sm^3) \times 평균정압비열(kcal/Sm^3 \cdot ℃)}$ + 기준온도(℃)

= $\frac{4,900 kcal/Sm^3}{10 Sm^3/Sm^3 \times 0.35 kcal/Sm^3 \cdot ℃}$ + 15℃

= 1,415℃

answer 30 ㉯   31 ㉮   32 ㉰

33 연료 연소 시 매연이 잘 생기는 순서로 옳은 것은?

㉮ 타르 > 중유 > 경유 > LPG
㉯ 타르 > 경유 > 중유 > LPG
㉰ 중유 > 타르 > 경유 > LPG
㉱ 경유 > 타르 > 중유 > LPG

풀이 연료 연소 시 매연이 잘 생기는 순서는 타르 > 중유 > 경유 > LPG 순이다.

34 중유의 원소조성은 C : 88%, H : 12%이다. 이 중유를 완전연소 시킨 결과, 중유 1kg당 건조 배기가스량이 15.8Sm³이었다면, 건조 배기가스 중의 CO_2의 농도(%)는?

㉮ 10.4 ㉯ 13.1
㉰ 16.8 ㉱ 19.5

풀이
$$CO_2(\%) = \frac{CO_2량}{건조가스량(Gd)} \times 100(\%)$$
$$= \frac{1.867 \times 0.88 Sm^3/kg}{15.8 Sm^3/kg} \times 100$$
$$= 10.40\%$$

35 다음 각종 가스의 완전연소 시 단위부피당 이론공기량(Sm^3/Sm^3)이 가장 큰 것은?

㉮ Ethylene ㉯ Methane
㉰ Acetylene ㉱ Propylene

풀이 기체연료 중 $1Sm^3$당 이론공기량이 가장 큰 물질은 탄소수와 수소수가 가장 많은 물질이므로 ㉱ Propylene (C_3H_6)이 된다.

TIP
㉮ Ethylene : C_2H_4 ㉯ Methane : CH_4
㉰ Acetylene : C_2H_2 ㉱ Propylene : C_3H_6

36 액화석유가스(LPG)에 대한 설명으로 옳지 않은 것은?

㉮ 유황분이 적고 유독성분이 거의 없다.
㉯ 천연가스에서 회수되기도 하지만 대부분은 석유정제 시 부산물로 얻어진다.
㉰ 비중이 공기보다 가벼워 누출될 경우 인화 폭발 위험성이 크다.
㉱ 사용에 편리한 기체연료의 특징과 수송 및 저장에 편리한 액체연료의 특징을 겸비하고 있다.

풀이 ㉰ 비중이 공기보다 무거워 누출될 경우 인화 폭발 위험성이 크다.

TIP
① 액화석유가스(LPG)의 주성분 : 프로판(C_3H_8), 부탄(C_4H_{10})
② 액화천연가스(LNG)의 주성분 : 메탄(CH_4)

answer 33 ㉮ 34 ㉮ 35 ㉱ 36 ㉰

37 메탄올 2.0kg을 완전연소하는데 필요한 이론공기량(Sm³)은?

㉮ 2.5 ㉯ 5.0
㉰ 7.5 ㉱ 10.0

풀이 ① $CH_3OH + 1.5O_2 \rightarrow CO_2 + 2H_2O$
32kg : 1.5×22.4Sm³
2.0kg : X(산소량)

∴ X(산소량) = $\dfrac{2.0kg \times 1.5 \times 22.4Sm^3}{32kg}$

= 2.1Sm³

② 이론공기량(Sm³) = 이론산소량(Sm³) × $\dfrac{1}{0.21}$

= 2.1Sm³ × $\dfrac{1}{0.21}$

= 10Sm³

38 A석탄을 사용하여 가열로의 배출가스를 분석한 결과 CO_2 14.5%, O_2 6%, N_2 79%, CO 0.5%이었다. 이 경우의 공기비는?

㉮ 1.18 ㉯ 1.38
㉰ 1.58 ㉱ 1.78

풀이 배출가스 분석치 : CO_2%, O_2%, CO%, N_2%일 때

공기비(m) = $\dfrac{N_2\%}{N_2\% - 3.76 \times (O_2\% - 0.5CO\%)}$

= $\dfrac{79\%}{79\% - 3.76 \times (6\% - 0.5 \times 0.5\%)}$ = 1.38

39 액체연료가 미립화 되는데 영향을 미치는 요인으로 가장 거리가 먼 것은?

㉮ 분사압력   ㉯ 분사속도
㉰ 연료의 점도 ㉱ 연료의 발열량

풀이 액체연료가 미립화 되는데 영향을 미치는 요인으로는 분사압력, 분사속도, 연료의 점도 등이 있다.

40 연료의 종류에 따른 연소 특성으로 옳지 않은 것은?

㉮ 기체연료는 부하의 변동범위(turn down ratio)가 좁고 연소의 조절이 용이하지 않다.
㉯ 기체연료는 저발열량의 것으로 고온을 얻을 수 있고, 전열효율을 높일 수 있다.
㉰ 액체연료의 경우 회분은 아주 적지만, 재속의 금속산화물이 장해원인이 될 수 있다.
㉱ 액체연료는 화재, 역화 등의 위험이 크며, 연소온도가 높아 국부적인 과열을 일으키기 쉽다.

풀이 ㉮ 기체연료는 부하의 변동범위가 넓고 연소의 조절이 용이하다.

answer 37 ㉱ 38 ㉯ 39 ㉱ 40 ㉮

제3과목 | 대기오염방지기술

41 다음 유해가스 처리에 관한 설명 중 가장 거리가 먼 것은?

㉮ 시안화수소는 물에 대한 용해도가 매우 크므로 가스를 물로 세정하여 처리한다.
㉯ 염화인(PCl_3)은 물에 대한 용해도가 낮아 암모니아를 불어넣어 병류식 충전탑에서 흡수 처리한다.
㉰ 아크로레인은 그대로 흡수가 불가능하며 NaClO 등의 산화제를 혼입한 가성소다 용액으로 흡수 제거한다.
㉱ 이산화셀렌은 코트럴집진기로 포집, 결정으로 석출, 물에 잘 용해되는 성질을 이용해 스크러버에 의해 세정하는 방법 등이 이용된다.

[풀이] ㉯ 염화인(PCl_3)은 물에 대한 용해도가 높아 물에 흡수시켜 제거한다.

42 황함유량 2.5%인 중유를 30ton/h로 연소하는 보일러에서 배기가스를 NaOH 수용액으로 처리한 후 황성분을 전량 Na_2SO_3로 회수할 경우, 이 때 필요한 NaOH의 이론량(kg/h)은? (단, 황성분은 전량 SO_2로 전환된다.)

㉮ 1,750　　㉯ 1,875
㉰ 1,935　　㉱ 2,015

[풀이]　$S + O_2 \rightarrow SO_2 + 2NaOH \rightarrow Na_2SO_3 + H_2O$
32kg　　　　:　　2×40kg
30×10³kg/hr×0.025　:　X

$$\therefore X = \frac{30 \times 10^3 kg/hr \times 0.025 \times 2 \times 40kg}{32kg}$$

　　= 1,875kg/hr

43 흡수장치에 사용되는 흡수액이 갖추어야 할 요건으로 옳은 것은?

㉮ 용해도가 낮아야 한다.
㉯ 휘발성이 높아야 한다.
㉰ 부식성이 높아야 한다.
㉱ 점성은 비교적 낮아야 한다.

[풀이] ㉮ 용해도가 높아야 한다.
㉯ 휘발성이 낮아야 한다.
㉰ 부식성이 낮아야 한다.

44 흡착과정에 대한 설명으로 옳지 않은 것은?

㉮ 파과곡선의 형태는 흡착탑의 경우에 따라서 비교적 기울기가 큰 것이 바람직하다.
㉯ 포화점에서는 주어진 온도와 압력조건에서 흡착제가 가장 많은 양의 흡착질을 흡착하는 점이다.
㉰ 실제의 흡착은 비정상상태에서 진행되므로 흡착의 초기에는 흡착이 천천히 진행되다가 어느 정도 흡착이 진행되면 빠르게 흡착이 이루어진다.
㉱ 흡착제층 전체가 포화되어 배출가스 중에 오염가스 일부가 남게 되는 점을 파과점이라 하고, 이점 이후부터는 오염가스의 농도가 급격히 증가한다.

[풀이] ㉰ 실제의 흡착은 비정상상태에서 진행되므로 흡착의 초기에는 흡착이 빠르게 진행되다가 어느 정도 흡착이 진행되면 천천히 흡착이 이루어진다.

answer 41 ㉯　42 ㉯　43 ㉱　44 ㉰

45 다음 발생 먼지 종류 중 일반적으로 S/Sb가 가장 큰 것은? (단, S는 진비중, Sb는 겉보기 비중이다.)

㉮ 카본블랙 ㉯ 시멘트킬른
㉰ 미분탄보일러 ㉱ 골재드라이어

풀이 진비중(S)/겉보기비중(Sb)
㉮ 카본블랙 = $\dfrac{1.9}{0.025}$ = 76.0
㉯ 시멘트킬른 = $\dfrac{3.00}{0.60}$ = 5.0
㉰ 미분탄보일러 = $\dfrac{2.10}{0.52}$ = 4.03
㉱ 골재드라이어 = $\dfrac{2.9}{1.06}$ = 2.73

TIP 진비중(S)/겉보기비중(Sb)가 클수록 재비산현상을 유발할 가능성이 높다.

46 실내에서 발생하는 CO_2의 양이 시간당 $0.3m^3$일 때 필요한 환기량(m^3/h)은? (단, CO_2의 허용농도와 외기의 CO_2농도는 각각 0.1%와 0.03%이다.)

㉮ 약 145 ㉯ 약 210
㉰ 약 320 ㉱ 약 430

풀이 $0.3m^3/hr$ = 환기량(m^3/hr)×(0.1-0.03)%×10^{-2}
∴ 환기량 = $\dfrac{0.3m^3/hr}{(0.1-0.03)\% \times 10^{-2}}$ = $428.57m^3/hr$

47 유량측정에 사용되는 가스 유속측정 장치 중 작동원리로 Bernoulli식이 적용되지 않는 것은?

㉮ 로터미터(Rotameter)
㉯ 벤튜리장치(Venturi meter)
㉰ 건조가스장치(Dry gas meter)
㉱ 오리피스장치(Orifice meter)

풀이 작동원리로 Bernoulli식이 적용되는 장치는 로터미터, 벤튜리장치, 오리피스장치이다.

48 배출가스의 온도를 냉각시키는 방법 중 열교환법의 특성으로 가장 거리가 먼 것은?

㉮ 운전비 및 유지비가 높다.
㉯ 열에너지를 회수할 수 있다.
㉰ 최종 공기부피가 공기희석법, 살수법에 비해 매우 크다.
㉱ 온도감소로 인해 상대습도는 증가하지만 가스 중 수분량에는 거의 변화가 없다.

풀이 ㉰ 최종 공기부피가 공기희석법, 살수법에 비해 매우 작다.

49 중력 집진장치의 효율을 향상시키는 조건에 대한 설명으로 옳지 않은 것은?

㉮ 침강실 내의 배기가스 기류는 균일하여야 한다.
㉯ 침강실의 침전높이가 작을수록 집진율이 높아진다.
㉰ 침강실의 길이를 길게 하면 집진율이 높아진다.
㉱ 침강실 내 처리가스 속도가 클수록 미세한 분진을 포집할 수 있다.

answer 45 ㉮ 46 ㉱ 47 ㉰ 48 ㉰ 49 ㉱

[풀이] ㉣ 침강실 내 처리가스 속도가 작을수록 미세한 분진을 포집할 수 있다.

50 여과 집진장치에 관한 설명으로 옳지 않은 것은?

㉮ 폭발성, 점착성 및 흡습성 분진의 제거에 효과적이다.
㉯ 탈진방식 중 간헐식은 여포의 수명이 연속식에 비해 길다.
㉰ 탈진방식 중 간헐식은 진동형, 역기류형, 역기류진동형으로 분류할 수 있다.
㉱ 여과재는 내열성이 약하므로 고온가스 냉각 시 산노점(dew point) 이상으로 유지해야 한다.

[풀이] ㉮ 폭발성, 점착성 및 흡습성 분진의 제거에 비효과적이다.

51 입자상 물질에 관한 설명으로 가장 거리가 먼 것은?

㉮ 직경 d인 구형입자의 비표면적(단위체적당 표면적)은 d/6이다.
㉯ cascade impactor는 관성충돌을 이용하여 입경을 간접적으로 측정하는 방법이다.
㉰ 공기동력학경은 stokes경과 달리 입자밀도를 $1g/cm^3$으로 가정함으로써 보다 쉽게 입경을 나타낼 수 있다.
㉱ 비구형입자에서 입자의 밀도가 1보다 클 경우 공기동력학경은 stokes경에 비해 항상 크다고 볼 수 있다.

[풀이] ㉮ 직경 d인 구형입자의 비표면적(단위체적당 표면적)은 6/d이다.

52 어떤 집진장치의 입구와 출구의 함진가스의 분진농도가 $7.5g/Sm^3$과 $0.055g/Sm^3$이었다. 또한 입구와 출구에서 측정한 분진시료 중 입경이 0~5μm인 입자의 중량분율은 전분진에 대하여 0.1과 0.50이었다면 0~5μm의 입경을 가진 입자의 부분 집진율(%)은?

㉮ 약 87   ㉯ 약 89
㉰ 약 96   ㉱ 약 98

[풀이] 부분집진율(%) = $\left(1 - \dfrac{0.055g/Sm^3 \times 0.5}{7.5g/Sm^3 \times 0.1}\right) \times 100$
= 96.33%

TIP

부분집진율(%) = $\left(1 - \dfrac{C_o \times f_o}{C_i \times f_i}\right) \times 100$

여기서 C_i : 입구농도
C_o : 출구농도
f_i : 입구의 중량분포
f_o : 출구의 중량분포

answer 50 ㉱ 51 ㉮ 52 ㉰

53 다음 [보기]가 설명하는 축류 송풍기의 유형으로 옳은 것은?

> - 축류형 중 가장 효율이 높으며, 일반적으로 직선류 및 아담한 공간이 요구되는 HVAC설비에 응용된다. 공기의 분포가 양호하여 많은 산업장에서 응용되고 있다.
> - 효율과 압력상승 효과를 얻기 위해 직선형 고정날개를 사용하나, 날개의 모양과 간격은 변형되기도 한다.

㉮ 원통 축류형 송풍기
㉯ 방사 경사형 송풍기
㉰ 고정날개 축류형 송풍기
㉱ 공기회전자 축류형 송풍기

[풀이] ㉰ 고정날개 축류형 송풍기에 대한 설명이다.

54 습식전기집진장치의 특징에 관한 설명 중 틀린 것은?

㉮ 집진면이 청결하여 높은 전계 강도를 얻을 수 있다.
㉯ 고저항의 먼지로 인한 역전리 현상이 일어나기 쉽다.
㉰ 건식에 비하여 가스의 처리속도를 2배 정도 크게 할 수 있다.
㉱ 작은 전기저항에 의해 생기는 먼지의 재비산을 방지할 수 있다.

[풀이] ㉯ 고저항의 먼지로 인한 역전리 현상이 일어나기 어렵다.

55 가로 a, 세로 b인 직사각형의 유로에 유체가 흐를 경우 상당직경(equivalent diameter)을 산출하는 간이식은?

㉮ $\sqrt{ab}$
㉯ $2ab$
㉰ $\sqrt{\dfrac{2(a+b)}{ab}}$
㉱ $\dfrac{2ab}{a+b}$

[풀이] 상당직경 = $\dfrac{\text{단면적}}{\text{평균 둘레길이}}$

$= \dfrac{a \times b}{\dfrac{2 \times (a+b)}{4}}$

$= \dfrac{2ab}{a+b}$

56 배연탈황기술과 가장 거리가 먼 것은?

㉮ 암모니아법
㉯ 석회석 주입법
㉰ 수소화 탈황법
㉱ 활성산화 망간법

[풀이] ㉰ 수소화 탈황법은 중유탈황법에 해당한다.

57 벤츄리 스크러버의 액가스비를 크게 하는 요인으로 옳지 않은 것은?

㉮ 먼지의 입경이 작을 때
㉯ 먼지입자의 친수성이 클 때
㉰ 먼지입자의 점착성이 클 때
㉱ 처리가스의 온도가 높을 때

[풀이] ㉯ 먼지입자의 친수성이 작을 때

answer 53 ㉰ 54 ㉯ 55 ㉱ 56 ㉰ 57 ㉯

58 압력손실이 250mmH₂O이고, 처리가스량 30,000m³/h인 집진장치의 송풍기 소요동력(kW)은? (단, 송풍기의 효율은 80%, 여유율은 1.25이다.)

㉮ 약 25 ㉯ 약 29
㉰ 약 32 ㉱ 약 38

▶ 풀이

$$kW = \frac{P_s \times Q}{102 \times \eta} \times \alpha$$

$$= \frac{250mmH_2O \times 30,000m^3/hr \times 1hr/3,600sec}{102 \times 0.80} \times 1.25$$

$$= 31.91kW$$

59 집진장치의 압력손실이 400mmH₂O, 처리가스량이 30,000m³/h이고, 송풍기의 전압효율은 70%, 여유율이 1.2일 때 송풍기의 축동력(kW)은? (단, 1 kW=102kgf·m/s이다.)

㉮ 36 ㉯ 56
㉰ 80 ㉱ 95

▶ 풀이

$$kW = \frac{P_s \times Q}{102 \times \eta} \times \alpha$$

$$= \frac{400mmH_2O \times 30,000m^3/hr \times 1hr/3,600sec}{102 \times 0.70} \times 1.2$$

$$= 56.02kW$$

60 면적 1.5m²인 여과집진장치로 먼지농도가 1.5g/m³인 배기가스가 100m³/min으로 통과하고 있다. 먼지가 모두 여과포에서 제거되었으며, 집진된 먼지층의 밀도가 1g/cm³라면 1시간 후 여과된 먼지층의 두께(mm)는?

㉮ 1.5 ㉯ 3
㉰ 6   ㉱ 15

▶ 풀이

① 여과속도(cm/min)
$$= \frac{유량(m^3/min)}{면적(m^2)}$$
$$= \frac{100m^3/min}{1.5m^2}$$
$$= 66.6667m/min = 6666.67cm/min$$

② 먼지부하(g/cm²)
= 입구농도(g/cm³)×여과속도(cm/min)×탈락시간(min)×효율
= 1.5g/m³×10⁻⁶m³/1cm³×6666.67cm/min ×1hr×60min/1hr
= 0.60g/cm²

③ 먼지층의 두께(mm)
$$= \frac{먼지\ 부하}{먼지층\ 밀도} = \frac{0.60g/cm^2}{1g/cm^3}$$
$$= 0.6cm = 6mm$$

| 제4과목 | 대기오염공정시험기준

61 다음은 기체크로마토그램에서 봉우리(peak)의 분리정도를 나타낸 그림이다. 분리계수(d)와 분리도(R)를 구하는 식으로 옳은 것은?

㉮ $d = \frac{t_{R2}}{t_{R1}}, R = \frac{2(t_{R2} - t_{R1})}{W_1 + W_2}$

㉯ $d = t_{R2} - t_{R1}, R = \frac{t_{R1} + t_{R2}}{W_1 + W_2}$

㉰ $d = \frac{t_{R2} - t_{R1}}{W_1 + W_2}, R = \frac{t_{R2}}{t_{R1}}$

㉱ $d = \frac{t_{R2} - t_{R1}}{2}, R = 100 \times d(\%)$

answer 58 ㉰ 59 ㉯ 60 ㉰ 61 ㉮

62 배출허용기준 중 표준 산소농도를 적용 받는 어떤 오염물질의 보정된 배출가스 유량이 50Sm³/day이었다. 이 때 배출가스를 분석하니 실측 산소농도는 5%, 표준 산소농도는 3%일 때, 측정되어진 실측 배출가스 유량(Sm³/day)은?

㉮ 46.25 ㉯ 51.25
㉰ 56.25 ㉱ 61.25

풀이
$50 Sm^3/day = Qa \div \dfrac{21-3\%}{21-5\%}$

∴ $Qa = 56.25 Sm^3/day$

TIP

$Q = Qa \div \dfrac{21-O_s}{21-O_a}$

여기서 Q : 배출가스 유량(Sm³/day)
Q_a : 실측 배출가스 유량(Sm³/day)
O_s : 표준산소농도(%)
O_a : 실측산소농도(%)

63 원자흡수분광광도법의 장치 구성이 순서대로 옳게 나열된 것은?

㉮ 광원부 → 파장선택부 → 측광부 → 시료원자화부
㉯ 광원부 → 시료원자화부 → 파장선택부 → 측광부
㉰ 시료원자화부 → 광원부 → 파장선택부 → 측광부
㉱ 시료원자화부 → 파장선택부 → 광원부 → 측광부

풀이 원자흡수분광광도법의 장치는 광원부 → 시료원자화부 → 파장선택부 → 측광부 순이다.

64 다음 중 물질을 취급 또는 보관하는 동안에 기체 또는 미생물이 침입하지 않도록 내용물을 보호하는 용기를 뜻하는 것은?

㉮ 기밀용기 ㉯ 밀폐용기
㉰ 밀봉용기 ㉱ 차광용기

풀이 ㉰ 밀봉용기에 대한 설명이다.

65 굴뚝 배출가스 중 먼지의 자동 연속 측정방법에서 사용하는 용어의 뜻으로 옳지 않은 것은?

㉮ 검출한계는 제로드리프트의 2배에 해당하는 지시치가 갖는 교정용 입자의 먼지농도를 말한다.
㉯ 응답시간은 표준교정판을 끼우고 측정을 시작했을 때 그 보정치의 90%에 해당하는 지시치를 나타낼 때까지 걸린 시간을 말한다.
㉰ 교정용입자는 실내에서 감도 및 교정오차를 구할 때 사용하는 균일계 단분산 입자로서 기하평균 입경이 0.3~3μm인 인공입자로 한다.
㉱ 시험가동시간이란 연속자동측정기를 정상적인 조건에서 운전할 때 예기치 않는 수리, 조정 및 부품교환 없이 연속 가동 할 수 있는 최소시간을 말한다.

풀이 ㉯ 응답시간은 표준교정판을 끼우고 측정을 시작했을 때 그 보정치의 95%에 해당하는 지시치를 나타낼 때까지 걸린 시간을 말한다.

answer 62 ㉰ 63 ㉯ 64 ㉰ 65 ㉯

66 자외선/가시선 분광분석 측정에서 최초 광의 60%가 흡수되었을 때의 흡광도는?

㉮ 0.25
㉯ 0.3
㉰ 0.4
㉱ 0.6

▶풀이 흡광도(A) = $\log \dfrac{1}{투과도}$ = $\log \dfrac{1}{0.40}$ = 0.40

TIP
① 투과율(%) = 100-흡수율(%)
② 투과율(%) = 투과퍼센트

67 비분산적외선분광분석법에서 사용하는 주요 용어의 의미로 옳지 않은 것은?

㉮ 스팬가스: 분석계의 최저 눈금값을 교정하기 위하여 사용하는 가스
㉯ 스팬 드리프트: 측정기의 교정범위 눈금에 대한 지시값의 일정기간 내의 변동
㉰ 정필터형: 측정성분이 흡수되는 적외선을 그 흡수파장에서 측정하는 방식
㉱ 비교가스: 시료셀에서 적외선 흡수를 측정하는 경우 대조가스로 사용하는 것으로 적외선을 흡수하지 않는 가스

▶풀이 ㉮ 스팬가스: 분석계의 최고 눈금값을 교정하기 위하여 사용하는 가스

68 다음은 연소관식 공기법을 사용하여 유류 중 황함유량을 분석하는 방법이다. ( )안에 알맞은 것은?

950℃~1,100℃ 가열한 석영 재질 연소관 중에 공기를 불어넣어 시료를 연소시킨다. 생성된 황산화물을 (㉠)에 흡수시켜 황산으로 만든 다음, (㉡)으로 중화 적정하여 황함유량을 구한다.

㉮ ㉠ 수산화소듐, ㉡ 염산표준액
㉯ ㉠ 염산, ㉡ 수산화소듐 표준액
㉰ ㉠ 과산화수소(3%), ㉡ 수산화소듐 표준액
㉱ ㉠ 싸이오시안산용액, ㉡ 수산화칼슘 표준액

▶풀이 연소관식 공기법
① 연소온도: 950℃ ~ 1,100℃
② 흡수액: 과산화수소(3%)
③ 적정용액: 수산화소듐 표준액

69 다음은 굴뚝 배출가스 중 황산화물의 침전적정법에 관한 설명이다. ( )안에 알맞은 것은?

아르세나조 Ⅲ 지시약 (4~6) 방울을 가하여 (㉠)으로 적정하고 용액의 색이 (㉡)으로 변한 점을 종말점으로 한다.

㉮ ㉠ 에틸아민구리용액, ㉡ 녹색
㉯ ㉠ 에틸아민구리용액, ㉡ 자주색
㉰ ㉠ 0.005mol/L 아세트산바륨용액, ㉡ 녹색
㉱ ㉠ 0.005mol/L 아세트산바륨용액, ㉡ 청색

▶풀이 황산화물의 침전적정법
① 적정액: 0.005mol/L 아세트산바륨용액
② 종말점: 청색이 1분간 지속되는 점

answer 66 ㉰ 67 ㉮ 68 ㉰ 69 ㉱

70 다음 분석가스 중 아연아민착염용액을 흡수액으로 사용하는 것은?

㉮ 황화수소   ㉯ 브로민화합물
㉰ 질소산화물   ㉱ 폼알데하이드

풀이 흡수액으로 아연아민착염용액을 사용하는 것은 황화수소이다.

71 다음 [보기]가 설명하는 굴뚝 배출가스 중의 산소측정방식으로 옳은 것은?

> 이 방식은 주기적으로 단속하는 자계내에서 산소분자에 작용하는 단속적인 흡입력을 자계 내에 일정유량으로 유입하는 보조가스의 배압변화량으로서 검출한다.

㉮ 전극 방식   ㉯ 덤벨형 방식
㉰ 지르코니아 방식   ㉱ 압력검출형 방식

풀이 산소측정방식 중 압력검출형 방식에 대한 설명이다.

72 굴뚝 배출가스 중 총탄화수소 측정을 위한 장치 구성조건 등에 관한 설명으로 옳지 않은 것은?

㉮ 기록계를 사용하는 경우에는 최소 4회/분이 되는 기록계를 사용한다.
㉯ 총탄화수소분석기는 흡광차분광방식 또는 비불꽃(non flame)이온크로마토그램방식의 분석기를 사용하며 폭발 위험이 없어야 한다.
㉰ 시료채취관은 스테인리스강 또는 이와 동등한 재질의 것으로 하고 굴뚝중심 부분의 10%범위 내에 위치할 정도

의 길이의 것을 사용한다.
㉱ 영점가스로는 총탄화수소농도(프로판 또는 탄소등가 농도)가 $0.1\,mL/m^3$ 이하 또는 스팬값의 0.1% 이하인 고순도 공기를 사용한다.

풀이 ㉯ 총탄화수소분석기는 성능규격에 적합하거나 그 이상의 성능을 가진 분석기를 사용하며 기기 선택, 설치 및 사용시에 불꽃 등에 의한 폭발위험이 없어야 한다.

73 배출가스 중 먼지를 여과지에 포집하고 이를 적당한 방법으로 처리하여 분석용 시험용액으로 한 후 원자흡수분광광도법을 이용하여 각종 금속원소의 원자흡광도를 측정하여 정량분석 하고자 할 때, 다음 중 금속원소별 측정파장으로 옳게 짝지어진 것은?

㉮ Pb   357.9nm   ㉯ Cu   228.8nm
㉰ Ni - 283.3nm   ㉱ Zn - 213.9nm

풀이 금속원소별 측정파장
㉮ Pb - 217.0/283.3nm
㉯ Cu - 324.7nm
㉰ Ni - 232.0nm

74 굴뚝 배출가스 중 질소산화물의 연속 자동측정법으로 옳지 않은 것은?

㉮ 화학발광법   ㉯ 용액전도율법
㉰ 자외선흡수법   ㉱ 적외선흡수법

풀이 질소산화물의 연속 자동측정법으로는 화학발광법, 적외선흡수법, 자외선흡수법, 정전위전해법이 있다.

---

answer 70 ㉮ 71 ㉱ 72 ㉯ 73 ㉱ 74 ㉯

75 대기오염공정시험기준상 자외선/가시선 분광법에서 사용되는 흡수셀의 재질에 따른 사용 파장범위로 가장 적합한 것은?

㉮ 플라스틱제는 자외부 파장범위
㉯ 플라스틱제는 가시부 파장범위
㉰ 유리제는 가시부 및 근적외부 파장범위
㉱ 석영제는 가시부 및 근적외부 파장범위

풀이 흡수셀의 재질에 따른 사용 파장범위
① 유리제 : 가시부 및 근적외부 파장범위
② 석영제 : 자외부 파장범위
③ 플라스틱제 : 근적외부 파장범위

76 보통형(Ⅰ형) 흡입노즐을 사용한 굴뚝 배출가스 흡입 시 10분간 채취한 흡입가스량(습식가스미터에서 읽은 값)이 60L이었다. 이 때 등속흡입이 행하여지기 위한 가스미터에 있어서의 등속흡입유량(L/min)의 범위는? (단, 등속흡입 정도를 알기 위한 등속흡입계수 I (%) = $\dfrac{V_m}{q_m \times t} \times 100$ 이다.)

㉮ 3.3 ~ 5.3
㉯ 5.5 ~ 6.7
㉰ 6.5 ~ 7.3
㉱ 7.5 ~ 8.3

풀이 ① 등속계수(I)가 90%일 때
등속유량(q_m) = $\dfrac{V_m}{I \times t}$ = $\dfrac{60L}{0.90 \times 10min}$ = 6.67L/min
② 등속계수(I)가 110%일 때
등속유량(q_m) = $\dfrac{V_m}{I \times t}$ = $\dfrac{60L}{1.10 \times 10min}$ = 5.46L/min
③ 등속흡인유량의 범위는 5.46L/min~6.67L/min이다.

TIP
$I(\%) = \dfrac{V_m}{q_m \times t} \times 100$
여기서
I : 등속계수(%) (등속계수의 범위는 90~110%)
V_m : 흡입가스량(습식가스미터에서 읽은 값)(L)
q_m : 가스미터에 있어서의 등속흡입유량(L/분)
t : 가스 흡인시간(분)

77 기체-액체 크로마토그래피에서 사용되는 고정상액체(Stationary Liquid)의 조건으로 옳은 것은?

㉮ 사용온도에서 증기압이 낮고, 점성이 작은 것이어야 한다.
㉯ 사용온도에서 증기압이 낮고, 점성이 큰 것이어야 한다.
㉰ 사용온도에서 증기압이 높고, 점성이 작은 것이어야 한다.
㉱ 사용온도에서 증기압이 높고, 점성이 큰 것이어야 한다.

풀이 고정상 액체의 구비조건
① 분석대상 성분을 완전히 분리할 수 있는 것.
② 사용온도에서 증기압이 낮고, 점성이 작은 것.
③ 화학적으로 안정된 것.
④ 화학적 성분이 일정한 것.

answer 75 ㉰ 76 ㉯ 77 ㉮

78 흡광차분광법을 사용하여 이산화황을 분석할 때 간섭성분으로 오존(O_3)이 존재할 경우 다음 조건에 따른 오존의 영향(%)을 산출한 값은?

- 오존을 첨가했을 경우의 지시값 : 0.7(μmol/mol)
- 오존을 첨가하지 않은 경우의 지시값 : 0.5(μmol/mol)
- 분석기기의 최대 눈금값 : 5(μmol/mol)
- 분석기기의 최소 눈금값 : 0.01(μmol/mol)

㉮ 1   ㉯ 2
㉰ 3   ㉱ 4

풀이 오존의 영향(Rt)
$$= \frac{A(오존\ 첨가시\ 지시값) - B(오존\ 미첨가시\ 지시값)}{C(최대눈금값)} \times 100$$
$$= \frac{0.7 \mu mol/mol - 0.5 \mu mol/mol}{5 \mu mol/mol} \times 100 = 4.0$$

79 굴뚝 배출가스 중 황화수소를 자외선/가시선분광법–메틸렌블루법으로 분석하는 방법에 대한 설명으로 틀린 것은?

㉮ 흡수액은 수산화소듐용액(4g/L)이다.
㉯ 메틸렌블루의 흡광도를 670nm 부근에서 측정한다.
㉰ 시료채취량이 20L이고 분석용 시료용액의 양이 200mL인 경우, 정량범위는 1.7 ppm 이상이다.
㉱ 연결관의 길이는 가능한 짧게 하고 수분이 응축될 우려가 있는 경우에는 채취관에서 흡수병 사이를 약 120℃로 가열한다.

풀이 ㉮ 흡수액은 아연아민착염용액이다.

80 배출가스 중 플루오린화합물의 분석방법인 자외선/가시선분광법 – 란타넘–알리자린콤플렉손법에 대한 내용으로 틀린 것은?

㉮ 배출가스 중 무기 플루오린화합물을 수산화소듐 용액으로 흡수하고 완충용액을 첨가하여 pH를 조절한다.
㉯ 란타넘-알리자린콤플렉손 용액을 첨가하고 플루오린화 이온과 반응하여 생성하는 복합 착화합물의 흡광도를 파장 520nm에서 측정한다.
㉰ 시료채취량이 80L이고 분석용 시료용액의 양이 250mL인 경우, 정량범위는 0.05ppm 이상이다.
㉱ 배출가스 중 알루미늄(III), 철(II), 구리(II), 아연(II) 등의 중금속 이온이나 인산 이온 등이 공존하면 영향을 받는다.

풀이 ㉯ 란타넘-알리자린콤플렉손 용액을 첨가하고 플루오린화 이온과 반응하여 생성하는 복합 착화합물의 흡광도를 파장 620nm에서 측정한다.

answer 78 ㉱ 79 ㉮ 80 ㉯

2021 1회 기출문제

| 제1과목 | 대기오염개론

01 다음에서 설명하는 오염물질로 가장 적합한 것은?

> • 부드러운 청회색의 금속으로 밀도가 크고 내식성이 강하다.
> • 소화기로 섭취되면 대략 10% 정도가 소장에서 흡수되고, 나머지는 대변으로 배출된다. 세포 내에서는 SH기와 결합하여 헴(heme)합성에 관여하는 효소 등 여러 효소작용을 방해한다.
> • 인체에 축적되면 적혈구 형성을 방해하며, 심하면 복통, 빈혈, 구토를 일으키고 뇌세포에 손상을 준다.

㉮ Cr ㉯ Hg
㉰ Pb ㉱ Al

풀이 ㉰ 납(Pb)에 대한 설명이다.

02 국지풍에 관한 설명으로 옳지 않은 것은?

㉮ 일반적으로 낮에 바다에서 육지로 부는 해풍은 밤에 육지에서 바다로 부는 육풍보다 강하다.
㉯ 고도가 높은 산맥에 직각으로 강한 바람이 부는 경우에 산맥의 풍하 쪽으로 건조한 바람이 부는데 이러한 바람을 휀풍이라 한다.
㉰ 곡풍은 경사면 → 계곡 → 주계곡으로 수렴하면서 풍속이 가속되기 때문에 일반적으로 낮에 산 위쪽으로 부는 산풍보다 더 강하게 분다.
㉱ 열섬효과로 인하여 도시 중심부가 주위보다 고온이 되어 도시 중심부에서 상승기류가 발생하고 도시 주위의 시골에서 도시로 바람이 부는데 이를 전원풍이라 한다.

풀이 ㉰ 산풍은 경사면 → 계곡 → 주계곡으로 수렴하면서 풍속이 가속되기 때문에 일반적으로 낮에 산 위쪽으로 부는 곡풍보다 더 강하게 분다.

03 다음에서 설명하는 대기분산모델로 가장 적합한 것은?

> • 가우시안모델식을 적용한다.
> • 적용 배출원의 형태는 점, 선, 면이다.
> • 미국에서 최근에 널리 이용되는 범용적인 모델로 장기 농도 계산용이다.

㉮ RAMS ㉯ ISCLT
㉰ UAM ㉱ AUSPLUME

풀이 ㉯ ISCLT에 대한 설명이다.

answer 01 ㉰ 02 ㉰ 03 ㉯

04 0°C, 1기압에서 SO₂ 10ppm은 몇 mg/m³ 인가?

㉮ 19.62 ㉯ 28.57
㉰ 37.33 ㉱ 44.14

풀이
$$mg/m^3 = 10ppm(mL/Sm^3) \times \frac{64mg}{22.4mL}$$
$$= 28.57 mg/Sm^3$$

TIP
① $ppm = mL/Sm^3 = mL/Nm^3$
② SO_2 1mol $\begin{cases} 64\,mg \\ 22.4\,mL \end{cases}$

05 굴뚝에서 배출되는 연기의 형태 중 환상형(looping)에 관한 설명으로 옳은 것은?

㉮ 대기가 과단열감률 상태일 때 나타나므로 맑은 날 오후에 발생하기 쉽다.
㉯ 상층이 불안정, 하층이 안정일 경우에 나타나며, 지표 부근의 오염물질 농도가 가장 낮다.
㉰ 전체 대기층이 중립 상태일 때 나타나며, 매연 속의 오염물질 농도는 가우시안 분포를 갖는다.
㉱ 전체 대기층이 매우 안정할 때 나타나며, 상하 확산 폭이 적어 굴뚝의 높이가 낮을 경우 지표 부근에 심각한 오염문제를 야기한다.

풀이 ㉯ 지붕형(상승형) ㉰ 원추형 ㉱ 부채형

06 폼알데하이드의 배출과 관련된 업종으로 가장 거리가 먼 것은?

㉮ 피혁제조공업
㉯ 합성수지공업
㉰ 암모니아제조공업
㉱ 포르말린제조공업

풀이 ㉰ 암모니아제조공업은 황화수소가 배출되는 공업이다.

07 시골에서 먼지농도를 측정하기 위하여 공기를 0.15m/s의 속도로 12시간 동안 여과지에 여과시켰을 때, 사용된 여과지의 빛 전달률이 깨끗한 여과지의 80%로 감소했다. 1,000m당 Coh는?

㉮ 0.2 ㉯ 0.6
㉰ 1.1 ㉱ 1.5

풀이
$$Coh = \frac{\log \frac{1}{빛전달률} \times 100}{여과속도(m/sec) \times 여과시간(hr) \times 3,600} \times 1,000m$$
$$= \frac{\log \frac{1}{0.80} \times 100}{0.15 m/sec \times 12hr \times 3,600} \times 1,000m = 1.50$$

answer 04 ㉯ 05 ㉮ 06 ㉰ 07 ㉱

08 다음에서 설명하는 오염물질로 가장 적합한 것은?

- 매우 낮은 농도에서 피해를 일으킬 수 있으며, 주된 증상으로 상편생장, 전두운동의 저해, 황화현상, 줄기의 신장저해, 성장 감퇴 등이 있다.
- 0.1ppm 정도의 저농도에서도 스위트피와 토마토에 상편생장을 일으킨다.

㉮ 오존 ㉯ 에틸렌
㉰ 아황산가스 ㉱ 불소화합물

풀이 ㉯ 에틸렌에 대한 설명이다.

09 비인의 변위법칙에 관한 식은?

㉮ $\lambda = 2897/T$ (λ : 최대에너지가 복사될 때의 파장, T = 흑체의 표면온도)
㉯ $E = \sigma T^4$ (E : 측체의 단위표면적에서 복사되는 에너지, σ: 상수, T : 흑체의 표면온도)
㉰ $I = I_0 \exp(-kpL)$ (I_0, I : 각각 입사 전후의 빛의 복사속밀도, K : 감쇠상수, p : 매질의 밀도, L : 통과거리)
㉱ $R = K(1-a)-L$ (R : 순복사, K : 지표면에 도달한 일사량, α : 지표의 반사율, L : 지표로부터 방출되는 장파복사)

10 2차 대기오염물질에 해당하는 것은?

㉮ H_2S ㉯ H_2O_2
㉰ NH_3 ㉱ $(CH_3)_2S$

풀이 2차 대기오염물질에 해당하는 것은 ㉯ H_2O_2이다.

11 다음에서 설명하는 오염물질로 가장 적합한 것은?

- 분자량이 98.9이고, 비등점이 약 8℃인 독특한 풀냄새가 나는 무색(시판용품은 담황녹색) 기체(액화가스)이다.
- 수분이 존재하면 가수분해되어 염산을 생성하여 금속을 부식시킨다.

㉮ 페놀 ㉯ 석면
㉰ 포스겐 ㉱ T.N.T

풀이 ㉰ 포스겐($COCl_2$)에 대한 설명이다.

12 불안정한 조건에서 굴뚝의 안지름이 5m, 가스 온도가 173℃, 가스 속도가 10m/s, 기온이 17℃, 풍속이 36km/h일 때, 연기의 상승 높이(m)는? (단, 불안정 조건 시 연기의 상승 높이 $\Delta H = 150 \dfrac{F}{U^3}$이며, F는 부력을 나타냄)

㉮ 34 ㉯ 40
㉰ 49 ㉱ 56

풀이
① $F = g \times \left(\dfrac{D}{2}\right)^2 \times V_S \times \left(\dfrac{Ts-Ta}{Ta}\right)$ (m^4/sec^3)

$= 9.8\text{m/sec}^2 \times \left(\dfrac{5\text{m}}{2}\right)^2 \times 10\text{m/sec}$

$\times \left(\dfrac{(273+173)-(273+17)}{(273+17)}\right)$

$= 329.48 \text{m}^4/\text{sec}^3$

② 풍속(m/sec) $= \dfrac{36\text{km}}{\text{hr}} \times \dfrac{10^3\text{m}}{1\text{km}} \times \dfrac{1\text{hr}}{3{,}600\text{sec}}$

$= 10\text{m/sec}$

③ $\Delta H = 150 \times \dfrac{F}{u^3}$

$= 150 \times \dfrac{329.48 \text{m}^4/\text{sec}^3}{(10\text{m/sec})^3}$

$= 49.42\text{m}$

answer 08 ㉯ 09 ㉮ 10 ㉯ 11 ㉰ 12 ㉰

13 다음 중 오존 파괴지수가 가장 큰 것은?

㉮ CCl_4　　　㉯ $CHFCl_2$
㉰ CH_2FCl　　㉱ $C_2H_2FCl_3$

풀이 오존 파괴지수
㉮ CCl_4 : 1.1
㉯ $CHFCl_2$: 0.04
㉰ CH_2FCl : 0.02
㉱ $C_2H_2FCl_3$: 0.007~0.05

14 Fick의 확산방정식을 실제 대기에 적용시키기 위하여 필요한 가정 조건으로 가장 거리가 먼 것은?

㉮ 바람에 의한 오염물질의 주 이동방향은 X축이다.
㉯ 오염물질은 점배출원으로부터 연속적으로 배출된다.
㉰ 풍향, 풍속, 온도, 시간에 따른 농도변화가 없는 정상상태이다.
㉱ 하류로의 확산은 바람이 부는 방향(X축)의 확산보다 강하다.

TIP
Fick's 방정식의 가정조건
① 오염물은 점원으로부터 계속적으로 방출된다.
② 과정은 안정상태이다. 즉, $\dfrac{dc}{dt}=0$
③ 풍속은 x, y, z 좌표시스템내의 어느 점에서든 일정하다.
④ 바람에 의한 오염물의 주 이동방향은 X축이다.

15 일산화탄소에 관한 설명으로 옳지 않은 것은?

㉮ 대류권 및 성층권에서의 광화학반응에 의하여 대기 중에서 제거된다.
㉯ 물에 잘 녹아 강우의 영향을 크게 받으며, 다른 물질에 강하게 흡착하는 특징을 가진다.
㉰ 토양 박테리아의 활동에 의하여 이산화탄소로 산화되어 대기 중에서 제거된다.
㉱ 발생량과 대기중의 평균농도로부터 대기 중 평균 체류시간이 약 1~3개월 정도일 것이라 추정되고 있다.

풀이 ㉯ 물에 잘 녹지 않아 강우의 영향을 거의 받지 않으며, 다른 물질에 거의 흡착되지 않는다.

16 역사적인 대기오염 사건에 관한 설명으로 가장 적합하지 않은 것은?

㉮ 로스앤젤레스 사건은 자동차에서 배출되는 질소산화물, 탄화수소 등에 의하여 침강성 역전 조건에서 발생한다.
㉯ 뮤즈계곡 사건은 공장에서 배출되는 아황산가스, 황산, 미세입자 등에 의하여 기온역전, 무풍상태에서 발생했다.
㉰ 런던 사건은 석탄연료의 연소시 배출되는 아황산가스, 먼지 등에 의하여 복사성 역전, 높은 습도, 무풍상태에서 발생했다.
㉱ 보팔 사건은 공장조업사고로 황화수소가 다량누출 되어 발생하였으며 기온역전, 지형상 분지 등의 조건으로 많은 인명피해를 유발했다.

풀이 ㉱ 보팔 사건은 메틸이소시아네이트(CH_3CNO)의 누설에 의해서 발생한 사건이다.

TIP
포자리카 사건 : 황화수소(H_2S) 누설사건

answer 13 ㉮　14 ㉱　15 ㉯　16 ㉱

17 지표면의 오존 농도가 증가하는 원인으로 가장 거리가 먼 것은?

㉮ CO
㉯ NOx
㉰ VOCs
㉱ 태양열 에너지

풀이 일산화탄소(CO)는 안정한 물질로 2차성 물질을 발생시키는데 참여하지 않는다.

18 세류현상(down wash)이 발생되지 않는 조건은?

㉮ 오염물질의 토출속도가 굴뚝높이에서의 풍속과 같을 때
㉯ 오염물질의 토출속도가 굴뚝높이에서의 풍속의 2.0배 이상일 때
㉰ 굴뚝높이에서의 풍속이 오염물질 토출속도의 1.5배 이상일 때
㉱ 굴뚝높이에서의 풍속이 오염물질 토출속도의 2.0배 이상일 때

풀이 ㉯번은 방지책에 해당한다.

19 고도에 따른 대기층의 명칭을 순서대로 나열한 것은? (단, 낮은 고도 → 높은 고도)

㉮ 지표→대류권→성층권→중간권→열권
㉯ 지표→대류권→중간권→성층권→열권
㉰ 지표→성층권→대류권→중간권→열권
㉱ 지표→성층권→중간권→대류권→열권

풀이 고도에 따른 대기층의 순서는 지표→대류권→성층권→중간권→열권(온도권) 순이다.

20 다음 오존파괴물질 중 평균수명(년)이 가장 긴 것은?

㉮ CFC-11
㉯ CFC-115
㉰ HCFC-123
㉱ CFC-124

풀이 ㉯ CFC-115는 평균수명이 1,700년 정도로 가장 길다.

| 제2과목 | 연소공학 |

21 옥탄가에 관한 설명이다. ( )안에 들어갈 말로 옳은 것은?

> 옥탄가는 시험 가솔린의 노킹 정도를 (㉠)과 (㉡)의 혼합표준연료의 노킹 정도와 비교했을 때, 공급 가솔린과 동등한 노킹정도를 나타내는 혼합표준연료 중의 (㉠)%를 말한다.

㉮ ㉠ iso-octane, ㉡ n-butane
㉯ ㉠ iso-octane, ㉡ n-heptane
㉰ ㉠ iso-propane, ㉡ n-pentane
㉱ ㉠ iso-pentane, ㉡ n-butane

22 다음 회분 성분 중 백색에 가깝고 융점이 높은 것은?

㉮ CaO
㉯ SiO_2
㉰ MgO
㉱ Fe_2O_3

풀이 회분 성분 중 백색에 가깝고 융점이 높은 것은 이산화규소(SiO_2)이다.

answer 17 ㉮ 18 ㉯ 19 ㉮ 20 ㉯ 21 ㉯ 22 ㉯

23 액화석유가스(LPG)에 관한 설명으로 옳지 않은 것은?

㉮ 천연가스 회수, 나프타 분해, 석유정제 시 부산물로부터 얻어진다.
㉯ 비중은 공기의 1.5~2.0배 정도로 누출 시 인화 폭발의 위험이 크다.
㉰ 액체에서 기체로 될 때 증발열이 있으므로 사용하는 데 유의할 필요가 있다.
㉱ 메탄, 에탄을 주성분으로 하는 혼합물로 1atm에서 -168℃ 정도로 냉각하면 쉽게 액화된다.

[풀이] ㉱ 액화석유가스(LPG)의 주성분은 프로판(C_3H_8)과 부탄(C_4H_{10})이다.

24 고체연료의 연소방법 중 유동층 연소에 관한 설명으로 옳지 않은 것은?

㉮ 재나 미연탄소의 배출이 많다.
㉯ 미분탄연소에 비해 연소온도가 높아 NOx 생성을 억제하는데 불리하다.
㉰ 미분탄연소와는 달리 고체연료를 분쇄할 필요가 없고 이에 따른 동력손실이 없다.
㉱ 석회석입자를 유동층매체로 사용할 때, 별도의 배연탈황 설비가 필요하지 않다.

[풀이] ㉯ 미분탄연소에 비해 연소온도가 낮아 NOx 생성을 억제하는데 유리하다.

25 디젤노킹을 억제할 수 있는 방법으로 옳지 않은 것은?

㉮ 회전속도를 높인다.
㉯ 급기온도를 높인다.
㉰ 기관의 압축비를 크게 하여 압축압력을 높인다.
㉱ 착화지연 기간 및 급격연소 시간의 분사량을 적게 한다.

[풀이] ㉮ 회전속도를 낮춘다.

26 회전식 버너에 관한 설명으로 옳지 않은 것은?

㉮ 분무각도가 40~80°로 크고, 유량조절 범위도 1:5 정도로 비교적 넓은 편이다.
㉯ 연료유는 0.3~0.5kg/cm² 정도로 가압하여 공급하며, 직결식의 분사유량은 1,000L/h 이하이다.
㉰ 연료유의 점도가 크고, 분무컵의 회전수가 작을수록 분무상태가 좋아진다.
㉱ 3,000~10,000rpm으로 회전하는 컵모양의 분무컵에 송입되는 연료유가 원심력으로 비산됨과 동시에 송풍기에서 나오는 1차 공기에 의해 분무되는 형식이다.

[풀이] ㉰ 연료유의 점도가 작고, 분무컵의 회전수가 빠를수록 분무상태가 좋아진다.

answer 23 ㉱   24 ㉯   25 ㉮   26 ㉰

27 액체연료에 관한 설명으로 옳지 않은 것은?

㉮ 회분이 거의 없으며 연소, 소화, 점화의 조절이 쉽다.
㉯ 화재, 역화의 위험이 크고, 연소 온도가 높기 때문에 국부가열의 위험이 존재한다.
㉰ 기체연료의 비해 밀도가 커 저장에 큰 장소가 필요하지 않고 연료의 수송도 간편한 편이다.
㉱ 완전연소 시 다량의 과잉공기가 필요하므로 연소장치가 대형화되는 단점이 있으며, 소화가 용이하지 않다.

풀이 ㉱번은 고체연료에 대한 설명이다.

28 폭굉 유도 거리(DID)가 짧아지는 요건으로 가장 거리가 먼 것은?

㉮ 압력이 높다.
㉯ 점화원의 에너지가 강하다.
㉰ 정상의 연소속도가 작은 단일가스이다.
㉱ 관속에 방해물이 있거나 관내경이 작다.

풀이 ㉰ 정상의 연소속도가 큰 혼합가스이다.

29 석탄의 탄화도가 증가할수록 나타나는 성질로 옳지 않은 것은?

㉮ 착화온도가 높아진다.
㉯ 연소속도가 느려진다.
㉰ 수분이 감소하고 발열량이 증가한다.
㉱ 연료비(고정탄소(%) / 휘발분(%))가 감소한다.

풀이 ㉱ 연료비(고정탄소(%) / 휘발분(%))가 증가한다.

30 당량비(ϕ)에 관한 설명으로 옳지 않은 것은?

㉮ $\phi>1$ 경우는 불완전연소가 된다.
㉯ $\phi>1$ 경우는 연료가 과잉인 경우이다.
㉰ $\phi<1$ 경우는 공기가 부족한 경우이다.
㉱ $\phi = \dfrac{\text{실제의연료량/산화제}}{\text{완전연소를 위한 이상적 연료량/산화제}}$ 이다.

풀이 ㉰ $\phi<1$ 경우는 공기가 과잉인 경우이다.

31 고위발열량이 12,000kcal/kg인 연료 1kg의 성분을 분석한 결과 탄소가 87.7%, 수소가 12%, 수분이 0.3%이었다. 이 연료의 저위발열량(kcal/kg)은?

㉮ 10,350   ㉯ 10,820
㉰ 11,020   ㉱ 11,350

풀이 저위발열량(kcal/kg)
= 고위발열량(kcal/kg)-600(9H+W)
= 12,000kcal/kg-600×(9×0.12+0.003)
= 11,350.2kcal/kg

32 분무화 연소방식에 해당하지 않는 것은?

㉮ 유압 분무화식   ㉯ 충돌 분무화식
㉰ 여과 분무화식   ㉱ 이류체 분무화식

풀이 분무화 연소방식에는 유압 분무화식, 충돌 분무화식, 이류체 분무화식이 있다.

answer 27 ㉱   28 ㉰   29 ㉱   30 ㉰   31 ㉱   32 ㉰

33 기체연료의 연소방법 중 예혼합연소에 관한 설명으로 옳지 않은 것은?

㉮ 화염길이가 길고 그을음이 발생하기 쉽다.
㉯ 역화의 위험이 있어 역화방지기를 부착해야 한다.
㉰ 화염온도가 높아 연소부하가 큰 곳에 사용가능하다.
㉱ 연소기 내부에서 연료와 공기의 혼합비가 변하지 않고 균일하게 연소된다.

풀이 ㉮ 화염길이가 짧고 그을음이 발생하지 않는다.

34 연소에 관한 설명으로 옳지 않은 것은?

㉮ 표면연소는 휘발분 함유율이 적은 물질의 표면 탄소분부터 직접 연소되는 형태이다.
㉯ 다단연소는 공기 중의 산소 공급없이 물질 자체가 함유하고 있는 산소를 사용하여 연소하는 형태이다.
㉰ 증발연소는 비교적 융점이 낮은 고체연료가 연소하기 전에 액상으로 융해한 후 증발하여 연소하는 형태이다.
㉱ 분해연소는 분해온도가 증발온도보다 낮은 고체연료가 기상 중에 화염을 동반하여 연소할 경우 관찰되는 연소 형태이다.

풀이 ㉯번은 자기연소에 대한 설명이다.

35 S함량이 5%인 B-C유 400kL를 사용하는 보일러에 S함량이 1%인 B-C유를 50% 섞어서 사용하면 SO_2의 배출량은 몇 % 감소하는가? (단, 기타 연소조건은 동일하며, S는 연소시 전량 SO_2로 변환되고, S함량에 무관하게 B-C유의 비중은 0.95임)

㉮ 30% ㉯ 35%
㉰ 40% ㉱ 45%

풀이 감소율(%) = $\left(1 - \dfrac{5\% \times 50\% + 1\% \times 50\%}{5\% \times 100\%}\right) \times 100$
= 40%

36 C 85%, H 11%, S 2%, 회분 2%의 무게비로 구성된 B-C유 1kg을 공기비 1.3으로 완전연소시킬 때, 건조 배출가스 중의 먼지농도(g/Sm^3)는? (단, 모든 회분 성분은 먼지가 됨)

㉮ 0.82 ㉯ 1.53
㉰ 5.77 ㉱ 10.23

풀이 ① 이론공기량(A_o)
= $8.89C + 26.67\left(H - \dfrac{O}{8}\right) + 3.33S\,(Sm^3/kg)$
= $8.89 \times 0.85 + 26.67 \times 0.11 + 3.33 \times 0.02$
= $10.5568\,Sm^3/kg$
② 실제건조배출가스량(Gd)
= $mA_o - 5.6H + 0.7O + 0.8N\,(Sm^3/kg)$
= $1.3 \times 10.5568\,Sm^3/kg - 5.6 \times 0.11$
= $13.1078\,Sm^3/kg$
③ 먼지농도(g/Sm^3)
= $\dfrac{0.02\,kg/kg}{13.1078\,Sm^3/kg} \times 10^3\,g/kg = 1.53\,g/Sm^3$

answer 33 ㉮ 34 ㉯ 35 ㉰ 36 ㉯

37 표준상태에서 CO_2 50kg의 부피(m^3)는? (단, CO_2는 이상기체라 가정)

㉮ 12.73 ㉯ 22.40
㉰ 25.45 ㉱ 44.80

풀이 $50kg \times \dfrac{22.4 Sm^3}{44kg} = 25.45 Sm^3$

TIP CO_2 1Kmol $\begin{cases} 44 kg \\ 22.4\ Sm^3 \end{cases}$

38 고체연료의 화격자 연소장치 중 연료가 화격자 → 석탄층 → 건류층 → 산화층 → 환원층을 거치며 연소되는 것으로, 연료층을 항상 균일하게 제어할 수 있고 저품질 연료도 유효하게 연소시킬 수 있어 쓰레기 소각로에 많이 이용되는 장치로 가장 적합한 것은?

㉮ 체인 스토커(chain stoker)
㉯ 포트식 스토커(pot stoker)
㉰ 산포식 스토커(spreader stoker)
㉱ 플라스마 스토커(plasma stoker)

풀이 ㉮ 체인 스토커에 대한 설명이다.

39 어떤 액체연료의 연소 배출가스 성분을 분석한 결과 CO_2가 12.6%, O_2가 6.4%일 때, (CO_2) max(%)는? (단, 연료는 완전연소 됨)

㉮ 11.5 ㉯ 13.2
㉰ 15.3 ㉱ 18.1

풀이 $CO_2 max(\%) = \dfrac{21 \times CO_2\%}{21 - O_2\%} = \dfrac{21 \times 12.6\%}{21 - 6.4\%}$
$= 18.12\%$

TIP $CO_2 max(\%) = \dfrac{21 \times (CO_2\% + CO\%)}{21 - O_2\% + 0.395 \times CO\%}$

40 다음 중 황함량이 가장 낮은 연료는?

㉮ LPG ㉯ 중유
㉰ 경유 ㉱ 휘발유

풀이 황함량 순서는 LPG < 휘발유 < 경유 < 중유 순이다.

| 제3과목 | 대기오염방지기술

41 유체의 점성에 관한 설명으로 옳지 않은 것은?

㉮ 액체의 온도가 높아질수록 점성계수는 감소한다.
㉯ 점성계수는 압력과 습도의 영향을 거의 받지 않는다.
㉰ 유체 내에 발생하는 전단응력은 유체의 속도구배에 반비례한다.
㉱ 점성은 유체분자 상호간에 작용하는 응집력과 인접 유체층간의 운동량 교환에 기인한다.

풀이 ㉰ 유체 내에 발생하는 전단응력은 유체의 속도구배 제곱에 반비례한다.

answer 37 ㉰ 38 ㉮ 39 ㉱ 40 ㉮ 41 ㉰

42 송풍기 회전수(N)와 유체밀도(ρ)가 일정할 때 성립하는 송풍기 상사법칙을 나타내는 식은? (단, Q : 유량, P : 풍압, L : 동력, D : 송풍기의 크기)

㉮ $Q_2 = Q_1 \times \left[\dfrac{D_1}{D_2}\right]^2$

㉯ $P_2 = P_1 \times \left[\dfrac{D_1}{D_2}\right]^2$

㉰ $Q_2 = Q_1 \times \left[\dfrac{D_2}{D_1}\right]^3$

㉱ $L_2 = L_1 \times \left[\dfrac{D_2}{D_1}\right]^3$

43 사이클론(cyclone)의 운전조건과 치수가 집진율에 미치는 영향으로 옳지 않은 것은?

㉮ 동일한 유량일 때 원통의 직경이 클수록 집신율이 증가한다.
㉯ 입구의 직경이 작을수록 처리가스의 유입속도가 빨라져 집진율과 압력손실이 증가한다.
㉰ 함진가스의 온도가 높아지면 가스의 점도가 커져 집진율이 감소하나 그 영향은 크지 않은 편이다.
㉱ 출구의 직경이 작을수록 집진율이 증가하지만 동시에 압력손실이 증가하고 함진가스의 처리능력이 감소한다.

풀이 ㉮ 동일한 유량일 때 원통의 직경이 작을수록 집진율이 증가한다.

44 사이클론(cyclone)의 가스 유입속도를 4배로 증가시키고 유입구의 폭을 3배로 늘렸을 때, 처음 Lapple의 절단입경 d_p에 대한 나중 Lapple의 절단입경 d_p'의 비는?

㉮ 0.87   ㉯ 0.93
㉰ 1.18   ㉱ 1.26

풀이 $d_{P50} = \sqrt{\dfrac{9\mu B}{2\pi V(\rho_s - \rho)N}} \times 10^6 (\mu m)$

따라서 $d_{P50} = \sqrt{\dfrac{B}{V}} = \sqrt{\dfrac{3배}{4배}} = 0.87$

45 임의로 충진한 충진탑에서 혼합물을 물리적으로 분리할 때, 액의 분배가 원활하게 이루어지지 못하면 어떤 현상이 발생할 수 있는가?

㉮ mixing 현상   ㉯ flooding 현상
㉰ blinding 현상   ㉱ channeling 현상

풀이 ㉱ channeling 현상에 대한 설명이다.

46 입경측정방법 중 관성충돌법(cascade impactor)에 관한 설명으로 옳지 않은 것은?

㉮ 입자의 질량크기분포를 알 수 있다.
㉯ 퇴튐으로 인한 시료의 손실이 일어날 수 있다.
㉰ 관성충돌을 이용하여 입경을 간접적으로 측정하는 방법이다.
㉱ 시료채취가 용이하고 채취 준비에 많은 시간이 소요되지 않는 장점이 있으나, 단수를 임의로 설계하기가 어렵다.

answer 42 ㉰ 43 ㉮ 44 ㉮ 45 ㉱ 46 ㉱

풀이 ㉣ 시료채취가 어렵고, 채취 준비에 많은 시간이 소요된다.

47 다음 여과포의 재질 중 최고사용온도가 가장 높은 것은?

㉮ 오론
㉯ 목면
㉰ 비닐론
㉱ 나일론(폴리아미드계)

풀이 최고사용 온도
㉮ 오론 : 150℃
㉯ 목면 : 80℃
㉰ 비닐론 : 100℃
㉱ 나일론(폴리아미드계) : 110℃

48 유해가스를 처리할 때 사용하는 충전탑(packed tower)에 관한 내용으로 옳지 않은 것은?

㉮ 충전탑에서 hold-up은 탑의 단위면적당 충전재의 양을 의미한다.
㉯ 흡수액에 고형물이 함유되어 있는 경우에는 침전물이 생기는 방해를 받는다.
㉰ 충전물을 불규칙적으로 충전했을 때 접촉면적과 압력손실이 커진다.
㉱ 일정량의 흡수액을 흘릴 때 유해가스의 압력손실은 가스속도의 대수 값에 비례하며, 가스속도가 증가할 때 나타나는 첫 번째 파괴점(break point)을 loading point라 한다.

풀이 ㉮ 충전탑에서 hold-up은 탑의 단위면적당 액의 보유량을 의미한다.

49 하전식 전기집진장치에 관한 설명으로 옳지 않은 것은?

㉮ 2단식은 1단식에 비해 오존의 생성이 적다.
㉯ 1단식은 일반적으로 산업용에 많이 사용된다.
㉰ 2단식은 비교적 함진 농도가 낮은 가스 처리에 유용하다.
㉱ 1단식은 역전리 억제에는 효과적이나 재비산 방지는 곤란하다.

풀이 ㉱ 1단식은 역전리 억제에는 비효과적이나 재비산 방지는 용이하다.

50 사이클론(cyclone)을 사용하여 입자상 물질을 집진할 때, 입경에 따라 집진효율이 달라진다. 집진효율이 50%인 입경을 나타내는 용어는?

㉮ stokes diameter
㉯ critical diameter
㉰ cut size diameter
㉱ aerodynamic diameter

풀이 ㉰ cut size diameter에 대한 설명이다.

51 일정한 온도 하에서 어떤 유해가스와 물이 평형을 이루고 있다. 가스 분압이 38mmHg이고 Henry 상수가 0.01atm·m^3/kg·mol일 때, 액 중 유해가스 농도(kg·mol/m^3)는?

㉮ 3.8
㉯ 4.0
㉰ 5.0
㉱ 5.8

answer 47 ㉮ 48 ㉮ 49 ㉱ 50 ㉰ 51 ㉰

풀이 유해가스 농도($kg \cdot mol/m^3$)

$$= \frac{분압(atm)}{헨리상수(atm \cdot m^3/kg \cdot mol)}$$

$$= \frac{38mmHg/760}{0.01 atm \cdot m^3/kg \cdot mol}$$

$$= 5 kg \cdot mol/m^3$$

52 광학현미경을 사용하여 분진의 입경을 측정할 수 있다. 이때 입자의 투영면적을 2등분하는 선의 길이로 나타낸 분진의 입경은?

㉮ Feret경 ㉯ Martin경
㉰ 등면적경 ㉱ Heyhood경

풀이 ㉯ Martin경에 대한 설명이다.

53 촉매산화식 탈취공정에 관한 설명으로 옳지 않은 것은?

㉮ 내부분의 성분은 탄산가스와 수증기가 되기 때문에 배수처리가 필요 없다.
㉯ 비교적 고온에서 처리하기 때문에 직접연소식에 비해 질소산화물의 발생량이 많다.
㉰ 광범위한 가스 조건 하에서 적용이 가능하며 저농도에서도 뛰어난 탈취효과를 발휘할 수 있다.
㉱ 처리하고자 하는 대상가스 중의 악취성분 농도나 발생상황에 대응하여 최적의 촉매를 선정함으로서 뛰어난 탈취효과를 확보할 수 있다.

풀이 ㉯ 비교적 저온에서 처리하기 때문에 직접연소식에 비해 질소산화물의 발생량이 적다.

54 유량이 5,000m³/h인 가스를 충전탑을 사용하여 처리하고자 한다. 충전탑 내의 가스 유속을 0.34m/s로 할 때, 충전탑의 직경(m)은?

㉮ 1.9 ㉯ 2.3
㉰ 2.8 ㉱ 3.5

풀이 유량(Q) = 단면적(A)×유속(v)

$$= \frac{\pi D^2}{4}(m^2) \times v(m/sec)$$

$$D = \sqrt{\frac{4Q}{\pi v}} = \sqrt{\frac{4 \times 5,000 m^3/hr \times 1hr/3,600 sec}{\pi \times 0.34 m/sec}}$$

$$= 2.28m$$

55 시멘트산업에서 일반적으로 사용하는 전기집진장치의 배출가스 조절제는?

㉮ 물(수증기) ㉯ SO_3 가스
㉰ 암모늄염 ㉱ 가성소다

풀이 시멘트산업에서 일반적으로 사용하는 전기집진장치의 배출가스 조절제는 물(수증기)이다.

56 가연성 유해가스를 제거하기 위한 방법 중 촉매산화법에 관한 설명으로 옳지 않은 것은?

㉮ 압력손실이 커서 운영 비용이 많이 든다.
㉯ 체류시간은 연소 장치에서 요구되는 것보다 짧다.
㉰ 촉매로는 백금, 팔라듐 등의 귀금속이 활성이 크기 때문에 널리 사용된다.
㉱ 촉매들은 운전시 상한온도가 있기 때문에 촉매층을 통과할 때 온도가 과도하게 올라가지 않도록 한다.

풀이 ㉮ 압력손실이 작아서 운영 비용이 적게 든다.

answer 52 ㉯ 53 ㉯ 54 ㉯ 55 ㉮ 56 ㉮

57 직경이 1.2m인 직선덕트를 사용하여 가스를 15m/s의 속도로 수송할 때, 길이 100m당 압력손실(mmH₂O)은? (단, 덕트의 마찰계수 = 0.005, 가스의 밀도 = 1.3kg/m³)

㉮ 19.1 ㉯ 21.8
㉰ 24.9 ㉱ 29.8

풀이
$$\triangle P = 4f \times \frac{L}{D} \times \frac{r \times V^2}{2 \times g} (mmH_2O)$$
$$= 4 \times 0.005 \times \frac{100m}{1.2m} \times \frac{1.3kg/m^3 \times (15m/sec)^2}{2 \times 9.8m/sec^2}$$
$$= 24.87 mmH_2O$$

58 20℃, 1기압에서 공기의 동점성계수는 $1.5 \times 10^{-5} m^2/s$이다. 관의 지름이 50mm일 때, 그 관을 흐르는 공기의 속도(m/s)는? (단, 레이놀즈 수 = 3.5×10^4)

㉮ 4.0 ㉯ 6.5
㉰ 9.0 ㉱ 10.5

풀이
$$Re = \frac{D \times V \times \rho}{\mu} = \frac{D \times V}{\nu}$$
$$3.5 \times 10^4 = \frac{50 \times 10^{-3}m \times V}{1.5 \times 10^{-5}m^2/sec}$$
$$\therefore V = \frac{3.5 \times 10^4 \times 1.5 \times 10^{-5}m^2/sec}{50 \times 10^{-3}m} = 10.5 m/sec$$

59 탈취방법 중 수세법에 관한 설명으로 옳지 않은 것은?

㉮ 고농도의 악취가스 전처리에 효과적이다.
㉯ 조작이 간단하며 탈취효율이 우수하여 전처리과정 없이 사용된다.
㉰ 수온에 따라 탈취효과가 달라지고 압력손실이 큰 것이 단점이다.
㉱ 알데하이드류, 저급유기산류, 페놀 등 친수성 극성기를 가지는 성분을 제거할 수 있다.

풀이 ㉯ 조작이 간단하나 탈취효율이 낮아 타 방법과 병용처리시 전처리로 사용한다.

60 기체분산형 흡수장치로만 짝지어진 것은?

㉮ 단탑, 기포탑 ㉯ 기포탑, 충전탑
㉰ 분무탑, 단탑 ㉱ 분무탑, 충전탑

풀이 흡수장치의 종류
① 액 분산형 흡수장치 : 충전탑(흡수탑), 분무탑, 벤츄리스크러버
② 기체 분산형 흡수장치 : 다공판탑, 종탑, 기포탑, 단탑

| 제4과목 | 대기오염공정시험기준

61 이온크로마토그래피의 검출기에 관한 설명이다. ( )안에 들어갈 내용으로 가장 적합한 것은?

(㉠)는 고성능 액체크로마토그래피 분야에서 가장 널리 사용되는 검출기로, 최근에는 이온크로마토그래피에서도 전기전도도 검출기와 병행하여 사용되기도 한다. 또한 (㉡)는 전이금속 성분의 발색반응을 이용하는 경우에 사용된다.

㉮ ㉠ 광학검출기
   ㉡ 암페로메트릭검출기
㉯ ㉠ 전기화학적검출기
   ㉡ 불꽃광도검출기

answer 57 ㉰ 58 ㉱ 59 ㉯ 60 ㉮ 61 ㉰

㉰ ㉠ 자외선흡수검출기
　　㉡ 가시선흡수검출기
㉱ ㉠ 전기전도도검출기
　　㉡ 전기화학적검출기

62 굴뚝 배출가스 중의 황산화물을 분석하는데 사용하는 시료흡수용 흡수액은?

㉮ 질산용액
㉯ 붕산용액
㉰ 과산화수소용액
㉱ 수산화소듐용액

▶풀이 황산화물의 흡수액은 과산화수소(H_2O_2)용액(1+9)이다.

63 자외선/가시선분광법에 관한 설명으로 옳지 않은 것은? (단, I_o : 입사광의 강도, I_t : 투사광의 강도)

㉮ $\dfrac{I_t}{I_o}$를 투과도(t)라 한다.
㉯ $\log\dfrac{I_t}{I_o}$을 흡광도(A)라 한다.
㉰ 투과도(t)를 백분율로 표시한 것을 투과 퍼센트라 한다.
㉱ 자외선/가시선분광법은 램버트-비어 법칙을 응용한 것이다.

▶풀이 ㉯ $\log\dfrac{I_o}{I_t}$을 흡광도(A)라 한다.

64 오염물질 A의 실측 농도가 $250mg/Sm^3$이고 그 때의 실측 산소농도가 3.5%이다. 오염물질 A의 보정농도(mg/Sm^3)는? (단, 오염물질 A는 표준산소농도를 적용받으며, 표준산소농도는 4%임)

㉮ 219　　㉯ 243
㉰ 247　　㉱ 286

▶풀이 오염물질 A의 보정농도(mg/Sm^3)
$= C_a \times \dfrac{21-O_s}{21-O_a}$
$= 250mg/Sm^3 \times \dfrac{21-4\%}{21-3.5\%}$
$= 242.86 mg/Sm^3$

65 비분산형적외선분석기의 구성에서 ( ) 안에 들어갈 기기로 옳은 것은? (단, 복광속 분석계 기준)

광원→(㉠)→(㉡)→시료셀→검출기→증폭기→지시계

㉮ ㉠ 광학섹터, ㉡ 회전필터
㉯ ㉠ 회전섹터, ㉡ 광학필터
㉰ ㉠ 광학필터, ㉡ 회전필터
㉱ ㉠ 회전섹터, ㉡ 광학섹터

▶풀이 장치의 순서는 광원→회전섹터→광학필터→시료셀→검출기→증폭기→지시계 순이다.

answer 62 ㉰　63 ㉯　64 ㉯　65 ㉯

66 배출가스 중의 건조시료가스 채취량을 건식가스미터를 사용하여 측정할 때 필요한 항목에 해당하지 않는 것은?

㉮ 가스미터의 온도
㉯ 가스미터의 게이지압
㉰ 가스미터로 측정한 흡입가스량
㉱ 가스미터 온도에서의 포화 수증기압

풀이 ㉱번은 습식가스미터를 사용한 경우이다.

67 대기 중의 가스상 물질을 용매채취법에 따라 채취할 때 사용하는 순간유량계 중 면적식 유량계는?

㉮ 노즐식 유량계
㉯ 오리피스 유량계
㉰ 게이트식 유량계
㉱ 미스트식 가스미터

풀이 용매채취법에서 순간유량계 중 면적식 유량계는 게이트식 유량계이다.

68 굴뚝을 통해 대기 중으로 배출되는 가스상의 시료를 채취할 때 사용하는 연결관에 관한 설명으로 옳지 않은 것은?

㉮ 연결관의 안지름은 연결관의 길이, 흡인가스의 유량, 응축수에 의한 막힘, 또는 흡인펌프의 능력 등을 고려해서 4mm~25mm로 한다.
㉯ 하나의 연결관으로 여러 개의 측정기를 사용할 경우 각 측정기 앞에서 연결관을 병렬로 연결하여 사용한다.
㉰ 연결관의 길이는 가능한 한 먼 곳의 시료채취구에서도 채취가 용이하도록 100m 정도로 가급적 길게 하되, 200m를 넘지 않도록 한다.
㉱ 연결관은 가능한 한 수직으로 연결해야 하고 부득이 구부러진 관을 사용할 경우에는 응축수가 흘러나오기 쉽도록 경사지게 (5° 이상) 한다.

풀이 ㉰ 연결관(도관)의 길이는 되도록 짧게 하고, 부득이 길게 해서 쓰는 경우에는 이음매가 없는 배관을 써서 접속 부분을 적게 하고 받침기구로 고정해서 사용해야 한다.

69 굴뚝 배출가스 중의 염화수소를 분석하는 방법 중 자외선/가시선 분광법(흡광광도법)에 해당하는 것은?

㉮ 질산은법
㉯ 4-아미노안티피린법
㉰ 싸이오시안산제이수은법
㉱ 란타넘-알리자린 콤플렉손법

풀이 염화수소를 분석하는 방법 중 자외선/가시선 분광법(흡광광도법)은 싸이오시안산제이수은법이다.

70 굴뚝 배출가스 중의 질소산화물을 연속자동측정 할 때 사용하는 화학발광 분석계의 구성에 관한 설명으로 옳지 않은 것은?

㉮ 반응조는 시료가스와 오존가스를 도입하여 반응시키기 위한 용기로서 내부압력조건에 따라 감압형과 상압형으로 구분된다.
㉯ 오존발생기는 산소가스를 오존으로 변환시키는 역할을 하며, 에너지원으로서 무성방전관 또는 자외선발생기를 사용한다.

answer 66 ㉱ 67 ㉰ 68 ㉰ 69 ㉰ 70 ㉰

㉓ 검출기에는 화학발광을 선택적으로 투과시킬 수 있는 발광필터가 부착되어 있어 전기신호를 발광도로 변환시키는 역할을 한다.

㉔ 유량제어부는 시료가스 유량제어부와 오존가스 유량제어부가 있으며 이들은 각각 저항관, 압력조절기, 니들밸브, 면적유량계, 압력계 등으로 구성되어 있다.

풀이 ㉓ 검출기에는 화학발광을 선택적으로 투과시킬 수 있는 광학필터가 부착되어 있어 발광도를 전기신호로 변환시키는 역할을 한다.

71 굴뚝 배출가스 중의 질소산화물을 아연환원나프틸에틸렌다이아민법에 따라 분석할 때에 관한 설명이다. ( )안에 들어갈 내용으로 옳은 것은?

> 시료 중의 질소산화물을 오존 존재 하에서 흡수액에 흡수시켜 (㉠)으로 만들고 (㉡)을 사용하여 (㉢)으로 환원한 후 설파닐아마이드(sulfanilamide) 및 니프틸에틸렌다이아민(naphthyl ethylene diamine)을 반응시켜 얻어진 착색의 흡광도로부터 질소산화물을 정량한다.

㉮ ㉠ 아질산이온, ㉡ 분말금속아연, ㉢ 질산이온
㉯ ㉠ 아질산이온, ㉡ 분말황산아연, ㉢ 질산이온
㉰ ㉠ 질산이온, ㉡ 분말황산아연, ㉢ 아질산이온
㉱ ㉠ 질산이온, ㉡ 분말금속아연, ㉢ 아질산이온

72 대기오염공정시험기준 총칙 상의 시험기재 및 용어에 관한 내용으로 옳지 않은 것은?

㉮ 시험조작 중 "즉시"란 30초 이내에 표시된 조작을 하는 것을 뜻한다.
㉯ "감압 또는 진공"이라 함은 따로 규정이 없는 한 50mmHg 이하를 뜻한다.
㉰ 용액의 액성표시는 따로 규정이 없는 한 유리전극법에 의한 pH미터로 측정한 것을 뜻한다.
㉱ 액체성분의 양을 "정확히 취한다"는 홀피펫, 부피플라스크 또는 이와 동등 이상의 정도를 갖는 용량계를 사용하여 조작하는 것을 뜻한다.

풀이 ㉯ "감압 또는 진공"이라 함은 따로 규정이 없는 한 15mmHg 이하를 뜻한다.

73 대기오염공정시험기준 총칙 상의 용어 정의로 옳지 않은 것은?

㉮ 냉수는 4℃ 이하, 온수는 (60~70)℃, 열수는 약 100℃를 말한다.
㉯ 시험에 사용하는 시약은 따로 규정이 없는 한 특급 또는 1급 이상 또는 이와 동등한 규격의 것을 사용하여야 한다.
㉰ 기체 중의 농도를 mg/m^3로 나타냈을 때 m^3은 표준상태의 기체 용적을 뜻하는 것으로 Sm^3로 표시한 것과 같다.
㉱ ppm의 기호는 따로 표시가 없는 한 기체일 때는 용량 대 용량(부피분율), 액체일 때는 중량대 중량(질량분율)으로 표시한 것을 뜻한다.

풀이 ㉮ 냉수는 15℃ 이하, 온수는 (60~70)℃, 열수는 약 100℃를 말한다.

answer 71 ㉱ 72 ㉯ 73 ㉮

74 대기 중의 유해 휘발성 유기화합물을 고체흡착법에 따라 분석할 때 사용하는 용어의 정의이다. ( )안에 들어갈 내용으로 가장 적합한 것은?

> 일정농도의 VOC_s가 흡착관에 흡착되는 초기 시점부터 일정시간이 흐르게 되면 흡착관 내부에 상당량의 VOC_s가 포화되기 시작하고 전체 VOC_s양의 5%가 흡착관을 통과하게 되는데, 이 시점에서 흡착관 내부로 흘러간 총 부피를 ( )라 한다.

㉮ 머무름부피(retention volume)
㉯ 안전부피(safe sample volume)
㉰ 파과부피(breakthrough volume)
㉱ 탈착부피(desorption volume)

풀이 ㉰ 파과부피에 대한 설명이다.

75 굴뚝 배출가스 중의 일산화탄소를 분석하는 방법에 해당하지 않는 것은?

㉮ 정전위전해법
㉯ 자외선가시선분광법
㉰ 비분산적외선분광분석법
㉱ 기체크로마토그래피법

풀이 일산화탄소를 분석하는 방법에는 정전위전해법(전기화학식), 비분산적외선분광분석법, 기체크로마토그래피법이 있다.

76 굴뚝 배출가스 중의 무기 플루오린화합물을 자외선/가시선분광법에 따라 분석하여 얻은 결과이다. 플루오린화합물의 농도(ppm)은? (단, 방해이온이 존재할 경우임)

> - 검정곡선에서 구한 플루오린화합물 이온의 질량 : 1mg
> - 건조시료가스량 : 20L
> - 분취한 액량 : 50mL

㉮ 100   ㉯ 155
㉰ 250   ㉱ 295

풀이 농도(ppm)

$$= \frac{\text{플루오린이온의 질량(mg)} \times \frac{\text{시료용액 전량(mL)}}{\text{분취한 액량(mL)}}}{\text{건조시료 가스량(L)}} \times 1{,}000 \times \frac{22.4}{19}$$

$$= \frac{1\text{mg} \times \frac{250\text{mL}}{50\text{mL}}}{20\text{L}} \times 1{,}000 \times \frac{22.4}{19}$$

$$= 294.74\text{ppm}$$

TIP
시료용액 전량
① 방해이온이 존재할 경우 : 250mL
② 방해이온이 존재하지 않을 경우 : 200mL

77 원자흡수분광법에 따라 분석하여 얻은 측정결과이다. 대기 중의 납 농도(mg/m^3)는?

> - 분석시료용액 : 100mL
> - 표준시료 가스량 : 500L
> - 시료용액 흡광도에 상당하는 납 농도 : 0.0125mg Pb/mL

㉮ 2.5   ㉯ 5.0
㉰ 7.5   ㉱ 9.5

answer 74 ㉰ 75 ㉯ 76 ㉱ 77 ㉮

납 농도(mg/m³) = $\dfrac{0.0125\text{mg/mL} \times 100\text{mL}}{500\text{L} \times \dfrac{1\text{m}^3}{10^3\text{L}}}$

= 2.5mg/m³

78 대기 중의 다환방향족 탄화수소(PAH)를 기체크로마토그래피법에 따라 분석하고자 한다. 다음 중 체류시간(retention time)이 가장 긴 것은?

㉮ 플루오렌(fluorene)
㉯ 나프탈렌(naphthalene)
㉰ 안트라센(anthracene)
㉱ 벤조(a)피렌(benzo(a)pyrene)

풀이 문제와 답만 기억하면 되는 문제입니다.

79 굴뚝 배출가스 중의 일산화탄소를 기체크로마토그래피법에 따라 분석할 때에 관한 설명으로 옳지 않은 것은?

㉮ 부피분율 99.9%이상의 헬륨을 운반가스로 사용힌다.
㉯ 활성알루미나(Al₂O₃ 93.1%, SiO₂ 0.02%)를 충전제로 사용한다.
㉰ 메테인화 반응장치가 있는 불꽃이온화 검출기를 사용한다.
㉱ 내면을 잘 세척한 안지름이 2~4mm, 길이가 0.5~1.5m인 스테인리스강 재질관을 분리관으로 사용한다.

풀이 ㉯ 합성제올라이트를 충전제로 사용한다.

80 이온크로마토그래피의 설치조건(기준)으로 옳지 않은 것은?

㉮ 대형변압기, 고주파가열 등으로부터 전자유도를 받지 않아야 한다.
㉯ 부식성 가스 및 먼지발생이 적고, 진동이 없으며 직사광선을 피해야 한다.
㉰ 실험실 온도 15℃~25℃, 상대습도 30%~85% 범위로 급격한 온도 변화가 없어야 한다.
㉱ 공급전원은 기기의 사양에 지정된 전압 전기용량 및 주파수로 전압변동은 40% 이하이고, 주파수 변동이 없어야 한다.

풀이 ㉱ 공급전원은 기기의 사양에 지정된 전압 전기용량 및 주파수로 전압변동은 10% 이하이고, 주파수 변동이 없어야 한다.

answer 78 ㉱ 79 ㉯ 80 ㉱

2021년 2회 기출문제

| 제1과목 | 대기오염개론

01 대기 압력이 990mb인 높이에서의 온도가 22℃일 때, 온위(K)는?

㉮ 275.63 ㉯ 280.63
㉰ 286.46 ㉱ 295.86

풀이
$$\theta = T \times \left(\frac{1,000}{P}\right)^{0.288}$$
$$= (273+22℃)K \times \left(\frac{1,000}{990mb}\right)^{0.288}$$
$$= 295.86K$$

02 자동차 배출가스 정화장치인 삼원촉매장치에 관한 내용으로 옳지 않은 것은?

㉮ HC는 CO_2와 H_2O로 산화되며, NO_X는 N_2로 환원된다.
㉯ 우수한 효율을 얻기 위해서는 엔진에 공급되는 공기 연료비가 이론 공연비이어야 한다.
㉰ 두개의 촉매 층이 직렬로 연결되어 CO, HC, NO_X를 동시에 처리할 수 있다.
㉱ 일반적으로 로듐촉매는 CO와 HC를 저감시키는 반응을 촉진시키고 백금촉매는 NO_X를 저감시키는 반응을 촉진시킨다.

풀이 ㉱ 일반적으로 백금촉매는 CO와 HC를 저감시키는 반응을 촉진시키고 로듐촉매는 NO_X를 저감시키는 반응을 촉진시킨다.

TIP
① 산화촉매 : 백금(Pt), 팔라듐(Pd)
② 환원촉매 : 로듐(Rh)

03 다음 중 오존층 보호와 가장 거리가 먼 것은?

㉮ 헬싱키 의정서 ㉯ 런던 회의
㉰ 비엔나 협약   ㉱ 코펜하겐 회의

풀이 ㉮ 헬싱키 의정서는 산성비의 원인물질인 황산화물(SO_X) 저감에 관한 협약이다.

04 다음 중 오존파괴지수가 가장 작은 물질은?

㉮ CCl_4 ㉯ CF_3Br
㉰ CF_2BrCl ㉱ $CHFClCF_3$

풀이 오존층 파괴지수(ODP)
㉮ CCl_4 : 1.1   ㉯ CF_3Br : 10.0
㉰ CF_2BrCl : 3.0   ㉱ $CHFClCF_3$: 0.022

answer 01 ㉱ 02 ㉱ 03 ㉮ 04 ㉱

05 산성비에 관한 설명으로 가장 거리가 먼 것은?

㉮ 산성비는 대기 중에 배출되는 황산화물과 질소산화물이 황산, 질산 등의 산성물질로 변하여 발생한다.
㉯ 산성비 문제를 해결하기 위하여 질소산화물 배출량 또는 국가 간 이동량을 최저 30% 삭감하는 몬트리올 의정서가 채택되었다.
㉰ 산성비가 토양에 내리면 토양은 Ca^{2+}, Mg^{2+}, Na^+, K^+ 등의 교환성염기를 방출하고, 그 교환자리에 H^+가 치환된다.
㉱ 일반적으로 산성비란 pH가 5.6 이하인 강우를 뜻하는데, 이는 자연 상태에 존재하는 CO_2가 빗방울에 흡수되어 평형을 이루었을 때의 pH를 기준으로 한 것이다.

풀이 ㉯ 산성비 문제를 해결하기 위한 국제협약은 헬싱키 의정서와 소피아 의정서이다.

06 1984년 인도 중부지방의 보팔시에서 발생한 대기오염 사건의 원인물질은?

㉮ CH_3CNO ㉯ SOx
㉰ H_2S ㉱ $COCl_2$

풀이 1984년 인도 중부지방의 보팔시에서 발생한 대기오염 사건의 원인물질은 메틸이소시아네이트(CH_3CNO)이다.

TIP
MIC(Methyl Isocyanate) = CH_3CNO

07 리차드슨 수(Ri)에 관한 내용으로 옳지 않은 것은?

㉮ Ri수가 0에 접근하면 분산이 줄어든다.
㉯ Ri수가 0일 때 대기는 중립상태가 되고 기계적 난류가 지배적이다.
㉰ Ri수가 큰 양의 값을 가지면 대류가 지배적이어서 강한 수직운동이 일어난다.
㉱ Ri수는 무차원수로 대류 난류를 기계적 난류로 전환시키는 비율을 나타낸 것이다.

풀이 ㉰ Ri수가 큰 음의 값을 가지면 대류가 지배적이어서 강한 수직운동이 일어난다.

08 대기 중의 광화학반응에서 탄화수소와 반응하여 2차 오염물질을 형성하는 화학종과 가장 거리가 먼 것은?

㉮ CO   ㉯ -OH
㉰ NO   ㉱ NO_2

풀이 ㉮ CO(일산화탄소)는 1차성 오염물질로 광화학 반응에 참여하지 않는다.

09 입자상물질의 농도가 $0.25mg/m^3$이고, 상대습도가 70%일 때, 가시거리(km)는? (단, 상수 A는 1.3)

㉮ 4.3   ㉯ 5.2
㉰ 6.5   ㉱ 7.2

풀이 $V = \dfrac{10^3 \times A}{G} = \dfrac{10^3 \times 1.3}{0.25 \times 10^3 \mu g/m^3} = 5.2 km$

answer 05 ㉯ 06 ㉮ 07 ㉰ 08 ㉮ 09 ㉯

10 대기오염물질은 발생방법에 따라 1차 오염물질과 2차 오염물질로 구분할 수 있다. 2차 오염물질에 해당하는 것은?

㉮ CO
㉯ H_2S
㉰ NOCl
㉱ $(CH_3)_2S$

풀이 2차 오염물질은 ㉰ NOCl이다.

11 탄화수소가 관여하지 않을 경우 NO_2의 광화학 반응식이다. ㉠ ~ ㉣에 알맞은 것은? (단, O는 산소원자)

$$[㉠] + h\nu \rightarrow [㉡] + O$$
$$O + [㉢] \rightarrow [㉣]$$
$$[㉣] + [㉡] \rightarrow [㉠] + [㉢]$$

㉮ ㉠ NO, ㉡ NO_2, ㉢ O_3, ㉣ O_2
㉯ ㉠ NO_2, ㉡ NO, ㉢ O_2, ㉣ O_3
㉰ ㉠ NO, ㉡ NO_2, ㉢ O_2, ㉣ O_3
㉱ ㉠ NO_2, ㉡ NO, ㉢ O_3, ㉣ O_2

12 표준상태에서 일산화탄소 12ppm은 몇 $\mu g/Sm^3$인가?

㉮ 12,000
㉯ 15,000
㉰ 20,000
㉱ 22,400

풀이 $\mu g/Sm^3 = 12mL/Sm^3 \times \dfrac{28mg}{22.4mL} \times \dfrac{10^3 \mu g}{1mg}$
$= 15,000 \mu g/Sm^3$

TIP
① $ppm = mL/Sm^3 = mL/Nm^3$
② 표준상태 = 0℃, 760mmHg
③ 일산화탄소(CO) 1mol $\begin{cases} 28mg \\ 22.4mL \end{cases}$

13 열섬효과에 관한 내용으로 가장 거리가 먼 것은?

㉮ 구름이 많고 바람이 강한 주간에 주로 발생한다.
㉯ 일교차가 심한 봄, 가을이나 추운겨울에 주로 발생한다.
㉰ 교외지역에 비해 도시지역에 고온의 공기층이 형성된다.
㉱ 직경이 10km 이상인 도시에서 자주 나타나는 현상이다.

풀이 ㉮ 열섬현상은 밤에 발생하는 현상이다.

14 질소산화물(NOx)에 관한 내용으로 옳지 않은 것은?

㉮ NO_2는 적갈색의 자극성 기체로 NO보다 독성이 강하다.
㉯ 질소산화물은 fuel NOx와 thermal NOx로 구분될 수 있다.
㉰ NO는 혈액 중 헤모글로빈과의 결합력이 CO보다 강하다.
㉱ N_2O는 무색, 무취의 기체로 대기 중에서 반응성이 매우 크다.

풀이 ㉱ N_2O는 상쾌하고 달콤한 냄새와 맛을 가진 무색 기체로 대기중에서 반응성이 매우 작다.

answer 10 ㉰ 11 ㉯ 12 ㉯ 13 ㉮ 14 ㉱

15 납이 인체에 미치는 영향에 관한 일반적인 내용으로 가장 거리가 먼 것은?

㉮ 신경, 근육장애가 발생하며 경련이 나타난다.
㉯ 헤모글로빈의 기본요소인 포르피린 고리의 형성을 방해한다.
㉰ 인체 내 노출된 납의 99% 이상은 뇌에 축적된다.
㉱ 세포 내의 SH기와 결합하여 헴(Heme) 합성에 관여하는 효소를 포함한 여러 세포의 효소작용을 방해한다.

풀이 ㉰ 소화기로 섭취된 납은 입자의 크기에 따라 다르지만 약 10% 정도만 소장에서 흡수되고 나머지는 대변으로 배출된다.

16 고도가 높아짐에 따라 기온이 급격히 떨어져 대기가 불안정하고 난류가 심할 때, 연기의 확산형태는?

㉮ 상승형(lofting)
㉯ 환상형(looping)
㉰ 부채형(fanning)
㉱ 훈증형(fumigation)

풀이 ㉯ 환상형(looping)에 대한 설명이다.

17 가우시안 모델을 전개하기 위한 기본적인 가정으로 가장 거리가 먼 것은?

㉮ 연기의 확산은 정상상태이다.
㉯ 풍하방향으로의 확산은 무시한다.
㉰ 고도가 높아짐에 따라 풍속이 증가한다.
㉱ 오염분포의 표준편차는 약 10분간의 대표치이다.

풀이 ㉰ 풍속은 일정하다.

18 물질의 특성에 관한 설명으로 옳은 것은?

㉮ 디젤차량에서는 탄화수소, 일산화탄소, 납이 주로 배출된다.
㉯ 염화수소는 플라스틱공업, 소다공업 등에서 주로 배출된다.
㉰ 탄소의 순환에서 가장 큰 저장고 역할을 하는 부분은 대기이다.
㉱ 불소는 자연상태에서 단분자로 존재하며 활성탄 제조 공정, 연소공정 등에서 주로 배출된다.

풀이 ㉮ 디젤차량에서는 탄화수소, 일산화탄소, 매연이 주로 배출된다.
㉰ 탄소의 순환에서 가장 큰 저장고 역할을 하는 부분은 해양이다.
㉱ 불소는 자연상태에서 단체로 존재할 수 없으며, 화학비료공업, 알루미늄공업, 요업공업, 유리공업 등에서 주로 배출된다.

19 바람에 관한 내용으로 옳지 않은 것은?

㉮ 경도풍은 기압경도력, 전향력, 원심력이 평형을 이루어 부는 바람이다.
㉯ 해륙풍 중 해풍은 낮 동안 햇빛에 데워지기 쉬운 육지 쪽 지표상에 상승기류가 형성되어 바다에서 육지로 부는 바람이다.
㉰ 지균풍은 마찰력이 무시될 수 있는 고공에서 기압경도력과 전향력이 평형을 이루어 등압선에 평행하게 직선운동을 하는 바람이다.
㉱ 산풍은 경사면 → 계곡 → 주계곡으로

answer 15 ㉰ 16 ㉯ 17 ㉰ 18 ㉯ 19 ㉱

수렴하면서 풍속이 감속되기 때문에 낮에 산위쪽으로 부는 곡풍보다 세기가 약하다.

> **풀이** ㉣ 산풍은 경사면 → 계곡 → 주계곡으로 수렴하면서 풍속이 가속되기 때문에 낮에 산위쪽으로 부는 곡풍보다 세기가 강하다.

20 대기 중의 오존층 파괴에 관한 설명으로 옳지 않은 것은?

㉮ 오존층의 두께는 적도지방이 극지방보다 얇다.
㉯ 오존층 파괴물질이 오존층을 파괴하는 자유라디칼을 생성시킨다.
㉰ 성층권의 오존층 농도가 감소하면 지표면에 보다 많은 양의 자외선이 도달한다.
㉱ 프레온가스의 대체 물질인 HCFCs(hydrochlorofluorocarbons)은 오존층 파괴능력이 없다.

> **풀이** ㉱ 프레온가스의 대체 물질인 HCFCs는 오존층 파괴능력이 약하다.

| 제2과목 | 연소공학

21 석탄의 탄화도가 증가할수록 나타나는 성질로 옳지 않은 것은?

㉮ 휘발분이 감소한다.
㉯ 발열량이 증가한다.
㉰ 착화온도가 낮아진다.
㉱ 고정탄소의 양이 증가한다.

> **풀이** ㉰ 착화온도가 높아진다.

> **TIP**
> ① 탄화도가 증가하면 고정탄소, 발열량, 착화온도, 연료비 증가
> ② 탄화도가 증가하면 매연발생량, 비열, 휘발분, 수분, 산소의 양, 연소속도 감소

22 착화온도에 관한 설명으로 옳지 않은 것은?

㉮ 발열량이 낮을수록 높아진다.
㉯ 산소농도가 높을수록 낮아진다.
㉰ 반응활성도가 클수록 높아진다.
㉱ 분자구조가 간단할수록 높아진다.

> **풀이** ㉰ 반응활성도가 클수록 낮아진다.

23 확산형 가스버너 중 포트형에 관한 설명으로 가장 거리가 먼 것은?

㉮ 가스와 공기를 함께 가열할 수 있다.
㉯ 포트의 입구가 작으면 슬래그가 부착되어 막힐 우려가 있다.
㉰ 역화의 위험이 있기 때문에 반드시 역화방지기를 부착해야 한다.
㉱ 밀도가 큰 가스 출구는 상부에, 밀도가 작은 가스 출구는 하부에 배치되도록 설계한다.

> **풀이** ㉰ 역화의 위험성이 없다.

24 공기 중의 산소 공급 없이 연료 자체가 함유하고 있는 산소를 이용하여 연소하는 연소형태는?

㉮ 자기연소 ㉯ 확산연소
㉰ 표면연소 ㉱ 분해연소

answer 20 ㉱ 21 ㉰ 22 ㉰ 23 ㉰ 24 ㉮

풀이 공기 중의 산소 공급 없이 연료 자체가 함유하고 있는 산소를 이용하여 연소하는 연소형태는 자기연소이며, 나이트로글리세린이 해당한다.

25 석탄·석유 혼합연료(COM)에 관한 설명으로 가장 적합한 것은?

㉮ 별도의 탈황, 탈질 설비가 필요 없다.
㉯ 별도의 개조 없이 중유 전용 연소시설에 사용될 수 있다.
㉰ 미분쇄한 석탄에 물과 첨가제를 섞어서 액체화시킨 연료이다.
㉱ 연소가스의 연소실 내 체류시간 부족, 분서변의 폐쇄와 마모 등의 문제점을 갖는다.

풀이
㉮ 별도의 탈황, 탈질 설비가 필요하다.
㉯ 별도로 개조를 하면 중유 전용 연소시설에 사용될 수 있다.
㉰ 미분쇄한 석탄에 기름과 첨가제를 섞어서 액체화시킨 연료이다.

26 저발열량이 6,000kcal/Sm³, 평균정압비열이 0.38kcal/Sm³·℃인 가스연료의 이론연소온도(℃)는? (단, 이론 연소가스량은 10Sm³/Sm³, 연료와 공기의 온도는 15℃, 공기는 예열되지 않으며 연소가스는 해리되지 않음)

㉮ 1,385   ㉯ 1,412
㉰ 1,496   ㉱ 1,594

풀이 이론연소온도(℃)
$= \dfrac{\text{저위발열량(kcal/Sm}^3)}{\text{가스량(Sm}^3/\text{Sm}^3) \times \text{평균정압비열(kcal/Sm}^3 \cdot ℃)} + \text{기준온도(℃)}$
$= \dfrac{6,000 \text{kcal/Sm}^3}{10 \text{Sm}^3/\text{Sm}^3 \times 0.38 \text{kcal/Sm}^3 \cdot ℃} + 15℃$
$= 1,593.95℃$

27 기체연료의 일반적인 특징으로 가장 거리가 먼 것은?

㉮ 적은 과잉공기로 완전연소가 가능하다.
㉯ 연소 조절, 점화 및 소화가 용이한 편이다.
㉰ 연료의 예열이 쉽고, 저질 연료로 고온을 얻을 수 있다.
㉱ 누설에 의한 역화·폭발 등의 위험이 작고, 설비비가 많이 들지 않는다.

풀이 ㉱ 누설에 의한 역화·폭발 등의 위험이 크고, 설비비가 많이 든다.

28 중유를 A, B, C중유로 구분할 때, 구분 기준은?

㉮ 점도   ㉯ 착화온도
㉰ 비중   ㉱ 유황함량

풀이 중유를 A, B, C중유로 구분할 때, 구분기준은 점도이다.

29 중유를 사용하는 가열로의 배출가스를 분석 결과 N_2 : 80%, CO : 12%, O_2 : 8%의 부피비를 얻었다. 공기비는?

㉮ 1.1   ㉯ 1.4
㉰ 1.6   ㉱ 2.0

풀이
공기비(m) $= \dfrac{N_2\%}{N_2\% - 3.76 \times (O_2\% - 0.5 CO\%)}$
$= \dfrac{80\%}{80\% - 3.76 \times (8\% - 0.5 \times 12\%)}$
$= 1.1$

answer   25 ㉱   26 ㉱   27 ㉱   28 ㉮   29 ㉮

30 메탄 1mol이 완전연소할 때, AFR은?
(단, 부피 기준)

㉮ 6.5 ㉯ 7.5
㉰ 8.5 ㉱ 9.5

풀이 $CH_4 + 2O_2 \rightarrow CO_2 + 2H_2O$
공연비(AFR ; Sm^3/Sm^3)

$$= \frac{산소갯수 \times 22.4 Sm^3 \times \frac{1}{0.21}}{연료갯수 \times 22.4 Sm^3}$$

$$= \frac{2 \times 22.4 Sm^3 \times \frac{1}{0.21}}{1 \times 22.4 Sm^3}$$

$= 9.52$

31 프로판과 부탄을 1 : 1의 부피비로 혼합한 연료를 연소했을 때, 건조 배출가스 중의 CO_2 농도가 10%이다. 이 연료 $4m^3$를 연소했을 때 생성되는 건조 배출가스의 양(Sm^3)은? (단, 연료 중의 C성분은 전량 CO_2로 전환)

㉮ 105 ㉯ 140
㉰ 175 ㉱ 210

풀이 $C_3H_8 + 5O_2 \rightarrow 3CO_2 + 4H_2O : \frac{1}{2}$

$C_4H_{10} + 6.5O_2 \rightarrow 4CO_2 + 5H_2O : \frac{1}{2}$

$CO_2\% = \frac{CO_2량}{가스량} \times 100$

$10\% = \frac{3 \times \frac{1}{2} + 4 \times \frac{1}{2}}{가스량} \times 100$

가스량 $= 35 Sm^3/Sm^3$
따라서 $35 Sm^3/Sm^3 \times 4m^3 = 140 Sm^3$

TIP
프로판 = C_3H_8, 부탄 = C_4H_{10}

32 C : 85%, H : 10%, S : 5%의 중량비를 갖는 중유 1kg을 1.3의 공기비로 완전연소시킬 때, 건조 배출가스 중의 이산화황 부피분율(%)은? (단, 황 성분은 전량 이산화황으로 전환)

㉮ 0.18 ㉯ 0.27
㉰ 0.34 ㉱ 0.45

풀이 ① 이론공기량(A_o)
$= 8.89C + 26.67\left(H - \frac{O}{8}\right) + 3.33S (Sm^3/kg)$
$= 8.89 \times 0.85 + 26.67 \times 0.10 + 3.33 \times 0.05$
$= 10.39 Sm^3/kg$

② 실제건조배출가스량(Gd)
$= mA_o - 5.6H + 0.7O + 0.8N (Sm^3/kg)$
$= 1.3 \times 10.39 Sm^3/kg - 5.6 \times 0.10$
$= 12.947 Sm^3/kg$

③ $SO_2(\%) = \frac{0.7S(Sm^3/kg)}{Gd(Sm^3/kg)} \times 100$

$= \frac{0.7 \times 0.05 Sm^3/kg}{12.947 Sm^3/kg} \times 100$

$= 0.27\%$

33 액화석유가스(LPG)에 관한 설명으로 가장 거리가 먼 것은?

㉮ 발열량이 높고, 유황분이 적은 편이다.
㉯ 증발열이 5~10kcal/kg로 작아 취급이 용이하다.
㉰ 비중이 공기보다 커서 누출 시 인화 폭발의 위험성이 높은 편이다.
㉱ 천연가스에서 회수되거나 나프타의 열분해에 의해 얻어지기도 하지만 대부분 석유 정제시 부산물로 얻어진다.

풀이 ㉯ 증발열이 90~100kcal/kg로 커서 취급이 용이하지 못하다.

answer 30 ㉱ 31 ㉯ 32 ㉯ 33 ㉯

34 수소 13%, 수분 0.7%가 포함된 중유의 고발열량이 5,000kcal/kg일 때, 중유의 저발열량(kcal/kg)은?

㉮ 4,126   ㉯ 4,294
㉰ 4,365   ㉱ 4,926

풀이 Hl = Hh-600(9H+W)(kcal/kg)
  = 5,000kcal/kg-600×(9×0.13+0.007)
  = 4,293.8kcal/kg

35 매연 발생에 관한 설명으로 옳지 않은 것은?

㉮ 연료의 C/H 비가 클수록 매연이 발생하기 쉽다.
㉯ 분해되기 쉽거나 산화되기 쉬운 탄화수소는 매연 발생이 적다.
㉰ 탄소결합을 절단하기보다 탈수소가 쉬운 쪽이 매연이 발생하기 쉽다.
㉱ 중합 및 고리화합물 등과 같이 반응이 일어나기 쉬운 탄화수소일수록 매연 발생이 적다.

풀이 ㉱ 중합 및 고리화합물 등과 같이 반응이 일어나기 쉬운 탄화수소일수록 매연 발생이 많다.

36 불꽃점화기관에서 연소과정 중 발생하는 노킹현상을 방지하기 위한 기관의 구조에 관한 설명으로 가장 거리가 먼 것은?

㉮ 연소실을 구형(circular type)으로 한다.
㉯ 점화플러그를 연소실 중심에 설치한다.
㉰ 난류를 증가시키기 위해 난류생성 pot을 부착시킨다.
㉱ 말단가스를 고온으로 하기 위해 삼원촉매시스템을 사용한다.

풀이 ㉱ 삼원촉매시스템은 촉매(산화촉매, 환원촉매)를 이용하여 NO_x, CO, HC를 제어하는 장치이다.

37 연소 배출가스의 성분 분석결과 CO_2가 30%, O_2가 7%일 때, $(CO_2)max(\%)$는?
(단, 완전연소 기준)

㉮ 35   ㉯ 40
㉰ 45   ㉱ 50

풀이 $CO_2max(\%) = \dfrac{21 \times CO_2\%}{21-O_2\%} = \dfrac{21 \times 30\%}{21-7\%}$
  $= 45\%$

TIP
$CO_2max(\%) = \dfrac{21 \times (CO_2\% + CO\%)}{21 - O_2\% + 0.395 \times CO\%}$

38 가연성 가스의 폭발범위와 그 위험도에 관한 설명으로 옳지 않은 것은?

㉮ 폭발하한값이 높을수록 위험도가 증가한다.
㉯ 일반적으로 가스의 온도가 높아지면 폭발범위가 넓어진다.
㉰ 폭발한계농도 이하에서는 폭발성 혼합가스를 생성하기 어렵다.
㉱ 가스 압력이 높아졌을 때 폭발하한값은 크게 변하지 않으나 폭발상한값은 높아진다.

풀이 ㉮ 폭발하한값이 높을수록 위험도가 감소한다.

answer 34 ㉯ 35 ㉱ 36 ㉱ 37 ㉰ 38 ㉮

39 액체연료의 연소버너에 관한 설명으로 가장 거리가 먼 것은?

㉮ 유압분무식 버너는 유량조절 범위가 좁은 편이다.
㉯ 회전식 버너는 유압식 버너에 비해 연료유의 분무화 입경이 크다.
㉰ 고압공기식 버너의 분무각도는 40~90° 정도로 저압공기식 버너에 비해 넓은 편이다.
㉱ 저압공기식 버너는 주로 소형 가열로에 이용되고, 분무에 필요한 공기량은 이론연소 공기량의 30~50% 정도이다.

풀이 ㉰ 고압공기식 버너의 분무각도는 20~30° 정도로 저압공기식 버너(분무각도 30~60°)에 비해 좁은 편이다.

40 등가비(Φ, equivalent ratio)에 관한 내용으로 옳지 않은 것은?

㉮ 등가비(Φ)는 $\frac{실제연료량/산화제}{완전연소를위한이상적인연료량/산화제}$ 로 정의된다.
㉯ $\Phi < 1$일 때, 공기 과잉이며 일산화탄소(CO)발생량이 적다.
㉰ $\Phi > 1$일 때, 연료 과잉이며 질소산화물(NO_X) 발생량이 많다.
㉱ $\Phi = 1$일 때, 연료와 산화제의 혼합이 이상적이며 연료가 완전연소된다.

풀이 ㉰ $\Phi > 1$은 연료가 과잉이며, 불완전연소로 CO, HC가 최대이고 NO_X가 최소가 된다.

| 제3과목 | 대기오염방지기술

41 집진율이 85%인 사이클론과 집진율이 96%인 전기집진장치를 직렬로 연결하여 입자를 제거할 경우, 총 집진효율(%)은?

㉮ 90.4 ㉯ 94.4
㉰ 96.4 ㉱ 99.4

풀이 $\eta_T = 1-(1-\eta_1)\times(1-\eta_2)$
   $= 1-(1-0.85)\times(1-0.96) = 0.994$
따라서 총 집진율은 99.4%이다.

42 다음에서 설명하는 후드 형식으로 가장 적합한 것은?

> 작업을 위한 하나의 개구면을 제외하고 발생원 주위를 전부 에워싼 것으로 그 안에서 오염물질이 발산된다. 오염물질의 송풍시 낭비되는 부분이 적은데 이는 개구면 주변의 벽이 라운지 역할을 하고, 측벽은 외부로부터의 분기류에 의한 방해에 대한 방해판 역할을 하기 때문이다.

㉮ slot형 후드   ㉯ booth형 후드
㉰ canopy형 후드 ㉱ exterior형 후드

풀이 ㉯ booth형 후드에 대한 설명이다.

answer 39 ㉰ 40 ㉰ 41 ㉱ 42 ㉯

43 다음에서 설명하는 송풍기 유형은?

> 후향 날개형을 정밀하게 변형시킨 것으로 원심력 송풍기 중 효율이 가장 좋아 대형 냉난방 공기조화장치, 산업용 공기청정장치 등에 주로 사용되며, 에너지 절감효과가 뛰어나다.

㉮ 프로펠러형 (propeller)
㉯ 비행기 날개형(airfoil blade)
㉰ 방사 날개형(radial blade)
㉱ 전향 날개형(forward curved)

풀이 ㉯ 비행기 날개형에 대한 설명이다.

44 전기집진기의 음극(-)코로나 방전에 관한 내용으로 옳은 것은?

㉮ 주로 공기정화용으로 사용된다.
㉯ 양극(+)코로나 방전에 비해 전계강도가 약하다.
㉰ 양극(+)코로나 방전에 비해 불꽃 개시전압이 낮다.
㉱ 양극(+)코로나 방전에 비해 코로나 개시전압이 낮다.

풀이 전기집진기의 음극(-)코로나 방전은 양극(+)코로나 방전에 비해 코로나 개시전압이 낮다.

TIP
코로나 개시전압 : 코로나 방전이 발생하기 시작할 때의 전압

45 층류의 흐름인 공기 중의 입경이 2.2μm, 밀도가 2,400g/L인 구형입자가 자유낙하하고 있다. 구형입자의 종말속도(m/s)는? (단, 20℃에서 공기의 밀도는 1.29g/L, 공기의 점도는 1.81×10-4 poise)

㉮ 3.5×10^{-6} ㉯ 3.5×10^{-5}
㉰ 3.5×10^{-4} ㉱ 3.5×10^{-3}

풀이
$$Vg = \frac{d^2 \times (\rho_s - \rho) \times g}{18\mu}$$
$$= \frac{(2.2 \times 10^{-6} m)^2 \times (2,400 kg/m^3 - 1.29 kg/m^3) \times 9.8 m/sec^2}{18 \times 1.81 \times 10^{-5} kg/m \cdot sec}$$
$$= 3.5 \times 10^{-4} m/sec$$

TIP
① 밀도 $g/L = kg/m^3$
② 점성계수(μ)의 단위
Centipoise $\xrightarrow{\times 10^{-2}}$ poise(g/cm·sec)
$\xrightarrow{\times 10^{-1}}$ kg/m·sec

실전문제

46 유해가스 흡수장치 중 충전탑(Packed tower)에 관한 설명으로 옳지 않은 것은?

㉮ 온도의 변화가 큰 곳에는 적응성이 낮고, 희석열이 심한 곳에는 부적합하다.
㉯ 충전제에 흡수액을 미리 분사시켜 엷은층을 형성시킨 후 가스를 유입시켜 기·액 접촉을 극대화한다.
㉰ 액분산형 가스흡수장치에 속하며, 효율을 높이기 위해서는 가스의 용해도를 증가시켜야 한다.
㉱ 흡수액을 통과시키면서 가스유속을 증가시킬 때, 충전층 내의 액보유량이 증가하는 것을 flooding이라 한다.

풀이 ㉱ 흡수액을 통과시키면서 가스유속을 증가시킬 때, 충전층 내의 액보유량이 증가하는 것을 Hold up이라 한다.

answer 43 ㉯ 44 ㉱ 45 ㉰ 46 ㉱

47 미세입자가 운동하는 경우에 작용하는 마찰 저항력(drag force)에 관한 내용으로 가장 거리가 먼 것은?

㉮ 마찰저항력은 항력계수가 커질수록 증가한다.
㉯ 마찰저항력은 입자의 투영면적이 커질수록 증가한다.
㉰ 마찰저항력은 레이놀즈수가 커질수록 증가한다.
㉱ 마찰저항력은 상대속도의 제곱에 비례하여 증가한다.

풀이 ㉰ 마찰저항력은 레이놀즈수가 커질수록 감소한다.

48 유해가스 처리에 사용되는 흡수액의 조건으로 옳은 것은?

㉮ 점성이 커야 한다.
㉯ 끓는점이 높아야 한다.
㉰ 용해도가 낮아야 한다.
㉱ 어는점이 높아야 한다.

풀이 ㉮ 점성이 작아야 한다.
㉰ 용해도가 높아야 한다.
㉱ 어는점이 낮아야 한다.

49 다이옥신의 처리방법에 관한 내용으로 옳지 않은 것은?

㉮ 촉매 분해법 : 금속산화물(V_2O_5, TiO_2), 귀금속(Pt, Pd)이 촉매로 사용된다.
㉯ 오존분해법 : 산성 조건일수록 분해속도가 빨라지는 것으로 알려져 있다.
㉰ 광분해법 : 자외선 파장(250~340nm)이 가장 효과적인 것으로 알려져 있다.
㉱ 열분해방법 : 산소가 아주 적은 환원성 분위기에서 탈염소화, 수소첨가반응 등에 의해 분해시킨다.

풀이 ㉯ 오존분해법 : 염기성 조건일수록 분해속도가 빨라지는 것으로 알려져 있다.

50 원형 덕트(duct)의 기류에 의한 압력손실에 관한 내용으로 옳지 않은 것은?

㉮ 곡관이 많을수록 압력손실이 작아진다.
㉯ 관의 길이가 길수록 압력손실은 커진다.
㉰ 유체의 유속이 클수록 압력손실은 커진다.
㉱ 관의 직경이 클수록 압력손실은 작아진다.

풀이 ㉮ 곡관이 많을수록 압력손실이 증가한다.

TIP

$$\Delta P = \lambda \times \frac{L}{D} \times \frac{rV^2}{2g} (mmH_2O)$$

51 배출가스 중의 일산화탄소를 제거하는 방법 중 가장 실질적이고, 확실한 것은?

㉮ 활성탄 등의 흡착제를 사용하여 흡착 제거
㉯ 벤츄리스크러버나 충전탑 등으로 세정하여 제거
㉰ 탄산나트륨을 사용하는 시보드법을 적용하여 제거
㉱ 백금계 촉매를 사용하여 무해한 이산화탄소로 산화시켜 제거

answer 47 ㉰ 48 ㉯ 49 ㉯ 50 ㉮ 51 ㉱

풀이 일산화탄소(CO)는 산화촉매(Pt, Pd)를 이용해 이산화탄소(CO_2)로 산화시켜서 제거한다.

52 NO 농도가 250ppm인 배기가스 2,000 Sm^3/min을 CO를 이용한 선택적 접촉 환원법으로 처리하고자 한다. 배기가스 중의 NO를 완전히 처리하기 위해 필요한 CO의 양(Sm^3/h)은?

㉮ 30　　㉯ 35
㉰ 40　　㉱ 45

풀이
NO　+　CO → $0.5N_2 + CO_2$
$22.4Sm^3$　：　$22.4Sm^3$
$2,000Sm^3/min \times \dfrac{60min}{1hr} \times 250ppm \times 10^{-6}$: X

∴ X = $30Sm^3/hr$

53 유해가스의 처리에 사용되는 흡착제에 관한 일반적인 설명으로 가장 거리가 먼 것은?

㉮ 실리카겔은 250℃ 이하에서 물과 유기물을 잘 흡착한다.
㉯ 활성탄은 극성물질 제거에는 효과적이지만, 유기용매 회수에는 효과적이지 않다.
㉰ 활성알루미나는 기체 건조에 주로 사용되며 가열로 재생시킬 수 있다.
㉱ 합성제올라이트는 극성이 다른 물질이나 포화정도가 다른 탄화수소의 분리에 효과적이다.

풀이 ㉯ 활성탄은 극성 물질 제거에는 비효과적이지만, 유기용매 회수에는 효과적이다.

TIP
흡착제의 성질
㉮ 실리카겔 : 친수성(극성) 흡착제
㉯ 활성탄 : 소수성(비극성) 흡착제
㉰ 활성알루미나 : 친수성(극성) 흡착제
㉱ 합성제올라이트 : 친수성(극성) 흡착제

54 집진장치의 압력손실이 300mmH_2O, 처리 가스량이 500m^3/min, 송풍기 효율이 70%, 여유율이 1.00이다. 송풍기를 하루에 10시간씩 30일을 가동할 때, 전력요금(원)은? (단, 전력요금은 1kWh 당 50원)

㉮ 525,210　　㉯ 1,050,420
㉰ 31,512,605　　㉱ 22,058,823

풀이
$kW = \dfrac{Ps \times Q}{102 \times \eta} \times \alpha$

$= \dfrac{300mmH_2O \times 500m^3/min \times 1min/60sec}{102 \times 0.70} \times 1.0$

$= 35.014kW$

따라서
35.014kW × 50원/1kWh × 10hr/일 × 30일 = 525,210원

55 여과집진장치의 탈진방식에 관한 설명으로 옳지 않은 것은?

㉮ 간헐식은 먼지의 재비산이 적고 높은 집진율을 얻을 수 있다.
㉯ 연속식은 탈진시 먼지의 재비산이 일어나 간헐식에 비해 집진율이 낮고 여포의 수명이 짧은 편이다.
㉰ 연속식은 포집과 탈진이 동시에 이루어져 압력손실의 변동이 크므로 고농도, 저용량의 가스처리에 효율적이다.
㉱ 간헐식의 여포 수명은 연속식에 비해

answer 52 ㉮　53 ㉯　54 ㉮　55 ㉰

서는 긴 편이고, 점성이 있는 조대먼지를 탈진할 경우 여포손상의 가능성이 있다.

풀이 ㉰ 연속식은 포집과 탈진이 동시에 이루어져 압력손실이 거의 일정하며, 고농도 대용량 처리에 효율적이다.

56 전기집진장치에서 먼지의 전기비저항이 높은 경우 전기비저항을 낮추기 위해 일반적으로 주입하는 물질과 가장 거리가 먼 것은?

㉮ NH_3
㉯ $NaCl$
㉰ H_2SO_4
㉱ 수증기

풀이 ㉮ 암모니아(NH_3)는 재비산현상을 방지하기 위해 주입하는 물질이다.

57 다음 그림과 같은 배기시설에서 관 DE를 지나는 유체의 속도는 관 BC를 지나는 유체속도의 몇 배인가? (단, Φ는 관의 직경, Q는 유량, 마찰 손실과 밀도 변화는 무시)

㉮ 0.8
㉯ 0.9
㉰ 1.2
㉱ 1.5

풀이 속도압(V_p) = $\left(\dfrac{V}{242.2}\right)^2$ (mmH_2O)

여기서 V : 평균유속(m/min)

① 관 DE의 $V(m/min) = \dfrac{Q(m^3/min)}{A(m^2)} = \dfrac{Q(m^3/min)}{\dfrac{\pi D^2}{4}(m^2)}$

$= \dfrac{16 m^3/min}{\dfrac{\pi}{4} \times (0.12m)^2}$

$= 1,414.71 m/min$

② 관 BC의 $V(m/min) = \dfrac{Q(m^3/min)}{A(m^2)} = \dfrac{Q(m^3/min)}{\dfrac{\pi D^2}{4}(m^2)}$

$= \dfrac{10 m^3/min}{\dfrac{\pi}{4} \times (0.09m)^2}$

$= 1,571.90 m/min$

③ $\dfrac{1,414.71 m/min}{1,571.90 m/min} = 0.90$

58 사이클론(cyclone)에서 50%의 집진효율로 제거되는 입자의 최소입경을 나타내는 용어는?

㉮ critical diameter
㉯ average diameter
㉰ cut size diameter
㉱ analytical diameter

풀이 사이클론(cyclone)에서 50%의 집진효율로 제거되는 입자의 최소입경을 나타내는 용어는 cut size diameter이다.

59 환기시설의 설계에 사용하는 보충용 공기에 관한 설명으로 가장 거리가 먼 것은?

㉮ 환기시설에 의해 작업장에서 배기된 만큼의 공기를 작업장 내로 재공급하여야 하는데 이를 보충용 공기라 한다.
㉯ 보충용 공기는 일반 배기가스용 공기보다 많도록 조절하여 실내를 약간 양(+)압으로 하는 것이 좋다.

㉰ 보충용 공기의 유입구는 작업장이나 다른 건물의 배기구에서 나온 유해물질의 유입을 유도하기 위해서 최대한 바닥에 가깝도록 한다.
㉱ 여름에는 보통 외부공기를 그대로 공급하지만, 공정 내의 열부하가 커서 제어해야 하는 경우에는 보충용 공기를 냉각하여 공급한다.

[풀이] ㉰ 보충용 공기의 유입구는 작업장이나 다른 건물의 배기구에서 나온 유해물질을 차단하기 위하여 최대한 천장에 가깝도록 한다.

60 배출가스 내의 NOx 제거방법 중 건식법에 관한 설명으로 옳지 않은 것은?

㉮ 현재 상용화된 대부분의 선택적 촉매 환원법(SCR)은 환원제로 NH_3 가스를 사용한다.
㉯ 흡착법은 흡착제로 활성탄, 실리카겔 등을 사용하며, 특히 NO를 제거하는 데 효과적이다.
㉰ 선택적 촉매 환원법(SCR)은 촉매층에 배기가스와 환원제를 통과시켜 NOx를 N_2로 환원시키는 방법이다.
㉱ 선택적 비촉매 환원법(SNCR)의 단점은 배출가스가 고온이어야 하고, 온도가 낮을 경우 미반응된 NH_3가 배출될 수 있다는 것이다.

[풀이] ㉯ 흡착법은 흡착제로 활성탄, 실리카겔 등을 사용하며, 특히 NH_3를 제거하는 데 효과적이다.

| 제4과목 | 대기오염공정시험기준

61 굴뚝 배출가스 중의 브로민화합물 분석에 사용되는 흡수액은?

㉮ 붕산용액
㉯ 수산화소듐용액
㉰ 다이에틸아민구리용액
㉱ 황산+과산화수소+증류수

[풀이] 브로민화합물의 흡수액은 수산화소듐(NaOH)용액이다.

62 불꽃이온화검출기법에 따라 분석하여 얻은 대기 시료에 대한 측정결과이다. 대기 중의 일산화탄소 농도(ppm)는?

- 교정용 가스중의 일산화탄소 농도 : 30ppm
- 시료 공기중의 일산화탄소 봉우리 높이 : 10mm
- 교정용 가스중의 일산화탄소 봉우리 높이 : 20mm

㉮ 15   ㉯ 35
㉰ 40   ㉱ 60

[풀이] 대기 중의 CO농도(ppm)
= 교정용 가스중의 CO 농도 × $\dfrac{\text{시료공기중의 CO 봉우리 높이}}{\text{교정용가스중의 CO 봉우리 높이}}$
= $30\text{ppm} \times \dfrac{10\text{mm}}{20\text{mm}} = 15\text{ppm}$

answer 60 ㉯   61 ㉯   62 ㉮

63 굴뚝 배출가스 중 산소를 자기식(자기풍)으로 측정하는 방법에 대한 설명으로 틀린 것은?

㉮ 측정범위는 0% ~ 5.0% 이하로 한다.
㉯ 상자성체인 산소분자가 자계 내에서 자기화 될 때 생기는 흡인력을 이용한다.
㉰ 체적자화율이 큰 가스(일산화질소, NO)의 영향을 무시할 수 있는 경우에 적용한다.
㉱ 덤벨형 방식과 압력검출형 방식이 있다.

풀이 ㉱ 자기풍 방식이 있다.

64 염산(1+4) 용액을 조제하는 방법은?

㉮ 염산 1용량에 물 2용량을 혼합한다.
㉯ 염산 1용량에 물 3용량을 혼합한다.
㉰ 염산 1용량에 물 4용량을 혼합한다.
㉱ 염산 1용량에 물 5용량을 혼합한다.

풀이 염산(1+4) 용액은 염산 1용량에 물 4용량을 혼합하여 총 5용량으로 조제한다.

65 굴뚝 배출가스 중의 폼알데하이드를 자외선/가시선분광법-크로모트로핀산법에 따라 분석할 때, 흡수 발색액 제조에 필요한 시약은?

㉮ H_2SO_4
㉯ NaOH
㉰ NH_4OH
㉱ CH_3COOH

풀이 폼알데하이드를 자외선/가시선분광법-크로모트로핀산법에 따라 분석할 때, 흡수 발색액 제조에 필요한 시약은 황산(H_2SO_4)이다.

66 흡광차분광법에 따라 분석하는 대기오염물질과 그 물질에 대한 간섭성분의 연결이 옳은것은?

㉮ 오존(O_3) - 벤젠(C_6H_6)의 영향
㉯ 이산화황(SO_2) - 오존(O_3)의 영향
㉰ 일산화탄소(CO) - 수분(H_2O)의 영향
㉱ 질소산화물(NOx) - 톨루엔($C_6H_5CH_3$)의 영향

풀이 대기오염물질과 그 물질에 대한 간섭성분
① 오존(O_3) - 수분(H_2O)의 영향
② 오존(O_3) - 톨루엔($C_6H_5CH_3$)의 영향
③ 이산화황(SO_2) - 오존(O_3)의 영향

67 기체크로마토그래피의 장치 구성에 관한 설명으로 옳지 않은 것은?

㉮ 분리관오븐의 온도조절 정밀도는 전원 전압변동 10%에 대하여 온도 변화가 ±0.5℃ 범위 이내(오븐의 온도가 150℃ 부근일 때)이어야 한다.
㉯ 방사성 동위원소를 사용하는 검출기를 수용하는 검출기 오븐의 경우 온도조절 기구와 별도로 독립작용 할 수 있는 과열방지기구를 설치하여야 한다.
㉰ 머무름시간을 측정할 때는 10회 측정하여 그 평균치를 구하며 일반적으로 5~30분 정도에서 측정하는 봉우리의 머무름시간은 반복시험 할 때 ±5% 오차범위 이내이어야 한다.
㉱ 불꽃이온화 검출기는 대부분의 화합물에 대하여 열전도도 검출기보다 약 1,000배 높은 감도를 나타내고 대부분의 유기화합물을 검출할 수 있기 때문에 흔히 사용된다.

answer 63 ㉱ 64 ㉰ 65 ㉮ 66 ㉯ 67 ㉰

> 풀이 ㉰ 머무름시간을 측정할 때는 3회 측정하여 그 평균치를 구하며 일반적으로 5분~30분 정도에서 측정하는 봉우리의 머무름시간은 반복시험할 때 ±3% 오차범위 이내이어야 한다.

68 휘발성유기화합물질(VOCs)의 누출확인 방법에 관한 설명으로 옳지 않은 것은?

㉮ 교정가스는 기기 표시치를 교정하는데 사용되는 불활성 기체이다.
㉯ 누출농도는 VOCs가 누출되는 누출원 표면에서의 VOCs 농도로서 대조화합물을 기초로 한 기기의 측정값이다.
㉰ 응답시간은 VOCs가 시료채취장치로 들어가 농도 변화를 일으키기 시작하여 기기계기판의 최종값이 90%를 나타내는 데 걸리는 시간이다.
㉱ 검출불가능 누출농도는 누출원에서 VOCs가 대기 중으로 누출되지 않는다고 판단되는 농도로서 국지적 VOCs 배경농도의 최고값이다.

> 풀이 ㉮ 교정가스는 기지농도로 기기 표시치를 교정하는데 사용되는 VOCs 화합물로서 일반적으로 누출농도와 유사한 농도의 대조화합물이다.

69 원자흡수분광광도법에 따라 원자흡광분석을 수행할 때, 빛이 스펙트럼의 불꽃 중에서 생성되는 목적 원소의 원자증기 이외의 물질에 의하여 흡수되는 경우에 일어나는 간섭은?

㉮ 물리적 간섭 ㉯ 화학적 간섭
㉰ 이온학적 간섭 ㉱ 분광학적 간섭

> 풀이 ㉱ 분광학적 간섭에 대한 설명이다.

70 굴뚝 배출가스 중의 오염물질과 연속자동측정방법의 연결이 옳지 않은 것은?

㉮ 염화수소 - 이온전극법
㉯ 플루오린화수소 - 자외선흡수법
㉰ 아황산가스 - 불꽃광도법
㉱ 질소산화물 - 적외선흡수법

> 풀이 ㉯ 플루오린화수소 - 이온전극법

TIP
오염물질과 연속자동측정방법
① 염화수소 - 이온전극법, 비분산적외선분광분석법
② 플루오린화수소 - 이온전극법
③ 아황산가스 - 불꽃광도법, 용액전도율법, 적외선흡수법, 자외선흡수법, 정전위전해법
④ 질소산화물 - 적외선흡수법, 화학발광법, 자외선흡수법, 정전위흡수법
⑤ 암모니아 - 용액전도율법, 적외선가스분석법

71 굴뚝 배출가스 중 암모니아의 자외선/가시선분광법-인도페놀법으로 분석하는 경우 간섭 물질(방해성분)에 대한 설명으로 틀린 것은?

㉮ 암모니아 농도에 대해서 이산화질소가 100배 이상이면 영향을 준다.
㉯ 암모니아 농도에 대해서 아민류가 같은 양 이상이면 영향을 준다.
㉰ 암모니아 농도에 대해서 이산화황이 10배 이상이면 영향을 준다.
㉱ 암모니아 농도에 대해서 황화수소가 같은 양 이상이면 영향을 준다.

> 풀이 ㉯ 암모니아 농도에 대해서 아민류가 몇 십 배 이상이면 영향을 준다.

---

answer 68 ㉮ 69 ㉱ 70 ㉯ 71 ㉯

72 환경대기 중의 벤조(a)피렌 농도를 측정하기 위한 주 시험방법으로 가장 적합한 것은?

㉮ 이온크로마토그래피법
㉯ 기체크로마토그래피법
㉰ 흡광차분광법
㉱ 용매포집법

풀이 환경대기 중의 벤조(a)피렌 농도를 측정하기 위한 방법에는 기체크로마토그래피법(주 시험방법)과 형광분광광도법이 있다.

73 굴뚝 배출가스 중의 일산화탄소 분석방법에 해당하지 않는 것은?

㉮ 이온크로마토그래피법
㉯ 기체크로마토그래피법
㉰ 비분산적외선분광분석법
㉱ 정전위전해법

풀이 굴뚝 배출가스 중의 일산화탄소 분석방법에는 기체크로마토그래피법, 비분산적외선분광분석법, 정전위 전해법(전기화학식)이 있다.

74 굴뚝 A의 배출가스에 대한 측정 결과이다. 피토관으로 측정한 배출가스의 유속(m/s)은?

- 배출가스 온도 : 150℃
- 비중이 0.85인 톨루엔을 사용했을 때의 경사마노미터 동압 : 7.0mm 톨루엔주
- 피토관 계수 : 0.8584
- 배출가스의 밀도 : 1.3kg/Sm³

㉮ 8.3　　㉯ 9.4
㉰ 10.1　　㉱ 11.8

풀이 ① 동압(h) = 액주거리(mm)×톨루엔 비중
　　　　　　= 7.0mm×0.85
　　　　　　= 5.95mmH$_2$O

② $V = C \times \sqrt{\dfrac{2gh}{r}}$

$= 0.8584 \times \sqrt{\dfrac{2 \times 9.8 \text{m/sec}^2 \times 5.95 \text{mmH}_2\text{O}}{1.3 \text{kg/Sm}^3 \times \dfrac{273}{273+150℃}}}$

$= 10.12 \text{m/sec}$

75 굴뚝 배출가스 중의 황산화물을 아르세나조Ⅲ법에 따라 분석할 때에 관한 설명으로 옳지 않은 것은?

㉮ 아세트산바륨 용액으로 적정한다.
㉯ 과산화수소용액을 흡수액으로 사용한다.
㉰ 아르세나조Ⅲ을 지시약으로 사용한다.
㉱ 이 시험법은 오르토톨리딘법이라고도 불린다.

풀이 ㉱ 이 시험법은 침전적정법이라고도 불린다.

76 배출가스 중의 금속원소를 원자흡수분광광도법에 따라 분석할 때, 금속원소와 측정파장의 연결이 옳은 것은?

㉮ Pb - 357.9nm　　㉯ Cu - 228.8nm
㉰ Ni - 217.0nm　　㉱ Zn - 213.9nm

풀이 금속원소와 측정파장
㉮ Pb - 217.0nm
㉯ Cu - 324.7nm
㉰ Ni - 232.0 nm

answer 72 ㉯　73 ㉮　74 ㉰　75 ㉱　76 ㉱

77 분석대상가스와 채취관 및 연결관 재질의 연결이 옳지 않은 것은?

㉮ 일산화탄소 - 석영
㉯ 이황화탄소 - 보통강철
㉰ 암모니아 - 스테인리스강
㉱ 질소산화물 - 스테인리스강

풀이 ㉯ 이황화탄소의 채취관 및 도관(연결관)의 재질은 경질유리, 석영, 플루오로수지이다.

78 대기오염공정시험기준 총칙에 관한 내용으로 옳지 않은 것은?

㉮ 정확히 단다 - 분석용 저울로 0.1mg까지 측정
㉯ 용액의 액성 표시 - 유리전극법에 의한 pH미터로 측정
㉰ 액체성분의 양을 정확히 취한다 - 피펫, 삼각플라스크를 사용해 조작
㉱ 여과용 기구 및 기기를 기재하지 아니하고 여과한다 - KS M 7602 거름종이 5종 또는 이와 동등한 여과지를 사용해 여과

풀이 ㉰ 액체성분의 양을 정확히 취한다 - 홀피펫, 부피플라스크 또는 이와 동등 이상의 정도를 갖는 용량계를 사용하여 조작

79 원자흡수분광광도법에 사용되는 불꽃을 만들기 위한 가연성가스와 조연성가스의 조합 중, 불꽃 온도가 높아서 불꽃 중에서 해리하기 어려운 내화성산화물을 만들기 쉬운 원소의 분석에 가장 적합한 것은?

㉮ 수소(H_2) - 산소(O_2)
㉯ 프로판(C_3H_8) - 공기(air)
㉰ 아세틸렌(C_2H_2) - 공기(air)
㉱ 아세틸렌(C_2H_2) - 아산화질소(N_2O)

풀이 불꽃을 만들기 위한 가연성가스와 조연성가스의 조합
① 수소(H_2) - 공기(air) : 원자외 영역
② 프로판(C_3H_8) - 공기(air) : 불꽃온도가 낮은 경우
③ 아세틸렌(C_2H_2) - 아산화질소(N_2O) : 내화성 산화물을 만들기 쉬운 원소

80 배출가스 중의 먼지를 원통여지 포집기로 포집하여 얻은 측정결과이다. 표준상태에서의 먼지농도(mg/m³)는?

- 대기압 : 765mmHg
- 가스미터의 가스게이지압 : 4mmHg
- 15℃에서의 포화수증기압 : 12.67mmHg
- 가스미터의 흡인가스온도 : 15℃
- 먼지포집 전의 원통여지무게 : 6.2721g
- 먼지포집 후의 원통여지무게 : 6.2963g
- 습식가스미터에서 읽은 흡인가스양 : 50L

㉮ 386　　㉯ 436
㉰ 513　　㉱ 558

풀이 먼지농도(mg/Sm³)

$$= \frac{(\text{포집 후 무게} - \text{포집 전 무게})g \times 10^3 mg/g}{V(L) \times \frac{273}{273+t℃} \times \frac{(Pa+Pm-Pv)mmHg}{760} \times 10^{-3} Sm^3/L}$$

$$= \frac{(6.2963-6.2721)g \times 10^3 mg/g}{50L \times \frac{273}{273+15} \times \frac{(765+4-12.67)mmHg}{760mmHg} \times 10^{-3} Sm^3/L}$$

$= 513.07 mg/Sm^3$

answer　77 ㉯　78 ㉰　79 ㉱　80 ㉰

2021 4회 기출문제

| 제1과목 | 대기오염개론

01 온실효과와 지구온난화에 관한 설명으로 옳은 것은?

㉮ CH_4가 N_2O보다 지구온난화에 기여도가 낮다.
㉯ 지구온난화지수(GWP)는 SF_6가 HFCs보다 작다.
㉰ 대기의 온실효과는 실제 온실에서의 보온 작용과 같은 원리이다.
㉱ 북반구에서 대기 중의 CO_2 농도는 여름에 감소하고 겨울에 증가하는 경향이 있다.

풀이 ㉮ CH_4가 N_2O보다 지구온난화에 기여도가 높다.
㉯ 지구온난화지수(GWP)는 SF_6가 HFCs보다 크다.
㉰ 대기의 온실효과는 실제 온실에서의 보온 작용과는 다른 원리이다.

02 대기오염 물질의 확산을 예측하기 위한 바람장미에 관한 내용으로 옳지 않은 것은?

㉮ 풍향은 바람이 불어오는 쪽으로 표시한다.
㉯ 풍속이 0.2 m/s 이하일 때를 정온(calm)이라 한다.
㉰ 가장 빈번히 관측된 풍향을 주풍이라 하고 막대의 굵기를 가장 굵게 표시한다.
㉱ 바람장미는 풍향별로 관측된 바람의 발생빈도와 풍속을 16 방향인 막대기형으로 표시한 기상도형이다.

풀이 ㉰ 가장 빈번히 관측된 풍향을 주풍이라 하고 막대의 길이를 가장 길게 표시한다.

TIP 풍속은 막대기의 굵기로 표시한다.

03 다음 중 광화학반응과 가장 관련이 깊은 탄화수소는?

㉮ Parafin계 탄화수소
㉯ Olefin계 탄화수소
㉰ Acetylene계 탄화수소
㉱ 지방족 탄화수소

풀이 광화학반응의 3대요소
① 질소산화물(NO_X)
② 올레핀계 탄화수소
③ 자외선

04 광화학반응으로 생성되는 오염물질에 해당하지 않는 것은?

㉮ 케톤   ㉯ PAN
㉰ 과산화수소 ㉱ 염화불화탄소

풀이 ㉱ 염화불화탄소는 일명 프레온가스로 오존층 파괴물질이며, 1차성물질에 해당한다.

answer 01 ㉱ 02 ㉰ 03 ㉯ 04 ㉱

05 다음 중 오존파괴지수가 가장 큰 것은?

㉮ CFC-113 ㉯ CFC-114
㉰ Halon-1211 ㉱ Halon-1301

풀이 오존파괴지수(GWP)
㉮ CFC-113 : 0.8
㉯ CFC-114 : 1.0
㉰ Halon-1211 : 3.0
㉱ Halon-1301 : 10.0

06 LA 스모그에 관한 내용으로 가장 적합하지 않은 것은?

㉮ 화학반응은 산화반응이다.
㉯ 복사역전 조건에서 발생했다.
㉰ 런던 스모그에 비해 습도가 낮은 조건에서 발생했다.
㉱ 석유계 연료에서 유래되는 질소산화물이 주원인물질이다.

풀이 ㉯ 침강성역전 조건에서 발생했다.

07 가우시안 모델을 적용하기 위한 가정으로 가장 적합하지 않은 것은?

㉮ 고도변화에 따른 풍속 변화는 무시한다.
㉯ 수평방향의 난류확산보다 대류에 의한 확산이 지배적이다.
㉰ 배출된 오염물질은 흘러가는 동안 없어지거나 다른 물질로 바뀌지 않는다.
㉱ 이류방향으로의 오염물질 확산을 무시하고 풍하방향으로의 확산만을 고려한다.

풀이 ㉱ 연직방향의 풍속은 통상 수평방향의 풍속보다 상대적으로 크기가 작기 때문에 연직방향의 풍속을 무시한다.

08 먼지의 농도를 측정하기 위해 공기를 0.3m/s의 속도로 1.5시간 동안 여과지에 여과시킨 결과 여과지의 빛 전달률이 깨끗한 여과지의 80%로 감소했다. 1,000m당 Coh는?

㉮ 6.0 ㉯ 3.0
㉰ 2.5 ㉱ 1.5

풀이
$$Coh = \frac{\log \frac{1}{빛전달률} \times 100}{속도(m/sec) \times 여과시간(hr) \times 3,600} \times 1,000m$$

$$= \frac{\log \frac{1}{0.80} \times 100}{0.3m/sec \times 1.5hr \times 3,600} \times 1,000m = 5.98$$

09 일반적인 자동차 배출가스의 구성 중 자동차가 공회전할 때 특히 많이 배출되는 오염물질은?

㉮ 일산화탄소 ㉯ 탄화수소
㉰ 질소산화물 ㉱ 이산화탄소

풀이 가장 많이 발생하는 조건
㉮ 일산화탄소 : 공회전(아이드링) 시
㉯ 탄화수소 : 감속 시
㉰ 질소산화물 : 가속 시
㉱ 이산화탄소 : 완전연소 시

answer 05 ㉱ 06 ㉯ 07 ㉱ 08 ㉮ 09 ㉮

10 산성비에 관한 설명 중 ( ) 안에 알맞은 것은?

> 일반적으로 산성비는 pH (㉠) 이하의 강우를 말하며, 이는 자연상태의 대기 중에 존재하는 (㉡)가 강우에 흡수되었을 때의 pH를 기준으로 한 것이다.

㉮ ㉠ 3.6, ㉡ CO_2
㉯ ㉠ 3.6, ㉡ NO_2
㉰ ㉠ 5.6, ㉡ CO_2
㉱ ㉠ 5.6, ㉡ NO_2

11 온위에 관한 내용으로 옳지 않은 것은?
(단, θ는 온위(K), T는 절대온도(K), P는 압력(mb))

㉮ 온위는 밀도와 비례한다.
㉯ $\theta = T\left(\dfrac{1{,}000}{P}\right)^{0.288}$ 로 나타낼 수 있다.
㉰ 고도가 높아질수록 온위가 높아지면 대기는 안정하다.
㉱ 표준압력(1,000mb)에서 어느 고도의 공기를 건조단열적으로 끌어내리거나 끌어올려 1,000mb 고도에 가져갔을 때 나타나는 온도를 온위라고 한다.

풀이 ㉮ 온위는 절대온도에 비례한다.

12 150℃, 0.8atm에서 NO_2 농도(ppm)가 0.5g/m³이다. 표준상태에서 NO_2 농도는?

㉮ 472 ㉯ 492
㉰ 570 ㉱ 595

풀이
$$ppm(mL/Sm^3) = \frac{0.5g}{m^3} \times \frac{273+150℃}{273} \times \frac{1atm}{0.8atm}$$
$$\times \frac{10^3 mg}{1g} \times \frac{22.4mL}{46mg}$$
$$= 471.57 mL/Sm^3 (ppm)$$

TIP
① ppm = mL/Sm^3 = mL/Nm^3
② 표준상태 = 0℃, 760mmHg
③ 이산화질소(NO_2) 1 mol $\begin{cases} 46mg \\ 22.4mL \end{cases}$

13 불화수소(HF) 배출과 가장 관련 있는 산업은?

㉮ 소다공업 ㉯ 도금공장
㉰ 플라스틱공업 ㉱ 알루미늄공업

풀이 불화수소(HF)는 화학비료공업, 알루미늄공업, 요업공업, 유리공업 등에서 발생한다.

14 환기를 위한 실내공기오염의 지표가 되는 물질은?

㉮ SO_2 ㉯ NO_2
㉰ CO ㉱ CO_2

풀이 환기를 위한 실내공기오염의 지표가 되는 물질은 이산화탄소(CO_2)이다.

answer 10 ㉰ 11 ㉮ 12 ㉮ 13 ㉱ 14 ㉱

15 환경기온감률이 다음과 같을 때 가장 안정한 조건은?

㉮ ⓐ ㉯ ⓑ
㉰ ⓒ ㉱ ⓓ

▶풀이 ① 가장 안정한 조건 : ⓓ
② 가장 불안정한 조건 : ⓐ

16 유효굴뚝높이가 1m인 굴뚝에서 배출되는 오염물질의 최대착지농도를 현재의 1/10로 낮추고자 할 때, 유효굴뚝높이를 몇 m 증가시켜야 하는가? (단, sutton의 확산방정식 사용, 기타 조건은 동일)

㉮ 0.04   ㉯ 0.20
㉰ 1.24   ㉱ 2.16

▶풀이 ① $C_{max} = \dfrac{2Q}{\pi \cdot e \cdot u \cdot He^2}\left(\dfrac{C_z}{C_y}\right)$ 에서

$C_{max} = \dfrac{1}{He^2}$ 이므로

$1C_1 : \dfrac{1}{(1m)^2} = \dfrac{1}{10} C_1 : \dfrac{1}{He^2}$

∴ $He = \sqrt{(1m)^2 \times 10} = 3.16m$

② $\Delta He = 3.16m - 1m = 2.16m$

17 지균풍에 관한 설명으로 가장 적합하지 않은 것은?

㉮ 등압선에 평행하게 직선운동을 하는 수평의 바람이다.
㉯ 고공에서 발생하기 때문에 마찰력의 영향이 거의 없다.
㉰ 기압경도력과 전향력의 크기가 같고 방향이 반대일 때 발생한다.
㉱ 북반구에서 지균풍은 오른쪽에 저기압, 왼쪽에 고기압을 두고 분다.

▶풀이 ㉱ 북반구에서 지균풍은 오른쪽에 고기압, 왼쪽에 저기압을 두고 분다.

18 유효굴뚝높이가 60m인 굴뚝으로부터 SO_2가 125g/s의 속도로 배출되고 있다. 굴뚝높이에서의 풍속이 6m/s일 때, 이 굴뚝으로부터 500m 떨어진 연기중심선 상에서 오염물질의 지표농도($\mu g/m^3$)는? (단, 가우시안모델식 사용, 수평 확산계수(δ_y)는 36m, 수직 확산계수(δ_z)는 18.5m, 배출되는 SO_2는 화학적으로 반응하지 않음)

㉮ 52   ㉯ 66
㉰ 2,483   ㉱ 9,957

▶풀이 $C = \dfrac{Q}{\pi \cdot \delta_y \cdot \delta_z \cdot u} \exp\left[-\dfrac{1}{2}\left(\dfrac{H}{\delta_z}\right)^2\right]$

$= \dfrac{125 g/sec \times 10^6 \mu g/g}{\pi \times 36m \times 18.5m \times 6m/sec} \exp\left[-\dfrac{1}{2}\times\left(\dfrac{60m}{18.5m}\right)^2\right]$

$= 51.77 \mu g/m^3$

answer 15 ㉱ 16 ㉱ 17 ㉱ 18 ㉮

19 냄새물질에 관한 일반적인 설명으로 옳지 않은 것은?

㉮ 분자량이 작을수록 냄새가 강하다.
㉯ 분자 내에 황 또는 질소가 있으면 냄새가 강하다.
㉰ 포화도(이중결합 및 삼중결합의 수)가 높을수록 냄새가 강하다.
㉱ 분자 내 수산기의 수가 1개일 때 냄새가 가장 약하고 수산기의 수가 증가할수록 냄새가 강해진다.

풀이 ㉱ 분자 내 수산기의 수가 1개일 때 냄새가 가장 강하고 수산기의 수가 증가할수록 냄새가 약해진다.

20 광화학반응에 의해 고농도 오존이 나타날 수 있는 조건에 해당하지 않는 것은?

㉮ 무풍상태일 때
㉯ 일사량이 강할 때
㉰ 대기가 불안정할 때
㉱ 질소산화물과 휘발성 유기화합물의 배출이 많을 때

풀이 ㉰ 대기가 안정할 때

| 제2과목 | 연소공학 |

21 화염으로부터 열을 받으면 가연성 증기가 발생하는 연소로 휘발유, 등유, 알코올, 벤젠 등 액체연료의 연소형태는?

㉮ 증발연소   ㉯ 자기연소
㉰ 표면연소   ㉱ 확산연소

풀이 ㉮ 증발연소에 대한 설명이다.

22 가연성 가스의 폭발범위에 관한 일반적인 설명으로 옳지 않은 것은?

㉮ 가스의 온도가 높아지면 폭발범위가 넓어진다.
㉯ 폭발한계농도 이하에서는 폭발성 혼합가스가 생성되기 어렵다.
㉰ 폭발상한과 폭발하한의 차이가 클수록 위험도가 증가한다.
㉱ 가스의 압력이 높아지면 상한값은 크게 변하지 않으나 하한값이 높아진다.

풀이 ㉱ 가스의 압력이 높아지면 하한값은 크게 변하지 않으나 상한값이 높아진다.

23 자동차 내연기관에서 휘발유(C_8H_{18})가 완전 연소될 때 질량 기준의 공기 연료비(AFR)는? (단, 공기의 분자량은 28.95)

㉮ 15   ㉯ 30
㉰ 40   ㉱ 60

풀이 $C_8H_{18} + 12.5O_2 \rightarrow 8CO_2 + 9H_2O$

$$\text{공연비(kg/kg)} = \frac{\text{산소갯수} \times 32\text{kg} \times \frac{1}{0.232}}{\text{연료갯수} \times \text{연료의 분자량(kg)}}$$

$$= \frac{12.5 \times 32\text{kg} \times \frac{1}{0.232}}{114\text{kg}}$$

$$= 15.12$$

TIP

① 공연비 = AFR = $\frac{\text{공기량}}{\text{연료량}}$

② AFR(Sm^3/Sm^3) = $\frac{\text{산소갯수} \times 22.4Sm^3 \times \frac{1}{0.21}}{\text{연료갯수} \times 22.4Sm^3}$

③ 체적(Sm^3) = 계수 × 22.4(Sm^3)
④ 질량(kg) = 계수 × 분자량(kg)

answer 19 ㉱   20 ㉰   21 ㉮   22 ㉱   23 ㉮

24 등가비(∅)에 관한 내용으로 옳지 않은 것은?

㉮ ∅ = 공기비(m)
㉯ ∅ = 1일 때 완전연소
㉰ ∅ < 1일 때 공기가 과잉
㉱ ∅ > 1일 때 연료가 과잉

▶풀이 ㉮ 등가비(∅) = $\dfrac{1}{공기비(m)}$

25 기체연료의 종류에 관한 설명으로 가장 적합한 것은?

㉮ 수성 가스는 코크스를 용광로에 넣어 선철을 제조할 때 발생하는 기체연료이다.
㉯ 석탄가스는 석유류를 열분해, 접촉분해 및 부분 연소시킬 때 발생하는 기체연료이다.
㉰ 고로가스는 고온으로 가열된 무연탄이나 코크스 등에 수증기를 반응시켜 얻은 기체연료이다.
㉱ 발생로가스는 코크스나 석탄, 목재 등을 적열상태로 가열하여 공기 또는 산소를 보내 불완전 연소시켜 얻은 기체연료이다.

▶풀이 ㉮ 수성 가스는 고온으로 가열된 무연탄이나 코크스 등에 수증기를 반응시켜 얻은 기체연료이다.
㉯ 석탄가스(코크스가스)는 코크스를 용광로에 넣어 선철을 제조할 때 발생하는 기체연료이며, 주성분은 H_2와 CH_4이다.
㉰ 고로가스는 용광로에서 선철을 제조할 때 발생하는 기체연료이며, 주성분은 CO_2, N_2이다.

26 공기비가 클 때 나타나는 현상으로 가장 적합하지 않은 것은?

㉮ 연소실 내의 온도감소
㉯ 배기가스에 의한 열손실 증가
㉰ 가스폭발의 위험 증가와 매연 발생
㉱ 배기가스 내의 SO_2, NO_2 함량 증가로 인한 부식 촉진

▶풀이 ㉰번의 설명은 공기비가 작을 경우 발생하는 현상이다.

27 과잉 산소량(잔존 산소량)을 나타내는 표현은? (단, A : 실제공기량, A_o : 이론공기량, m : 공기비(m > 1), 표준상태, 부피 기준)

㉮ $0.21mA_o$ ㉯ $0.21mA$
㉰ $0.21(m-1)A_o$ ㉱ $0.21(m-1)A$

▶풀이 과잉공기량은 $(m-1) \times A_o$이고, 공기중의 산소의 체적비는 21%이므로 과잉산소량은 $(m-1) \times A_o \times 0.21$이다.

28 C : 80%, H : 15%, S : 5%의 무게비로 구성된 중유 1kg을 1.1의 공기비로 완전연소시킬 때, 건조 배출가스 중의 SO_2농도(ppm)는? (단, 모든 S성분은 SO_2가 됨)

㉮ 3,026   ㉯ 3,530
㉰ 4,126   ㉱ 4,530

▶풀이 ① 공기비(m) = 1.1
② $A_o = 8.89C + 26.67\left(H - \dfrac{O}{8}\right) + 3.33S(Sm^3/kg)$
  $= 8.89 \times 0.80 + 26.67 \times 0.15 + 3.33 \times 0.05$
  $= 11.279 Sm^3/kg$
③ $Gd = mA_o - 5.6H + 0.7O + 0.8N(Sm^3/kg)$
  $= 1.1 \times 11.279 Sm^3/kg - 5.6 \times 0.15$
  $= 11.5669 Sm^3/kg$
③ $SO_2(ppm) = \dfrac{SO_2량}{Gd} \times 10^6$
  $= \dfrac{0.7 \times 0.05 Sm^3/kg}{11.5669 Sm^3/kg} \times 10^6$
  $= 3,025.88 ppm$

answer 24 ㉮ 25 ㉱ 26 ㉰ 27 ㉰ 28 ㉮

29 고체연료 중 코크스에 관한 설명으로 가장 적합하지 않은 것은?

㉮ 주성분은 탄소이다.
㉯ 원료탄보다 회분의 함량이 많다.
㉰ 연소 시에 매연이 많이 발생한다.
㉱ 원료탄을 건류하여 얻어지는 2차 연료로 코크스로에서 제조된다.

풀이 ㉰ 연소 시에 매연이 거의 발생하지 않는다.

30 화격자 연소에 관한 설명으로 가장 적합하지 않은 것은?

㉮ 상부투입식은 투입되는 연료와 공기가 향류로 교차하는 형태이다.
㉯ 상부투입식의 경우 화격자 상에 고정층을 형성해야 하므로 분체상의 석탄을 그대로 사용할 수 없다.
㉰ 정상상태에서 상부투입식은 상부로부터 석탄층 → 건조층 → 건류층 → 환원층 → 산화층 → 회층의 구성순서를 갖는다.
㉱ 하부투입식은 저융점의 회분을 많이 포함한 연료의 연소에 적합하며 착화성이 나쁜 연료도 유용하게 사용 가능하다.

풀이 ㉱ 하부투입식은 저융점의 회분을 많이 포함한 연료의 연소에 부적합하며 착화성이 좋은 연료에 유용하게 사용 가능하다.

31 CH_4의 최대 탄산가스율(%)은? (단, CH_4는 완전 연소함)

㉮ 11.7   ㉯ 21.8
㉰ 34.5   ㉱ 40.5

풀이 ① $CH_4 + 2O_2 \rightarrow CO_2 + 2H_2O$
② 이론건연소가스량(God)
  $= (1-0.21)A_o + CO_2$량(Sm^3/Sm^3)
  $= (1-0.21) \times \dfrac{2}{0.21} + 1$
  $= 8.5238 Sm^3/Sm^3$
③ CO_2량 = 생성되는 CO_2 갯수 = $1Sm^3/Sm^3$
④ $CO_2 \max(\%) = \dfrac{CO_2량(Sm^3/Sm^3)}{God(Sm^3/Sm^3)} \times 100$
  $= \dfrac{1Sm^3/Sm^3}{8.5238 Sm^3/Sm^3} \times 100$
  $= 11.73\%$

32 다음 조건을 갖는 기체연료의 이론연소온도(℃)는?

- 연료의 저발열량 : 7,500kcal/Sm^3
- 연료의 이론연소가스량 : 10.5 Sm^3/Sm^3
- 연료 연소가스의 평균정압비열 : 0.35kcal/$Sm^3 \cdot$℃
- 기준온도 : 25℃
- 공기는 예열되지 않고, 연소가스는 해리되지 않음

㉮ 1,916   ㉯ 2,066
㉰ 2,196   ㉱ 2,256

풀이 이론연소온도(℃)
$= \dfrac{저위발열량(kcal/Sm^3)}{가스량(Sm^3/Sm^3) \times 평균정압비열(kcal/Sm^3 \cdot ℃)} + 기준온도(℃)$
$= \dfrac{7,500 kcal/Sm^3}{10.5 Sm^3/Sm^3 \times 0.35 kcal/Sm^3 \cdot ℃} + 25℃$
$= 2,065.82℃$

answer 29 ㉰   30 ㉱   31 ㉮   32 ㉯

33 가솔린 기관의 노킹현상을 방지하기 위한 방법으로 가장 적합하지 않은 것은?

㉮ 화염속도를 빠르게 한다.
㉯ 말단 가스의 온도와 압력을 낮춘다.
㉰ 혼합기의 자기착화온도를 높게 한다.
㉱ 불꽃진행거리를 길게하여 말단가스가 고온·고압에 충분히 노출되도록 한다.

▶풀이 ㉱ 불꽃진행거리를 짧게하여 말단가스가 고온·고압에 노출되는 시간을 짧게 한다.

34 C_2H_6의 고위발열량이 15,520kcal/Sm³일 때, 저위발열량(kcal/Sm³)은?

㉮ 18,380 ㉯ 16,560
㉰ 14,080 ㉱ 12,820

▶풀이 $C_2H_6 + 3.5O_2 \rightarrow 2CO_2 + 3H_2O$
저위발열량(Hl)
= 고위발열량(Hh) - 480×H_2O량(kcal/Sm³)
= 15,520kcal/Sm³ - 480×3
= 14,080kcal/Sm³

35 89%의 탄소와 11%의 수소로 이루어진 액체연료를 1시간에 187kg씩 완전 연소할 때 발생하는 배출 가스의 조성을 분석한 결과 CO_2 : 12.5%, O_2 : 3.5%, N_2 : 84%이었다. 이 연료를 2시간 동안 완전 연소시켰을 때 실제 소요된 공기량(Sm³)은?

㉮ 1,205 ㉯ 2,410
㉰ 3,610 ㉱ 4,810

▶풀이 ① CO_2%, O_2%, N_2%가 주어진 경우

$$공기비(m) = \frac{N_2\%}{N_2\% - 3.76 \times (O_2\% - 0.5CO\%)}$$
$$= \frac{84\%}{84\% - 3.76 \times 3.5\%} = 1.1858$$

② 이론공기량(A_o) = $8.89C + 26.67(H - \frac{O}{8}) + 3.33S$ (Sm³/kg)
= 8.89×0.89 + 26.67×0.11
= 10.8458 Sm³/kg

③ 필요한 공기량(Sm³)
= 공기비(m)×이론공기량(Sm³/kg)×연료량(kg/hr)×소요시간(hr)
= 1.1858×10.8458 Sm³/kg×187kg/hr×2hr
= 4,810 Sm³

36 연소에 관한 용어 설명으로 옳지 않은 것은?

㉮ 유동점은 저온에서 중유를 취급할 경우의 난이도를 나타내는 척도가 될 수 있다.
㉯ 인화점은 액체연료의 표면에 인위적으로 불씨를 가했을 때 연소하기 시작하는 최저온도이다.
㉰ 발열량은 연료가 완전연소 할 때 단위중량 혹은 단위부피당 발생하는 열량으로 잠열을 포함하는 저발열량과 포함하지 않는 고발열량으로 구분된다.
㉱ 발화점은 공기가 충분한 상태에서 연료를 일정온도 이상으로 가열했을 때 외부에서 점화하지 않더라도 연료 자신의 연소열에 의해 연소가 일어나는 최저온도이다.

▶풀이 ㉰ 발열량은 연료가 완전연소 할 때 단위중량 혹은 단위부피당 발생하는 열량으로 잠열을 포함하는 고발열량과 포함하지 않는 저발열량으로 구분된다.

answer 33 ㉱ 34 ㉰ 35 ㉱ 36 ㉰

37 석탄의 유동층 연소에 관한 설명으로 가장 적합하지 않은 것은?

㉮ 부하변동에 쉽게 적응할 수 없다.
㉯ 유동매체의 보충이 필요하지 않다.
㉰ 유동매체를 석회석으로 할 경우 로 내에서 탈황이 가능하다.
㉱ 비교적 저온에서 연소가 행해지기 때문에 화격자 연소에 비해 themal NOx 발생량이 적다.

풀이 ㉯ 유동매체의 보충이 필요하다.

38 석유류의 특성에 관한 내용으로 옳은 것은?

㉮ 일반적으로 인화점은 예열온도보다 약간 높은 것이 좋다.
㉯ 인화점이 낮을수록 역화의 위험성이 낮아지고 착화가 곤란하다.
㉰ 일반적으로 API가 10° 미만이면 경질유, 40° 이상이면 중질유로 분류된다.
㉱ 일반적으로 경질유는 방향족계 화합물을 50% 이상 함유하고 중질유에 비해 밀도와 점도가 높은 편이다.

풀이 ㉯ 인화점이 낮을수록 역화의 위험성이 커지고 착화가 용이하다.
㉰ 일반적으로 API가 10° 미만이면 중질유, 40° 이상이면 경질유로 분류된다.
㉱ 일반적으로 경질유는 방향족계 화합물을 50% 이상 함유하고 중질유에 비해 밀도와 점도가 낮은 편이다.

TIP
API비중이란 미국석유협회(API)가 제정한 원유의 화학적 비중표시방법이다.

39 25℃에서 탄소가 연소하여 일산화탄소가 될 때 엔탈피 변화량(kJ)은?

- $C + O_2(g) \rightarrow CO_2(g)\ \Delta H = -393.5\ kJ$
- $CO + 1/2 O_2(g) \rightarrow CO_2(g)\ \Delta H = -283.0\ kJ$

㉮ -676.5 ㉯ -110.5
㉰ 110.5   ㉱ 676.5

풀이 엔탈피 변화량
= 탄소의 엔탈피 - 일산화탄소의 엔탈피
= (-393.5 kJ) - (-283.0 kJ) = -110.5 kJ

40 액체연료를 비점(℃)이 큰 순서대로 나열한 것은?

㉮ 등유 > 중유 > 휘발유 > 경유
㉯ 중유 > 경유 > 등유 > 휘발유
㉰ 경유 > 휘발유 > 중유 > 등유
㉱ 휘발유 > 경유 > 등유 > 중유

풀이 액체연료 중 비점(℃)이 큰 순서는 중유 > 경유 > 등유 > 휘발유이다.

| 제3과목 | 대기오염방지기술

41 질소산화물(NOx) 저감방법으로 가장 적합하지 않은 것은?

㉮ 연소영역에서의 산소 농도를 높인다.
㉯ 부분적인 고온영역이 없게 한다.
㉰ 고온 영역에서 연소가스의 체류시간을 짧게 한다.
㉱ 유기질소화합물을 함유하지 않는 연료를 사용한다.

풀이 ㉮ 연소영역에서의 산소 농도를 낮춘다.

answer 37 ㉯ 38 ㉮ 39 ㉯ 40 ㉯ 41 ㉮

42 유해가스를 처리하는 흡수장치의 효율을 높이기 위한 흡수액의 조건은?

㉮ 점성이 커야 한다.
㉯ 어는점이 높아야 한다.
㉰ 휘발성이 적어야 한다.
㉱ 가스의 용해도가 낮아야 한다.

풀이 ㉮ 점성이 작아야 한다.
㉯ 어는점이 낮아야 한다.
㉱ 가스의 용해도가 높아야 한다.

43 먼지의 자유낙하에서 종말침강속도에 관한 설명으로 옳은 것은?

㉮ 입자가 바닥에 닿는 순간의 속도
㉯ 입자의 가속도가 0이 될 때의 속도
㉰ 입자의 속도가 0이 되는 순간의 속도
㉱ 정지된 다른 입자와 충돌하는데 필요한 최소한의 속도

풀이 먼지의 자유낙하에서 종말침강속도는 입자의 가속도가 0이 될 때의 속도이다.

44 후드에 의한 먼지 흡입에 관한 설명으로 옳지 않은 것은?

㉮ 국소적인 흡인방식을 취한다.
㉯ 배풍기에 충분한 여유를 둔다.
㉰ 후드를 발생원에 가깝게 설치한다.
㉱ 후드의 개구면적을 가능한 크게 한다.

풀이 ㉱ 후드의 개구면적을 가능한 작게 한다.

45 집진장치의 입구 쪽 처리가스 유량이 300,000m³/h, 먼지 농도가 15g/m³이고, 출구 쪽 처리된 가스의 유량이 305,000m³/h, 먼지 농도가 40mg/m³일 때, 집진효율(%)은?

㉮ 89.6   ㉯ 95.3
㉰ 99.7   ㉱ 103.2

풀이 집진효율(%) = $\left(1 - \dfrac{출구농도 \times 출구가스의 유량}{입구농도 \times 입구가스의 유량}\right) \times 100$

$= \left(1 - \dfrac{40 \times 10^{-3} g/m^3 \times 305,000 m^3/hr}{15 g/m^3 \times 300,000 m^3/hr}\right) \times 100$

$= 99.73\%$

46 직경이 10μm인 구형 입자가 20℃ 층류 영역의 대기 중에서 낙하하고 있다. 입자의 종말침강속도(m/s)와 레이놀즈수를 순서대로 나열한 것은? (단, 20℃에서 입자의 밀도=1,800kg/m³, 공기의 밀도 = 1.2 kg/m³, 공기의 점도 = 1.8×10^{-5} kg/m·s)

㉮ 5.44×10^{-3}, 3.63×10^{-3}
㉯ 5.44×10^{-3}, 2.44×10^{-6}
㉰ 3.63×10^{-6}, 2.44×10^{-6}
㉱ 3.63×10^{-6}, 3.63×10^{-3}

풀이 ① $Vg = \dfrac{d^2(\rho_s - \rho)g}{18\mu}$

여기서 Vg : 종말침강속도(m/sec)
d : 직경(m)
ρ_s : 입자의 밀도(kg/m³)
ρ : 가스의 밀도(kg/m³)
g : 중력가속도(9.8m/sec²)
μ : 점성도(kg/m·sec)

따라서
$Vg = \dfrac{(10 \times 10^{-6})^2 \times (1,800 - 1.2) kg/m^3 \times 9.8 m/sec^2}{18 \times 1.8 \times 10^{-5} kg/m \cdot sec}$

$= 5.44 \times 10^{-3}$ m/sec

answer 42 ㉰   43 ㉯   44 ㉱   45 ㉰   46 ㉮

② $Re = \dfrac{D \times V \times \rho}{\mu}$

여기서 Re : 레이놀드수
  D : 직경(m)
  V : 종말침강속도(m/sec)
  ρ : 공기의 밀도(kg/m³)

따라서

$Re = \dfrac{10 \times 10^{-6}\text{m} \times 5.44 \times 10^{-3}\text{m/sec} \times 1.2\text{kg/m}^3}{1.8 \times 10^{-5}\text{kg/m}\cdot\text{sec}}$

  $= 0.00363 = 3.63 \times 10^{-3}$

47 표준상태의 공기가 내경이 50cm인 강관 속을 2m/s의 속도로 흐르고 있을 때, 공기의 질량유속(kg/s)은? (단, 공기의 평균분자량 = 29)

㉮ 0.34 ㉯ 0.51
㉰ 0.78 ㉱ 0.97

풀이
① 공기 속도 = 2m/sec
② 표준상태의 공기밀도 = 1.3kg/Sm³
③ 단면적 $= \dfrac{\pi D^2}{4}(\text{m}^2) = \dfrac{\pi \times (0.50\text{m})^2}{4}$
  $= 0.19635\text{m}^2$
④ 공기의 속도(m/sec)
  $= \dfrac{\text{질량유속(kg/sec)}}{\text{공기의 밀도(kg/m}^3) \times \text{단면적(m}^2)}$

  $2\text{m/sec} = \dfrac{\text{질량유속(kg/sec)}}{1.3\text{kg/Sm}^3 \times 0.19635\text{m}^2}$

  따라서 질량유속 = 0.51kg/sec

48 여과집진장치의 탈진방식 중 간헐식에 관한 설명으로 옳지 않은 것은?

㉮ 연속식에 비해 먼지의 재비산이 적고 높은 집진효율을 얻을 수 있다.
㉯ 고농도, 대량가스 처리에 적합하며 점성이 있는 조대먼지의 탈진에 효과적이다.
㉰ 진동형은 여과포의 음파진동, 횡진동, 상하진동에 의해 포집된 먼지를 털어내는 방식이다.
㉱ 역기류형은 단위집진실에 처리 가스의 공급을 중단시킨 후 순차적으로 탈진하는 방식이다.

풀이 ㉯번의 설명은 연속식 탈진방식에 해당한다.

49 촉매소각법에 관한 일반적인 설명으로 옳지 않은 것은?

㉮ 열소각법에 비해 연소 반응시간이 짧다.
㉯ 열소각법에 비해 themal NOx 생성량이 작다.
㉰ 백금, 코발트는 촉매로 바람직하지 않은 물질이다.
㉱ 촉매제가 고가이므로 처리가스량이 많은 경우에는 부적합하다.

풀이 ㉰ 백금, 코발트는 촉매로 사용되는 물질이다.

50 물리적 흡착에 의한 가스처리에 관한 설명으로 옳지 않은 것은?

㉮ 처리가스의 분압이 낮아지면 흡착량이 감소한다.
㉯ 처리 가스의 온도가 높아지면 흡착량이 증가한다.
㉰ 흡착과정이 가역적이기 때문에 흡착제의 재생이 가능하다.
㉱ 다분자층 흡착이며 화학적 흡착에 비해 오염 가스의 회수가 용이하다.

풀이 ㉯ 처리 가스의 온도가 높아지면 흡착량이 감소한다.

answer 47 ㉯ 48 ㉯ 49 ㉰ 50 ㉯

51 원심력집진장치(cyclone)의 집진효율에 관한 내용으로 옳은 것은?

㉮ 원통의 직경이 클수록 집진효율이 증가한다.
㉯ 입자의 밀도가 클수록 집진효율이 감소한다.
㉰ 가스의 온도가 높을수록 집진효율이 증가한다.
㉱ 가스의 유입 속도가 클수록 집진효율이 증가한다.

풀이 ㉮ 원통의 직경이 클수록 집진효율이 감소한다.
㉯ 입자의 밀도가 클수록 집진효율이 증가한다.
㉰ 가스의 온도가 높을수록 집진효율이 감소한다.

52 세정집진장치의 장점으로 가장 적합한 것은?

㉮ 점착성 및 조해성 먼지의 제거가 용이하다.
㉯ 별도의 폐수처리시설이 필요하지 않다.
㉰ 먼지에 의한 폐쇄 등의 장애가 일어날 확률이 낮다.
㉱ 소수성 먼지에 대해 높은 집진효율을 얻을 수 있다.

풀이 ㉯ 별도의 폐수처리시설이 필요하다.
㉰ 먼지에 의한 폐쇄 등의 장애가 일어날 확률이 높다.
㉱ 친수성 먼지에 대해 높은 집진효율을 얻을 수 있다.

53 흡인통풍의 장점으로 가장 적합하지 않은 것은?

㉮ 통풍력이 크다.
㉯ 연소용 공기를 예열할 수 있다.
㉰ 굴뚝의 통풍저항이 큰 경우에 적합하다.
㉱ 노 내압이 부압(-)으로 역화의 우려가 없다.

풀이 ㉯ 연소용 공기를 예열할 수 없다.

54 원통형 전기집진장치의 집진극 직경이 10cm이고 길이가 0.75m이다. 배출가스의 유속이 2m/s이고 먼지의 겉보기 이동속도가 10cm/s일 때, 이 집진장치의 실제 집진효율(%)은?

㉮ 78　　㉯ 86
㉰ 95　　㉱ 99

풀이 $\eta = \left\{1-\exp\left(\frac{-2 \times We \times L}{R \times U}\right)\right\} \times 100$
$= \left\{1-\exp\left(\frac{-2 \times 0.1m/sec \times 0.75m}{0.05m \times 2m/sec}\right)\right\} \times 100 = 77.69\%$

TIP
반경(R) = $\frac{\text{집진극의 직경}}{2}$ = $\frac{10cm}{2}$
= 5cm = 0.05m

55 외기 유입이 없을 때 집진효율이 88%인 원심력집진장치(cyclone)가 있다. 이 원심력 집진장치에 외기가 10% 유입되었을 때, 집진효율(%)은? (단, 외기가 10% 유입되었을 때 먼지 통과율은 외기가 유입되지 않은 경우의 3배)

㉮ 54　　㉯ 64
㉰ 75　　㉱ 83

풀이 ① 정상시 효율(η) = 88%이므로
정상시 통과율(P) = 100 - 88% = 12%
② 비정상시 통과율(P)
= 정상시 통과율(P) × 3배 = 12% × 3 = 36%
③ 비정상시 효율(η) = 100 - 36% = 64%

answer 51 ㉱　52 ㉮　53 ㉯　54 ㉮　55 ㉯

TIP
① 통과율(P) + 효율(η) = 100%
② 통과율(P) = 100% − 효율(η)
③ 효율(η) = 100% − 통과율(P)

56 불소화합물 처리에 관한 내용이다. ( )안에 들어갈 화학식으로 가장 적합한 것은?

> 사불화규소는 물과 반응해서 콜로이드 상태의 규산과 ( )을(를) 생성한다.

㉮ CaF_2 ㉯ $NaHF_2$
㉰ $NaSiF_6$ ㉱ H_2SiF_6

TIP
① 사불화규소 = SiF_6
② 규산 = H_2SiO_4
③ 규불산 = H_2SiF_6

57 유체의 점도를 나타내는 단위에 해당하지 않는 것은?

㉮ poise ㉯ Pa·s
㉰ L·atm ㉱ g/cm·s

풀이 유체의 점도를 나타내는 단위는 poise, Pa·s, g/cm·s, kg/m·s이다.

TIP
점도의 단위에는 반드시 "sec"가 들어있어야 함이 정답을 찾는 포인트이다.

58 중력집진장치에 관한 설명으로 가장 적합하지 않은 것은?

㉮ 배기가스의 점도가 낮을수록 집진효율이 증가한다.
㉯ 함진가스의 온도변화에 의한 영향을 거의 받지 않는다.
㉰ 침강실의 높이가 낮고, 길이가 길수록 집진효율이 증가한다.
㉱ 함진가스의 유량, 유입속도 변화에 거의 영향을 받지 않는다.

풀이 ㉱ 함진가스의 유량과 유입속도 변화에 영향을 많이 받는다.

59 처리가스량이 30,000m³/h, 압력손실이 300mmH₂O인 집진장치를 효율이 47%인 송풍기로 운전할 때, 송풍기의 소요동력(kW)은?

㉮ 38 ㉯ 43
㉰ 49 ㉱ 52

풀이 $kW = \dfrac{P_s \times Q}{102 \times \eta} \times \alpha$

여기서 P_s : 압력손실(mmH₂O)
 Q : 가스량(m³/sec)
 η : 효율
 α : 여유율

따라서
$kW = \dfrac{300 mmH_2O \times 30,000 m^3/hr \times 1hr/3,600sec}{102 \times 0.47}$
 = 52.15 kW

TIP
1kW = 102 kg·m/sec 이므로 가스량(Q)의 시간단위는 반드시 "sec"임에 주의

answer 56 ㉱ 57 ㉰ 58 ㉱ 59 ㉱

60 먼지의 입경측정 방법을 직접측정법과 간접측정법으로 구분할 때, 직접측정법에 해당하는 것은?

㉮ 광산란법 ㉯ 관성충돌법
㉰ 액상침강법 ㉱ 표준체측정법

풀이 먼지의 입경측정 방법
① 직접측정법 : 표준체측정법, 현미경측정법
② 간접측정법 : 관성충돌법, 액상침강법, 공기투과법, 광산란법

| 제4과목 | 대기오염공정시험기준

61 배출가스 중의 수은화합물을 냉증기 원자흡수분광광도법에 따라 분석할 때 사용하는 흡수액은?

㉮ 질산암모늄 + 황산용액
㉯ 과망간산포타슘 + 황산용액
㉰ 시안화포타슘 + 디티존 용액
㉱ 수산화칼슘 + 피로가롤용액

풀이 수은화합물을 냉증기 원자흡수분광광도법에 따라 분석할 때 사용하는 흡수액은 과망간산포타슘 + 황산용액이다.

62 비분산형적외선 분석기의 장치구성에 관한 설명으로 옳지 않은 것은?

㉮ 비교셀은 시료셀과 동일한 모양을 가지며 산소를 봉입하여 사용한다.
㉯ 광원은 원칙적으로 흑체발광으로 니크로뮴선 또는 탄화규소의 저항체에 전류를 흘려 가열한 것을 사용한다.
㉰ 광학필터는 시료가스 중에 포함되어있는 간섭 물질가스의 흡수파장역 적외선을 흡수제거하기 위해 사용한다.
㉱ 회전섹타는 시료광속과 비교광속을 일정 주기로 단속시켜 광학적으로 변조시키는 것으로 측정 광신호의 증폭에 유효하고 잡신호의 영향을 줄일 수 있다.

풀이 ㉮ 비교셀은 시료셀과 동일한 모양을 가지며 아르곤 또는 질소와 같은 불활성 기체를 봉입하여 사용한다.

63 다음 자료를 바탕으로 구한 비산먼지의 농도(mg/Sm³)는?

- 채취먼지량이 가장 많은 위치에서의 먼지농도 : 115mg/Sm³
- 대조위치에서의 먼지농도 : 0.15mg/Sm³
- 전 시료채취기간 중 주 풍향이 90° 이상 변함
- 풍속이 0.5m/s 미만 또는 10m/s 이상이 되는 시간이 전 채취시간의 50% 이상임

㉮ 114.9 ㉯ 137.8
㉰ 165.4 ㉱ 206.7

풀이 $C = (C_H - C_B) \times W_D \times W_S$
여기서 C_H : 포집먼지량이 가장 많은 위치에서의 먼지농도(mg/Sm³)
C_B : 대조위치에서의 먼지농도(mg/Sm³)
W_D, W_S : 풍향, 풍속 측정 결과로부터 구한 보정계수
따라서 $C = (115-0.15)\text{mg/Sm}^3 \times 1.5 \times 1.2$
$= 206.73\text{mg/Sm}^3$

TIP
풍향과 풍속의 보정계수
(1) 풍향 보정계수
① 주풍향이 90° 이상 : 1.5
② 주풍향이 45°~90° : 1.2
③ 주풍향이 45° 미만 : 1.0

answer 60 ㉱ 61 ㉯ 62 ㉮ 63 ㉱

(2) 풍속 보정계수
① 전 채취시간의 50% 미만 : 1.0
② 전 채취시간의 50% 이상 : 1.2

$$= \frac{2 \times 3m \times 2m}{3m + 2m} = 2.4m$$

64 대기오염공정시험기준상의 용어 정의 및 규정에 관한 내용으로 옳은 것은?

㉮ "약"이란 그 무게 또는 부피에 대해 ±1% 이상의 차가 있어서는 안 된다.
㉯ 상온은 (15~25)℃, 실온은 (1~35)℃, 찬 곳은 따로 규정이 없는 한 (0~15)℃의 곳을 뜻한다."
㉰ 방울수라 함은 20℃에서 정제수 10방울을 떨어뜨릴 때 그 부피가 약 1 mL 되는 것을 뜻한다.
㉱ 10억분율은 pphm으로 표시하고 따로 표시가 없는 한 기체일 때는 용량 대 용량(부피분율), 액체일 때는 중량 대 중량(질량분율)을 표시한 것을 뜻한다.

풀이 ㉮ "약"이란 그 무게 또는 부피에 대해 ±10% 이상의 차가 있어서는 안 된다.
㉰ 방울수라 함은 20℃에서 정제수 20방울을 떨어뜨릴 때 그 부피가 약 1 mL 되는 것을 뜻한다.
㉱ 10억분율은 ppb로 표시하고 따로 표시가 없는 한 기체일 때는 용량 대 용량(부피분율), 액체일 때는 중량 대 중량(질량분율)을 표시한 것을 뜻한다.

65 가로 길이가 3m, 세로 길이가 2m인 상·하 동일 단면적의 사각형 굴뚝이 있다. 이 굴뚝의 환산직경(m)은?

㉮ 2.2 ㉯ 2.4
㉰ 2.6 ㉱ 2.8

풀이 환산직경(m) = $\frac{2 \times 가로 \times 세로}{가로 + 세로}$

66 굴뚝 배출가스 중의 황산화물 시료채취에 관한 일반적인 내용으로 옳지 않은 것은?

㉮ 채취관과 삼방콕 등 가열하는 실리콘을 제외한 보통 고무관을 사용한다.
㉯ 시료가스 중의 황산화물과 수분이 응축되지 않도록 시료가스 채취관과 콕 사이를 가열할 수 있는 구조로 한다.
㉰ 시료채취관은 유리, 석영, 스테인리스강 등 시료가스 중의 황산화물에 의해 부식되지 않는 재질을 사용한다.
㉱ 시료가스 중에 먼지가 섞여 들어가는 것을 방지하기 위해 채취관의 앞 끝에 알칼리(alkali)가 없는 유리솜 등의 적당한 여과재를 넣는다.

풀이 ㉮ 채취관과 삼방콕 등 가열하는 접속부분은 갈아맞춤 또는 실리콘 고무관을 사용하고, 보통 고무관을 사용하면 안된다.

67 굴뚝 배출가스 중 산소를 전기화학식으로 측정하는 방법에 대한 설명으로 틀린 것은?

㉮ 산소의 전기화학적 산화환원 반응을 이용하여 산소농도를 연속적으로 측정한다.
㉯ 질코니아방식은 고온에서 산소와 반응하는 가연성가스(일산화탄소, 메테인 등)의 영향을 무시할 수 있는 경우에 적용할 수 있다.
㉰ 전극방식은 산화환원반응을 일으키는

answer 64 ㉯ 65 ㉯ 66 ㉮ 67 ㉱

가스(SO_2, CO_2 등)의 영향을 무시할 수 있는 경우에 적용할 수 있다.
㉣ 측정범위는 0% ~ 5.0% 이하로 한다.

풀이 ㉣ 측정범위는 0% ~ 25.0% 이하로 한다.

68 굴뚝 배출가스 중의 폼알데하이드 및 알데하이드류의 분석방법에 해당하지 않는 것은?

㉮ 차아염소산염 자외선/가시선 분광법
㉯ 자외선/가시선분광법 - 아세틸아세톤법
㉰ 자외선/가시선분광법 - 크로모트로핀산법
㉱ 고성능액체크로마토그래피법

풀이 폼알데하이드 및 알데하이드류의 분석방법에는 자외선/가시선분광법 - 아세틸아세톤법, 자외선/가시선분광법 - 크로모트로핀산법, 고성능액체크로마토그래피법이 있다.

69 환경대기 중의 시료채취 시 주의사항으로 옳지 않은 것은?

㉮ 시료채취 유량은 규정하는 범위 내에서 되도록 많이 채취하는 것을 원칙으로 한다.
㉯ 악취물질의 채취는 되도록 짧은 시간 내에 끝내고 입자상 물질 중의 금속성분이나 발암성 물질 등은 되도록 장시간 채취한다.
㉰ 입자상 물질을 채취할 경우에는 채취관 벽에 분진이 부착 또는 퇴적하는 것을 피하고 특히 채취관을 수평방향으로 연결할 경우에는 되도록 관의 길이를 길게 하고 곡률반경을 작게 한다.
㉱ 바람이나 눈, 비로부터 보호하기 위해 측정기기는 실내에 설치하고 채취구를 밖으로 연결할 경우 채취관 벽과의 반응, 흡착, 흡수 등에 의한 영향을 최소한도로 줄일 수 있는 재질과 방법을 선택한다.

풀이 ㉰ 입자상 물질을 채취할 경우에는 채취관벽에 분진이 부착 또는 퇴적하는 것을 피하고 특히 채취관을 수평방향으로 연결할 경우에는 되도록 관의 길이를 짧게 하고 곡률반경을 크게 한다.

70 분석대상가스가 암모니아인 경우 사용 가능한 채취관의 재질에 해당하지 않는 것은?

㉮ 석영   ㉯ 플루오로수지
㉰ 실리콘수지 ㉱ 스테인리스강

풀이 암모니아 채취관의 재질에는 경질유리, 석영, 보통강철, 플루오로수지, 스테인리스강, 세라믹이 있다.

71 환경대기 중의 석면을 위상차현미경법에 따라 측정할 때에 관한 설명으로 옳지 않은 것은?

㉮ 시료채취 시 시료 포집면이 풍향을 향하도록 설치한다.
㉯ 시료채취 지점에서의 실내기류는 0.3m/s 이내가 되도록 한다.
㉰ 포집한 먼지 중 길이가 10μm 이하이고 길이와 폭의 비가 5 : 1 이하인 섬유를 석면섬유로 계수한다.
㉱ 시료채취는 해당시설의 실제 운영조건과 동일하게 유지되는 일반 환경상태에서 수행하는 것을 원칙으로 한다.

풀이 ㉰ 포집한 먼지 중 길이가 5μm 이상이고 길이와 폭의 비가 3 : 1 이상인 섬유를 석면섬유로 계수한다.

answer 68 ㉮ 69 ㉰ 70 ㉰ 71 ㉰ 72 ㉮

72 단색화장치를 사용하여 광원에서 나오는 빛 중 좁은 파장범위의 빛만을 선택한 뒤 액층에 통과시켰다. 입사광의 강도가 1이고, 투사광의 강도가 0.5일 때, 흡광도는? (단, Lambert-Beer 법칙 적용)

㉮ 0.3 ㉯ 0.5
㉰ 0.7 ㉱ 1.0

풀이
흡광도(A) = $\log \dfrac{1}{\dfrac{\text{투사광의 강도}(It)}{\text{입사광의 강도}(Io)}}$
= $\log \dfrac{Io}{It} = \log \dfrac{1}{0.5} = 0.30$

73 유류 중의 황 함유량을 측정하기 위한 분석방법에 해당하는 것은?

㉮ 광학기법
㉯ 열탈착식 광도법
㉰ 방사선식 여기법
㉱ 자외선/가시선 분광법

풀이 유류 중의 황 함유량을 측정하기 위한 분석방법에는 연소관식 공기법, 방사선식 여기법이 있다.

74 피토관으로 측정한 결과 덕트(duct) 내부가스의 동압이 13mmH$_2$O이고 유속이 20m/s이었다. 덕트의 밸브를 모두 열었을 때 동압이 26mmH$_2$O일 때, 덕트의 밸브를 모두 열었을 때의 가스 유속(m/s)은?

㉮ 23.2 ㉯ 25.0
㉰ 27.1 ㉱ 28.3

풀이
$V = C \times \sqrt{\dfrac{2gh}{r}}$ 에서 $V \propto \sqrt{h}$ 관계이므로
$20\,\text{m/sec} : \sqrt{13\,\text{mmH}_2\text{O}} = V : \sqrt{26\,\text{mmH}_2\text{O}}$
$\therefore V = \dfrac{20\,\text{m/sec} \times \sqrt{26\,\text{mmH}_2\text{O}}}{\sqrt{13\,\text{mmH}_2\text{O}}} = 28.28\,\text{m/sec}$

75 흡광차분광법에 관한 설명으로 옳지 않은 것은?

㉮ 광원부는 발·수광부 및 광케이블로 구성된다.
㉯ 광원으로 180nm~2,850nm 파장을 갖는 제논램프를 사용한다.
㉰ 일반 흡광광도법은 적분적이며 흡광차분광법은 미분적이라는 차이가 있다.
㉱ 분석장치는 분석기와 광원부로 나누어지며 분석기 내부는 분광기, 샘플 채취부, 검지부, 분석부, 통신부 등으로 구성된다.

풀이 ㉰ 일반 흡광광도법은 미분적(일시적)이며 흡광차분광법은 적분적(연속적)이라는 차이가 있다.

76 원자흡수분광광도법에 따라 분석할 때, 분석 오차를 유발하는 원인으로 가장 적합하지 않은 것은?

㉮ 검정곡선 작성의 잘못
㉯ 공존물질에 의한 간섭영향 제거
㉰ 광원부 및 파장선택부의 광학계 조정 불량
㉱ 가연성가스 및 조연성가스의 유량 또는 압력의 변동

풀이 원자흡수분광광도법으로 분석할 때, 분석 오차를 유발하는 원인으로는 ① 표준시료의 선택의 부적당 및 제조의 잘못, ② 분석시료의 처리방법과 희석의 부적당, ③ 표준시료와 분석시료의 조성이나 물리

answer 73 ㉰ 74 ㉱ 75 ㉰ 76 ㉯

적 화학적 성질의 차이, ④ 공존물질에 의한 간섭, ⑤ 광원램프의 드리프트 열화, ⑥ 광원부 및 파장선택부의 광학계의 조정 불량, ⑦ 분무기 또는 버너의 오염이나 폐색, ⑧ 가연성가스 및 조연성가스의 유량이나 압력의 변동, ⑨ 불꽃을 투과하는 광속의 위치의 조정 불량, ⑩ 계산의 잘못, ⑪ 검정곡선 작성의 잘못, ⑫ 측광부의 불안정 또는 조절불량이 있다.

77 어떤 사업장의 굴뚝에서 배출되는 오염물질의 농도가 600ppm이고 표준산소농도가 6%, 실측산소농도가 8%일 때, 보정된 오염물질의 농도(ppm)는?

㉮ 692.3 ㉯ 722.3
㉰ 832.3 ㉱ 862.3

풀이
$C = C_a \times \dfrac{21-O_s}{21-O_a} = 600\text{ppm} \times \dfrac{21-6\%}{21-8\%}$
$= 692.31\text{ppm}$

TIP
배출가스 유량 보정식 : $Q = Q_a \div \dfrac{21-O_s}{21-O_a}$

78 이온크로마토그래피법에 관한 일반적인 설명으로 옳지 않은 것은?

㉮ 검출기로 불꽃이온화검출기(FID)가 많이 사용된다.
㉯ 용리액조, 송액펌프, 시료주입장치, 분리관, 써프렛서, 검출기, 기록계로 구성되어 있다.
㉰ 강수(비, 눈, 우박 등), 대기 먼지, 하천수 중의 이온성분을 정성, 정량 분석하는 데 사용된다.
㉱ 용리액조는 이온성분이 용출되지 않는 재질로써 용리액을 직접 공기와 접촉시키지 않는 밀폐된 것을 선택한다.

풀이 ㉮ 검출기는 전기전도도검출기를 많이 사용한다.

79 굴뚝 연속 자동측정기기에 사용되는 연결관에 관한 설명으로 옳지 않은 것은?

㉮ 연결관은 가능한 짧은 것이 좋다.
㉯ 냉각연결관은 될 수 있는 한 수직으로 연결한다.
㉰ 기체-액체 분리관은 연결관의 부착위치 중 가장 높은 부분에 부착한다.
㉱ 응축수의 배출에 사용하는 펌프는 내구성이 좋아야 하고, 이 때 응축수 트랩은 사용하지 않아도 된다.

풀이 ㉰ 기체-액체 분리관은 도관(연결관)의 부착위치 중 가장 낮은 부분에 부착한다.

80 환경대기 시료채취방법 중 측정대상 기체와 선택적으로 흡수 또는 반응하는 용매에 시료가스를 일정 유량으로 통과시켜 채취하는 방법으로 채취관 – 여과재 – 채취부 – 흡입펌프– 유량계(가스미터)로 구성되는 것은?

㉮ 용기채취법 ㉯ 고체흡착법
㉰ 직접채취법 ㉱ 용매채취법

풀이 ㉱ 용매채취법에 대한 설명이다.

answer 77 ㉮ 78 ㉮ 79 ㉰ 80 ㉱

2022 1회 기출문제

| 제1과목 | 대기오염개론

01 지구온난화가 환경에 미치는 영향에 관한 설명으로 알맞은 것은?

㉮ 지구온난화에 의한 해면상승은 지역의 특수성에 관계없이 전 지구적으로 동일하게 발생한다.
㉯ 오존의 분해반응을 촉진시켜 대류권의 오존농도가 지속적으로 감소한다.
㉰ 기상조건의 변화는 대기오염 발생횟수와 오염농도에 영향을 준다.
㉱ 기온상승과 이에 따른 토양의 건조화는 남방계 생물의 성장에는 영향을 주지만 북방계생물의 성장에는 영향을 주지 않는다.

풀이
㉮ 지구온난화에 의한 해면상승은 지역의 특수성에 의해서 전 지구적으로 서로 다르게 발생한다.
㉯ 오존의 생성을 촉진시켜 대류권의 오존농도가 지속적으로 증가한다.
㉱ 기온상승과 이에 따른 토양의 건조화는 남방계 및 북방계 생물의 성장에 영향을 준다.

02 다음 중 PAN의 구조식으로 알맞은 것은?

㉮ $C_6H_5 - \overset{O}{\underset{\|}{C}} - O - O - NO_2$

㉯ $CH_3 - \overset{O}{\underset{\|}{C}} - O - O - NO_2$

㉰ $C_2H_5 - \overset{O}{\underset{\|}{C}} - O - O - NO_2$

㉱ $C_4H_8 - \overset{O}{\underset{\|}{C}} - O - O - NO_2$

풀이
㉮ PBzN(Peroxy Benzonyl Nitrate)
㉯ PAN(Peroxy Acetyl Nitrate)
㉰ PPN(Peroxy Propionyl Nitrate)

03 실내공기오염 물질 중 라돈에 관한 설명으로 틀린 것은?

㉮ 무취의 기체로 액화 시 푸른색을 띤다.
㉯ 화학적으로 거의 반응을 일으키지 않는다.
㉰ 일반적으로 인체에 폐암을 유발하는 것으로 알려져 있다.
㉱ 라듐의 핵분열 시 생성되는 물질로 반감기는 3.8일 정도이다.

풀이 ㉮ 무색, 무취의 기체로 액화되어도 색을 띠지 않는다.

answer 01 ㉰ 02 ㉯ 03 ㉮

04 고도가 증가함에 따라 온위가 변하지 않고 일정할 때, 대기는 어떤 상태인가?

㉮ 안정   ㉯ 중립
㉰ 역전   ㉱ 불안정

풀이
① 고도가 증가함에 따라 온위가 변하지 않고 일정한 대기는 중립상태이다.
② 고도가 증가함에 따라 온위가 증가하는 대기는 안정(역전)상태이다.
③ 고도가 증가함에 따라 온위가 감소하는 대기는 불안정(과단열)상태이다.

05 흑체의 표면온도가 1,500K에서 1,800K로 증가했을 경우, 흑체에서 방출되는 에너지는 몇 배가 되는가? (단, 슈테판 볼츠만 법칙 기준)

㉮ 1.2배   ㉯ 1.4배
㉰ 2.1배   ㉱ 3.2배

풀이 $E = \sigma T^4$ 에서 $E = T^4$ 이므로
$$E = \frac{(1,800\,K)^4}{(1,500\,K)^4} = 2.07배$$

06 Thermal NOx에 관한 내용으로 틀린 것은? (단, 평형 상태 기준)

㉮ 연소 시 발생하는 질소산화물의 대부분은 NO와 NO_2이다.
㉯ 산소와 질소가 결합하여 NO가 생성되는 반응은 흡열반응이다.
㉰ 연소온도가 증가함에 따라 NO 생성량이 감소한다.
㉱ 발생원 근처에서는 NO/NO_2의 비가 크지만 발생원으로부터 멀어지면서 그 비가 감소한다.

풀이 ㉰ 연소온도가 증가함에 따라 NO 생성량은 증가한다.

07 연기의 형태에 관한 설명으로 틀린 것은?

㉮ 지붕형 : 상층이 안정하고 하층이 불안정한 대기상태가 유지될 때 발생한다.
㉯ 환상형 : 대기가 불안정하여 난류가 심할 때 잘 발생한다.
㉰ 원추형 : 오염의 단면분포가 전형적인 가우시안 분포를 이루며 대기가 중립 조건일 때 잘 발생한다.
㉱ 부채형 : 하늘이 맑고 바람이 약한 안정한 상태일 때 잘 발생하며 상·하 확산폭이 적어 굴뚝부근 지표의 오염도가 낮은 편이다.

풀이 ㉮ 지붕형(Lofting형) : 상층이 불안정하고 하층이 안정한 대기상태가 유지될 때 발생한다.

08 대기오염 모델 중 수용모델에 관한 설명으로 틀린 것은?

㉮ 오염물질의 농도 예측을 위해 오염원의 조업 및 운영상태에 대한 정보가 필요하다.
㉯ 새로운 오염원, 불확실한 오염원과 불법 배출오염원을 정량적으로 확인 평가할 수 있다.
㉰ 오염물질의 분석방법에 따라 현미경 분석법과 화학분석법으로 구분할 수 있다.
㉱ 측정자료를 입력자료로 사용하므로 시나리오 작성이 곤란하다.

풀이 ㉮ 오염물질의 농도 예측을 위해 오염원의 조업

answer 04 ㉯ 05 ㉰ 06 ㉰ 07 ㉮ 08 ㉮

및 운영상태에 대한 정보 없이도 사용이 가능하다.

09 Fick의 확산방정식의 기본 가정으로 틀린 것은?

㉮ 시간에 따른 농도변화가 없는 정상상태이다.
㉯ 풍속이 높이에 반비례한다.
㉰ 오염물질이 점원에서 계속적으로 방출된다.
㉱ 바람에 의한 오염물질의 주 이동 방향이 x축이다.

풀이 ㉯ 풍속은 X, Y, Z 좌표시스템 내의 어느 점에서든 일정하다.

10 다음 악취물질 중 최소감지 농도(ppm)가 가장 낮은 것은?

㉮ 암모니아   ㉯ 황화수소
㉰ 아세톤   ㉱ 톨루엔

풀이 보기중에서 최소감지 농도가 가장 낮은 것은 황화수소(H_2S)이다.

TIP
최소감지농도란 매우 엷은 농도의 냄새는 아무것도 느낄 수 없지만 이것을 서서히 진하게 하면 어떤 농도가 되고, 무엇인지 모르지만 냄새의 존재를 느끼는 농도로 나타내는 최소농도를 말한다.

11 대표적인 대기오염물질인 CO_2에 관한 설명으로 틀린 것은?

㉮ 대기 중의 CO_2 농도는 여름에 감소하고 겨울에 증가한다.
㉯ 대기 중의 CO_2 농도는 북반구가 남반구보다 높다.
㉰ 대기 중의 CO_2는 바다에 많은 양이 흡수되나 식물에게 흡수되는 양보다는 작다.
㉱ 대기 중의 CO_2 농도는 약 410ppm 정도이다.

풀이 ㉰ 대기 중의 CO_2는 식물에 의한 흡수량보다 바다에 많은 양이 흡수된다.

TIP
배출되는 CO_2의 50%는 대기내에 축적되고 나머지 50%는 바다에 대부분 흡수되고 일부는 식물에 흡수된다.

12 실내공기오염물질 중 석면의 위험성은 점점 커지고 있다. 다음에서 설명하는 석면의 분류에 해당하는 것은?

전 세계에서 생산되는 석면의 95% 정도에 해당하는 것으로 백석면이라고도 한다. 섬유다발의 형태로 가늘고 잘 휘어지며 이상적인 화학식은 $Mg_3(Si_2O_5)(OH)_4$이다.

㉮ Chrysotile   ㉯ Amosite
㉰ Saponite   ㉱ Crocidolite

풀이 ㉮ Chrysotile(크리소타일) : 백석면
㉯ Amosite(아모사이트) : 갈석면
㉰ Saponite(사포나이트) : 점토광물
㉱ Crocidolite(크로시드라이트) : 청석면

answer 09 ㉯ 10 ㉯ 11 ㉰ 12 ㉮

13 일산화탄소 436ppm에 노출되어 있는 노동자의 혈중 카르복시헤모글로빈(COHb) 농도가 10%가 되는데 걸리는 시간(h)은?

> 혈중 COHb 농도(%)
> $= \beta(1 - e^{-\sigma t}) \times C_{co}$
> (여기서, $\beta = 0.15\%/ppm$,
> $\sigma = 0.402\ h^{-1}$, C_{co}의 단위는 ppm)

㉮ 0.21　　㉯ 0.41
㉰ 0.61　　㉱ 0.81

풀이 혈중 COHb 농도(%) $= \beta(1 - e^{-\sigma t}) \times C_{co}$
$10\% = 0.15\%/ppm \times (1 - e^{-0.402/hr \times t}) \times 436\ ppm$
∴ $t = 0.41\ hr$

14 역전에 관한 설명으로 틀린 것은?

㉮ 침강역전은 고기압 기류가 상층에 장기간 체류하며 상층의 공기가 하강하여 발생하는 역전이다.
㉯ 침강역전이 장기간 지속될 경우 오염물질이 장기 축적될 수 있다.
㉰ 복사역전은 주로 지표 부근에서 발생하므로 대기오염에 많은 영향을 준다.
㉱ 복사역전은 주로 구름이 많은 날 일출 후, 겨울보다 여름에 잘 발생한다.

풀이 ㉱ 복사역전은 주로 밤에서 이른 새벽에 발생하며, 여름보다 겨울에 잘 발생한다.

15 납이 인체에 미치는 영향에 관한 설명으로 틀린 것은?

㉮ 일반적으로 납 중독증상은 Hunter-Russel 증후군으로 일컬어지고 있다.
㉯ 납 중독의 해독제로 Ca-EDTA, 페니실아민, DMSA 등을 사용한다.
㉰ 헤모글로빈의 기본요소인 포르피린 고리의 형성을 방해하여 빈혈을 유발한다.
㉱ 세포 내의 SH기와 결합하여 헴(heme) 합성에 관여하는 효소를 포함한 여러 효소작용을 방해한다.

풀이 ㉮ Hunter-Russel 증후군은 수은(Hg)에 의한 중독증상이다.

16 산성강우에 관한 내용 중 (　)안에 알맞은 것을 순서대로 나열한 것은?

> 일반적으로 산성강우는 pH(　) 이하의 강우를 말하며, 기준이 되는 이 값은 대기중의 (　)가 강우에 포화되어 있을 때의 산도이다.

㉮ 7.0, CO_2　　㉯ 7.0, NO_2
㉰ 5.6, CO_2　　㉱ 5.6, NO_2

TIP
산성비
① pH : 5.6 이하
② 정의 : 강우의 농도 = CO_2 농도
③ 원인물질 : H_2SO_4, HNO_3, HCl

answer 13 ㉯　14 ㉱　15 ㉮　16 ㉰

17 굴뚝의 반경이 1.5m, 실제 높이가 50m, 굴뚝 높이에서의 풍속이 180m/min일 때, 유효굴뚝높이를 24m 증가시키기 위한 배출가스의 속도(m/s)는 얼마인가?
(단, $\Delta H = 1.5 \times \dfrac{V_s}{u} \times D$ 여기서 ΔH : 연기상승높이, V_s : 배출가스의 속도, u : 굴뚝높이에서의 풍속, D : 굴뚝의 직경)

㉮ 5 ㉯ 16
㉰ 33 ㉱ 49

풀이
$\Delta H = 1.5 \times \dfrac{V_s}{u} \times D$

$24m = 1.5 \times \left(\dfrac{V_s}{180m/min \times 1min/60sec} \right) \times (1.5m \times 2)$

∴ $V_s = 16 m/sec$

18 지상 50m에서의 온도가 23℃, 지상 10m에서의 온도가 23.3℃일 때, 대기안정도는?

㉮ 미단열 ㉯ 과단열
㉰ 안정 ㉱ 중립

풀이 실측기온감율
$= \dfrac{\Delta T}{\Delta Z} = \dfrac{23℃ - 23.3℃}{50m - 10m}$
$= \dfrac{-0.0075℃}{1m} = \dfrac{-0.75℃}{100m}$ 이고

건조단열감율 $= \dfrac{-0.97℃}{100m}$ 이므로 두 개의 값을 비교하면 실측기온감율(r) < 건조단열감율(rd)이 되므로 대기안정도는 미단열조건(약한 안정 또는 약한 불안정)이다.

19 다음은 탄화수소가 관여하지 않을 때 이산화질소의 광화학반응을 도식화하여 나타낸 것이다. ㉠, ㉡에 알맞은 분자식은?

$NO_2 + hv \rightarrow (㉡) + O^*$
$O^* + O_2 + M \rightarrow (㉠) + M$
$(㉡) + (㉠) \rightarrow NO_2 + O_2$

㉮ ㉠ SO_3, ㉡ NO ㉯ ㉠ NO, ㉡ SO_3
㉰ ㉠ O_3, ㉡ NO ㉱ ㉠ NO, ㉡ O_3

20 황산화물(SOx)에 관한 설명으로 틀린 것은?

㉮ SO_2는 금속에 대한 부식성이 강하며 표백제로 사용되기도 한다.
㉯ 황 함유 광석이나 황 함유 화석연료의 연소에 의해 발생한다.
㉰ 일반적으로 대류권에서 광분해 되지 않는다.
㉱ 대기 중의 SO_2는 수분과 반응하여 SO_3로 산화된다.

풀이 ㉱ 대기 중의 SO_2는 산소와 반응하여 SO_3로 산화된다.

TIP
$S + O_2 \rightarrow SO_2 + 1/2 O_2 \rightarrow SO_3 + H_2O \rightarrow H_2SO_4$

answer 17 ㉯ 18 ㉮ 19 ㉰ 20 ㉱

| 제2과목 | 연소공학

21 탄소 : 79%, 수소 : 14%, 황 : 3.5%, 산소 : 2.2%, 수분 : 1.3%로 구성된 연료의 저발열량은? (단, Dulong 식 적용-)

㉮ 9,100kcal/kg   ㉯ 9,700kcal/kg
㉰ 10,400kcal/kg   ㉱ 11,200 kcal/kg

풀이 ① Dulong 식을 이용해 고위발열량(Hh)을 계산한다.
$$Hh = 8,100C + 34,000\left(H - \frac{O}{8}\right) + 2,500S \text{ (kcal/kg)}$$
$$= 8,100 \times 0.79 + 34,000 \times \left(0.14 - \frac{0.022}{8}\right)$$
$$+ 2,500 \times 0.035$$
$$= 11,153 \text{ kcal/kg}$$
② 저위발열량(Hl)을 계산한다.
$$Hl = Hh - 600(9H + W) \text{ (kcal/kg)}$$
$$= 11,153 \text{ kcal/kg} - 600 \times (9 \times 0.14 + 0.013)$$
$$= 10,389.2 \text{ kcal/kg}$$

TIP Dulong식은 고위발열량 구하는 공식임에 주의해야 한다.

22 액체연료의 일반적인 특징으로 틀린 것은?

㉮ 인화 및 역화의 위험이 크다.
㉯ 고체연료에 비해 점화, 소화 및 연소 조절이 어렵다.
㉰ 연소온도가 높아 국부적인 과열을 일으키기 쉽다.
㉱ 고체연료에 비해 단위 부피당 발열량이 크고 계량이 용이하다.

풀이 ㉯ 고체연료에 비해 점화, 소화 및 연소 조절이 용이하다.

23 연소공학에서 사용되는 무차원수 중 Nusselt number의 의미는?

㉮ 압력과 관성력의 비
㉯ 대류 열전달과 전도 열전달의 비
㉰ 관성력과 중력의 비
㉱ 열 확산계수와 질량 확산계수의 비

풀이 Nusselt number는 대류 열전달과 전도 열전달의 비를 의미한다.

24 다음 연료 중 $(CO_2)max(\%)$가 가장 큰 것은?

㉮ 고로 가스   ㉯ 코크스로 가스
㉰ 갈탄   ㉱ 역청탄

풀이 $CO_2 max(\%)$의 값
㉮ 고로 가스 : 24.0 ~ 25.0
㉯ 코크스로 가스 : 19.0 ~ 20.0
㉰ 갈탄 : 19.0 ~ 19.5
㉱ 역청탄 : 18.5 ~ 19.0

25 연소에 관한 설명으로 알맞은 것은?

㉮ 공연비는 공기와 연료의 질량비(또는 부피비)로 정의되며 예혼합연소에서 많이 사용된다.
㉯ 등가비가 1보다 큰 경우 NOx 발생량이 증가한다.
㉰ 등가비와 공기비는 비례관계에 있다.
㉱ 최대탄산가스율은 실제 습연소가스량과 최대탄산가스량의 비율이다.

풀이 ㉯ 등가비가 1보다 큰 경우 NOx 발생량이 감소한다.
㉰ 등가비와 공기비는 반비례관계에 있다.
㉱ 최대탄산가스율은 이론 건연소가스량과 최대탄산가스량의 비율이다.

answer   21 ㉰   22 ㉯   23 ㉯   24 ㉮   25 ㉮

26 프로판 : 부탄 = 1 : 1의 부피비로 구성된 LPG를 완전 연소시켰을 때 발생하는 건조 연소가스의 CO_2 농도가 13%이었다. 이 LPG $1m^3$를 완전 연소할 때, 생성되는 건조 연소가스량(m^3)은?

㉮ 12 ㉯ 19
㉰ 27 ㉱ 38

풀이 ① $C_3H_8 + 5O_2 \rightarrow 3CO_2 + 4H_2O$: 50%
$C_4H_{10} + 6.5O_2 \rightarrow 4CO_2 + 5H_2O$: 50%

② $CO_2 max(\%)$
$= \dfrac{CO_2량(Sm^3/Sm^3)}{건조 연소가스량(Sm^3/Sm^3)} \times 100$

$13\% = \dfrac{3 \times 0.5 + 4 \times 0.5}{건조 연소가스량} \times 100$

따라서 건조 연소가스량 $= 26.92 Sm^3/Sm^3$

27 공기의 산소 농도가 부피기준으로 20%일 때, 메탄의 질량기준 공연비는? (단, 공기의 분자량은 28.95g/mol)

㉮ 1 ㉯ 18
㉰ 38 ㉱ 40

풀이 $CH_4 + 2O_2 \rightarrow CO_2 + 2H_2O$

$AFR(kg/kg)$
$= \dfrac{부피공연비 \times 공기의 분자량(kg)}{연료의 분자량(kg)}$

$= \dfrac{2 \times \dfrac{1}{0.20} \times 28.95 kg}{16 kg} = 18.09$

TIP
① 공연비 $= AFR = \dfrac{공기량}{연료량}$

② $AFR(Sm^3/Sm^3) = \dfrac{산소갯수 \times 22.4 Sm^3 \times \dfrac{1}{0.21}}{연료갯수 \times 22.4 Sm^3}$

③ $AFR(kg/kg) = \dfrac{산소갯수 \times 32kg \times \dfrac{1}{0.232}}{연료갯수 \times 연료의 분자량(kg)}$

④ 체적(Sm^3) = 계수 × 22.4(Sm^3)
⑤ 질량(kg) = 계수 × 분자량(kg)

28 다음 탄화수소 중 탄화수소 $1m^3$를 완전 연소할 때 필요한 이론공기량이 $19m^3$인 것은?

㉮ C_2H_4 ㉯ C_2H_2
㉰ C_3H_8 ㉱ C_3H_4

풀이 이론공기량 $= \dfrac{이론산소량}{0.21}$ (Sm^3/Sm^3)

$19 Sm^3/Sm^3 = \dfrac{이론산소량}{0.21}$

따라서 이론산소량 $= 4 Sm^3/Sm^3$
정답은 완전연소반응식에서 산소의 갯수(이론산소량)가 4인 C_3H_4이다.

TIP
완전연소반응식
㉮ $C_2H_4 + 3O_2 \rightarrow 2CO_2 + 2H_2O$
㉯ $C_2H_2 + 2.5O_2 \rightarrow 2CO_2 + H_2O$
㉰ $C_3H_8 + 5O_2 \rightarrow 3CO_2 + 4H_2O$
㉱ $C_3H_4 + 4O_2 \rightarrow 3CO_2 + 2H_2O$

29 $A(g) \rightarrow$ 생성물 반응의 반감기가 0.693/k일 때, 이 반응은 몇 차 반응인가? (단, k는 반응속도상수)

㉮ 0차 반응 ㉯ 1차 반응
㉰ 2차 반응 ㉱ 3차 반응

풀이 ㉯ 1차반응에 대한 설명이다.

answer 26 ㉰ 27 ㉯ 28 ㉱ 29 ㉯

30 기체연료의 연소에 관한 설명으로 틀린 것은?

㉮ 예혼합연소에는 포트형과 버너형이 있다.
㉯ 확산연소는 화염이 길고 그을음이 발생하기 쉽다.
㉰ 예혼합연소는 화염온도가 높아 연소 부하가 큰 경우에 사용 가능하다.
㉱ 예혼합연소는 혼합기의 분출속도가 느릴 경우 역화의 위험이 있다.

▶ 풀이 ㉮ 확산연소에는 포트형과 버너형이 있다.

31 매연 발생에 관한 일반적인 내용으로 틀린 것은?

㉮ -C-C-(사슬모양)의 탄소결합을 절단하기 쉬운 쪽이 탈수소가 쉬운 쪽보다 매연이 잘 발생한다.
㉯ 연료의 C/H 비가 클수록 매연이 잘 발생한다.
㉰ LPG를 연소할 때 보다 코크스를 연소할 때 매연의 발생빈도가 더 높다.
㉱ 산화하기 쉬운 탄화수소는 매연 발생이 적다.

▶ 풀이 ㉮ -C-C-(사슬모양)의 탄소결합을 절단하기 보다는 탈수소가 쉬운 쪽이 매연이 잘 발생한다.

32 고체연료의 일반적인 특징으로 틀린 것은?

㉮ 연소 시 많은 공기가 필요하므로 연소 장치가 대형화된다.
㉯ 석탄을 이탄, 갈탄, 역청탄, 무연탄, 흑연으로 분류할 때 무연탄의 탄화도가 가장 작다.
㉰ 고체연료는 액체연료에 비해 수소 함유량이 작다.
㉱ 고체연료는 액체연료에 비해 산소 함유량이 크다.

▶ 풀이 ㉯ 석탄을 이탄, 갈탄, 역청탄, 무연탄, 흑연으로 분류할 때 무연탄의 탄화도가 가장 크다.

33 메탄 : 50%, 에탄 : 30%, 프로판 : 20%으로 구성된 혼합가스의 폭발범위는?
(단, 메탄의 폭발범위는 5 ~ 15%, 에탄의 폭발범위는 3 ~ 12.5%, 프로판의 폭발범위는 2.1 ~ 9.5%, 르샤틀리에의 식 적용)

㉮ 1.2 ~ 8.6%   ㉯ 1.9 ~ 9.6%
㉰ 2.5 ~ 10.8%   ㉱ 3.4 ~ 12.8%

▶ 풀이 르샤틀리에 공식
$$\frac{100}{L} = \frac{V_1}{L_1} + \frac{V_2}{L_2} + \frac{V_3}{L_3}$$
여기서 L : 폭발범위, V : 조성비
① 하한값 : $\frac{100}{L} = \frac{50\%}{5\%} + \frac{30\%}{3\%} + \frac{20\%}{2.1\%}$
∴ L = 3.39%
② 상한값 : $\frac{100}{L} = \frac{50\%}{15\%} + \frac{30\%}{12.5\%} + \frac{20\%}{9.5\%}$
∴ L = 12.76%
③ 혼합가스의 폭발범위는 3.39% ~ 12.76% 이다.

34 다음 기체연료 중 고발열량(kcal/Sm³)이 가장 낮은 것은?

㉮ 메탄   ㉯ 에탄
㉰ 프로판   ㉱ 에틸렌

▶ 풀이 기체연료 중 1 Sm³당 발열량이 가장 작은 물질은 탄소수와 수소수가 가장 작은 물질이므로 ㉮ 메탄(CH_4)이 정답이 된다.

---

answer   30 ㉮   31 ㉮   32 ㉯   33 ㉱   34 ㉮

> **TIP**
> 명칭과 화학식
> ㉮ 메탄(CH_4)   ㉯ 에탄(C_2H_6)
> ㉰ 프로판(C_3H_8)   ㉱ 에틸렌(C_2H_4)

35 S성분을 2wt% 함유한 중유를 1시간에 10ton씩 연소시켜 발생하는 배출가스 중의 SO_2를 $CaCO_3$를 사용하여 탈황할 때, 이론적으로 소요되는 $CaCO_3$의 양(kg/h)은? (단, 중유중의 S성분은 전량 SO_2로 산화됨, 탈황율은 95%)

㉮ 594   ㉯ 625
㉰ 694   ㉱ 725

[풀이] $S + O_2 \rightarrow SO_2 + CaCO_3 + 0.5O_2 \rightarrow CaSO_4 + CO_2$
32kg   :   100kg
$10 \times 10^3 kg/hr \times 0.02 \times 0.95$: X

$\therefore X = \dfrac{100kg \times 10 \times 10^3 kg/hr \times 0.02 \times 0.95}{32kg}$

$= 593.75 kg/hr$

36 2.0MPa, 370℃의 수증기를 1시간에 30ton씩 생성하는 보일러의 석탄 연소량이 5.5ton/h이다. 석탄의 발열량이 20.9MJ/kg, 발생수증기와 급수의 비엔탈피는 각각 3,183kJ/kg, 84kJ/kg일 때, 열효율은 얼마인가?

㉮ 65%   ㉯ 70%
㉰ 75%   ㉱ 80%

[풀이] 이 문제가 출제되는 경우에는 동일하게 출제되므로 정답만 기억하시면 됩니다.

37 연료를 2.0의 공기비로 완전 연소시킬 때, 배출가스 중의 산소농도(%)는? (단, 배출가스에는 일산화탄소가 포함되어 있지 않음)

㉮ 7.5   ㉯ 9.5
㉰ 10.5   ㉱ 12.5

[풀이] 공기비(m) $= \dfrac{21}{21 - O_2}$

$2.0 = \dfrac{21}{21 - O_2(\%)}$ 따라서 $O_2 = 10.5\%$

38 액체연료의 연소방식을 기화 연소방식과 분무화 연소방식으로 분류할 때 기화 연소방식으로 틀린 것은?

㉮ 심지식 연소   ㉯ 유동식 연소
㉰ 증발식 연소   ㉱ 포트식 연소

[풀이] ㉯ 유동식 연소는 분무화 연소방식에 해당한다.

39 어떤 2차 반응에서 반응물질의 10%가 반응하는데 250sec가 걸렸을 때, 반응물질의 90%가 반응하는데 걸리는 시간(sec)은? (단, 기타 조건은 동일)

㉮ 5,500   ㉯ 2,500
㉰ 20,300   ㉱ 28,300

[풀이] 2차 반응식 : $\dfrac{1}{C_o} - \dfrac{1}{C_t} = -k \times t$

여기서 C_o : 초기농도
C_t : t시간 후 농도
k : 상수
t : 시간

① $C_o = 100\% = 1$
$C_t = 100 - 10\% = 90\% = 0.9$

answer 35 ㉮   36 ㉱   37 ㉰   38 ㉯   39 ㉰

따라서 $\dfrac{1}{1} - \dfrac{1}{0.9} = -k \times 250\,\text{sec}$

∴ $k = 4.44 \times 10^{-4}/\text{sec}$

② $C_o = 100\% = 1$

$C_t = 100 - 90\% = 10\% = 0.1$

따라서 $\dfrac{1}{1} - \dfrac{1}{0.1} = (-4.44 \times 10^{-4}/\text{sec}) \times t$

∴ $t = 20{,}270.27\,\text{sec}$

40 연소에 관한 설명으로 틀린 것은?

㉮ $(CO_2)max$는 연료의 조성에 관계없이 일정하다.
㉯ $(CO_2)max$는 연소방식에 관계없이 일정하다.
㉰ 연소가스 분석을 통해 완전 연소, 불완전연소를 판정할 수 있다.
㉱ 실제 공기량은 연료의 조성, 공기비 등을 사용하여 구한다.

▶풀이 ㉮ $(CO_2)max$는 연료의 조성에 따라 정해지며, 연료에 따라 서로 다른 값을 가진다.

| 제3과목 | 대기오염방지기술

41 80%의 집진효율을 갖는 2개의 집진장치를 연결하여 먼지를 제거하고자 한다. 집진장치를 직렬 연결한 경우(A)와 병렬 연결한 경우(B)에 관한 내용으로 틀린 것은? (단, 두 집진장치의 처리가스량은 동일함.)

㉮ (A) 방식의 총 집진효율은 94%이다.
㉯ (A) 방식은 높은 처리효율을 얻기 위한 것이다.
㉰ (B) 방식은 처리 가스의 양이 많은 경우 사용된다.
㉱ (B)방식의 총 집진효율은 단일집진장치와 동일하게 80%이다.

▶풀이 ① A방식(직렬)의 총집진율(%)
$= 1 - (1 - 0.80)^2 = 0.96$ 따라서 96%
② B방식(병렬)의 총집진율(%)
$= \dfrac{80\% + 80\%}{2} = 80\%$

42 중력집진장치에 관한 설명으로 틀린 것은?

㉮ 배출가스의 점도가 높을수록 집진효율이 증가한다.
㉯ 침강실 내의 처리가스 속도가 느릴수록 미립자를 포집할 수 있다.
㉰ 침강실의 높이가 낮고 길이가 길수록 집진효율이 높아진다.
㉱ 배출가스 중의 입자상 물질을 중력에 의해, 자연 침강히도록 허여 배출가스로부터 입자상 물질을 분리·포집한다.

▶풀이 ㉮ 배출가스의 점도가 높을수록 집진효율이 감소한다.

43 여과집진장치의 특징으로 틀린 것은?

㉮ 수분이나 여과속도에 대한 적응성이 높다.
㉯ 폭발성, 점착성 및 흡습성 먼지의 제거가 어렵다.
㉰ 다양한 여과재의 사용으로 설계 시 융통성이 있다.
㉱ 여과재의 교환이 필요해 중력집진장치에 비해 유지비가 많이 든다.

answer   40 ㉮   41 ㉮   42 ㉮   43 ㉮

풀이 ㉮ 수분이나 여과속도에 대한 적응성이 낮다.

44
동일한 밀도를 가진 먼지 입자 A, B가 있다. 먼지입자 B의 지름이 먼지입자 A 지름의 100배일 때, 먼지 입자 B의 질량은 먼지입자 A질량의 몇 배인가?

㉮ 100 ㉯ 10,000
㉰ 1,000,000 ㉱ 100,000,000

풀이 질량(kg) = 체적(m^3) × 밀도(kg/m^3)
$= \dfrac{\pi D^3}{6}(m^3) \times$ 밀도(kg/m^3)

따라서 질량 = D^3이므로
∴ 질량 = $(100배)^3 = 1,000,000$

45
공장 배출가스 중의 일산화탄소를 백금계 촉매를 사용하여 처리할 때, 촉매독으로 작용하는 물질에 해당하지 않는 것은?

㉮ Ni ㉯ Zn
㉰ As ㉱ S

풀이 촉매독으로 작용하는 물질은 아연(Zn), 비소(As), 황(S)이다.

46
전기집진장치에서 발생하는 각종 장애현상에 대한 대책으로 틀린 것은?

㉮ 재비산 현상이 발생할 때에는 처리가스의 속도를 낮춘다.
㉯ 부착된 먼지로 불꽃이 빈발하여 2차전류가 불규칙하게 흐를 때에는 먼지를 충분하게 탈리시킨다.
㉰ 먼지의 비저항이 비정상적으로 높아 2차전류가 현저히 떨어질 때에는 스파크횟수를 줄인다.
㉱ 역전리 현상이 발생할 때에는 집진극의 타격을 강하게 하거나 타격빈도를 늘린다.

풀이 ㉰ 먼지의 비저항이 비정상적으로 높아 2차 전류가 현저히 떨어질 때에는 스파크횟수를 늘린다.

47
배출가스 중의 NOx를 저감하는 방법으로 틀린 것은?

㉮ 2단연소 시킨다.
㉯ 배출가스를 재순환 시킨다.
㉰ 연소용 공기의 예열온도를 낮춘다.
㉱ 과잉 공기량을 많게 하여 연소시킨다.

풀이 ㉱ 과잉 공기량을 적게 하여 연소시킨다.

48
후드의 압력손실이 3.5mmH$_2$O, 동압이 1.5mmH$_2$O일 때, 유입계수는?

㉮ 0.234 ㉯ 0.315
㉰ 0.548 ㉱ 0.734

풀이 $\Delta P = \dfrac{1 - Ce^2}{Ce^2} \times H(mmH_2O)$

여기서 ΔP : 압력손실(mmH$_2$O)
Ce : 유입계수
H : 동압(mmH$_2$O)

$3.5 mmH_2O = \dfrac{1 - Ce^2}{Ce^2} \times 1.5 mmH_2O$

따라서 Ce = 0.548

answer 44 ㉰ 45 ㉮ 46 ㉰ 47 ㉱ 48 ㉰

49 상온에서 유체가 내경이 50cm인 강관 속을 2m/s의 속도로 흐르고 있을 때, 유체의 질량유속(kg/sec)은 얼마인가? (단, 유체의 밀도는 $1g/cm^3$)

㉮ 452.9　　㉯ 415.3
㉰ 392.7　　㉱ 329.6

풀이 질량유속(m/sec)
= 단면적(m^2) × 속도(m/sec) × 유체의 밀도(kg/m^3)
= $\dfrac{\pi \times (0.5m)^2}{4} \times 2m/sec \times 1,000 kg/m^3$
= 392.7 kg/sec

TIP
① 단면적(A) = $\dfrac{\pi \times D^2}{4}$ (m^2)
② $g/cm^3 \xrightarrow{\times 10^3} kg/m^3$

50 원심력집진장치(cyclone)의 집진효율에 관한 내용으로 틀린 것은?

㉮ 유입속도가 빠를수록 집진효율이 증가한다.
㉯ 원통의 직경이 클수록 집진효율이 증가한다.
㉰ 입자의 직경과 밀도가 클수록 집진효율이 증가한다.
㉱ Blow-down 효과를 적용했을 때 집진효율이 증가한다.

풀이 ㉯ 원통의 직경이 클수록 집진효율이 감소한다.

51 액측 저항이 지배적으로 클 때 사용이 유리한 흡수장치는?

㉮ 충전탑　　㉯ 분무탑
㉰ 벤츄리스크러버　㉱ 다공판탑

풀이 ① 액측 저항이 지배적일 때 유리한 기체분산형 흡수장치에는 다공판탑, 종탑, 기포탑 등이 있다.
② 가스측 저항이 지배적일 때 유리한 액분산형 흡수장치에는 충전탑, 분무탑, 벤츄리스크러버 등이 있다.

52 충전탑 내의 충전물이 갖추어야 할 조건으로 틀린 것은?

㉮ 공극률이 클 것
㉯ 충전밀도가 작을 것
㉰ 압력손실이 작을 것
㉱ 비표면적이 클 것

풀이 ㉯ 충전밀도가 클 것

53 여과집진장치의 여과포 탈진방법으로 틀린 것은?

㉮ 진동형
㉯ 역기류형
㉰ 충격제트기류 분사형(pulse jet)
㉱ 승온형

풀이 여과포 탈진방법에는 진동형(간헐식), 역기류형(역제트기류 분사형)(연속식), 충격제트기류 분사형(연속식)이 있다.

54 Scale 방지 대책(습식석회석법)으로 틀린 것은?

㉮ 순환액의 pH 변동을 크게 한다.
㉯ 탑 내에 내장물을 가능한 설치하지 않는다.

answer 49 ㉰　50 ㉯　51 ㉱　52 ㉯　53 ㉱　54 ㉮

㉰ 흡수액량을 증가시켜 탑 내 결착을 방지한다.
㉱ 흡수탑 순환액에 산화탑에서 생성된 석고를 반송하고 슬러리의 석고농도를 5% 이상으로 유지하여 석고의 결정화를 촉진한다.

풀이 ㉮ 순환액의 pH 변동을 적게 한다.

55 대기오염물질의 입경을 현미경법으로 측정할 때, 입자의 투영면적을 2등분하는 선의 길이로 나타내는 입경은?

㉮ Feret경   ㉯ 장축경
㉰ Heyhood경   ㉱ Martin경

풀이 입자의 투영면적을 2등분하는 선의 길이로 나타내는 입경은 Martin경이다.

56 유입구 폭이 20cm, 유효회전수가 8인 원심력 집진장치(cyclone)를 사용하여 다음 조건의 배출가스를 처리할 때, 절단입경(μm)은 얼마인가?

- 배출가스의 유입 속도 : 30 m/s
- 배출가스의 점도 : 2×10^{-5} kg/m·s
- 배출가스의 밀도 : 1.2 kg/m³
- 먼지입자의 밀도 : 2.0 g/cm³

㉮ 2.78   ㉯ 3.46
㉰ 4.58   ㉱ 5.32

풀이 $d_{p50} = \sqrt{\dfrac{9\mu B}{2\pi V(\rho_s - \rho)N}} \times 10^6 (\mu m)$

$= \sqrt{\dfrac{9 \times 2 \times 10^{-5} kg/m \cdot sec \times 0.2m}{2 \times \pi \times 30 m/sec \times (2,000-1.2)kg/m^3 \times 8회}}$
$\times 10^6 = 3.46 \mu m$

57 직경이 30cm, 높이가 10m인 원통형 여과 집진장치를 사용하여 배출가스를 처리하고자 한다. 배출가스의 유량이 750m³/min, 여과속도가 3.5cm/s일 때, 필요한 여과포의 개수는?

㉮ 32개   ㉯ 38개
㉰ 45개   ㉱ 50개

풀이 $Q = \pi \cdot D \cdot L \cdot V_f \cdot n$

$\therefore n = \dfrac{Q}{\pi \cdot D \cdot L \cdot V_f}$

$= \dfrac{750 m^3/min \times \dfrac{1 min}{60 sec}}{\pi \times 0.3m \times 10m \times 0.035 m/sec}$

$= 37.89 ≒ 38개$

58 세정집진장치에 관한 설명으로 틀린 것은?

㉮ 분무탑은 침전물이 발생하는 경우에 사용이 적합하다.
㉯ 벤츄리스크러버는 점착성, 조해성 먼지의 제거에 효과적이다.
㉰ 제트스크러버는 처리 가스량이 많은 경우에 사용이 적합하다.
㉱ 충전탑은 온도 변화가 크고 희석열이 큰 곳에는 사용이 적합하지 않다.

풀이 ㉰ 제트스크러버는 처리 가스량이 많은 경우에 사용이 부적합하다.

59 공기의 평균분자량이 28.85일 때, 공기 100Sm³의 무게(kg)는 얼마인가?

㉮ 126.8   ㉯ 127.8
㉰ 128.8   ㉱ 129.8

answer 55 ㉱ 56 ㉯ 57 ㉯ 58 ㉰ 59 ㉰

풀이 $100\,Sm^3 \times \dfrac{28.85\,kg}{22.4\,Sm^3} = 128.79\,kg$

TIP 공기 1kmol $\begin{cases} 28.85\,kg \\ 22.4\,Sm^3 \end{cases}$

60 점성계수가 $1.8 \times 10^{-5}\,kg/m \cdot s$이고 밀도가 $1.3\,kg/m^3$인 공기를 안지름이 100mm인 원형파이프를 사용하여 수송할 때, 층류가 유지될 수 있는 최대 공기유속(m/sec)은 얼마인가?

㉮ 0.1 ㉯ 0.3
㉰ 0.6 ㉱ 0.9

풀이 레이놀즈 수
$= \dfrac{직경(m) \times 속도(mm/s) \times 밀도(kg/m^3)}{점성계수(kg/m \cdot sec)}$

$2,100 = \dfrac{0.1\,m \times V \times 1.3\,kg/m^3}{1.8 \times 10^{-5}\,kg/m \cdot sec}$

따라서 V = 0.29 m/sec

TIP 레이놀즈 수(Re)
① 층류 : Re < 2,100
② 난류 : Re > 4,000
③ 천이구역 : 2,100 < Re < 4,000

| 제4과목 | 대기오염공정시험기준

61 배출가스 중의 수분량을 별도의 흡습관을 이용하여 분석하고자 한다. 측정조건과 측정결과가 다음과 같을 때, 배출가스 중 수증기의 부피 백분율(%)은 얼마인가? (단, 0℃, 1atm 기준)

- 흡입한 건조 가스량 (건식가스미터에서 읽은 값) : 20L
- 측정 전 흡습관의 질량 : 96.16g
- 측정 후 흡습관의 질량 : 97.69g

㉮ 6.4 ㉯ 7.1
㉰ 8.7 ㉱ 9.5

풀이 $X_w(\%) = \dfrac{1.244\,ma}{V_s(L) + 1.244\,ma} \times 100$

$= \dfrac{1.244 \times (97.69 - 96.16)\,g}{20L + 1.244 \times (97.69 - 96.16)\,g} \times 100$

$= 8.69\%$

TIP 흡습관법 이용시 습가스량을 기준으로 농도를 계산한다.

62 원자흡수분광광도법의 원자흡광분석장치구성에 해당하지 않는 것은?

㉮ 분리관 ㉯ 광원부
㉰ 분광기 ㉱ 시료원자화부

풀이 ㉮ 분리관은 크로마토그래피의 장치에 해당한다.

answer 60 ㉯ 61 ㉰ 62 ㉮

63 대기오염공정시험기준 총칙 상의 내용으로 틀린 것은?

㉮ 액의 농도를 (1 → 2)로 표시한 것은 용질 1g 또는 1mL를 용매에 녹여 전량을 2mL로 하는 비율을 뜻한다.
㉯ 황산 (1 : 2)라 표시한 것은 황산 1용량에 정제수 2용량을 혼합한 것이다.
㉰ 시험에 사용하는 표준품은 원칙적으로 특급시약을 사용한다.
㉱ 방울수라 함은 4℃에서 정제수 20방울을 떨어뜨릴 때 부피가 약 1mL 되는 것을 뜻한다.

▶풀이 ㉱ 방울수라 함은 20℃에서 정제수 20방울을 떨어뜨릴 때 부피가 약 1mL 되는 것을 뜻한다.

64 이온크로마토그래피에 관한 설명으로 틀린 것은?

㉮ 분리관의 재질로 스테인리스관이 널리 사용되며 에폭시수지관 또는 유리관은 사용할 수 없다.
㉯ 일반적으로 용리액조로 폴리에틸렌이나 경질 유리제를 사용한다.
㉰ 송액펌프는 맥동이 적은 것을 사용한다.
㉱ 검출기는 일반적으로 전도도 검출기를 많이 사용하고 그 외 자외선/가시선 흡수검출기, 전기화학적 검출기 등이 사용된다.

▶풀이 ㉮ 분리관의 재질로 에폭시수지관 또는 유리관이 널리 사용되며 스테인리스관은 사용되지만 금속이온용으로는 좋지 않다.

65 굴뚝 배출가스 중의 이산화황을 연속적으로 자동 측정할 때 사용하는 용어 정의로 틀린 것은?

㉮ 검출한계 : 제로드리프트의 2배에 해당하는 지시치가 갖는 이산화황의 농도를 말한다.
㉯ 제로드리프트 : 연속자동측정기가 정상적으로 가동되는 조건하에서 제로가스를 일정시간 흘려준 후 발생한 출력신호가 변화한 정도를 말한다.
㉰ 경로(path) 측정시스템 : 굴뚝 또는 덕트 단면직경의 5% 이하의 경로를 따라 오염물질 농도를 측정하는 배출가스 연속자동측정시스템을 말한다.
㉱ 제로가스 : 정제된 공기나 순수한 질소를 말한다.

▶풀이 ㉰ 경로(path) 측정시스템 : 굴뚝 또는 덕트 단면 직경의 10% 이상의 경로를 따라 오염물질 농도를 측정하는 배출가스 연속자동측정시스템을 말한다.

66 기체크로마토그래피의 정성분석에 대한 내용으로 틀린 것은?

㉮ 동일 조건에서 특정한 미지성분의 머무름값과 예측되는 물질의 봉우리의 머무름 값을 비교해야 한다.
㉯ 머무름 값의 표시는 무효부피(dead volume)의 보정유무를 기록해야 한다.
㉰ 일반적으로 5 ~ 30분 정도에서 측정하는 봉우리의 머무름시간은 반복시험을 할 때 ±10% 오차범위 이내이어야 한다.
㉱ 머무름 시간을 측정할 때는 3회 측정하여 그 평균치를 구한다.

answer 63 ㉱ 64 ㉮ 65 ㉰ 66 ㉰

㉰ 일반적으로 5 ~ 30분 정도에서 측정하는 봉우리의 머무름 시간은 반복시험을 할 때 ±3% 오차범위 이내이어야 한다.

67 특정 발생원에서 일정한 굴뚝을 거치지 않고 외부로 비산되는 먼지의 농도를 고용량 공기시료채취법으로 분석하고자 한다. 측정 조건과 결과가 다음과 같을 때 비산먼지의 농도($\mu g/m^3$)는 얼마인가?

- 채취시간 : 24시간
- 채취개시 직후의 유량 : 1.8m³/min
- 채취종료 직전의 유량 : 1.2m³/min
- 채취 후 여과지의 질량 : 3.828g
- 채취 전 여과지의 질량 : 3.419g
- 대조위치에서의 먼지농도 : 0.15$\mu g/m^3$
- 전 시료채취 기간 중 주 풍향이 90° 이상 변함
- 풍속이 0.5m/s 미만 또는 10 m/s 이상 되는 시간이 전 채취시간의 50% 미만임.

㉮ 185.76 ㉯ 283.80
㉰ 294.81 ㉱ 372.70

풀이 ① 흡인공기량(m^3)
$$= \frac{(1.8+1.2)\,m^3/min}{2} \times 24hr \times 60$$
$$= 2,160\,m^3$$
② 먼지농도(mg/m^3)
$$= \frac{(3.828\,g - 3.419\,g) \times 10^6\,\mu g/g}{2,160\,m^3}$$
$$= 189.35\,\mu g/m^3$$
③ $C = (C_H - C_B) \times W_D \times W_S$
여기서
C_H : 포집먼지량이 가장 많은 위치에서의 먼지 농도($\mu g/m^3$)
C_B : 대조위치에서의 먼지농도($\mu g/m^3$)

W_D, W_S : 풍향, 풍속 측정 결과로부터 구한 보정계수
따라서
$C = (189.35 - 0.15)\,mg/m^3 \times 1.5 \times 1.0$
$= 283.8\,\mu g/m^3$

TIP
(1) 풍향에 대한 보정계수
 ① 주풍향이 90° 이상 : 1.5
 ② 주풍향이 45° ~ 90° : 1.2
 ③ 주풍향이 45° 미만 : 1.0
(2) 풍속에 대한 보정계수
 ① 전 채취시간의 50% 이상 : 1.2
 ② 전 채취시간의 50% 미만 : 1.0

68 굴뚝 배출가스 중의 질소산화물을 분석하기 위한 시험방법은?

㉮ 아르세나조 Ⅲ법
㉯ 비분산적외선분광분석법
㉰ 4-피리딘카복실산-피라졸론법
㉱ 아연환원나프틸에틸렌다이아민법

풀이 질소산화물의 시험방법은 아연환원나프틸에틸렌다이아민법과 자동측정법이다.

69 환경대기 중의 탄화수소 농도를 측정하기 위한 주 시험방법은?

㉮ 총탄화수소 측정법
㉯ 비메탄 탄화수소 측정법
㉰ 활성 탄화수소 측정법
㉱ 비활성 탄화수소 측정법

풀이 탄화수소의 시험방법에는 총탄화수소 측정법, 비메탄 탄화수소 측정법, 활성 탄화수소 측정법이 있으며, 주시험방법은 비메탄 탄화수소 측정법이다.

answer 67 ㉯ 68 ㉱ 69 ㉯

70 대기오염공정시험 기준상의 용어의 정의로 틀린 것은?

㉮ "밀폐용기"라 함은 물질을 취급 또는 보관하는 동안에 이물이 들어가거나 내용물이 손실되지 않도록 보호하는 용기를 뜻한다.

㉯ "감압 또는 진공"이라 함은 따로 규정이 없는 한 15mmHg 이하를 뜻한다.

㉰ "항량이 될 때까지 건조한다"라 함은 따로 규정이 없는 한 보통의 건조방법으로 1시간 더 건조 또는 강열할 때 전후 무게의 차가 매 g당 0.3mg 이하일 때를 뜻한다.

㉱ "정량적으로 씻는다"라 함은 어떤 조작에서 다음 조작으로 넘어갈 때 사용한 비커, 플라스크 등의 용기 및 여과막 등에 부착한 정량대상 성분을 증류수로 깨끗이 씻어 그 세액을 합하는 것을 뜻한다.

> **풀이** ㉱ "정량적으로 씻는다"라 함은 어떤 조작에서 다음 조작으로 넘어갈 때 사용한 비커, 플라스크 등의 용기 및 여과막 등에 부착한 정량대상 성분을 사용한 용매로 깨끗이 씻어 그 세액을 합하고 먼저 사용한 같은 용매를 채워 일정용량으로 하는 것을 뜻한다.

71 원자흡수분광광도법의 분석원리로 알맞은 것은?

㉮ 시료를 해리 및 증기화시켜 생긴 기저상태의 원자가 이 원자증기층을 투과하는 특유 파장의 빛을 흡수하는 현상을 이용하여 시료 중의 원소농도를 정량한다.

㉯ 기체시료를 운반가스에 의해 관내에 전개시켜 각 성분을 분석한다.

㉰ 선택성 검출기를 이용하여 시료 중의 특정 성분에 의한 적외선 흡수량 변화를 측정하여 그 성분의 농도를 구한다.

㉱ 발광부와 수광부 사이에 형성되는 빛의 이동경로를 통과하는 가스를 실시간으로 분석한다.

> **풀이** ㉯ 기체크로마토그래피법
> ㉰ 비분산적외선분광분석법
> ㉱ 흡광차분광법

72 굴뚝연속자동측정기기의 설치방법으로 틀린 것은?

㉮ 응축된 수증기가 존재하지 않는 곳에 설치한다.

㉯ 먼지와 가스상 물질을 모두 측정하는 경우 측정위치는 먼지를 따른다.

㉰ 수직굴뚝에서 가스상 물질의 측정위치는 굴뚝 하부 끝에서 위를 향하여 굴뚝내경의 1/2배 이상이 되는 지점으로 한다.

㉱ 수평굴뚝에서 가스상 물질의 측정위치는 외부 공기가 새어들지 않고 요철이 없는 곳으로 굴뚝의 방향이 바뀌는 지점으로부터 굴뚝내경의 2배 이상 떨어진 곳을 선정한다.

> **풀이** ㉰ 수직굴뚝에서 가스상 물질의 측정위치는 굴뚝 하부 끝에서 위를 향하여 굴뚝내경의 8배 이상이 되고, 굴뚝 상부 끝에서 아래를 향하여 굴뚝내경의 2배 이상이 되는 지점으로 한다.

answer 70 ㉱ 71 ㉮ 72 ㉰

73 다음 중 2,4-다이나이트로페닐하이드라진(DNPH)과 반응하여 생성된 하이드라존 유도체를 액체크로마토그래피로 분석하여 정량하는 물질은 어느 것인가?

㉮ 아민류 ㉯ 알데하이드류
㉰ 벤젠   ㉱ 다이옥신류

> 풀이 ㉯ 알데하이드류의 고성능 액체크로마토그래피법에 대한 설명이다.

74 배출가스 중의 염소를 오르토톨리딘법으로 분석할 때 분석에 영향을 미치지 않는 물질은 어느 것인가?

㉮ 오존   ㉯ 이산화질소
㉰ 황화수소 ㉱ 암모니아

> 풀이 방해성분(간섭물질)으로는 산화성 가스(브로민, 아이오딘, 오존, 이산화질소, 이산화염소)와 환원성 가스(황화수소, 이산화황)이 있다.

75 피토관을 사용하여 굴뚝 배출가스의 평균유속을 측정하고자 한다. 측정 조건과 결과가 다음과 같을 때, 배출가스의 평균 유속(m/s)은 얼마인가?

- 동압 : 13mmH$_2$O
- 피토관계수 : 0.85
- 배출가스의 밀도 : 1.2kg/Sm^3

㉮ 10.6   ㉯ 12.4
㉰ 14.8   ㉱ 17.8

> 풀이 $V = C \times \sqrt{\dfrac{2gh}{r}}$
> 여기서 V : 유속(m/sec)
> C : 피토관계수
> g : 중력가속도(9.8m/sec^2)
> h : 동압(mmH$_2$O)
> r : 밀도(kg/m^3)
> 따라서
> $V = 0.85 \times \sqrt{\dfrac{2 \times 9.8\text{m/sec}^2 \times 13\text{mmH}_2\text{O}}{1.2\text{kg/Sm}^3}}$
> $= 12.39\text{m/sec}$

76 위상차현미경법으로 환경대기 중의 석면을 분석할 때 계수대상물의 식별방법에 관한 내용으로 틀린 것은? (단, 적정한 분석능력을 가진 위상차현미경을 사용하는 경우)

㉮ 구부러져 있는 단섬유는 곡선에 따라 전체 길이를 재어서 판정한다.
㉯ 섬유가 헝클어져 정확한 수를 헤아리기 힘들 때에는 0개로 판정한다.
㉰ 길이가 7μm 이하인 단섬유는 0개로 판정한다.
㉱ 섬유가 그래티큘 시야의 경계선에 물린 경우 그래티큘 시야 안으로 한쪽 끝만 들어와 있는 섬유는 1/2개로 인정한다.

> 풀이 ㉰ 길이가 5μm 이상인 단섬유는 1개로 판정한다.

77 직경이 0.5m, 단면이 원형인 굴뚝에서 배출되는 먼지 시료를 채취할 때, 측정점수는?

㉮ 1   ㉯ 2
㉰ 3   ㉱ 4

> 풀이 직경이 0.5m이므로 반경구분수 1, 측정점수 4이다.

answer 73 ㉯ 74 ㉱ 75 ㉯ 76 ㉰ 77 ㉱

TIP

원형단면의 측정점

굴뚝직경(m)	반경구분수	측정점수
1 이하	1	4
1 초과 2 이하	2	8
2 초과 4 이하	3	12
4 초과 4.5 이하	4	16
4.5 초과	5	20

78 굴뚝 배출가스 중의 카드뮴화합물을 원자흡수분광광도법으로 분석하고자 한다. 채취한 시료에 유기물이 함유되지 않았을 때 분석용 시료 용액의 전처리 방법은?

㉮ 질산법
㉯ 과망간산칼륨법
㉰ 질산-과산화수소수법
㉱ 저온회화법

풀이 유기물을 함유하지 않은 경우 전처리 방법에는 질산법, 마이크로파 산분해법이 있다.

79 자외선/가시선 분광법에 사용되는 장치에 대한 설명으로 틀린 것은?

㉮ 시료부는 시료액을 넣은 흡수셀 1개와 셀홀더, 시료실로 구성되어 있다.
㉯ 자외부의 광원으로 주로 중수소 방전관을 사용한다.
㉰ 파장 선택을 위해 단색화장치 또는 필터를 사용한다.
㉱ 가시부와 근적외부의 광원으로 주로 텅스텐램프를 사용한다.

풀이 ㉮ 시료부는 시료액을 넣은 흡수셀과 대조액을 넣는 대조셀, 셀홀더, 시료실로 구성되어 있다.

80 환경대기 중의 벤조(a)피렌을 분석하기 위한 시험방법은?

㉮ 이온크로마토그래피법
㉯ 비분산적외선분광분석법
㉰ 흡광차분광법
㉱ 형광분광광도법

풀이 환경대기 중의 벤조(a)피렌을 분석하기 위한 시험방법은 기체크로마토그래피법(주시험방법)과 형광분광광도법이 있다.

answer 78 ㉮ 79 ㉮ 80 ㉱

2022 2회 기출문제

| 제1과목 | 대기오염개론

01 가우시안 확산모델에 관한 내용으로 틀린 것은?

㉮ 확산계수(σ_y, σ_z)를 구하기 위한 시료 채취시간을 10분 정도로 한다.
㉯ 고도에 따른 풍속 변화가 power law를 따른다고 가정한다.
㉰ 오염물질이 배출원에서 연속적으로 배출된다고 가정한다.
㉱ 경계조건을 달리 설정함으로써 오염원의 위치와 형태에 따른 오염물질의 농도를 예측할 수 있다.

▶ 풀이 ㉯ 고도에 따른 풍속변화가 sutton식을 따른다고 가정한다.

02 PAN에 관한 내용으로 틀린 것은?

㉮ 대기중의 광화학반응으로 생성된다.
㉯ PAN의 지표식물에는 강낭콩, 상추, 시금치 등이 있다.
㉰ 황산화물의 일종으로 가시광선을 흡수해 가시거리를 단축시킨다.
㉱ 사람의 눈에 통증을 일으키며 식물의 잎에 흑반병을 발생시킨다.

▶ 풀이 ㉰ 질소산화물의 일종으로 빛을 분산시켜 가시거리를 단축시킨다.

03 오존의 반응을 나타낸 다음 도식 중 ( )안에 알맞은 것은?

㉠ $CClF_3 \xrightarrow{h\nu} CFCl_2 + (\quad)$
　$(\quad) + O_3 \rightarrow ClO + O_2$
　$ClO + O\cdot \rightarrow (\quad) + O_2$

㉡ $CF_3Br \xrightarrow{h\nu} CF_3 + (\quad)$
　$(\quad) + O_3 \rightarrow BrO + O_2$
　$BrO + O\cdot \rightarrow (\quad) + O_2$

㉮ ㉠ : F·, ㉡ : C·
㉯ ㉠ : C·, ㉡ : F·
㉰ ㉠ : Cl·, ㉡ : Br·
㉱ ㉠ : F·, ㉡ : Br·

04 Stokes 직경의 정의로 옳은 것은?

㉮ 구형이 아닌 입자와 침강속도가 같고 밀도가 1g/cm³인 구형입자의 직경
㉯ 구형이 아닌 입자와 침강속도가 같고 밀도가 10g/cm³인 구형입자의 직경
㉰ 침강속도가 1cm/s이고 구형이 아닌 입자와 밀도가 같은 구형입자의 직경
㉱ 구형이 아닌 입자와 침강속도가 같고 밀도가 같은 구형입자의 직경

▶ 풀이 스토크스(Stokes) 직경은 구형이 아닌 입자와 침강속도가 같고 밀도가 같은 구형입자의 직경이다.

answer 01 ㉯ 02 ㉰ 03 ㉰ 04 ㉱

> **TIP**
> 공기역학적 직경이란 본래의 먼지와 침강속도가 동일하며, 밀도가 1g/cm³인 구형입자의 직경이다.

05 다음에서 설명하는 굴뚝에서 배출되는 연기의 모양은?

> - 대기가 중립조건일 때 나타난다.
> - 오염물질이 멀리 퍼져 나가고 지면 가까이에는 오염의 영향이 거의 없다.
> - 오염의 단면분포가 전형적인 가우시안 분포를 이룬다.

㉮ 환상형 ㉯ 원추형
㉰ 지붕형 ㉱ 부채형

▶ **풀이** ㉯ 원추형(Coning)형에 대한 설명이다.

06 공장에서 대량의 H₂S 가스가 누출되어 발생한 대기오염사건은?

㉮ 도노라사건 ㉯ 포자리카사건
㉰ 요코하마사건 ㉱ 보팔시사건

▶ **풀이** 누설사건
① 멕시코 포자리카사건 : 황화수소(H₂S)
② 인도 보팔시사건 : 메틸이소시아네이트(CH₃CNO)

07 20℃, 750mmHg에서 이산화황의 농도를 측정한 결과 0.02ppm이었다. 이를 mg/m³로 환산한 값은 얼마인가?

㉮ 0.008 ㉯ 0.013
㉰ 0.053 ㉱ 0.157

▶ **풀이**
$$mg/m^3 = \frac{0.02mL}{Sm^3} \times \frac{273}{273+20℃} \times \frac{750mmHg}{760mmHg} \times \frac{64mg}{22.4mL}$$
$$= 0.053 mg/m^3$$

> **TIP**
> ① ppm = mL/Sm³
> ② SO₂ 1mol $\begin{cases} 64mg \\ 22.4mL \end{cases}$
> ③ 표준상태의 체적 : Sm³ = Nm³

08 자동차 배출가스 저감기술에 관한 내용으로 틀린 것은?

㉮ 입자상물질 여과장치는 세라믹 필터나 금속필터를 사용하여 입자상 물질을 포집하는 장치이다.
㉯ 후처리 버너는 엔진의 배기계통에 장착하여 배출가스 중의 가연성분을 제거하는 장치이다.
㉰ 디젤 산화촉매는 자동차 배출가스 중의 HC, CO를 탄산가스와 물로 산화시켜 정화한다.
㉱ EBD는 촉매의 존재 하에 NOx와 선택적으로 반응할 수 있는 환원제를 주입하여 NOx를 N₂로 환원하는 장치이다.

▶ **풀이** ㉱번의 설명은 SCR(Selective Catalytic Reactor)에 대한 설명이다.

> **TIP**
> EBD(Electronic Brake force Distribution)는 자동차가 급정차시 전방으로 급격하게 쏠림현상을 방지해주는 장치이다.

answer 05 ㉯ 06 ㉯ 07 ㉰ 08 ㉱

09 다음 NOx의 광분해 사이클 중 ( )안에 알맞은 빛의 종류는?

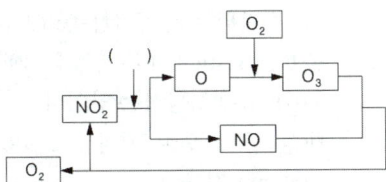

㉮ 가시광선　㉯ 자외선
㉰ 적외선　㉱ β선

10 먼지 농도가 40μg/m³, 상대습도가 70%일 때, 가시거리(km)는 얼마인가? (단, 계수 A는 1.2이다.)

㉮ 19　㉯ 23
㉰ 30　㉱ 67

 $V = \dfrac{10^3 \times A}{G}$

여기서 V : 가시거리(km)
　　　A : 상수
　　　G : 농도($\mu g/m^3$)

따라서 $V = \dfrac{10^3 \times 1.2}{40\mu g/m^3} = 30km$

11 다이옥신에 관한 내용으로 틀린 것은?

㉮ 250 ~ 340nm의 자외선 영역에서 광분해 될 수 있다.
㉯ 2개의 벤젠고리와 산소, 2개 이상의 염소가 결합된 화합물이다.
㉰ 완전 분해되더라도 연소가스 배출 시 저온에서 재생될 수 있다.
㉱ 증기압이 높고 물에 잘 녹는다.

풀이 ㉱ 증기압이 낮고 물에 잘 녹지 않는다.

12 하루 동안 시간에 따른 대기오염물질의 농도변화를 나타낸 그래프이다. A, B, C에 해당하는 물질은?

㉮ A = NO₂, B = O₃, C = NO
㉯ A = NO, B = NO₂, C = O₃
㉰ A = NO₂, B = NO, C = O₃
㉱ A = O₃, B = NO, C = NO₂

풀이 출근시간부터 자외선이 강한 한 낮까지의 오염물질은 NO → NO₂ → O₃ 순으로 생성된다.

13 지상 100m에서의 기온이 20℃일 때, 지상 300m에서의 기온(℃)은 얼마인가?
(단, 지상에서부터 600m까지의 평균기온감율은 0.88℃/100m이다.)

㉮ 15.5　㉯ 16.2
㉰ 17.5　㉱ 18.2

풀이 기온(℃) $= 20℃ - \left\{\dfrac{0.88℃}{100m} \times (300m - 100m)\right\}$
　　　　　$= 18.24℃$

answer　09 ㉯　10 ㉰　11 ㉱　12 ㉯　13 ㉱

14 다음 중 불화수소의 가장 주된 배출원은?

㉮ 알루미늄공업   ㉯ 코크스연소로
㉰ 농약   ㉱ 석유정제업

풀이 불화수소의 가장 주된 배출원은 알루미늄공업, 요업공업, 유리공업, 화학비료공업이다.

15 직경이 1 ~ 2μm 이하인 미세입자의 경우 세정(rain out) 효과가 작은 편이다. 그 이유로 가장 적합한 것은?

㉮ 응축효과가 크기 때문
㉯ 휘산효과가 작기 때문
㉰ 부정형의 입자가 많기 때문
㉱ 브라운 운동을 하기 때문

풀이 미세입자의 경우 세정효과가 작은 이유는 브라운 운동을 하기 때문이다.

16 파스킬(Pasquill)의 대기안정도에 관한 내용으로 틀린 것은?

㉮ 낮에는 풍속이 약할수록(2m/s 이하), 일사량이 강할수록 대기가 안정하다.
㉯ 낮에는 일사량과 풍속으로, 야간에는 운량, 운고, 풍속으로부터 안정도를 구분한다.
㉰ 안정도는 A ~ F까지 6단계로 구분하며 A는 매우 불안정한 상태, F는 가장 안정한 상태를 뜻한다.
㉱ 지표가 거칠고 열섬효과가 있는 도시나 지면의 성질이 균일하지 않은 곳에서는 오차가 크게 나타날 수 있다.

풀이 ㉮ 낮에는 풍속이 약할수록(2m/s 이하), 일사량이 강할수록 대기가 불안정하다.

17 오존과 오존층에 관한 내용으로 틀린 것은?

㉮ 1 돕슨단위는 지구 대기 중의 오존총량을 0℃, 1atm에서 두께로 환산했을 때 0.01mm에 상당하는 양이다.
㉯ 대기 중의 오존 배경농도는 0.01 ~ 0.04ppm 정도이다.
㉰ 오존의 생성과 소멸이 계속적으로 일어나면서 오존층의 오존 농도가 유지된다.
㉱ 오존층은 성층권에서 오존의 농도가 가장 높은 지상 50 ~ 60km 구간을 말한다.

풀이 ㉱ 오존층은 성층권에서 오존의 농도가 가장 높은 지상 20 ~ 30km 구간을 말한다.

18 부피가 100m³인 복사실에서 분당 0.2mg의 오존을 배출하는 복사기를 연속적으로 사용하고 있다. 복사기를 사용하기 전 복사실의 오존 농도가 0.1ppm일 때, 복사기를 5시간 사용한 후 복사실의 오존 농도(ppb)는 얼마인가? (단, 0℃, 1기압 기준, 환기를 고려하지 않음)

㉮ 260   ㉯ 380
㉰ 420   ㉱ 520

풀이 ① 복사기 사용 후 오존농도

$$\text{ppm}(\text{mL/Sm}^3) = \frac{0.2\text{mg}}{\text{min}} \times \frac{60\text{min}}{1\text{hr}} \times \frac{1}{100\text{m}^3}$$
$$\times \frac{22.4\text{mL}}{48\text{mg}} \times 5\text{hr}$$
$$= 0.28\text{ppm}$$

② 복사기 사용 전 오존농도 = 0.1ppm
③ 총 오존농도 = 0.28ppm + 0.1ppm = 0.38ppm
④ 0.38ppm × 10³ = 380ppb

answer 14 ㉮ 15 ㉱ 16 ㉮ 17 ㉱ 18 ㉯

TIP
① ppm = mL/Sm³
② ppb = μL/Sm³
③ ppm $\xrightarrow{\times 10^3}$ ppb
④ 오존(O_3)의 분자량 = 3 × 16 = 48
⑤ O_3 1mol $\begin{cases} 48mg \\ 22.4mL \end{cases}$

19 인체에 다음과 같은 피해를 유발하는 오염물질은?

> 헤모글로빈의 기본요소인 포르피린 고리의 형성을 방해함으로써 인체 내 헤모글로빈의 형성을 억제하여 빈혈이 발생할 수 있다.

㉮ 다이옥신 ㉯ 납
㉰ 망간   ㉱ 바나듐

풀이 조혈기능 장해는 납(Pb)에 대한 피해이다.

20 다음 중 복사역전이 가장 발생하기 쉬운 조건은?

㉮ 하늘이 흐리고, 바람이 강하며, 습도가 낮을 때
㉯ 하늘이 흐리고, 바람이 약하며, 습도가 높을 때
㉰ 하늘이 맑고, 바람이 강하며, 습도가 높을 때
㉱ 하늘이 맑고, 바람이 약하며, 습도가 낮을 때

풀이 복사역전은 하늘이 맑고, 바람이 약하며, 습도가 낮을 때 잘 발생한다.

| 제2과목 | 연소공학

21 다음 내용과 관련있는 무차원 수는? (단, μ : 점성계수, ρ : 밀도, D : 확산계수)

> · 정의 : $\dfrac{\mu}{\rho \times D}$
> · 의미 : $\dfrac{운동량의\ 확산속도}{물질의\ 확산속도}$

㉮ Schmidt number
㉯ Nusselt number
㉰ Grashof number
㉱ Karlovitz number

풀이 ㉮ Schmidt number에 대한 설명이다.

22 어떤 연료의 배출가스가 CO_2 : 13%, O_2 : 6.5%, N_2 : 80.5%로 이루어졌을 때, 과잉공기계수는 얼마인가? (단, 연료는 완전 연소됨)

㉮ 1.54 ㉯ 1.44
㉰ 1.34 ㉱ 1.24

풀이 배출가스 분석치 : CO_2%, O_2%, N_2%일 때

$$공기비(m) = \dfrac{N_2\%}{N_2\% - 3.76 \times O_2\%}$$
$$= \dfrac{80.5\%}{80.5\% - 3.76 \times 6.5\%} = 1.44$$

answer 19 ㉯   20 ㉱   21 ㉮   22 ㉯

23 연료의 연소과정에서 공기비가 너무 낮은 경우 발생하는 현상은?

㉮ CO, 매연의 발생량이 증가한다.
㉯ 연소실 내의 온도가 감소한다.
㉰ SOx, NOx 발생량이 증가한다.
㉱ 배출가스에 의한 열손실이 증가한다.

풀이 공기비가 낮은 경우는 불완전연소이므로 ㉮번이 해당한다.

24 연료의 일반적인 특징으로 옳은 것은?

㉮ 석탄의 휘발분이 많을수록 매연 발생량이 적다.
㉯ 공기의 산소농도가 높을수록 석탄의 착화온도가 낮다.
㉰ C/H비가 클수록 이론공연비가 증가한다.
㉱ 중유는 점도를 기준으로 A, B, C 중유로 구분할 수 있으며 이 중 A중유의 점도가 가장 높다.

풀이 ㉮ 석탄의 휘발분이 많을수록 매연 발생량이 많다.
㉰ C/H비가 클수록 이론공연비가 감소한다.
㉱ 중유는 점도를 기준으로 A, B, C 중유로 구분할 수 있으며 이 중 C중유의 점도가 가장 높다.

25 다음 중 착화온도가 가장 높은 연료는?

㉮ 수소   ㉯ 휘발유
㉰ 무연탄 ㉱ 목재

풀이 연료의 착화온도
㉮ 수소 : 580~600℃
㉯ 휘발유 : 380~460℃
㉰ 무연탄 : 440~500℃
㉱ 목재 : 250~300℃

26 굴뚝 배출가스 중의 HCl 농도가 200ppm이다. 세정기를 사용하여 배출가스 중의 HCl농도를 32mg/m³으로 저감했을 때, 세정기의 HCl 제거효율(%)은 얼마인가? (단, 0℃, 1atm 기준)

㉮ 75   ㉯ 80
㉰ 85   ㉱ 90

풀이 HCl 제거효율(%)
$$= \left(1 - \frac{32\,mg/m^3}{200\,mL/Sm^3 \times \frac{36.5\,mg}{22.4\,mL}}\right) \times 100$$
$= 90.18\%$

27 석탄의 유동층 연소방식에 관한 설명으로 틀린 것은?

㉮ 부하변동에 적응력이 낮다.
㉯ 유동매체의 손실로 인한 보충이 필요하다.
㉰ 유동매체를 석회석으로 할 경우 로 내에서 탈황이 가능하다.
㉱ 공기 소비량이 많아 화격자 연소장치에 비해 배출가스량이 많은 편이다.

풀이 ㉱ 공기 소비량이 적어 화격자 연소장치에 비해 배출가스량이 적은 편이다.

28 디젤기관의 노킹현상을 방지하기 위한 방법으로 옳은 것은?

㉮ 착화지연기간을 증가시킨다.
㉯ 세탄가가 낮은 연료를 사용한다.
㉰ 압축비와 압축압력을 높게 한다.
㉱ 연료 분사개시 때 분사량을 증가시킨다.

answer 23 ㉮ 24 ㉯ 25 ㉮ 26 ㉱ 27 ㉱ 28 ㉰

풀이 ㉮ 착화지연기간을 감소시킨다.
㉯ 세탄가가 높은 연료를 사용한다.
㉱ 연료 분사개시 때 분사량을 감소시킨다.

29 기체연료의 특징으로 틀린 것은?

㉮ 적은 과잉공기로 완전 연소가 가능하다.
㉯ 연료의 예열이 쉽고 연소 조절이 비교적 용이하다.
㉰ 공기와 혼합하여 점화할 때 누설에 의한 역화·폭발 등의 위험이 크다.
㉱ 운송이나 저장이 편리하고 수송을 위한 부대설비 비용이 액체연료에 비해 적게 소요된다.

풀이 ㉱ 운송이나 저장이 불편하고 수송을 위한 부대설비 비용이 액체연료에 비해 많이 소요된다.

30 수소 8%, 수분 2%로 구성된 고체연료의 고발열량이 8,000kcal/kg일 때, 이 연료의 저발열량(kcal/kg)은 얼마인가?

㉮ 7,984 ㉯ 7,779
㉰ 7,556 ㉱ 6,835

풀이 Hl = Hh − 600(9H + W)(kcal/kg)
여기서 Hl : 저위발열량(kcal/kg)
Hh : 고위발열량(kcal/kg)
H : 수소의 함량
W : 수분의 함량
따라서
Hl = 8,000kcal/kg − 600 × (9 × 0.08 + 0.02)
= 7,556 kcal/kg

31 반응물의 농도가 절반으로 감소하는 데 1,000s가 걸렸을 때, 반응물의 농도가 초기의 1/250으로 감소할 때까지 걸리는 시간(s)은 얼마인가? (단, 1차 반응 기준)

㉮ 6,650 ㉯ 6,966
㉰ 7,470 ㉱ 7,966

풀이 1차반응식 : $\ln \dfrac{C_t}{C_o} = -k \times t$

여기서 C_o : 초기농도
C_t : t시간 후 농도
k : 상수
t : 시간

① $\ln \dfrac{1}{2} = -k \times 1,000\,sec$

∴ $k = \dfrac{\ln \dfrac{1}{2}}{-1,000\,sec} = 6.93 \times 10^{-4}/sec$

② $\ln \dfrac{1}{250} = -6.93 \times 10^{-4}/sec \times t$

∴ $t = \dfrac{\ln \dfrac{1}{250}}{-6.93 \times 10^{-4}/sec} = 7,967.48\,sec$

32 일반적인 디젤기관의 특징으로 틀린 것은?

㉮ 가솔린기관에 비해 납 발생량이 적은 편이다.
㉯ 압축비가 높아 가솔린기관에 비해 소음과 진동이 큰 편이다.
㉰ NOx는 가속 시 특히 많이 배출되며 HC는 감속 시 특히 많이 배출된다.
㉱ 연료를 공기와 혼합하여 실린더에 흡입, 압축시킨 후 점화플러그에 의해 강제로 연소폭발시키는 방식이다.

풀이 ㉱ 공기를 실린더에 흡입, 압축시킨 후 연료를 분사시켜 자연발화로 점화하고 폭발시키는 방식이다.

answer 29 ㉱ 30 ㉰ 31 ㉱ 32 ㉱

33 C : 85%, H : 10%, O : 3%, S : 2%의 무게비로 구성된 액체연료를 1.3의 공기비로 완전연소할 때 발생하는 실제 습연소가스량(Sm³/kg)은 얼마인가?

㉮ 8.6 ㉯ 9.8
㉰ 10.4 ㉱ 13.8

풀이 ① 이론공기량(A_o)

$= 8.89C + 26.67\left(H - \dfrac{O}{8}\right) + 3.33S \text{ (Sm}^3\text{/kg)}$

$= 8.89 \times 0.85 + 26.67 \times \left(0.1 - \dfrac{0.03}{8}\right) + 3.33 \times 0.02$

$= 10.1901 \text{ Sm}^3\text{/kg}$

② 실제 습연소가스량(Gw)

$= mA_o + 5.6H + 0.7O + 0.8N + 1.244W \text{ (Sm}^3\text{/kg)}$

$= 1.3 \times 10.1901 \text{ Sm}^3\text{/kg} + 5.6 \times 0.1 + 0.7 \times 0.03$

$= 13.83 \text{ Sm}^3\text{/kg}$

34 C : 85%, H : 7%, O : 5%, S : 3%의 무게비로 구성된 중유의 이론적인 $(CO_2)max(\%)$는 얼마인가?

㉮ 9.6 ㉯ 12.6
㉰ 17.6 ㉱ 20.6

풀이 ① 이론공기량(A_o)

$= 8.89C + 26.67\left(H - \dfrac{O}{8}\right) + 3.33S \text{ (Sm}^3\text{/kg)}$

$= 8.89 \times 0.85 + 26.67 \times \left(0.07 - \dfrac{0.05}{8}\right) + 3.33 \times 0.03$

$= 9.3566 \text{ Sm}^3\text{/kg}$

② 이론건연소가스량(God)

$= A_o - 5.6H + 0.7O + 0.8N \text{ (Sm}^3\text{/kg)}$

$= 9.3566 \text{ Sm}^3\text{/kg} - 5.6 \times 0.07 + 0.7 \times 0.05$

$= 8.9996 \text{ Sm}^3\text{/kg}$

③ $CO_2 \max(\%) = \dfrac{1.867C}{God} \times 100$

$= \dfrac{1.867 \times 0.85 \text{ Sm}^3\text{/kg}}{8.9996 \text{ Sm}^3\text{/kg}} \times 100$

$= 17.63\%$

35 확산형 가스버너 중 포트형에 관한 내용으로 틀린 것은?

㉮ 포트 입구의 크기가 작으면 슬래그가 부착하여 막힐 우려가 있다.
㉯ 기체연료와 연소용 공기를 버너 내에서 혼합시킨 뒤 로 내에 주입시킨다.
㉰ 밀도가 큰 공기 출구는 상부에, 밀도가 작은 가스 출구는 하부에 배치되도록 한다.
㉱ 버너 자체가 로 벽과 함께 내화벽돌로 조립되어 로 내부에 개구된 것으로 가스와 공기를 함께 가열할 수 있는 장점이 있다.

풀이 확산형연소는 기체연료와 연소용 공기를 연소실로 보내 연소하는 방식이며, ㉯번의 설명은 예혼합연소에 대한 설명이다.

36 기체연료의 연소형태로 옳은 것은?

㉮ 증발연소 ㉯ 표면연소
㉰ 분해연소 ㉱ 예혼합연소

풀이 기체연료의 연소형태에는 확산연소, 예혼합연소, 부분예혼합연소가 있다.

37 부탄가스를 완전 연소시킬 때, 부피기준 공기 연료비(AFR)는 얼마인가?

㉮ 15.23 ㉯ 20.15
㉰ 30.95 ㉱ 60.46

풀이 $C_4H_{10} + 6.5O_2 \rightarrow 4CO_2 + 5H_2O$

공연비(AFR ; Sm³/Sm³)

$= \dfrac{\text{산소갯수} \times 22.4 \text{Sm}^3 \times \dfrac{1}{0.21}}{\text{연료갯수} \times 22.4 \text{Sm}^3}$

answer 33 ㉱ 34 ㉰ 35 ㉯ 36 ㉱ 37 ㉰

$$= \frac{6.5 \times 22.4 Sm^3 \times \frac{1}{0.21}}{1 \times 22.4 Sm^3} = 30.95$$

38 COM(coal oil mixture) 연료의 연소에 관한 내용으로 틀린 것은?

㉮ 재와 매연 발생 등의 문제점을 갖는다.
㉯ 중유만을 사용할 때보다 미립화 특성이 양호하다.
㉰ 중유전용 보일러를 사용하는 곳에 별도의 개조없이 사용할 수 있다.
㉱ 화염길이는 미분탄연소에 가깝고 화염안정성은 중유연소에 가깝다.

풀이 ㉰ 중유전용 보일러를 사용하는 곳에는 별도의 개조가 필요하다.

39 가동(이동식)화격자의 일반적인 특징으로 틀린 것은?

㉮ 역동식 화격자는 폐기물의 교반 및 연소조건이 불량하여 소각효율이 낮다.
㉯ 회전로울러식화격자는 여러 개의 드럼을 횡축으로 배열하고 폐기물을 드럼의 회전에 따라 순차적으로 이송한다.
㉰ 병렬요동식화격자는 고정화격자와 가동화격자를 횡방향으로 나란히 배치하고 가동화격자를 전·후로 왕복 운동시킨다.
㉱ 계단식화격자는 고정화격자와 가동화격자를 교대로 배치하고 가동화격자를 왕복운동시켜 폐기물을 이송한다.

풀이 ㉮ 역동식 화격자는 폐기물의 교반 및 연소조건이 양호하여 소각효율이 높다.

40 황의 농도가 3wt%인 중유를 매일 100KL 씩 사용하는 보일러에 황의 농도가 1.5wt%인 중유를 30% 섞어 사용할 때, SO_2 배출량(kL)은 몇 % 감소하는가? (단, 중유의 황 성분은 모두 SO_2로 전환, 중유의 비중은 1.0)

㉮ 30%   ㉯ 25%
㉰ 15%   ㉱ 10%

풀이 감소율(%)
$$= \left(1 - \frac{(3\% \times 70\% + 1.5\% \times 30\%) \times 100\,kL}{(3\% \times 100\%) \times 100\,kL}\right) \times 100$$
$$= 15\%$$

| 제3과목 | 대기오염방지기술

41 유체의 흐름에서 레이놀즈(Reynolds) 수와 관련이 가장 적은 것은?

㉮ 관의 직경   ㉯ 유체의 속도
㉰ 관의 길이   ㉱ 유체의 밀도

풀이 레이놀즈 수(Re) = $\frac{관성력}{점성력}$

$$= \frac{직경 \times 속도 \times 밀도}{점성계수}$$

42 분무탑에 관한 설명으로 틀린 것은?

㉮ 구조가 간단하고 압력손실이 작은 편이다.
㉯ 침전물이 생기는 경우에 적합하고 충전탑에 비해 설비비, 유지비가 적게 든다.
㉰ 분무에 상당한 동력이 필요하고 가스

answer 38 ㉰   39 ㉮   40 ㉰   41 ㉰   42 ㉱

유출시 비말동반의 위험이 있다.
㉣ 기체분산형 흡수장치로 CO, NO, N_2 등의 용해도가 낮은 가스에 적용된다.

풀이 ㉣ 액분산형 흡수장치로 CO, NO, N_2 등의 용해도가 낮은 가스에는 적용되지 않는다.

43 자동차 배출가스 중의 질소산화물을 선택적 촉매 환원법으로 처리할 때 사용되는 환원제로 적합하지 않은 것은?

㉮ CO_2 ㉯ NH_3
㉰ H_2 ㉱ H_2S

풀이 질소산화물(NO_X)을 선택적 촉매 환원법으로 처리할 때 사용되는 환원제로는 암모니아(NH_3), 수소(H_2), 황화수소(H_2S)이다.

44 다음 먼지의 입경 측정방법 중 직접측정법은 어느 것인가?

㉮ 현미경측정법 ㉯ 관성충돌법
㉰ 액상침강법   ㉱ 광산란법

풀이 먼지의 입경 측정방법
① 직접측정법 : 표준체측정법, 현미경측정법
② 간접측정법 : 관성충돌법, 액상침강법, 공기투과법, 광산란법

45 여과집진장치를 사용하여 배출가스의 먼지 농도를 10g/m³에서 0.5g/m³으로 감소시키고자 한다. 여과집진장치의 먼지 부하가 300g/m²이 되었을 때 탈진할 경우, 탈진주기(min)는 얼마인가? (단, 겉보기 여과속도는 2cm/s이다.)

㉮ 26 ㉯ 34
㉰ 43 ㉱ 46

풀이 $Ld = (C_i - C_o) \times Vf \times t$
여기서, Ld : 먼지부하(g/m²)
C_i : 먼지의 유입농도(g/m³)
C_o : 먼지의 유출농도(g/m³)
Vf : 여과속도(m/sec)
t : 탈락시간(sec)

① $300 g/m^2 = (10-0.5) g/m^3 \times 0.02 m/sec \times t$

$\therefore t = \dfrac{300 \, g/m^2}{(10-0.5) g/m^3 \times 0.02 m/sec}$
$= 1,578.947 \, sec$

② $t(min) = 1,578.947 \, sec \times \dfrac{1 \, min}{60 \, sec} = 26.32 \, min$

46 집진 효율이 90%인 전기집진장치의 집진면적을 2배로 증가시켰을 때, 집진효율(%)은 얼마인가? (단, Deutsch-Anderson식 적용, 기타 조건은 동일)

㉮ 93 ㉯ 95
㉰ 97 ㉱ 99

풀이 $\eta = 1 - \exp \dfrac{-A \times We}{Q}$
여기서 A : 단면적(m²)
We : 여과속도(m/sec)
Q : 배출가스량(m³/sec)

따라서 $A = LN(1-\eta) \times \left(-\dfrac{Q}{We}\right)$ 이므로

$\dfrac{A_2}{A_1} = \dfrac{LN(1-\eta_2) \times \left(-\dfrac{Q}{we}\right)}{LN(1-\eta_1) \times \left(-\dfrac{Q}{we}\right)}$

$2배 = \dfrac{LN(1-\eta_2) \times \left(-\dfrac{Q}{we}\right)}{LN(1-0.90) \times \left(-\dfrac{Q}{we}\right)}$

따라서 $\eta_2 = 0.99$이므로 99%이다.

answer 43 ㉮ 44 ㉮ 45 ㉮ 46 ㉱

47 먼지의 입경 분포(누적분포)를 나타내는 식은 어느 것인가?

㉮ Rayleigh 분포식
㉯ Freundlich 분포식
㉰ Rosin-Rammler 분포식
㉱ Cunningham 분포식

풀이 먼지의 입경 분포(누적분포)를 나타내는 식은 정규분포식, 대수정규분포식, Rosin-Rammler 분포식이 있다.

48 먼지의 폭발에 관한 설명으로 틀린 것은?

㉮ 비표면적이 큰 먼지일수록 폭발하기 쉽다.
㉯ 산화속도가 빠르고 연소열이 큰 먼지일수록 폭발하기 쉽다.
㉰ 가스 중에 분산·부유하는 성질이 큰 먼지일수록 폭발하기 쉽다.
㉱ 대전성이 작은 먼지일수록 폭발하기 쉽다.

풀이 ㉱ 대전성(전기를 띠는 성질)이 작은 먼지일수록 폭발하기 어렵다.

TIP
비표면적이 큰 먼지 = 입자가 작은 먼지

49 여과집진장치의 탈진방식 중 간헐식에 관한 설명으로 틀린 것은?

㉮ 간헐식 중 진동형은 여포의 음파진동, 횡진동, 상하진동에 의해 포집된 먼지를 털어내는 방식으로 점성 먼지에는 사용할 수 없다.
㉯ 집진실을 여러 개의 방으로 구분하고 방 하나씩 처리가스의 흐름을 차단하여 순차적으로 탈진하는 방식이다.
㉰ 간헐식 중 역기류형은 여포의 먼지를 0.03~0.10초 정도의 짧은 시간 내에 높은 충격 분출압을 주어 제거하는 방식이다.
㉱ 연속식에 비해 먼지의 재비산이 적고 높은 집진효율을 얻을 수 있다.

풀이 ㉰번의 설명은 연속식 중 충격분출형에 대한 설명이다.

50 다음은 어떤 법칙에 관한 내용인가?

> 휘발성인 에탄올을 물에 녹인 용액의 증기압은 물의 증기압보다 높다. 그러나 비휘발성인 설탕을 물에 녹인 용액인 설탕물의 증기압은 물보다 낮다.

㉮ 헨리의 법칙   ㉯ 렌츠의 법칙
㉰ 샤를의 법칙   ㉱ 라울의 법칙

풀이 ㉱ 라울(라울트)의 법칙에 대한 설명이다.

51 회전식 세정집진장치에서 직경이 10cm인 회전판이 9,620rpm으로 회전할 때 형성되는 물방울의 직경(μm)은 얼마인가?

㉮ 93   ㉯ 104
㉰ 208   ㉱ 316

풀이 $dw = \dfrac{200}{N \times \sqrt{R}} \times 10^4$

여기서 dw : 물방울 직경(μm)
N : 회전수(rpm = 회/min)
R : 반경(cm)

answer 47 ㉰ 48 ㉱ 49 ㉰ 50 ㉱ 51 ㉮

따라서 $dw = \dfrac{200}{9{,}620\text{rpm} \times \sqrt{5\text{cm}}} \times 10^4$
$= 92.98\mu m$

52 유해가스 처리에 사용되는 흡수액의 조건으로 틀린 것은?

㉮ 용해도가 커야 한다.
㉯ 휘발성이 작아야 한다.
㉰ 점성이 커야 한다.
㉱ 용매와 화학적 성질이 비슷해야 한다.

풀이 ㉰ 점성이 작아야 한다.

53 지름이 20cm, 유효높이가 3m인 원통형 백필터를 사용하여 배출가스 4m³/sec를 처리하고자 한다. 여과속도를 0.04m/s로 할 때, 필요한 백필터의 갯수는 얼마인가?

㉮ 53   ㉯ 54
㉰ 70   ㉱ 71

풀이 $n = \dfrac{Q}{\pi \times D \times L \times Vf}$
$= \dfrac{4\text{m}^3/\text{sec}}{\pi \times 0.20\text{m} \times 3\text{m} \times 0.04\text{m/sec}}$
$= 53.05 = 54$개

54 처리 가스량이 $10^6 m^3/h$, 입구 먼지농도가 $2g/m^3$, 출구 먼지농도가 $0.4g/m^3$, 총 압력손실이 72mmH₂O일 때, blower의 소요동력(kW)은 얼마인가?

㉮ 425   ㉯ 375
㉰ 245   ㉱ 187

풀이 소요동력 $(\text{kW}) = \dfrac{PS \times Q}{102 \times \eta}$
여기서 PS : 총압력손실(mmH₂O)
Q : 배출가스량(Sm³/sec)
η : 효율
효율$(\eta) = \left(1 - \dfrac{0.4\text{g/m}^3}{2\text{g/m}^3}\right) \times 100 = 80\%$
소요동력(kW)
$= \dfrac{72\text{mmH}_2\text{O} \times 10^6\text{m}^3/\text{hr} \times 1\text{hr}/3{,}600\text{sec}}{102 \times 0.80}$
$= 245.1\,\text{kW}$

TIP
배출가스량(Q)의 시간 단위는 반드시 "sec"임에 주의해서 문제풀이를 해야 합니다.

55 탈취방법 중 수세법에 관한 설명으로 틀린 것은?

㉮ 용해도가 높고 친수성 극성기를 가진 냄새성분의 제거에 사용할 수 있다.
㉯ 주로 분뇨처리장, 계란 건조장, 주물공장 등의 악취제거에 적용된다.
㉰ 수온변화에 따라 탈취효과가 크게 달라지는 것이 단점이다.
㉱ 조작이 간단하며 처리효율이 우수하여 주로 단독으로 사용된다.

풀이 ㉱ 조작이 간단하며 처리효율이 낮아 주로 다른 방법과 병용하여 사용된다.

answer 52 ㉰ 53 ㉯ 54 ㉰ 55 ㉱

56 다이옥신 제어방법에 관한 설명으로 틀린 것은?

㉮ 250 ~ 340nm의 자외선을 조사하여 다이옥신을 분해할 수 있다.
㉯ 다이옥신의 발생을 억제하기 위해 PVC, PCB가 포함된 제품을 소각하지 않는다.
㉰ 소각로에서 접촉촉매산화를 유도하기 위해 철, 니켈 성분을 함유한 쓰레기를 투입한다.
㉱ 다이옥신은 저온에서 재생될 수 있으므로 소각로를 고온으로 유지해야 한다.

풀이 ㉰ 촉매분해법은 금속산화물(V_2O_5, TiO_2 등), 귀금속(Pt, Pd)이 사용된다.

57 다음 중 알칼리 용액을 사용한 처리가 가장 적합하지 않은 오염물질은?

㉮ HCl   ㉯ Cl_2
㉰ HF   ㉱ CO

풀이 알칼리용액은 산이온 및 산성물질을 중화처리 한다.

58 원심력 집진장치에 블로우 다운(blow down)을 적용하여 얻을 수 있는 효과에 해당하지 않는 것은?

㉮ 유효 원심력 감소를 통한 운영비 절감
㉯ 원심력 집진장치 내의 난류억제
㉰ 포집된 먼지의 재비산 방지
㉱ 원심력 집진장치 내의 먼지 부착에 의한 장치폐쇄 방지

풀이 ㉮ 유효 원심력 증가로 효율증가

59 복합 국소배기장치에 사용되는 댐퍼조절평형법(또는 저항조절평형법)의 특징으로 틀린 것은?

㉮ 오염물질 배출원이 많아 여러 개의 가지덕트를 주 덕트에 연결할 필요가 있을 때 주로 사용한다.
㉯ 덕트의 압력손실이 클 때 주로 사용한다.
㉰ 공정 내에 방해물이 생겼을 때 설계변경이 용이하다.
㉱ 설치 후 송풍량 조절이 불가능하다.

풀이 ㉱ 설치 후 송풍량 조절이 가능하다.

60 후드의 설치 및 흡인에 관한 내용으로 틀린 것은?

㉮ 발생원에 최대한 접근시켜 흡인한다.
㉯ 주 발생원을 대상으로 국부적인 흡인방식을 취한다.
㉰ 후드의 개구면적을 넓게 한다.
㉱ 충분한 포착속도(capture velocity)를 유지한다.

풀이 ㉰ 후드의 개구면적을 좁게 한다.

| 제4과목 | 대기오염공정시험기준

61 자외선/가시선 분광법에 따라 10mm 셀을 사용하여 측정한 시료의 흡광도가 0.1이었다. 동일한 시료에 대해 동일한 조건에서 20mm셀을 사용하여 측정한 흡광도는 얼마인가?

㉮ 0.05   ㉯ 0.10

answer 56 ㉰ 57 ㉱ 58 ㉮ 59 ㉱ 60 ㉰ 61 ㉱

㉰ 0.12   ㉱ 0.20

풀이 흡광도(A) = $\epsilon \times C \times L$에서 A ∝ L이므로
0.1 : 10mm = A : 20mm
따라서 ∴ A = 0.20

62 대기오염공정시험기준 총칙 상의 시험기재 및 용어에 관한 내용으로 틀린 것은?

㉮ 시험조작 중 "즉시"란 30초 이내에 표시된 조작을 하는 것을 뜻한다.
㉯ "정확히 단다"라 함은 규정한 양의 검체를 취하여 분석용 저울로 0.1mg까지 다는 것을 뜻한다.
㉰ 액체성분의 양을 "정확히 취한다" 함은 메스피펫, 메스실린더 또는 이와 동등 이상의 정도를 갖는 용량계를 사용하여 조작하는 것을 뜻한다.
㉱ "항량이 될 때까지 건조한다"라 함은 따로 규정이 없는 한 보통의 건조방법으로 1시간 더 건조 또는 강열할 때 전후 무게의 차가 매 g당 0.3mg 이하일 때를 뜻한다.

풀이 ㉰ 액체성분의 양을 "정확히 취한다" 함은 홀피펫, 부피플라스크 또는 이와 동등 이상의 정도를 갖는 용량계를 사용하여 조작하는 것을 뜻한다.

63 다음 중 여과재로 "카아보란덤"을 사용하는 분석대상물질은?

㉮ 비소   ㉯ 브로민
㉰ 벤젠   ㉱ 이황화탄소

풀이 여과재로 카아보란덤을 사용하는 분석대상물질은 암모니아, 일산화탄소, 염화수소, 염소, 황산화물, 질소산화물, 황화수소, 플루오린화합물, 사이안화수소, 비소이다.

64 기체 중의 오염물질 농도를 mg/m³로 표시했을 때 m³이 의미하는 것은?

㉮ 100℃, 1atm에서의 기체용적
㉯ 표준상태에서의 기체용적
㉰ 상온에서의 기체용적
㉱ 절대온도, 절대압력 하에서의 기체용적

풀이 기체 중의 오염물질 농도를 mg/m³로 표시했을 때 m³은 표준상태에서의 기체용적을 의미한다.

65 환경대기 중의 아황산가스 측정방법에 해당하지 않는 것은?

㉮ 적외선형광법   ㉯ 용액전도율법
㉰ 불꽃광도법   ㉱ 흡광차분광법

풀이 환경대기 중의 아황산가스 측정방법에는 용액전도율법, 불꽃광도법, 자외선형광법(주시험방법), 흡광차분광법, 파라로자닐린법이 있다.

66 이온크로마토그래프의 일반적인 장치 구성을 순서대로 나열한 것은?

㉮ 펌프 - 시료주입장치 - 용리액조 - 분리관 - 검출기 - 써프렛서
㉯ 용리액조 - 펌프 - 시료주입장치 - 분리관 - 써프렛서 - 검출기
㉰ 시료주입장치 - 펌프 - 용리액조 - 써프렛서 - 분리관 - 검출기
㉱ 분리관 - 시료주입장치 - 펌프 - 용리액조 - 검출기 - 써프렛서

answer 62 ㉰ 63 ㉮ 64 ㉯ 65 ㉮ 66 ㉯

67 배출가스 중 휘발성유기화합물(VOCs) 시료채취방법에서 시료채취장치에 대한 내용으로 틀린 것은?

㉮ 흡착관법에서 밸브는 플루오로 수지, 유리, 석영 등의 재질로 밀봉 윤활유를 사용해서 가스의 누출을 막아야 한다.
㉯ 흡착관법에서 보통 350℃에서 99.99% 이상의 헬륨 또는 질소를 (50~100)mL/min의 속도로 흘려 2시간 이상 안정화시킨다.
㉰ 시료채취 주머니법에서 배출가스의 온도가 100℃ 미만으로 시료채취 주머니 내에 수분응축의 우려가 없는 경우에는 응축기 및 응축수 트랩을 사용하지 않아도 무방하다.
㉱ 시료채취 주머니법에서 진공 흡입상자는 (1~10)L 시료채취 주머니를 담을 수 있어야 하며, 용기가 완전진공이 되도록 밀폐된 구조의 것을 사용하여야 한다.

풀이 ㉮ 흡착관법에서 밸브는 플루오로 수지, 유리, 석영 등의 재질로 밀봉 윤활유를 사용하지 않고 가스의 누출이 없는 구조이어야 한다.

68 환경대기 중의 유해 휘발성유기화합물을 고체흡착 용매추출법으로 분석할 때 사용하는 추출용매는?

㉮ CS_2 ㉯ PCB
㉰ C_2H_5OH ㉱ C_6H_{14}

풀이 환경대기 중의 유해 휘발성유기화합물을 고체흡착 용매추출법으로 분석할 때 사용하는 추출용매는 이황화탄소(CS_2)이다.

69 대기오염공정시험기준 총칙 상의 온도에 관한 내용으로 틀린 것은?

㉮ 상온은 (15~25)℃, 실온은 (1~35)℃로 한다.
㉯ 온수는 (60~70)℃, 열수는 약 100℃를 말한다.
㉰ 찬 곳은 따로 규정이 없는 한 (0~30)℃의 곳을 뜻한다.
㉱ 냉후(식힌 후)라 표시되어 있을 때는 보온 또는 가열 후 실온까지 냉각된 상태를 뜻한다.

풀이 ㉰ 찬 곳은 따로 규정이 없는 한 (0~15)℃의 곳을 뜻한다.

70 환경대기 중의 다환방향족탄화수소류를 기체크로마토그래피/질량분석법으로 분석할 때 사용되는 용어에 관한 설명 중 ( )안에 알맞은 것은?

( )은 추출과 분석 전에 각 시료, 바탕시료, 매체시료(matrix-spiked)에 더해지는 화학적으로 반응성이 없는 환경시료 중에 없는 물질을 말한다.

㉮ 절대표준물질 ㉯ 외부표준물질
㉰ 매체표준물질 ㉱ 대체표준물질

풀이 ㉱ 대체표준물질에 대한 설명이다.

answer 67 ㉮ 68 ㉮ 69 ㉰ 70 ㉱

71 4-아미노안티피린 용액과 헥사사이아노철(Ⅲ)산포타슘 용액을 순서대로 가해 얻어진 적색액의 흡광도를 측정하여 농도를 계산하는 오염물질은?

㉮ 배출가스 중 페놀화합물
㉯ 배출가스 중 브로민화합물
㉰ 배출가스 중 에틸렌옥사이드
㉱ 배출가스 중 다이옥신 및 퓨란류

> **풀이** ㉮ 배출가스 중 페놀화합물의 자외선/가시선분광법에 대한 설명이다.

72 굴뚝 내부 단면의 가로길이가 2m, 세로길이가 1.5m일 때, 굴뚝의 환산직경(m)은 얼마인가? (단, 굴뚝 단면은 사각형이며, 상·하 면적이 동일함)

㉮ 1.5   ㉯ 1.7
㉰ 1.9   ㉱ 2.0

> **풀이** 굴뚝의 환산직경(m) $= \dfrac{2 \times 가로 \times 세로}{가로 + 세로}$
> $= \dfrac{2 \times 2m \times 1.5m}{2m + 1.5m}$
> $= 1.71 m$

73 원자흡수분광광도법에서 사용하는 용어 정의로 틀린 것은?

㉮ 충전 가스 : 중공음극램프에 채우는 가스
㉯ 선프로파일 : 파장에 대한 스펙트럼선의 폭을 나타내는 곡선
㉰ 공명선 : 원자가 외부로부터 빛을 흡수했다가 다시 먼저 상태로 돌아갈 때 방사하는 스펙트럼선
㉱ 역화 : 불꽃의 연소속도가 크고 혼합기체의 분출속도가 작을 때 연소현상이 내부로 옮겨지는 것

> **풀이** ㉯ 선프로파일 : 파장에 대한 스펙트럼선의 강도를 나타내는 곡선

74 유류 중의 황함유량 분석방법 중 방사선여기법에 관한 내용으로 틀린 것은?

㉮ 여기법 분석계의 전원 스위치를 넣고 1시간 이상 안정화시킨다.
㉯ 석유 제품의 시료채취 시 증기의 흡입은 될 수 있는 한 피해야 한다.
㉰ 시료에 방사선을 조사하고 여기된 황 원자에서 발생하는 γ선의 강도를 측정한다.
㉱ 시료를 충분히 교반한 후 준비된 시료 셀에 기포가 들어가지 않도록 주의하여 액 층의 두께가 5mm~20mm가 되도록 시료를 넣는다.

> **풀이** ㉰ 시료에 방사선을 조사하고 여기된 황 원자에서 발생하는 형광X선의 강도를 측정한다.

75 환경대기 중의 금속화합물 분석을 위한 주시험방법은?

㉮ 원자흡수분광광도법
㉯ 자외선/가시선분광법
㉰ 이온크로마토그래피법
㉱ 비분산적외선분광분석법

> **풀이** 환경대기 중의 금속화합물 분석을 위한 주시험방법은 원자흡수분광광도법이다.

answer 71 ㉮ 72 ㉯ 73 ㉯ 74 ㉰ 75 ㉮

76 굴뚝 배출가스 중의 질소산화물을 연속적으로 자동측정하는데 사용되는 자외선흡수분석계의 구성에 관한 내용으로 틀린 것은?

㉮ 광원 : 중수소방전관 또는 중압수은 등을 사용한다.
㉯ 시료 : 시료가스가 연속적으로 흘러갈 수 있는 구조로 되어 있으며 그 길이는 200mm ~ 500mm이고 셀의 창은 자외선 및 가시광선이 투과할 수 있는 재질이어야 한다.
㉰ 광학필터 : 프리즘과 회절격자 분광기 등을 이용하여 자외선 또는 적외선 영역의 단색광을 얻는 데 사용된다.
㉱ 합산증폭기 : 신호를 증폭하는 기능과 일산화질소 측정 파장에서 아황산가스의 간섭을 보정하는 기능을 가지고 있다.

풀이 ㉰ 광학필터 : 특수파장 영역의 흡수나 다층박막의 광학적 간섭을 이용하여 자외선 영역 또는 가시광선 영역의 일정한 폭을 갖는 빛을 얻는 데 사용한다.

77 굴뚝에서 배출되는 건조배출가스의 유량을 연속적으로 자동 측정하는 방법에 관한 내용으로 틀린 것은?

㉮ 유량 측정방법에는 피토관, 열선유속계, 와류유속계를 사용하는 방법이 있다.
㉯ 와류유속계를 사용할 때에는 압력계와 온도계를 유량계 상류 측에 설치해야 한다.
㉰ 건조배출가스 유량은 배출되는 표준상태의 건조배출가스량 [Sm^3(5분 적산치)]으로 나타낸다.
㉱ 열선유속계를 사용하는 방법에서 시료채취부는 열선과 지주 등으로 구성되어 있으며 열선으로 텅스텐이나 백금선 등이 사용된다.

풀이 ㉯ 와류유속계를 사용할 때에는 압력계와 온도계를 유량계 하류 측에 설치해야 한다.

78 굴뚝 단면이 상·하 동일 단면적의 원형인 경우 굴뚝 배출시료 측정점에 관한 설명으로 틀린 것은?

㉮ 굴뚝 직경이 1.5m인 경우 측정 점수는 8점이다.
㉯ 굴뚝 직경이 3m인 경우 반경 구분수는 3이다.
㉰ 굴뚝 직경이 4.5m를 초과할 경우 측정 점수는 20점이다.
㉱ 굴뚝 단면적이 $1m^2$ 이하로 소규모일 경우 굴뚝 단면의 중심을 대표점으로 하여 1점만 측정한다.

풀이 ㉱ 굴뚝 단면적이 $0.25m^2$ 이하로 소규모일 경우 굴뚝 단면의 중심을 대표점으로 하여 1점만 측정한다.

79 비분산적외선분광분석법에서 사용하는 용어정의로 틀린 것은?

㉮ 정필터형 : 측정성분이 흡수되는 적외선을 그 흡수파장에서 측정하는 방식
㉯ 비분산 : 빛을 프리즘이나 회절격자와 같은 분산소자에 의해 분산하지 않는 것
㉰ 비교가스 : 시료셀에서 적외선 흡수를 측정하는 경우 대조가스로 사용하는 것으로 적외선을 흡수하지 않는 가스

answer 76 ㉰ 77 ㉯ 78 ㉱ 79 ㉱

㉣ 반복성 : 동일한 방법과 조건에서 동일한 분석계를 사용하여 여러 측정대상을 장시간에 걸쳐 반복적으로 측정하는 경우 각각의 측정치가 일치하는 정도

풀이 ㉣ 반복성 : 동일한 방법과 조건에서 동일한 분석계를 사용하여 동일한 측정대상을 단시간에 걸쳐 반복적으로 측정하는 경우 각각의 측정치가 일치하는 정도

80 기체크로마토그래피의 고정상 액체가 만족시켜야 할 조건에 해당하지 않는 것은?

㉮ 화학적 성분이 일정해야 한다.
㉯ 사용온도에서 점성이 작아야 한다.
㉰ 사용온도에서 증기압이 높아야 한다.
㉱ 분석대상 성분을 완전히 분리할 수 있어야 한다.

풀이 ㉰ 사용온도에서 증기압이 낮아야 한다.

answer 80 ㉰

2023 1회 CBT 복원문제

| 제1과목 | 대기환경관리

01 실내공기오염의 지표가 되는 물질은?

㉮ 아황산가스(SO_2)
㉯ 이산화질소(NO_2)
㉰ 일산화탄소(CO)
㉱ 이산화탄소(CO_2)

풀이 실내공기오염의 지표가 되는 물질은 이산화탄소(CO_2)이다.

02 먼지농도가 120 $\mu g/m^3$ 이고, 상대습도가 70%인 상태의 대도시에서 가시거리(km)는? (단, 상수 A = 1.2)

㉮ 5
㉯ 10
㉰ 15
㉱ 20

풀이 $V = \dfrac{10^3 \times A}{G(\mu g/m^3)} = \dfrac{10^3 \times 1.2}{120\,\mu g/m^3} = 10\,km$

03 대기오염가스를 배출하는 굴뚝의 유효고도가 87m에서 100m로 높아졌다면 굴뚝의 풍하측 지상의 최대 오염농도는 87m일 때의 것과 비교하면 몇 %가 되겠는가? (단, 기타 조건은 일정하다.)

㉮ 47%
㉯ 62%
㉰ 76%
㉱ 88%

풀이 지상최대오염농도(C_{max}) = $\dfrac{1}{He^2}$

따라서 지상최대오염농도(%)

$= \dfrac{\dfrac{1}{(100\,m)^2}}{\dfrac{1}{(87\,m)^2}} \times 100 = 75.69\%$

04 오존층 보호를 위한 국제협약으로만 연결된 것은?

㉮ 바젤협약 - 비엔나 협약 - 몬트리올 의정서
㉯ 리우회의 - 런던회의 - 비엔나 협약
㉰ 비엔나 협약 - 런던회의 - 몬트리올 의정서
㉱ 바젤협약 - 런던회의 - 비엔나 협약

풀이 오존층 보호를 위한 국제협약으로는 비엔나 협약(1985년), 몬트리올 의정서(1987년), 런던회의(1990년)이다.

---

answer 01 ㉱ 02 ㉯ 03 ㉰ 04 ㉰

05 다음 중 SO_2가 주원인 물질로 작용한 대기 오염 피해사건이 아닌 것은?

㉮ London Smog 사건
㉯ Poza Rica 사건
㉰ Donora 사건
㉱ Meuse Vallley 사건

풀이 ㉯ 멕시코 포자리카(Poza Rica)사건은 황화수소(H_2S)가 누출되어 발생한 사건이다.

06 오염물질과 그 발생원과의 연결이 틀린 것은?

㉮ HF - 도장공업, 석유정제
㉯ HCl - 소다공업, 활성탄제조, 금속제련
㉰ C_6H_6 - 포르말린 제조
㉱ Br_2 - 염료, 의약품, 농약 제조

풀이 ㉮ 플루오린화수소(HF)의 발생원은 화학비료공업, 알루미늄공업, 요업공업, 유리공업 등이다.

07 염화수소 1V/V ppm에 상당하는 W/W ppm은? (단, 표준상태기준, 공기의 밀도는 $1.293\,kg/m^3$이다.)

㉮ 약 0.76   ㉯ 약 0.93
㉰ 약 1.26   ㉱ 약 1.64

풀이 W/W ppm(mg/kg)
$= \dfrac{1\,mL}{Sm^3} \times \dfrac{36.5\,mg}{22.4\,mL} \times \dfrac{Sm^3}{1.293\,kg}$
$= 1.26\,mg/kg$

TIP
① V/V ppm = mL/Sm^3
② W/W ppn = mg/kg
③ HCl의 분자량 = 1 + 35.5 = 36.5

08 질소산화물(NO_X)에 대한 설명으로 알맞은 것은?

㉮ 연소시 발생되는 NO_X는 고온 NO_X와 저온 NO_X로 나눈다.
㉯ 질소산화물 그 자체는 독성이 없으나 대기중에서 탄화수소와 반응하여 오존을 발생시켜 이것이 독성을 나타낸다.
㉰ 질소산화물은 적외선의 작용에 의해서 탄화수소와 반응하여 광화학 스모그를 발생시키는 원인이 된다.
㉱ 자연적인 NO_X의 방출량은 인위적인 NO_X의 방출량보다 많다.

풀이 ㉮ 질소산화물은 연소 시 연료의 성분으로부터 발생하는 fuel NO_X와 고온에서 공기 중의 질소와 산소가 반응하여 생기는 thermal NO_X 등이 있다.
㉯ 질소산화물 그 자체로도 독성을 가지며, 대기 중에서 탄화수소와 반응하여 오존을 발생시켜 광화학스모그를 유발한다.
㉰ 질소산화물은 자외선의 작용에 의해서 탄화수소와 반응하여 광화학 스모그를 발생시키는 원인이 된다.

09 세계보건기구(WHO)가 제시한 환경기준의 수준으로 틀린 것은?

㉮ 바람직한 수준   ㉯ 수용수준
㉰ 최대허용수준   ㉱ 위험수준

풀이 세계보건기구(WHO)가 제시한 환경기준 수준은 바람직한 수준, 수용수준, 최대허용수준으로 나타낸다.

answer 05 ㉯ 06 ㉮ 07 ㉰ 08 ㉱ 09 ㉱

10 1~2 μm 이하의 미세입자에서 세정(Rain out) 효과가 적은 이유는?

㉮ 응축효과가 크기 때문에
㉯ 브라운 운동을 하기 때문에
㉰ 휘산효과가 크기 때문에
㉱ 입자가 부정형이 많기 때문에

풀이 미세입자인 1~2 μm 이하에서 세정(Rain out) 효과가 적은 이유는 브라운 운동을 하기 때문이다.

11 수용모델에 대한 설명으로 틀린 것은?

㉮ 지형, 기상학적 정보없이도 사용 가능하다.
㉯ 수용체 입장에서 영향평가가 현실적으로 이루어 질 수 있다.
㉰ 현재나 과거에 일어났던 일을 추정, 미래를 위한 전략을 세울 수 있다.
㉱ 입력자료로 적용하여 미래의 대기질을 예측하기가 용이하다.

풀이 ㉱ 입력자료로 적용하여 미래의 대기질을 예측하기가 어렵다.

12 굴뚝에서 발생하는 원추형(coning)에 대한 설명으로 틀린 것은?

㉮ 오염의 단면분포가 전형적인 가우시안분포를 이루고 있다.
㉯ 날씨가 흐리고 바람이 비교적 약하면 약한 난류가 발생하여 생긴다.
㉰ 대기가 중립조건일 때 발생한다.
㉱ 아침과 새벽에 잘 발생하며 역전층이 해소되는 과정에서 형성된다.

풀이 ㉱ 아침과 새벽에 잘 발생하는 것은 부채형이며, 역전층이 해소되는 과정에서 발생하는 것은 훈증형이다.

13 다음 중 배출되는 오염물질의 확산조건으로 틀린 것은?

㉮ 굴뚝 가스의 배출속도를 크게 한다.
㉯ 굴뚝 배출가스의 온도를 크게 한다.
㉰ 굴뚝 배출구의 직경을 크게 한다.
㉱ 굴뚝 배출가스량을 증가시킨다.

풀이 ㉰ 굴뚝 배출구의 직경을 작게 하여 배출속도를 크게 하여야 확산이 잘 일어난다.

14 유효고 50m인 굴뚝에서 NO가 200 g/sec의 속도로 배출되고 있다. 굴뚝 유효고에서의 풍속은 10m/sec일 때, 500m 풍하방향 중심선상 지표면에서의 NO농도($\mu g/m^3$)는?
(난, $\sigma_y = 30m$, $\sigma_z = 15m$이다.)

㉮ 약 3 $\mu g/m^3$ ㉯ 약 5 $\mu g/m^3$
㉰ 약 27 $\mu g/m^3$ ㉱ 약 55 $\mu g/m^3$

풀이 가우시안 확산식 :
$$C = \frac{Q}{\pi \cdot u \cdot \sigma_y \cdot \sigma_z} \exp\left[-\frac{1}{2}\left(\frac{He}{\sigma_z}\right)^2\right]$$
여기서 C : NO의 농도($\mu g/m^3$)
Q : NO의 배출량($\mu g/sec$)
u : 풍속(m/sec)
σ_y : 수평방향의 표준편차(m)
σ_z : 수직방향의 표준편차(m)
He : 유효굴뚝높이(m)
따라서
$$C = \frac{200 \times 10^6 \mu g/sec}{\pi \times 10m/sec \times 30m \times 15m} \exp\left[-\frac{1}{2}\left(\frac{50m}{15m}\right)^2\right]$$
$= 54.70 \mu g/m^3$

answer 10 ㉯ 11 ㉱ 12 ㉱ 13 ㉰ 14 ㉱

15 오존층에 대한 설명으로 틀린 것은?

㉮ 성층권의 중·하층의 고도인 고도 20~30km 범위를 오존층이라고 한다.
㉯ 오존농도의 고도분포는 지상 약 30km의 고도에서 평균 약 1,000ppm의 오존농도를 나타낸다.
㉰ 오존층에서 산소분자는 태양광선 중에서 240nm이하의 자외선을 흡수하여 2개의 산소원자로 해리된다.
㉱ 오존층에서 오존은 자외선을 흡수하면 광해리를 일으켜 산소원자와 산소분자로 분열한다.

풀이 ㉯ 오존농도의 고도분포는 지상 고도 20~30km 범위이며, 오존의 최대농도는 10ppm이다.

16 라돈에 대한 설명으로 틀린 것은?

㉮ 일반적으로 인체의 조혈기능 및 중추 신경계통에 영향을 미치는 것으로 알려져 있다.
㉯ 무색, 무취의 기체로 액화되어도 색을 띠지 않는 물질이다.
㉰ 공기보다 9배나 무거워 지표에 가깝게 존재한다.
㉱ 주로 건축자재를 통하여 인체에 영향을 미치고 있으며 화학적으로 거의 반응을 일으키지 않는다.

풀이 ㉮ 일반적으로 호흡기계통의 질환과 폐암을 유발시킨다.

17 대기오염물질 중에서 대기중의 체류시간이 긴 순서대로 나열된 것은?

㉮ $NO_2 > SO_2 > CO > CH_4$
㉯ $N_2 > CH_4 > CO > SO_2$
㉰ $CO > N_2 > SO_2 > CH_4$
㉱ $O_2 > N_2 > CH_4 > CO$

풀이 대기중의 체류시간은 $N_2(4 \times 10^8$년$) > O_2(6,000$년$) > CH_4(3 \sim 8$년$) > CO(1 \sim 3$개월$) > SO_2($약 4일$) > NO_2(2 \sim 5$일$)$ 순이다.

18 굴뚝 배출가스 중의 플루오르 농도를 측정한 결과 50ppm이었다. 플루오린화합물의 배출허용농도가 플루오르로 환산하여 $10\,mg/m^3$이라면 감소시켜야 할 플루오르의 양(mg/Sm^3)은? (단, 플루오르의 원자량은 19이다.)

㉮ 약 $18\,mg/Sm^3$ ㉯ 약 $32\,mg/Sm^3$
㉰ 약 $48\,mg/Sm^3$ ㉱ 약 $52\,mg/Sm^3$

풀이 mg/Sm^3
$= \left(50\,mL/Sm^3 \times \dfrac{19\,mg}{22.4\,mL}\right) - 10\,mg/m^3$
$= 32.41\,mg/Sm^3$

19 대기의 운동과 관련된 바람에 대한 설명으로 틀린 것은?

㉮ 바람에 관여하는 힘은 기압경도력, 전향력, 원심력, 마찰력이다.
㉯ 기압경도력은 연직성분과 수평성분으로 나누어지고, 기압은 고도에 따라 감소한다.
㉰ 코리올리힘은 북반구에서 오른쪽 직

answer 15 ㉯ 16 ㉮ 17 ㉯ 18 ㉯ 19 ㉱

각으로 작용하며, 운동의 방향만을 변화시키고 속도에는 아무런 영향을 미치지 않는다.
㉣ 원심력은 곡선의 바깥쪽으로 향하는 힘으로 극지방에서 최대이고 적도에서 제로(0)이다.

풀이 ㉣ 원심력은 곡선의 바깥쪽으로 향하는 힘으로 극지방에서 최소이고 적도에서 최대이다.

20 다음 식물 중 아황산가스에 대한 저항력이 가장 큰 것은?

㉮ 까치밤나무   ㉯ 포도
㉰ 단풍   ㉱ 등나무

풀이 ① SO_2에 강한식물 : 양배추, 까치밤나무, 쥐당나무, 셀러리, 소나무, 옥수수 등
② SO_2에 약한(지표)식물 : 대맥, 담배, 자주개나리(알팔파), 목화, 보리 등

| 제2과목 | 연소공학

21 다음 중 기체연료의 특징으로 틀린 것은?

㉮ 연료의 예열이 어렵고 저질연료로는 고온을 얻을 수 없다.
㉯ 부하의 변동 범위가 넓고 연소의 조절이 용이하다.
㉰ 회분이 거의 없어 먼지의 발생량이 적다.
㉱ 연소조절이 용이하고 점화 및 소화가 간단하다.

풀이 ㉮ 연료의 예열이 쉽고 저질연료로도 고온을 얻을 수 있다.

22 다음 중 공기비(m)가 클 경우 발생하는 현상으로 틀린 것은?

㉮ 연소실내 연소온도 감소
㉯ 방지시설의 용량이 커지고 에너지 손실 증가
㉰ 매연이나 검댕량의 증가
㉱ 희석효과가 높아져 연소 생성물의 농도 감소

풀이 ㉰번에 대한 설명은 공기비가 작을 경우 발생하는 현상이다.

23 다음 중 로터리킬른에 대한 설명으로 틀린 것은?

㉮ 습식가스 세정시스템과 함께 사용할 수 있다.
㉯ 드럼이나 대형용기를 파쇄하지 않고 그대로 투입할 수 있다.
㉰ 열효율이 85%~90% 정도로 높은 편이다.
㉱ 먼지의 발생량이 많은 편이다.

풀이 ㉰ 열효율이 30%~40% 정도로 낮은 편이다.

answer 20 ㉮ 21 ㉮ 22 ㉰ 23 ㉰

24 다음 중 고압공기식버너에 대한 설명으로 틀린 것은?

㉮ 용도는 제강용평로, 연속가열로 등의 대형가열로에 사용된다.
㉯ 유량조절범위가 1 : 3 정도로 아주 좁은 편이다.
㉰ 가장 좁은 각도의 긴 화염이며, 기름의 분무각도는 20°~30° 정도이다.
㉱ 증기압 또는 공기압은 2~10 kg/cm² 이다.

▶ 풀이 ㉯ 유량조절범위가 1 : 10 정도로 아주 큰 편이다.

25 촉매연소법에 대한 설명 중 틀린 것은?

㉮ 배출가스 중의 가연성 오염물질을 연소로 내에서 파라듐, 코발트 등의 촉매를 사용하여 주로 연소한다.
㉯ 주로 오염물질 양이 많을 때 및 고농도의 VOCs, 열용량이 높은 물질을 함유한 가스에 효과적으로 적용된다.
㉰ 일반적으로 구리, 금, 은, 아연, 카드뮴 등은 촉매의 수명을 단축시킨다.
㉱ 대부분의 촉매는 800~900℃ 이하에서 촉매역활이 활발하므로 촉매연소에서의 온도 상승은 50~100℃ 정도로 유지하는 것이 좋다.

▶ 풀이 ㉯ 촉매연소법은 대용량과 열용량이 높은 물질 처리에는 부적합하며, 연소온도가 낮아 질소산화물(NO_X)을 줄일 수 있다.

26 기체연료의 종류 중 액화석유가스에 대한 설명으로 틀린 것은?

㉮ LPG라 하며, 가정, 업무용으로 많이 사용되는 석유계 탄화수소가스이다.
㉯ 1기압하에서 -168℃ 정도로 냉각하여 액화시킨 연료이다.
㉰ 탄소수가 3~4개까지 포함되는 탄화수소류가 주성분이다.
㉱ 대부분 석유정제시 부산물로 얻어진다.

▶ 풀이 ㉯번에 대한 설명은 액화천연가스(LNG)에 대한 설명이다.

27 탄소, 수소의 질량조성이 각각 86%, 14%인 액체연료를 매시 100kg 연소한 경우, 배기가스 분석치가 CO_2 12.5%, O_2 3.5%, N_2 84%였다면 공기과잉계수는?

㉮ 1.2   ㉯ 1.4
㉰ 1.6   ㉱ 1.8

▶ 풀이 공기과잉계수(m)
$$= \frac{N_2\%}{N_2\% - 3.76 \times (O_2\% - 0.5CO\%)}$$
$$= \frac{84\%}{84\% - 3.76 \times 3.5\%} = 1.19$$

28 메탄올(CH_3OH) 10kg을 완전연소할 때 필요한 이론 공기량(Sm^3)은?

㉮ 20 Sm^3 ㉯ 30 Sm^3
㉰ 40 Sm^3 ㉱ 50 Sm^3

▶ 풀이 ① $CH_3OH + 1.5O_2 \rightarrow CO_2 + 2H_2O$
  32kg : 1.5 × 22.4 Sm^3

$$10\text{kg} : X(\text{산소량})$$
$$\therefore X(\text{산소량}) = \frac{10\text{kg} \times 1.5 \times 22.4\text{Sm}^3}{32\text{kg}}$$
$$= 10.5\text{Sm}^3$$

② 이론공기량(Sm^3)
$$= \text{이론산소량}(\text{Sm}^3) \times \frac{1}{0.21}$$
$$= 10.5\text{Sm}^3 \times \frac{1}{0.21} = 50.0\text{Sm}^3$$

29 공기를 이용해서 CO를 연소시킬 때 연소가스 중의 CO_2의 최대치는?

㉮ 34.7% ㉯ 29.6%
㉰ 23.5% ㉱ 19.5%

풀이 $CO + 0.5O_2 \rightarrow CO_2$
$$God = (1-0.21)A_o + CO_2\text{량}(\text{Sm}^3/\text{Sm}^3)$$
$$= (1-0.21) \times \frac{0.5}{0.21} + 1 = 2.881 \text{Sm}^3/\text{Sm}^3$$
$$CO_{2\max} = \frac{CO_2\text{량}}{God} \times 100$$
$$= \frac{1\text{Sm}^3/\text{Sm}^3}{2.881\text{Sm}^3/\text{Sm}^3} \times 100 = 34.71\%$$

TIP
Sm^3/Sm^3 = 체적비 = 갯수비

30 연료의 종류에 따른 연소 특성으로 틀린 것은?

㉮ 기체연료는 저발열량의 것으로 고온을 얻을 수 있고, 전열효율을 높일 수 있다.
㉯ 액체연료는 기체연료에 비해 적은 과잉 공기로 완전 연소가 가능하다.
㉰ 액체연료는 화재, 역화 등의 위험이 크며, 연소온도가 높아 국부가열을 일으키기 쉽다.
㉱ 액체연료의 경우 회분은 적지만, 재 속의 금속산화물이 장해원인이 될 수 있다.

풀이 ㉯ 기체연료는 액체연료에 비해 적은 과잉 공기로 완전 연소가 가능하다.

31 메탄 : 50%, 에탄 : 30%, 프로판 : 20%로 구성된 혼합가스의 폭발범위는?
(단, 메탄의 폭발범위는 5~15%, 에탄의 폭발범위는 3~12.5%, 프로판의 폭발범위는 2.1~9.5%, 르샤틀리에의 식 적용)

㉮ 1.2~8.6% ㉯ 1.9~9.6%
㉰ 2.5~10.8% ㉱ 3.4~12.8%

풀이 르샤틀리에 공식
$$\frac{100}{L} = \frac{V_1}{L_1} + \frac{V_2}{L_2} + \frac{V_3}{L_3}$$
여기서 L : 폭발범위, V : 조성비
① 하한값 : $\frac{100}{L} = \frac{50\%}{5\%} + \frac{30\%}{3\%} + \frac{20\%}{2.1\%}$
$\therefore L = 3.39\%$
② 상한값 : $\frac{100}{L} = \frac{50\%}{15\%} + \frac{30\%}{12.5\%} + \frac{20\%}{9.5\%}$
$\therefore L = 12.76\%$
③ 혼합가스의 폭발범위는 3.39%~12.76%이다.

32 석탄의 탄화도가 증가하면 감소하는 것은?

㉮ 착화온도 ㉯ 비열
㉰ 발열량   ㉱ 고정탄소

풀이 석탄의 탄화도 증가하면
① 고정탄소, 발열량, 착화온도, 연료비는 증가
② 매연 발생량, 비열, 휘발분, 수분, 산소의 양, 연소속도는 감소

answer 29 ㉮ 30 ㉯ 31 ㉱ 32 ㉯

33 CH_4 95%, O_2 5%로 조성된 가스 $1Nm^3$ 을 연소하기 위해 필요한 이론 공기량(Nm^3)은?

㉮ 약 $7.5\,Nm^3$ ㉯ 약 $8.8\,Nm^3$
㉰ 약 $9.4\,Nm^3$ ㉱ 약 $9.6\,Nm^3$

풀이 $CH_4 + 2O_2 \rightarrow CO_2 + 2H_2O$: 95%
O_2 : 5%
이론공기량(A_o)
$= \dfrac{\text{가연성분 연소시 필요한 } O_o - \text{연료중 } O_o\,(Nm^3/Nm^3)}{0.21}$
$= \dfrac{2 \times 0.95 - 0.05}{0.21} = 8.81\,Nm^3/Nm^3$

34 탄소 : 79%, 수소 : 14%, 황 : 3.5%, 산소 : 2.2%, 수분 : 1.3%로 구성된 연료의 저위발열량은? (단, Dulong 식 적용)

㉮ 9,100 kcal/kg
㉯ 9,700 kcal/kg
㉰ 10,400 kcal/kg
㉱ 11,200 kcal/kg

풀이 ① Dulong 식을 이용해 고위발열량(Hh)을 계산한다.
$Hh = 8,100C + 34,000\left(H - \dfrac{O}{8}\right) + 2,500S\,(kcal/kg)$
$= 8,100 \times 0.79 + 34,000 \times \left(0.14 - \dfrac{0.022}{8}\right) + 2,500 \times 0.035$
$= 11,153\,kcal/kg$
② 저위발열량(Hl)을 계산한다.
$Hl = Hh - 600(9H + W)\,(kcal/kg)$
$= 11,153\,kcal/kg - 600 \times (9 \times 0.14 + 0.013)$
$= 10,389.2\,kcal/kg$

TIP
Dulong식은 고위발열량 구하는 공식임에 주의해야 합니다.

35 어느 보일러에서 시간당 1톤의 중유 연소시 배출가스 중 SO_2 배출량이 10 Sm^3/hr였다면 이 중유의 S(%)함량은? (단, 중유의 황성분은 모두 SO_2로 배출된다고 가정하고, 질량% 기준)

㉮ 0.86% ㉯ 1.43%
㉰ 2.41% ㉱ 3.24%

풀이 $S + O_2 \rightarrow SO_2$
32kg : $22.4\,Sm^3$
$1,000\,kg/hr \times \dfrac{S\%}{100}$: $10\,Sm^3/hr$
$\therefore S = \dfrac{32kg \times 10\,Sm^3/hr \times 100}{1,000kg \times 22.4\,Sm^3} = 1.43\%$

36 탄소 87%, 수소 13%의 경유 1kg을 공기비 1.3으로 완전연소시켰을 때, 실제 건조 연소가스 중 CO_2 농도(%)는?

㉮ 10.1% ㉯ 11.7%
㉰ 18.3% ㉱ 13.8%

풀이 ① 이론공기량(A_o)
$= 8.89C + 26.67\left(H - \dfrac{O}{8}\right) + 3.33S\,(Sm^3/kg)$
$= 8.89 \times 0.87 + 26.67 \times 0.13$
$= 11.2014\,Sm^3/kg$
② 실제건연소가스량(Gd))
$= mA_o - 5.6H + 0.7O + 0.8N\,(Sm^3/kg)$
$= 1.3 \times 11.2014\,Sm^3/kg - 5.6 \times 0.13$
$= 13.8338\,Sm^3/kg$
③ $CO_2(\%) = \dfrac{1.867 \times C\,(Sm^3/kg)}{Gd\,(Sm^3/kg)} \times 100$
$= \dfrac{1.867 \times 0.87\,Sm^3/kg}{13.8338\,Sm^3/kg} \times 100$
$= 11.74\%$

answer 33 ㉯ 34 ㉰ 35 ㉯ 36 ㉯

37 1,000초 동안 반응물의 1/2이 분해되었다면 반응물이 1/250이 남을 때까지는 얼마의 시간이 필요한가? (단, 1차반응 기준)

㉮ 약 6,650초 ㉯ 약 6,950초
㉰ 약 7,470초 ㉱ 약 7,970초

풀이 1차반응식 : $\ln\dfrac{C_t}{C_o} = -k \times t$

여기서 C_o : 초기농도
C_t : t시간 후 농도
k : 상수
t : 시간

① $\ln\dfrac{1}{2} = -k \times 1,000\,sec$

∴ $k = \dfrac{\ln\dfrac{1}{2}}{-1,000\,sec} = 0.000693/sec$

② $\ln\dfrac{1}{250} = -0.000693/sec \times t$

∴ $t = \dfrac{\ln\dfrac{1}{250}}{-0.000693/sec} = 7,967.48\,sec$

38 기체연료의 연소방식 중 확산연소에 대한 설명으로 틀린 것은?

㉮ 기체연료와 연소용 공기를 버너에서 혼합한다.
㉯ 확산연소에서 사용되는 버너로는 포트형과 버너형이 있다.
㉰ 그을음의 발생이 쉽다.
㉱ 역화의 위험이 없으며, 공기를 예열할 수 있다.

풀이 ㉮번의 설명은 예혼합연소법이며, 확산연소법은 버너 내에서 공기와 혼합시키지 않고 버너노즐에서 연료가스를 분사하고 연료와 공기를 일정속도로 혼합하여 연소하는 방법이다.

39 석유계 액체연료의 탄수소비(C/H)에 대한 설명으로 틀린 것은?

㉮ C/H비가 클수록 이론공연비는 증가한다.
㉯ C/H비가 클수록 방사율이 크다.
㉰ 중질연료일수록 C/H비가 크다.
㉱ C/H비가 크면 비교적 비점이 높은 연료는 매연이 발생되기 쉽다.

풀이 ㉮ C/H비가 클수록 이론공연비는 감소한다.

40 폭굉유도거리가 짧아지는 요건으로 틀린 것은?

㉮ 관속에 방해물이 있거나 관내경이 작을수록 짧아진다.
㉯ 압력이 낮을수록 짧아진다.
㉰ 점화원의 에너지가 강할수록 짧아진다.
㉱ 정상의 연소속도가 큰 혼합가스일 경우 짧아진다.

풀이 ㉯ 압력이 높을수록 짧아진다.

answer 37 ㉱ 38 ㉮ 39 ㉮ 40 ㉯

| 제3과목 | 대기오염방지기술

41 후드의 일반적인 흡인방법과 설치요령에 대한 내용으로 틀린 것은?

㉮ 충분한 포착속도를 유지한다.
㉯ 국부적인 흡인방식을 채택한다.
㉰ 후드의 개구면적은 가능한 크게 한다.
㉱ 후드를 가능하면 발생원에 근접시킨다.

풀이 ㉰ 후드의 개구면적은 가능한 작게 한다.

42 휘발성인 에탄올을 물에 녹인 용액의 증기압은 물의 증기압보다 높다. 그러나 비휘발성인 설탕을 물에 녹인 용액인 설탕물의 증기압은 물보다 낮아진다는 법칙은?

㉮ 라울트 법칙
㉯ 헨리법칙
㉰ 슐츠-하디 법칙
㉱ 기체확산법칙

풀이 ㉮ 라울트의 법칙이며, 핵심 내용인 "증기압=라울트의 법칙"임을 숙지하시면 됩니다.

43 다음 중 점도에 대한 설명으로 틀린 것은?

㉮ 점도는 유체의 이동에 따라 발생하는 일종의 저항이다.
㉯ 액체의 점도는 온도가 상승하면 낮아진다.
㉰ 기체의 경우 점도의 원인은 분자의 수직이동 운동량이다.
㉱ 기체의 점도는 온도가 상승하면 낮아진다.

풀이 ㉱ 기체의 점도는 온도가 상승하면 증가한다.

44 원형관에서 압력손실에 대한 설명으로 틀린 것은?

㉮ 길이가 길수록 압력손실은 커진다.
㉯ 유속이 클수록 압력손실이 커진다.
㉰ 직경이 클수록 압력손실이 작아진다.
㉱ 곡관이 많을수록 압력손실이 작아진다.

풀이 ㉱ 곡관이 많을수록 압력손실이 커진다.

TIP

압력손실(ΔP) = $\lambda \times \dfrac{L}{D} \times \dfrac{r \times V^2}{2 \times g}$ (mmH$_2$O)

45 다음 중 악취(냄새)물질에 대한 설명으로 틀린 것은?

㉮ 냄새물질이 비교적 저분자인 것은 휘발성이 높은 것을 의미한다.
㉯ 골격이 되는 탄소수는 저분자일수록 관능기 특유의 냄새가 강하고 자극적이나 8~13에서 가장 향기가 강하다.
㉰ 냄새를 일으키는 물질은 적외선을 강하게 흡수한다.
㉱ 분자내 수산기의 수는 1개일 때 가장 약하고 수가 증가하면 강해진다.

풀이 ㉱ 분자내 수산기의 수는 1개일 때 가장 강하고 수가 증가하면 약해져서 무취에 이른다.

answer 41 ㉰ 42 ㉮ 43 ㉱ 44 ㉱ 45 ㉱

46 다음 중 물리적 흡착에 대한 설명으로 틀린 것은?

㉮ 결합에너지는 액체분자 사이의 인력과 비슷하다.
㉯ 다분자흡착이며 흡착제의 재생이나 오염가스의 회수에 용이하다.
㉰ 흡착온도를 증가시키면 평형 흡착량은 증가한다.
㉱ 압력을 감소시키면 흡착물질이 흡착제로부터 분리되는 가역적 반응이다.

풀이 ㉰ 흡착온도를 증가시키면 평형 흡착량은 감소한다.

47 다음 중 전기집진장치에서 발생하는 역전리현상의 원인이 아닌 것은?

㉮ 미분탄 연소 시
㉯ 배기가스의 점성이 클 때
㉰ 먼지 비저항이 너무 클 때
㉱ 입구의 유속이 클 때

풀이 ㉱번의 설명은 재비산현상의 원인이다.

48 송풍기 회전판 회전에 의하여 집진장치에 공급되는 세정액이 미립자로 만들어져 집진하는 원리를 가진 회전식 세정집진장치에서 직경이 10cm인 회전판이 8,600rpm으로 회전할 때 형성되는 물방울의 직경(μm)은?

㉮ 93
㉯ 104
㉰ 208
㉱ 316

풀이 $dw = \dfrac{200}{N \times \sqrt{R}} \times 10^4$

여기서 dw : 물방울 직경(μm)
N : 회전수(rpm = 회/min)
R : 반경(cm)

따라서 $dw = \dfrac{200}{8,600 \text{rpm} \times \sqrt{5\text{cm}}} \times 10^4$
$= 104.00 \mu m$

49 사이클론에서 입자의 분리속도와 반비례하는 영향인자는?

㉮ 입자의 직경
㉯ 입자의 밀도
㉰ 원통부의 반경
㉱ 함진가스의 선회속도

풀이 ㉰ 원통부의 반경(또는 직경)이 크면 분리속도는 작아진다.

50 여과집진장치의 탈진방식 중 간헐식에 대한 설명으로 틀린 것은?

㉮ 연속식에 비하여 먼지의 재비산이 적고 높은 집진율을 얻을 수 있다.
㉯ 여러 개의 방으로 구분하고 방 하나씩 처리가스의 흐름을 차단하여 순차적으로 탈진하는 방식이다.
㉰ 간헐식 중 진동형은 음파진동, 횡진동, 상하진동에 의해 포집된 먼지층을 털어내는 방식으로 접착성 먼지의 집진에는 사용할 수 없다.
㉱ 간헐식 중 가압형은 고압의 충격제트 기류를 먼지층에 분사하고 압력에 의해 먼지층을 털어내는 방식으로 최근 사용이 늘어나고 있다.

풀이 ㉱번의 설명은 연속식 중 가압형에 대한 설명이다.

answer 46 ㉰ 47 ㉱ 48 ㉯ 49 ㉰ 50 ㉱

51 VOCs를 제어하기 위한 막기술의 주요 설계인자로 가장 알맞는 것은?

㉮ 연소온도
㉯ 침투속도
㉰ 승화 및 수화물질 제어속도
㉱ 액체 및 고체 평형 제어속도

풀이 휘발성유기화합물(VOCs)을 제어하기 위한 막기술의 주요 설계인자는 침투속도이다.

52 사이클론의 반경이 50cm인 원심력 집진장치에서 입자의 접선방향속도가 10m/sec이라면 분리계수는?

㉮ 10.2   ㉯ 20.4
㉰ 34.5   ㉱ 40.9

풀이 분리계수(S) = $\dfrac{v^2}{Rg}$

$= \dfrac{(10 \text{m/sec})^2}{0.5\text{m} \times 9.8\text{m/sec}^2} = 20.41$

53 사이클론에서 가스 유입속도를 2배로 증가시키고, 입구폭을 4배로 늘리면 50% 효율로 집진되는 입자의 직경, 즉 Lapple의 절단입경(d_{p50})은 처음에 비해 어떻게 변화되겠는가?

㉮ 처음의 2배
㉯ 처음의 $\sqrt{2}$ 배
㉰ 처음의 $\dfrac{1}{2}$ 배
㉱ 처음의 $\dfrac{1}{\sqrt{2}}$ 배

풀이 $dp_{50} = \sqrt{\dfrac{9 \times \mu \times B}{2 \times \pi \times V \times (\rho_s - \rho) \times N}} \times 10^6 (\mu m)$

따라서 $dp_{50} = \sqrt{\left(\dfrac{B}{V}\right)} = \sqrt{\left(\dfrac{4B}{2V}\right)} = \sqrt{2}$ 배

54 Co-Ni-Mo을 수소첨가촉매로 하여 250~450℃에서 30~150 kg/cm² 의 압력을 가하여 H_2S, S, SO_2 형태로 제거하는 중유 탈황법은?

㉮ 직접탈황법   ㉯ 흡착탈황법
㉰ 활성탈황법   ㉱ 산화탈황

풀이 ㉮ 직접탈황법에 대한 설명이다.

55 배출되는 플루오린화합물 처리에 대한 설명으로 틀린 것은?

㉮ 물에 대한 용해도가 비교적 크므로 수세에 의한 처리가 적당하다.
㉯ 충전탑과 같은 세정장치가 적절하다.
㉰ 스프레이 탑을 사용할 때에 분무 노즐의 막힘이 없도록 보수관리에 주의가 필요하다.
㉱ 처리 중 고형물을 생성하는 경우가 많다.

풀이 ㉯ 충전탑은 부식성 물질에 의해 고형물이 생성되어 공극을 막을 우려가 있으므로 사용할 수 없고, 분무탑이나 제트스크러버를 사용한다.

56 습식배연탈황법인 습식석회석-석고 탈황법에서 스캘링(Scaling)방지 방안으로 적절치 않는 것은?

㉮ 흡수액 슬러리 중의 석고농도를 낮게 유지하여 석고의 결정화를 방지한다.
㉯ 흡수액량을 많게 탑내에서의 결착을

answer 51 ㉯ 52 ㉯ 53 ㉯ 54 ㉮ 55 ㉯ 56 ㉮

방지한다.
- ㉰ 순환액의 pH값 변동을 적게 한다.
- ㉱ 탑내에 내장물을 가능한 한 설치하지 않는다.

풀이 ㉮ 흡수탑 순환액에 산화탑에서 생성한 석고를 반송하고 흡수액 슬러리 중의 석고농도를 5% 이상으로 유지하여 석고의 결정화를 촉진시킨다.

57 전기집진장치의 장·단점으로 틀린 것은?

㉮ 다른 고효율 집진장치에 비해 압력손실이 적다.
㉯ 소요동력이 적고 유지관리비가 적게 든다.
㉰ 부식 및 부착가스의 영향이 크다.
㉱ 집진효율이 서서히 저감된다.

풀이 ㉰ 부식 및 부착가스의 영향이 작다.

58 다음 중 여과집진장치에 대한 설명으로 틀린 것은?

㉮ 세정집진장치보다 압력손실과 동력소모가 작다.
㉯ 수분이나 여과속도에 대한 적응성이 낮다.
㉰ 다양한 여과재의 사용으로 인하여 설계시 융통성이 있다.
㉱ 폭발성, 점착성, 흡습성 먼지의 제거가 용이하다.

풀이 ㉱ 폭발성, 점착성, 흡습성 먼지의 제거가 어렵다.

59 다음 중 제트 스크러버에 대한 설명으로 틀린 것은?

㉮ 가스량이 많을 경우에 효과가 높은 편이다.
㉯ 송풍기를 사용하지 않는다.
㉰ 수량이 많아 동력비가 많이 소요된다.
㉱ 액가스비가 10~50 L/m³ 정도이다.

풀이 ㉮ 가스량이 많을 경우에는 효과가 낮은 편이다.

60 다음 중 벤츄리스크러버 적용 시 액가스비를 크게 하는 요인으로 틀린 것은?

㉮ 처리가스의 온도가 높을 때
㉯ 먼지의 농도가 높을 때
㉰ 먼지입자의 친수성이 높을 때
㉱ 먼지입자의 점착성이 클 때

풀이 ㉰ 먼지입자의 친수성이 낮을 때

| 제4과목 | 대기오염공정시험기준

61 연료용 유류 중의 황 함유량을 측정하기 위한 분석법은?

㉮ 방사선식 여기법
㉯ 자동 연속 열탈착 분석법
㉰ 테들라 백-열 탈착법
㉱ 몰린형광광도법

풀이 유류 중의 황 함유량 분석방법에는 연소관식 공기법과 방사선식 여기법이 있다.

answer 57 ㉰ 58 ㉱ 59 ㉮ 60 ㉰ 61 ㉮

62 배출가스 중 카드뮴을 분석하는 방법으로 알맞은 것은?

㉮ 원자흡수분광광도법
㉯ 이온크로마토그래피
㉰ 기체크로마토그래피
㉱ 자외선/가시선분광법

풀이 배출가스 중 카드뮴을 분석하는 방법에는 원자흡수분광광도법, 유도결합플라스마/원자발광분광법이 있다.

63 자외선/가시선분광법에서 자외부의 광원으로 주로 사용되는 것은?

㉮ 텅스텐램프   ㉯ 중공음극램프
㉰ 열음극램프   ㉱ 중수소방전관

풀이 자외선/가시선분광법의 광원
① 가시부와 근적외부 : 텅스텐램프
② 자외부 : 중수소방전관

64 기체크로마토그래피의 분리관 효율은 이론단수 또는 1이론단에 해당하는 분리관의 길이(HETP)로 표시한다. 어느 분리관의 머무름시간(tR)이 10분, 봉우리의 좌우 변곡점에서 접선이 자르는 바탕선의 길이(W) 10mm, 기록지 이동속도 5mm/min이었다면 이론단수는?

㉮ 400   ㉯ 800
㉰ 1,600 ㉱ 2,400

풀이 $n = 16 \times \left(\dfrac{tR}{W}\right)^2$
여기서 n : 이론단수
W : 봉우리의 폭(mm)
tR : 기록지의 이동속도(mm/min)

따라서 이론단수 $= 16 \times \left(\dfrac{5\text{mm/min} \times 10\text{min}}{10\text{mm}}\right)^2$
$= 400$

TIP
tR = 기록지의 이동속도(mm/min)×머무름시간(min)

65 환경 대기 중의 질소산화물을 측정하는 자동연속측정법으로 틀린 것은?

㉮ 자외선형광법   ㉯ 살츠만법
㉰ 화학발광법   ㉱ 흡광차분광법

풀이 환경대기 중 질소산화물의 자동연속측정법에는 화학발광법(주시험방법), 살츠만법, 흡광차분광법, 야콥스호흐하이저법이 있다.

66 일반적으로 사용하는 고정상 액체의 종류 중 실리콘계에 해당하지 않는 것은?

㉮ 스쿠아란   ㉯ 메틸실리콘
㉰ 사이아노실리콘 ㉱ 플루오린화규소

풀이 ㉮ 스쿠아란은 탄화수소계에 해당한다.

67 배출가스 중 비소화합물의 분석방법인 수소화물생성 원자흡수분광광도법에 대한 내용으로 틀린 것은?

㉮ 시료용액 중의 비소를 수소화비소로 하여 아르곤-수소 불꽃 중에 도입하고 비소에 의한 원자흡수를 파장 228.8nm에서 측정하여 비소를 정량한다.
㉯ 정량범위는 0.003ppm 이상(시료용액 250mL, 건조시료가스량 1 Sm^3인 경우)이다.

answer 62 ㉮ 63 ㉱ 64 ㉮ 65 ㉮ 66 ㉮ 67 ㉮

㉰ 방법검출한계는 0.001ppm이며, 정밀도는 10% 이하이다.

㉱ 비소화합물 중 일부는 휘발성이 있어 채취 시료를 전처리하는 동안 비소의 손실 가능성이 있으므로 주의하여야 한다.

풀이 ㉮ 시료용액 중의 비소를 수소화비소로 하여 아르곤-수소 불꽃 중에 도입하고 비소에 의한 원자흡수를 파장 193.7nm에서 측정하여 비소를 정량한다.

68 특정발생원에서 일정한 연도를 거치지 않고 외부로 비산되는 먼지를 고용량 공기시료채취기로 측정한 바 다음과 같은 결과를 얻었다. 이때 비산먼지의 농도(mg/Sm^3)는? (단, 최고 먼지농도 : 65 mg/Sm^3, 풍향 보정계수 : 1.5, 대조위치의 먼지농도 : 0.23 mg/Sm^3, 풍속 보정계수 : 1.2이다.)

㉮ 87   ㉯ 94
㉰ 102   ㉱ 117

풀이 $C = (C_H - C_B) \times W_D \times W_S$
여기서 C_H : 최고 먼지농도(mg/Sm^3)
C_B : 대조위치에서의 먼지농도(mg/Sm^3)
W_D, W_S : 풍향, 풍속 측정 결과로부터 구한 보정계수
따라서 $C = (65 - 0.23) mg/Sm^3 \times 1.5 \times 1.2$
$= 116.59 mg/Sm^3$

TIP
(1) 풍향에 대한 보정계수
① 주풍향이 90° 이상 : 1.5
② 주풍향이 45°~90° : 1.2
③ 주풍향이 45°미만 : 1.0
(2) 풍속에 대한 보정계수
① 전 채취시간의 50% 이상 : 1.2
② 전 채취시간의 50% 미만 : 1.0

69 대기시험의 일반시험법에 대한 설명 중 틀린 것은?

㉮ '약'이란 그 무게 또는 부피에 대하여 ±10% 이상의 차가 있어서는 안된다.

㉯ '정확히 단다'라 함은 규정한 양의 검체를 취하여 분석용 저울로 0.1mg까지 다는 것을 뜻한다.

㉰ '항량이 될 때까지 건조한다. 또는 강열한다'라 함은 따로 규정이 없는 한 보통의 건조방법으로 1시간 더 건조 또는 강열할 때 전후무게의 차가 0.3mg 이하일 때를 뜻한다.

㉱ 액체성분의 양을 '정확히 취한다'라 함은 홀피펫, 부피플라스크 또는 이와 동등 이상의 정도를 갖는 용량계를 사용하여 조작하는 것을 뜻한다.

풀이 ㉰ '항량이 될 때까지 건조한다. 또는 강열한다'라 함은 따로 규정이 없는 한 보통의 건조방법으로 1시간 더 건조 또는 강열할 때 전후무게의 차가 매 g당 0.3mg 이하일 때를 뜻한다.

70 굴뚝 배출가스 중 총탄화수소측정에 대한 설명으로 틀린 것은?

㉮ 총탄화수소 분석기는 배출가스 중 총탄화수소를 분석하기 위한 배출가스 측정기로써 형식승인을 받은 분석기기를 사용한다.

㉯ 교정가스 주입장치는 제로 및 교정가스를 주입하기 위해서는 3방콕크나 순간연결장치를 사용한다.

㉰ 반응시간은 오염물질농도의 단계변화에 따라 최종값의 50% 이상에 도달하는 시간을 말한다.

㉱ 기록계를 사용하는 경우에는 최소 4회

answer 68 ㉱ 69 ㉰ 70 ㉰

/min가 되는 기록계를 사용한다.

풀이 ㉰ 반응시간은 오염물질농도의 단계변화에 따라 최종값의 90% 이상에 도달하는 시간을 말한다.

71 원자흡수분광광도법에 있어서 목적원소에 의한 흡광도 A_S와 표준원소에 의한 흡광도 A_R와의 비를 구하고 A_S/A_R 값과 표준물질 농도와의 관계를 그래프에 작성하여 검량선을 만들어 시료중의 목적원소 농도를 구하는 것은?

㉮ 표준물첨가법 ㉯ 상대검정곡선법
㉰ 외부표준법   ㉱ 절대검정곡선법

풀이 ㉯ 상대검정곡선법에 대한 설명이며, 핵심 내용은 "A_S/A_R 값과 표준물질농도와의 관계를 그래프에 작성=상대검정곡선법"임을 숙지하시면 됩니다.

72 어느 보일러 굴뚝내의 배출가스 밀도가 $1.2 kg/m^3$, 피토우관에서의 동압이 $0.2 inH_2O$일 때 굴뚝의 배출가스 유속은? (단, 피토우관 계수 : 0.84)

㉮ 5.60m/sec   ㉯ 7.65m/sec
㉰ 8.38m/sec   ㉱ 9.10m/sec

풀이 1 inch = 2.54cm = 25.4mm

따라서 $0.2 inH_2O \times \dfrac{25.4mm}{1 inch} = 5.08 mmH_2O$

유속(V) $= C \times \sqrt{\dfrac{2gh}{r}}$

$= 0.84 \times \sqrt{\dfrac{2 \times 9.8 m/sec^2 \times 5.08 mmH_2O}{1.2 kg/m^3}}$

$= 7.65 m/sec$

73 대기오염공정시험기준 상 분석대상 물질에 대한 흡수액이 수산화소듐용액이 아닌 것은?

㉮ 이황화탄소   ㉯ 플루오린 화합물
㉰ 염화수소   ㉱ 브로민 화합물

풀이 ㉮ 이황화탄소의 흡수액은 다이에틸아민구리용액이다.

74 배출가스 중 플루오린화합물의 분석방법으로 틀린 것은?

㉮ 자외선/가시선분광법
㉯ 이온크로마토그래피
㉰ 이온선택전극법
㉱ 기체크로마토그래피

풀이 배출가스 중 플루오린화합물의 분석방법에는 자외선/가시선분광법(란타넘-알리자린콤플렛 손법), 이온크로마토그래피, 이온선택전극법, 연속흐름법이 있다.

75 원자흡수분광광도법 적용 시 사용되는 용어의 정의로 틀린 것은?

㉮ 근접선 : 목적하는 스펙트럼선에 가까운 파장을 갖는 다른 스펙트럼선
㉯ 선프로파일 : 파장에 대한 스펙트럼선의 강도를 나타내는 곡선
㉰ 충전가스 : 불꽃 단락을 방지하기 위해 분무버너에 채우는 가스
㉱ 다연료 불꽃 : 가연성가스/조연성가스의 값을 크게 한 불꽃

풀이 ㉰ 충전가스 : 중공음극램프에 채우는 가스

answer 71 ㉯ 72 ㉯ 73 ㉮ 74 ㉱ 75 ㉰

76 배출가스 중 산소측정 방법에서 자기식 산소측정기의 자기풍분석계의 구성인자로 틀린것은?

㉮ 측정셀 ㉯ 열선소자
㉰ 자극증폭기 ㉱ 담벨

풀이 자기식 산소측정기의 자기풍분석계의 구성인자에는 측정셀, 비교셀, 열선소자, 자극증폭기 등으로 구성되어 있다.

77 침전적정법-아르세나죠Ⅲ법으로 황산화물을 측정할 때 사용하는 흡수액은?

㉮ 다이에틸아민구리용액
㉯ 과산화수소용액
㉰ 수산화소듐용액
㉱ 황산용액

풀이 침전적정법-아르세나죠Ⅲ법으로 황산화물을 측정할 때 흡수액은 과산화수소용액(1+9)이다.

78 배출가스 중 페놀화합물의 분석방법인 자외선/가시선분광법 – 4-아미노안티피린법에 대한 내용으로 틀린 것은?

㉮ 배출가스 중 페놀화합물을 수산화소듐 용액으로 흡수하고 완충 용액을 첨가하여 pH를 조절한다.
㉯ 4-아미노안티피린 용액과 헥사사이아노철(Ⅲ)산포타슘 용액을 첨가하고 페놀화합물과 반응하여 생성하는 안티피린계 색소의 흡광도를 파장 510nm에서 측정하여 페놀화합물을 정량한다.
㉰ 시료채취량이 20L이고 분석용 시료용액의 양이 200mL 인 경우, 정량범위는 1.00ppm 이상이며, 방법검출한계는 0.32ppm이다.
㉱ 배출가스 중 염소, 브로민 등의 산화성가스 또는 이산화황 등의 환원성가스가 공존하여도 영향을 받지 않는다.

풀이 ㉱ 배출가스 중 염소, 브로민 등의 산화성가스 또는 이산화황 등의 환원성가스가 공존하면 영향을 받으므로 그 영향을 무시하거나 제거할 수 있는 경우에 적용한다.

79 황화수소를 자외선/가시선분광법-메틸렌블루법으로 측정할 때 흡광도의 측정파장은?

㉮ 470nm ㉯ 510nm
㉰ 670nm ㉱ 880nm

풀이 황화수소를 자외선/가시선분광법-메틸렌블루법으로 측정할 때 메틸렌블루의 흡광도를 670nm 부근에서 측정한다.

80 비분산적외선분광분석법에 대한 설명으로 틀린 것은?

㉮ 선택성 검출기를 이용하여 시료중의 특정성분에 대한 적외선 흡수량 변화를 측정한다.
㉯ 광원은 원칙적으로 니크로뮴선 또는 탄화규소의 저항체에 전류를 흘려 가열한 것을 사용한다.
㉰ 분석계의 최저눈금값을 교정하기 위하여 제로가스를 사용한다.
㉱ 비분산형적외선분석기는 교호단속분석기와 동시단속분석기로 분류한다.

풀이 ㉱ 비분산형적외선분석기는 단광속분석기와 복광속분석기로 분류한다.

answer 76 ㉱ 77 ㉯ 78 ㉱ 79 ㉰ 80 ㉱

2023 4회 CBT 복원문제

제1과목 | 대기환경관리

01 다음 특정물질 중 오존층 파괴지수가 가장 큰 것은?

㉮ CFC-113
㉯ CFC-114
㉰ Halon-1211
㉱ Halon-1301

풀이 오존층 파괴지수
㉮ CFC-113 : 0.8
㉯ CFC-114 : 1.0
㉰ Halon-1211 : 3.0
㉱ Halon-1301 : 10.0

02 다음 ( )안에 들어갈 말로 알맞은 것은?

- (㉠)의 특수파장을 흡수해 온실기체로 작용하고 있다.
- (㉡)는 지표부근 대기 중 농도가 약 1.5ppm으로 알려져 있다.
- 해당 가스는 미생물의 유기물 분해작용에 의해서 발생하기도 하지만, 농·축산업에서도 많이 배출된다.

㉮ ㉠ 자외선, ㉡ CH_4
㉯ ㉠ 자외선, ㉡ CO_2
㉰ ㉠ 적외선, ㉡ CH_4
㉱ ㉠ 적외선, ㉡ CO_2

03 광화학물질인 PAN에 대한 설명 중 올바른 것은?

㉮ 하루 중 PAN의 농도는 한낮에 최저로 된다.
㉯ 식물의 영향은 잎의 밑부분이 은동색 또는 청동색이 되고, 생활력이 왕성한 초엽에 피해가 작다.
㉰ 눈에 통증을 일으키며 빛을 분산시키므로 가시거리를 증가시킨다.
㉱ PAN의 분자식은 CH_3COONO_2 이다.

풀이 ㉮ 하루 중 PAN의 농도는 한낮에 최고가 된다.
㉯ 식물의 영향은 잎의 밑부분이 은동색 또는 청동색이 되고, 생활력이 왕성한 초엽에 피해가 크다.
㉰ 눈에 통증을 일으키며 빛을 분산시키므로 가시거리를 단축시킨다.

04 광화학반응과 관련한 오염물질의 일반적인 설명으로 알맞은 것은?

㉮ 교통량이 많은 아침 출근시간대에 하루 중 NO_2 농도가 최고치를 나타낸다.
㉯ 배출된 NO는 대기 중의 산소와 반응하여 1~2시간 정도 후에 NO_2 농도가 하루 중 최고치를 나타낸다.
㉰ O_3의 농도 그래프는 시간에 따라 NO_2의 농도 그래프와 똑같은 모양을 보인다.
㉱ 한낮에 NO_2의 농도는 하루 중 최고치를 나타내며, 이때 O_3의 농도는 최저농

answer 01 ㉱ 02 ㉰ 03 ㉱ 04 ㉯

도에 도달한다.

풀이 ㉮ 교통량이 많은 아침 출근시간대에 하루 중 NO 농도가 최고치를 나타낸다.
㉯ O_3의 농도 그래프는 시간에 따라 NO_2의 농도 그래프와 다른 모양을 보인다.
㉰ 오전에 NO_2의 농도는 하루 중 최고치를 나타내며, O_3의 농도는 한낮에 최고농도에 도달한다.

TIP
① 질소산화물인 NO는 이른아침(6시 전후) 출근시간대에 최고농도를 나타내며, NO_2는 그로부터 2시간 후(8시 전후) 최고농도를 나타낸다.
② 오존(O_3)은 광화학반응이 가장 왕성한 한낮(오전 10시~오후 4시)에 최고농도를 나타낸다.

05 2,000m에서 대기압력(최초 기압)이 805mbar, 온도가 5℃, 비열비 K가 1.4일 때 온위(potential temperature)는?
(단, 표준압력은 1,000mbar)

㉮ 약 284K   ㉯ 약 289K
㉰ 약 296K   ㉱ 약 324K

풀이 온위$(\theta) = T \times \left(\dfrac{1,000}{P}\right)^{0.288}$
$= (273+5℃)K \times \left(\dfrac{1,000mb}{805mb}\right)^{0.288}$
$= 295.92 K$

06 다음 중 삼원촉매반응을 이용해서 처리할 수 없는 물질은?

㉮ SO_2 ㉯ HC
㉰ NO_X ㉱ CO

풀이 가솔린 자동차의 삼원촉매장치
① CO, HC $\xrightarrow{\text{산화촉매}}_{\text{Pt, Pd}}$ CO_2로 산화처리

② NO_X $\xrightarrow{\text{환원촉매}}_{\text{Rh}}$ N_2로 환원처리

07 다음 중 오존에 대한 설명으로 틀린 것은?

㉮ 대기 중 오존의 배경농도는 0.01~0.02ppm 정도이다.
㉯ 대기 중에서 야간에 NO_2와 반응하여 생성된다.
㉰ 북극보다 남극에 더 큰 피해를 준다.
㉱ 오존총량은 적도상에서는 약 200돕슨, 극지방에서는 약 400돕슨 정도인 것으로 알려져 있다.

풀이 ㉯ 대기 중에서 주간에 NO_2와 반응하여 생성된다.

08 지상 50m에서의 온도가 23℃, 지상 10m에서의 온도가 23.3℃일 때, 대기안정도는?

㉮ 미단열   ㉯ 과단열
㉰ 안정   ㉱ 중립

풀이 실측기온감율 $= \dfrac{\Delta T}{\Delta Z} = \dfrac{23℃-23.3℃}{50m-10m}$
$= \dfrac{-0.0075}{1m} = \dfrac{-0.75}{100m}$ 이고
건조단열감율 $= \dfrac{-0.98℃}{100m}$ 이므로 두 개의 값을 비교하면 실측기온감율(r) < 건조단열감율(rd)이 되므로 대기안정도는 미단열조건(약한 안정)이다.

answer 05 ㉰ 06 ㉮ 07 ㉯ 08 ㉮

09 표준상태에서 SO_2 10ppm이라면, 200℃, 10기압에서 SO_2의 농도(mg/m^3)는?

㉮ 약 35 ㉯ 약 65
㉰ 약 165 ㉱ 약 265

풀이
$$mg/m^3 = 10\,mL/Sm^3 \times \frac{64\,mg}{22.4\,mL}$$
$$\times \frac{273}{273+200℃} \times \frac{10\,atm}{1\,atm}$$
$$= 164.91\,mg/m^3$$

TIP
① $ppm = mL/Sm^3 = mL/Nm^3$
② $SO_2\ 1mol\begin{cases}64\,mg \\ 22.4\,mL\end{cases}$

10 다음 중 유효굴뚝높이(Effective stack height)를 상승시키는 방법으로 틀린 것은?

㉮ 배출가스의 토출속도를 증가시킨다.
㉯ 배출가스의 양을 증가시킨다.
㉰ 굴뚝 배출구의 직경을 작게 한다.
㉱ 배출가스의 온도를 낮춘다.

풀이 ㉱ 배출가스의 온도를 높인다.

11 다음에서 설명하는 오염물질로 가장 적합한 것은?

- 부드러운 청회색의 금속으로 밀도가 크고 내식성이 강하다.
- 소화기로 섭취되면 대략 10% 정도가 소장에서 흡수되고, 나머지는 대변으로 배출된다. 세포내에서는 SH기와 결합하며 헴(heme)합성에 관여하는 효소 등 여러 효소작용을 방해한다.

- 인체에 축적되면 적혈구 합성을 방해하며, 심하면 복통, 빈혈, 구토를 일으키며 뇌세포에 손상을 준다.

㉮ Cr ㉯ Hg
㉰ Pb ㉱ Al

풀이 ㉰ 납(Pb)에 대한 설명이며, 핵심 내용인 "적혈구 합성 방해, 복통, 빈혈, 구토 유발=납(Pb)"임을 숙지하시면 됩니다.

12 LA 스모그에 대한 설명으로 틀린 것은?

㉮ 적외선을 받아, 광화학적 환원반응으로 발생한다.
㉯ 주 오염원은 자동차 배기가스이다.
㉰ 주로 여름이나 한낮에 자주 발생한다.
㉱ 기온이 24℃ 이상이고 습도가 70% 이하로 낮은 상태일 때 잘 발생한다.

풀이 ㉮ 자외선을 받아, 광화학적 산화반응으로 발생한다.

13 다음 중 2차 대기오염물질에 해당하는 것은?

㉮ H_2S ㉯ O_3
㉰ NH_3 ㉱ $(CH_3)_2S$

풀이 ㉯번은 2차 대기오염물질이고, ㉮, ㉰, ㉱는 1차 대기오염물질이다.

answer 09 ㉰ 10 ㉱ 11 ㉰ 12 ㉮ 13 ㉯

14 자동차에서 배출되는 배기가스에 대한 설명으로 틀린 것은?

㉮ 일반적으로 자동차의 주요 배출 유해가스는 CO, NO_X, HC 등이다.
㉯ 휘발유 자동차의 경우, CO는 가속시, HC는 정속 시, NO_X는 감속 시에 상대적으로 많이 발생한다.
㉰ CO는 연료량에 비하여 공기량이 부족할 경우에 발생하고, NO_X는 높은 연소 온도에서 많이 발생하며, 매연은 연료가 미연소하여 발생한다.
㉱ 디젤 자동차의 경우, CO 및 HC가 휘발유 자동차에 비해서 상대적으로 적게 배출된다.

풀이 ㉯ 휘발유 자동차의 경우, CO는 공회전 시, HC는 감속 시, NO_X는 가속 시에 상대적으로 많이 발생한다.

15 지상 20m에서의 풍속이 10m/s라고 한다면 지상 40m에서의 풍속(m/s)은?
(단, Deacon의 power law 적용, P = 0.3)

㉮ 약 10.9 ㉯ 약 11.3
㉰ 약 12.3 ㉱ 약 13.3

풀이
$$U_2 = U_1 \times \left(\frac{H_2}{H_1}\right)^P$$
$$= 10\,\text{m/sec} \times \left(\frac{40\,\text{m}}{20\,\text{m}}\right)^{0.3} = 12.31\,\text{m/sec}$$

16 다음 중 설명하는 대기오염물질은?

- 노옆보다는 생활력이 왕성한 잎이 피해가 많으며, 잎뒷면 기공으로 침입한다.
- 해당 물질의 지표식물은 자주개나리, 목화, 담배 등이 있다.
- 주로 호흡기계통의 질환을 일으킨다.

㉮ O_3 ㉯ HF
㉰ SO_2 ㉱ PAN

풀이 ㉰ SO_2에 대한 설명이며, 핵심 내용인 "성장한 잎 피해, 지표식물은 자주개나리= SO_2"임을 숙지하시면 됩니다.

17 바람에 작용하는 힘으로 틀린 것은?

㉮ Coriolis force ㉯ Electric force
㉰ Frictional force ㉱ Centrifugal force

풀이 바람에 작용하는 힘으로는 기압경도력(Pressure gradient force), 코리올리힘(Coriolis force), 원심력(Centrifugal force), 마찰력(Frictional force)이다.

18 폼알데하이드의 배출과 관련된 업종으로 틀린 것은?

㉮ 피혁제조공업
㉯ 합성수지공업
㉰ 소다공업
㉱ 포르말린제조공업

풀이 폼알데하이드의 배출업종은 피혁제조공업, 합성수지공업, 포르말린제조공업이다.

answer 14 ㉯ 15 ㉰ 16 ㉰ 17 ㉯ 18 ㉰

19 냄새물질의 특성에 대한 설명으로 틀린 것은?

㉮ 분자량이 큰 물질은 냄새강도가 분자량에 반비례해서 단계적으로 약해지는 경향이 있으나 특정한 물질은 냄새가 거의 없다.
㉯ 분자 내 수산기의 수가 1개일 때 가장 약하고, 락톤 및 케톤화합물은 환상이 크게 되면 냄새가 약해진다.
㉰ 실온에서 대다수는 액상이나 기체나 고체로 존재하는 경우도 있다.
㉱ 화학물질이 냄새물질로 되기 위해서는 친유성기와 친수성기의 양기를 가져야 한다.

풀이 ㉯ 분자 내 수산기의 수가 1개일 때 가장 강하고, 수가 증가하면 약해져서 무취에 이른다.

20 다음 악취물질 중 공기 중의 최소 감지 농도가 가장 낮은 것은?

㉮ 염소   ㉯ 암모니아
㉰ 황화수소   ㉱ 이황화탄소

풀이 공기 중에서 최소 감지 농도가 가장 낮다는 것은 악취가 가장 강하다는 의미이므로 보기 중에서 정답은 ㉰ 황화수소(H_2S)이다.

| 제2과목 | 연소공학

21 다음 중 고압기류 분무식 버너에 대한 설명으로 틀린 것은?

㉮ 연료분사범위는 외부혼합식이 500~1,000L/hr, 내부혼합식이 1,200~2,400 L/hr 정도이다.
㉯ 연료유의 점도가 큰 경우도 분무화가 용이하나 연소시 소음이 크다.
㉰ 분무각도는 20°~30° 정도이나 유량조절비는 1 : 10 정도로 커서 부하변동에 적응이 용이하다.
㉱ 분무에 필요한 1차 공기량은 이론연소 공기량의 7~12% 정도이다.

풀이 ㉮ 연료분사범위는 외부혼합식이 3~500L/hr, 내부혼합식이 10~1,200L/hr 정도이다.

22 미분탄 연소장치에 대한 설명으로 틀린 것은?

㉮ 설비비와 유지비가 많이 들고 재의 비산이 많아 집진장치가 필요하다.
㉯ 부하변동의 적응이 어려워 대형과 대용량설비에는 적합지 않다.
㉰ 연소제어가 용이하고 점화 및 소화 시 손실이 적다.
㉱ 스토커 연소에 적합하지 않는 점결탄과 저발열량탄 등도 사용할 수 있다.

풀이 ㉯ 부하변동에 쉽게 적용할 수 있으므로 대형과 대용량설비에 적합하다.

answer   19 ㉯   20 ㉰   21 ㉮   22 ㉯

23 유류버너 중 회전식버너에 대한 설명으로 틀린 것은?

㉮ 분무각도는 40°~80° 정도로 크며, 유량조절범위도 1:5 정도로 비교적 큰 편이다.
㉯ 분무는 기계적 원심력과 공기를 이용한다.
㉰ 유압식버너에 비하여 연료유의 분무화 입경이 1/10 이하로 매우 작다.
㉱ 연료유의 점도가 작을수록 분무화입경이 작아진다.

▶풀이 ㉰ 유압식버너에 비하여 연료유의 분무화 입경이 비교적 크다.

24 다음 중 액화석유가스(LPG)에 대한 설명으로 틀린 것은?

㉮ 액체에서 기체로 기화할 때 증발열은 90~100kcal/kg 정도이다.
㉯ 탄소수가 3~4개까지 포함되고 탄화수소류가 주성분으로 되어 있다.
㉰ 황분이 적고 독성이 없다.
㉱ 비중이 공기보다 가벼워 인화폭발의 위험성이 낮다.

▶풀이 ㉱ 비중이 공기보다 무거워 인화폭발의 위험성이 높다.

25 CO_2 14.5%, N_2 79%, O_2 6%, CO 0.5%일 때의 공기비는?

㉮ 1.18   ㉯ 1.38
㉰ 1.58   ㉱ 1.78

▶풀이 공기비(m)

$$= \frac{N_2\%}{N_2\% - 3.76 \times (O_2\% - 0.5CO\%)}$$

$$= \frac{79\%}{79\% - 3.76 \times (6\% - 0.5 \times 0.5\%)} = 1.38$$

26 연료 연소 시 매연발생에 대한 설명으로 틀린 것은?

㉮ 연료의 C/H비율이 클수록 매연이 발생하기 쉽다.
㉯ 중합 및 고리화합물 등과 같이 반응이 일어나기 쉬운 탄화수소일수록 매연 발생이 적다.
㉰ 분해하기 쉽거나 산화하기 쉬운 탄화수소는 매연발생이 적다.
㉱ 탄소결합을 절단하기보다는 탈수소가 쉬운 쪽이 매연이 발생하기 쉽다.

▶풀이 ㉯ 중합 및 고리화합물 등과 같이 반응이 일어나기 쉬운 탄화수소일수록 매연이 잘 발생한다.

27 기체연료의 연소방식 중 확산연소에 대한 설명으로 틀린 것은?

㉮ 역화의 위험성이 있다.
㉯ 붉고 긴 화염을 만든다.
㉰ 가스와 공기를 예열할 수 있다.
㉱ 연료의 분출속도가 클 경우에는 그을음이 발생하기 쉽다.

▶풀이 ㉮ 확산연소는 역화의 위험성이 없고, 역화의 위험성이 있는 것은 예혼합연소이다.

answer 23 ㉰ 24 ㉱ 25 ㉯ 26 ㉯ 27 ㉮

28 착화온도(발화점)에 대한 설명으로 틀린 것은?

㉮ 분자구조가 복잡할수록 착화온도는 낮아진다.
㉯ 산소농도가 낮을수록 착화온도는 낮아진다.
㉰ 발열량이 클수록 착화온도는 낮아진다.
㉱ 화학 반응성이 클수록 착화온도는 낮아진다.

풀이 ㉯ 산소농도가 낮을수록 착화온도는 높아진다.

> **TIP**
> 착화온도와의 상관관계
> ① 착화온도는 활성화에너지, 석탄의 탄화도와는 비례 관계
> ② 착화온도는 화학결합의 활성도, 산소와의 친화성, 분자구조, 발열량, 산소농도, 화학 반응성, 압력, 분자량, 비표면적과는 반비례 관계

29 액체연료의 일반적인 특징으로 틀린 것은?

㉮ 인화 및 역화의 위험이 크다.
㉯ 고체연료에 비해 점화, 소화 및 연소조절이 어렵다.
㉰ 연소온도가 높아 국부적인 과열을 일으키기 쉽다.
㉱ 고체연료에 비해 단위 부피당 발열량이 크고 계량이 용이하다.

풀이 ㉯ 고체연료에 비해 점화, 소화 및 연소조절이 용이하다.

30 다음 연료 중 $(CO_2)max(\%)$가 가장 큰 것은?

㉮ 고로 가스   ㉯ 코크스로 가스
㉰ 갈탄   ㉱ 역청탄

풀이 $(CO_2)max(\%)$ 값
㉮ 고로 가스 : 24~25%
㉯ 코크스로 가스 : 11~11.5%
㉰ 갈탄 : 19~19.5%
㉱ 역청탄 : 18.5~19%

31 액체연료의 연소방식을 기화 연소방식과 분무화 연소방식으로 분류할 때 기화 연소방식에 해당하지 않는 것은?

㉮ 심지식 연소   ㉯ 유동식 연소
㉰ 증발식 연소   ㉱ 포트식 연소

풀이 ㉯ 유동식 연소는 고체연료의 연소방법에 해당한다.

32 중유에 대한 설명으로 틀린 것은?

㉮ 점도가 낮을수록 유동점이 낮아진다.
㉯ 비중이 클수록 유동점과 점도는 감소하고, 잔류탄소 등이 증가한다.
㉰ 비중이 클수록 발열량이 낮아지고 연소성이 나빠진다.
㉱ 중유는 일반적으로 점도를 기준으로 3종으로 대별된다.

풀이 ㉯ 비중이 클수록 유동점, 점도, 잔류탄소는 증가한다.

---

answer 28 ㉯ 29 ㉯ 30 ㉮ 31 ㉯ 32 ㉯

33 석탄의 유동층 연소에 대한 설명으로 틀린 것은?

㉮ 부하변동에 쉽게 적응할 수 없다.
㉯ 유동매체의 보충이 필요하지 않다.
㉰ 유동매체를 석회석으로 할 경우 로 내에서 탈황이 가능하다.
㉱ 비교적 저온에서 연소가 행해지기 때문에 화격자 연소에 비해 thermal NO_X 발생량이 적다.

풀이 ㉯ 유동매체의 보충이 필요하다.

34 다음 연료 중 착화온도가 가장 낮은 것은?

㉮ 중유   ㉯ 무연탄
㉰ 역청탄 ㉱ 목재

풀이 착화온도
㉮ 중유 : 550~580℃
㉯ 무연탄 : 440~500℃
㉰ 역청탄 : 320~400℃
㉱ 목재 : 250~300℃

35 다음 중 폭발성 혼합가스의 연소범위(L)를 구하는 식으로 옳은 것은? (단, n : 각 성분단일의 연소한계(상한 또는 하한), P : 각 성분 가스의 체적(%))

㉮ $L = \dfrac{100}{\dfrac{n_1}{P_1} + \dfrac{n_2}{P_2} + \cdots}$

㉯ $L = \dfrac{100}{\dfrac{P_1}{n_1} + \dfrac{P_2}{n_2} + \cdots}$

㉰ $L = \dfrac{n_1}{P_1} + \dfrac{n_2}{P_2} + \cdots$

㉱ $L = \dfrac{P_1}{n_1} + \dfrac{P_2}{n_2} + \cdots$

36 다음 중 디젤노킹(diesel knocking) 방지법으로 틀린 것은?

㉮ 세탄가가 높은 연료를 사용한다.
㉯ 분사개시 때 분사량을 감소시킨다.
㉰ 기관의 압축비를 낮추어 압축압력을 낮게 한다.
㉱ 급기 온도를 높인다.

풀이 ㉰ 기관의 압축비를 높여 압축압력을 크게 한다.

37 다음 중 과잉산소량을 알맞게 표시한 것은?

㉮ $0.21 \times (m-1) \times A_o$
㉯ $0.21 \times (m-1) \times A$
㉰ $(m-1) \times A_o$
㉱ $(m-1) \times A$

풀이 과잉산소량은 과잉공기량의 21%이므로 과잉산소량 = $0.21 \times (m-1) \times A_o$ 이 된다.

38 저위발열량이 8,570 kcal/Sm^3인 메탄의 이론연소온도(℃)는?
(단, 이론연소가스량은 10 Sm^3/Sm^3, 정압비열은 0.35 kcal/$Sm^3 \cdot$℃, 기준온도 18℃)

㉮ 약 2,143   ㉯ 약 2,347
㉰ 약 2,467   ㉱ 약 2,891

answer 33 ㉯ 34 ㉱ 35 ㉯ 36 ㉰ 37 ㉮ 38 ㉰

풀이 이론연소온도(℃)

$$= \frac{저위발열량(kcal/Sm^3)}{가스량(Sm^3/Sm^3) \times 평균정압비열(kcal/Sm^3 \cdot ℃)} + 기준온도(℃)$$

$$= \frac{8,570 \, kcal/Sm^3}{10Sm^3/Sm^3 \times 0.35kcal/Sm^3 \cdot ℃} + 18℃$$

$$= 2,466.57 \, ℃$$

39 다음 중 공기비(m)가 클 경우 발생하는 현상으로 틀린 것은?

㉮ 방지시설의 용량이 커지고 에너지 손실이 증가
㉯ 매연이나 검댕의 발생량 증가
㉰ 배기가스에 의한 열손실 증대
㉱ 연소실내 연소온도 감소

풀이 ㉯번의 설명은 공기비(m)가 작을 경우 발생하는 현상이다.

40 다음 중 석탄의 탄화도를 증가할 때 감소하는 것은?

㉮ 고정탄소 ㉯ 발열량
㉰ 착화온도 ㉱ 휘발분

풀이 석탄의 탄화도
① 탄화도 증가하면 고정탄소, 발열량, 착화온도, 연료비는 증가
② 탄화도 증가하면 매연발생량, 비열, 휘발분, 수분, 산소의 양, 연소속도는 감소

| 제3과목 | 대기오염방지기술

41 80%의 집진효율을 갖는 2개의 집진장치를 연결하여 먼지를 제거하고자 한다. 집진장치를 직렬 연결한 경우(A)와 병렬 연결한 경우(B)에 대한 내용으로 틀린 것은? (단, 두 집진장치의 처리가스량은 동일)

㉮ (A)방식의 총 집진효율은 94%이다.
㉯ (A)방식은 높은 처리효율을 얻기 위한 것이다.
㉰ (B)방식은 처리가스의 양이 많은 경우 사용된다.
㉱ (B)방식의 총 집진효율은 단일집진장치와 동일하게 80%이다.

풀이 ㉮ (A)방식의 총집진율은 96%이다.

TIP
① A방식의 총집진율(η_T)
$= 1 - (1 - \eta_1) \times (1 - \eta_2)$
$= 1 - (1 - 0.8) \times (1 - 0.8)$
$= 0.96$ 따라서 96%
② B방식의 총집진율(η_T)
$= \frac{\eta_1 + \eta_2}{2}$
$= \frac{80\% + 80\%}{2} = 80\%$

answer 39 ㉯ 40 ㉱ 41 ㉮

42 물리적 흡착과 화학적 흡착에 대한 설명으로 틀린 것은?

㉮ 화학적 흡착은 단일층(mono layer)에서 일어난다.
㉯ 물리적 흡착은 분자간의 결합력이 강하고 흡착과정에서 발열량도 많다.
㉰ 화학적 흡착에서는 흡착제를 재사용할 수 없지만, 흡착제가 촉매역할을 한다.
㉱ 물리적 흡착은 가역적이다.

풀이 ㉯ 물리적 흡착은 분자간의 결합력이 약하고 흡착과정에서 발열량도 낮다.

43 관성력 집진장치에 대한 설명으로 틀린 것은?

㉮ 압력손실은 30~70 mmH$_2$O 정도이고, 굴뚝 또는 배관에 적용될 때가 있다.
㉯ 곡관형, louver형, pocket형, multibaffle형 등은 반전식에 해당한다.
㉰ 반전식의 경우 방향전환을 하는 가스의 곡률반경이 작을수록 미세한 먼지를 분리포집할 수 있다.
㉱ 함진가스의 방향 전환각도가 크고, 방향 전환횟수가 적을수록 압력손실은 커지나 집진율이 높아진다.

풀이 ㉱ 함진가스의 방향 전환각도가 작고, 방향 전환횟수가 많을수록 압력손실은 커지나 집진율이 높아진다.

44 후드의 설치 및 흡인에 대한 내용으로 틀린 것은?

㉮ 발생원에 최대한 접근시켜 흡인한다.
㉯ 주 발생원을 대상으로 국부적인 흡인 방식을 취한다.
㉰ 후드의 개구면적을 넓게 한다.
㉱ 충분한 포착속도(capture velocity)를 유지한다.

풀이 ㉰ 후드의 개구면적을 좁게 한다.

45 표준형 평판 날개형보다 비교적 고속에서 가동되고, 후향 날개형을 정밀하게 변형시킨 것으로써 원심력 송풍기 중 효율이 가장 좋아 대형 냉난방 공기조화장치, 산업용 공기청정장치 등에 주로 이용되며, 에너지 절감효과가 뛰어난 송풍기 유형은?

㉮ 비행기 날개형(airfoil blade)
㉯ 방사 날개형(radial blade)
㉰ 프로펠러형(propeller)
㉱ 전향 날개형(forward curved)

풀이 ㉮ 비행기 날개형에 대한 설명이며, 핵심 내용인 "대형냉난방 공기조화장치=비행기 날개형"임을 숙지하시면 됩니다.

answer 42 ㉯ 43 ㉱ 44 ㉰ 45 ㉮

46 중력식 집진장치의 집진율 향상조건에 대한 설명으로 틀린 것은?

㉮ 침강실 내 처리가스의 속도가 작을수록 미립자가 포집된다.
㉯ 침강실 입구폭이 클수록 유속이 느려지며 미세한 입자가 포집된다.
㉰ 다단일 경우에는 단수가 증가할수록 집진효율은 상승하나, 압력손실도 증가한다.
㉱ 침강실의 높이가 낮고, 중력장의 길이가 짧을수록 집진율은 높아진다.

풀이 ㉱ 침강실의 높이가 낮고, 중력장의 길이가 길수록 집진율은 높아진다.

47 직경 10 μm인 입자의 침강속도가 0.5 cm/sec였다. 같은 조성을 지닌 30 μm 입자의 침강속도는? (단, 스토크스 침강속도식 적용)

㉮ 1.5 cm/sec ㉯ 2 cm/sec
㉰ 3 cm/sec   ㉱ 4.5 cm/sec

풀이 $Vg = \dfrac{d^2(\rho s - \rho)g}{18\mu}$ 에서 $Vg \propto d^2$ 이므로
$(10\mu m)^2 : 0.5 cm/sec = (30\mu m)^2 : Vg$
따라서 $Vg = 4.5 cm/sec$

48 다음 특성을 가지는 산업용 여과재로 가장 적당한 것은?

- 최대허용온도가 약 80℃
- 내산성은 나쁨, 내알칼리성은 (약간)양호

㉮ Cotton   ㉯ Teflon
㉰ Orlon   ㉱ Glass fiber

풀이 ㉮ 목면(Cotton)에 대한 설명이며, 핵심 내용인 "허용온도 80℃=목면"임을 숙지하시면 됩니다.

49 유체의 흐름에서 레이놀즈(Reynolds) 수와 관련이 가장 적은 것은?

㉮ 관의 직경   ㉯ 유체의 속도
㉰ 관의 길이   ㉱ 유체의 밀도

풀이 레이놀즈(Reynolds) 수
$= \dfrac{관의\ 직경 \times 유체의\ 속도 \times 유체의\ 밀도}{유체의\ 점성계수}$
$= \dfrac{관의\ 직경 \times 유체의\ 속도}{유체의\ 동점성계수}$

50 시멘트 공장에서 먼지를 제거하기 위하여 길이 4.2m, 높이 4.8m인 집진판을 평행하게 설치한 집진기를 설치하였다. 판의 간격은 23cm이며 평형판 사이로 농도가 11.4 g/m^3인 가스 68 m^3/min를 처리한다면 집진효율(%)은? (단, 전기집진기내 입자의 이동속도는 0.058m/sec)

㉮ 87.3%   ㉯ 89.4%
㉰ 93.5%   ㉱ 95.6%

풀이 $\eta = \left\{1 - \exp\dfrac{-A \cdot We}{Q}\right\} \times 100(\%)$
$= \left\{1 - \exp\dfrac{-2 \times 4.2m \times 4.8m \times 0.058m/sec}{68m^3/min \times 1min/60sec}\right\} \times 100$
$= 87.30\%$

answer 46 ㉱ 47 ㉱ 48 ㉮ 49 ㉰ 50 ㉮

51 원심력집진장치(cyclone)의 집진효율에 대한 내용으로 알맞은 것은?

㉮ 원통의 직경이 작을수록 집진효율이 증가한다.
㉯ 입자의 밀도가 클수록 집진효율이 감소한다.
㉰ Dust Box의 모양과 크기는 효율에 영향이 없다.
㉱ 가스의 유입속도가 작을수록 집진효율이 증가한다.

▶풀이 ㉯ 입자의 밀도가 클수록 집진효율이 증가한다.
㉰ Dust Box의 모양과 크기도 효율에 영향을 미친다.
㉱ 가스의 유입속도가 작을수록 집진효율이 감소한다.

52 다음 송풍기로 가장 적합한 것은?

> 같은 주속도이 다른 Fan보다 더 많은 풍압(Max. 750 mmH₂O)을 낼 수 있으며, 10~80mmAq의 압력에 적당하다. 현장에서는 Sirocco Fan이라 불리며, 효율은 3종류의 송풍기 중 가장 낮아서 약 40~70% 정도이고, 제한된 장소나 저압에서 대풍량(약 20,000 m³/min)을 요하는 시설에 이용된다.

㉮ 다익형송풍기 ㉯ 터보송풍기
㉰ 평판송풍기   ㉱ 레디얼송풍기

▶풀이 ㉮ 다익형송풍기에 대한 설명이며, 핵심 내용인 "저압에서 대풍량(약 20,000 m³/min)을 요하는 시설에 이용 = 다익형"임을 숙지하시면 됩니다.

53 공기의 평균 분자량이 28.85일 때, 공기 100 Sm³의 질량(kg)은?

㉮ 126.8   ㉯ 127.8
㉰ 128.8   ㉱ 129.8

▶풀이 $\dfrac{28.85\,kg}{22.4\,Sm^3} \times 100\,Sm^3 = 128.80\,kg$

54 다음 흡착제의 재생 방법으로 틀린 것은?

㉮ 수증기를 불어 넣는다.
㉯ 압력을 가하여 피흡착질을 탈착시킨다.
㉰ 물로 세척한다.
㉱ 고온의 불활성 기체를 가한다.

▶풀이 ㉯ 압력을 낮추어 피흡착질을 탈착시킨다.

55 배출가스 내의 NO_X 제거방법 중 건식법에 대한 설명으로 틀린 것은?

㉮ 현재 상용화된 대부분의 선택적 촉매환원법(SCR)은 환원제로 NH_3가스를 사용한다.
㉯ 흡착법은 흡착제로 활성탄, 실리카겔 등을 사용하며, 특히 NO를 제거하는 데 효과적이다.
㉰ 선택적촉매환원법(SCR)은 촉매층에 배기가스와 환원제를 통과시켜 NO_X를 N_2로 환원시키는 방법이다.
㉱ 선택적비촉매환원법(SNCR)의 단점은 배출가스가 고온이어야 하고, 온도가 낮을 경우 미반응된 NH_3가 배출될 수 있다는 것이다.

answer 51 ㉮ 52 ㉮ 53 ㉰ 54 ㉯ 55 ㉯

풀이 ㉯ 흡착법은 흡착제로 활성탄, 실리카겔 등을 사용하며, 특히 NO를 제거할 때 효율이 낮아 비효과적이다.

56 환기 및 후드에 대한 설명으로 틀린 것은?

㉮ 폭이 넓은 오염원 탱크에서는 주로 '밀고 당기는(push/pull)' 방식의 환기공정이 요구된다.
㉯ 후드는 일반적으로 개구면적을 좁게 하여 흡인속도를 크게 하고, 필요시 에어커튼을 이용한다.
㉰ 폭이 좁고 긴 직사각형의 슬로트후드(slot hood)는 전기도금공정과 같은 상부개방형탱크에서 방출되는 유해물질을 포집하는데 효율적으로 이용된다.
㉱ 천개형후드는 포착형보다 유입공기의 속도가 빠를 때 사용되며 주로 저온의 오염공기를 배출하고 과잉습도를 제거할 때 제한적으로 사용된다.

57 굴뚝의 모양이 직사각형으로 가로, 세로가 각각 3m, 5m라면 상당직경(m)은?

㉮ 1.06　　㉯ 1.33
㉰ 3.75　　㉱ 4m

풀이 상당직경 = $\dfrac{\text{단면적}}{\text{평균 둘레길이}}$

$= \dfrac{a \times b}{\dfrac{2 \times (a+b)}{4}} = \dfrac{2ab}{a+b}$

$= \dfrac{2 \times 3m \times 5m}{3m + 5m} = 3.75m$

58 배출가스를 폭 7m, 높이 10m, 길이 15m의 침강집진기로 집진제거하고자 한다. 유입되는 배출가스속도 $4\,m^3/sec$ 이고, 해당 물질의 비중이 1.6이라면, 이 침강집진기가 집진할 수 있는 최소제거 입경(μm)은?
(단, 공기점도 $1.85 \times 10^{-5}\,kg/m \cdot sec$이고, 공기 비중은 무시한다.)

㉮ 약 12　　㉯ 약 28
㉰ 약 35　　㉱ 약 59

풀이 $d = \sqrt{\dfrac{18 \times \mu \times Q}{(\rho_s - \rho) \times g \times B \times L}} \times 10^6$

$= \sqrt{\dfrac{18 \times 1.85 \times 10^{-5}\,kg/m \cdot s \times 4\,m^3/s}{1,600\,kg/m^3 \times 9.8\,m/sec^2 \times 7m \times 15m}} \times 10^6$

$= 28.44\,\mu m$

59 종말침강속도에서 작용하는 힘으로 알맞은 것은?

㉮ 중력, 부력, 원심력
㉯ 마찰력, 중력, 저항력
㉰ 항력, 중력, 부력
㉱ 원심력, 질량, 마찰력

풀이 종말침강속도에서 작용하는 힘은 항력, 중력, 부력이다.

answer 56 ㉱　57 ㉰　58 ㉯　59 ㉰

60 광학현미경을 이용하여 입경을 측정하는 방법에서 입자의 투영면적을 이용하여 측정한 입경 중 입자의 투영면적 가장자리에 접하는 가장 긴 선의 길이로 나타내는 것은?

㉮ 등면적 직경　㉯ Feret 직경
㉰ Martin 직경　㉱ Heyhood 직경

▶풀이　㉯ Feret 직경에 대한 설명이며, 핵심 내용인 "투영면적 가장자리에 접하는 가장 긴 선의 길이=Feret 직경"임을 숙지하시면 됩니다.

| 제4과목 | 대기오염공정시험기준

61 흡광차분광법(DOAS)으로 측정시 필요한 광원으로 알맞은 것은?

㉮ 180~2,850nm 파장을 갖는 Zeus램프
㉯ 200~900nm 파장을 갖는 Zeus램프
㉰ 200~900nm 파장을 갖는 Hollow cathode 램프
㉱ 180~2,850nm 파장을 갖는 Xenon 램프

▶풀이　흡광차분광법은 180~2,850nm 파장을 갖는 제논(Xenon)램프를 광원으로 사용한다.

62 다음과 같이 주어진 조건에서 자외선/가시선 분광법(란타넌-알리자린콤플렉손법)을 이용한 플루오린화합물의 농도(ppm)를 계산하시오.

- 분석용 시료용액의 플루오린화 이온 질량 : 0.05 μg
- 현장바탕 시료용액의 플루오린화 이온 질량 : 0.02 μg
- 분석용 시료용액의 전체 부피 : 250mL
- 분석용 시료용액 중 정량에 사용한 부피 : 25mL
- 표준상태 건조가스 시료채취량 : 15L

㉮ 0.24ppm　㉯ 0.024ppm
㉰ 0.2ppm　㉱ 2.0ppm

▶풀이　플루오린화합물의 농도(ppm)

$$= \frac{\text{플루오린 이온의 질량(mg)} \times \frac{\text{시료용액 전량(mL)}}{\text{분취한 액량(mL)}}}{\text{건조시료 가스량(L)}} \times 1{,}000 \times \frac{22.4}{19}$$

$$= \frac{(0.05 - 0.02)\mu g \times \frac{1\text{mg}}{10^2 \mu g} \times \frac{250\text{mL}}{25\text{mL}}}{15\text{L}} \times 1{,}000 \times \frac{22.4}{19}$$

$$= 0.0236\text{ppm}$$

answer　60 ㉯　61 ㉱　62 ㉯

63 비산먼지의 농도를 구하기 위해 측정한 조건 및 결과가 다음과 같을 때 비산먼지의 농도(mg/Sm^3)는?

<측정조건 및 결과>
- 포집먼지량이 가장 많은 위치에서의 먼지농도(mg/Sm^3) : 5.8
- 대조위치에서의 먼지농도(mg/Sm^3) : 0.17
- 전 시료채취 기간 중 주 풍향이 45°~90° 변한다.
- 풍속이 0.5m/초 미만 또는 10m/초 이상되는 시간이 전 채취시간의 50% 이상이다.

㉮ 5.6 ㉯ 6.8
㉰ 8.1 ㉱ 10.1

풀이 $C = (C_H - C_B) \times W_D \times W_S$
여기서
C_H : 포집먼지량이 가장 많은 위치에서의 먼지농도(mg/Sm^3)
C_B : 대조위치에서의 먼지농도(mg/Sm^3)
W_D, W_S : 풍향, 풍속 측정 결과로부터 구한 보정계수
따라서 $C = (5.8 - 0.17) mg/Sm^3 \times 1.2 \times 1.2$
$= 8.11 mg/Sm^3$

TIP
(1) 풍향에 대한 보정계수
 ① 주풍향이 90° 이상 : 1.5
 ② 주풍향이 45°~90° : 1.2
 ③ 주풍향이 45°미만 : 1.0
(2) 풍속에 대한 보정계수
 ① 전 채취시간의 50% 이상 : 1.2
 ② 전 채취시간의 50% 미만 : 1.0

64 0.5N-질산 200mL를 제조하려면 농질산(61%) 몇 mL가 필요하겠는가? (단, 농질산의 비중은 1.38이다.)

㉮ 4.12 ㉯ 5.74
㉰ 7.48 ㉱ 14.25

풀이 ① $N(eq/L)$
$= \dfrac{비중(g)}{mL} \times \dfrac{10^3 mL}{L} \times \dfrac{1eq}{분자량(g)/가수} \times \dfrac{\%농도}{100}$
$= \dfrac{1.38 g}{mL} \times \dfrac{10^3 mL}{L} \times \dfrac{1eq}{63g/1} \times \dfrac{61\%}{100}$
$= 13.3619 N$

② $N_1 \times V_1 = N_2 \times V_2$
$0.5N \times 200 mL = 13.3619 N \times V_2$
∴ $V_2 = 7.48 mL$

TIP
① $1eq = \dfrac{분자량}{당량수} = \dfrac{분자량}{가수} = \dfrac{63g}{1}$
② 농질산(HNO_3)의 분자량 $= 1+14+16\times3 = 63$

65 다음 중 자외선/가시선분광법-4-피리딘카복실산-피라졸론법으로 분석하는 물질은?

㉮ 아황산가스 ㉯ 사이안화수소
㉰ 이황화탄소 ㉱ 플루오린 화합물

풀이 ㉯ 사이안화수소의 분석방법이며, 흡수액은 수산화소듐용액을 사용하며, 흡광도 측정파장은 638nm이다.

answer 63 ㉰ 64 ㉰ 65 ㉯

66 배출가스 중 이황화탄소를 자외선/가시선분광법으로 정량할 때 흡수액은?

㉮ 아연아민착염 용액
㉯ 제일염화주석 용액
㉰ 다이에틸아민구리 용액
㉱ 수산화제이철암모늄 용액

풀이 이황화탄소의 흡수액은 다이에틸아민구리 용액이다.

67 자외선/가시선 분광법으로 황화수소 농도를 분석하려고 한다. 표준상태에서 분석용 시료용액의 황화이온의 질량이 3.4μg이 있고, 현장바탕 시료용액의 황화이온의 질량은 0.2μg이다. 표준상태 건조가스 시료채취량이 10L이라면, 황화수소의 농도는?

㉮ 2.2ppm ㉯ 2.2ppb
㉰ 1.0ppm ㉱ 1.0ppb

풀이 농도(ppm)

$= \dfrac{0.698 \times 황화이온의\ 질량(mg) \times \dfrac{시료용액\ 전량(mL)}{20(mL)}}{건조시료\ 가스량(L)} \times 1,000$

$= \dfrac{0.698 \times (3.4 - 0.2)\mu g \times \dfrac{1mg}{10^3 \mu g} \times \dfrac{200mL}{20mL}}{10L} \times 1,000$

$= 2.23 ml/Sm^3 = 2.23 ppm$

TIP
0.698 : 황화이온 1mg에 상당하는 황화수소의 부피(mL)

68 굴뚝에서 배출되는 건조배출가스의 유량을 연속적으로 자동 측정하는 방법에 대한 내용으로 틀린 것은?

㉮ 유량 측정방법에는 피토관, 열선유속계, 와류유속계를 사용하는 방법이 있다.
㉯ 열선유속계를 사용하는 방법으로 시료채취부는 열선과 지주 등으로 구성되어 있으며 열선으로 텅스텐이나 백금선 등이 사용된다.
㉰ 건조배출가스 유량은 배출되는 표준상태의 건조배출가스량[Sm^3(5분 적산치)]으로 나타낸다.
㉱ 와류유속계를 사용할 때에는 압력계와 온도계를 유량계 상류 측에 설치해야 한다.

풀이 ㉱ 와류유속계를 사용할 때에는 압력계와 온도계를 유량계 하류 측에 설치해야 한다.

69 굴뚝 단면이 상·하 동일 단면적의 원형인 경우 굴뚝 배출시료 측정점에 대한 설명으로 틀린 것은?

㉮ 굴뚝 직경이 1.5m인 경우 측정점수는 8점이다.
㉯ 굴뚝 직경이 3m인 경우 반경 구분수는 3이다.
㉰ 굴뚝 직경이 4.5m를 초과할 경우 측정점수는 20점이다.
㉱ 굴뚝 단면적이 1m^2 이하로 소규모일 경우 굴뚝 단면의 중심을 대표점으로 하여 1점만 측정한다.

풀이 ㉱ 굴뚝 단면적이 0.25m^2 이하로 소규모일 경우 굴뚝 단면의 중심을 대표점으로 하여 1점만 측정한다.

answer 66 ㉰ 67 ㉮ 68 ㉱ 69 ㉱

TIP

굴뚝직경(m)	반경구분수	측정점수
1 이하	1	4
1 초과 2 이하	2	8
2 초과 4 이하	3	12
4 초과 4.5 이하	4	16
4.5 초과	5	20

70 비분산적외선분광분석법에서 사용하는 용어의 정의로 틀린 것은?

㉮ 정필터형 : 측정성분이 흡수되는 적외선을 그 흡수파장에서 측정하는 방식
㉯ 제로 드리프트 : 측정기의 최저눈금에 대한 지시치의 일정기간 내의 변동
㉰ 비교가스 : 시료셀에서 적외선 흡수를 측정하는 경우 대조가스로 사용하는 것으로 적외선을 흡수하지 않는 가스
㉱ 반복성 : 동일한 분석계를 사용하여 동일한 측정대상을 동일한 방법과 조건으로 비교적 장시간에 반복적으로 측정하는 경우로서 개개의 측정치가 일치하는 정도

▶풀이 ㉱ 반복성 : 동일한 분석계를 사용하여 동일한 측정대상을 동일한 방법과 조건으로 비교적 단시간에 반복적으로 측정하는 경우로서 개개의 측정치가 일치하는 정도

71 연료용 유류 중의 황 함유량을 측정하기 위한 분석 방법은?

㉮ 방사선식 여기법
㉯ 자동 연속 열탈착 분석법
㉰ 테들라 백-열 탈착법
㉱ 몰린형광광도법

▶풀이 연료용 유류 중 황 함유량 분석방법은 연소관식 공기법과 방사선식 여기법이다.

72 배출가스 중 카드뮴화합물의 분석방법인 원자흡수분광광도법에 대한 내용으로 틀린 것은?

㉮ 정량범위는 시료채취량 $1Sm^3$ 일 때 $0.010 mg/Sm^3$ 이상이다.
㉯ 방법검출한계는 $0.003 mg/Sm^3$ 이다.
㉰ 측정파장은 357.9nm이다.
㉱ 정밀도는 10% 이내이다.

▶풀이 ㉰ 측정파장은 228.8nm이다.

73 대기오염공정시험기준의 총칙에 근거한 "방울수"의 의미로 가장 적합한 것은?

㉮ 20℃에서 정제수 20방울을 떨어뜨릴 때 그 부피가 약 1mL 되는 것을 뜻한다.
㉯ 20℃에서 정제수 10방울을 떨어뜨릴 때 그 부피가 약 1mL 되는 것을 뜻한다.
㉰ 0℃에서 정제수 10방울을 떨어뜨릴 때 그 부피가 약 1mL 되는 것을 뜻한다.
㉱ 0℃에서 정제수 1방울을 떨어뜨릴 때 그 부피가 약 1mL 되는 것을 뜻한다.

▶풀이 방울수에서는 핵심 내용인 "20℃, 20방울, 1mL= 방울수"임을 숙지하시면 됩니다.

answer 70 ㉱ 71 ㉮ 72 ㉰ 73 ㉮

74 이온크로마토그래피에서 사용되는 써프렛서에 대한 설명으로 틀린 것은?

㉮ 관형과 이온교환막형이 있다.
㉯ 전해질을 물 또는 저전도도의 용매로 바꿔줌으로써 전기 전도도 셀에서 목적이온성분과 전기 전도도만을 고감도로 검출할 수 있게 해 준다.
㉰ 관형 써프렛서 중 음이온에는 스티롤계 강산형(H^+) 수지가, 양이온에는 스티롤계 강염기형(OH^-) 수지가 충진된 것을 사용한다
㉱ 용리액에 사용되는 전해질 성분을 제거하기 위하여 분리관 앞에 병렬로 접속시킨다.

▶풀이 ㉱ 용리액에 사용되는 전해질 성분을 제거하기 위하여 분리관 뒤에 직렬로 접속시킨다.

75 자외선/가시선분광법에 대한 설명으로 틀린 것은?

㉮ 가시부와 근적외부의 광원으로는 주로 텅스텐램프를, 자외부의 광원으로는 주로 중수소 방전관을 사용한다.
㉯ 광전관, 광전자증배관은 주로 자외 내지 가시파장 범위에서, 광전도셀은 근적외 파장범위에서의 광전측광에 사용한다.
㉰ 흡수셀의 유리제는 주로 자외부 파장범위를, 플라스틱제는 근적외부 및 가시광선 파장범위를 측정할 때 사용한다.
㉱ 흡광도의 눈금보정은 다이크로뮴산포타슘용액으로 한다.

▶풀이 ㉰ 흡수셀의 유리제는 가시 및 근적외부 파장범위를, 플라스틱제는 근적외부 파장범위를 측정할 때 사용한다.

76 굴뚝 배출가스 중의 질소산화물을 연속적으로 자동측정하는데 사용되는 자외선흡수분석계의 구성에 대한 내용으로 틀린 것은?

㉮ 광원 : 중수소방전관 또는 중압수은 등을 사용한다.
㉯ 시료셀 : 시료가스가 연속적으로 흘러갈 수 있는 구조로 되어 있으며 그 길이는 200~500mm이고 셀의 창은 자외선 및 가시광선이 투과할 수 있는 재질이어야 한다.
㉰ 광학필터 : 프리즘과 회절격자 분광기 등을 이용하여 자외선 또는 적외선 영역의 단색광을 얻는 데 사용된다.
㉱ 합산증폭기 : 신호를 증폭하는 기능과 일산화질소 측정파장에서 아황산가스의 간섭을 보정하는 기능을 가지고 있다.

▶풀이 ㉰ 광학필터 : 특정파장 영역의 흡수나 다층박막의 광학적 간섭을 이용하여 자외선영역 또는 가시광선영역의 일정한 폭을 갖는 빛을 얻는데 사용한다.

77 기체크로마토그래피에서 정량분석방법으로 틀린 것은?

㉮ 절대검정곡선법
㉯ 넓이 백분율법
㉰ 내부표준물질법
㉱ 표준물첨가법

▶풀이 기체크로마토그래피에서 정량분석방법에는 절대검정곡선법, 넓이 백분율법, 보정넓이백분율법, 상대검정곡선법, 표준물첨가법이 있다.

answer 74 ㉱ 75 ㉰ 76 ㉰ 77 ㉰

78 환경대기 중 알데하이드류를 DNPH 유도체를 형성하여 아세토나이트릴(Acetonitrile) 용매로 추출하여 고성능 액체크로마토그래피법에 의해 자외선 검출기로 분석할 때 측정파장으로 가장 적합한 것은?

㉮ 360nm ㉯ 510nm
㉰ 650nm ㉱ 730nm

[풀이] 환경대기 중 알데하이드류를 고성능 액체크로마토그래피(HPLC/UV) 분석법으로 분석할 때 자외선(UV)검출기의 파장은 360nm이다.

79 굴뚝연속자동측정기기의 설치방법으로 틀린 것은?

㉮ 응축된 수증기가 존재하지 않는 곳에 설치한다.
㉯ 먼지와 가스상 물질을 모두 측정하는 경우 측정위치는 먼지를 따른다.
㉰ 수직굴뚝에서 가스상 물질의 측정위치는 굴뚝 하부 끝에서 위를 향하여 굴뚝내경의 1/2배 이상이 되는 지점으로 한다.
㉱ 수평굴뚝에서 가스상 물질의 측정위치는 외부공기가 새어들지 않고 요철이 없는 곳으로 굴뚝의 방향이 바뀌는 지점으로부터 굴뚝내경의 2배 이상 떨어진 곳을 선정한다.

[풀이] ㉰ 수직굴뚝에서 가스상 물질의 측정위치는 굴뚝 하부 끝에서 위를 향하여 굴뚝내경의 8배 이상이 되는 지점으로 하고, 상부 끝에서 아래를 향하여 굴뚝내경의 2배이상이 되는 지점으로 한다.

80 다음 중 분석대상물질과 흡수액의 연결로 틀린 것은?

㉮ 염화수소 : 수산화소듐용액
㉯ 비소 : 수산화소듐용액
㉰ 염소 : 과산화수소용액
㉱ 황화수소 : 아연아민착염용액

[풀이] ㉰ 염소 : 오르토톨리딘염산용액

answer 78 ㉮ 79 ㉰ 80 ㉰

2024 1회 CBT 복원문제

| 제1과목 | 대기환경관리

01 다음 중 상자모델의 가정조건으로 틀린 것은?

㉮ 오염물 분해는 0차 반응에 의한다.
㉯ 오염물질의 농도가 시간에 따라서만 변하는 0차원 모델이다.
㉰ 오염물 배출원이 지면전역에 균등히 분포되어 있다.
㉱ 오염원은 방출과 동시에 균등하게 혼합된다.

풀이 ㉮ 오염물 분해는 1차 반응에 의한다.

02 다음 중 압입통풍에 대한 설명으로 틀린 것은?

㉮ 연소실 공기를 예열할 수 있다.
㉯ 내압이 정압(+)으로 연소효율이 좋다.
㉰ 역화의 위험성이 없다.
㉱ 흡입통풍식보다 송풍기의 동력소모가 적다.

풀이 ㉰ 역화의 위험성이 있다.

03 대기의 특성에 대한 설명으로 틀린 것은?

㉮ 성층권에서는 오존이 자외선을 흡수하여 성층권의 온도를 상승시킨다.
㉯ 지표부근의 표준상태에서의 건조공기의 구성성분은 부피농도로 질소>산소>아르곤>이산화탄소의 순이다.
㉰ 대기의 온도는 위쪽으로 올라갈수록, 대류권에서는 하강, 성층권에서는 상승, 열권에서는 하강한다.
㉱ 대류권의 고도는 겨울철에 낮고, 여름철에는 높으며, 보통 저위도 지방이 고위도 지방에 비해 높다.

풀이 ㉰ 대기의 온도는 위쪽으로 올라갈수록, 대류권에서는 하강, 성층권에서는 상승, 중간권에서는 하강, 열권(온도권)에서는 상승한다.

04 지균풍에 대한 설명으로 틀린 것은?

㉮ 대기경계층 상부 즉, 고도 1km 이상의 상공에서 등압선이 직선일 때 등압선과 직각으로 부는 바람이다.
㉯ 고공풍이므로 마찰력의 영향이 거의 없다.
㉰ 지균풍에 영향을 주는 기압경도력과 전향력은 크기가 같고 방향이 반대이다.
㉱ 등압선이 평행인 경우 북반구에서는 관측자가 지구를 향하여 내려다 보는 경우 저기압지역의 풍향의 왼쪽에 위치한다.

answer 01 ㉮ 02 ㉰ 03 ㉰ 04 ㉮

풀이 ㉮ 대기경계층 상부 즉, 고도 1km 이상의 상공에서 등압선이 직선일 때 등압선과 평형으로 부는 바람이다.

05 다음 중 플루오린 화합물의 주요 배출원으로 가장 적합한 것은?

㉮ 인산비료공업
㉯ 도장공업
㉰ 석유정제 처리업
㉱ 활성탄 제조업

풀이 플루오린 화합물의 주요 배출원은 화학비료공업(인산비료공업), 알루미늄공업, 요업공업, 유리공업 등이 있다.

06 최대혼합고(MMD)에 대한 설명으로 틀린 것은?

㉮ 통상적으로 밤에 가장 낮으며, 낮시간 동안 증가한다.
㉯ 심한 기온역전 하에서는 0이 될 수 있다.
㉰ 낮시간 동안에는 통상 20~30m의 값을 나타낸다.
㉱ 실제 MMD는 지표위 수 km까지 실제 공기의 온도종단도를 작성함으로써 결정된다.

풀이 ㉰ 낮시간 동안에는 통상 2,000~3,000m의 값을 나타낸다.

07 대류권의 오존(O_3)에 대한 설명으로 틀린 것은?

㉮ 대류권의 오존은 국지적인 광화학스모그로 생성된 옥시던트의 지표물질이다.
㉯ 대류권에서 광화학반응으로 생성된 오존은 대기중에서 소멸되지 않고 축적되어 계속적인 오염을 유발시킨다.
㉰ 오염된 대기 중의 오존은 로스엔젤레스 스모그 사건에서 처음 확인되었다.
㉱ 대류권의 오존 자신은 온실가스로도 작용한다.

풀이 ㉯ 대류권에서 광화학반응으로 생성된 오존은 대기 중에서 축적되지 않고 분해되는 물질이며, 오염물질이 많은 대도시지역에서 청정지역보다 일변화가 크다.

08 잠재적인 대기오염물질로 취급되고 있는 물질인 이산화탄소에 대한 설명으로 틀린 것은?

㉮ 지구온실효과에 대한 측정 기여도는 CO_2가 50% 정도로 가장 높다.
㉯ 대기 중의 이산화탄소 농도는 북반구의 경우 계절적으로는 보통 겨울에 증가한다.
㉰ 대기 중에 배출되는 이산화탄소의 약 5%가 해수에 흡수된다.
㉱ 지구 북반구의 이산화탄소의 농도가 상대적으로 높다.

풀이 ㉰ 대기 중에 배출되는 이산화탄소는 50%가 대기 내에 축적되고, 나머지 50%는 바다에 대부분 흡수되고 일부는 식물에 흡수된다.

answer 05 ㉮ 06 ㉰ 07 ㉯ 08 ㉰

09 섬유의 인장강도를 가장 크게 떨어뜨리는 대기오염 피해의 원인이 되는 주요 물질은?

㉮ 플루오린화수소 ㉯ 오존
㉰ 황산화물 ㉱ 질소산화물

풀이 ㉰ 황산화물(SO_X)에 대한 설명이며, 핵심 내용인 "섬유부식=황산화물"임을 숙지하시면 됩니다.

10 열섬현상에 대한 설명으로 틀린 것은?

㉮ Dust dome effect라고도 하며, 직경 10 km 이상의 도시에서 잘 나타나는 현상이다.
㉯ 도시지역 표면의 열적 성질의 차이 및 지표면에서의 증발잠열의 차이 등으로 발생된다.
㉰ 태양의 복사열에 의해 도시에 축적된 열이 주변지역에 비해 크기 때문에 형성된다.
㉱ 대도시에서 발생하는 기후현상으로 주변지역 보다 비가 적게 오며, 건조해져 코, 기관지 염증의 원인이 된다.

풀이 ㉱ 대도시에서 발생하는 기후현상으로 도시지역의 풍속은 교외지역에 비해 평균적으로 25~30% 감소하며, 대기오염물질이 응결핵으로 작용하여 운량과 강우량이 증가하여 주변지역 보다 비가 많이 내린다.

11 질소산화물에 대한 설명으로 틀린 것은?

㉮ NO는 주로 교통량이 많은 이른 아침에 하루 중 최고치를 나타낸다.
㉯ 전세계 질소화합물 중 인위적인 질소화합물 배출량은 자연적 배출량의 10% 정도인 것으로 추정되고 있다.
㉰ N_2O는 대류권에서는 온실가스로 알려져 있으며, 성층권에서는 오존을 분해하는 물질로 알려져 있다.
㉱ NO_2의 대기 중 체류시간은 2~5일이며, N_2O는 10~20일 정도로 추정되고 있다.

풀이 ㉱ NO_2의 대기 중 체류시간은 2~5일이며, N_2O는 약 20~100년 정도이다.

12 고속도로상의 교통밀도가 시간당 5,000대이고, 차량의 평균속도가 100km/h이다. 차량 한 대의 탄화수소 방출량이 $2×10^{-2}$g/s일 때, 고속도로상에서 반출되는 탄화수소의 총량(g/sec·m)은?

㉮ 0.1 ㉯ 0.01
㉰ 0.001 ㉱ 0.0001

풀이 탄화수소의 총량(g/sec·m)
$$= \frac{2 \times 10^{-2} g}{sec \cdot 대} \times \frac{5,000대}{hr} \times \frac{1 hr}{100 km} \times \frac{1 km}{10^3 m}$$
$= 0.001$ g/sec·m

answer 09 ㉰ 10 ㉱ 11 ㉱ 12 ㉰

13 대기오염물질 중 서울을 비롯한 대도시 지역의 2010년~2020년 동안 오염농도가 다른 오염물질에 비해 크게 감소하지 않은 것은?

㉮ 일산화탄소(CO)
㉯ 납(Pb)
㉰ 아황산가스(SO_2)
㉱ 이산화질소(NO_2)

풀이 대도시 지역에서는 지속적으로 자동차 등록대수가 증가하고 있으므로 자동차에서 배출되는 질소산화물(NO_X)은 증가하고 있다.

14 굴뚝에서 배출되는 연기의 확산형태 중 역전현상이 존재하는 형태로만 분류된 것은?

㉮ 부채형(fanning), 지붕형(lofting), 구속형(trapping)
㉯ 환상형(looping), 부채형(fanning), 훈증형(fumigation)
㉰ 훈증형(fumigation), 원추형(coning), 지붕형(lofting)
㉱ 원추형(coning), 훈증형(fumigation), 부채형(fanning)

풀이 ① 역전현상이 없는 연기모양 : 환상형, 원추형
② 역전현상이 존재하는 연기모양 : 부채형, 지붕형, 훈증형, 구속형

15 수용모델(Receptor Model)의 특징으로 틀린 것은?

㉮ 불법 배출 오염원을 정량적으로 확인 평가할 수 있다.
㉯ 2차 오염원의 확인이 가능하다.
㉰ 지형, 기상학적 정보 없이도 사용 가능하다.
㉱ 현재나 과거에 일어났던 일을 추정하여 미래를 위한 전략은 세울 수 있으나, 미래예측은 어렵다.

풀이 ㉯번에 대한 설명은 분산모델에 대한 내용이며, 분산모델과 수용모델의 특징을 비교해서 반드시 숙지하셔야 합니다.

16 공기상층으로 갈수록 기온이 급격히 떨어져서 대기상태가 크게 불안정하게 되며, 연기는 상하 좌우 방향으로 크고 불규칙하게 난류를 일으키며 확산되는 연기 형태는?

㉮ Looping형 ㉯ Fanning형
㉰ Lofting형 ㉱ Fumigation형

풀이 ㉮ 파상형(Looping)에 대한 설명이며, 핵심 내용인 "불안정조건=파상형"임을 숙지하시면 됩니다.

answer 13 ㉱ 14 ㉮ 15 ㉯ 16 ㉮

17 최대 혼합고도를 400m로 예상하여 오염농도를 3ppm으로 추정하였는데, 실제 관측된 최대 혼합고도는 200m였다. 실제 나타날 오염농도는? (단, 기타 조건은 같음)

㉮ 21 ppm ㉯ 24 ppm
㉰ 27 ppm ㉱ 29 ppm

풀이 실제오염농도(ppm)
$= 예상오염농도(ppm) \times \left(\dfrac{예상최대혼합고}{실제최대혼합고}\right)^3$
$= 3\,ppm \times \left(\dfrac{400\,m}{200\,m}\right)^3 = 24.0\,ppm$

18 Plume내의 오염물의 단면분포가 전형적인 가우시안 분포를 이루고 있는 연기 모양은?

㉮ fanning ㉯ lofting
㉰ coning ㉱ fumigation

풀이 ㉰ 원추형(coning)에 대한 설명이며, 핵심 내용인 "가우시안분포=원추형"임을 숙지하시면 됩니다.

19 대기 중의 광화학 반응에서 탄화수소를 주고 공격하는 화학종은?

㉮ CO ㉯ OH기
㉰ NO ㉱ NO_2

풀이 광화학 반응에서 탄화수소를 주고 공격하는 화학종은 ㉯ OH기이다.

20 주요 오염물질 배출관련 업종과의 연결로 틀린 것은?

㉮ 암모니아 - 시멘트제조공장
㉯ 아황산가스 - 제련소, 펄프제조공장
㉰ 납 - 인쇄, 도가니제조공장
㉱ 염화수소 - 플라스틱공장

풀이 ㉮ 암모니아의 배출원은 도금공업, 냉동공업, 비료공장, 표백공장, 색소공장 등이다.

| 제2과목 | 연소공학

21 다음 중 석탄의 탄화도가 증가하면 감소하는 것은?

㉮ 착화온도 ㉯ 발열량
㉰ 휘발분 ㉱ 고정탄소

풀이 ① 탄화도 증가하면: 고정탄소, 발열량, 착화온도, 연료비는 증가
② 탄화도가 증가하면: 매연발생량, 비열, 휘발분, 수분, 산소의 양, 연소속도는 감소

22 다음 중 확산연소에 대한 설명으로 틀린 것은?

㉮ 화염의 길이가 길고, 그을음이 발생하기 쉽다.
㉯ 기체연료와 연소용 공기를 버너내에서 혼합시키지 않는다.
㉰ 역화의 위험성이 있으며, 가스와 공기를 예열할 수 없다.
㉱ 버너의 종류에는 포트형과 버너형이 있다.

answer 17 ㉯ 18 ㉰ 19 ㉯ 20 ㉮ 21 ㉰ 22 ㉰

풀이 ㉰ 역화의 위험성이 없으며, 가스와 공기를 예열할 수 있다.

23 연소반응에서의 반응속도에 대한 설명으로 틀린 것은?

㉮ 화학반응식의 비례상수(k)는 반응물 농도에 따라 결정된다.
㉯ 화학반응율은 통상 반응물이 사라지는 율이나 생성되는 율의 항으로 표현된다.
㉰ 비가역 단분자형 1차반응의 반응속도는 반응물의 농도에 정비례한다.
㉱ 비가역 단분자형 0차반응의 반응속도는 반응물의 농도에 관계가 없다.

풀이 ㉮ 화학반응속도론에서 반응상수(k) 결정에 가장 큰 영향인자는 온도와 활성화에너지이다.

24 탄소 85%, 수소 13%, 황 2%인 중유의 연소에 필요한 이론공기량(Sm^3/kg)은?

㉮ 5.6   ㉯ 7.1
㉰ 8.8   ㉱ 11.1

풀이 이론공기량(A_o)
$= 8.89C + 26.67(H - \frac{O}{8}) + 3.33S\,(Sm^3/kg)$
$= 8.89 \times 0.85 + 26.67 \times 0.13 + 3.33 \times 0.02$
$= 11.09\,Sm^3/kg$

25 굴뚝의 통풍에 대한 설명으로 틀린 것은?

㉮ 외기주입이 없을수록 통풍력이 커진다.
㉯ 흡인통풍의 경우 통상 로내는 부압(-)이 된다.
㉰ 굴뚝 내부의 가스온도가 높을수록 통풍력은 커진다.
㉱ 굴뚝내의 굴곡이 있을수록 통풍력이 커진다.

풀이 ㉱ 굴뚝내의 굴곡이 없을수록 통풍력이 커진다.

26 연소가스 중의 수분을 측정하였더니 건조가스 $1Sm^3$당 100g이었다. 건조가스에 대한 수분의 용량비는?

㉮ 12.4%   ㉯ 18.5%
㉰ 20.4%   ㉱ 22.4%

풀이 수분(%) $= \frac{1.244\,ma(g)}{Vs(L)} \times 100$
$= \frac{1.244 \times 100g}{1 \times 10^3 L} \times 100 = 12.44\%$

27 어느 석탄을 사용하여 가열로의 배기 가스를 분석한 결과 CO_2 15%, O_2 6%, N_2 79%였다. 이 경우의 공기비는?
(단, 연료중 질소성분은 무시하며, 완전연소라 가정한다)

㉮ 1.4   ㉯ 1.6
㉰ 1.8   ㉱ 2.0

풀이 공기비(m)
$= \frac{N_2\%}{N_2\% - 3.76 \times (O_2\% - 0.5 \times CO\%)}$
$= \frac{79\%}{79\% - 3.76 \times 6\%} = 1.40$

answer 23 ㉮   24 ㉱   25 ㉱   26 ㉮   27 ㉮

28 메탄가스의 고위발열량이 $9,000\,\text{kcal/Sm}^3$이라면 저위발열량(kcal/Sm^3)은?

㉮ 8,040 ㉯ 7,800
㉰ 7,540 ㉱ 7,200

풀이 $CH_4 + 2O_2 \rightarrow CO_2 + 2H_2O$
저위발열량(kcal/Sm^3)
= 고위발열량(kcal/Sm^3) $- 480 \times H_2O$량
= $9,000\,\text{kcal/Sm}^3 - 480 \times 2$
= $8,040\,\text{kcal/Sm}^3$

TIP 체적비 = 부피비 = Sm^3/Sm^3 = 갯수비

29 다음 중 표면연소에 대한 설명으로 알맞은 것은?

㉮ 오일의 표면에서 오일이 기화하여 일어나는 연소
㉯ 화염의 표면에서 산소와의 결합으로 일어나는 연소
㉰ 적열 코크스나 숯의 표면에 산소가 접촉하여 일어나는 연소
㉱ 고체연료가 화염을 정상적으로 내면서 연소하는 것

풀이 연소형태
㉮ 증발연소에 대한 설명
㉯ 발연연소에 대한 설명
㉰ 표면연소에 대한 설명
㉱ 분해연소에 대한 설명

30 $1Sm^3$당 질량이 1.34kg인 탄화수소는?

㉮ CH_4 ㉯ C_2H_6
㉰ C_3H_6 ㉱ C_3H_8

풀이 $1.34\,\text{kg/Sm}^3 = \dfrac{\text{분자량(kg)}}{22.4\,\text{Sm}^3}$
따라서 분자량 = 30.0kg 이므로 보기 중에서 분자량이 30kg인 ㉯ 에탄(C_2H_6)이 정답이 된다.

31 프로판(C_3H_8)과 에탄(C_2H_6)의 혼합가스 $1Sm^3$을 완전 연소시킨 결과 배기가스 중 이산화탄소(CO_2) 생성량이 2.8 Sm^3이었다. 혼합가스 중의 프로판과 에탄의 mole비(C_3H_8/C_2H_6)는?

㉮ 3.0 ㉯ 3.5
㉰ 4.0 ㉱ 4.5

풀이 $C_3H_8 + 5O_2 \rightarrow 3CO_2 + 4H_2O$
  X   3X
$C_2H_6 + 3.5O_2 \rightarrow 2CO_2 + 3H_2O$
(1-X)   2(1-X)
따라서 CO_2량 = $\{3X + 2(1-X)\}Sm^3 = 2.8\,Sm^3$
∴ X = 0.8(프로판)
따라서 에탄 = 1 - X = 1 - 0.8 = 0.2
∴ $\dfrac{\text{프로판}}{\text{에탄}} = \dfrac{0.8}{0.2} = 4.0$

answer 28 ㉮ 29 ㉰ 30 ㉯ 31 ㉰

32 유류연소 버너에 대한 설명으로 틀린 것은?

㉮ 유압식버너 : 넓은 각도의 화염으로 조절범위가 좁다.
㉯ 회전식버너 : 비교적 넓은 각도의 화염으로 회전수는 5,000~6,000rpm, 분무각도는 40°~80°가 적당하다.
㉰ 고압공기식 : 가장 좁은 각도의 긴 화염이며, 분무각도는 20°~30° 정도이다.
㉱ 저압공기식 : 비교적 좁은 각도의 짧은 화염이며 용량은 2,000~3,000L/hr로 대형 가열로형이다.

풀이 ㉱ 저압공기식 : 분무각도는 30°~60° 정도로 비교적 좁은 각도이며, 짧은 화염이며 용량은 2~300L/hr로 소형 가열로형이다.

33 액화석유가스(LPG)의 구성성분으로 틀린 것은?

㉮ C_3H_8 ㉯ C_4H_8
㉰ C_4H_{10} ㉱ C_5H_{10}

풀이 액화석유가스(LPG)의 구성성분은 탄소수가 3개~4개로 구성된 물질이다.

TIP
① 액화천연가스(LPG)의 주성분 : 메탄(CH_4)
② 액화석유가스(LPG)의 주성분 : 프로판(C_3H_8), 부탄(C_4H_{10})

34 다음 중 액체연료의 특징으로 틀린 것은?

㉮ 발열량이 크고 품질이 비교적 균일하다.
㉯ 화재나 역화의 위험성이 있으나 국부가열의 우려는 없다.
㉰ 단위질량당 발열량이 커 화력이 강하다.
㉱ 회분은 적지만, 재속의 금속산화물이 장해원인이 될 수 있다.

풀이 ㉯ 화재나 역화의 위험성이 있으며, 연소온도가 높아 국부가열의 우려가 있다.

35 $CO_2 max$: 18.4%, CO_2 : 14.2%, CO : 4%에서 연소가스 중의 O_2(%)는?

㉮ 1.61% ㉯ 1.71%
㉰ 1.81% ㉱ 1.91%

풀이
$$CO_2 max(\%) = \frac{21 \times (CO_2\% + CO\%)}{21 - O_2\% + 0.395 \times CO\%}$$

$$18.4\% = \frac{21 \times (14.2\% + 4\%)}{21 - O_2\% + 0.395 \times 4\%}$$

∴ $O_2 = 1.81\%$

36 메탄(CH_4) 1.0Sm^3을 연소한다. 이때 발생되는 이론습연소가스량(Sm^3/Sm^3)은?

㉮ 4.37 ㉯ 6.36
㉰ 8.45 ㉱ 10.52

풀이 $CH_4 + 2O_2 \rightarrow CO_2 + 2H_2O$
이론습연소가스량(Gow)
$= (1-0.21)A_o + CO_2량 + H_2O량(Sm^3/Sm^3)$
$= (1-0.21) \times \dfrac{2}{0.21} + 1 + 2$
$= 10.52 Sm^3/Sm^3$

answer 32 ㉱ 33 ㉱ 34 ㉯ 35 ㉰ 36 ㉱

> **TIP**
> Sm^3/Sm^3 = 부피비 = 체적비 = 갯수비

37 매연발생에 대한 설명으로 틀린 것은?

㉮ 분해가 쉽거나 산화하기 쉬운 탄화수소는 매연발생이 적다.
㉯ 탈수소, 중합 및 고리화합물 생성등과 같은 반응이 일어나기 쉬운 탄화수소일수록 매연발생이 적다.
㉰ -C-C-의 탄소결합을 절단하기보다는 탈수소가 쉬운 쪽이 매연이 생기기 쉽다.
㉱ 연료의 C/H의 비율이 클수록 매연이 생기기 쉽다.

풀이 ㉯ 탈수소, 중합 및 고리화합물 생성 등과 같은 반응이 일어나기 쉬운 탄화수소일수록 매연발생이 많다.

38 황분 2%를 함유한 석탄 1.5ton를 완전연소하면 표준상태에서 발생하는 아황산가스의 양(Sm^3)은? (단, 모든 황분은 아황산가스만을 생성한다.)

㉮ 32 ㉯ 21
㉰ 16 ㉱ 10

풀이 $S + O_2 \rightarrow SO_2$
32kg : 22.4Sm^3
1,500kg × 0.02 : X
∴ X = $\frac{1,500kg \times 0.02 \times 22.4Sm^3}{32kg}$ = 21.0Sm^3

39 액화석유가스(LPG)에 대한 설명 중 틀린 것은?

㉮ 황분이 적고 독성이 없다.
㉯ 사용에 편리한 기체연료의 특징과 수송 및 저장에 편리한 액체연료의 특징을 겸비하고 있다.
㉰ 액체에서 기체로 될 때 증발열 600~800 kcal/kg이 발생하며 이에 따라 발열량이 높아진다.
㉱ 비중이 공기보다 무거워 누출될 경우 낮은 곳에 체류하여 인화되기 쉽다.

풀이 ㉰ 액체에서 기체로 될 때 증발열 90~100kcal/kg이다.

40 연소장치에서 생성되는 질소산화물에 대한 내용 중 알맞은 것은?

㉮ 연소장치내의 연소부에서 생성되는 질소산화물의 형태는 주로 NO_2이다.
㉯ 질소산화물의 발생량을 저게하기 위해서는 노내의 온도를 높게 유지하는 것이 유리하다.
㉰ 생성되는 질소산화물의 형태는 주로 NO와 NO_2이고 굴뚝에서는 NO가 많이 검출된다.
㉱ 공기를 이론량보다 20% 가량 과량으로 공급함으로서 질소산화물의 생성을 억제할 수 있다.

풀이 ㉮ 연소장치내의 연소부에서 생성되는 질소산화물의 형태는 주로 NO이다.
㉯ 질소산화물의 발생량을 저게하기 위해서는 노내의 온도를 낮게 유지하는 것이 유리하다.
㉱ 공기를 이론량보다 20% 가량 과량으로 공급하면 질소산화물의 생성이 많아진다.

answer 37 ㉯ 38 ㉯ 39 ㉰ 40 ㉰

| 제3과목 | 대기오염방지기술

41 다음 중 중력집진장치에 대한 설명으로 틀린 것은?

㉮ 함진가스의 온도변화에 의한 영향을 거의 받지 않는다.
㉯ 유지비 및 설치비가 적게 드나 신뢰도가 낮다.
㉰ 침강실의 높이가 높고 길이가 짧을수록 집진율은 높아진다.
㉱ 침강실내의 처리가스속도가 작을수록 집진율이 높다.

풀이 ㉰ 침강실의 높이가 낮고 길이가 길수록 집진율은 높아진다.

42 광학현미경을 이용하여 입경을 측정하는 방법에서 입자의 투영면적을 이용하여 측정한 입경 중 입자의 면적을 2등분하는 선의 길이로 나타내는 직경은?

㉮ 마틴직경
㉯ 스토크스 직경
㉰ 공기동역학적 직경
㉱ 광학적 직경

풀이 ㉮ 마틴직경에 대한 설명이며, 핵심 내용이 "입자의 면적을 2등분하는 선의 길이=마틴직경"임을 숙지하시면 됩니다.

43 다음 먼지의 입경측정방법 중 간접측정법에 해당하지 않는 것은?

㉮ 액상침강법   ㉯ 공기투과법
㉰ 표준체 측정법   ㉱ 관성충돌법

풀이 먼지입자 측정방법
① 간접측정법 : 관성충돌법, 액상침강법, 공기투과법, 광산란법
② 직접측정법 : 표준체 측정법, 현미경 측정법

44 다음 중 사이클론 집진장치의 처리효율에 대한 설명으로 틀린 것은?

㉮ 입구유속이 빠를수록 분리속도가 커진다.
㉯ 몸체직경이 작을수록 분리속도가 커진다.
㉰ 함진가스의 선회속도가 작을수록 분리속도는 커진다.
㉱ 입자의 입경이 커질수록 분리속도가 커진다.

풀이 ㉰ 함진가스의 선회속도가 클수록 분리속도는 커진다.

45 다음 중 여과집진장치의 간헐식에 대한 설명으로 틀린 것은?

㉮ 먼지의 재비산이 적다.
㉯ 높은 집진율을 얻을 수 있다.
㉰ 대용량 처리에 적당하다.
㉱ 여포의 수명은 연속식에 비해 길다.

풀이 ㉰ 대용량 처리에 부적당하다.

answer 41 ㉰ 42 ㉮ 43 ㉰ 44 ㉰ 45 ㉰

46 습식 전기집진장치에 대한 설명으로 틀린 것은?

㉮ 집진극면이 항상 청결하게 유지되며 강한 전계를 얻을 수 있다.
㉯ 처리가스속도는 건식에 비해 2배 정도 느리다.
㉰ 작은 전기저항에 의해 생기는 먼지의 재비산을 방지할 수 있다.
㉱ 압력손실은 건식이 10 mmH$_2$O, 습식이 20 mmH$_2$O이다.

풀이 ㉯ 처리가스속도는 건식에 비해 2배 정도 크게 할 수 있다.

47 다음 중 휘발성유기화합물(VOCs)를 제거하는 기술로 틀린 것은?

㉮ 직접소각법 ㉯ 수은환원법
㉰ 활성탄흡착법 ㉱ 생물여과법

풀이 휘발성유기화합물(VOCs)를 제거하는 기술에는 직접소각법, 활성탄 흡착법, 생물여과법, 흡수법, 응축법이 있다.

48 기상 총괄이동단위높이가 2m인 충전탑을 이용하여 배출가스 중의 HF를 NaOH 수용액으로 흡수제거하려 할 때, 제거율을 98%로 하기 위한 충전탑의 높이는? (단, 평형분압은 무시한다.)

㉮ 5.6 m ㉯ 5.9 m
㉰ 6.5 m ㉱ 7.8 m

풀이 $H = NOG \times HOG = \ln\left\{\dfrac{1}{1-\dfrac{\eta(\%)}{100}}\right\} \times HOG$

$= \ln\left(\dfrac{1}{1-0.98}\right) \times 2m = 7.82m$

49 흡착과정에 대한 설명으로 틀린 것은?

㉮ 포화점에서는 주어진 온도와 압력조건에서 흡착제가 가장 많은 양의 흡착질을 흡착하는 점이다.
㉯ 흡착제층 전체가 포화되어 배출가스 중에 오염가스 일부가 남게 되는 점을 파과점이라 하고, 이점 이후부터는 오염가스의 농도가 급격히 증가한다.
㉰ 파과곡선의 형태는 흡착탑의 경우에 따라서 비교적 기울기가 큰 것이 바람직하다.
㉱ 실제의 흡착은 비정상상태에서 진행되므로 흡착의 초기에는 흡착이 천천히 진행되다가 어느 정도 흡착이 진행되면 빠르게 흡착이 이루어진다.

풀이 ㉱ 실제의 흡착은 비정상상태에서 진행되므로 흡착의 초기에는 흡착이 빠르게 진행되다가 어느 정도 흡착이 진행되면 천천히 흡착이 이루어진다.

50 배출가스 중의 일산화탄소를 제거하는 방법 중 가장 실질적이고 확실한 방법은?

㉮ 벤츄리스크러버나 충전탑 등으로 세정하여 제거
㉯ 백금계 촉매를 사용하여 무해한 이산화탄소로 산화시켜 제거
㉰ 황산나트륨을 이용하여 흡수하는 시보드법을 적용하여 제거
㉱ 분무탑내에서 알칼리용액으로 중화하여 흡수제거

answer 46 ㉯ 47 ㉯ 48 ㉱ 49 ㉱ 50 ㉯

풀이 ㉯ 일산화탄소는 백금계 촉매를 사용하여 무해한 이산화탄소로 산화시켜 제거한다.

51 충전탑에 대한 설명으로 틀린 것은?

㉮ 충전제는 화학적으로 불활성이어야 한다.
㉯ 충전제를 규칙적으로 충전하면 불규칙적으로 충전하는 방법에 비하여 압력손실이 적어진다.
㉰ 편류현상은 [탑의 직경/충진제 직경]의 비가 8~10 범위일 때 최소가 된다.
㉱ 보통 가스유속은 부하점에서의 유속의 70~80% 조작이 적당하다.

풀이 ㉱ 보통 가스유속은 범람(flooding)속도의 40~70%가 적당하다.

52 벤츄리스크러버의 액가스비를 크게 하는 요인으로 틀린 것은?

㉮ 먼지의 농도가 높을 때
㉯ 먼지입자의 친수성이 높을 때
㉰ 먼지입자의 점착성이 클 때
㉱ 처리가스의 온도가 높을 때

풀이 ㉯ 먼지입자의 친수성이 낮을 때

53 원심력 집진장치 중 분리계수에 대한 설명으로 틀린 것은?

㉮ 분리계수는 중력가속도에 반비례한다.
㉯ 분리계수는 입자에 작용되는 원심력과 중력과의 관계이다.
㉰ 사이클론 원추하부의 반경이 클수록 분리계수는 커진다.
㉱ 원심력이 클수록 분리계수는 커지며 집진율도 증가한다.

풀이 ㉰ 사이클론 원추하부의 반경이 클수록 분리계수는 작아진다.

54 처리가스량이 30,000 m³/h, 압력손실이 300 mmH₂O인 집진장치를 효율이 47%인 송풍기로 운전할 때, 송풍기의 소요동력(kw)은?

㉮ 38 ㉯ 43
㉰ 49 ㉱ 52

풀이
$$kw = \frac{Ps \times Q}{102 \times \eta} \times \alpha$$

여기서 Ps : 압력손실(mmH₂O)
Q : 가스량(m³/sec)
η : 효율
α : 여유율

따라서
$$kw = \frac{300\,mmH_2O \times 30,000\,m^3/hr \times 1hr/3,600sec}{102 \times 0.47}$$
$$= 52.15\,kw$$

TIP
1kw = 102 kg·m/sec 이므로 가스량(Q)의 시간단위는 반드시 "sec"임을 숙지하셔야 합니다.

answer 51 ㉱ 52 ㉯ 53 ㉰ 54 ㉱

55 세정집진장치의 장점으로 틀린 것은?

㉮ 한 번 제거된 입자는 처리가스 속으로 재비산 되지 않으며, 전기집진장치보다 협소한 장소에도 설치가 가능하다.
㉯ 점착성 및 조해성 먼지의 처리가 가능하다.
㉰ 연소성 및 폭발성 가스의 처리가 가능하다.
㉱ 처리된 가스의 확산이 용이하다.

▶ 풀이 ㉱ 처리된 가스의 확산이 나쁜편이다.

56 헨리의 법칙이 적용되는 가스가 물 속에 $2.0\,\text{kmol}/\text{m}^3$ 농도로 용해되어 있다. 이 가스의 분압은 29 mmHg이다. 이 유해가스의 분압이 18 mmHg가 되었다면 물 속 농도(kmol/m^3)는?

㉮ $1.02\,\text{kmol}/\text{m}^3$
㉯ $1.24\,\text{kmol}/\text{m}^3$
㉰ $1.31\,\text{kmol}/\text{m}^2$
㉱ $1.55\,\text{kmol}/\text{m}^3$

▶ 풀이 $P = H \times C$에서 분압과 농도는 비례관계이므로
$29\,\text{mmHg} : 2.0\,\text{kmol}/\text{m}^3 = 18\,\text{mmHg} : C$
$\therefore C = \dfrac{2.0\,\text{kmol}/\text{m}^3 \times 18\,\text{mmHg}}{29\,\text{mmHg}}$
$= 1.24\,\text{kmol}/\text{m}^3$

57 무촉매환원법에 의한 배출가스 중의 NO_X 제거에 대한 설명으로 틀린 것은?

㉮ NO의 암모니아에 의한 환원에는 보통 산소의 공존이 필요하다.
㉯ 1,000℃ 정도의 고온과 NH_3/NO가 2 이상의 암모니아의 첨가가 필요하다.
㉰ NO_X의 제거율은 비교적 높아 98% 이상이다.
㉱ 반응기 등의 설비가 필요하지 않아 설비는 작고, 특히 더러운 가스의 NO_X의 제거에 적합하다.

▶ 풀이 ㉰ NO_X의 제거율은 30~70%로 대체로 낮은 편이다.

58 다음 중 접선유입식 원심력집진장치의 특징을 옳게 설명한 것은?

㉮ 입구모양에 따라 나선형과 와류형으로 분류된다.
㉯ 장치 입구의 가스속도는 18~20cm/sec 이다.
㉰ 장치의 압력손실은 5,000 mmH_2O이다.
㉱ 도익선회식이라고도 하며, 반전형과 직전형이 있다.

▶ 풀이 ㉯ 장치 입구의 가스속도는 7~15m/sec이다.
㉰ 장치의 압력손실은 100 mmH_2O 전후이다.
㉱ 입구모양에 따라 나선형과 와류형으로 분류된다.

59 기체흡수탑에 사용되는 흡수액의 구비 조건으로 알맞은 것은?

㉮ 흡수액의 점성은 비교적 높아야 한다.
㉯ 화학적으로 활성이 크며, 인화성이 없고 응고점이 높아야 한다.
㉰ 휘발성이 높아야 한다.
㉱ 용해도가 높아야 한다.

▶ 풀이 ㉮ 흡수액의 점성은 비교적 낮아야 한다.
㉯ 화학적으로 비활성이며, 인화성이 없고 응고점이 낮아야 한다.
㉰ 휘발성이 낮아야 한다.

answer 55 ㉱ 56 ㉯ 57 ㉰ 58 ㉮ 59 ㉱

60 다음 중 직물여과기의 여과직물을 청소하는 방법으로 틀린 것은?

㉮ 진동형 ㉯ 임펙트 제트형
㉰ 역기류형 ㉱ 펄스 제트형

풀이 직물여과기의 여과직물을 청소하는 방법으로 진동형(기계적 진동), 역기류형(공기역류), 펄스 제트형(충격제트기류분사형)이 있다.

| 제4과목 | 대기오염공정시험기준

61 굴뚝 등에서 배출되는 오염물질별 분석 방법으로 틀린 것은?

㉮ 자외선/가시선분광법-메틸렌블루우법은 황화수소를 아연아민착염용액에 흡수시켜 p-아미노디메닐아닐린 용액과 염화철(Ⅲ)용액을 가하여 생성된 메틸렌블루의 흡광도를 670nm 부근에서 측정한다.
㉯ 황산화물을 자외선흡수법으로 분석시 이산화탄소가 간섭물질이다.
㉰ 이황화탄소의 자외선/가시선분광법은 시료가스를 흡수시켜 생성된 다이에틸다이싸이오카밤산구리의 흡광도를 435 nm의 파장에서 측정한다.
㉱ 염화수소를 자외선/가시선분광법-싸이오사이안산제이수은법으로 분석 시 이산화황, 기타 할로겐화물, 사이안화물 및 황화물의 영향이 무시되는 경우에 적합하다.

풀이 ㉯ 황산화물을 자외선흡수법으로 분석 시 이산화질소가 간섭물질이다.

62 배출가스 중 질소산화물을 자외선/가시선분광법-아연환원나프틸에틸렌다이아민법으로 분석 시 흡수액은?

㉮ 수산화소듐용액
㉯ 과산화수소용액
㉰ 아연아민착염용액
㉱ 황산용액

풀이 질소산화물의 흡수액은 0.005mol/L 황산용액이다.

63 비분산적외선분광분석기의 다음 구성(순서)의 ( )안에 들어갈 명칭을 옳게 나열한 것은? (단, 복광속 분석기인 경우)

광원 - (①) - (②) - 시료셀 - 검출기 - 증폭기 - 지시계

㉮ ① 광학섹터, ② 회전필터
㉯ ① 회전섹터, ② 광학섹터
㉰ ① 광학필터, ② 회전필터
㉱ ① 회전섹터, ② 광학필터

풀이 복광속 분석기의 장치 순서는 광원 - 회전섹터 - 광학필터 - 시료셀 - 검출기 - 증폭기 - 지시계 순이다.

answer 60 ㉯ 61 ㉯ 62 ㉱ 63 ㉱

64 다음 금속을 원자흡수분광광도법으로 분석할 측정파장(nm)과 정량범위(mg/Sm³)가 틀린 것은?

㉮ 카드뮴 : 228.8 - 0.010 이상
㉯ 아연 : 213.9 - 0.100 이상
㉰ 베릴륨 : 234.9 - 0.010 이상
㉱ 구리 : 324.7 - 0.100 이상

풀이 ㉰ 베릴륨 : 234.9 - 0.040 이상

65 굴뚝 배출가스 중 브로민 화합물을 자외선/가시선분광법 분석하고자 할 때 흡수액은?

㉮ 붕산용액
㉯ 다이에틸아민구리용액
㉰ 수산화소듐용액
㉱ 황산용액

풀이 브로민 화합물의 흡수액은 ㉰ 수산화소듐용액 (40g/L)이다.

66 환경대기 중 석면섬유를 위상차현미경을 사용하여 측정할 때 흡입유량과 측정시간은?

㉮ 흡입유량 10 L/min, 측정시간 : 2시간
㉯ 흡입유량 1 L/min, 측정시간 : 2시간
㉰ 흡입유량 10 L/min, 측정시간 : 1시간
㉱ 흡입유량 1 L/min, 측정시간 : 1시간

풀이 시료는 주간 시간대(오전 8시~오후 7시)에 10 L/min의 유량으로 1시간 측정하고, 유량계의 부자는 10 L/min가 되도록 조정한다.

67 배출가스 중 비소화합물의 분석방법으로 알맞은 것은?

㉮ 수소화물생성 원자흡수분광광도법
㉯ 기체크로마토그래피
㉰ 자외선/가시선분광법
㉱ 냉증기-원자흡수분광광도법

풀이 배출가스 중 비소화합물의 분석방법에는 수소화물생성 원자흡수분광광도법, 흑연로원자흡수분광광도법, 유도결합플라스마/원자발광분광법이 있다.

68 굴뚝 배출가스 중의 수분량 측정을 위해 흡습관에 배출가스를 10L 통과시킨 결과, 흡습관의 질량증가는 0.7510g이었다. 건식 가스미터로 측정하여 보니, 게이지압이 4 mmH₂O 이고, 흡인가스 온도가 27℃였다. 측정 당시 대기압이 757 mmHg 이면 배출가스 중의 수분량(%)은?

㉮ 약 6.5%   ㉯ 약 9.3%
㉰ 약 10.2%   ㉱ 약 13.6%

풀이 $수분량(Xw) = \dfrac{1.244 ma}{V_S(L) + 1.244 ma} \times 100$

$= 9.35\%$

69 배출가스 중 납화합물의 분석방법에 대한 설명으로 틀린 것은?

㉮ 원자흡수분광광도법의 정량범위는 시료채취량이 $1\,Sm^3$일 때 $0.050\,mg/Sm^3$ 이상이다.
㉯ 원자흡수분광광도법의 측정파장은 217.0nm이다.
㉰ 유도결합플라스마/원자발광분광법의 정량범위는 시료채취량이 $1\,Sm^3$일 때 $0.025\,mg/Sm^3$ 이상이다.
㉱ 유도결합플라스마/원자발광분광법의 방법검출한계는 $0.016\,mg/Sm^3$이다.

풀이 ㉱ 유도결합플라스마/원자발광분광법의 방법검출한계는 $0.008\,mg/Sm^3$이다.

70 굴뚝 배출가스 중 먼지를 측정시 등속흡입 정도를 알기 위하여 등속계수(%)를 산정한다. 이 때 몇 % 범위내에 들지 않을 경우 다시 시료를 채취하여야 하는가?

㉮ 90~110%　㉯ 95~105%
㉰ 90~105%　㉱ 95~110%

풀이 먼지를 측정시 등속흡입 정도를 알기 위하여 등속계수(%)를 산정하는데 90%~110% 범위 내에 들지 않을 경우에는 다시 시료를 채취한다.

71 굴뚝 배출가스 중 먼지 측정위치 기준에 대한 설명으로 틀린 것은?

㉮ 원칙적으로 굴뚝의 굴곡부분을 피하여 배출가스 흐름이 안정된 곳을 선정한다.
㉯ 수평굴뚝에서도 측정할 수 있으나 측정공의 위치가 수직굴뚝의 측정위치 선정기준에 준하여 선정된 곳이어야 한다.
㉰ 수직굴뚝 하부 끝단으로부터 위를 향하여 그 곳의 굴뚝 내경의 8배 이상이 되고, 상부 끝단으로부터 아래를 향하여 그곳의 굴뚝 내경의 2배 이상이 되는 지점에 측정공 위치를 선정하는 것을 원칙으로 한다.
㉱ 기준에 적합한 측정공 설치가 곤란할 경우에는 굴뚝 상부내경의 1.5배 이상과 하부내경의 1/4배 이상되는 지점에 측정공 위치를 선정할 수 있다.

풀이 ㉱ 기준에 적합한 측정공 설치가 곤란할 경우에는 굴뚝 하부내경의 2배 이상과 상부내경의 1/2배 이상되는 지점에 측정공 위치를 선정할 수 있다.

72 배출가스 중 폼알데하이드 및 알데히드류의 분석방법이 아닌 것은?

㉮ 고성능 액체크로마토그래피
㉯ 자외선/가시선분광법-크로모트로핀산법
㉰ 자외선/가시선분광법-아세틸아세톤법
㉱ 이온크로마토그래피

풀이 배출가스 중 폼알데하이드를 분석방법에는 고성능 액체크로마토그래피, 자외선/가시선분광법-크로모트로핀산법, 자외선/가시선분광법-아세틸아세톤법이 있다.

answer 69 ㉱　70 ㉮　71 ㉱　72 ㉱

73 다음 중 이온크로마토그래피의 구성으로 옳은 것은?

㉮ 광원부 - 시료원자화부 - 단색화부 - 측광부
㉯ 광원부 - 파장선택부 - 시료부 - 측광부
㉰ 용리액조 - 송액펌프 - 시료주입장치 - 분리관 - 써프렛서 - 검출기 - 기록계
㉱ 가스유로계 - 시료도입부 - 가열오븐 - 검출기 - 기록계

풀이 분석방법별 장치구성 순서
㉮ 원자흡수분광광도법
㉯ 자외선/가시선분광법
㉰ 이온크로마토그래피
㉱ 기체크로마토그래피

74 굴뚝 배출가스 중 이황화탄소를 자외선/가시선분광법으로 분석할 때 흡수액은?

㉮ 과산화수소
㉯ 다이에틸아민구리 용액
㉰ 수산화소듐용액
㉱ 아연아민착염용액

풀이 이황화탄소의 흡수액은 다이에틸아민구리용액이다.

75 굴뚝 배출가스 중 플루오린 화합물의 분석방법으로 틀린 것은?

㉮ 자외선/가시선분광법
㉯ 이온크로마토그래피
㉰ 이온선택전극법
㉱ 기체크로마토그래피

풀이 플루오린 화합물의 분석방법에는 자외선/가시선분광법-란타넘-알라자린콤플렉손법, 이온크로마토그래피, 이온선택전극법, 연속흐름법이 있다.

76 기체-액체 크로마토그래피에서 일반적으로 사용되는 고정상액체의 종류 중 실리콘계에 해당되는 것은?

㉮ 다이메틸슬포란
㉯ 인산트라이크레실
㉰ 플루오린화규소
㉱ 폴리페닐에테르

풀이 실리콘계 고정상 액체에는 메틸실리콘, 페닐실리콘, 사이아노실리콘, 플루오린화규소가 있다.

77 굴뚝 배출가스 중 아황산가스의 연속 자동측정방법으로 틀린 것은?

㉮ 광전도전위법 ㉯ 불꽃광도법
㉰ 자외선흡수법 ㉱ 용액전도율법

풀이 아황산가스의 연속 자동측정방법에는 용액전도율법, 적외선흡수법, 자외선흡수법, 정전위전해법, 불꽃광도법이 있다.

answer 73 ㉰ 74 ㉯ 75 ㉱ 76 ㉰ 77 ㉮

78 대기오염공정시험기준상 분석시험에 있어 기재 및 용어에 관한 설명으로 맞는 것은?

㉮ 용액의 액성표시는 따로 규정이 없는 한 유리전극법에 의한 pH 미터로 측정한 것을 뜻한다.
㉯ 시험조작 중 "즉시"란 10초 이내에 표시된 조작을 하는 것을 뜻한다.
㉰ "감압 또는 진공"이라 함은 따로 규정이 없는 한 10 mmHg 이하를 뜻한다.
㉱ "정확히 단다"라 함은 규정한 양의 검체를 취하여 분석용 저울로 0mg까지 다는 것을 뜻한다.

▶풀이
㉯ 시험조작 중 "즉시"란 30초 이내에 표시된 조작을 하는 것을 뜻한다.
㉰ "감압 또는 진공"이라 함은 따로 규정이 없는 한 15 mmHg 이하를 뜻한다.
㉱ "정확히 단다"라 함은 규정한 양의 검체를 취하여 분석용 저울로 0.1mg까지 다는 것을 뜻한다.

79 굴뚝 배출가스 중 일산화탄소의 분석방법으로 틀린 것은?

㉮ 비분산적외선분광분석법
㉯ 기체크로마토그래피
㉰ 전기화학식
㉱ 화학발광법

▶풀이 일산화탄소의 분석방법에는 비분산적외선분광분석법, 기체크로마토그래피, 전기화학식(정전위전해법)이 있다.

80 다음 분석항목 중 흡수액이 다른 것은?

㉮ 암모니아   ㉯ 플루오린화합물
㉰ 사이안화수소   ㉱ 페놀화합물

▶풀이 ㉮ 암모니아의 흡수액은 붕산용액이고, 나머지는 수산화소듐용액이다.

answer 78 ㉮   79 ㉱   80 ㉮

2024 3회 CBT 복원문제

| 제1과목 | 대기환경관리

01 휘발유 자동차 배출가스 중 일산화탄소가 가장 많이 배출되는 운전조건은?

㉮ 공회전 시
㉯ 가속 시
㉰ 감속 시
㉱ 정속운행 시

풀이 가솔린 자동차에서 가장 많이 발생하는 조건
① 질소산화물(NO_X) : 가속 시
② 일산화탄소(CO) : 공회전 시(아이드링 시)
③ 탄화수소(HC) : 감속 시

02 다음 중 아황산가스(SO_2)의 강한식물로 틀린 것은?

㉮ 양배추
㉯ 자주개나리
㉰ 셀러리
㉱ 옥수수

풀이 ㉯ 자주개나리(알팔파)는 아황산가스(SO_2)의 약한식물이다.

TIP
아황산가스(SO_2)의 강한식물과 약한식물
① 강한식물 : 양배추, 까치밤나무, 쥐당나무, 셀러리, 소나무, 옥수수 등
② 약한(지표)식물 : 대맥, 담배, 자주개나리(알팔파), 목화, 보리 등

03 다음 중 다운드래프트(Down Draft)현상의 방지책으로 알맞은 것은?

㉮ 굴뚝의 높이를 주위 건물높이의 2.0배 이상 유지한다.
㉯ 굴뚝의 높이를 주위 건물높이의 2.5배 이상 유지한다.
㉰ 굴뚝의 높이를 주위 건물높이의 3.0배 이상 유지한다.
㉱ 굴뚝의 높이를 주위 건물높이의 3.5배 이상 유지한다.

풀이 다운와쉬 현상과 다운드래프트 현상의 방지책
① 다운와쉬 현상의 방지책 : 배출가스의 속도를 풍속의 2배 이상 유지
② 다운드래프트 현상의 방지책 : 굴뚝의 높이를 주위 건물높이의 2.5배 이상 유지

04 지상의 점오염원(He=0)으로부터 바람 부는 방향으로 400m 떨어진 연기의 중심선상에서의 지상(z=0)오염농도는? (단, 오염물질배출량은 10g/s, 풍속은 5m/s, σ_y와 σ_z는 각각 22.5m와 12m이고, 농도계산식은 가우시안모델식을 적용)

㉮ $0.85 \, mg/m^3$
㉯ $1.55 \, mg/m^3$
㉰ $2.36 \, mg/m^3$
㉱ $3.56 \, mg/m^3$

풀이 $C = \dfrac{Q}{\pi \cdot U \cdot \sigma_y \cdot \sigma_z}$

$= \dfrac{10 \times 10^3 \, mg/sec}{\pi \times 22.5m \times 12m \times 5m/sec}$

answer 01 ㉮ 02 ㉯ 03 ㉯ 04 ㉰

$= 2.36 \text{ mg/m}^3$

TIP

$$C = \frac{Q}{\pi \cdot U \cdot \sigma_y \cdot \sigma_z} \exp\left[-\frac{1}{2}\left(\frac{He}{\sigma_z}\right)^2\right]$$

조건에서 $He = 0$이면 $C = \frac{Q}{\pi \cdot U \cdot \sigma_y \cdot \sigma_z}$ 가 된다.

여기서, C : 농도(mg/m^3)
Q : 오염물질 배출량(mg/sec)
σ_y : 수평방향의 표준편차(m)
σ_z : 수직방향의 표준편차(m)
U : 풍속(m/sec)
He : 유효굴뚝높이(m)

05 다이옥신에 대한 설명으로 틀린 것은?

㉮ 증기압과 수용성이 낮으며 비점이 높아 열적 안정성이 좋다.
㉯ 다이옥신류는 크게 PCDD와 TCDD로 대별된다.
㉰ 벤젠 등에는 용해되는 지용성으로 토양 등에 흡수된다.
㉱ 고온에서 완전연소 후에도 저온에서 재생성이 있다.

풀이 ㉯ 다이옥신류는 크게 PCDD(이성질체 75개)와 PCDF(이성질체 135개)로 대별된다.

06 폼알데하이드의 주된 발생업종이 아닌 것은?

㉮ 금속정련공장
㉯ 합성수지공장
㉰ 포르말린 제조공장
㉱ 피혁공장

풀이 폼알데하이드의 발생업종은 합성수지공장, 포르말린 제조공장, 피혁공장 등이다.

07 대기오염물질 중 암모니아에 약한식물(지표식물)로 알맞은 것은?

㉮ 알팔파 ㉯ 토마토
㉰ 담배   ㉱ 아카시아

풀이 암모니아의 약한식물(지표식물)은 토마토, 해바라기, 메밀 등이 있다.

08 질소가스 70%, 산소가스 6%, 이산화탄소가스 24%인 혼합가스의 평균분자량은?

㉮ 49g/mole ㉯ 40g/mole
㉰ 35g/mole ㉱ 32g/mole

풀이 평균분자량

$= \frac{28g}{1mole} \times 0.7 + \frac{32g}{1mole} \times 0.06 + \frac{44g}{1mole} \times 0.24$

$= \frac{32.08g}{1mole}$

TIP

① 1mol = 분자량(g)
② 질소(N_2)의 분자량 $= 14 \times 2 = 28$
③ 산소(O_2)의 분자량 $= 16 \times 2 = 32$
④ 이산화탄소(CO_2)의 분자량 $= 12 + 16 \times 2 = 44$

answer 05 ㉯ 06 ㉮ 07 ㉯ 08 ㉱

09 180℃, 0.8atm에서 SO_2 농도가 $0.2g/m^3$ 이라면 표준상태에서는 몇 ppm인가?

㉮ 145.2 ㉯ 181.5
㉰ 201.8 ㉱ 225.2

풀이 ppm

$= 0.2g/m^3 \times \dfrac{273 + 180℃}{273} \times \dfrac{1\,atm}{0.8\,atm}$

$\times \dfrac{10^3\,mg}{1\,g} \times \dfrac{22.4\,mL}{64\,mg}$

$= 145.19\,ppm$

TIP
① $ppm = mL/Sm^3 = mL/Nm^3$
② SO_2 1mol $\begin{cases} 64\,mg \\ 22.4\,mL \end{cases}$

10 Richardson 수(Ri)에 대한 설명으로 틀린 것은?

㉮ 무차원수로 대류난류를 기계적인 난류로 전환시키는 율을 측정한 것이다.
㉯ Ri >0.25일 때는 대류에 의한 혼합이 기계적 혼합을 지배한다.
㉰ Ri이 큰 음의 값을 가지면 대류가 지배적이어서 바람이 약하게 되어 강한 수직운동이 일어난다.
㉱ Ri = 0일 때는 기계적 난류만 존재한다.

풀이 ㉯ Ri >0.25 일 때는 수직혼합이 없어지고 수평상의 소용돌이만 남게 된다.

11 다음 대기오염 물질 중 비중이 가장 큰 것은?

㉮ SO_2 ㉯ CS_2
㉰ NO   ㉱ HCHO

풀이 ① 기체의 비중 $= \dfrac{\text{기체의 분자량}}{\text{공기의 분자량}(29kg)}$ 에서 기체의 비중은 기체의 분자량과 비례관계이므로 비중이 가장 큰 것은 분자량이 가장 큰 ㉯이 황화탄소(CS_2)가 정답이 된다.
② 분자량은 ㉮ SO_2 (64), ㉯ CS_2(76), ㉰ NO (30), ㉱ HCHO(30)이다.

12 지표높이 10m에서의 풍속이 4m/s일 때 상공의 풍속이 5m/s가 되는 위치의 높이는? (단, P는 0.28, Deacon법칙 적용)

㉮ 약 18m ㉯ 약 22m
㉰ 약 26m ㉱ 약 28m

풀이
$U_2 = U_1 \times \left(\dfrac{H_2}{H_1}\right)^p$

$5m/sec = 4m/sec \times \left(\dfrac{H_2}{10m}\right)^{0.28}$

$\therefore H_2 = 10m \times \left(\dfrac{5m/sec}{4m/sec}\right)^{\frac{1}{0.28}} = 22.19m$

answer 09 ㉮ 10 ㉯ 11 ㉯ 12 ㉯

13 바람의 요소 중 '전향력'에 대한 설명으로 틀린 것은?

㉮ 지구의 자전에 의해 생기는 가속도를 전향가속도라 하고 이 가속도에 의한 힘을 전향력이라 한다.
㉯ 전향력의 크기는 위도가 높아질수록 작아진다.
㉰ 전향력은 북반부에서 바람방향의 우측 직각방향으로 작용한다.
㉱ 코리올리힘이라고도 하며 경도력과 반대방향으로 작용한다.

풀이 ㉯ 전향력의 크기는 위도가 높아질수록 증가하므로, 극지방에서 최대가 되고 적도지방에서 최소가 된다.

14 일산화탄소 발생원 중 지구상 연간 가장 많은 양을 발생시키는 인위적인 배출원은?

㉮ 자동차　　㉯ 석탄연소
㉰ 공업　　　㉱ 소각 또는 화재

풀이 일산화탄소는 자동차에서 가장 많이 배출된다.

15 고속도로상의 교통밀도가 시간당 25,000대이고, 차량의 평균속도가 시간당 100km이다. 이때 차량 한 대의 탄화수소의 배출량이 0.04g/sec·대 인 조건에서 고속도로에서 배출되는 탄화수소의 총량(g/sec·대)은?

㉮ 0.01　　㉯ 0.02
㉰ 0.03　　㉱ 0.04

풀이 탄화수소의 총량(g/sec·m)

$$= \frac{0.04\text{g}}{\text{sec}\cdot\text{대}} \times \frac{25{,}000\text{대}}{\text{hr}} \times \frac{1\text{hr}}{100\text{km}} \times \frac{1\text{km}}{10^3\text{m}}$$

$$= 0.01\ \text{g/sec}\cdot\text{m}$$

16 다음 중 오존층 파괴물질로써 오존층 파괴지수가 가장 큰 것은?

㉮ 프레온가스(CFCs)　㉯ 할론(Halon)
㉰ 메틸클로로폼　　　㉱ 사염화탄소

풀이 할론(Halon)-1301은 오존층 파괴지수가 10.0으로 가장 큰 물질이다.

17 대기오염사건과 기온역전에 대한 내용으로 틀린 것은?

㉮ 로스앤젤레스 스모그사건은 광화학스모그에 의한 침강성 역전이다.
㉯ 런던스모그 사건은 주로 자동차 배출가스 중의 질소산화물과 반응성 탄화수소에 의한 것이다.
㉰ 침강역전은 고기압 중심부분에서 기층이 서서히 침강하면서 기온이 단열변화로 승온되어 발생하는 현상이다.
㉱ 복사역전은 지표에 접한 공기가 그보다 상공의 공기에 비하여 더 차가워져서 생기는 현상이다.

풀이 ㉯ 런던스모그 사건은 주로 초저녁에 발생하였고 석탄의 매연과 화력발전소 등의 굴뚝에서 배출된 SO_2와 매연이 주 오염원이다.

answer 13 ㉯　14 ㉮　15 ㉮　16 ㉯　17 ㉯

18 야간에 형성된 접지역전층이 일출 후 지표면의 가열로 지표면 부터 역전이 해소되어, 하층은 대류가 활발하여 불안정해지나 그 상층은 아직 안정상태로 남아 있는 경우 나타나는 연기의 형태는?

㉮ Coning
㉯ Lofting
㉰ Fanning
㉱ Fumigation

풀이 ㉱ 훈증형(Fumigation)에 대한 설명이며, 핵심 내용인 "하층 불안정, 상층역전=훈증형"임을 숙지하시면 됩니다.

19 다음은 바람장미에 대한 내용이다. ( )안에 알맞은 것은?

> 바람장미에서 풍향 중 주풍은 막대의 (①) 표시하며, 풍속은 (②)(으)로 표시한다. 풍속이 (③)일 때를 정온(calm) 상태로 본다.

㉮ ① 길이를 가장 길게, ② 막대의 굵기, ③ 0.2 m/s 이하
㉯ ① 굵기를 가장 굵게, ② 막대의 길이, ③ 0.2 m/s 이하
㉰ ① 길이를 가장 길게, ② 막대의 굵기, ③ 1 m/s 이하
㉱ ① 굵기를 가장 굵게, ② 막대의 길이, ③ 1 m/s 이하

풀이 바람장미(풍배도)
① 풍향은 막대기의 길이로 표시
② 풍속은 막대기의 굵기로 표시
③ 정온(calm) 상태는 0.2 m/s 이하

20 태양상수를 이용하여 지구표면의 단위면적이 1분 동안에 받는 평균태양에너지를 구한 값은?

㉮ $0.25 \, cal/cm^2 \cdot min$
㉯ $0.5 \, cal/cm^2 \cdot min$
㉰ $1.0 \, cal/cm^2 \cdot min$
㉱ $2.0 \, cal/cm^2 \cdot min$

풀이 ① 태양상수 $= 2.0 \, cal/cm^2 \cdot min$
② 평균태양에너지
$= 태양상수 \times \left(\dfrac{\pi R^2}{4\pi R^2}\right) = 태양상수 \times \dfrac{1}{4}$
$= 2.0 \, cal/cm^2 \cdot min \times \dfrac{1}{4}$
$= 0.5 \, cal/cm^2 \cdot min$

| 제2과목 | 연소공학

21 다음 중 공기비(m)가 클 경우 발생하는 현상으로 틀린 것은?

㉮ 연소실내의 연소온도가 감소한다.
㉯ 배기가스에 의한 열손실이 증대된다.
㉰ 방지시설의 용량이 커지고 에너지 손실이 증가된다.
㉱ 매연이나 검댕이 발생하며, 폭발의 위험성이 있다.

풀이 ㉱번의 설명은 공기비(m)가 작을 경우 발생하는 현상에 해당한다.

answer 18 ㉱ 19 ㉮ 20 ㉯ 21 ㉱

22 다음 설명 중 저온부식을 방지하는 방법으로 틀린 것은?

㉮ 연소가스 온도를 산노점온도 이하로 유지해야 한다.
㉯ 예열공기를 사용하거나 보온시공을 한다.
㉰ 저온부식이 일어날 수 있는 금속표면은 내식재료로 피복한다.
㉱ 연료를 전처리하여 유황분을 제거한다.

풀이 ㉮ 연소가스 온도를 산노점온도(150℃) 이상으로 유지해야 한다.

23 다음 중 유동층 연소장치에 대한 설명으로 틀린 것은?

㉮ 부하변동에 쉽게 응할 수 없다.
㉯ 연소과정에서 황의 연소에 따라 발생하는 아황산가스의 제거가 용이하다.
㉰ 질소산화물(NO_x)이 많이 생성되고 화염층을 크게 할 수 있다.
㉱ 대형의 고체폐기물은 로내로 투입하기 전 입경이 50mm 이하로 파쇄하는 전처리를 해야한다.

풀이 ㉰ 질소산화물(NO_x)의 생성억제가 용이하고 화염층을 작게 할 수 있다.

24 중유연소 가열로의 배기가스를 분석한 결과 부피비로 N_2 : 80%, CO_2 : 12%, O_2 : 8%의 결과치를 얻었다. 이 경우의 공기비는?

㉮ 1.2   ㉯ 1.4
㉰ 1.6   ㉱ 2.0

풀이 공기비(m)
$$= \frac{N_2\%}{N_2\% - 3.76 \times (O_2\% - 0.5 \times CO\%)}$$
$$= \frac{80\%}{80\% - 3.76 \times 8\%} = 1.60$$

25 불꽃 점화기관에서의 연소과정 중 생기는 노킹현상을 효과적으로 방지하기 위한 기관 구조에 대한 설명으로 틀린 것은?

㉮ 3원촉매시스템을 사용한다.
㉯ 연소실을 구형(circular type)으로 한다.
㉰ 점화플러그는 연소실 중심에 부착시킨다.
㉱ 난류를 증가시키기 위해 난류생성 pot를 부착 시킨다.

풀이 ㉮번의 설명은 촉매(산화촉매 및 환원촉매)를 사용하여 NO_x, CO, HC를 저감시키는 방법이다.

26 다음 중 석탄의 탄화도가 증가할 때 감소하는 것은?

㉮ 비열   ㉯ 착화온도
㉰ 발열량 ㉱ 고정탄소

풀이 ① 탄화도 증가하면 : 고정탄소, 발열량, 착화온도, 연료비는 증가
② 탄화도 증가하면 : 매연발생량, 비열, 휘발분, 수분, 산소의 양, 연소속도는 감소

answer 22 ㉮ 23 ㉰ 24 ㉰ 25 ㉮ 26 ㉮

27 연소반응에서 반응속도상수 k는 압력과 상관이 없고 온도의 함수로 나타낸 식은?

㉮ 이상기체상태식
㉯ 아레니우스식
㉰ 샤르식
㉱ 반데르발스식

풀이 ㉯ 아레니우스식에 대한 설명이다.

28 유류버너 중 회전식버너에 대한 설명으로 틀린 것은?

㉮ 유량은 2~300L/hr이며 비교적 좁은 각도의 짧은 화염을 나타낸다.
㉯ 분무매체는 기계적 원심력과 공기이다.
㉰ 부하변동이 있는 중소형 보일러용으로 사용된다.
㉱ 분무각도는 40°~80° 이며 회전수는 5,000~6,000rpm 범위이다.

풀이 ㉮ 유량은 1,000L/hr이며 분무각도는 40°~80° 정도로 크고, 비교적 넓게 퍼지는 화염을 나타낸다.

29 $(CO_2)max$ 의 값이 가장 높을 때는 어느 조건인가?

㉮ 실제공기량의 연소조건일 때
㉯ 공기부족의 조건일 때
㉰ 공기과잉의 조건일 때
㉱ 이론공기량 조건일 때

풀이 $(CO_2)max$를 계산할 경우 이론공기량과 건조가스량을 기준으로 하므로 가스량의 기준은 이론건 연소가스량(God)이 된다.

30 다음 중 매연 발생에 대한 설명으로 틀린 것은?

㉮ 석탄의 휘발분이 많을수록 매연이 적게 발생한다.
㉯ 통풍력이 부족할 때 매연이 발생한다.
㉰ 공기비가 클수록 매연이 적게 발생한다.
㉱ 연소실의 체적이 작을수록 매연이 발생한다.

풀이 ㉮ 석탄의 휘발분이 많을수록 매연이 많이 발생한다.

31 완전연소에 가장 많은 이론공기량이 요구되는 기체는?

㉮ 에탄   ㉯ 아세틸렌
㉰ 메탄   ㉱ 에틸렌

풀이 많은 이론공기량이 필요한 기체는 완전 연소반응식에서 산소의 갯수가 가장 많은 ㉮ 에탄(C_2H_6)이 정답이 된다.

TIP

완전 연소반응식
㉮ 에탄(C_2H_6) + 3.5O_2 → 2CO_2 + 3H_2O
㉯ 아세틸렌(C_2H_2) + 2.5O_2 → 2CO_2 + H_2O
㉰ 메탄(CH_4) + 2O_2 → CO_2 + 2H_2O
㉱ 에틸렌(C_2H_4) + 3O_2 → 2CO_2 + 2H_2O

answer 27 ㉯ 28 ㉮ 29 ㉱ 30 ㉮ 31 ㉮

32 CH_4 92%, O_2 4% 등으로 조성된 가스 $1Sm^3$을 연소시키기 위하여 필요한 이론공기량(Sm^3)은?

㉮ 약 7.6 ㉯ 약 8.6
㉰ 약 9.6 ㉱ 약 10.6

풀이 $CH_4 + 2O_2 \rightarrow CO_2 + 2H_2O$: 92%
O_2 : 4%
이론공기량(A_o)
$= \dfrac{\text{가연성분 연소시 필요한 } O_o - \text{연료중 } O_o \, (Sm^3/Sm^3)}{0.21}$
$= \dfrac{2 \times 0.92 - 0.04}{0.21} = 8.57 \, Sm^3/Sm^3$

33 열적 NO_X(thermal NO_X)의 생성억제 방안으로 틀린 것은?

㉮ 희박예혼합연소를 함으로써 최고 화염온도를 1,800K 이하로 억제한다.
㉯ 물의 증발잠열과 수증기의 현열상승으로 화염열을 빼앗아 온도상승을 억제한다.
㉰ 화염의 최고온도를 저하시키기 위해서 화염을 분할 시키기도 한다.
㉱ 배기가스에 암모니아를 투입하고, 400~600℃에서 촉매와 접촉시켜 제어한다.

풀이 ㉱ 배기가스에 암모니아를 투입하고, 250℃~450℃에서 촉매와 접촉시켜 제어한다.

34 액체연료에 대한 설명으로 틀린 것은?

㉮ 저장, 운반이 용이하며 배관공사 등에 걸리는 비용도 적게 소요된다.
㉯ 완전 연소시 다량의 과잉공기가 필요하므로 연소장치가 대형화되는 단점이 있다.
㉰ 단위질량당의 발열량이 커, 화력이 강하다.
㉱ 액체연료는 비교적 저가로 안정하게 공급되고 품질에도 큰 차가 없다는 장점이 있다.

풀이 ㉯ 완전 연소시 과잉공기가 적게 필요하므로 연소장치가 소형화되는 장점이 있다.

35 COM(coal oil mixture), 즉 혼탄유연소의 특징으로 틀린 것은?

㉮ COM은 주로 석탄과 중유의 혼합연료이다.
㉯ 배출가스 중의 NO_X, 먼지농도는 미분탄연소와 중유연소 각각인 경우 농도 가중평균 정도가 된다.
㉰ 화염길이가 중유연소인 경우에 가까운 것에 비하여 화염안정성은 미분탄연소인 경우에 가깝다.
㉱ 중유보다 미립화 특성이 양호하다.

풀이 ㉰ 화염의 길이는 미분탄 연소에 가까운 반면, 화염안정성은 중유연소에 가깝다.

answer 32 ㉯ 33 ㉱ 34 ㉯ 35 ㉰

36 연소부하율이 $100,000\,\text{kcal}/\text{m}^3\cdot\text{hr}$인 연소로를 설계하여 발열량이 $5,000\,\text{kcal}/\text{kg}$인 석탄을 시간당 200kg 연소한다면 필요한 연소로의 연소실 용적은? (단, 열효율은 100%이다.)

㉮ $200\,\text{m}^3$ ㉯ $100\,\text{m}^3$
㉰ $20\,\text{m}^3$ ㉱ $10\,\text{m}^3$

풀이 연소부하율($\text{kcal}/\text{m}^3\cdot\text{hr}$)
$= \dfrac{\text{저위발열량(kcal/kg)} \times \text{석탄량(kg/hr)}}{\text{용적(m}^3\text{)}}$

따라서
$100,000\,\text{kcal}/\text{m}^3\cdot\text{hr} = \dfrac{5,000\,\text{kcal/kg} \times 200\,\text{kg/hr}}{\text{용적(m}^3\text{)}}$

∴ 용적 $= \dfrac{5,000\,\text{kcal/kg} \times 200\,\text{kg/hr}}{100,000\,\text{kcal}/\text{m}^3\cdot\text{hr}} = 10\,\text{m}^3$

37 다음 조건을 갖는 기체연료의 이론연소온도(℃)는?

- 연료의 저발열량 : $7,500\,\text{kcal/Sm}^3$
- 연료의 이론연소가스량 : $10.5\,\text{Sm}^3/\text{Sm}^3$
- 연료 연소가스의 평균정압비열 : $0.35\,\text{kcal/Sm}^3\cdot\text{℃}$
- 기준온도 : 25℃
- 공기는 예열되지 않고, 연소가스는 해리되지 않음

㉮ 1,916 ㉯ 2,066
㉰ 2,196 ㉱ 2,256

풀이 이론연소온도(℃)
$= \dfrac{\text{저위발열량(kcal/Sm}^3\text{)}}{\text{가스량(Sm}^3/\text{Sm}^3\text{)} \times \text{평균정압비열(kcal/Sm}^3\cdot\text{℃)}} + \text{기준온도(℃)}$

$= \dfrac{7,500\,\text{kcal/Sm}^3}{10.5\,\text{Sm}^3/\text{Sm}^3 \times 0.35\,\text{kcal/Sm}^3\cdot\text{℃}} + 25\text{℃}$

$= 2,065.82\,\text{℃}$

38 다음 중 황함량이 가장 낮은 연료는?

㉮ LPG   ㉯ 중유
㉰ 경유   ㉱ 휘발유

풀이 황함량 순서는 LPG < 휘발유 < 경유 < 중유 순이다.

39 연소시 가연물의 구비조건으로 틀린 것은?

㉮ 화학적으로 활성이 강할 것
㉯ 활성화 에너지가 클 것
㉰ 표면적이 클 것(기체 > 액체 > 고체)
㉱ 열전도도가 적을 것(열전도율 : 고체 > 액체 > 기체)

풀이 ㉯ 활성화 에너지가 작을 것

40 가연성 가스의 폭발범위에 따른 위험도 증가 요인으로 가장 알맞는 것은?

㉮ 폭발하한농도가 높을수록 위험도가 증가하며 폭발상한과 폭발하한의 차이가 작을수록 위험도가 커진다
㉯ 폭발하한농도가 높을수록 위험도가 증가하며 폭발상한과 폭발하한의 차이가 클수록 위험도가 커진다.
㉰ 폭발하한농도가 낮을수록 위험도가 증가하며 폭발상한과 폭발하한의 차이가 작을수록 위험도가 커진다.
㉱ 폭발하한농도가 낮을수록 위험도가 증가하며 폭발상한과 폭발하한의 차이가 클수록 위험도가 커진다.

풀이 위험도는 폭발하한농도가 낮을수록, 폭발상한과 폭발하한의 차이가 클수록 커진다.

answer 36 ㉱ 37 ㉯ 38 ㉮ 39 ㉯ 40 ㉱

| 제3과목 | 대기오염방지기술

41 다음 중 분무탑에 대한 설명으로 틀린 것은?

㉮ 흡수가 잘 되는 기체에 효과적이다.
㉯ 구조가 간단하고 압력손실은 100~200 mmH₂O 정도이다.
㉰ 분무노즐이 막히기 쉽고 물방울을 미세하게 만들기 위해 많은 동력이 필요하다.
㉱ 편류가 발생되기 쉽고 분무액과 가스를 균일하게 접촉시키는 것이 어렵다.

풀이 ㉯ 구조가 간단하고 압력손실이 2~20 mmH₂O로 작은편이다.

42 다음 중 후드 및 덕트에 대한 설명으로 틀린 것은?

㉮ 후드를 발생원에 가깝게 설치한다.
㉯ 후드의 개구면적을 크게 한다.
㉰ 덕트는 가능한 한 짧게 배치하도록 한다.
㉱ 덕트는 공기가 아래로 흐르도록 하향구배를 만든다.

풀이 ㉯ 후드의 개구면적을 작게 한다.

43 다음 중 물리적 흡착에 대한 설명으로 틀린 것은?

㉮ 결합에너지는 액체분자 사이의 인력과 비슷하다.
㉯ 가역적 과정이며 흡착열은 화학적 흡착보다 작다.
㉰ 처리할 가스의 분압이 높아지면 흡착량은 증가한다.
㉱ 흡착온도를 증가시키면 평형 흡착량은 증가한다.

풀이 ㉱ 흡착온도를 증가시키면 평형 흡착량은 감소한다.

44 다음 중 악취물질의 처리방법에 대한 설명으로 틀린 것은?

㉮ 통풍 및 희석은 높은 굴뚝을 통해 방출시켜 대기 중에 분산 희석시키는 방법이다.
㉯ 흡착에 의한 악취물질의 처리에는 주로 물리적 흡착이 이용된다.
㉰ 응축법에 의한 처리는 냄새를 가진 가스를 냉각응축 시키는 처리법으로 유기용제를 비교적 고농도 함유한 배기가스에 적용된다.
㉱ 촉매산화법은 백금이나 금속산화물 등의 산화촉매를 이용하여 60~80℃의 저온에서 산화 처리한다.

풀이 ㉱ 촉매산화법은 백금이나 금속산화물 등의 산화촉매를 이용하여 250~450℃에서 산화 처리한다.

answer 41 ㉯ 42 ㉯ 43 ㉱ 44 ㉱

45 유체가 관로를 흐를 때 발생되는 압력손실에 대한 설명으로 틀린 것은?

㉮ 관의 내경에 반비례한다.
㉯ 관의 길이에 비례한다.
㉰ 유체의 유속 제곱에 비례한다.
㉱ 유체의 밀도에 반비례한다.

▶풀이 유체의 밀도에 비례한다.

TIP
압력손실(ΔP) = $\lambda \times \dfrac{L}{D} \times \dfrac{r \times V^2}{2 \times g}$ (mmH$_2$O)

46 다음 중 여과집진장치의 특징으로 틀린 것은?

㉮ 여과재의 교환으로 유지비가 고가이다.
㉯ 수분이나 여과속도에 대한 적응성이 낮다.
㉰ 세정집진장치보다 압력손실과 동력소모가 적다.
㉱ 폭발성, 점착성, 흡습성 먼지의 제거에 용이하다.

▶풀이 ㉱ 폭발성, 점착성, 흡습성 먼지의 제거가 어렵다.

47 중유의 탈황방법인 접촉수소화 탈황법에는 직접탈황법, 간접탈황법, 중간탈황법이 있다. 탈황이 이루어지는 반응온도의 범위로 가장 알맞은 것은?

㉮ 170~220℃   ㉯ 230~340℃
㉰ 350~420℃   ㉱ 430~550℃

▶풀이 접촉수소화 탈황법
① 탈황이 이루어지는 온도 : 350~420℃
② 탈황이 이루어지는 압력 : 50~220 kg/cm^2

48 유해가스 방지 및 처리공정이 잘못 짝지어진 것은?

㉮ 플루오린 화합물 : 산화철 침전법
㉯ 염화수소 : 수세법
㉰ 시안화수소 : 세정법
㉱ 황화수소 : 중화법 및 산화법(알카리 흡수법)

▶풀이 ㉮ 플루오린 화합물 : 제트스크러버

49 상온에서 물에 대한 용해도의 순위가 옳은 것은?

㉮ HCl > HF > SO$_2$ > O$_2$
㉯ HCl > SO$_2$ > HF > O$_2$
㉰ SO$_2$ > HCl > Cl$_2$ > O$_2$
㉱ SO$_2$ > HCl > HF > O$_2$

▶풀이 상온에서 물에 대한 용해도는 ㉮ HCl > HF > SO$_2$ > O$_2$ 순이다.

50 용접작업, 도금작업 등 비교적 조용한 대기 중에 저속도로 비산하는 경우, 후드의 적절한 제어속도는?

㉮ 0.25~0.5m/sec
㉯ 0.5~1.0m/sec
㉰ 1.0~2.5m/sec
㉱ 2.5~5.0m/sec

▶풀이 제어속도
① 활발히 비산하는 경우(분쇄기 등) : 1~3m/sec
② 속도가 없는 상태로 비산하는 경우(가스, 흄 등) : 0.3~0.5m/sec
③ 저속도로 비산하는 경우 : 0.5~1.0m/sec

answer 45 ㉱ 46 ㉱ 47 ㉰ 48 ㉮ 49 ㉮ 50 ㉯

51 관성력 집진장치에서 집진율을 높게 하기 위한 설명으로 틀린 것은?

㉮ 출구의 가스속도가 작을수록 좋다.
㉯ 기류의 방향전환 회수는 많을수록 좋다.
㉰ 기류의 방향전환 각도가 클수록 좋다.
㉱ 적당한 dust box의 형상과 크기가 필요하다.

▶풀이 ㉰ 기류의 방향전환 각도가 작을수록 좋다.

52 환기장치의 닥트에서 유체의 정압과 속도압에 대한 설명으로 틀린 것은?

㉮ 유동상태 공기의 정압은 기류의 수평방향으로만 작용
㉯ 대기압에 대하여 정압은 송풍기의 상류에서 (−)
㉰ 공기의 속도압은 기류의 방향으로만 작용
㉱ 공기의 속도압은 항상 (+)

▶풀이 ㉮ 유동상태 공기의 정압은 기류의 수직방향으로만 작용

53 황 함유량이 2%인 중유를 20t/hr로 연소하는 보일러에서 배기가스를 NaOH 수용액으로 처리한 후, 황성분을 Na_2SO_3로 회수할 경우 필요한 NaOH의 이론량은?

㉮ 400 kg/hr   ㉯ 500 kg/hr
㉰ 800 kg/hr   ㉱ 1,000 kg/hr

▶풀이 $S + O_2 \rightarrow SO_2 + 2NaOH \rightarrow Na_2SO_3 + H_2O$
32kg   :   2 × 40kg
20×10^3 kg/hr × 0.02 : X

$$\therefore X = \frac{20 \times 10^3 \text{kg/hr} \times 0.02 \times 2 \times 40\text{kg}}{32\text{kg}}$$
$$= 1,000 \text{kg/hr}$$

54 다음 중 전기집진장치에서 발생되는 역전리현상의 방지대책으로 틀린 것은?

㉮ SO_3를 스프레이로 주입한다.
㉯ 타격빈도를 높인다.
㉰ NH_3를 주입한다.
㉱ H_2SO_4를 주입한다.

▶풀이 ㉯번의 설명은 재비산현상의 방지대책이다.

55 흡착이란 유체로 부터 기체(또는 액체) 성분을 어떤 고체상 물질에 의해 선택적으로 제거할 수 있는 분리공정이다. 다음 중 흡착법이 유용한 경우로 틀린 것은?

㉮ 기체상 오염물질이 비연소성이거나 태우기 어려운 경우
㉯ 오염 물질의 회수가치가 충분한 경우
㉰ 분자량이 큰 고분자 입자로서 용해도가 높은 경우
㉱ 배기내의 오염물 농도가 대단히 낮은 경우

▶풀이 ㉰번은 흡수법을 이용해서 처리한다.

answer 51 ㉰ 52 ㉮ 53 ㉱ 54 ㉯ 55 ㉰

56 다음 중 벤츄리 스크러버에 대한 설명으로 틀린 것은?

㉮ 벤츄리관의 목부의 함진가스 유속은 5~10 m/sec이다.
㉯ 액가스비는 보통 0.5~1.5 L/m³ 정도이다.
㉰ 압력손실이 300~800 mmH₂O로 아주 크므로 동력비가 크다.
㉱ 물방울 입경과 먼지 입경의 비는 충돌 효율면에서 150 : 1 전후가 적당하다.

[풀이] ㉮ 벤츄리관의 목부의 함진가스 유속은 60~90 m/sec 이다.

57 유해가스로 오염된 가연성물질을 처리하는데 연소방법을 선택하고자 한다. 반응속도가 빠르고 온도를 낮출 수 있어 NO_X의 발생이 가장 적은 처리방법은?

㉮ 직접연소법   ㉯ 예열연소법
㉰ 촉매연소법   ㉱ 가열연소법

[풀이] ㉰ 촉매연소법은 연소온도가 250~450℃로 낮아 질소산화물(NO_X)을 줄일 수 있다.

58 용제회수, 가스정제, 악취제거용으로 사용되며, 표면적이 600~1,400 m²/g인 소수성 흡착제는?

㉮ 활성알루미나   ㉯ 실리카겔
㉰ 활성탄   ㉱ 마그네시아

[풀이] ㉰ 활성탄에 대한 설명이며, 핵심 내용인 "악취제거용, 표면적이 600~1,400 m²/g=활성탄"임을 숙지하시면 됩니다.

59 원심력집진장치는 입경에 따라 집진효율이 많이 변하므로 이 장치에 의해 제거되는 먼지와 제거되지 않는 먼지의 크기 구별이 정확하지 않다. 따라서 분리경(cut size)을 고안하여 사용하는데 이것에 대한 설명으로 타당한 것은?

㉮ 90% 집진효율로 제거되는 최소 입자의 크기
㉯ 60% 집진효율로 제거되는 입자의 크기
㉰ 50% 집진효율로 제거되는 입자의 크기
㉱ 25% 집진효율로 제거되는 최소 입자의 크기

[풀이] 분리경(cut size)은 dp50으로 표현하며, 50% 집진효율로 제거되는 입자의 크기로 나타낸다.

60 대기유해물질인 질소산화물(NO_X)에 대한 설명으로 틀린 것은?

㉮ 배기가스를 재순환하여 가스의 완전연소를 유도하여 NO_X를 억제할 수 있으나 실질적효과는 적다.
㉯ 주로 연소과정에서 연료 및 공기 중의 질소가 산화되어 발생한다.
㉰ 연소용 공기의 과잉공급량을 약 10% 이내로 줄임으로써 NO_X의 생성을 억제할 수 있다.
㉱ 연소로에서 주위 표면으로 부터 열 전달을 효과적으로 촉진시켜 화염온도를 낮춤으로써 NO_X를 줄일 수 있다.

[풀이] ㉮ 배기가스를 재순환하여 가스의 완전연소를 유도하여 NO_X를 억제할 수 있으며, 실질적으로도 효과가 큰 방법이다.

---

answer   56 ㉮   57 ㉰   58 ㉰   59 ㉰   60 ㉮

| 제4과목 | 대기오염공정시험기준

61 건조 배출가스의 유량을 계산하는데 필요치 않은 것은?

㉮ 배출가스 수분량
㉯ 굴뚝의 단면적
㉰ 배출가스 온도
㉱ 흡인노즐 내경

> **풀이** 건조 배출가스의 유량 계산 시 필요인자는 배출가스 수분량, 굴뚝의 단면적, 배출가스 온도, 가스속도 등이다.

62 다음 중 비분산적외선분광분석법에 대한 설명으로 틀린 것은?

㉮ 비교가스는 시료셀에서 적외선 흡수를 측정하는 경우 대조가스로 사용하는 것으로 적외선을 흡수하지 않는 가스를 말한다.
㉯ 제로드리프트는 측정기의 최고눈금에 대한 지시값의 일정기간 내의 변동을 나타낸다.
㉰ 광원은 원칙적으로 니크로뮴선 또는 탄화규소의 저항체에 전류를 흘려 가열한 것을 사용한다.
㉱ 스팬가스는 분석계의 최고눈금값을 교정하기 위하여 사용하는 가스이다.

> **풀이** ㉯ 제로드리프트는 측정기의 최저눈금에 대한 지시값의 일정기간 내의 변동을 나타낸다.

63 온도의 표시에 대한 설명 중 틀린 것은?

㉮ 냉후(식힌 후)라 표시되어 있을 때는 보온 또는 가열 후 실온까지 냉각된 상태를 뜻한다.
㉯ 표준온도는 0℃, 상온(15~25)℃, 실온(1~35)℃이다.
㉰ 찬곳은 따로 규정이 없는 한 (0~4)℃를 뜻한다.
㉱ 냉수는 15℃ 이하를 뜻한다.

> **풀이** ㉰ 찬곳은 따로 규정이 없는 한 (0~15)℃를 뜻한다.

64 굴뚝, 덕트 등을 통하여 대기 중에 방출되는 가스상 물질을 분석하기 위해 시료를 채취할 때 주의하여야 할 사항 중 틀린 것은?

㉮ 채취에 종사하는 사람은 보통 2인 이상을 1조로 한다
㉯ 옥외작업시 바람방향을 확인, 바람이 부는 쪽에서 작업하는 것이 좋다.
㉰ 채취위치 주변에 배전, 급수설비는 배제하는 것이 좋다.
㉱ 굴뚝내의 압력이 매우 큰 부압(-300 mmH₂O 정도 이하)인 경우에는, 시료 채취용 굴뚝을 부설하여 부피가 큰 펌프를 써서 시료가스를 흡입하고 그 부설한 굴뚝에 채취구를 만든다.

> **풀이** ㉰ 채취위치 주변에 배전, 급수설비를 갖추는 것이 좋다.

answer 61 ㉱ 62 ㉯ 63 ㉰ 64 ㉰

65 자외선/가시선분광법-아연환원나프틸에틸렌다이아민법에 의해 배출가스 중의 질소산화물을 분석할 경우 질산이온의 환원에 사용되는 시약은?

㉮ 분말질산아연 ㉯ 분말금속아연
㉰ 분말황산아연 ㉱ 분말산화아연

▶ 풀이 질산이온의 환원에 사용되는 시약은 ㉯ 분말금속아연이다.

66 저용량공기시료채취법을 이용하여 대기 중 부유하고 있는 입자상 물질을 포집 시 일반적인 포집입자의 입경기준은?

㉮ 1 μm 이하 ㉯ 5 μm 이하
㉰ 10 μm 이하 ㉱ 50 μm 이하

▶ 풀이 저용량공기시료채취법은 10 μm 이하의 입자상 물질을 포집한다.

67 환경대기중 석면먼지의 농도 표시 방법으로 알맞은 것은? (단, 위상차 현미경법 기준)

㉮ 0℃, 1기압 상태의 기체 1mL 중에 함유된 석면섬유의 개수(개/mL)로 표시한다.
㉯ 0℃, 1기압 상태의 기체 1L 중에 함유된 석면섬유의 개수(개/L)로 표시한다.
㉰ 20℃, 1기압 상태의 기체 1mL 중에 함유된 석면섬유의 개수(개/mL)로 표시한다.
㉱ 20℃, 1기압 상태의 기체 1L 중에 함유된 석면섬유의 개수(개/L)로 표시한다.

▶ 풀이 석면먼지의 농도 표시 방법은 20℃, 1기압 상태의 기체 1mL 중에 함유된 석면섬유의 개수(개/mL)로 표시한다.

68 대기오염공정시험기준에서 정하는 환경대기 중 아황산가스의 측정방법이 아닌 것은?

㉮ 산정량 수동법 ㉯ 용액 전도율법
㉰ 적외선 분석법 ㉱ 자외선 형광법

▶ 풀이 환경대기 중 아황산가스의 측정방법
① 수동 및 반자동법 : 파라로자닐린법, 산정량수동법, 산정량반자동법
② 자동연속 측정법 : 용액전도율법, 불꽃광도법, 자외선형광법(주시험방법), 흡광차분광법

69 반자동식 채취기를 이용하여 배출가스 중 먼지를 측정할 때 배연탈황시설과 황산미스트에 의해서 먼지농도가 영향을 받는 경우 여과지의 건조온도와 시간은?

㉮ 건조온도 : 160℃ 이상, 건조시간 : 4시간 이상
㉯ 건조온도 : 160℃ 이상, 건조시간 : 1~3시간
㉰ 건조온도 : 110℃ ± 5℃, 건조시간 : 4시간 이상
㉱ 건조온도 : 110℃ ± 5℃, 건조시간 : 1~3시간

▶ 풀이 여과지의 건조온도와 시간
① 일반 먼지농도인 경우는 건조온도 : 110℃ ± 5℃, 건조시간 : 1~3시간
② 배연탈황시설과 황산미스트에 의해서 먼지농도가 영향을 받는 경우는 건조온도 : 160℃ 이상, 건조시간 : 4시간 이상

answer 65 ㉯ 66 ㉰ 67 ㉰ 68 ㉰ 69 ㉮

70 다음 중 원자흡수분광광도법에서 사용하는 용어로 틀린 것은?

㉮ 역화 : 불꽃의 연소속도가 작고 혼합기체의 분출속도가 클 때 발생한다.
㉯ 공명선 : 원자가 외부로부터 빛을 흡수했다가 다시 먼저 상태로 돌아갈 때 방사하는 스펙트럼선이다.
㉰ 근접선 : 목적하는 스펙트럼선에 가까운 파장을 갖는 다른 스펙트럼선이다.
㉱ 중공음극램프 : 원자흡광분석의 광원이 되는 것으로 목적원소를 함유하는 중공음극 한개 또는 그 이상을 저압의 네온과 함께 채운 방전관이다.

▶풀이 ㉮ 역화 : 불꽃의 연소속도가 크고 혼합기체의 분출속도가 작을 때 발생한다.

71 자외선/가시선분광법으로 배출가스 중의 이황화탄소를 측정할 때 사용하는 흡수액은?

㉮ 다이에틸아민구리 용액
㉯ 다이에틸다이티오카밤산소듐 용액
㉰ 다이에틸아민산소듐 용액
㉱ 다이에틸아민염산염 용액

▶풀이 이황화탄소의 흡수액은 다이에틸아민구리 용액이며, 흡광도의 측정파장은 435nm이다.

72 다음 중 수산화소듐 용액을 흡수액으로 사용하지 않는 것은?

㉮ 플루오린 화합물
㉯ 사이안화수소
㉰ 암모니아
㉱ 페놀 화합물

▶풀이 ㉰ 암모니아는 붕산용액을 흡수액으로 사용한다.

73 링겔만 농도표에 의한 매연의 농도를 측정시 연도 배출구에서 몇 cm 떨어진 곳의 농도와 비교하는가?

㉮ 10~30cm   ㉯ 15~30cm
㉰ 30~45cm   ㉱ 45~60cm

▶풀이 매연의 농도를 측정시 연도 배출구에서 30~45cm 떨어진 곳의 농도와 비교한다.

74 직경이 0.5 m, 단면이 원형인 굴뚝에서 배출되는 먼지 시료를 채취할 때, 측정점수는?

㉮ 1   ㉯ 2
㉰ 3   ㉱ 4

▶풀이 직경이 0.5m이므로 반경구분수 1, 측정점수 4이다.

TIP

굴뚝직경(m)	반경구분수	측정점수
1 이하	1	4
1 초과 2 이하	2	8
2 초과 4 이하	3	12
4 초과 4.5 이하	4	16
4.5 초과	5	20

answer 70 ㉮ 71 ㉮ 72 ㉰ 73 ㉰ 74 ㉱

75 환경대기 중의 시료채취 시 주의사항으로 틀린 것은?

㉮ 시료채취 유량은 규정하는 범위 내에서 되도록 많이 채취하는 것을 원칙으로 한다.
㉯ 악취물질의 채취는 되도록 짧은 시간 내에 끝내고 입자상 물질 중의 금속성분이나 발암성물질 등은 되도록 장시간 채취한다.
㉰ 입자상 물질을 채취할 경우에는 채취관벽에 먼지가 부착 또는 퇴적하는 것을 피하고 특히 채취관을 수평방향으로 연결할 경우에는 되도록 관의 길이를 길게 하고 곡률반경을 작게 한다.
㉱ 바람이나 눈, 비로부터 보호하기 위해 측정기기는 실내에 설치하고 채취구를 밖으로 연결할 경우 채취관 벽과의 반응, 흡착, 흡수 등에 의한 영향을 최소한도로 줄일 수 있는 재질과 방법을 선택한다.

▶풀이 ㉰ 입자상 물질을 채취할 경우에는 채취관벽에 먼지가 부착 또는 퇴적하는 것을 피하고 특히 채취관을 수평방향으로 연결할 경우에는 되도록 관의 길이를 짧게 하고 곡률반경을 크게 한다.

76 어떤 사업장의 굴뚝에서 배출되는 오염물질의 농도가 600ppm이고 표준산소농도가 6%, 실측산소농도가 8%일 때, 보정된 오염물질의 농도(ppm)는?

㉮ 692.3
㉯ 722.3
㉰ 832.3
㉱ 862.3

▶풀이 $C = C_a \times \dfrac{21 - O_s}{21 - O_a} = 600\text{ppm} \times \dfrac{21 - 6\%}{21 - 8\%}$
$= 692.31 \text{ ppm}$

TIP

배출가스 유량 보정식 : $Q = Q_a \div \dfrac{21 - O_s}{21 - O_a}$

77 굴뚝 배출가스 중의 무기 플루오린화합물의 분석방법인 자외선/가시선분광법 – 란타넘-알리자린콤플렉손법에 대한 내용으로 틀린 것은?

㉮ 배출가스 중 무기 플루오린화합물을 수산화소듐 용액으로 흡수한다.
㉯ 복합 착화합물의 흡광도를 520nm에서 측정한다.
㉰ 시료채취량이 80L인 경우, 정량범위는 0.05ppm 이상이다.
㉱ 배출가스 중 알루미늄(III), 철(II) 등의 중금속 이온이 공존하면 영향을 받는다.

▶풀이 ㉯ 복합 착화합물의 흡광도를 620nm에서 측정한다.

answer 75 ㉰ 76 ㉮ 77 ㉯

78 고용량공기시료채취법에 의해 포집된 비산먼지의 농도를 계산하려고 한다. 풍속이 0.5m/sec 미만 또는 10m/sec 이상되는 시간이 전 채취시간의 50% 이상일 때 풍속의 보정계수는?

㉮ 1.0 ㉯ 1.2
㉰ 1.4 ㉱ 1.5

풀이 (1) 풍향에 대한 보정계수
　① 주풍향이 90° 이상 : 1.5
　② 주풍향이 45°~90° : 1.2
　③ 주풍향이 45° 미만 : 1.0
(2) 풍속에 대한 보정계수
　① 전 채취시간의 50% 이상 : 1.2
　② 전 채취시간의 50% 미만 : 1.0

79 피토관으로 측정한 결과 덕트(duct) 내부가스의 동압이 13mmH₂O이고 유속이 20m/s이었다. 덕트의 밸브를 모두 열었을 때 동압이 26mmH₂O일 때, 덕트의 밸브를 모두 열었을 때의 가스 유속(m/s)은?

㉮ 23.2 ㉯ 25.0
㉰ 27.1 ㉱ 28.3

풀이 $V = C \times \sqrt{\dfrac{2gh}{r}}$

여기서 V : 유속(m/sec)
　　　C : 피토관계수
　　　g : 중력가속도(9.8m/sec²)
　　　h : 동압(mmH₂O)
　　　r : 밀도(kg/m³)

유속과 동압의 관계는 $V \propto \sqrt{h}$ 이므로
20m/sec : $\sqrt{13\text{mmH}_2\text{O}}$ = V : $\sqrt{26\text{mmH}_2\text{O}}$

$\therefore V = \dfrac{20\text{m/sec} \times \sqrt{26\text{mmH}_2\text{O}}}{\sqrt{13\text{mmH}_2\text{O}}}$ = 28.28 m/sec

80 이온크로마토그래피법에서 사용되는 '써프렛서'에 대한 설명으로 틀린 것은?

㉮ 용리액에 사용되는 전해질 성분을 제거하기 위하여 분리관 앞에 병렬로 접속시킨다.
㉯ 관형과 이온교환막형이 있다.
㉰ 전해질을 물 또는 저 전도도의 용매로 바꿔줌으로써 전기 전도도 셀에서 목적이온 성분과 전도도만을 고감도로 검출할 수 있게 해 준다.
㉱ 관형써프렛서 중 음이온에는 스티롤계 강산형(H⁺)수지가 충진된 것을 사용한다.

풀이 ㉮ 용리액에 사용되는 전해질 성분을 제거하기 위하여 분리관 뒤에 직렬로 접속시킨다.

answer 78 ㉯ 79 ㉱ 80 ㉮

2025 1회 CBT 복원문제

| 제1과목 | 대기환경관리

01 연기가 배출되는 상당한 고도까지도 매우 안정한 대기가 유지될 경우 형성되며 연기의 농도는 높지만 굴뚝 부근의 지표에서는 오히려 농도가 낮게 되는 연기의 형태로 가장 알맞은 것은?

㉮ 환상형   ㉯ 원추형
㉰ 구속형   ㉱ 부채형

▶ 풀이 ㉱ 부채형에 대한 설명이며, 핵심 내용인 "매우 안정한 조건=부채형"임을 숙지하시면 됩니다.

02 다음 중 라돈에 대한 설명으로 틀린 것은?

㉮ 자연계에 널리 존재하며 무색, 무취의 기체이고 액화되면 푸른색을 띤다.
㉯ 공기보다 9배 무거워 환기시설이 불량한 지하실 등에서 높은 농도를 나타낸다.
㉰ 일반적으로 흙, 시멘트, 콘크리트, 대리석 등에 존재하며 공기 중으로 방출된다.
㉱ 반감기는 3.8일간으로 라듐의 핵분열 시 생성되는 물질이다.

▶ 풀이 ㉮ 자연계에 널리 존재하며 무색, 무취의 기체이고 액화되어도 색을 띠지 않는다.

03 다음 대기오염물질 중에서 1차 오염물질(Primary Pollutants)이 아닌 것은?

㉮ HCl   ㉯ HC
㉰ NaCl   ㉱ NOCl

▶ 풀이 ㉱ NOCl은 2차 오염물질이다.

04 대기의 성분, 조성 및 그에 따른 영향에 대한 설명으로 틀린 것은?

㉮ 대기구성 성분 중 농도가 가장 안정된 성분은 산소, 질소, 이산화탄소, 아르곤이다.
㉯ 대기 중의 이산화질소, 암모니아 성분의 농도는 쉽게 변화한다.
㉰ 대기 중에서 질소, 산소를 제외하고 가장 큰 부피를 차지하고 있는 물질은 아르곤이다.
㉱ 대기 중 오존의 농도는 0.1~0.4ppm 정도로 지역별 오염도에 따라 일변화가 매우 크다.

▶ 풀이 ㉱ 대기 중 오존의 배경농도는 0.01~0.02ppm 정도이며, 지역별 오염도에 따라 일변화가 매우 크다.

answer 01 ㉱ 02 ㉮ 03 ㉱ 04 ㉱

05 다음 중 플루오린 화합물의 가장 큰 배출원은?

㉮ 알루미늄 제련용 전해로
㉯ 시멘트 소성로
㉰ 철광석 소결로
㉱ 활성탄 제조용 반응로

> **풀이** 플루오린 화합물의 배출원은 알루미늄 제련용 전해로, 화학비료공업, 요업공업, 유리공업 등이다.

06 다음 (　)안에 들어갈 알맞은 말은?

> 성층권을 비행하는 초음속 여객기에서 (　)가 배출되며, (　)는 촉매적으로 오존을 파괴한다.

㉮ NO　　　　㉯ Cl_2
㉰ CO　　　　㉱ SO_2

> **풀이** 성층권을 비행기가 초음속으로 비행할 때 일산화질소(NO)가 배출되고, NO는 촉매적으로 작용하여 오존(O_3)층을 파괴하고 이산화탄소(CO_2)를 배출한다.

07 대기의 열역학에 대한 설명으로 틀린 것은?

㉮ 대기 중에서의 복사는 보통 0.1~100 μm 파장영역에 속한다
㉯ 대기 복사파장 영역 중 인간이 느낄 수 있는 가시광선은 붉은색 0.36 μm에서 보라색 0.75 μm까지이다.
㉰ 복사는 매질이 없는 진공상태에서도 열을 전달할 수 있다.
㉱ 복사는 전자기장의 진동에 의한 파동 형태의 에너지 전달이다.

> **풀이** ㉯ 대기 복사파장 영역 중 인간이 느낄수 있는 가시광선은 붉은색 0.75 μm에서 보라색 0.36 μm까지이다.

08 마찰이 작용하지 않는 자유대기(대기경계층 상부)에서 등압선이 곡선일 때 기압경도력과 전향력, 원심력이 평형을 이루어 부는 바람은?

㉮ 지균풍　　㉯ 경도풍
㉰ 산곡풍　　㉱ 지상풍

> **풀이** 기압경도력과 전향력, 원심력 세힘이 평형을 이루어 부는 바람은 경도풍이다.

09 다음 중 암모니아에 약한식물로 틀린 것은?

㉮ 자주개나리　㉯ 토마토
㉰ 해바라기　　㉱ 메밀

> **풀이** 암모니아의 지표(약한)식물은 토마토, 해바라기, 메밀 등이 있다.

answer　05 ㉮　06 ㉮　07 ㉯　08 ㉯　09 ㉮

10 다음 중 이산화탄소에 대한 설명으로 틀린 것은?

㉮ 매년 계절적으로 감소를 거듭하는 이유는 식물 및 토양의 광합성작용과 호흡작용 때문이다.
㉯ 대기 중의 이산화탄소는 식물에 의한 흡수량보다 바다에 많은 양이 흡수된다.
㉰ 이산화탄소는 수증기와 함께 지구온난화에 기여하는 기체로, 지구온실효과에 대한 기여도는 50% 정도로 가장 크다.
㉱ 대기 중의 이산화탄소는 여름에 증가하고 겨울에 감소하며, 북반구에서 상대적으로 남반구보다 낮다.

풀이 ㉱ 대기 중의 이산화탄소는 여름에 감소하고 겨울에 증가하며, 북반구에서 상대적으로 남반구보다 높다.

11 Gaussian 연기 확산모델에 대한 설명으로 틀린 것은?

㉮ 장단기적인 대기오염도 예측에 사용이 용이하다.
㉯ 간단한 화학반응을 묘사할 수 있다.
㉰ 선오염원에서 풍하방향으로 확산되어 가는 plume이 정규분포를 한다고 가정한다.
㉱ 주로 평탄지역에 적용이 가능하도록 개발되어 왔으나 최근 복잡지형에도 적용이 가능토록 개발되고 있다.

풀이 ㉰ 점오염원에서는 풍하방향으로 확산되어가는 plume이 정규분포를 한다고 가정한다.

12 2,000m에서의 대기압력(최초의 기압)이 820mb이고, 온도가 5℃이며 비열비 K가 1.4일 때 온위(potential temperature)는? (단, 표준압력은 1,000mbar)

㉮ 278K ㉯ 288K
㉰ 294K ㉱ 309K

풀이
$$\text{온위}(\theta) = T \times \left(\frac{1,000}{P}\right)^{0.288}$$
$$= (273 + 5℃)K \times \left(\frac{1,000\,mb}{820\,mb}\right)^{0.288}$$
$$= 294.35\,K$$

13 다음 중 분산모델의 특징으로 틀린 것은?

㉮ 미래의 대기질을 예측할 수 있다.
㉯ 2차 오염원의 확인이 가능하다.
㉰ 새로운 오염원이 지역내에 생길 때 매번 재평가를 하여야 한다.
㉱ 지형 및 오염원의 조업조건에 영향을 받지 않는다.

풀이 ㉱ 지형 및 오염원의 조업조건에 영향을 받는다.

14 대기 중에서 광학스모그 생성에 기여하는 탄화수소류 중 광화학반응에 참여도가 가장 높은 것은?

㉮ 파라핀계 탄화수소
㉯ 올레핀계 탄화수소
㉰ 아세틸렌계 탄화수소
㉱ 방향족 탄화수소

풀이 탄화수소류 중 광화학반응에 참여도가 가장 높은 것은 불포화탄화수소인 올레핀계 탄화수소이다.

answer 10 ㉱ 11 ㉰ 12 ㉰ 13 ㉱ 14 ㉯

15 이산화질소(NO_2)의 1.0 V/V ppm에 상당하는 W/W ppm의 값은?

(단, 0℃, 1.0 기압, 공기밀도 1.293 kg/m³)

㉮ 1.59   ㉯ 1.67
㉰ 1.86   ㉱ 1.96

풀이 W/W ppm(mg/kg)

$$= \frac{1.0 \, mL}{Sm^3} \times \frac{46 \, mg}{22.4 \, mL} \times \frac{Sm^3}{1.293 \, kg}$$

$$= 1.59 \, mg/kg$$

TIP
① V/V ppm = mL/Sm³
② W/W ppm = mg/kg
③ NO_2의 분자량 = 14 + 16 × 2 = 46

---

16 가우시안 모델의 대기오염 확산방정식을 적용할 때 지면에 있는 오염원으로부터 바람부는 방향으로 200m 떨어진 연기의 중심축상 지상 오염농도(mg/m³)는? (단, 오염물질의 배출량은 6g/sec, 풍속은 3.5m/sec, σ_y, σ_z는 각각 22.5m, 12m이다.)

㉮ 0.96   ㉯ 1.41
㉰ 2.02   ㉱ 2.46

풀이
$$C = \frac{Q}{\pi \cdot U \cdot \sigma_y \cdot \sigma_z}$$

$$= \frac{6 \times 10^3 \, mg/sec}{\pi \times 22.5 \, m \times 12 \, m \times 3.5 \, m/sec}$$

$$= 2.02 \, mg/m^3$$

TIP
$$C = \frac{Q}{\pi \cdot U \cdot \sigma_y \cdot \sigma_z} \exp\left[-\frac{1}{2}\left(\frac{He}{\sigma_z}\right)^2\right]$$

조건에서 He = 0이면 $C = \dfrac{Q}{\pi \cdot U \cdot \sigma_y \cdot \sigma_z}$ 가 된다.

여기서, C : 농도(mg/m³)
Q : 오염물질 배출량(mg/sec)
σ_y : 수평방향의 표준편차(m)
σ_z : 수직방향의 표준편차(m)
U : 풍속(m/sec)
He : 유효굴뚝높이(m)

---

17 역전에 대한 설명으로 틀린 것은?

㉮ 침강역전은 고기압 기류가 상층에 장기간 체류하며 상층의 공기가 하강하여 발생하는 역전이다.
㉯ 침강역전이 장기간 지속될 경우 오염물질이 장기 축적될 수 있다.
㉰ 복사역전은 주로 지표 부근에서 발생하므로 대기오염에 많은 영향을 준다.
㉱ 복사역전은 주로 구름이 많은 날 일출 후, 겨울보다 여름에 잘 발생한다.

풀이 ㉱ 복사역전은 주로 밤에서 이른새벽에 발생하며, 여름보다 겨울에 잘 발생한다.

---

18 시골에서 먼지의 농도를 측정하기 위하여 여과지를 통하여 공기를 0.15m/sec의 속도로 12시간 동안 여과시킨 결과 깨끗한 여과지에 비해 사용된 여과지의 빛 전달율이 80%이었다면 1,000m 당 Coh는?

㉮ 0.2   ㉯ 0.6
㉰ 1.1   ㉱ 1.5

풀이 Coh

$$= \frac{\log \frac{1}{빛전달율} \times 100}{속도(m/sec) \times 여과시간(hr) \times 3,600} \times 1,000m$$

$$= \frac{\log \frac{1}{0.80} \times 100}{0.15 m/sec \times 12 hr \times 3,600} \times 1,000m = 1.50$$

---

answer 15 ㉮ 16 ㉰ 17 ㉱ 18 ㉱

19 지구 규모로 볼 때 년간 일산화탄소를 가장 많이 배출하는 발생원은?

㉮ 테르펜류의 산화
㉯ 자동차(휘발유차)
㉰ 클로로필의 분해
㉱ 공업(정유정제, 제철소 등)

> 풀이 일산화탄소를 가장 많이 배출하는 발생원은 휘발유 자동차이며, 운전조건은 공회전(아이드링)이다.

20 멕시코의 포자리카에서 발생한 대기오염사건의 주요 원인물질은?

㉮ 아황산가스
㉯ 황화수소
㉰ 불화수소(플루오린화수소)
㉱ 염화수소

> 풀이 멕시코 포자리카 사건은 황화수소(H_2S)가 누설되어 발생한 대표적인 사건이다.

| 제2과목 | 연소공학

21 압축점화기관에서 연소과정 중 생기는 디젤노킹 방지법으로 틀린 것은?

㉮ 착화지연기간 및 급격 연소 시간의 분사량을 적게 한다.
㉯ 분사개시 때 분사량을 감소시킨다.
㉰ 급기온도를 높인다.
㉱ 기관의 압축비를 높여 압축압력을 낮게 한다.

> 풀이 ㉱ 기관의 압축비를 높여 압축압력을 크게 한다.

22 다음 중 석탄의 탄화도가 증가할 때 감소하는 것으로 틀린 것은?

㉮ 고정탄소   ㉯ 휘발분
㉰ 비열   ㉱ 매연 발생량

> 풀이 석탄의 탄화도 증가하면
> ① 고정탄소, 발열량, 착화온도, 연료비는 증가
> ② 매연 발생량, 비열, 휘발분, 수분, 산소의 양, 연소속도는 감소

23 다음 중 화격자 소각로의 특징으로 틀린 것은?

㉮ 국부과열의 우려가 있다.
㉯ 연속적인 소각과 배출이 가능하다.
㉰ 체류시간이 짧고 교반력이 강하다.
㉱ 발열량이 낮고 수분이 많은 쓰레기 소각에 적합하다.

> 풀이 ㉰ 체류시간이 길고 교반력이 약하다.

24 다음 중 예혼합연소에 대한 설명으로 틀린 것은?

㉮ 기체연료와 연소용 공기를 버너내에서 혼합하여 공급하는 방식이다.
㉯ 화염의 온도가 낮아 연소부하가 작은 경우에 사용이 가능하다.
㉰ 연소조절이 쉽고 화염길이가 짧다.
㉱ 혼합기의 분출속도가 느릴 경우 역화의 위험이 있다.

> 풀이 ㉯ 화염의 온도가 높아 연소부하가 큰 경우에 사용이 가능하다.

answer 19 ㉯ 20 ㉯ 21 ㉱ 22 ㉮ 23 ㉰ 24 ㉯

25 기체연료의 연소방법 중 역화의 위험성이 가장 큰 것은?

㉮ 확산연소　㉯ 부분예혼합연소
㉰ 난류연소　㉱ 예혼합연소

풀이 ㉱ 예혼합연소에 대한 설명이며, 기체연료와 연소용 공기를 버너내에서 혼합하여 공급하는 방식이다.

26 그을음 발생에 대한 설명으로 틀린 것은?

㉮ 분해나 산화하기 쉬운 탄화수소는 그을음 발생이 적다.
㉯ C/H비가 큰 연료일수록 그을음이 잘 발생된다.
㉰ 탈수소 보다 -C-C-의 탄소결합을 절단하는 것이 용이한 연료일수록 잘 발생된다.
㉱ 발생빈도의 순서는 천연가스 〈 LPG 〈 제조가스 〈 석탄가스 〈 코크스이다.

풀이 ㉰ -C-C-의 탄소결합을 절단하기 보다 탈수소가 용이한 연료일수록 잘 발생된다.

27 액화석유가스(LPG)에 대한 설명으로 틀린 것은?

㉮ 상온에서 10~20기압을 가하거나 또는 -49℃로 냉각시킬 때 용이하게 액화되는 석유계의 탄화수소 가스를 말한다.
㉯ 탄소수가 3~4개까지 포함되는 탄화수소류가 주성분으로 되어있다.
㉰ 석유정제시 부산물로 얻어지기도 하지만 대부분은 천연가스에서 회수되고 있다.
㉱ 비중이 공기보다 무거워 인화, 폭발위험성이 높다.

풀이 ㉰ 석유정제시 부산물로 생산되는 것과 천연가스에 회수되는 것이 있으나, 전자의 것이 대부분이다.

28 프로판(C_3H_8) 50%와 부탄(C_4H_{10}) 50% 혼합가스 $1Sm^3$의 연소에 필요한 공기량(Sm^3)은?

㉮ 21.1　㉯ 24.5
㉰ 27.4　㉱ 29.3

풀이
$C_3H_8 + 5O_2 \rightarrow 3CO_2 + 4H_2O : 50\%$
$C_4H_{10} + 6.5O_2 \rightarrow 4CO_2 + 5H_2O : 50\%$
이론 공기량(Sm^3/Sm^3)
$= \dfrac{이론 산소량(Sm^3/Sm^3)}{0.21}$
$= \dfrac{5 \times 0.50 + 6.5 \times 0.50}{0.21} = 27.38 Sm^3/Sm^3$

29 다음 아세틸렌의 연소반응식에서 반응열이 갖는 의미로 옳은 것은?

$2C_2H_2 + 5O_2 \rightarrow 4CO_2(g) + 2H_2O(L) + 14,080 kcal$

㉮ 비열　㉯ 흡수열
㉰ 저위발열량　㉱ 고위발열량

풀이 반응열은 고위발열량을 의미한다.

answer 25 ㉱　26 ㉰　27 ㉰　28 ㉰　29 ㉱

30 2%의 황분을 함유한 석탄 1.0ton를 완전연소하면 표준상태에서 발생되는 아황산가스의 양(Sm^3)은? (단, 모든 황분은 아황산가스만을 생성한다.)

㉮ 32　　　　㉯ 21
㉰ 16　　　　㉱ 14

▶ 풀이
$S + O_2 \rightarrow SO_2$
32kg　　:　　22.4Sm^3
1,000kg × 0.02　:　X　∴ X = 14.0Sm^3

31 연료의 착화온도에 대한 설명으로 틀린 것은?

㉮ 공기의 산소농도 및 압력이 높을수록 낮아진다.
㉯ 활성화에너지는 작을수록 낮아진다.
㉰ 비표면적이 클수록 낮아진다.
㉱ 발열량이 작을수록 낮아진다.

▶ 풀이　**착화온도와의 상관관계**
① 착화온도는 활성화에너지, 석탄의 탄화도와는 비례 관계
② 착화온도는 화학결합의 활성도, 산소와의 친화성, 분자구조, 발열량, 산소농도, 화학반응성, 압력, 분자량, 비표면적과는 반비례 관계

32 메탄의 고위발열량이 9,500 kcal/Sm^3이라면 저위발열량(kcal/Sm^3)은?

㉮ 8,540　　　㉯ 8,620
㉰ 8,790　　　㉱ 8,940

▶ 풀이　$CH_4 + 2O_2 \rightarrow CO_2 + 2H_2O$

저위발열량(Hl)
= 고위발열량(Hh) − 480 × H_2O량(kcal/Sm^3)
= 9,500kcal/Sm^3 − 480 × 2 = 8,540 kcal/Sm^3

33 어떤 액체연료의 조성이 질량비로 탄소 84.0%, 수소 11.0%, 황 2.0%, 산소 3.0%인 연료가 있다. 이 연료 50kg을 완전연소시킬 때 생성되는 이산화탄소의 양은?

㉮ 154kg　　　㉯ 237kg
㉰ 270kg　　　㉱ 308kg

▶ 풀이
$C + O_2 \rightarrow CO_2$
12kg　　:　　44kg
50kg × 0.84　:　X　∴ X = 154kg

34 프로판(C_3H_8) 1Sm^3를 연소시킬 때 이론건조 연소가스량(Sm^3)은?

㉮ 19.8　　　㉯ 20.8
㉰ 21.8　　　㉱ 22.8

▶ 풀이　$C_3H_8 + 5O_2 \rightarrow 3CO_2 + 4H_2O$
이론건연소가스량(God)
= (1 − 0.21) × A_o + CO_2량
= (1 − 0.21) × $\dfrac{5}{0.21}$ + 3
= 21.81 Sm^3/Sm^3

answer　30 ㉱　31 ㉱　32 ㉮　33 ㉮　34 ㉰

35 연료 연소시 공기비의 크기에 따른 연소 특성을 설명한 것으로 틀린 것은?

㉮ 공기비가 너무 작은 경우 매연이나 검댕의 발생량이 증가한다.
㉯ 공기비가 너무 작은 경우 연소효율이 저하된다.
㉰ 공기비가 너무 큰 경우 연소실의 냉각효과를 가져온다.
㉱ 공기비가 너무 큰 경우 SO_X의 발생량이 감소한다.

풀이 ㉱ 공기비가 너무 큰 경우 SO_X의 발생량이 증가한다.

36 액체연료의 연소장치 중 유압분무식버너의 설명으로 틀린 것은?

㉮ 대용량 버너 제작이 용이하다.
㉯ 분무각도가 40°~90°로 크다.
㉰ 연료의 점도가 크거나 유압이 $5\,kg/cm^2$ 이하가 되면 분무화가 불량하다.
㉱ 유량조절범위가 넓어 부하변동 적응에 용이하다.

풀이 ㉱ 유량조절 범위가 좁아(환류식 1 : 3, 비환류식 1 : 2) 부하변동에 대한 적응성이 낮다.

37 프로판을 공기비 1.4로 완전연소할 때 건조연소가스 중의 $CO_2(\%)$는?

㉮ 9.6 ㉯ 11.2
㉰ 13.4 ㉱ 15.1

풀이 $CO_2\max(\%) = \dfrac{CO_2량\,(Sm^3/Sm^3)}{Gd\,(Sm^3/Sm^3)} \times 100$

① Propane(C_3H_8)의 완전연소 반응식

$C_3H_8 + 5O_2 \rightarrow 3CO_2 + 4H_2O$

② 실제건연소가스량(Gd)
$= (m - 0.21)A_o + CO_2량(Sm^3/Sm^3)$
$= (1.4 - 0.21) \times \dfrac{5}{0.21} + 3 = 31.3333\,Sm^3/Sm^3$

③ $CO_2량 = 3\,Sm^3/Sm^3$

④ $CO_2\max = \dfrac{3\,Sm^3/Sm^3}{31.3333\,Sm^3/Sm^3} \times 100$
$= 9.58\%$

38 탄소, 수소의 질량 조성이 각각 86%, 14%인 액체연료를 매시 30kg 연소한 경우 배기가스의 분석치가 CO_2 12.5%, O_2 3.5%, N_2 84%이라면 매시간 필요한 공기량(Sm^3)은?

㉮ 약 794 ㉯ 약 675
㉰ 약 591 ㉱ 약 405

풀이 ① $CO_2\%$, $O_2\%$, $N_2\%$가 주어진 경우

공기비(m) $= \dfrac{N_2\%}{N_2\% - 3.76 \times (O_2\% - 0.5CO\%)}$
$= \dfrac{84\%}{84\% - 3.76 \times 3.5\%} = 1.1858$

② 이론공기량(A_o)
$= 8.89C + 26.67\left(H - \dfrac{O}{8}\right) + 3.33S\,(Sm^3/kg)$
$= 8.89 \times 0.86 + 26.67 \times 0.14$
$= 11.3792\,Sm^3/kg$

③ 필요한 공기량(Sm^3/hr)
$= 공기비(m) \times 이론공기량(Sm^3/kg) \times 연료량(kg/hr)$
$= 1.1858 \times 11.3792\,Sm^3/kg \times 30\,kg/hr$
$= 404.80\,Sm^3/hr$

answer 35 ㉱ 36 ㉱ 37 ㉮ 38 ㉱

39 다음 중 질소산화물(NO_x)의 저감대책으로 틀린 것은?

㉮ 과잉공기량 연소법
㉯ 이단 연소법
㉰ 배기가스 재순환법
㉱ 저온도 연소법

풀이 ㉮ 저과잉공기량 연소법

40 다음 중 유동상 소각로에서 유동상 매질의 조건으로 틀린 것은?

㉮ 불활성일 것
㉯ 높은 융점을 가질 것
㉰ 열충격에 강할 것
㉱ 비중이 클 것

풀이 ㉱ 비중이 작을 것

| 제3과목 | 대기오염방지기술

41 다음 중 충전탑에 대한 설명으로 틀린 것은?

㉮ [충전탑의 직경/충전제의 직경] = 8~10일 때 편류현상이 최소가 된다.
㉯ 범람점에서의 가스속도는 충전제를 불규칙적으로 쌓았을 때 보다 규칙적으로 쌓았을 때가 더 크다.
㉰ 충전제를 규칙적으로 충전하면 불규칙적으로 충전하는 방법에 비하여 압력손실이 적어 더 많은 흡수제를 흘릴 수 있다.
㉱ 가스의 유속이 증가하면 충전층내의 액의 보유량이 증가하여 탑위로 넘치게 되므로 가스유속은 범람(flooding) 속도의 10~20%가 적당하다.

풀이 ㉱ 가스의 유속이 증가하면 충전층 내의 액의 보유량이 증가하여 탑위로 넘치게 되므로 가스유속은 범람(flooding)속도의 40~70%가 적당하다.

42 다음 중 흡수액 선정 시 고려할 사항으로 틀린 것은?

㉮ 어는점이 낮아야 한다.
㉯ 용매의 화학적 성질과 비슷해야 한다.
㉰ 휘발성이 높아야 한다.
㉱ 용해성이 높아야 한다.

풀이 ㉰ 휘발성이 낮아야 한다.

43 다음 중 관성력집진장치에 대한 설명으로 틀린 것은?

㉮ 집진 가능한 입자는 주로 50 μm 이상의 조대입자이며, 집진율은 50~70%이다.
㉯ 반전식은 방향전환횟수가 많을수록 집진효율은 증가한다.
㉰ 반전식은 기류의 방향 전환시 곡률반경이 작을수록 집진효율이 증가한다.
㉱ 충돌식은 충돌직전의 처리가스 속도가 작고, 처리 후 출구 가스속도는 느릴수록 집진효율이 증가한다.

풀이 ㉱ 충돌식은 충돌직전의 처리가스 속도가 크고, 처리 후 출구 가스속도는 느릴수록 집진효율이 증가한다.

answer 39 ㉮ 40 ㉱ 41 ㉱ 42 ㉰ 43 ㉱

44 용제회수, 가스정제, 악취제거, 알코올류 등의 비극성류의 유기용제를 흡착하며, 표면적이 600~1,400 m²/g이며 소수성 흡착제인 것은?

㉮ 활성알루미나
㉯ 합성제올라이트
㉰ 활성탄
㉱ 실리카겔

풀이 ㉰ 활성탄에 대한 설명이며, 핵심 내용인 "악취제거용, 표면적 600~1,400 m²/g=활성탄"임을 숙지하시면 됩니다.

45 다음 중 유체의 점도를 나타내는 단위 표현이 아닌 것은?

㉮ $\dfrac{g}{cm \cdot s}$
㉯ poise
㉰ Pa · s
㉱ liter · atm

풀이 유체의 점도를 나타내는 단위는 poise, Pa·sec, g/cm·sec이다.

46 흡착장치에 대한 다음 설명으로 틀린 것은?

㉮ 고정층 흡착장치에서 보통 수직으로 된 것은 대규모에 적합하고, 수평으로 된 것은 소규모에 적합하다.
㉯ 일반적으로 이동층 흡착장치는 유동층 흡착장치에 비해 가스의 유속을 크게 유지할 수 없는 단점이 있다.
㉰ 유동층 흡착장치는 고정층과 이동층 흡착장치의 장점만을 이용한 복합형으로 고체와 기체의 접촉을 좋게 할 수 있다.
㉱ 유동층 흡착장치는 흡착제의 유동에 의한 마모가 크게 일어나고, 조업조건에 따른 주어진 조건의 변동이 어렵다.

풀이 ㉮ 고정층 흡착장치에서 보통 수직으로 된 것은 소규모에 적합하고, 수평으로 된 것은 대규모에 적합하다.

47 벤튜리 스크러버의 액가스비를 크게 하는 요인으로 틀린 것은?

㉮ 먼지 입자의 점착성이 클 때
㉯ 먼지 입자의 친수성이 클 때
㉰ 먼지의 농도가 높을 때
㉱ 처리가스의 온도가 높을 때

풀이 ㉯ 먼지 입자의 친수성이 작을 때

48 표준형 평판 날개형보다 비교적 고속에서 가동되고, 후향날개형을 정밀하게 변형시킨 것으로써 원심력 송풍기 중 효율이 가장 좋아 대형 냉난방 공기조화장치, 산업용 공기청정장치 등에 주로 이용되며, 에너지 절감효과가 뛰어난 송풍기 유형은?

㉮ 비행기 날개형(airfoil blade)
㉯ 방사 날개형(radial blade)
㉰ 프로펠라형(propeller)
㉱ 전향 날개형(forward curved)

풀이 ㉮ 비행기 날개형에 대한 설명이며, 핵심 내용인 "대형냉난방 공기조화장치=비행기날개형"임을 숙지하시면 됩니다.

answer 44 ㉰ 45 ㉱ 46 ㉮ 47 ㉯ 48 ㉮

49 플루오린 화합물의 흡수처리에 대한 설명으로 틀린 것은?

㉮ 세정장치 중 충전탑이 가장 적합하다.
㉯ 물에 대한 용해도가 비교적 크므로 수세에 의한 처리가 적당하다.
㉰ 스프레이탑을 사용할 때에 분무 노즐의 막힘이 없도록 보수관리에 주의가 필요하다.
㉱ 처리 중 고형물을 생성하는 경우가 많다.

[풀이] ㉮ 플루오린 화합물은 부식성물질에 의해서 처리 중 고형물을 생성하여 공극을 막을 우려가 있어 충전탑 사용은 부적합하고, 분무탑이나 제트 스크러버를 사용한다.

50 작업의 성질상 포위식이나 booth type으로 할 수 없을 때 부득이 발생원에서 격리시켜 설치하는 형태로 도금세척, 분무도장 등에서 이용되며 외부의 난기류에 의해 그 효과가 많이 감소되는 단점이 있는 외부식 후드형식은?

㉮ Glove box type   ㉯ Cover type
㉰ Slot type   ㉱ Canopy type

[풀이] ㉰ 슬롯형에 대한 설명이며, 핵심 내용인 "도금세척, 분무도장에 이용=슬롯형"임을 숙지하시면 됩니다.

51 다음 설명하는 집진장치로 가장 적합한 것은?

> 고정 및 회전날개로 구성된 다익형의 날개차(車)를 350~750rpm으로 고속선회하여 함진가스와 세정수를 교반시켜 먼지를 제거하는 장치로 미세먼지를 99% 정도까지 제거 가능하고, 별도의 송풍기는 필요 없다. 액가스비는 0.5~2 L/m³ 정도이다.

㉮ Theisen washer   ㉯ Spray tower
㉰ Venturi scrubber ㉱ Hydro filter

[풀이] ㉮ 타이젠와셔에 대한 설명이며, 핵심 내용인 "다익형의 날개차를 350~750rpm으로 고속선회=타이젠와셔"임을 숙지하시면 됩니다.

52 여과집진장치에서 먼지제거 메카니즘으로 틀린 것은?

㉮ 관성충돌(inertial impaction)
㉯ 확산(diffusion)
㉰ 직접차단(direct interception)
㉱ 무화(atomization)

[풀이] 여과집진장치의 주요 메카니즘은 확산작용, 관성충돌, 직접차단, 중력작용이다.

53 후드의 압력손실이 3.5 mmH₂O, 동압이 1.5 mmH₂O일 때, 유입계수는?

㉮ 0.234   ㉯ 0.315
㉰ 0.548   ㉱ 0.734

[풀이] $\Delta P = \dfrac{1 - C_e^2}{C_e^2} \times H(\text{mmH}_2\text{O})$

answer 49 ㉮ 50 ㉰ 51 ㉮ 52 ㉱ 53 ㉰

여기서 ΔP : 압력손실(mmH$_2$O)
Ce : 유입계수
H : 동압(mmH$_2$O)

$$3.5\,mmH_2O = \frac{1-Ce^2}{Ce^2} \times 1.5\,mmH_2O$$

따라서 Ce = 0.548

54 중력 집진장치에서 수평이동속도(V_X), 침강실 폭 B, 침강실 수평길이 L, 침강실 높이 H, 종말침강속도를 Vt라면 주어진 입경에 대한 부분집진효율은? (단, 층류기준)

㉮ $\dfrac{Vt \times L}{V_X \times H}$ ㉯ $\dfrac{Vt \times H}{V_X \times B}$

㉰ $\dfrac{V_X \times B}{Vt \times H}$ ㉱ $\dfrac{V_X \times H}{Vt \times L}$

▶ 풀이 효율 $= \dfrac{V_g \times L}{U \times H} \times 100 = \dfrac{Vt \times L}{V_X \times H} \times 100$

55 사이클론의 집진율 향상조건에 대한 설명으로 틀린 것은?

㉮ 미세 먼지의 재비산을 방지하기 위해 skimmer와 turning vane 등을 설치한다.
㉯ 배기관경(내관)이 클수록 입경이 작은 먼지를 제거할 수 있다.
㉰ 먼지폐색(dust plugging)효과를 방지하기 위해 축류집진장치를 사용한다.
㉱ 고용량 가스를 비교적 높은 효율로 처리해야 할 경우 소구경 cyclone을 여러 개 조합시킨 multicyclone을 사용한다.

▶ 풀이 ㉯ 배기관경(내관)이 작을수록 입경이 작은 먼지를 제거할 수 있다.

56 다음 각 집진장치의 유속과 집진특성에 대한 설명으로 틀린 것은?

㉮ 중력집진장치와 여과집진장치는 기본유속이 작을수록 미세한 입자를 포집한다.
㉯ 원심력집진장치는 적정 한계내에서는 입구유속이 빠를수록 효율은 높은 반면 압력손실은 높아진다.
㉰ 벤츄리스크러버와 제트스크러버는 기본 유속이 작을수록 집진율이 높다.
㉱ 건식 전기집진장치는 재비산 한계내에서 기본유속을 정한다.

▶ 풀이 ㉰ 벤츄리스크러버(60~90m/sec)와 제트스크러버(10~20m/sec)는 기본유속이 클수록 집진율이 높다.

57 전기집진장치를 사용하여 집진할 때 입자의 비저항이 $10^4 \Omega \cdot cm$ 이하인 경우에 대한 설명으로 틀린 것은?

㉮ 포집된 먼지가 처리가스 내로 재비산된다.
㉯ 암모니아를 주입하여 conditioning하는 방법이 쓰인다.
㉰ 집진극에 흡착된 대전입자의 중화가 빠르다.
㉱ 역전리 현상이 일어난다.

▶ 풀이 ① 비저항이 $10^4 \Omega \cdot cm$ 이하 : 재비산현상
② 비저항이 $10^{11} \Omega \cdot cm$ 이상 : 역전리현상

---

answer 54 ㉮ 55 ㉯ 56 ㉰ 57 ㉱

58 집진효율이 80%인 1차 집진장치가 있다. 총집진효율이 99%이라면 2차 집진장치의 집진효율은?

㉮ 90 % ㉯ 95 %
㉰ 98 % ㉱ 99 %

풀이
$\eta_T = 1 - (1-\eta_1) \times (1-\eta_2)$
$0.99 = 1 - (1-0.80) \times (1-\eta_2)$
$\therefore \eta_2 = 1 - \dfrac{(1-0.99)}{(1-0.80)} = 0.95$ 따라서 95%이다.

59 유해가스에 대한 다음 설명으로 틀린 것은?

㉮ Cl_2가스는 상온에서 황록색을 띤 기체이며 자극성 냄새를 가진 유독물질로 관련 배출원은 표백공업이다.
㉯ F_2는 상온에서 무색의 발연성 기체로 강한 자극성이며 물에 잘 녹고 관련 배출원은 알루미늄 제련공업이다.
㉰ NO는 적갈색의 특이한 냄새를 가진 물에 잘 녹는 맹독성 기체로 자동차배출이 가장 많은 부분을 차지한다.
㉱ SO_2는 무색이 강한 자극성 기체로 환원성 표백제로도 이용되고 화석연료의 연소에 의해서도 발생된다.

풀이 ㉰ NO는 무색기체로 물에 잘 녹지 않으며, 자동차에서 가장 많이 배출된다.

60 원심력 집진장치에서 압력손실의 감소 원인으로 틀린 것은?

㉮ 내통이 마모되어 구멍이 뚫려 함진가스가 by pass될 경우
㉯ 호퍼 하단 부위에 외기가 누입될 경우
㉰ 장치 내 처리가스가 선회되는 경우
㉱ 외통의 접합부 불량으로 함진가스가 누출될 경우

풀이 ㉰ 베인(Vane)이 마모된 경우

| 제4과목 | 대기오염공정시험기준

61 연료용 유류 중의 황함유량 분석방법에 대한 설명으로 틀린 것은?

㉮ 연소관식 공기법은 500~550℃로 가열한 석영재질 연소관 중에 공기를 불어넣어 시료를 연소시킨 후 생성된 황산화물을 붕산나트륨(9%)에 흡수시켜 황산으로 만든 다음, 수산화나트륨 표준액으로 중화적정한다.
㉯ 연소관식 공기법의 경우 불용성 황산염을 만드는 금속(Ba, Ca 등)이 늘어있는 시료에는 적용할 수 없다.
㉰ 연소관식 공기법의 경우 연소되어 산을 발생시키는 원소(P, N, Cl 등)가 들어있는 시료에는 적용할 수 없다.
㉱ 방사선식 여기법은 시료에 방사선을 조사하고, 여기된 황의 원자에서 발생하는 형광 X선의 강도를 측정한다.

풀이 ㉮ 연소관식 공기법은 950~1,100℃로 가열한 석영재질 연소관 중에 공기를 불어넣어 시료를 연소시킨 후 생성된 황산화물을 과산화수소(3%)에 흡수시켜 황산으로 만든 다음, 수산화소듐 표준액으로 중화적정한다.

answer 58 ㉯ 59 ㉰ 60 ㉰ 61 ㉮

62 이온크로마토그래피의 일반적인 장치 구성순서로 옳은 것은?

㉮ 펌프 - 시료주입장치 - 용리액조 - 분리관 - 검출기 - 써프렛서
㉯ 용리액조 - 펌프 - 시료주입장치 - 분리관 - 써프렛서 - 검출기
㉰ 시료주입장치 - 펌프 - 용리액조 - 써프렛서 - 분리관 - 검출기
㉱ 분리관 - 시료주입장치 - 펌프 - 용리액조 - 검출기 - 써프렛서

▶풀이 암기법: 이온용은 펌시료분을 써 검출 기록하네

63 환경대기 중의 각 항목별 분석방법의 연결로 틀린 것은?

㉮ 질소산화물 : 살츠민법
㉯ 옥시단트(오존으로서) : 광산란법
㉰ 일산화탄소 : 기체크로마토그래피
㉱ 아황산가스 : 파라로자닐린법

▶풀이 옥시단트(오존으로서) : 자외선 광도법

TIP
환경대기 중 항목별 분석방법
① 질소산화물 : 화학발광법(주시험방법), 살츠만법, 흡광차분광법, 야곱스호흐하이저법
② 옥시단트 : 자외선광도법(주시험방법), 화학발광법, 중성아이오드화포타슘법, 흡광차분광법, 알칼리성아이오드화포타슘법
③ 일산화탄소 : 비분산적외선분광분석법(주시험방법), 기체크로마토그래피
④ 황산화물 : 파라로자닐린법, 자외선형광법(주시험방법), 용액전도율법, 불꽃광도법

64 일반적으로 사용하는 이온크로마토그래피의 구성장치 중 분리관에 대한 설명으로 틀린 것은?

㉮ 이온교환체의 구조면에서는 표층피복형, 표층박막형, 전다공성 미립자형이 있다.
㉯ 양이온 교환체는 표면에 슬폰산기를 보유한다.
㉰ 금속이온 분리용으로는 스테인리스관이 효과적이다.
㉱ 분리관은 에폭시수지관 또는 유리관 등이 사용된다.

▶풀이 ㉰ 금속이온 분리용으로 일부는 스테인리스관이 사용되지만 금속이온 분리용으로는 좋지 않다.

65 굴뚝 배출가스 중 알데하이드 및 알데하이드류의 분석방법에 대한 설명으로 틀린 것은?

㉮ 고성능 액체크로마토그래피의 시료채취량이 10L인 경우 정량범위는 0.010ppm 이상이다.
㉯ 자외선/가시선분광법 - 크로모트로핀산법에서 이산화황, 이산화질소 등의 물질이나 다른 알데하이드가 공존하면 영향을 받을 수 있다.
㉰ 자외선/가시선분광법 - 아세틸아세톤법은 폼알데하이드를 포함하고 있는 배출가스를 정제수로 채취하고 아세틸아세톤 용액으로 발색시켜 얻은 흡광도를 측정한다.
㉱ 시료를 아연아민착염용액에 흡수시켜 P-아미노다이메틸아닐린용액과 염화철(Ⅲ)용액을 가하여 생성되는 메틸

answer 62 ㉯ 63 ㉯ 64 ㉰ 65 ㉱

렌블루의 흡광도를 670nm에서 측정한다.

풀이 ㉣번에 대한 설명은 황화수소의 자외선/가시선분광법-메틸렌블루법에 대한 설명이다.

66 배출가스 중 사이안화수소의 분석방법인 자외선/가시선분광법-4-피리딘카복실산-피라졸론법에 대한 내용으로 틀린 것은?

㉮ 흡수액은 수산화소듐용액(20g/L)를 사용한다.
㉯ 시료채취량이 10L이고 분석용 시료용액의 양이 250mL인 경우 정량범위는 0.05ppm 이상이다.
㉰ 배출가스 중 염소 등의 산화성가스 또는 알데하이드류, 황화수소, 이산화황 등의 환원성가스가 공존하면 영향을 받는다.
㉱ 사이안화수소를 흡수액에 흡수시킨 다음 이것을 발색시켜 얻은 발색액에 대해서 흡광도를 538nm 부근에서 측정한다.

풀이 ㉱ 사이안화수소를 흡수액에 흡수시킨 다음 이것을 발색시켜 얻은 발색액에 대해서 흡광도를 638nm 부근에서 측정한다.

67 배출가스 중 비소화합물의 분석방법인 흑연로 원자흡수분광광도법에 대한 내용으로 틀린것은?

㉮ 비소화합물을 원자화시켜 파장 193.7nm에서 시료용액의 흡광도를 측정한다.
㉯ 강제 흡입장치를 사용하여 입자상 비소화합물을 여과장치에 채취한다.
㉰ 정량범위는 0.030ppm 이상(시료용액 250mL, 건조시료가스량 1 Sm³ 인 경우)이다.
㉱ 비소화합물 중 일부는 휘발성이 있어 채취 시료를 전처리하는 동안 비소의 손실 가능성이 있으므로 주의하여야 한다.

풀이 ㉰ 정량범위는 0.003ppm 이상(시료용액 250mL, 건조시료가스량 1 Sm³ 인 경우)이다.

68 다음은 굴뚝 배출가스 중의 이황화탄소 분석방법에 관한 설명이다. ( )안에 알맞은 것은?

자외선/가시선 분광법은 다이에틸아민구리용액에서 시료가스를 흡수시켜 생성된 다이에틸 다이싸이오카밤산구리의 흡광도를 (①)의 파장에서 측정한다. 이 방법은 시료가스채취량 10L인 경우 배출가스 중의 이황화탄소 농도(②)의 분석에 적합하다.

㉮ ① 340nm, ② (4.0~60.0)ppm
㉯ ① 340nm, ② (0.40~6.0)ppm
㉰ ① 435nm, ② (4.0~60.0)ppm
㉱ ① 435nm, ② (0.40~6.0)ppm

풀이 이황화탄소의 자외선/가시선분광법
① 흡광도 측정파장 : 435nm
② 정량범위 : (4.0~60.0)ppm
③ 흡수액 : 다이에틸아민구리용액

answer 66 ㉱ 67 ㉰ 68 ㉰

69 A연도 배출가스 중의 수분량을 흡습관법으로 측정한 결과 다음과 같은 결과를 얻었다. 습배출가스 중의 수증기 백분율은? (단, 표준상태 기준)

- 건조가스 흡인유량 : 20L
- 측정 전 흡습관의 질량 : 96.16g
- 측정 후 흡습관의 질량 : 97.69g

㉮ 약 6.4 % ㉯ 약 7.1 %
㉰ 약 8.7 % ㉱ 약 9.5 %

풀이 수증기 백분율(%)
$= \dfrac{1.244 \times ma(g)}{Vs(L) + 1.244 \times ma(g)} \times 100$
$= \dfrac{1.244 \times (97.69 - 96.16)g}{20L + 1.244 \times (97.69 - 96.16)g} \times 100$
$= 8.69\%$

70 다음은 전기아크로를 사용하는 철강공장에서 일정한 굴뚝을 거치지 않고 외부로 비산 배출되는 먼지측정방법 중 불투명도법에 관한 설명이다. ( )안에 알맞은 것은?

불투명도 측정은 링겔만 매연농도표 또는 매연 측정기(Smoke Scope)를 이용하여 30초 간격으로 비탁도를 측정한 다음 불투명도 측정용지에 기록한다. 비탁도는 최소 (①) 단위로 측정값을 기록하며 비탁도에 (②)를 곱한 값을 불투명도 값으로 한다.

㉮ ① 0.5°, ② 20%   ㉯ ① 0.5°, ② 100%
㉰ ① 1°, ② 20%   ㉱ ① 1°, ② 100%

풀이 불투명도법
① 비탁도의 최소단위 : 0.5°
② 불투명도값 : 비탁도 × 20%

71 굴뚝 배출가스 중 이산화황의 자동연속 측정방법에서 사용되는 용어의 의미로 틀린 것은?

㉮ 검출한계 : 제로드리프트의 2배에 해당하는 지시치가 갖는 이산화황의 농도를 말한다.
㉯ 응답시간 : 시료채취부를 통하지 않고 제로가스를 연속자동측정기의 분석부에 흘려주다가 갑자기 스팬가스로 바꿔서 흘려준 후, 기록계에 표시된 지시치가 스팬가스 보정치의 95%에 해당하는 지시치를 나타낼 때까지 걸리는 시간을 말한다.
㉰ 경로(Path) 측정시스템 : 굴뚝 또는 덕트 단면 직경의 5% 이상의 경로를 따라 오염물질 농도를 측정하는 배출가스 연속자동측정시스템을 말한다.
㉱ 제로가스 : 정제된 공기나 순수한 질소(순도 99.999% 이상)를 말한다.

풀이 ㉰ 경로(Path) 측정시스템 : 굴뚝 또는 덕트 단면 직경의 10% 이상의 경로를 따라 오염물질 농도를 측정하는 배출가스 연속자동측정시스템을 말한다.

answer 69 ㉰ 70 ㉮ 71 ㉰

72 다음은 자외선/가시선분광법에서 측광부에 관한 설명이다. ( )안에 들어갈 알맞은 말은?

> 측광부의 광전측광에는 광전관, 광전자증배관, 광전도셀 또는 광전지 등을 사용한다. 광전관, 광전자증배관은 주로 (①) 범위에서, 광전도셀은 (②) 범위에서, 광전지는 주로 (③) 범위 내에서의 광전측광에 사용된다.

㉮ ① 근적외파장, ② 자외파장, ③ 가시파장
㉯ ① 가시파장, ② 근자외 내지 가시파장, ③ 적외파장
㉰ ① 근적외파장, ② 근자외파장, ③ 가시 내지 근적외파장
㉱ ① 자외 내지 가시파장, ② 근적외파장, ③ 가시파장

풀이 측광부
① 광전관, 광전자증배관 : 자외내지 가시파장 범위
② 광전도셀 : 근적외파장 범위
③ 광전지 : 가시파장 범위

73 배출가스 중 수은 화합물을 분석하는 방법은?

㉮ 냉증기-원자흡수분광광도법
㉯ 기체크로마토그래피
㉰ 유도결합플라스마 분광법
㉱ 자외선/가시선분광법

풀이 수은 화합물을 분석하는 방법은 냉증기-원자흡수분광광도법이다.

74 환경대기 중 탄화수소를 측정하는 방법으로 틀린 것은?

㉮ 총탄화수소 측정법
㉯ 비메탄 탄화수소 측정법
㉰ 활성 탄화수소 측정법
㉱ 용융 탄화수소 측정법

풀이 환경대기 중 탄화수소를 측정하는 방법에는 총탄화수소 측정법, 비메탄 탄화수소 측정법(주시험방법), 활성 탄화수소 측정법이 있다.

75 비분산 적외선 분광분석법에서 응답시간에 관한 설명이다. ( )안에 알맞은 것은?

> 응답시간(response time)은 제로 조정용 가스를 도입하여 안정된 후 유로를 스팬 가스로 바꾸어 기준 유량으로 분석기에 도입하여 그 농도를 눈금 범위 내의 어느 일정한 값으로부터 다른 일정한 값으로 갑자기 변화시켰을 때 스텝(step) 응답에 대한 소비시간이 (①) 이내이어야 한다. 또 이때 최종 지시값에 대한 90%의 응답을 나타내는 시간은 (②) 이내이어야 한다.

㉮ ① 1초, ② 60초 ㉯ ① 5초, ② 60초
㉰ ① 1초, ② 40초 ㉱ ① 5초, ② 40초

풀이 ① 스텝응답에 대한 소비시간 : 1초 이내
② 최종 지시값에 대한 90%의 응답을 나타내는 시간 : 40초 이내

answer 72 ㉱ 73 ㉮ 74 ㉱ 75 ㉰

76 다음은 환경대기 중의 석면농도를 위상차 현미경을 이용하여 측정할 때 시료채취위치 및 시간기준이다. ( )안에 알맞은 말은?

> 시료는 주간 시간대에 (①)의 유량으로 (②)측정하고, 유량계 부자는 10L/min 되게 조정한다.

㉮ ① 10L/min, ② 1시간
㉯ ① 10L/min, ② 24시간
㉰ ① 2L/min, ② 1시간
㉱ ① 2L/min, ② 24시간

풀이 석면농도 측정
① 유량 : 10L/min
② 측정시간 : 1시간
③ 유량계 부자 : 10L/min

77 A 보일러 굴뚝의 배출가스 온도 240℃, 압력 760 mmHg, 피토우관에 의한 동압 측정치는 0.552 mmHg 이었다. 이때 굴뚝 배출가스 평균 유속은? (단, 굴뚝 내 습배출가스의 밀도는 1.3 kg/Sm³, 피토우관 계수는 1.0이다.)

㉮ 7.8 m/s   ㉯ 9.6 m/s
㉰ 12.3 m/s ㉱ 14.6 m/s

풀이
$$V = C \times \sqrt{\frac{2gh}{r}}$$
$$= 1.0 \times \sqrt{\frac{2 \times 9.8 \times (0.552 \times 13.6)\,\text{mmH}_2\text{O}}{1.3\,\text{kg/Sm}^3 \times \frac{273}{273+240}}}$$
$$= 14.58\,\text{m/sec}$$

TIP
① 수은주의 비중
$$= \frac{10,332\,\text{mmH}_2\text{O}}{760\,\text{mmHg}} = 13.6\,\frac{\text{mmH}_2\text{O}}{\text{mmHg}}$$
② $\text{mmHg} \xrightarrow{\times 13.6} \text{mmH}_2\text{O}$
③ $r(\text{kg/m}^3) = r_o(\text{kg/Sm}^3) \times \frac{273}{273 + t_g\,°C}$

78 원자흡수분광광도법에서 용어의 설명으로 옳은 것은?

㉮ 공명선(Resonance Line) : 원자가 외부로부터 빛을 흡수했다가 다시 먼저 상태로 돌아갈 때 방사하는 스펙트럼선
㉯ 중공음극램프(Hollow Cathode Lamp) : 원자흡광분석의 광원이 되는 것으로 목적원소를 함유하는 중공음극 한 개 또는 그 이상을 고압의 질소와 함께 채운 방전관
㉰ 역화(Flame Back) : 불꽃의 연소속도가 작고 혼합기체의 분출속도가 클 때 연소현상이 내부로 옮겨지는 것
㉱ 멀티 패스(Multi-Path) : 불꽃 중에서의 광로를 짧게 하고 반사를 증대시키기 위하여 반사현상을 이용하여 불꽃 중에 빛을 여러 번 투과시키는 것

풀이 ㉯ 중공음극램프 : 원자흡광분석의 광원이 되는 것으로 목적원소를 함유하는 중공음극 한 개 또는 그 이상을 저압의 네온과 함께 채운 방전관
㉰ 역화 : 불꽃의 연소속도가 크고 혼합기체의 분출속도가 작을 때 연소현상이 내부로 옮겨지는 것
㉱ 멀티 패스 : 불꽃 중에서의 광로를 길게 하고 흡수를 증대시키기 위하여 반사현상을 이용하여 불꽃 중에 빛을 여러 번 투과시키는 것

answer 76 ㉮ 77 ㉱ 78 ㉮

79 다음 중 분석항목과 흡수액의 연결이 틀린 것은?

㉮ 이황화탄소 : 수산화소듐용액
㉯ 황산화물 : 과산화수소용액
㉰ 암모니아 : 붕산용액
㉱ 황화수소 : 아연아민착염용액

풀이 ㉮ 이황화탄소 : 다이에틸아민구리용액

80 비산먼지를 채취하기 위해 사용하는 고용량공기시료채취법에 대한 설명으로 틀린 것은?

㉮ 시료채취장소는 측정하려고 하는 발생원의 부지경계선상에 선정한다.
㉯ 발생원의 위인 바람의 방향을 따라 대상 발생원의 영향이 없을 것으로 추측되는 곳을 대조위치로 선정한다.
㉰ 시료채취는 1회 1시간 이상 연속 채취한다.
㉱ 연속기록장치가 없는 경우에는 적어도 30분 간격으로 같은 지점에서의 3회 이상 풍향풍속을 측정하여 기록한다.

풀이 ㉱ 연속기록장치가 없는 경우에는 적어도 10분 간격으로 같은 지점에서의 3회 이상 풍향풍속을 측정하여 기록한다.

answer   79 ㉮   80 ㉱

2025 3회 CBT 복원문제

| 제1과목 | 대기환경관리

01 다음 중 아황산가스(SO_2)의 강한식물로 틀린 것은?

㉮ 양배추 ㉯ 자주개나리
㉰ 셀러리 ㉱ 옥수수

풀이 ㉯ 자주개나리(알팔파)는 아황산가스(SO_2)의 약한식물이다.

> **TIP**
> 아황산가스(SO_2)의 강한식물과 약한식물
> ① 강한식물 : 양배추, 까치밤나무, 쥐당나무, 셀러리, 소나무, 옥수수 등
> ② 약한(지표)식물 : 대맥, 담배, 자주개나리(알팔파), 목화, 보리 등

02 다음 중 이황화탄소에 대한 설명으로 틀린 것은?

㉮ 비스코스섬유 제조 시 많이 발생하는 대기오염물질로 불순물은 불쾌한 냄새를 유발한다.
㉯ 햇빛에 파괴될 정도로 불안정하지만 부식성은 비교적 약하다.
㉰ 끓는점은 46℃(760mmHg), 인화점은 -30℃이다.
㉱ 공기에 대한 비중이 2.64이며 수용성 물질이다.

풀이 ㉱ 공기에 대한 비중이 2.64이며 물보다 무겁고 불용성물질이다.

03 다음 오염물질의 균질층 내에서의 건조 공기 중 체류시간의 순서배열로 옳게 나열된 것은? (단, 긴 시간 > 짧은 시간)

㉮ $N_2 > CO > CO_2 > H_2$
㉯ $N_2 > O_2 > CH_4 > CO$
㉰ $O_2 > N_2 > H_2 > CO$
㉱ $CO_2 > H_2 > N_2 > CO$

풀이 대기 중의 체류시간은 N_2(4×10^8년) > O_2(6,000년) > CH_4(3~8년) > H_2(4~7년) > CO_2(2~4년) > CO(1~3개월) > SO_2(약 4일) > NO_2(2~5일) 순이다.

04 다음 물질의 특성에 대한 설명으로 옳은 것은?

㉮ 탄소의 순환에서 탄소(CO_2로서)의 가장 큰 저장고 역할을 하는 부분은 대기이다.
㉯ 플루오린(Fluorine)은 주로 자연상태에서 존재하며, 주관련 배출업종으로는 황산제조공정, 연소공정 등이다.
㉰ 질소산화물은 연소 시 연료의 성분으로부터 발생하는 fuel NO_X와 고온에서 공기 중의 질소와 산소가 반응하여 생기는 thermal NO_X 등이 있다.

answer 01 ㉯ 02 ㉱ 03 ㉯ 04 ㉰

㉔ 염화수소는 유독성을 가진 황록색 기체로서 비료공장, 표백공장 등에서 주로 발생한다.

풀이 ㉮ 탄소의 순환에서 탄소(CO_2로서)의 가장 큰 저장고 역할을 하는 부분은 해양이다.
㉯ 플루오린(Fluorine)은 자연계에 존재하지 않고, 인광석, 빙정석, 형석에 존재하며, 주 관련 배출업종으로는 화학(인산)비료공업, 알루미늄공업, 요업공업, 유리공업 등이다.
㉰ 염화수소는 상온에서 자극적인 냄새가 나는 무색의 기체로서 소다공업, 활성탄제조, 금속제련, 플라스틱공업 등에서 주로 발생한다.

05 다음 중 Richardson수(R_i)를 알맞게 표현한 것은? (단, g : 중력가속도, T : 잠재온도, u : 풍속, z : 고도)

㉮ $R_i = \dfrac{g}{T} \times \dfrac{(\Delta u / \Delta z)^2}{\Delta T / \Delta z}$

㉯ $R_i = \dfrac{g}{T} \times \dfrac{\Delta T / \Delta z}{(\Delta u / \Delta z)^2}$

㉰ $R_i = \dfrac{T}{g} \times \dfrac{\Delta T / \Delta z}{(\Delta u / \Delta z)^2}$

㉱ $R_i = \dfrac{T}{g} \times \dfrac{(\Delta u / \Delta z)^2}{\Delta T / \Delta z}$

풀이 Richardson수(R_i)는 대류난류를 기계적난류로 전환시키는 율을 측정한 무차원수로 공식은 $R_i = \dfrac{g}{T} \times \dfrac{\Delta T / \Delta z}{(\Delta u / \Delta z)^2}$ 이다.

06 실내공기오염에 대한 설명으로 틀린 것은?

㉮ 빌딩증후군이란 밀폐된 공간내 유해한 환경에 노출되었을 때에 눈자극, 두통, 피로감, 후두염 등과 같은 증상이 일어나는 것을 말한다.

㉯ 대부분의 유기용제에 마취작용을 가지고 있고, 독성은 톨루엔 > 자일렌 > 에틸벤젠 순으로 독성이 강하다.
㉰ 폼알데하이드는 자극취가 있는 적갈색의 기체이며, 물에 잘 녹고 15% 수용액은 포르말린이라고 한다.
㉱ 유기용제의 인체에 대한 영향을 고려해 보면 벤젠은 혈액에 대한 독성작용이, 에틸벤젠은 신경계에 대한 독성작용이 강하다.

풀이 ㉰ 폼알데하이드는 자극취가 있는 무색의 가연성, 자극성 냄새를 가진 기체이며, 37% 수용액을 포르말린이라고 한다.

07 다음은 대기분산모델의 종류에 대한 설명이다. 가장 적합한 것은?

- 적용 모델식 : 광화학모델
- 적용 배출원 형태 : 점, 면
- 개발국 : 미국
- 특징 : 도시지역에서 광화학반응을 고려하여 오염물질의 이동을 계산

㉮ ADMS(atmospheric dispersion model system)
㉯ UAM(urban airshed model)
㉰ TCM(texas climatological model)
㉱ HIWAY-2

풀이 ㉯ UAM(urban airshed model)에 대한 설명이며, 핵심 내용인 "광화학반응을 고려한 광화학모델, 미국 = UAM"임을 숙지하시면 됩니다.

answer 05 ㉯ 06 ㉰ 07 ㉯

08 다음 중 수용모델에 대한 설명으로 틀린 것은?

㉮ 지형, 기상학적 정보 없이도 사용 가능하다.
㉯ 오염원의 조업 및 운영 상태에 대한 정보 없이도 사용 가능하다.
㉰ 새로운 오염원이 지역 내에 생길 때 매번 재평가를 하여야 한다.
㉱ 현재나 과거에 일어났던 일을 추정, 미래를 위한 전략을 세울 수 있다.

풀이 ㉰번에 대한 설명은 분산모델에 대한 설명이며, 분산모델과 수용모델의 특징을 반드시 비교해서 숙지하셔야 합니다.

09 전향력에 대한 설명으로 틀린 것은?

㉮ 전향인자(f)는 $2\Omega\sin\psi$ 로 나타내며, ψ는 위도, Ω는 지구 자전 각속도로서 7.25×10^{-5} rad·s^{-1} 이다.
㉯ 지구 북반구에서 나타나는 전향력은 물체의 이동방향에 대해 오른쪽 직각방향으로 작용한다.
㉰ 전향력은 극지방에서 최대가 되고 적도지방은 최소(0)가 된다.
㉱ 전향력은 전향인자를 속도로 나눈 값으로 정의한다.

풀이 ㉱ 전향력은 전향인자에 속도를 곱한 값으로 정의한다.

10 다음 특정물질 중 오존층 파괴지수가 가장 높은 것은?

㉮ $CHCl_2CF_3$ ㉯ C_3H_6FBr
㉰ CH_2FCl ㉱ $C_2F_4Br_2$

풀이 오존층 파괴지수(ODP)
㉮ $CHCl_2CF_3$: 0.02
㉯ C_3H_6FBr : 0.02~0.7
㉰ CH_2FCl : 0.02
㉱ $C_2F_4Br_2$: 6.0

TIP
오존층 파괴지수(ODP)가 가장 큰 것은 Halon-1301 (CF_3Br)로 10.0이며, 그 다음이 Halon-2402($C_2F_4Br_2$)로 6.0임을 숙지하셔야 합니다.

11 황화합물에 대한 설명으로 틀린 것은?

㉮ SO_2는 물에 대한 용해도가 높아 구름의 액적, 빗방울, 지표수 등에 쉽게 녹아 H_2SO_3를 생성한다.
㉯ SO_2는 280nm~290nm에서 강한 흡수를 보이지만 대류권에서는 거의 광분해 되지 않는다.
㉰ 대기 중 SO_2는 약 90% 정도가 황산염으로 전환되며, 평균 체류시간은 약 20일 정도이다.
㉱ CS_2는 증발하기 쉬우며, CS_2증기는 공기보다 약 2.6배 더 무겁다.

풀이 ㉰ 대기 중 SO_2는 광화학반응에 의해 SO_3로 산화되거나 건성 또는 습성 침착에 의해 대기 중에서 제거되므로 일부만 황산염으로 전환되며, 평균 체류시간은 약 4일 정도이다.

answer 08 ㉰ 09 ㉱ 10 ㉱ 11 ㉰

12 대기오염사건과 주 원인이 되는 물질을 짝지은 것으로 틀린 것은?

㉮ Meuse Valley 사건 : 메틸이소시아네이트
㉯ Donora 사건 : 아황산가스, 황산미스트
㉰ Poza rica 사건 : 황화수소
㉱ London smog 사건 : 아황산가스와 먼지

▶풀이 ㉮ 벨기에 Meuse Valley 사건은 아황산가스, 황산미스트, 플루오린화합물 등이며, 인도 보팔시 사건은 메틸이소시아네이트(CH_3CNO)가 누출된 사건이다.

13 가우시안 확산모델은 여러 가지 경계조건을 달리 설정함으로써 오염원의 위치와 형태에 따라 오염물질의 농도를 예측할 수 있다. 다음 조건에서의 오염물질 농도를 예측하고자 할 경우 지표농도의 결과식으로 가장 적합한 것은?

<조건>
1. 지표 중심선에 따른 오염물의 농도변화 예측한다.
2. 지표면에서 오염물질의 반사를 고려한다.
3. 굴뚝높이(H) : 지표로부터 유효고도를 의미

㉮ $C = \dfrac{2Q}{\pi u \sigma_y \sigma_z} \exp\left[-\dfrac{1}{2}\left(\dfrac{y^2}{\sigma_y^2} + \dfrac{z^2}{\sigma_z^2}\right)\right]$

㉯ $C = \dfrac{Q}{2\pi u \sigma_z} \exp\left[-\dfrac{1}{2}\left(\dfrac{H}{\sigma_y}\right)^2\right]$

㉰ $C = \dfrac{Q}{2\pi u \sigma_y \sigma_z} \exp\left[-\dfrac{y^2}{2\sigma_y^2} + \dfrac{(z+1)^2}{\sigma_z^2}\right]$

㉱ $C = \dfrac{Q}{\pi u \sigma_y \sigma_z} \exp\left(-\dfrac{H^2}{2\sigma_z^2}\right)$

▶풀이 실제 계산에서 사용하는 가우시안 확산식을 찾는 문제이므로 ㉱번이 정답이다.

14 다음 중 대기오염물질과 그 관련업종과의 연결로 틀린 것은?

㉮ 벤젠 : 도장공업
㉯ 일산화탄소 : 코크스 제조
㉰ 플루오린화수소 : 알루미늄공업
㉱ 암모니아 : 석유정제

▶풀이 ㉱ 암모니아 : 도금공업, 냉동공업, 비료공업, 표백공업, 색소제조공장

15 유효굴뚝높이와 지표상 최고 오염농도와의 관계식에서 지상 최고농도를 현재의 1/5로 하려면 유효굴뚝높이를 원래의 몇 배로 하여야 하는가? (단, 기타 대기조건은 같은 조건이며, sutton식을 이용)

㉮ 0.04 ㉯ 0.2
㉰ 2.24 ㉱ 5

▶풀이 $C_{max} = \dfrac{2Q}{\pi \cdot e \cdot u \cdot He^2}\left(\dfrac{c_z}{c_y}\right)$ 에서

지상최대오염농도 $(C_{max}) = \dfrac{1}{He^2}$ 이므로

$\dfrac{1}{5} = \dfrac{1}{He^2}$ 따라서 $He = \sqrt{5} = 2.24$

answer 12 ㉮ 13 ㉱ 14 ㉱ 15 ㉰

16 태양복사의 산란에 대한 설명으로 틀린 것은?

㉮ 산란의 세기는 입사되는 빛의 파장(λ)에 대한 입자크기(반경)의 비에 의해 결정된다.
㉯ 입자의 크기가 입사되는 빛의 파장에 비해 아주 크게 되면 레일리산란이 발생한다.
㉰ 레일리산란의 경우 그 세기는 파장의 4승에 반비례한다.
㉱ 맑은날 하늘이 푸르게 보이는 이유는 레일리산란 특성에 의해 파장이 짧은 청색광이 긴 적색광보다 더욱 강하게 산란되기 때문이다.

풀이 ㉯ 입자의 크기가 입사되는 빛의 파장에 비해 아주 작을 때 레일리산란이 발생한다.

17 바람에 대한 설명으로 틀린 것은?

㉮ 북반구의 경도풍은 저기압에서는 시계바늘 반대방향으로 회전하면서 위쪽으로 상승하면서 분다.
㉯ 마찰층 내 바람은 높이에 따라 시계방향으로 각천이가 생겨나며, 위로 올라갈수록 실제풍향은 점점 지균풍과 가까워진다.
㉰ 곡풍은 경사면 → 계곡 → 주계곡으로 수렴하면서 풍속이 가속되기 때문에 낮에 산 위쪽으로 부는 산풍보다 더 강하다.
㉱ 해륙풍이 부는 원인은 낮에는 바다보다 육지가 빨리 더워져서 육지의 공기가 상승하기 때문에 바다에서 육지로 8~15km 정도까지 바람(해풍)이 분다.

풀이 ㉰ 산풍은 경사면 → 계곡 → 주계곡으로 수렴하면서 풍속이 가속되기 때문에 낮에 산 위쪽으로 부는 곡풍보다 더 강하다.

18 다음 중 역전의 종류가 다른 것은?

㉮ 전선성역전   ㉯ 복사성역전
㉰ 침강성역전   ㉱ 해풍역전

풀이 역전의 종류
① 지표(접지)역전 : 복사성(방사성)역전, 이류성역전
② 공중역전 : 침강성역전, 전선성역전, 해풍역전, 난류성역전

19 대기오염사건과 기온역전에 대한 설명으로 틀린 것은?

㉮ LA스모그 사건은 광화학스모그에 의한 침강성 역전이다.
㉯ 런던스모그 사건은 주로 자동차 배출가스 중의 질소산화물과 반응성 탄화수소에 의한 것이다.
㉰ 침강역전은 고기압 중심부분에서 기층이 서서히 침강하면서 기온이 단열압축으로 승온되어 발생하는 현상이다.
㉱ 복사역전은 지표에 접한 공기가 그보다 상공의 공기에 비하여 더 차가워져서 생기는 현상이다.

풀이 ㉯ 런던스모그 사건은 주로 공장에서 배출되는 아황산가스와 먼지에 의해 발생한 사건이고, LA스모그 사건은 주로 자동차 배출가스 중의 질소산화물과 반응성 탄화수소가 광화학반응을 통해 생성된 물질에 의해서 발생한 사건이다.

answer 16 ㉯ 17 ㉰ 18 ㉯ 19 ㉯

20 다음 중 2차 오염물질에 해당되지 않는 것은?

㉮ $CH_3COOONO_2$ ㉯ Aldehydes
㉰ H_2O_2 ㉱ CO_2

풀이 ㉱ CO_2는 1차 오염물질이다.

| 제2과목 | 연소공학

21 연료의 착화온도에 대한 설명으로 틀린 것은?

㉮ 공기의 산소농도가 높을수록 낮아진다.
㉯ 활성화에너지는 작을수록 낮아진다.
㉰ 분자구조가 복잡할수록 낮아진다.
㉱ 발열량이 작을수록 낮아진다.

풀이 착화온도와의 상관관계
① 착화온도는 활성화에너지, 석탄의 탄화도와는 비례 관계
② 착화온도는 화학결합의 활성도, 산소와의 친화성, 분자구조, 발열량, 산소농도, 화학반응성, 압력, 분자량, 비표면적과는 반비례 관계

22 다음 중 고체연료를 연소하는 형태가 아닌 것은?

㉮ 표면연소 ㉯ 증발연소
㉰ 분해연소 ㉱ 그을림연소

풀이 ㉯ 증발연소는 액체연료를 연소하는 형태이다.

23 다음 중 미분탄 연소장치의 설명으로 틀린 것은?

㉮ 재비산이 많고 집진장치가 필요하다.
㉯ 과잉공기에 의한 열손실이 적다.
㉰ 연소의 조절이 쉽고, 소화 시의 손실이 적다.
㉱ 부하의 변동에 적응이 어려우므로 소형과 소용량 설비에 적합하다.

풀이 ㉱ 부하의 변동에 쉽게 적용할 수 있으므로 대형과 대용량 설비에 적합하다.

24 다음 중 회전식버너에 대한 설명으로 틀린 것은?

㉮ 분무는 기계적 원심력과 공기를 이용한다.
㉯ 부하변동이 있는 중소형 보일러용으로 사용된다.
㉰ 연료류의 점도가 작을수록 분무화 입경이 작아진다.
㉱ 분무각도는 10°~30° 정도로 작고, 유량조절 범위도 1 : 3 정도로 비교적 작은 편이다.

풀이 ㉱ 분무각도는 40°~80° 정도로 크며, 유량조절 범위는 1 : 5 정도로 비교적 큰 편이다.

answer 20 ㉱ 21 ㉱ 22 ㉯ 23 ㉱ 24 ㉱

25 연소과정에서 공기비(m)가 작을 경우 (m < 1) 발생되는 현상으로 가장 적합한 것은?

㉮ 배기가스 중 황산화물과 질소산화물의 함량이 많아져 연소장치의 부식을 가중시킨다.
㉯ 통풍력이 강하여 배기가스에 의한 열손실이 크다.
㉰ 연소 배출가스 중의 일산화탄소가 증대된다.
㉱ 완전연소에 의해 NO_x가 증가한다.

풀이 ㉮, ㉯번에 대한 설명은 공기비(m)가 1보다 큰 경우에 해당하며, ㉱번은 m = 1인 경우에 해당한다.

26 다음 중 과잉산소량(잔존 O_2 량)을 옳게 표시한 것은? (단, A : 실제공기량, A_o : 이론공기량, m : 공기과잉계수(m>1) 표준상태이며, 부피기준임.)

㉮ 0.21mA
㉯ 0.21m A_o
㉰ 0.21(m-1)A
㉱ 0.21(m-1) A_o

풀이 과잉산소량 = 과잉공기량의 21%이므로 $(m-1)A_o \times 0.21$이다.

27 연소에 대한 다음 설명으로 틀린 것은?

㉮ 연소장치에서 완전연소 여부는 배출가스의 분석결과로 판정할 수 있다.
㉯ 최대탄산가스량(%)이란 연료를 실제공기량으로 연소시 실제연소가스 중의 최고 CO_2량을 뜻한다.
㉰ 연소용 공기 중의 수분은 연료 중의 수분이나 연소 시 생성되는 수분량에 비해 매우 적으므로 보통 무시할 수 있다.
㉱ 이론공기량은 연료의 화학적 조성에 따라 다르다.

풀이 ㉯ 최대탄산가스량(%)이란 이론공기량으로 완전연소한다고 판단되면 연소가스 중의 CO_2 비율은 최대로 높아지게 되는데 이때의 CO_2량을 뜻한다.

28 다음 가연성분 중 완전연소시 단위체적당 이론공기량(체적)이 가장 큰 것은? (단, 표준상태이며, 황성분은 전량 SO_2로 배출된다.)

㉮ CO
㉯ H_2
㉰ H_2S
㉱ CH_4

풀이 이론공기량이 가장 큰 물질은 반응식에서 산소의 값이 가장 큰 물질을 찾으면 되므로 ㉱번이 정답이 된다.

TIP
완전 연소반응식
㉮ $CO + 1/2O_2 \rightarrow CO_2$
㉯ $H_2 + 1/2O_2 \rightarrow H_2O$
㉰ $H_2S + 1.5O_2 \rightarrow SO_2 + H_2O$
㉱ $CH_4 + 2O_2 \rightarrow CO_2 + 2H_2O$

29 석탄의 탄화도가 높아질 경우의 현상으로 틀린 것은?

㉮ 착화온도가 낮아진다.
㉯ 수분 및 휘발분이 감소한다.
㉰ 연료비가 증가한다.
㉱ 비열이 감소한다.

풀이 ① 탄화도 증가하면 : 고정탄소, 발열량, 착화온도, 연료비는 증가

answer 25 ㉰ 26 ㉱ 27 ㉯ 28 ㉱ 29 ㉮

② 탄화도가 증가하면 : 매연발생량, 비열, 휘발분, 수분, 산소의 양, 연소속도는 감소

30 중유의 성분 분석결과 탄소 : 82%, 수소 : 11%, 황 : 3%, 산소 : 1.5%, 기타 : 2.5% 라면 이 중유의 완전연소시 시간당 필요한 이론 공기량은? (단, 연료사용량 : 100L/hr, 연료비중 0.95이며, 표준상태 기준)

㉮ 약 630 Sm^3
㉯ 약 720 Sm^3
㉰ 약 860 Sm^3
㉱ 약 980 Sm^3

풀이
① $A_o = 8.89C + 26.67(H - \frac{O}{8}) + 3.33S \,(Sm^3/kg)$
$= 8.89 \times 0.82 + 26.67 \times (0.11 - \frac{0.015}{8})$
$+ 3.33 \times 0.03$
$= 10.2734 \,Sm^3/kg$

② 이론공기량 (Sm^3/hr)
$= A_o (Sm^3/kg) \times 연료량(kg/hr)$
$= 10.2734 \,Sm^3/kg \times 100L/hr \times 0.95 kg/L$
$= 975.97 \,Sm^3/kg$

31 메탄의 고위발열량이 9,900 $kcal/Sm^3$ 이라면 저위발열량($kcal/Sm^3$)은?

㉮ 8,540
㉯ 8,620
㉰ 8,790
㉱ 8,940

풀이
$CH_4 + 2O_2 \rightarrow CO_2 + 2H_2O$
$Hl\,(kcal/Sm^3)$
$= Hh\,(kcal/Sm^3) - 480 \times H_2O량$
$= 9,900 \,kcal/Sm^3 - 480 \times 2$
$= 8,940 \,kcal/Sm^3$

32 다음 중 황(S)분이 가장 많이 함유되어 있는 연료는?

㉮ B-C유
㉯ 경유
㉰ 등유
㉱ 휘발유

풀이 황(S)분 포함순서는 B-C유 > 중유 > 경유 > 등유 > 휘발유 순이다.

33 다음 중 1Sm^3 당 발열량이 가장 큰 것은?

㉮ C_2H_6
㉯ C_3H_6
㉰ C_3H_8
㉱ C_4H_{10}

풀이 기체연료의 발열량은 탄소수와 수소수가 많을수록 커지므로 정답은 ㉱ 부탄(C_4H_{10})이 된다.

34 코크스나 석탄 등이 고온연소 시 고체 표면이 빨갛게 빛을 내면서 반응하는 연소로 화염이 없는 연소형태는?

㉮ 확산연소
㉯ 자기연소
㉰ 분해연소
㉱ 표면연소

풀이 ㉱ 표면연소에 대한 설명이며, 핵심 내용인 "화염이 없는 연소형태 = 표면연소"임을 숙지하시면 됩니다.

35 매연 발생에 대한 설명으로 틀린 것은?

㉮ -C-C-의 결합을 절단하기보다는 탈수소가 쉬운 쪽이 매연 발생이 어렵다.
㉯ 연료의 C/H의 비율이 작을수록 매연 발생이 어렵다.
㉰ 탈수소, 중합 및 고리화합물 등과 같이 반응이 일어나기 쉬운 탄화수소일수록 매연이 잘 생긴다.

answer 30 ㉱ 31 ㉱ 32 ㉮ 33 ㉱ 34 ㉱ 35 ㉮

㉣ 분해하기 쉽거나, 산화하기 쉬운 탄화수소는 매연발생이 적다.

풀이 ㉮ -C-C-의 결합을 절단하기보다는 탈수소가 쉬운 쪽이 매연발생이 쉽다.

36 열역학적인 평형이동에 관한 원리로, 평형상태에 있는 물질계의 온도, 압력을 변화시키면 그 변화를 감소시키는 방향으로 반응이 진행되어 새로운 평형에 도달한다는 원리는?

㉮ 헤스의 원리
㉯ 라울트의 원리
㉰ 반트호프의 원리
㉱ 르샤틀리에의 원리

풀이 ㉱ 르샤틀리에의 원리에 대한 설명이다.

37 1 centi-poise(cp)는 몇 kg/m·sec 인가?

㉮ 0.001
㉯ 0.01
㉰ 100
㉱ 1,000

풀이
$$\text{centi-poise} \xrightarrow{\times 10^{-2}} \text{poise}(g/cm\cdot sec)$$
$$\xrightarrow{\times 10^{-1}} kg/m\cdot sec$$

따라서
$$1\,\text{centi-poise} \xrightarrow{\times 10^{-3}} 10^{-3}\,kg/m\cdot sec$$
$$= 0.001\,kg/m\cdot sec$$

38 다음 중 저온부식에 대한 설명으로 틀린 것은?

㉮ 연료를 전처리하여 유황분을 제거한다.
㉯ 연소가스온도를 산노점 온도보다 낮게 유지해야 한다.
㉰ 예열공기를 사용하거나 보온시공을 한다.
㉱ 과잉공기를 줄여서 연소한다.

풀이 ㉯ 연소가스온도를 산노점 온도(150℃)보다 높게 유지해야 한다.

39 메탄을 이론적으로 완전 연소시킬 때 부피를 기준으로 한 공기 연료비(AFR)는?
(단, 표준상태 기준)

㉮ 2
㉯ 7.52
㉰ 9.52
㉱ 11.52

풀이 $CH_4 + 2O_2 \rightarrow CO_2 + 2H_2O$

AFR(공연비 ; Sm^3/Sm^3)

$$= \frac{\text{산소갯수} \times 22.4\,Sm^3 \times \frac{1}{0.21}}{\text{연료갯수} \times 22.4\,Sm^3}$$

$$= \frac{2 \times 22.4\,Sm^3 \times \frac{1}{0.21}}{1 \times 22.4\,Sm^3} = 9.52\,Sm^3/Sm^3$$

answer 36 ㉱ 37 ㉮ 38 ㉯ 39 ㉰

40 벙커 C유에 3.9%의 S성분이 함유되어 있을 때 건조연소가스량 중의 SO_2양 (%)은? (단, 공기비 1.3, 이론공기량 11.09 $Sm^3/kg-oil$, 이론 건조연소가스량 11.25 $Sm^3/kg-oil$이고, 연료 중의 황성분은 완전 연소되어 SO_2로 된다.)

㉮ 약 0.13%   ㉯ 약 0.19%
㉰ 약 0.24%   ㉱ 약 0.36%

풀이
$SO_2(\%) = \dfrac{0.7S}{Gd} \times 100$

$Gd = God + (m-1)A_o$
$= 11.25\,Sm^3/kg + (1.3-1) \times 11.09\,Sm^3/kg$
$= 14.557\,Sm^3/kg$

$\therefore SO_2(\%) = \dfrac{0.7 \times 0.039\,Sm^3/kg}{14.577\,Sm^3/kg} \times 100 = 0.19\%$

| 제3과목 | 대기오염방지기술

41 다음 중 흡수액의 구비조건으로 틀린 것은?

㉮ 용해도가 높아야 한다.
㉯ 흡수액의 점성은 비교적 작아야 한다.
㉰ 용매의 화학적 성질과 비슷해야 한다.
㉱ 휘발성이 높아야 한다.

풀이 ㉱ 휘발성이 낮아야 한다.

42 다음 중 세정집진장치의 특징으로 틀린 것은?

㉮ 친수성 더스트의 집진효과가 높다.
㉯ 처리가스량에 대한 고정된 면적이 작다.
㉰ 입자상 물질과 가스상 물질을 동시에 처리할 수 있다.
㉱ 고온가스 및 연소성 및 폭발성 가스의 처리가 불가능하다.

풀이 ㉱ 고온가스 및 연소성 및 폭발성 가스의 처리가 가능하다.

43 전기집진장치에서 먼지의 비저항이 높을 경우 발생하는 현상으로 틀린 것은?

㉮ 먼지와 집진판의 결합력이 낮아 먼지가 가스 중으로 재비산된다.
㉯ 심각한 역코로나 현상이 발생한다.
㉰ 전하가 쉽게 집진판으로 전달되지 않는다.
㉱ 가스 중 먼지입자의 이온화와 이동현상을 감소시킨다.

풀이 ㉮번은 먼지의 비저항이 낮을 경우 발생한다.

44 다음 중 전기집진장치에서 먼지의 비저항이 비정상적으로 높은 경우 투입하는 물질이 아닌 것은?

㉮ H_2SO_4 ㉯ NaCl
㉰ Soda lime   ㉱ NH_3

풀이 ㉱ 암모니아(NH_3)는 먼지의 비저항이 비정상적으로 낮은 경우 주입하는 물질이다.

---

answer 40 ㉯ 41 ㉱ 42 ㉱ 43 ㉮ 44 ㉱

45 전기집진장치의 먼지 제거효율을 95%에서 99%로 증가시키고자 할 때, 집진극의 면적은 길이방향으로 몇 배 증가하여야 하는가? (단, 나머지 조건은 일정하다고 가정함)

㉮ 1.24배 ㉯ 1.54배
㉰ 1.84배 ㉱ 2.14배

▶ 풀이

$$\eta = \left\{1 - \exp\left(\frac{-A \times We}{Q}\right)\right\} \times 100$$

$$A = LN(1-\eta) \times \left(\frac{-Q}{We}\right)$$

따라서

$$\frac{A_2}{A_1} = \frac{LN(1-0.99) \times \left(\frac{-Q}{We}\right)}{LN(1-0.95) \times \left(\frac{-Q}{We}\right)} = 1.54배$$

46 배출가스별 처리방법으로 틀린 것은?

㉮ 질소산화물 : 충전탑을 사용한 가스세정장치
㉯ 플루오린화합물 : 충전탑 또는 충전탑과 분무탑의 병용방식
㉰ 분무도장먼지 : 습식(수세식) 또는 건식(여과식)처리시설과 배기통
㉱ 황화수소 : 알칼리를 사용한 충전탑식 흡수장치

▶ 풀이 ㉯ 플루오린화합물 : 분무탑이나 제트스크러버로 처리

47 다음 중 유수식 세정집진장치에 해당하지 않는 것은?

㉮ 가스선회형 ㉯ 로타형
㉰ 분수형   ㉱ 벤츄리 스크러버

▶ 풀이 ㉱ 벤츄리스크러버는 가압수식에 해당한다.

TIP
세정집진장치의 종류
① 유수식 : 가스선회형, 임펠라형, 로타형, 분수형
② 가압수식 : 벤츄리 스크러버, 분무탑, 제트 스크러버, 충전탑
③ 회전식 : 타이젠와셔, 임펄스 스크러버

48 직경이 30cm, 높이가 10m인 원통형 여과집진장치를 이용하여 배출가스를 처리하고자 한다. 배출가스량은 500 m³/min 이고, 여과속도는 3cm/sec로 할 경우 필요한 여포의 갯수는?

㉮ 25 ㉯ 30
㉰ 35 ㉱ 40

▶ 풀이 $Q = \pi \cdot D \cdot L \cdot Vf \cdot n$

$$\therefore n = \frac{Q}{\pi \cdot D \cdot L \cdot Vf}$$

$$= \frac{500 m^3/min \times \frac{1 min}{60 sec}}{\pi \times 0.3m \times 10m \times 0.03m/sec}$$

$$= 29.47 ≒ 30개$$

49 중유탈황방법 중 기술적, 경제적으로 실현가능하여 현재 가장 많이 사용되고 있는 것은?

㉮ 접촉산화 탈황법
㉯ 접촉수소화 탈황법
㉰ 석회석 탈황법
㉱ 흡착 탈황법

▶ 풀이 중유탈황방법 중 현재 가장 많이 사용되고 있는 방법은 접촉수소화 탈황법이며, 사용온도는 350~420℃이며, 압력은 50~220 kg/cm² 이다.

answer 45 ㉯ 46 ㉯ 47 ㉱ 48 ㉯ 49 ㉯

50 매시간 2.5ton의 중유를 연소하는 보일러의 배연 탈황에 수산화나트륨을 흡수제로 하여 부산물로서 아황산나트륨을 회수한다. 중유의 황분은 4.5%, 탈황율 95%로 하면 필요한 수산화나트륨의 이론적인 양은? (단, Na원자량 : 23, 중유 황성분은 연소시 전량 SO_2로 전환되며, 표준상태 기준)

㉮ 약 270 kg/h ㉯ 약 330 kg/h
㉰ 약 380 kg/h ㉱ 약 420 kg/h

▶ 풀이 $S + O_2 \rightarrow SO_2 + 2NaOH \rightarrow Na_2SO_3 + H_2O$
32kg : 2×40kg
2.5×10^3 kg/hr × 0.045 × 0.95 : X

∴ $X = \dfrac{2.5 \times 10^3 \text{kg/hr} \times 0.045 \times 0.95 \times 2 \times 40\text{kg}}{32\text{kg}}$

= 267.19 kg/hr

51 벤젠을 함유한 유해가스의 가장 일반적인 처리방법은?

㉮ 건식산화법 ㉯ 촉매연소법
㉰ 흡수법   ㉱ 접촉산화법

▶ 풀이 벤젠의 처리방법은 촉매연소법과 활성탄 흡착법이다.

52 일반적으로 가스의 처리속도는 1~3m/sec, 액가스비는 0.5~1.0L/m³, 압력손실은 100~200mmH$_2$O 정도로 대용량의 가스의 처리가 가능하며 미스트 발생이 적고 구조가 간단하여 수용성 가스처리에 적합한 것은?

㉮ 분무탑
㉯ 벤츄리 스크러버
㉰ 사이클론 스크러버
㉱ 제트 스크러버

▶ 풀이 ㉰ 사이클론 스크러버에 대한 설명이며, 핵심 내용인 "처리속도, 액가스비, 압력손실"을 반드시 숙지하시기 바랍니다.

53 배출가스 중의 염소를 충전탑에서 물을 흡수액으로 사용하여 흡수시킬 때 효율이 80%이었다. 동일한 조건에서 95%의 효율을 얻기 위해 이론적으로 충전층의 높이를 몇 배로 하면 되는가?

㉮ 2.36 ㉯ 2.14
㉰ 1.86 ㉱ 1.57

▶ 풀이 충전탑의 높이(H)
= 총괄이동단위높이(HOG) × 총괄이동단위수(NOG)
여기서 $NOG = LN\left(\dfrac{1}{1-\eta}\right)$

따라서
$H = \dfrac{LN\left(\dfrac{1}{1-\eta_2}\right)}{LN\left(\dfrac{1}{1-\eta_1}\right)} = \dfrac{LN\left(\dfrac{1}{1-0.95}\right)}{LN\left(\dfrac{1}{1-0.80}\right)} = 1.86$

answer 50 ㉮ 51 ㉯ 52 ㉰ 53 ㉰

54 유해가스 처리의 충전탑(packed tower)에 대한 설명으로 틀린 것은?

㉮ 충전탑은 충전물을 채운 탑내에서 액을 위에서 밑으로 흐르게 하고 가스는 아래에서 향류로 접촉시키는 액분산형 흡수장치이다.
㉯ 가스의 유속이 증가하면 충전층 내에 액의 보유량이 증가하여 탑 위로 넘치게 되므로 가스유속은 범람(flooding) 속도의 80~90%가 적당하다.
㉰ 충전탑의 높이는 이동 단위수와 이동 단위높이의 곱으로 계산된다.
㉱ 일반적으로 충전탑의 직경(D)과 충전제 직경(d)의 비(D/d)가 8~10일 때 편류현상이 최소가 된다.

풀이 ㉯ 가스의 유속이 증가하면 충전층 내에 액의 보유량이 증가하여 탑 위로 넘치게 되므로 가스유속은 범람(flooding)속도의 40~70%가 적당하다.

55 일반적으로 더스트의 체적당 표면적을 비표면적이라 한다. 구형입자의 비표면적을 알맞게 나타낸 것은? (단, d는 구형입자의 직경)

㉮ 2/d ㉯ 4/d
㉰ 6/d ㉱ 8/d

풀이 비표면적(SV) = $\dfrac{표면적}{체적} = \dfrac{\pi d^2}{\dfrac{\pi}{6}d^3} = \dfrac{6}{d}$

56 다음 중 악취(냄새)물질의 특징에 대한 설명으로 틀린 것은?

㉮ 불포화도(2중결합 및 3중결합의 수)가 높을수록 냄새가 보다 강하게 난다.
㉯ 화학물질이 냄새물질로 되기 위해서는 친유성기와 친수성기의 양기를 가져야 한다.
㉰ 냄새물질은 화학반응이 풍부한 편이다.
㉱ 분자내 수산기의 수는 1개일 때 가장 약하고 수가 증가하면 강해진다.

풀이 ㉱ 분자내 수산기의 수는 1개일 때 가장 강하고 수가 증가하면 약해져서 무취에 이른다.

57 다음 중 후드 및 덕트의 설치방법으로 틀린 것은?

㉮ 후드를 발생원에 가깝게 한다.
㉯ 덕트는 가능한 한 짧게 배치하도록 한다.
㉰ 후드의 개구면적을 크게 한다.
㉱ 덕트는 공기가 아래로 흐르도록 하향 구배를 만든다.

풀이 ㉰ 후드의 개구면적을 작게 한다.

58 세정집진장치에서 관성충돌계수를 크게 하기 위한 조건으로 틀린 것은?

㉮ 처리가스의 온도가 높아야 한다.
㉯ 먼지의 입경이 커야 한다.
㉰ 먼지의 밀도가 커야 한다.
㉱ 처리가스와 액적의 상대적인 속도가 커야 한다.

풀이 ㉮ 처리가스의 온도가 낮아야 한다.

answer 54 ㉯ 55 ㉰ 56 ㉱ 57 ㉰ 58 ㉮

59 처리가스량이 30,000 m³/h, 압력손실이 300 mmH₂O인 집진장치를 효율이 47%인 송풍기로 운전할 때, 송풍기의 소요동력(kw)은?

㉮ 38 ㉯ 43
㉰ 49 ㉱ 52

풀이

$$kw = \frac{Ps \times Q}{102 \times \eta} \times \alpha$$

여기서 Ps : 압력손실(mmH₂O)
　　　　Q : 가스량(m³/sec)
　　　　η : 효율
　　　　α : 여유율

따라서

$$kw = \frac{300 mmH_2O \times 30,000 m^3/hr \times 1hr/3,600sec}{102 \times 0.47}$$

$$= 52.15 kw$$

TIP

1kw = 102kg·m/sec 이므로 가스량(Q)의 시간단위는 반드시 "sec"임을 숙지하셔야 합니다.

60 다음 흡착장치 중 유동상 흡착장치에 대한 설명으로 틀린 것은?

㉮ 가스의 유속을 크게 할 수 있다.
㉯ 고체와 기체의 접촉을 좋게 할 수 있다.
㉰ 흡착제의 유동에 의한 마모가 발생하지 않고, 조업조건에 따라 주어진 조건의 변동이 용이하다.
㉱ 고정층과 이동층 흡착장치의 장점만을 이용한 복합체이다.

풀이 ㉰ 흡착제의 유동에 의한 마모가 크게 일어나고, 조업조건에 따라 주어진 조건의 변동이 어렵다.

| 제4과목 | 대기오염공정시험기준

61 다음 기체크로마토그래프 분석에 사용되는 검출기 중 금속필라멘트 또는 전기저항체를 검출소자로 하여 금속판 안에 들어 있는 본체와 여기에 안정된 직류전기를 공급하는 전원회로, 전류조절부, 신호검출 전기회로, 신호 감쇄부 등으로 구성되어 있는 검출기는?

㉮ 전자포획형 검출기(ECD)
㉯ 열전도도 검출기(TCD)
㉰ 불꽃이온화 검출기(FID)
㉱ 염광광도 검출기(FPD)

풀이 ㉯ 열전도도 검출기(TCD)에 대한 설명이며, 핵심 내용인 "금속필라멘트 또는 전기저항체 = 열전도도검출기"임을 숙지하시면 됩니다.

62 A굴뚝에서 배출가스의 유속을 측정하기 위하여 피토우관에 비중이 0.85인 붉게 착색된 톨루엔을 넣은 경사마노미터를 연결하여 다음과 같은 결과를 얻었다. 이 경우 배출가스의 유속(m/sec)은?

- 배출가스의 온도 : 180℃
- 피토우관 계수 : 0.86
- 경사마노미터를 이용한 확대율 : 10배
- 경사마노미터의 액주수치 : 60mm
- 굴뚝 내의 배출가스 밀도 : 0.8 kg/m³

㉮ 6.5m/s ㉯ 7.8m/s
㉰ 8.2m/s ㉱ 9.2m/s

answer 59 ㉱ 60 ㉰ 61 ㉯ 62 ㉱

풀이

① 동압(h)
$$= 액주거리(mm) \times 톨루엔 비중 \times \frac{1}{확대율}$$
$$= 60mm \times 0.85 \times \frac{1}{10} = 5.1 mmH_2O$$

② $V = C \times \sqrt{\dfrac{2gh}{r}}$

$= 0.86 \times \sqrt{\dfrac{2 \times 9.8 m/sec^2 \times 5.1 mmH_2O}{0.8 kg/m^3}}$

$= 9.61 m/sec$

63 배출가스 중 일산화탄소를 분석하는 방법으로 틀린 것은?

㉮ 비분산적외선분광분석법
㉯ 전기화학식
㉰ 기체크로마토그래피
㉱ 자외선/가시선분광법

풀이 일산화탄소의 분석방법은 비분산적외선분광분석법, 전기화학식(정전위전해법), 기체크로마토그래피이다.

64 다음 중 수산화소듐용액을 흡수액으로 사용하지 않는 것은?

㉮ 이황화탄소   ㉯ 페놀 화합물
㉰ 사이안화수소   ㉱ 플루오린 화합물

풀이 ㉮ 이황화탄소(CS_2)의 흡수액은 다이에틸아민 구리용액이다.

65 다음 중 흡수액으로 아황산수소소듐 용액을 사용하는 것은?

㉮ 사이안화수소   ㉯ 황화수소
㉰ 페놀화합물   ㉱ 폼알데하이드

풀이 분석대상가스의 흡수액
㉮ 사이안화수소 : 수산화소듐용액(20g/L)
㉯ 황화수소 : 아연아민착염용액
㉰ 페놀화합물 : 수산화소듐용액(4g/L)
㉱ 폼알데하이드 : 아황산수소소듐 용액(10g/L)

66 굴뚝반경(단면이 원형)이 3m인 경우, 배출가스 중 먼지측정을 위한 굴뚝 측정점수로 적합한 것은?

㉮ 20   ㉯ 16
㉰ 12   ㉱ 8

풀이 굴뚝반경이 3m이면 직경은 6m이며, 측정점수는 20이다.

TIP

굴뚝직경(m)	반경구분수	측정점수
1 이하	1	4
1 초과 2 이하	2	8
2 초과 4 이하	3	12
4 초과 4.5 이하	4	16
4.5 초과	5	20

answer 63 ㉱   64 ㉮   65 ㉱   66 ㉮

67 자외선/가시선 분광법에서 적용되는 램버트-비어(Lembert-Beer)의 법칙에 관계되는 식으로 옳은 것은? (단, I_o : 입사광의 강도, C: 농도, ϵ: 흡광계수, I_t: 투사광의 강도, l: 빛의 투사거리)

㉮ $I_o = I_t \cdot 10^{-\epsilon cl}$
㉯ $I_t = I_o \cdot 10^{-\epsilon Cl}$
㉰ $C = \dfrac{I_t}{I_o} \cdot 10^{-\epsilon l}$
㉱ $C = \dfrac{I_o}{I_t} \cdot 10^{-\epsilon l}$

풀이 램비어트-비어 법칙
① $I_t = I_o \cdot 10^{-\epsilon Cl}$
② $I_o = I_t \cdot 10^{\epsilon Cl}$

68 오염물질A의 실측 농도가 250 mg/Sm³이고 그 때의 실측 산소농도가 3.5%이다. 오염물질A의 보정농도(mg/Sm³)는? (단, 오염물질A는 표준산소농도를 적용받으며, 표준산소농도는 4%임)

㉮ 219 ㉯ 243
㉰ 247 ㉱ 286

풀이 보정농도(mg/Sm³)
$= C_a \times \dfrac{21 - O_s}{21 - O_a}$
$= 250 \, mg/Sm^3 \times \dfrac{21 - 4\%}{21 - 3.5\%} = 242.86 \, mg/Sm^3$

69 환경오염공정시험기준에서 자외선/가시선분광법-아연환원나프틸에틸렌다이아민법으로 분석할 수 있는 것은?

㉮ 염화수소   ㉯ 일산화탄소
㉰ 황산화물   ㉱ 질소산화물

풀이 ㉱ 질소산화물에 대한 설명이다.

70 다음 중 분석시험에 있어 기재 및 용어 설명이 맞는 것은?

㉮ "정확히 단다"라 함은 규정한 량의 검체를 취하여 분석용 저울로 0.3mg까지 다는 것을 뜻한다.
㉯ 시험조작 중 "즉시"란 10초 이내에 표시된 조작을 하는 것을 뜻한다.
㉰ "감압 또는 진공"이라 함은 따로 규정이 없는 한 10 mmHg 이하를 뜻한다.
㉱ 용액의 액성표시는 따로 규정이 없는 한 유리전극법에 의한 pH 미터로 측정한 것을 뜻한다.

풀이 ㉮ "정확히 단다"라 함은 규정한 량의 검체를 취하여 분석용 저울로 0.1mg까지 다는 것을 뜻한다.
㉯ 시험조작 중 "즉시"란 30초 이내에 표시된 조작을 하는 것을 뜻한다.
㉰ "감압 또는 진공"이라 함은 따로 규정이 없는 한 15 mmHg 이하를 뜻한다.

71 황산화물을 침전적정법-아르세나죠Ⅲ법으로 분석할 때 종말점으로 알맞은 것은?

㉮ 적색이 1분간 지속되는 점
㉯ 황색이 1분간 지속되는 점
㉰ 녹색이 1분간 지속되는 점
㉱ 청색이 1분간 지속되는 점

풀이 황산화물의 침전적정법-아르세나죠Ⅲ법의 종말점은 청색이 1분간 지속되는 점이다.

72 환경 대기중의 아황산가스 측정방법 중 주시험방법은?

㉮ 용액전도율법   ㉯ 불꽃광도법
㉰ 자외선형광법   ㉱ 흡광차분광법

answer 67 ㉯ 68 ㉯ 69 ㉱ 70 ㉱ 71 ㉱ 72 ㉰

풀이 환경 대기 중의 아황산가스 측정방법
① 수동 및 반자동법 : 파라로자닐린법, 산정량수동법, 산정량반자동법
② 자동연속측정법 : 용액전도율법, 불꽃광도법, 자외선형광법(주시험방법), 흡광차분광법

73 연료용 유류 중 황 함유량을 측정하기 위한 분석방법은?

㉮ 몰린형광광도법
㉯ 자동연속열탈착법
㉰ 시료채취주머니법
㉱ 연소관식 공기법

풀이 연료용 유류 중 황 함유량의 분석방법은 연소관식 공기법과 방사선식 여기법이다.

74 다음 중 염화수소를 자외선/가시선분광법-싸이오사이안산제이수은법으로 분석할 때 내용으로 틀린 것은?

㉮ 시료채취관은 유리관, 석영관, 플루오로수지관 등을 사용한다.
㉯ 이산화황, 기타 할로젠 화합물, 사이안화합물 및 황화합물의 영향이 무시되는 경우에 적합하다.
㉰ 싸이오사이안산제이수은용액과 황산제이철암모늄용액을 첨가하여 발색시켜 파장 460nm에서 흡광도를 측정한다.
㉱ 흡수액은 0.1mol/L 황산용액을 사용한다.

풀이 ㉱ 흡수액은 0.1mol/L 수산화소듐용액을 사용한다.

75 배출가스 중의 플루오린화합물의 분석방법인 자외선/가시선분광법-란타넘-알라자린콤플렉손법에 대한 내용으로 틀린 것은?

㉮ 수산화소듐용액(4g/L)을 흡수액으로 사용한다.
㉯ 시료채취량이 80L인 경우 정량범위는 0.05ppm 이상이다.
㉰ 복합착화합물의 흡광도를 620nm에서 측정한다.
㉱ 연결관의 각 연결 부위는 일반고무관을 사용한다.

풀이 ㉱ 연결관의 각 연결 부위는 실리콘 고무, PTFE 수지 등을 사용한다.

76 $40.8mmH_2O$는 몇 $mmHg$인가?

㉮ $15.1\,mmHg$　　㉯ $12.8\,mmHg$
㉰ $7.5\,mmHg$　　㉱ $3.0\,mmHg$

풀이 $40.8\,mmH_2O \div 13.6 = 3.0\,mmHg$

TIP
① 수은주의 비중
$$= \frac{10,332\,mmH_2O}{760\,mmHg} = 13.6\,\frac{mmH_2O}{mmHg}$$
② $mmH_2O \xrightarrow{\div 13.6} mmHg$
③ $mmHg \xrightarrow{\times 13.6} mmH_2O$

77 배출가스 중 수은화합물을 분석할 때 사용하는 흡수액은?

㉮ 다이크롬산포타슘+황산
㉯ 다이크롬산포타슘+질산
㉰ 과망간산포타슘+황산
㉱ 과망간산포타슘+질산

풀이 수은화합물의 흡수액은 4% 과망간산포타슘+10% 황산이다.

78 다음 중 비분산적외선분광분석법에 대한 설명으로 틀린 것은?

㉮ 시료가스 중에 간섭물질 가스의 흡수 파장역의 적외선을 흡수 제거하기 위하여 사용하며, 가스필터와 액체필터가 있다.
㉯ 회전섹타는 시료광속과 비교광속을 일정주기로 단속시켜, 광학적으로 변조시키는 것으로 측정 광신호의 증폭에 유효하고 잡신호 영향을 줄일 수 있다.
㉰ 광원으로는 니크로뮴선 또는 탄화규소의 저항체에 전류를 흘려 가열한 것을 사용한다.
㉱ 비교셀은 시료셀과 동일한 모양을 가지며 아르곤 또는 질소와 같은 불활성 기체를 봉입하여 사용한다.

풀이 ㉮ 시료가스 중에 간섭물질 가스의 흡수파장역의 적외선을 흡수 제거하기 위하여 사용하며, 가스필터와 고체필터가 있다.

79 물질을 취급 또는 보관하는 동안에 외부로부터의 공기 또는 다른가스가 침입하지 않도록 내용물을 보호하는 용기는?

㉮ 밀폐용기   ㉯ 밀봉용기
㉰ 기밀용기   ㉱ 차광용기

풀이 ㉰ 기밀용기에 대한 설명이며, 핵심 내용은 "공기 또는 다른 가스 침입방지=기밀용기"임을 숙지하시면 됩니다.

80 다음 중 이온크로마토그래피의 구성장치 중 써프렛서에 대한 설명으로 틀린 것은?

㉮ 용리액에 사용되는 전해질 성분을 제거하기 위하여 분리관 앞에 병렬로 접속시킨다.
㉯ 전해질을 물 또는 저 전도도의 용매로 바꿔준다.
㉰ 써프렛서는 관형과 이온교환막형이 있다.
㉱ 관형은 음이온에는 스티롤계 강산형(H^+) 수지가, 양이온에는 스티롤계 강염기형(OH^-) 수지가 충진된 것을 사용한다.

풀이 ㉮ 용리액에 사용되는 전해질 성분을 제거하기 위하여 분리관 뒤에 직렬로 접속시킨다.

answer 77 ㉰ 78 ㉮ 79 ㉰ 80 ㉮

대기환경기사 필기·과년도

초 판 인쇄 | 2026년 1월 5일
초 판 발행 | 2026년 1월 15일

지 은 이 | 전화택
발 행 인 | 조규백
발 행 처 | **도서출판 구민사**
　　　　　(07293) 서울특별시 영등포구 문래북로 116, 604호(문래동3가 46, 트리플렉스)
전화 (02) 701-7421
팩스 (02) 3273-9642
홈페이지 www.kuhminsa.co.kr

신고번호 | 제2012-000055호(1980년 2월 4일)
I S B N | 979-11-6875-612-0　13500

값 42,000원

※ 낙장 및 파본은 구입하신 서점에서 바꿔드립니다.
※ 본서를 허락없이 부분 또는 전부를 무단복제, 게재행위는 저작권법에 저촉됩니다.